化学家是一类怪异的凡人，由一种不可理喻的冲动激励着，以烟雾和蒸汽、烟火和火焰、毒药和贫困为其乐趣——然而，我在这所有的邪恶之中似乎活得如此美妙，以致要是和波斯王换个位置的话我就会死去！

——约翰·贝歇尔（Johann Beccher）
《土质物理学》（1703 年）

好像是命中注定的，硝石，那种奇妙的盐，竟在哲学上造出了战争中的那般大噪音，让整个世界都充满了它的轰隆声。

——约翰·梅奥（John Mayow）
《医用物理学五论》（1674 年）

现在肯定已是众所周知，最遥远的东方的大君王运用法典已有千百年之久，甚至他们最早的礼仪也远在亚历山大时代之前。只是亚历山大未及深入东方。

——沃尔特·罗利（Sir Walter Raleigh）
《世界史》（1614 年）

安特莫尼的柏尔问康熙帝的鞑靼人炮兵将军："中国人知道火药的用途有多久了？他依据他们的史籍回答说，有两千年以上，用于烟火；但火药用于战争目的只是一件晚近传入的事。因为这位君子的诚实和坦率是众所周知的，对他关于这一问题说法的真实性没有什么好怀疑。"

——柏尔（John Bell）1721 年 1 月 1 日的记述
《从俄国圣彼得堡到亚洲各地旅行记》（1763 年）

虽然确凿无疑的是，人不过是造物主之臣，只能适当地给病人使用药剂（余下的工作由用了药的身体自己完成）；可是利用他制造这些敷用药的技艺，他就能做到，不仅赋予他力量来管理在其他方面比自己强得多的创造物，而且可以使一个人做出令另一个人认为是他无法充分赞美的奇迹。就像可怜的印度人把西班牙人视若神人，因为他们所具有的硝石、硫磺和木炭适当混合后的特性的知识，能在他们愿意的时候令这些混合物发出十分致命的轰响和火光。

——波义耳（Robert Boyle）
《关于实验哲学的有效性的一些思考——在一位密友对一位朋友的谈话中提出的，权作研究这一问题的邀请》（1663 年）

Joseph Needham

SCIENCE AND CIVILISATION IN CHINA

Volume 5

CHEMISTRY AND CHEMICAL TECHNOLOGY

Part 7

MILITARY TECHNOLOGY: THE GUNPOWDER EPIC

Cambridge University Press 1986

李 约 瑟

中国科学技术史

第五卷 化学及相关技术

第七分册 军事技术：火药的史诗

李约瑟 著
何丙郁
鲁桂珍 协助
王 铃

科 学 出 版 社
上 海 古 籍 出 版 社
北 京

图字：01-2000-0028

内 容 简 介

著名英籍科学史家李约瑟花费近50年心血撰著的多卷本《中国科学技术史》，通过丰富的史料、深入的分析和大量的东西方比较研究，全面、系统地论述了中国古代科学技术的辉煌成就及其对世界文明的伟大贡献，内容涉及哲学、历史、科学思想、数、理、化、天、地、生、农、医及工程技术等诸多领域。本书是这部巨著的第五卷第七分册，主要论述中国古代军事技术中火药的溯源、成分和性能、使用火药的兵器、火箭、火药的和平利用等方面的成就。

图书在版编目(CIP)数据

李约瑟中国科学技术史．第五卷，化学及相关技术．第七分册，军事技术：火药的史诗/（英）李约瑟著；刘晓燕等译．—北京：科学出版社，2005

ISBN 978-7-03-014501-7

Ⅰ. 李…　Ⅱ. ①李…　②刘…　Ⅲ. ①自然科学史-中国②发射药-技术史-中国　Ⅳ. N092

中国版本图书馆 CIP 数据核字（2004）第 117875 号

责任编辑：孔国平　李俊峰／责任校对：钟　洋

责任印制：吴兆东／封面设计：张　放

编辑部电话：010-64035853

E-mail：houjunlin@mail.sciencep.com

科学出版社
上海古籍出版社 出版

北京东黄城根北街16号

邮政编码：100717

http://www.sciencep.com

北京虎彩文化传播有限公司印刷

科学出版社发行　各地新华书店经销

*

2005年7月第一版　开本：787×1092 1/16

2022年1月第八次印刷　印张：42 1/4

字数：950 000

定价：328.00元

（如有印装质量问题，我社负责调换）

中國科學技術史

李約瑟著

冀朝鼎

第五卷　化学及相关技术

第七分册　军事技术：火药的史诗

翻　　译　刘晓燕　龙达瑞　吴显洪　杜檖圻　刘　钢

校　　订　潘吉星

校订助理　张九辰　姚立澄

志　　谢　张　毅　李天生　马笃权　赵澄秋　王社强
康小青

谨以本书献给

已故的

傅斯年

杰出的历史学和哲学学者

战时在中国四川李庄的最友好的欢迎者

他曾在那里和我们共用一晚探讨中国火药的历史

俞大维

物理学家

兵工署署长（1942—1946 年）

我常常在他的办公室与他共享他的“战地咖啡”

并在 1984 年我们愉快地重逢

凡　例

1. 本书悉按原著迻译，一般不加译注。第一卷卷首有本书翻译出版委员会主任卢嘉锡博士所作中译本序言、李约瑟博士为新中译本所作序言和鲁桂珍博士的一篇短文。

2. 本书各页边白处的数字系原著页码，页码以下为该页译文。正文中在援引（或参见）本书其他地方的内容时，使用的都是原著页码。由于中文版的篇幅与原文不一致，中文版中图表的安排不可能与原书一一对应，因此，在少数地方出现图表的边码与正文的边码颠倒的现象，请读者查阅时注意。

3. 为准确反映作者本意，原著中的中国古籍引文，除简短词语外，一律按作者引用原貌译成语体文，另附古籍原文，以备参阅。所附古籍原文，一般选自通行本，如中华书局出版的校点本二十四史、影印本《十三经注疏》等。原著标明的古籍卷次与通行本不同之处，如出于算法不同，本书一般不加改动；如系讹误，则直接予以更正。作者所使用的中文古籍版本情况，依原著附于本书第四卷第三分册。

4. 外国人名，一般依原著取舍按通行译法译出，并在第一次出现时括注原文或拉丁字母对音。日本、朝鲜和越南等国人名，复原为汉字原文；个别取译音者，则在文中注明。有汉名的西方人，一般取其汉名。

5. 外国的地名、民族名称、机构名称，外文书刊名称，名词术语等专名，一般按标准译法或通行译法译出，必要时括注原文。根据内容或行文需要，有些专名采用惯称和音译两种译法，如"Tokharestan"译作"吐火罗"或"托克哈里斯坦"，"Bactria"译作"大夏"或"巴克特里亚"。

6. 原著各卷册所附参考文献分 A（一般为公元 1800 年以前的中文书籍），B（一般为公元 1800 年以后的中文和日文书籍和论文），C（西文书籍和论文）三部分。对于参考文献 A 和 B，本书分别按书名和作者姓名的汉语拼音字母顺序重排，其中收录的文献均附有原著列出的英文译名，以供参考。参考文献 C 则按原著排印。文献作者姓名后面圆括号内的数字，是该作者论著的序号，在参考文献 B 中为斜体阿拉伯数码，在参考文献 C 中为正体阿拉伯数码。

7. 本书索引系据原著索引译出，按汉语拼音字母顺序重排。条目所列数字为原著页码。如该条目见于脚注，则以页码加 * 号表示。

8. 在本书个别部分中（如某些中国人姓名、中文文献的英文译名和缩略语表等），有些汉字的拉丁拼音，属于原著采用的汉语拼音系统。关于其具体拼写方法，请参阅本书第一卷第二章和附于第五卷第一分册的拉丁拼音对照表。

9. p. 或 pp. 之后的数字，表示原著或外文文献页码；如再加有 ff.，则表示所指原著或外文文献中可供参考部分的起始页码。

目　　录

插图目录

列 表 目 录

缩略语表

以下为正文及脚注中使用的缩略语。杂志及类似的出版物中使用的缩略语见本书pp. 584 ff. 。

BN	Bibliothèque Nationale, Paris. （国立图书馆，巴黎）
CC	贾祖璋和贾祖珊（*1*），《中国植物图鉴》，1958 年。
CCL	《哲匠录》。 1 至 6 卷见朱启钤和梁启雄； 7 卷见朱启钤、梁启雄和刘儒林（*1*）； 8、9 卷见朱启钤和刘敦桢（*1*，*2*）。
CCT	赵士祯，《车铳图》，明，约 1585 年。
CHHS	戚继光，《纪效新书》，明，1560 年，1562 年刊印，经常重印。
CHS	班固（和班昭），《前汉书》，后汉，约 100 年。
CHSK	丁福保（辑），《全汉三国晋南北朝诗》，北京，约 1935 年。蔡金重做索引，哈佛燕京学社，北平，1941 年，1966 年台北重印。
CHTP	郑若曾，《筹海图编》，明，1562 年，于 1572 年、1594 年、1624 年等年重印。
CKKCSL	《中国科技史料》，期刊。
CSHK	严可均（辑），《全上古三代秦汉三国六朝文》，1836 年。
CLPT	唐慎微等编，《证类本草》，宋，1249 年。
CTS	刘珣，《旧唐书》，五代，945 年。
CYMTYL	传为郑思远撰，《真元妙道要略》，传为晋（3 世纪），但很可能是唐（8～9 世纪）。
DSB	*Dictionary of Scientific Biography* (16 vols.), ed., C. G. Gillespie et al.. (Scribner, New York, 1970) [《科学家传记辞典》（16 卷），吉莱斯皮等编，（斯克里布纳，纽约，1970 年）]。
HCC	许洞，《虎钤经》，宋，962 年始撰，1004 年完成。
HCT	《火器图》，襄阳版《火龙经》（另见）的页首之标题。
HHPT	苏敬等（编），《新修本草》，唐，659 年。
HHS	范晔和司马彪，《后汉书》，450 年。
HKPY	《火攻备要》，《火龙经》（另见）卷一的另一书名。
HKTC	魏源和林则徐，《海国图志》，清，1844 年，1847 年增补版，1852 年进一步增补本，1855 年节本。
HLC	焦玉，《火龙经》。明，1412 年，但可能含以前半世纪的资料或

可追溯至1300年。分为三卷，第一部分传说为诸葛武侯（诸葛亮，公元三世纪）和刘基（1311—1375年）所著。作为合编者出现的刘基，实际上可能是合著者。第二部分托名刘基，但毛希秉（1632年）可能是作者。第三部分为茅元仪撰（活跃于1628年），并由诸葛光荣于1644年作序。

HSCH/TCTC 刘时举，《续宋中兴编年资治通鉴》，南宋，自1126年，宋，约1250年。

HTCTC/CP 李焘，《续资治通鉴长编》，论及960至1126年的事件，即北宋、宋，1183年。

HTS 欧阳修和宋祁，《新唐书》，宋，1061年。

HWHTK 王圻（编），《续文献通考》，明，1586年。1603年刊印。

LPSC（TC） 戚继光，《练兵实纪·杂集》，《练兵实纪》的附录，明，1568年，1571年刊印。

MCPT 沈括，《梦溪笔谈》，宋，1089年。

NKKZ 《日本科学古典全书》，12卷，1944年；10卷，1978年。

PL 何汝宾，《兵录》，明，1606年。1628年刊印，后期有1630年、1632年版本。

PPT/NP 葛洪，《抱朴子》（内篇），晋，约320年。

PTKM 李时珍，《本草纲目》，明，1569年。

PTKMSI 赵学敏，《本草纲目拾遗》，清，约1760年始撰，1765年第一次完成，补写绪论于1780年，正文中最后日期是1803年，1871年第一次刊印。

R 伊博恩等（Read, Bernard E. et al.）编，李时珍《本草纲目》的某些章节的索引、译文及摘要。如果查阅植物类，见Read (1)；如果查阅哺乳动物类，见Read (2)；如果查阅鸟类，见Read (3)；如果查阅爬行动物类，见Read (4)；如果查阅软体动物类，见Read (5)；如果查阅鱼类，见Read (6)；如果查阅昆虫类，见Read (7)。

RARDE Royal Armament Research and Development Establishment, Fort Halstead, Kent（肯特郡霍尔斯特德要塞，皇家武器装备研究与发展院）。

SCP 赵士祯，《神器谱》，明，1598年。

SF 陶宗仪（编），《说郛》，元，约1368年。

SKCS 《四库全书》，清，1782年；这里指的是印本书丛书选集，七份钦命抄本之一。

SKCS/TMTY 纪昀（编），《四库全书总目提要》，1782年；是奉清朝乾隆皇帝之命，于1772年编著的宫内手抄丛书的大型书目。

STTH 王圻，《三才图会》，明，1609年。

TCKM 朱熹等（编），《通鉴纲目》，中国通史《资治通鉴》的压缩本，

	一部中国通史，宋，1189年，有后来的续编。
TKKW	宋应星，《天工开物》，明，1637年。
TPKC	李昉（编），《太平广记》，宋，978年。
TPYC	李筌，《太白阴经》，关于军事和海战的论著，唐，759年。
TPYL	李昉（编），《太平御览》，宋，983年。
TSCC	陈梦雷等（编），《图书集成》；1726年，索引见Giles，L.（2）。参考1884年版的卷和页数。参考1934年照相再版的册数和页数。
TT	Wieger，L.（6），《道藏目录》（*Taoïsme*，vol. 1，Bibliographie Générale）。
TTSLT	《太祖实录图》，明，1635年，清代修订，1781年。
WCTY	曾公亮（编），《武经总要》，宋，1044年。
WCTY/cc	曾公亮（编），《武经总要》（前集），军事百科全书，第一版，宋，1044年。
WHTK	马端临，《文献通考》，元，1319年。
WPC	茅元仪，《武备志》，明，1628年。
WPHLC	传为焦玉撰，《武备火龙经》，明，1628年以后，但是包括了很多《火龙经》的早期的内容。
YCLH	张英辑，《渊鉴类函》，清，1710年。
YH	王应麟，《玉海》，宋，写于1267年，但是直到元代，1337年或1340年才刊印，或者可能是1351年才印。
YHSF	马国翰（辑），《玉函山房辑佚书》，1853年。

作 者 的 话

本分册已经酝酿了43年。1943年6月4日，黄兴宗[1]和我从五通桥出发，沿岷江和长江作了颇为冒险的旅行之后在四川李庄落脚[2]。这个可爱的小城附近，有中德合办的同济大学，还有战时疏散的中央研究院历史语言研究所。它们当时分别由两位极著名的学者傅斯年和陶孟和领导，我有幸与他们相会。与之相邻的则是由李济领导的疏散到这里的国立考古博物馆，以及梁思成领导的中国营造学社。一天晚上，谈话话题转向了中国火药的历史，于是傅斯年亲手为我们从1044年的《武经总要》中，抄录出了有关火药成分的最早刻本上的一些段落，那时我们还没有《武经总要》一书[3]。也正是在李庄，我第一次遇到了王铃（王静宁），他后来成为1948—1957年我在剑桥写作《中国科学技术史》的最初的合作者。当时他是中央研究院历史语言研究所的一位年轻的研究工作者，并使火药史，包括其所有的分支，成为他终生研究的课题。后来，他从事了一项崇高的职业，成为堪培拉澳大利亚国立大学高级研究所的研究教授。

另外两位合作者的名字已列入本分册扉页。何丙郁，现任香港大学的中文教授，为本分册初稿写作做出了极大贡献。他生长于新加坡，并成为了一名优秀的科学史家，之后相继在吉隆坡和布里斯班（Brisbane）担任教授，那时他自己已发表了多部出色的著作。最后是鲁桂珍，最早促使我从1937年开始转向致力于汉学研究的人，那时我们便筹划了现在的这套书；而20年后，她从巴黎的联合国教科文组织（UNESCO）返回剑桥，接替王铃而成为我的主要合作者。她现在仍是如此。为了写作此书，我们一道查对了军事百科全书中所有有关战争的叙述和词条。

随着本卷的完成，弗朗西斯·培根（Francis Bacon）1620年列举的所有三大发明至此均被详加研究一事也将成为过去。我们在本书第一卷[4]完整地引用过《新工具》（*Novum Organon*）的论述，但这段论述仍值得在这里以更简短的形式重引一遍[5]：

> 最显著的例子便是印刷术、火药和指南针，这三种发明古人都不知道；它们的发明虽然是在近期，但其起源却不为人所知，湮没无闻。这三种东西曾改变了整个世界事物的面貌和状态，第一种在学术上，第二种在战争上，第三种在航海上，由此又产生了无数的变化。这种变化是如此之大，以致没有一个帝国，没有一个教派，没有一个赫赫有名的人物，能比这三种机械发明在人类的事业中产生更大的力量和影响。

因此回顾一下，我们首先在本书第四卷第一分册中研究了磁罗盘，接着，由我们尊敬

---

① 我在中英科学合作馆最初的同事，近年来，成为我们在植物学及营养科学方面的合作者。

② 更详细的内容，见 Needham & Needham（1），pp. 40ff.，119，及 Huang Hsing-Tsung（1），p. 45。

③ 见下文 pp. 117—126。

④ 本书第一卷，p. 19。

⑤ Montagu ed.（Latin），vol. 9，pp. 381—382；Ellis & Spedding ed.（English），p. 300。见原著第一册，格言129。

的合作者钱存训教授负责，在本书第五卷第一分册中研究了造纸术和印刷术，最后，我们此刻将在第五卷第七分册中进入火药的研究。弗朗西斯·培根至死还不知道他所挑选出的这些发明的每一项都属于中国人。虽然我们尚未能确定作为这三项发明 *fons et origo*（源泉和始祖）的任一个人的姓名，但是对最先产生这些发明的民族则是绝对无可怀疑的。

本册是论军事技术三个分册的中间一册。它之所以早于另外两分册问世，仅仅因为它现在已写成。第一个分册（第五卷第六分册），在导言之后将研究（b）关于兵法的中文文献，（c）中国古典军事理论的基本概念，（d）中国军事思想的突出特征，（e）抛射武器，弓和弩，（f）抛石机——火药发明前的“砲”及（g）早期攻防战术——城池的围攻和防守。在这些课题方面我要感激我的合作者王静宁、叶山（Robin Yates）、石施道（Krzysztof Gawlikowski）以及麦克尤恩（Edward McEwen）。

第三个分册（第五卷第八分册）将研究（i）短兵器，（j）车战，（k）骑兵技术，包括马蹬的发明及其传播，（l）铠甲及马衣，（m）营寨及阵形，（n）信号及其他联络形式；而该分册将以某些对比和结论而收尾。在这里我的主要合作者一直是王静宁、叶山、已故罗荣邦及迪安（Albert Dien）。哈佛的叶山教授正在负责这两个分册总的编辑。

把现在这一分册置于三个军事分册的中间是极其自然的，因为 9 世纪中叶火药混合物的发现无疑是所有中国军事发明中最伟大的发明。正如在本分册我们敢于大胆提出，火药发射的火箭确实可以看成是人类先前从未作出的独一无二的最伟大发明，因为假使太阳冷却或过热，我们不得不向某地迁移时，火箭将是我们达到这一目的的唯一工具，因为它是人类已知的唯一能在外层空间航行的飞行器。当然这已不是中国军事工程师在 12 世纪中叶所知道的那种火药火箭，而是现在和未来以液体燃料或可能以亚原子核反应为动力的运载火箭。

同样，我们在此叙述的历史要远比仅仅谈论火药的战争应用更加激动人心。除了在开矿、采石及人类交通运输线路建设——所有民用工程项目——中应用爆破外，火药作为人类所知的最早的化学爆炸物，还在各种热机发展中起着必不可少的作用。机械工程师也因此参与其中。并非每个人都了解在蒸汽机处于全盛期之前，惠更斯（Christiaan Huygens）和帕潘（Denis Papin）在 17 世纪晚期曾试图制出成功的火药发动机；虽然他们从未能使其运转，但这却使他们获得了干脆用水及可冷凝蒸汽的灵感。因此有了纽科门（Thomas Newcomen）1712 年的成功。

我们还试图讲述，在其后很久继续着纽科门的成功的内燃机的历史沿革以及路易·德克里斯托福里斯（Luigi de Cristoforis）在 1830 年如何提出用汽油作内燃机的燃料。最古老的内燃机当然是火炮，但从机械工程的观点来看，火炮的活塞不是被约束的，因而它所做的功不是有用功。借助汽油及类似的燃料，内燃机盛行起来，尤其使今日的航空得以成功。但汽油并非他物，而是古老的希腊火，是 7 世纪拜占庭的卡利尼库斯（Callinicus）首次从蒸馏石油中得到。这是火药最重要的纵火先驱物；而事实上火药在战争中的首次使用，正是作为中国希腊火喷射器燃烧室内的缓燃引信。我们确定这一事件发生在公元 919 年。于是历史车轮转了整整一圈，最终又回到原位，而事情的可悲一面是，人类要用几百年时间才看到一个发现的慈善用途，而发现其邪恶用途并付诸实践却非常迅速。

我们以关于火药知识从东向西传播的余论结束了本册。或许最突出的事实是，在欧洲人知道火药之前，所有发展阶段，从应用火药作纵火剂到以弹丸充分填塞内堂的金属管手铳或臼炮都是在中国经历的。或许有过三次传入。罗杰·培根（Roger Bacon）于1260年左右能够研究爆仗，这无疑是由他的教友带到西方的；而为中国服役的阿拉伯军事工程师肯定在1280年让哈桑·拉马赫（Hasan al-Rammāḥ）了解了关于炸弹和火箭的知识。接着，在随后20年，很可能经过俄国而直接从陆路传来了火炮。

在本册的编写过程中，我们小组经历了许多变故。首先我必须提到1985年5月彼得·伯比奇（Peter Burbidge）令人悲伤的逝世。他不仅一直是东亚科学史基金会（East Asian History of Science Trust）的执行副主席，而且自1984年起还是我们所有各卷的领衔守护神和仁慈的保护人，作为剑桥大学出版社业务社长，他指导了各卷的出版工作。在我们的每周聚会时，我们都非常思念他。但我们很幸运，儒格霖（Colin Ronan）这位我们《中国科学技术史简编》（*Shorter Science and Civilisation in China*）丛书的合作者，业已担任本项目协调人。

其次，本册是和东亚科学史图书馆（East Asian History of Science Library）这一新修的永久性建筑物的落成相伴出版的。由于香港和新加坡两地慷慨的资金捐助才使此建筑物落成。我们特别感激香港东亚科学史基金会（East Asian History of Science Foundation Ltd in Hong Kong）主席毛文奇博士及其成员和捐助人，以及新加坡华侨银行（Overseas Chinese Banking Corporation）陈振传（Tan Sri Tan chin Tuan）特别慷慨的捐助。

同样，由笛博尔德（John Diebold）先生主持的我们的纽约东亚科学史董事会（East Asian History of Science Board, Inc. of New York）更集中于筹捐《中国科学技术史》项目所需要的资助和研究基金，还要感谢美国国家科学基金会（National Science Foundation）、卢斯基金会（Luce Foundation）和梅隆基金会（Mellon Foundation）自始至终的慷慨资助。日本国也加入到资助行列中，因为东京的日本学术振兴会（National Institute Research Advancement）主要为第七卷提供了一笔可贵的资助。我们深深地感谢下河边淳博士领导的这个机构。对为我们五湖四海的合作者支付必要的薪金和提供研究经费这样的帮助，无论怎样感谢都不为过。

像往常一样，我们还想感谢那些对我们在撰写本册时给予过特殊帮助的人。因而我们要高兴地在我们朋友中列举出：前任英王陛下伦敦塔军械库（Armouries at H. M. Tower of London）副馆长布莱克莫尔（Howard Blackmore）先生，他始终给予我们有价值的评论；奈杰尔·戴维斯（Nigel Davies）博士，他在肯特郡（Kent）霍尔斯特德要塞（Fort Halstead）的皇家武器装备研究与发展院（Royal Armament Research and Development Establishment）安排了用含不同百分比硝石的火药所作的实验测试；还有霍利斯特-肖特（Graham Hollister-Short）博士，他对我们著作中有关古老的火药测试者或测试仪，火药发动机的先驱，以及开矿、采石中的爆破史等方面给予了很大的帮助。同样，中冈哲郎博士在《蒙古袭来绘词》（本册 p. 177）的日文原文方面给予了我们很多帮助。那是现今仅存的，绘有一枚13世纪的正在爆炸的炸弹的图画。特别要感激布里斯班的德克莱顿·布雷特（De Clayton Bredt），他是一幅10世纪的火枪图的发现者，他还通读了全册并在多处作了修正。

再次，我们还想记录下对东亚科学史图书馆全体人员的感谢。我们尤其想要感谢梁钟连杼女士，她核查了所有交叉引用的文献，并校订了参考文献 A 及 B 的清样。当我们需要语言学帮助时，像往常一样，阿拉伯文，我们求助于邓洛普（D. M. Dunlop）教授；日文，求助于已故的查尔斯·谢尔登（Charles Sheldon）博士和牛山耀代博士；梵文，则求助于沙克尔顿·贝利（Shackleton Bailey）教授。

现在就让我们拉一下发射绳并引爆论“学术共和国”（Republic of Learning）的这本火药卷（用一个恰当的类比）吧，这实在没有任何破坏性的动机，只是希望这本书能够帮助那些还在从火药武器和热机的历史中寻找启发的人们。战争也许是，或者也许不是人类发展和社会进步中的决定性因素。但不容否认的是，蒸汽机及内燃机一直是这种决定性因素，并且它们又都是火炮的产物。而火炮又依次是火枪（fire-lance）的一项发展，火枪的另一项发展是一切空间旅行所依靠的火箭。与火箭装置无二的火药发动机和蒸汽机，是从欧洲科学革命中涌现出的思想产物，但所有在这之前长达八个世纪的先期发展都一直是中国人完成的。

第三十章　军事技术（续）

（f）抛射武器：Ⅲ. 火药的史诗

（1）概　　述

火药的发展肯定是中古时期中国社会最伟大的成就之一。人们会发现火药的制作始于唐末（9 世纪），当时有了将硝石（硝酸钾）、硫磺和含碳物混合起来的最初记载。这出现在一本道家著作中，该书强烈地告诫炼丹家们切不可掺和这些物质，尤其不可再加上砒霜，因为有些炼丹家这样做时，混合物突然起火，燎焦了他们的胡须，烧毁了他们工作的房屋。

火药史的渊源可以追溯到古代的宗教活动、礼拜仪式和公共卫生习俗，其中大都包括“烟除”秽物的活动。烧香只是更为广泛的中国习俗的一部分，如烟熏[①]。为了卫生和杀虫的缘故而进行的这种做法远在汉代以前就已流行了。这在作为经典的《诗经》中的一篇里可以看到，其中一首年代为公元前 7 世纪或更早的古代诗歌提到一年一度住宅清扫[②]。这也许是后来普遍流行的“换火”或“爟火”，即家家户户每年一次举行“新火”仪式的最古老的记载[③]。不多几世纪后成书的《管子》中提到填塞房屋孔隙后，用楸木以烟熏（“熯”）[④]。颇具古风的《周礼》似在西汉编纂成书，书中有好几处叙述官员们监督用具有杀虫性能的莽草（*Illicium*）和菊科植物（*Chrysanthemum*）烟 2
熏[⑤]。从后来文献中我们知道，中国学者早就有用烟熏书斋的习惯，以尽量减少蠹鱼的蛀蚀，这一危害在华中和华南尤其严重[⑥]。

这类技术推而广之，又出现了用灼热的蒸汽进行医疗消毒。早在 10 世纪这一方法就为人所知了。980 年左右录赞宁在《格物粗谈》中写道：

---

① 我们已在本书第五卷第二分册（pp. 148ff.）详尽论述了此事。

② 《毛诗》第 154 首，译文见 Legge（8），vol. 1，p. 230；Karlgren（14），p. 98；Waley（1），p. 166。我们在本书第五卷第二分册（p. 148）引用了全诗。

③ 参见 Bodde（12），p. 75；范行準（*1*），第 24—25 页。在甲骨文中当然也曾提到各种各样与火有关的仪式，证明它们在商代即已存在。

④ 《管子》卷五十三，第十一页。译文见 Needham & Lu Gwei-Djen（1），p. 449。或多或少带有香气的各种菊科植物即萩、蝶须、鼠曲草或春黄菊（*Antennaria*，*Gnaphelium* 或 *Anthemis*），也用这种方式焚烧。这种方式还用来烘干新屋。然而并非所有的烟都带香气。正如夏德安［Harper（2）］所说，新发现的汉代日历书（“日书”）规定，遏制和惩罚（“诘”）时，焚烧各种粪便（“矢”）以驱逐妖魔出屋。这一点特别使人感兴趣，因为后来普遍在纵火剂，甚至炸药、火药中加入粪便（见下文 pp. 124—125，343—344 页）。实际上，“矢”的主要意思一直是“箭”，这不是颇有些耐人寻味吗？

⑤ 《周礼》卷九，第五页、第六页；卷十，第七页、第九页，译文见 Biot（1），vol. 2，pp. 386 ff.；讨论见 Needham & Lu Gwei-Djen（1），pp. 436—437。参见史树青（*2*）。

⑥ 欲知其详，见本书第五卷第二分册，pp. 148—149。

> 热病流行时，病症一发作则应尽快将病人衣物集而蒸之，这样可令家中其余人不至染病。
>
> 〈天行瘟疫，取初病人衣服，于甑上蒸过，则一家不染。〉

这种做法是否普及还很难断言；不过在唐代以后，大约构成了传统卫生习俗的一部分①。

古代中国人不但在和平时善于烟熏，在战争中更是制造烟雾的高手。《墨子》（前4世纪）论兵法的章节中，谈到在攻城战中用唧筒和炉灶施放毒烟和烟幕，特别作为挖坑道掘壕堑技术的一部分②。用来施放烟雾的材料有芥末和其他含刺激性挥发油的干燥植物。比这更早的记载大概没有了，但此后的记载却不胜枚举。因为千百年来，这些似乎应遭谴责的，然而新奇的技术不断被尽心竭力（*ad infinitum*）地加以改进。例如，另有一种类似装置——15世纪的毒烟弹（“火毬”），使人想起1044年的《武经总要》提供的许许多多详尽配方③。在12世纪宋、金、鞑靼人之间的水战以及当时的内战和暴乱中，还可以看到更多的利用含石灰和砒霜的毒烟的例子。震撼大地的火药的发明是在9世纪完成的，然而它确实与这些毒烟密切相关。因为显而易见，火药与纵火剂配制有关，而在其最早的配方中有时含有砒霜。

自始至终的一整部火药史都显示了中国科学技术的一个主要特征：相信远攻的作用④。例如在海战史中可以看出，使用抛射武器的意识较之进行短兵相接的冲撞或登船
3 格斗占压倒优势⑤。烟雾、香料、蒙汗药⑥、纵火剂、火焰，最后以至火药自身推动力的利用，构成了从远古到大约公元1300年这一时期内臼炮、火铳和火炮传到世界其余地区，中国文化的始终一致的明显倾向。下述几节将毋庸置疑地表明，从最先发现火药配方到射出与内膛口径吻合的弹丸的金属管状枪的完善，这整个过程在中国演进时，其他民族对此还一无所知⑦。

为了便于读者易于掌握下面我们继续论述时势必出现的大量详细证据，现在最好解释一下这张图（图1）。图上列出了我们所知的多种发明的整个演化过程。这张图可能与另一张图，即我们的探讨结束时所列的表明各种文化之间交流的图（图233，p. 569）相吻合。

在继续论述之前必须强调，虽然本节理所当然地置于军事技术卷，但是火药发明的意义实际上远远超出了军事史的范畴。土木工程师的观点不应忽略。他对待炸药的态度与士兵对待炸药的态度迥然不同，因为他把它们看作是炸岩移土的工具，用来开通道路、辟出水道、建筑铁路、敷设管线，以及建造沟通文明社会交往的四通八达的命脉。如果没有炸药的应用，现代开矿和采石的成就也是不可想像的。当我们在后面谈到古老的“点火”技术如何发展成炸药时，还会涉及这些事实（p. 533）。火药以及由它发展起来的更为复杂的炸药的其他民用，还见于宗教及庆典用火箭、探测或改善

---

① 我们在第44节论述医药卫生时，还要涉及这一问题；同时，有关情况在 Needham & Lu Gwei-Djen (1) 中颇多提及。

② 见本书第四卷第二分册，pp. 137—138；第五卷第六分册及 Yates (3)，pp. 424 ff.。

③ 参见下文 pp. 117 ff.。

④ 参见本书第四卷第一分册，pp. 8，12，32—33，60，233 ff.。如果不是这样的话，便不会有磁极性的发现，因为尘世间的石头或金属针竟会指向高挂在天空的北极星，这在中国人看来并不觉得奇怪。

⑤ 参见本书第四卷第三分册，pp. 682 ff.，697。

⑥ 参见本书第五卷第二分册，pp. 150 ff.。

⑦ 我们将看到（下文 p. 51）贝特霍尔德（黑皮肤的人）(Berthold Schwartz) 是一个传说人物。

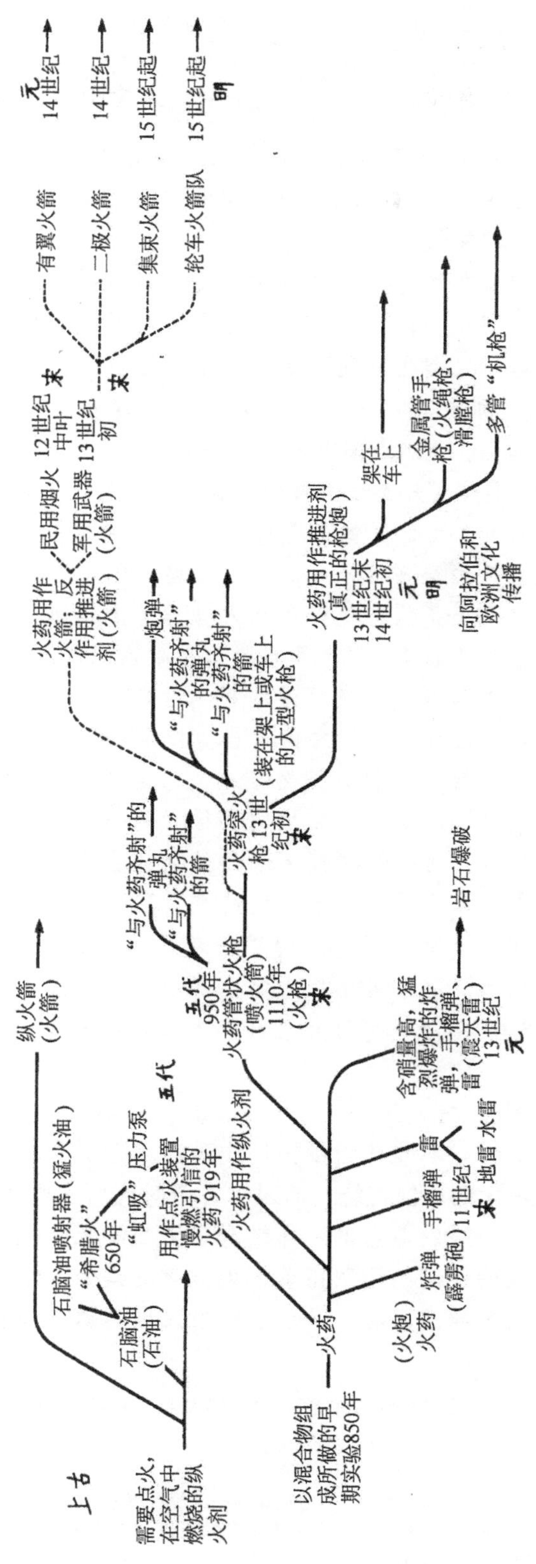

图1 火药技术发展说明图。

天气用的气象火箭中（p. 527）[1]。机械工程师也不是局外人。在后面（p. 544）我们要谈到蒸汽发动机盛行之前，制造火药发动机的努力，而正是后者直接导致了前者的问世。众所周知，蒸汽发动机有过其黄金时代，现在也未完全衰落，但是当人们转而考虑内燃时，他们需要一种燃料在汽缸中驯服地爆燃。那是什么？那正是火药的先驱，即构成“希腊火”的石油馏分。这种在战争中威力极大的物质，原来却与整个现代文明的支柱——热发动机密切相关[2]。

5 显然，所有这一切都涉及力[3]。这种威力和动力是人类在社会演化过程中逐步掌握的，仅仅在发展进程中构成了几个篇章，而这一发展在今天终于使人类征服了恒星永不枯竭的能源的亚原子过程。人类在伦理道德方面却没有如此成熟（这可能使人惶恐不安）。然而，正如罗伯特·波义耳（Robert Boyle）早在1664年所写的那样，对自然的征服只是人类的第二大理想。此观点值得一听。

> [他说][4]，尽管人类确实只不过是自然界的臣仆，只能恰如其分地将外力施于受体（其余的工作由接受外力的受体自己来做），然而通过应用技巧，不但可以使自己征服那些本来比自己强得多的生物，还可以使人创造奇迹，让其他人对他顶礼膜拜。可怜的印第安人正是这样把西班牙人当作神人，因为西班牙人懂得如何将硝石、硫磺与木炭恰当地混合，随心所欲地放出致人死命的雷霆闪电。
>
> 在一个理性还没有受到邪恶思想玷污的哲人看来，如果我们人类帝国也像科学家那样支配各种生物，或许这样拥有的权或力比那些野心家不惜以血为代价去争夺的权力好得多。因为后一种权力虽然普遍，却是自然的礼物，或者命运的赐予，而且常常是罪恶的产物。它不管权力的获得者是否真有价值，是否比其他人高尚优越，正如在计数时，对一只被挑选来代表比其他筹码价值高数千镑的黄铜筹码，人们并不在乎其金属是否比其他筹码的金属更好。然而生理学给予它的卓有成效的研究者的支配权（这是用清白的手段获得的，是他的知识带来的成果）却是一种使人成为人的力。一个睿智的人对他所创造的奇迹感到满足，主要是因为它们是他的学识的证明，而不是因为它们是他的力的产物，更不是因为它们给他带来了财富。

这里不妨先就我们所谓的“语言学网”（philological network）说几句，以便于那些对中国文字传统不够熟悉的人。不能认为中国历史著述不可靠而加以摒弃，因为没有哪一种文明较之中国有更伟大的历史传统，而对于各个时代所发生的真实事件的记载，是成千上万学者们一丝不苟、兢兢业业的工作结晶。历史学家们能够做的一切，他们
6 都做了，而考古发现一再证明他们的记载正确无误，有的是令人惊异地准确。没有其他任何文明产生过二十四史这样的巨著，而这些史书又被浩繁的稗官野史所补充；此

---

① 在这里我们暂不谈火箭作为人类所知的唯一太空飞行器所起的极其重要的作用，但我们将在适当的时候（本册 p. 506，pp. 521 ff.）谈论。

② 例如，参见 Prigogine & Strengers (1)，pp. 111 ff.。

③ 大家还记得乔纳森·斯威夫特［Jonathan Swift (2)］在《格利佛游记》（*Gullivers Travels*，1726年）第2册第7章中所作的绝妙而辛辣的讽刺。航海者述说他如何向大人国的国王讲解火药武器的性能与作用，而当国王听说以后如何惊恐万状。格利佛假装因此瞧不起他——但是斯威夫特本人并不知道，早在二十几年前火药的爆炸性能就已经导致了蒸汽发动机的研制，这又转而造成内燃机的问世，它们给人类带来不可估量的恩惠。

④ Boyle (8)，pt. 1，p. 20。

外在各个时代都有学识渊博的百科全书编纂家，以及传记作家和大事记作者。在评价这一切时，现代语文文献学大有用武之地，因为原文的权威性可以多方查证，谁引用谁的著作，谁的著作被谁引用，谁是谁的同时代人，我们对他们的生平和时代都有所了解。诚然，偶尔也会出现断代错误和将年代提前，但在中国有整套历史批评与诠注的文献可查，因而可以把错误的、含混的，或年代可疑的书籍（“伪书”）从大量真实可靠的书中辨认出来。前面我们已经提到[1]，中国的社会环境实际上有助于科学技术史的研究。那些发明创造并未受到儒家的青睐，因此绝不会有人想到窜改事实，使某一发明或发现的年代提前，借以欺世盗名。这样的社会环境还防止了生意人去伪造非艺术品如科学仪器或武器，用以冒充古董。没有人想收集这类物品，收集它们无利可图[2]。儒家官僚一贯对武士们不屑一顾，武将的官阶照例比相应的文官低。那些军事典籍给人们的印象是：它们都写得极其实在，没有其他著作所具有的旁敲侧击和优雅的文风[3]。窜改情况在这些著作中的确很少[4]。总而言之，我们相信中国历史学家和军事作家的论述几乎总是可靠的[5]。因此，我们的看法是，在下面的章节中要谈到的事实确凿可信。

从一开始我们就应该很清楚，“火药”这个词一般说来指的是硝石、硫磺和木炭的混合物，别无他意。然而就我们所知，这里有一个例外。它深奥难解，属于生理炼丹术即“内丹”的范畴。据说，经过各种方法修炼，人体内的分泌物及流体会产生一种 7
长生药，可以使得道者长生不老[6]。为了表明其性质与阴阳五行的内在关系，在这里造出了一些专门的修饰语，“金液”应译为“metallous juice”（并非液状金子），“木药”译为“lignic medicine”。因此，在较晚的“内丹”著作中，如遇“火药”，应必须理解为“pyrial salve”[7]，即“下降的阳性唾液”。与之相对的是“aquose salve”[8]，即“上升的阴性精液”。要在体内炼成长生药，这些成分是必不可少的。但是，具有专门知识懂得这两种炼长生药的物质的读者极其有限。我们可以肯定，从古到今，不把“火药”理解为“发火的药”的中国学者寥寥无几。

图 1 的顺序从左至右。在遥远的上古时期，出现了需要点火的纵火物，可以在空气中燃烧，有时燃烧得非常猛烈。被附在“火箭”上后，它们登上了历史舞台，大约一直活跃到宋代或宋代以后。其中一种纵火剂是从天然石油矿苗中分离出来的石脑油[9]。一项重大的进展出现在 7 世纪的拜占庭。卡利尼库斯（Callinicus）成功地从中蒸馏出一种低沸点分馏物，有些像我们今天的汽油，可以用喷火器的唧筒将其射向敌

① 本书第一卷 p. 77。

② 当然，具有艺术价值的商周青铜器情况不一样。宋代之后，好古之风盛行（参见本书第二卷，pp. 393 ff.），肯定有赝品出现。

③ 这并不意味着在较后的著作如《武备志》（见下文 p. 34）中所描述的器具当时一定在使用。出于好古，它们常常记述过去的发明，尽管其中有些久已弃而不用。在重修中国军事工程史时必须考虑到这一点。

④ 当然人们必须考虑尧、舜、黄帝，甚至诸葛亮（参见下文 p. 25）等人身上的传说成分，但这很容易识别。

⑤ 尽管后者对其武器的射程有时不免有些夸大，但是这类情况一般还是很容易更正。

⑥ 有关这一问题的细节见本书第五卷第五分册。

⑦ 参见下文 p. 100。

⑧ 如《试金石》第 14 页，以及傅金铨的所有著作。

⑨ 本书第三卷 pp. 608 ff. 。

人①。我们认为名为“石油”的物质就是石脑油，而所谓的“猛火油”其实就是希腊火。虹吸筒即压力唧筒具有特别重要的意义，因为通过它首先把火药用于战争。这种机械的燃烧室中的缓燃引信就是由火药制成的，时间是919年。这些石油馏分的大交流就发生在这一世纪，它们常常通过与阿拉伯人的贸易传入。但在中国五代时期，统治者们之间传递这些物品成风，因此中国人必定已经自己在蒸馏②。

无疑正是在前一个世纪，850年左右，自身含氧的火药配制成功，使关于火药成分的早期炼丹家的实验达到高峰。我们不必因为唐朝的炼丹家们实际上是想要炼出一种不死药以求得长生不老而再三讥讽他们③。我们有理由承认，一旦他们苦心经营的放在架上的各种罐中，除了其他许多物质外，还装有那种能够爆燃和爆炸的物质的所有成
8 分已经多多少少被提纯，以及一旦炼丹家们开始按一切可能的组合配制它们，火药迟早总会被发现。如果第一个火药配方直到1044年才刊出，那么这已比西方世界第一次提到这种混合物早了整整200年④。即使在那时，西方对其必要的比例仍然一无所知。

到了1000年左右，已经把火药用于简单的炸弹和手榴弹中，尤其是那些用抛石机（trebuchet）⑤ 抛出的炸弹（“火砲”）⑥ 中。从外壳易碎的炸弹“霹雳砲”到外壳坚硬的“震天雷”，这一进展与火药配方中硝石（硝酸钾）比例的缓慢而稳定的增长是平行的，而到13世纪，已经可以进行强力爆炸。与此同时，地雷与水雷装置也有所发展。只要硝石含量的比例仍然较低，火药就倾向于一般只当作效能较好的纵火剂使用，但这种情况只延续到12世纪末。

到此时为止，所有的火药武器都是球形的，但是要制成真正的枪管枪（以及各种机构活塞）却要求用圆筒形的器物。人类（至少是潜意识地）总会想到一些生物界的类似物，那些供分泌和排泄用的圆筒状管⑦。但中国人却有现成的天然圆筒，即去掉竹膜和竹节的竹管⑧。向管状枪的过渡首先发生在10世纪中叶，这是我们从甘肃敦煌佛教石窟中的一面丝幡上发现的（见下文 p. 222）。画面描绘菩萨受到一群魔鬼（Mara）的困扰，这些恶魔大多身着戎装，佩戴武器，都想干扰他的修行。其中一个带三蛇头饰的恶魔正将火枪指向打坐的菩萨，他双手握枪，注意让火焰水平射出。这是我们所有的对于这种武器的最早描述。火枪在950年到1650年间曾产生巨大的影响，例如在
9 1100年以后宋、金之间的战争中，在大约1130年的《守城录》中，陈规提到保卫汉口以北某城时，第一次描写了这种武器⑨。实际上，火枪就是装填了发射药的管子，其中

---

① 本书第四卷第二分册，pp. 144 ff.。

② 本书第五卷第四分册，pp. 158 ff.。

③ 本书第五卷第二分册，pp. 77 ff.。

④ 当然是罗杰·培根（Roger Bacon）提到，参见下文 p. 47。

⑤ 或投石机，不是火药之前的转力矩型火炮，而是依据平衡抵消原理。参见本书第四卷第二分册，pp. 331 ff.。

⑥ 注意这个词也用来指抛射物，因而使历史学家们很伤脑筋。我们很快还会回到词汇与术语问题上来。

⑦ 如果人们知道或思索过的话，甚至还可以在动物世界找到发射物的例子。有人可能会提到甲腹纲拟软体动物的发射囊（dart-sacs），它在性交时将铅笔样的钙质棍射入对方体内（Shipley & McBride（1），第1版，p. 208，第4版，p. 295；Marshall & Hurst（1），图 32，pp. 128—129，p. 133）；还有腔肠动物的刺丝囊能射出毒囊。（Lulham（1），p. 27）。但是中世纪的人们是否了解这些情况还很难说。

⑧ 参见 Burkill（1），vol. 1，pp. 289 ff.。

⑨ 参见下文 p. 222。

硝石含量较低，但使用时不让它飞出手，而是握住枪的一端。配备足量的这种五分钟喷火筒，依次传递过去，一定能有效地阻止敌军对城池的猛攻。

从石油喷火唧筒发展到火枪，想必经历了一个顺利而符合逻辑的过程，它把那种喷火筒转变为手提式喷火武器。而且既然火药（尽管硝石含量很低）已经在抛射器中被用作缓燃引信点火剂，新武器的出现也就为期不远了。而且，这看来还是利用火药纵火性能（这甚至在10世纪以前就很明显）的更有效的方法。然而根本的一点却是枪筒的诞生。很可能最初的枪筒都是出于大自然的赏赐——竹筒，但随后各种材料都被用来制筒，甚至包括纸（中国人的另一项发明）。经过适当处理的纸变得如此坚硬，实际上已可用来做盔甲[①]。还要注意到很重要的一点：随着火枪时代的到来，10世纪到12世纪期间，一些金属如青铜、铸铁，或许还有黄铜也被用来制作管筒。这是真正的金属筒枪或炮杰出的先驱。但另外一项是加入弹丸，使其和火焰一起射出。

在这里我们必须自造两个术语。这样喷射出来的抛射物需要有一个专门名称，我们将其称为“与火焰齐射”（co-viative），以有别于真正的子弹或炮弹。子弹或炮弹为了最大限度地利用所填装的火药推进力，必须与枪炮管的口径吻合。火枪中的抛射物可以是任何有杀伤力的物品，如金属渣、陶瓷碎片，也有可能是箭。这些东西的发射速度都不大，但对付不穿盔甲的进攻者却很有效，尤其是用毒箭，像一些书籍中常常提到的那样。其次，当火枪变大时，则安装到特制的支架或车上，与野战炮相似，因而称为“突火枪”（eruptors）。这种武器也发射各种各样“与火焰齐射的弹丸”，包括箭和装着毒烟的容器。这种容器在某种情况下会爆炸，因此有枪弹或原始炮弹之誉。我们常常不得不利用这类意义含混的前缀。例如，对含碳质而不含木炭的火药不妨称之为原始火药。同样，有时我们不能确定弹丸是否与筒膛吻合，在这种情况下，我们可以很方便地将这种武器称为准枪炮或原始枪炮。

因而充分发展的火器有三个基本特征：①其管由金属制成；②所用火药的硝石含 10
量相当高；③弹丸与金属管口径完全一致，以便使填装的火药能够充分发挥推进作用。这样的武器可以被称为“真”枪、手铳或臼炮。我们相信它出现在宋末元初，1280年左右。如果是这样的话，那么从第一批管状筒的火枪喷火器出现起，它的发展正经历了大约三个半世纪，这在中古代是相当不错的进展。还需要看到很重要的一点：无论在伊斯兰世界还是在欧洲，都根本不存在这些早期的试验性阶段。臼炮突如其来地出现在1327年沃尔特·德米拉米特（Walter de Milamete）的博德利（Bodleian）图书馆手稿的著名插图中，已经相当完善。加减几十年，臼炮传入欧洲不会大大早于1310年。

然而在那里，巨大的社会变革即将来临——文艺复兴、宗教改革、资本主义兴起以及科学革命。于是欧洲的变化速度开始超过中国在官僚封建主义支配下的缓慢而稳定的前进速度。一进入15世纪，商人冒险家与资产阶级创业者一马当先。商业城邦中的显贵、铁器制造商、矿业主、工厂主也都在欧洲贵族军事封建主义衰亡之时脱颖而出。于是，中国人最先发明的火药武器又以改进的形式回到中国。使发烟引信用于大炮火门的曲杆（p. 459）可能是中国人的发明，后来大概由土耳其人将其改造成了火绳

① 参见本书第五分卷第一分册，pp. 114—116；第八分册（1）2，iii。

滑膛枪（matchlock musket）；可以肯定，这种性能更优越的武器或者是在1520年以前经中亚直接到达中国，或者至迟不超过1540年经葡萄牙人和日本人传入。而葡萄牙的后膛装填长炮（culverin）[1] 或小型火炮是在大约1510年以前由马来西亚传入中国的。中国炮手对其可以更换的弹膛极为赞赏。在这之后火石栓发滑膛枪接踵而至，再后来是步枪。17世纪耶稣会教士被派往中国，于是汤若望（John Adam Schall von Bell）得以在1642—1643年为明朝末代皇帝监督铸造西式大炮；而在1675年南怀仁（Ferdinand Verbiest）又为清廷承担了同样的任务。中国的发明创造力就这样在整个旧大陆产生了回荡与反响。在近代有人认为一些东方民族只会照搬和改进；然而这样做的不是别人，不过是15和16世纪的西方人。他们确实掌握了弹道学与动力学，很快“起飞”，不过这距最初化学炸药的知识传播到欧洲已相当久了。

11 直到现在还没有提到火箭，可能使人感到诧异。今天，人和运载工具已登上月球，当人类开始借助火箭推进装置探索外层空间，因此，中国工匠们首先让火箭飞上天空这一开端意味着什么，就无须赘述了。毕竟，这只需要将火枪的管子绑在一只箭上，管口指向相反方向，并让它腾空飞去，便可获得火箭的效果。这一“伟大的倒置”发生的确切时间还是个有争议的问题[2]。20年前，当我们为《中国遗产》（*Legacy of China*）撰文时[3]，曾认为火箭是在1000年左右发明的，正赶上《武经总要》的写作。这种观点来自人们对书中描述的“火药鞭箭”的理解。但是现在我们相信这不是火箭（rocket），书中提到并附有插图的“火箭”也并非火箭（rocket）。它们都仍然是纵火箭，用以从远处放火烧毁敌营寨和城市房屋。但后来“火箭”这同一个词又被普遍用来指rocket（反作用火箭）。这又是术语混淆的一例，器物已根本变化了，而名称却原封不动[4]。

这可能是一个很好的例子，可供在整个科学技术范围内对这样的问题进行语言学分析。霍利斯特－肖特［Hollister-Short（2）］已经对此做出了可贵的贡献，为了表示新机械或新技术，他探究技术词汇是怎样产生的，语言常常跟不上技术的变化。我们
12 已经遇到过给提水机械[5]以及立式和卧式轮[6]准确定名的困难。我们不得不定义我们的

---

① 这个词并不确切，但还未有能广泛使用的对等词（参见下文p.367）。

② 也许最正确的估计是在1150年到1180年之间的某个时候，或者更早，但不会更晚。

③ Needham（47）。

④ 这方面很典型的一个例子是“砲”这个词，在古代它既指抛石机又指抛石机抛射出的物体。当火用于战争后，正如我们已经知道的，“火砲”这个词。仍然既指器械也指其射出的发射物。但虽然照样使用“火砲”这个同一术语，却经历不同阶段：（1）纵火抛射物，（2）在抛射物中作纵火剂的火药，（3）薄壳的爆炸抛射物，（4）硝石含量较高的硬壳爆炸抛射物，以及最后（5）用火药作推进剂的臼炮及火炮，这时已全无抛石机或爆炸抛射物的痕迹。由此可见术语上的混乱，我们有必要在以下几节中将其理顺。

⑤ 参见本书第四卷第二分册，pp.330 ff.。

⑥ 本书第四卷第二分册，p.367。这是工程史家无确定术语的两个例子。但是在中国著述中模棱两可的词还找到许多——正如我们指出的（本书第四卷第二分册，pp.267，278页及其他各处），“车”这个词不加区别地用来指车辆和机械器具。与这里所谈论的问题关系更为密切的例子是“柁”字，它一直指轴向舵（axial rudder），但在以前的若干世纪里，它却指的是完全不同的器物，即操纵桨（steering-oar）（参见本书第四卷第三分册，p.638 ff.）。回到我们的本题上来，我们可能注意到“消”在早期中国化学中正如“nitre”在西方一样，是一个极难捉摸的词。我们决定（第五卷第四分册，pp.193—194），要确定早期作者说到“消石”时是否指硝石，唯一的方法是看如何谈论其性能。中国不乏好的术语，但是纵观整个历史，当需要新术语时都极不愿赐给的情况随处可见。

术语。海姆（Hime）很久以前在涉及本节的问题时，也遇到过同样的麻烦。他写道[①]：

> 比如有一个词W，一直是M物的名称，后来又被用来称呼某一新器物N。N与M为同一用途而设计，但N的性能更好。于是在某一段时期内，W既代表M也代表N，直到M最终不再使用，这时W即指N，而且仅指N。在那段时期内，W模棱两可的含义所必然造成的混乱当然归因于（人们不曾）为新器物造新名。如果一开始就为N定一个新名称，后来就不会有麻烦了……。但是由于上述既成事实，我们必须确定W在那段过渡时期内究竟是指M还是指N。不仅如此，我们还得和某些人争论……他们坚持认为，由于W最终指N，那么在史实和推测都表明它指M，而且只指M的那段时间内，它也一定是指N。

“火箭”（fire-arrow，纵火箭）与“火箭”（rocket）的情况正是如此。我们还记得当机械钟的擒纵装置在中国发明时，也有类似的情况，当时没有人想到给这种钟表机械定一个新名，使之有别于漏壶[②]。至于霍利斯特-肖特，他研究了 *Stangenkunst*（连杆机）这个术语。它有两个完全不同的含义：①一种置于矿井之上的水轮，曲柄处有一连杆伸下，以驱动成排的抽水唧筒。②通过类似“矿井连杆”（field-rods）的卧式摇杆将动力从水轮跨过区域作直线传动的装置[③]。弄清这一点花了整整两个半世纪。50年前，我注意到术语的发展，是科学史上一个重要的制约因素[④]。

那么火箭（rocket）是何时真正开始它那显赫历程的呢？现在很清楚，火枪的出现大大早于火箭，大约950年的敦煌丝幡解决了这个问题。我们还得按不同方向，在两
个世纪之后那段时期内探索火箭的起源。我们发现在12世纪下半叶出现了两种烟火， 13
一种叫“地老鼠”，另一种叫作“流星”。可能前者出现得更早，它只是一个筒子，大概是竹筒[⑤]，其中填塞火药，留有一个小孔供气体逸出。烟火表演时，一将它点燃，便满地乱窜。如果把它绑在一根棍子上，它便会腾空而起，飞向天空。杭州西湖上的一些夜晚庆祝活动就有这种表演。从后来的一些名称如“飞鼠”、“流星地老鼠”等可以看出这二者的紧密结合。许多炸弹都规定要装有“地老鼠”，还常常在上面安上钩子，用起来一定很有威力，尤其是对付骑兵。作为烟火它们不免会吓着人，我们已经知道

---

① Hime (2)，p. 8。括号中的词是为了便于理解而由我们加上的。实际上，海姆引用了贺拉斯（Horace）的作品《诗艺》（*Ars Poetica*，Ⅱ，48—53）：

> ……Si forte necesse est
> Indiciis monstrare recentibus abdita rerum
> Fingere cinctutis non exaudita Cethegis
> Continget，dabiturque licentia sumpta pudenter……

意为：“万一需要用新的表示方法揭示隐藏的事物，便造出穿古代长袍的老切特赫吉（Cethegi）闻所未闻的词汇；只要不过分，这是允许的，而且这些新造的词汇如果有如来自希腊语言源泉的水滴有节制地落下，便将具有权威。”林耐（Linnaeus）想必是由此得到灵感，他的双名制命名法中的词汇全都源于希腊文或拉丁文——或者看起来像这样。关于这一点参见本书第六卷第一分册，p. 168。激励海姆发出“振聋发聩的呐喊”的，是这样一个事实：即尽管含义已根本改变了，许多欧洲语言词汇仍然一成不变。于是“artillerie”（大炮）在古代可以指弓和箭，而“gonne”用来指一种弩砲射出的抛掷物。他还列举了一些阿拉伯语，甚至汉语的例子。有关贺拉斯的引文见 Brink (2)，vol. 2，pp. 57，138。

② 本书第四卷第二分册，p. 465。

③ 本书第四卷第二分册，p. 351。

④ Needham (2)，p. 215，(27)。

⑤ 但是也可用硬纸板，甚至纸，这些材料后来无疑曾使用过。

宋朝有位太后“并不觉得它们好玩”（p. 135）。

这类民用使士兵们回想起使用火枪时总是不得不顶住其反弹力。于是在 12 世纪末，大约 1180 年左右，有人试着将火枪倒安在一只矛或箭上，结果它呼呼作响腾空而起，向目标飞去。从此以后，无论在平时还是在战时，火箭（rocket）都极为常见，它经历南宋、元、明，直到晚清，曾在反抗外国侵略者的鸦片战争中大显身手。在这一漫长的时期中，火箭有许多令人极感兴趣的发展。首先，有几种不同类型的集束火箭发射器，使用一根引信就能引发并射出 50 多支火箭。后来，它们被安放到手推车上，使整个一组火箭能滚动到作战地点，像现代的正规火炮一样。更有趣的是，有些火箭装着翅膀，带着鸟状炸弹，这是为了使火箭的飞行具有某些空气动力学稳定性而作出的早期尝试，是现代火箭装置的翼和尾翼的雏形。中国人既然发明了火箭，他们首先造出大型二级火箭自然在情理之中。这种火箭推进器的两级陆续点火，快到轨道末端时自动发射出密集的火箭束，以骚扰敌人集结的兵力。这是一项重大的发明，是阿波罗宇宙飞船和外层空间探索器的先驱。

这件事的来龙去脉与其他事件一样，我们将在适当的时候谈及（p. 472）。在这里仅略提一下地老鼠如何会发展成为宇宙火箭。我们会看到，有一个时期印度人如何擅长于使用火箭武器。这导致 19 世纪上半叶在欧洲出现带弹头的火箭。但是这一阶段来
14 去匆匆，因为命中率高得多的更先进的大炮可以发射出威力强大的炸弹和烧夷弹。所以西方火箭部队在大约 1850 年以后就销声匿迹了，在第一次世界大战中也没有火箭的用武之地。然而这时，与起源于中国的一系列发明相结合，出现了另一项极其重要的进展，即研制液体燃料，以取代最初使用的爆燃火药。而这一进展并不是由战争，而是由科幻小说家激发的。他们中有些人充分意识到这个至关重要的事实：在人类所知的运载工具中，只有火箭能克服地心引力，飞离大气层，在行星和恒星间遨游。12 世纪的中国人曾为他们的“飞鼠”取名“流星”，这个名字的确不错。

现在我们已经回顾了整个发明进程以及它们那些对全人类举足轻重的寓意：从 9 世纪配制火药的最早试验，到 14 世纪多级火箭的出现。这经历了大约五个世纪的时间，向西方世界的传播正好发生在这一时期末。因此，当我们看到安装在手推车上的集束火箭群退到历史舞台的幕后时，我们不禁要向那些中古代中国的能工巧匠们致敬，“他们施恩于整个世界，使之受益匪浅”。火药的确将给人类带来恩惠，而且是巨大的恩惠，尽管在很长一段时期内，它的应用主要在战争方面。

到此，我们的概述可以结束了，下面我们要向读者展示包罗万象的历史细节，以证明我们的论断不谬。但在这之前，少数武断的看法也不应忽略。

例如，有一种传统观念，或许是陈词滥调、老生常谈（cliché，idée réçue）、谬语、错误印象在广泛的领域中传播，即中国人虽然发明了火药，却从来没有将它用于军事武器，而只用作烟火[1]。语调常常颇为自得，以为中国人头脑简单。然而也有倾慕的一面，它源于 18 世纪的中国热时期，当时欧洲的思想家们以为中国是由贤人的“开明专制主义”所统治。的确在中国，军队总是（至少在理论上）隶属于行政官僚[2]。士兵

---

① 事实上，很有可能将火药用于爆破岩石较之首先将其用于战争早半个世纪左右。

② 当然不时也会有无政府和军阀割据的时期。另外尤其是在早期，有些人如杜预（222—284 年）既是卓越的军事将领，又是大学者和行政官员，但是尽管文人历史学家们有拔高本阶层的倾向，这一总结还是正确的。

和他们的指挥官就像第二次世界大战中的英国科学家一样，被认为是“跑龙套”的。
世界上没有其他任何文明能够像中国那样成功地牢牢控制军队达两千年之久，尽管其 15
中有规模大而持续久的外来入侵以及此伏彼起的农民起义[①]。因此，或许有理由认为上
述陈腐观念是正确的，那我们也有充分证据表明，它言之有误。

中国人发明了人类所知的最早的化学爆炸物，这不能仅看作是纯技术上的成就。火药并不是手工艺人、农民或泥水匠的发明，它起源于道教炼丹家系统的，或许是默默无闻的探究。“系统的”这个词是我们经过深思熟虑才使用的，因为虽然在6和8世纪他们还没有创立近代型的理论，但这并不意味着他们毫无理论可依。正相反，我们已经说明，中古代中国炼丹术理论结构的复杂和奥妙[②]。到唐代已产生了详尽的分类学说，这是化学亲和力的先声，在某些方面使人想起亚历山大里亚的原始化学家关于相亲和相斥的概念，但是中国的理论更为先进，而较少精灵论成分[③]。这样，仍然可以看出，当那极其重要的火药混合物首次制成时，在这个复杂的思维体系中是哪些因素起了主要作用。概言之，中国炼丹家们希求长生不老，对大量物质的化学和药物学性能进行了长期系统的研究，这才有了最初的火药合成。道家得到的东西不是他们所希求的，但是这种偏离主旨的状况仍然给人类带来了无量之福。

罗伯特·波义耳1664年就这个问题写道[④]：

> 那些在世界上名噪一时的大事，君主国的建立，帝国的崩溃，其影响也没有生理学理论那样深入人心。
>
> 要证明这一事实，我们只需要想想两项看来微不足道的发现给万物的面貌带
> 来了什么样的变化。一项只不过是发现曾与天然磁石接触过的针总会指向磁极；
> 另一项也只是发现硝石与硫磺之间存在所谓的相斥性[⑤]。如果没有磁针的知识，人
> 们对广袤的美洲地区，以及那里大批的金银宝石与更为珍贵的药草[⑥]可能仍然一无 16
> 所知，而后者导致了火药的偶然发明，这一发明在全世界大大改观了作战条件，
> 不管是海上的还是陆上的。确实，真正的自然科学远非无实用价值的理论知识。
> 医疗业、畜牧业，以及各种手工业（如制革业，即染业、酿造业、铸造业等等）
> 都是自然科学为数不多的几个定理的推广与应用。

第三，中国总是可以从容地对付具有社会破坏力的发现，而这种发现在欧洲却产生了革命性影响，在火药史诗中我们已发现这种情况。莎士比亚时代之后，几十年来，实际上几百年来，欧洲历史学家们已经意识到，14世纪臼炮的第一次轰鸣敲响了城堡

---

① 参见陆贾和叔孙通对汉朝开国皇帝刘邦所说的话。引文见本书第一卷 p. 103。

② 时间在其中起的作用至关重要（参见本书第五卷第四分册，pp. 221 ff.，p. 231 ff.），而且炼丹家们相信，他们能够随心所欲地加快或减慢时间进程（同上，p. 244 及图 1516）。他们还认识了我们应该称之为基本定律的法则，即一个可变物的极点状态内在是不稳定的。因此“阴”一到达顶点便立即转变为“阳”（参见同上 p. 226 及图 1515）。炼丹家们还在他们的仪器中应用了宇宙模型（同上，p. 279 ff.）。人们常说，有了架子上那些装着提纯物质的罐子，便会有火药成分最初的或许是“偶然的”混合；但是谁知道那位求长生术的术士这样做时遵循的是何种思想方法呢？

③ 参见本书第五卷第四分册，pp. 305 ff.。

④ Boyle (8), pt. 2, p. 5。

⑤ 他在这里几乎是逐字摘引了弗朗西斯·培根（Francis Bacon）44年前发表的《新工具》（*Novum Organum*）（参见本书第一卷，p. 19）。培根自然还加上印刷术，这便是使整个世界天翻地覆的三大发明。

⑥ 这是佛教传教僧侣在希腊世界引起的反响，他们带着“治病的草药，还有疗效更好的教义”来到这里。

的，因而也是西方军事贵族封建主义的丧钟。不过在这里长篇累牍地谈论这个问题会令人乏味。一年之内（1449 年），法国国王的炮队光顾了诺曼底仍由英国占领的城堡，以每月五城的速度接二连三地轰开了它们[①]。火药的作用并不局限于陆地，在海上也产生了深远影响。时机一旦成熟，它们就会给地中海上用奴隶划桨的多桨战船以致命打击，这种船不像北海和大西洋上的装备齐全的船有足够的空间可以装配多门重炮[②]。中国对欧洲的影响甚至在火药之前一个世纪左右就已存在，因为阿拉伯人对典型的中国抛射装置（“砲”）进行改进后制造出的平衡杠杆抛石机（trebuchet）[③] 也对坚固的城堡围墙极具威慑力。

在这里欧洲和中国的对照特别明显。在火药武器出现之后五个世纪，与它们发明之前相比，中国官僚封建主义的基本特点依然故我。这种化学武器在唐末问世，但在五代和宋以前一直未有广泛军事用途。直到 11 至 13 世纪宋对金以及蒙古的作战中，火药武器才有了用武之地。农民起义军使用这种武器的例子也很多，它们不但被用于陆上，也用于海上，既用于野战，也用于围城战。但在中国并没有由全身披挂盔甲的骑士组成的骑兵，也没有贵族或庄园主的封建城堡，因此这种武器只是对已有武器的补充，并未对古老的地方和军队官僚机构产生显著影响。对于这种官僚机构，每个新的
17 外来征服者都尽可能将其接收下来，为己所用。不如此，他的王朝便不能持久，而儒家官僚们以及那些多少听命于他们的武将僚属则会随时准备回复到过去，用古人之道治理国家。

最后要谈的一点是马镫，它再次表明西方中世纪社会和中国相比是多么不稳定。在充分讨论了中亚游牧民族之后我们将看到（本书第五卷第八分册），现在的结论是，马镫是中国的发明。大约 3 世纪墓中的人俑清楚表明了这一点[④]，而见诸文字的描写最先出现在下一个世纪（477 年）。大约在这一时期，关于马镫的描写不胜枚举，既有中国的也有朝鲜的[⑤]。马镫直到 8 世纪才在西方（或拜占庭）出现，但它们的社会影响却非同小可[⑥]。马镫将骑手与马融为一体，并使冲撞格斗得以利用畜力。这些骑手手执长矛或重的长枪，越来越普遍地披挂金属盔甲，实际上构成了纵横欧洲中世纪近一千年的人们所熟知的封建骑士。就是这些骑士在利格尼茨（Liegnitz）郊野为蒙古弓箭手所败。无须赘述骑士们的装备对于中世纪军事贵族封建主义制度具有何等意义。因而可以得出结论，中国的火药在这一时期后期有助于摧毁这一社会形式，而中国的马镫最初曾促成这一社会形式的形成。但是一个世纪又一个世纪过去了，中国官僚制度依然不动。直至今日，由非世袭、非贪婪、非贵族的精英组成理想政府这一观念，仍然支配着中国文化区内的千百万人。

人们自然常常思索火药的社会影响。1857 年，维多利亚时代的伟大作家巴克尔

---

① Oman (1), vol. 2, pp. 226, 404。

② 参见 Guilmartin (1), pp. 39, 175。关于这一点，吉布森［Gibson (2)］也值得一读。

③ 参见 Hollister-Short (1)，可一览后来由它发展起来的各种机械。

④ 见高至喜、刘廉银等人 (*1*)；杨泓 (*1*)，第 101 页，及图 31，no. 1、81，no. 5；Needham (47)，pp. 268 ff.，pl. 20；另见本书第五卷第八分册。人物为骑在马上的军乐队员，见于 302 年晋朝一位将军的长沙墓葬中，看来他们的马镫无疑主要是用来上马，因为它只悬挂在左边鞍前。

⑤ Lynn White (7), p. 15。

⑥ 同上，pp. 28 ff.。

(H. T. Buckle)[①] 看出它的主要影响是使战争职业化。火药技术十分复杂，不易掌握，
不可避免地造成军队中的职务分工，最终导致常规军队的建立，这时，每个男人都是
潜在士兵的情况便不复存在。以战争为业的人在人口中的比例下降，使更多的人转而
从事和平的艺术事业、技术工作，或受雇就业。另外，“由于热衷于战争的人数目减
少，尚武精神也有所收敛”。火药技术还十分昂贵，任何个人都花费不起，只有富裕的
共和国，或者得到商人支持与富人阶层资助的国王才可能制造、拥有与使用滑膛枪与 18
大炮[②]。这样便造成了巴克尔所称的“中间知识阶级”的崛起。“在此之前，欧洲人的
智慧不是消磨于战争就是消磨于神学，而现在他们有了一条中间道路可走，创造出那
些伟大的学科，而现代文明的发祥正应归功于它们”。

这番话对资产阶级兴起的一个方面阐述得十分正确，但维多利亚时代的乐观主义只在有一点上犯了错误，即相信这种局势会长久存在。不妨看看罗伯特·波义耳在他的《实验自然哲学之用途》(*Usefullness of Experimental Nature Philosophy*，1644 年) 中是怎么说的。在谈到“这种设计出来的机械，稍加触及，就会造成巨大差异”时他说[③]：

> 人的小手指轻轻触到一小块并非机械零件的铁上，并不会造成重大影响；但如果是一支随时可以发射的滑膛枪，在扳机上这么一触，那么按照枪的设计，弹簧立刻放松击铁落下，火石撞击到钢片上，打开火药池，点燃里面的火药，这些火药通过火门又引燃枪管里的火药，于是，沉重的灌铅子弹呼啸而出，其威力足以杀死七八百英尺外的人。

可见这一触真是生死攸关，而时机一到，这样的一触每个人都可以一试。明智的人可以预见到，随着时代的前进，受到工业革命（巴克尔对此推崇备至）自身的推动[④]，科学技术会大大改进这些致命武器的生产，这些武器不仅有机械的还有化学的，并使其成本大大降低。五花八门的爆炸物将层出不穷，几乎任何人都可以弄到手，不管是所谓的“恐怖分子”还是“自由战士”。历史兜了个圈又回到原处，呜呼，还是与以前一样，“每个男人都是潜在的士兵”。这是我们今天的困窘，只有普遍的社会和国际正义才能使我们摆脱它。

(2) 历 史 文 献

(i) 原 始 资 料

火药史诗的基本依据是中国的军事典籍。在这类著作中，《武经总要》最早提到火

① Buckle (1), vol. 1, pp. 185 ff.。埃莉诺·谢弗 (Elinor Shaffer) 博士使我们注意到他的观点，对此不胜感谢。

② Bernal (1), p. 238。

③ Boyle (8), vol. 2, p. 247。

④ 确实，正如内夫 [Nef (1)] 在一部经典著作中阐述的那样，工业革命自身与战争的联系远不及与和平发展的联系密切，大规模的工厂生产只是部分受到军事需求的刺激。然而，如果不是世界上的开明政府加以控制的话，近代科学技术从一开始就必然包括要求致命武器更便宜、更有效、更充足的趋势。

19 药以及依靠火药的火器。该书于 1040 年奉宋朝皇帝的命令开始编纂，完成于 1044 年，曾公亮在钦天监官员杨惟德[①]的协助下主持了编辑工作。它是《宋史·艺文志》列举了多达 347 种兵书书名中的一部[②]，但是，除了收入《永乐大典》的为数不多的几本这类书的片断外，该书与许洞 1004 年著的《虎钤经》是现在仅存的真正宋代军事著作[③]。

当然，《武经总要》并不是最先谈论火攻的军事论著。尽管纵火箭在《孙子兵法》[④] 和《墨子》时代以前多久发展起来的，还仍然是有争议的问题[⑤]，但是在有关战争的古代著作中，谈到火攻的不少。但到了唐代，"火箭"或"火矢"（纵火箭）已经相当普遍，这可以从李筌所著的《太白阴经》[⑥]（本书第五卷第六分册已述）中看出。这部著作是现存最古老的军事百科全书，成书于 759 年。书中无一字提到火药或与之稍相类似的任何物品。

宋代其他所有的重要军事典籍现在都已散失，其中南宋初年的有《御前军器集模》(作者不详)、王洙的《五经圣略》、方宝元的《中西边用兵》，以及两部佚名著作：《造甲法》与《造神臂弓法》。上述第一部书的散失特别令人惋惜，因为它可能填补从《武经总要》到《火龙经》之间的巨大空白。《宋史》提到而又失传的书中还有一本《砲经》也很令人感兴趣，它也许会使我们了解火药的使用如何导致了"火砲"或"火炮"这个词的出现。

20 《武经总要》的原本藏于皇家图书馆（崇文院），可能另有为数不多的手写本。因为据《宋史》记载，1069 年皇帝将几本军事著作抄本，包括《武经总要》赐予王韶。1126 年宋朝都城陷落。崇文院藏书散失殆尽，《武经总要》原本也佚失，但少数抄本仍藏于中国各地。由于这是一部军事论著，为了安全原因没有被大量重印，不过在 1231 年肯定出过一版。在明代，这部著作被数次印行，于 18 世纪被收辑入《四库全书》。目前，该书有下列版本：

（1）明朝弘治、正德年间（1488—1521 年）重印本。杰出的考古学家郑振铎曾收藏过这一珍本，其年代通常定为 1510 年。据此版本，上海曾于 1959 年重印该书。它无疑是现今尚存的最可靠的《武经总要》版本，因为它的印版是直接根据 1231 年摹本刻出的[⑦]。

（2）嘉靖（1522—1566 年）版本。

（3）万历（1573—1619 年）泉州版本。

（4）万历（1573—1619 年）金陵版本，唐心云印，（日本）尊经阁藏。

（5）以《武经要览》为名在山西府刊印的版本可能也是万历版。

---

① 此人负责后集中有关战争预测的详细情况。参见 Franke (24), p. 195。

② 《宋史·艺文志》第二〇七章，第三页至第六页。当然，所列书目中的许多书籍成书于宋代以前。

③ 还可参见有马成甫 (*1*)，第 28 页，以及王显臣及许保林 (*1*)。

④ 该书以艰涩著称，注家各说纷纭。译文可参见 Griffith (1), p. 141; L. Giles (11), pp. 151—152; Machell-Cox (1), p. 50。

⑤ 参见 Yates (1), pp. 152 ff.。

⑥ 有关"火箭"（纵火箭）的描述见《太白阴经》卷四（第三十五章），第二页（第三十八章），第八页，及卷五（第四十六章），第二页。书中并有多处提到弹射弓弩（arcuballistae）与抛石机，如卷四（第三十五章），第一页及其后诸页；在卷四（第三十五章），第四页提到在围城战中用熔化的铁水作武器。

⑦ 这一点确凿无疑，仅以书中有宋代避讳的字便可证实。此外，书末有赵魏挺 1231 年为它写的题记。

(6) 金陵富春堂清代版本，尊经阁藏。

(7)（日本）静嘉堂清代版本。

(8)《四库全书》文溯阁版本。

(9) 1934 年上海重印的《四库全书》的文渊阁版本[①]。

《武经总要》由两集组成：《前集》和《后集》。前集更为重要得多，它涉及各种各样的军事设施、武器和机械；后集则叙述了一些战役、战斗，以及从历史和传统中总结出来的用兵之道。

除了上述所有版本外，还可以发现一些颇为奇怪的、不完整的《武经总要》版本。
1952 年我曾在北京琉璃厂书店购得一册，版本似乎相当早，其序言写于 1439 年。我将 21
它赠给了中国科学院图书馆。在这一奇怪的版本中，《武经总要》的前十章被代之以另外两本书：作者佚名，李进作序的大约 1260 年的《行军须知》与年代相近，同样佚名的《百战奇法》[②]。然后《武经总要》突如其来地从第十一章的中间开始，并略去了第十二章的后半部。不过除了几处较小的脱漏外，其余部分显然是完整的。进一步查证[③]发现，李进的序只是为《行军须知》而作，因此 1439 年的年代不适用于《武经总要》。不过，这本书与《武经总要》关系密切，后者 1510 年版本也是前有序言，后附关于军队将领的书[④]。不仅如此，我这本书中《武经总要》的文字内容与插图看来与 1510 年版本的完全一样。此外，在一些书页的背面有一些年代晚得多的著作片段，最显著的是惠栋（1697—1758 年）的一篇著作。因此，该书一定是由某个印刷作坊主或书商拼凑而成，年代不会早于惠栋的时代。他使用了一些杂七杂八的旧印版，不管它们凑在一起是否恰当。所以，这是一本年代较晚拼凑货，《武经总要》并没有 1439 年版本。

据《四库全书提要》看，《四库全书》的汇编者们只知道《武经总要》的一种版本。令人遗憾的是，这些 18 世纪的编辑者们或许是为了使这部 11 世纪的著作新颖一点，加了两幅金属管火炮的插图，对原著稍有损害。这当然是明显的年代错误，而且，在加进插图时，没有对这种武器进行任何描述，因此对这一错误很容易辨别。有马成甫注意到，这两幅插图并未出现在《武经要览》中[⑤]。而在两种《四库全书》版本中，都有金属管火炮，即“行砲车”和“轩车砲”的插图[⑥]。之所以要特别加上金属管火炮，似乎是由于附近有倾斜的活动桥梁设施，及车辆、云梯的插图，因而编者想到倾斜着作榴弹炮式瞄准的炮架、炮车[⑦]。

“虎蹲砲”提供了一个很好的例子，说明器物已经起了根本变化，而术语却依然故 22

---

① 已故的郭沫若博士与陶孟和博士曾于 1955 年代表中国科学院将该书一册赠与剑桥东亚科学史图书馆。

② 但该书有李赞作于 1504 年的序。这两本书颇令人感兴趣，因为其中数次提到“火筒”一词，它可能是指火枪或突火枪，这我们将在后面（p. 230）看到，但也可能是指金属管枪炮（p. 276）。

③ 对北京已故的冯家昇博士为此所做的工作，我们极表感谢。

④ 明代版本的《武经总要》中通常附有这两部宋代著作，但是这两本书以及《武经总要》后集在当代都未重印。

⑤ 有马成甫（1），第 60 页及其后诸页。

⑥《武经总要》（前集）卷十，第十三页。我们将这两幅插图定为图 77、79。

⑦ 富路德和冯家昇［Goodrich & Fêng (1), pp. 116—117］，他们看出这些炮的时代谬误，但是以为火砲图也为后人所作，这是不确实的。

我。明版《武经总要》中有一幅火炮图名为“虎蹲砲”[1]。茅元仪 1628 年曾这样谈到[2]：

> 宋人使用旋风砲、单梢砲和虎蹲砲，用它们发射火器如火毬、火鹞和火枪[3]，因此都被称为“火砲”。它们是砲之祖。
>
> 〈宋人用旋风、单梢、虎蹲等砲，所谓火砲者，但以其车放毬、鹞、枪等诸火器耳。此为砲之祖。〉

可见，虎蹲砲最初是一种抛石机。后来，大约 14 世纪中叶，焦玉著《火龙经》，其中也提到虎蹲砲[4]，然而这一名称却指的是另一种武器，一种早期的中国铁火炮，与突火枪相似，可射出许多发射物。1571 年戚继光在他的《练兵实纪·杂集》中又提到了虎蹲砲[5]。

据有马成甫（*1*）的看法，最接近 1044 年宋代原本的版本是名为《武经要览》的明代版本，其孤本藏于日本军事科学院防卫大学校图书馆。不过，有马著书时还不知道有 1510 年版本（依据 1231 年版本）。

还有一类对火药武器史也极其重要，完全不同风格的文献，可将其称为围城战术实例的著作，即对中国历史上一些重大围城战亲身经历的实录[6]。仅举几个例子便可见一斑。从 1127 年到 1132 年，陈规为宋朝守卫德安（位于淮河和长江之间），抗击金兵。后来，他就此事写了一本书，名为《守城录》。此后，一位名叫汤璹的将领重温了所有的记载，也就这次围城战写了一本书，名为《建炎德安守御录》[7]。1225 年，这两部著作以陈规的书名合二为一，汤璹的著述成为第三章和第四章[8]。该书第一次清楚地
23 描写了火枪，以及火箭发射药（硝石含量较低的火药）的五分钟火焰喷火筒，我们现在相信这种武器的发明年代还要早得多。[9]。

正好大约一个世纪之后，在同一地点又发生了第二次著名的围城战。守将王允初之子王致远写了一本《开禧德安守城录》，详细描述了这次战争。完颜匡率领的金兵始终未能从宋军手中夺得这座城池[10]。这发生在宋朝大臣韩侂胄对金兴兵的战争中，韩为主战派领袖，是哲学家及政治家朱熹的反对派。

后来又有《襄阳守城录》，描述了在同一战役，同一年代（1206、1207 年）中发生的守城战，仍然是宋军扼守城池抗击金兵[11]。但不要将它与更为著名的 1268—1273

---

① 《武经总要》卷十二，第四十五页。

② 《武备志》卷一二二，第四页；由作者译成英文。茅氏列举的武器直接引自《武经总要》（前集）卷十二，第五十页（明版）。

③ 我们将看到，“火枪”一词通常用来指装填硝石含量较低的火药的喷火筒，但是也用它称呼火箭（参见《武备志》卷一二八，第十六页、第十七页），此处它肯定是指一种抛射物，也许含有火药燃料成分，两端开口，喷出火焰。

④ 见《火龙经》第一集卷中，第三页。

⑤ 《练兵实纪·杂集》卷五，第十九页至二十一页。参见下文 p. 277 及图 75。

⑥ 见傅海波［H. Franke (24)］颇有见地的讨论；及本书第五卷第六分册。

⑦ 刘荀 1172 年写成的同名著作也许也收录在汤璹的书内。

⑧ 参见 Balazs & Hervouet (1)，p. 237。三上义夫（*21*）对整部著作进行了专门研究。

⑨ 参见下文 pp. 222 ff. 。

⑩ 在这类书籍中，这是唯一被完整翻译并出版的一本——这归功于 Korinna Hana (1)。

⑪ 有一篇短文论及这一事件，参见 Franke (25)。

年的围城战混淆，在那次战斗中，襄阳最后为元军所陷。这本书为赵万年所著，他是守城将领赵淳之子，这与《德安守城录》的情况一样。

最后要提一下徐勉之的《保越录》，描述了1358—1359年吕珍（吕国宝）为张士诚扼守这座壁垒森严的据点，抗击节节胜利的朱元璋所进行的英勇的保卫战[1]。这时，火药的使用已勿需置疑，而且还有许多关于“火筒”的记载，它们在这时想必是指金属管的手铳和臼炮[2]。总的说来，在研究火药武器与火器的起源时，不可忽略这类围城战实录文献。

我们对元代出版的军事方面的著述所知甚少。宋濂和他的同僚们1367年左右编纂元朝正史时，没有艺文志，《四库全书》也未提到这一时期的任何军事著作。但是最初由倪灿撰写，又为卢文炤所续的《补辽金元艺文志》却列举了十多本这类书籍，其中 24
有一本名为《火龙神器图法》[3]。该书失传已久，不过如果它是《火龙经》（后面我们要用几页的篇幅详细讨论这部著作）的前身或雏形的话，那么《火龙经》的内容会从1412年提前整整一个世纪或更多，或许到1270年左右。蒙古人统治时期军事典籍的贫乏可能是由于统治者对著述工作不感兴趣，另一方面也可能是老百姓害怕印行这类书籍会招致蒙古人的怀疑，以为他们正在策划造反。而极有可能的是，新武器的设计在元朝末年暗中进行着，不然很难解释为何众多的新式火器突如其来地出现在明朝初年。

以下要提到的一系列军事典籍就是在明代刊行的。编著《明史》的历史学家们在艺文志的兵家著作项下列举了58种书。然而他们对于那个时代军事著述的了解却不够完全，因为他们虽然在明代正史中提到了焦勗1643年的《火攻挈要》（第三一〇页），却略去了他在该书前言中谈到的大多数军事著作书目。

焦勗提到了三部明朝初年的军事著述，即《火龙经》、《制胜录》和《无敌真铨》。但是现在仅存的明初的军事著作只是其中的第一部，即《火龙经》。这部书特别重要，因为它写作于14世纪，而其他所有现存的明代军事著作都作于16世纪。

关于火药与火器发展的书籍文章已写得不少，但除冯家昇和有马成甫外，似乎没有谁注意到这部有趣的14世纪中叶的著作。看来所有探讨火器或火药的西方作者实际上都对这部书一无所知。有马成甫（*1*）引用的版本题为《武备火龙经》，还有其他几种《火龙经》版本，但都很少见。例如，有一篇近代中国军事著作书目只提到其中的一种[4]。因为还没有人对这些版本的内容进行过比较，因此有必要对此稍微详细地加以评述。

我在过去35年中访问中国时，设法得到了四种与《火龙经》书名多少一致的版 25
本。它们是：

（1）《火龙经》，据藏于襄阳的印版印刷，书中有“襄阳府藏版”字样。书页中标

---

① 参见 Franke (24), p. 188。该书有傅海波［H. Franke (23)］翻译的出色译文，但未发表。攻城明军由胡大海率领。

② 毕竟，距在中国出现第一个为人所知例子以及与其相关的，见诸文字的证据已经过去了七十年左右。

③ 书名十分奇怪，因为“神器”一词在明朝末年专指金属管枪与轻型炮，在这样早的年代不常见。但我们将看到（参见下文 p. 346），以硝石含量高的火药为发射剂的武器确实起源于宋末以前。因此这一术语可能有很长一段时间不再使用，以后又再度流行。或者某些手稿在较后的年代被更换了标题。

④ 参见陆达节（*1*），第3页。

题为《火器图》，常以此名被引用。此书无序，也未注明出版年代。有人将其附会为3世纪蜀国统帅诸葛亮[1]的作品，显然不确。它由明初的刘基与焦玉编辑，后来又由澔江李天桢重编。书中有刘基[2]与焦玉的著述[3]片断。

(2)《火龙经全集》，南阳版，书中有“南阳石室藏本”字样。有焦玉1412年的序，但无出版年代，除此之外，其内容与襄阳府版本大同小异。一个很明显的年代错误仍然是将其附会为诸葛亮（诸葛武侯）的作品。（日本）东洋文库有一册这种版本的书，书名略为《火龙经》。

26 (3)《火龙经二集》，毛希秉编，刊载有他1632年作的序[4]，其内容与襄阳府版本、南阳府版本所载的第一集差异甚大。其中谈到鸟铳和佛郎机后膛装填炮[5]，对此前两个版本根本未涉及[6]有关火药制作与火器试验的章节与《武备志》中的相应章节有雷同之处[7]。东洋文库收藏有一册这种版本的书，书名为《火龙经》。

(4)《火龙经三集》，亦为南阳出版，有“南阳隆中珍藏”字样。诸葛光荣编，未注明出版年代，但不会早于17世纪初叶，因为其中引用了《武备志》的作者茅元仪的论述。其内容亦和襄阳府版本及南阳府版本所载第一集差异很大。东洋文库藏有一册这种版本的书。

(5)《火攻备要》，1884年重印，有“敦怀书屋重镌”字样，可见是据较早的印版印出。此书有焦玉作的序，内容与襄阳府版本、南阳府版本所载第一集相似。

(6) 最后是有马成甫 (*1*) 所用的《火龙经》，题为《武备火龙经》，1857年据较早的第一次印刷版印出，有“抱朴山房新镌”字样，并有焦玉所作的序。此书似乎仅

---

① 常以其姓及字诸葛孔明闻名。在广泛流传的民间传说中，他常与火药武器联系在一起，这使所有的早期西方汉学家误认为火药武器起源于汉代。钱德明（Amiot）、韩国英（Cibot）、宋君荣（Gaubil）和冯秉正（de Mailla）就不提了，我们还可以举出格罗西耶（Grosier），参见 Grosier (1), vol. 7, pp. 176 ff.，译文见 Castellano & Campbell Thompson, pp. 105 ff.；以及 Williams (1), vol. 2, pp. 89 ff.。

② 刘基（1311—1375年）在此出现很令人感兴趣，因为他是一位非凡的人物，文武全才。在哲学上，他是一位怀疑论的博物学家，对各种科学和原始科学（天文学、历法、磁学及堪舆）感兴趣。他还是杰出的数学家和炼丹家赵友钦（参见本书第五卷第三分册，p. 206）的朋友。但他也从政，曾长期担任明朝开国皇帝的顾问。在战争中他既指挥陆战也指挥水战，有一次（1363年），他刚转移到另一只船上，他的旗舰就被“飞砲”摧毁（《明史》卷一二八，第六页；Forke (9), p. 307）。刘基曾说过，雷电很简单，“就像火从砲中射出”（‘犹火之出砲’）。（钟泰 (*1*)，第二卷，第79页）这些可能只是指火炮以及火炮中射出的爆炸弹，但是在这时，14世纪中叶，它确实更有可能是指金属管火炮。

我们已经在本书第一卷（p. 142）推测过，火药武器在朱元璋取胜反明朝的建立中起了极其重要的作用；本节不仅肯定了当时的猜测，还大大有所发展。可惜刘基的传记（《明史》卷一二八，第一页起）基本上是纯政治性的，只是偶尔提到他对科学技术的兴趣，枪炮无疑是其中之一。关于此人的最有权威的著作是钟泰 (*1*)，在佛尔克 [Forke (9), pp. 306 ff.] 的叙述中曾大量引用该书。

刘基是一个能按主将的需要呼风唤雨的人。所有莎士比亚剧中的军人都无此本领，不过在萧伯纳（Shaw）的剧中，成功伴随着圣女贞德（St Joan）的祈祷者。参见 Dreyer (2), pp. 228 ff.；Chhen Ho-Lin (1)。

③ 这一著述后来被重印，有时是缩写形式，如19世纪末的文汇堂本。

④ 《武备志》卷一一七，第十一页，曾引用毛希秉的著述。

⑤ 参见 Reid (1), pp. 12—13。

⑥ 但是在《火龙经二集》第一集卷上，第十一页涉及毒烟攻（“五里雾”）时曾提到鸟铳，即鸟（嘴火）枪。或者这是后人插入的，或者“鸟嘴”这个词在用于真枪之前曾先用于火枪。

⑦ 《武备志》卷一，第二十四页、二十六和二十七页与《武备志》卷一一九，第四页至第六页相似。

藏于日本军事科学院防卫大学校①。

这样，焦玉的《火龙经》至少包括三个不同的部分。看来这部著作有一个主要核心，其余两部分是补充，总结了大约 1280 年以后一系列火药武器的发展。我们将看到，焦玉是统一中国并于 1367 年建立明代的朱元璋军队中的主要炮兵将领。有马成甫注意到在《武备火龙经》中有一些后来补充进去的内容。例如，它不但谈到葡萄牙的 27
“佛郎机”后膛装填炮（这是中国人大约 1510 年之后才知道并应用的），还谈到日本火绳枪，即中国人所称的“鸟铳”，直到 1548 年才通过日本传入中国。因此，这一部分《火龙经》的编纂不会早于 16 世纪中叶。冯家昇正是由于碰巧发现书中有这些“佛郎机”和鸟铳，起初对《火龙经》未加重视②。的确，《武备火龙经》的出书不会早于 1628 年，因为书中数次提到《武备志》。然而有马成甫认为《火龙经》原本大约出现于 14 世纪中叶是有道理的，这尤其是因为此书有焦玉作的序。我们将看到，序中提到 1355 年他亲身经历的一些文件。显然，后来书中补充了不少新的内容。

焦玉曾于 14 世纪中叶为明朝开国皇帝制造火器，后来掌管神机营军械库，这是放置并收藏所有枪炮的地方。虽然明代正史中没有焦玉的传记，但赵士祯的《神器谱》（1598 年）和焦勗 1643 年的《则克录》（又名《火攻挈要》）都提到过他③。何汝宾在 1606 年的《兵录》中也提到过他的名字。有马成甫（*1*）认为《火龙经》的主要部分为焦玉 14 世纪中叶所著。如果还记得 1327 年欧洲第一张臼炮图出现的关键年代，便知道这具有重大意义。

焦玉在序中写道：汉代本无火器，但后来诸葛亮（3 世纪）遇一异人，向他传授了火攻秘诀。焦玉自己也曾遇一得道之人，名“止止道人”，要他帮助朱元璋，并授他一本关于火器及其用法的书。焦玉献给朱元璋几件按他师傅指示铸造的火器。朱元璋命徐达去验证，并亲自观看了试验，不禁大喜。击败蒙古人之后，朱元璋在首都建立了正规的火药工厂，并修建了军火库贮存“神器”。可见，火药武器为朱元璋登上皇帝宝座起了重要作用。

我们将序言全文翻译如下④： 28

> 昔日黄帝战于涿鹿时，以风后为师；大禹与三苗（部落）开战，以伯益为师；鸣条之战中，成汤以伊尹为师；攻牧野时，武王师吕望。用兵谋略即始于此。双方力量相当，德行高者胜；双方德行相当，则义者胜⑤。（古之胜者）上承天命，下顺民意。后为春秋时期，五霸争雄，战国时七雄混战，祸及黎民，国无宁日。然而我们不知交战中用火之详情⑥。后来（汉皇帝）高祖以张良为师，战于泗上，

---

① 我们的一位同事（何丙郁）承蒙该学院同意，得到了一份该书的影印件。最初的报告见何丙郁及王铃[Ho Ping -Yü & Wang Ling (1)]。所有其他的存于剑桥东亚科学史图书馆，剑桥大学图书馆藏有一册。它们是我们即将要作的论述所必不可少的资料。

② 与冯家昇博士的私人通信。亦见下文 pp. 440 ff. 。

③ 在《明史》的功臣传记篇中，有一人名焦礼。书中只有此人享有东宁伯爵号；而这也是焦玉的爵号，可见他们属同一家族，也许焦礼是这位枪炮制造师之父或祖。成东（*1*）对焦玉的生平及著述作了令人感兴趣的研究。

④ 引自《火龙经》的《火攻备要》版；由作者译成英文。

⑤ “德”在此处也可解释为“自然要素”，在这种情况下，相克律起作用。见本书第二卷，p. 256。

⑥ 这说明焦玉没有什么文学造诣，否则他在此处不会忽略《孙子兵法》。不过后来他间接引用了《史记》中有关赵奢和赵括的材料。

大败项羽，建立汉朝。光武（帝）以邓禹为师，兴兵于昆阳，灭王莽，兴汉室。然而（那时）对火器仍然闻所未闻。

到三国时，谋士、猛将如云，枭雄曹操占据中原，孙权继承父兄遗业，盘踞江东，无人能和他们争雄。这时卧龙（诸葛亮）躬耕南阳，不求闻达，却遇异人向他密授战争中用火及布阵的韬略。此后他为先主（蜀汉之主，即刘备）三顾的诚意所感动，鞠躬尽瘁，为其尽忠。他火烧博望（坡），调兵赤壁，火攻（孟获）藤甲兵，攻上方，出祈山，这才造成三分天下的局面。

（诸葛亮）战无不胜，他的谋略一次次挫败敌人，吓得曹操、孙权不知所措。孔明（诸葛亮）在战争中对纵火技术运用自如。葫芦谷一战如果不是天忽降暴雨，
29 他埋设的地雷[1]定会把司马父子（司马懿及司马昭）烧成灰烬。（主要是由于他的努力），百姓才不至完全遗忘汉室。如果三分天下不是天意的话，他可以率军长驱直入，统一天下。当时如不是依孔明的火器，即使蜀有著名的五虎上将，吴与魏以他们的力量，未必会惧怕蜀国如真虎[2]。因此，要想立于不败之地，使用火器的诀窍最重要。

至于火器，有的专门用于对阵，有的埋设于地下，有的只用于进攻，有的只用于防御，有的专用于陆地，有的专用于水上，最后还有一些用于城墙上。如用于攻击或歼灭敌人，火要烈，兵器要能远达。至于偷营劫寨，扰乱敌人，则火要能远达而兵器要利。如扼守城池要塞，则火要猛，而兵器要重。从头顶上飞过的称为“天雷”（即从臼炮或火炮发射出的弹丸或炮弹中飞出的抛射物）；埋设于地下的称为“地雷”；布于水中的称为“水雷”；最后，那些作为兵器由士兵随身携带的称为“人雷”（即手铳和火绳枪）。这些武器的威力取决于火，而火的方向和是否猛烈又取决于风。当它们在公开场合使用时，要抓住准确的时机引发；而当被秘密使用时，则要精确计算好提前时间引爆。国家的存亡，全军将士的性命，系于准确选择这些武器的爆发时机。火器情况大致如此。

我从小读儒家经典，研习军事书籍，漫游全国，以期遇一得道之人。一天，游天台山时，我偶见一黄冠黑袍、碧眼灰髯的道人在松树下吟唱舞蹈，便走上前去躬身行礼。看他道袍飘拂，真像是位活神仙。我在大石上清出一块地方，和他坐下来，想看看他学识如何。（我发现）在艺文方面，他师从孔孟，在军事方面，他继承了孙武，上穷星宿天象之知识，下辩千山万水。我肃然起敬，向他叩头，尊之为师。此后三年，我们一起云游四方，他自称“止止道人”[3]（知道何处停止之道人），从未提起他的本名本姓。一天，我们来到武夷山的升真元化洞天[4]，他
30 看着我，说：“我十二岁即考取秀才，但后来得了神仙之道，无意尘世功名已久。而我的老师曾密授我一书，运用它可以助人向皇帝效忠，为国家服务，治理疆土，让百姓安居。它还能使人建功立业，并让‘道’行于天下。我不能对此秘而不宣，现在希望把它交给你。此时，（所有的预示都表明）天地均已阻塞，当今皇帝头脑

① 诸葛亮在3世纪就知道火药并用其制造地雷，这一不确切的传说这里又被提到。

② 蜀国的五虎将军为关羽、张飞、赵云、马超、黄忠。

③ 参见本书第二卷，p. 566。我们猜想其本意为“知止”。

④ 义为“上升到万物变化的真谛”。

疲惫昏聩。但几年之后，就有新天子在淮河流域起事，去助他完成（改朝换代的）大业，不要令我失望。”我再三向他行礼。打开书一看，发现讲的是在战争中如何应用火器。我们三天后出山，相互道别。我走了不到一百步，回头一望，只见林间云雾缭绕，他竟不知何处去了。

至正十五年己未（1355年），圣主高皇帝[1]在和州用兵，打过长江。攻占了采石和太平[2]。此时，韩林儿和韩山童占据亳州、汴州和梁州，陈友谅控制湖广[3]，刘益拥有辽阳。同时，张士诚[4]占有西浙[5]，毛贵据泰山之左，方国珍有东浙，王明统治四川，陈友定在福建，李思齐在广东[6]。这样的盗贼蜂拥而出，他们僭称王、主，割地盘据[7]。

于是，我按照老师授予的方法铸造几种火器[8]，将它们呈上（明朝开国皇帝），皇上命大将徐达试验[9]。它们像飞龙一样腾起，能穿透好几层铠甲。太祖大悦， 31
说：“有了这类火器，我夺取天下易如反掌。大功告成时，我要封你为开国元勋。”

在那以后，我们一出兵便攻克了荆襄（二州），再次出兵又拿下江浙（二省），第三次出兵征服了福建及周围水域[10]。第四次战役我们横扫齐地（山东）[11]。我们还歼灭了陈友谅军并占领了整个秦、晋、燕、赵地区[12]。元军往北逃窜，我们在金陵（南京）建都。（于是太祖）统一天下，建立起万世千秋的新朝。他在京城设立了制造炸药的火药局和储存神器（神奇的武器）的内库，我们的开国圣主就是这样重视军事。

然而，（为皇帝制作的）那些火器还不是神仙传授给我的全部秘密。（开国皇帝的）神圣业绩与武功奠定了天下的万世太平，而为了确保太平则必须居安思危。为防止火器技术天长日久可能失传，我努力绘出了这些火器图，并加以文字描述，以期对那些随时准备为国尽忠的忠贞武士谋臣们有所裨益。他们将读到神仙传授给我的秘密的无数用途，（以及我，他们的前辈所遇到的不可多得的机会）。见到皇帝并成为他的军械库总监是不容易的。我真切地希望不要有人成为只会死读父

---

① “高”字直到1398年才加在名号上，意指“太祖”。

② 朱元璋于1352年加入郭子兴军，1355年攻占亳州后，被授予军权。同年郭子兴死，韩山童之子韩林儿捷足先登，在亳州世称宋王。朱元璋不满于事态发展，率领他的部下渡过长江，先拿下采石，又攻占太平。他以太平为基地，自立为起义军元帅，旗号仍为宋。参见《明史》卷一，第二页起；卷一二二有关郭子兴及韩林儿的部分。

③ 元代十二行政省之一，包括现代湖南、广西和贵州诸省的大部地区。

④ 在谈论铸造铁炮时，我们还会涉及这位后来的统治者。铁炮至今尚存（见下文 p. 295）。

⑤ 现代的浙江省以及江苏、安徽、江西、福建诸省的部分地区。

⑥ 参见 Goodrich & Fang Chao-Ying (1), vol. 1, 关于韩林儿见 pp. 485—588，陈友谅见 pp. 185—188，张士诚见 pp. 99—103，方国珍见 pp. 433—435。

⑦ 有关这些军阀争斗的情况，见 Dreyer (2), pp. 203 ff.; Dardess (1)。

⑧ 《武备火龙经》中为“火龙枪”而不是“火器”。

⑨ 徐达传记见 Goodrich & Fang Chao-Ying (1), vol. 1, pp. 602—608。

⑩ 青州、徐州指从前春秋时代楚国的领土，包括现代的湖北、湖南省，以及河南、安徽和其他省的部分地区。明军在才干出众的大将徐达和常遇春率领下，于1364年和1365年占领了这些地区。见《明史》卷一，第十一页至第十二页。福建于1361年向朱元璋军投降。见《明史》卷一，第七页。

⑪ 《明史》卷二，第一页写道：“洪武元年二月癸卯日（1368年2月20日），常遇春攻占东昌，因而征服山东。”

⑫ 大致为陕西、山西、河南、河北等省的全部。在与明军舰队的战斗中，陈友谅于1363年10月3日中流矢而亡。见《明史》卷一二三，第四页；Dreyer (1), p. 238。

亲著作（但在实际应用时却一败涂地）的赵括[①]。（愿读者）切记。

东宁伯焦玉永乐十年（1412 年）序。

〈昔黄帝有涿鹿之战，而风后为之师。禹有三苗之征，而伯益为之师。成汤有鸣條之役，而伊尹为之师。武王有牧野之伐，而吕望为之师。此兵法所由起也。然同力以德胜，同德以义胜。惟上应天命，下顺人心而已。一降而春秋五伯专征，再降而战国七雄并角。糜烂其民，殆无虚日，未闻有火攻之法也。继而汉高奋泗上，以张良为师，以韩信、彭越为将，诛秦灭项，而成帝业。光武起于昆阳，以邓禹为师，以耽弇、蔡遵为将，灭莽中兴，而炎祚，亦未闻为火攻之法也。世至三国，谋臣战将，纷然走出，曹操以奸雄之姿而虎据中原，孙权借父兄之业而坐镇江东，天下莫强焉。唯诸葛孔明躬耕南阳，不求博达，得遇异人，秘授火攻阵法。感先主三顾之勤，尽鞠躬后已之力。烧屯于博望，鏖兵于赤壁，火焚藤甲兵于长坡，只出祈山，三分天下。百战百胜，愈出越奇，曹瞒为之丧胆，孙权为之夺魂。火攻之法自孔明而尽诚矣。至若埋伏地雷于葫芦谷，非天雨天降，则司马氏父子必为火中灰烬矣。使人心未尽亡汉。天命不限三分，则席卷长驱而成一统之业。向无孔明之火攻，虽有关羽、张飞、赵云之名将，以吴、魏之势较之，吴、魏未必畏蜀如虎也。是故，兵家无敌者，莫过于水攻、火攻。……惟火攻之法，战有战器，埋有埋器，守有守器，陆有陆器，水有水器，城有城器。冲锋破敌者，火猛而器远。劫营乱阵者，火迅而器利。守城安事者，火烈而器重。从空而飞者，以应天雷。埋伏而击者，以应地雷。伏水而发者，以应水雷。兵持而战者，以应人雷。以火为威，火以风为势。明则乘机而动，暗伏则刻期而发，火之为攻大矣哉。社稷之安危所系，三军之存亡所关。火攻之法顾不可易言而哉。予可也涉猎儒书，精研将略。退则思乐颜之安贫，进则效武侯之神智，遨游海内，参诣为道。一日游去台上清玉平洞天，遇一道士，黄冠黄服，碧眼苍髯，行吟松下。予前揖之，飘飘然真神仙风度也。予相与拂石共坐，叩其所蕴。文师孔孟，武近孙吴。上穷星宿，下辩山川。予拜手稽首，请以师礼高之，从游四方者三年。自号“止止道人”，终不言其姓氏。一日游武夷真元化洞天，顾予而言曰：“我昔年十二，应甲子科，后悟玄道，无意于功名久矣。但吾师秘授一书，用之上则忠君报国，下则辅世安民，中则立身行道。吾不忍秘，今观吾子气宇不凡，经世才也。愿以授予子，尔善用之，当今天地闭塞，元本胡裔入主中国，帝心厌乱。不数年有圣夫子起于淮甸，汝往辅之，懋建元功，肃清宇内，汝无负予嘱。”予再拜展视，乃火攻阵法一书，越三天相送出山，叮咛与别，行未百步，回首瞻望，但见云烟缥缈，林木掩映，不知所至矣。至正十五年乙未，我圣祖高皇帝起兵和州，渡江取采石、太平。是时韩林儿据亳州、汴梁，陈友谅据湖广，刘益据辽阳，张士诚据浙西，毛贵据山东，方国珍据浙东，明玉珍据四川，陈友定等据福建，李思齐据秦陇，潜伪瓜分，盗贼蜂起。予按师法制火龙铳四十根上献。圣祖高皇帝命大将军徐达试之。势若飞龙，洞透层甲。圣祖阅而喜曰：“朕得此铳，取天下如翻掌。功成当封汝为无敌大将军。”由是一征，而取荆、襄，再征而清江浙，三征而闽海率从，四征而席卷全齐，五征而定周及梁，遂取秦晋，举燕赵。胡元北定，安鼎金陵。公合一统，四夷来王，以开汇万年无疆之业。于皇城立火药局，以制法药，立内库以藏神器，立神机营以操战阵，圣祖之重其事也如此。然铸铳之制，未尽仙传之妙。神功圣武，万世太平，而安不忘危，实保治之道。予恐久而失传，安图著谱。留遗来也。并作序以纪其颠末，使后世子孙珍守是书，藏器于身，则为将门韬略之士，尽忠报国，则为朝廷折衡之臣，庶知仙传之妙不可测，祖宗之遇为不易也。噫，慎无如赵括徒读父书而不能用。勗哉。

永乐十年　东宁伯焦玉序。〉

---

① 赵括为公元前 3 世纪赵国大将。年轻时喜侈谈军事，使他的父亲赵奢十分不安。赵奢曾率领赵军救援被秦军围攻的韩国。然而当赵括与秦国人侵军队交锋时，却被杀，全军被白起歼灭。见《史记》卷八十一，第六页起；译文见 Kierman（1），pp. 31 ff.。

有一些《火龙经》版本有马成甫（*1*）不曾见过，一两个有趣的问题由此而起。《武备
火龙经》的序中说，焦玉曾为明朝开国皇帝制作“火龙枪”，有马成甫相信这就是最早的滑 32
膛枪或火绳枪。但是《武备火龙经》的正文根本未提到这种武器。有马成甫认为，由于这一武器需高度保密，它被有意略去了，而较后的军事典籍如《神器谱》和《则克录》的作者一定熟悉这种武器。但其他几种《火龙经》版本的序中并不见“火龙枪”这个词，南阳板的序和《火攻备要》的序用的都是“火器”一词。因此，仅是“火龙枪”这个词的出现不能证明 1355 年就存在火绳枪或滑膛枪，即使焦玉或许已知道了这种武器[1]。

关于《火龙经》最老的版本仍有些地方颇费解。前面我们提到《火龙神器图法》，此书列于卢文昭的元代书目中[2]，如果它成书于元代初年，即意味着可能为 1280 年左右。还有一本《火龙万胜神药图》[3]，仅在钱曾的《读书敏求记》（完成于 1684 年的宋元版图书书目）中留下一个书名，它想必是属于相同类型的书。最令人感兴趣的是《火龙神器药法编》，本书的佚名手稿藏于北京的中国科学院自然科学史研究所图书馆。它的插图与印刷的《火龙经》版本插图相似，但更加精美准确[4]。它与印刷本的关系还不甚明了，但进一步研究可能会证实这是一部元代著作或是元代著作的早期抄本。

《火龙经》与《武备志》一样，在清代被列为禁书达二百多年。其中多有“北夷虏”等字样，本不可能在满清统治下重印，只有当明朝已相去甚远，与当时已毫无关联，才有可能对此书进行历史研究并印行新版本。

然而这本书最令人感兴趣之点在于它明显地早于欧洲《火炮术》
(*Büchsenmeisterei*)[5] 文献中的任何部分。1400 年以前西方造炮师几乎没有什么东西传 33
世，而有理由相信焦玉的著作是作于 1360 到 1375 年之间，尽管直到 1412 年它才第一次印行。距它最近的是大约 1395 年的一份无题手稿[6]，然后是著名的康拉德·屈埃泽尔（Konrad Kyeser）的《军事堡垒》（*Bellifortis*）[7]，年代大约为 1405 年。此后欧洲枪炮专家的著述极其丰富。匿名的胡斯派（Hussite）工程师及乔瓦尼·达丰塔纳（Giovanni da Fontana）的书都约成书于 1430 年[8]。许多有趣的著作都仍是写本，此后有 1435 年的《兵书》（*Streydtbuch*）[9]，1437 年的《火攻书》（*Feuerwerkbuch*）[10]、1471 年的《枪炮术》（*Kunst aus Büchsen...*）[11] 及类似的 1496 年的著作[12]。同时还有一部常常提

① 如果是这样的话，一定是原始、古老的形式，与这一世纪初的手提枪区别不明显。

② 参见陆达节（*1*），第 108 页。

③ 陆达节（*1*），第 169 页。

④ 我们有机会于 1981 年 9 月大致查阅了一下。

⑤ “Büchse”一词大约来自 pyx 或 pixis，这是一种管状容器。[参见 Partington（5），p. 116。]

⑥ Partington（5），p. 144，慕尼黑手稿（Cod. Germ. 600），绘图非常粗糙。

⑦ 参见本书第四卷第二分册，p. 113 及该词以下。本段提到的许多手稿都是贝特洛［Berthelot（4，5，6）］三部经典论文中的论题。有关屈埃泽尔及火药，见 Partington（5），pp. 146ff.。

⑧ 胡斯派（Hussite）见本书第四卷第二分册，p. 82 及书中多处。帕廷顿［Partington（5）］对两部著作都有所叙述，前者见该书 p. 144，后者见该书 pp. 160ff.。

⑨ *Streydtbuch von Pixen*, *Kriegsrüstung*, *Sturmzeuch and Feuerwerckh*，其作者不详。Partington（5），p. 159。

⑩ Partington（5），p. 152；Hassenstein（1）。

⑪ *Kunst aus Büchsen zu Schiessen*；作者马丁·梅茨（Martin Mercz）。参见 Partington（5），p. 159。

⑫ 《战争与火器之书》*Buch der Stryt and Büchsse*；作者菲利普·蒙奇（Philip Monch）。参见 Partington（5），p. 160。

起的 1480 年的《中世纪家庭读物》(*Mittelalterliche Hausbuch*)[1]。我们没有必要在这里再追踪下去了，但事实是至 14 世纪末欧洲人才开始写作他们所知道的有关臼炮、手铳、炮车（ribaudequin）及火药之类的东西，而这些东西从 1355 年以来早已为朱元璋的兵仗局都督全部掌握了。

继《火龙经》之后，从 16 世纪上半叶到 17 世纪上半叶，又有十二部不同程度地提及火器的军事著作问世。其中最早之一的有唐顺之（1507—1560 年）[2] 的《武编》，此书收入《四库全书》丛书中，但编者批评作者书生气十足。因为当他率领军队与当时骚扰中国沿海的日本倭寇作战时，遭到惨败[3]，1559 年胡宗宪不得不前去救援。我们不知道《武编》成书的确切年代，但可以推测是在 1548 年至 1558 年之间。因为唐顺之提到鸟铳，鸟铳是 1548 年从日本首先传入中国的。

大约在 1561 年，郑若曾著《筹海图编》。这部书有五种不同的版本，其中一种为
34 胡宗宪的孙子出版，去掉了郑若曾的名字[4]。然后是《江南经略》，仍为郑若曾著，时间是 1566 年。明朝名将戚继光（1528—1587 年）[5] 也是一位重要的作者。他于 1571 年著《练兵实纪》[6]，1575 年左右著《纪效新书》。这两部著作对研究中国火器很有价值[7]，尽管它们比《武备志》成书早半个世纪，却不如《武备志》引人注意[8]。戚继光的另一部书是《武备新书》。他的这三部军事著作都收入《四库全书》丛书中。收入丛书的还有何良臣 1591 年著的《阵纪》，它开出了一张长长的火器名单。

16 世纪末又有两部军事著作问世，即赵士祯 1598 年的《神器谱》[9] 和王鸣鹤 1599 年的《登坛必究》[10]。王鸣鹤还是另一部军事著作《兵法百战经》的编者。何汝宾 1606 年的《兵录》绘出并描写了众多的火药武器与火器[11]，这部书还详述了火药配方理论，将其按药方对待，视硝石与硫磺为"君"，碳为"臣"，其他添加物质为"佐"[12]。1607 年又有吕坤的《救命书》[13]。

在已有的中国军事典籍中，内容最全面的当推茅元仪 1628 年著的《武备志》，共
35 240 卷[14]。大约与此同时，茅元仪还作了一篇饶有趣味的《火药赋》[15]。几乎在同一时期

---

① 参见本书第四卷第二分册，p. 216 及该词以下。

② 唐顺之也是一本几何书《勾股等六论》的作者。见《明史》卷九十六，第二十三页。

③《四库全书简明提要》卷九十九，第四十二页。

④ 因此胡宗宪有时被误认为是作者。见 W. Franke (4)，p. 224。关于他 1556 年抗击中日联合侵扰者的战斗，贺凯［Hucker (5)］有令人感兴趣的研究。

⑤ 用西方文字写成的关于他的最好的传记可能是黄仁宇的书［Huang Jen-Yü (5)，pp. 159ff.］，读来引人入胜。

⑥ 该书还有续集，篇幅与它几乎一样长，即《练兵实纪·杂集》。

⑦ 部分译文见韦哈恩-米斯［Werhahn-Mees (1)］对戚继光作的专门研究。

⑧ 例如，《武备志》卷一二四中关于"鸟嘴铳"滑膛枪的部分只不过是《纪效新书》的翻版。

⑨ 它也有一部附录，即《神器谱或问》。

⑩ 见 W. Franke (4)，p. 208。

⑪《兵录》中有三卷（卷十一至卷十三）专门谈论这一问题。

⑫ 参见本书第三十八章（本书第六卷第一分册）我们关于《神农本草经》中药物分类的评述。有关火药炸药的理论见下文 p. 163。

⑬ 该书分为两部分，即关于招募民兵的《乡兵救命书》与关于保卫城池的《守城救命书》。

⑭ 后来又有由该书衍生出的各种著作问世。如 1660 年左右傅禹的《武备志略》出版。剑桥大学图书馆有一部 1843 年的手稿，题为《武备制胜志》。傅吾康［W. Franke (4)，p. 209］认为，该手稿当时曾印行。

⑮ 可在《图书集成·戎政典》卷九十六中找到。

出现了另一部书名相当非同寻常的军事百科全书：《洴澼百金方》，由惠麓编[1]。它复制了许多前人书上的插图，并添加了一些有关抛石机原理[2]及望远镜[3]的新插图，但在火器方面并不特别出色。明末还有一部军事著作：李盘的《金汤借箸十二筹》[4]。

明朝末年，焦勖在耶稣会士汤若望的帮助下，于1643年著《火攻挈要》[5]。1841年重印以后，该书又名《则克录》。焦勖提到《火龙经》，而他的名字使人猜想他可能与焦玉有亲属关系，或许他是焦玉的后代，在皇家军械库服务。不过这一点还有待证实。耶稣会教士的媒介并不是西方火器知识传播到中国的唯一途径，至少有一本书是在葡萄牙人接触后写成的，即《西洋火攻图说》（参见下文 p. 393）。时机一到，越南人、日本人和土耳其人也会出现（pp. 310，429，440）。

我们提到的仅仅是那些现在尚存的描写火器的明代军事典籍。还有一些军事著作现已失传或极其稀见，如顾斌的《火器图》[6]。《武备志》和其他一些前面提到的著作在清代自然被列为“禁书”。总的说来军事著作在清初被视为“禁区”，这也是它们今天不易得的一个原因。

除了上面提到的那些著作外，在这一世纪还出现了许多论述枪炮的专著。1556至1562年任东南统帅的胡宗宪[7]本人著有两篇：《武略神机火药》与《武略火器图说》，论 36
述的都是滑膛枪与火药成分以及它们在各种战术条件下的应用。这些著述被收录进潘康所编的、名为《武备全书》的珍贵文集中。这部文集还收录有其他一些使人感兴趣的著作[8]。还有一部书名类似但年代更早的书：胡献忠的《武备神机》，它论述的也是滑膛枪的战术运用。此后又有黄应甲的《火器图说》，它与《火龙经》较后的几个版本很接近。还有两本书的作者已不可考，一本是关于枪炮的战术运用的《火攻阵法》，另一本是论述火药配方及用途的《火药妙品》。总的说来，明末是火药武器的著述极为丰富的时期[9]。前面我们已经提到，明代各种各样的军事著作占有很重要的地位，这里可见端倪[10]。

一些泛论技术的著述及百科全书型的著作也描述了火器。例如王圻1609年著的《三才图会》，有“鸟铳”火绳滑膛枪的插图；宋应星1637年的《天工开物》有一小节专谈火器[11]；方以智1643年以前完成的《物理小识》也谈到火器。不过这些著作论述火器都不如军事专著详尽。

---

① 该书书名出自《庄子》卷一中的一则故事［译文见 Legge（5），vol. 1，p. 173；Fêng You-Lan（5），p. 39］。有一宋国人发明了一种治手皲裂的药膏，家中人已使用了好几代，因为他们的职业是漂絮。一陌生人用一百块金（书名即出自此）买下了这一药方，来到吴国。他在吴国当了水军将领，将药膏发给水兵，因而在与越国舰队的交战中大获全胜。一种应用只带来极少的利益；另一种应用却带来巨大的成功和显赫的头衔。《洴澼百金方》似乎相当稀见；《四库全书简明提要》没有提到它。

② 《洴澼百金方》卷四，第三十五页。

③ 《洴澼百金方》卷十二，第二十四页。这可以确定其年代为1626年之后（见本书第四卷第一分册，p. 117）。

④ 书名的头两个字使人联想到“金城汤池”一词，这是坚不可摧的。

⑤ 这种合作我们已经提及（本书第五卷第三分册，pp. 240—241）。

⑥ 见《四库全书简明提要》卷一〇〇，第四十八页。

⑦ 参见贺凯［Hucker（5）］的论述。

⑧ 如关于沿海防务的《海防总论》，关于军事考查的《武试韬略》。

⑨ 对这些有关枪炮的次要文献的列出，我们应感谢我们的朋友，北京中国科学院自然科学史研究所的潘吉星博士与大阪武田科学基金会的宫下三郎博士。

⑩ 参见本书第五卷第六分册。

⑪ 我们将有机会在后面（pp. 187，437）讨论这一点。

在明代以及明代之后，中国的军事典籍似乎大都是应时或应急而作。明初的《火龙经》描述了一些用以推翻蒙古人统治的武器。16世纪中叶，葡萄牙的后膛装填炮（“佛郎机”）、火绳枪以及所谓的“鸟枪”或“鸟铳”被介绍到中国后，立即出现了大批军事著作，如《武编》、《筹海图编》、《江南经略》、《练兵实纪》与《纪效新书》。中国沿海受到日本倭寇（常常由汉奸带领）的骚扰也是在这一时期①。16世纪90年
37 代，中国援助朝鲜抗击由丰臣秀吉（1536—1598年）统领的日本人侵。正是在此期间，何良臣著《阵纪》，赵士祯在他的《神器谱》中提供了制造更有威力的滑膛枪的设计图。《登坛必究》也是在这时出版。

到17世纪初，明朝的军事力量已经衰落，以后便一蹶不振。一些学者意识到重整军备迫在眉睫，有掌握军事知识的必要，于是希望通过编纂军事著作振兴王朝。这样又有一大批军事书籍在明末印行，其中有《兵录》、《救命书》《洴澼百金方》、《金汤借箸十二筹》、《武备志》以及《火攻挈要》。前六部书中记述的西方火器是通过与日本人接触而为中国人所知的，而最后一部书记载了由耶稣会士直接介绍到中国的西方枪炮知识。以上列举的书目当然是不完全的，我们还知道其他一些现在已经失传的军事书籍，如张焘和孙学诗1625年以前著的《西洋火攻图说》②。

清代总的说来处于和平时期，因此不常有军事著述刊印③。但在满清征服的余波完全平息下来之前，吕磻和卢承恩1675年编纂了《兵钤》④。此时，火炮已进入近代世界（参见图145、147）。两位作者对海军情况极为关注，书中提到了几种重要的海道针位⑤记录。此外还有一本《满州实录》，其中有一些有价值的插图，说明火炮在野外的使用与部署，我们将其中几幅翻印在下面（图152、155）。通过研究陈文石的著作我们知道，在努尔哈赤时代之前，满族人的手工艺与工业很不发达，但他们招揽了一些汉族和朝鲜工匠前去帮助，于是1631年满人铸造了第一尊大炮。此后大炮便不断生产出来以满足军事上的需要。追溯日本军事著作的来龙去脉可能会离题太远，但是这里不
38 妨提一下著名的《本朝军器考》，此书由新井白石1705年左右开始写作，1737年印行。它详尽地记述了条状铠甲与近战武器，但却几乎一字不提火药与火器⑥。

清代军事典籍的出版也与国难有关。例如魏源著的《海国图志》收入了一些论述西方火器与炮船的文章，它出版于1841年，正当中国在鸦片战争中失败以后。林则徐曾促成该书的出版，并间接为其出了不少力⑦。李善兰的著作《火器真诀》也出现在这一时期，他是一位杰出的数学家与技术专家，后来是安庆军械所（江南制造局的前身）

---

① 这一问题见 So Kwan-Wai (1)。

② 见 Bernard-Maitre (7), p. 446 及 Pelliot (55), p. 192。这部著作与耶稣会教士无关联，也许来源于葡萄牙枪炮制造师的朋友，这些葡萄牙人是由澳门派去帮助明朝的。

③ 有些我们希望一看的著述已经佚失，如王达权的《火器略说》、沈善蒸的《火器真诀解证》。我们不知道它们的确切年代。

④ 《兵钤》序言作于1669年。

⑤ 其中两种已由向达 (*5*) 重印并编辑。参见本书第四卷第三分册，pp. 581 ff. 。

⑥ 这可能与日本人厌恶火器有很大关系，这一点我们将在后面谈到（下文 p. 467 ff.）。参见 Perrin (1)。阿克罗伊德［Ackroyd (1)］作有新井白石传。

⑦ 见 Hummel (2), p. 851。

中的一员①。一般人可能不知道，魏允恭在1905年的《江南制造局记》中，扼要地记述了中国火药武器史，包括一些江南制造局从未制造的武器，如火枪与作战用火箭。

陈元龙1735年著的《格致镜原》已对火器有了较多的评述②。他从一些书籍如《物原》、《稗编》、《事物纪原》与《旧唐书》中引用了一些关于"砲"的资料，提到一些使用地雷的战斗以及纵火箭、火箭、早期的中国炸弹、枪、炮、后膛炮、"鸟嘴"滑膛枪与多管枪。当然，这类书只是较晚的第二手资料。

纵观所有这些文献，不禁颇有感触。很突出的一点是，火药最初用于战争之后大约经过一个半世纪，才有了见诸文字的记载；技工们的成就被文人学者们长期忽略。最初的火药硝石含量较低，用于石脑油喷火筒的缓燃引信发火装置（见下文p.81）。这可以追溯到919年③。另外，对904年一次围城战的记述谈到"发机飞火"，即硝石含量低的火药以纵火抛射物或"炸弹"的形式被抛石机发射出去（见下文p.85）④。然而在1044年《武经总要》出版之前，关于这些武器的情况极少被发表。又过了三个世纪才有《火龙经》问世，其间留下了多么大的一片空白！今天我们只能靠审慎地应用 39
官方与非官方历史学家的叙述来填补这一空白，本节下面即致力于此⑤。

(ii) 阿拉伯与西方资料

著名的《焚敌火攻书》(*Liber Ignium ad Comburendos Hostes*) 被认为是（希腊人或拜占庭的）马克（Marcus Graecus）著⑥，是欧洲最早提及火药的著述之一。前面我们谈到一种蒸馏烈性酒精的方法时曾涉及该书⑦。烈性酒精是火药中最后出现的成分之一，大约在1280年。火药配方的出现也属于这最后阶段，也许迟至1300年，然而最早的记载却可以追溯到8世纪。现在还残存这一手稿的几种拉丁文译本，仅约六页长⑧，但均无希腊文标题，也无证据表明其作者或编纂者是拜占庭人。正如有些人所推测的，希腊人马克决不是盖伦（Galen）（死于201年）提到的那个马克，也不会是梅苏（Mesue，死于1015年）⑨ 提到的格雷库斯（Graecus），更不是12世纪将可兰经翻译成拉丁文的泰莱多（Teledo）的马克，当然也不是后期阿拉伯炼金术著述中提到的马克（Mar-

---

① 参见本书第三卷，p. 106。

② 参见《格致镜原》卷四十二，第二十七页起。

③ 根据1044年（《武经总要》）的精确描述推断而出，见下文p. 82。

④ 根据1004年（《虎钤经》）的解释。抛射物也可能是由弩砲射出的火药箭（不是火箭），或者只不过是指石脑油喷火筒。参见冯家昇（*1*），第46页，（*6*），第73页。见下文p. 85。

⑤ 我们之所以说"审慎地"，是由于陷阱极多，其中大都源于始终缺乏准确的技术术语。参见上文p. 22。

⑥ 近代对该书所作的所有研究帕廷顿都进行了总结与详查［Partington (5), pp. 42 ff.］；这在很大程度上代替了以前的记述。但是萨顿［Sarton (1), vol. 2, p. 1037］与桑戴克［Thorndike (1), vol. 2, pp. 252, 738, 785ff.］仍然值得参考。

⑦ 本书第五卷第四分册，p. 123。

⑧ 迪泰伊（de la Porte du Theil）（1804年）曾提供了该文的一个印刷文本，此外贝特洛［Berthelot (10) pp. 89 ff.］，以及赫费尔［Hoefer (1), vol. 1, pp. 491 ff.，第2版，pp. 517 ff.］都曾引用该文并附有译文。但都不能完全令人满意，而近代尚无重要版本。

⑨ 也许是巴格达的马蒂尼（Masawayah al-Mardini）。

qouch）王[1]。也许并非确有其人（*nomen et praeterea nihil*），这只是为这个集子杜撰的一个名字。《焚敌火攻书》（*Liber Ignium*）最初很可能源于阿拉伯，也许由西班牙的犹太学者渐渐翻译并收编成集，因为其中提到的一些气候条件是欧洲所没有的，而且还留下不少阿拉伯语和西班牙语未翻译。不仅如此，书中还记载[2]了几个12世纪阿拉伯所特有的制作“自燃火”（automatic fire）[3] 与“砖油”（oil of bricks）[4] 的方法。

《焚敌火攻书》无疑属于“秘方”辑录性书籍，它缺乏统一分类或次序。书中记载
40 的35个配方中，14个与战争有关，11个涉及灯火，6个用于防治烧伤，4个用于配制化学物品，特别是硝石。在14个与军事有关的条目中，10个用于制作各种纵火混合物，其中三种含生石灰。这些配方大多属于早期或中期阶段，书中并指出，有些混合物在点火后应与标枪或箭一起射出。其余的4个配方中都有硝石。

《焚敌火攻书》（第14节）中写道：

> 硝石是一种土状矿物，看上去似石头上的粉末。将这种土溶于沸水，再去除杂质，用过滤器过滤。将其煮沸一昼夜使结晶，于是在容器底部便会出现透明的盐层。

该书收录有两种“空中飞火”（*ignis volatilis*）的配方，贝特洛［（Berthelot）（10，14）］认为这种飞火即为火箭。第一种配方（第12节）为1份松香，1份天然硫磺，和6（?）份硝石。第二种配方（第13节）为1磅天然硫磺，2磅椴木或柳木炭，与6磅硝石。此外还有两种“空中飞火”（*ignis volantis in aere*）的配方（第32，33节），一种含等量的硝石、硫磺和亚麻子油；另一种含9份硝石与1份硫磺、3份木炭。如果我们把含碳物当作等量的木炭[5]，便可列表如下：

（节）	%氮	硫	碳[6]
12	75	12.5	12.5
13	66.5	11	22.5
32	33	33	33
33	69	8	23

对第一个配方原文的解释还不甚明确，不过这里显然都是硝石含量低的火药，只能爆燃，不能爆炸，即使爆炸也相当轻微[7]。

书中所描述的无疑像是原始火箭，虽然原本是用作纵火或意在威吓，因为没有提及被推进的箭或箭头。但是海姆[8]和帕廷顿[9]指出，这一配方很可能曾被用于阿拉伯人

① 见 Bertholot（14）；Bertholot & Houdas（1），pp. 15，16，124。但是此人与硇砂（sal ammoniac）有关，（与硝石一样）硇砂（氯化铵）也是由从中国传入阿拉伯的新奇之物。参见本书第五卷第四分册，p. 432。

② partington（5），pp. 47，50，55—56，156，198。

③ 该物为生石灰与石油、硫磺等易燃物质的混合物，遇湿即起火。参见下文 p. 67，以及 Partington（5），pp. 53 ff.；Cahen（1），p. 147。

④ 这是一种还未充分认识的氢氯酸，可以追溯到中世纪；见本书第五卷第三分册，pp. 237—238；第四分册，p. 198。它被称为“祝福油”（*oleum benedictum*），而罗杰·培根说它是“福”油［*De Erroribus Medicorum*，§16；Welborn（1），p. 32］，考虑到它可作药用，此说不无道理。参见 Cahen（1），p. 146。

⑤ 人们还可以对此项作些修正，硝石比例会随之显得高一些，但是这些混合物仍然只是爆燃物而不是爆炸物。

⑥ 我们此后即使用这一套常规符号依次表示硝石、硫磺和木炭（或碳物质）的百分比。参见 Partington（5），p. 202。

⑦ 其中两种或许适用于火箭、火枪或罗马焰火筒。

⑧ Hime（2），p. 85。

⑨ Partington（5），p. 61。

熟悉的火枪，而这早在此之前三个世纪就已出现在中国[①]。“飞火”或“空中飞火”，这里词语上的含混与我们阅读中国史籍时遇到的麻烦完全一样（参见 p. 22）。在中国史籍中，“飞火枪”既可能是“飞起来的火枪”，也有可能（可能性极大）是“飞火的枪”。 41
历史学家们可能从未见过火箭，只知道火枪，因此无可非议。最后，《焚敌火攻书》中还提到轰隆声，但这不一定意味着爆炸，因为在有限空间中的爆燃也能产生类似的声响。所以，总而言之，我们在这一重要的、尽管是不系统的著作中找到了确凿的证据，表明硝石和低硝火药不可能或肯定不是用作枪的推进剂。该书成书的大致年代为 1280 年，在此之前另外只有一种欧洲著述提到火药，我们很快将要谈到它（p. 47）。

在阿拉伯世界中，能与《焚敌火攻书》相提并论的宏著是《马术和战术》[②]（*Kitāb al-Furūsīya wa' l-Munā ṣab alḤarbīya*），也著于 1280 年左右，作者哈桑·拉马赫（Ḥasan al-Rammāḥ，枪手；Najm al-Din al-Ahdab，驼背），可能是个叙利亚人[③]。该书记录了许多火药配方，和马克一样，也着重于纵火剂配制和适用于火枪与火箭的爆燃火药，但是与他（或他们）不同的是，该书更为明显地体现了与中国的渊源[④]。虽然拉马赫未将硝石称作中国雪（*thalj al-Ṣīn*）[⑤] 而是称为“巴鲁得”（*bārūd*），但他借鉴了许多中国的作法，将其中有的用于娱乐焰火[⑥]。他还遵从了一些中国习惯，如在他的配方中加入硫化砷、生漆和樟脑，或用同归于尽的鸟来携带纵火剂。

如果我们研究一下拉马赫书中的一些火药配方，便可以看出与希腊人马克著作中确有记载的火药配方相比，硝石含量有大大提高的趋势。

	%硝	硫	碳
飞火	71	7	21
火箭	70	11	18
烟火（“中国花”）	69	13	18[⑦]
“中国箭”[⑧]	72	8. 7	18. 8

可见，尽管硝含量还未达到 75% 的理论值，这些火药显然较含硝量 60% ～68% 的慢爆药或发射药更为剧烈，尽管拉马赫从未谈到炸弹或爆炸，但当时阿拉伯的军械库肯定曾为意外爆炸而担惊受怕，因为有时偶一疏忽，硝石的精确比例不免会超出[⑨]。在 42

① 雷诺与法韦［Reinaud & Favé（2），p. 316］确切提出“飞火”（*feu volant*）起源于中国，说它是随着 1250 年左右的蒙古人侵传人的。

② 这是众多骑兵战术（furūsīya）军事论著中的一部，里特尔［Ritter（4）］曾对其有关文献作过研究。

③ 卡特勒梅尔［Quatremère（2）］，海姆［Hime（1）］和其他人曾对这两部著名的手稿（俱在巴黎）作过研究，但是最有见地的评价出自帕廷顿［Partington（5），pp. 200 ff. ］。亦可参见 Sarton（1），vol. 2，p. 1039。

④ 帕廷顿［Partington（5），p. 202］已明确指出，甚至梅西耶［Mercier（1），p. 117］也承认这一点。

⑤ 参见本书第五卷第四分册，p. 432。

⑥ 烟火中有“中国轮”、“中国花”、白、绿荷花、五彩烟（正如《武备志》卷一二〇，第五页起谈到的）等等。

⑦ 加上 10 份“中国铁”，如果这是铁粉或者是铁屑，便会发出白色火焰［参见 Audot（1）；Brock（1），p. 23；Davis（17），p. 67］。但是它也可能是阿拉伯炼金术师所称的“中国铁”，即 *hadād al-Ṣīnī* 或 *Khar ṣīhī*（参见本书第五卷第四分册，p. 429），如果这样，它就是一种铜-镍合金。而铜发出的火焰为蓝色或紫色。［Davis（17），pp. 65，67］。

⑧ 肯定是火箭，本书第五卷第四分册（p. 432）上的“中国箭”（*sahm al-Khiṭāi*）。参见 Reinaud & Favé（2），pp. 314 ff. ；Partington（5），p. 203；Zaky（4）。

⑨ 这也是波拿巴及法韦［Bonaparte & Favé（1），vol. 3，p. 33］的观点。

这里，火药再次作为纵火剂用于箭上，或置于罐中从抛石机中发射出去，它也被填塞在火枪中作喷火筒。它作为推进剂只用于火箭（比在希腊人马克著作中确切得多），没有在任何枪、炮中被置于抛射物的后面。但是意义重大的是，具有中国特色的与火焰同时发射的抛射物出现了，这是由火枪射出的燃烧球“鹰嘴豆”①。拉马赫的著作还对许多物体作了重要的描述，例如导火线（*ikrīkh*）和纵火剂“炸弹”，即石脑油罐（*qidr*）。单是《马术和战术》这一著作即可以充分证明火药是由东向西传播的，以及所有军事上用的焰火制作术均来自于中国文化区。

最后，正是拉马赫首先记载了某一穆斯林作者所描述的提纯硝石（*bārūd*）的方法②：用木炭灰处理含有硝酸钾的混合溶液，使溶化的钙盐和镁盐沉淀，然后取出澄清溶液或将溶液过滤，再使其结晶。《焚敌火攻书》的作者也知道这一方法。

43 哈桑·拉马赫的著作当然不是最早的一部关于作战用纵火剂（*nufūṭ*）的阿拉伯著述。1185年左右，穆达尔·伊本阿里·伊本·穆尔达·塔尔苏西（Murḍā ībn ‘Alī ībn Murḍā al-Tarsūsī）为著名的统帅萨拉丁（Ṣalāḥ al-Dīn）编纂了一部书，书名别具一格：《关于机智者在战斗中如何避免伤亡、招展令旗调动装备、机械以辅助作战的知识》（*Tab ṣirat arbāb al-albāb fi Kaqfiyyat al-Najāh fi'l-Ḥurūb wa-nashr a'lām al-ī'lām fi'l-'udad wa-'l ālāt al-mu'īna 'alā līqā'al-a'dā'*）③。这里有一点很重要：书中既未提到硝石，也未提到含硝石的混合物——这并不奇怪，因为在阿拉伯世界直到1240年左右才有伊本·拜塔尔（Ibn al-Bayṭar）第一次提到硝酸钾④。因此该书可以和《太白阴经》相比，而《太白阴经》成书早4个世纪只是说明了从中国到西亚或欧洲的传播距离上（décalage）所需的时间。关于 *nafṭ*（石脑油）的记载自然很多，虽然它未被称作希腊火。此外“自动火”也占了显著地位⑤。在其他1225年之前的阿拉伯手稿中，有关于分馏低沸点自然石油和石脑油的说明⑥，这是制作希腊火的关键步骤⑦。海姆认为没有证据表明在十字军东征（1097—1291年）中曾使用任何火药武器⑧，他无疑是正确的，直至现在仍无这方面证据。

---

① 后来这被西方烟火业广泛采用，参见 Brock（1），pp. 191 ff.。巴宾顿（Babington）1635年谈到“抛射出许多火球的火箱”，这被认为是对罗马焰火筒的最早记载之一。参见作于前一年的 Bate（1）。

通常认为“罗马焰火筒”一词最早出现于马里亚特（Marryat）的《傻子彼得》（*Peter Simple*，1842年）中，这显然不确，因为它在1769年的一次表演中已相当引人注目［Brock（1），p. 192］。根据布罗克（Brock）的看法，这一名称源于罗马传统的四旬斋前的狂欢节，在节日中，狂欢的人们竭力熄灭旁边人们的蜡烛而不让自己的烛被熄灭。但是这与“罗马焰火筒”在词义上并无连贯性，而且人们不禁猜想，如果能将其使用追溯得更远，是否没有发现“罗马”这一定语指的是东罗马，即拜占庭呢？——希腊火就是这样。拜占庭军队在1250年与1450年之间还不知道火枪为何物吗？

② 译文见 Partington（5），p. 201。

③ 感谢霍普金斯（J. F. C. Hopkins）博士将此译为英语。这一著作已被印行，卡恩［Cahen（1）］有节译。帕廷顿［Partington（5），pp. 197—198］有一很有用的总结。

④ 本书第五卷第四分册，p. 194。

⑤ 参见上文 p. 39 及下文 p. 67。

⑥ Partington（5），p. 199。

⑦ 这一点我们在后面（p. 76）还要谈及，但是帕廷顿［Partington（5），pp. 30—32］证明这是一种分馏的石油，因添加了硫磺、树脂等物而变得黏稠。

⑧ Hime（1），pp. 64ff.。

目前还存在一些与哈桑·拉马赫的著作大致同时代，并与其相似的阿拉伯手稿[①]，但是大大推进了研究工作的是列宁格勒的热武斯基藏手稿，它是为埃及的马木留克（Mamlūk）苏丹抄写的，年代大约是1350年[②]。作者的名字或许是沙姆斯丁·穆罕默德（Shams al-Dīn Muḥammad），但还不能确定。著作的题目枯燥乏味，似乎是“各种（军事）技术笔记集”。现在探讨一下难以捉摸的术语“米德发”（*midfa* ‘），它肯定是指某种类型的管子。不过这究竟是一种类似拜占庭的虹吸管与中国的喷火唧筒（p. 82），即称为 *al-zarrāq* 的器具呢[③]，还是一种使用低硝火药，可射出与火焰同时发射的弹丸的火枪[④]；抑或这是一种真正的手铳或臼炮，可使用高硝火药发射出与管径吻合的弹丸；此外，它通常是木制、铜制，还是铁制，这都是些还没有准确答案的问题。很有可能，这些情况先后都曾有过。但是热武斯基藏手稿中记载的火药配方［硝、（硫）碳百分比为74:11:15］相当剧烈，完全可以用于真正枪炮。我们还听到一种被射出的弹丸称为 bundūq（原意为榛子）。从图2可见一人手执托杆，一端有一管筒，其倾斜的筒口上安放着一枚 bundūq，这确凿地表明它是一只手铳。如果年代无误的话，便无可否认地表明 44
阿拉伯人当时掌握了真正的枪与臼炮的知识[⑤]。卡特勒梅尔［Quatremère（2）］认为直到1383年“米德发”（*midfa'*）才指火炮，即使他的看法正确，我们仍然可以看到（p. 294），早期火炮技术13世纪在中国产生后，便于14世纪在中东和马格里布（Maghrib）传播，正如同时也在欧洲传播一样。当然，旧有的方法也在继续使用，热武斯基手稿谈到从抛石机或弩炮中发射出纵火“炸弹”[⑥]，以及“中国箭”，即火箭。

图2 列宁格勒藏热武斯基（Rzevuski）藏品阿拉伯文手稿中的一幅插图，图左肯定是一枚火箭，“米德发”（*midfa'*）在右边，中间可能是烟火。

① Partington（5），p. 207。

② 也可能是在一个世纪之后。见 Reinaud & Favé（2），pp. 309 ff.，Reinaud（1），p. 203。其他参考材料见 Partington（5），p. 204 ff.，p. 231。

③ 参见 Wiedemann（7），p. 38，再版（23），vol. 1，p. 210。*bab al-midfa*（发射管口）一词与 *bad al-mustaq*（中国笛管口）一词见于阿布·阿卜杜拉·赫瓦里兹米·卡提卜（Abū ‘Abdallāh al-Khwārizimī al-Kātib）作于976年的《科学之钥》（*Mafātih al-'Ulum*）中。据说它们是石脑油投掷器或喷射器（*al-naffātat wa'l zarrāqāt*）的一部分。

④ 其中也有箭（参见下文 p. 270）。

⑤ 不管怎样，拉温［Lavin（1）］表明1343年在阿格克里拉斯（Algeciras）被围的摩尔人已经使用了炮（*truenos*）。

⑥ 这种陶罐自从1168年的福斯塔特（今开罗）（Fustāt）围城战以来十分引人注目，在梅西耶［Mercier（1）］的插图中可以发现许多，不过梅西耶的著作也有缺陷，它将希腊人马克的年代提前了两个世纪，而且它所认为的西方人了解并使用硝石的年代比实际情况早了若干世纪。参见图3和图4。石脑油“炮弹”也见于 Lenz（1）和 Gohlke（3）。

44

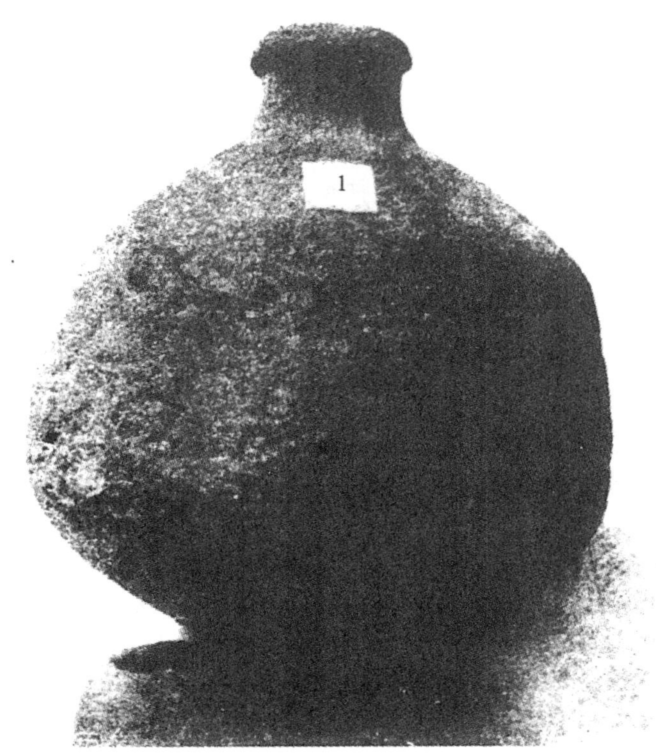

图 3 陶制石脑油容器（即纵火“炸弹”）。采自 Mercier（1），剖面图见次页。阿拉伯原件。

以开罗为中心的马木留克王朝的统治从 1250 年延续到 1517 年，阿亚隆［Ayalon（1）］的一本有趣著作探讨了在这一时期化学物品用于战争的过程。他所发现的最早提到“米德发”（*midfa*ʿ）的年代是 1342 年和 1352 年，但是他不能证明它们是真正的手铳或臼炮。然而，百科全书编纂家希哈卜丁·阿布·阿拔斯·盖勒盖商迪（Shihāb al-Dīn Abū Alʿ-Abbās al- Qalqashandī）① 根据亲眼所见对在亚历山大里亚发射铁球的金属管
45 大炮作了确切的描述，时间肯定是在 1365 年到 1376 年之间。到了这一世纪末，火炮的使用与在欧洲一样，已相当普遍②。历史学家们在这一时期遇到的一个棘手问题是，当纵火物质转变为低硝爆燃火药，这种火药又发展为炸药与高硝推进剂火药时，名称却依然如故。于是 *nafṭ* 便用来指火药，而且他们谈到 *midfa*ʿ *al-nafṭ*（“火筒”）。即便他们不再使用这些词语，他们又把原来指硝石的“巴鲁得”（*bārūd*）这个词用来指火药③，这并未使情况更明了。确实，火药最初是被用作纵火剂，术语因而被承袭下来，这是很自然的，但并非无可非议。尽管在中国不幸也存在因为没有为新事物创造

① Mieli（1），p. 276。

② 火枪无疑首先用于 1299 年和 1303 年马木留克与蒙古人之间的战争，手铳可能也是这样；参见 Hassan（1）；Ayalon（3）。有关的阿拉伯手稿可望很快翻译出版。

③ 这一过程见有价值的百科全书条目，Colin，Ayalon et al.（1）。

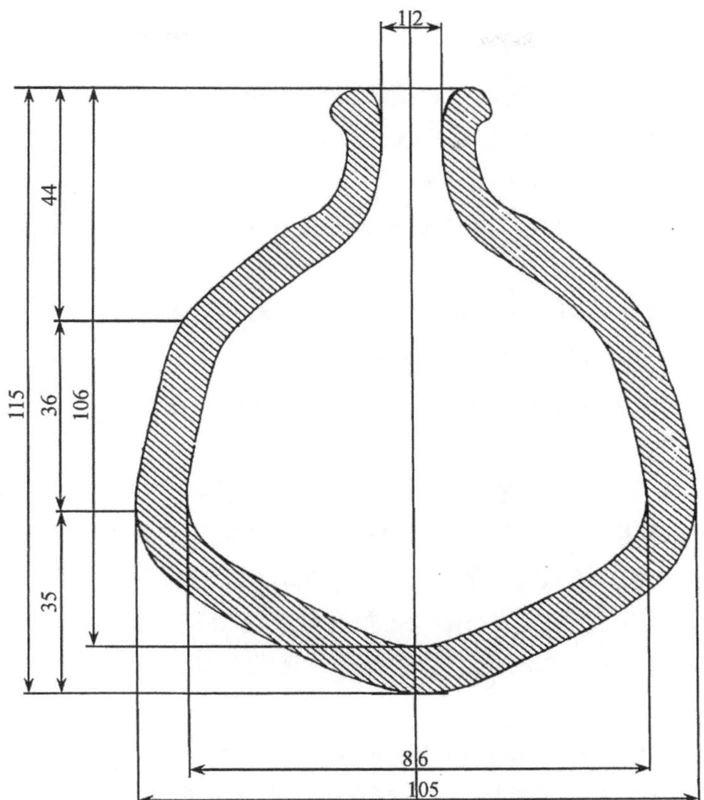

46

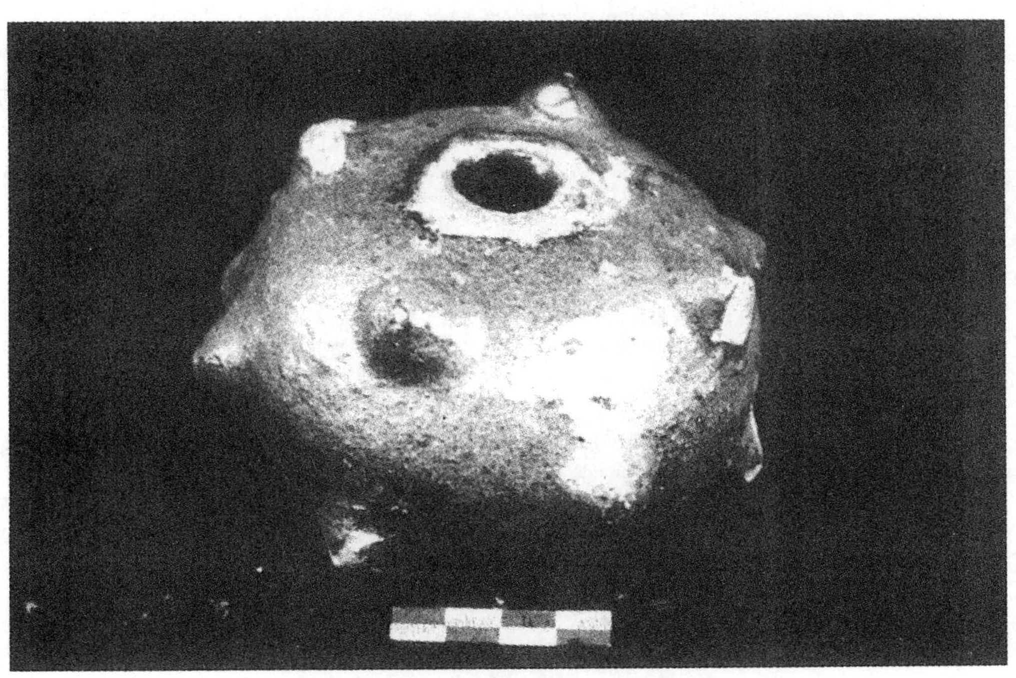

图 4 中国收藏的一只陶制石脑油即希腊火容器［中国历史博物馆摄（现中国国家博物馆），北京］。

新术语[①]而造成的混乱（参见上文 p. 11），但是没有引起特别的麻烦，“火药”一直指火药混合物[②]。

46 伊本·赫勒敦（Ibn Khaldūn）与盖勒盖商迪（al-Qalqashandī）著作中的某些段落值得全文引用。前者的引文不载于著名的《历史序论》（*Muqaddimah*）[③]，而见于他的《柏柏尔人及北非王国史》（*History of the Berbers and the North African Kingdoms*）。该书涉及长达一年的 1274 年西吉勒马塞（Sijilmāsa）[④] 围城战，写成于该战役之后约一世纪（1382 年左右）。

> ［他说：］有抛石机（*madjanikh*）和弩（*harradāt*），此外还有射出铁砂粒（*ḥasa alḥadīd*）的“猛火油机”（*hindām al-nafṭ*）。这种“葡萄弹”借助于一种可燃粉末（*bārūd*）从猛火油机的管筒或弹膛（*khazna*）中射出。威力无穷，可与真主的力量匹敌[⑤]。

雷诺与法韦[⑥]知道这段文字，但是并不相信。他们认为伊本·赫勒敦一时疏忽，将自己 1384 年所见的技术搬用到 1274 年的围城战中去了。然而，如果我们认为该文描述的是发射与火焰齐射弹丸的火枪或突火枪（下文 pp. 220，263），而不是真正的枪或炮，那
47 么文中所叙述的并非不可能[⑦]。这与哈桑·拉马赫所说相当一致（上文 p. 41），也与在这之前中国火药技术的传播相吻合。但是火药一直没有自己专用的名称；硝石和石脑油都用来指火药。

盖勒盖商迪于逝世（1418 年）前约十年写作了一篇关于埃及地理与概述其政府的著作，其中一段实质内容上（如果不是在形式上）与上述文章相当不同。他说[⑧]：

> 这些（围城设施中，有一种）是 *makāhil al-bārūd*，而这些是 *al-madāfiʿ*（“火筒”）；可借助于 *nafṭ*（猛火油）进行射出。它们有的射出几乎可以穿石的火箭[⑨]，有的射出达 10 到 100 多埃及斤（raṭls）的铁球。还有（一种类似器具）：*qawārīr al-nafṭ*，这些是 *qudūr* 及类似（的罐子），里面放入猛火油，然后（点燃并）掷向敌塞，使其着火燃烧。

这里显然有真正的臼炮以及“汽油”纵火抛射物，但是阿拉伯术语的混乱没有比在这里体现得更为明显的了，硝石与石脑油全都与火药混为一谈。

---

① 我初次遇到这一问题是许多年以前研究生物与胚胎学史的时候；参见 Needham（2）p. 215（27）。

② 这是就这方面而言，“火药”一词的含义偶尔也相当晦涩。见本书第五卷第五分册，pp. 240，248；又见上文pp. 6—7。

③ 译文见 Rosenthal（1）；Monteil（1）。

④ 这是摩洛哥的阿特拉斯（Moroccan Atlas）山以东的一座小城，位于非斯（Fez）的几乎正南，特莱姆森（Tlemcen）的西南。攻城部队为马里尼德（Marīnid）苏丹雅库布（yaʿkūb）的部下。

⑤ 译文见 de Slane（3），vol. 4，pp. 69—70。其他的记述，甚至伊本·赫勒敦本人的记述均未提到该装置（如 vol. 3，p. 356）。它也未在这之前 1261 年的围城战中出现（vol. 4，p. 68）。另一译文见 Ayalon（1），p. 21。哈桑［Hassan（1）］再次引起人们对这段文字的注意。

⑥ Reinaud & Favé（1），pp. 73ff.。

⑦ Partington（5），pp. 191，196。

⑧ Ayalon（1）pp. 21—22（3）。我们在维斯滕费尔德［Wüstenfeld（1）］的译文中找不到这段文字，因此它可能只存在于某一手稿中。

⑨ 注意它与沃尔特·德米拉米特的臼炮二者之间有相似之处（p. 287，图 82）。

确实，现代的标准阿拉伯语今天仍把火药称为“巴鲁德”（*bārūd*），而硝石如今被叫做 *milḥ al-bārūd*（火药盐）[1]。然而，有时也用另一个词，dawā‘，即“药”[2]，它通常用于任何药方或治疗制剂，甚至酒[3]。但是在这里它可能具有某种历史意义，因为这使人想到它与中国术语“火药”（即发火的药[4]或发火的化学药物）如此相似。

现在我们得回到 13 世纪的欧洲，探讨一下罗杰·培根和大阿尔伯特（Albertus Magnus）著作中关于火药的著名论述。大家可能还记得，这位方济各派的“万能博士”（doctor mirabilis）大约生于 1219 年[5]，死于 1292 年[6]。在他的早期著作中，有一篇对伪亚里士多德作品的译本《秘学玄旨》（*Secretum Secretorum*）文的评论。我们在论述炼丹化学时，曾涉及此书[7]；评论当作于 1243 年至 1257 年之间，而罗杰成为下级修士是 48
在 1257 年。然后是 1266 年的教皇敕命，其结果是他向克雷芒四世（ClementⅣ）奉献了他的三部最伟大的著作：1267 年是《大著作》（*Opus Maius*），第二年是《小著作》（*Opus Minus*）和《第三著作》（*Opus Tertium*）——但是在那一年的十一月教皇逝世，从此再无任何回音，既无感谢也无财政资助[8]。到 1278 年，培根对实验科学、化学药剂、自然奇观以及实验技术的热情，也许还有他对神学家们和教会法规的批评，已使他身陷囹圄，他在晚年默默无闻。《论技术与自然界之神奇兼论魔术之虚幻书信集》（*Epistola de Secretis Operibus Artis et Naturae, et de Nullitate Magiae*）这部著作有时又名《论技术和自然界的神奇力量》（*De Mirabili Potestate Artis et Naturae*），常常被认为早于三部著作，但很可能成书于 70 年代，晚于上述著作，甚至有可能是他人对这三部著作缩写而成的普及本[9]。

先看看确认无疑的罗杰·培根的著述，我们发现在《大著作》和《第三著作》[10]中有两段文字如出一辙，以致完全可以合二为一。但是在引述它之前，我们得先回顾

[1] 感谢道格拉斯·邓洛普（Douglas Dunlop）教授向我们提供这一情况。卡西里［Casiri（1）］于 1770 年在第 2 卷中曾指出，*al-nafṭ* 向 *bārūd* 转变，得到一种从根本上有别于二者的新物质。

[2] 参见 Partington（5），pp. 204—205，313，采用雷诺与法韦［Reinaud & Favé（2），p. 310］之说，根据热武斯基手稿（约 1350 年），参见上文 p. 43。

[3] Frankel（1），p. 163。

[4] 参见“*kraut*”（德语：草药）的情况；p. 108。

[5] 一说 1214 年，两个年代均有据可查。

[6] 罗杰·培根的生平见《科学家传记辞典》（DSB），vol. 1，pp. 377 ff.；Sarton（1），vol. 2，pp. 952ff.；以及 Thorndike（1），vol. 2，pp. 616 ff.。有关他在炼金方面的造诣见 Multhauf（1），p. 188；Welborn（1）。帕廷顿［Partington（5），pp. 64 ff.］从炸药史的角度详细讨论了培根与阿尔伯特，但有些方面我们不能苟同。不过，我们回忆起 1959 年 1 月就此事与他进行了一次引人入胜的讨论。

[7] 本书第五卷第四分册，p. 494。该文的题目全文为“亚里士多德对亚历山大大帝阐述的秘中之秘”（The Secret of all Secrets, which Aristotle expounded to Alxander the Great），它似乎于 800 年左右成书于阿拉伯。此书《秘学玄旨》（*Kitāb Sirral-Asrar*）于 1200 年左右由的黎波里的［或萨莱诺（Salerno）］的菲利普（Philip）译为拉丁文。它以一批手稿形式存在，除拉丁文，还由几种文字写成；谈论个人行为、皇家政策、医药、星占术，以及各种真实的和想像的自然怪异现象。见 Thorndike（1），vol. 2，pp. 267ff.，pp. 310，633。

[8] 更不用说对罗杰·培根向自然科学的献身表示的多方面兴趣，而他的研究含有大约 300 年之后的近代科学的成分。

[9] 参见 Thorndike（1），vol. 2，p. 689。

[10] *Opus Tertium*，ζ51。

一下他在更早的著作中关于纵火剂和希腊火的论述。①。

> 这些物品有的只要一碰，便能致人死地。沥青（石脑油）是世界上普遍存在的，当其喷到身着盔甲的人身上时，能将人烧死……同样，黄石油即从岩石中得到的油，用恰当的方法加工（分馏）后，熊熊烈焰能烧光遇到的一切物体，水对它无济于事，只能用其他物质去扑灭，但也极其困难。有的发明可发出震耳欲聋的声响，如果在晚上以娴熟的技术将其突然引发，军队与城里的居民都不堪忍受。那可怕的声响雷霆也无法与之相比，那骇人的闪光云中的闪电也难以匹敌……

似乎可以肯定培根曾亲眼目睹过爆炸。

上述两部书中的两段文字也谈到这些内容，这里将它们合二为一②：

> 世界上许多［不同］地方的小孩都玩一种玩具，一种拇指大小的玩意儿，从它［发出的声响和火焰］可以看到这些物品（如何使人触目惊心）。这玩意儿只不过是一小团［裹着药粉的］羊皮纸，然而当引燃时，那种叫做硝石的盐［加上硫磺和柳木炭，配成一种混合粉末］③都大呈威力，发出骇人的声响，我们感到［耳朵里听到一种响声，］赛过雷霆怒吼，看到的闪光比最强的闪电还要明亮。［尤其
> 49 在出其不意的时候，这种可怕的闪光极为骇人。如果做成大型器件，其响声和炫目的光无人能忍受；如用坚固材料制作，爆炸威力还会大得多。］④

这段描述无可争辩地说明，罗杰·培根已经获得了一枚中国爆竹样品⑤，而且清楚里面混合物的成分⑥。这在1267年是完全可能的，因为自1245年英诺森四世（Innocent Ⅳ）派遣方济各会士柏朗嘉宾（John of Plano Carpini）作为使节前往觐见大汗以来⑦，培根的教友们便来往于西欧和和林的蒙古朝廷之间。其实，早在1235年就有两名多明我会教士。匈牙利的理查德（Richard）和朱利安（Julian）曾随同蒙古人前往欧洲的马队一起旅行并进行考察⑧。另外几名多明我会教士阿瑟兰（Ascelin）、圣康坦（St. Quentin）的西蒙（Simon）和克雷莫纳（Cremona）的吉斯卡尔（Guiscard）曾于1247年前往蒙古，于次年返回。与他们同一教派的另一教士隆瑞莫（Longjumeau）的安德鲁（Andrew）曾去过两次，一次于1245年，另一次是1249年。在他第一次访问时，他曾与景教圣僧审温-列边阿答［Simeon（Rabban Ata）］商谈，后者给了他一份“来自东方的中心，即中国”的文件⑨。然后是方济各会教士罗伯鲁（William Ruysbroeck）在1252年

---

① 所有的参考材料见 Partington (5), pp. 76 ff.，有拉丁文原文。

② 方括号表示只出现在《第三著作》中的文字。

③ 萨顿［Sarton (1), vol. 2, p. 957］特别强调配制这种混合物的这一知识。

④ 这正是一个多世纪以前在中国发生的情况，当时中国已有塞满高硝火药的“铁罐子”（参见下文 p. 170）。

⑤ 福利和佩里［Foley & Perry (1), p. 207］也得出这一结论。温特［Winter (5), p. 9］亦同意培根已得到爆仗。

⑥ 传统的组合是：硝:硫:碳% 66.6:16.6:16.8［Davis (17), p. 112］，与炸药相似。

⑦ 参见 Sinor (3, 7, 5)。

⑧ Sinor (8)。

⑨ Pelliot (10), Pt. 2; Sinor (7)。

以后的几年里到蒙哥汗朝中进行著名的传教活动[①]。这都是些出类拔萃的教会使者，一定还有为数更多的一般旅客为了宗教、政治和商业的目的奔波往来。例如鲍德温二世（Baldwin Ⅱ）皇帝手下的一名骑士埃诺的鲍德温（Baldwin of Hainaut）曾在罗伯鲁之前到达过和林[②]。大家都知道牛津和巴黎的罗杰修士对各种自然奇观极其感兴趣，已远近闻名，那么送给他一包[③]中国爆仗不是再自然不过了吗？这也许是有关火药及其威力的知识传播到西方世界的最早渠道。

与罗杰·培根那些确凿可靠的主要著作相比，《书信集》有些逊色。有人认为书中有暗号或密码，该书因此而著名。海姆[④]将所谓的密码附会为一份火药配方[⑤]，但是实
际上无任何手稿佐证，而且只在最初（1542 年）的印刷中出现，可能只不过是一段有 50
讹误的希腊文引文[⑥]。它甚至不属于真实可靠的章节。不过我们在第六节发现一段与前面引文大致相同的有关火药爆仗的文字，还预言“更大的恐怖”将来临[⑦]。

至于伟大的多明我会教士的卷入，大阿尔伯特，一位“有幸受到教会和科学垂青的”[⑧] 学者，他在其中所起的作用结果与培根的暗号一样，并无新意可言。博尔施泰特的阿尔伯特（Albert of Bollstadt）生于 1193 年[⑨]，死于 1280 年，但是《世界奇妙文物》（*De Mirabilibus Mundi*）的真实性很值得怀疑，也许根本不是 13 世纪的作品[⑩]，或许是由列日的阿诺德（Arnold of Liège）于 1300 年左右写成的，也有可能迟至 1350 年由萨克森的阿尔伯特（Albert of Saxony）写作。不管怎样，它关于火药与“飞火”的叙述与希腊人马克著作的第 13 节一字不差[⑪]，因此对我们所掌握的关于欧洲最早爆炸混合物的知识并未增加任何新的内容。

有两个突出的事例表明，罗杰·培根的火药知识与其他领域发生的事件之间存在某些相似之处。首先是机械钟。我们知道但丁（Dante）于 1319 年提到过这种计时器，这可以说是最早的[⑫]，但是我们也知道西方人于 1271 年左右就曾煞费苦心地要控制轮

---

① 参见本书第一卷，pp. 189，224；Hudson（1），pp. 134ff.。培根与罗伯鲁相识，这一点或许至关重要。《大著作》中的有关材料见 vol. 1，pp. 354ff.。柔克义［Rockhili（5），p. xxxixff.］这样写道：“罗伯鲁修士也许是在其短暂逗留法国期间结识了卓越超群的著作家罗杰·培根，这对他来说是幸事，因为由于培根，他和他那默默无闻达三个半世纪之久的艰苦旅行才为人所知。”文中丝毫未涉及火药和爆竹，这和我们今天所知的情况不同，但这并不重要。参见 Sarton（1），vol. 2，pp. 958，1053。

② Sinor（9）。

③ 还不忘附上一份关于其中混合物性质的说明。

④ Hime（1），pp. 102ff.。

⑤ 有关的详细材料可见 Partington（5），pp. 69 ff.。

⑥ 见斯蒂尔［Steele（4）］的专门研究；Sarton（1），vol. 2，pp. 958，1038 和 Thorndike（1），vol. 2，p. 688。引起海姆注意的一些篇章根本未提到木炭，更与硝石无关。

⑦ 原文及译文见 Partington（5），pp. 75—76。

⑧ Needham（2），p. 73。

⑨ 另一说为 1206 年，孰对孰错我们可能永远也不知道。他的生平参见 DSB，vol. 1，p. 99。

⑩ 见 Thorndike（1），vol. 2，pp. 720 ff.，pp. 724，737。

⑪ 海费尔［Hoefer（1），vol. 1，p，390］也许最早注意到这一点。

⑫ 参见本书第四卷第二分册，p. 445。

子的运动①，使其与明显的天体周日视运动一起用以计时②。同样，臼炮的第一次显现是 1327 年③，而培根在 1268 年就大致知道了火药配方④。其次，他不仅是西方第一个获得这一知识并在著作中提及的人，而且还是第一个以道家口吻说话的西方人。他说，只要我们掌握更多的化学知识，人类的生命便会无限延长⑤。在这些事例中，中国的影响是确凿无疑的。然而向西跨越经度 120°处，又出现了同样自相矛盾的现象：那些寻求长生不老药的人竟然找到了爆炸混合物—如果人类应用所掌握的知识而意识不到应有的伦理道德，一切知识与一切技巧都必然会蕴藏着危险。

51 所有这些有关军事技术的早期欧洲论著当然都载有火药配方，对此我们已经提及（p. 40）。最早带有插图的手稿⑥大约可以追溯到 1395 年，内载一份火药配方⑦，有制作、提纯和测试硝石的方法，并带有粗陋的彩色枪炮插图。康拉德·屈埃泽尔的《军事堡垒》作于 1400 年至 1405 年之间，其中谈到火箭、枪炮，和一些奇异的火药配方⑧。慕尼黑手稿 197（München Codex 197）是一部庞杂的著作，包括一位军事工程师、匿名的胡斯派信徒用德文写的笔记，和一位意大利人，可能是塔柯拉（Marianus Jacobus Taccola）用拉丁文写的笔记；书中涉及一些日期，如 1427、1438 和 1441 年，载有火药配方，并结合插图描述了一些枪炮⑨。有一点饶有趣味且颇具中国特色（参见 pp. 114，361），即在火药中加入硫化砷。这可以追溯到火枪时代，但是它可能具有增加爆破力的作用，因此也可用于炸弹和手榴弹⑩。《论军事》（*De Re Militari*）是 15 世纪的巴黎手稿⑪，估计完成于 1453 年之前，作者可能是保罗·桑蒂尼（Paolo Santini）。手稿中可见前有护板的炮安放在车上，臼炮正发射出燃烧“弹”，几乎垂直指向附近目标，还有一带尾巴（cerbotane 或 tiller）的臼炮，一个骑马的人手执一只小枪，枪上的火绳正在燃烧。不过我们对欧洲文献的探索应该到此为止了。

（iii）思索与研究成果

13 世纪周游各地的传教士们已经十分清楚中国的存在，尽管如此，罗杰·培根和他的朋友们对于这些出产爆仗与发明火药的“世界各地”究竟位于何处大概只有极其模糊的概念，而到 15 世纪，欧洲人的思想变得狭隘起来，这时他们大量使用火器已有

① 罗柏尔图·安格利库斯（Robertus Anglicus）对萨克罗博斯科的《天球论》（Sacrobosco's *Sphaera*）的评论参见 Needham，Wang & Price（1），p. 196。

② 据我们所知，最早这样做的是一行与梁令瓒，时间为 725 年左右。

③ 参见图 82。

④ 曾公亮早在 1040 年就已知道。

⑤ 见本书第五卷第四分册，pp. 492ff.。

⑥ 慕尼黑德文手稿 600（München，Cod. Germ. 600）。

⑦ 其基本比例为硝：硫：碳%71. 4：14. 3：14. 3，但其中还有硇砂与樟脑。

⑧ 见 Partington（5），pp. 146ff.；Berthelot（5，6）。

⑨ 贝特洛［Berthelot（4）］对此作了详尽描述；参见 Partington（5），pp144—145。

⑩ 贝特洛［Berthelot（14），p. 692］引用《博尼斯兄弟的账簿》〔*Account-Book of the Bonis Brothers*，vol. 2 p. 127〕上的一个条目，年代为 1342 年，谈到在火药中加砷，据说这样能增加射程。

⑪ （巴黎）国立图书馆拉丁文写本 7239（BN Latin 7239）；对此的描述见 Berthelot（4）和 Partington（5），pp. 145—146。

一个世纪之久，在他们看来，这样的发明产生在其他大陆是难以想像的——于是出现了贝特霍尔德（黑皮肤的人）（Berthold Schwartz）的传说。关于此人众说纷纭，有的相信他是一位炼金术僧侣或修士，通常的说法是德国人，但是据最早的资料载（这也许是至关重要的），他是拜占庭希腊人①。

这位人物的最早出现大概是在克勒（Köhler）一部1410年左右写的手稿中②，他在文中是一位"Meister von Kriechenland"（来自希腊的工匠），尼格尔·贝希托尔德（Niger Berchtoldus）。从费里克斯·海默林（Felix Hemmerlin）写于1450年前后的著作《高贵而直爽的对话》（*De Nobilitate et Rusticate Dialogus*）中，显然可以看到更为完整 52
的来龙去脉③，但是我们不必在此纠缠于细节。此后，这一说法便为无数作者重复，包括1500年之后维吉尔（Polydore Vergil）④ 和1600年之后的圭多·潘奇罗利（Guido Panciroli）⑤⑥。潘奇罗利和其他许多人感到迷惑不解的是，如果这一发明真如传闻所说很久以前产生于东方的话，为何经历了如此漫长的时间才得以在欧洲人中传播。

> （他说）：一些印度史作者⑦告诉我们，枪炮和印刷术都是中国人在很久以前发明的。他们还说，早在德国人知道这些东西之前许久，摩尔人就使用了。然而，对于被围困者击退敌人进攻来说如此必要的一种武器竟会在这样长的时期内默默无闻，这怎么可能，怎么会令人置信呢？而威尼斯人一掌握了枪炮的用法，罗马人一学会了印刷术，这些技能便立刻传播给其他人，因而现在它们在全世界都极为普及。

到1572年⑧，塞巴斯蒂安·明斯特尔（Sebastian Munster）已去世，但关于贝特霍尔德的说法却因为他而流行起来⑨。据他说，这种说法得自他的朋友加瑟（Archilles Gasser）⑩。

越来越多的人相信古人闻所未闻的火药起源于东方，贝特霍尔德说与这一观念抗争了近五世纪之久。西方人的欧洲中心论竟如此根深蒂固，令人十分惊异。古物学家

---

① 见 Hansjakob (1)；Feldhaus (1)，pp. 78ff.（30—32）。帕廷顿［Partington (5)，pp. 91ff.］的评论中辑录了这些极其零散的资料。

② Köhler (1)，vol. 3，pt. 1，p. 244。手稿属安布拉斯（Ambraser）收藏品，第67号（148）；在15世纪末曾印行（柏林古版本10117a）。

③ 但是这在1490年的印刷版本中却没有，只出现在较后的1495年和1497年的版本中。

④ Vergil (1)，bk. 2，ch. 11。

⑤ Panciroli (1)，英语译文见 bk. 2，ch. 18，p. 383。

⑥ 参见本书第四卷第二分册，p. 7，及下面一页上的图352。

⑦ 印度人当然包括在内。

⑧ 贾梅士（Luis de Camoens）的《葡国魂》（*Lusiados*）也是在这一年发表。有些人认为在他那首伟大的诗歌中，从字里行间（第10篇，共129节）（Canto 10，stanza 129）可以看出他意识到中国在火器方面的优势：

排炮还未在欧洲轰鸣，
白炮雷霆已劈向敌军。

但是这似乎并不是原句，而且在最好的译文（如 Fanshawe (1)，p. 300 或 Atkinson (1)，pp. 243—244）中找不到这些字样。它们只出现在 Mickle (1)，p. 342 上，米克尔（Mickle）以对原文进行不负责任的增删闻名，在这里他还加了一个关于中国文化和技术的长而尖刻的脚注。

⑨ *Cosmographia Universalis*，bk. 3，ch. 174。这在较早的版本中未有发现。

⑩ 参见 Gasser (1)，pt. 2，p. 108。

威廉·卡姆登（William Camden）1605 年的著作就对东方起源说表示怀疑①。

> （他说）：如果说人类的智慧令人难以置信的话，那么大炮和作战机械的发明就是例证……
>
> 有些人曾远航到世界的尽头中国，从那儿获知了枪炮的发明。但是我们知道有一西班牙谚语“路遥遥，不可靠”。有人（我不知道究竟是谁）写道，罗杰·培根，即通常称作培根修士的，知道如何制造一种武器，与硝石和硫磺配合使用，攻击力量一定很强。但是他考虑到人类的安全，对此秘而不宣。最有权威的作者们认为，枪炮是由德国的贝特霍尔德发明的，他是一位擅长炼金术的僧侣。当他在钵罐里炼硫磺与硝石时，一点火星落在上面，竟使盖在上面的石头被掀翻，从而他感到了它们的威力……

53 卡姆登相信在 1347 年的加来（Calais）围城战中使用了火器，他在这一点上是正确的②。

在耶稣会教士基歇尔（Athanasius Kircher）的著作中，我们可以看到前后矛盾之处。他在 1665 年的《秘密世界》（*Mundus Subterraneus*）中曾宣称（帕廷顿说他写得活灵活现）贝特霍尔德是一名戈斯拉尔（Goslar）的从事炼金术本尼迪克会教士，他于 1354 年（!）发明了火药，然后将它传播到意大利，用于威尼斯与热那亚之间的战争③。但是两年之后在《中国图说》（*China Illustrata*）中，他的说法完全不同④。

> 此外，许多发明在中国出现时，我们欧洲人还一无所知，特别要提到的有三项，第一，印刷术，对此我要加以解释……
>
> 另一项是火药的发明，毋庸置疑这于许多年以前发生于中国。我们教会教士们证实，他们曾在许多省，特别是在南京看见过大炮，都是在很久以前铸造的，年代已不可考，不过烟火术（pyrabolical art）还不及我们欧洲人目前达到的程度。然而有一点是确凿无疑的，即中国人铸造枪炮的技术已相当出色，这既体现在铸造铁像和铜像上，也体现在铸造巨型大炮上，而这在其他国家是很少见的。

后来在整个 18 世纪，都有教会作者在西方［如德法里亚-索萨（de Fariay Sousa）于 1731 年］⑤，或在中国［如宋君荣（Gaubil）于 1739 年，冯秉正（de Mailla）于 1777 年，钱德明（Amiot）在 1782 年］宣称火药的发源地是中国而绝非其他地方。在 17 世纪末时这一观点就已深入人心，因而有一位将领路易斯·德加亚（Louis de Gaya）断言，贝特霍尔德曾到东方旅行，从“鞑靼人”那儿获知了火药。他于 1678 年写道⑥：

> 1380 年左右，一位名叫贝特霍尔德（Bertholdus）的僧侣旅行到莫斯科，通过他和鞑靼人的交往我们才得知了中国发明的火药。因此，当葡萄牙人来到此陌生

---

① William Camden，1614 年版，pp. 238ff.。这段文字被译成现代文字并有所删节，见 Ffoulkes（2），p. 92。

② Partington（5），p. 109；Brackenbury（1），p. 303。

③ *Mundus Subterraneus*（5），vol. 2，p. 467。这种传统的智慧也显露在托马斯·斯普拉特（Thomas Sprat）的《皇家学会史》（*History of Royal Society*）（1722 年）中，pp. 260ff.，pp. 277ff.，特别是 p. 267。

④ Kircher（1），p. 222，由作者译成英文。

⑤ de Faria y Sousa（1），p. 91。他也意识到中国人如何孜孜不倦地探索炼金术与长生不老药（p. 26）。

⑥ de Gaya（1），由哈福德（Harford）译成英文，p. 53。

> 国家，看到许多船上装备排列着火炮时，感到不胜惊讶……但是当他们听到大炮出乎意料的轰鸣时，惊讶又添了几分。可见，这位僧侣首先发明火药的说法是不确实的；他只不过公布了一个从鞑靼人那儿获知的秘密。他本该秘而不宣，不该去做有关的实验，他为此付出了巨大代价，竟葬身于其熔炉中。

我们很快会看到，把这位僧侣仅仅看作是一位传播者，这正是一些中国和日本学者听 54
说此人后提出的观点[1]。

此外，这并不是一种新观点，早在 1585 年，胡安·德门多萨（Juan de Mendoza）在他的著名著作《中华大帝国史》（*Historia de la Cosas mas Notables, Ritos y Costumbres del gran Reyno de la China*）中就提出过这种观点。书中有一节标题是："他们如何早在我们这些欧洲人之前许多年获知了大炮的用法"。罗伯特·帕克（Robert Parke）的译文如下[2]：

> 有许多曾经或者将要在历史上显赫的事件中值得人们思索，还有许多事件其意义无须赘述，以免读者感到乏味，然而在所有这些事件中，没有哪一件能引起有如初次到广州的葡萄牙人以及我们西班牙人（他们多年后去了菲律宾）看到这个王国的火炮时所感到的惊羡。而且，根据他们准确的历史记载我们发现，中国人使用火炮比我们欧洲人早得多。
>
> 据说火炮发明于 1330 年，是由一位蛮人（Almane）制造的，然而他的姓名在历史上却无记载。但是中国人说显然这位蛮人够不上首次发明者，只不过是位发现者[3]罢了。因为他们才是发明者，火炮的使用是从他们那里传播到各国的，现在仍在发挥作用……

同时，17 世纪有一位竭力宣扬奇物异事的艾萨克·福修斯（Isaac Vossius），在他 1685 年的著作《各种观察的著作》（*Variarum Observationum Liber*）中收入了两篇有关火药与中国的关系的文章。第一篇是他的《中国的技术与科学》（*De Artibus et Scientiis Sinarum*）中的一节，第二篇紧接其后《欧洲以前的军用火药的起源与发展》（*De Origine et Progressu Pulveris Bellici apud Europaeos*）[4]。

福修斯开篇便写道，"硝石粉末以及大小火炮"通常被认为是基督教徒的发明，实际上早在十六个世纪之前中国人就已精通了；而精工制作的枪炮在那里至少可以追溯到八个世纪之前。第一种说法未免太过夸张，第二种说法却是接近事实的猜测。塔贝纳里斯（Tabernarius）[5] 曾十分正确地宣称，暹罗人的火药最初得自中国，而且制作较基督教世界出色。欧洲人尽管在军事技术方面总的说来长期优于中国，但是说到将火药用于战争，他们却略逊一筹。至于将火药用于烟火娱乐，中国人的确无与伦比，他 55
们能随心所欲地使火焰呈现五彩缤纷的色彩和千姿百态的形状，不仅如此，还可以在

---

① 在中国偶尔也有作者认为火药是在别处发现的。例如加亚的同时代人方以智 1664 年在他的《物理小识》中（卷八，第二十六页）说，火药来自外夷。但在唐以前就已有之，因为他相信唐代的焰火中使用了火药。

② de Mendoza (1), vol. 1, ch. 15, p. 99（1588 年版），pp. 128—129（Hakluyt Soc.，第 2 版）。

③ 即使其广为人知的人。

④ 分别为 ch. 14 与 ch. 15，pp. 83—84 和 pp. 86ff.。

⑤ 即塔弗尼耶（J. B. Tavernier），他关于土耳其、波斯、印度和暹罗的游记发表于 1676 年。

天空中用光绘出整幅整幅的图画：“欧洲人在所有的战争中用掉的火药也没有中国人在这些欢乐壮观的场面中慷慨耗费的火药多。”然后他又谈到长城，以及如何派贱民们去戍守，使中国人在大多数情况下能够平平安安地著书立说，只是近四十年来满族人入侵才引起战乱，带来巨大灾难。总之，他断言：“我们在文艺和科学上的一切成就不是归功于希腊人就是归功于中国人。”

艾萨克·福修斯在第二篇文章中见解不凡，他肯定西方人直到四百年前（即1285年）才知道火药为何物，而且他不相信罗杰·培根或其他有名有姓的人与火药发明有关。当然，将火用于战争古已有之；这从尤里乌斯·阿非利加努斯（Julius Africanus）[①]的“自动火”，波斯人和哥特人战争中的石脑油，以及卡利尼库斯于685年或稍早发明的希腊火不难看出。据茹安维尔（Joinville）说，在十字军东征中，使圣路易（St Louis）的守军惊骇不已的也是纵火剂[②]。“火焰与轰鸣常常提到，但是石球或金属球以及爆炸却无人言及。”所以，在基督教世界中，是谁首先使用火药臼炮发射铁、铅或石头弹丸，我们不得而知。傅华萨（Froissart）[③] 的著作描述了一种口径20英寸的铳，这仍然是提及这种铳的最早资料之一。由于发射这些东西比较危险，便出现了炮车或多管炮以减少炸药装填量。是谁首先引入粒状火药[④]，福修斯也不知道，但是他说，塔贝纳里斯（Tavernier）曾描述过一种东京［越南——译者注］和暹罗专用的压入小棍的火药，效果很好。由于汉人素性和平仁爱，便忽略了这些改进，而当他们不得不反抗满
56 清进攻时，只好聘请基督教工匠为他们铸造大炮[⑤]。“但是欧洲人用以攻陷城池，摧毁壁垒，拒敌于堡塞之外的那些神奇的抛射物，没有哪一样不是中国人在多年以前制造过的，尽管他们更偏爱非战争技艺，在这方面无与匹敌。”艾萨克·福修斯说，可见火药是从东亚传到欧洲的。但他并不清楚究竟是如何传播的，我们同样不得而知，不过我们似乎可以作一些较为准确的猜测，而且可以肯定哪几十年是火药传播的时期[⑥]。

或许应该言归正传，结束谈论贝特霍尔德了（如果这是节外生枝的话），今天它主要引起人们考证古物的兴趣，虽然对欧洲人过去的思想僵化也不无教益。这里引用布

---

① 约225年。见 Partington（5），pp. 5ff.。

② Joinville（1），pp. 235—236；参见 de Wailly（1）；J. Evans（1）。茹安维尔于1224至1319年在世，1309年写作《圣路易王本纪》（*History of St Louis*），该书回顾了第六次十字军东征（1248—1254年）中的一些事件，这次东征中他在神圣国王的辎重队中服务。见 Sarton（1），vol. 4，p. 928。

③ 1382年根特（Ghent）的军队围困奥德纳尔德（Oudenarde）时将它应用于火炮［参见 Partington（5），p. 103］，因此实际其年代并不特别早。布拉肯伯里［Brackenbury（1），p. 15］从傅华萨所说“口径53寸（1.43米）”（‘Cinquante trois pouces de bec’）推断出它的大小。然而编年史作者确实提到更早的例子，引人注意的一个是1340年在凯斯努瓦（Quesnoy）发射弩箭与沃尔特·德米拉米特所说的相似，Walter de Milamete（1），vol. 1，bk. 1，ch. Ⅲ，pp. 310—311；Brackenbury（1），p. 294。傅华萨当然也是英国在1346年的克雷西（Creçy）战役中使用炮（三个小型臼炮）的主要资料来源之一［de Lettenhovc（1），vol. 1，pt. 2，p. 153；vol. 5，p. 46；Partington（5），p. 106；Brackenbury（1），pp. 297ff.］。傅华萨也提到多管炮车［Partington（5），p. 116，p. 138；Brackenbury（1），p. 14］。他与帖木儿（Timur Lang）几乎完全同时（1337—1410年）。

④ 粒状火药可能是1450年左右在纽伦堡（Nürnberg）发明的［Räthgen（1），p. 77，pp. 109ff.］；不管怎样，1550年已被广泛使用［Partington（5），p. 174］。对其首创者我们也是一无所知。

⑤ 这里显然是指耶稣会教士汤若望与南怀仁。我们已经提到他们曾在中国铸造大炮的工作（本书第五卷第三分册，pp. 240—241），下面还要再次论及这个问题（下文 p. 395）。

⑥ 参见下文 pp. 568ff.。

尔哈维（Hermann Boerhaave）1732年所著《化学要义》（*Elementa Chemiae*）中的一段话[1]。他写道：

> 确实，人们希望我们在发明毁灭人类的工具方面，技艺不要那么高超；我们指的是那些战争武器，古人对它们一无所知，而在现在却造成如此浩劫。但是人类总是情愿在连续不断的战争中互相毁灭；针锋相对，以牙还牙；战争的主要支柱除了金钱现在就数化学了。
>
> 罗杰·培根早在12世纪［原文如此］就发现了火药，用以模仿雷霆闪电；但那是一个安居乐业的时代，无须将这一不寻常的发现用来毁灭人类。两个时代过去了，一位叫作贝特霍尔德[2]的德国僧侣和化学家偶然发现他配制药用的这种粉末具有惊人的膨胀力[3]。他先将它装入铁管中使用，很快又将它用于作战，并教威尼斯人使用。结果从那时以来，战争技术便完全依赖于这一化学发明；一个柔弱的孩子现在也可以杀死一个最强壮的好汉：没有任何东西，无论多么庞大坚固，能够抵挡它。那位聪明的荷兰将军科霍恩（Cohorn）[4] 充分认识到火药的威力，大大改变了整个作战技术，使筑城防御的方式为之一新，原来坚不可摧之地，现在需要守卫者了。火药的威力实际上还要可怕得多。
>
> 一提起另一种用硫磺、硝石和酒糟炭配制的火药[5]的巨大威力，我便不寒而栗；更不用说威名远扬的“爆金”（*aurum fulminans*）[6] 了。有人用化学方法从香料中提取大量芳香油，将它与一种从硝石中得到的液体混合，制得一种物质比火药的威力还要大得多。它无需点火便会自动燃烧，火势猛烈[7]。我要提一下最近在 57
> 德国发生的一次极为不幸的事件，有人用硫磺松香树脂做实验，将其置入一个密闭的化学器皿中，结果爆炸起火：上帝的意旨是，凡人不该滥用自己的智慧，将有益的科学引入歧途，造成如此可怕的后果。由于这一原因，我避而不谈另外几种比以上所述更为可怕、更具毁灭性的物品。

人们想知道一下布尔哈维是否谈到某种核武器？他是一位品格高尚，目光远大的化学家，不过在他的著作中我们最感兴趣的有关贝特霍尔德的部分还是被他的译者彼得·肖（Peter Shaw）于1753年加了一个驳斥性的脚注。我们不可不读，因为它表明无论从审慎的历史学角度还是从互有关联的人类文化学角度都证明贝特霍尔德之说不过是一个传奇。他简单地写道：

> 据说贝特霍尔德首先于1380年将这一发明传授给威尼斯人，而威尼斯人最先将它用于抗击热那亚人的战争，交战地点古称福萨·考德纳（Fossa Caudeana），

① Elementa Chemiae（1），vol. 1，pp. 99ff.，彼得·肖（Peter shaw）1753年英译本，vol. 1，pp. 189ff.。

② 这里肖加了一个脚注，下面将全文引用。

③ 这与许多世纪以前在中国确实发生过的事件完全相符，参见下文 p. 117。

④ 科霍恩（B. van Cohorn），军事工程师，1641—1704年。

⑤ 即所谓“爆炸粉末”，由硫磺、硝酸钾和碳质物组成。见 Ure（1），第1版，1821年。

⑥ 一种复杂的合成物，接近氢氧化亚金铵（aurous ammonium hydroxide），奥斯瓦尔德·克罗尔（Oswald Croll）于1609年之前发现［Partington（7），vol. 2，p. 176］。

⑦ 这一例子和下面的实验都是有机物由于浓硝酸作用而爆炸氧化；参见 Mellor（1），p. 512。布尔哈维“避而不谈”的是什么并不完全明显，因为雷汞直到下一个世纪初才被发现和研究。参见 Partington（10），p. 400。

现称基奥贾（Chioggia）[1]，这恰恰证明有关火药发明的流行说法显然有误。因为我们发现火器早在这之前许久就曾被提到，彼得·梅西乌斯（Peter Messius）在其著作的异本文句（*variae lectiones*）中谈到卡斯蒂利亚（Castile）王阿方索十一世（Alphonsus XI）曾在1348年的围城战中使用臼炮抗击摩尔人[2]；里昂主教唐佩德罗（Don Pedro）在编年史中提到400年前[3]突尼斯人在一次抗击塞维尔（Sevil）摩尔王的海战中，同样使用了臼炮。迪康热（Du Cange）也说，法国统计战士的登记册中早在1338年就提到过火药[4]。

可见无人能确定贝特霍尔德的准确年代或证明确有其人[5]。

总而言之，帕廷顿断定[6]，“贝特霍尔德是一位类似罗宾汉（Robin Hood）［或者更确切地说像塔克修士（Friar Tuck）］一样的传奇人物；他被编造出来只是为了使人相信火药和火炮都发源于德国。”[7] 如果我们将德国推而广之，认为是整个欧洲也无大妨。

58 颇具讽刺意义的是，贝特霍尔德也进入了东亚文献中，使那一地区的学者们困惑不解。1832年，一位名叫卡尔滕（J. N. Calten）的荷兰炮兵军官写了一本题为《海军砲术入门》（*Leiddraad bijhet Onderrigt in de Zee-artillerie*……）的著作，书中说，火药是由贝特霍尔德于1320年在炼金房中偶然发现的，他后来又发明了使用火药的火炮。该书由化学家宇田川榕庵[8]及其同事翻译成日文，并由后者于1847年左右收入《海上砲术全书》。

贝特霍尔德也曾在中国的著述中露面。有位王仁俊力图证明所有的技术与科学都发源于中国，他在1895年的《格致古微》中选用了几段有关火药的有趣引文[9]，最好

① 参见 Brackenbury（1），p. 29。

② 实际上，摩尔人曾在阿格克里拉斯围城战中使用臼炮抗击西班牙人，时间为1343年；参见 Lavin（1）。

③ 即1350年左右。

④ 也许他曾从格拉姆［Gram（1）］得到过一些，此人在丹麦于这一点上领先。

⑤ 这也是戈尔克［Gohlke（1）］1911年得出的结论。［正如迈克尔·莫里亚蒂博士（Michael Moriarty）提醒我们的，］劳伦斯·斯特恩（Laurence Sterne）的《项狄传》［*Tristram Shandy*，bk. 8，p. 517（1765年）］曾生动地描述了人们对这一问题的困惑。书中的托比叔叔（Uncle Toby）与特里姆下士（Corporal Trim）讨论火药的起源，他很清楚培根比人们假设的贝特霍尔德的年代早得多，还举了几个当时战争中使用火器的例证，说，“然而中国人在培根之前数百年就已有了值得夸耀的这种发明，由于这一点和其他成就，我们与中国人相比不免相形见绌。”特里姆吼道：“我相信，他们是一伙骗子。”托比叔叔继续说，他认为他们一定是因为看见他们的防御工事十分落后，而被愚弄了。这当然没有单纯考虑在西方世界，杰出的科学与数学在这类设计中所起的作用。

⑥ Partington（5），p. 96。

⑦ 然而他在一些著作中，如拉芬［Laffin（1），p. 15］继续活到今天；而在另一些著作中，与中国发明火药的证据一起被不加鉴别地一概排斥，如 Lindsay（1），p. 14。

⑧ 1798年至1846年；参见本书第五卷第三分册，p. 255。

⑨ 《格致古微》卷二，第二十七页、第二十八页。他还引用了缪祐孙《俄游汇编》中记述1887年俄国之旅的文字（卷12，第3页）。但是这段文字相当含混。缪祐孙不愿意相信中国的圣贤会发明像火药这样荼毒人类的东西，所以他设想火药来自阿拉伯；但是他在这里重蹈众人覆辙，认为襄阳围城战（1267—1273年）中使用的平衡抛石机（*countweighted trebuchet*）即是火炮。然后他谈到帖木儿，与徐继畬一样，提出是在征服者麾下服务的俄国士兵将其带回西方。这在今天根本站不住脚。

的一段引自徐继畬[①]作于1848年的《瀛环志略》。条理清楚，用了不少篇幅谈论欧洲，提到机械、蒸汽和各国工业。关于火药徐继畬写道[②]：

> 火炮技术发明于中国，不为欧洲人所知。元朝末年[③]，一名叫苏尔的斯（即Schwartz）的日耳曼人开始仿效这一技术，但是并未找到掌握它的正确方法。明洪武年间[④]，撒马尔罕（即Samarqand）的帖木儿王（即Timur Lang或Tamerlane）威震四方，一些欧洲人投身于他的军队，后来返乡时便带回了火药与火药砲。他们掌握了全部技术，并加以改进，于是造出了叫做"鸟枪"的滑膛枪。这种武器在许多战斗中使用，赢得无数胜利。他们造的大舰船四海游弋，得以侵占广袤的领土如西伯利亚与马来亚半岛，以及东印度群岛和南海的所有岛屿。他们的胜利威震四方，现在占有十几个（东方）国家。
>
> 〈火炮之法创于中国，欧罗巴人不习也。元末有日耳曼人苏尔的斯始仿为之。犹未得运用之法。明洪武年间，元驸马帖木儿王撒马儿罕威行西域，欧罗巴人有投部下为兵弁者，携火药炮位以归，诸国请求练习，尽得其妙，又变通其法创为鸟枪用以攻敌，百战百胜。以巨艦涉海，巡行西辟亚墨利加全土，东得印度，南洋诸岛国。声势遂纵横于四海，现大小共十余国。〉

这一切说得头头是道，但是关于帖木儿王却显然有误，因为第一位帖木儿皇帝阿米尔·泰穆尔·萨希布·基兰（Amir Taimur Sāhib Qirān）直到1336年才出世，到1370年才开始他的征讨伟业[⑤]，而那时欧洲人已了解火药武器并已使用了四十多年。尽管如 59
此，这一来自东亚的声音与多年以前德加亚的观点遥相呼应，都认为贝特霍尔德只是一个传播者而不是发明者。徐继畬并不了解，其实这个人根本不存在。这已是确凿无疑的事实，因此我们现在便把他列为传说人物，在我们的火药史上不再谈论他。

同时，中国流传着各种关于火药与火器起源的荒谬说法，例如18世纪在中国传教的两位耶稣会教士宋君荣［Gaubil（12）和钱德明［Amiot（2）］[⑥]都相信了一种源远流长的传说，认为火药在3世纪就已有之[⑦]，而且蜀国主帅诸葛亮曾用它造"地雷"。而15世纪明朝罗颀的著作《物原》宣称，枪（"铳"）首先由吕望（公元前11世纪）所造[⑧]，而爆仗是由魏国（3世纪）的马钧发明[⑨]。罗颀还说，隋炀帝（6世纪）曾将火药用于烟火以及各种娱乐[⑩]，而首先制作"焰焇"（硝）的是公元前2世纪的博物学

---

① 1795年至1872年；Hummel（2），p.309。

② 《瀛环志略》卷四，第三页；参见第八页。

③ 即1350年左右。

④ 1368年至1398年。

⑤ 帖木儿（Amir Taimur，或Tamer lane）在征服坎大哈、整个波斯、巴格达、德里和开罗后，于1405年死于其都城撒马尔罕。他与巴耶塞特（Bajazet）统治下的奥斯曼土耳其人为敌，曾于1402年打败过他们，因而与拜占庭的几位皇帝，特别是曼努埃尔·巴列奥略（Manuel Palaeologus）保持友好关系。他的一位后裔柏柏尔人（Babar）建立了以德里为中心的莫卧儿帝国。有两部英国剧本以他的非凡业绩为题材，一部由克里斯托弗·马洛（Christopher Marlowe）作于1590年，另一部由尼古拉斯·罗（Nicolas Rowe）作于1702年。

⑥ Amiot（2）附录，p.336。参见Hime（1），pp.88ff.。

⑦ 我们在本书上文（pp25，28）已经看到过这一观点。

⑧ 《物原》，第三十页。

⑨ 我们曾翻译了有关这位杰出工程师生平的大段文字，见本书第四卷第二分册，pp.39ff.。他对于竹子爆仗一定知道，但却不知道含火药的爆仗。近代有人试图证明马钧与火药有关，如王愚（*1*），但未能成功。

⑩ 《物原》，第三十页。

家——王子刘安（淮南子）[1]。董斯张 1607 年的《广博物志》照录并阐述了所有这些说法[2]。冯家昇正确地把这些说法一概当作传说而不予考虑，他把它们与那些将火药的发明归功于希腊人马克、大阿尔伯特或贝特霍尔德，（且不提罗杰·培根）的欧洲传说归于一类[3]。他同意哈勒姆（Hallam）的观点，即火药是由几个不同的人偶然发现的，
60 而不是某一个人的发明[4]。至于吕望制作铳的说法显然不能自圆其说，因为稍后又把焰硝仍归于八个世纪之后的刘安[5]。

到 1780 年，已经有汉学家对中国火器史作了最初的认真探讨，这出现在德尔布洛（Barthélemy d'Herbelot）所著著名的《东方学目录》（*Bibliotlèque Orientale*）的《附录》中[6]。《附录》系刘应（de Visdelon）与加兰（Galand）所加，他们知道 1161 年金、宋舰队之间的唐岛海战[7]，认为“火砲”可能就是 Cannon（大炮），特别是那些发射炽热弹丸的大炮，他们也正确地认识到“火箭”就是纵火箭。还敏锐地看出术语不能适应新形势，指出拉丁语中的 *tormentum*（抛石机）正如汉语中的“砲”一样，事物已发生了根本变化（从抛石机到火炮），而旧有的名称仍被袭用。他们知道唐代文献中从未提到火药，但也知道一些新式武器（尽管未获其详），包括冯继升 970 年的发明（参见下文 p. 148），唐福 1000 年（下文 p. 149）以及石普 1002 年（下文 p. 149）的发明；并认为这些火器都与火药有关，只是无法断定火药是用作纵火剂、炸药，还是推进剂。然而有一点他们十分清楚，即 1232 年金兵守卫开封，抵抗蒙古人时使用的“震天雷”是一种炸弹或地雷，不过他们觉得这里还是不能排除火炮的可能[8]。此时，他们已逐渐抓住了问题的实质。他们对 1259 年在安徽寿春[9]发明制作的“突火枪”[10]也有所闻，并非常清楚枪上使用了某种管筒，他们认为这也许就是真正的火炮。尽管今天我们把这种武器称为与火焰齐射弹丸的突火枪或火枪，但他们的猜测也并无大错。最后，他们从《明史》中引用了一段话[11]，是皇帝针对廷臣说火器会使人怯懦所作的回答：“不，
61 使用火器始终是中国胜过其他国家的一个法宝!”这就是第一次从汉学角度进行的有关

---

① 《物原》，第三十二页。无论隋炀帝放的是何种烟火（参见下文 p. 136），它们肯定不含火药；但是刘安知道硝石之说却并非不可能，这我们将在下面看到（下文 p. 96）。

② 《广博物志》卷三十三，第五十一页，卷三十九，第三十三页。董斯张在评注时摘录了许多后来的资料。参见 Wylie（1），p. 150。

③ 冯家昇（1），第 30—31 页。

④ Hallam（1），vol. 1，p. 479。

⑤ 如果有人对此很感兴趣的话，可以在一些集子如元代《事林广记》和清代《格致镜原》中查找到这些传说。

⑥ *Bibliotlèque Orientale*（1），附录，p. 117，“中国火炮的发明”（Del 'Invention des Canons en Chine）。

⑦ 这在两位宋朝大将的传记中有所描述，一位是李宝（《宋史》卷三七〇，第四页；《文献通考》卷一五八，第一三八一·三页，一三八二·一页）；另一位是魏胜（《宋史》卷三六八，第十一页起，第十五页）。前者只提到“火箭”，而后者谈到“火石砲”，这一定是指抛掷纵火物和石头的抛石机。全国水军统帅郑家的传记中也提到在这次战斗中使用火砲（《金史》，卷六十五，第十六页），郑家眼看他的舰队全部着火，跳海自溺而死。参见冯家昇（*1*），第 59 页；Lu Mou-Tê（1），pp. 30—31；Wang Ling（1），p. 166，p. 169。在这些炮弹中很可能有火药，但大概是低硝纵火剂，而不是高硝炸药。

⑧ 对这些事件的记述见《金史》卷一一三，第十九页；参见冯家昇（*1*），第 80 页；Lu Mou-Tê（1），p. 32。

⑨ 现为寿县。

⑩ 《宋史》卷一九七，第十五页；参见冯家昇（1），第 71 页；Wang Ling（1），p. 172。

⑪ 他们给的参考页码为《明史》卷七十二，第五十一页，但是我们还未能查到这段文字。

中国火药武器史的严肃探讨。

也就是大致在这一时期（1774 年），才气横溢而决不因循守旧的德波夫（Cornelius de Pauw）[1] 与同样才气横溢但更加见多识广的中国耶稣会教士高类思（Aloysius Ko）[2] 有过一次交锋。德波夫发现《孙子兵法》根本未提到火药，又看到中国人仍然使用着落后的火绳枪，便著文批驳了所有关于中国火药的证据，包括 1232 年发生的事件（下文 p. 171）。高类思于 1777 年作答，他知道 970 年、1002 年的事件以及其他许多事实，成功地维护了中国史料的可靠性。

火药武器与火炮的历史研究在 19 世纪得以大大加强，然而陷阱密布，使不少历史学家堕入其中。雷诺及法韦［Reinaud & Favé（2）］曾于 1849 年十分正确地断言，从 1231 年开始使用的震天雷是一种爆炸物。而另一方面，梅辉立［Mayers（6）］1870 年却认为，火药是 5 世纪或 6 世纪通过印度或中亚传到中国的，但是中国在充分认识其意义方面晚于诸国，只是到 15 世纪初他们才开始利用火药的推进力[3]。翟理斯（H. A. Giles）错误地认为，中国人第一次使用火器是在明朝将军张辅 1407 年击败安南人的战斗中[4]。而盖尔（Geil）虽然承认中国发明了火药，却坚持认为火炮完全是在外国影响下铸造的[5]。另一方面，格林纳［Greener（1）］准备给予中国极早掌握硝石性能的荣誉，他说："人们认为与摩西（Moses）同时代的中国人和印度人知道这种化合物更为隐秘的特性。"后来施古德［Schlegel（12）］在本世纪初（1902 年）出色地为火药起源于中国辩护，但是他错误地把"震天雷"这个术语解释为火炮。不过他的结论，即"中国人……早在 13 世纪……就了解并使用了火器、火炮和枪"后来证明言之不谬。

激烈的争论时有发生，有的围绕希腊火的性质[6]；有的涉及如何解释欧洲最早的枪
与火炮的证据[7]。在印度火药史方面，霍普金斯［Hopkins（2）］据理驳斥了奥佩尔 62
［Oppert（1）］[8]。随之而来的是一些德国作者，他们是杰出的军事史家[9]，但对条顿人的能力估计过高，不免会陷入困境。在论述 15 世纪欧洲火器著作的作者方面，贝特洛

---

① de Pauw（1），vol. 1，pp. 441，ff.。

② Aloysius Ko（1），p. 491。

③ 在前一年的《哈泼斯杂志》（*Harper's Magazine*）上有一篇佚名文章（Anon. 196）在这一问题上的见解更正确一些，不过也持火药在三国和隋就为人所知的观点。我们在下文（p. 172）还要提及梅辉立（W·F·Mayers），谈到他对火枪的认识，而对这种武器不了解的作者甚多。克莱顿·布雷特（Clayton Bredt）博士告诉我们，梅辉立的文件和论文至今尚存，与旧时北京的英国公使带来的材料一起存基尤的公共档案馆（Public Record Office at Kew）。

④ Giles（1），p. 21。欲知其详见下文 p. 240。

⑤ Geil（3），p. 82。参见下文 p. 394。

⑥ 如上一世纪 40 年代拉兰纳［Lalanne（1，2）］和卡特勒梅尔［Quatremère（2）］对雷诺及法韦［Reinaud & Favé（1，2，3）］的争论；这里的问题主要在于它是否含硝石。

⑦ 如 Lacabane（1）；Bonaparte & Favé（1），也是在 40 年代。

⑧ 参见 Partington（5），pp. 211ff.。然而这并不能避免后来的作者如格林纳［Greener（1）p. 14］，重犯奥佩尔的错误。

⑨ Jähns（1，2，3）；Boeheim（1）；Delbrück（1）；Rathgen（1—4）。

[Berthelot (4—7)] 较为出色，而布拉肯伯里 [Brackenbury (1)] 和克莱凡 [Clephan (1—5)] 所写的关于 14 世纪臼炮的历史至今仍然有用。1895 年，罗莫基 [Romocki (1)] 作了不屈不挠的努力以证明火药武器发源于亚洲，取得结果颇令人满意。但是美中不足的是，他几乎没有接触原文资料，仅仅依靠耶稣会教士和早期汉学家的著作，而这些著作并不都是可靠的指南。尽管如此，他还是正确地将 1259 年的"突火枪"解释为喷射出我们应该称之为与火陷齐射弹丸的火药喷火筒①。不过他当然不知道年代确凿的、真正的中国手铳和火炮可以追溯到 1290 年②。

在 20 世纪初，许多似是而非的观点继续流行。例如戈尔克 [Gohlke (1)] 相信火药发源于中国，但认为中国人没有达到制造金属枪管的水平，阿拉伯人也一样，尽管他不能确定"米德发"（*midfa'*）为何物。根据他的观点，火器几乎同时在几个欧洲国家出现，但不可能确定其发源地点及发明者。此后伯希和（Pelliot）与沙畹（Chavannes）证明 12 世纪的中国"火砲"是一种炸弹而不是炮③。1915 年亨利·海姆上校 [Colonel Henry Hime (2)] 发表了一篇关于火炮历史的著名专著，他认为"火药不是被发明的，而是被（罗杰·）培根偶然发现的"④。同时，他对 18 世纪耶稣会教士提出的有关火药发源的证据置若罔闻，他说，火药大概是 14 世纪末或 15 世纪初，由陆路或水路从西方传到中国的，而"在葡萄牙人和耶稣会教士 16 世纪到达中国以前被错误地当作是中国古已有之的发现"。海姆从未接触过任何汉文原著，敢于如此断言胆量实在不小。可以说，在第二次世界大战结束以前，火药欧洲起源论仍然根深蒂固。例如拉特根（Rathgen）居然在 1925 年撰文，谈到印度的火药武器无一例外地起源于欧洲⑤。

决定性的进展发生在 40 年前。人们可以看到，这以前两个世纪的火器和火药史是
63 一团乱麻，充斥着谬误与误解，不确切的翻译，神乎其神地传说，凭空无据的断言，以及张冠李戴，文化偏见等等。在 20 世纪 50—60 年代，这一僵局遭到两次重炮轰击，即冯家昇（*1—8*）自 1947 年以来的著作和帕廷顿 [Partington (5)] 1960 年的著作。冯家昇⑥和帕廷顿⑦将这一切一扫而光，或者不如说将其分门别类，仔细筛选⑧，去伪存真。当然，有些结论今天并非无可非议，许多情况冯家昇和帕廷顿并不了解，有待发现的东西实在太多了。例如，自公元 900 年以来，中国使用过数量众多、种类多异的火器，如果我们知道其中每一种火器中火药的准确成分和物理性能，我们的工作会得心应手得多；然而事实上我们只能猜测。

更轻，但更有效的野战炮预示和支持了这些重炮轰击。新的探讨以王铃 [Wang

---

① 参见下文 p. 227。

② 参见下文 p. 290。

③ Pelliot (59), p. 408; Chavannes (22), pp. 199, 200。

④ 上文 p. 49。

⑤ Rathgen (1), p. 564, Rathgen (5)。

⑥ 我有幸在纽约和北京结识这位诲人不倦的学者，他对于我们的许多询问总是非常乐于回答。

⑦ 帕廷顿曾经是一位工程技术的军官，在两次世界大战中都在军需部任职，所以（像贝特洛一样，）既是杰出的化学家和化学史家，也懂得爆破的实际操作。他不像我，不是第二次世界大战中兵工署的一名无知无识无经验的顾问。后来在 1956 年 7 月王铃和我有幸与他进行了几天的会晤，（他当时正挂记着他即将出版的书，）我们回顾了当时所掌握的有关中国与火药的所有例证，对于如何写火药史他使我们获益匪浅。

⑧ 冯家昇的两篇论文（*3*）和（*8*）专门评论早期西方火器与火药史。

Ling (1)] 与富路德和冯家昇 [Goodnch & Feng jia Shēng (1)][1] 为先驱。中国历史文献中的丰富证据以及中国军事典籍中对火药和火器的描述被发掘出来了。例如，《武备志》中描述了众多火器，戴维斯与魏鲁男 [Davis & Ware (1)] 对其中一些作了研究[2]。他们一致认为，火药起源于中国。帕廷顿在阐述火药知识传播到欧洲、阿拉伯人所起的作用时，谨慎地接受了这一结论[3]。在日本，有马成甫 (*1*) 出版了一本令人感兴趣的关于火炮起源和传播的著作，他在书中阐明了同样观点，即火药起源于中国，而且从至今尚存的中国古代火炮中获取了进一步证据。王荣 (*1*) 也曾提到这些年代分别为 1332 年、1351 年和 1372 年的铳，以证实中国在 14 世纪便已存在青铜火炮。事实上，自帕廷顿的书问世以来，最好的著作大都是以汉文[4]和日文出版的。1968 年，一位日本炸药化学家南坊平造 (*1*) 写作了一部重要的专著，谈火焰武器、火药和火器在东亚的发展以及它们（部分通过阿拉伯人）向欧洲的传播[5]。

拨乱反正的进程可以追溯到萨顿 [Sarton (1)] 全面的、综合性的研究。他于 64
1931 年发表第二卷著作时，认为火药是西欧或叙利亚在 13 世纪末之前发现的；他不排除中国是火药的发源地的可能，但未加以证实。第一批枪炮直到 14 世纪后半叶才出现。萨顿认识到襄阳围城战中使用的装置是抛石机，但没有意识到它们是平衡抛石机[6]。后来当他于 1947 年完成第三卷时，他了解有关沃尔特 · 德米拉米特[7]的一些东西，并且能够利用王铃 [Wang Ling (1)] 与富路德和冯家昇 [Goodrich & Fêng (1)] 的著作，所以获悉了 1356 年和 1377 年的中国火炮[8]。虽然他没有在他的长篇大著中承认中国的领先地位，而且显然不愿意放弃关于贝特霍尔德的传说[9]，但他的论述清楚地表明，他向我们现在所持的立场迈进了一大步。

下面这篇关于西方著作的有见地的评论读起来饶有趣味，它出自两位俄国学者维林巴霍夫和霍尔莫夫斯卡娅 [Vilinbakhov & Kholmovskaia (1)]。

> 虽然这些著作大都为火药与火器史的研究作出了很大贡献，但它们有一个特点，即对东方文献，特别是中国文献所知甚少……西方学者们断言，中国人知道火药武器只是在欧洲人把它们传播到那里之后，这完全与事实不符。中古代中国火焰武器的发展遵循了一条独立的道路，其符合逻辑的高峰便是发明了利用火药推进力的金属管武器[10]。

对此我们完全赞同。

---

[1] 当我们于 1944 年在中央研究院历史语言研究所（当时疏散到四川李庄）第一次遇见王铃（王静宁）时，他已在进行这方面的研究了。我想他研究这一问题是受了杰出的学者傅斯年的激励。冯家昇在回到中国定居以前曾与富路德一起工作。

[2] 同样，戴维斯和赵云从 [Davis & Chiao Yün—Tshung (9)] 也对中国的火药焰火史作出了很大的贡献。

[3] 后来的一些著作者如史密斯 [J. E. Smith (1)] 对帕廷顿的书推崇备至。

[4] 还可提到周嘉华 (*1*)；刘仙洲 (*12*)；魏国忠 (*1*) 和卫聚贤 (*7*)。

[5] 然而其英译文 [Nambō Heizō (1)] 错误甚多，用时需谨慎。

[6] Sarton (1), vol. 2, pp. 29, 766, 1034, 1036ff.。

[7] 同上，vol. 3, pp. 722ff.。

[8] 同上，vol. 3, pp. 1548ff.。

[9] 同上，vol. 3, p. 1581。

[10] 然而他们自己的论文也并非无可指责，文中有好几处错误与误解。

我们在我们的火药史诗中得出的结论总的说来与冯家昇、帕廷顿、王铃、富路德、有马成甫、南坊平造及冈田登①的结论相似。不过，我们还以前所未有的规模结合研究了中国军事典籍；最近中国考古发现的成果也被纳入我们的研究。

现在有待我们做的，是引导读者注意关于火药自身性能与特征的最有用的一些书籍。这里我们比较欣赏坦尼·戴维斯［Tenney Davis（17）］完成于1956年的关于火药与炸药化学的著作。我们知道，在现代，有了能够以超音速燃烧速度进行真正分子爆炸的硝石和其他有机化合物②，火药已退居次要地位，因此大多数令人感兴趣的现代书籍，如乌尔班斯基［Urbański（1）］的著作③，涉及的都是上述物质，对我们目前探讨
65 的问题不太适用。另一方面，尽管第一次世界大战之前不乏有价值的著作④，也不宜回溯太远。我们发现马歇尔［Marshall（1）］1917年发表的两卷著作和两年之后费伯［Faber（1）］发表的三卷著作很有帮助。我们也会提到那些作于第二次大战期间的著作，例如赖利［Reilly（1）］谈到慢燃和快燃引信的实用性很强的书，以及魏因加特［Weingart（1）］泛论战争中焰火施放法的书。在这一时期，炼金术史学家里德［Read（3）］对这一题材作了通俗而有益的阐述。至于民用焰火施放，我们采用布罗克［Brock（1，2）］的著作。

最后，在以下篇幅中，我们将提到从900—1600年左右中国发生的许多使用了火药武器的战斗。因此，最好手边有一部完整的东亚战役史，以便查阅一些这些交战的战略背景材料，幸而，我们现在有陈廷元和李震（*1*）汇编的很有价值的著述，共十六卷，书中附有许多地图与示意图⑤。

（3）溯源（Ⅰ）：纵火战

在古代日本，火与地震、雷霆、父权一起，被认为是人生中最令人惧怕的四种事物⑥。火使人惊骇、摧毁一切的力量使所有的古代民族都将纵火剂用于战争，而各种各样的纵火剂无疑是火药的先声。公元前9世纪的亚述浮雕描述了将火把、点燃的麻束、燃烧的沥青和火罐掷向攻城军队的器械⑦。公元前480年，波斯人使用箭头上绑着燃烧麻屑的箭攻下雅典⑧，而第一个有案可查的，希腊人使用纵火箭的例子见于公元前429年伯罗奔尼撒战争中的布拉底（Plataea）围城战⑨。

---

① 此外，一些老一辈学者目光特别敏锐，突出的有Laufer（47）。最近有一篇佚名的中文简评［Anon.（214），第37页起］也值得一读。

② 更不用提核爆炸了。

③ 或者Fordham（1）。尤其参见Bowden & Yoffe（1，2）。

④ 例如1880年的Bockmann（1）；1909年的Kedesdy（1）。

⑤ 在较早的文献如胡林翼（*1*）中也可找到类似的评述，但是迄今为止这部著述是年代最近、最完整的。

⑥ 18世纪末司马江汉写了一篇引人注意的文章谈这一问题，由韦利译成英文［Waley（28），pp.123—124］。

⑦ 参见Barnett & Faulkner（1），pl. cxviii；根据莱亚德（Layard）的绘画。辛那赫里布（Sennacherib）（前704至前651年）对拉基（Lachish）围城战也有类似的描绘；参见Yadin（1），pp.431，434—435（彩色）。

⑧ Herodotus，*History* Ⅷ，52。

⑨ Thucydides，*History* Ⅱ，75。

从技术上说，希腊人较之其他古代民族似乎更擅长于将纵火物质用于战争[1]。根据修昔底德（Thucydides）的记载，公元前424年，围攻德利乌姆（Delium）的彼奥提亚同盟（Boeotian）将一根长铁管安上轮子以便移动，铁管上带着一只盛有燃烧着的木炭、硫磺和沥青的容器，其后还有一只大风箱，将火焰吹向前[2]。这使人想起公元前4 66
世纪墨家军事著作家描述的中国风箱，这种风箱将有毒或刺激性的烟吹进敌人正在挖掘的暗道中[3]。2世纪初，阿波洛多鲁（Apollodorus）描述了一种使用木炭粉的类似器械，被用作纵火烧石墙堡垒的装置[4]。迟至10世纪时，拜占庭的希罗（Heron）描述了另一种类似的器械[5]。公元前360年左右，兵法家埃尼阿斯（Aeneas the Tactician）提到作战用火焰的成分，这是沥青、硫磺、松木刨花及熏香或树脂的混合物，装填入罐中，掷向敌舰的木船板或木制堡垒，容器上还装有钩子，以便挂牢[6]。

在古代，人们还常常巧妙地利用同归于尽的动物。我们从大约公元前580年的早期犹太历史记载中找到了这样一个例子，它发生在与腓力斯（Philistia）人的战争中[7]。

> 于是参孙（Samson）捉了300只狐狸，将它们尾与尾连在一起，又拿来火把，绑在每一对狐狸的尾巴上。他点燃火把，放出狐狸，让它们四处乱窜，于是狐狸钻进腓力斯人未收获的庄稼地，点燃了禾捆堆和粮食，不仅如此，还点燃了葡萄园和橄榄林。

这段记述特别令人感兴趣，因为我们在下面将会看到，在整个中古代的中国军事典籍中[8]，均有同归于尽的动物出现，它们不断被用作运载火药（先是纵火物，后来是炸药）的工具[9]。的确，中国的有翼火箭几乎可以肯定是从运送纵火武器或炸药的鸟翼上得到了启发[10]。

纵火箭自然是罗马军队装备的一部分。维吉尔（Vergil，公元前70—公元19年）[11]和李维（Livy，公元前59—公元17年）[12]都提到过。还有一种 *malleoli*，即"小锤子"，这是一种纵火箭，只能用沙，而不能用水扑灭，阿米阿努斯·马尔塞利努斯（Ammianus Marcellinus）于390年左右提到过它[13]。据大致同时代的韦格蒂乌斯（Vegetius）的著作记载，绑在箭上的易燃物由硫磺、树脂、沥青和浸油的麻屑组成[14]。公元前399年

① 参见 Finó（1）。

② Thucydides，Ⅳ，pp. 100ff.。参见 Garlan（1），p. 141。

③ 见本书第四卷第二分册，pp. 137—138，以及 Yates（3），pp. 424ff.。

④ *Poliorcetikon*，见 R. Schneider（4）。有关纵火见下文 p. 533。

⑤ *Poliorcetika*，见 Wescher（1），pp. 219，244。

⑥ *Poliorcetikon*，XXXIII，Ⅳ ff.。有关这一点及其他古代资料，见 Hime（1），pp. 25ff.。

⑦ Judges，15，14。

⑧ 下文 p. 210。

⑨ 下文 p. 213。

⑩ 下文 p. 502。

⑪ *Aeneid*，Ⅸ，705。

⑫ *History*，XXI，8。

⑬ *History*，XXIII，IV，14—15。

⑭ *Rei Militaris Instituta*，Ⅳ，1—8，18。帕廷顿［Partington（5），p. 2］推测所用油为石油，但植物油无疑也可用。

在叙拉古的狄奥尼西奥斯（Dionysius of Syracuse）治下发明了非转矩抛石机（*arcuballista* 与 *gastraphietes*），大约 50 年后在菲利普二世治下由帖撒利亚的波利伊多斯（Polyidus
67 of Thessaly）发明了转矩抛石机[1]，它常常在必要时用来抛射装有纵火物质的罐子。公元前 413 年的叙拉古围城战中还使用了火攻船和树脂火把[2]；腓尼基（Phoenicians）人也曾在公元前 332 年的提尔（Tyre）围城战中用火攻船焚烧马其顿人在海堤上构筑的工事[3]。公元前 323 年亚历山大大帝逝世之后，地中海文化的所有军队均普遍使用纵火抛射物。公元前 304 年，火攻船和树脂火把又在罗德（Rhodes）围城战中一显身手[4]。塔西佗（Tacitus，约公元 60—120 年）描述过由抛石机抛射出的烧矛（*ardentes hastae*）[5]。这样的事例层出不穷，直到哥特战争终结[6]。

在古代还使用过"自动火"（*pyr automaton*，*πῦρ' αντόματον*），但是它在军事上有多大价值颇值得怀疑，因为它依赖于与硫磺、石油等易燃物混合的生石灰受湿时自动起火[7]。以其产生的热量足够点燃纵火混合物。纽克拉底斯的阿忒那奥斯（Athenaeus of Neukratis）于公元 200 年左右最先使用"自动火"这个术语[8]。尤利乌斯·阿非利加努斯（约 225 年）的维埃耶丰版本的（Vieillefond's）《饰带》（*Kestoi*）对它有所记载，按照帕延顿的解释[9]，它的成分是：等份的天然硫磺、岩盐、熏香、雷石或硫化物。将所有这些成分在正午的阳光下置于黑臼中研磨，再与等份的黑色埃及榕树脂和液态的扎金索斯（Zakynthos）沥青混合，制成一种黏稠糊状物，随后加入生石灰，在中午时分仔细搅拌，人体需要受到保护，因为这种混合物容易迅速起火燃烧。必须将它置于密封的铜盒中保存，以备不时之需。把它涂抹在敌人的"装置"（*hopla*，*ὅπλα*）上，受到早晨露水的浸湿，它便起火，将其烧毁。《焚敌火攻书》[10] 和《世界奇妙事物》[11] 中也有自动火的配方，这两部 13 世纪的著作我们已经讨论过（上文 p. 40）。有人可能想到，如果将这种生石灰与易燃物的混合物隐藏在某些意想不到的地方，或许会造成神秘的大火。然而这种技术无论在陆上还是海上都起不到多大作用。用于海上时（假设采取了措施防止这种物质沉入水中），燃烧微弱，平静而毫无杀伤力，只不过引起几分惊奇[12]。

火焰武器在公元前一千年中也在印度使用。《摩诃婆罗多》（*Mahābhārata*）史诗常

---

① 参见 Marsden（1），pp. 48ff.，pp. 57，60。

② Thucydides，*History*，VII，53。

③ Arrian，*Exped. Alexander*，Ⅱ，19。

④ Diodorus Siculus，XX，86。

⑤ *History*，Ⅳ，23。帕廷顿［Partington（5）］称其为"火枪"，但是考虑到后来出现的武器，这一术语在这儿容易使人产生误解。

⑥ Ammianus Marcellinus（约 390 年），XXIII，iv，14，15。

⑦ 许多人力图重视这一现象，但并非人人都能如愿。马歇尔未能做到［Marshall（1），vol. 1，pp. 12-13］，但是帕廷顿的朋友理查森［Richardson（1）］却大获成功。

⑧ 在谈到一位魔术师（Xenophon the Wonder-worker）"奇迹创造者色诺芬"的戏法时。

⑨ Partington，p. 8。

⑩ 在 § 9 中，*calx non extincta*，Partington（5），p. 47。

⑪ 帕廷顿［Partington（5），p. 85］有原文和译文。

⑫ 参见 Zenghelis（1）。我们在后面（p. 165），将要谈到 1161 年的中国著名水战，在这次水战中，生石灰曾用于某种炸弹中，类似的情况在别处也可见到，但这似乎是因为它在随烟扩散时具有刺激性，而不是将它用作纵火物的点火物。

常提到在战斗中使用易燃物质如树脂或麻屑①。在《政事论》（*Arthaśāstra*）② 中有许多 68
纵火混合物、毒烟和类似物品的配方，包括燃烧的散飞的木头片以及由某种投石机射出的燃烧罐。亚历山大大帝的军队就曾于公元前 326 年在印度遭遇过火焰武器。旁遮普的奥克塞德拉斯人（Oxydraces）特别精于此道③。当阿波洛尼乌斯（Appollonius）问为什么亚历山大大帝不对他们发起进攻时，有人告诉他：

> 这些人实在聪明，他们居住在恒河和希发西斯河（Hyphasis）之间，亚历山大从来没有进入过他们的家园。我想，这倒不是因为他害怕这里的居民而却步，而是出于慎重的考虑。因为如果他跨过希发西斯河，他无疑会尽力使自己成为整个国家的主人，然而尽管他有一千名像阿基琉斯（Achilles）一样善战，或者 3000 名像埃阿斯（Ajax）一样骁勇的战士，他却无法攻占他们的城市。因为这里的人并不到战场和来犯者厮杀，这些可畏的、受到神灵眷爱的人从城墙上放出风暴与雷霆，击溃敌人。据说埃及人海格立斯（Hercules）和巴克科斯（Bacchus）进犯印度时，也曾向这些人发起进攻，并准备了作战兵器。试图征服他们。开始他们未有任何抵抗的表示，显得平静安宁，高枕无忧。但是待敌人一靠近，他们便居高临下，朝敌人的盔甲射出密集的闪电与烈焰熊熊的雷霆，击退了敌人④。

这段对纵火战的描述值得注意。“雷霆”不仅出现在菲洛斯特拉托斯（Philostratus，死于 244 年）的这段文字，一千年以后在许多关于十字军战役的记述中也可见到，这使许多人误认为它指的是火药的真正爆炸或爆燃⑤。但是事实上，当装有易燃物的大容器被抛射出来，在空中急速飞行时，压迫空气也完全能够产生这种效果。

一些梵语词汇也引起许多混乱。如 *agni astra* 在古典著作中无疑指“纵火箭”，但是后来被赋予“火炮”的意义⑥。梵文古典著作中还有 *śataghni* 一词，意为“杀数百人”，它使有的学者以为印度在公元前一千年末时早已了解并使用了火药，而这一结论是站不住脚的⑦。此外，据说印度人在 1368 年的比亚纳加尔（Biyanagar）战役中使用
了 ‘*araba* 与穆斯林作战。这个词在现代肯定是“炮车”之意，但是最初它只是指与此 69
类似的一种车。海姆发现历史学家菲里希塔（Firishta，死于 1611 年左右）落入了这个

---

① McLagan（1）；Winter（1）。这部著作包括从公元前 200 到公元 200 年的资料以及后来的补充材料。

② 据认为系考底利耶（Kautilya；约公元前 300 年）所作。但是我们现在发现其中包括一些迟至 5 世纪的资料。见沙姆萨斯特里的译文［Shamasastry（1），pp. 57，92，154，424，451，458，468］；以及 Partington（5），p. 210。

③ 关于奥克塞德拉斯人见阿里安（Arrian；96—180 年）的《亚历山大远征记》（*Anabasis Alexandri*，v. 22 与 vi. 4，11，14），但是他并未提及纵火武器（译文见 Brunt，1）。

④ 《蒂亚纳的阿波洛尼乌斯之生活》（*Life of Apollonius of Tyana*，Ⅱ，33）。有关记述已译成日文，参见有板铝藏（*1*），第 2 卷，第 113 - 114 页，及有马成甫（*1*），第 3 页。

⑤ 这肯定也蒙蔽了弗朗西斯 · 培根，在论“万事变迁”的文章（1625 年）中他写道：“……我们知道甚至武器也往复变迁；因为我们可以肯定印度的奥克塞德拉斯（Oxidrakes）城知道使用火炮（ordnance）；而马其顿人将它称作雷霆闪电与奇迹。众所周知中国使用火炮已有两千多年。”［小品文 58，蒙塔古（Montagu）版，vol，1，p. 192；斯佩丁及埃利斯（Spedding & Ellis）版，vol. 6，p. 516］。

⑥ 这里又是一例，表明事物在迅速变化，而用来称呼它们的术语却常常依然故我。

⑦ 欲知其详，见 Partington（5），pp. 211ff. 。古印度的文章作者和诗人特别喜欢神奇的武器。

陷阱，将那段文字臆断为指野战炮。其他历史学家也有类似情况[①]。

1290 年，贾拉勒 · 丁（Jalā al-Dīn）苏丹围攻桑波（Rantambhor）时，未获成功，在战斗中，他命令架起 *maghrībīhā*（即抛石机）[②]，但是后来守卫部队自己也造出了同样武器。1300 年要塞终于被围困，里面的印度人

> 在每一个堡垒中准备了火；那些（武器发出的）邪火每天落在穆斯林的易燃物上。因为这种火无法扑灭，他们便在袋中装入泥土，并挖掘堑壕……后来国王的军队发动了猛烈进攻，像火蛇一样在遍地烈焰中猛冲[③]。

在 1398 年的珀德尼尔（Bhathīr）围城战中，印度人朝着攻城者头上“射箭，投掷石头和（纵火的）烟火”[④]。马赫穆德（Mahmud）苏丹军队（曾于 1399 年在德里败于帖木儿）中的大象运来了手榴弹投掷器（*ra' d-andāzān*）、“烟火”（*ātish bāzī*）以及“火箭发射器”（*taksh-andāzān*）[⑤]。到这一时期，爆炸性的火药炸弹当然已经唾手可得，火箭也很常见，但是提到的第二种武器看起来像是古代的纵火燃烧罐。

在中国，至迟从公元前 4 世纪的经典军事手册《孙子兵法》起，就把火作为一种作战武器了，该书的第十二章专谈火攻[⑥]。除了纵火点燃敌人的武器库和给养外，最令人感兴趣的是书中提到的“墜火”（“隊火”）；这个词给从古到今的诠释者们造成许多麻烦[⑦]，不过唐代以后的最令人信服的解释是，是指射进敌人营寨的纵火箭[⑧]。秦汉的
70 军事手册《六韬》（其作者被认为是半传奇式人物姜尚）[⑨] 也有战争中用火的记述。有两个古代应用纵火剂的著名战例常常在中国历史中引述。第一个是田单于公元前 279 年保卫齐国最后的营垒时，巧妙地利用了火与火牛，击退了强大的燕国来犯之敌[⑩]。在赢得这次决定性战斗之后，田单收复了以前被敌人占据的七十多座齐国城池[⑪]。另一个

---

① 海姆［Hime（1），p. 80］和帕廷顿［Partington（5），p. 216］说明，菲里希塔著作的抄录者和 18 世纪的译者在涉及枪炮时用词很不准确。

② 这种兵器起源于西方。马格里布地区包括位于北非和西班牙的整个西部阿拉伯文化区。但是正如我们已经看到的（本书第五卷第六分册），对抛石机和投石机所体现的平衡杠杆原理中国的认识比欧洲早得多。不过印度的穆斯林对此并不知道。

③ 录自阿米尔 · 胡斯劳（Amir Khusrū，死于 1325 年）的记述，见 Elliott（1），vol. 3，p. 75，vol. 6，p. 465。参见 Partington（5），p. 218，及 Hime（1），p. 83。

④ 帖木儿的自传《帖木儿自传》（*Malfūzāt-iṭīmūrī*），见 Elliott（1），vol. 3，p. 424；参见 Partington，在前述之处。

⑤ 同一著作，见 Elliott（1），vol. 3，pp. 430ff.，p. 439；参见 Partington，在前述之处。

⑥ 见英译本 Giles（11），pp. 150ff. 和 Griffith（1），pp. 141ff.，以及郭化若（*1*）所译的白话文。近年发现了该书的一些不同版本及相似的文本［见 Anon.（*210*），第 86 页起］。其中大都谈到火攻。

⑦ 各种文本俱写作“隊”，但估计是“墜”，因为这两个字通用。可惜最近发现的初及文本在此处是一个空白，但是《武经总要》［（前集）卷十一，第十九页］采用了第一种写法和含义。这个字也可以是“隧”，意思是地道，此外不太可能。

⑧ 10 世纪的耶稣会教士钱德明受到传统的错误影响（参见 p. 59），将充以弱力火药，“具有希腊火效果”的纵火“炸弹”归功于孙子；［Amiot（2），p. 146，附录，p. 337，参见图版 16，图 77，解释，p. 361］。他在这一点上无疑是错误的。

⑨ 参见《武备志》卷五，第二十五页。也作吕望。

⑩ 普菲茨迈尔［Pfizmaier（98），p. 6］辑录了不少关于用同归于尽的动物携带纵火物的记述。

⑪ 《武备志》卷二十九，第七页、第八页；翟林奈［Giles（11），p. 91］翻译了一篇《孙子》评注。

战例是208年，诸葛亮和周瑜联合指挥蜀[①]、吴军队在赤壁一战大败曹操的魏国舰队[②]。在许多世纪中，火船（图5）的确在中国水战中举足轻重，例如鄱阳湖战役中，朱元璋及其水军将领杀得敌人望风披靡[③]。所有的军事手册，如759年李筌的《太白阴经》[④]，1004年宋代许洞的《虎钤经》[⑤] 都记述了带燃烧麻屑的纵火箭。

1044年的《武经总要》记述了将抛射物形式的纵火武器射向敌阵，或从城墙上掷向围城者。例如关于后者书中谈到以下两种方法[⑥]：

> 右为"燕尾炬"图，将稻草扎成两边分开作燕尾状的草束，用油脂浸过，点燃以后投向逼近城墙之敌，用以烧毁他们的木制结构（如房顶木板等）。
>
> "飞炬"状若燕尾炬，在城墙上竖起平衡杠杆，用杠杆上的铁链将其垂下，它 71
> 们甚至可以焚烧大举进攻之敌军。
>
> 〈右燕尾炬，束苇草，下分两歧如燕尾，以脂油灌之，发火，自城上縋下骑其木驴，板星烧之。
>
> 飞炬如燕尾炬，城上设桔秆，以铁索縋之下，烧攻城蟻附者。〉

当我们了解到运到城下的攻城槌和其他攻城机械都有一个装有轮子和顶部隆起的临时性木制外壳时，燕尾形的意义便一目了然了；这种纵火具可以跨停在这些木结构上，使其着火燃烧（图6）。在另一页还描述了一种抛射物[⑦]。

> "引火毬"是一种纸制圆球，内置三至五斤火药块。黄蜡熔化并澄清，加入木 73
> 炭粉，使成糊状，将引火毬浸入，再用麻线捆扎。要想知道某物距离，先射出引火毬，其他纵火毬可随即射出。

---

① 钱德明也将爆炸地雷的使用归功于孔明（即诸葛亮），说他于200年左右炸响了"地雷"；Amiot (2)，附录，pp. 331—332，p. 336。在这一点上他确实胜过与他同时代的任何将军："无疑，人们也知道在作战中使用射击工具，他们使用硝石、硫磺和木炭，按一定比例混合，就得到了想要的发射药（火药），而且比欧洲人使用这项发明早了好几个世纪"（On sait d'ailleurs, à ne pas en douter, que dans leur manière de combattre par le feu, ils employoient le salpêtre, le soufre et le charbon, qu'ils méloient ensemble en certaine proportion; d'où il résulte qu'ils savoient faire le poudre à tirer, bien des siècles avant même qu'on se doutat en Europe que cette invention existoit）。海姆［Hime (1)，p. 90］批评钱德明没有意识到爆炸物与纵火物的区别，这是不无道理的。但是在主要问题上他是正确的，尽管其理由有错误。参见 Partington (5)，pp. 238—239，251—252。钱德明从我们熟知并在本章引用过的中国书籍中复制了许多铜版图，包括火炮、臼炮、地雷等。（参见图版.15，图65-71，图版.16，图72-80，图版.29，图136，最后这幅图为火箭发射车）。

② 参见 Wieger (1)，vol. 1，p. 827；《武备志》卷二十六，第二十一页、第二十二页。

③ 见 Dreyer (2)。

④ 例如《太白阴经》第三十五篇（卷四），第二页，第三十八篇（卷四），第八页。在这些记述中，首先描述了如何首先射出带油葫芦的箭，葫芦破裂后便将油洒在敌人的房屋、塔楼和木结构物上；随后射出密集的燃烧的箭将其点燃。其次说，应该用射程300步的抛石机（*arcuballistae*）。

⑤ 例如《虎钤经》第五十四篇（卷六），第五页，第六十六篇（卷六），第十四页。

⑥ 《武经总要》（前集）卷十二，第六十、六十一页。"燕尾炬"和"飞炬"也见《武备志》卷一三〇，第二十三页、第二十四页。

⑦ 《武经总要》（前集）卷十二，第六十四页、第六十五页。

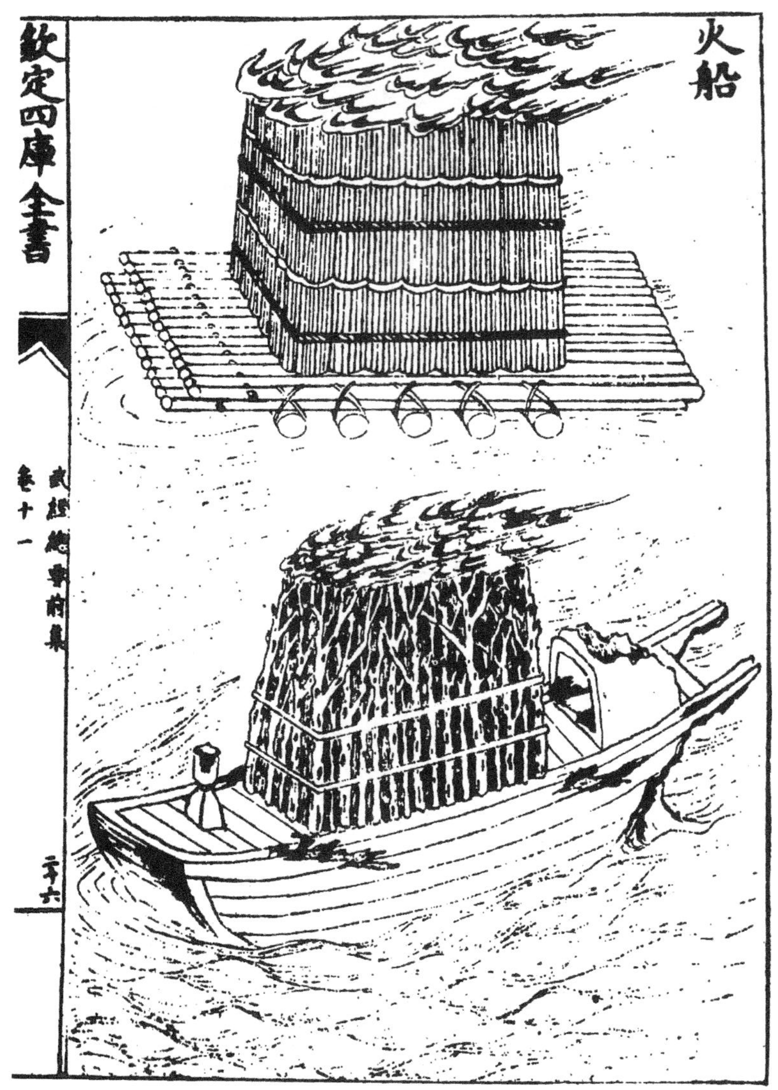

图 5　火船，采自《武经总要》卷十一，第二十六页。

〈右引火毬以纸为球内实砖石屑，可重三五斤，熬黄蠟、沥青、炭末为泥，周涂其物，贯以麻绳 。凡将放火球，只先放此球，以准远近。〉

这种烈焰熊熊的抛射物肯定会把敌人营防或抛石机引燃，同时也可了解自己的抛石机需要瞄准多远（图 17）。但是在《武经总要》中，这样的制法评述并不多见，因为在那个时代，大多数纵火抛射物都使用的是低硝火药，对此我们将在适当的时候谈及（见下文 p. 149）。

72

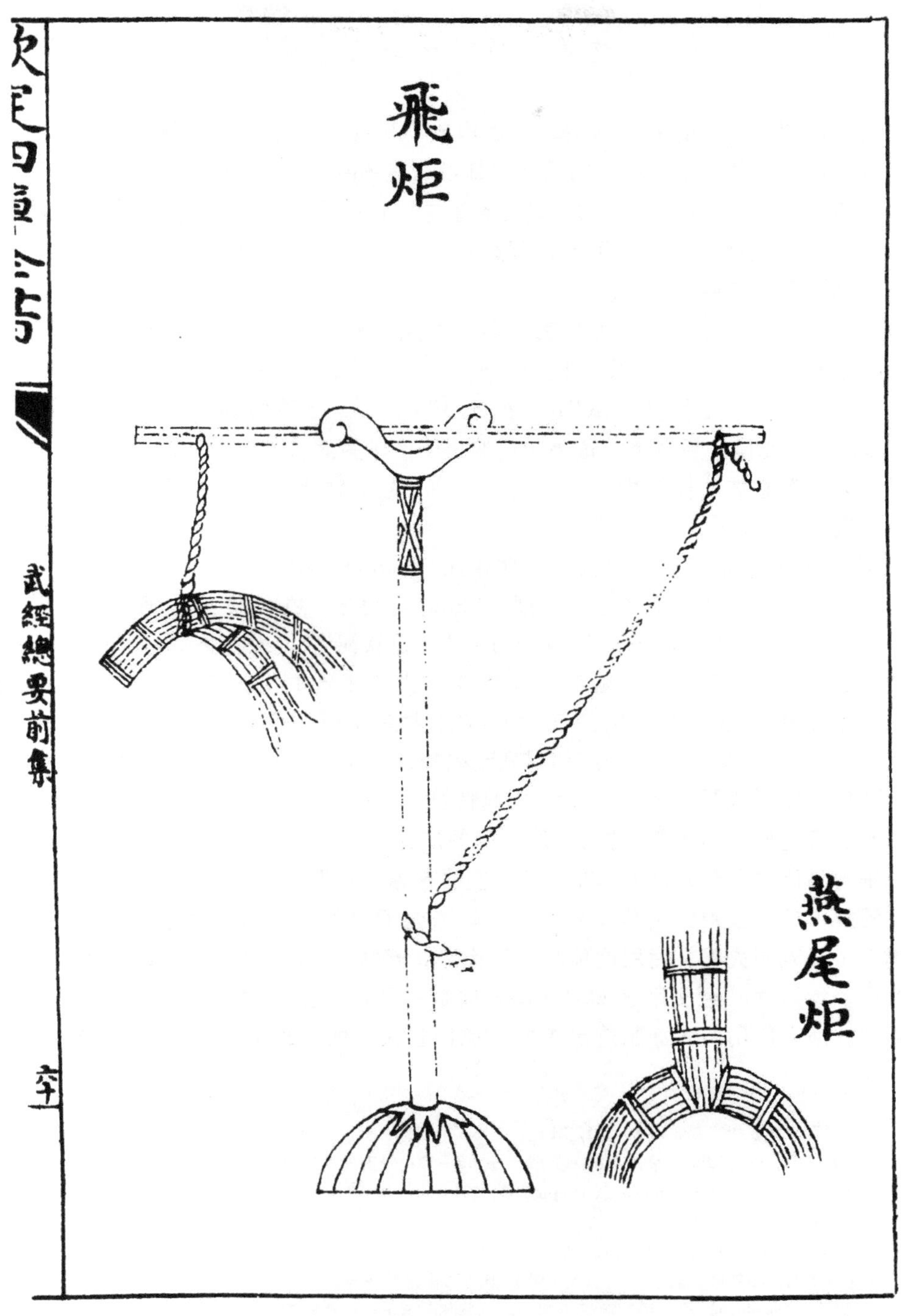

图 6 “燕尾炬”纵火具，可从被围城池的城墙上放下，置于攻城机械外壳的顶部。采自《武经总要》卷十一，第六十页。

(4) 石脑油、希腊火与石油喷火器

在所有可用于战争的易燃物中，自然形成的矿物油占据越来越重要的地位。关于石油及其同类物质的知识在所有的民族中都可以追溯到上古①。对此我们已经在有关中国的部分不止一次地讨论过②，这里只能着重探讨它在战争中的使用。天然石油苗在东方和西方曾被广泛使用，成分不同，用途各异，有含硫或蜡的重油，也有较轻的，被称为石脑油的低沸点的分馏物。

波斯朝廷里的一位希腊物理学家尼多斯人克泰夏斯（*Ktesias of Cnidus*）于公元前398年左右写道，从生长在印度河里的一种大虫子（*scolex*，*σκώληξ*）身上提出的油可以引燃一切物品③。艾利安（Aelian，死于140年）④与菲洛斯特拉托斯（死于244年）⑤都曾重复此说。后者说，这种白色的虫子产于旁遮普的希发西斯河中，熔化它炼出的油必须保存在玻璃器皿中，一旦点燃，用一般方法无法将火扑灭。这种传说很可能来源于天然石脑油⑥。

波斯石脑油⑦被希腊人称之为“米底亚油”（oil of Media），在公元前324年亚历山大大帝进攻巴比伦时就已闻名。普利尼（Pliny）写道，在幼发拉底河上的萨莫萨塔（Samosata）产一种称为 *maltha*（石油）的“可燃软泥”⑧。维特鲁威（Vitruvius）⑨曾
74 详细描述过石油，而“白色石脑油”大概是经过漂白土过滤提纯了的石油。这些物质都曾在战争中用作纵火剂，例如在反抗马克西米努斯（Maximinus）占领阿奎莱亚（Aquileia）的战斗中⑩。它们的应用越来越频繁，如汪达尔人国王盖塞里克（Genseric）曾于468年用以摧毁罗马舰队⑪，551年佩特拉（Petra）在科尔基斯（Colchis）被波斯人所败时也有它们的功绩⑫。这时，纵火剂的成分越来越复杂，硫磺、树脂、沥青、麻屑都用来与易燃油混合；这可以从385年左右韦格蒂乌斯所列⑬的纵火箭配方中得知。

在阿拉伯的征服中，其军队从一开始就掌握了利用石脑油作为作战武器的专门技术，建立了身着防火服，使用这种武器的特殊 *naffāṭūn* 部队。在712年印度阿洛（Alor）围城战中，穆斯林已经使用了 *ātish bāzī*，这是一种纵火抛射物，是根据他们所见的拜占庭人和波斯人使用的武器制造出来的。他们朝大象的象轿上投掷 *huqqahā-i ātish bāzī*

① 在这方面的重要指南是 Forbes（20，21）。

② 本书第三卷，pp. 608ff.，第四卷第一分册，pp. 66—67；第五卷第四分册，p. 158。

③ 见 McCrindle（2）及 Partington（5），pp. 209，231。

④ *De Nat. Animalium*，vol. 3。

⑤《蒂亚纳的阿波罗尼乌斯之生活》，Ⅲ，Ⅰ。

⑥ 在这一点上，帕廷顿的观点（在前述之处）得到了普遍的赞同。

⑦“石脑油”（naphtha）这个词即源于伊朗语。巴都姆（Batum）和巴库（Baku）的大油田想必就是这些资料和故事的出处。

⑧ Nat. Hist. Ⅱ，108—109。

⑨ *De Architectura*，Ⅷ，3。

⑩ 赫罗狄安（Herodianus，死于240年），*History*，Ⅷ，4。

⑪ Lebeau（1），vol. 7，p. 16。

⑫ 阿加提阿斯（Agathias，约570年），*History*，Ⅲ，5；Lebeau（1），vol. 9，p. 211。

⑬ *Rei Militaris Instituta*，Ⅳ，1—8，18。帕廷顿［Partington（5），pp. 3ff.］还辑录了许多其他资料。

（可能是石脑油罐）[1]，使大象四散惊逃[2]。在904年的萨洛尼卡（Salonika）围城战中，他们使用了装满沥青、油、生石灰和其他物质的陶制手榴弹[3]。当1099年耶路撒冷被围时，撒拉逊人（Saracens）向十字军的器械投掷沥青、蜡、硫磺和麻屑的火球[4]。而当土耳其人在尼西亚（Nicaea）被围时，他们也如法炮制[5]。在同一年的亚述（Assur）围城战中，土耳其人在铁棍上裹上浸了油的麻屑、沥青和其他易燃物，纵火烧了一座塔，据说水对这种火无济于事[6]。在第二次十字军东征期间（1147—1149年），阿拉伯人再次使用石脑油。1168年，沙瓦尔（Shawar）用2万桶石油烧毁了福斯塔特（Fustāt）（开罗），免其重新落入法兰克人之手[7]。在第三次十字军东征（1190，1191年）时的阿迦（Acre）围城战中，"滚沸的石脑油"[8] 和其他纵火物被装在铜罐（*marmites*）中掷向基督教军队的进攻塔楼，一举将它们烧毁[9]。第七次十字军东征时（1249年），在所有的战斗中都有一筒筒纵火物从抛石机中射出，发出雷鸣般的声响。法国的圣路易与茹安维尔（Sieur de Joinville）在那儿记录下了这些情景[10]。这就是火药知识传 75
播到阿拉伯和欧洲文化以前纵火战的情况[11]。

"Petroleum"在中国被称为"石油"，大概是旧有的术语"石脑油"的简称[12]。周代后期（公元前5世纪之后）中国已经在使用天然石油苗。唐蒙曾于190年左右描述过延寿地区的这种物质，将它称为"石漆"，因为它初为黑色，而后其黑渐浓[13]。在《后汉书》的注释中也有类似的记述。书中写道：

> 在延寿以南的山岩中有一种似稀油脂的液体渗出，点燃后发出明亮的光，但不可食（或炒菜）。当地人称之为"石漆"[14]。
>
> 〈延寿县南有山石，山泉漾漾，如石凝脂，燃之极明，不可食，其人谓之石漆。〉

不久之后，张华记录了270年左右军械库中油库起火燃烧事件，这说明石油已成为晋军装备的一部分[15]。在唐代，天然石油仍然引起人们的兴趣。段成式成书于864年左右的《酉阳杂俎》中有这样一段[16]：

---

① 梅西耶［Mercier（1）］对这些现存的陶制石脑油容器样品作了极为细致的研究。参见图3。

② Elliott（1），vol. 1，p. 170，vol. 6，p. 462；Partington（5），pp. 189，215。另一方面沙哈鲁（Shāh Rukh）1441年驻印度的大使阿卜杜勒·拉札克（Abd al-Razzāq）报告了架在大象背上的石脑油喷射器。

③ 据约翰·卡梅尼亚塔（Joannes Kameniata）的作品；*De Excidio Thessalonicensi*；参见 Partington（5），pp. 14，37。

④ 雷蒙·德阿吉莱斯（Raymund de Agiles），见 Bongars（1），p. 178；参见 Partington（5），pp. 22—23。

⑤ 提尔人威廉（William of Tyre），见 Bongars（1），pp. 670—671。

⑥ 亚琛人阿尔贝特（Albert of Aachen），见 Bongars（1），pp. 193，294—295。

⑦ Mercier（1），p. 73。

⑧ 这似乎特别像是分馏的石油，它是希腊火的关键秘密（下文 p. 76）。

⑨ 巴哈丁（Bahā' al-Dīn），见 Reinaud，Quatremère et. al.（1），*Orientaux*，vol. 3，p. 155。

⑩ Partington（5），pp，25—26。

⑪ 从大量的描述中并非总能断定石油是什么时候使用的，希腊火类型的制剂是什么时候起作用。

⑫ 《本草纲目》卷九（第九十四页）起。1054年的《嘉祐本草》第一次将它纳入本草书中。"石脑油"一词不可与"石脑"混淆，"石脑"即现代的石蜡。

⑬ 在本书第三卷，p. 609上有译文。

⑭ 《本草纲目拾遗》卷二，第六十一页，其中辑录了四页资料。

⑮ 《博物志》卷四，第三页；译文已载本书第四卷第一分册，p. 66。

⑯ 《酉阳杂俎》卷十，第二页，由作者译成英文。

石漆产于高奴县；（被称之为）“石脂水”。浮于水面，如漆（即色黑），人们用它润滑车轴，用以点灯光甚亮。

〈高奴县石脂水，腻浮水上如漆，采以膏车及燃灯极明。〉

中国出产石油的地方很多。李时珍写道[①]：

石油产地不止一处，在陕西省有肃州、鄜州、延州和延长，云南和缅甸的许多地方以及广西的南雄也产石油。石油从岩石中流出，与泉水相混，汩汩不绝。它油腻如肉汤，当地人用稻草刮起，贮于陶罐中。石油色黑，与精漆相似，发出雄黄和硫磺气味。当地许多居民用以点灯，光甚亮。加入水，则火愈炽。该油不
76 可食用，但烟很浓，当沈存中（即沈括）在西部为官时，曾收集其烟炱制墨，墨色黑而光润似漆，胜过松烟[②]。

〈石油所出不一，出陕之肃州、鄜州、延州、延长及云南之缅甸、广之南雄者。自石岩流出，与泉水相杂，汪汪而出，肥如肉汁。土人以草挹入缶中，黑色颇似淳漆，作雄、硫气。土人多以燃灯甚明。得水愈炽，不可入食。其烟甚浓，沈存中宦西时，扫其煤作墨，光黑如漆，胜于松烟。〉

石油在中国各地、各代都有发现。李时珍曾引述过一个16世纪在嘉州（属今四川）发现石油的事例。他说[③]：

本朝（明朝）正德末年（1521年），打盐井时不料打出了石油，用于晚上照明，其亮两倍（于普通灯）。在上面洒些水，火焰愈炽，只有用灰闷之才能将其扑灭。这种油发出雄黄与硫磺的气味，因此当地人称之为“雄黄油”，也叫“硫黄油”。近来又有几口新井开成，都由官府管理。这种产于井中的油也是石油。

〈国朝正德末年，嘉州开盐井，偶得油水，可以照夜，其光加倍。沃之以水，则焰弥甚，扑之以灰则灭。作雄、硫气，土人呼为雄黄油，亦曰硫黄油。近复开出数井，官司主之，此亦石油，但出于井尔。〉

中国学者注意到，其他国家也有石油发现。例如，赵学敏引用了一篇年代较近的佛教著作《救生苦海》，他说[④]：

缅甸亦产石油，与石脑油相同。它从岩石间的罅隙中流出，发出刺鼻难闻的气味。其色黑。可用于疮痛，治疖效甚佳。

〈缅甸出石油，即石脑油。在石缝流，气臭恶不可闻，色黑。用涂毒良，又治疖毒。〉

考虑到现代已在缅甸开发出大油田，这就不足为奇了。类似记述还可引用不少。

毫无疑问，中国在若干世纪中一直从油苗或井中获取天然石油，用作战争中的纵火剂[⑤]。但是“猛火油”这个词的出现揭开了新的一章，因为尽管中国石油久已为人所知，这个新名称却只是在10世纪初才开始使用的。我们认为不管它源于何处，它指的是与希腊火类似的制品。

---

① 《本草纲目》卷九（第九十四页），由作者译成英文。参见申力生（*1*）所编辑的新论文。

② 关于这个问题，我们已将《梦溪笔谈》（卷二十四，第二段）中沈括自己的记述全文作了翻译。见本书第三卷，p. 609。

③ 《本草纲目》卷九，在前述之处，由作者译成英文。

④ 《本草纲目拾遗》卷二，第六十二页，在上述引文中，由作者译成英文。

⑤ 然而《墨子·非攻篇》却未提及此。但潘吉星博士告诉我们（个人通信），旅顺博物馆中至少有一件空心陶器与梅西耶所描述的（上文 p. 44）相似，是30年前在大连出土的。上面有一个用来填药与安放引火物的孔。参见图4。

那么，天然矿物油如石油，与称为希腊火的经过加工的易燃油之间有何区别呢？答案在今天用几个字就可以说清。因为帕廷顿证明（这在化学史上是难能可贵的），希腊火实质上就是蒸馏的石油[①]。这种液态的精馏石油与我们大家今天熟悉的挥发性汽油 77
大概没有什么不同，是由低沸点、含较短链碳氢化合物（烃）的分馏物构成，这种短链碳氢化合物（烃）是石油分馏时形成的。无疑，后来记述的许多石脑油手榴弹想必都是将这种油装入易碎的瓶中。但是我们知道拜占庭人（他们首先发明了这种物质）将它用于“虹吸管”（*σίφων*）[②]，即一种发射唧筒或喷火筒。正如帕廷顿所说，单是汽油会浮在水面上，虽然也在敌船周围猛烈燃烧[③]，但是它很快散开，只能持续很短的距离。由于这些原因（正如文中所列），便将树脂类物质[④]，或许还有硫磺[⑤]，融于其中，使其黏稠。

石油的分馏在希腊世界具有重大意义。早些时候我们描述了四种蒸馏方式［中国式、蒙古式、犍陀罗式（Gandhāra）和希腊式］[⑥]，我们现在知道，从物理-化学的观点来看，它们的效率大致相当[⑦]。在亚历山大里亚-拜占庭的《希腊炼金术文集》（*Corpus Alchemicorum Graecorum*）[⑧] 中，油类的蒸馏谈不上出类拔萃，或许甚至是说默默无闻。但是没有理由认为，在7世纪中叶以前，不会有某个勇敢的实验者去试上一试[⑨]。的确，正如火药一样，它几乎是一定会问世的[⑩]。

希腊火是那些能够准确确定年代的发明之一。狄奥法内斯（Theophanes）于815年完成了他的《编年史》（*Chronographia*），记述了从671年至678年阿拉伯人如何不断攻打拜占庭城，但是最后不克而退。导致他们失败的一个主要因素是几年前传入的一

---

① Partingdon（5），pp. 10ff.，pp. 28ff.。参见 Marshall（1），vol. 1，pp. 12—13。1827年勒博［Lebeau（1）vol. 9，p. 211；vol. 11，p. 420］大约最早提出此物的关键是分馏。

② 这个词指的是一种双动液体压力泵，由提西比乌斯（Ctesibius）于公元前2世纪发明，亚历山大里亚人希罗（Heron of Alexandria）对它作了改进。参见本书第四卷第二分册，p141，144，以及维特鲁威，*De Archit* X，vii，和 Neuburger（1），p. 299；Usher（1），第1版，p. 86，第2版，p. 135。我们一般将现代人们所知的虹吸管称为“真正的虹吸管”。

③ 因而在狄奥法内斯（Theophanes）中被称之为“海火”（*thalassion pyr*，*θαλάσσιον πῦρ*）。

④ 现代凝固汽油（napalm）的发明所遵循的原理与此极为相似，napalm一词是由 naphthenate + palmitate 派生出来的，这种物质主要是石油或汽油，加上混合了矾皂的糊状凝稠剂使其变得黏稠。对于将它用于纵火弹对付人员所引起的极大争议在这里无须赘述。

⑤ 希腊火是否含硝石是极有争议的问题之一。许多著作认为含硝石，如 Lalanne（1，2）；Reinaud & Favé（1，3）；Berthelot（9），（10），p. 98，（13，14）；Mercier（1）；Oman（1），p. 546；Brock（1），pp. 232—233；Forbes（21）。但是从硝石的历史来看这是不可能的。冯·罗莫基［von Romocki（1），vol. 1，p. 7］还在这种观点十分流行的时候就站出来反对过——但可惜他自己又误认为内中有生石灰。

⑥ 见本书第五卷第四分册，pp. 80ff。

⑦ Butler & Needham（1）。

⑧ Berthelot & Ruelle（1）。

⑨ 有关罗马时代各种精油、松节油和沥青的分馏，见 Partington（5），pp. 30-31。

⑩ 有关希腊火的其他资料（在受到帕廷顿的卓见启蒙之前）我们还可以举出 Oman（1），vol. 2，pp. 46ff.；Forbes（4a），pp. 28ff.（4b），pp. 95ff.（有关中国的部分不足为信）；Diels（1），pp. 108ff.；von Lippmann（22），pp. 131—132；Hime（1），pp. 27ff.。海姆［Hime（2）］在1904年曾坚持认为希腊火中有生石灰，但后来又放弃了这一看法而认为内中含磷化钙，这一观点更难成立。

种化学方法[1]，这是一位来自赫利奥波利斯（今开罗）（Heliopolis）[2] 名叫卡利尼库斯
78 的建筑师兼工程师引进的。这一时期罗美奥人（Romaioi，拜占庭希腊人这样称呼自己）的护卫舰船上都装备有虹吸器（*Siphōnophoroi*，*στφωνοφόροτ*），他们有条不紊地引燃敌船，并烧毁船上的人员、物质。有关这些汽油喷火器[3]的进一步情况还可以在许多资料中找到，例如列奥皇帝（Emperor Leo）写作于8世纪或9世纪的著作《战术学》（*Tactica*）[4]。他在书中谈到一种铁制防护板，用以保护那些操作铜制喷火唧筒的人，还谈到喷射器喷出火焰，发生雷鸣般的隆隆声[5]。这些记述说明，这些器械虽然有的可以持在手中[6]，有时体积也十分庞大。根据描述，唧筒是由压缩空气带动的，这意味着汽油被某种活塞风箱压出油箱[7]。还有一种描述却表明，这种器械带有活动管筒[8]，可由操纵者任意指向左或右，甚至将火以榴弹枪的轨迹从上喷下。落到敌舰上[9]。管筒口[10]常常做成兽头形状[11]。

奥曼（Oman）在他的著作第二卷中，以安娜·科穆宁娜（Anna Comnena）的书为基础，结合插图描述了在1103年拜占庭与比萨的海战中希腊火的使用。这段文字值得在这里重述一下，因为它使我们了解即将要讨论的中国喷火筒（p. 82）在实战中是如何使用的。到安娜的时代，这些兵器在中国作为军队的常规装备已有两个世纪之久。

---

① 其准确年代还无法断定，但估计是在675年前后。而且看来卡利尼库斯到达拜占庭后曾对这一发明作了改进。

② 此地在叙利亚还是埃及尚不能确定，但是不管他来自二者之中何地，他想必熟知我们在本书第五卷第二分册和第四分册中谈到的希腊原始化学传统。

③ 这使人提出一个问题：是否所有中世纪吞吐火龙的故事都源于拜占庭的石油喷火器？例如盎格鲁-撒克逊的史诗《贝奥武甫》（*Beowulf*）栩栩如生地描绘了在这位瑞典英雄与喷火鸭（或"野虫"）的最后一次战斗中如何使用火焰作武器；参见英译本 Morris & Wyatt（1），pp137ff.，尤其是 p. 152；Ebbutt（1）。虽然这首史诗最早的手稿年代为10世纪末，而其中提到的一些历史人物属于6世纪，但这首诗的完成一定是在8世纪初；参见 Klaeber（1），p. cxiii。我们知道，斯堪的纳维亚长期以来与米克勒加德（Micklegard）（拜占庭）关系密切，至少听说过希腊火"虹吸器"。

古希腊曾与宙斯作战的巨人百头怪物堤福俄斯（Typhoeus）据说确实能从眼和口中喷出火焰（荷马，《伊里亚特》Ⅱ，752；Hesiod，*Theog*·306，820；Pindar，*Pyth.* Ⅰ，15；Aeschylus，*Prom*·355）；但是罗舍尔（Roscher）的《字典》（*Lexicon*）把他看作是人格化的火山火焰。有意思的是，他是大地女神该亚（Gaea）与塔耳塔罗斯（Tartarus）之子。不管怎样，喷火龙题材如此广泛可能与卡利尼库斯有关。查尔斯·布林克（Charles Brink）教授曾与我们讨论这一问题，谨致谢意。

④ 从其身份看来，他是列奥三世（Leo Ⅲ，艾索利亚人，717—741年在位）或列奥六世（Leo Ⅵ，亚美尼亚人，880—911年在位）。

⑤ 参见上文 p. 68。这并不意味着爆炸。

⑥ *Tactica* XIX，6，51—57。

⑦ 约翰·卡梅尼亚塔的作品：*De Excidio Thessalonicens*，见 *Corpus Script. Hist. Byzant.*，pp. 534，536，其中谈到904年的萨洛尼卡围城战。

⑧ 君士坦丁七世（Constantine Ⅶ，912—945年在位），《战术学》（*Tactica*），见他的 *Opera*，Ⅵ，1348。参见 Sarton（1），vol. 1，p. 656；Previté-Orton（1），vol. 1，p. 257。

⑨ 阿历克塞一世（Alexios I Komnenos）的女儿安娜·科穆宁娜（Anna Comnena）在她父亲的传记（*Alexias*，Ⅺ，10）中所描述的与这里列奥所说的一样。参见 Rose（1）。

⑩ 近年在博德鲁姆（Bodrum）以西，科斯岛（Cos.）以东对一艘7世纪的拜占庭船"世界残骸"进行了水下发掘，其中发现一锥形钢管，也许是"虹吸唧筒"的一部分。见 Frost（1），pp. 166—167，p. 173。

⑪ 除了军用"喷水器"（主要是德国人用于第一次世界大战，美国人用于第二次世界大战），这一器具的主要直系后代是不足挂齿的喷灯，它用唧筒抽动空气，在空气压力下喷出甲醇酒精，用以烧掉旧油漆或作类似用途。

她说，她的父亲［阿历克塞（Alexios）］知道敌人都是勇猛善战的武士，于是 79
决定借助喷火器具去对付他们。他在每一艘战船的船头上都安上一只管子，管头为钢制或铁制，做成狮头或其他兽头模样，“这样看来就像野兽在吐火”。舰队在罗德与帕塔拉（Patara）之间和比萨（Pisan）人遭遇，但是各船只顾紧追敌船，无法整体作战。首先接敌的是拜占庭海军上将兰杜尔夫（Landulph），他开火过于匆忙，未击中目标，攻击落了空。随后接近的埃里蒙（Eleemon）伯爵较为幸运。他用船撞击比萨人的船尾，因而自己的船头卡在它的方向舵上，随后他喷射出火焰，将敌船点燃，再迅速驶离敌船，并成功地把管筒对准另外三艘船开火，它们全部迅速着火燃烧起来。于是比萨人溃不成军，“因为这种武器他们闻所未闻，而且不明白为什么通常向上燃烧的火焰竟会按照操纵机匠的意愿向下或向左右燃烧”。希腊火是一种液体，它不仅仅是附着在普通发射物上的易燃物，像纵火箭那样。这可以从列奥（Leo）的建议中清楚地看出，他建议将它装在易碎的陶罐中掷向敌人，陶罐破碎，所装的物质便遍地流淌——从安娜用以称呼它的名称：*pyr enygron*（$\pi\bar{\upsilon}\rho$ $\xi\upsilon\upsilon\gamma\rho o\upsilon$）即：“液体火”也可以得出同样的结论[①]。

目前尚存的拜占庭喷火器图（*siphōn* 或 *strepta*）极其罕见[②]，也未见任何关于它们的结构与操作方法的记述。也许这是因为它们长期被拜占庭军事部门列为“机密情报”[③]，而后来到 11 或 12 世纪，当人们可以用阿拉伯语描述它们的时候[④]，火药（尽管硝石含量还低）的时代已经出现在地平线上。所以，我们已经掌握了关于这种唧筒的完整记述在《武经总要》中，我们很快就会看到（下文 p. 82），确实难能可贵。

在 941 年的海战中希腊火再显身手，成功地击退了俄国人对城市的进犯[⑤]，又于 1103 年在罗德岛附近用于抗击比萨人[⑥]，还用于其他许多场合。第三次十字军东征
（1192 年）之后，拜占庭的威尼斯人掌握了制作蒸馏低沸点石油馏分的秘密[⑦]，而此 80
时，它也传播到了阿拉伯[⑧]。或者说，它在那儿日趋普及，因为 900 年左右，在拉齐

---

① Oman（1），vol. 2，p. 47。经作者修改。

② 最著名的有一幅 11 世纪手稿中的图画（梵蒂冈抄本 Vatican Cod. 1605），画面上有一名士兵手持一喷火器，站在城堡外一木结构物顶上。喷火器看来相当重，但无疑是手持的。参见 Feldhaus（1），col. 303；（2），p. 232，图 264；Zenghelis（1）；Wescher（1），p. 262；Cheronis（1）。

另有一幅图也很著名，画面上有一只船，有三名划桨手，船头上有两人正在摆弄一只大口管子，管中射出的火焰四散弥漫，笼罩了另一只船。它曾被发表，见 Mercier（1），pl. opp. p. 28 及 Previté-Orton（1），vol. 1 p. 214，图 37。这幅图出自一部 14 世纪的约翰·斯克利茨（John Skylitzes）手稿，藏见 *Bib. Nat.* 马德里，国立图书馆手稿 5—3，N2。关于这件 11 世纪的作品见 de Hoffmeyer（4）。

第三幅图拜伦［Byron（1），p. 280］曾提到；一根大约 5 英尺长的手握管，火焰从漏斗形的管口中射出，它见于巴黎军械库图书馆（Bibliothèque de l'Arsenal）中一幅年代较近（约 1460 年）的手稿中。

③ 参见 Partington（5），pp. 20—21。

④ 也许他们确实描述过，但是作品没有流传下来。参见上文 pp. 41ff. 。

⑤ Luitprand，*Historia ejusque Legatio ad Nicephorum Phocam*，v，6；参见 von Romocki：（1），vol. 1，p. 15。

⑥ 正如我们已经看到的。安娜·科穆宁娜，《阿历克塞传》（*Alexias*），在前述之处。

⑦ 在英国迟至 19 世纪初，人们仍对加热和分馏各种油类（矿物油以及动物和植物油）的效果很无把握。这从福尔默［Fullmer（1）］对一件案子详细而引人入胜的分析可以看出。

石油的长烃“断裂”为较短的分子链当然又是另一回事。这是现代石油化学工业的专门发现或发明，直到 1913 年左右才实际应用到工业上［Taylor（4），pp. 270—271，420］。它需要高温高压，还使用金属催化剂，在这一领域的先驱是俄国化学家如伊帕李耶夫（V. N. Ipatiev，1867—1952 年）。

⑧ 关于萨拉丁（Saladin）1193 年的军事著述（上文 p. 42），参见 Partington（5），p. 167。

（al-Razī）的著作《秘学玄旨书》（*Kitāb Sirr al-Asrār*）中，已经有了蒸馏石油（*nafṭ*）的说明[①]。而到1200年，有关资料已数不胜数，例如药剂师伊本·穆罕默德·谢扎里·奈拜拉维（Ibn Muḥammad al-Shaizārī al-Nabarāwī，死于1193年）的著述[②]，农学家伊本·阿瓦姆（Ibn al-'Awwām）[③] 1230年左右的作品都曾提及；大约二十年之后扎卡里亚·伊本·马哈茂德·盖济温（Zakarīya ibn Mahmūd al-Qazwīnī）[④]的矿物学和拜塔尔（al-Baiṭhār）的药物学[⑤]也曾有记述；最后，沙姆斯丁·迪迈什吉（Shāms al-Din al-Dimashqī，死于1327年）的宇宙志[⑥]也曾提及。看起来，它在10世纪和11世纪仍保持相当隐秘，到13世纪却变得广为人知，而这时，它却面临被或许更可靠，更易于控制的火药武器取而代之的命运。火药最初被用作纵火剂，然后是炸药，最后是推进剂。

1191年英格兰的理查一世乘船从塞浦路斯驶往阿迦，途中捕获了一艘撒拉逊人的运输船，船上装载着各种武器装备，包括许多瓶装的希腊火油，有人看见它们是在贝鲁特装上船的[⑦]。后来历史学家阿卜杜勒·拉蒂夫·巴格达迪（'Abd al-Laṭīf al-Baghdādī）描述了1208年为欢迎一位蒙古使节在巴格达举行的盛典，"士兵们手持装石油（*nafṭ*）的玻璃瓶，将整个原野变成一片火海"[⑧]。这里 *naffāṭūn*（石油纵火）部队的武器装备除普通的未经加工的矿物油外肯定还有别的物质，这不仅与《焚敌火攻书》（上文 p. 39），而且也与13世纪末哈桑·拉马赫的著作（上文 p. 41）一脉相承。

如果我们对"猛火油"的鉴别准确无误的话，那么希腊火传入中国是在900年左右，在这一时期，拜占庭的皇帝纷纷在他们的军事论著中谈论这种物质（p. 78）。其传播途径我们将很快谈到。就我们目前所知，"猛火油"的第一次提及是在中国南方的一个政权向北方辽国契丹王赠送礼物时；年代为917年。吴任臣在他的《十国春秋》中写道[⑨]：

81 是年，吴越王遣使将猛火油送往契丹。他说，当他们攻城时，用这种油纵火，可烧毁房屋和瞭望塔。如果敌人浇之以水，火势会更猛。契丹主大悦。

〈是岁，王遣使遗猛火油于契丹。且曰："攻城用油燃火，焚其楼橹，敌人以水灭之，火愈炽。"契丹主大喜。〉

记载得最为完整的自然首推《辽史》[⑩]，但是我们最好翻译一段较为集中的、为后来的历史著作编纂的材料[⑪]。在这里我们读到一个有趣的故事：

---

① Ruska (14), p. 221。

② Wiedemann (28); Wiedemann & Grohmann (1)。

③ Wiedemann (23); 书中各处。

④ Ruska (24)。

⑤ Leclerc (1)。

⑥ Mehren (1)。福布斯［Forbes (20)］辑录了所有这些资料。

⑦ *Ricarli Regis Itinerarium Hierosolymorum*, Gale 版, 1687年, vol. 2, p. 329。参见 Partington (5), pp. 25, 39。

⑧ von Somogyi (1) p, 119。

⑨ 《十国春秋》卷二，第十六页。冯家昇［(2)，第17页］曾引用这段文字。由作者译成英文。

⑩ 《辽史》卷七十一，第二页、第三页。译文见 Wittfogel & Fêng Chia Shêng (1), pp. 564—565。《契丹国志》（卷十三，第一页）有极其相似的记述。

⑪ 《通鉴纲目》卷五十四，第八十五页，出现于对梁（辽）国史的评述中，但是所提到的年代是在两年之后。这段文字后来又一字不差地再次出现在《武备志》（卷四十三，第十页）中。由作者译成英文，借助于 Mayers (6), p. 86。

吴国之主（李昪）① 赠与契丹（辽）主阿保机大批猛火油，这种油点燃后遇水会烧得更猛，可以用来攻城。太祖（阿保机）大悦，立即召集三万骑兵，决意攻打幽州②。但是他的王后述律笑道：“谁听说过攻打别国用油的？将三千骑兵驻扎在边境上等待，使田地荒芜，城池无粮而降，不更好吗？用这个方法一定会置他们于困境，不过需要好几年。所以何必如此着急呢？当心不要打败仗，让汉人耻笑我们，使我们自己人背离我们。”于是他便不再提起这件事。

〈吴主李昪献猛火油，以水灭之愈炽。太祖选三万骑以攻幽州，后曰：岂有试仇而攻人国者，指帐前树曰无皮可以生乎？太祖曰：不可。后曰：幽州之有土有民亦由是耳。吾以三千骑掠其四野，不过数年，困而归我矣。何必为此，万一不胜，为中国笑，吾部落不亦解体乎？〉

由此可见传统的游牧骑兵战略很难吸收新式的攻城武器。

迄今还未谈到虹吸管式的唧筒喷射器。但是可以肯定它出现在仅仅几年之后，事实上是在919年。几十年之后林禹的《吴越备史》中有一段极其令人感兴趣的文字。文穆王指挥了一次重要的水战，他率领了五百多艘龙形战船在一个叫做狼山江的地方攻打淮人③。他就是钱元瓘，是武肃王钱镠的第七个儿子，后来（932年），继承了王位。“由于使用了火油火攻敌军”，他们大获全胜。然后作者继续论说道④： 82

“火油”为何物？它来自南海大食国（阿拉伯），可从铁管中喷出，遇水或潮湿之物烟火更猛。武肃王曾在管口饰以银，这样如果（油罐或管筒）落入敌手，他们便会刮下银子，扔掉其余的设备，火油便不致为敌人所获，（以后还可以复原。）

〈“火油得之南海大食国，以铁筒发之，水灭，其焰弥盛。武肃王以银饰其筒口，脱为贼中所得，必剥银而弃其筒，则火油不为贼有之。”〉

这篇文章还说，在这场战斗中，俘虏了七千多人，烧毁了四百多艘战船。

这段文字之所以具有重要意义是因为它可能暗示中国在战争中第一次使用火药。因为仅仅一个多世纪之后，在1044年的《武经总要》中出现了现在仅存的对希腊火喷射唧筒的描述，而火药也在这里第一次露面，作慢燃引信用以点燃汽油，使其喷射而出。在前面第27章我们已经提到过这种喷火器，它有一个双动双活塞单缸液体压力泵⑤；但是曾公亮著作中有一段文字的译文对我们的论点至关重要，我们有必要在这里引用一下（图7）⑥。

---

① 在这里史实不清，因为李昪于937年在吴国旧址（即淮南）建立南唐王朝，在此之前从未作过国主。当然他在阿保机926年去世以前或许在吴国作官。不过更有可能的是，这个人实际上指的是当时另一小国吴越国的国主钱镠，吴越国定都更南的杭州，而且在下一段文章中出现的也是钱镠。

② 即今北京。

③ 估计就是淮南（或吴）国的军队，其都城为扬州。吴越是以杭州为中心。

④ 《吴越备史》卷二，第四页，由作者译成英文，借助于 Wang Ling (1), p. 167。冯家昇（2），第17页上有删节的引文。

⑤ 本书第四卷第二分册，p. 145。我们不再重复解释这种泵的机械原理，这方面的情况读者可查阅那册的 pp. 147ff.。

⑥ 《武经总要》（前集）卷十二，第六十六页及其后诸页；由作者译成英文。我想这种喷火器是由王铃的论文［Wang Ling (1), pp. 166ff.］首先介绍给西方学者的。我记得四十多年前杰出的学者、已故的傅斯年博士曾将描述它的文章抄给我们，过了很久我们才有了复制件。

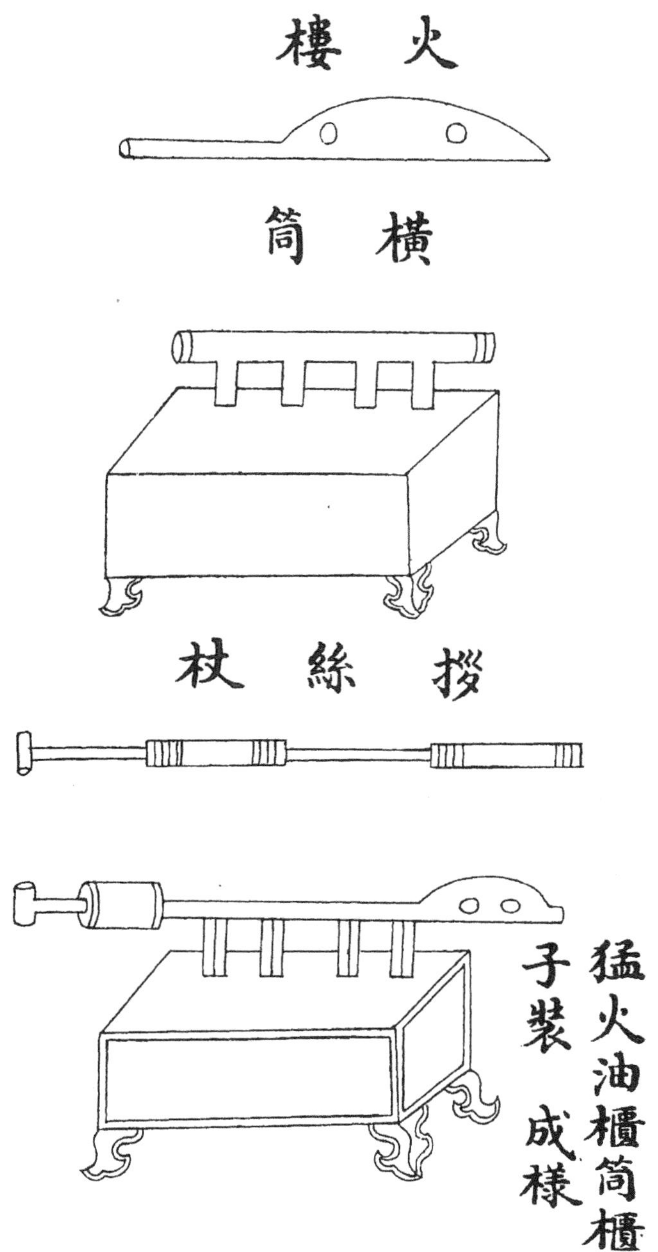

图 7 希腊火（“猛火油”）喷火器，带有装汽油状液体的油柜与双动泵，泵内有两只活塞，以便能连续操作。采自《武经总要》。

右图为汽油喷火器（字面意思为“放猛火油”）。油柜由熟铜制成①，有四条腿支撑。柜面上立着四根（直立的）管子，管子与上面一只横向的圆筒相连；它

① 这种理解得到《天工开物》（卷八，第四页，卷十四，第七页等）以及其他明代后期资料的印证；参见 Chang Hung-Chao（3），p. 22。铜在这一时期的实际用途值得注意。

们都与油柜相通。圆筒的头尾大，（中间管径）狭小。在尾端有一小米粒大的小孔[①]，头端有（两个）直径为1寸半的圆孔。在油柜的一侧有一孔，与一只（小管）相连，用以加油，孔口有盖。圆筒内有一根（活塞）杆，裹以丝絮（“拶丝杖”），其头缠以废麻，约半寸厚。一前一后各有一根传输筒[②]，交替闭塞（束，字面意思为被控制）。（机械结构）就是这样。尾部有一横向柄（泵柄），其前有一圆盖。当（柄被推）入，（活塞依次）关闭管口[③]。

使用之前，用勺将三斤多油经过筛子（“沙罗”）灌入油柜；同时将火药装入 83
顶部的点火室（“火楼”）。点火时，用一炽热的烙铁（“烙锥”）（伸入点火室），
并将活塞杆（“拶杖”）完全压入圆筒，然后后面的人奉命将活塞杆尽量向后拉，
使它尽可能有力地（来回）运动。于是油（石油）便通过点火室喷射而出，燃起 84
熊熊烈焰。

灌油时，用碗、勺和滤筛；点火用烙铁；罐用以维持（或更新）火焰[④]。烙铁制成尖锥形，以便管道堵塞时，可以用来疏通管道。还有火钳，用以夹起燃烧的火，一只焊铁用以补漏。

[批注：如果油罐或管道出现裂缝或渗漏，可用绿蜡补之。共有12件器具，除火钳、烙铁与焊铁外，均为铜制。]

另一方法是在一只大管中安一葫芦形容器；在下面有两个底座（feet），在里面有两个小底坐与之相通。

[批注：均为铜制。]

此外还有活塞（“拶丝杖”）[⑤]。发射方法如上所述。

如果敌人前来攻打城池，将这些武器设置在壁垒或外围工事上，这样就是敌人大批来犯也攻打不破。

〈右放猛火油以熟铜为柜，下施四足，上列四卷筒，卷筒上横施一巨筒，皆与柜中相通。横筒首尾大，细。尾开小窾，大如黍粒。首为圆口，径寸半。柜旁开一窾，卷筒为口，口有盖为注油处。横筒内有拶丝杖，杖首缠散麻厚寸半，前后贯二铜束约定，尾有横拐，拐前贯圆揜，入则用闭筒口。放时，以杓自沙罗中挹油注柜窾中及三斤许，筒首施火楼，注火药于中，使然发火，用烙锥入拶杖于横筒，令人自后抽杖，以力促之，油自火楼中出，皆成烈焰。其挹注，有畢有杓，贮油有沙罗，发火有锥，贮火有罐锥，通锥以开筒之壅塞，有钤以夹火，有烙铁以补漏。一法为一大卷，筒中央贯铜胡盧，下施双足，内有小足相通，亦施拶丝杖其放法準上。凡敌来攻城，及大壕内，及传城上，颇众势不能过。〉

他继续说，在保卫城池时，首先应将燃烧的稻草卷从城墙上抛到攻城的跳板上去。燃烧的汽油能大量杀伤敌人，用水去扑灭无济于事。在水战中，它能烧毁浮桥与木质战船。如果向上喷射，则应先将破席片、谷壳，或无论什么干燥植物抛入敌人的城镇或营寨里；这些物质极易燃烧，很快引起熊熊大火。

---

① 如果这个后壁上的小孔不是为了让泵杆穿过（为此目的它似乎过小），我们实在无法解释其用途。

② “铜”作“筒”用。

③ 与滑阀相似。

④ 罐中一定装有烧红的木炭或者可能有其他烧红的混合物。在图8顶端可见其形状，该图采自类书《三才图会》（1609年）。迟至这种器械已相当出色时，希腊火汽油喷火器的细节才被详细描述。

⑤ 这想必说的是另一种双动压力泵的设计，但记述过于简略，无法复制或使其形象化。

尽管中国人在汉代就了解并使用了活塞喷水器，并且有现成的竹子做圆筒，不仅如此，双动活塞风箱在中国可以追溯到公元前4世纪，然而，正如我们在前面已经指出的[①]，用于液体的活塞泵并不是中国工程传统中的典型结构。因此人们可能不免会认为，这种火焰喷射唧筒的技术是通过阿拉伯人直接从拜占庭借鉴的。但是它的设计太独具一格，而且如果“虹吸”唧筒连续不断地喷射（很可能是这样），那么肯定它是结合了真正希腊-罗马式提西比乌斯（Ctesibius）压力唧筒体系中的两种汽缸而成。更为独特的是，在这种汽油喷火器的点火室里有火药慢燃引信，“火药”二字的出现准确无误地表明了这一点。当然，用沾满硝石的粗糙线绳慢慢燃烧也行，在西方使用火药武
85 器的最初三百年间就曾用这种方法引发过许多枪炮，但是这用低硝火药也能做到，而我们在这里所估计就是它。如果可以认为这在1044年已经确立，那么有充分理由设想火药慢燃引信也曾用于919年的抛射唧筒。毕竟，有关火药存在的最早证据可以追溯到850年左右（p.112），所以这在历史上是一脉相承的。

有一段文字提到919年以前的一些事件，它可能对于探索火药第一次在战争中使用具有重大意义，但是这段文字有些含混。1064年左右，路振在他的《九国志》中为战乱中的九国著名人物立传。郑璠是吴国的一位将军，路振写道：

> 天祐元年（904年）……攻豫章（今南昌）时，郑璠的军队放出“发机飞火”，烧着了龙沙门，随后他率领一队骁勇的士兵冲进城，但是自己也被火焰严重烧伤。为此他后来被擢升[②]。
>
> 〈天祐初……从攻豫章，璠以所部发机飞火，烧龙沙门。率壮士，突火先登。入城，焦灼被体。以功授检校司徒。〉

这里困难的是如何理解这段记述。编年史家自然而然地用了“飞火”这个词，而它在这里却像茹安维尔谈十字军战斗一样费解。许洞于977年开始撰写军事专著《虎钤经》，于1004年完成[③]，他给“飞火”作了一个简短的注释，说“飞火与‘火炮’（抛石机）、‘火箭’（纵火箭）性质相同”[④]。这使一些作者推测郑璠所用的是由抛石机（*arcuballistae*）发射出的纵火抛射物，而且在那时其中当然已含有火药，尽管火药的含硝量也许还很低[⑤]。但是也有可能他和他的士兵用的是希腊火（蒸馏石油）喷火器[⑥]，而且如果吴越人于919年在其唧筒中的点火室里使用火药慢燃引信，那么郑璠也很有可能使用。但是这件事仍然不甚明瞭，尽管火药可能以某种形式参与[⑦]。

11世纪初，喷火器得到广泛使用，这从一则故事可以看出，其中提到有的官员因
86 对喷火器比对笔墨更为擅长而受到嘲笑。《青箱杂记》说，宋朝两名官员张存和任并因为善于使用喷火器等武器而被擢升。吴处厚写道：[⑧]

> 景德（1004—1007年）年间，河朔举人由于守城有功都被授予官职。范昭中

① 本书第四卷第二分册，pp.143—144。

② 《九国志》卷二，第十三页（第二十九页），由作者译成英文。

③ 该书似乎是以较早的一些作者（可以追溯到962年）的草稿为基础［冯家昇（*1*），第46页］。

④ 《虎钤经》卷六（第五十三章），第四页（第四十四页），由作者译成英文。

⑤ 冯家昇（*1*）前揭文；曹元宇（*4*），第196页。

⑥ 虽然对于中国蒸馏汽油来说，这一年代似乎早了一些。（参见上文p.76）。

⑦ 我们在下面（p.148）还要谈及这一事件。

⑧ 《青箱杂记》卷八，第六页；由作者译成英文。

状元后，(他的朋友) 张存和任并尽管学业荒废，都得到提升。因而有 (自称为) 无名子的人作了一首诗挖苦他们，诗中有“张存只知发旋风砲[①]，任并唯能放猛火油”的句子。但是后来，(张) 存官至尚书，(任) 并任军事驻防地视察，后任瑶州州官，死于任上。

〈景德中，河朔举人皆以防城得官，而范昭做状元，张存、任并虽事业荒疏，亦皆被泽。时有无名子嘲曰，张存解放旋风砲，任并能烧猛火油，存后任尚书并亦任至屯田员外郎，知要州卒。〉

由此可以清楚地看出，汽油火焰喷射器在1000年左右是相当常见的军事装备，但使用它们的技术人员常遭士大夫蔑视。

在这里我们探讨一下希腊火 (蒸馏石油) 传入中国的路线，以及在中国生根所花费的时间。我们愈来愈感到东南亚是一个中间站，而猛火油是随阿拉伯商人经海路传播的。《五代史记》(《新五代史》) 中有一段很重要的文字，从中我们得知958年占城国王曾将它馈赠给定都北方开封的后周 (951至960年) 朝廷。书中写道[②]：

占城位于东南沿海……显德五年，占城国王因德漫 (Sri Indravarman Ⅲ) 遣使莆诃散 (Abū'l Hassan) 进贡礼84瓶猛火油和15瓶玫瑰水。贡礼书写在一些大 (棕榈) 叶上，封在香木匣中。(据说) 可将猛火油洒于器物上[③]，遇水便起火燃 87
烧。玫瑰水据说来自西域，洒于衣物上，衣物穿旧穿破香气仍留。

〈占城在西南海上……显德五年，其国王因德漫遣使者莆诃散来贡猛火油八十四瓶、蔷薇水十五瓶。其表以具多叶书之，以香木为函。猛火油以洒物，得水则出火。蔷薇水云得自西域，以灑衣，虽蔽而香不灭。〉

这里也说汽油来自南方。

我们可以在许多世纪中找到东南亚使用希腊火汽油或“石脑油”的战例。在13世纪末叶，周密写作《癸辛杂识》，该书分门别类，还有一些附录。书中有一段带插图的对南海海战的描述，但是在该书几乎所有的版本中此段都被删去，因此我们从明代徐应秋编辑的文选《玉芝堂谈荟》中引录出这一段。文章说：[④]

南海诸国大多产所谓“泥油”。现在南海人乘吃水浅的船 (“浅番船”) 出海时都带着它，遇到别的船，如果认为自已强于对方，便发起攻击，称为“併船”。这时，四人将泥油提上桅杆上的守望楼[⑤]。泥油装在小瓶内，槟榔皮[⑥]卷作塞子，点

① 即一端固定可向四面八方旋转的抛石机；参见《武经总要》(前集) 卷十二，第五十页。

② 《五代史记》卷七十四，第十七页。由作者译成英文。冯家昇［(2)，第17页］曾引用这段文字。它可以追溯到1070年左右，但是张泌的《妆楼记》中有一篇写于960年左右的类似文章似乎与它的年代更为接近，尽管文中只提到玫瑰水 (见《唐代丛书》，第七辑，卷八十一，第三十四页)。980年左右的《太平寰宇记》中也有这个故事，不过还说液体是装在玻璃瓶中，而且占城人在海战中用希腊火已习以为常 (卷一七九，第十六页)。《册府元龟》(1013年) (卷九七二，第二十二页) 曾引用这段文字；它也出现在《宋史》的占城篇中，卷四八九，第三页 (不过未收人《宋会要》)；在《文献通考》卷三三二，第十八页 (第2608 · 1页) 上也可找到，德理文［d' Hervey de St. Denys (1)，vol. 2，p. 545］的引文即出自此。后来这件事流传甚广，在许多地方被提到，如《东西洋考》卷二，第六页。我们在研究早期分馏的时候已有机会接触过它 (本书第五卷第四分册，p. 158)。关于玫瑰水亦见 Schafer (13)，p. 173，(16)，p. 75。

③ 是去除污迹吗？还是为了将其点燃？也许文中把它与玫瑰水混为一谈。

④ 《玉芝堂谈荟》卷二十七，第十三页，由作者译成英文，沃纳·艾希霍恩 (Werner Eichhorn) 博士二十五年前使我们注意到这段文字，我们铭感不忘。

⑤ 这种带鸟嘴 (peak) 状箱子的桅杆和旗杆是典型中国式的。

⑥ 槟榔 (*Areca catechu*)，产于马来西亚。见 Burkill (1)，vol. 1，pp. 222ff.。

火时，其作用相当于引信。然后将瓶子从高处掷下，当泥油（瓶）击中（别船的）船板，便会破碎起火，火焰向四方漫延，持续燃烧。如果浇之以水，火焰更猛，只有干土和炉灰可以扑灭。

由于这种可怕的武器，我们的官船不愿接近这些蛮人的浅番船。

〈南海诸国有泥油。今人海浅番舩皆蓄之。浅番舩相遇海中。视其力之强弱则战。谓之併舩。凡併船则用四人。力拖斗上。以泥油著小瓶中。槟榔皮塞口。燃槟榔皮。自高投之。泥油著板遍延不息。以水沃之愈炽。所制者。干泥与炉灰。今官兵舩不能近浅番者。正畏此物耳。〉

这段话写于1298年左右。用“泥油”这个词表示蒸馏的石油乍一看有些不可理解，但有几种可能的解释。最显而易见的是，它指最初的天然石油油苗的形态，但还有一种推测，认为这个词是指低沸点分馏物去掉之后，留在蒸馏器里的黏稠石油或软泥。“猛火油”这个词比它更常用，想必是不同的传统产生了不同的词汇。不管怎样，这一段记述说明人们谈论的是同一种物质。不过这里需要注意，没有出现喷火器或火焰唧筒，
88 只是抛出石脑油投弹，与哈桑·拉马赫时代阿拉伯军队作战相似。

与徐应秋编纂文选几乎同时，航海家与地理学家张爕著文谈到猛火油在东南亚的海战中仍在使用[①]。他在1618年的《东西洋考》中写道：[②]

三佛齐（苏门答腊的巨港[③]）……位于东南海中……最初（的居民）属于一个特殊的南方土人部族，介于柬埔寨人与爪哇人之间……后来这个部族为爪哇人所败，地名便改为旧港，这一名称使用至今……它出产猛火油，据《华夷考》载，这是一种树的分泌物（“树津”），也叫“泥油”[④]。它与樟脑很相似，能腐蚀肌肤。点燃后掷到水上，光焰愈烈。土人用它作为纵火武器，可引起熊熊大火，帆、舷墙、水上船体与桨都会着火燃烧，无一能幸免。鱼鳖碰上也会被烧焦。

〈旧港，古三佛国也。……在东南海中，本南蛮别种，居真腊、爪哇之间。卑……号詹卑国，而故都为爪哇所破，更名旧港，以别于彼之新村云。……（物产）猛火油，《华夷考》曰，树津也，一名泥油，大类樟脑，第能腐人肌肉。燃置水中，光焰愈炽。蛮夷以制火器，其烽甚烈。帆樯楼橹，连延不止。鱼鳖遇者，无不燋烁。〉

赵学敏在其后一个世纪末节录了这段话[⑤]，（错误地）认为这种油指的是天然石油。他还说：“但是从它的名称之一看来，‘泥油’显然不会是任何植物汁液。张爕在《（东西）洋考》中这一点上言之有误。”这里仍然没有谈到喷射唧筒，所以它可能还是装在带引火物的易碎瓶子里。

这些文章确切无疑地表明，希腊火汽油或石脑油直到近代还在东南亚的战争中使用，而且蒸馏的石油首先是通过这一地区而不是经由陆路到达中国的。但是现在，在总揽这些线索以形成一幅连贯的图画之前，我们还必须补上一两个关于中国自己应用

---

① 参见本书第四卷第三分册，pp. 582ff.，及书中多处。

② 《东西洋考》卷三，第十三页、十七页，由作者译成英文。

③ 参见 Gerini (1)，书中各处。

④ 这里他想必指的是《华夷花木鸟兽珍玩考》，慎懋官1581年著。正如伟烈亚力［Wylie (1) p. 135］指出的，慎懋官在自然科学方面缺乏精确的概念。

⑤ 《本草纲目拾遗》卷二，第六十二页。在同一段里他引用了其他八种资料，都是关于天然石油的，包括朱本中的《格物须知》，这是一本晚清书籍。书中重复了鱼与烧成灰的说法，说这些矿物油只能保藏在玻璃瓶中，它们会浮在水面上燃烧，所以不能用水去扑灭。

这一技术的记述。例如早在10世纪，建立于960年的大宋对南唐（937—976年）大兵压境时，汽油喷火器对于双方都至关重要。975年在南唐都城南京（金陵）附近的长 89
江上进行了一场对南唐来说生死攸关的水战①。我们有一些关于这场战斗的记述。史虚白在他的《钓矶立谈》中写道：②

（南唐水军统帅）朱令赟受到宋朝皇帝强大军队的攻击。朱指挥着一艘大战船，高十层，旌旗飘扬，战鼓齐鸣。皇帝的舰船较小，但它们顺流而下，勇猛进攻，箭镞疾飞，射得（南唐的）舰船像豪猪一样。朱令赟不知所措，急忙用喷火器喷射出汽油（“发急火油”）以摧毁敌军。宋军对此本来抵挡不住，但突然间北风骤起，吹得满天烟火，向朱令赟自己的战船和士兵卷去。十五万士兵和水手葬身火海，（朱）令赟悲愤万分，投身于火焰中自尽。

〈令赟独乘大航，高数十重，上设旗鼓，蔽江而下。王师聚而攻之，矢集如猬。令赟窘不知所为，乃急发火油以御之。北风暴起，烟焰涨空，军遂大溃，令赟死之。〉[注：此引自《钓矶立谈》]

〈令赟所乘舰尤大，建大将旗鼓。王师舟小聚攻之。令赟以火油纵烧，王师不能支。会北风反焰自焚，水路诸军十五万不战皆溃。令赟惶骇，赴火死。〉[注：此引自陆游《南唐书》卷八]

拜占庭的水手们对于这种战斗一定应付自如。另有一部马令著的《南唐书》，谈到另一水军统帅，这一次是宋方的曹彬③。

开宝八年（975年），曹彬④兵临金陵，他率领的大船上装载着浸透黏稠油的芦苇（捆），准备借风势纵火；这种设备叫做“石油机”。但是在紧急情况下他们则利用机器喷射出火油以拒敌（“火油机前拒”）。

〈巨舟实葭苇灌膏油，欲顺风纵火，谓之石油机。至势蹙，乃以火油机前拒。〉

这里清楚地提到了希腊火喷射器。最后，在一个多世纪之后，李纲在1126年开封围城战之前为了阻挡金兵渡黄河，曾使用这种武器⑤。

我们不宜在这里离开火药时代，过多地谈论汽油喷火器，但是有一件事不得不提。当蒙古统治者旭烈兀汗1253年出发去征服波斯时，“派了一些使节去中国，接回一千 90
名善于用喷石脑油并发射弩箭的抛石机的士兵和他们的家属……”⑥。到1609年，类书《三才图会》详尽地描述了这种喷火器（图8），并附有插图⑦。

也许关于汽油最饶有趣味的故事载于1137年左右康誉之作的《昨梦录》，该书于金

① Grousset (1), vol. 1, pp. 367—368。

② 《钓矶立谈》，第三十页、三十一页。我们的翻译综合了陆游《南唐书》中两段类似的文章；《南唐书》卷五，第三页；卷八，第四页。

③ 马令的《南唐书》卷十七（第一一七页），由作者译成英文。冯家昇（2），第17页上有此引文。

④ 曹彬的传记见《宋史》（卷二五八，第一页），但是文中未记述他使用纵火剂或火器的情况。

⑤ 《靖康传信录》卷一（第六页）。

⑥ Quatremère (1), p. 133，译自拉施特（Rashīd al-Dīn）的《史集》（*Jāmī 'al-Tawārīkh*）。在志费尼（'Alā al-Dīn al-Juwaynī，死于1283年）的《世界征服者史》（*Ta' rīkh-i Jahān-Gusha*）中有一段相似的文字；译文见Boyle (1), vol. 2, p. 608。

⑦ 器用部，卷七，第十八页至二十一页。1628年的《武备志》（卷一二二，第二十一页）也提到希腊火油（猛火油）但是与突火枪一起谈到。（参见下文 p. 267）。

91

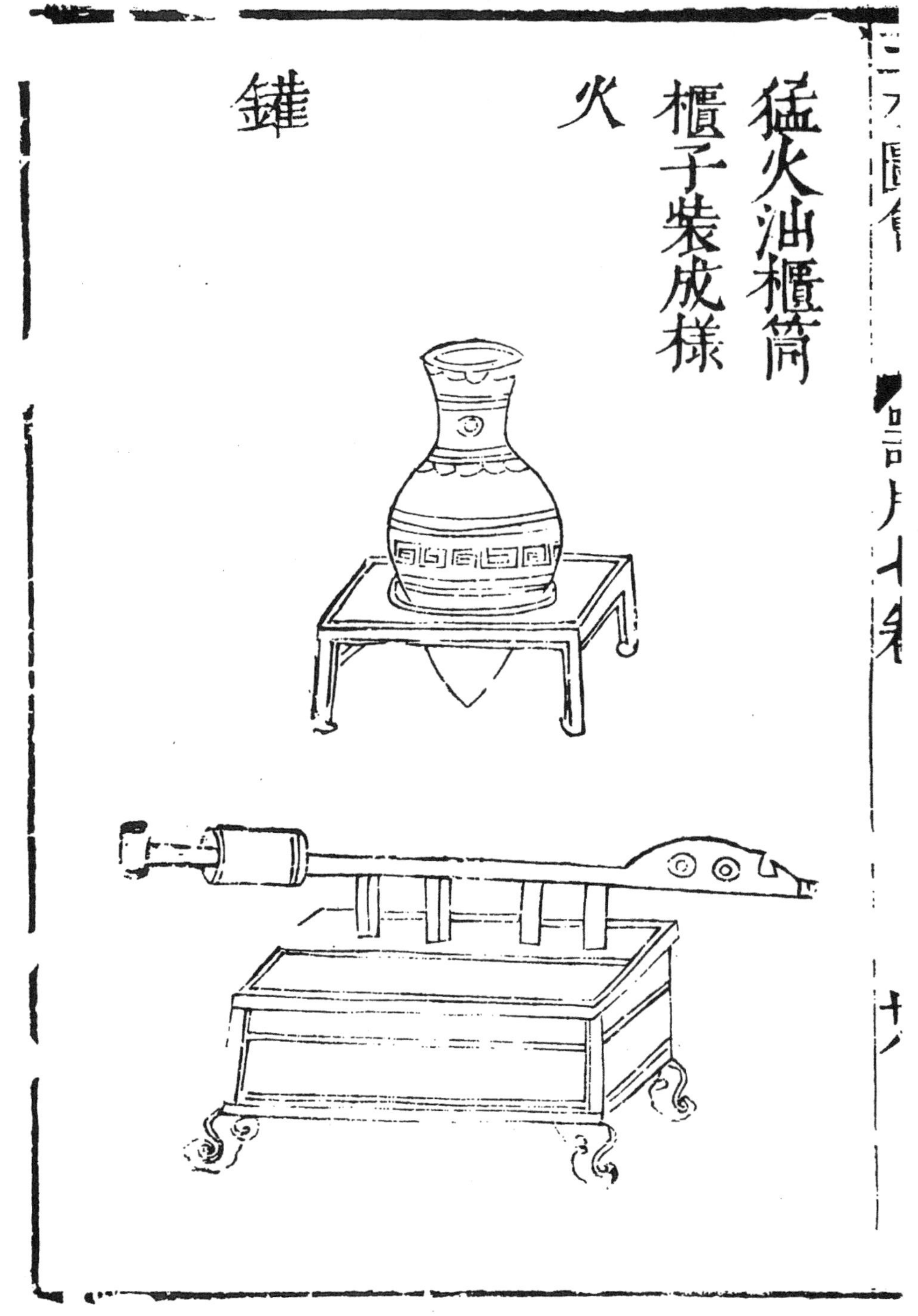

图 8 希腊火喷射器。采自《三才图会·器用篇》第七卷，第十八页（1609 年）。

兵获胜后写于南方，从题目可以看出，它是对北宋故都生活的回忆[①]。康誉之对蒸馏石油的来源有一些荒诞的看法，但是他记得在北宋时期它们如何储存在西北的军械库[②]，并生动地描述了使用它们进攻敌人的演习。他的记述如下[③]：

在西北边城的防城库附近，（军工技师）曾挖土掘成一丈余见方的大池子，用以贮存“猛火油”。未及一月，周围的土变成橘黄色，于是又掘了几个池子，将油转贮其中；不如此，便会起火，烧着支撑（池上棚子的）柱子[④]。

我所说这种猛火油来自朝鲜以东数千里之地[⑤]。仲夏阳光最炽烈的时候，将石头晒得滚烫，石中便渗出这种油。它与不论何物接触即会燃烧，只可贮存在真正的玻璃器皿中。

中山府[⑥]以西有一大片水域，名大波池，池极大，因而当地人称之为海子。我还记得当地的将领们来到这里筹划（并与他们的军队一起演习）水战，试验猛火油。池的对岸代表敌人营寨。管油的士兵将油四处喷洒，一点火便变成一片火海。所以（假设的木头）敌寨顷刻全部烧毁。不仅如此，油还波及池水，因为水里所有的植物全死光，鱼鳖也难逃活命。

〈西北边防城库，皆掘地作大池，纵横丈余，以蓄猛火油，不阅月，池土皆赤黄色，又别为池而从焉。不如是，则火自屋柱延烧矣。猛火油者，闻出于高丽之东数千里，日初之时，因盛夏日力烘石极热，则出液，他物遇之即为火，惟真琉璃器可贮之。中山府沿西有大陂池。郡人呼为海子，予犹记郡帅就之，以按水战，试猛火油。池之别岸为虏人营垒，用油者以油涓滴自火焰中，过则烈焰逐发，顷刻虏营净尽，油之余力入水，藻荇俱尽，鱼鳖遇之皆死。〉

总而言之，看来十分清楚，希腊火油（蒸馏的石油）在900年左右或更早已传入中国，它通过阿拉伯商人的媒介作用沿海路传播，然后从南到北穿过东亚[⑦]。关于中国—阿拉伯的接触已经谈论过不少[⑧]，现在只需要设想卡利尼库斯的发明是在9世纪中叶传到阿拉伯的。我们已经了解火油如何于917年经南方的吴越国传递给远在北方的辽国契丹人的（p. 80）。不久之后辽国与阿拉伯有了直接的外交接触；在1019年、1021年和1027年都有使节往还，就在这十年间辽国还将一贵族之女遣嫁给一位阿拉伯王子[⑨]。看来很有可能，蒸馏技术与蒸馏产品在某个适当的时候同时传播。火药的情况 92

① 《四库全书·总目提要》（卷一四三，第七十二页）对该书作了很好的评述。编辑者知道《辽史》中有此文（上文 p. 81），但是不相信在俘获李伦（或尹李伦）之前会有人熟知希腊火油。我们迄今还未能发现有关此人的任何资料，他也许是这段历史中一位相当有趣的人物。

② 人们不禁想知道采用了什么措施来防止挥发损失。

③ 见《说郛》卷二十一，第二十三页、二十四页（卷三十四，第十一页），又由《广百川学海》重印卷二（第一〇五二——〇五三页）。亦见于《古今书海》，承蒙沃纳·艾希霍恩博士1956年提醒我们对该书予以注意。冯家昇（2），第18页也曾引用该文。

④ 我们还未能对这些现象作出解释，但是除非贮油池为砖砌，周围的土地一定会饱浸猛火油。

⑤ 很奇怪，这与最初真正的出产地正好相反。

⑥ 今真定。

⑦ 这是很久以前梅辉立的观点，我们相信他是正确的［Mayers (6), p. 87］。

⑧ 本书第一卷，pp. 214ff.；第四卷第三分册，pp. 486ff.。毕竟，阿拉伯人从8世纪也许是7世纪就开始在广州定居。亦见 Schafer (16), p. 75。

⑨ Wittfogel & Fêng Chia-Shêng (1), pp. 51, 357 及书中各处；马尔瓦济（al-Marwazī viii, 22—25）译文及评述见 Minorsky (4), pp. 5, 21, 76ff.。使团于1026/1027年从契丹派往伽色尼的马赫穆德（Mahmūd of Ghazni）；受到隆重的接待，但是王子的反应却很冷淡。

与此极为类似，火药配方是与作为礼品的爆仗一起到达罗杰·培根手中的（上文 p. 48）。开始无疑是产品单独传播，但是在10世纪的某个时候，中国想必自己也开始蒸馏石油[①]。到1000年，确切地说是1040年，汽油喷火唧筒已成为中国军队的常规装备（p. 82），很难相信这些武器会依赖在拜占庭或巴格达蒸馏的进口汽油。我们已经说明，只要多加小心，用中国式的蒸馏方式对天然石油进行蒸馏是完全可能的[②]。这一点在《宋会要辑稿》中得到了证明，它只字未提“猛火油”，而是说普通石油被作为供应物质送往军械库加工[③]。

93 更有力的证据见于宋敏求1079年逝世前写作的《东京记》。他写道[④]：

> 除了八作司，还有其他一些（官办工场），著名的有“广备攻城作”，现在这两个工场一东一西，都属“广备隶军器监”管辖。它们共包括十个部门，即火药作（火药作坊），沥青作（沥青，树脂，木炭部）[⑤]，猛火油作（猛火油作坊），金作（金属工场），火作（纵火物工场），大小木作（大小木工作坊），大小炉作（大小炉铸造工场）[⑥]，皮作（皮革作坊），麻作（麻绳制作工场），窑子作（砖窑，陶器窑）。
>
> 这些部门都有规定的章程和操作步骤，便于操作者牢记在心。但是严禁将内容泄露给外人。

〈八作司之外，又有广备攻城作，今东西广备隶军器监矣。其作凡一十目，所谓火药青窑、猛火油、金火、大小木、大小炉、皮作、麻作、窑子作是也。皆有制度作用之法，俾各诵其文而禁其传。〉

---

① 参见本书第五卷第四分册，pp. 129，158ff. p. 206。

② 本书第五卷第四分册，pp. 68ff.。参见 Butler & Needham（1）。

③ 曹元宇（*4*），第199页。他的参考资料可能是《宋会要》第一八七册，“方舆篇”卷三，第五十二页，“东西作坊”条下，很奇怪，它被归到地理学一节中。这里列举了许多制品，如人和马的盔甲、矛、箭、弓弩、大炮、旗鼓以及各种用皮革、角、藤、漆和胶制作的成品。《宋会要》当然是资料的宝库，但是它多涉及官僚机构而少有技术细节，其中大量是皇帝法令和命令。我们只发现有一处提到火药（但并未点明其名称），这是在第一八五册，“兵”卷二十六，第三十七页上谈论唐福（参见下文 p. 149）的一小段文字中。军火库（大军库）见于第一四六册，“食货”卷五十二，第八页起，第二十五页，二十七页，三十页和三十二页；管理机构（军器所）见于第六十八册，“职方”卷十四，第一页起，及第六十九册，“职方”卷十六，第四页起。在第一七一册，《刑法》卷七，第一页及其后诸页上有类似资料（军制）。从下面即将出现的引文中人们可以看到《宋会要》对希腊火和火药讳莫如深是有其原因的。

④ 这段引文亦见于王得臣的《尘史》，该书之序作于1115年，见卷一，第四页、第五页，由作者译成英文。冯家昇（*1*），第53页也曾引用该文。

⑤ 此处经冯家昇（*6*），第18页校订，因原文中有“青窑”字样，附属于第十个作坊。

⑥ 虽然这些作坊也做许多别的事，两者的职责都表明它们应制作熔化铁汁，用以攻击敌人及其木结构设备。其过程许多世纪以来在中国军事史中得到了证实。开始可能大都是将装在罐中的滚热金属汁往攻城者头上倾倒（这种做法在欧洲为人们所熟知），但是在759年的《太白阴经》中（卷四，第四页），已经提到用“砲”将灌满热金属汁的“炮弹”（“瓶”）抛射出去。1044年的《武经总要》（前集）（卷十二，第五十九页、六十二页起）更为详细地记载了耐火黏土容器（“罐”）的规格，这是一种受撞击即碎的抛射物；1628年的《武备志》中（卷一三二，第十四页起）也有类似的记述。这两部著作都描述了用以灌注抛射物的“引炉”，并附有插图，这种炉能沿城墙来回移动。在考虑这一切的时候应该记住，铸铁的熔点为1130℃，较纯铁的熔点低400℃左右，但是正如李约瑟［Needham（32），pp. 14，19］指出的，早期的中国铸铁（遥遥领先于世界上其他任何地方）含磷大约达3%，这使其熔点进一步降到950℃。当然，将它用作纵火和进攻武器大概很难奏效。许多著作都提到在中古代中国战争中，使用这种武器已习以为常，例如蒙古将军伯颜1280年左右围攻郢城（今湖北武昌）时，曾以抛石机发射充以熔化金属的“炸弹”（“金汁砲”）。参见 Lu Mou-Tê（1），p. 32；冯家昇（*1*），第47页。

这无疑是关于11世纪北宋石油蒸馏作坊与火药作坊的一段极其重要的记载。不仅如此，它还为《宋史》中的几段文字所证实，它们在谈到军器监时，花了不少笔墨谈到安全防卫，证明预护措施小心谨慎确有其事[1]。八个官办武器作坊（“东西八作司”）由称为“将作院”的军事部门统辖[2]，书中另一处谈到在这些作坊里做工的手艺人和工 94
匠的数目[3]。由此可见中国人自己也在搞蒸馏。

我们之所以不厌其烦地谈论希腊火，不仅仅是因为作为纵火武器它是火药的前驱，在整个演化过程中，它的令人瞩目的重要性在于中国汽油喷射唧筒的点火是用火药慢燃引信完成的。“虹吸管”为火药混合物提供了第一个用武之地；在1040年左右这已是确定无疑的了，还有资料提示更早的年代，如1004年回至919年[4]。自从道家炼丹家于9世纪，或许850年左右，在炼长生不老药时发明并制作了火药之后，这是火药第一次在实战中出现。正如火药的发明仅限于中国一样，当时也只有中国人将这种爆炸混合物投入使用，尽管这只是发光闷燃的低硝火药。

此后整整一千年过去了，火药与希腊火再度相遇，形成了一种焕然一新的奇特合作关系，但这将留待适当的地方阐述。至于说到我们已经探讨过的拜占庭人与中国人之间的合作关系——如果可以这样比喻的话——波斯人沙拉夫·扎曼·塔尔·马尔瓦济（Sharaf al-Zamān Ṭāhir al-Marwarzī）[5] 1115年左右有一段话最为恰当：

> 中国人是最擅长手工艺的民族。没有其他民族可以与之媲美。罗马（东罗马帝国）人（技术）也很精湛，但没有达到中国人的水平。中国人说，除了罗马人外，所有人在技术方面都是瞎子，罗马人好歹有一只眼睛，也就是说，他们也只是一知半解[6]。

(5) 溯源（Ⅱ）：硝石的认知与提纯

发现火药的先决条件是认识与提纯硝石（硝酸钾）；必须首先发明提纯硝石的技术，硝石才有可能用作火药成分。在中古代与中古代前时期，中国的化学知识在许多方面较欧洲先进；因此，沿着最初应用硝石的线索有可能向东追回东亚发源地。事实 95
上，关于硝石早期历史的资料文献在中国比在别的任何文明都丰富得多。

广义地说，“硝石”（Saltpetre）这个词可以用来指硝酸钾、硝酸钠，甚至硝酸钙[7]。但是它主要还是指硝酸钾，这是火药混合物中最重要的成分。在自然界中，硝酸钾（斜方晶体状的硝石）常与钠盐与镁盐共生。它的形成需要恰当的气候条件，也就是说，气温要足够高，湿度适当，以便有机物、特别是排泄物能够分解。这种环境存

---

① 《宋史》卷一六五，第二十三页：“军器监的人交下军用设备的设计，低于某一级别的人不得看阅或抄录其内容，以防泄密。”

② 同上，卷一六五，第二十一页；卷一八九，第十九页。

③ 同上，卷一九七，第十三页。

④ 或者甚至904年；上文 p. 85。

⑤ 大约生于1046年左右，死于1120年之后。

⑥ 对《动物、人类与地域的自然特征》（*Tabā'i' al-Hayawān*）的（Ⅷ，4）译文与评述见 Minorsky（4），pp. 14，65。这种说法多多少少是一种 *locus communis*（共同感受）；参见本书第四卷第二分册，p. 602。

⑦ 见 Mellor（1），pp. 503ff.。

在于阿拉伯、印度和中国，但是在欧洲不多见。例如，在智利发现硝酸盐资源之前，恒河河谷在 18 世纪和 19 世纪初是向英国提供硝石的最大来源[1]。智利硝石为硝酸钠（也称为立方体硝石），容易吸潮，作火药成分远不如钾盐，但是经浓氯化钾溶液处理后可以转变为硝酸钾。至于硝酸钙，通常形成于土中或墙上，含杂质较多，但是与碳酸钾进行离子交换后也可以转变为硝酸钾。这些当然都是近代的技术；在前火药时代早期，问题是将它和其他盐类如钠盐和硫酸镁区别开。

我们在前面已经相当详尽地阐述了中国对硝石的认识和分离[2]，这里不再赘述。在前面一段中我们信手拈来，用了“nitre”（硝石）这个词，但是化学史学家知道得很清楚，这个词在不同的时代被分别赋予五花八门的含义，它来源于古埃及语 *ntry* 或 *natron*，后又被希腊语和拉丁语借鉴。这里是指一种杂以硫酸盐或普通盐类的碳酸钠，含有少量碳酸氢盐，在干旱地区自然生成。中国人也知道这种物质，称为“碱”或“石碱”。“nitre”几乎包罗万象，通常指苏打，间或也指钾碱，通常杂以氯化物。它在汉文里的对等词是“消”或“硝”[3]。但是在古代或中古代的资料中与其把它译作“硝”，不如用一
96 个含义同样模糊的词如“消”。它们不但在语源学上同源，用法相似[4]，而且实际上硝酸钾作为一种助熔剂在熔炼中发挥很大作用，并参与使不溶的矿物质溶解的过程[5]。

“硝酸钾”（saltpeter）在汉文著作中最基本的名称是“消石”，但是要确定它们所指何物，一般还得看看文中所谈这种物质的特性。确定其他一些术语的含义也是这样，如“焰消”、“火消”、“苦消”、“生消”[6] 及地霜[7]。在中国，硝酸钾从来没有像在西方那样与碳酸钠混为一谈，但却与硫酸钠和硫酸镁混淆。前者通常称为：“朴消”，后者称为“芒消”[8]，即结晶硫酸钠（Glauber's Salt）与泻盐（Epsom Salt）。然而在唐代和唐以后的著作中，芒硝却常常被用来指硝石[9]。确实有必要强调一下，总的说来，这

---

① 参见 Ray (1)，第 2 版，p. 229；Multhauf (9)。

② 本书第五卷第四分册，pp. 179ff. 。

③ 虽然好些学者相信他们可以断定三点水旁的“消”，与石旁的“硝”在语义学上一直是有区别的，但我们不敢苟同。我们认为在汉文著作中，炼丹家和本草学家都曾不加区别地使用过这两个字。

④ 参见本书第五卷第四分册，p. 5。

⑤ 本书第五卷第四分册，pp. 167ff. 。亦见 Butler, Glidewell & Needham (1)。李时珍在《本草纲目》（卷十一，第十一页、第二十八页）引用了《抱朴子》（约 320 年）中的一段话，说硝石能“溶解并软化五金，并将七十二种矿物化为水溶液。”虽然书中多次提到硝石（如卷十一，第八页，卷十六，第七页、第九页），这段话现在却似乎不在文中，但是它肯定是指用助溶剂将硅脉石液化，以及通常极难溶的无机物如硃砂的溶解。

在 16 世纪的欧洲有一种与火药相似的物质具有重大意义，它含有“黑色”或“爆炸”助溶剂，冶金学家拉扎勒斯·埃克尔［Lazarus Ercker (1)］在 1574 年常常谈到它。在这种物质中，硝石与“argol”（酒石酸钾）与木炭混合，点燃便释放出碳酸钾、碳和一氧化氮。这种助溶剂被用来溶化和提纯白银［Sisco & Smith (2), pp. 44, 81］、黄金（p. 110）、铜（pp. 207, 215）、铋（p. 275）和锡（p. 280）。史密斯（Cyril Stanley Smith）教授提醒我们注意到这一点，谨致谢意。

⑥ 章鸿钊［(*1*)，第 241 页］认为所有这些名词都是同义词。

⑦ 像在所有国家一样，硝石最初是地表的一层白壳或粉状白霜；参见 Kovda (1), pp. 121—122。事实上，中国在河南省拥有重要的硝石盐土产地，每公顷每年出产 3 万磅硝石；参见 K. C. Hou (1) 和 Yoneda (1)，同时见 Wei Chou-Yuan (1), pp. 468—469 与 Torgashev (1), pp. 380ff. 。我是在三十五年前第一次听泸县 23 兵工厂的吴钦烈博士谈到这些矿藏（亦出产硝酸钾）的。

⑧ 可能是因为晶体的形状而得名。

⑨ 参见《本草纲目》（卷十一，第二十六页）苏敬（苏颂）对“芒硝”和“硝石”（659 年）的描述。李时珍对这段文字有删节，这可以从《新修本草》卷三（第一卷，第二十一页至第二十二页）看出。

些名称没有哪一个孤立地看是完全可靠的；总是需要详查一下对所指物质的描述，以便确定炼丹家或本草学作者所谈的是什么。

早在公元前 4 世纪《计倪子》一书中，所列药物与化学品名单上已有“消石”一词出现，但未详细涉及其特性[1]。在两个世纪后的第一部药典《神农本草经》中也载有硝石，但主要是在医药和养身的篇章中[2]。此后是《列仙传》，年代大约为 2 世纪，其中谈到一著名的得道者服食一种含硝石的不老药得以长生不老[3]。《后汉书》列举季节 97
性禁忌时，已提到提炼硝石[4]。

> 从夏至日起，忌猛火，亦忌用炭熔化金属。提纯硝石应完全停止。直至秋日到来……
>
> 〈日夏至，禁举大火，止炭鼓铸，消石冶皆绝止。至立秋……〉

这可能发生在 1 世纪或 2 世纪，它表明提炼硝石一定非常普遍，否则官府不会颁布命令，在每年夏天加以禁止。但是转折点是在 492 年，这一年陶弘景在他的《本草经集注》中描述了用硝石产生紫红色钾焰的试验[5]，以及它在木炭上发生的猛烈爆燃。既然该书以及 510 年与之密切相关的著作《名医别录》[6] 记载了如此丰富的 3 世纪的知识，很有可能火焰试验以及其他标准如助熔剂效应正始于这一时期；不管怎样，就目前所知，这肯定是所有的文明中第一次提到钾焰[7]。

在这之后，紫红色的钾焰、爆燃，以及助熔剂和增熔剂的性能多次被提到。这些曾被 695 年的《新修本草》加以转述[8]，此后不久，在 664 年，又有关于云游方僧的唐代炼丹著作问世[9]。在这部《金石簿五九数诀》中，我们读到塞种或粟特（Śaka 或 Sogdian）僧人支法林在山西北部辨认出硝石并了解其性能。另一部炼丹著作《黄帝九鼎神丹经诀》大概也成书于这一世纪，其中有一段关于硝石的重要文字[10]。此后不迟于
850 年左右，在《真元妙道要略》中又有进一步记述[11]。这部唐代作品还是最早提到火 98
药混合物的著述，那段极其重要的文字我们自然会引用（下文 p. 111）[12]。到 1150 年，火药被普遍使用已有大约两个半世纪之久，这时姚宽在《西溪丛话》中对“消”或“硝”作了深入的描述，并在书中提到人工“硝床”或“硝石培植场”[13]，这在现存资

---

① 《计倪子》卷三，第三页，在《玉函山房辑佚书》中，卷六十九，第三十六页。参见本书第二卷，pp. 275，554；本书第五卷第三分册，p. 14。

② 莫里版（Mori ed.）第 1 章（p. 24）。参见本书第六卷，第三十八章。

③ Kaltenmark（1），p. 171，译自卷二，第十一页。

④ 《后汉书》志第五，第五页，由作者译成英文。该文最先为王铃［Wang Ling（1）］所注意。

⑤ 《本草纲目》卷十一，第二十五页（第五十四页）；《证类本草》卷三（第八十五·二页）参见章鸿钊（*1*），第 243 页，及 Fenton（1），p. 23。

⑥ 这里提到“芒消”之名的最古老的著作。李时珍（《本草纲目》卷十一，第二十九页）曾引述该书硝石能化（即溶解）七十二种矿物的说法。

⑦ 欧洲第一次提到它似乎是在文艺复兴时期，或者至少不会早于拉丁的贾比尔（Latin Geber）。

⑧ 《新修本草》卷三，第十页、第十一页。

⑨ 《道藏》九〇〇，第五页、第六页，全文译文见本书第五卷第三分册，p. 139。

⑩ 《道藏》八七八，卷八，第十二页，我们的译文见本书第五卷第四分册，pp. 186-187。

⑪ 《道藏》九一七，第九页，译文见本书第五卷第四分册，p. 187。参见冯家昇（*4*），第 36 页。

⑫ 参见本书第五卷第三分册，p. 78。吉田光邦（*7*），第 529 页也曾讨论该文。

⑬ 《西溪丛话》卷二，第三十六页起，全文译文见本书第五卷第四分册，pp. 188ff.。关于硝床的实验研究见 Williams（1）。

料中是最早的。它们的实际出现一定更早于此，因为姚宽又引自《伏汞图》，这是一部叫做升玄子的得道之人所著的与此有关的著作，但是他和他的书都很难确定年代，可能是在唐代或五代的某个时候。

也许没有必要堆砌更多的例证，但是值得一提的是，唐代所有的炼丹著作都不约而同地提到“消石”。例如，佚名的《太清经天师口诀》描述了借助于硝石将铅和锡转变为“水银”的过程[①]。“消石”在《龙虎还丹诀》中也被反复提到[②]，该书作者是一位叫作金陵子的炼丹家，以此书传世，写作时间或许是在唐之后不久，或者是宋初。他记述了“伏”硝石法。

> 取硝石一两碾为细末，置于瓷罐中，表面压平。上置二钱盐，再压平。顶上盖一瓷盖，但不封严，先用文火加热。再用猛火，直至不见盐。这样（硝石）已伏[③]。
>
> 〈右取消石一两为末，纳瓷盏子中，按令平紧。上布两钱盐末，按令平。以瓷盏盖，不用固，济文武火候消盐汁尽即伏。〉

这里不会有化学反应发生，两种物质可能只是融合起来。在该书中，“消石”与“朴消”至少有三次在不同的化学过程中同时被提到，说明金陵子确实能区分这二者。此外，在一部唐代写本中我们再次发现硝石被用作防饥方的成分，对此我们在前面已有所了解[④]。

这本《龙虎还丹诀》如果确实成书于 9 世纪或更早，则可能是后来广泛使用的
99 “火药”一词的最早出处[⑤]。但是它只出现在一个小标题中，即“伏火药法”。据我们现在所知，这一实验需用白矾、硝酸钾、硫酸钠、硫酸镁以及水银，最后制成一种紫红色的升华物。朱晟提出，总的来看，“伏火”法[⑥]是晋和六朝时期的炼丹家们在炼制长生不老药时发明的，真正目的正是为了防止后来在军事上大显身手的爆燃和准爆炸。例如，如果未经加工的硝石含有许多碳质物（这是常有的事），经加热便会生成一种无关紧要的物质碳酸钾。然而于无声处也可能包藏祸殃，对这类灾难的第一次实录是在《真元妙道要略》中，对此我们将在下面（p. 111）谈到。

马志 973 年的《开宝本草》中有一段相当清楚的说明，他写道：[⑦]

> 硝石由于能溶解（消）并液化（化）矿物而得名。当它被煮沸精炼时，晶体析出，状如小芒，其外观与“朴消”相似[⑧]，因此又被称为“芒消”……
>
> 硝石实际上是一种“地霜”，即土中的析出物。它产于山中与沼泽里，冬季里看来就像地上的一层霜。人们将它扫拢，收集起来，溶于水中，然后煮沸蒸发，便制得芒硝。（晶体）与头簪相似，质优的可长达五分（约半英寸）。陶弘景由于不知究里，（关于这些盐）谈得不着边际。

---

① 《道藏》八七六，第二页。

② 《道藏》九〇二。

③ 参见本书第五卷第四分册，p. 5。盐当然不会“不翼而飞”，但是硝石掺杂以后可能不再会着火。亦见下文 p. 115。

④ 本书第五卷第四分册，p. 146。

⑤ 正如朱晟（*1*）曾经指出的。在该文中，他认为我怀疑火药起源于中国；但这是由于对李约瑟著作 [Needham (86)] 的误译造成的。参见朱晟及何瑞生（*1*）。

⑥ 参见本书第五卷第三分册，p. 159；第四分册，pp. 5，250，256，262。

⑦ 在《本草纲目》中引用，见卷十一，第二十五页，由作者译成英文。

⑧ 是硫酸钠吗？

实际上，硝石产于四川茂州以西的山中峰岩峭壁间。（提纯后）片块大小不一，但其色均为蓝白。一年四季俱可采集。

〈以其消化诸石，故名“消石”。初煎炼时有细芒，而状若朴消，故有“芒消”之号……。

此即地霜也，所在山泽，冬月地上有霜，扫取以水淋汁后，乃煎炼而成，状如钗脚。好者长五分以来。陶说多端，盖由不识之故也。……

生消茂州西北岩石间，形块大小不定，色青白，采无时。〉

要记住，这是在阿拉伯人与法兰克人了解硝石为何物之前三百年写成的。在马志看来，硝石毫无疑问是一种有别于朴硝和芒硝的物质，尽管芒硝这个词可用作硝石的同义词。稍后我们将较为详细地说明它的提纯方法。

对整个问题作了最令人感兴趣的记述，确有真知灼见的，当推李时珍的著作。在 100
出版于1596年的《本草纲目》中，他写道：[①]

自晋、唐以来[②]，大多数（本草学）作者对称带“消”的各种（物质）全凭猜测，他们随意称呼其名，很少考虑是否恰当。只有马志在《开宝本草》中认识到硝石是从“地霜”中提取的，而芒硝与马牙硝大多提取自朴硝。他的说明本该澄清这些人的怀疑与犹豫。由于芒硝常用作硝石的同义词，而朴硝又有一个同义词“消石朴”，因此这些渊博的学者们将它们的名称混为一谈，不知如何才能将情况说明白。

他们不知道，硝可以分为两类[③]，一为水（aquose）硝，一为火（pyrial）硝[④]。虽然二者外观相似，其性质与气味却迥然不同。《本经》[⑤]仅列朴硝与硝石两类是正确的。其余如《（名医）别录》[⑥]中的芒硝，或《嘉祐本草》中的马牙硝[⑦]，以及《开宝本草》中的生硝，都是不必要的分类，因此我将它们重新归到正确的类别。

《本经》中的朴硝是一种水硝，有两种。溶液煮沸蒸发后，（结晶）物呈芒状的称为芒硝，呈马牙状的称为马牙硝。朴硝是最后沉积于（容器）底部的固体；其味咸，（药性）寒[⑧]。

而《本经》中的硝石是一种火硝，也有两种。溶液煮沸蒸发后，结晶体状若芒

---

① 《本草纲目》卷十一，第二十七页，由作者译成英文。

② 即从4世纪开始。

③ 从下面可以看出这显然是阴和阳。

④ 这里乍看可分别译为“watery”（水的）和“fiery”（火的），但是这不能正确体现李时珍所考虑的五行中水与火的关系。因此需要确定一套专门的形容词，或者自造，或者从旧有的字典中已有的字汇中选择，以表明阴阳五行之间的关系（参见本书第二卷，pp. 242ff.，pp. 253ff.）。在本书第五卷第五分册关于生理炼丹的部分，我们尤其需要其中两个表示“金”与“木”的词（参见pp. 56，60及书中各处）。因此我们采用以下这一套词汇：

金	（M）	metallous
木	（W）	lignic
水	（w）	aquose，aquescent
火	（F）	pyrial
土	（E）	terrence

⑤ 通常对2世纪《神龙本草经》的简称。

⑥ 成书于510年左右。

⑦ 成书于1060年。

⑧ 属阴性。

101 的称为芒硝，结晶体像马牙的则称为（马）牙硝。它们也叫做生硝。沉积于底部的固体为硝石。其味酸、苦，药性大温[①]。

这两类硝（在加工过程中）都产生芒硝与牙硝，由于这一原因，在（晋唐时期的）老配方中，这些盐可以互换。但是自唐宋以来，芒硝与牙硝被归于水硝类[②]。

〈诸消自晋唐以来，诸家皆执名而猜，都无定见。惟马志《开宝本草》以消石为地霜炼成，而芒消、马牙消是朴消炼出者，一言足破诸家之惑矣。诸家盖因消石一名"芒消"，朴消一名"消石朴"之名相混。逐至费辩不决，而不知消有水火二种，形质虽同，性气迥别也。惟《神农本经》朴消、消石二条为正，其《别录》芒消、《嘉祐》马牙消、《开宝》生消，俱系多出。今并归併之。《神农》所列朴消，即水消也。有二种，煎炼结出细芒者为芒消，结出马牙者为牙消，其凝底成块者道为朴消，其气味皆卤咸而寒。《神农》所列消石，即火消也。亦有二种，煎炼结出细芒者亦名芒消，结出马牙者亦名牙消，又名生消，其凝底成块者通为消石。其气味皆辛苦而大温。二消皆有芒消、牙消之称，故古方有相代之说。自唐宋以下所用芒消、牙消，皆是水硝也。〉

由此可见，李时珍非常清楚、合理地区分了水硝，即硫酸盐，与火硝，即硝酸盐。他明确谈到，有关硝的中国传统术语常常既取决于晶体形状（观察得并非十分准确），又取决于其他性能。他也十分清楚，同样的盐可以有多种形状的结晶[③]；而在他的时代，晶体相似易引起混淆已经越来越明显[④]。由于其针状及其他形状的晶体，芒硝这一名称在各种时期被借用来既指硝石，又指各种硫酸盐。只有自身的化学性能——李时珍对此非常熟悉——才能真正区分各种盐类。尽管他写作于帕拉采尔苏斯（Paracelsus）与阿格里科拉（Agricola）的世纪，并不比他们能获得更多的近代科学知识，然而他却将硫酸盐与硝酸盐区别得如此准确，这使人想起帕拉采尔苏斯制备他的一系列有色的金属氯化物[⑤]。二者都是在认识并制定盐类准确化学分类方面所作的早期努力。

人们可能想像不到李时珍这样一位伟大的博物学家会谈到军事，但是他确实谈到了。在两页之后[⑥]，他阐述药性，说朴硝属阴或水，寒而咸，性趋沉降，因此可以清理消化道，排除三焦邪火气。硝石正好相反，属阳或火，热而燥，因此性趋上升，可以医治三焦积火，并散各种壅积。然后我们读到：

102 现在兵家在制造火焰武器（原文为：烽火铳机等物）时，使用含有硝石的成分，它们便高高飞起，似乎直冲霄汉。我们知道，它们的特性就是上升……

〈今兵家造烽火、铳机等物，用消石者，直入云汉，其性升可知矣。〉

人们可能觉得这是一种预言，预示着发展成熟的中国火箭将会飞离地球。

这段文字使我们想到两件事——第一，志费尼（al-Juwaynī）在大约1260年说：

---

① 属阳性。

② 即结晶硫酸钠和泻盐。

③ 关于硝酸钾双晶特性的部分，参见 Mellor (1), p. 504。

④ 章鸿钊［(*1*)，第241页起］于1927年报告了对七份来自不同产地的现代正宗"芒消"样品的分析，发现其中所含硫酸钠、硫酸镁、硫酸钙和硫酸钾比例各异。硫酸钠总是占优势，硫酸镁不超过7%，硫酸钙为1%，硫酸钾5%。还可能有最多5%的食盐。然而一份唐代的样品（756年）分析结果却表明几乎是纯硫酸镁（本书第五卷第四分册，p. 181）。

⑤ 见 Sherlock (1)；Pagel (10)，p. 274。参见本书第五卷第四分册，p. 322。

⑥ 《本草纲目》卷十一，第二十九页，由作者译成英文。

> 中国的抛石机砲手可用石弹将针眼变为可供骆驼穿过的坦途，并可以用筋与胶将抛石机的木架紧紧连在一起，以致当他们从最低点到最高点瞄准时，石弹不会回落①。

然而第二点更重要，李时珍对上升趋势实验主义式的信奉使我们想起帕拉采尔苏斯学派（Paracelsian）关于“空中硝”（aerial nitre），即在我们上空某处有“挥发性硝石”的理论。这在16世纪和17世纪的欧洲，对生理学以及气象学方面的一些推想起过重要作用；因为一方面，它被看作是空中的一种要素，对呼吸与肌肉活动至关重要，因而引人注意；另一方面，它被认为是引起雷霆闪电的原因。毕竟，对于一些帕拉采尔苏斯学派的约瑟夫·迪谢纳（Joseph Duchesne）和罗伯特·弗拉德（Robert Fludd）来说，大气是一种媒介，天空与群星的影响必须经过它才能到达人类，因此不难设想，“哲人火”或“生命硝”就是由它们在那里产生的。雷霆闪电的火药说一直延续到17世纪，而生命的“硝素”直接导致约翰·梅奥（John Mayow）写作了论述呼吸特性的经典著作（1668年）。帕拉采尔苏斯传统的半神秘臆测又一次推动了近代科学的产生②；而中国博物学家1590年的一些观念再次不可思议地使人联想到他们在欧洲的同时代人的观点，尽管他们相互隔绝。

最后，在中国的文献资料中还有哪些有关实际制作硝石供枪炮手使用的详细记述呢？我们在这里译出两段，它们均写作于1630年上下。第一篇不可或缺，它出自中国的狄德罗宋应星的技术著作《天工开物》。关于硝石他写道③：

> “消石”既产于中国也见于邻邦，中外均有。在中国，它主要出产于北方和西方。商人在（中国的）南方和东方出售（硝石）事先未买官府许可证者，被视为
> 违法交易而受到惩处。天然硝石的形成与食盐相同。地下的水分渗到地表，在近 103
> 水（即海）及土薄之地形成食盐，在近山及土厚之地形成硝石。硝石之得名是由于它在水里立即消融。在长江、淮河以北的地区，中秋前后十来天一过，（人们）便须待在家里，隔天一次清扫（土）地，收集一点硝石熬制。硝石盛产于三个地区。产于四川的称为“川消”；来自山西的通常叫“盐消”；产于山东的通常叫“土消”。
>
> 在刮扫土地（注：以及墙壁）收集到硝石之后，将它置于缸中浸泡一夜，撇去浮在表面的杂质，再把溶液置于釜中。溶液煮沸浓缩后，倒入另一容器，置一夜，便有硝石晶体析出。浮在表面的芒状晶体称为芒硝，较长的晶体为“马芽消”（注：各类消的数量随原料产地不同而异）。沉淀在底部的粗糙（粉末或晶体）称为朴硝。
>
> 剩下的溶液还可提炼，加入几片萝卜再煮沸，让水进一步蒸发。将其倒入一只盆中，置放一夜，便有大块白霜形成，这叫作“盆消”。芽硝与盆硝制作火药作用相似。用硝石制作火药时，如果量小，须置于新瓦上使其干燥；如果量大，则应放入陶器里使干燥。一俟水分散尽，便将消石碾为粉末，但决不可用铁杵石臼，

① 《世界征服者史》（*History of the World Conqueror*）pt. 3，ch. 6，译文见 Boyle (1)，vol. 2，p. 608。

② 欲知其全过程见 Debus (9, 10)，(18)，p. 32，pp. 115ff.，p. 134；以及 Guerlac (1, 2)；Partington (20)。

③ 《天工开物》卷十五，第六页、第七页（明版卷三，第三十二页、第三十三页），由作者译成英文，借助于 Sun & Sun (1)，pp. 269，271。

因为偶然产生的任何一点火星都会酿成不可补救的灾难。按照某一火药配方量出所用的硝石，再与（适量的）硫磺一起碾磨。木炭只能在以后加入。硝石干燥以后，置放一段时间便会受潮。因此用于大炮时，通常单独携带，在现场制备，混合成火药。

〈凡消华夷皆生，中国则专产西北，若东南贩者不给官引，则以私货而罪之。消质与盐同母，大地之下潮气蒸成，现于地面。近水而土薄者成盐，近山而土厚者成消。以其入水即消融，故名曰“消”。长淮以北，节过中秋，即居室之中隔日扫地，可取少许以供煎炼。凡消三所最多，山蜀中者曰川消，出山西者俗呼盐消，生山东者俗呼土消。凡消刮扫取时，（墙中抑或迸出），入缸内水浸一宿，秽杂之物浮于上面，掠取去时，然后入釜，注水煎炼。硝化水干，倾于器内，经过一宿即结成消。其上浮者曰芒消，芒长者曰马牙消（皆从方产本质幻出），其下猥杂者曰朴消。欲去杂还纯，再入水煎炼。入莱菔数枚同煮熟，倾入盆中，经宿结成白雪，则呼盆消。凡制火药，牙消、盆消功用皆同。凡取消制药，少者可用新瓦焙，多者用土釜焙，潮气一干，即取研末。凡研消不以铁碾入石臼，相激火生，则祸不可测。凡硝配定何药分两，入黄同研，木炭则从后增入。凡消既焙之后，经久潮性复生，使用巨炮多从临时装载也。〉

现在我们再回过头来探讨一下各种“消”引起的术语上的混乱，正与“nitres”的情况一样。如果宋应星认为可以用硫酸盐、氯化物或其他盐类代替硝酸盐的话，那他就大错而特错了，而这可能是各种资料来源使他产生了混淆；但是他决不会如此粗浅。他所说的并非完全错误，因为硝酸钾的结晶确实有两种不同形态，而在他那个时代，它们被赋予不同的名称是不足为奇的。这种盐是双晶的，既生成菱形的晶片，又生成针状的菱形六面体（三角形）晶体，这种晶体与硝酸钠晶体同形。所以外观不同的晶体或结晶沉淀物可能都是硝酸盐。

当然对无机盐进行准确的鉴别与分离还有待近代化学的兴起，但是德布斯曾告诉
104 我们[①]，在罗伯特·波义耳时代之前，中世纪后期的欧洲对矿泉与矿泉水的性质与成份有着多么浓厚的兴趣。在这一方面，除了一些伟大的人物诸如帕拉塞尔苏斯与阿格里科拉之外，爱德华·乔登（Edward Jorden，1569—1632 年）与加布里埃尔·普拉茨（Gabriel Plattes，1639 年正当盛年）也起了推动作用。乔登对硝石颇感兴趣，并说过，只有经过提纯它才会“长出针状物”。德布斯确实可以说[②]，所有的近代化学分析都是由干的冶金检验与湿的矿泉水分析发展而来。

宋应星的记述中还有一点颇令人感兴趣，它在下面的篇章中显得尤为重要，这就是在结晶之前利用胶质有机物澄清盐溶液[③]。这种工业“澄清”（de-gunking）（近代科学的通俗称法）引起人们广泛的兴趣，但有关它的历史与理论的文字资料却似乎少得可怜。在熬制盐、糖等物的过程中，要去掉有机物悬胶体，并澄清由不需要的无机物造成的混浊，解决这一问题是凭经验加入其他有机胶质物；通常这些物质形成浮渣，可以将其从溶液表面撇去[④]。

中国的熬硝者们利用萝卜片的可溶成分，我们将看到，他们还使用胶[⑤]。而中国制

---

① Debus (13), (18), p. 137, pp. 158ff.。

② Debus (18), p. 28。

③ 李时珍也提到在炼制和提纯朴硝时利用萝卜组织。《本草纲目》卷十一，第十八页。可能是 *Brassica rapa*。

④ 这一特性与人方便，因为它可以使结晶从容器的底部和壁部开始。

⑤ 汤执中［d'Incarville (1)］在 1763 年记述中国炼制纯硝石时，曾提到胶与“萝卜”。

盐业使用的物质更是五花八门，对此我们在第37章中有详细记述。例如，中国的制盐工匠们用皂荚粉①、小米糠②以及鸡蛋、菩提子③，还有磨碎了的粗大豆制成悬浮液④。而欧洲的熬盐者们则用公牛、小牛和公羊的血，加上（适量的）淡啤酒或啤酒。这在阿格里科拉成书于1550年的《论冶金》（*De Re Metallica*）中有所记载⑤。这种方法直到19世纪仍在使用，不过荷兰的熬盐者用甜乳清，英国人多用鸡蛋清⑥。公牛血也用于制糖⑦，而在烹调技术上，如要用浓肉汤或肉汁制作清汤或肉冻，蛋清首屈一指⑧。由于所有这些方法都应用于近代工业化学出现之前很久的时代，因此需要进行专门的研究才能揭示出其起源，但是它们无疑可以追溯到中古代的中国与中世纪的欧洲。

至于如何解释其作用，简单地用蛋白质受热凝结，以及使那些造成有机或无机混 105
浊的物质产生机械纠结去解释，我们怀疑是否足以说明问题，看来更有可能的是，带有相反电荷的胶质物⑨共同沉淀起了重要作用。胶体化学的基础之一便是对胶体粒子带有电荷的认识⑩，而用上述方法澄清盐溶液想必是凭经验最早应用胶体化学的实例之一。

现在再看一看我们关于硝石的炼制与检验的一些记述中的最后一段；它出自惠麓1626年之后不久编纂的军事著述《洴澼百金方》。他写道⑪：

> 未经炼制的硝石取半锅，（加水）煮沸，直至盐（完全）溶化。然后取一大块红皮萝卜，切成四、五片，放入滚沸的液体中。待萝卜（片）煮熟（并变软）后，弃之不用。再将三只蛋的蛋清与两、三碗水混合，倾入锅中，同时用一铁勺搅动。撇去浮在表面的所有固体物质（渣滓）。随后取大约二两最好的化开的清胶，倒入锅中。滚沸三至五次之后，将锅中之物倒入一瓷盆，加盖。（沉淀下来的）固体不应与水一起倒出。盆不可移动，以免漏“气”。将其在阴凉处置放一夜。
>
> 如果形成的针状晶体（原文为：“枪”）⑫细而有光泽，（硝石）可以使用。如果晶体不细或者仍带咸味，这种硝则不能用来制作（火）药；应重复上述步骤，重新炼制。
>
> 〈每硝半锅，煮至硝开化时，用大红萝卜一个，切作四、五片，放锅内同滚，待萝卜熟时，捞去。用鸡子清三枚，和水二、三碗，倒入锅内用铁杓搅之。有渣滓浮起，尽行撇去。再用极

---

① 皂荚（*Gleditsia sinensis*）；参见下文 p. 115。

② 宋应星对此十分熟悉；《天工开物》卷五，第二页关于食盐部分，译文见 Sun & Sun (1), p. 115。

③ 无患子（*Sapindus mukurossi*）。

④ 蔓豆（*Glycine Soja*）；参见本书第六卷第二分册，pp. 512ff.。

⑤ 《矿冶全书》（De Re Metallica），第12册，英译文见 Hoover & Hoover (1), p. 552。1669年杰克逊［W· Jackson (1)］有相同的记述。

⑥ Clow & Clow (1), pp. 56–57。

⑦ Clow & Clow (1) pp. 521, 526–527。

⑧ Thudichum (1), pp. 155, 266。当然也用于澄清酒。

⑨ 也许说是带有相反电荷的亲水悬胶体更为准确。见 Findlay (1), p. 282; Bull (1), pp. 224ff.; Alexander & Johnson (1)。

⑩ 参见 Hardy (1, 2, 3)。

⑪ 《洴澼百金方》卷四，第四页。该文与年代较早的一部著作，1606年的《兵录》中的一段文字（卷十一，第五页）几乎完全相同。关于其书名见上文 p. 35。

⑫ 有趣的是这个词用在这里指硝石的针状晶体。显然未有表达这些晶体的技术术语，惠麓因而借用了“枪”这个词。我们还没有在任何字典中发现“枪”有这种用法。在《兵录》中，“枪”字写作金旁“铊”。

明亮水胶二两许化开，倾在锅内。滚三、五滚倾出，以瓷盆盛注。用盖盖定，不可掀动，动即泄气。硝中渣滓，不宜随水而出；放凉处一宿。看枪极细、极明亮，方可用。若枪不细，尚有卤咸味，未可入药，当再以如前法清提。〉

接着惠麓提到检验硝酸盐的三种方法。他说①：

检验硝石的方法只有三种。针状晶体应极细，色泽应极光润，味应淡。如果制成品白而无光，则杂质未除尽。如果用舌尖舔尝晶体，发现仍带咸酸味，则表明盐未清除干净。这两种情况常常导致失败，结果造成极大的危害。然而熬制硝石的人常常以利为重，因此纯净的硝石很难得到。但是我们还有一个检验硝石的
106 方法：要制硝者将他（声称是纯净无杂质）的硝石放在自己的手掌上，把它点燃。只有那些在手掌上燃烧而手不发热的硝石才可（购买并）收藏。谁会一心想到利而甘冒身体受伤的危险呢？这是（检验硝石的第三种）方法。

〈验硝不出三法，枪宜极细，色宜极亮，味宜极淡。如此硝更白，但无亮光者，渣滓未净也。以舌舐尝，味尚卤咸涩者，堿盐未清也。二物最能滚珠，为害不小。但制硝之人，每利剋减，求硝尽净，所以极难。但于呈验之时，即令本人实硝掌中，以火点放，硝去而掌不热，方为收贮。世岂有顾利而甘害其身者。是一法也。〉

这段文字比起宋应星的来，显然专业性更强，这似乎在意料之中。胶与萝卜汁液我们已经谈到过，而用手去试验却颇为新奇。这种方法一定曾广为流传，因为我们发现它在17世纪的叙利亚也曾被使用②，但是与硝石一样，其发源地很可能都是中国。这一节中资料摘引到此为止，现在作为结束，我们将把印度与阿拉伯文化区对照起来略加评述。

印度人何时开始认识，分离硝石并使其结晶，现在还不十分清楚。考虑到他们与中国相邻，估计时间不太可能晚于13世纪初，阿拉伯人就是在这时开始认识这一物质的。另一种说法，即这一知识是由葡萄牙人在15世纪末传播的③似乎太迟。如前所述，中国人664年关于粟特行脚僧的著作④清楚地表明，当时乌苌⑤（即 Udyāna）已熟知并大量生产硝石。乌苌位于上印度河谷，邻近犍陀罗与吐火罗（Tokharestan）⑥，现在是一个贵霜（Kushan）或粟特土邦⑦。但是这并不是有关印度的确切证据。

多年前，贝特洛⑧翻译了一部13世纪左右的拉丁文手稿，题为《布巴萨里斯秘书》（*Liber Sectretorum Bubacaris*）⑨，当时他估计其中一张盐类表中列出的“印度盐”一名是

---

① 《洴澼百金方》卷四，第五页；由作者译成英文。

② 见拉菲克［Rafeg（1）］，帕里和亚普［Parry & Yapp（1），p. 299］中的描述。看来这出自叙利亚民间传说。

③ 有马成甫（*1*），第4页；海姆［Hīme（1），p. 74］也持相同观点。

④ 译文见本书第五卷第三分册，p. 139。

⑤ 或乌茶。

⑥ 位于兴都库什山以南，今阿富汗与巴基斯坦边界上，喀布尔至白沙瓦（Peshawar）道路以北。

⑦ 参见本书第一卷，p. 173。

⑧ Berthelot（10），pp. 306ff. 。

⑨ 巴黎国立图书馆（Bib. Nat.）手稿6514，第101—112页，参见7156，第114页。令人惊讶的是，萨顿、桑戴克和弗格森（Ferguson）的著作中都只字未提这本书。

指硝石[1]。贝特洛正确地鉴别出其作者是伟大的阿布·贝克尔·伊本·扎卡里亚·拉齐(Abū Bakr ibn Zakariyā al-Rāzī)，该书或多或少译自他写于910年左右的系统性化学论著《科学玄旨》[2]。当我们阅读鲁斯卡（Ruska）直接从阿拉伯文译出的译文时，我们发现实际上提到了两种盐——“中国盐”与“印度盐”[3]。如果考虑到年代的话，那么其中一种，或者确有可能，两者都是硝石。但是书中的描述却不令人鼓舞，因为印度 107
盐“黑而脆，几乎无光泽”，至于中国盐，拉齐说：“我们只知道它白而硬，有煮鸡蛋气味”[4]。如此看来，贝特洛的推想走入了死胡同。

帕庭顿审察过的其他所有记载也是如此，他为此曾仔细地研究过传说的来龙去脉，年代不明的书籍，以及最早的有疑义的印度技术术语[5]。在古典梵语中，没有表明硝石的词汇，*shoraka* 一词派生自波斯语 *shurāj*。到1526年莫卧儿帝国建立之初，印度已经有了许多枪炮，因此硝石一词也用来指火药，但这已是后来的事，与我们的探讨无涉。在那之前，除了希腊火与纵火剂，看来没有什么确实的证据能证明有其他火器存在。关键时期是1200年到1400年之间，对此我们将看重进行研究，其中仍有含混不明之处。

这一切都表明，从200年上下到1200年上下，中国的炼丹家们和本草家们作出了艰辛的努力，逐渐找到了分离和提纯多种无机盐的方法，尤以500年陶弘景之后取得的进展最为突出。因此在9世纪中叶，便有确凿无误的、相当纯净的硝石可供进行最初的火药混合。对照一下阿拉伯人，他们最早提到硝石是在伊本·拜塔尔完成于1240年左右的著作《医方汇编》（*Kitāb al-Jāmi'fial-Adwiya al-Mufrada*）中[6]。在此之后，许多关于硝石的记载接踵而至。然而，有理由认为阿拉伯人最初掌握硝石的知识是在那

① Liber Sectretorum Bubacaris p. 308。参见 Berthelot & Duval (1)，p. 146。这些作者在翻译古叙利亚文本的拉齐著作时，将硝石归入硼砂类（p. 145，154，164，198），而未对照阿拉伯原文订正，这从鲁斯卡［Ruska (14)，pp. 84，89］的书中可以看出。同样，贝特洛和乌达［Berthelot & Houdas (1)，p. 155］发现在贾比尔（Jābirian）文本中有 *bārūd* 一词，便自然将它翻译为硝石，但是这一定是经后人窜改的，因为从克劳斯［Kraus (2，3)］透彻的研究来看，贾比尔文集（Jābīrian Corpus）中绝不可能有这个词。有关此文集见本书第五卷第四分册，pp. 391ff.。

② 见本书第五卷第四分册，p. 398。

③ Ruska (14)，pp. 84，90。

④ 这一定是指有少量硫化氢（H_2S）存在。正如我们在第37章有关制盐业的部分了解到的，在中国有几种普通盐其名称说明其中有这种物质，如“黑盐”、“臭盐”。在蒸发时，最先凝结的钙和铁的硫酸盐由于微生物的作用形成硫化物，在某些程序中污染了盐。

⑤ Partington (5)，pp. 211ff.。

⑥ 本书第五卷第四分册，p. 194。1220年，布哈拉（Bokhara）和撒马尔罕已落入在土耳其斯坦崛起的蒙古人之手，因此硝石知识的陆路传播便出现了多种可能性，阿拉伯商人在海路传播中的中间作用也是如此。在阿卜杜勒·拉希姆·若巴利（'Abd al-Rahīm al-Jaubarī）的著作中确实提到硝石，该书题为《秘密之泄露》（*Kitāb al-Mukhtār fi Kashf al-Asrār...*），完成于1225年［参见 Mieli (1)，p. 156］。他提到 *barūd al-thaljī*（即雪白的硝石，如果我们对他的意思理解不错的话），并说魔术师将它用于防火制剂。*Barūd* 肯定是阿拉伯人对硝石的旧称，但是后来被用来指火药（参见 p. 45）。参见 Partington (5)，pp. 190-191 及书中各处。看来若巴利实际上对这种物质所知甚少，只是模模糊糊地觉得它跟火有关系。对这些材料我们应感谢阿勒颇的艾哈迈德·哈桑（Ahmad Hassan）博士。

一世纪的前数十年[①]，而关于将它用于战争，尤其是用于火药的最早记载是在同一世纪
108 的最后数十年；这就是我们已经谈到过的哈桑·拉马赫的著作（上文 p. 41）。硝石的知识传播到法兰克人和拉丁人世界一定是在阿拉伯人获悉它之后不久，因为我们已经看到，罗杰·培根在 1260 年左右知道它，而《焚敌火攻书》在该世纪末又随之而来[②]。西方人或许从未将它称作“中国雪”，但是阿拉伯人却是这样称呼硝石的（*thalj al-Ṣīn*），这很有道理，因为显而易见，识别与炼制硝石方面中国大大早于其他任何地区。单是这一原因也可充分说明为什么中国是所有的化学炸药（始于低硝火药）的发源地[③]。

(6) 火药的成分及其性能

“火药”一词广义地说，应该包括所有的硝石、硫磺、与碳质物的混合物；但是那些不含木炭的制品，例如有些含蜂蜜的混合物，也许应该称之为“原始火药”。我们所用的火药一词对于欧洲人来说仅仅意味着用于火炮或手铳的混合物。然而在中国，早在原始火药混合物开始用于战争之前，炼丹家、医生，也许还有制作焰火的工匠就已熟知其爆燃性能了。火药因此得名，意思是“起火的药”[④]。还应该注意到，尽管原始火药的早期阶段在中国延续两个世纪之久，却从未在欧洲出现过，这一事实本身便是一条有力的证据，说明火药是从亚洲传播开去的。

在中国，一切发现火药的必要条件在汉代都已具备。我们已经看到，中国人当时已知道硝石，到 500 年对它已有充分认识。硫磺也出现在 2 世纪的《神农本草经》[⑤]，以及吴普大约 235 年的本草学著作《吴氏本草》中[⑥]。木炭在中国自远古以来便普遍使
109 用。炼丹家也不缺，他们从秦代以来一直忙于炼制长生不老药，自然会按照各种组合与排列将各种化学制品掺和起来。唯一的问题是，这三种物质的首次混合以及对其燃烧或爆炸性能的认识准确地说发生在什么时候。由于早期使用的物质不可能很纯，尤其是硝石，而硫磺在某种程度上也是如此，那么我们可以推断最初的中国火药混合物是燃烧剂而不是炸药。

---

① （以色列）内盖夫（Negev）干旱地区研究所的布洛克（M. R. Bloch）博士在私人通信中已经指出，很久以前近东就有与其他盐类混杂的、自然状态的硝石可以利用。他在阿夫达特（Avdat）一个拜占庭马厩下面的洞窟中发现的混合物含 70% 的硝酸钾，其余的主要是氯化钠。他认为这大概是上面马厩中渗下的尿与死海的钾盐（氯化钾和氯化钠的混合物）起作用形成的。在耶路撒冷和迦德（Gad）之间的拜特·贾夫林（Beth Govrin）也有类似的发现，不过考古学家 1965 年认为这些数量相当大的硝石是地质原因形成的矿产。虽然在古代这种盐也有各种用途，但它无疑直到 13 世纪才被认识和命名，而当时来自中国的有关知识的传播肯定与此有关。

② 参见上文 pp. 48，39。

③ 德庇时（J. F. Davis）清楚地看到这一点，J. F. Davis (1)，vol. 3，pp. 8ff.。

④ 不必在这里列出论据，对此我们将在讨论传播时涉及（下文 p. 568），但是这里决不能忽略欧洲最早的火药名称，这些名称在日耳曼语言中源远流长，表示草药，即 *kraut*（德语），*krud*（丹麦语），*kruyt*（弗兰芒语）等等。帕廷顿［Partington (5)，pp. 95ff.］注意到这一点，但未作评论。最早的欧洲枪炮手（1325 年以后）竟会使用一个表示植物或草药的词，似乎是非常奇怪的巧合，除非它直接译自“药”。或许可以把这看作是由陆路传播而不是经由阿拉伯人传播的一条理由。参见 Nielsen (1)，p. 208；Falk & Torp (1)，pp. 583，585。

⑤ 《神农本草经》卷二（第五十七页）。

⑥ 《本草纲目》卷十一（第六十二页）。关于中国中古代的硫磺生产方法，见 Chang Yün-Ming (1)。

但是现在应该给我们的术语以更明确的定义了[1]。我们不妨按照下列标准，根据燃烧性能列出一个燃烧物一览表。

（1）熳燃。古老的纵火物、油类、沥青、硫磺等，无疑曾用于最早的纵火箭，也用其他方式发送。见上文（pp. 75ff.）有关“石油”及类似物质的部分。

（2）速燃。蒸馏的石油或石脑油（希腊火，“猛火油”）。或置于易碎的罐中与引火物一起抛出，或由机械喷火器发射，基本上仍是纵火物，但对付敌人却更有效。

（3）爆燃。低硝火药，含有（a）碳质物，或（b）木炭等物[2]。爆燃即突然起火燃烧，冒出火星，像火箭一样嘶嘶作响；当硝石含量提高以后，这类混合物确实适用于火箭，也用于“罗马火焰筒”，火枪或突火枪（对形状较大者人们便如此称呼）。它们可以发射纵火弹、毒烟弹、陶瓷碎片或金属碎片；它们基本上仍是纵火剂，但是用于喷火器时对付敌军却更具威慑力，不过其作用不太持久。在这一阶段，火药的推进力开始得到利用，它以反作用力推进火箭命中目标[3]。

（4）爆炸。当混合物中硝石比例较高，一般只用硫磺与木炭作燃烧物，但有时也含有其他物质如砒时，便可发生爆炸。这种爆炸也许应该称作“弱爆”，它发出噗噗的爆炸声，但是如果在封闭的空间燃烧，便会发出极大的声响。事实上，随着“呼”的一声，铸铁或其他金属制成的薄壳容器（炸弹，“火炮”）可被炸裂。

（5）高爆[4]。高硝石含量达到了“近代火药”的水平，即硝石、硫磺与木炭[5]按 110
75:15:10 的比例适当配制，点火便会发生“猛烈”爆炸。随着一声巨响，金属容器被炸得四分五裂，只剩下残片，地上或建筑物上会炸出洞孔。火药这时被用作强有力的推进剂，将抛射物从管壁相当坚固的金属管枪炮（火筒，火铳）中发射出去。它由于

---

① 以下内容是基于 1956 年 7 月 18 日和 19 日我们二人（李约瑟与王铃）和已故的帕廷顿教授的会晤。更为精炼的内容发表在 Partington (5)，p. 266。

② 正是在这一点上，原始火药（我们采用的术语）转变为火药。

③ 典型的配方可能是（按硝石、硫磺与木炭的比例）60:10:30（Malina）。炸药也属于这一范围。一份著名的法国配方将硝石比例降低为 40:30:30 [Davis (17)，p. 48]。

在本卷中，我们所给的百分比按下列次序排列：N（代表硝石），S（代表硫磺）与 C（代表碳）。爆炸化学家通常都是这样做 [Partington (5)，p. 324]。这与有机化学家所做的不一样，他们表示有机合成物的比例是按 C:N:S 排列。

④ 这里我们根据的是帕廷顿的配方，但是我们知道它与当代爆炸化学家所使用的不完全相符。

爆燃和爆炸这两个术语是用来描述物质在燃烧时（为了使其更猛烈），以类似的方式从反应系统中释放出能量，热反应区通过反应材料。这些材料可以是固体、液体，或气体，可以是单一的化合物，也可以是混合物。反应愈演愈烈，因为反应区产生的热将其附近未参加反应的物质加热到其分解温度以上。膨胀率（反应区的扩张率）在燃烧时通常低于 1 毫米/秒，而在爆炸时大约为 1000 米/秒。不过这三种类型应该被看作同一范围内的三个互有重造的区域。

而另一方面，高爆这个术语专门用来描述这样一个过程：膨胀进行得极快，热甚至来不及在反应区到达之前传播给物质引起分解。未反应的物质的必要分解是由速度极大的压力，由以音速通过其中的冲击波完成的。这一速度，因而也是高爆的速度，可以计算出来，而且对某一特定材料来说变化不大。观察到的高爆速度为 0.7 万—1 万米/秒。高爆的结果与爆炸明显不同；它显然更为猛烈，金属外壳形成的碎片也小得多，在一定距离内引起极大的空气压力波动。

因此按现代说法，火药最多只能产生爆炸，而雷酸银以及有机“高爆炸药”才能产生高爆。关于后两者见 Urbański (1)，与 McGrath (1)。

感谢霍尔斯特德要塞（Fort Halstead）的奈杰尔·戴维斯（Nigel Davies）博士为本注释提供材料。

⑤ 成分的物理状态也很重要。关于“粒状火药”见下文 p. 349。

太“快”，不适用于火箭①。

以上所列的配方比例是“常用火药”的比例，这种火药具有强大的推进力，但“理论”比值一般认为是75∶13∶12②。可能开始时，三种成分是等量掺和③，经历大约10个世纪才逐渐掌握这种混合方式，从而首开人类化学炸药之先河。爆炸可定义为一声巨响伴随着物体从原处突然四散开去。这种传统类型的爆炸物质④能够突然释放出自身的能量，极大地扩展自己的体积；在黑色炸药中，硝石由于自身具有氧化能力助燃，
111 可突然产生3000倍于自己体积的气体，放出白色烟雾，内含氮、碳的氧化物，以及多种钾盐微粒。爆炸时温度达3880℃左右。这种内在的能量不用爆炸的方式当然也可以释放出来，因为黑色炸药在未经压缩或未被封闭的情况下会燃烧；例如在燃放爆仗时，膨胀的气体使外壳破裂，发出巨大的声响，罗杰·培根曾为之惊讶⑤，但严格地说这并不是火药爆炸⑥。确实，有些高性能的炸药根本不会燃烧，而火药基本上总是可燃的，但是其燃烧速度可以极快，因而产生名副其实的爆炸。

在火药中，硫磺将点火温度降低到250℃，着火后即将温度升高至硝石的着火点（335℃）；硫磺还有助于提高燃烧速度。硝石比例愈大，点火与燃烧速度便愈快，后面（p. 342）我们将要列举资料，表明当10世纪火药在中国最初用于军事时，所含硝石不超过50%，后来逐渐达到75%的“理论”值⑦，在此期间硝石的比例在不断提高。因而，火药从较慢、威力较小到具有极大的爆炸力，一直在持续发展。至于木炭，其物理形态、颗粒大小、聚集程度以及表面积，全都具有举足轻重的作用。约翰·巴特（John Bate）1634年的一句格言常常被引用：“硝石为灵魂，硫磺为生命，木炭为其体……”然而就是在他的时代，欧洲人才刚刚开始探索最佳硝石含量⑧。

（7） 原始火药与火药

（i） 最早的炼丹家尝试与实验

贝特霍尔德式的传说，在中国却不是捕风捉影。在第一次火药爆炸之前，炼丹家

① 帕廷顿相当保守，提出“真正的火药”应该是介于（4）与（5）之间，而不是（3）与（4）之间；但我们在这里不采纳此观点，因为发射药不能说不是火药，实际上人们普遍这样称呼它。

② 我们加引号的理由紧接下面。最好的讨论见 Mellor (2), vol. 2, pp. 820, 825ff.; Davis (17), pp. 39, 43; Marshall (1), vol. 1 pp. 73ff.; Ellern & Lancaster (1)。我们在下面将利用这些阐述。彼得·格雷博士［Peter Gray］于1953年6月首先提起这一问题，我们谨表谢意。

③ 我们在下文 pp. 120ff. 将会看到。

④ 并不是现在所知的所有高爆炸药都产生气体，但是它们都产生热，而周围的空气被突然加热其效果与产生气体相似。

⑤ 上文 p. 48。

⑥ 在中国爆仗中的混合物里，硝石的比例通常较低，如66.6∶16.6∶16.8；Davis (17), pp. 111ff.。至于它在中国文化里的普遍存在不需在此赘述；参见 Brewer (1), pp. 369—370。

⑦ 许多人试图将火药爆炸用一个单一的、即使是复杂的化学公式来表示，不过我们在这里无需深入谈论；也许最著名的是德布斯（H. Debus）1882年的公式。有好些可能供选择，因此火药成分的比例没有确定的理论模式，仅仅定了一个范围而已。

⑧ 中国与西方关于火药爆炸理论的比较见下文 p. 358。

实验在中国至少已实实在在地进行了六个世纪之久。在这里，我们得看一看那些时代留下的一些记载。在《真元妙道要略》[①] 中可以发现炼丹序曲的高潮，该书是《道藏》中的一册，它详细地记述了35种长生丹药的配方，或者作者认为是错误或危险的、但有些在当时很流行的做法。至少有三处是关于硝石与石英或蓝绿色岩盐的同时炼制[②]， 112
随后，书中继续写道：[③]

> 有人曾将硫磺、雄黄[④]、硝石与蜂蜜[⑤]一起炼制，结果冒烟（并着火），使他们的手与脸被烧伤，甚至（他们工作的）整座房屋被烧毁。
>
> 〈有以硫磺、雄黄合硝石并蜜烧之，焰起，烧手面及烬屋舍者。〉

这显然会损害道家声誉，因此道家炼丹家们被明确警告不得这样做[⑥]。

这些文字对于火药史至关重要，所以其大致年代具有重大意义。该书据传为郑隐（郑思远）所作，他生存于220年和300年之间，被认为是炼丹王葛洪的老师[⑦]。但是不能认定此书确实出自他之手。一位现代学者将其年代定为大约五代中期[⑧]，这意味着930年左右，但是考虑到我们在别处提到过的有关战争的描述（pp. 80，81，85），这一年代未免太迟。因此，这段文字最有可能作于850年左右，这一点我们要记住。

我们正好有一篇关于炼丹引起灾祸的详细描述，不过这篇文章有些近似于虚构，它与前述关于爆燃的重要记述大致同时，或许还稍早一点。李复言是一位甘肃学者，于831年在世并写作，在他的《玄怪续录》中，讲了一个名叫杜子春的年轻人的故事，后来收录于《太平广记》中[⑨]。杜子春因一个怪异的老方士的救助免于贫困，作为报答，老方士要杜帮助他炼长生不老丹。炉中炼丹时，他得服下一些药，在一堵空白墙前冥思默想。然而可怕的幻影层出不穷，他甚至眼睁睁看着自己的儿子死去，但是他 113
事先被严厉警告过不得发出任何声响。

> 拂晓时分，他“哎！哎！”地叫着从幻觉中醒来，随即看见紫红色的火焰吞噬着房屋。熊熊烈焰从药炉中腾出，院子周围的屋子全都着了火。那异道跳入一只大水桶中不见了。他先前曾说，不论如何激动，受到什么样的诱惑，那年轻人决不能说话，但结果他自己却不能自持了。

---

① 《道藏》九一七。我们在本书第五卷第三分册（pp. 78—79）上对此作了较为全面的说明，但未翻译重点段落。

② 该书还载有测试硝石的方法。

③ 《真元妙道要略》第三页，由作者译成英文。冯家昇是第一个注意到该文的人，(*1*)，第42页，(*5*)，第38页，时间是1947年。但是我们的合作者曹天钦于1950年在剑桥工作时，也独立发现了这段文字。

④ 二硫化砷。

⑤ 在这一实验中，作为碳源的蜂蜜越干越好。

⑥ 在欧洲也有完全相同的禁令，这是不足为奇的，不过是在13世纪末而不是9世纪。正如贝特洛［Berthelot (14)，p. 694］指出的，希腊人马克著作的一些版本上有这样的警告：“Caveas ne flamma tangat domum vel tectum”（当心火焰点燃屋子和房顶！）。还有这样的话：“Haec autem sub tecto fieri prohibentum quoniam periculum immineret”［禁止在室内配制这种（混合物），因为十分危险］。这样相似的作法很值得注意；参见 Partington (5)，p. 45。

⑦ 参见本书第五卷第三分册，pp. 76—77。

⑧ 翁同文 (*1*)。除了唐代的历史资料外，他还发现了《烟萝子》的几段引文，其盛年是在五代（936—943年）。但是这可能由后人作了窜改。不错，在10世纪也有一位郑思远，但是他不一定就是真正的作者。对于翁的疑问郭正谊 (*1*) 和王奎克及朱晟 (*1*) 也在某种程度上有同感。

⑨ 《太平广记》卷十六，第一页起（第一卷，pp. 132—133）。我们在本书第五卷第四分册（p. 420）较为完整的记述了这个故事，但是没有对最后的爆炸多作说明。是冯家昇最先看出了其中的意义，(*1*)，第43页。

〈初五更矣。见其紫焰穿屋上大火起。四合屋室俱焚。道士欢曰。错大悮余乃如是。因提其发投水甕中。未顷火息。道士前回。吾子之心，喜怒哀懼恶欲皆忘矣。所未臻者爱而已。向使子无噫声。〉

这似乎记述的又是某种爆燃制品，也许那道人在混合硝石、硫磺以及某种碳源物质[①]。

硝石与硫磺在炼丹过程中同时出现的最早记载是在什么时候呢？答案大概是公元300年左右，因为前面所述的葛洪《抱朴子》一书谈到炼金的一项程序时，曾提到这一点。这里需要将制作方法全文照录，因为我们以前从未这样做过。文中写道[②]：

小儿作黄金法：

备一直径一尺二，深一尺二的铁筒，另备一直径六寸筒壁极光滑的较小铁筒。取（干）红黏土、硝石、云母、赤铁矿石与重晶石各一斤，碾细并过筛，将其与半斤硫磺，四两层状孔雀石混合，加醋将混合粉末调为糊状，涂抹在小筒内壁上，厚二分。

取水银一斤，硃砂、铅汞合金各半斤……将其与水银充分混合，直至（小球）看不见，然后将混合物放入小筒中，覆以云母，用铁盖盖紧。小筒置于大筒中，均放于炉上，灌入适量的熔化铅，使其淹没小筒，距大筒筒口半寸之内。以猛火炼三日三夜，炼成之物称为“紫粉”。

一寸见方的药铲铲七铲紫粉，用于点金，可立即将一斤熔化铅转变为金；但是事先应将铅置于铁器中二十天，须保持液体状态，再移至铜器中点金。另外，这样的紫粉一寸见方的药铲三铲，可立即将铁器中已加热的水银转变为银。

〈小儿作黄金法：

作大铁筒成一尺二寸、高一尺二寸，作小铁筒成中六寸，莹磨之赤石脂一斤、消石一斤、云母一斤、代赭一斤、硫磺半斤、空青四两、凝水石一斤，皆合擣细、筛，以醯和，涂之小筒中厚二分。汞一斤、丹砂半斤、良非半斤，……搅令相得，以汞不见为候。置小筒中，云母覆其上，铁盖镇之。取大筒居炉上，销铅注大筒中，没小筒中，取上半寸，取销铅为候，猛火炊之三日三夜，成，名曰紫粉。取铅十斤于铁器中销之二十日上下，更内铜器中须铅销内，紫粉七方寸匕搅之，即成黄金也。欲作白银者，取汞置铁器中内，紫粉三寸以上，火令相得，注水中即成银也。〉

114 其结果究竟如何，可任人猜想。只有在实验室条件下重复这个实验才能确定。在参与反应的 $7\frac{3}{4}$ 斤物质中，硝石与硫磺只有 1 斤半[③]，而且虽然可能有一些碳以钙和铜的碳酸盐形式出现，但看来不可能产生任何烟火。参与反应的其他元素太多，有铝、

---

① 在文献资料中有许多关于炼丹爆炸的记述，但是当然不可能确定是否是由火药类型的混合物引起，不过很有可能有时确实如此。例如有一本题为《鬼董》的书，由沈氏作于 1185 年左右，但直到 1218 年才付印。书中骁勇的武士韦自东和他的朋友段公庄讨论鬼怪幽灵、异兽和道家炼丹师在洞中的丹房，如在他们所在的太白山中的丹房。故事中说道，一位唐代炼丹家遭遇了一次爆炸，药炉被炸裂（“药鼎爆烈”）。如果这个传说可靠的话，很有可能是有人在摆弄硝石、硫磺和碳源物质。

② 《抱朴子》卷十六，第九页，由作者译成英文，借助于 Ware（5），pp. 274—275。参见本书第五卷第三分册，p. 95，elixir no. 54。王铃最早注意到该文，Wang Ling（1），p. 161。

③ 我们已经说过（本册 p. 96），在《抱朴子》中，硝石还出现过三次（卷十一，第八页，卷十六，第七页、第八页）但主要是与醋一起在增溶技术中提及（参见本书第五卷第四分册，pp. 167ff.），而不是与硫磺一起。参见郭正谊（*3*）。

硅和铁，也许还有少量钴与锰。铅的温度可保持在325℃与1500℃之间，而热的水银可能低于360℃。紫粉究竟为何物现在仍不得而知[①]，但是有一点是确凿无疑的，硫磺与硝石在4世纪初同为一炼金配方中的成分。如果这样的实验继续搞下去，炼金师们无疑会在有一天“偶然”（人们会这样说）发现原始火药的可燃性能。

不仅如此，我们在《抱朴子》一书中还能发现三种关键成分，即硝石、硫和碳质物的混合。这是在制备初级金属砷的过程中。有关的一段文字[②]曾经为所有的译者所误解[③]，现在王奎克和朱晟（*1*）对其作了说明。葛洪说，必要时可将雄黄（二硫化砷）溶于热水或酒中，接着他指出三种处理方法，即用重新结晶的硝石，用在红泥炉上烤（干并碾成粉末）的猪胴，以及最后，用松脂处理。随后有这样一段话：“如果用这三种物质去处理它，（砷蒸气）有如布绺升起，（砷的）升华物白如冰”[④]。这里有两点引人注意，一是最早炼制纯金属砷的问题[⑤]，第二点在这里对我们来说更为重要，即火药三种成分的同时出现。葛洪没有提到爆燃或爆燃的可能性，但是他分三步处理也许正是因为存在爆燃的危险。硝石将硫化物氧化为亚砷氧化物，其“白如冰”，然后碳质物 115
又把它还原为挥发性的初级砷[⑥]。后来的中国火药成分中总是含有砷，将其追溯到这类古代实验也许并不是牵强附会。

我们接着需探讨一下从葛洪到道家警告原始火药混合物危险的这一段时期。《诸家神品丹法》是在宋代（960年之后）编纂而成的，但是它辑录了许多年代早得多的丹药制法。其主要作者或编纂者的姓名已不可考。我们在书中发现一篇《丹经内伏硫黄法》，文如下[⑦]：

> 取硫磺与硝石各二两，共碾末，然后将其投入炼银的坩埚或砂罐内。地上掘一坑，把罐放入坑内，使其顶与地平，周围用土填实。取未被虫蛀的完好皂角三只[⑧]，烧炭存性，放入装硫磺与硝石的罐中。火焰渐弱之后，封口，置火炭三斤于盖上；炭烧掉三分之一后，把所有的炭去掉，不需冷却，把罐中之物取出，即已“伏火”。
>
> 〈硫黄，硝石各二两，令研。右用销银锅或沙罐子入上件药在内。据一地坑，放锅子在坑内与地平，四面都以土填实。将皂角之不蛀者三个，烧令存性，以逐个入之。倾出尽焰，即就口上着生熟炭三斤，簇煨之，候炭消三分之一，即去余火，不用冷，取之，即伏火矣。〉

从这段话可以看出有化学变化发生，生成新的、更稳定的产物。正如我们初次讨论这

---

① 魏鲁男［Ware（5）］认为是氧化铅（PbO）；薛愚（*1*）认为是硫化汞（HgS）。

② 《抱朴子》卷十一，第九页。

③ Ware（5），p. 188；Davis & Chhen Kuo-Fu（1），p. 316。菲弗尔［Feifel（3），p. 17］的意思最为接近，但还说不上很接近，文中说：“将这三种物质掺糅在一起”。

④ “以三物炼之引之如布白如冰”

⑤ 一般认为这最早出现在大约14世纪的一部炼金著作中，据说为大阿尔伯特所著［Mellor（1），p. 605；Multhauf（5），p. 189；Jagnaux（1），vol. 1，p. 656；Sarton（1），vol. 2，p. 937］。但是席文［Sivin（1），pp. 180ff.］根据实验说明在7世纪中期的《太清丹经要诀》中已经有炼砷的方法，这本书大约为孙思邈所著（参见本书第五卷第三分册，pp. 132—133）。王及其合作者在实验室里重复了这一实验并得出了肯定的结论。现在看来我们可以把炼制砷的方法追溯到4世纪初的葛洪。

⑥ 这种物质呈黑、灰、黄色，易升华［Durrant（1），p. 479；Multhauf（5），p. 108］。王的合作者郑同及袁书玉将整个过程用实验演示出来。如果将所有的成分在不同的条件下加热，其结果究竟如何尚不得而知。

⑦ 《道藏》九一一，卷五，第十一页，由作者译成英文。最先发现此文的是冯家昇（*1*），第41页，（*4*），第35页，（*6*），第10页。严敦杰（*20*），第19页也曾引用该文。

⑧ 皂荚（*Gleditsia sinensis*）（CC587）。

段文字时所说的，这一做法的目的似乎是为了产生硫酸钾，使混合物不致太猛烈，但是在这一过程中，孙思邈（或者是别的什么人）偶然发现了真正爆燃的混合物，后来由此发展成了名副其实的炸药①。

这一发明应该归功于谁尚难断定②。上述制法的首创者不知其名，但是在这之前的一个方法有黄三官人之名，关于此人我们一无所知，再在此之前的一个方子被冠以隋代的大炼丹家与医生孙思邈（581 年至 682 年）③ 的名字。如果在罐中放入皂角确为孙
116 思邈所创，则上述制法的年代应为 650 年左右。在该方的前一页④上另有一方，被认为出自孙真人⑤，这几乎肯定是指孙思邈，它印证了孙思邈为发明者的观点。此方将硝石与硫磺各一两与半两硼砂掺和，这种混合物肯定是易燃的，却几乎不爆燃；其性质也可以通过简单的实验室实验加以确定。即使孙思邈本人与这些硫磺-硝石混合物无关⑥，此时距 850 年尚有两个世纪，这些源远流长的混合物一定会在 8 世纪或者至迟 9 世纪初出现。

我们在 9 世纪初发现与我们的论题有关的另一例证，载于赵耐庵 808 年⑦左右编纂的《铅汞甲庚至宝集成》⑧ 中，该书有一“伏火矾法”⑨，需将硝石与硫磺各二两与 0.35 两干马兜铃混合⑩。有这种形式的碳参与其中，制成品会突然着火，腾起火焰，但不是真正的爆炸，冯家昇与李乔苹有可能以实验表明⑪。这样，从葛洪使用硝石与硫磺的混合物（或许后汉的一些炼丹家已在他之前尝试过），到孙思邈与赵耐庵，再到 9 世纪中叶对爆炸起火的警告，然后是 10 世纪初将火药用于战争，最后于 11 世纪初在《武经总要》中刊载火药配方，这一连串事件可以说是一脉相承的。

然而在研究这些事件之前，我们应该回顾一下“火药”这个有趣的名称，其来龙去脉中的重要意义我们已经提到过（p. 6）。“药”本义为草药，但是自《神农本草经》以来，中国的本草学一直包括矿物类与动物类药物。因此照炼丹家们看来，任何化学物质也可称为“药”，这个词译为“fire-medicine”或“fire-chemical”也未尝不可。这
117 清楚地表明，首先致力于研究它，而且确实发现了它的，是道家炼丹家和医生而非武士⑫。因此它作为一味药物出现在 1596 年的《本草纲目》中是不足为奇的。李时珍写道⑬：

> 火药味苦酸，微毒。可治疮癣，杀寄生虫与昆虫，驱湿气，治温病时疫发烧。它由硝石、硫磺与松木炭制成，用于（制造）各种（纵火剂与炸药）制品（药）

---

① 本书第五卷第三分册，pp. 137—138。
② 参见 Sivin（1），pp. 76—77。
③ 两者都与火药或原始火药无关。
④ 《道藏》九一一，卷五，第十页。
⑤ 录自《孙真人丹经》，该书已失传，它不同于《丹经要诀》。
⑥ 郭正谊（*1*，*2*）与王奎克和朱晟都不相信孙思邈与此有关。
⑦ 《道藏》九一二。赵耐庵别号知一子和清虚子。
⑧ 确定的年代有差别使有的人倾向于五代甚至宋，但这未免太迟，与军事上的证据不符。
⑨ 这首先为冯家昇所注意。
⑩ 马兜铃（*Aristolochia*，prob. *debilis*）（R585；CC1559）。
⑪ 冯家昇（*1*），第 41—42 页，（*6*），第 10 页。
⑫ 冯家昇（*1*），第 31 页明确持这一观点。
⑬ 《本草纲目》卷十一，第六十页（第七十八页），由作者译成英文。

供烽火、枪炮［烽燧铳（佛郎）机］[1] 使用。

〈味辛、酸，有小毒。主疮癣，杀虫，辟湿气瘟疫。乃焰消、硫黄、杉木炭所合，以为烽燧铳机诸药者。〉

可见在药物、草药与化学物之间并无截然划分的界限[2]；而且这一术语揭示出，在这一混合物用于战争之前，医药与炼丹领域已对它进行了若干世纪的探索——这是在中国的情况，因为在西方世界，火药一出现便已羽翼丰满。的确，在中国，当生理炼丹（内丹）有取代化学实验室炼丹（外丹）的趋势时，“火药”这个词也被借用来指与形成“内丹”或 enchymomas 有关的概念[3]。最后，炼丹家们在这些世纪中的秘咒也常常被谈论，随着某种危险物质的发现，这种秘咒一定更具威力[4]。我们知道，道家与军事的关系十分密切，这从诸如《太白阴经》的撰写[5]，正史艺文志中众多的军事著作题目，以及多与道家宇宙观相符的阵法名称都可以看出。

(ii) 宋代的火药配方

大约在 1040 年左右，征服者威廉（William the Conqueor）在世的时代，曾公亮和他的助手们写下了在所有的文明中最早刊行的火药配方。不过有证据表明（pp. 80，111）至少在此之前一个世纪最基本的火药混合物就为人所知并使用了。在《武经总要》中这样的配方中有三种，一种用于抛石机从中发射出的准炸药炸弹（“火砲药”），第二种类似带有钩的炸弹，可以挂在任何木结构上使其着火（“蒺藜火毬”）第三种为用化学方法攻击敌人的毒烟球（“毒药烟毬”）。此外我们还可以加上另一个毒烟混合 118
物的配方，它可能与装有火药的抛射物一起使用，借助抛射物发出的火焰将毒烟散往四方。有人认为，配方中硫磺含量较高，说明这些抛射物源于简单的纵火物[6]；但是实际上硫磺在方中并不特别突出。木炭虽然通常被列入方中，但主体是碳质物而不是木炭，表明它源于纵火物，其实是沥青与各种油类。我们不否认这些混合物应称之为火药，但其硝石含量仍然很低，只具有爆燃性和纵火性，还不具备爆炸性。下面我们将追溯一下硝石含量在漫长的岁月中随着战争的发展而逐步提高的情况。

---

① 关于最末一项见下文 p. 369。

② 常常是粉末状。

③ 我们已在第五卷第五分册做充分阐述。应该强调一下，“火药”只是在这里才不是指起火的药。参见上文 p. 7。

④ 参见第五卷第三分册，pp. 38，74，104；第四分册，pp. 70，259。一个突出的例子是歃血为誓，载于《抱朴子·内篇》卷四，第五页，译文见 Ware (5)，p. 75。

⑤ 冯家昇 (*1*)，第 45 页很好地阐述了这几点。参见上文 p. 19。

⑥ 赵铁寒 (*1*)，第 10 页。

119

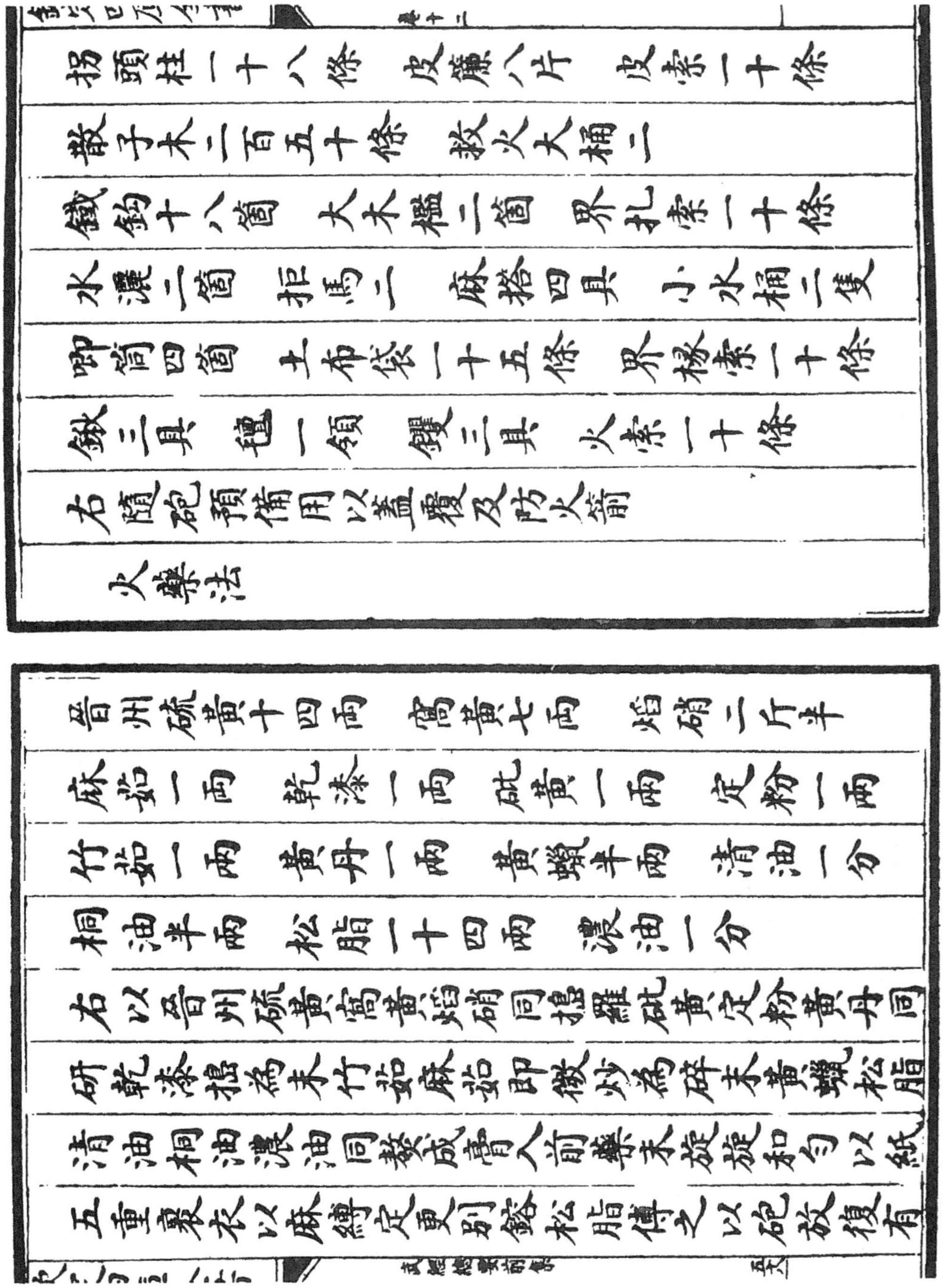

搭頭柱一十八條　皮簾八片　皮索一十條
散子木二百五十條　救火大桶二
鐵鉤十八箇　大木檑二箇　界扎索一十條
水囊二箇　拒馬二　麻搭四具　小水桶二隻
唧筒四箇　土布袋一十五條　界橛索一十條
鍬二具　氈一領　钁二具　火索一十條
右隨砲預備用以蓋覆及防火箭
火藥法

晉州硫黃十四兩　窩黃七兩　焰硝二斤半
麻茹一兩　乾漆一兩　砒黃一兩　定粉一兩
竹茹一兩　黃丹一兩　黃蠟半兩　清油一分
桐油半兩　松脂一十四兩　濃油一分
右以晉州硫黃窩黃焰硝同擣羅砒黃定粉黃丹同
研乾漆擣為末竹茹麻茹即微炒為碎末黃蠟松脂
清油桐油濃油同熬成膏入前藥末旋旋和勻以紙
五重裹衣以麻縛定更別鎔松脂傅之以砲放復有

图9　最早的火药配方之一，采自《武经总要》卷十二，第五十八页(1044年)。该条题为“火药法”。

第一个配方（图9）被简单地称作“火药法”[1]，成分如下：[2]

	两
晋州[3]硫磺	14
窝黄（似为结核状硫磺）[4]	7
硝石（焰硝）	40
麻根（麻茹）	1
干漆	1
砷（砒黄）[5]	1
白铅（定粉）[6]	1
竹根（竹茹）	1
铅丹（黄丹）[7]	1
黄蜡	0.5
清油	0.1
桐油[8]	0.5
松脂	14
浓油	0.1
	82.2 [9]

下面接着解释道，硫磺与硝石一同舂碎过筛，砒霜、白铅与铅丹同碾，干漆单独捣为 120
末，竹茹与麻茹微炒，碎为末，最后将黄蜡、松脂和三种油一起熬成糊状。将所有的药末倾入此膏中，不断搅拌，直至均匀混合。制成物用五层纸包裹成球状，以麻绳捆紧，裹以融化的松脂。炸弹便制作完成，可由抛石器（“砲”）射出[10]。

从硝石、硫磺与碳质物的百分组成来看，这说明什么问题呢？与我们将要研究的其他例子一样，这取决于方中包含哪些成分（当然不仅仅是无机物）。所以我们可以将第一个配方整理如下：

	%		
	硝	硫	碳
所有的碳质物计算在内	55.4	19.4	25.2
同上，假设窝黄即硫磺	50.5	26.5	23.0

① 《武经总要》（前集）卷十二，第五十七页、五十八页，由作者译成英文。

② 原文是以秤（15斤）、斤、两、分为计量单位，但是为了统一与简明，我们一律用两。

③ 宋代山西一城市名，那里确实有优质硫磺矿产。

④ 此项很难确定，因为“窝黄”这个词无法在任何字典或参考书中查到。似乎“雉窠黄”是“雄黄”的同义词，见《本草纲目拾遗》卷二（第六十四页）；但我们怀疑在这里是某种类型的硫磺。

⑤ 可能是一种硫化物而不是氧化物。

⑥ 碳酸铅。

⑦ 四氧化三铅，红铅。

⑧ 由桐子制得（*Aleurites fordii*）。

⑨ 须注意总重量通常为80两（5斤）左右。

⑩ 对引信只字未提，但是肯定是有的，炮手在发射抛射物前将其点燃。文中说“用以攻城门”。

121

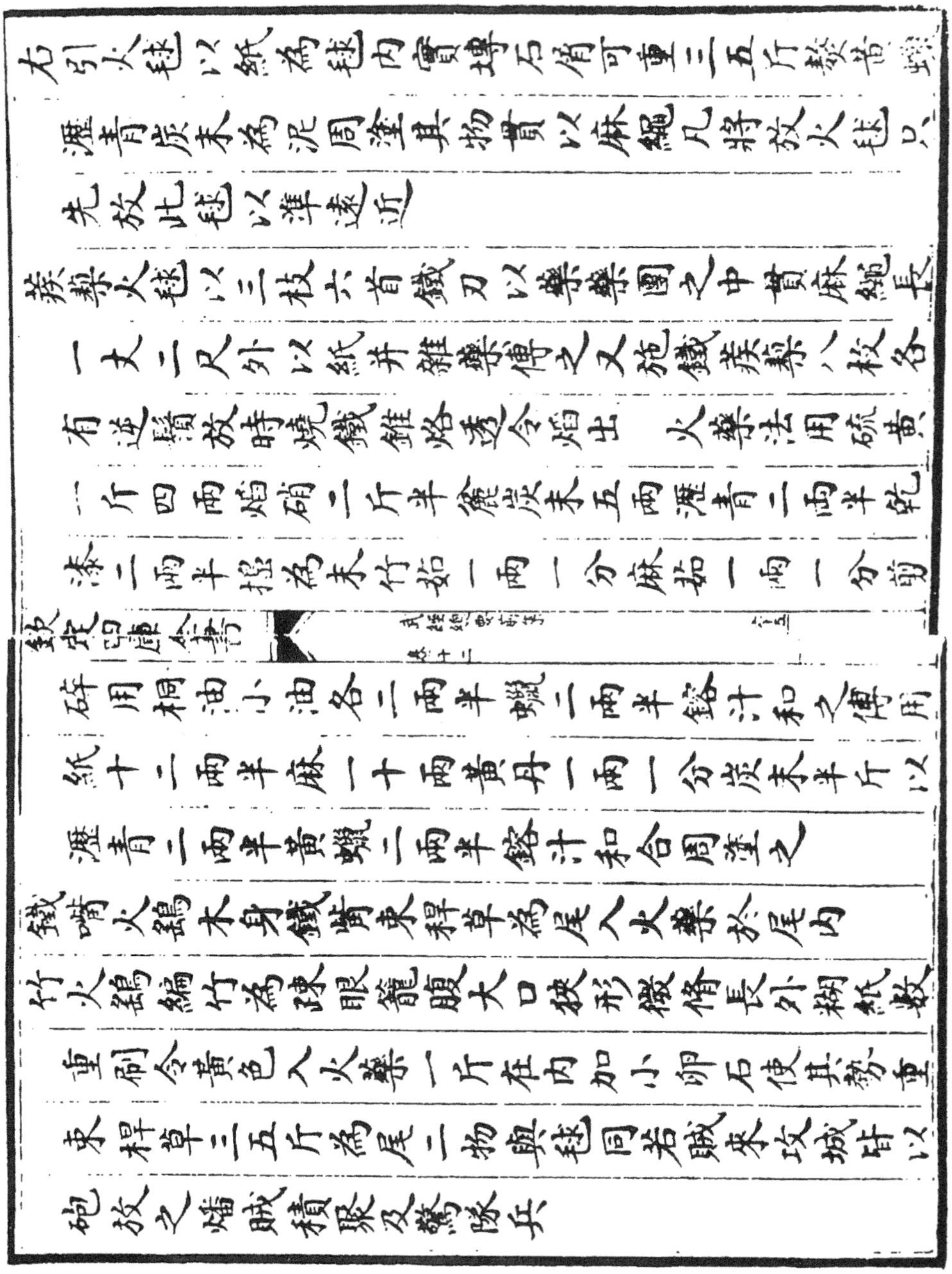

右引火毬以紙為毬內實塼石屑可重三五斤熬黃蠟
瀝青炭末為泥周塗其物貫以麻繩凡將放火毬只
先放此毬以準遠近
蒺藜火毬以三枝六首鐵刃以藥藥團之中貫麻繩長
一丈二尺外以紙并雜藥傅之又施鐵蒺藜八枚各
有逆鬚放時燒鐵錐烙透令焰出　火藥法用硫黃
一斤四兩焰硝二斤半麄炭末五兩瀝青二兩半乾
漆二兩半搗為末竹茹一兩一分麻茹一兩一分剪

欽定四庫全書　武經總要前集　卷十二　六十五

碎用桐油小油各二兩半蠟二兩半鎔汁和之傅用
紙十二兩半麻一十兩黃丹一兩一分炭末半斤以
瀝青二兩半黃蠟二兩半鎔汁和合周塗之
鐵嘴火鷂木身鐵嘴束稈草為尾入火藥於尾內
竹火鷂編竹為疎眼籠腹大口狹形微脩長外糊紙數
重刷令黃色入火藥一斤在內加小卵石使其勢重
束稈草三五斤為尾二物與毬同若賊來攻城皆以
砲放之燔賊積聚及驚隊兵

图10　1044年《武经总要》中的另外两页载有火药配方实例，这是所有文明中对火药的最早记述。《武经总要》卷十二，第六十五页。有关文字见右起第6行至第11行。

有的作者注意到没有木炭[1]，或仅将植物根当作碳质物[2]，因而得到较高的含硝量，但这肯定是不确切的。还有的作者采用了第二种计算方法[3]，另有一些人避免进行百分比计算[4]。不管怎样，方中无木炭类物质这一事实表明，我们只能将它称为原始火药；而且与《武经总要》中其他的所有配方一样，其作用主要是纵火，尽管毫无疑问它燃烧时会发生猛烈的爆燃。

第二份火药配方（图 10）是供制作“蒺藜火毬”或“火蒺藜”[5] 用的，这一名称得之于果实带有刺或钩的植物蒺藜[6]或水蒺藜[7]。后来借用为军事术语，指一种兵器，有四只或四只以上的尖钉，呈三角形排列，当其中三只着地时，其余的尖钉便指向上方，刺伤马腿人脚[8]。在本例（图 17）中，尖钉呈钩子或箭头状，用以抓住物体，将 122
其引燃。方前有一说明：这种器械有三只钩子、六个铁刀，内中置放裹在纸中，缠以麻绳的火药，最后安上八枚带细倒钩刺的铁蒺藜。施放时用烧红的烙铁刺入，球着火燃烧，从抛后器中射出。此外，内球中所有的成分融合后，被包裹在多层纸中，用麻绳缠紧，外面再裹一层混合物。它们的成分列表如下：

内球	两
硫磺	20
硝石	40
粗炭末	5
沥青	2.5
干漆，捣为末	2.5
竹茹	1.1
麻茹，剪碎	1.1
桐油	2.5
小油[9]	2.5
蜡	2.5
	79.7
外涂料	
纸	12.5
麻（纤维）	10
铅丹（红铅）	1.1
炭末	8
沥青	2.5

① 如赵铁寒（*1*），第 10 页。

② 何丙郁（私人通信）。

③ 有马成甫（*1*），第 43 页；Partington（5），p. 273；以及过去我们自己。

④ Wang Ling（1）；Davis & Ware（1），p. 524。

⑤ 《武经总要》（前集）卷十二，第六十五页，由作者译成英文。

⑥ 蒺藜（*Tribulus terrestris*），R364，Stuart（1），p. 441。

⑦ 芰实（Trapa natans），R243；“菱”或“芰实”。

⑧ 参见 Wang Chung-Shu（1），p. 123 以及图 156。

⑨ 此项也使人不解，可能是用某种不同于黄豆的小豆榨出的食用油。

黄蜡	2.5	
	36.6	116.3

计算所得百分比值如下：

			%
只统计内球	硝	硫	碳
所有的碳质物计算在内	50.2	25.1	24.7
只算方中所列木炭	61.5	30.8	7.7
如将外涂料包括在内			
所有的碳质物计算在内	34.7	17.4	47.9
只算方中所列木炭	54.8	27.4	17.8

赵铁寒与何丙郁将所有的非木炭碳排除在外，得到近似于第二排数字的结论，帕
123 廷顿倾向于第三排数字，而有马成甫与我们最初的做法一样，采用了第一排数字。由于这种火毬的作用主要是纵火，因此第三排数字或许是最佳结论。尽管这一配方中的硝石含量很低，但称为火药是名正言顺的，因为方中有相当数量的木炭；而且我们不妨将第一排数据与上面列出的原始火药纵火弹的数据作一比较。

第三个配方带有中古特征，属于化学战，或至少是药物战的范畴。它名为“毒药烟毬”，载于前面一卷①，卷中有“火攻”一节②。方前说明谈到普通的非毒烟弹，说其内核重3斤，为火药混合物，外面厚厚地裹上一斤黄蒿绒（黄蒿一裹）③。但是毒烟弹的内核经充分混合团成球，再缠以1丈2尺5寸的麻绳后，要裹以不同的外涂料，其成分如表中所列，与前一个配方中的外涂料组成几乎完全一样。施放时用一只烧红的烙铁戳入，使球起火燃烧，很快被射出。毒药烟球成分如下：

内球	两
硫磺	15
焰硝	30
草乌头④	5
巴豆油⑤	5
狼毒⑥	5
桐油	2.5
小油	2.5
炭末	5

① 《武经总要》（前集）卷十一，第二十七，二十八页，由作者译成英文。

② 同上第十九页起。

③ 由鼠翅草（*Gnaphalium multiceps*）制得［R35；Stuart（1），p. 197］，这种菊科植物与制作著名艾绒的艾（*Artemisia argyi*）有亲缘关系（参见 Burkill（1），vol. 1，pp. 243ff.，247；Lu Gwei-Djen & Needham（5），pp. 1，170ff.）。这两种植物的叶上均有毛，叶毛经干燥、捣碎、压紧，再干燥使油分挥发，便成绒状。这是很聪明的作法，因为点燃的黄蒿绒作用相当于引信，要到接近目标时才引发火药。

④ 乌头（*Aconitum fischeri*），R523。

⑤ 巴豆（*Croton tiglium*），R322。

⑥ 狼毒（*Aconitum ferox*）或（*lycoctonum*），R526。

沥清（沥青）	2.5	
砒霜[①]	2	
黄蜡	1	
竹茹	1.1	
麻茹	1.1	
	77.7	
外涂料 124		
故纸	12.5	
麻皮	10	
沥青	2.5	
黄蜡	2.5	
铅丹（红铅）	1.1	
炭末	8	
	36.6	114.3

首先人们可能注意到，古老的《神农本草经》中提到的五种剧毒药[②]，在这一配方中出现了三种。我们将看到（pp. 343—344），后来的军事典籍所载的类似配方中也有这些物质，只不过有时名称稍有变动。尽管充分燃烧会破坏它们的有效成分，但还是有足量的毒素随烟飘散（有如燃烧的香烟发散出尼古丁），产生预期的效果，以本例来说，可使敌人极其难受，口鼻流血。用法说明指出，运载方式有多种；爆燃毒烟球可由抛石机发射，抛向攻城的敌人，也可像纵火箭一样用弓，弩或弩砲射出[③]。其成分百分比如下：

		%	
	硝	硫	碳
只考虑内球			
所有的碳质物计算在内	39.6	19.8	40.5
同上，不包括毒药	49.4	24.7	25.9
只算方中所列木炭	60.0	30.0	10.0
外涂料包括在内			
所有的碳质物计算在内	27.0	13.5	59.5
同上，不包括毒药	31.2	15.6	53.2
只算方中所列木炭	51.7	25.9	22.4

前述作者对此所作的估计也是基于他们的设想。我们过去采用的是第一种数据，有马成甫采用第二种，而赵铁寒采用第三种。何丙郁所得的数据介于第三种和第六种之间，

① 氧化砷。

② 《神农本草经》卷三（第八十七页、第八十八页、第九十页）。这一章包括一些剧毒的“佐”药，因而属于第三等。所有这些药物都在墨家著作有关军事的章节中被推荐用来在围城战中往水井中投毒。

③ 根据所需射程而定。

而帕廷顿的数据介于第一种和第五种之间。由于这种球的目的是制造烟雾，因此第四组数据可能最为准确，尽管如此，它仍然是真正的火药，因为火药的基本成分它都具有，虽然不十分明显。

125 最后，我们再补充一个毒烟配方，名为“粪砲罐法”[1]。将其成分（我们将列出）煮沸（也可能置于一沸滚的水盆上），再灌入瓶或罐中，塞紧，每瓶罐装约 20 两。储存备用。这些瓶罐可用抛石机发射出去，估计还有一种火药混合物与之同时射出，可以在容器击碎时将其中的物质化为烟雾。其成分如下：

	两
人粪（“人清”），干燥碾末，细筛筛过	240[2]
狼毒	8
草乌头	8
芭豆油	8
皂角[3]	8
砒霜	8
硫化砷	8
斑蝥（斑猫）[4]	4
石灰	16
桐油（或荏油）[5]	8
	316

总重量为 19.75 斤。用人粪作赋形剂估计是为了散发难闻的尘埃；其主要成分是一些不能消化的物质如纤维素，但也有若干粪臭素和吲哚化合物足以使其发出臭气。大家想来记得，从远古时起中国的农业就用人粪作肥料，所以用它为媒介物是不足为奇的，重要的是毒药。文中说道，这种配方产生的烟雾能渗入铁甲或其他盔甲的缝隙中，引起严重的刺痛和水疱，因此有助于攻城。如果发射它的炮手吮衔乌梅[6]和甘草[7]则可免受其毒。

古代与中古使用毒烟的历史似乎还未曾写就，但是欧洲 15 世纪火药中含砷的事例却可以信手举出许多[8]。与中国利用植物毒药制造毒雾最相似的事例或许载于《政事论》[9] 中，年代一定相当久远，但是它是否是最古老的记载还很难断言。

---

① 《武经总要》（前集）卷十二，第五十八页。由作者译成英文。

② 一“秤”，即 15 斤。

③ 皂角刺（*Gleditsia sinensis*），R387。

④ 斑蝥（*Mylabris cinchorii*）（R29），与欧洲的斑蝥不一样。

⑤ 如果不是得自油桐（*Aleurites fordii*）（R321），即荏桐，便一定是得自紫苏（*Perilla nankingensis*）（R135），即桂荏。

⑥ 乌梅（*Prunus mume*）的果实，半熟时熏干（Stuart（1），p. 355）。

⑦ 光果甘草（*Glycyrrhiza glabra*），R391。

⑧ Partington（5），pp. 149，158，160。在一份 1437 年的配方中，砒霜占 11.6%，硝石占 34.8%，还有硫磺、木炭和大量树脂。

⑨ 译文见 Shamasastry（1），pp. 441— 442。

11 世纪时人们已经认识到火药是战略物资了。这一点可以在北宋时期禁止向契丹人出售炸药及其原料一事中反映出来。用现代术语来说，宋朝政府担心火药武器的扩散①。例如《宋史》② 记载说，1067 年，政府下令，河东路、河北东路及河北西路③的老百姓不得向外人出售硫磺、硝石及炉甘石④。类似的情况是，1076 年，政府又颁布命令，严禁任何私人买卖硫磺和硝石，这显然是出于担心有人走私这些东西，并运出界外⑤。这说明，当时存在着相当数量的私人经营的生产，与政府企图保持垄断地位相对抗⑥。令人感到奇怪的是，六百年以后，清朝又一次企图不让向“外人”出售硫磺和硝石，此事发生在与西南苗族人发生冲突的年代里。据记载，火药的配方仍对苗族人实行禁令。幸好开明的康熙皇帝不赞成这样做。因为他很清楚，苗族人以打猎为生，非靠火药不可，这种禁运只会使局势恶化⑦。 126

最后，张运明（*1*）提出的证据表明，11 世纪中和 11 世纪以后在中国火药中使用的硫磺大都不是天然的，而是采用提炼黄铁矿（自然铜或黄铜矿）⑧，把硫化物转变为氧化物。《天工开物》（1637 年）⑨ 中有一段大家很熟悉的硫磺生产过程的描述。古人先掘取其石，用煤炭饼包裹丛架，外筑土作炉，炉土透一圆孔（蒸馏孔），炉中加热后硫磺变为蒸汽，蒸汽遇一钵盂掩住，化成液汁，通过小眼流入冷道灰槽小池，凝结成硫磺。

(8) 鞭炮和烟火 127

1719 年 7 月，出生于安特莫尼（Antermony）的约翰·柏尔（John Bell）从莫斯科出发前往中国。柏尔是一位苏格兰绅士，毕业于格拉斯哥（Glasgow）⑩ 的医学院。他是沙皇殿下派驻北京的使团的医生。伊斯梅洛夫（Leoff Vassilovitch Ismailov）当时主持使团工作。事后，柏尔写的游记成了名著。使团驻京时的谈话有些与火药有关，现摘

---

① 16 世纪和 17 世纪时，历史上反复出现类似的事件，教皇竭力禁止基督教世界向土耳其人出售火药和金属。这一点却被粗心的英国人和荷兰人忽视了，威尼斯人和热那亚人也是如此，他们都是重视贸易而不重神学。见 Parry（1），pp. 225—226；Petrovič（1），p. 176。

② 参见《宋史》卷一八六，第二十四页，百衲本，也见冯家昇（*1*），第 53 页。

③ 河东路、河北东路及河北西路大约相当于今天的山西省和河北省。

④ 菱锌矿，用于制铜，见本书第五卷第二分册，pp. 195ff。

⑤ 《续资治通鉴长编》，熙宁八年条。

⑥ 岑家梧（*1*）就宋人与辽人（契丹人）的贸易作过一番有趣的研究。1084 年，向辽人出售硫磺和硝石的行业之兴盛，以致不得不对其课以重税。986 年，辽人购买了不少医书，并对这些医书进行了翻译。1042 年宋人禁止马匹买卖，其原因是西夏人通过辽人弄到了这些马匹，1056 年停止了向维吾尔人出售铜和铁。不过，道士们可以自由往来，传授其武术知识，以及其他事务。

⑦ 见《庭训格言》，第三十九页，《大清圣祖仁皇帝实录》卷十四，第五页；卷一〇六，第十八页。译成见 Spence（1），p. 35。

⑧ 参见张运明（*1*）第 5 卷，第 2 册，第 172 页；第 4 册，第 177 页，第 198 页—第 199 页、第 200 页。

⑨ 《天工开物》卷十一，第五页、第六页，明版，卷二，第六十页至第六十一页；译文见 Sun & Sun pp. 208—210；Li Chhiao-Phing（2），pp. 296—297，307。据其描述，这时使用了一希腊式的蒸馏头，不过那也不一定一贯如此。关于奥德赛斯的蒸馏头，见本书第五卷第四分册，pp. 103ff.。

⑩ 1691—1780 年。安特莫尼在斯特灵郡坎普西附近（Campsie in Stirlingshire）。

引如下[1]：

> 1721 年 1 月 1 日，［康熙］皇上的火炮将军与费隐神父（Father Fridelly）[2]、林济各（Stadlin）[3]，一位德国老人，以及一位钟表匠，在使团那里进餐。这位将军是满族人。他的谈吐表明，他谙熟自己的业务，特别是各种用于人造烟火的各种火药的成分。我向他问道，中国人对火药的使用的知识有多长的历史？他回答说，根据记载，在烟火方面有两千多年了，但用于军事目的火药则是比较晚些时候才推广采用的。这位将军以讲实话和坦率著称。因此对他所谈及的话题的真实性是毋庸置疑的。
>
> 接着，谈话又转到了印刷术。将军说，他不能准确断定这一发明到底有多长历史。但是他绝对相信，印刷术远比火药更为古老。根据观察，中国人用雕版印刷，就像欧洲人使用的印版印刷一样。雕版和印刷的联系，是如此密切而明显，以至于使人惊讶的是，聪明的希腊人和罗马人，尽管以铸造纪念勋章著称，竟没有发明印刷术。……

第二天，大使和他的随从朝觐皇上。整个朝觐过程持续了两个多小时。康熙皇帝谈话和气。谈话内容表明，皇帝对不少学科非常熟悉，他特别熟悉历史，编年史和各种发明[4]。

> 皇上还证实了上述关于印刷术和火药的详细情况。正是从《圣经》上，中国学者们获得了西方古代史的知识。《圣经》的大部分内容都是由传教士们翻译的。而中国学者们说，他们的史书上记载了远比《圣经》更早的历史事件[5]。

后来，在西历 1 月的最后一天（中国的大年三十），以及西历 2 月 1 日，中国正月初
128 一，使团人员目睹了极为壮观的宫廷烟火，这使约翰·柏尔赞叹不已。他说，虽然他曾出席并观看过欧洲最好的艺人举行的烟火表演，而在这里看到的烟火远远超过了他毕生中见过的任何一种。

> 第二天，皇上单独接见了大使。他询问了大使对昨晚的娱乐和烟火的感觉如何。此时，皇上又谈到了大家已经观看过的由火药组成的照明古玩意儿。他还补充说，尽管中国人对烟火的了解已经有两千多年的历史，然而却是皇帝本人对火药进行了不少改进工作，使其达到当时的完善境地[6]。

这些 18 世纪在北京的谈话片断可以为我们提供重要的线索。它们极有可能是前面提到的（p. 14）西方广为流传的既固执、又荒谬的老生常谈之根源。这些既固执又荒谬的老生常谈断言，中国人已熟知火药达数百上千年之久，只不过中国人先用于文娱活动，后来才用于战争[7]。然而，康熙时代的中国学者们的看法是正确的。他们认为，中国人自从汉朝以来就有鞭炮了，也就是说，比《武经总要》的火药方子至少要早八

---

① 见 Bell (1), vol. 2, p. 43，现代版，pp. 153ff.。

② Xavier Ehrenbert Friede（汉名费隐），耶稣会士，奥地利地理学家与地图学家。

③ 林济各（Francois Louis Stadlin，1658—1740 年），瑞士耶稣兄弟会教士，尤善制造和修理各类机械，特别擅长修制钟表，天文仪器。

④ 我们在本书第四卷第二分册（p. 288）曾引用过内容涉及“天然磁石”和“指南车”。

⑤ 这是 18 世纪年代学争论的重复，我们在本书第三卷，(p. 173) 已论及了。

⑥ 见 Bell (1), vol. 2, p. 68，现代版，p. 165。

⑦ 甚至连善于洞察的贝尔纳［Bernal］居然也相信这些谬传，Bernal (1), p. 237。

百多年。事实说明，早在火药爆炸之前，中国就有爆炸物了。

这一切都依赖于到处都生长的竹子。空气盛于竹筒的竹节之间。竹筒放入火中后，就会“嘣”地发出一声爆响。甚至连纵向的竹片放入火中时也会发出劈劈啪啪地爆烈声。竹节之间的空气加热形成的爆炸正好与鞭炮原理相同①。把火药装入小容器内②，一旦使用时，就是一种仿效燃烧的竹子发出令人惧怕的爆炸声的方式。应该记住的是，在周朝和战国时期，即远在造纸发明之前，人们或是在缣帛上面写字，或是在竹简上面写字。为了擦洗方便，汉字先写在绿竹简上，然后竹简放在火上烤干，这就是“杀青”一词的词源，竹简用来书写公文③。在古代中国，竹子的火暴声这一自然现象一定是人们非常熟悉的。

如果《神异经》一书的确是由东方朔成书于公元前2世纪的话，那么，这本书很可能是最早提到使用爆竹的一本书。但是，该书的作者很可能是公元290年左右的王浮。尽管如此，其书描述的事物就像民间传说一样古老。一般认为，该书著于汉代或 129
汉以前。最早的文献应该是公元175年后汉应劭撰写的《风俗通义》④。然而，在绝大多数现存的版本中，都没有“爆竹声如野兽吼”这样一句话，因此我们转向《神异经》，其中说⑤：

> 西方深山里有外形像人的动物，身高丈余。他们赤身裸体，捕捉青蛙与螃蟹吃。他们见到人并不惊怕，每当人们停下来在这里过夜，他们就跑到人们的火边去烤青蛙与螃蟹吃。他们也盯着人，当人离开的时候，去偷人们的盐来和他们的食物吃。他们的名字叫山獠⑥⑦，这是因为他们自己也这样叫的。人们用许多段竹子投入火中，这样就会发生爆炸而且有些会跳出来（爆烞而出）⑧，因此就把这些山臊⑨惊走了。如果人们对他们进行了攻击，他们就可以使进攻者得上寒热病。虽然他们具备了人的外形，也能够变成许多另外的形式，但他们仍属于鬼与魅之类的东西。现在他们的住处在山里常常出现。
>
> 〈西方深山中有人焉。身长丈余。袒身捕虾蟹，性不畏人，见人止宿，暮依其火。以炙虾蟹。伺人不在而盗人盐以食虾蟹。名曰山臊其音自叫。人尝以竹箸火中，爆烞而出臊皆惊惮，犯之令人寒热。以虽人形而变化。然亦鬼魅之类，今所以在山中皆有之。〉

此处的背景是，《神异经》在形式上脉承更早的《山海经》，其目的在于描述异人、奇兽、男女鬼怪。当人们冒险深入到荒野之地时就有可能遇到这类怪人、怪兽、鬼怪。若是真有这种情况，山臊有可能要么是猿，要么是新石器时期森林居住的部落人，多

① 1980年春，我们愉快地同美国辛辛那提大学经济系的库恩教授（Prof. Alfred Kuhn）通信，库恩教授在自己的花园里燃烧竹子篝火时，独自观察了竹子着火爆破的效果。

② 这类容器又到了罗杰·培根手中。

③ 《风俗通义》，引自《初学记》卷二十八，以及《太平御览》卷六〇六。本段文字复印于法-中中心本中，其中包括一些已佚的片断，pp. 88—89。

④ 参见 Wang Ling (1), p. 163。

⑤ 《神异经》，第三页，由作者译成英文，借助于 de Groot (2), vol. 5, p. 500。李时珍曾引用过这一段话，《本草纲目》卷五十一，第三十九页，曾用过“臊”这一名称。

⑥ 獠字的意义为狗叫与狗咬。

⑦ 可能为“膠”字之误。

⑧ “烞”一字专门用来描述爆裂的竹子。

⑨ “臊”意指某种程度的气味。

半是后者，这是因为野生动物几乎都不会自己煮饭。

人们可以从宗懔撰写的《荆楚岁时记》[①] 中看到时人吓唬山鬼的风俗流传四方。该书约作于公元550年的梁朝。宗懔曰：

> 大年初一，……鸡叫第一次，人们就起来，……先在庭院之前放爆竹，它砰砰地作响，把那些山臊、恶鬼都惊走[②]。
>
> 〈正月一日，……鸡鸣而起，……先是庭前爆竹，以辟山臊恶鬼。〉

接着，他又引用了《神异经》[③] 补充道：

130 > 《元黄经》[④] 叫这些为“山獠鬼”。俗人在他们自己的庭院前燃烧竹子作为他们自己家庭的信号灯标（燎），这是十分对的。但是它对于统治者与官吏（实行那种）的行为来说，那就是不必要的了。
>
> 〈《元黄经》所谓山獠鬼也。俗人以为爆竹燃草起于庭燎，家国不应滥于王子。〉

持怀疑态度的儒家士大夫如是说，然其行动则完全由其言谈而确定。的确，在一年的不同时间里，特别是年初，爆竹成为普遍存在的习俗[⑤]。例如，李畋（死于1006年）在他的《该闻录》中说[⑥]，新年除夕时，每家至少要燃爆十多串爆竹。

此外，就是在采用火药鞭炮以后，燃放爆竹的习惯一直延续下去。16世纪末，冯应京在其《月令广义》[⑦] 中云：

> 在除夕晚上，把竹子在火中爆炸整个晚上到第二天早晨，目的是为了振起春天的阳气，转移与驱散一切邪恶影响。我们今天的人把它当作一种娱乐，浪费他们的金钱，企图从中取胜，这样便忘记了它的基本意义[⑧]。
>
> 〈除夕爆竹通宵达旦，所以震发春阳，阴消邪厉。今人遂以为戏而倾费争雄。殊失本意。〉

唐朝以及唐朝以后的诗歌中有许多记载[⑨]。

正如我们在本书其余处经常提及的（pp. 11，22，40），研究中国科学技术史的困难在于，有些事物已经发生了本质变化，而其术语却保持不变。一个很明显的例子就是“火箭”一词的用法。起初，火箭指的是纵火箭，后来才是指火箭（下文 p. 147）。在其他情况下，确实有改变名称的情况。沿用的词汇似乎明显地终止了使用。这一切都是由于这一事实——新事物的出现。我们已经提过，石油代之以猛火油一词的例子。可以假设，这一新术语意指蒸馏过的石油或汽油，即希腊火（p. 76）。鞭炮也是如此。“爆竹”这一术语，有时也称为爆竿，在相当一段时期以后代之以“爆仗”[⑩]，这与我
131 们所知道的中国火药的起源以及扩散正好相符，就是说，爆竹一语出现在文献中是在

---

① 《荆楚岁时记》，第一页，由作者译成英文。荆、楚相当于今湖北、湖南和江西省。

② 《太平御览》记载有“山魈”。如下所示，这些鬼怪名字的正字法一直很不稳定。公元9世纪问世的《诺皋记》一书对此曾有过讨论。见该书第十四页。

③ “山臊”代表鬼怪，“烞烨”代表爆燃。

④ 迄今为止，未能查清《元黄经》为何书。

⑤ 参见 de Groot (2), vol. 6, pp. 941ff.。

⑥ 据倭讷［Werner (4), p. 128］，李畋后来被尊为鞭炮神。

⑦ 《月令广义》一书大约出于公元前5世纪。参见本书第三卷，p. 195。

⑧ 《月令广义》卷二十，第十九页。译文见 de Groot (2), vol. 6, p. 943，经修改，由作者译成英文。

⑨ 例如，《全唐诗》卷六百四十二，来鹄诗：《早春》，王铃的文中引用了不少诗句，见 Wang Ling (1), p. 163.（《全唐诗》，第7358页，中华书局，1979年。译者注）

⑩ “仗”一词意指武器。不过这一重名特指“火药鞭炮”。在论及火药史时，词汇的选择大概是很有意义的。

公元12世纪，而其使用大概是在11世纪。然而，即使新词已经使用了相当长一段时间，仍有随便使用旧词的倾向。因此，我们在宋、元、明、清的文献中仍遇到“爆竹”一词，虽然不能完全确定（由于竹子一直用于燃爆），但是，很可能就是指火药鞭炮。当然，如果上下文很清楚，那就很容易确定①。再有，我们将看到“爆仗”和“焰火”两个词同时出现（p. 133）. 两个词的古名都叫“烟火”。该名的出现比火药一词的出现要早得多。然后，就是在意指人造烟火或是真正的烟火的爆炸混合物使用之后，人们仍然沿用旧名“烟火”，并一直使用到清末②。彩色烟火无疑早于火药烟火，火药鞭炮也比火药烟火要早一些。

可以肯定，“爆仗”一词的首次出现是在孟元老约于1148年撰写的描述12世纪开头二十年开封的风土人情的书，此时北宋京城尚未落入金人之手。书名为《东京梦华录》③。大约在1103—1120年的某年，皇帝驾登宝津楼观看诸军表演的大型娱乐活动，其中包括各种烟火。“忽作一声如霹雳，谓之‘爆仗’，……烟火大起”④。包括身着奇异装束的演员在彩色烟火中步舞而进退。每一场戏均以爆仗的巨响间隔。第一场戏称为“抢锣”，第二场戏谓之“硬鬼”，第三场谓之“舞判”等⑤。火药在这里一定是作成鞭炮，而并不一定指的是彩色烟⑥。

另外一本12世纪的书是田艺蘅的《西湖志余》。虽然该书作于1570年。其内容是 132
根据杭州西湖的方志来编写的，此处值得一提：

> 淳熙十二年新年除夕（1185年），宫里陈列了许多灯，在第二更的时候，皇帝乘小马车来到宣德门外的观鳌山，到了深夜，他们放了百多个附在架子上的烟火，然后皇帝才回到他的寝宫⑦。
>
> 〈淳熙十二年，元夕，禁中自去岁赏菊灯之后，迤逦试灯，谓之预赏，一人新正，灯火日盏，皆修内司。……至二鼓，上乘小辇幸宣德门，观鳌山。……宫漏既深，宣放烟火百余架，而驾始还。〉

还有一处提到火药，出自一场著名公案。1183年，大哲学家朱熹具状按劾知州唐仲友伪造纸币会子及其他不法之事⑧。其中一条罪状称，仲友有婺州人周四会制造并会放烟火，仲友召唤进城，遇作州会以呈艺为由，每次支费公库钱酒计十余贯，前后支过钱数百贯⑨。

在13世纪，论及火药鞭炮和烟火的文献就更多了。1275年，吴自牧撰写了常被人们引用的《梦粱录》，书中描绘了南宋末的杭州，时间大致是1240年以后⑩。

---

① 火药鞭炮的其他名称有“鞭爆”、“串爆”、“花爆”。

② 后来，“花炮”一词也常使用，特别是“火戏”。

③ 参见 Balazs & Hervouet (1), pp. 150—152。

④ 《东京梦华录》卷七，第四十三页，由作者译成英文。

⑤ 我们不必列举所有的八种，虽然首先有演员口吐烟火，第四折有“哑杂剧”，第八折有“剑戏”。

⑥ 冯家昇 (6)，第74页把烟火的首次出现定在公元1163—1189年。宋孝宗检阅水军，由抛石机发射五色烟炮。这只不过是火药发展中更进一层的阶段罢了。

⑦ 转引自诸桥辙次《汉和大辞典》（中文版，第五卷，第1805页），由作者译成英文。

⑧ 《晦庵先生朱文公文集》卷十八，第十七页，卷十九，第一页。

⑨ 王铃首先注意到了这一点。Wang Ling (1), p. 165。

⑩ 参见 Balazs & Hervouet (1), pp. 154—155。

除夕，人们都买苍术[①]和小枣，有许多货摊卖爆仗[②]、烟火和成架的烟火等等……[③]

这年，在皇宫之内放的爆竹与欢呼声，随处都听得到，……所有小船（在湖上）都放烟火与爆仗，隆隆与砰砰的响声好像真的在打雷，陆上的围着火炉边饮酒，边唱歌，边打鼓，是谓"守岁"[④]。

〈（除夕），其各坊巷叫卖苍术小枣不绝。又有市爆杖，成架烟火之类。……

是夜，禁中爆竹，嵩呼闻于街巷，……烟火屏风诸般事件爆竹，及送在……爆竹声震如雷。士贪不以贪富家……如同白日。围炉团坐，酌酒唱歌，鼓……谓之'守岁'。〉

有趣的是，我们在别处读到，在钱塘江观潮盛会后[⑤]，有水军操练，他们用弩机放烟球（参见 p. 123），并发射数百"火箭"。几乎可以肯定，这些就是火箭，它们把目标烧毁。大概使用的是含有汽油的喷火装置[⑥]。

133 《武林旧事》和《都城纪胜》的故事又作了补充。《武林旧事》记载的是大约在1165年以后发生的事件，由著名学者周密写于1265年以后[⑦]。

一年的岁除节从十二月二十四日（小节夜）到三十日（大节夜）……放许多爆仗，有些制成果子形，或人形，或其他事物的形式，……在它们之间，安装了许多药线[⑧]，只要一个点燃，它就会使其他成百以上的各种形式的爆仗都挨着点燃……箫呀，鼓呀，都演奏起来，欢迎春天的来到……[⑨]

也放爆竹[⑩]。

新年时西湖上许多人划着小船游来游去，船上飘着旗子，进行野餐、唱歌……还有烟火，这些烟火有的像车轮转动，另外有的像流星，还有沿着水面发射的水爆，或者飞起来像纸鸢——多得难以叙述[⑪]……青年人在作风筝竞赛。

其他人在放连着长的药线的圆形烟火架，作为娱乐[⑫]……

〈岁除：禁中以腊月二十四日为小节夜，三十日为大节夜，……至于爆仗，有为果子、人物等类不一。……而内藏药线，一爇连百余不绝。箫鼓迎春……

爆竹鼓吹之声，喧阗彻夜。

---

① 苍术（Atractylis ovata），取其根部，对长寿有良好的效果。参见本书第五卷第三分册，p. 11。

② 大概是"仗"的笔误。

③ 《梦粱录》卷六，第六页。

④ 《梦粱录》卷六，第七页。

⑤ 参见本书第三卷，p. 483。

⑥ 参见《梦粱录》卷四，第七页，（《东京梦华录》，第163页）。类似的有关水军习武表演的描述，其中包括五色信号烟和烟幕，可在《武林旧事》中找到。参见该书卷三，第十一页（《东京梦华录》，第371—372页，古典文学出版社，1957年），以及《武林旧事》卷七，第十五页（《东京梦华录》第475页，古典文学出版社，1957年）。

⑦ 参见 Balazs & Hervouet（1），p. 155。

⑧ 常见的术语是"引线"。

⑨ 参见《武林旧事》卷三，第十三，十四页。（《东京梦华录》，第383页，古典文学出版社，1957年），由作者译成英文。

⑩ 《武林旧事》卷三，第十五页（《东京梦华录》，第三八四页，古典文学出版社，1957年）。

⑪ 这里很难把各种游戏的名字与各种烟火的种类区分开来。《武林旧事》卷三，第一页（《东京梦华录》，第375页，古典文学出版社，1957年）。

⑫ 《武林旧事》卷三，第三页（《东京梦华录》，第376页，古典文学出版社，1957年）。

爆仗起轮走线之戏，多设于此，……〉

周密还提到两位杭州市民的名字[①]。这类记载当时是非常宝贵的。此二人尤善烟火，即陈太保与夏岛子。第二本书《都城纪胜》比《武林旧事》成书稍早（1235 年），作者赵氏。书中列举了类似的娱乐活动，诸杂手艺皆有巧名，如傀儡戏，弄球子。有烧烟火，放爆仗，火戏儿，无所不有[②]

除了上述参考资料外，我们还可补充一两本不太出名的书。王穉登，大约宋朝时代的人，写过一本《吴社编》，书中记载了苏州附近的名胜虎丘山，节庆时竟有大爆仗四人抬之[③]。再有《农纪》一书，据说，人们除夕坐看爆竹火光，又听其声有清亮悠扬 134
及破惨烈之分，以卜兵荒灾疠和稔之兆[④]。

继火药已经普遍使用以后，"爆竹"一词仍然继续沿用。这大概是与俗语相对的文学词语典雅的缘故。古代词语通常由于文人长年累月的写作而固定下来。有一些词语非常明显。例如，施宿在一本描述浙江绍兴街坊的书《嘉泰会稽志》[⑤]（1205 年后）中说："惟除夕爆竹相闻，抑或以硫磺作爆药，声尤震厉，谓之爆仗。" 1380 年，瞿佑为钟馗打鬼图题诗云：

爆竹一声响，人们都跑光……[⑥]

〈一声爆竹人尽靡……〉

该诗提到了火药的爆炸。我们还可以举出不少使用婉转词语的例子[⑦]。

到 14 和 15 世纪，烟火生产达到高潮。此时，火药亦可以购得。可是，详细论述烟火方面的书籍却寥寥无几。其中写得最出色的大概是 1593 年沈榜撰写的《宛署杂记》，另一本是冯应京撰写的《月令广义》[⑧]。《宛署杂记》云[⑨]：

烟火可以制成许多种。

烟火放出大声音的叫"响炮"，可以放得很高的叫"起火"，当放出时有几次
爆炸声的叫"三汲浪"，有的放出来既不出响声又不能升高，只绕地打滚纠缠旋转 135
的叫"地老鼠"，有把药压得松或紧两种，可以释出许多或少量的火花、植物和外观像人的形象，叫做"花儿"，有的以黏土封闭的叫"沙锅儿"，有以纸（分层）封闭的叫"花筒"，有的封闭在篮子内的叫"花篮"。

① 《武林旧事》卷六，第三十页（《东京梦华录》第 465 页，古典文学出版社，1957 年）。此间有出售烟火的商店（参见该书卷六，第十七页，《东京梦华录》第 453 页，同上）。甚至还有一家专门出售"药线"的商店（参见该书卷六，第十五页，《东京梦华录》，第 452 页，同上）。关于 1180 年专门为两宫展示爆仗一事，参见该书卷七，第十一页（《东京梦华录》第 473 页，同上）。

② 《都城纪胜》，第七章（《东京梦华录》，第 97 页，同上）。

③ 引自《格致镜原》卷五十，第三十页，《吴社编》一书不见任何正史书目。

④ 上述引文参见《格致镜原》，在王毓瑚（*1*）的目录里找不到这本书。

⑤ 该书亦不见于任何正史目录。

⑥ 见《归田诗话》卷三，第七页。

⑦ 范成大（1126—1193 年），《石湖诗集》卷三十，第三页。卷二十三，第二页，第九页。冯家昇（*1*）中引有这些诗句，第 72—73 页。

⑧ 这两本书似乎是由未用真名的中国作者所写，书名分别为《宛署杂记》和《月令广义》。见 Brock（1），p. 23. 文中谈及的内容必然已经为人所知，因为这两部书是 1753 年杨循吉为《火戏略》一书作序时提到的唯有的两部书。关于《火戏略》我们下面还要详谈，（下文 p. 139）。

⑨ 引自《格致镜原》卷五十，第三十页。由作者译成英文。梅辉立［Mayers（6）p. 82］很熟悉这一段文字，并摘录了一段。但是他认为其文写于唐代，也就是提早了七个世纪，或者更早。

总之，所有各种烟火的差异有百多种，都是非常技巧地把它集合起来，让它装设在一个单一的烟火架内。

〈烟火诸制，有声者曰响砲，高起者曰起火，中带砲声者曰三汲浪。不响不起，旋绕地上者曰地老鼠。筑打有虚实，分量有多寡，有花草，人物等形者，名花儿。以泥函者曰沙锅儿。以纸函者曰花筒，以筐函者曰花盆。总之曰，烟火有集百巧为一架者。〉

这里，第一种可称为纸焰烟火（maroons），第二种显然是火箭，但第四种最使人感兴趣，下面我们将会看到（p. 473）。冯应京又云：

在福建有种烟火叫“秦皇辫”，它是由单独的火炮爆射出各种火星与花，地老鼠、水鼠等。它们成百地串连扎缚在一个管子内，并同时显露出来，一个人提着（药线），就把它们燃放了，它真是一件令人惊奇的技术①。

〈闵中有烟火，名“秦皇辫”者，以火炮及各花、地鼠、水鼠等筒联成串，凡数百相间之，令一人提，而逐一放落迸散，其制甚奇。〉

还有一种烟火叫梨筒，杨循吉（鼎盛于1465—1487年）的诗中曾提到。类似罗马焰火筒（参见 p. 143），当其点燃时，就会喷出各种颜色的火花，形成像梨花状的向四面照射的形状。

“地老鼠”之所以如此重要，其原因在于它大概是火箭推进器的雏形。我们推断，它是一根装满了火药的竹筒，在竹筒一端的竹节处开个孔以致形成障碍，放在地上让它急促地乱闯。我们有一份十分确切关于地老鼠的记载。它记叙了 1264 年发生在宫中的烟火表演，吓坏了皇太后。我们将在下面看到（下文 p. 477）。此事与战争时期和和平时期的火箭技术的开端很有关系。事件记载在《齐东野语》②：

穆陵（宋理宗的庙号）退朝③，他准备于正月十五日在清燕殿设宴向母亲恭圣太后致敬。把烟火放在庭院里燃放。有种烟火叫“地老鼠”，它直冲着太后宝座的台阶下，使得她异常惊慌，她生气地站了起来，拂了一下衣服，吩咐停止宴会。穆陵很焦虑，便把那些负责安排此次宴会庆贺的官员拘留起来，等待太后的命令
136 处分。第二天黎明，穆陵向太后道歉，并说那负责官员太不小心，应该谴责他自己。太后笑了并且说：“这件事不会是他们特别故意来惊吓我，可能是无意中的过失，应该原谅”。因此母子便和解了，仍如以前那样亲密。

〈穆陵初年，尝于上元日清燕殿排当，恭请恭圣太后，既而烧烟火于庭，有所谓“地老鼠”者，径至太母圣座下。太母为惊惶，佛衣径起，意颇疑怒，为之罢宴。穆陵恐甚，不自安，遂将排办巨珰陈询尽监系听命。黎明，穆陵至，陈朝谢罪，且言内臣排办不谨，取自行遣。恭圣笑曰：“终不成他特地来惊我，想是误，可以赦罪。”〉

谈到这里，我们转向有争议的六朝、隋朝和唐朝。这几个朝代均早于火药发展的10 世纪和 11 世纪。自从 15 世纪的罗颀撰写《物原》一书以来，历来人们都习惯地信奉他的论断，即 605—616 年，隋炀帝最早使用了“火药杂戏”④。然而，罗颀的错误在于他没有证据来表明这一点。尽管诗歌可能提示一些事情，而且这些事情本身很是寻

① 引自《格致镜原》卷五十，第三十页。由作者译成英文。马丁［Martin（2），pp. 24ff.］的论述主要依靠就是这两个出处。不过，他对 994 年、1131 年和 1232 年的历史事件也很熟悉（参见 pp. 148，155，171）。

② 《齐东野语》卷十一，第十八页，由作者译成英文。

③ 伊博恩（Read）著作（R. 1225—1264 年）。

④ 参见《物原》卷十四，第三十页。

味，但援用诗歌不足为凭。例如，隋炀帝诗云①：

法轮在天上转动，
梵音上升到天空。
系在树上的繁灯闪耀着千盏烛光，
似花的火焰开在七根枝上。
月儿的影子在流水里凝然不动，
春风吹得夜晚的梅花在含着欲放的苞。
旗幡飘移着黄金色的大地，
从琉璃台上发出了清越的钟声。

〈法轮天上转，
梵声天上来。
灯树千光照，
花焰七枝开。
月影凝流水，
春风含夜梅。
旛动黄金地，
钟发琉璃台。〉

和尚颂经，歌女起舞，均出现在诗的开头和结尾。中间很明显地描写了“火树”，火树是当时的一种风俗②。树木和树枝，无论是真树还是黄铜树，或是青铜树，均用来支撑成千上万支用于礼仪节庆的“仙灯”。圆仁在节日期间游览扬州时曾见过仙灯③。但仙灯与烟火并无直接关系。隋炀帝的臣子诸葛颖的奉和诗也可以看出，仙灯与烟火无关。诸葛颖诗云④：

当灯随着轮子移动，光也在闪耀，
桃花从正在下落的枝上落下。
缭绕的烟雾包着建筑物移动，
仙人的湖里反射着轻浅的浮光。

〈逐轮时徒焰，
桃花生落枝。
飞烟绕定室，
浮光映瑶池。〉

此处“烟”可能有些关系。但诗的第一行很可能指的是“走马灯”，即活动灯画⑤。最 137
后一行使人不由忆及中元节，此时，为了超度所有的亡魂，人们放出无数只装有灯的

① 《全汉三国晋南北朝诗》第二十册，卷一，第五页，译文见 Schafer (13)，p. 259。

② 方豪 (3)。

③ 参见 Reischauer (2)，p. 71，(3)，p. 128。我们自己也有过灯树的经历，因为在印度和斯里兰卡还有这类习俗。1978 年，我在科伦坡作维克勒马辛哈 (Wickramasinghe) 讲座时，由希罗 (Mahanayake Thero) 主持讲座的开幕式，就是以铜灯树的灯光开始的。

④ 《全汉三国晋南北朝诗》，第二十册，卷三。

⑤ 参见本书第四卷第一分册，pp. 123ff.，以及 Bodde (12)，pp. 80—81。也可参见 J. F. Davis (1)，vol. 2，p. 3。

小纸船[1]。但是，无论如何，说隋炀帝的宫廷里有烟火，缺乏证据。

灯树这一事物一直延续到宋朝以后。11 世纪中叶的张子野（张光），在词中提到过灯树。谈到元月灯节时说[2]：“渐楼台上下，火影星分。飞槛倚，斗牛近。”其他提到火花的地方表明，人们在易燃物中使用细铁屑粉，造成烟火中出现银白色闪烁效果。此举至少可以追溯到唐朝。苏味道（648—705 年）在其著名诗篇中提到了照明和烟火中的银花[3]。一千年以后，方以智在他的《物理小识》中注意到了此事[4]。并因此事就有点糊涂地得出结论说，火树、银花表明，中国在隋唐时就有了火药。但是，火树、银花并不是火药。

无疑，隋炀帝庆祝活动中间的是大“火山”，所谓的火山，就是毫无节制地燃烧大量的沉香。《太平广记》中的《奢侈》栏下记载了 630 年唐太宗与妃嫔的谈话[5]，从中我们可以窥见隋炀帝的奢侈。唐太宗显然想知道隋炀帝宫中各殿院的照明情况，并暗示他会比隋炀帝高出一筹。那时肖后描述了隋炀帝宫中的火山，焚沉香[6]数百车和甲煎二百石[7]，从夜里烧至白天，烟气可闻数十里。这样的奢侈导致了隋王朝的覆灭。唐太宗听了肖后的一番话后才止了步。但是这一故事仍与人们确切称之为烟火的这一事物没有关系。

谈到烟火的史前期时，我们很容易地看出，火戏与烟火一词的实际运用早已有之。《荆楚岁时记》中有一段关于鞭炮的记载很能说明问题[8]。

> 138 根据魏国[9]（在三国时期）董勋说，人们在正腊早上（阴历十二月初八）要在门前作烟火，在他们的房屋门前树立桃木的小塑像（桃神）[10]，还要编制蒲草的花环悬在松树与柏树之间，杀只小鸡吊在门上，所有这些仪式都是为了袚除并驱导致疫病的恶鬼的。
>
> 〈又魏时人问议郎董勋，云，今正腊旦门前作烟火、桃神、绞索、松柏、杀鸡著门户，逐疫，礼欤?〉

烟火在这里成了烟熏物和驱邪物。董勋是 3 世纪的民俗学者。他的著作见于 550 年。

在上述的各世纪中，都出现过一些与烟火有关又饶有兴趣的故事。例如，史书[11]记载 493 年，北魏流行的民歌，“赤火南流丧南国”。是岁，有沙门（僧人）持此火而至南京，色赤于常火而微，云以疗疾，贵贱争取之，多得其验。二十余日，都下丈盛。咸云“圣火”，南齐皇帝诏禁不止，沙门逃之夭夭。所盛行之圣火亦灭矣。人们不禁要

---

[1] 中元节，即阴历七月十五。参见 Bodde (12), p. 62; Eberhard (31), p. 107; 以及 Bredon & Mitrophanov (1), p. 385 和 Weig (1), p. 18。

[2] 《张子野词补遗》卷一，第十五页，由作者译成英文。

[3] 《全唐诗》第二函，第二册，王铃 [Wang Ling (1) p. 164] 曾注意到这一首诗。

[4] 《物理小识》卷八，第二十六页。

[5] 《太平广记》卷二三六，第八页、第九页。

[6] 参见本书第五卷第二分册。

[7] 软体动物的起源，本书第五卷第二分册，pp. 138—139。

[8] 见《荆楚岁时记》，第一页，由作者译成英文。

[9] 董勋的《问礼俗》已佚，保存在《太平御览》卷二十九中的佚文，收集在《玉函山房辑佚书》卷二十八，第七十二页。

[10] 参见 Bodde (25), pp. 127ff.。

[11] 《南史》卷四，第二十六页。译文见 de Groot (2), vol. 6, p. 951。亦可以参考《南齐书》卷十九，第十五页。

问，沙门能发现某些自然锶矿，并把锶用于五彩火焰和烟雾吗？

《晋书》上还记载了4世纪一个会稽人夏统[1]，为人正直。其继父夏敬宁祭先人，迎女巫章丹、陈珠二人，并有国色，庄服甚丽，善歌舞。“又能隐形匿影。甲夜之初，撞钟击鼓，间以丝竹，丹、珠乃拔刀破舌，吞刀吐火，云雾杳冥，流光电发。”夏统是一儒生，对此二人甚为反感，竭力主张停止祭祀，退遣丹、珠二人。不过，很明显的是，这里包括了烟和火焰，因此可以说是向烟火发展的另一步。除此以外，我们似乎没有必要再深入探讨上述之事，因为我们准备进入 熏的领域进行讨论。熏一是指用于卫生的烟雾消毒或杀虫，二是指用于宗教礼拜仪式的焚香，三是指含有毒气的战争烟火。这些都可追溯到公元前一千年[2]，而现在是简单用几句话说明烟火在公元2世纪末的迅速发展的情况的时候了。

我们简单地谈谈18世纪和19世纪的烟火，这将有助于我们解释引向生产烟火的漫长的中间阶段。首先，就火药鞭炮来说，中国人的准备工作迄今仍属上乘，巴博坦 139
[Barbotin (1)]，波乃耶（Dyer Ball）[3]，魏因加特[4]以及坦尼·戴维斯[5]的著作中有不少对火药生产过程的生动叙述。使用的火药是低度的硝酸盐，其成分比例大致是：硝石（N）66.6，硫（S）16.6，碳（C）16.8[6]。小硬纸筒里装满火药，若干硬纸筒捆在一起，形成六角形的大梱。薄纸筒里装有火药，以作各纸筒相继爆炸的引信。有趣的是，我们从黄裳的论著（*1*）中获悉，制造鞭炮的最好材料是旧书纸，甚至在20世纪里。这一情况正好解释了为什么大量的旧书失散，旧书被出售后不是用来化作纸浆，而是用于烟火生产了。

关于中国烟火的论述是很多的（图11）。从1696年的李明（Louis Lecomte）到1892年的波乃耶，中间还有：约翰·柏尔（1720年）、汤执中（Pierre d'Incarville，1763年）、巴罗（John Barrow，1794年）、卡约（A. Caillot，1818年）、德庇时（J. F. Davis，1836年）、于克（Abbé Huc，1855年）[7]。他们详细讨论了火焰、弹筒、火枪、战鼓、火箭、罗马焰火筒、萨克森炮、地雷、爆竹、中国烟火、中国飞行器。还有不少，若要详细谈论实在冗长乏味（如像约翰·柏尔所说）[8]。迟至19世纪中叶，一般都公认中国的烟火比欧洲的烟火好得多[9]。不过，我们从鲁杰里（C. F. Ruggieri）著作的1801年和1821年的两个版本中看出他的观点的改变[10]。要是这个转折点真正到

---

① 《晋书》卷九十四，第三页，译文见 de Groot (2), vol. 6, p. 1212。

② 参见本书第五卷第二分册，pp. 128ff.，特别参见 pp. 148ff.；Needham & Lu Gwei Djen (1), pp. 436—437。参见上文 pp. 1ff.。

③ Dyer Ball (1), pp. 239 ff.

④ Weingart (1), pp. 166ff.

⑤ Tenney Davis (17), pp. 111ff.

⑥ 现时使用氯化铝和氯化钾，但这是一个危险过程。1786年，贝托莱（Berthollet）发现了氯化物。19世纪20年代，卡特布什（Cutbush）以氯化物用作烟火，后来氯化物又被过氯酸盐所代替。参见 Davis (17) p. 58 (18)。

⑦ 这里，我不禁要提起第二次世界大战后我在北京天安门数次亲自观看的五月和十月的壮丽烟火。

⑧ 蒂桑迪耶［Tissandier (7)］的描述特别使人感兴趣，因为他受过良好的科学教育。

⑨ 1751年，伦敦的表演节目之一叫做“中国烟火集锦”，“由不少希望观看新烟火的绅士”赞助［参见 Brock (1), p. 57］。大概是还没有一本高质量的论述烟火历史的著作。不过，值得一提的是洛茨［Lotz (1)］的著作，以及布罗克［Brock (1, 2)］的著作。

⑩ 参见 Brock (1), pp. 22—23。

140

图 11 烟火表演的场面，采自明代小说《金瓶梅》第四十二回（1628—1643 年版）。

142

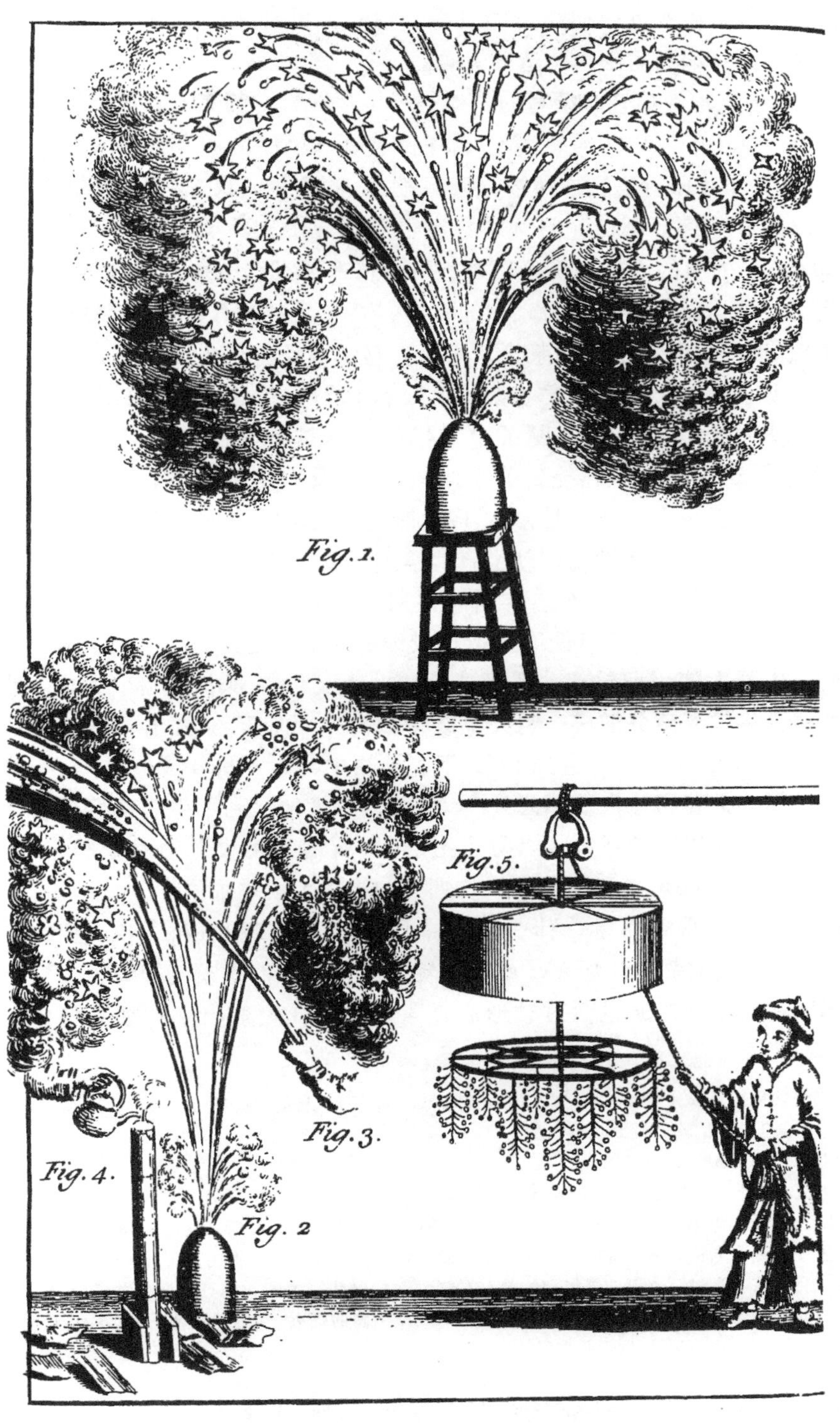

图 12 根据 1763 年耶稣会会士汤执中［d'Incarville (1)］的说明画出的中国烟火。

来的话，那么一定是在本世纪初才可能发生。但是，更有趣的是转向考虑一本大概是汉文文献中唯一的一本民间烟火制造的专著。

《火戏略》是赵学敏年轻时撰写的。他是一位爱好科学的文人。后来撰写过《本草纲目拾遗》。此书始著于1760年，第一篇序文作于1765年，1780年又补作了一篇补序，但直到1871年才印行。文中所述最晚日期是1803年。反之，杨循吉早在1753年就为《火戏略》作了序。因此，赵学敏必定很早就开始从事烟火的研究了。该书直到
141 1833年才印行①。书中的内容表明，当时的中国技术确实比同期的欧洲高超得多。《火戏略》提到了一些当时在西方鲜为人知的事物，其中著名的有："中国烟火"（下面我们还要叙述）、度线法制筒法、衣浆论，等等。赵学敏还叙述了硝石的提纯，提炼硝石时投水胶和萝卜小片入大铁锅煎煮（参见上文 p. 105）；他还记叙了制造及干燥木炭方法，称炭为"火之魄也"②。赵回顾了中古代的炼丹试验，他说："皂角膏拌药则性松"③（参见上文 p. 115）。他还提到了"地老鼠"④ 及"水老鼠"⑤。

中国烟火的重要一点不外乎是渗入了铁屑或者是钢铁磨成较细的粉末，再渗和低度的硝酸盐火药以及其他易燃物，就会产生含有无数银色火花的火焰。中国人多称其为"铁蛾"，或"铁沙"，第三个名字叫"铁屑"。不能用熟铁，所以必须加一些碳⑥。卡特布什（Cutbush）说："'铸铁'磨成比较细的粉末称之为铁沙，因其满足了中国人为它起的名。中国人使用旧铁罐，研磨成铁碴，直到像红萝卜籽大小为止。然后，他们再按特殊需要将铁屑碴分散成一定大小或个数。"⑦ 我们已经看出，这一生产过程可以追溯到唐朝（参见 p. 137）。直到1763年，汤执中［d'Incarville（1）］撰写论文谈及此事时这一简单的秘密才向欧洲公开⑧。然而，尽管他提到了生锈的问题，他却没有讲清楚铁沙粒必须涂以桐油或胶水以防止生锈⑨。所谓"艳火"有赖于粉末状的钢屑，不过，1860年以后，随着镁和铝的引入，烟火的亮度大大增加了⑩。

对中国烟火已谈得很多了。什么是"中国飞行器"呢？1765年，罗伯特·琼斯（Robert Jones）已熟悉萨克森烟火，或称旋转烟火，依靠的是喷气推动力。它是一根管
143 子，其中部装在枢轴上，通过面对轴形成直角方向的孔喷射出来的烟火气体，使管子

---

① 对此戴维斯及赵云从［Tenney Davis & Chao Yün-Tshung（9）］曾有精辟的分析。

② 参见本书第五卷第二分册，pp. 85ff.。

③ 参见 Davis & Chao（9），p. 101。

④ 参见上文 p. 135，及下文 p. 473。Davis & Chao（9）p. 103。

⑤ 戴维斯、赵云从［Davis & Chao（9），pp. 103—104］和德庇时［J. E. Davis（1），vol. 2，pp. 4—5］都提到了中国人制造的小船或水老鼠，靠火箭喷气作为推动力而在水面上行驶。我们将在下面（p. 477）简明扼要地回到火箭这一重要题目上来。不过，这里应该提到的是：在赵学敏的时代，中国人的烟火制造技术已经引起了一些俄国人的注意。1756年，拉里翁·罗索金（Larion Rossochin）就中国的烟火，主要是火箭，写过一篇论文。这篇论文最近由斯塔里科夫［Starikov（1）］发现并重印。

⑥ Cutbush（2）。

⑦ Cutbush（1），p. 202。他还就技术问题专门写了一篇论文［Cutbush（2）］。

⑧ 实际上，1635年，约翰·巴特［John Bate（1）］就使用过"铁屑"一词，无疑，他是旨在重复铁匠的砧石上发出的火花，惜其收效甚微。无名氏的作品［Anon.（159）］是汤执中文章的英文摘要。

⑨ 参见 Brock（1），pp. 23，152，154，189，231，（2），p. 98；Tenney Davis（17），p. 57。汤执中解释道，不同大小的颗粒可引起人们期待的不同花状效果。最细小的颗粒使用含86.6%的硝石，最粗的颗粒使用含60.6%的硝石。参见图12。

⑩ Brock（1），pp. 154，163。

在轴的平面上旋转。此外，当旋转达到一定速度时，另外两个管子下面的小孔喷出气体使之发射入空中[1]。此装置应是中国发展起来的，这一点十分有趣了，因为其原理与直升机上的陀螺相似[2]，可以说它是直升机旋翼的始祖和飞机螺旋桨的祖先。其动力来自缠绕在杆上的一根绳子所引起的旋转，或是来自弓钻弹力绳的拉力，其弹力绳随弓钻移动。中国飞行器的能源是自给自足，由火药填充物化学方法提供，但持续的时间稍长些。而且，这种飞行器仅仅只是旋转的“水老鼠”的应用。关于“水老鼠”，德庇时在 1836 年曾写道，“人们还制造纸船使其在水面上飘动，船尾放出一股水流推动船向前”[3]。换句话说，它们简直是火箭原理的起源。关于火箭的起源及其战争用途的详细情况，我们很快就要进行讨论（p. 477）。也可以说，中国的飞行器是古希腊亚历山大里亚（Alexandria）发明家希罗的蒸汽喷射装置的发展（虽然中国人当时对此并不了解）[4]。最适宜火药在陆地上运用的发展，然而除此之外，从某种意义上说，它是当今垂直起飞的飞机的祖先。

把民用烟火制造和军用烟火制造进行一番比较是很富于启发意义的。我们将会看到（p. 163）在火药武器的早期阶段，大量火药混合物很可能被装在代替竹筒的硬纸筒中，这一方法沿用到今天的爆竹——硬纸筒里装满火药，爆炸时犹如大型鞭炮[5]。火枪遗留下许多后代，有“火棒”（Fire-clubbs）、含有低硝成分并喷射火焰的喷火筒，尽管其射程很短，17 世纪时都在欧洲已负盛名，约翰·巴特（1635 年）对此也十分熟悉[6]。同时，巴宾顿提到了“一种能射出好几个火球的战车”，所以，人们当时对与火焰齐射的弹丸也很熟悉（参见 p. 42）[7]。甚至连“枪”这一词也传进了民间烟火制造技术之中，虽然指在很小的管子里装满苦味酸铵，或彩色火药成分[8]。体积大一些的火药筒称为“罗马焰火筒”，类似先前“星筒”（star pumps）烟火筒里添加了糊精，含低硝成分，比例大约是硝石（N）53.9，硫（S）11.2，碳（C）34.9[9]。这些烟火的直径为 6 144
寸。由于它们喷射出单个的有可燃材料的弹丸，所以这里又运用了与火焰齐射的原理。至于它们的大小，可与突火枪相比（p. 263），还不能与手持火枪相比。布罗克曾勉强试图从罗马时代的四旬斋狂欢节中找出这个名字的起源，但在 1769 年才在英国发现[10]。不过我们怀疑，这极有可能是来源于鲁姆（alRūm），即拜占庭，这样可以追溯到希腊马克和哈桑·拉马赫时代，地雷或硬纸迫击枪[11]很明显地也是来自突火枪的概念。

---

[1] Brock (1), p. 187, (2), p. 116。

[2] 参见本书第四卷第二分册，pp. 580ff.。

[3] 汤执中 [d'Incarville (1)] 的论文中也提到了这些纸船。

[4] 参见本书第四卷第二分册，pp. 226，407，576。有关背景知识请参见 Sarton (1)，vol. 1，p. 208；Woodcroft (1)，p. 72；Usher (1)，第二版，p. 392；及 Drachmann (2)。

[5] Tenney Davis (17)，p. 104。

[6] Davis (17)，p. 54；Brock (1)，opp. p. 17，及 pp. 32，247，Brock (2)，pp. 111ff.。

[7] Brock (2)，p. 112。如果可能的话，这一点可以追溯到公元 1540 年的比林古乔（Biringuccio）。

[8] Davis (17)，p. 69；Brock (1)，pp. 196，226。

[9] Davis (17)，p. 79；Brock (1)，pp. 191ff.。

[10] Brock (1)，p. 193。

[11] Davis (17)，p. 97。

至于火箭，除了它们不是手持的、不产生彩色火星并射向天空外，本身是完全相同的[1]。

回顾中国烟火的整个历史及其史前期情况，有一点大概是清楚的：即让烟和火焰具有各种颜色是问题的关键。巴罗大约在1797年写道，“掺杂一些色料和中国人拥有使火焰呈现光彩的技术大概是他们对烟火的主要功绩之一”[2]。人们都注意到了相同的情况，例如1818年卡约写道：“可以肯定，中国人拥有使火焰具有各种颜色的秘密，是他们的烟火中最重要的秘密。”[3] 卡特布什也说：“中国人长期拥有使烟火明亮并使其色彩多样化的方法。”[4] 人们没有认识到的很重要的一点，是作彩色烟火并不一定要有火药方子。所以，对于中国人来说，不需要非等到10世纪才可能产生这样一些显著的效果。

在从事烟火的研究中，我们要追溯到14世纪，因为《火龙经》记载了五色军事信号烟火的方子[5]，这些方子在《武备志》一书中也一字不差地有记载[6]。其中四个方子包括有低硝火药[7]，有一个方子没有火药。我们列表如下：

青烟：靛蓝（青黛）[8] +火药
白烟：铅白（碳酸铅）[9] +火药
红烟：红铅（四氧化三铅） +硝石、沥青及松香
紫烟：紫粉（银朱）[10] +火药及麻油
黑烟：褐煤及皂角+火药

145 五色烟中的绝大多数都取决于悬浮颗粒所形成的某种烟雾，使烟产生颜色，却不能使火焰产生颜色。这对任何易燃物都可能做到这一点。例如，《武备火龙经》记载了两个类似烟火信号的方子——三丈菊和百丈莲。它们都含有硫、木炭粉和铁屑粉，却根本不含有硝石[11]。这可能在烟雾中产生银色的闪光[12]。

到了《火戏略》成书的时代（1753年），我们可以看到由化学物质引起的各种色彩，这时化学物质使火焰和烟着色[13]。例如，在所有使用低硝火药的场合下，火焰本身就具有色彩：

---

① Davis (17), pp. 73ff.; Brock (1), pp. 181ff.。另一件与中国有关的事物是指固定喷火筒，或称管形火箭，花炮或麦捆（gerbe or wheatsheaf），起初常称为“中国树”，特别在渗有铁屑时（上述引文参见本书p. 189）。参见Brock (2), pp. 97—98。

② Barrow (1), p. 206。

③ Caillot (1), p. 100。

④ Cutbush (1), p. 371。

⑤ 《火龙经》（上集）卷一，第十四页。

⑥ 《武备志》卷一二〇，第五页、第六页。译文见Davis & Ware (1), p. 527。

⑦ 炉甘石（硝石）的比例可在47.6%—71.4%之间改变，平均数为66%。

⑧ 汤执中［d'Incarville (1)］在他的论述中也曾提及，不过有点令人怀疑。

⑨ 汤执中提到一种与铁砂用在一起的化学制品，用于产生银色火星或火花。在汤执中时代，药方里还加了樟脑。

⑩ 汤执中再次提及，用的也是铁砂。

⑪ 《武备火龙经》卷二，第三十页、第三十一页。

⑫ 这里，我们只谈信号烟。不过，从《武经总要》一书中可以很明显地看出，11世纪时，中国人对烟幕的原理已经很熟悉。然而，直到1760年，烟幕在英格兰好像还被看作是军事上的新奇玩意儿［Brock (1), p. 240］。

⑬ Davis & Chao Yün-Tshung (9), pp. 101—102, 106—107。

黄色：	硫化砷
紫色：	棉花纤维
绿色：	铜绿（醋酸铜）[1] 及靛蓝
丁香白色：	碳酸铅
白色：	甘汞（氯化亚汞）
黑烟：	松烟、沥青

欧洲最早使用醋酸铜一类的盐类大概不会早于1801年的鲁杰里[2]。不过晚些时候才引进诸如锶红和钡绿这类作用力强的物质[3]。而赵学敏却提到成分根本不含火药。硫磺本身就可以发出蓝光，加上硫酸铜其蓝光更强[4]。单是硝石本身，或再加上各种可燃物，可以产生紫光[5]，硝酸钠可以产生黄光。值得注意的是，一个世纪前在英格兰人们谙熟的“孟加拉火”——一种强烈的蓝白光，只需要硝石，硫加上硫化锑就可以产生[6]。锑大概是1630年由让·阿皮尔（Jean Appier）首先在欧洲烟火中使用的[7]。但因为中国拥有世界上最大的锑矿资源，要是这些矿藏地区炼丹术士在某个时候在烟火制作中不使用其中一种矿石，那才是一件怪事[8]。

从上述的讨论中可以看出娱乐烟火的五色烟和军事信号烟有着多么密切的关系。 146
这里对军事信号谈得过多会干扰本书的另一章节。但是，值得一提的是812年的《通典》[9] 中关于军事烽火台的一段精彩片断。凡沿古老丝绸之路（参见本卷第八分册）[10] 旅行的人一定对沿着西北汉界的一群五烽台非常熟悉。杜佑却建议只设三组[11]。每座烽台设三个悬挂的柴火篮子（柴笼），每个烽火台可由墙垛下一种引火药线（流火绳）点火[12]，引火绳穿过一个管子（火筒）[13]。如果一切平安，只点一火；如接近危险，则点二火；如敌人军队已助所及，则举三火，全部三种就约定了其暗号。烽火台备有旗与鼓，有消防及艾蒿火种。烽火台由六名持箭、纵火箭、弩及抛石机的卫兵防守，他们有足够的食物贮备。此例亦可作为中国人特长的制烟技术的另一证明。

回顾本节的主题，我们的结论是：用现代眼光来看待民间烟火，可以说，民间

① 也可以用铜粉（Cutbush，2）。

② Brock（1），p. 23。

③ Brock（1），pp. 198—199；Davis（17），pp. 64，67；Cutbush（2）。

④ 根据卡特布什［Cutbush（2）］，锌粉也可以产生蓝光。因为自900年以来，中国就拥有单独分离出来的金属锌，如果他们没有试用的话，这也是一件令人奇怪的事。参见本书第五卷第二分册，p. 214。

⑤ 无疑，陶弘景很久以前就看过钾的火焰。

⑥ Davis（17），p. 64；Brock（1），p. 196；Cutbush（2）。

⑦ Davis（17），p. 55。

⑧ 比如辉锑矿（硫化锑）。参见本书第五卷第二分册（pp. 189ff.），关于中古代中国炼丹家利用的金属以及其他元素的讨论。

⑨ 这一章节与《太白阴经》（卷五，第二页）中的一段话几乎完全相同。《太白阴经》成书略早五十年。还有其他论据相同的例子。

⑩ 参见本书第一卷，图15，以及本书第四卷第三分册，pp. 35，37。

⑪ 《通典》卷一五二（第八〇一页中，第八〇一页下）。

⑫ 此时，流火绳与火药无关。

⑬ 这个术语很有趣，因为后来这个词只用于金属管枪炮以及手铳（参见下文 pp. 304，306）。

烟火技术是在约850到1050年间随着火药及其在军事上的利用而产生的[1]。然而，由于结合各种化学物与易燃物，包括硫磺和硝石，而使烟雾和火焰着色，一定是相当早就开始了，很可能是在汉代或汉以后。烟火的着色很可能起源于很古老的烟熏风俗和过程。五代和宋朝之所以可以看作转折时期，是这时伴随着与爆炸的产生及古老的烧爆竹子的习俗代之以燃烧火药鞭炮。像本文开始一样，我们以驻北京的苏格兰人的故事来结束本文。1720年，约翰·柏尔和其他俄国使团官员到康熙皇帝的皇九子王府去赴宴时，他们受到了盛情款待，观看了演戏，“伴随有音乐、舞蹈和一种喜剧，持续了大半天”，虽然他们听不懂一句唱词和对白。演出将要结束时，主人公的对打被一个鬼怪中断了，鬼怪“腾云驾雾，手执妖刀，在一阵闪电中从云中出现，把两个武士推开，并把他们赶下舞台。剧终时，他又像刚才那样出现，腾云驾雾，在火烟云雾中升空。”[2] 此记载可以说是地道的中国传统戏。

147 (9) 作为纵火剂的火药

如果说人们刚一认识火药时，它就产生破坏性爆炸，那就犯了一个简单思维的错误。在低硝火药成分居主导地位的年代里，火药主要用来作纵火剂，用以烧毁敌人的木构建筑、帐篷，以及其他设施。我们应当记住火药武器的下列五个阶段：

（1）作为纵火剂的火药（由弓、弩、火铳及抛石机发射）；

（2）作为喷火剂的火药（火枪及其类似武器）；

（3）作为炸药的火药（由抛石机发射的鞭炮或炸弹）；

（4）作为反作用力推进剂的火药（火箭）；

（5）作为向前推进剂的火药（管状枪、火枪）。

下面，我们将专谈纵火剂抛射体。

先前（p. 130）我们曾集中研究了“火箭”这一术语出现的歧义。古代和中古代中国士兵粗悍，相对而言，他们没有受过教育，对各种武器无法从术语上加以辨别，而文人对这些武器又很生疏，也无法辨清这些武器。但是我们可以至少看到下列三类：（1）早期使用油类和硫磺以及各种可燃物的纵火箭（火箭）；（2）使用火药的纵火箭（有时称为“火药箭”，但通常不太具体）；（3）火箭，通常带有箭镞（也叫“火箭”）。根据历史事件发生的次序，我们发现10世纪末时，火药制造技术发生了变化。我们认为此时可看作从第一阶段转向第二阶段的时期。

上面已经概括谈过“火箭”与纵火战的关系（p. 124），最早记载之一是鱼豢撰写的《魏略》，描述了诸葛亮率蜀军攻打陈仓。蜀军起云梯冲车以临城，魏军守将郝昭于是以“火箭”燃其云梯，梯上人皆烧死。此战役发生在229年年初，当时不存在火药问题。后来，大约425年，杜慧度与卢循之间的水战中，卢循的战船都起火，因为刘宋的水军发射了“火箭”[3]。另一个例子是几年后于535年王思政率兵射“火箭”，烧毁

---

① 有趣的是，工程专家布罗克［Brock (1)，p. 230］与历史学家冯家昇［(6)，第12页］都相信隋唐时期尚无真正意义下的烟火。

② Bell (1)，p. 143。

③ 《宋书》卷九十二，第二二六四页，中华书局，1983年。

敌人攻城器具[①]。759 年的《太白阴经》曾多处提到“火箭”，我们从中获悉，此乃以油瓢盛油，绑在箭上放出，大概有某种引线。这种武器向上攻击守望台，向下焚烧攻城设备是有效的[②]。类似抛射物为“火矢”，可以弩射之，射程为 300 步[③]。7 世纪人李靖的《卫公兵法》中也有相同的叙述。两个世纪前，汪宗沂辑录《卫公兵法》残卷并予出版[④]。 148

前面（p. 85），我们曾注意到许洞曾提到过“飞火”。此书约成于 1000 年，他说：飞火是抛石机抛射的“炸弹”，可能是纵火剂或纵火箭[⑤]。正是在许洞的时代，进入纵火投射体的新阶段，其标志是不断有人将新发明呈献皇帝和武将们。我们认为，这些新的发明包含了火药作为纵火剂的使用。

差不多宋朝刚开始的 969 年岳义方呈皇上新型“火箭”，皇上赐束帛[⑥]。970 年将军冯继升等进另一种新的“火箭”模型，皇帝命试验，证明是成功的，赏给发明者衣物、丝绢[⑦]。976 年吴越国王把善于射纵火箭的一批军士送给宋朝皇帝[⑧]。约在 10 世纪后期，出现了几次战斗中使用新武器的机会，例如 975 年太祖用从抛石机发出的“火箭”与纵火弹攻打南唐的最后守卫者[⑨]。994 年有十万辽国军队围梓潼，百姓大受惊恐，但是将军张雍命令以抛石机发射石头，同时又发射新的“火箭”，使得围城的力量退却[⑩]。

后一个世纪（11 世纪）开始时，火器的发明者，忙得不可开交，真宗咸平三年 149
（1000 年），水军队长唐福献所制纵火箭、火球、火蒺藜，而同时造船匠项绾等献海战船模型[⑪]，各赐缗钱。1002 年一位军官石普自言能作更好的火球、“火箭”。皇帝下令以他的产品试验，由大臣及其助手观看[⑫]。因此在《武经总要》中首次出现火药配方前的十年，火器确实从根本上得到了很大的发展，否则为何对试验与赏赐大书特书呢？事实很明显，这些发明与使用低硝火药作纵火剂有密切关系，而低硝火药又是比以前的任何纵火物更易控制和更有效果。它不像过去用油烧或其他易燃物的纵火箭容易出

---

① 《北史》卷六十二，第七页。

② 《太白阴经》卷四（第三十五篇），第二页。

③ 《太白阴经》卷四（第三十八篇），第八页。

④ 《卫公兵法》肯定与卜弼德［Boodberg (5)］译成英文的《李卫公问对》不同。该书是宋朝的武经七书之一，大概成书于宋朝初期，在这本书里，我们没有发现任何关于纵火箭的记载。

⑤ 《虎钤经》卷六（第五十三章），第四页。参见冯家昇 (*1*)，第 46 页；冯家昇 (*6*) 第 73 页。

⑥ 《物理小识》卷八，第二十六页；《通雅》卷三十五，第四页。方以智的出处不明，大概岳义方是冯继升将军的同僚。

⑦ 《宋史》卷一九七，第一页。

⑧ 《宋史》卷三，第十一页。

⑨ 参见冯家昇 (*1*)，第 47 页；冯家昇 (*6*)，第 16 页。根据后者，《朝野佥言》，采自《三朝北盟会编》；我们已经在前面（p. 89）提到可能火器在军事中的出现导致了南唐的灭亡。徐梦莘的引文参见《三朝北盟会编》卷九十七，第五页。

⑩ 《宋史》卷三〇七，第三页。

⑪ 《宋史》卷一九七，第二页；《宋会要稿》卷一八五，第三十七页，也见《续资治通鉴》（商务本）卷四十七，第十五页。

⑫ 《续资治通鉴》（商务本）卷五十二，第二十四页，参见冯家昇 (*1*)，第 48 页和 (*6*)，第 17 页。石普在《宋史》里有传，见卷三二四，第一页，但它并没说出他有什么技术兴趣。还有许多涉及他的资料在《宋史》里看到，如卷四十六，第六页，卷四十七，第十五页，卷十五，第四页，卷五十五，第九页等。

意外事故，引信的长度可精心地调整来适应估算的飞行时间。上述各段内容有时被说成是火箭首次出现的标志，虽然确实没有证据表明它们是火箭，而且是自行发射的。但是用“火箭发射剂”作为纵火剂可望是在这一特定时期内实现的，此时知道火药混合物的时间还很短，而高硝火药仍有待今后去发现。

这一时期最令人不可思议的大概是1044年成书的《武经总要》中有关“鞭箭”或“火药鞭箭”（图13）了。由于有关文字难于翻译，因此我们不得不以异乎寻常的方式给出两种译文[①]。第一种译文如下：

> 鞭箭
>
> 取长10尺，直径为1寸5分新的青竹一根，下端包铁（并固着于地上）。一根长6尺丝绳系在竹竿顶部。另外还取一根长6尺的结实竹子作鞭箭，把它削成镞，检查一下两根竹子两端的联结点，然后用一竹臬（导向钩）把它们固在一起。
>
> 151 ［注：有时亦称“鞭子”。］
>
> 射时，以缠绕的丝绳将箭与竿端相联，此后一人挥动竿端并向后拉；而另一人握住箭（瞄准目标），使箭端激而发之。
>
> 鞭箭的优点是能向高处远射，向上击中敌人。
>
> 〈鞭箭
>
> 用新青竹，长一丈，经寸半为竿。下施铁索，梢系丝绳六尺〔固定在地上〕，别削劲竹为鞭箭长六尺有镞度正中，施一竹臬（亦谓之鞭子）。
>
> 放时以绳钩臬系箭于竿，一人摇竿为势，一人持箭末，激而发之。
>
> 利在射高中人。〉

下面有一段关于火药的秘语。

> 但是如果有低处的目标或者（敌人）军队，仍放火药鞭箭[②]。造一个桦皮匣子，放入5两火药，把它放在箭头后面，点燃它并把它射出去（“燔而发之”）。
>
> 〈短兵，放火药鞭箭者如桦皮羽以火药五两，贯镞后面燔而发之。〉

在这一翻译中，主要推动力是由一个士兵把竹竿向后拉弯，利用其弹力而推动，另一
152 士兵瞄准。关于药信一点儿也没有谈及，而火药大概是低硝的，显然作纵火剂用。基于这一点，我们作出了一个图，见图14（a）。

但是还存在着另一可能性，士兵用第二根竹竿更像抛竿。下面是第二种翻译。

> 至于鞭箭，人们必须用长10尺、直径为1寸5分的新青竹作成长竿，在它的后部末端系上一根铁链子，另一端系上长6尺的丝绳。另外找一根粗壮的竹子，要把它削尖成鞭箭的形式，也是6尺长，在竿子中部的特定点上安装一个钩子或臬。
>
> ［注：有时亦称“鞭子”。］
>
> 射时，以缠绕的丝绳将箭与竿端相联。此后，一人挥动竿端并施加一力；而另一人握住箭后端（瞄准目标），使箭端激而发之。鞭箭的优点是能向高处远射，击中敌人，具有近程武器一样的准确性。

---

① 《武经总要》（前集）卷十二，第六十页，第六十一页，（明版，卷十二，第五十二页、第五十三页），由作者译成英文。

② 《武经总要》原文只提了“火药箭”，而整个这段话取自插图说明。

150

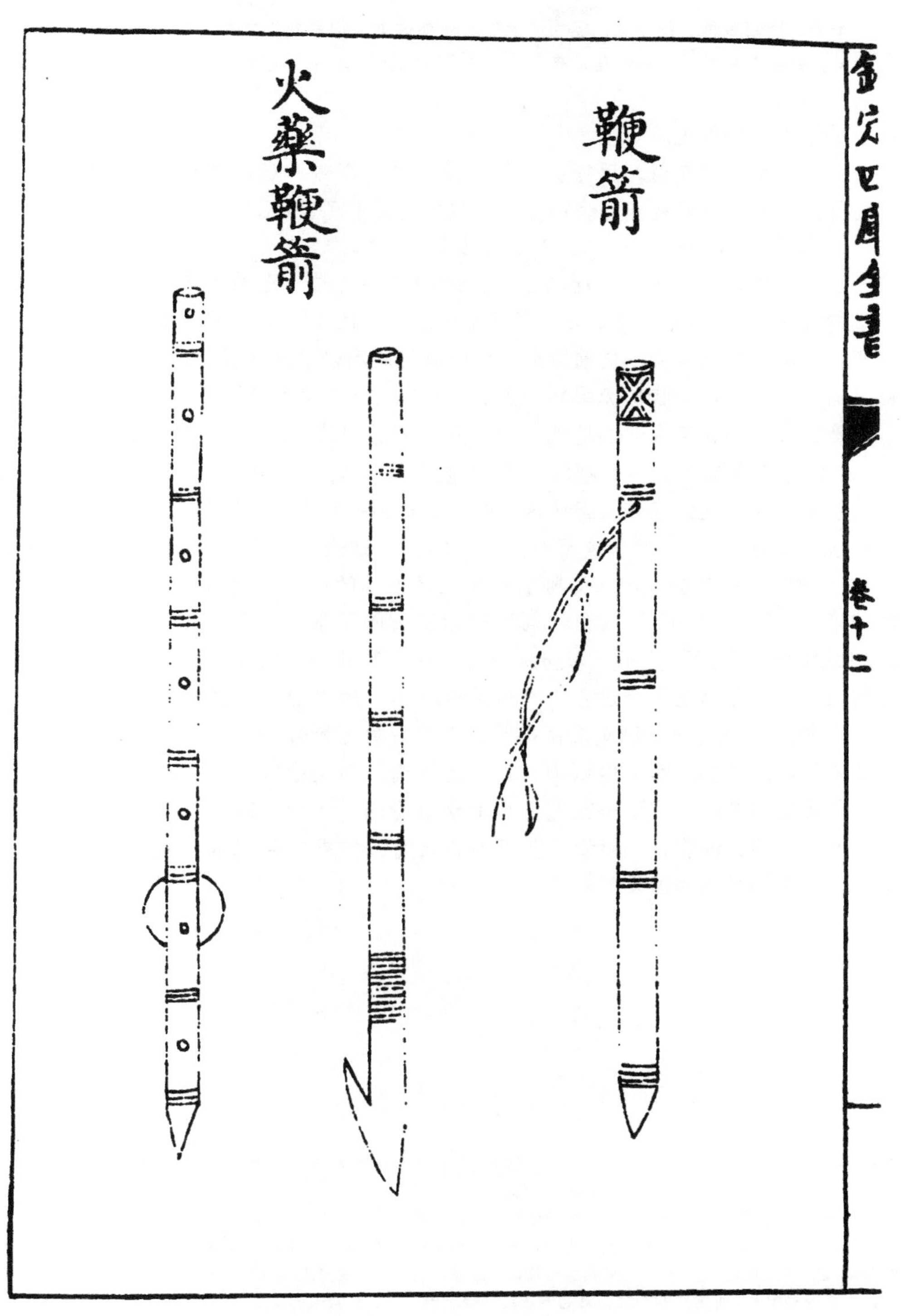

图 13 “火药鞭箭”，采自《武经总要》（前集）卷十二，第六十页。

〈鞭箭，用新青竹，长一丈，径寸半为竿，下施铁索，梢系丝绳六尺，别削一劲竹为鞭箭，长六尺，有镞度其中，施一竹臬系箭于竿（亦谓之鞭子），一人摇竿为势，一人持箭末，激而发之，利在射高中人，如短兵。〉

下面是关于火药的叙述。

> 至于发射火药箭，用桦皮羽包围着形成一个球，球内安装 5 两的火药，放在箭杆经过杆子中部的点上，一点燃，这支箭便射了出去。
>
> 〈放火药箭者如桦皮羽，以火药五两，贯镞后，燔而发之。〉

在这一段译文中，一士兵用劲摇动系有丝绳的竹竿，另一士兵瞄准鞭箭。无疑丝绳套在一端的环中，然后滑离竹臬勾，鞭箭便射出去。图 14（b）示意图试就其机械原理作出解释，可看成是某种从史前以来几乎所有民族用以增加其投射体射程[1]的较为复杂的推进器原理的运用，我们无法判断到底它是弯竹还是抛射竿[2]。

153 当然，关键仍在于火药的功能。原文几页后就明确提到“火药鞭箭”用于纵火目的[3]，却又在“守城之法”标题的一段中提到了“桦皮羽火药匣”[4]。不过，后来解释使用火箭字眼时，促使很多人都从这一描述中看到关于火箭喷射的最早叙述。王铃[5]倾向赞成这一观点，冯家昇[6]坚决反对。不幸的是，结论中意思含糊[7]，因此又促使李迪（*1*）曾为此观点作辩护，他认为鞭箭就是火药推动的火箭。他还运用了好几个语言学方面的论据，第一，“放”这个动词用来指发射而不指“射”，然而“放”早在《宋书》中就用在“火箭”上了。李迪所说的“燔”更重要，意指煮或烤，或指用于祭祀鬼神的炙肉，实际上是一个过程，不是某种动作，所以他宁肯译成“一旦点燃，鞭箭使燔而发之。”[8] 他打算把鞭箭和由弓箭射出的带火药燃烧物的箭区分开来，这是我们下一章要讨论的内容。因为他认为，若不是火箭，则文中所述的方法能否把鞭箭带至相当一段距离都成问题。正是在这一点上众说纷纭，我们的观点是不论纵火火药是否起有效负荷作用，鞭箭就是鞭箭，因而不是火箭，如果它果真本身能带推进力，为什么又需要二人操纵辅助器具呢？

---

① 事例请参见 Singer et al.（1）vol. 1，p. 57；Kroeber（1），p. 643；Montandon（1）pp. 398 ff.；Heymann（2）；Pitt-Rivers（4），p. 132 和图版 16；Underwood（1）。

② 文中不少含糊不清的地方，未说明若有铁索，其长度是多少。又似乎说丝绳系在铁索上，而“梢”显然是指竿的顶端。接着又说，丝绳系于长一丈的竹竿，然而其图（图 13）表明，丝绳系在鞭箭末端的六尺处。照第一种解释，丝绳的用途就不明确，大概是稳定鞭箭，或是当竹竿弯到合适的程度时，把竹竿抓回。

③ 《武经总要》（前集）卷十二，第七十三页（明版卷十二，第六十四页）。

④ 《武经总要》（前集）卷十二，第七十四页（明版卷十二，第六十五页）。

⑤ Wang Ling（1），p. 165。

⑥ 冯家昇（*4*），第 41 页，（*6*），第 23 页—第 24 页。

⑦ 这里的歧义可解释为“点燃使其射出”，也可释为“点燃后，箭射出”。我们赞成后一种说法。

⑧ 李迪以为，如果是“点火”这一行动，那么“着火”或“燃”这些词语也随之使用。然而，并没有发现当时这些文献中上述短语常用的情况。

152

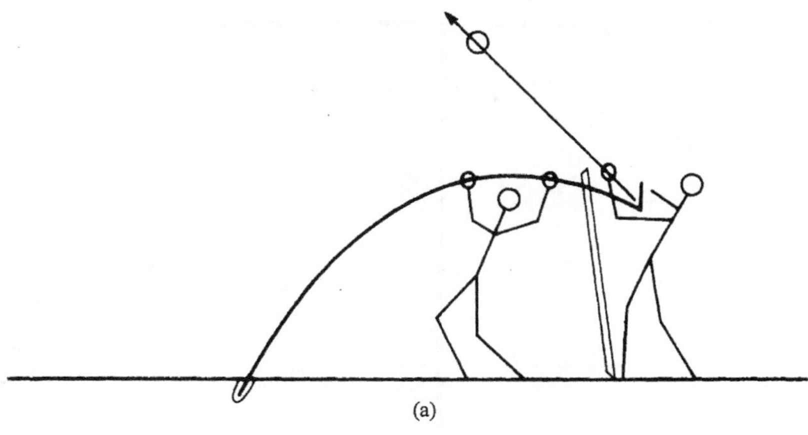

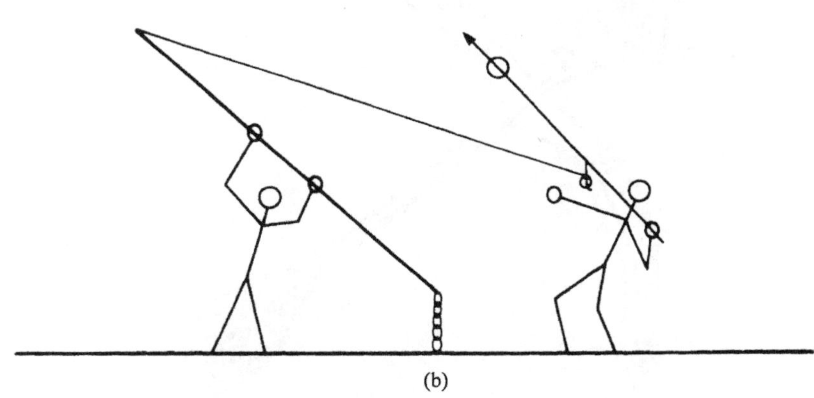

图 14　“鞭箭”与“火药鞭箭”的不同方案结构示意图。根据《武经总要》。

在以后的几个世纪中，很难在历史文献中，再遇到鞭箭的记载，但 14 世纪中叶，张宪写的诗中又出现了鞭箭。诗的题目是《北风行》[①]。诗中写道，一个年轻人在北京北部的居庸关乘车，遇到一个奇怪而可怕的骑马人，在架上带着鞭箭。再未谈别的内容。这一首诗至少告诉我们那时还有一条关于鞭箭制造技术继续存在的文献记载。

我们认为，对唐福及其同僚在 1000 年初期，采用的火器的叙述是清楚而简明的，很自然的是，此事是 350 年后才有记载[②]。在《火龙经》中有一幅“弓射火柘榴箭”的插图，参见图 15，其译文如下[③]： 154

> 在箭头之后，用软纸二层或三层包裹火药，再把它绑在箭杆上，其外形像个石榴，加上麻布覆盖并把它捆紧，然后用熬化了的松脂将它封得牢牢实实。点燃信药，这样便可开弓射箭了。

① 张宪《玉笥集》卷三，第九页。

② 这段话不见于《武经总要》，不过《武经要览》一书中有相同的一段话。

③ 《火龙经》（上集），第二十四页，襄阳府版第二十一页，由作者译成英文。

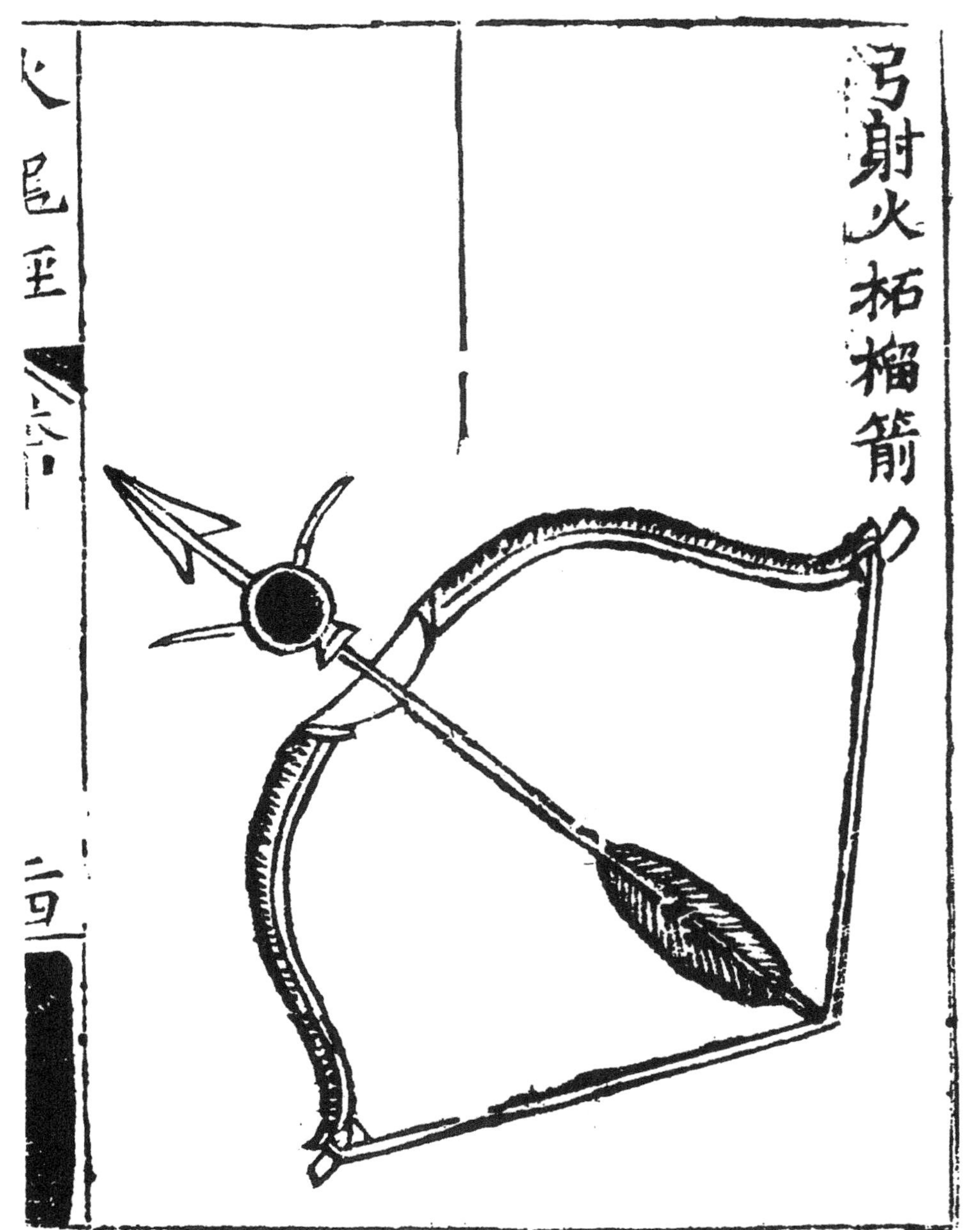

图 15 真正的火箭，“弓射火柘榴箭”，采自《火龙经》（上集）卷二，第二十四页。

〈弓箭火柘榴箭

将后火药用棉纸二三层，中树箭杆包成石榴样，外加麻布缚紧，以松脂熬化封固，燃药线发火，方可开弓放去。〉

最后一句在以后的《武备志》里有所扩充[1]：

① 《武备志》卷一二六，第十页，第十一页，由作者译成英文。

> 制造药线可用纸糊过，并过油，药线引入火药球前部①。铁镞必须十分锋利，带尖锐的倒钩。点燃药信开始发火，然后才从弓上放箭，把箭射出去。当箭达到目标，它能使防御的席子或者篷帆着火，用水浇也泼不熄，所以它是一种厉害的器械。
>
> 〈又用纸糊，油过，药线，眼向前开铁镞须要锋利，倒钩。燃药线发火，方可开弓放去，一着人马篷帆，水浇之不灭，亦便利之器。〉

最后一句话，使人想起很难扑灭由某种具有内在的供氧的混合物引起的大火，这显然是作为纵火剂火药的另一优点。从某种方式上看，有点像旧时的希腊火，虽然希腊火依赖其流体的物理性质。原始的可燃物着火要扑灭火并不太难。

对弓适用同样也适用于弩，正如《武经总要》另一段所述②。《武经总要》详细说明三弓床子弩的构造和操作原理［参见前面第六分册］，然后又说“其箭皆可施火药，用之轻重，以弩力为准。”③ 这一说法可以看作是纵火箭的另一叙述。

1126 年，当宋京都开封陷入金人手中时，金人掳去大量军用物资。后来，夏少曾写道：

> 宫内宦官梁平王把侵略者带进宫去到处观看，告诉他们好玩的东西和珠宝所在，而邓述呈献了一个关于皇后、妃子、年青王子、妻妾等的清单。一个姓李的人交出 2 万支“火箭”，一种标准的能投掷装满了熔化金属的射弹投石机模型，与四个弩砲——这些全都是（宋）太宗为了征服（南）唐而准备的。在和平时期这些官僚们过着花天酒地的生活，他们竟然这样没有心肝地对待国家④。
>
> 〈内侍梁平王乃指言上皇宫中宝玉玩好，邓述具录后妃皇子皇女，李□献黑漆皮马甲二万副，太祖平［南］唐火箭二万支，金汁火砲样、四胜弩。内侍平时享国富贵无与为比，其内侍负国，有如此者!〉

这里又提到了纵火箭，这时一定含有火药或者已经做好了安装火药的准备。 155

这些武器在宋朝后期大量使用。1130 年即开封都城陷落后四年，金人又用这些武 156
器非常有效地攻打率南宋水军迎击的韩世忠⑤。第二年，宋军也用同样方式回击金人，当金军围当涂，宋军用油火球、五极铳以及火药纵火箭成功烧毁金军云梯及木制攻城设施，结果解除了包围⑥。后在 1206 年，宋军守襄阳，赵万年记叙金军围城情况时可能首次使用了“火药箭”一词⑦。可以想像这是显示了火箭的首次出现，关于这一点，我们将在后面讨论⑧。而这里很可能是指火药的纵火功能，金军的工事这一次肯定是被烧毁了。此后术语又回复到通常有歧义的“火箭”上，而对 1275 年南宋军队在与蒙古打仗的描述，我们遇到的词汇又成了“火矢”⑨。那时（1274 年、1279 年）伯颜南进，

---

① 这一点大概可以解释插图中两个很像天线的物体；仅在《武备志》中有一幅，画面更为清晰。

② 参见《武经总要》卷十三，第七页，两种版本，由作者译成英文。

③ 王铃最先注意到这段文字，可是他认为是指某种火箭，参见 Wang Ling (1), p. 166。

④ 《朝野佥言》，引自徐梦莘的《三朝北盟会编》卷九十七，第五页。由作者译成英文。

⑤ 《续文献通考》卷一三一，第三九六五·三页，《续宋中兴编年资治通鉴》卷二，第一页。

⑥ 《云麓漫抄》卷一，第十一页、第十二页。

⑦ 在他的《襄阳守城录》中，第七页。

⑧ 下文 pp. 511 ff.。

⑨ 《续文献通考》卷一三一，第三九七六·三页；《宋季三朝政要》卷五，第三页。

遇到南宋主将吕文焕的抵抗，很多记载都谈到“火砲”，即抛石机投射的纵火弹，大概用的是低硝的火药[①]。

使用火药的纵火箭事件，我们大概可追溯到1083年的一件事。一位将领赵卨要求更多武器，结果得到神臂弓1000张、箭10万支、药箭25万支。它们可能是毒箭，而且更有可能是装火药的[②]。后来李新在《跨鳌集》中记载了1090年宋人抵抗金人的战斗，战斗中使用了“火砲”[③]。在以后的三十年里，这些纵火弹曾多次在战争中服役。最后导致了开封的陷落[④]。纵火弹在1127年著名的德安守卫战中崭露头角，这场战争是由守将陈规率领的，金人也在攻城中大量地使用了它们[⑤]。不久之后林之平敦促所有宋军战船都要用抛石机抛出的含火药炸弹及火药、纵火箭来装备[⑥]。我们已掌握1160
157 年关于宋、金之间一场重要水战的记载，宋将领是李宝，金军由郑家率领。《金史》云[⑦]：

> 郑家不熟悉［各岛之间的］海路，也不知道操纵船舶，他不相信（敌人宋军就在附近）。但他们突然出现，发现我军未备，向我们的船抛掷火药纵火弹，郑家见到所有的船都在起火，没有什么办法逃出，因此跳下海里淹死。
>
> 〈郑家不晓海路舟楫，不之信，有顷，敌果至，见我军无备，即以火砲掷之，郑家顾见左右舟中皆火发，度不得脱，赴水死。〉

四年以后金军进攻海州，宋将魏胜发明了一种像野战炮似的又能移动的新形式抛石机，既可以抛掷石头，又能抛射火药纵火剂到200步远[⑧]。正是这时，1176年一块陨石的陨落，被比作抛石机发射火药弹那样“如发火炮”，如事后周密利用当时的记载所述[⑨]。这真是一段恰到好处的描述。陨石坠落发出惊人的响声，犹如一个重的飞行体在附近发出轰鸣的噪声。无疑，在纵火剂和炸药之间没有一条清晰的界限。大约在1200年时某些“火毬”和“火炮”含较高硝火药成分，但这一问题很难确定[⑩]。转折期看来不会太慢，各地情况不一。1206和1207年，当赵万年在襄阳抗金时，王允初成功地防御了德安（类似80年前的陈规）。阅读他的儿子写的《开禧德安守城录》时，读者一定会对纵火武器的重大优势有深刻印象。该书至少有15处提到“火炮”和“火箭”随时使用。只有一处提到火药是用稻草旧席片包裹成茶包状，然后向敌人发射——很显然

---

① 例如《宋史》卷四五〇，第四页起。《元史》卷一五六，第十九页；《国朝文类》卷四十一，第十五页、第二十页。

② 《宋史》卷一九七，第八页，“药箭”这一相同词语又出现在《癸辛杂识》（第三〇九页，中华书局1988年）（别集）卷二，第三十九页，叙及襄阳包围战的有关情况。

③ 《跨鳌集》卷二十六，第八页。

④ 冯家昇（*1*）pp. 56—57。

⑤ 《守城录》卷三，第六页；卷四，第六页。

⑥ 《宋会要稿》卷一八六，《兵部》卷二十九，第三十二页。详细清单包括“望斗”，望斗在船上用于测量高度。参见本书第四卷第三分册pp. 575—576。

⑦ 《金史》卷六十五，第十六页，由作者译成英文。参见《宋史》卷三七〇，第四页、第五页。谓之唐岛之战。陆懋德［Lu Mou-Tê（1）］熟悉这一事实，但是错误地认为火器是火炮。

⑧ 《宋史》卷三六八，第十五页。这里陆懋德［Lu Mou-Fê（1），pp. 30，31］，又犯了同样错误。魏胜还发明了新式床子弩。

⑨ 《癸辛杂识》（别集）卷一，第七页。

⑩ 在《武经总要》中，火药鞭箭的记载占了显著地位，并引起了不少分歧。据我们所知，在有关战争的历史文献中没有提到火药鞭箭的使用，这不能不说是一件令人奇怪的事情。

是一种纵火装置[①]。

在上述几页中，读者一定注意到唐福和石普等火器发明者，首先制造了含有火药的纵火“火球”，是用抛石机射出来的。在《武经总要》（1044年）中描述的这类装置中，我们注意到“铁嘴火鹞”和“竹火鹞”[②]。图16的原文说明如下： 158

> “铁嘴火鹞”，本身是木制的，有一张铁嘴，另用一束稻草作尾巴。把火药放在尾的前部[③]。
>
> 竹火鹞，由粗竹编成的篮子为框架，腹大口小，外形细长。用几层纸把框架糊好，并刷上油直到外皮呈黄色。把1斤重的火药放进去，还加上一些圆石头，以增加重量。用3至5斤稻草紧扎成鹞子的尾巴形式。
>
> 这两件东西的用法与“蒺藜火球”相同。当敌人来攻城墙，它们均可以抛石机发射。能使敌人的装备着火燃烧，使他们的队形惊散。
>
> 〈铁嘴火鹞，木身，铁嘴，束杆草为尾，入火药于尾内。
>
> 竹火鹞，编竹为疏眼笼，腹大口狭，形微修长，外糊纸数重，刷令黄色，入火药一斤在内，加小卵石使其势重，束杆草三、五斤为尾，二物与球同。若贼来攻城，皆以砲放之，燔贼积聚，及惊队兵。〉

尽管“鸢”（kite）一词可译作（产于欧洲的）“茶隼”或译作“雀鹰”，显然这两种火器都是像炸弹一样被射出去，这里不是指纸糊的风筝（风筝是中国人的发明）[④]。

这把我们带到火球、炸弹和手榴弹的话题，大体上我们下面的论述按顺序进行。纵火剂火药与炸药的区别是很难划线的，因为我们需要了解史书上从来没有记载的知识，即硝石在混合物中的比例。不过我们将看到一些术语可能告诉我们什么时候会跨越边界线。

在我们深入探讨以前，我们可以设想一个抛射体，即使含有火药，也不一定能爆炸。“火球”是从抛石机掷向敌人的。前面曾叙述过（p.73）引火器或“引火球”曾用于测量距离。但还有一种“蒺藜火球”是将其自身附于其他物体或结构之上（图17）。《武经总要》云[⑤]：

---

① 译文见 Hana (1), p. 156。

② 参见《武经总要》（前集）卷十二，第六十四页、第六十五页。由作者译成英文。参见《武备志》卷一三〇，第二十一页、第二十二页。

③ 铁嘴的尖端估计是以特殊的方向引导火焰的。

④ 参见本书第四卷第二分册（pp. 576ff.）中的讨论。这里使我们想起了1232年（pp. 577—578）升起传单之事，及13世纪（p. 589）载人风筝用于侦察。确实在沃尔特·德米拉米特著名写本（参见 p. 287）记载人们看到的悬挂在城市上空的风袋中的某种炸弹；参见 James (2), pp. xxxiv, 154—155, fol. 77b, 78a。这种代表物，有证据说明是1327年欧洲的产物，但设计太富于想像，也不实用，可以说是假想的。关于高空气球还可以花更多的笔墨来讨论，远比我们在本书第四卷第二分册，(pp. 597—598) 中能谈到的内容多得多，但是此事在这里与我们谈论的火药无关。

⑤ 《武经总要》（前集）卷十二，第六十四页、第六十五页，由作者译成英文。参见有马成甫 (*1*)，第31—32页。四库全书版作“药药”，而不是“火药”，这显然是印刷错误，因为其他版本均为“火药”。例如《武经要览》卷十二，第六十页、第六十四页；《火龙经》（上集）卷三，第五页、第六页，襄阳府版，第二十七页、第二十八页；《武备志》卷一三〇，第四页、第五页。

159

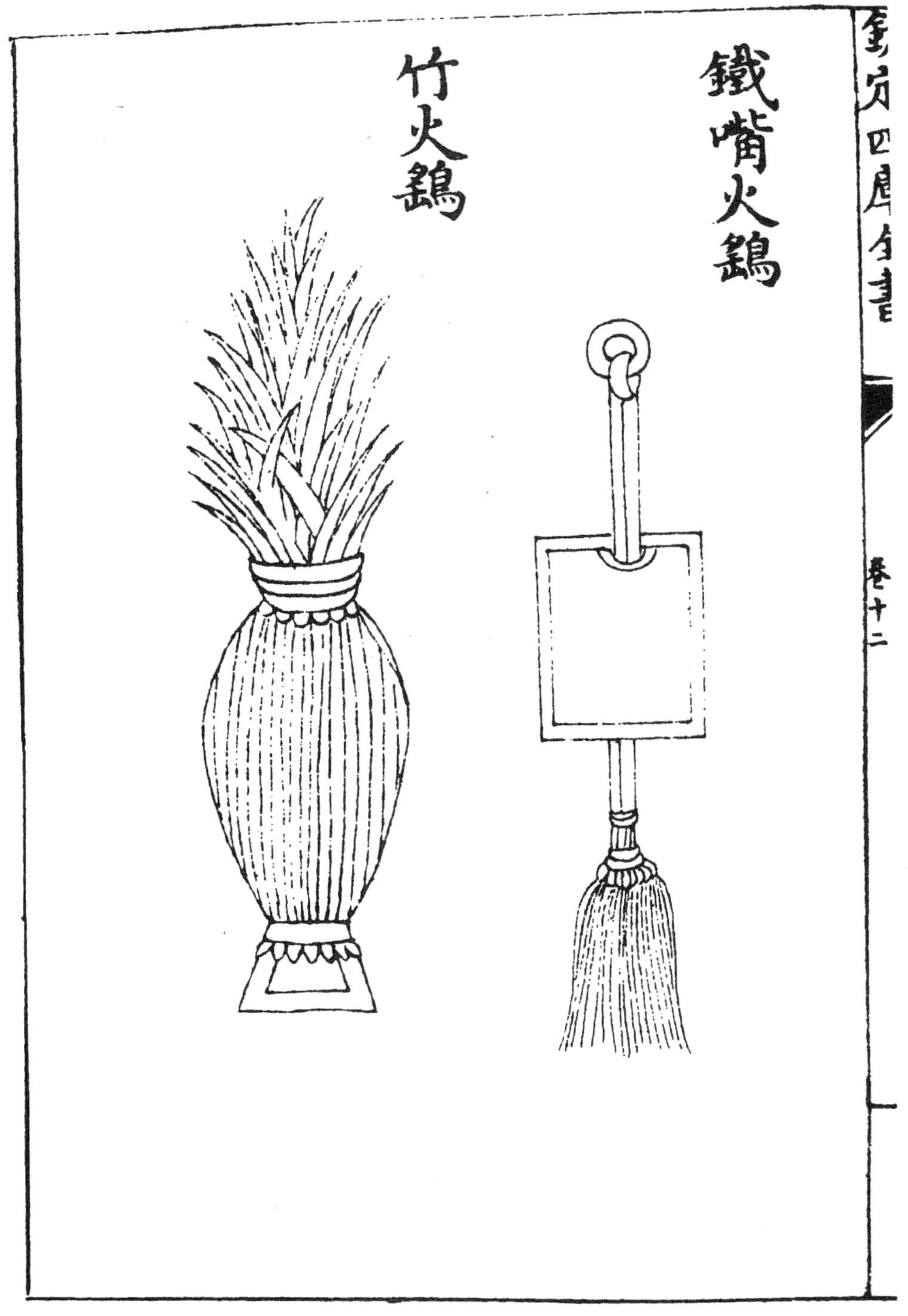

图 16　“竹火鹞”与“铁嘴火鹞”纵火弹，采自《武经总要》卷十二，第六十四页。

160

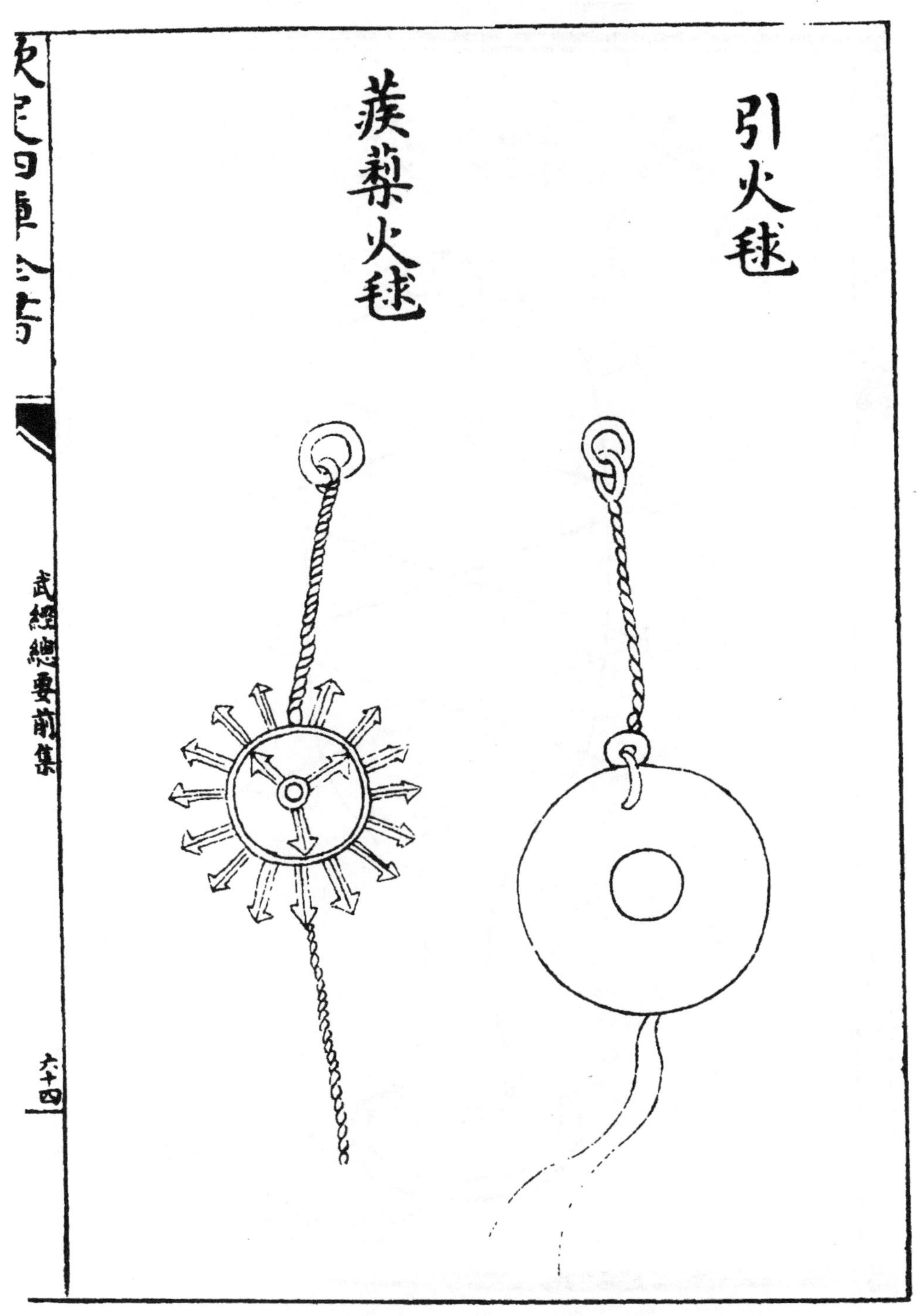

图 17　引火球与蒺藜火球。采自《武经总要》卷二十一，第六十四页。

162

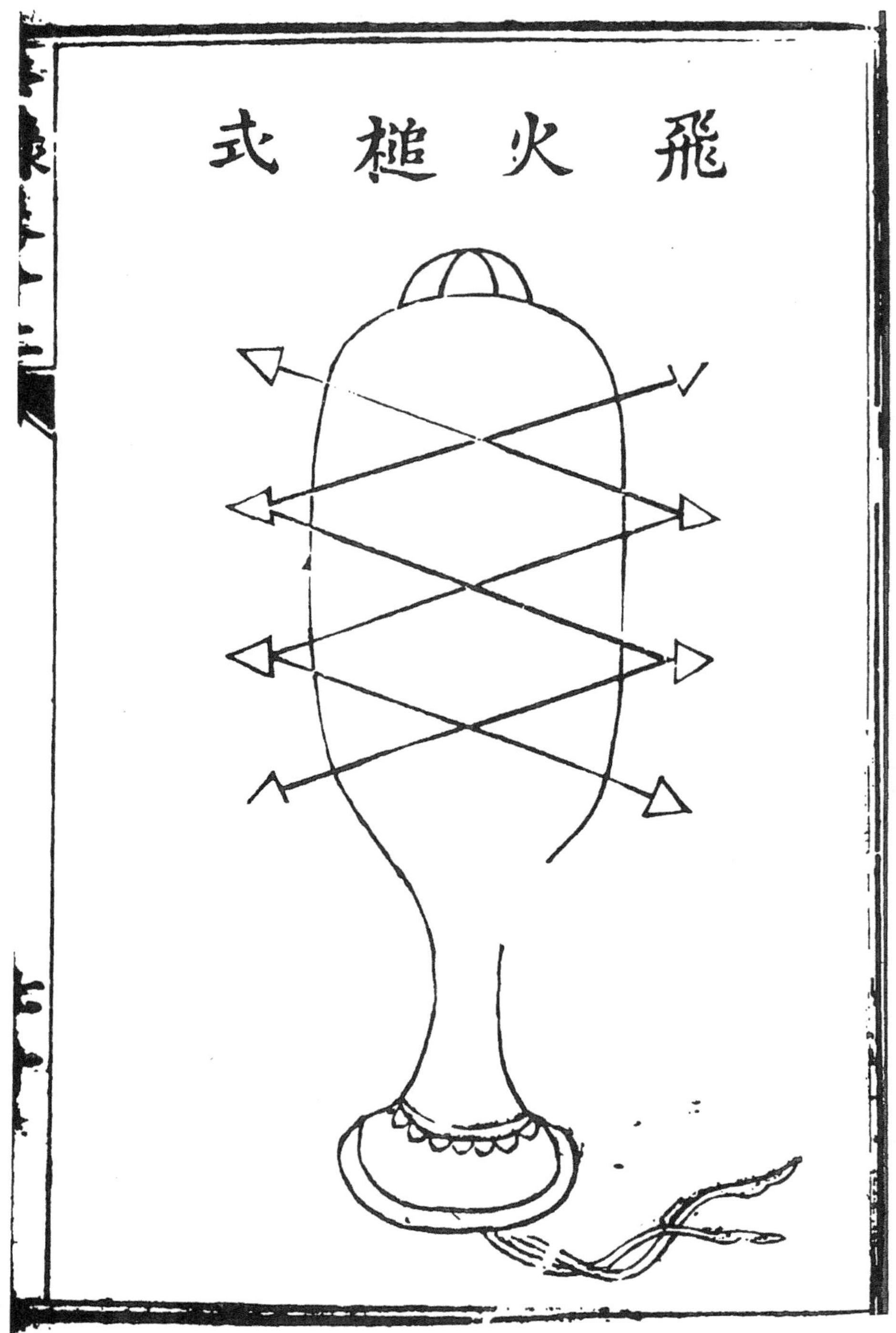

图 18　“飞火槌”，采自《兵录》，第七十六页。

蒺藜火球有三根锐利的枝杈、六根尖顶的铁矛，里面用火药团起来。然后用2尺长的麻绳穿过去[①]，外面再用纸包起来，还要用上各种不同的化学物质[②]。又用八个铁蒺藜，每个都安装了倒须。放时，用烧红的锥子刺它便可着火，结果烟也开始冒出来了。 161

〈蒺藜火球以三枝六首铁刃，以药团之中贯麻绳长一丈二尺，外以纸并杂药缚之又施铁蒺藜八枚。放时烧锥炮绳，透令焰出。〉

原文接下谈用于这种武器的火药方子；这是我们已讨论过的第二种方子（p. 120），其硝石含量不超过50%。

带着倒刺、尖钉和挂钩的蒺藜火球（参见p. 120）自然使人想到一串辐射状的尖钉刺、即众所周知的放在路上或地上阻止骑兵的前进的铁蒺藜。此原理极为古老，可以追溯到公元前四世纪的《墨子》[③]。铁蒺藜在这里与我们谈论的无关，蒺藜火球用以附着木构建筑或帆船，然后放火把木板或船烧掉。有趣的是，后来欧洲人也使用了完全相同器具，无论是传入还是独立制作，发出装有蒺藜的纵火物是用来抓住船上索具或船帆，最后起到破坏性的结果[④]。

很自然的是，含有低硝火药的纵火炸弹和手榴弹继续使用到17世纪以后。1606年《兵录》一书提到了这些火器。例如“飞火槌”就是一种瓶状木制手榴弹，八寸长，表面布满尖刺（参见图18）。当投掷至敌船，飞火槌刺进船帆或索具或木器，然后爆炸或爆炸起火点燃了器具，尽管威力仅起破裂作用[⑤]。另一简单的形式为“飞燕”，只是含68.5%硝石的[⑥]火药的竹筒或纸板盒子，也装上蒺藜，以钩住敌军船帆和建筑[⑦]。这类装置可以说是现代纵火弹的直接祖先。

(10) 炸弹和手榴弹

现在讨论纵火火药和爆炸火药间的界线。一个可能是10世纪和11世纪的“火球”和“火砲”只含了低硝火药混合物，然而却能有效烧毁攻城器具、地上墙楼以及海上“木墙”。然而新术语“霹雳砲”似乎标志着新事物的出现，首次真正使用了炸药。它有点儿像含高硝火药的鞭炮，装入薄竹筒、硬纸筒等物中；爆炸时放出“砰”的一声巨响，适宜于（除非与其他物混合）用来恫吓敌人兵马，而不是杀伤。我们将会看到，这一武器是12世纪战争中具有特色的武器。继此之后，下一步就是“震天雷”，也叫做“铁火砲”，也是从抛石机发射的。这里首次使用了爆烈性高硝火药在一个结实的金属壳里，爆炸时能重创敌军。现在我们终于能够使用炮这个词了。从广义上来讲，这项发展是13世纪所特有的。火炮的发展大概经历了两个半世纪。许洞在《虎钤经》里 163

---

① 大概这根麻绳很像一根吊索，火球拴吊于抛石机的长支架的一端。

② 这里很可能指更多的火药。

③ 《墨子》第五十四篇，第十五页，此后所有中国古代军事著作，如《六韬》都提到它，参见章鸿钊（*1*），第426页。

④ Blackmore (2)，P193。

⑤ 《兵录》卷十二，第五十九页、第六十页。

⑥ 在这一例子中实际所给出的百分比，硝68.5；硫12.3；碳19.2。

⑦ 《兵录》卷十二，第六十一页。

谈论火攻时提到了“火砲”①，这一术语第一次出现时间是 1004 年。

使用爆炸性投射物，有一个很大好处，无论是薄壁、硬壁都可，它简单到通常未提到的程度。当双方都使用抛石机时，敌方抛射过来的石头还可收集起来，然后又抛掷对方。但是正如李少一（*1*）指出，鞭炮和炸弹炸散时，整个过程中会造成尽可能多的破坏，其碎片也不可能再为对方所使用。

有趣的是“霹雳火球”或“霹雳砲”早已出现在《武经总要》中；这个事实无疑地表明，在 11 世纪前半叶宋朝的工匠已经知道增加火药混合物中硝石的比例会产生什么结果。这一点至关重要，因为这可以说是第一次真正产生的爆炸。下面是有关叙述②：

> 霹雳火球用两三节干燥的竹，直径 1.5 寸。竹有缝破裂者不要，竹节要保存，不要穿透。再用 30 片像钱币那样大小的碎瓷片，和上火药 3 至 4 斤，添满竹管。竹管包在球内，竹子两头各留寸多长伸出球外。再将火药混合物涂在整个球的外部。
>
> 165 [注：用于外涂的火药混合物见《火球》节。]③
>
> 如果敌人掘地道攻城，我方也须挖掘坑道与敌相迎。这时用［长的］赤热铁锥引爆霹雳火球，真的产生像霹雳似的巨响。另用竹扇煽烟与火焰入坑道，窒息并火烧那些挖坑道的敌人④。
>
> [注：放霹雳火球的士兵必须口含甘草作为防护。]⑤
>
> 〈“霹雳火毬”用干竹两三节，径一寸半，无罅裂者存节，勿透。用薄瓷如小铁钱三十片，和火药三、四斤，裹竹为毬，两头留寸许。毬外缚药（火药外缚，注火毬说）。若贼穿地道攻城，我则穴地迎之，用火锥炮毬，发声如霹雳然。以竹扇簸其烟焰，以熏灼敌人（放毬者含甘草）。〉

这里有几点是有趣的。其中之一大概是未被破损的竹管起了爆竹的作用，并使爆炸变得更为可怕⑥。第二，未谈包装的特性，但根据其他描述，其包装是像由硬纸板或厚纸作的纸包。第三，文中很清楚地说明外涂的火药是火球型纵火剂，因而是低硝成分，而且肯定混有某种树脂供胶粘用。极为有趣的是重装并试验整套装置⑦。

---

① 《虎钤经》卷六，第四页，虽只在作者评论中谈到。

② 参见《武经总要》（前集）卷十二，第六十七页、第六十八页、第六十九页，由作者译成英文。相同的记载见《火龙经》（上集）卷三，第七页以及《武备志》卷一三〇，第六页。《火龙经》和《武备志》有节略，其他均同。《火龙经》云，用 30 斤火药，必是更大的炸弹，或是“三四斤”的印刷错误，参见冈田登（*3*）。

③ 《武经总要》（前集）卷十二，第六十五页；参见上文 p. 122。

④ 这是古老的说法，可追溯到公元前 4 世纪的《墨子》。参见本书第四卷第二分册。pp. 137 ff. 。

⑤ 上文 p. 125。

⑥ Davis & Ware（1），p. 524，他们忽视了竹管的完整性，认为作为空管像炸弹在空气中穿射时那样会发出响声。

⑦ 《武经总要》（卷十二，第五十六至五十七页）中叙述“火砲”时，也提到霹雳火球，是与其他火球一起谈到的。

164

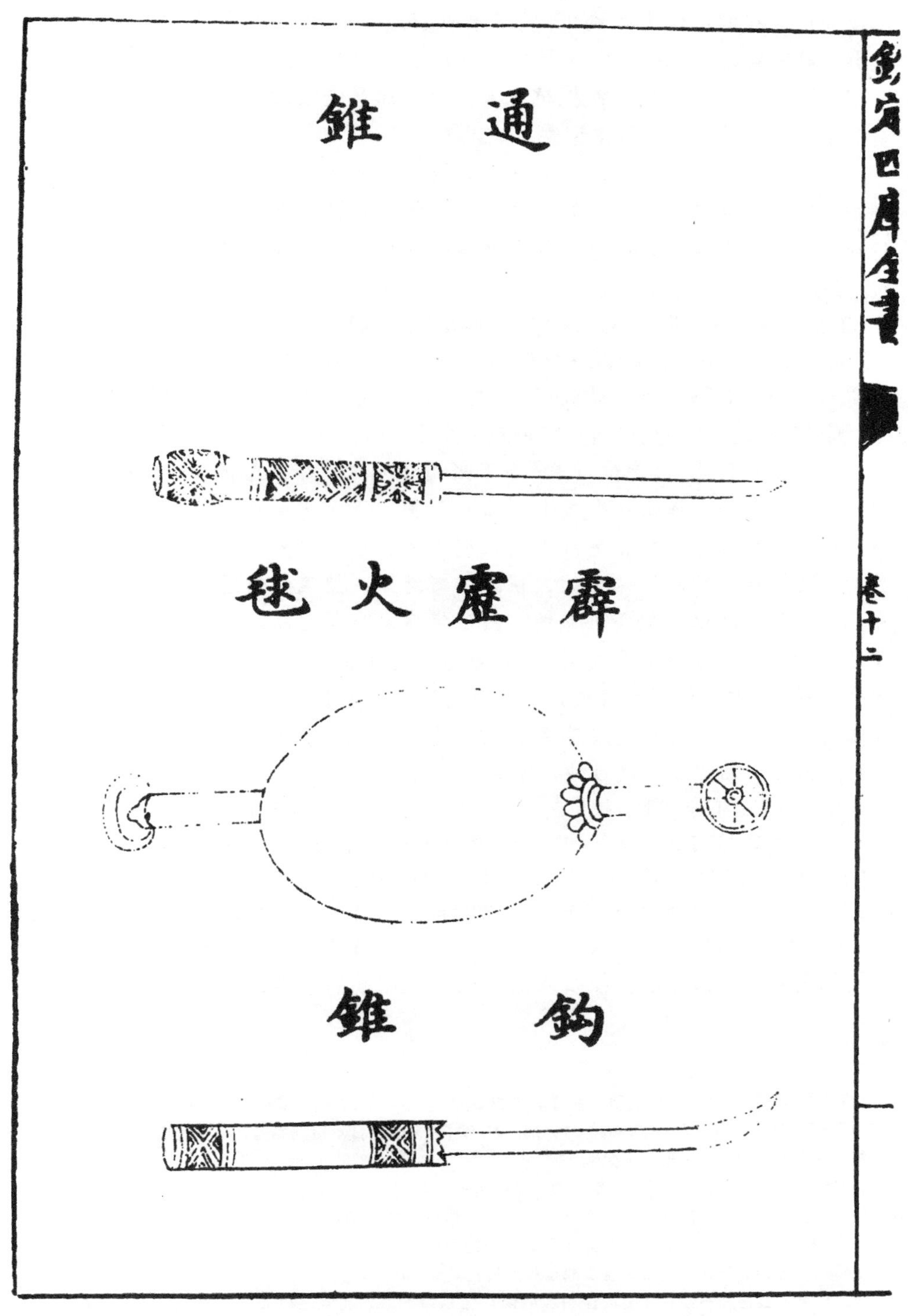

图 19 “霹雳砲”或“霹雳火毬”，一种薄壳炸弹。采自《武经总要》卷十二，第六十七页起。图中所示另两件是红热铁锥，在抛石机抛射前，用以点燃抛射体。

迄今为止，我们还没有找到11世纪末以前战争中使用霹雳砲的记载，但在这以后，这类记载就频繁出现——大概是硝石的短缺推迟了此武器的普及使用。最早记载见于宋京都开封（汴京）的一次抵抗金人的英勇而又失败的保卫战。宋将之一李纲为我们留下了应用霹雳火炮的目击记载。他说①：

蔡楙首先令全体官兵，当金军临近城时，不准使用抛石机与弩砲，违者处以鞭打；这样便激起众怒。我接任之后，令官兵只要看准时机，就可任意放炮，很好地射中目标者得赏。晚上发射霹雳砲，射中敌人前线，使其惶惶不安，许多人惊而逃走。

〈先是蔡楙，号令将士，金人近城，不得辄施放，有引炮及床子弩者皆杖之，将士愤怒。余既登城，令施放，有引砲自便能中贼者厚赏，夜发霹雳砲以击贼军，皆惊呼。〉

166 霹雳砲有时混有眯住敌人眼睛的石灰细粉末造成的烟雾。古典的战役是1161年采石之战，宋将虞允文大胜企图过长江南进的金军。杨万里在其《海鰌赋》② 中写道③：

在绍兴辛巳年，［完颜］亮④逆军来到江北，掠夺民船，在船上扯起旗帜企图渡江。我们的船队埋伏在七宝山（岛）后面，下令当号旗举起，即出击。派一位骑兵到山顶把旗子藏起，当敌人渡江到中流，旗子立刻出现，我们的船队突然从岛的后面向两边冲出。船内的人快速踏着踏车，船飞快前进，但是看不见一个人在船上。敌人还以为船是纸做的。然后突然发出霹雳砲。它是用纸做的，里面装了石灰和硫磺（由抛石机发射）。霹雳砲由空中掉下来，遇水爆炸，声音像雷霆，硫磺烧成火焰⑤。纸筒重又被弹出，而且破裂，散出石灰，形成烟雾，眯住敌方人马眼睛，导致他们什么也看不见。我们的船队继续攻击他们的船队，敌方人马都淹死在水中，所以这次战役他们就完全失败了⑥。

〈绍兴辛巳逆亮至江北，掠民船，指挥其众欲济。我舟伏于七宝山后，令曰“旗举则出江”。先使一骑偃旗于山之顶，伺其半济，忽山卓立一旗，舟师自山下河中两旁突击。人在舟中蹈车以行船，但见船行如飞而不见有人，虏以为纸船也。舟中忽发一霹雳砲，盖以纸为之，而实之以石灰、硫黄。砲自空而下落水中，硫黄得水、而火作，自水跳出，其声如雷，纸裂而石灰散为烟雾，眯其人马之目，人物不相见。吾舟驰之以压贼舟，人马皆溺，遂大败之云。〉

有趣的是到底采取什么方法，使石灰能形成一股刺眼的烟雾，而又不致因水受潮变成

---

① 《靖康传信录》卷二，第十三页，由作者译成英文。亦见《宋通鉴长编记事本末》卷一四七，第十页。西方对此事的了解可追溯到梅辉立［Mayers (6), pp. 89—90］，但是他猜不出到底是什么样的炮弹。

② 参见本书第四卷第三分册，p. 416。

③ 《诚斋集》卷四十四，第八页、第九页，由作者译成英文。参见《敝帚稿略》卷一，第六页；《金史》卷六十五，第十六页；《宋史》卷三六八，第十五页。我们曾在本书第四卷第二分册（p. 421）中提及过这场水战，当时我们没有援引这段话，而保留到这里才引用。此事的历史背景请参见 Cordier (1)。

④ 完颜亮，金朝的第四个皇帝，这次战役失败后被其部将所杀。

⑤ 杨万里本人显然并不清楚此物的作用。他说“盖以纸为之，而实之以石灰、硫磺。砲自空而下落水中，硫磺得水而火作，自水跳出，其声如雷，纸裂而石灰散为烟雾。”大概“自水跳出”是低硝火药在外面作用的结果，其引信长度恰到好处，使霹雳砲落到水面，正好引爆。

⑥ 《物理小识》卷八，第二十六页。《格致镜原》卷四十二，第二十七页，录有这段记载，有省略，不甚清楚。早期的西方专家，例如罗莫基［Romocki (1), vol. 1, pp. 43—44］只了解这些史实，所以毫不奇怪，西方专家忽视了火药而注意希腊火，并做出有关推测。陆懋德［Lu Mou-Tê (1), p. 29］熟悉原文，但是他认为霹雳砲石灰是从火炮上发射的炮弹。

熟石灰以致减弱其破坏力[1]。霹雳砲中的生石灰使几位学者冥思苦想，并以此附会西方
古代的“自动火”（aufomatic fire）（参见上文 p. 67）。“自动火”的纵火物大概是由生
石灰变成熟石灰时发出的热引燃[2]。而事实上没有这种必要，因为我们知道霹雳砲含有 167
爆炸性火药。这里大概发生巨响和毒烟同样重要，这都需要高硝火药。

实际上用细石灰粉眯目，是中国一种古老军事技术；12 世纪就有两段记载，一例是 1134 年金人攻濠州，宋守军关闭城门抵御[3]：

下令运送装满石灰的瓶子（灰瓶），……金人先在河口建立了（木）楼，并下令攻城，但是城上既发射了熔铁的发射物，还有石灰瓶、石头（全从抛石机发射），也发射了箭（从弩和弩砲发射）。

〈令市人运灰瓶……金人又如旧河口敌楼下，并力攻城，城上金汁、灰瓶与矢石俱发。〉

敌人连遭炮炸、惊慌终于解围而去。其后第二年宋将岳飞进行了攻打反叛军首领杨么的战役[4]，史载[5]：

官军也造了石灰砲（灰砲），在薄而质脆的瓦罐里装上了有毒物、石灰和铁蒺藜，[6] 在战斗中用它来攻击敌人的船只，石灰在空气中形成烟雾，使得反叛军的士兵不能睁开眼睛。他们也想自己能造同样武器，但是他们的陶工造不了这些，所以他们遭到很大的失败。

〈官军乃更作灰砲，用极脆薄瓦罐置毒物、石灰、铁蒺藜于其中，临阵以击贼船。灰飞如烟雾，贼兵不能开目，欲效官军为之，则贼地窑户不能造也，遂大败。〉

这里我们对于发射出的盛有石灰的容器的性能有了清楚的认识。这简直同阿拉伯战争中用易碎的薄瓶投掷石油或蒸馏石油差不多（参见上文 p. 44）。我们可以把毒气的使用追溯到 1000 年前的汉朝（大约 178 年），零陵太守杨璇率兵镇压桂阳附近的农民起义。《后汉书》云[7]：

反叛者人众，而杨璇的军力很弱，因此杨下面的人充满了惊恐和沮丧。但是杨组织了几十架马车运载能强烈地吹送石灰粉的排囊，又将纵火袋子系在许多马的尾巴上，而在另外的车子上，满装弓弩手。首先是装石灰的车子向前，排囊顺风鼓送石灰烟雾对着敌人，再点燃纵火袋，惊动马匹向前冲，使对方前线大乱，此后弓弩手发射，金鼓齐鸣，被吓坏了的敌人完全失败、四散逃命。许多人被杀死或受伤，为首者被砍头。

〈贼众多而璇力弱，吏人忧恐。璇乃特制马车数十乘，以排囊盛石灰于车，上系布绳于马尾，又为兵车专彀弓弩，尅（期）会战。乃令马车居前，顺风鼓灰，贼不得视，因以火烧布

---

① 战争中的人造烟幕曾在 10 世纪的书中有所论及。后梁时钱镠（参见本书第四卷第三分册，pp. 320—321）。于 918 年举兵伐吴，其子钱元瓘以火筏顺风扬灰遮盖了敌舰队，扭转了战局。参见 Chavannes（2），p. 202，译自《旧五代史》卷一三三，第四页，第八页。

② 王铃［Wang Ling（1），p. 169］还把《诚斋集》的另一段文字译成英文，功绩不小。

1800 年左右的中国历史学家均说火药的首次使用是 1161 年之战，而现在我们确知至少可以追溯两个世纪以前。例如赵翼的《陔余丛考》卷三十，以及梁章钜的《浪迹丛谈》卷五。

③ 《三朝北盟会编》卷一六五，第二页，由作者译成英文。

④ 我们在本书第四卷第二分册（pp. 419ff.）中提到过杨么以其所用 22 桨轮车船著称。

⑤ 陆游《老学庵笔记》卷一，第二页，由作者译成英文。该书成于 1190 年左右。

⑥ 参见上文 p. 125。

⑦ 《后汉书》卷三十八，第十二页，由作者译成英文。参见杨宽（*1*），第 73 页。

[布] 燃，马惊奔突贼阵，因使后车弓弩乱发，钲鼓鸣震，群盗惊骇破散，追逐伤斩无数，枭其渠帅，郡境以清。〉

168 约在 1187 年发生了一件奇特的事，50 年后金朝文人元好问记述了这件事，他说①：

在金朝大定末年，太原北面住着一位猎人名叫铁李。一日黄昏，他发现一大狐群在某地。他知道路径，就跟着它们，他安了一个诱饵，在晚上二更时分，他爬上树，腰带火药罐。狐群按时来到树下，于是他点燃药线，把罐子丢下来，爆炸发生了很大的响声，所有狐狸惊慌逃走，仓皇冲向铁李为它们准备好的网里，铁李从树上下来，为了它们的皮毛把它们通通杀死。

〈阳曲北郊村中社铁李者，捕狐为业。大定末，一日张网沟北古墓下，系一鸽为饵，身在大树上伺之。二更后。群狐至，作人语云……铁李知其变幻无实，其夜复往，未二更狐至，泣骂俱有，铁李腰悬虎罐，取卷爆潜爇之，掷树下，药火发，猛作大声，群狐乱走，为网所罥，瞑目待毙，不出一语，以斧锥杀之。〉

这里炸弹多半是紧口陶罐，总之，它属于一种易脆的容器②。有趣的是，这种火罐既可用于打猎，又可用于战争。

现在又回到霹雳砲。1207 年赵淳成功地保卫襄阳抵御了金人的进攻③，他发现了霹雳砲很适用，赵万年写道④：

黄昏时，他（赵淳）派出了一千多勇士的突击队，午夜他们从合头出发，去攻击敌人……炮兵举起了火炬，大声喊叫，而城里守城的人也发喊，当霹雳砲发射之后，又打起鼓来，金人被吓坏了，惊惶失措，人与马都竭力逃命。

在第五日早晨 10 点钟，敌人集结起来，再次攻城，……因此宋将下令士兵……在发出霹雳砲同时，城墙上的人就打起鼓并大声喊叫，敌人的骑兵再次受惊撤退……

在第二十五日的黄昏，趁雨天阴暗之际，宋将急派官员张福、郜彦准备大小战船三十多只，足以装载 1000 名弓弩手、500 名叉镰刀士兵、鼓手 100 人，并带霹雳砲和火药箭⑤，悄悄赶到河岸下敌人的营地……然后一声鼓响，接着众鼓大声

169 擂打，万箭齐发，同时霹雳砲与火箭都发射到敌人的营中。在这次攻击战中，不知有多少人被杀死、好多人受伤，人与马均惊慌逃命，自相蹂躏。五更时敌人向各方逃散，宋将才令收兵，无一人受伤……

在第二十六日，有一人名叫樊起，曾为敌人所俘，重新回到自己的队伍，他说，当那天攻击发生时，全部金人都在酣睡，因此他们连马也来不及骑，行李也来不及收，那样的慌慌乱乱之中，敌人的军队损失了二千或三千，马死伤了八九百匹。

〈至夜……公（赵淳）即差取勇千余人，于当日半夜……出合头迳至虏人。炮人举火，发喊，城上亦发喊，擂鼓，仍用霹雳砲打出。城外虏人惊惶失措，人马奔溃……。

初五日巳时，虏人拥并攻城之际……公即令城上……擂鼓发喊，并打霹雳炮出城外，虏骑

---

① 《续夷坚志》卷二，第一页，由作者译成英文。

② 参见冯家昇（*1*），第 41—42，77—78 页；（*6*），第 27 页。

③ 参见 Franke（25）。

④ 《襄阳守城录》，第十三页至第二十三页，由作者译成英文。

⑤ 此时，应为火箭，但我们将推迟到下文（pp. 472ff.）研究火箭第一次出现时再说。

惊骇，退走。……

公遂于二十五日夜乘雨暗，急遣拨发官张福、部彦办舟船大小三十余只，载弩手二千人，并叉镰手五百人、鼓一百面，并带霹雳砲、火药箭等，潜驾至虏营岸下。……遂鸣一鼓，众弩齐发。继而百鼓俱鸣，千弩乱射，随即放霹雳火炮、箭，人虏营中。射中死伤不知数目，人马惊乱，自相蹂践。至五更号叫四散奔走。公遂收兵而回，不伤一人。……

二十六日，有走回被虏人樊起称于二十五夜番军右寨正睡间，忽闻鼓响弩发，又打霹雳砲入寨。满寨惊乱，皆备马不迭，收拾行李不及，自相蹂践。番军死伤二三千人，马八九百匹。〉

这一生动的记叙表明，尽管霹雳火炮的包装还很不结实，但其爆炸性能与床子弩、纵火箭，以及其他近距离武器差不多，能使敌人伤亡惨重。对此，我们将探讨包装扎实的火药炸弹。

这里我们要停一下，先看看 13 世纪几处提到的"信砲"①。例如，1276 年，阿术攻打扬州，发信砲作为出兵信号②，还有其他一些例子，其中之一是 1293 年命提取浙江武器库里的信砲③。尽管它们被人称为"震天"炮，却从未造成什么损害，所以，很可能是纸炮或爆竹，事先定好在空中爆炸的时间。信砲应归于霹雳砲一类，而不宜归入震天雷一类。

从现在起，我们将采用与前面叙述薄壳的爆炸性投射物时用的不同方法。1044 年的《武经总要》一书中，没有提到结实外壳的炸弹或手榴弹。我们因而要研究一下曾经使用过这些铸铁投射物的战役记载和描述。考虑到这些，我们不妨从 1350 年以来的文献开始，这些文献记载了不少火炮的情况，既有外壳结实的也有不结实的。当时，欧洲距离火药武器的来临还很遥远，因此我们将回过头来研究中国的火枪、火箭和金属管形火炮的早期发展。

故事始于 1221 年，金人成功地攻打蕲州的战役，当时金朝已至穷途末日的地步。蒙古势力在北方崛起，于 1215 年夺取了金都北京，金于是迁都开封。尽管后方受到威胁，而金人却继续攻宋。我们可以从赵与衮写的《辛巳泣蕲录》中看到围城的记载。 170
此人目睹并参与这场战役④。宋人极力守城，几乎是应有尽有，"同日出纵火药箭 7000 只、弓火药箭 1 万支、蒺藜火砲 3000 支、皮大砲 2000 支"，估计都是用低硝火药装的⑤。后来有一本书《行军须知》又作了补充⑥。除了没有详细说可逾越高大障碍物的纵火炸弹（"火砲"）及手榴弹（"手砲"）外，这时我们看到首次出现了金属管形枪或原始枪（"火筒"）。关于这一点我们将回过头来讨论⑦。宋军用席子及湿泥防金人放猛火油、纵火炸弹及纵火箭。金人还用准备牺牲掉的"火禽"在城里屋顶上放火⑧。虽然宋军炮手每天要用三千多支纵火炸弹，文中却未提到爆炸性的霹雳火砲⑨。但是，现在又第一次出现新事物；金人拥有爆炸性铸铁炸弹（"铁火砲"），并用来攻击守城者，

① 冯家昇（*1*），第 62—63 页。

② 《钱塘遗事》卷九，第四页、第五页；参见《宋史》卷四五一，第四页。

③ 《国朝文类》卷四十一，第六十一页。

④ 据冯家昇（*1*），第 79 页，赵与衮的传记见于《宋史》卷四四九，第二十四页。他是蕲州司理。

⑤ 《辛巳泣蕲录》，第三页，商务印书馆，1959 年。

⑥ 《行军须知》卷二，第十六页、第十七页。

⑦ 本书下文 pp. 304ff。

⑧ 《行军须知》，在上述引文中。

⑨ 《辛巳泣蕲录》，第二页，商务印书馆，1959 年。

这意味着高硝火药混合物的爆炸终于出现了，因为没有别的东西能爆碎铁壳。赵与衮说[①]：“其形如匏状而口小[②]，用生铁铸成，厚有二寸，震动城壁。”冯家昇怀疑宋军也拥有这类武器，但我们也不知道究竟是什么形式[③]。无论如何，有一点大概是明确的，即此处正是“震天雷”早期出现的情况，以其外壳硬度更强，以及燃烧时造成的巨大破坏，早已超过了“霹雳砲”[④]。赵与衮说，声大如霹雳，……震动城壁，死伤多人[⑤]。

171 “震天雷”一词作为技术术语的首次出现大概是十年后的1231年，这次轮到金人在山西一城被蒙古人围攻。在河中[⑥]金守将完颜讹可为蒙军战败，城破。于是

> 他同3000兵士乘船顺黄河逃走。蒙古军大声喊叫，击鼓沿北岸追，箭与石如雨下。几里路之外蒙古军战船出来把他们截住，因此无法通过。但金船有火炮叫震天雷，他们便用来向蒙古军发射，由于炮火的闪光与火焰，金军看清了敌船没有几个人。最后金军冲破了蒙古船的横截，平安地到达了潼关[⑦]。
>
> 〈板讹可提败卒三千夺船走，北兵追及，鼓噪北岸上，矢石如雨。数里之外，有战船横截之，败军不得过。船中有赍火炮名震天雷者，连发之，砲火明，见北船军无几人，力斫横船开，得至潼关。〉

这样，金元之际的水战中使用了铁火砲。

第二年即1232年，金都开封被蒙军围困。金人从北宋夺取此城仅一百多年。窝阔台的围城军队由以凶猛著称的速不台将军统率，守城由具有技术头脑的赤盏合喜组织。《金史》云[⑧]：

> 在防守的武器中有震天雷。它由放有火药的铁罐做成，药线点燃后（射出），发出巨大的爆炸声音如同打雷，百里以外都可听到，半亩面积以上的植物都被烧焦和炸毁。击中时，甚至铁甲也可以穿透。蒙古人用牛皮甲挖掘接近城墙的地沟（“牛皮洞”），这样便来到城下，再挖一个能容纳人的龛子来攻城，城上金人对此无可奈何。但是有人建议用一根铁链子把震天雷顺城吊下来。到达地沟，这时蒙古人正在地沟里挖洞子，炸弹爆发，这样就使得牛皮与进攻的士兵炸成碎片，甚至于一点儿残迹也没有留下来。
>
> 此外，守城者还部署了“飞火枪”，将火药放进去，然后点火，它的火焰可以向前烧射十多步远，没有人敢接近它。
>
> 震天雷与飞火枪是为蒙古人所惧怖的仅有的两种武器。
>
> 〈其守城之具，有火砲名“震天雷”者，铁罐盛药，以火点之，砲起火发，其声如雷，闻百里外，所爇围半亩以上。火点着甲铁皆透。大兵又为牛皮洞，直至城下，掘城为龛，间可容人。则城上不可奈何矣。人有献策者，以铁绳悬“震天雷”者，顺城而下，至掘处发火，人与

---

① 《辛巳泣蕲录》，第二十三页，商务印书馆，1959年。

② 无疑，小口用来装火药，可能还要装引信。但是不知道小口是怎么封固的，使其能装药而又不泄漏药。

③ 冯家昇（*1*），第61、67、78页。

④ 贾用，一军校，在爆炸中失明，另有六人受伤。

⑤ 《辛巳泣蕲录》，第二十页至第二十五页。Goodrich & Fêng（1），p. 117。这项发明标志着金军机智地掌握不少与火药有联系的新武器与发明物。

⑥ 河中府，今山西永济。

⑦ 《金史》卷一一一，第八页，由作者译成英文，借助于Wang Ling（1），p. 170。参见《金史》卷七，第十页；《元史》卷一一五，第一页；Lu Mou-Tê（1），p. 32，他很熟悉这一次战役，但他把“震天雷”解释为火炮。

⑧ 《金史》卷一一三，第十九页，由作者译成英文。

牛皮皆碎迸无迹。又飞火枪，注药，以火发之，辄前烧十余步，人亦不敢近。大兵惟畏此二物云。〉

从上述这段生动的记载中，我们可以看到，金人即使用了爆炸性的铁火砲，又使 172
用了纵火火药火焰喷射器（“火枪”）。这构成我们将要讨论的一项重要的发展（参见 p. 220）。火器也没有挽救开封的沦陷，更不能挽救金朝的灭亡。当然，失败的原因是多方面的，而我们不必设想这些炸弹像同类型的现代武器那样有效和可靠。很可能，它们经常没有射出来，或者是提前爆炸了。尽管如此，这是一场著名的战役，是值得世界军事史记载的[①]。

在近 250 多年里，这件事一直为西方史家所熟悉。很难想像，18 世纪学者会对这些曾经使用过的武器的性质有清楚的认识[②]，但 1849 年，儒莲［Julien（8）］曾全文翻译这一段话[③]。他基本上正确评价了炸弹的爆炸性[④]，却认为火枪是火箭[⑤]。雷诺和法韦对此作了评论（在他们第一次发表的长篇论文中）[⑥]，他们的结论是，炸弹从根本上说是纵火性的，虽然它们不完全排除是真正的爆炸性爆竹，其外面的铁壳爆炸时变为碎片。至于火枪，雷诺与法韦都同意儒莲的解释，火枪是火箭。后来，施古德［Schlegel（12）］领悟了这段文字的要点。由于某种原因我们等几页再谈到（p. 179）。而施古德错误地认为这类武器是火炮。这又由陆懋德所沿袭[⑦]，尽管伯希和［Pelliot（49，59）］作了全面的校正。虽然雷诺与法韦在否定这一点上是正确的，他们不赞成开封使用的武器是火炮[⑧]，但他们都断言当时的中国人还不知道火药的推进性能，而今天看来，他们的断言就更令人怀疑了，因为已经在 1221 年蕲州的仓库里就有“火筒”（金属管形枪或原始枪）[⑨]，直到 1870 年，把开封战役中使用的两种武器解释得很准确的第一个人是梅辉立，他作了一个很好的解释[⑩]。这就是技术史上的变化。

另一篇目睹者的记载是由金朝的文人刘祁撰写的。在他的《归潜志》中写道[⑪]： 173

北军（蒙古人）用抛石机攻城（开封）……他们攻打越来越厉害，以致抛石机石如雨下，人们都说它们像半个磨石或者半个大锤。金防守城者不能对付他们，但是在城里有种“火砲”（fire-missile），名叫“震天雷”，最后用于抵御，使北军遭受到许多伤亡，他们未被爆炸所伤，也被火烧死……

所有城内的人都应征加入民兵，叫做“防城丁壮”。并下令凡是男子留在家中者，不论任何人都要立即处死。甚至学者和太学生也应征入伍，学生们请求成立

① 有关背景材料和概要参见 Cordier（1），vol. 2，pp. 231ff.，236ff.。

② 例如，Gaubil（12），pp. 68ff.，著于 1739 年；de Mailla（1），vol. 9，pp. 160ff.，著于 1777 年。

③ 这里使用了与《通鉴纲目》非常相似的译文。《通鉴纲目》第三集（续），卷十九，第五十页。

④ 但儒莲认为它们自动射人空中。

⑤ 后来，罗莫基［Romocki（1），vol. 1，pp. 47—49］犯了一个类似的错误，他接受火枪为火箭的观点，然而，比雷诺与法韦更坚定地把震天雷看作是真正的爆炸性炸弹。

⑥ Reinaud & Fave（2），pp. 288ff.。

⑦ Lu Mou-Tê（1），p. 32。

⑧ Reinaud & Fave（2），p. 292。

⑨ 我们将在下文（pp. 248ff.）中更清楚地解释从火枪和突火枪到枪和原型枪的发展过程。

⑩ 更多可能是纵火烧而不是爆炸。不过梅辉立的评论表明他对发生的事件了如指掌，参见 Mayers（6），p. 91. 富路德和冯家昇［Goodrich & Fêng（1），p. 117］曾对此又发表了较好的意见，但语焉不详。

⑪ 《归潜志》卷十一，第三页，由作者译成英文。

学生民兵团叫“太学丁壮”。朝廷讨论决定，这些学生太文弱，不足以胜任投射炸弹的炮夫的艰苦工作。因而他们上诉到皇帝那里，皇帝决定将他们分发到户部去做文书工作，因此最终免除了他们去当炮夫的艰苦工作……。

〈北兵攻城益急，砲飞如雨，用人浑脱，或半磨或半碓，莫能当。城中大砲号震天雷应之。北兵遇之，火起亦数人灰死。

时自朝士外城中人皆为兵。号防城丁壮。下令，有一男人家居，处死。太学诸生，亦选为兵，诸生诉于官，请另作一军，号太学丁壮。已而朝议，以书生辈尫羸。石任役。将发为砲夫，诸生刘百熙杨焕等数十人，向上出，诣马前，请自效。上慰谕，令分付四面户部工作委差官，由是免砲夫之苦。〉

这段引文说明，蒙古势力征服金朝之前，金国尚有爱国情绪。

几年以后，金朝摇摇欲坠时，1236 年金将郭斌守孤城会州。他下令将所有可能找到的金属，包括金、银、铜及青铜、铁用来铸爆炸性炸弹壳①。但这一切并没有扭转败局，最后，孤立无援的抵抗终于投降于势如破竹的蒙古人。

下一步轮到南宋，我们要研究一下南宋人与蒙古人之间的战役。1257 年，战役开始前，一个值得称道的官员李曾伯，对在北方靠近蒙古边界的荆、淮一带的军火库缺乏战备深为忧虑。他在《可斋杂稿 · 续稿后》中记下了他的不满②，而他列举的火器使我们极为关注。他开始就说，盔甲生锈了，军需物资朽坏了，他一再向朝廷提出要求都没有结果。“我们每要求 10 项，军器库③只能发送一项或两项。”

174 至于火攻的武器［李曾伯继续说］，有（或应该有）数十万只铁火砲（铁壳炸弹）可以运用。而我在荆州每月只能造一两千，他们拨给襄阳和郢州④一次就是一两万。现在静江只不过有大小铁砲 85 只、纵火箭 95 只⑤、火枪 105 只，它不足 100 人之用，更谈不上发给 1000 人之用，来对付蒙古人的攻击。政府想准备保卫设防的城市并向其提供军需反对敌人，（这就是我们得到的一切）。多么令人寒心啊！

〈于火攻之县，则荆、淮之铁砲动数十万只。臣在荆州，一月制造一二千只，如拨付襄郢，皆一二万。今静江见在铁火炮大小止有八十五只而已，如火箭则有九十五只，火枪则止有一百五筒。据此不足为千百人一番出军之用。而阃府欲椿备城壁，拨付到郡，以此应敌，岂不寒心?〉

这对抗敌的战争，显然是不祥的开端，但它使我们更详细了解了制造炸弹工业⑥。

同样，当危机来临时，宋军装备似乎并不差。1267—1273 年，发生了蒙古对汉水

---

① 《金史》卷一二四，第十五页；《元史》卷一二一，第十页，冯家昇曾讨论此事，冯家昇（*1*），第 81 页。

② 《可斋杂稿 · 续稿后》卷五，第五十二页，由作者译成英文，全文由冯家昇给出。见冯家昇（*1*），第 66 页，参见冯家昇（*6*），第 21—22 页。

③ 制司库设于 1073 年。制司库的设立是两年前，即 1071 年王雱的重要奏折的结果。王雱是著名政治家王安石之子，他本人是一个值得称颂的文人思想家。参见 Williamson（1），vol. 1，pp. 258—259，276；vol. 2，pp. 251ff.。

④ 今湖北钟祥。

⑤ 此时很可能是火箭，参见 pp. 472ff.。

⑥ 富路德和冯家昇［Goodrich & Feng（1），p. 118］对此予以重视，并作了部分解释，他们说，这是“令人惊奇的难以置信的”。

上襄阳的史诗般的围城之战。我们曾谈过了与之有关的桨轮战船（“车船”）[①]。因为宋军的两员勇将张顺和张贵动用了100只车船，组织增援队伍，再次成功地为被围已久的城市补充了供给。虽然他们都战死，一个死于入城的路上，另一个死于出城的路上。这为我们保留了有关火药资料，此处要谈谈。材料第一段谈蒙古方面的刘先莹。他攻打与襄阳隔江相望的樊城。

> 樊城的外面（碑文说）[②] 有防守的工事名叫“东土城”，主持下令攻打此处，竖起云梯，首先爬了上去，刘公被炸弹壳炸伤左腿。他不顾伤势，仍勇敢战斗，拿下土城……
>
> 襄阳被围一段时间后，城内缺粮。所以矮张都统秘密地组织船队，运送粮食……但刘公抓住了一个间谍，得知那天运送队要来的情报，因此他计划在船刚至半路时进行攻击。于是大炮（炸弹）抛出，发声隆隆，我军（蒙古军）在30里范围内猛攻宋船。船上人的血可淹到了踝部，矮张都统也被活捉了。
>
> 〈樊城外藩碑文曰：东土城，主帅命令取之。竖云梯先登。俄中火砲，夷其左股，裹创力战。遂平其城。……襄阳被围既久，城中乏食。宋人矮张都统者，潜师运粮以入。……令先获间者，须知出期，中流逆击之。举火声砲，我军逆击之，战三十余里，舟中之血没踝，矮张都统被生擒。〉

这里的矮张都统显然是率水军先锋船的张贵。对历史学家来说，重要的是双方均 175
使用了“铁火砲”（炸弹）。刘先莹或许被宋军火球烧伤，但伤势不重，因是铁弹片擦伤。而纵火火药被用来烧宋军战船，不过，没有对人员杀伤破坏。下面我们继续研究宋史。围城初期，城内有善水者出城买盐、柴，但不少人被俘。之后围城更加严密，蒙军悬赏宋军头颅。此后在1272年发生了二张运粮船队的事件，《宋史》云[③]：

> 因汉水是唯一（对守城者）的解救通道，100只车船在团山下面某处集合，两天后进入了高头港，（在装船之后）他们结成一个方阵，每一条船都装备了“火枪”、“抛石机”和“火砲”（炸弹），还有燃红的木炭（炽炭）、大斧及重弩。当晚上水漏已到三刻，船队升锚进入江内，以红灯作为信号。张贵领先，张顺殿后，他们迎风破浪，正对着敌人向前。至磨洪滩，有北军（蒙古军）的船只停泊，堵塞江面，没有空隙可以穿过。他们凭借其锐气，砍断了他们面前的铁缆（铁絙），拔出了几百根水桩（攒杙），他们继续船行，借有力的后卫掩护作战达120里，直到天明，到达了襄阳城水面。
>
> 〈汉水方生，发舟百艘，稍进团山下，越二日，进高头港口，结方阵，各船置火枪、火砲、炽炭、巨斧、劲弩。夜漏下三刻，起矴出江。以红灯为识，[张] 贵先登，[张] 顺殿之，乘风破浪，经犯百重围。至磨洪滩以上，北军舟师布满江面，无隙可入。众乘锐乃断铁絙、攒杙数百，转战百二十里，黎明抵襄城下。〉

---

① 本书第四卷第二分册，pp. 423—424。

② 引自《刘先莹碑》，载于《山左金石志》卷二十一，第二十九页，由作者译成英文，刘氏传。见《元史》卷一六二，第十八页。

③ 参见《宋史》卷四五〇，第三页，由作者译成英文。其他资料包括《齐东野语》卷十八，第十二页；《宋季三朝政要》卷四，第五页、第六页；《昭忠录》，第十二页至第十三页；《癸辛杂识》（别集）卷二，第三十九页。

这里，历史学家感兴趣的是炸弹和火枪，但要看看张贵及其船如何被擒①。当然，蒙古人在围困襄阳的战役中首次使用了“回回砲”（穆斯林抛石机）（参见本书第六分册（f）5）。

再继续讨论各种战役就会喧宾夺主，但我们回到技术叙述之前还应再谈一次战役。1277 年，蒙古军在广西向宋人残余抵抗力量发动了一场更大的战役。蒙古军队由维吾尔回回砲元帅阿里海牙率领，而宋将马塈试图抵抗，但他被两翼包围，不得不败退回
176 省城桂林。围攻三个多月后，主要的宋守城军投降，但马塈及一部将娄钤辖仍以 250 人继续守一个多月。最后②：

> 娄到城上大声呼叫：‘我们士兵非常饿，（没有气力）出来投降；如果你们给我们粮食，我们将听你们命令’。因此给他们几头牛和许多斛米，城里一位官员开了城门，取进牛和粮食，又把城门关了。敌人来到城墙，看见宋军兵士正在分米分肉，在他们米煮好前，就已将其吃光，于是又听到角声与鼓声，蒙古将军以为战斗又将继续开始，于是穿上铠甲做好准备，但（突然）娄下命令发射“火砲”，其声如雷，随之就如同发生了地震一样，城墙崩裂为二，烟尘弥漫天空，城外（蒙古）士兵都吓住了，许多士兵被炸死。人们走近看，火熄灭后，除了灰尘之外，一无所有。
>
> 〈娄从壁上呼曰：‘吾属饥，不能出降，苟赐之食，当听命。’乃遗之牛数头，米数斛。一部将开门取归，复闭壁。大军乘高视之，兵皆分米。炊未熟，生脔牛，啖立尽。鸣角伐鼓，诸将以为出战也，甲以待。娄乃令所部人，拥一火砲燃之，声如雷震，城上皆崩，烟气涨天，外兵皆惊死者。火熄，入视之，无遗矣。〉

这显然不是手榴弹③，但很像能杀伤许多人的地雷。所以，很自然地就过渡到下一个小节——地雷和水雷，这也很合情理，因为只是在一个世纪后，我们才找到关于火器的详细叙述。然而，首先我们要看一下唯一的一幅 13 世纪流传下来的炸弹的图画。然后谈谈 1522 年看到仍使用此火器的一个人的情况。在浏览明代对炸弹的叙述后，地雷将是我们主要讨论的内容。

图 20 展示了唯一一幅 13 世纪流传下来的炸弹图画。可以有把握地说，此即中国早期的“震天雷”。此图取自题为《蒙古袭来绘词》的平挂画卷，由一位不知姓氏的大师作于 1293 年，描绘名叫竹崎季长的贵族的勇敢事迹。竹崎在图中右方，其马因伤势过重正在倒下④。图左站着一个蒙古弓射手躲开日本士兵的弓箭⑤。在他们中间可见一枚炸弹，其彗星似的尾巴说明，其来自右方，即日本一方。然而，当时只有蒙古军队使用

---

① 陆懋德［Lu Mou-Tê (1), p. 31］和王铃［Wang Ling (1), p. 170］均熟悉这一有名火炮和火枪运用，但是，他们都认为宋军船上的武器是枪（guns）。富路德与冯家昇［Goodrich & Feng (1)］在这方面是正确的。然而最初他们把抛石机当成某种火炮（cannon）。原文见冯家昇（*1*），第 67 页、第 70 页；参见冯家昇（*6*），第23 页。

② 《宋史》卷四五一，第六页，由作者译成英文。

③ 沙畹［Chavannes (22)］持这一看法。他曾对另一事件作了很好的评述，认为是自杀而不是投降。参见《牧庵集》卷二十一，第十三页。

④ 图中的文字表明，图的这部分是由竹崎季长本人作的。

⑤ 《蒙古袭来绘词》卷一，第二十五页、第二十六页。

177

图 20　13 世纪幸存下来的炸弹爆炸的图画，采自《蒙古袭来绘词》卷一，第二十五页、第二十六页，这事发生在 1274 年，此图几乎是蒙古人侵日本同时代的记录。

这些“铁火砲”，所以应该来自左方，恰巧发射出来火焰是向前方的。此事件发生在
178 1274 年，略早于绘画，所以该图具有相当的可靠性①。

图中的标题和记叙都没有谈及“铁鉋”（てつくモ′う）②。其他文献谈到，其中著名的有《八幡愚童训》，为 14 世纪无名氏之作，其记载与画卷中对战役的说明相符。下面是书中记载③：

> 指挥将领站在高处，根据需要用手鼓作信号指挥各部。但是一旦蒙古兵逃走时，就会发出铁火砲飞向我军。它使我方晕头转向，陷于混乱之中。我军士兵被霹雳般的爆炸吓得不知所措，眼睛被击瞎，耳朵被震聋，无法分辨东西方向。我军打仗的方式是首先喊出敌军某人姓名，然后单个战斗，但是他们（蒙古人）却完全不理睬这一套，他们蜂拥而上，抓住人就杀④。

这段话记载的，是蒙古元帅忽敦率领的在九州的博多进行的远征⑤。中国方面的史料也说明在这些战役中使用了“铁火砲”⑥。1281 年，蒙古人由汉族主帅范文虎率领的在合浦发动了第二次入侵，也用了此武器。范文虎显然奏请忽必烈拨给他回回砲匠，结果遭到了拒绝。皇帝认为水战中回回砲发挥不出其威力⑦。我们仅仅只要提及经常引用的蒙古军队远征和 300 年后西班牙舰队的类似情况就行了。这些舰队都受到暴风雨和飓风袭击而败溃，并受到岛上民族的奋力抵抗。无论如何，竹崎季长的画卷对技术史学家来说，是一份非常宝贵的遗产。

179 最后，有一位文人确实目睹了堆放在大城市城墙上的 200 年前的铁火砲，并写下了一段记载。此事发生于 1522 年，何孟春写道⑧：

> 在春天我奉派到陕西，在西安⑨城墙上看到以前叫做‘震天雷’的一些老的铁砲（铁壳炸弹）。其外形像两个碗合拢起来的球形，顶上开一个像手指粗的孔。这种武器军中现已不用了，但我相信它就是金人防守开封反对蒙古人所用的一种武器。
>
> 〈春，往使陕西，见西安城上旧贮铁砲曰震天雷者，状如合椀，顶一孔，仅容指，军中久不用，余谓此金人守汴之物也。〉

这是一条令人满意的观察记录，虽然人们不免幻想要是其中一些能从收购废铁商人那

---

① 很久以前，有坂铅藏就注意到此画卷了，参见有坂铅藏（*1*）。自从那时起，有马成甫［（*1*），第 86 页起］和南坊平造［（*1*），第 410 页］都对该画卷作了详细地讨论。富路德与冯家昇［Goodrich & Fêng（1），p. 118，p. 120］和王铃［Wang Ling（1），p. 175］首先复制了这幅画卷，还用西方语言作了评论（但是富路德与冯家昇推测说抛射体是实心铁火砲），而王铃（则是把它们看作从火炮发射出的炸弹）。菲舍尔-维鲁斯佐夫斯基［Fischer-Wierzuszowski（1）］写了一篇全面论述画卷的论文。

② 现有很多种日文著作版本，而《八幡愚童训》是最令人感兴趣的一种。在汉语中“Pao”（bao）音意指刨或者一种播马具，如果发音 phao（pao）那就指刷子（brush）。

③ 参见《群书类从集》（Gunsho Ruiji Collection）卷十三，第三二八页起（卷一，第四六九页），中冈哲郎博士（Nakaoka Tetsuro）对这章的翻译表现了兴趣，曾惠予帮助，借此我们向他表示感谢。

④ 参见《太平记》中的类似记载（卷三十九，第八八一页）。该书记载了 1370 年左右的皇朝实录。

⑤ 关于两次远征的概述请参见 Yamada Nakaba（1）。忽必烈曾计划在 1283 年发动第三次远征，但没有实现。

⑥ 柯绍忞（*1*）在其《新元史》第 250 卷，第 6 页、第 8 页、第 9 页、第 11 页，收集了文献。范文虎传见第 117 卷，第 18 页。

⑦ 我们已经见过回回砲在船上使用的例子，见上文 pp. 81，89。

⑧ 《余冬序录摘抄》（外篇）卷五，第十一页，由作者译成英文。

⑨ 金朝时和汉朝时一样，西安被称为长安。

里挽救下来放在今天的军事博物馆里该有多好！令人奇怪的是，正是这一段记载引起了误解。何孟春的话恐怕被唐顺之的1581年的类书《稗编》所引述。二者又引入1735年的《格致镜源》[1] 及1902年施古德［Schlegel (12)］文内。原文中“合碗”（两个碗）是“合碗”的讹误，这使施古德解释为“紧碗”（闭碗），从而一段时间内在历史文献中有支配地位，因为他决心去证明“震天雷”是一种火炮。伯希和［Pelliot (49, 59)］花了不少精力把错误纠正过来。使人感到迷离的是，当铁炸弹最盛时，金属管状枪和管状火炮实际上也正在问世，我们要在别处讨论（本书上文 pp. 23，170，下文 p. 304）。然而，花了很多年时间才把几个世纪以来一直搞错了的历史疑团正本清源。

在作中、欧对比时，我们可以看出，中国使用铸铁壳炸弹和手榴弹可以追溯到1221年，而大约在13世纪初已经正式使用[2]。而欧洲的空心铁壳炸弹的首次出现是在1467年，被当时法国勃艮第人（Burgundians）在战争中使用[3]。正如其他所有的火药武器一样，中国火药武器首次出现和欧洲火药武器首次出现中间有一个至少达两个世纪的时间间隔。通过罗莫基对康拉德·屈埃泽尔大约1410年著的《军事堡垒》一书的叙述，我们可以看到欧洲人重复着中国人使其炸弹壳有不同强度的经验[4]。

现在留待我们讨论的，是14世纪和晚些时候对火炮的叙述，看看薄壳装置（“霹雳砲”）和硬壳装置（“震天雷”）当时是怎样发展起来的。最好的文献是《火龙经》，
该书论述了1350年左右火药技术的使用状况，当明朝即将取代元朝之际，但描述和插 180
图继续不断地重复，后来又逐字抄录在1606年的《兵录》和1621年的《武备志》里面，但在那时有些武器必然已经相当落伍了[5]。我们现在从硬壳炸弹和手榴弹开始，然后再谈类似鞭炮的软壳装置，并各给出译文。

首先，我们讨论的是“烂骨火油神砲”[6]，其文（参见图21）说：

> 制造这种炸弹用桐油、银锈（尿）[7]、硇砂（氯化铵）、金汁（粪）[8]、蒜汁把它们和铁沙[9]、碎瓷粉一起炒热。然后将其（与火药）放入铸铁容器内，制成“生铁铸小子砲”。射出后变为碎片，能伤皮、碎骨并瞎人眼睛，虽然鸟在空中也难逃脱它的爆炸影响。
>
> 〈烂骨火油神砲。
>
> 砲用桐油、银锈、硇砂、金汁、蒜汁，炒制铁沙、磁粉，将生铁铸小子砲发出，一击粉碎，肌骨顿烂，眼目正瞎，虽生飞羽，亦不能施展。〉

---

① 《格致镜源》卷四十二，第二十七页。

② 见上文 p. 169。

③ Johannsen (3), p. 1464, Johannsen (4), p. 273。帕廷顿［Partington (5), p. 127］提供了1439年早期拜占庭的文献。他引其他文献论及铸铁炮，内容是完全不相干的事。

④ Konrad Kyeser (1), vol. I, p. 169，图25—31。

⑤ 人们记得在整个13世纪，用火药作为推进剂的金属管状枪和火砲发展迅速，到13世纪末，已经完善了。

⑥ 《火龙经》（上集）卷二，第五页；《兵录》卷十二，第十三页，由作者译成英文。另外参见《武备志》卷一二二，第十九页、第二十页。

⑦ “银锈”这一雅语可能起源于未用银抛光的硫化物黄色薄层。

⑧ 书面语“金汁”。

⑨ 或铁粉。

181

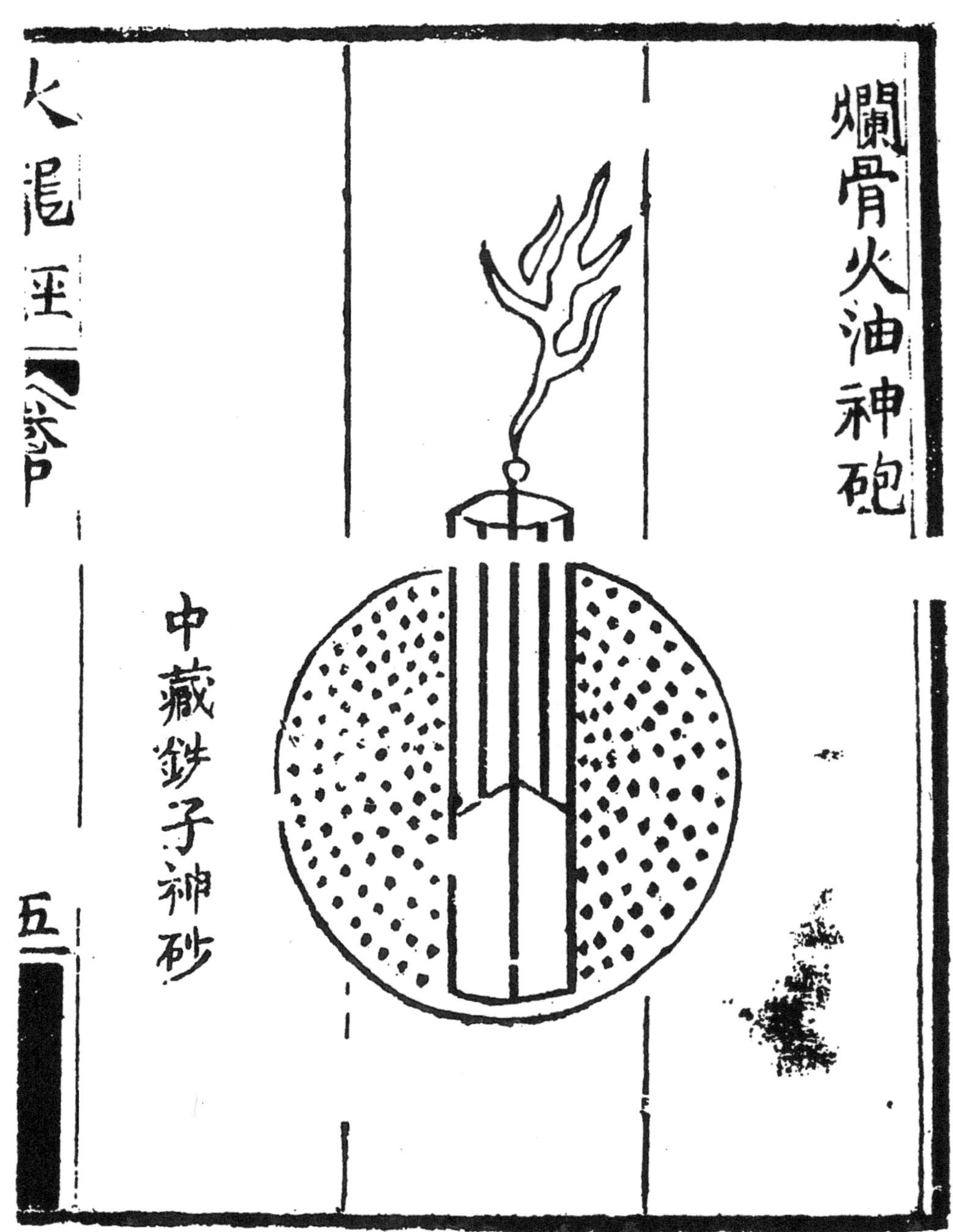

图 21 “烂骨火油神砲”，采自《火龙经》（上集）卷二，第五页。

正如我们在其他地方将会看到的，配方里把火药与毒药和其他有害物质混合在一起，使爆炸产生的作用不只是机械作用，但怎样使有机物不受爆炸的高热的影响而又能伴随硝烟扩散达到预期的效果，这只能通过实验来检验。另一配方为“钻风神火流星砲”①，见图22，原文说：

用生铁铸成圆球，然后把毒火药②、飞火药③、法火药（令人目盲的火药）④、烂火药⑤装进去。再用硬木做心（“马”），两边各开两孔，总共四孔分装药线，把它们引向外面，另外一根药线在弹内盘绕。所有药线用浸透了明矾的纸包起来（保持它们干燥），这种炸弹可以造得较大，以至于要用牲畜驮⑥，也可造得小，用手去掷。

〈用生铁铸，状圆如毬，中藏毒火、飞火、法火、烂火等。药用坚木为马，两旁两孔，分四信，引于外，留空藏一信，盘曲于中，以礬纸裹信，藏久不潮。大砲用骡马驮人，小砲则用手持掷去。〉

这里“马”（弹心）的作用是不明显的，除非它供作高硝火药混合物⑦爆炸时喷出低硝 183
火药火焰之用。但已包括同样原理，因为毒药与硝石、硫磺、木炭是掺合在一起的。最后我们要谈“天坠砲”⑧，参见图23。它被描绘为有斗那样大，并可能用抛石机或弩砲抛到高空，最好是天黑以后落到敌营，这样可使敌人内部乱成一团，相互残杀。爆炸声响如雷，可以设想它的外壳是金属做的，而炸弹含有数十个“火块”，能向四面八方迸散。

现在讨论从“霹雳砲”演变的薄壳炸弹，首先是“群蜂砲”炸弹⑨，图24上的说明是：

用竹篾条编成圆球形，用40—50层厚纸糊之，放在太阳下晒干。在此之后再包上十五层油纸，上面开一孔，填入2斤火药、半斤铁蒺藜，还装入几十个飞燕毒火药纸爆仗⑩。这种炸弹的威力很大，不仅可以击中敌人，而且飞燕的火发出后，还能粘在敌人身上并仍然可以燃烧，它还能燃烧敌人的船帆，而且烧得很厉

---

① 《火龙经》（上集）卷二，第七页，襄阳版本，《火器图》，第十二页，由作者译成英文。

② 《火龙经》（上集）（卷一，第六页、第七页）上的配方成分中含有含砷制剂、有毒植物（乌头、巴豆）、有毒动物（斑蝥、蟾蜍毒汁）等。

③ 《火龙经》（上集）卷一，第七页；配文中含有皂角末、银杏叶。

④ 《火龙经》（上集）卷一，第七页、第八页；配方中含有皂角、含砷物、松香。有趣的是，好几个世纪后皂角仍在使用。参见上文 p. 125。

⑤ 《火龙经》（上集）卷一，第八页；配方有铁弹丸或铁屑、硇砂（氯化铵）、桐油、射虎毒药。关于最后一点，要读 Bisset（1）。这些配方成分都有必要进一步研究。

⑥ 或许可能是“携带它发射”，参见下文 p. 213。

⑦ 通常配方没有各种成分的配量，只有配方。

⑧ 《火龙经》（上集）卷二，第十二页，襄阳版本，第十五页。

⑨ 《火龙经》（上集）卷二，第九页，襄阳版，第十三页，由作者译成英文。

⑩ “飞燕毒火”的配方不见于《火龙经》，但是其配方大概与其成分的配方相同。

害，但可被水泼熄[1]。

〈群蜂砲

篾编成圆篮，以纸厚糊四五十层，晒干。包油纸十五层，开砲一窍，以火药二斤，加铁蒺藜半斤，飞燕毒火纸爆各数十个，其威力甚大，不惟可以击人，飞燕火发干，散飞开，粘人身上，及遇篷帆，尤能延烧，水浇之，灭也。〉

群蜂砲当时是一种原始型，主要起纵火作用，而不是把金属壳炸成碎片[2]。我们的第二个例子取自另一本书，1637年的《天工开物》（图25）。书中有一段著名的论述炸弹

187 叫“万人敌”[3]，宋应星说：

当边远小城的城墙（受到攻击时），如果使用的“砲”[4]（枪）太弱而不能打退敌人，应从城垛悬（即落下）的“火砲”（炸弹），如情势恶化，就应当用“万人敌”，这是新近发展的武器，可以根据情况使用，不像以前那些，它可投向各个方向，在炸弹里的硝石与硫磺，只要一点燃（爆炸），就立刻把许多人马打成粉碎。

它的制作方法是，用一个干的空心黏土球，上面钻了一个小洞用来填充火药，包括硫磺与硝石，还有“毒火”、“神火”[5]。三种火药的相应比例能随意而变。引信安装之后，炸弹封闭在木制框架内。或用一个木桶，其内壁涂上黏土，亦可使用，它绝对地需要用木框架或木桶，以便防止（火药爆炸前）事先碎破。当一个城池受到敌人进攻，守城的人在城墙上点燃药线，炸弹丢下，爆炸力可以使炸弹向各四方旋转，但城墙可保护守城人不受其影响，而敌方人马却不能幸免[6]。这是防守城的最好武器。重要的是有守土之责的人应该认识到，了解火药及制造这些火器的知识来自人类的智慧，关心它的人要花十年的功夫最终才会完全掌握它。

〈万人敌，凡外部小邑乘城却敌，有炮力不具者，有空悬火炮而痴重难使者，则‘万人敌’近制随宜可用，不必拘执一方也，盖硝、黄火力所射，千军万马，立时糜烂。

其法：用宿干空中泥团，上留小眼，筑实硝、黄火药，参入毒火、神火，由人变通增损。贯药安信而后，外以木架框围，或有即用木桶而塑泥实其内郭者，其义亦同。若泥团必用木框，所以防掷投先碎也。敌攻城时，燃灼引信，抛掷城下，火力出腾，八面旋转。旋向内时，则城墙抵住，不伤我兵；旋向外时，则敌人马皆无幸。此为守城第一器，而能通火药之性，火器之方者，聪明由人。作者不上十年，守土者留心可也。〉

---

① 周清源的《西湖二集》[卷十七（第三三五页）] 中曾记叙了一种类似炸弹“大蜂窝”。最令人感兴趣的是，除了是兵书概要以外，它是少数几本记叙了火药武器（并附有插图）的书之一。此卷题为《刘伯温荐贤平浙中》，记叙了著名军事将领兼对科学技术感兴趣的文人刘基。我们在前面已经几处提到过他（参见上文 pp. 25）。他对朱元璋推翻蒙古统治、建立明朝立了大功。1340—1350年间，刘基在浙江平定徐寿辉率领的内陆反叛和方国珍率领的沿海海盗，他直到1367年一直统治浙江省，不时归元，时而投明。刘基一度是元朝官员。但炸弹、火枪和火箭的制造必可追溯到1340年，所以我们应感谢周清源保存了1620年的文献。林语堂博士于1954年告诉我们这一令人感兴趣的文献，谨致谢意。

② 显然，这种“群蜂砲”是用一个绳环做手把，像投掷手榴弹那样投掷出去。

③ 《天工开物》十五章，第八页、第九页、第十二页、第十三页。明版第十五章，第三十四页、第三十五页、第三十六页、第三十七页，由作者译成英文。参见 Sun & Sun（1），pp. 276—277；Li Chhiao-Phing（2），pp. 395—396。

④ 此时，“砲”这一古字，无疑指金属管状火炮，上下的插图可看作证据。

⑤ “毒火”的方子与前面提到的配方相同；“神火”参见《火龙经》（上集）卷一，第六页，而且还包括砒霜、艾绒、松香、巴豆末及银杏叶。

⑥ 这里大概有某种与萨克森炮、转炮或烟火制造业中的中国飞火类似的布置（参见上文，p. 141）。但很可能宋应星从未见过任何此类炸弹的发射，是靠自己想像绘制的图。参见 Sun Fang-To（1）。

182

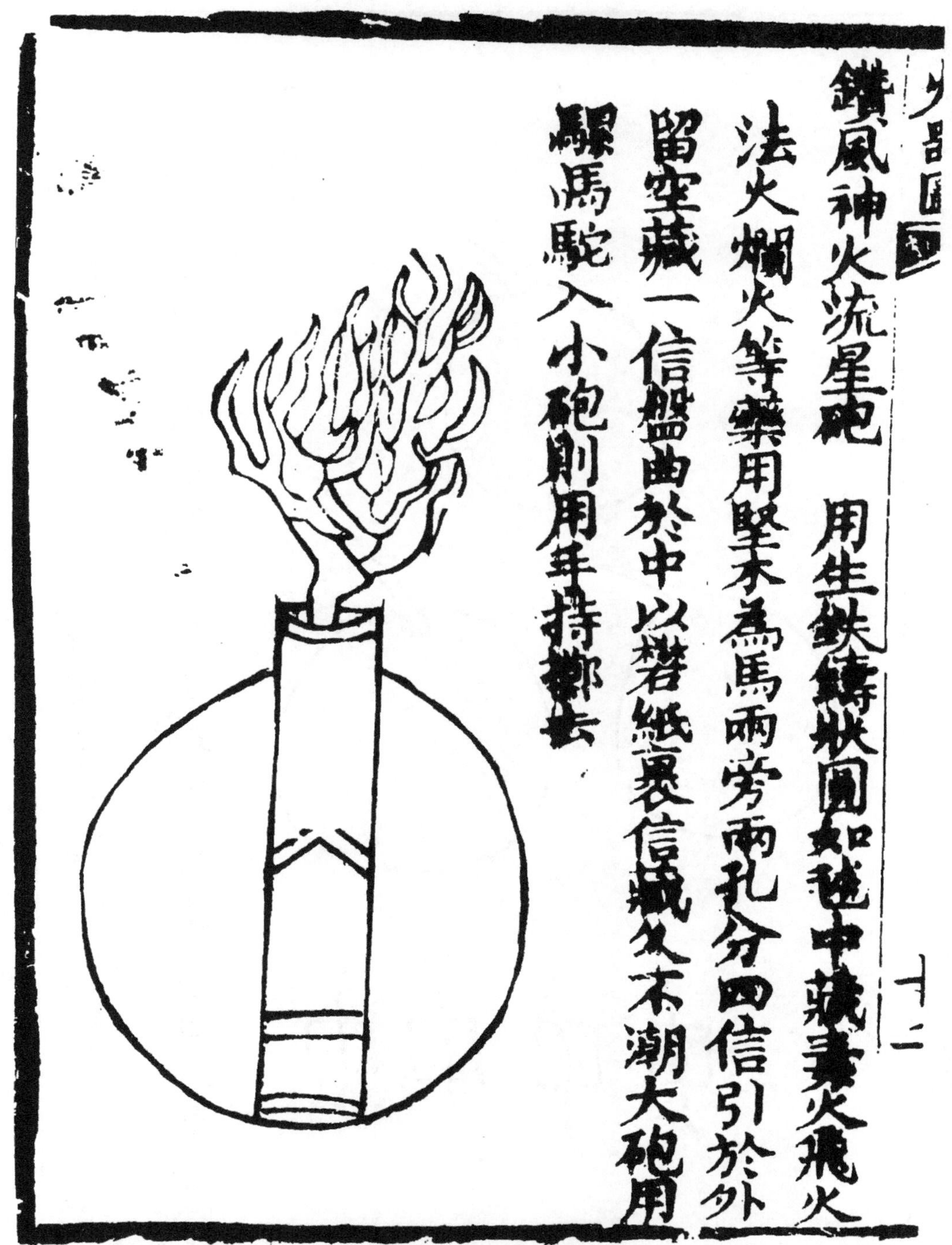

图 22　“钻风神火流星砲”，采自《火龙经》（上集）卷二，第七页与《火器图》，第十二页。

184

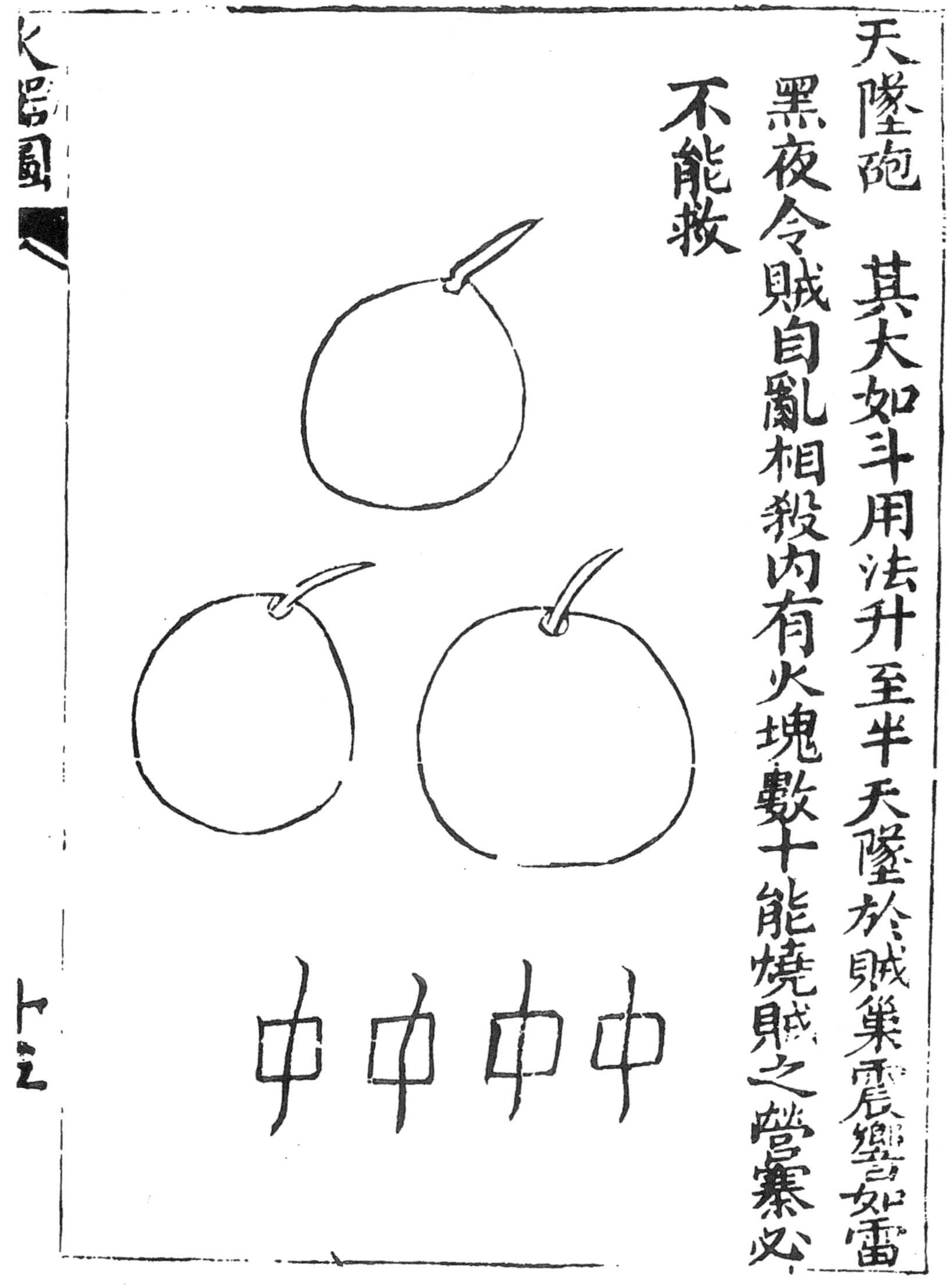

图 23 “天坠砲”，采自《火龙经》（上集）卷二，第十二页及《火器图》第十五页。

185

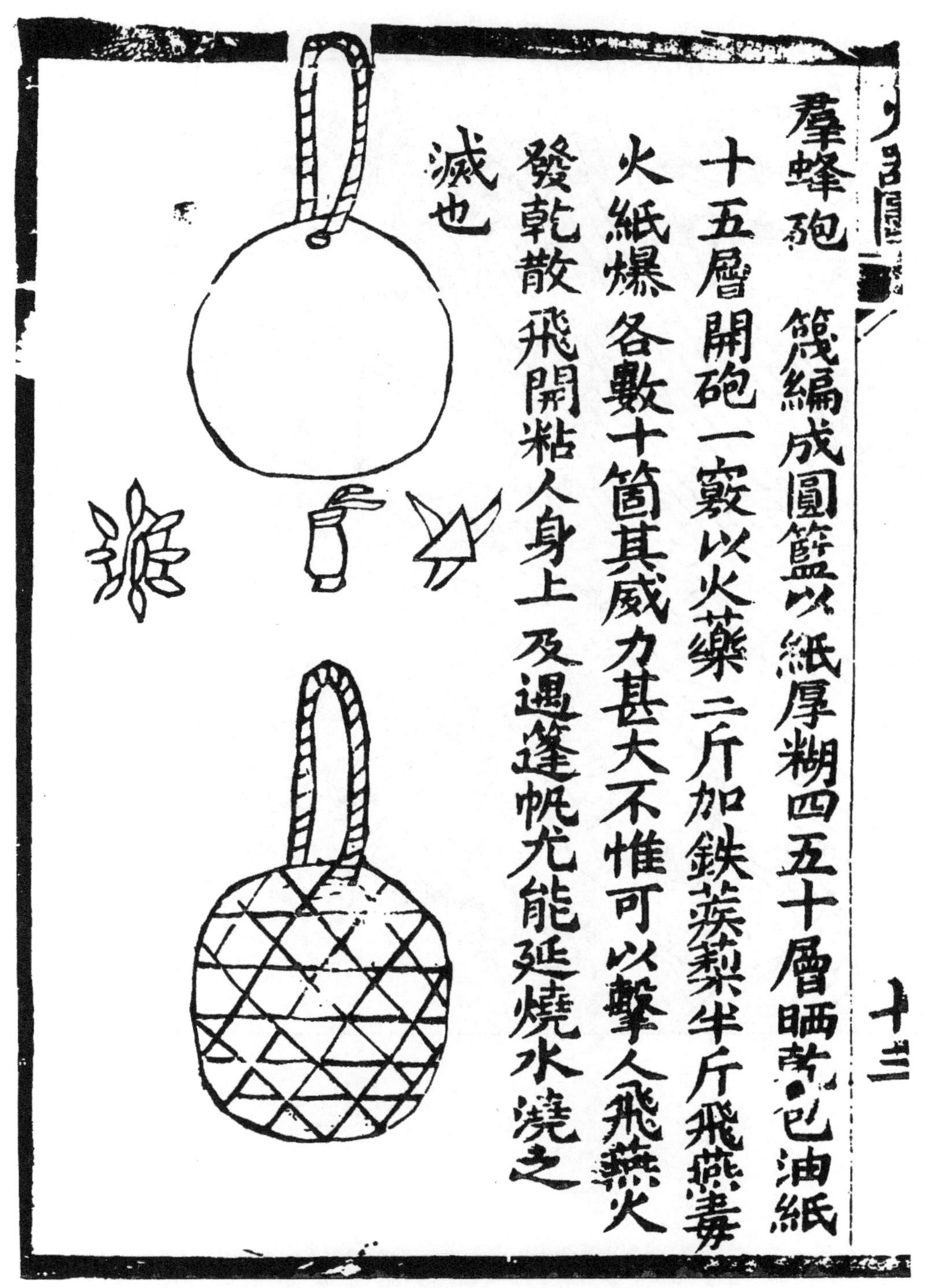
火器圖

羣蜂砲　篾編成圓籃以紙厚糊四五十層晒乾包油紙十五層開砲一竅以火藥二斤加鉄蒺藜半斤飛燕毒火紙爆各數十箇其威力甚大不惟可以擊人飛燕火發乾散飛開粘人身上及遇篷帆尤能延燒水澆之滅也

十三

图 24 “群蜂砲”，采自《火龙经》（上集）卷二，第九页与《火器图》第十三页，是一种薄壳炸弹。

186

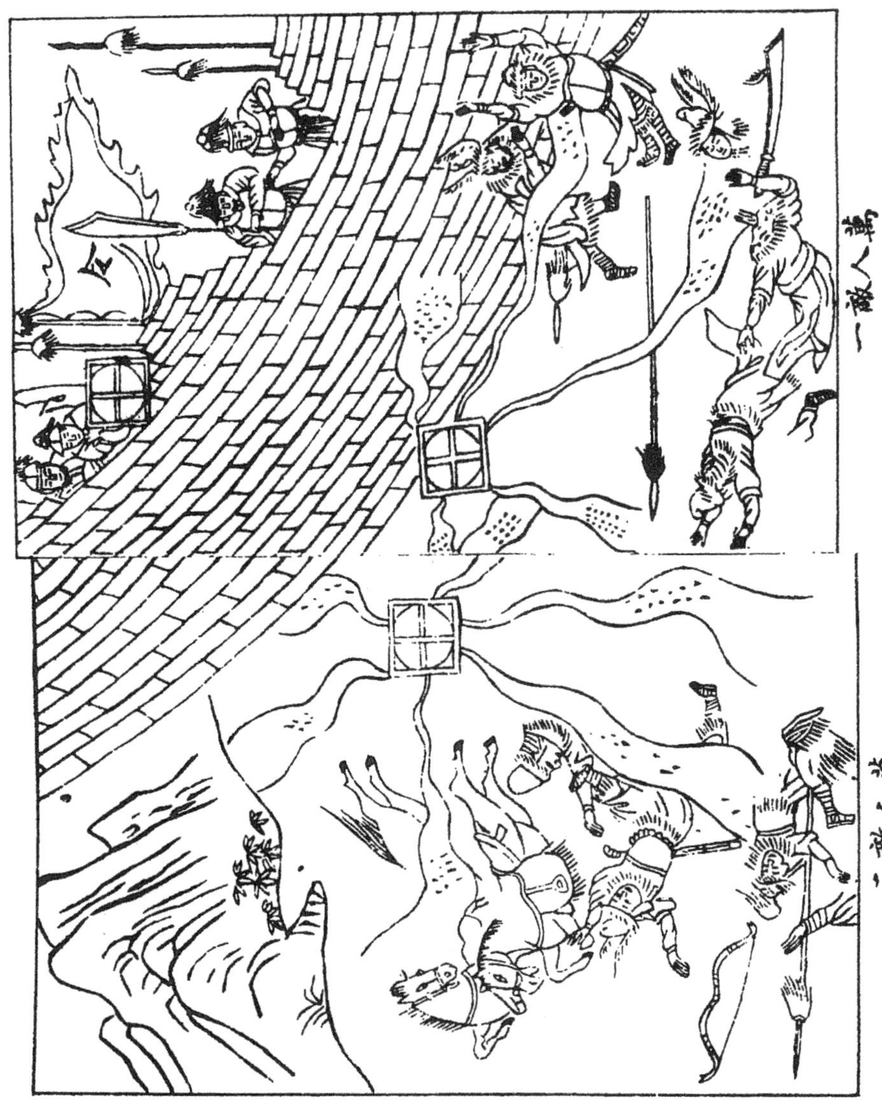

图 25　另一种类似的炸弹，“万人敌”，为宋应星的《天工开物》（1637 年）所绘制并加以说明于《佳兵》第十五章中，卷三，第三十六页、第三十七页。此图采自另一明版本，收入《国学基本丛书》，第二六五至二六六页。参见 Sun & Sun (1)，p. 276。

宋应星不是军人，否则，他就不会如此热衷于这类古老武器的介绍，然而这种古老武器仍在边远地区一直使用到明末。二三百年前在《火龙经》里曾有记叙相当类似的武器“万火飞砂神砲”[①]，见图 26。这里，火药管放入一个盛有熟石灰、松香和酒泡毒草的土陶罐内，爆炸时一切都释放出来。此物从城墙上向下投掷，使人不由忆起虞允文水战告捷时使用的石灰炸弹（见上文 p. 165）[②]。另一种类似的是图 27 的“风尘 189
砲”[③]。我们还可以讨论很多，不过这足以说明薄壳“霹雳砲”和硬壳“震天雷”相似的传统一直流传到 17 世纪末以及清朝初期[④]。

可以从门多萨的论著中得到一条有趣的间接说明。此书成于 1585 年，三年后由罗伯特·帕克译成英文。谈到中国士兵时他说[⑤]：

> 这些步兵深通韬略，真是不可思议，在军事方面足智多谋，英勇善战，抗御敌人，他们因策略、火攻器具与烟火而获益不浅，他们在陆战和水战中使用了许多装入旧铁的炸弹，还用火药和烟火制造的箭，用这些武器使敌人伤亡惨重……

无疑这里指的是与火焰齐射的弹丸的火枪，大概也有火箭，还有薄壳或硬壳的“火砲”（炸弹）。我们将在某个合适的时候，一一讨论这些（参见下文 p. 220，p. 472）。

事实上这些火器的使用时间远较此更长，在 1856—1858 年的战争中，“红毛夷”（即英国海军）攻打虎门（Bogue Forts）和广州城[⑥]，海军上将威廉·肯尼迪爵士（William Kennedy）当时还是一个海军准尉，而他 50 年后完成的，颇具沙文主义的自传，仍充满时代气息，我们能够读到他对此事件的追记。他的记载具有技术价值[⑦]。

> 中国人对我们已作了充分准备，他们的舢板置于侧位，从船的一侧放火枪。拉起缆索保持船侧方位，桅杆顶上安装了“臭罐”。值得一提这些进攻性武器。臭罐是一只盛有火药、硫磺等物的陶罐。每支舢板上的桅杆顶上安笼，由一或二人操纵，其任务是向敌船甲板投掷臭罐，或投向想靠拢的船只，任何不幸被臭罐击 192
> 中的船难逃悲剧，水兵们只得纷纷跳入水中，或因此窒息而死。

从这段记载可以清楚看到，11 世纪的军事工匠，或 12 世纪虞允文的军事工匠，都谙熟薄壳毒烟炸弹，在 19 世纪中叶仍为中国军队所利用。我们可清楚想像上述炸弹成分（见上文 pp. 123，144，167）。这一切难道不是催泪手榴弹的前身吗？可是我们还找不到中古代中国人对民众使用它的记载。

---

① 《火龙经》（上集）卷二，第六页；《兵录》卷十二，第十四页。

② 当乔斯林（Jocelyn）视察被英军占领的舟山群岛定海城堡时曾注意到，生石灰在 1840 年的守城之战中仍含于一般性火器中。

③ 《火龙经》（上集）卷二，第十一页，襄阳版本，第十四页。这里值得一提的是瓶状容器，因为它有可能为那些早期火炮制造者用此形式制造火枪提供启示，加厚爆炸室的室壁。

④ 《太祖实录》里有一幅有趣的图，我们将在后面详细讨论（见下文 p. 398），因为书里对 1620 年左右中国野战炮提供了丰富资料。此书详述了后来成为清太祖的努尔哈赤（死于 1626 年）的功绩。图 28 中我们看到 1626 年清兵包围宁远，明军扔下炸弹，燃烧满人攻城云梯车顶。虽然看起来炸弹并没有多大破坏，这场战役是努尔哈赤的少数失误之一，宁远城由骁勇善战的袁崇焕将军防守。注意此时满人在活动战车后发射火枪。

⑤ 参见 Juan de Mendoza (1)，ch. 6，p. 65（1588 年版），p. 88［哈克卢特学会版（Hakluyt Soc. ed.）］。

⑥ 这是“箭镞战”，其名源于发射它的海盗帆船；英法侵略导致缔结条约。背景材料见 Fairbank (4) pp. 243 ff；Wakeman (2)。

⑦ Kennedy (1)，p. 43。后来他在书中翻译了两广总督的布告，提到如何操纵和使用臭罐的详细说明（pp. 65 ff，p. 67）。

188

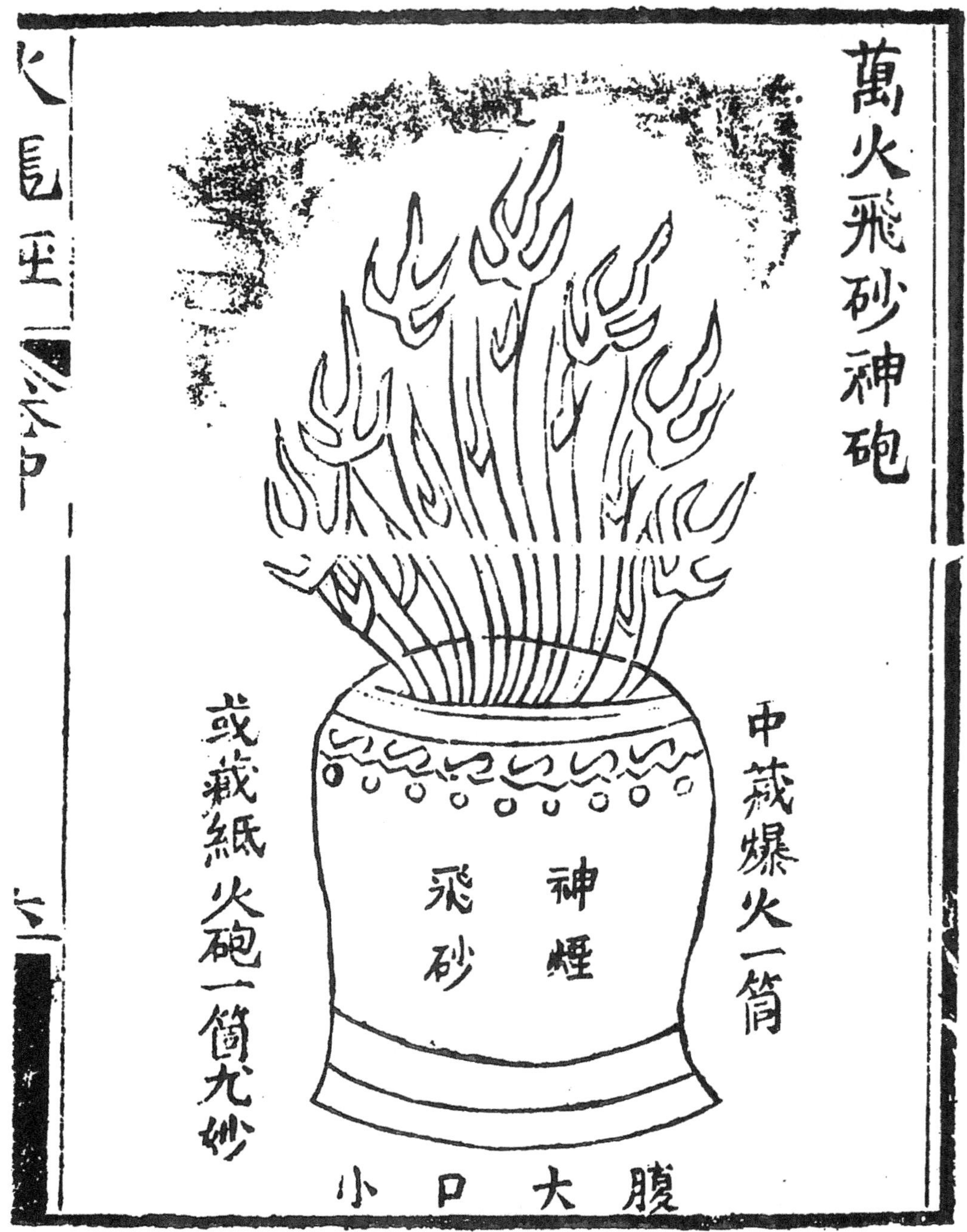

图 26 “万火飞砂神砲”，采自《火龙经》（上集）卷二，第六页，是一种薄壳弹，使人想起 12 世纪水战中虞允文曾使用过的石灰炸弹。

190

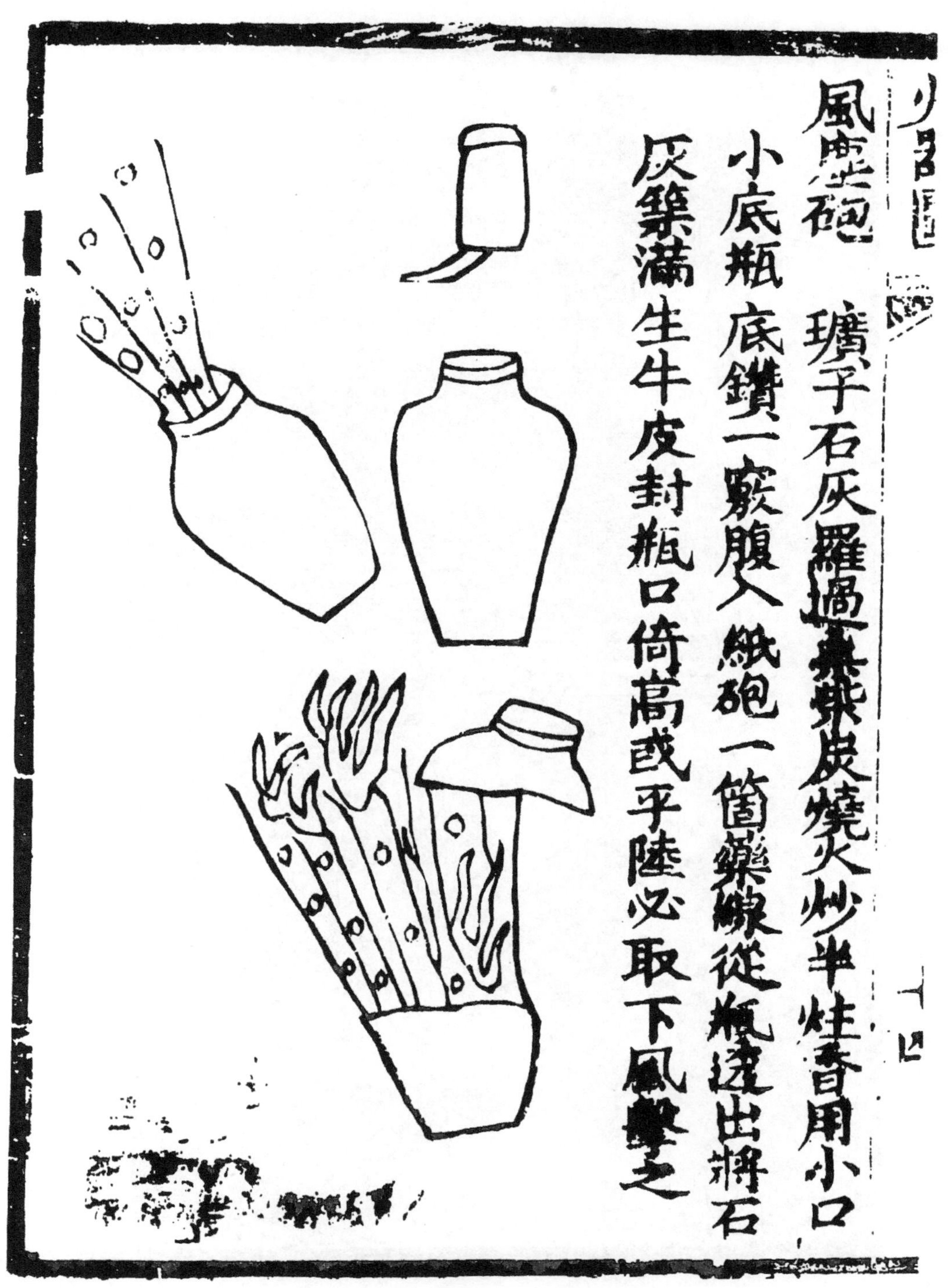

图 27 “风尘砲”，采自《火龙经》（上集）卷二，第十一页及《火器图》第十四页。

191

图 28　1626 年满洲王努尔哈赤围攻宁远时的炸弹。虽然看来对满人的攻城云梯战役不起多大作用，但彼时一定是“震天雷”，即硬铁壳炸弹。此图采自《太祖实录》，此书不大可能对明人军事技术作更多评价，但是事实上袁崇焕勇猛守城后，满人不得不撤退。

(11) 地雷和水雷

现在我们已经纵观了火药的发展过程，随着硝含量的不断增加，从火药最先用作缓燃引信和纵火剂，中间经过爆炸性的薄壳爆竹发展到真正产生爆炸性的硬铁壳炸弹和手榴弹。至1277年娄钤辖的“火砲”（参见上文 p. 176）清楚地告诉我们，当时已使用了更像是地雷一类的东西。对这类爆炸性很大的东西我们必须予以注意。1232年包围战中，落在蒙古人的坑道战壕中的“震天雷”炸弹，很可能比通常从抛石机射出的铁炸弹大得多。在这一事件中，可以说使用了地雷，更为合理。无论如何，看来整个13世纪这种可怕的武器的体积正在逐步增大。到了14世纪中叶，《火龙经》对地雷作了详细的叙述。

早些时候，“砲”和“火砲”两个术语包括地雷，虽然“地雷”是后来取的名字。《火龙经》以及《武备志》中记叙了多种不同的地雷，例如，“无敌地雷砲”显然是埋在敌人必经之道。《火龙经》云①：

> 地雷由生铁制成，外观完全为球形，根据大小可装1斗或5升（黑）火药。“神火”、“毒火”和“法火”（令人目盲与燃烧的火药）都可适用于（此装置）②。坚木用来做塞（“法马”），其上安三根不同的药线以防失去联结，三根都联结到
> 火窍。地雷埋在敌人必经之地，当敌人被引诱进入雷区，信号发出，地雷爆炸， 193
> 放出火焰（与碎片）并发出巨响。
>
> 〈砲用生铁熔铸，以极圆为妙，容药一斗，或五升，或三升，量砲大小。神火、毒火、法火合宜而用。以坚木为法马，分引三信以防闭塞，合通火窾，料贼必到之地，先埋地中，赚贼入套，则举号为令，火发砲响，奋击如飞，势如轰雷，不及掩耳。〉

“无敌地雷砲”是如何引爆。书中未谈。只好假设，长引线是经伏兵之手或某种埋伏正好按时引燃的。沿引信的传送速度必须准确的算出。

另一种形式的地雷，使用的是敌人一触即发的装置，以“地雷炸营”为代表，属自犯雷。估计其名取自这一事实，即大量埋在战略要地的地内，如敌人的宿营地之类。《火龙经》曰③：

> 地雷大多数设置在前线关门与要隘。把竹子锯成9寸长一段，另把竹节穿透，只底下最后竹节保留着，再用新牛皮绳包扎。其次用滚沸的油灌进去（竹管），让油停在竹管一段时间再倒出来。从（管子）底部开始安药线，然后将（黑）火药压进去，形成一种炸炮。火药装入管子的十分之八，再放入铅子、铁子占据其余空间；用蜡封了开口的末端。再挖上一个深五尺的坑（以埋藏地雷），药线连接到发火装置，只要它们受到干扰，就会引爆。
>
> 〈地雷炸营多设关隘，以竹九寸围者，锯段长五尺，打通，底留一切。光以生牛皮绳缚后，

---

① 《火龙经》（上集）卷三，第二十九页；由作者译成英文；也见《火攻备要》卷三，第二十九页；《火器图》（襄阳府版），第三十九页；《武备志》卷二三四，第九页、第十页。

② 参见上文 p. 180。

③ 《火龙经》（上集）卷三，第二十五页，由作者译成英文。也见襄阳府版的《火器图》，第三十七页；《火攻备要》卷三，第二十五页；又见《武备志》卷二三四，第四页、第五页。

以沸油灌入，良久倾出。下安药线，杵作炸砲。药满八分，入铅铁子，以蜡封口，挖地坑五尺，每处下用方木坐竖其八枝，木盒，隔土不浸药信总合一处于坑内，穿透药线，引进钢轮，火机应发即应矣。〉

虽然文中并没有具体说明八枝竹“枪”插在两个圆盘的粗细正好的孔上，但只要一看图就清楚了（图 29）。从说明中可以看出，地雷掩埋时须有一定的斜度，大概面朝上，如图上所说，整个装置用土和草覆盖①。至于沸油，其目的大概是用来让一次性使用的竹子内部变硬②。

“自犯砲”使用的方法相同（图 30)。《火龙经》③ 又云：

自犯砲由铁或石制成，甚至也可用瓷器或陶器，内部挖空，操作方法很像上面
196 所说的爆炸地雷。外面药线穿过一系列“火槽”，火槽又与几个机关相连，设置在军事据点上。当敌人冒险来到安有地雷的地方，所有地雷就很快地一个接一个地爆炸。

〈其制或铁或石，或瓷或瓦烧造，空腹如前，炸砲制法，外线通连火槽，火榧，相机连连安置要路。贼犯其机，群砲皆烈。〉

另一种石头装的地雷叫“石炸砲”。

《火龙经》云④：

用一块石头凿成球形，可以有不同大小，里面凿空，放入爆炸（黑）火药，用木杵舂紧将药填到空间的十分之九，再放进一小节竹，安药线。火药上盖上一片纸，纸面上覆盖着干土与黏土，又在其中把药线盘上。为了防卫城市埋设地雷，隐藏在地下（适宜的地方）。这就是地雷的用处。

〈用石造圆形，大小不等，腹中凿空，装炸药满，杵实九分。入小竹筒一节，入引线，用纸隔药，上少覆乾土，土上用纸觔泥，泥平盘药线于上，守城设伏地雷。用此炸砲，火发砲碎，且为久埋之妙器。〉

文中提到了古代中国军事工匠的劳动力问题，他们组成了一支石匠大军，凿空石头以制造地雷。即使在找到适当石块的地区，可以说，一旦有工匠逃亡，其他人很难代替他们。

还有一种装置叫“太极总砲”⑤，安有一组小枪，指向八方，曰“八卦铳”⑥，自动扳机发射。器身可用熟铁或坚木作成，有炮眼。可装在不设防的兵营里或骑兵必经之道（见图 31)。这个主意很古老，大概 14 世纪初就有了，因为它出现在《火龙经》的第一部分中⑦，而其详细说明见于其余后期著作⑧。

---

① 这一装置使人想起秦始皇帝［本书第五卷第六分册，(e) 2)］墓中的自动弩机人。

② 克莱顿·布雷特博士认为，最近的实验证明，灌沸油的目的在于使竹子防潮，不被虫蛀。刚砍的青竹虽然坚硬，但容易被虫蛀，因为竹筒上有一毫米以下的小空受潮气，因霉菌或细菌而受到损害，特别是竹筒埋在土中，在这环境下，很快火药力失效。竹子的蛀虫是竹蛀虫（*Lyctus brunneus*)，如红粉蠹或竹象（*Cyrtotrachelus longimanus*）［R55；杜亚泉等（*1*)，第 412 · 1 页］。

③ 《火龙经》（上集）卷三，第二十六页，由作者译成英文。还可参见《火器图》（襄阳府版），第三十八页；《火攻备要》卷三，第二十六页；也可见《武备志》卷二三四，第五页、第六页。

④ 《火龙经》（上集）卷三，第二十八页；由作者译成英文。还可参见《火器图》（襄阳府版），第三十九页以及《火攻备要》卷三第二十八页；又见《武备志》卷二三四，第七页，第八页。《武备志》卷一二二，第二十七页（威远石砲）的插图和说明也引人注目，其实样照片可参见 Lo chê-Wēn（1)。

⑤ 此名称的重要意义可见本书第二卷，pp. 460ff。

⑥ 再见本书第二卷，pp. 305，312—313。

⑦ 《火龙经》（上集）卷三，第三十页；《火攻备要》同上；《火器图》（襄阳府版），第四十页。

⑧ 《武备志》卷一三四，第二十二页、第二十三页；《兵录》卷十二，第六十六页。

194

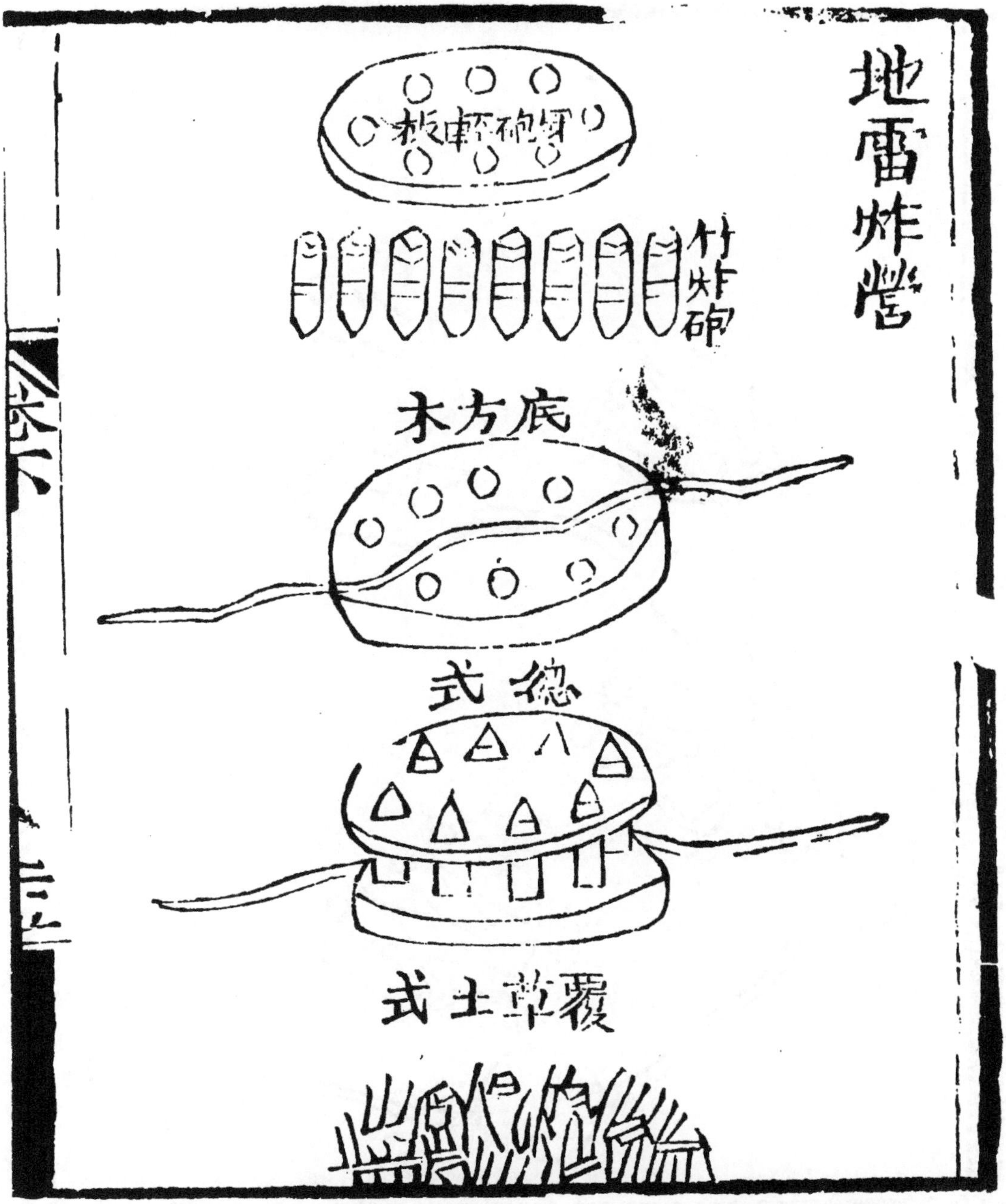

图 29 “地雷炸营”，八个竹“枪”插在两个圆盘上粗细正好两两相对的孔中。采自《火龙经》（《火攻备要》）卷三，第二十五页。

195

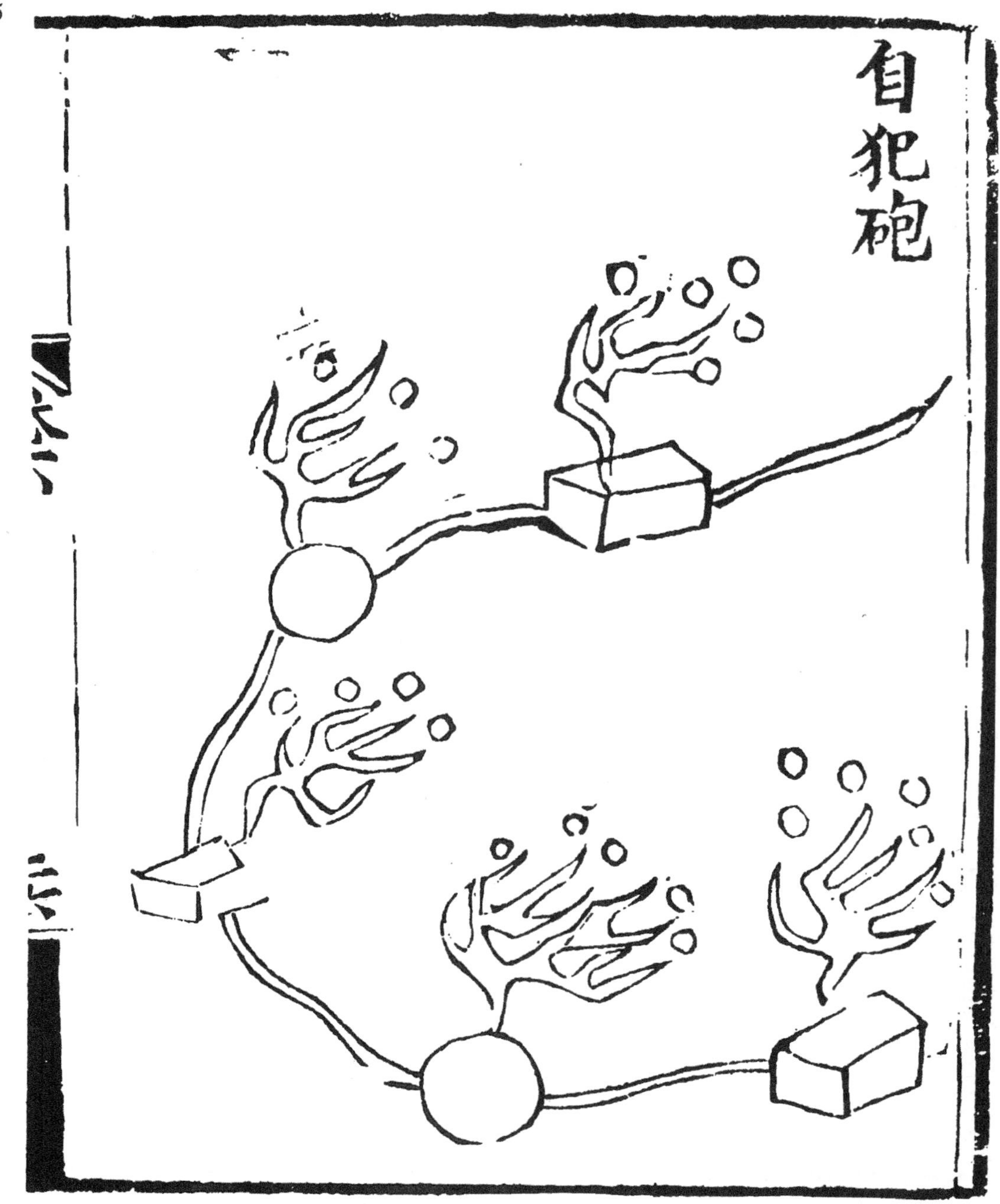

图 30　“自犯砲”，采自《火龙经》（《火攻备要》）卷三，第二十六页。

197

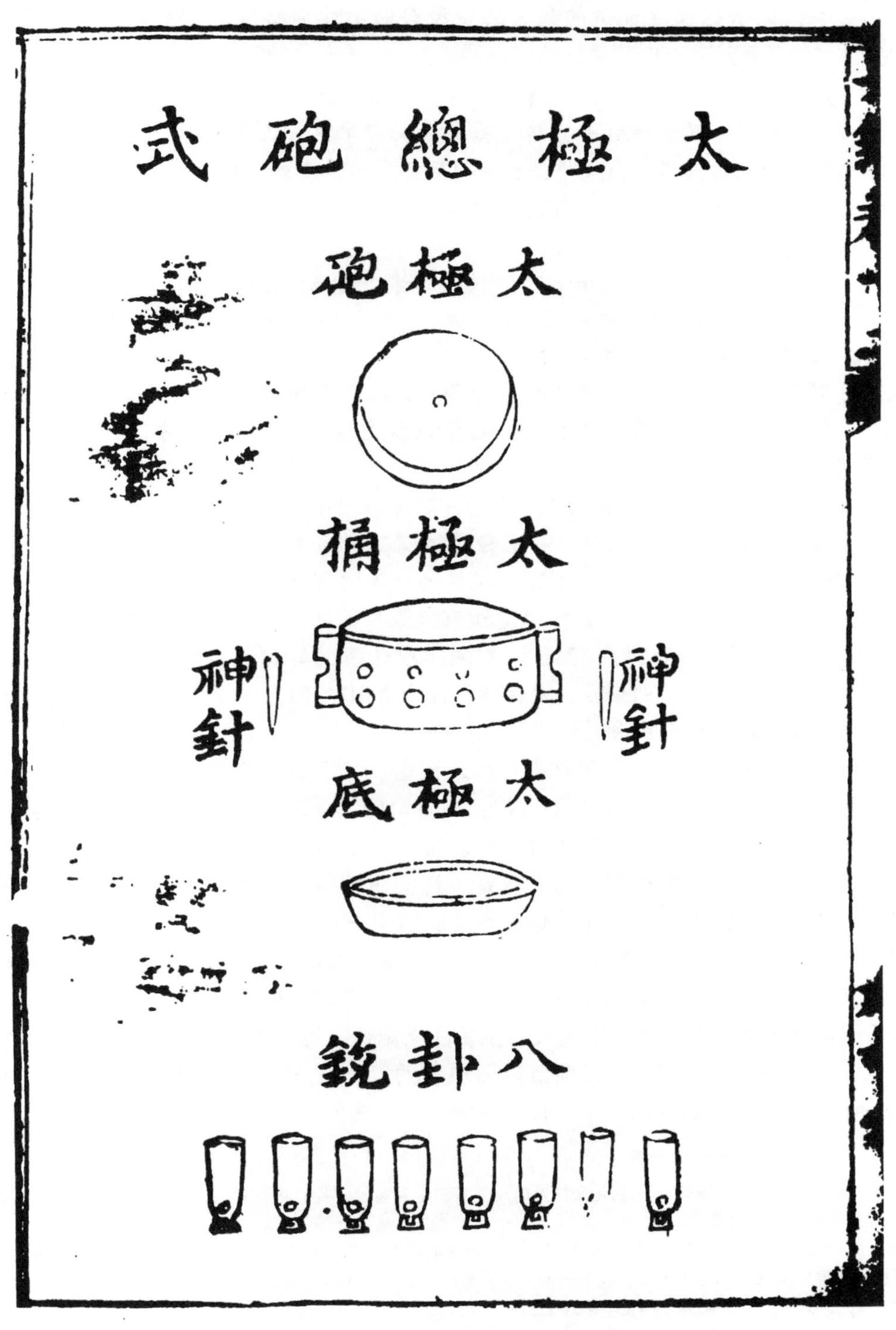

图 31 “太极总砲”，有八个小枪面对各方，脚踏自动爆炸。采自《兵录》卷十二，第六十六页。

释文中对用引爆这些地雷的起火装置没有做出任何解释①。只有《火龙经》的“炸砲”一文中提到了点火装置，然其说明不充分。《火龙经》又云②：

> 爆炸地雷由生铁制成，约有饭碗大，挖空，装入火药，放入一穿通药线小竹
> 199 管，地雷外安一通火槽的长药线。择敌人必经之路，挖坑埋几十个地雷于地中。全部地雷由药线接通火药火槽，都由钢轮激发，要很好地藏起来，不让敌人知道。踏上引火机关的扳机，地雷就发生爆炸，铁片向四面八方飞去，并且把火焰对直射向天空。
>
> 〈制以生铁，铸大如碗，空腹。上留指壮一口，空药木杵填实，入小竹筒穿火线之内，外长线穿火槽，择寇必由之路掘坑，连连数十埋于坑中，药槽通接，钢轮土掩，使贼不知，踏动发机，地雷从下震起，火焰冲天，铁块如飞。〉

从这里可以看出，火石和钢轮之间有某种装置，敌人不慎踏动，直接把火花传到引火物上，点燃了引信的导火线。从图 32 可以清楚看到至少有两个钢轮系统，其中任何一个都可能发动整个装置。

直到 17 世纪初，这个装置的工作原理才在印本书中披露。它由两个锯齿状钢轮组成，固定在一根轴上，紧靠火石。一根绕在轴圆筒的绳子与一端重物连接，装置由一根针固定位置，当敌人猛不防踏上连接机针的木板或层板时，机针移动重物，引起钢轮摩擦火石产生火花，点燃引信并引爆地雷。最早记载钢轮起火装置的是《兵录》③，《武备志》也有相同的记载④。《兵录》中的插图（图 33）说明装配过程，其中包括两个带有火石以及驱动重物的钢轮，桓板和机针均由钢轮释出。《武备志》插图内容更为丰富，并附有各部件的分图和总装图（图 34）⑤。

这不仅使人饱开眼福，还需要进行深入讨论。特别是它可以追溯到 14 世纪中叶，绝不会晚于 1360 年。它的两部重要部件，火石钢轮起爆装置和重力驱动装置，都发人深省。因为这些装置，使人想起或者为时较晚、或不为当时中国人所知的欧洲类似的装置。第一，由钢轮摩擦火石引起火花是一切文明的一种古老事物，可以追溯到铁器时代的初期⑥。但至迟在 1360 年，钢轮摩擦火石引起火花在欧洲才与传入的火药一起使用⑦。用钢轮和黄铁矿石撞击产生火花启动的轮发滑膛枪，直到 1500 年左右才出现在达·芬奇（Leonardo da Vinci）的草图中。实际物出现的最早准确时间是 1526 年。这
202 种由火石撞在火药钢盖上而发射的火石激发的毛瑟枪，第一次仅在 1547 年才被叙述⑧。并不是说这些装置是因中国人以前做过而启发的，大概产生这些想法非常明显，然而其中一种“传送组”的技术从中国传到欧洲，仍是确实的，这发生在 14 世纪后半期⑨。

---

① 刘仙洲（*12*）专门撰写了一篇论文探讨起火装置和定时装置，我们将会看到，其中包括香火签、久燃化合物，以及突发火石钢轮装置。

② 《火龙经》（上集）卷三，第二十七页，由作者译成英文。也可参见《火器图》（襄阳府版），第三十八页；《火攻备要》卷三，第二十七页；也见《武备志》卷二三四，第六页、第七页。

③ 《兵录》卷十二，第六十一页至第六十二页。

④ 《武备志》卷一三四，第十四页至第十五页。

⑤ 刘仙洲（*12*）复原了几个释放作用于火石的钢轮装置。关于水雷及其引爆装置，参见李崇洲（*3*）。

⑥ 参见本书第四卷第一分册，p. 70。

⑦ 参见 Blackmore (1), pp, 19, 28; Reid (1) pp. 90, 96, 116—117; Partington (5) pp. 168 ff.。

⑧ 在这一时期以前，引火药通常是由一只缓燃引信点燃的，与公元 919 年的火筒一样。（参见上文 p. 81）。

⑨ Needham (64), pp. 61—62, 201。此时出现的重大发明有铸铁用的鼓风炉、雕版印刷、弧形拱桥。

第二，14 世纪中叶中国有相当奇妙的重物驱动装置，虽然 1300 年后不久，它成功地为中世纪欧洲最初的机械钟服务，然而不大可能这样迅速地就传到了东方。中国固有的水力机械漏钟是以不同原理工作的，这是一种垂直安装的驱动轮，使用衡位槽中流出的水或水银[1]。另一方面，有证据说明古希腊有重复式钟，既为中国人和阿拉伯人熟悉并使用，所以重物驱动装置有可能源于反复式浮标（anaphoric float)，而这可能是东西方各自独立发明的[2]。一般认为，重物驱动装置是 17 世纪随着耶稣会士带进的机械钟传入中国，而现在有证据表明，很早以前中国就有了这种装置。有可能是因保密或“禁止”，使其使用性质不为世人所知。然而自相矛盾的是，中国使用火石、钢轮装置并用以点燃火药比欧洲早一个半世纪左右。另一方面，重物驱动装置在欧洲作为机械钟的动力的半个世纪以后，才在中国非常隐蔽地用于火药点火装置上，而两个半世纪以后，欧洲机械钟作为耶稣会士的礼物带进中国[3]。

欧洲使用爆炸地雷的证据，在 15 世纪中叶以前的书中不见记载[4]。第一例清楚地
记载饵雷计划的大概出现在 1403 年比萨与佛罗伦萨的战争中，然而是否真正使用尚不
清楚[5]。《火龙经》设计的第一个类似的点火装置显然直到 1573 年才问世，时奥格斯堡
(Augsburg）的萨穆埃尔·齐默尔曼（Samuel Zimmermann）利用火石钢轮、弹簧和绳 203
子发明了远距离点燃烟火或地雷的设计[6]。还及时地加上了发条齿轮装置，产生了定时
炸弹，又再一次运用了重物驱动原理[7]。

重物驱动火石钢轮装置并非只在中国用来引爆饵雷的唯一装置。根据流传下来的配方，只要空气充足，混合物能烧一段长时间，当发生机械接触时，足可以点燃引信。例如，《武备志》描述了一种使用饵雷的这类装置（图 35)。“伏地冲天雷”地雷埋在地下三尺，药线集于碗下，含缓慢燃烧的火种。带有长柄的矛，直竖在碗上，当欣喜若狂的敌人走近这些武器时，碗被搅动，点燃了地雷引信[8]。《武备火龙经》也有制造缓慢燃烧剂的方子，这个方子的混合物可以燃烧 20 至 30 天而不熄灭。由下列材料组成：白檀香木粉（灰木）一斤、铁锈三两（也称“火龙衣”、或“铁衣”，氧化铁)、白炭末五两、柳炭灰二两、干红枣末六两、麦麸三两。“白炭末”即用熟石灰染白的木炭。相同的配方见于更早的《兵法百战经》（约 1590 年）中，书中简单地称之为“木炭末”[9]。原理上此材料与寺庙里烧的香没有什么差别，只是没有香料成分而已[10]，而加入石灰无疑是使混合物干燥。

① 本书第四卷第二分册，pp. 446ff.，469ff.；参见 Needham，Wang & Price（1)。

② 本书第四卷第二分册，pp. 223，466ff.，532，541。刘仙洲（*12*）提出，打井水的辘轳（参见本书第四卷第二分册，p. 335）可看作雏形。古人一定早已观察到空水桶，更不用说装满水的桶，要是不在井上系住就会继续掉下去。

③ 中国在整个 16 世纪对地雷和水雷做了大量的改进工作，参见曾铣在 1530 年左右举的例子。曾铣曾在军中任职，他敦促政府从蒙古人手中收复河套，然终被反对他政策的人弹劾杀害。参见万百五（*1*)，第 63 页；刘仙洲（*12*)。

④ Romocki (1)，vol. 1，p. 243。

⑤ Partington (5)，p. 172。

⑥ Zimmermann (1)。

⑦ Partington (5) p. 169。

⑧ 《武备志》卷一三四，第十一页、第十二页。

⑨ 《兵法百战经》，第十七页。

⑩ 参见本书第三卷，pp. 329ff，图 145；本书第五卷第二分册，pp. 134ff.。

198

图 32 “炸砲”，由自动操作的钢轮点燃火石，火石火花点燃引信引起爆炸。采自《火龙经》（《火攻备要》）卷三，第二十七页。

200

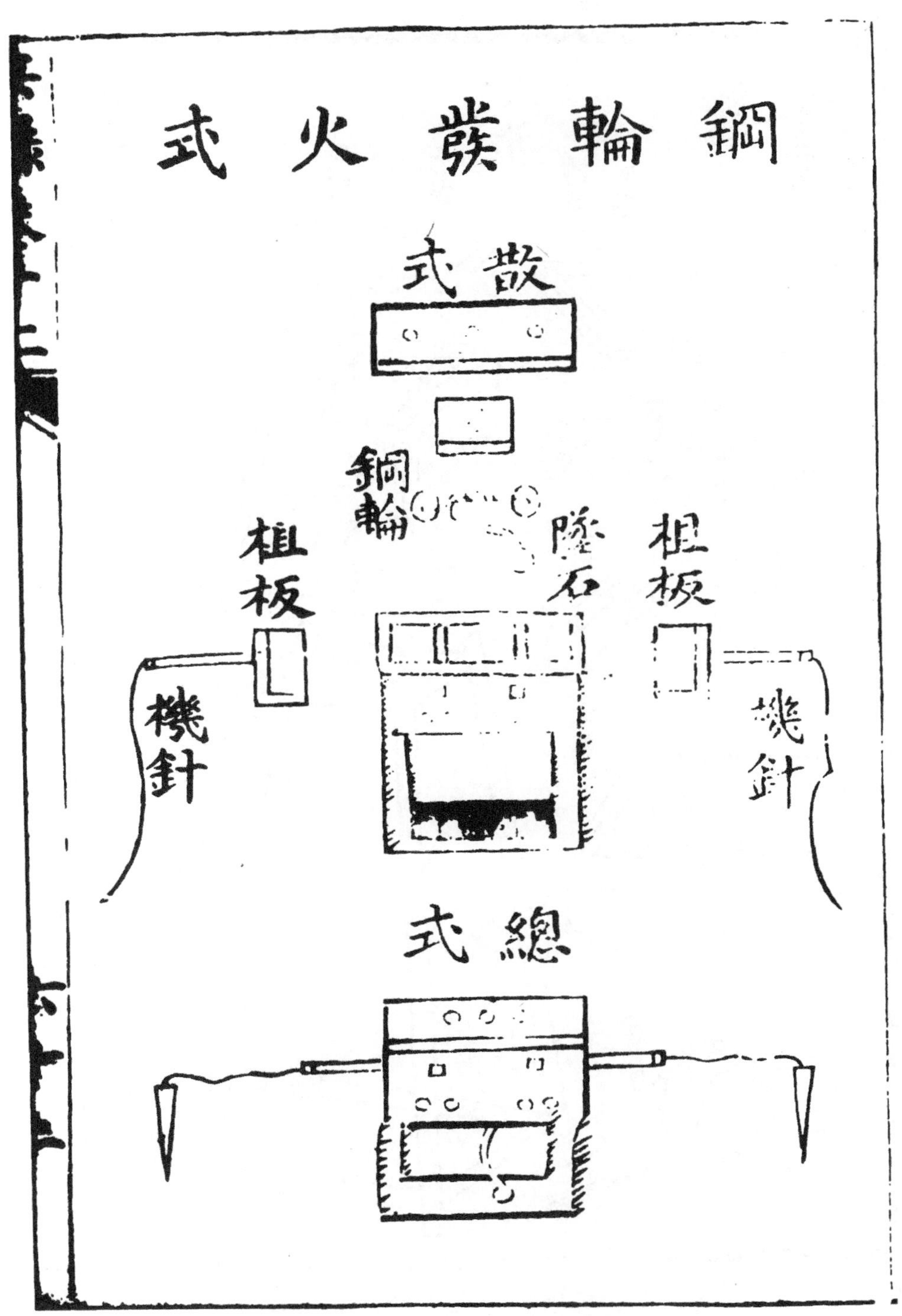

图 33 钢轮及火石发火装置较详细的图解，采自《兵录》卷十二，第六十二页。当敌人踏上桓板时，松开了机针，突然下落的重物带动了绕在两个钢轮转轴上的拉线，使转轴带动钢轮转动，由火石点燃的引火物火花引燃引信，引起整个装置爆炸，这个最早的图作于1606年。

201

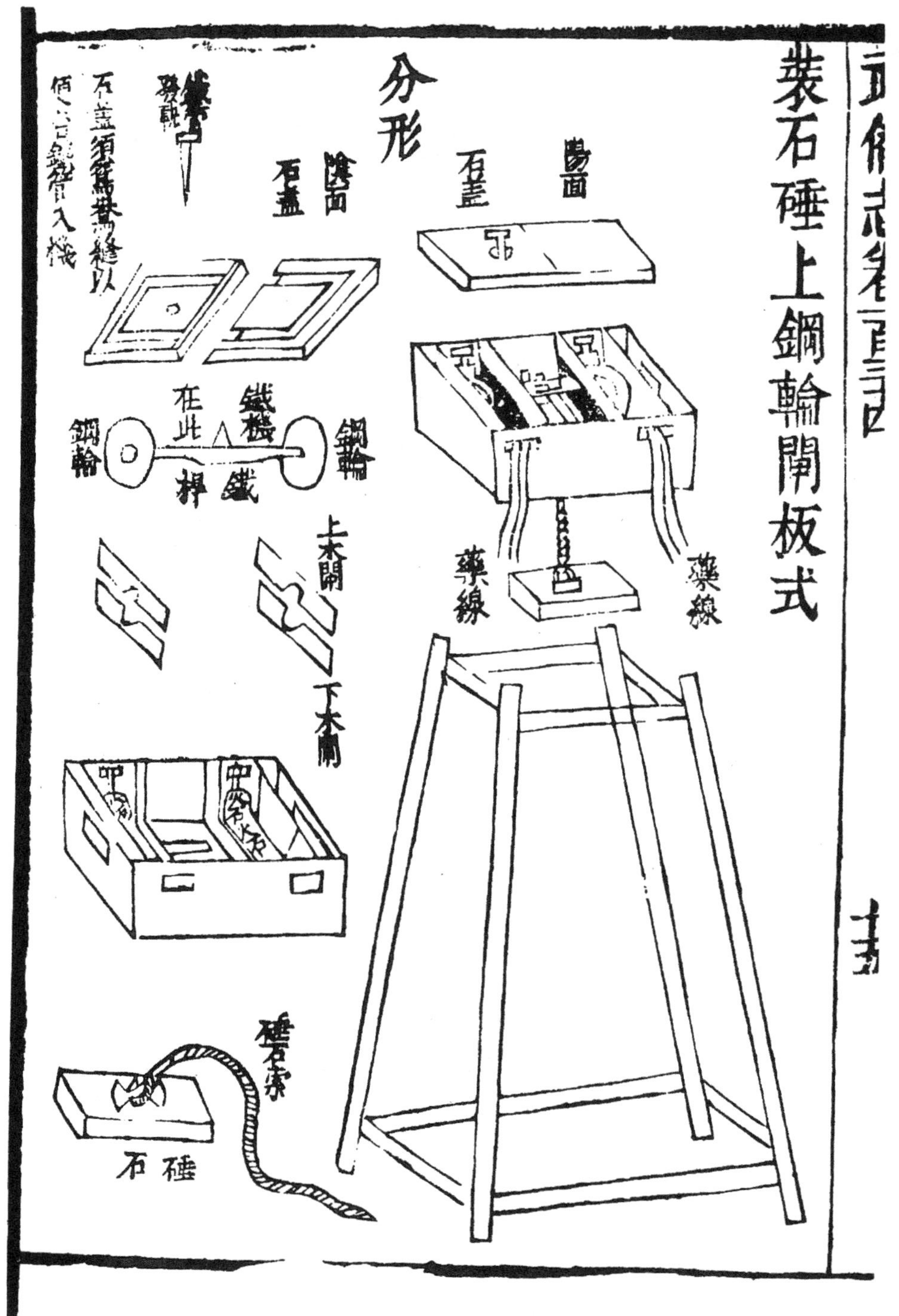

图 34 发火装置较详细的图解，（由下落重物引起火石和钢轮操作），多用于饵雷或焰火表演；采自《武备志》卷一三四，第十五页。

204

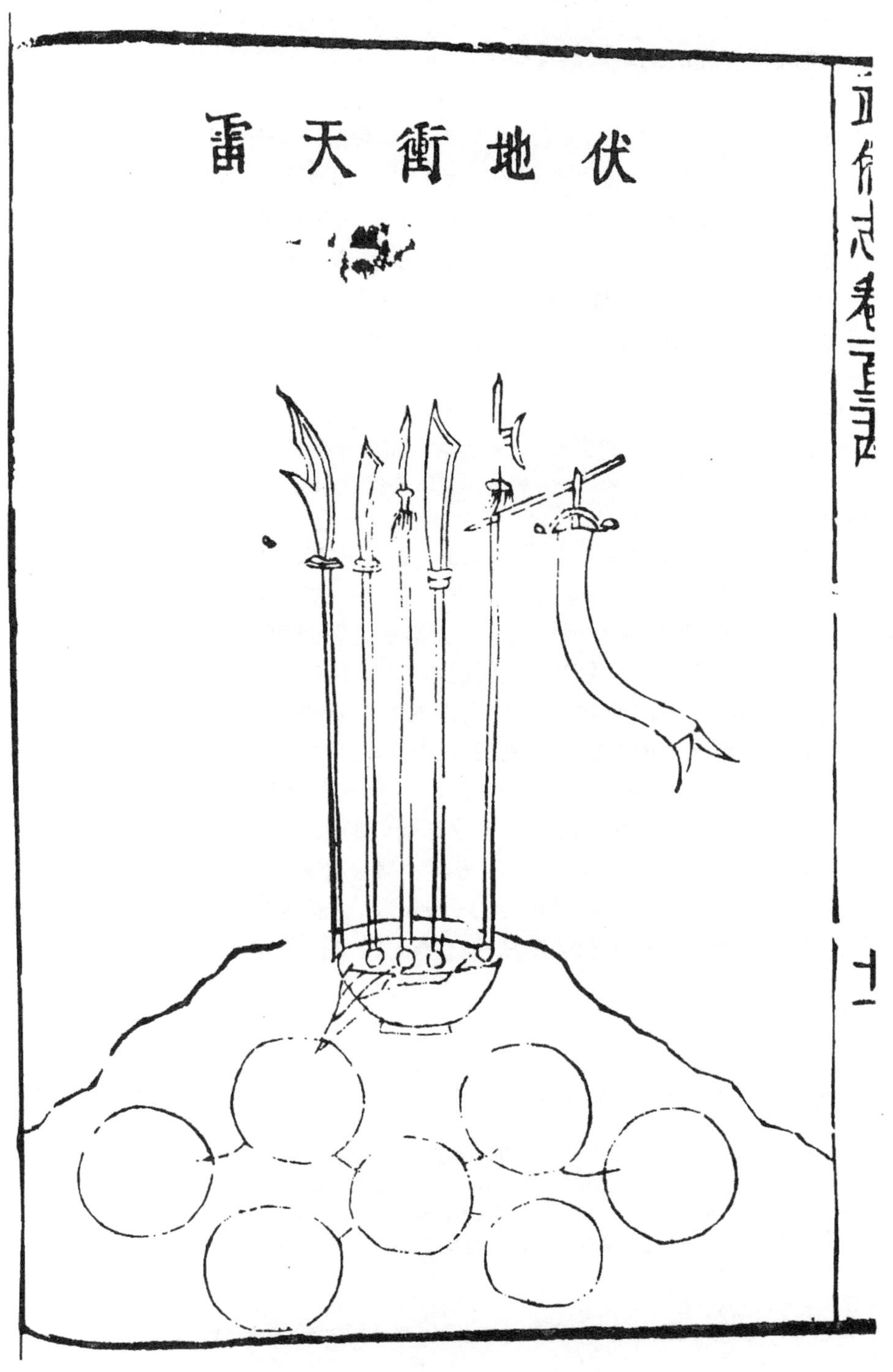

图 35 所谓“伏地冲天雷”的饵雷。全套兵器直竖在地面上，下安地雷。当敌人企图取得关刀、戟和长矛时，脚踏动了装有缓慢燃烧发热物的碗，引起了爆炸。采自《武备志》卷一三四，第十一页。

水战中的水雷还有其他点火和定时方法，其中一种是烧香柱[①]。《火龙经》对这种水雷[②]作了详细而有趣的记载。其文如下：

> 水雷叫“水底龙王砲”，用熟铁制成，用木牌（沉入水中）运载，［上面适当地用石头压住，参见图37］。（水雷）封闭在膀胱（牛脬）内。要点在于用一根细
> 205 香（柱）安在容器中水雷上。燃香决定药线（着火）的时间，但是没有空气当然火就要熄灭，所以容器与水雷用一根细（长）的羊肠线联结（通过羊肠安药线）。
>
> ［注：硝石浸透的（药线）也会来自粗铁鱼（作为漂浮的容器）］[③]。
>
> （在容器中香柱）上端，用鹅和野鸭的羽毛［一种装置］保持漂浮，因此它可随波上下而动。在夜间，地雷可顺流直下（冲向敌船），当香燃到药线，就会发生爆炸。
>
> 〈水底龙王砲：
>
> 砲用熟铁打造，以木牌适当加上石头载之，其机巧在于藏火砲上，缚香为限，香到信发，裹以牛脬而不通气，则火闷死。……硝过，夹以铁鱼，［注］。上以雁鹅翅为浮，随波浪上下，黑夜顺流放下，香到火发。〉

各种版本的图（图36）无文字说明[④]所以必须看一下300年后1637年《天工开物》的插图，有些可以辨认，然却十分粗糙（图37）[⑤]。唯一差异是，一只涂了漆的布袋替代了牛脬[⑥]，岸上放的线带动火石钢轮装置。而清版对明版插图只增加艺术细节，不过清版还提供了一幅水下爆炸的示意图。此时的水雷的名字也有变化，称之为“混江龙”。

迄今为止我们已经探讨了14世纪中国人的火器实践活动。显然此时欧洲人还远没有达到这一步（如果欧洲的水雷先进到能够爆炸军舰的地步），因为第一个制造水雷计划是拉尔夫·拉巴兹（Ralph Rabbards）于1574年献给伊丽莎白女王的[⑦]。到了19世纪，中国人很自然地借用欧洲人的技术来改进他们的水雷[⑧]。1842年鸦片战争时，广州的船舶富商和技术专家潘仕成[⑨]雇用美国海军军官任雷斯（J. D. Reynolds）进行水雷实验，并把这看作是中国沿海海防现代化的一部分。而潘也谙熟技术，本人也参加了实
208 验。后来，1852年成书的魏源和林则徐的《海国图志》收了一篇潘仕成的文章。潘仕

① 中国水兵很自然会考虑到这一点，这是毋庸置疑的，因为至少是从中古代早期开始水兵们出海时就用烧香来计时了，参见本书第四卷第三分册，p. 570。

② 《火龙经》（上集）卷三，第二十四页。还可以参见《火器图》（襄阳府版），第三十七页；《火攻备要》卷三，第二十四页，由作者译成英文。这段文字有讹误，故三种版本对照使用。

③ 这又是中古代另一中国技术的回响，即漂浮磁石指南针，一条薄扁内空的铁鱼取代了磁针。参见本书第四卷第一分册，pp. 252—253。为了装下香柱，铁鱼要挖空较深。关于中国文化中的烧香时钟的概况，参见本书第三卷，pp. 329ff.。

④ 也同样适用于《武备志》在卷一三三（第四页的记载）。

⑤ 《天工开物》明版第十五章，第三十四页、第三十八页。清版第十五章，第十一页、第十四页、第十五页。Sun & Sun（1）的译本，p. 272和Li Chhiao-Phing（2）译本，p. 394，他们的两种译本均不可取。

⑥ 见原文，插图中没有说明：显然源于《火龙经》。

⑦ Partington（5），p. 166。

⑧ 背景材料见鲍尔迈斯特［Bauermeister（1）］的论文，然而只论及1787年以后的设计，没有任何以前的背景。

⑨ 比尔（Beal）认识潘，称他为Poon Sse Sing，龙多（Rondot）称他为Pwann Sse－Ching。外国人通常称他为Tinqua（其名起于他的官衔），他是广州城著名的商人公行奠基人的后裔。

成的文章是七年后比尔［Beal（4）］的有趣论文的主要资料之一[①]。1843 年，广州军械库曾造了 20 枚水雷[②]。

水雷包括一六角形防水的黄铜仓装的木柜（椟）并由可调整的铁坠沉于水中，浮球上的两根铁链或绳悬挂木椟。盖板上的两孔内可盛火药大约 160 斤，第三个孔让水在适当的时候流进水管孔。三孔都封闭，两孔由药盖封闭，另一个由护盖关闭与过滤器并在一起的水管，避免阻塞的危险。当定时启动时，栓在引绳一端的水雷通过船或者利用游泳，甚至潜水悄悄拖近敌船，并将其系在敌船抛锚缆绳上。打开了护盖后，水流进细管，渐渐地把一个有折叠边的圆筒注满，抬高其上端，最终拉动了杠杆，杠杆再拉动三个弹簧锤，敲击在许多撞帽上，点燃火药。水雷因之有 30 至 35 分钟的延缓时间，使操作水雷的人有足够的时间逃出[③]。

前面我们已谈到过的肯尼迪海军上将（上文 p. 189），对 1856 年珠江水战中清军使用的水雷极为重视。后来他写道[④]：

> 为了防备火筏和鱼雷[⑤]。我们用圆木和铁链连接两岸做成横江栅栏。一些旧帆船停泊在航行水域上下游的中流处；这些帆船也与两岸相连，只让友好的船只通过，其空隙由任意拆除的铁链关闭……这一切都是必要的，因为中国人使用水雷和饵雷时是诡诈的，珠江河水又适合使用。几乎每夜我们都分散部分精力注意从上游漂下来的装满燃烧物的帆船，当漂近我们时船便起火。另一种精巧装置装有一或两个盛火药的铁罐并沉入水中，罐外金属线弹簧与扳机相连，这样一碰船身就爆炸。存在着比帆船或火船更大的危险，在水中的速度如此慢，所以必须高度警惕才能发现它们。我们要做的事就是不等它们接近到足以对我们造成损害之前 209
> 就要把它们炸沉掉，然而并非总是顺利。有时我们炸掉了一些，另外一些漂得远，没有射中目标，然而有一次，它们差一点就成功了……

要是焦玉及其 14 世纪的军事和水军工匠能知道五百多年以后，他们的水雷稍加改进，居然能对现代科学和工业革命的后承人带来这么多麻烦，他们大概会相当高兴的。

我们已讨论了使用大量高硝火药引起爆炸的事例，或许应该再看看火药库爆炸的记叙。宋末和元代的这类事件我们知道数起。例如，据周密《癸辛杂识》记载[⑥]：

> 赵南仲当丞相时……，在他溧阳的私宅里养了四只老虎，虎圈靠近火药库。某一天烘干火药时起火，跟着就发生了可怕的爆炸。巨响犹如雷霆，大地颤抖，房子倒塌。四只虎瞬间死去。消息在人们中传开，被认为是奇异事件。
>
> 〈赵南仲丞相溧阳私第常作圈，豢四虎于火药库之侧。一日，焙药火作，众砲倏发，声如雷霆，地动屋倾，四虎悉毙，时盛传以为骇异。〉

---

① 1857 年 6 月在佛山的一艘指挥帆船上曾发现了一本书。在潘仕成的《水雷图说》卷九十二、卷九十三曾予重印。参见 Kennedy（1），pp. 77ff.。

② 梁章钜曾得到了整个活动过程的有趣传闻。其《浪迹丛谈》（1845 年）记载了这些活动，见该书卷五。40 年后于雅乐［Imbault-Huart（4）］曾将此译成英文。

③ 由于插图（第三页、第五页）带有西方色彩，都没有提供有用的资料，我们这里不再转载。

④ Kennedy（1），p. 41。

⑤ 鱼雷为水雷的旧称，参见于雅乐［Imbault-Huart（4）］的论文题目。现代观念的“鱼雷”直到晚些时候才用于怀特黑德（White head）自行推进的鱼雷。此词一定取自一种电鱼的名字，它可以对它们的猎物实施电击。

⑥ 《癸辛杂识·前集》，第十三页，第十四页，由作者译成英文。

206

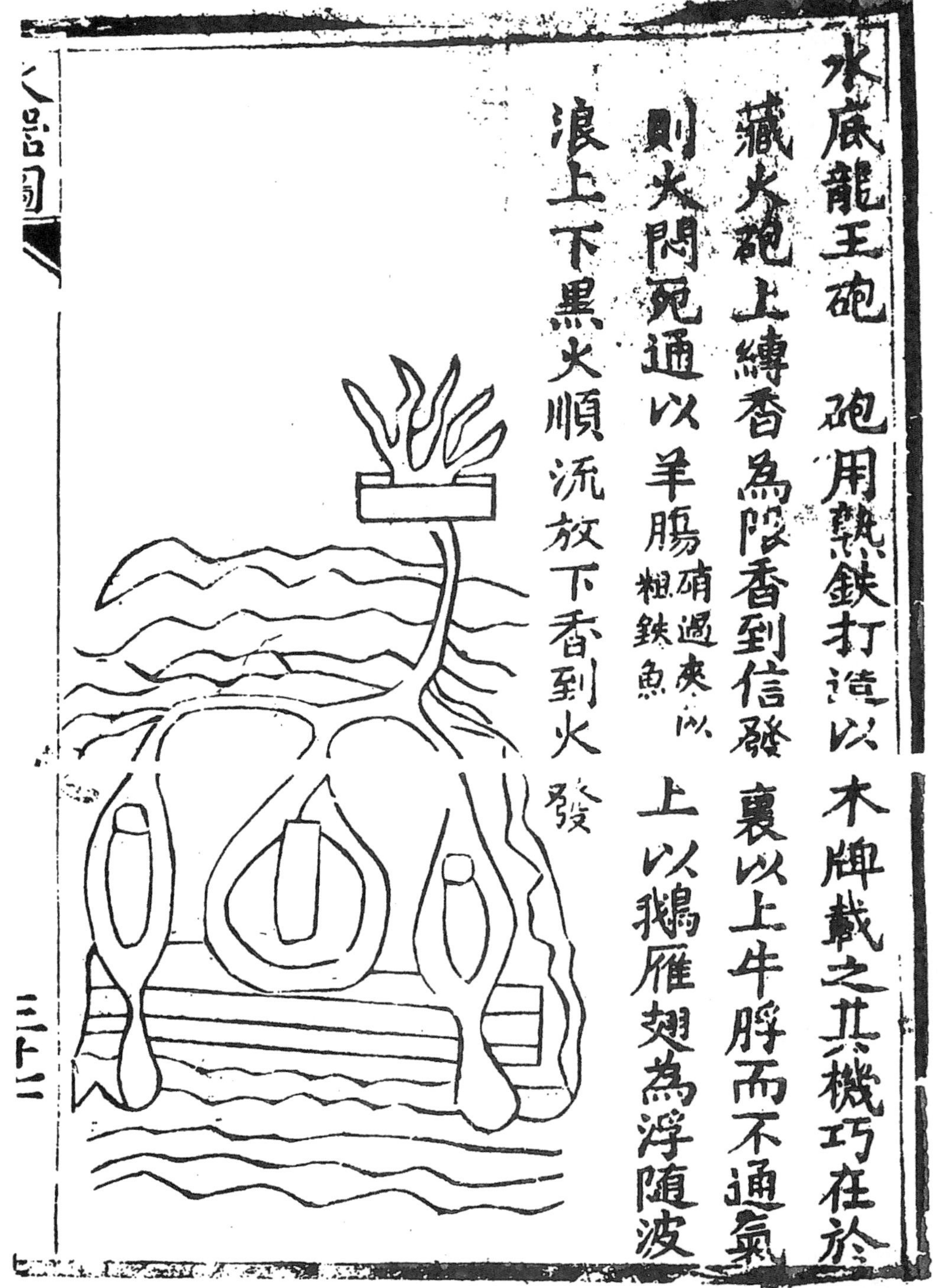

图 36　“水底龙王砲”水雷，采自 14 世纪中叶成书的《火龙经》（《火器图》），第三十七页。其解释见上文。燃爆装置包括漂浮的香柱，燃尽后点燃引信，引信在一段羊肠里并连接在水下随水漂浮的炸药仓。

207

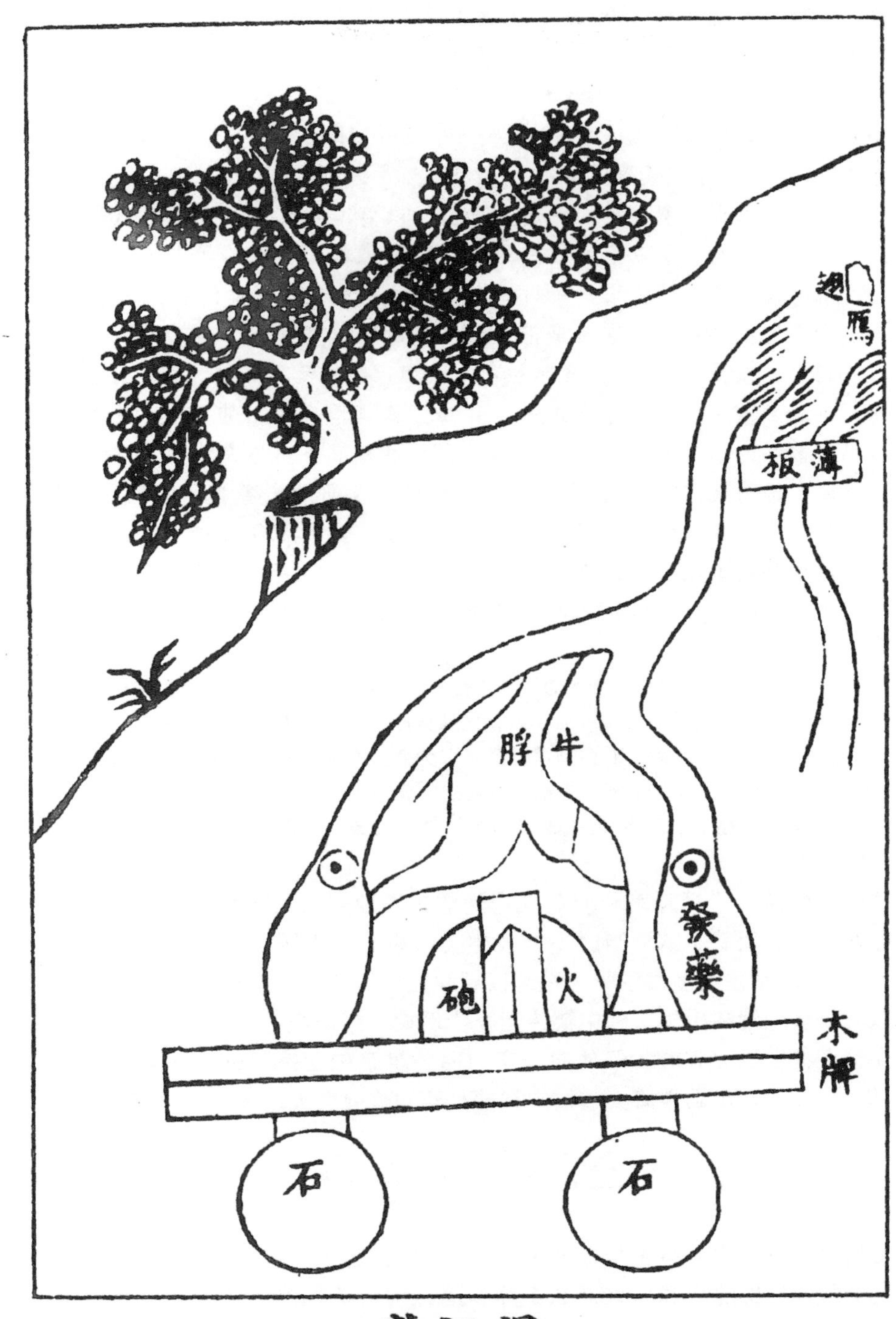

图 37　《天工开物》下卷(《佳兵》)，第二六九页中类似装置较详细的图示。翻刻明版卷下（第十五章），第三十八页。显然此图源于《火龙经》，但是文中称装有炸药的牛脬为漆固皮囊所代替。香柱换成从岸上拉引火石钢轮燃爆装置的绳。

赵葵（字南仲）逝世于1266年，这场灾难大概发生在1260年前后。时值南宋正在抵抗蒙古人以保卫其王朝，也是在李曾伯抱怨过兵库管理不善（上文p，173）的几年后，和襄阳包围战（上文p. 168）的几年前。

《癸辛杂识》著于1295年，记叙了另一件更可怕的事情[①]，正是蒙古人占领［淮扬］后的1280年军火库被毁事件。

> 淮扬炮弹军火库所发生的灾难更可怕。以前工匠职务都由南人（即汉人）掌握，由于侵吞公物，所以他们被辞退了，留下来的工作尽给予北方人（可能是蒙古人，或为蒙古服务的汉人）[②]。不幸的是，这些人都不懂如何掌握这些化学物质。一天，由于要把硫磨细，突然磨出了火星，起火燃烧到（库存）的飞火枪，它们向各处闪射，像受了惊的蛇。（起初）工人们以为好玩，又笑又乐。但很快烧到炸弹库，接着发生了一阵如像火山喷发和海上暴风雨般嚎啸的巨响。全城都被吓坏
> 210 了，以为敌兵到了，恐慌散布到全城人民，谁也说不出它是多近或多远。甚至于在百里之外远的地方瓦也在摇、房子在颤抖。人们发出警报，军队进行了戒严，纷扰持续了一昼夜。秩序恢复了之后进行视察，发现100名守军火库的兵被炸成粉碎，屋梁柱被劈成碎片，爆炸力量达到十里之外。平坦的地面被炸成坑和沟，有深到丈多的。两百个以上的家庭居民由于这次没有预期的灾难成为牺牲品，这真是一场非常事件。
>
> 〈至元庚辰岁，淮扬砲库之变尤为酷。盖初焉，制造皆南人，囊橐为奸。遂尽易北人，而不谙药性。碾硫之际，光焰倏起，既而延燎，火枪奋起，迅如惊蛇，方玩以为笑。未几，透入砲库，诸砲并发，大声如山崩海啸。倾城骇恐，以为急兵至矣，仓皇莫知所为。远至百里外，屋瓦皆震，号火四举，诸军皆戒严，纷扰凡一昼夜。事定按视，则守兵百人皆糜碎无余，楹栋悉寸裂，或为砲风扇至十余里外。平地皆成坑谷，至深丈余。四比居民二百余家，悉罹奇祸，此亦非常之变也。〉

这一生动的记载像是“巫师弟子们”就爆炸的出事地点按其原理所作的目击叙述。令人感兴趣的是，它反映了欧洲当时不能发生类似事件，因距罗杰·培根首次注意到火药只有12年，但是差不多过了半个世纪以后才在欧洲的战争中首次使用了火药[③]。

类似的故事继续在中国文献中流传至今。例如，据记载[④]，1363年，一个叫张中的算命先生预言将发生大灾难，但他向未来的明朝皇帝朱元璋保证，他本人不会遇到伤害。当真一个月后，忠勤楼着火，楼中藏的火药和炸弹着火后爆炸，震声如雷。

（12）奇异的运载系统

现在我们讨论一切金属管状枪炮的始祖管状火枪，然而在讨论之前，我们得先探讨中古代中国人想出的运载纵火剂和爆炸物的各种特殊方法。初看起来，当代读者可

---

① 《癸辛杂识·前集》，第十四页，由作者译成英文。

② 元朝把人分为三等。一为蒙古人（或北人）；二为阿拉伯人，波斯人或大汗雇佣的欧洲人，即瞳孔有色彩的人（色目人）；最后为汉人（南人）。

③ 参见上文p. 179及下文p. 287。

④ 宋濂所著《宋学士全集》卷十，第三五六页；参见Goodrich & Fêng Chia-Shêng (1)，p. 121。因此记载在事件发生约10年后写的，有足够理由相信药库爆炸之可靠性。

能斥之为怪诞，可事实上这些方法却相当有趣，因为我们在几个装置中可以追溯其随着时间的推移而逐步复杂化的过程。人们也可发现从纵火剂到高硝火药在这些运载方法中清楚体现的整个发展过程[①]。大多数运载方法是从使用预备作牺牲的动物开始的，
这几乎与战争的历史一样悠久。我们已经注意到古希伯来历史上的例子，参孙曾在狐 211
狸尾巴上捆了燃烧的木柴并把它们赶向敌人的田里[②]。

接下我们将追溯从8世纪初以来这类运载系统的发展。首先有火禽（类似鹧鸪）放到敌人的草屋顶上，使其点燃（图38）[③]。火禽携带一个装有燃着的艾绒火种并穿有两孔的胡桃，系在颈部，插图来自《武经总要》(1044年)，但文字却与较早的《虎钤经》完全相同[④]，又把我们带回到久远的962年。这一插图和文字说明在后世的兵书中反复引录[⑤]。

另一种火禽为“雀杏”，这些鸟体型小，腿上绑有装入点燃的艾绒火种的中空杏核；一次放出几百只，飞向敌人营地及谷仓，使之着火[⑥]。《火龙经》亦有此说[⑦]，然而有趣的意外是，这部1350年左右的书在接下一页却谈到很不同的东西，即有翼火箭，它是由四个火箭筒绑在有翼的杆上来推进的人造鸟[⑧]。这就是“神火飞鸦”，其文字说明和插图都反复出现在后世的书中。这里，我们只不过提一下，而其文字说明则在论火箭一节再谈。此处也可以看出古代技术和后世更精巧技术之间的持续性。

预定作牺牲的动物后来用“火兽”，即头上带着燃有艾绒火种的瓢（上面开四个孔）的鹿、公猪及其他野兽，将其赶至敌方[⑨]。最早这类文字记载必是《虎钤经》（始于962年，成书于1004年）[⑩]，而《武经总要》中有清楚的插图[⑪]。这一特别策略似乎没有导致进一步发展，但可能补充了将鸟尾刺穿后飞去，兽尾捆以点着的油浸细草赶向敌人放火。

下一个是因时而动的“火牛”[⑫]，不见于《虎钤经》，但见于1040年的《武经总 213
要》(图39)，它向敌人阵地猛冲，步子不像牛的步子，原因是其臀部捆有一桶纵火物

① 甚至在17世纪或以后的兵书中都叙述了最古老的运载方法。然而当时使用到什么程度或者哪些人想使用，我们不清楚。这是中国人的保守性，然而兵书中的记叙和插图一定是引用相对近代形式的枪炮后长期存留下去的。据说成吉思汗围攻金人城镇时，曾使用过火禽技术，Schmidt (1)，英文译本，p. 50；Franke (24)，pp. 199，354。

② 《圣经·士师记》15，4—5，参见上文 p. 66。

③ 《武经总要》(前集) 卷十一，第二十一页。

④ 《虎钤经》卷六 (第五十四章)，第五页。《太白阴经》(759年) 中也曾提到过火禽，卷四，第八页。

⑤ 《火龙经》(上集) 卷三，第十六页；《火攻备要》卷三，第十六页；《火器图》，第三十三页；《武备志》卷一三一，第十页、第十一页。

⑥ 《武经总要》(前集) 卷十一，第二十二页。

⑦ 《火龙经》(上集) 卷三，第十七页；亦见《火攻备要》卷三，第十七页；《火器图》第三十三页；《武备志》卷一三一，第十一页、第十二页。

⑧ 《火龙经》(上集) 卷三，第十八页。亦见《火攻备要》卷三，第十八页；《火器图》第三十四页；《武备志》卷一三一，第十二页、第十三页。

⑨ 这些实例中的瓢，必须为燃着的火种提供充足的空气，以使火种能掉到草屋上。

⑩ 《虎钤经》卷六 (第五十四章)，第五页。

⑪ 《武经总要》(前集) 卷十一，第二十四页。亦见《火龙经》(上集) 卷三，第十九页；《火攻备要》，同上；《火器图》，第三十四页；《武备志》卷一三一，第十三页、第十四页。

⑫ 火牛传统的发明者是齐国的将领田单，于公元前279年对燕国交战时使用的。但田单的牛群没有纵火因素，只是牛角上装有利刃，尾巴上捆有经过油浸的灯火草，点燃后，牛群乱冲。

在燃烧[1]。虽然此动物前缚两支枪，但如果火熄灭了，不大可能造成损害。将领们必会感到这样就白送敌人牛肉，实不合算。后来，当含高硝火药炸弹置于牛背后，形势有所变化，如我们在后来的书中看到的（图 40）[2]。现在，火牛真的管用了，尽管它仍然是一头预定牺牲的牛。至 13 世纪末时的情况大致如此，虽然插图引自 1400 年左右成书的《武备火龙经》。它已经改变了名称，而现在其名字变为“火牛轰雷砲”。

随着时间的推移，体现古代军事计划或策略上的显著变化是“火兵”。在《虎钤经》和《武经总要》中，火兵是真人。他骑着一匹带嚼子的马，飞快地冲向敌营，点燃并掷出纵火物（图 41）。如果引起混乱，则发生攻击[3]。但至 14 世纪，真人为木人所取代，也是骑着马，但纸脸后面和竹盔甲后面塞满了纵火物，并缚有一个已定时的大炸弹，当马冲到敌阵时，应时爆炸[4]。这里仍用古老办法，在马尾后捆上火草，火燃后把马赶出。这叫做“木人火马天雷砲”，《武备志》用了更为简洁的名字，“木人活马”。

有一种类似“木人活马”的“火龙卷地飞车”[5]，其性质有点使人难以置信。炸弹或地雷藏于有翅膀的龙或类似野兽的木兽腹中，木兽安放在二轮木车上，由两士兵驱
218 向前方。木兽两翼有窥孔，供观望，还起盾牌作用，然而很难相信这一装置是否有效。木兽体内藏有各种火药（参见上文 p. 117）。有些版本还提到前装利刃，上蘸虎毒药。《武备志》有插图，又记叙了四足木兽，每足踏一轮，兽身装烟雾剂或掺金属碎片的炸弹，由一名士兵驱之向前[6]。称作“木火兽”。

在任何这类装置可用之前，就得适应于一些非常特殊的条件。这一结论也应用于古书中记载的其他装置，即“风雷火滚”[7]。这是些由竹及纸作的圆筒，大约直径 1 尺、长 3 尺，每筒装入毒火药[8]、铁屑及五个生铁炸弹，此后从上向下滚至敌营（图 43）。无疑，从远古时期起，占领制高点的守卫者常把石块和木头向下掷向敌人。但如火滚旨在引诱敌人在山谷尽头宿营，也许是有效的。例如，如果周围均为长满青草的斜坡，那么就可能很困难[9]。尽管如此，这一奇特的火器还是值得一提的。

---

① 《武经总要》（前集）卷十一，第二十五页。亦见《火龙经》（上集）卷三，第二十页；《火攻备要》，同上；《火器图》，第三十五页；《武备志》卷一三一，第十七页、第十八页。

② 《武备火龙经》卷二，第二页至第三页。《火龙经》（中集）卷三，第十七页；《火攻备要》卷三，第二十一页；《火器图》，第三十五页；《武备志》卷一三一，第十八页、第十九页、第二十页。《武备志》上有两幅插图，其中一幅可以看到，牛身及其身上携带的火器均用罩布遮掩。

③ 《虎钤经》卷六（第五十四章），第五页；《武经总要》（前集）卷十一，第二十三页；《太白阴经》卷四，第八页。

④ 插图引自《武备火龙经》卷二，第一页至第二页。在《武备志》（卷一三一，第十五页至第十七页）中有详细记载。一旦爆炸立即发动进攻。

⑤ 《火龙经》（中集）卷三，第十八页、第十九页；《武备火龙经》卷二，第四页至第五页；《武备志》卷一三二，第二页、第三页。

⑥ 《武备志》卷一三一，第十四页、第十五页。

⑦ 《火龙经》（上集）卷三，第十页；《火器图》，第三十页；亦见《火攻备要》，卷三，第十页；插图和文字说明见《武备志》卷一三一，第十三页。

⑧ 参见上文 p. 123。

⑨ 原文并未常说圆柱体应从高处滚下来，但这是不言自明的。

212

图 38 颈上带有纵火剂容器圈的预定牺牲的鸟（“火禽”），该技术至少在 10 世纪就已使用。采自《武经总要》卷十一，第二十一页。

214

图 39 另一种预定牺牲的动物“火牛”，采自《武经总要》卷十一，第二十五页。

215

图 40 携带炸弹的火牛，采自《武备火龙经》卷二，第二页。

216

图 41　“火兵”，采自《武经总要》卷十一，第二十三页。火兵骑快马冲向敌营，投掷纵火物。

217

图 42 含炸弹的骑马木人，入敌营即爆炸。采自《武备火龙经》卷二，第二页。

219

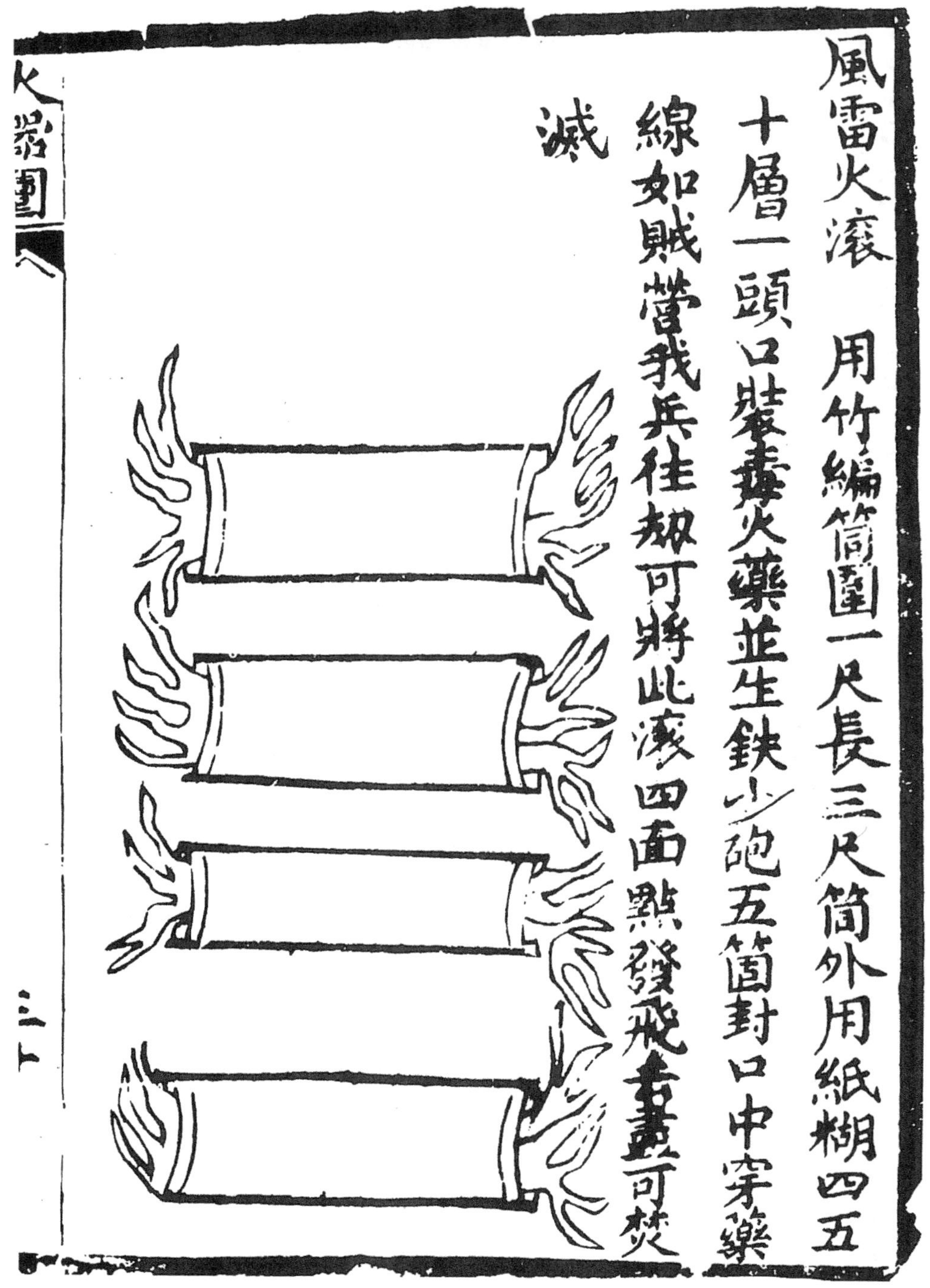

图 43　“风雷火滚”，采自《火龙经》（《火器图》），第三十页。

使用携带纵火剂的预定牺牲的动物可以在绝大多数文明的历史中追溯到很古。《政事论》一书中提到此物①，暗示纪元最初的几个世纪就有了。特别是几种鸟类出现在哈桑·拉马赫大约1280年写成的书中。这是很自然的，因为他与中国的联系十分密切②。至于恐吓人的龙或类似的东西，我们还得在大量古代文献中去寻找关于自动装置的资料③。例如，大约1020年菲尔多西（Firdawsi）曾经从亚历山大一世的传说中找出他作的安置在车轮上的铁马和铁骑手驱逐象群的故事。这些铁马和铁骑手身上藏石脑油消灭了象群④。后来到1463年，罗伯托·瓦尔图里奥（Roberto Valturio）描绘了龙形的阿拉伯机器（*machina arabica*）能从其口中的枪射出箭⑤。但没有必要在这里继续讨论下去了。

（13）火枪，一切管状枪的始祖 220

我们发现我们现在正处于火枪与火炮演进中的真实焦点。在最初发明硝石、硫磺与碳的爆燃、爆炸和爆轰混合物之后某个时候，有人把低硝火药密封在管子内，用来作弄敌人的事也会发生。随着时间的推进，便从这里发展出一切管状火器，不管材料是从竹（毫无疑问是最初得到的）⑥ 发展到硬纸、皮，最后到铜、青铜、熟铁、铸铁。当这些至关紧要的步骤采取之后，我们很快就会看到，最重要的是要研究正史及类似著作有关火枪运用的叙述。主要是火枪成了“五分钟喷火筒”，正如一支系于竿的末端的火箭，其开口端正对着敌人；如果装备充分的话，不难想像这种武器阻挡了爬城、攻城的敌军。其次，我们可继续看看兵书上所描绘与说明的各种类型的火枪，以突火枪为发展顶峰，不再用手握，而是安置在各种架或车上。于是许多疑问呈现在我们面前。举例说，管形火枪对于吹筒箭（blow-gun）的关系，它在战争中的使用，及其经阿拉伯世界传入西方以及在西方的使用情况，最后关于它在战役中如何有效的评论。

首先我们可以追溯火枪与已讨论的炸弹之间的平行发展，如图234所示（p. 578），我们可以将它分为薄壳与硬壳两种类型。对任何一种类型来说，我们会发现，虽然时间在前进，但很晚才产生子弹，因为不久前人们才发现低硝火药的火焰能以可观的速度和较大推力将多种固体物同时带出管外。由于火药不完全是发射剂，而固体物又未塞满管壁，我们为此再起个新名，叫“与火焰齐射的弹丸”（co-viative projectiles）。管状火器两个显著的发展在图234里予以描绘，一种是进一步增加管子的强度，另一种是把子弹掺和在火药里。因此原始型火枪首先分为两种，一种有相对易毁坏的枪管，另一种有金属管，对于前者我们更进一步分：一种有两个或两个以上管子的简单类型；另一种是在竹管内盘有铁丝。后来便发展成射弹系列了。它起初是装沙子，目的是眯眼并困惑敌人，然后继续发展为铅弹丸和各种各样金属与陶器碎片的混合物， 221

① 参见 Shamasastry（1），p. 434（第405节）；Partington（5），p. 210。

② Partington（5），pp. 200—201；参见上文 p. 41。

③ 其简单轮廓参见本书第四卷第二分册，pp. 156ff.；本书第五卷第四分册，p. 488。

④ 见 Elliot（1），vol. 6，pp. 473—480。

⑤ Partington（5），p. 164。

⑥ 在别处（本书第四卷第二分册，pp. 61—65），我们曾详细叙述自然资源对于中国技术科学多方面起过重要作用，这是一个令人惊奇的可用于无限目的的现成管子，布雷特［Bredt（1）］有同样观点。

可能还有尖刺，用真正的箭射出并发展到极限[1]。除了书中没有绘出单管或沙子外，对金属管火枪都重复出现，实际上人们得出一个强烈印象，引用金属管就是需要强调“与火焰齐射的弹丸”的因素。

在浏览图234时，我们开始认识到火枪与手铳（hand-gun）及臼炮（bombard）何等密切相关，又如何清晰地使人能追溯从纯正的喷火筒经过与火焰齐射的弹丸到充塞子弹或箭的火枪逐个发展阶段。毫无疑问，硝石在火药中的比例一直在提高。一种形式（图61）发射石弹，另一种（图58）则是一种混合型，它装上铅弹，从管中部发射，火焰从周围发出，当敌人走近时，枪尖仍可最后使用。

此外，术语也逐渐变化；开始时用准确字眼“火枪”，后变成“火筒”，最后叫做“铳”（后来成为任何一种枪的专有名称）。“铳”这个字古时的意义是指斧或戟，木柄从凹进去的穴孔装入，因此后来使用此字就很容易理解了。值得注意的是，如我们在下面（p. 230）将要看到的，它应用于火枪系列终止使用以前的一些形式。更有趣的是，我们注意到李曾伯在1257年埋怨宋代军器库所藏武器不足时，他使用了“火枪一百五筒”这个措辞，意思是“105根火枪管”，汉语文法将“筒”用作指某一类或某些类东西。当然计算火枪，以管来计是非常自然的，但是为了要知道何时这些管子充分装有弹丸，最终装有高硝火药，我们就需要知道比给出的描述更多的细节。“火筒”一词最初出现，正如我们已经看到的（上文p. 21），是古代的叫法，它的原意为烽火台上的一个部件，它是在平台上点火的引线，或许是像与风箱连接的吹风管，使火继续燃旺[2]。所有这些都与火药无关，但是“火筒”[3]一词最初出现时，在我们看来似乎是
222 参考了大约1230年的《行军须知》[4]，其中火筒伴随着“火砲”（炸弹）、“手砲”（手榴弹）与“猛火油”（汽油喷火器）同时出现[5]。那时文献所谈的是什么，我们仍不能肯定，或许是与火焰齐射弹丸的火枪，或许是真正的管状枪（手铳），但是这些终为约1290年（见下文p. 293）考古实物所检验，因此充分成熟的形式已“子虚乌有”。一般的结论是，从火枪到手铳与臼炮是一个缓慢的发展过程，任何阶段都有意义及特征的微细差别，而都没有明显的突破。

让我们再看看叙述在战争中使用火枪的一段中国文献。许多年过去了，但权威记载仍然是《德安守城录》，它记叙了1132年金人对德安的著名包围战，陈规为宋朝成功地保住了城池，原文是[6]：

> 我们还用火药炸弹（“火砲药”）与长竹竿造了20多支火枪。也造了不少“撞枪”和在尖端安上钩子的剑（“钩镰”），每件均由两人操作，当敌人接近城门用天桥攻城楼时，壁堡上的人就可以使用这些东西。
>
> 〈以火炮药造下长竹竿大炮二十余条，撞枪、钩镰各数条，皆用两人共持一条，准备天桥近

---

① 此处我们已相当接近最早期的臼炮，它们射出箭而不是炮弹，正如沃尔特·德米拉米特图中所画的，见图82、图83。中国也作了臼炮，但比米拉米特早。

② 《太白阴经》卷五（第四十六篇），第二页；《通典》卷一五二，第八〇一·二页、第八〇一·三页。参见冯家昇（*1*），第60—70页。

③ 冯家昇，同上，第61页。

④ 《行军须知》卷二，第十六页、第十七页。

⑤ 参见上文p. 170。

⑥ 《守城录》卷四，第六页，由作者译成英文。参见第八页。

城，于战棚上下使用。〉

还可以进一步参考《宋史·陈规传》中所述[①]：

陈规和拿着火枪的60人[②]从西门冲出来，再用“火牛”帮助[③]，火烧天桥，在很短的时间内把一切都烧毁了。因此李横只好拔营逃跑[④]。

〈规以六十人持火枪，自西门出，焚天桥，以火牛助之，须臾皆尽，横拔砦去。〉

这里细微差别是，火枪不是总用来反击爬城墙的进攻士兵，还用来点燃敌人围城的木制设备。它们仍可用于近战。

但是这些发生在12世纪早期的事，真的意味火枪在战争舞台上第一次出现么？人们常常这样想。但1978年克莱顿·布雷特在巴黎吉梅（Musée Guimet）博物馆做出了一个非同寻常的重要发现[⑤]。他在那里看到一面肯定由伯希和得到的敦煌绢幡。此幡年代为10世纪中期[⑥]，正如布雷特所说，“它相当于中国人烟火武器的最早代表”[⑦]。这 223
幅画[⑧]描绘了魔鬼魔罗及其同伙正在攻击禅定中的佛，企图扰乱佛领悟宇宙本性及其机制，阻止佛启发（图44）。虽然图中画的都非凡人，但有些却穿戴军用盔铠，携带武器，如弯弓和两刃直剑，尤其这一切都是晚唐武装合乎情理的准确描绘。而图中武器对于我们来说重要的就是火枪，即末端有一个圆柱体的长竿，从其中向前射出火焰。它们并不像火炬那样垂直向上，好像在它们后面没有压力似的，但它们向前燃烧，很像含发射剂的喷火筒，这正是火枪。握此物的是一带三蛇头饰的魔鬼（图45），他正瞄准着佛的光圈上部左端。在他下面左方有另一魔鬼，其口眼之间也缠了一条蛇，似乎正要投掷一颗小的炸弹或手榴弹，火焰已从其中放出。在图里一些其他有趣形象，在这里我们不能讨论[⑨]。

如果断代不错，没有理由怀疑，言外之意只能是火枪始于950年左右，宋以前不久的五代，即我们（上文p.85）结论中所说火药混合物首先用于战争或火药作为汽油喷火筒缓燃引信（919年）之后的30年。由此转变到低硝火药喷火筒是非常自然的，但仍值得注意的是（就我们所见）在11世纪的著作《虎钤经》或《武经总要》竟对火枪一无所述，亦无图。这种武器的下一个图得要等到1350年左右的《火龙经》时代，当时及此后有几十种，一直持续到步枪时代。也许火枪从10世纪后期到整个11世纪都处严格保密[⑩]；也许火药不能大量生产，而宁作其他用途。但这幅佛教幡画所显示的证据是无可辩驳的。

---

① 《宋史》卷三七七，第六页，由作者译成英文。

② 枪与鎗可以通用，应该说发现何时、何书首先以鎗代替枪是可解的，但在技术史上说清，则我们有点儿踌躇，这种情况也适用于“砲”与“炮”过去有不少争论。

③ 这里我们看到（p.211）上文描绘过的、应用了预定牺牲的动物。

④ 李横是金人一方的主将。

⑤ 承布雷特博士的好意于1978年1月27日的一封信里将上项材料通报了我们（王铃）。

⑥ 根据罗贝尔·热拉·贝扎尔博士（Dr Robert Jéra-Bézard）及其博物馆同事的考古鉴定。

⑦ 下文我们尽可能保持布雷特博士信的原句。

⑧ 吉梅博物馆藏品号MG17·655，旺迪耶-尼古拉（Vandier-Nicolas）目录中第6号，在1976年《古丝绸之路》展览品中第315号。

⑨ 布雷特博士论述说，中国佛教壁画与佛教画到目前为止，还没有从技术细节上加以梳理，这个论点也是无法否认的。

⑩ 这段时期保守武器秘密的例子在上文（p.93）已经给出了。

224

图44 （迄今为止）火枪的第一幅画，为克莱顿·布雷特博士在巴黎吉梅特博物馆（Musée Guimet）所藏公元950年敦煌丝幡（MG17·655）上发现。这幅画显示一些魔罗魔鬼正在试图干扰佛或菩萨禅定。有些攻击者身着军装，而火枪杆的末端水平地伸出一个正喷射火焰的管子，为身缠腰布，从头发现出三条蛇的魔鬼使用。

225

图 45　显示图 44 中魔鬼运用火枪细节的放大图。其左下方的同伙（有蛇穿过他的口眼），正投掷火焰毬，无疑是薄壳炸弹。

现在我们要转入原文，多数证据来自 13 世纪，正是（所有这些迹象）目睹了真正的管状枪和火枪的诞生。我们已触及（见 p. 171）有关 1232 年守卫开封的金军统帅赤盏合喜的关键性原文[①]：

> 他们（金人）还用“飞火枪”，将火药填进去，以便射出火焰。点燃后，火焰突然向前喷出十多步远，没有人敢于接近，蒙古兵只怕这两样东西。
>
> 〈又飞火枪，注药，以火发之，辄前烧十余步，人亦不敢进，大兵惟畏此二物云。〉

也就是“震天雷”与“火枪”。自从儒莲 1849 年将此术语译成“飞火箭”（flying fire-arrow）并理解成为火箭[②]以来，这段叙述在后来文献中引起许多混淆。这是

---

① 《金史》卷一一三，第十九页，由作者译成英文。

② 这里是“连号不明确”典型一例，因为它应是 flying-fire lances（飞火枪），而不应是 flying fire-arrow（飞火箭）。儒莲的原文译自《通鉴纲目》第三部分卷十九，第四十九页。其译文 Julien (8) 见 Reinaud & Favé (2), p. 289。参见 Reinaud & Favé (1), p. 190; Wang Ling (1), p. 172; 冯家昇 (*6*)，第 68 页；Davis & Ware (1) p. 525；哈森泰因 [Hassenstein (3)] 把这个错误纠正了。但陆懋德 [Lu Mou-Tê (1), p. 32] 认为它应是铁火炮之意。

个严重的错误[1]。

226 第二年（1233 年）火枪在河南归德的护城河战争中又展示了头角，金军打败了蒙古大军。1233 年忠孝军的分遣队当得知蒙古军正要开来，准备撤出归德并想退至蔡州，但蒲察官奴指挥官制定了计划，攻击蒙古人想要扎寨的一个地点。原文继续说[2]：

> 阴历五月初五日祭天，军队里悄悄地准备了火枪，渡（金军）450 人从南门出去，先坐船东航再向北。夜间他们杀了外堤上巡逻的敌兵，便到王家寺。后来他们到北门等待，但蒙古人害怕失败，一部分退往徐州。金军先退却，然四更时发起进攻；（蒲察）官奴将其小船分为五个、七个、十个人船的船队，从防卫区走出，腹背两面夹击（蒙古兵），使用喷火枪（“持火枪突入”），北军对此无法招驾，遂溃，淹死者有 3500 多人。最后把敌人栅栏烧掉，胜利归来。
>
> 〈五月五日祭天，军中阴备火枪战具，率忠孝军四百五十人自南门登舟，由东而北。夜杀外堤逻卒，遂至王家寺，上御北门，系舟待之，虑不胜则入徐州而遁。四更接战，忠孝初小却，再进，官奴以小船分军五、七、十出栅外，腹背攻之，持火枪突入。北军不能支，即大溃，溺水死者三千五百人，尽焚其栅而还。〉

此处五分钟喷火筒很清楚作为近战武器被运用，同样地也许它还作为焚烧木构防守工事的纵火器。在蒲察官奴时期还有同样记载，说明这些武器如何制造的细节，但是为了先述另一战争，我们将它推迟一下再说。

我们曾叙述在 1257 年左右李曾伯抱怨宋朝军器库当局军需供应不足（译文见上文 p. 174），当时他提到火枪。两年后，有关于寿春府兵工厂中发明物的重要说明，说明“幕僚”比发放军需机构的官员更为活跃[3]。

227
> 他们发明之一是“盒管式弩”（“匾筒木弩”，亦即有仓木弩），（对装箭与点火）是很方便与安稳的，尤便夜中使用（因为箭能自动落在预定位置）[4]。另一发明便是“突火枪”，以大直径的竹为筒，内装一些弹丸（“子窠”）。点火后，喷出火焰结束时，弹丸射出如抛石机射出的“砲”那样，其声音远闻 150 余步之外[5]。
>
> 〈开庆元年，寿春府造匾筒木弩，与常弩明牙发不同，箭置筒内甚稳，尤便夜中施发。又造突火枪，以钜竹为筒，内安子窠，如烧放，焰绝然后子窠发出，如砲声，远闻百五十余步。〉

---

① 全部文献都犯了这个错误，从 Grosier（1），vol. 7，pp. 176ff. 到 Jacob（4），pp. 154—155。傅海波［H. Franke.（24），p. 171］以及孙方铎［Sun Fang-To（1），pp. 1，3，16］仍奉为圭臬。后二人的研究提出一个有趣的论点，以为 1232 年的飞火枪也许既可发射箭，也可发射火焰。孙更注意到两位近代作者的文字，他们企图改善《元史》而用了个稍微不同的词“喷火箭筒”，即此筒既射出箭又喷火。这就确定了作为与火焰齐射箭出现的早期年代（参见下文 p. 230）。与此有关联的两部书是屠寄的《蒙兀儿史记》（1912 年）（第 29 卷，第 12 页）与柯绍忞的《新元史》（1922 年）（第 122 卷，第 3 页、第 4 页）。但他们都不具备《金史》与《元史》那样高的权威性，所以除非他们的作者得到通常得不到的古老记录，否则他们用的军事术语并不很确切。有一点使得我们怀疑的是，任何同时代作品里我们还没有发现“喷”字，虽然“喷”字在较晚时期的兵书从《火龙经》以来才常常出现。因此这样的事仍然是可疑的。不管这些武器是什么，它们不是火箭（Rockets）。

美国国家航空航天局（NASA）博物馆得克萨斯州明湖城的展览馆，以值得称赞的努力对中国人的优先权作了公正的处理，展示了一幅 1232 年的“火箭”图，此火箭由士兵从篮形发射器发射（参看下文 p. 488 与图 198），这样使得这个错误又一再延续下去。

② 《金史》卷一一六，第十二页，由作者译成英文。

③ 《宋史》卷一九七，第十五页，由作者译成英文。

④ 这在本书第五卷第六分册［第 30 节 e（2），iv］已进行了讨论。

⑤ 大约有 250 码长。

推测弹丸飞出去时会向四方迸散出一些东西，不管是金属或陶器的碎片，还是石弹或子弹。无论如何它应是我们提到的“与火焰齐射的弹丸”① 的最早材料，但是我们怀疑在 1259 年这是否真是新的发明②。

由张顺和张贵解襄阳之围的史诗故事，前已经叙述过了（见上文 pp. 174—175），我们会记得他们船队的所有船是用火枪装备的，以击退登船的敌人。那是 1272 年。四年之后宋朝与蒙古战争中又有强调火枪的枪的方面的记载。伯颜攻占宋朝领土时，令其下属官员史弼去攻打扬州，守备将军姜才，指挥了一次出击，包围杨子桥，但是遭到失败。当时：

> 姜才带兵趁夜返回，史弼连胜三次。破晓时，姜才看见史弼的兵不多，便压上回击，使史弼奋力抵抗，两名（宋）骑兵以火枪向史弼刺去，但史弼用刀保护自己，其左右随从都倒下，而他则杀了百多人……③
>
> 〈十三年六月，[姜] 才复以兵夜至，[史] 弼三战三胜。天明，[姜] 才见 [史] 弼兵少，进迫围弼，弼复奋击之，骑士二人挟火鎗刺弼，弼挥刀御之，左右皆仆，手刃数十百人。〉

这显示火器管子上缚了长矛，是真正的武器，当火焰与弹丸全部发射毕，它仍可以使用。有意义的是，在此（参见 p. 222）再次写成“鎗”，而不是“槍”字。但如果从 228
这里演绎出 1276 年以前没有用过金属管，将是十分危险的。

最后我们将转到 1230 年制造火枪的珍贵叙述，写于此武器仍肯定已使用后 100 年左右。《金史》说④：

> 做（火）枪的方法是，用（厚）的‘御用黄纸’制成一筒，（筒壁）由 16 张纸糊成，长 2 尺。再把柳木炭⑤、铁渣滓、瓷器碎片、硫磺、砒霜（氧化砷）及其他东西（混合物）装进筒里⑥，用绳子绑在枪端。每个士兵各（在腰上）挂个小铁罐藏火种⑦。战斗中适当的时候，他点燃（引线）。火焰从枪内向前方射出十多尺远。药烧完后，筒子没有损坏。以前（1126 年）汴京（即开封）围城战中，曾经大量使用过这些 [火枪]⑧，现在仍然在使用。
>
> 〈枪制，以敕黄纸十六重为筒，长二尺许，实以柳炭、铁滓、磁末、硫黄、砒霜之属，以绳系枪端。军士各悬一小铁罐藏火，临阵烧之，焰出枪前丈馀。药尽而筒不损，盖汴京被攻，已尝得用，今复用之。〉

这里省略了最重要的组成硝石，可能出于蓄意或者不是，但我们肯定说会有硝石。

---

① 布罗克 [Brock (1), p. 232] 描述一种罗马烟火臼炮，射出半燃烧的发射剂的碎物，而在另一处（pp. 206ff.）他又讨论了具有“装药”的“弹”由“发射剂”射出（或喷出）。但我们赞同帕廷顿 [Partington (5), pp. 246—247] 的意见，中国的弹丸是固体，正如较晚时期许多情况一样，用“子窠”来表达。

② 火枪并不像近代使用的任何一种枪，陆懋德 [Lu Mou-Tê (1), p. 30] 假定寿春府兵工厂所造的是真正用发射火药的枪作了很好的辩解。冯·李普曼 [Von Lippmann (22) (3), vol. 1, p. 133] 了解得比较好，但相信弹丸仅仅是一种烧夷弹 (Brandsatzklümpfchen)，即含易燃物与纵火剂的弹丸；我们怀疑是否原文有这种解释。然而他之所以弄错，是他认为中国武器决不能独立超过这个阶段。

③ 《元史》卷一六二，第十一页，由作者译成英文。

④ 《金史》卷一一六，第十二页，由作者自译成英文。

⑤ 在这些原文中常写为“灰”。

⑥ 一种值得注意的表达方式。

⑦ 原文为：“军士各悬小铁罐藏火”。

⑧ 当然作者们更可认为是 1232 年。

敌人可能是因“中国铁”的闪光弄得晕头转向（参见上文 p. 141），筒似较短，但也许它是纸能承受的最佳长度，用纸来做筒无疑是使那些不知道在适合条件下纸还能做成硬板的人感到惊奇，甚至还可做成坚固结实的防护用盔甲①。或许中国北部没有足够竹子以获得必须口径的筒子。无论如何，这段文字造成了一个到我们正研究的火枪型的良好过渡。一旦我们这样做，我们就回忆起火枪在 1280 年左右为阿拉伯人掌握（见上文 p. 42，哈桑·拉马赫的书所示），晚于中国实物三个世纪，这除了是中国的衍生物之外，很难说是别的什么。

我们还有可能在诗歌里找到火枪的资料，例如张宪（鼎盛于 1341 年）就写了一些军事题材的诗，其中之一题目为《富阳行》②，诗曰：

229 将军骑马，挥着绘金的鞭，
山顶上白旗像鸟儿在飞。
从西边来的几千骑兵密如蜂，
四面回响着战鼓之声。
金人的城市用木栅在周围防护，
金人埋伏在大木桩后面，
自夸有五百猛将守卫。
当进城的铁门不开时，
用火筒攻击并将其烧焦。
金兵的火筒（“花猫”）弥度减退，而其士兵逃走，
这时城内从南到北血流成洼，
十里内云雾都是红的，
“飞火鸦”喷射出的火焰弥漫城上③。
我们勇敢的将军饮酒，不再追杀敌人，
只让其部下掠夺，
三百户骄傲的夷人之家。

〈摇首上马挥金鞭，
山头白旗如鸟飞。
西来万旗蜜蜂蚁，
四面鼓声齐合围。
金城木栅大如斗，
五百貔貅夸善守。
铁若不启火筒焦，
力屈花猫皆自走。
城南城北血成窪，
十里火云飞火鸦。

① 本书第五卷第一分册，pp. 144ff. 与第八分册，p. 301（2），iii。

② 收入其《玉笥集》卷三，第二十七页（第七六五五·一）。富阳在山东省，此诗首为王铃［Wang Ling（1），p. 172］所注意，但他把它解释为白炮，从上下文很难说是对的。

③ 我们把飞火鸦当成纵火鸟（参见上文 p. 211）。但它毕竟是单纯的诗，两种选择中或者指的是纵火箭（上文 p. 154）或者是火箭（下文 p. 502）。

将军豪饮不追杀，
掠尽野民三百家。〉

显然这里的焦点是喷火筒，而不是金属管状枪。如果这个材料真的是谈金蒙之间的战争，那么这首诗是谈1234年金亡前的情景。张宪无须写目击记录，而是描写上个世纪一次攻击战，是元朝传统遗产的一部分。

原始火枪是在书里称为“梨花枪”①，只是个含低硝火药的管子，绑在枪端，据《火龙经》描述②：

> 梨花枪管子③捆紧在长矛的头部，遇到了敌人，就可以点放。它点燃（火焰）发射可至数十尺远④。人要是碰上它［的药力］，就立即烧死；火烧完后其矛仍可刺穿敌人。这是最好的火器。［宋代，李全在山东的英雄业绩中总是用它，那里有一种说法：只要有二十个（忠诚的）梨花枪手，走遍天下无敌。］⑤［这种技术在一段时间失传，但许国，一个制置使下辖的钱粮官，重新发现了梨花枪，并成功 230
> 地试验了它，因此又重新得到正规应用。］⑥

〈梨花枪一筒，系于长铃之首，临敌时用之，一发可远去数丈。人着其药即死，火尽，铃仍可以刺贼，乃军前第一火具也。［宋李全昔用之以雄山东，所谓二十梨花枪，天下无敌是也。］［此法不传久矣，布政司报效吏许国得其法而造之。尝试之沈庄，果得其用。］〉

没有一项资料说明管子是什么材料做的，但最可能是竹子，而不是纸或皮革（图46）。

李全（约生于1180年）是一个诡计多端暧昧人物，作为军事冒险者，他拥有相当实力，部分是土匪，部分是反叛游击队，在20年间宋、金及蒙古相互厮杀而从中渔利。他的军队称为“红袄”军。1213年他联合与他个性相同，并成为他的大舅子的杨安国。山东省那时是必争之地，李全在那里被宋封公，后来他又投靠蒙古一方，于1231年为蒙古战死于扬州，他与战争中使用火枪有紧密的联系。

梨花枪在戚继光于1560年著的《纪效新书》论述枪章节中重新出现⑦。他说使用枪最好一派是自杨派（可能与卒于1215年的杨安国有关）；它超过了使用短枪的沙派与长矛的马派，戚继光并没有主动说所有梨花枪均有喷火筒捆在它上面，也没有给出图说明此点，但他谈枪时提到地震与雷鸣，因此他可能漏掉了什么东西；另一方面，也有可能后来取得此名的单纯的枪来自这事实：在不再当成手铳及步枪前，它一度是火枪。否则，就很难以解释它的命名。

---

① “梨花”一词的意义可能指射出去的火焰，展开像梨花。

② 《火龙经》（中集）卷二，第二十四页；《武备火龙经》卷二，第三十页；《武备志》卷一二八，第三页、第四页；《筹海图编》卷十三，第六十三页，逐字被《三才图会》引用。方括号内原文部分引自《武备志》，而斜体方括号的原文部分是据《筹海图编》增加。参见 Davis & Ware (1), p. 524。

③ 这可能是一种像罗马焰火筒的烟火；它由什么原料构成，显然无须说明。

④ 这里可能有些夸张。

⑤ 引自《宋史》卷四七七，第十八页（抄录在《八编类纂》等书内）；但李全的妻子杨妙真（她此时为军事将领）对李全部下郑衍德说的却稍有不同：“二十年梨花枪，天下无敌手。”但今时势已变，必须寻找新联盟等。

⑥ 这似乎是断章取义的。其实，许国是士大夫，于1223年作为制置使（接贾涉之任），被宋政府派至北方，招抚李全在山东统辖的准强盗的非正规兵，使其投宋反金。他在1225年被谋杀后不久，李全投向蒙古，并将其军队置于蒙军编制。这个故事可能意味着，许国从李全的军事人员那里把有关火枪的各种形式技术传给宋朝的南方军队。

⑦ 《纪效新书》卷十，第一页。

231

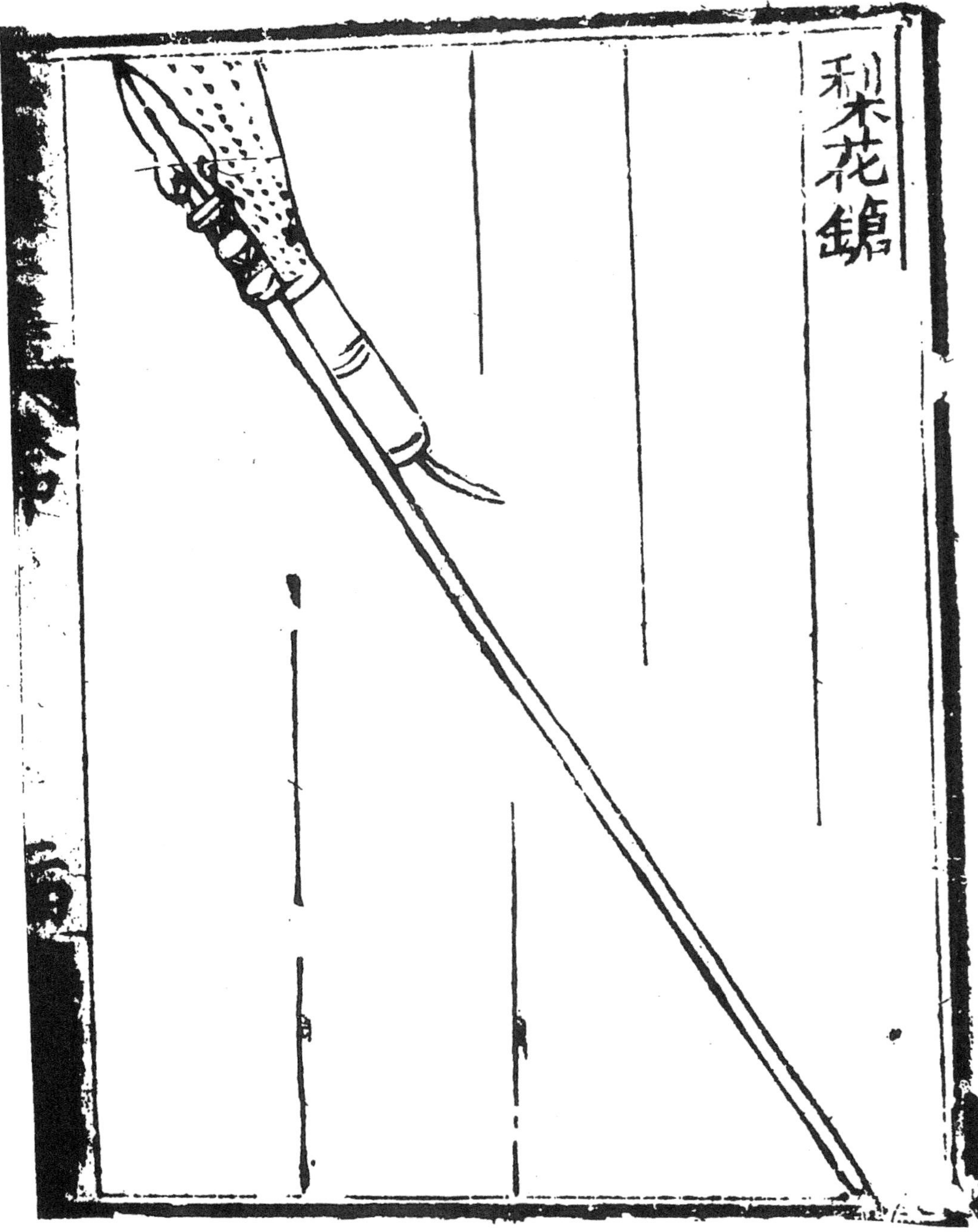

图 46　称为“梨花枪”的原始火枪。一个低硝火药管绑到枪的前端，具有三分钟喷火筒的作用。采自《火龙经》（中集）卷二，第二十四页。

与火枪相并行的宋代另一装置叫作“火筒”。1230 年左右的《行军须知》记载它时，把它描绘成大直径竹子做的一短节，因此它也更可能是真实的喷火筒。它与火枪的主要区别在于它直接握在人手中，常常备有一个木柄（参见图 48、50、61），而不是绑在枪端。与火焰齐射弹丸在同时期已置于火枪之中，正如我们刚才所看到的（上文
pp. 221、226），在蒲察官奴时代，1259 年的“突火枪”只是对它作了证实。弹丸几 232
乎确定在 1132 年或以前没有出现（上文 p. 222）。因为子弹的时期不能确定，火筒也只有跟着办，它的时代也不能确定。

在 14 世纪早期，当《火龙经》中的材料正收集之时，火枪与火筒有许多的说法，也有不同的名字。有一种情况可以确定的是，“满天喷筒”[1] 的管子是竹子做的。图 47 的说明是[2]：

> 截取中等大小的竹子两节为筒，用布和胶包许多层，由箍桶工人将筒箍紧。药用硝石、硫磺、[木炭] 及砒霜。再将筒绑在长枪头上，保卫城墙时，把它燃放出去。
>
> 〈满天喷筒，截中样竹二节，用胶布重箍，药用硝、硫、砒霜，诸毒火药，绑于长枪头上，燃火守城。〉

另外的记载都说碎瓷片也包括在内[3]。

属于这类的有五分钟喷火筒，在 14 世纪前期极其常见，在我们已叙述过的《西湖二集》中题为《刘伯温荐贤平浙中》一文里出现过（上文 p. 183）。刘基作为部分《火龙经》的假定作者之一（上文 p. 25），以元代将军身份在 1340 年和 1350 年间在浙江参加过平定内地反叛与沿海倭寇侵扰的两次战役。此文描绘了两种火枪或火筒，即“满天烟喷筒”[4] 与“飞天喷筒”[5]。第一种射出了瓷器碎片，而且产生催泪的烟雾；第二种在焰火之中产生了含砷毒的弹丸，这些都是很清楚的与刚才所述的装置类似，也与军事百科全书叙述的另外几种相同[6]。这对 14 世纪上半期数十年中，中国制造并大量应用低硝火药喷火筒，又提供了独立坚实的论据。

即在真正枪炮发展之后很久，在第一种火枪出现后四个多世纪，这种装置仍继续延长使用至 17 世纪。人们可以在其中看到如何最终导致高硝火药对装满整个筒壁的弹
丸起推进作用的真正发展序列。在《武备志》（1621 年）叙述到的火枪型武器中，有 234
“毒龙喷火神筒”[7]。由射出毒火焰的竹管组成，通常用作防守城墙之用。此后谈“与火焰齐射的弹丸”时，是以清楚可辨的小颗粒形式出现。“飞空砂筒”从一个竹管发出

---

① 需要注意的是，“喷筒”一词也可理解为有力的喷水泵，像“神水喷筒”那样，它向敌人喷出石灰、有毒并恶臭物质的混合物（参见《兵录》卷十二，第三十八页；《武备志》卷一二九，第十页），这可能对防守城墙有一些作用。论述中国的喷射器，请看本书的第四卷第二分册（p. 144）。当然火药本身也有扩散和推进的力量。

② 《火龙经》（《火器图》），第二十四页，由作者译成英文。

③ 例如《兵录》卷十二，第三十六页；《武备志》卷一二九，第四页。

④ 《西湖二集》（第三三三页）。论刘基见本书上文（p. 25）并见本书第二卷，pp. 360，388，本书第三卷，p. 493。

⑤ 《西湖二集》，（第三三四页）。值得再次强调，军事技术类书外的任何资料中，武器图是罕见的。

⑥ 例如，前者可参考“毒药喷筒”。《火龙经》（上集）卷二，第三十二页，《武备志》卷一二九，第二页、第三页。至于后者，它以同名出现在《兵录》卷十二，第三十五页；《筹海图篇》卷十三，第五十页，图的解说所用的措辞是相同的。

⑦ 《武备志》卷一二九，第五页。

火焰与沙子，当进入敌人眼里，就可眯眼[1]。另一类似的武器是“钻穴飞砂神雾筒”[2]，载于《火龙经》，能喷出火焰、沙子、毒物、硇砂（氯化铵）以及其他化合物（图48）[3]。如遇顺风，据说这种混合物效力可达几里之远。如果加入酣睡药，敌人将酣睡不醒，这样便很容易受攻击。把火枪主要用来产生烟幕或毒烟，肯定要追溯到很久以前，因为《武林旧事》（写于1270年，记载1170年左右的事），已说到御林军训练的表演中，已应用了烟枪[4]。

从前面的许多段落中我们已经注意到，随火枪喷火筒的火焰常常喷出砷化物，以火药混合毒药只是从11世纪以来中国文献里所有配方都具有的一个倾向（见 pp. 118、123、125）。在盖群英（Mildred Cable）与冯贵石（Francesca French）书里可以找到几乎是现代的这种经验[5]，他们都是英国传教士，在马步芳与马仲英军阀时代，在新疆生活并工作。1930年他们被请去医治由“火箭”（更可能是火枪）致伤的伤兵，这些武器是在哈密古老的废兵工厂里发现的，“这些伤是腐烂的，肉好像被一些化学物烧焦。”盖群英与冯贵石猜测是由磷造成的，但这是绝不可能的。但除砷以外，汞常作为硫化物或氯化物，一般也用于混合物中[6]，并能很好地导致上述的效果[7]。

现在我们已到了另一个伟大的转折点，即金属管的首次出现。主要的是伴随着喷
235 火筒与“与火焰齐射的弹丸”的出现，而不是高硝火药与塞管弹丸。日期很难确定，
但是下面的描述出现于《火龙经》开头部分，这个事实足可把它置于这里装备的最早
武器，因此它必须早于1350年左右，如果把其他的历史资料考虑在内，它有可能早至
236 1200年。这个装置的名称叫“击贼砭铳”[8]。《火龙经》描述如下（图49）[9]：

> 管三尺长，用铁制成，柄有两尺长，步兵用之。其射程为三百步[10]。（远距离）用弹丸、（近距离）用枪射杀敌，因有两种功能，是有用的武器。
>
> 〈用铁打造，管长三尺，柄长二尺，步战用此，一发三百步远。弹能击贼，其铳又能打贼，其一器而［二］用最利者也。〉

我们将很快看到金属管火筒的另一些例子。

其次我们可以研究一下瓶状喷火筒，称为“冲阵火葫芦”。《火龙经》（图50）云[11]：

---

① 《武备志》卷一二九，第七页至第八页。

② 《火龙经》（上集）卷二，第三十四页；《火器图》，第二十五页。《武备志》卷一二九，第八页、第九页。

③ “穴”用于此处与指针灸之点相同，但其意义可能指眼、鼻、耳，见 Lu Gwei-Djen & Needham (5), pp. 13, 52。

④ 《武林旧事》卷二，第二页。参见上述论烟火部分的有色烟部分。

⑤ Cable, M & French, F (1), p. 241。

⑥ 参见《火龙经》（上集）卷一，第十三页；《武备志》卷一一九，第二十页；卷一二八，第十八页。

⑦ 有关建议，可见 Davis & Ware (1), p. 525。

⑧ 关于此名字有两件事值得注意。第一，“砭”是针灸石针的古代名词，因此射弹的穿刺观念便具有源远流长的文字背景［参见 Lu Gwei-Djen & Needham (5), pp. 70—71］；第二，“铳”字后来常用于指真正的枪、炮，甚至现在还如此。

⑨ 《火龙经》（上集）卷二，第十八页。《火器图》本，第十八页，由作者译成英文。

⑩ 意即1500尺，或300码，所以看来有相当程度的夸大，火焰最多仅能达到20尺或30尺（见上文 p. 228），弹丸也很难达到那样高的速度。

⑪ 《火龙经》（上集）卷三，第十四页；《火器图》本，第三十二页；《武备志》卷一三〇，第二十五页，由作者译成英文。

233

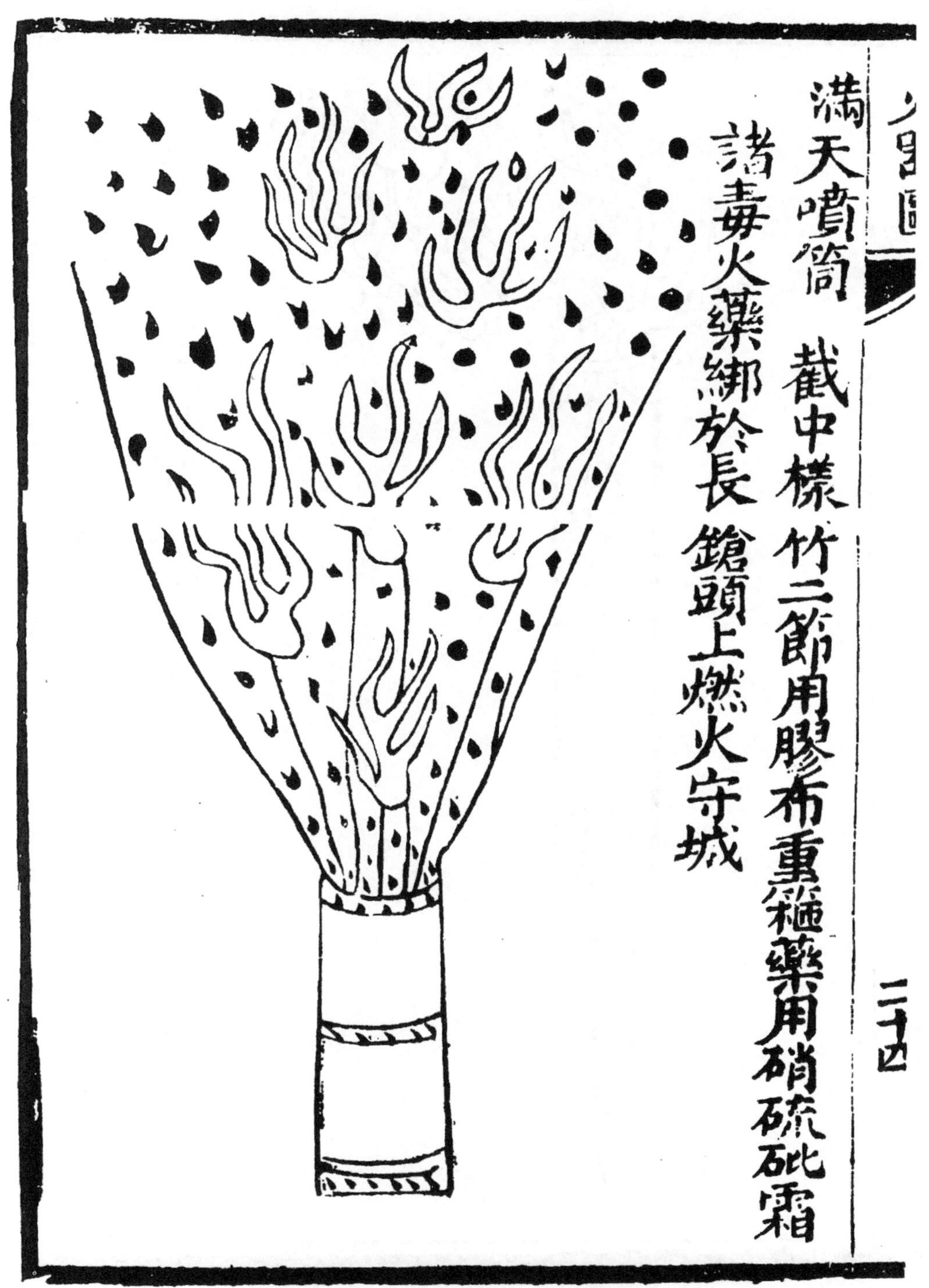

图47 另一种火枪“满天喷筒”，采自《火龙经》(《火器图》) 第二十四页，筒是竹管，内盛毒药与碎瓷片的混合物，像与火焰齐射的弹丸那样，混合物随燃烧火药的火焰一起向前喷出。

235

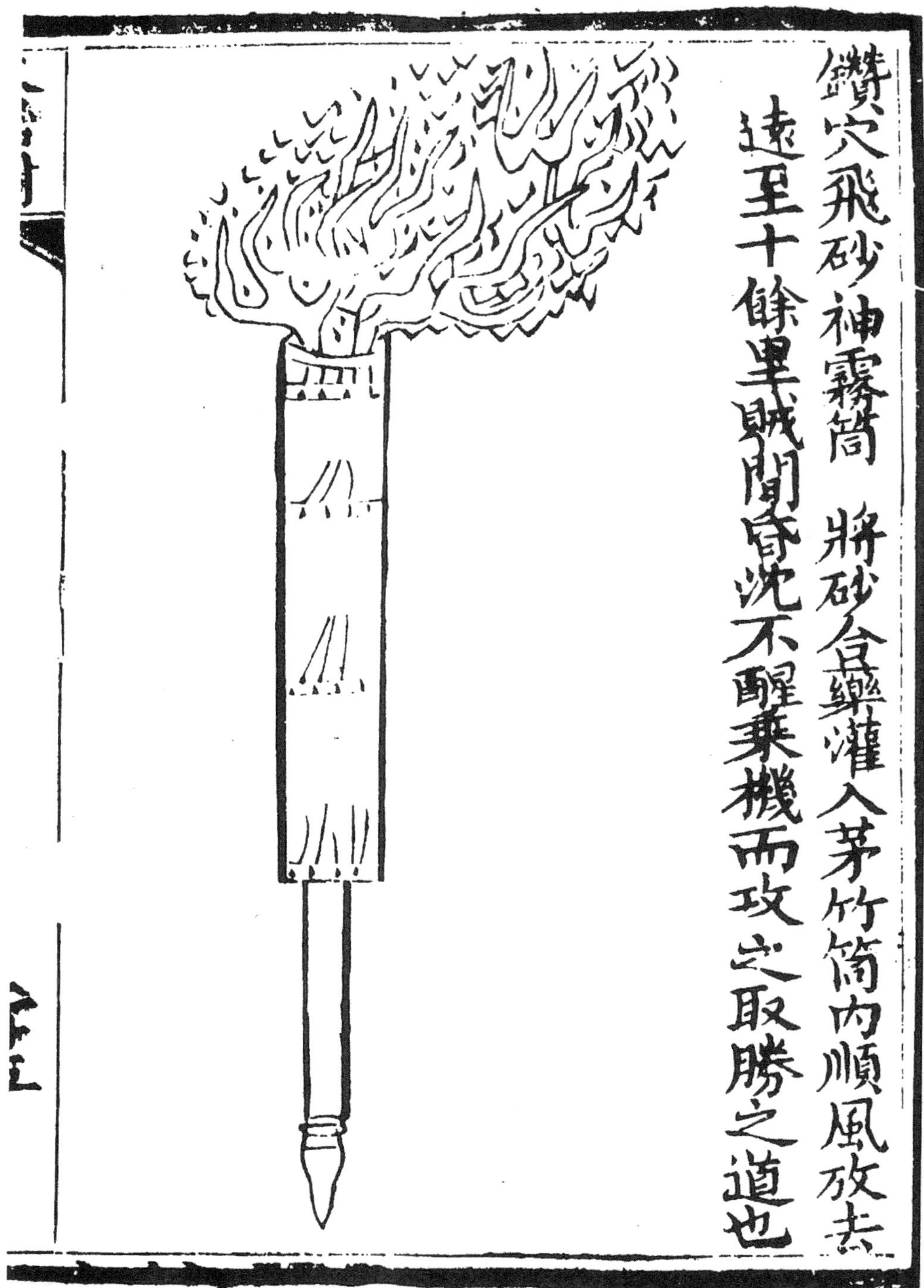

图 48　与火焰一起放出沙子或眯眼灰剂以及硇砂（氯化铵）、毒物的火枪（见图 26、27）。名为“钻穴飞砂神雾筒”；采自《火龙经》（上集）卷二，第三十四页与《火器图》第二十五页。

237

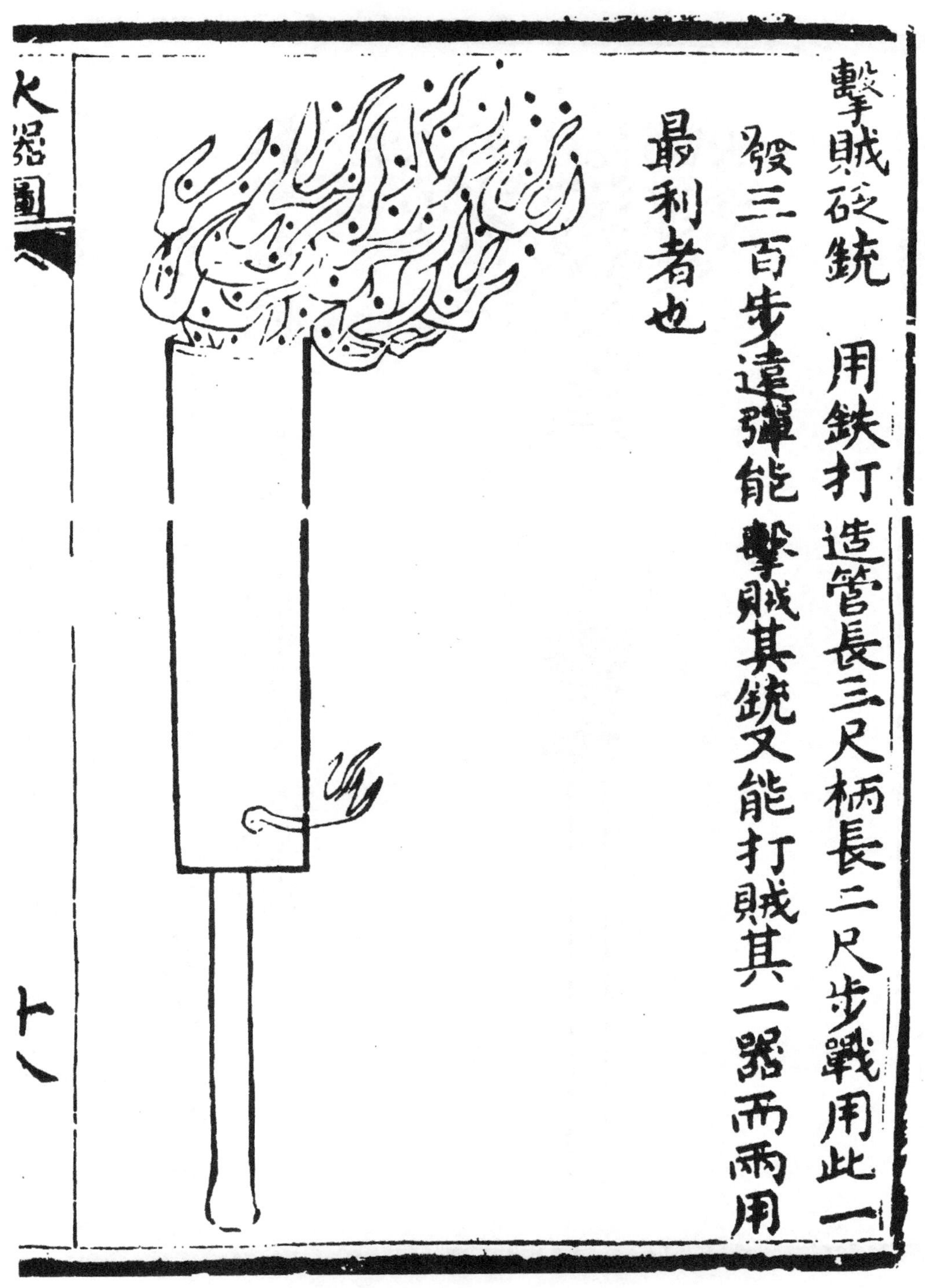

图 49　“击贼砭铳”，最早的金属枪筒，但不装高硝火药与塞膛弹丸，而是低硝喷火火枪和与火焰齐射的小型弹丸。采自《火龙经》(《火器图》)，第十八页。

238

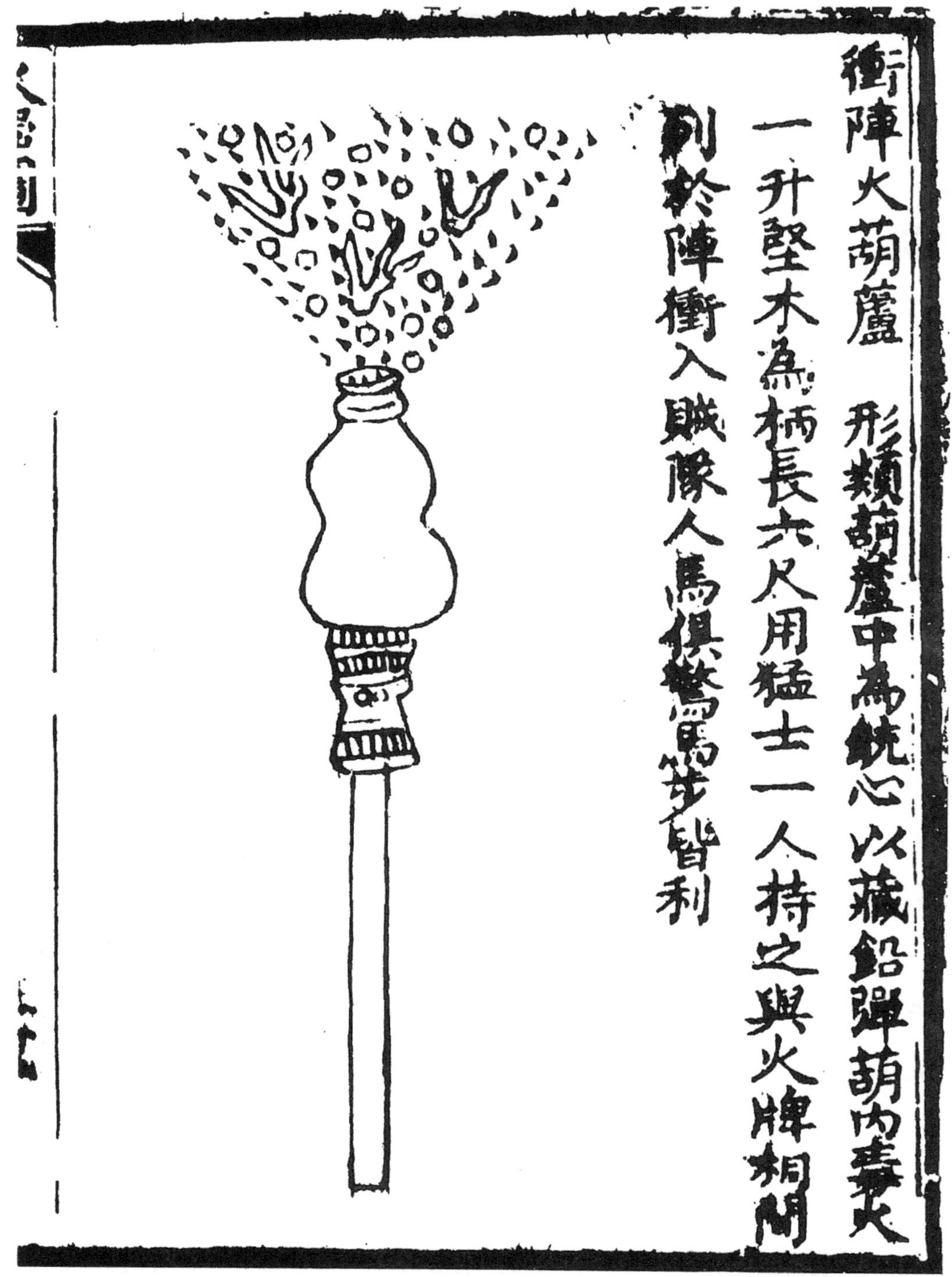

图 50　“冲阵火葫芦”，一种烧瓶形火枪，装铅弹作为与火焰齐射的弹丸，采自《火龙经》（《火器图》），第三十二页。

> 其形状像葫芦，中间是铳的［点火］室，内装铅弹，还有毒火药（“毒火”）一升①，木柄是硬木做的，有六尺长。要用勇士去操运并在两个拿（盾）的人中间②，放在前线上。当攻击敌人时，用此武器可使其人马慌乱，是对骑兵和对步兵有效的武器。
>
> 〈形类葫芦，中为铳心，以藏铅弹。葫内毒火一升，坚木为柄，长六尺，用猛士一人持之，与火牌相间，列于阵，冲入贼队，人马俱惊，马步皆利。〉

没有一项资料告诉我们葫芦本身是何物制成，但宁可说是金属制的，而非木制。在这种情况下，我们非常乐于知道其内膛是否内部形状同一，还是像外部形式那样。这里引起了一个问题，即它是花瓶状还是烧瓶状臼炮，下面我们将讨论（p. 289）；这是中国和西方之间一个有意义的共同点。

除火焰、毒物、沙子、碎瓷片及金属弹丸外，喷火筒还用于放箭。这是走向真枪与真炮途中另外一步骤，特别有趣的是，欧洲最早的臼炮图（1327 年，见图 82、83）显示也是射箭。但是中国人的图解常用平行线边或梯形线边画管子，而不是像沃尔特·德米拉米特那样画成球状瓶形，虽然中国人肯定知道而且也运用过这些东西，正如我们将要看到的（见下文 p. 329）。因为关于箭端塞子如何塞筒口甚至毫无记载③，
人们可假定它在封闭空间由燃烧的发射剂的力量及冲击而射出的（见 p. 480）④。例如 240
人们在“单飞神火箭”里就能看见这个情况。《火龙经》云（图 51、52）⑤：

> 用高级青铜铸筒，三尺长，可以装下一支箭。点火前，放‘法药’⑥（使人失明的火药）三钱入筒，箭发后飞如火蛇，射程在 200 及 300 步之间⑦。当刺到人、马时，可以能穿入心、腹，甚至一次能穿透好几个人。
>
> 〈用精铜镕铸，筒长三尺，容矢一枝，用法药三钱，药发箭飞，势若火蛇。攻打二三百步，人马遇之，穿心透腹，可贯数人。〉

在《火龙经》的《火攻备要》版插图说明里曾指出箭镞蘸了毒熊药或毒虎药⑧。

在《火龙经》、《兵录》、《武备志》⑨里描述的“神枪箭”，在喷出的火焰中不仅放射出一支箭而且同样地还有了铅弹，它们均放在木管或木送子之内，可以想像它们在起着木栓或筒塞的作用。这种武器据说为明朝派遣远征军到安南时所得或发展的⑩，这与干将张辅与陈洽领导下的 1406 年及 1410 年的战争有关。这装置

---

① 见上文 p. 180。

② 我们很快要转到这个题目上（下文 p. 414）。

③ 有些版本的图似乎想展示栓塞，如《火龙经》（上集）［卷二，第二十五页（图 51）］中“单飞神火箭”图那样。在另外情况下又可能指某种弹塞。

④ 另一方面，给定的射程近于 300 步（500 码），这说明（假如他们不是乐观的夸大）它是一种充分堵塞筒膛的原始枪，而不是由与火焰齐射弹丸的火枪。火枪射程最多仅为这一射程的十分之一。显然我们在此已摇晃地走到真正的枪的边缘。

⑤ 《火龙经》（上集）卷二，第二十五页；《火器图》本，第二十一页，由作者译成英文。参见《武备志》卷一二六，第十五页、第十六页；Davis & Ware (1), p. 533。

⑥ 参见上文 p. 180。

⑦ 这可能又是一次夸大。

⑧ 《火攻备要》卷二，第二十五页。

⑨ 《火龙经》（上集）卷二，第二十三页；《火器图》本，第二十页；《火攻备要》卷二，第二十三页；卷十一，第三十七页—第三十八页；《武备志》卷一二六，第九页、第十页。

⑩ 参见下文 p. 311。

239

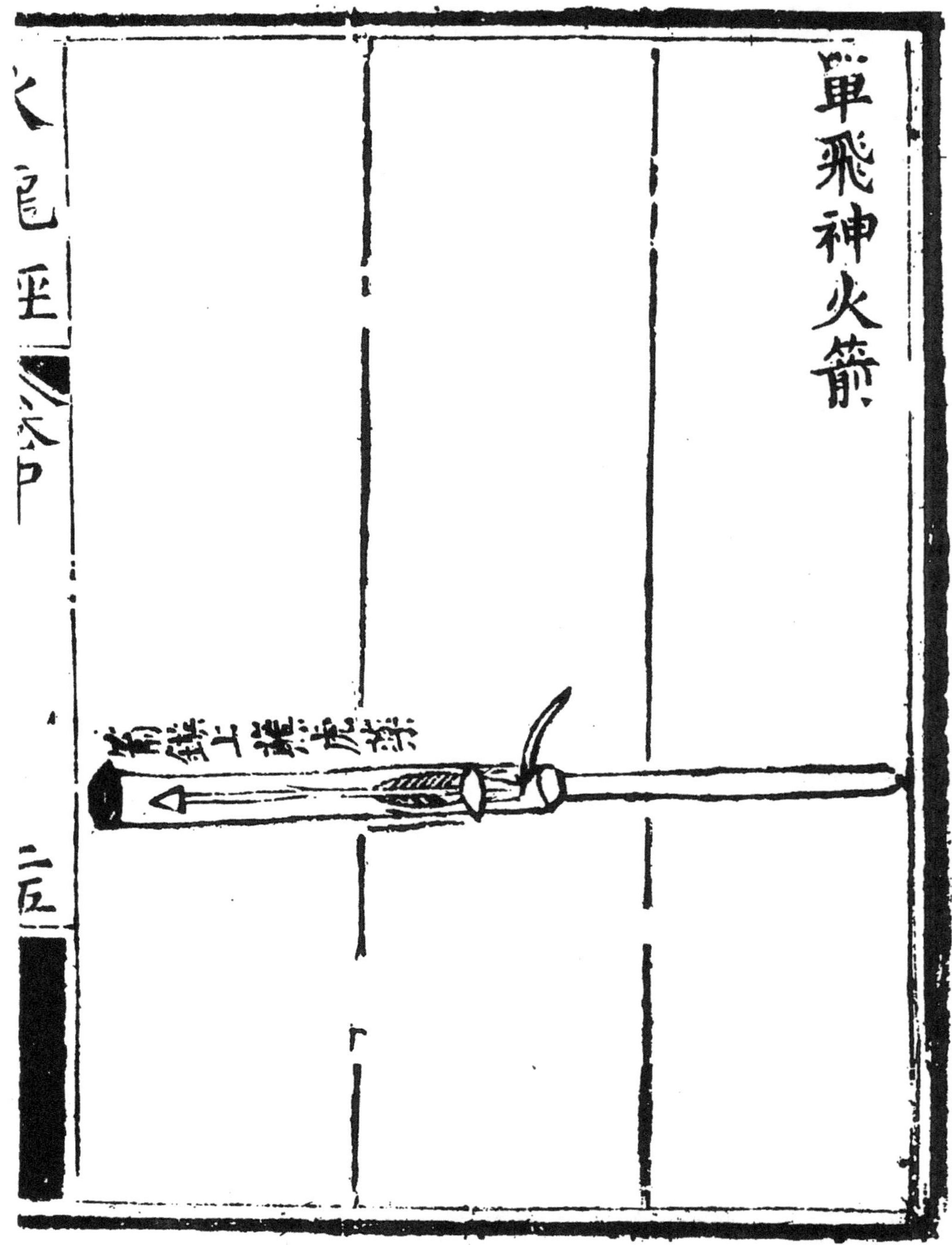

图 51 “单飞神火箭”；箭作为与火焰齐射的弹丸，采自《火龙经》（上集），卷二，第二十五页。人们这里会看到，想说明栓或塞充塞箭底部口孔洞的企图；要是这样，这个装置就接近于真正的枪（“原始枪”，参见 p. 251），但是否在其后部装火药则没有明证。

241

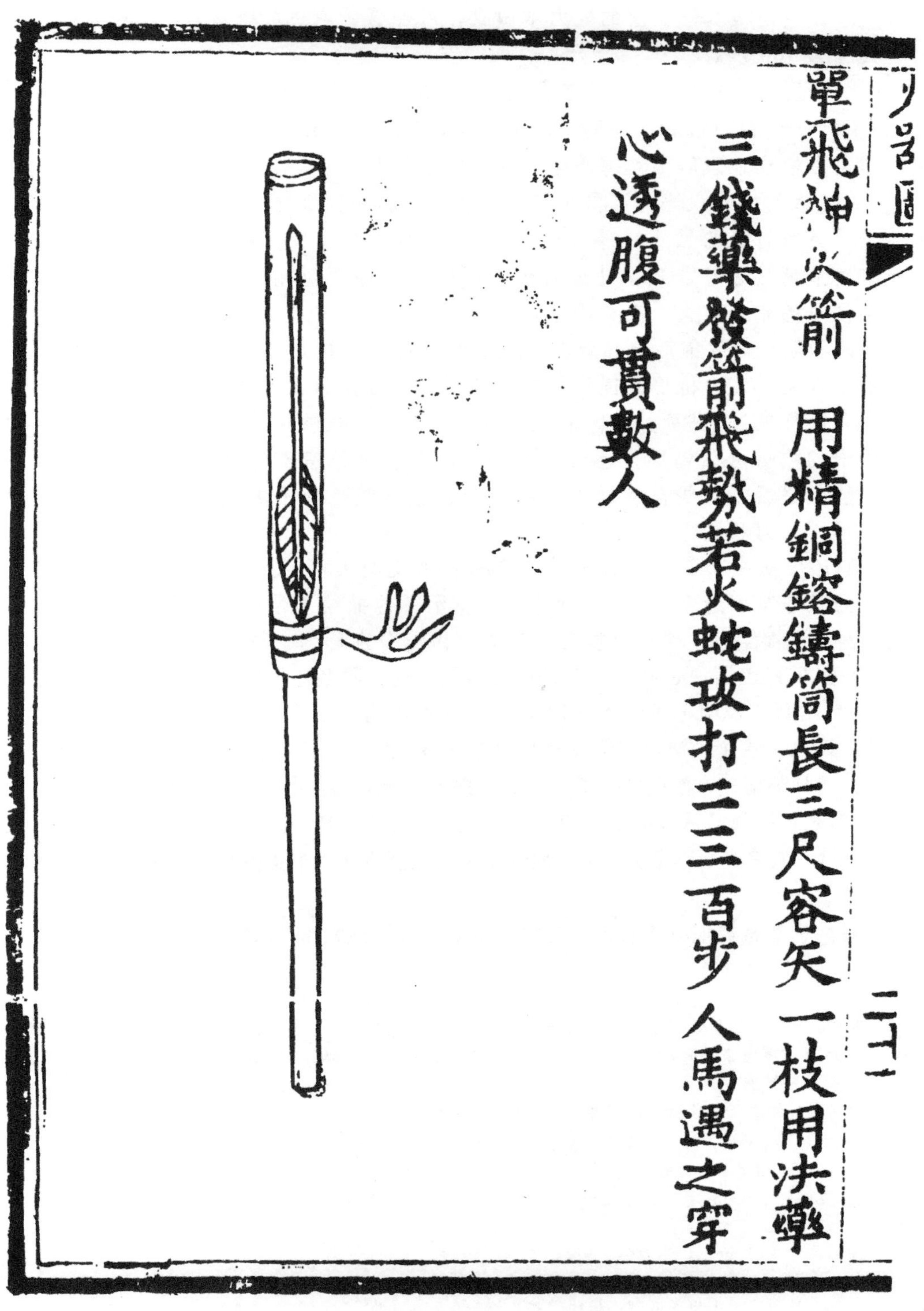

图 52　《火龙经》，第二十一页所载同一装置（图 51）的图；看不出有任何塞子。但其对箭刺伤力之描述，说明推进作用，而不是与火焰齐射；另一方面，一些版本指出箭头浸有毒虎药，为能造成更大伤害，其飞行速度无须更大。

的特点是，它由极其硬而沉的铁力木做成，可能管子就像舵杆那样[1]。其次，箭的射程大约为300步。

《火龙经》中的“神威烈火夜叉铳”[2]（图53），能喷射强烈有毒的火焰和多支箭[3]。其管子由粗布包着，还缠了多层铁丝，箭从一个摇架（法马）同时弹出。这又一次可以恰当地理解为堵塞筒膛的木栓和塞子[4]。

243 “一把莲”发射火焰与许多小箭，但其主要影响在于它在整个喷箭喷火筒系列里，唯一具有竹管的另外一种（图54）[5]。它有2.5尺长，除末端（由黏土保护）外所有竹节都被去除，开口处还有个金属圈。其外面包扎许多层麻绳，再包上用明矾液浸过的布来防火，没有筒塞。

火筒和喷火筒发射后自然要花大量时间重装（这样做是办得到的），所以在对付近地敌人士兵，火枪仍是优先考虑的武器，正如西方从1650年后400年间步枪安有刺刀那样[6]。上述原始型梨花枪（pp. 229ff.）很快以各种方式精心制作。例如，管子的数目可以增加，还有诸如兵书所示，火枪有双管喷火（图55）。当一个管子烧完之后，引线自动地点燃第二个，这样便延长了火焰喷射时间，此后枪头的戟形刃、刀和钩也发挥了作用[7]。

我们还要从一个不大著名的《车铳图》来说明火枪，此书为赵士祯写于1585年，作为其他军事论著的附录。如图56所示，他描绘了[8]“兵士伴随着野战铳使用的十种类型武器”，两种火枪各有三管，因此分别称为“国初三眼铳”和“三神挡”。一种双管铳据说也在同一时期由此得名。这种原型还可以追溯到1368年，正是《火龙经》时代。说明称庚子年（1360年）功德寺内一百多岁的道士首先设计这些武器并传给后人，这个说法以有趣方式与道士联系起来，见于焦勗的序（上文p. 28）。

当然各种类型的火枪也发射了与火焰齐射的弹丸。甚至竹管也有这样可能，如“翼
247 虎铳”，既发射铅弹又从枪尖上三个大管子发射火焰[9]。但“铅弹一窝蜂”是一种火筒，而不是火枪，它装在子弹带上，从金属管里一次能射出几百个铅弹[10]。这是较晚发展阶段的产物。

有时火枪非常类似有着直筒状的枪，例如《火龙经》与《武备志》里描述的“倒

---

[1] 我们在本书第四卷第三分册（p. 416）以前碰到过与造船有关，它可能来自广东和安南的棕榈树，如 *Sagus rumphii* 或散尾棕（*Arenga engleri*）；或可能是广西的铁力木（*Mesua ferrea*），或者是铁杉云杉（*Tsuga sinensis*）之类的中国铁杉。

[2] 此名得自佛教（与印度）的妖魔，叫“夜叉”（*yakṣa*），据说夜里偷吃人的东西。

[3] 《火龙经》（上集）卷二，第十九页；《火器图》本，第十八页。

[4] 原文说：“用坚木车为法马”。

[5] 《火龙经》（中集）卷二，第二十六页、第二十七页；《武备志》卷一二九，第六页；参见 Davis & Ware (1), p. 529。

[6] 参见 Reid (1) pp. 144, 147, 172。

[7] 《火龙经》（中集）卷二，第二十三页；《武备志》卷一二八，第二页、第三页。参见 Davis & Ware (1), p. 524。这与十六七世纪欧洲产生的“斧头枪”（axe-pistols）与“狼牙棒枪”（mace-pistols），具有相同的思想。参见 Blackmore (4), pp. 36—37, p. 39。

[8] 《车铳图》，第四页、第五页。

[9] 《火龙经》（上集）卷二，第十七页；《火器图》本，第十七页。

[10] 《兵录》卷十二，第三十四页；《武备志》卷一二三，第二十一页；参见 Davis & Ware (1), p. 534。

242

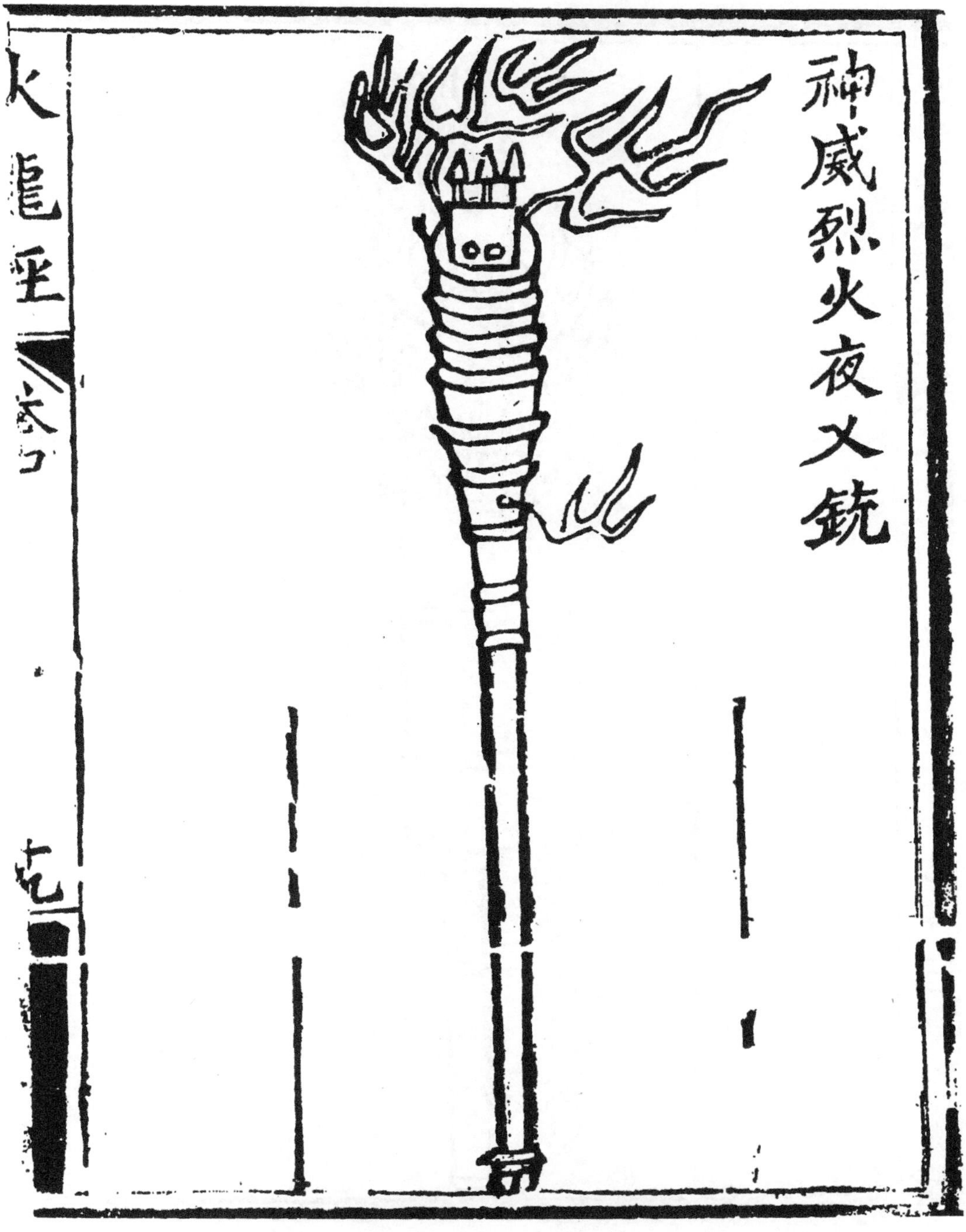

图 53　另外一种放箭的火枪，“神威烈火夜叉铳”，采自《火龙经》（上集）卷二，第十九页。图中能看见摇架“法马”托着箭，但并不清楚的是，它是否塞满筒膛，如果这样火药是否填在法马之下部。它可能是原始的枪，但其名字在这方面并无多大意义。

244

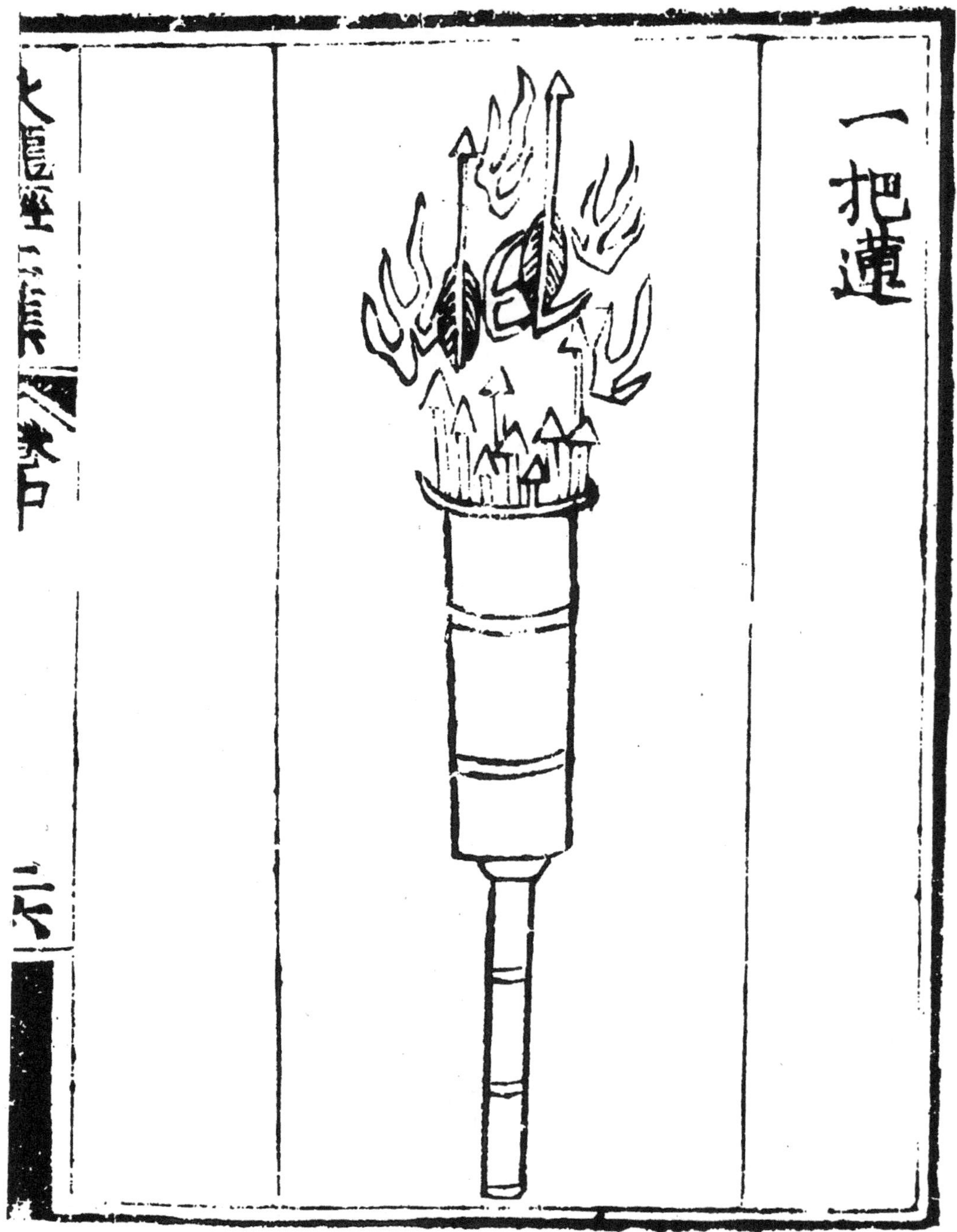

图 54 “一把莲”，与火焰同时射出许多箭的竹管火枪，采自《火龙经》（中集）卷二，第二十六页，没有用筒塞或摇架（法马）。

245

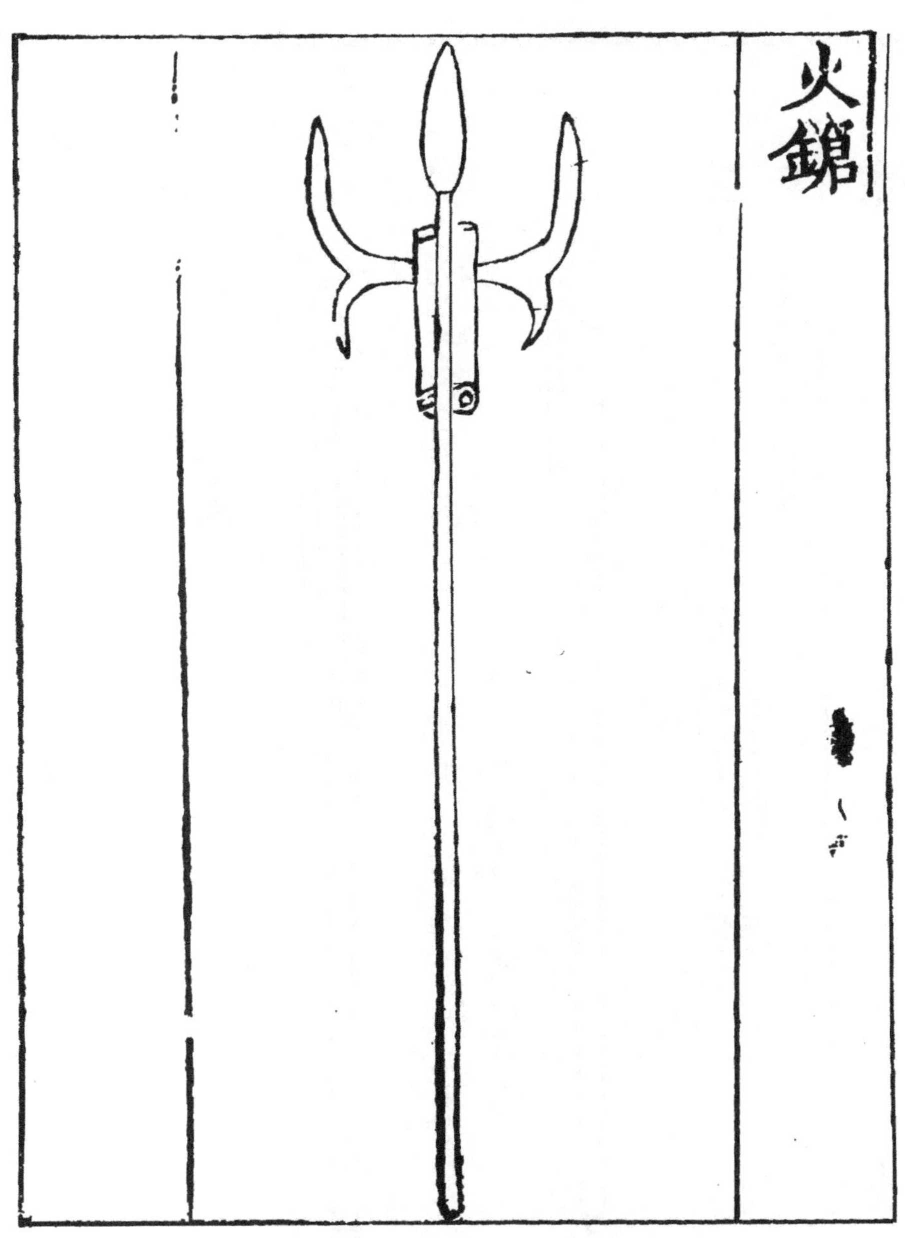

图 55 双管火枪，第一管燃完，自动接燃第二管。采自《火龙经》（中集），卷二，第二十三页。

246

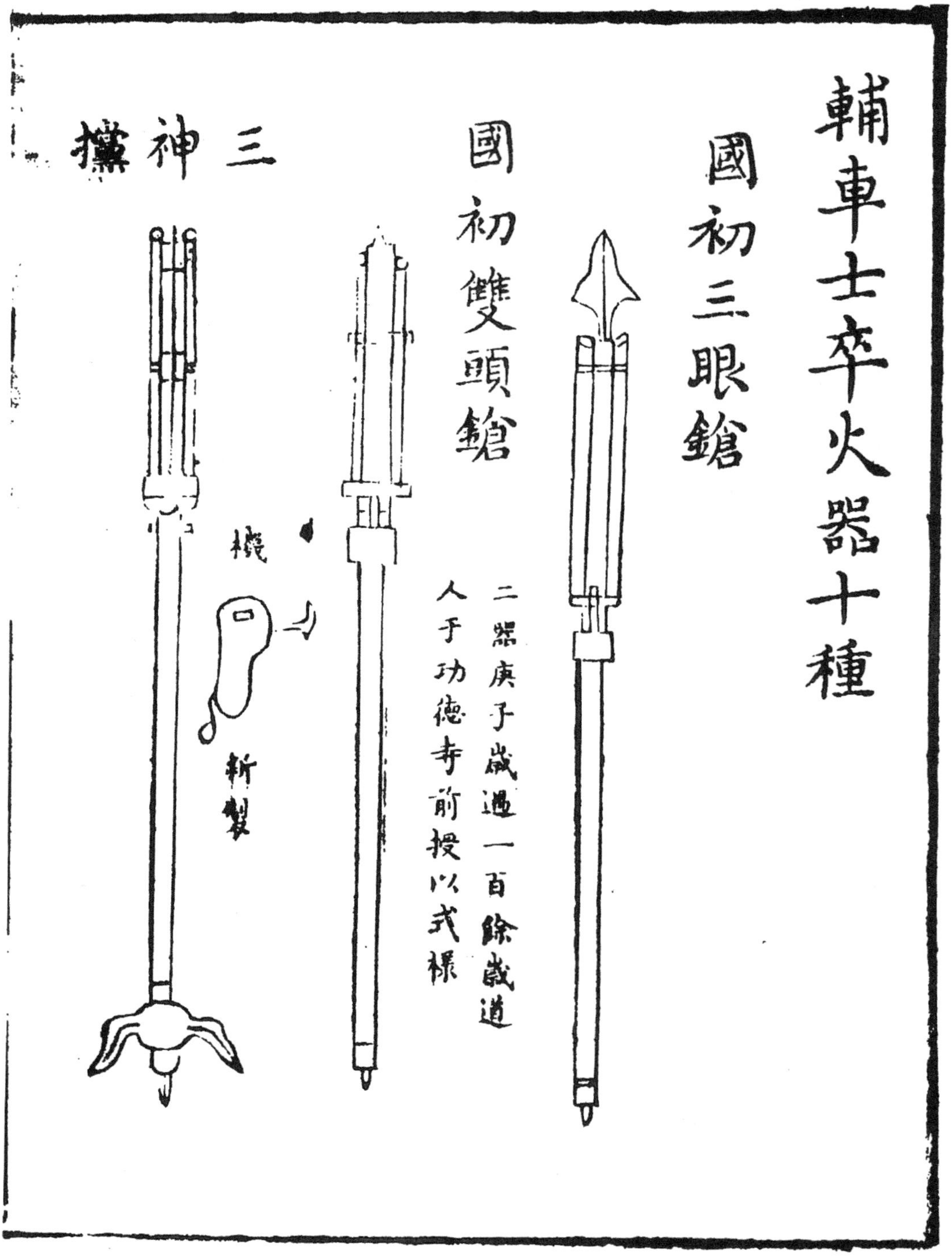

輔車士卒火器十種

國初三眼鎗

國初雙頭鎗

二器庚子歲過一百餘歲道
人于功德寺前授以式樣

三神欃

機

新製

图 56 火枪，采自赵士祯《车铳图》（1585 年）。它有双管和三管，来自明初，正与《火龙经》最初本时间相同。

马火蛇神棍"[①] 如下[②]：

用熟铁做成空筒，放铅弹与神火药［混有毒物的火药］。筒长三尺固定在四尺长的木柄上。使用时由士兵攻击冲锋阵地上的马匹。［另一个法子是做两个直的铁筒，一个装铅弹像铳那样，另一个喷火，这是作战中很有用的武器。］

〈棍用熟铁打造，中空以藏铅弹、"神火"，与毒火药合用，身长三尺。以木为柄，长四尺。用勇士持之，以冲马阵。［又一法以铁打造，两头如铅弹铳大，中间隔断，一头装火，一头装弹，最利于战。］〉

"棍"字可能使我们回忆起中国和欧洲之外用"火棍"与"雷棍"来指轻型西方火器[③]。稀奇的是还有一种很像剑且名为"雷火鞭"的武器[④]。这个名字必然来自《武经总要》所描绘与解说的像剑样的东西，即"铁鞭"[⑤]。它外表清晰地表明，能用来猛击敌人[⑥]。但"雷火鞭"与此不同，主要是具有剑的形状的坚硬火管，由青铜或铁做成，逐步收缩成一个小口。它有3.2尺长，装火药五寸长，通过管口的小孔装人引信，还有4寸长木柄。只有特别强壮的人才可使用它，它能发射直径如铜钱般大的三个铅弹。这是"仿形器"（skeuomorph）的显著例子[⑦]。在技术史上常有一种倾向，以新材料做出的器形模仿古老器形，所以工匠们处理原始枪，他们觉得必须做成人们熟悉的武器形状，即剑。

与此类似的有"荡天灭寇阴阳铲"，其末端有一宽大的月牙形刀，既射出毒物，也 248
射出火焰和铅弹[⑧]。更贴近新技术的是"钁铳"，它是一种火枪，以直角形固定在长杆上，作为长臂从高处（例如城墙）将武器指向敌军。如果他们真的爬上云梯攻击（本卷第六分册，g（2），viii），正好用这个武器。根据《武备志》的描述，除产生火焰之外，还从金属管同时发射六七个铅弹（图57）[⑨]。

由于引入金属管与铅弹，火枪和喷火筒差不多完成了到手铳的演变。人们可以从"枪"、"筒"、"铳"这些术语不加区别的使用中看到这种演变[⑩]。确实有许多火枪只用一个弹丸代替许多弹丸。这种单个弹丸是否仍停留在与火焰齐射的阶段，也就是说它是否未能填塞整个管膛，是否火药仍是低硝而不足以当发射剂，这都仍然是难以确证的问题。但是一旦谈到单个弹丸，我们即可判断并相信我们终于看见了真正的枪在操

① 在《武备火龙经》里，它名为"倒马火砲神棍"。

② 《火龙经》（上集）卷二，第二十九页；《火器图》本，第二十三页；《武备火龙经》卷二，第十四页；《武备志》卷一二八，第十页、第十一页，由作者译成英文。方括号内的话仅见于《武备志》，参见 Davis & Ware (1), p. 528。

③ 当"棍"（stick）在早期欧洲文献中出现时，它常意为安装手铳"柄"。如棍铳（*Stangenbüchse*）那样，参见 Partington (5), p. 147。

④ 《火龙经》（上集）卷二，第三十一页；《火攻备要》卷二，第三十一页；《武备志》卷一二八，第十四页、第十五页。

⑤ 《武经总要》（前集）卷十三，第十四页。

⑥ 并未清楚指出外表像真鞭，但图紧接一个作战用连枷武器。参见本书第四卷第二分册，pp. 70，461 及图 374。

⑦ 参见本书第二卷，p. 468。

⑧ 《火龙经》（上集）卷二，第三十页；《火器图》本，第二十四页；《武备志》卷一二八，第十二页、第十三页。

⑨ 《武备志》卷一二八，第十五页、第十六页。

⑩ 这些字的第一字（枪）后来在中国用以转写来复枪（rifle），但第三字（铳）在日本读如 jū，常用以指武器，最后一字常与"砲"、"炮"在使用中广泛可以互换，指任何大炮。

作。此外，有些特别有意思的例子，其中把真正的枪与分开的喷火筒管连接起来。

举例说，《火龙经》的《火攻备要》版描绘了“飞天毒龙神火枪”，它说[①]：

> 枪头长1.5尺，用青铜或熟铁制成，（中）空，内放铅弹一个。此枪还包括装毒药的两筒[②]，每包绑在距枪尖2.5寸的枪杆上（它还装上一把锋利的月牙形刀[③]及像枪的棍子）。
>
> 当遇距离远的敌人时就发射铅弹攻之，敌人走近时，就发射有毒火焰烧之，而肉搏战时就用（两叉矛）枪刺之[④]。这是一种能三用的武器，许多武器都超不过它。
>
> 〈枪身长一尺五寸，或用铜铸，或铁打，中空，藏铅弹一枚。枪铸分两关，上二寸五分，两缚毒火二筒（装一锋利月牙形刀及枪杆柄），与贼对，敌远则发铅弹击之，近则发火烧之，战则举枪刺之。一器而三用，神捷莫火鸟。〉

249 这个值得注意的装置如图58所示。从中间的筒中仅能射出一个弹丸，旁边有两个
喷火筒管，这件事本身说明前者子弹填塞了筒膛，具有真正推进效果；如果这样，这
个装置就是介于火枪与枪之间的了不起的中间阶段，它正把二者结合起来。同样组装
251 物在“神机万胜火龙刀”中也能看到，其中主要区别是刀片向外弯如触角，而不是向
前弯曲如牛角，但是仍从中间管子只发射一个铅弹[⑤]。事实是这两种结合装置均属于《火龙经》最古老的层次，假如不远溯至13世纪，也必然在14世纪早期，应常记住（正如我们将看到）标准型最早的小炮出现在约1290年。

由于原始竹管枪轻便易得，金属管枪未能立即完全将其取而代之。事实上直到滑膛枪在16世纪早期引进后很久，竹管枪才消失（参见图59）。茅元仪曾描绘一竹管枪云[⑥]：

> 竹火枪。
>
> 用一段长三尺的猫竹[⑦]，把中间隔膜钻透，（制成一筒），像铁鸟枪之筒。底部护填以泥土并压紧到一二寸厚；再在上面钻个‘火门’，以放药线；然后在筒的外部用铁丝、麻线扎紧，陶封口剂、灰和漆封牢。管内清净剂（‘盪药’）将它弄干净，而后装发射剂（‘直性火药’）一钱六分，再放铅弹一个。（用此武器）瞄准、发射。它有轻便易载和同时又能杀（‘毙’）人两种好处。
>
> 〈用猫竹长三尺，钻透如铁鸟枪样。底用土逐实一二寸，凑土钻眼，以作火门，备装药线。外用铁丝、麻线扎紧，纸灰漆固，内将盪药盪过，用直性火药一钱六分，放铅子一枚，照准对打。移动轻便，当者立毙，两利之器。〉

---

① 《火龙经》（上集）卷二，第二十七页；《火器图》本，第二十二页；《武备志》（卷一二八，第四页、第五页）名字顺序有变化。

② 《武备志》加了另外一些成分，如硇砂（氯化铵）和桐油。

③ 《武备志》加了“涂毒虎药”。

④ 《武备志》加了一些说明，由子弹造成的伤口将被毒药所恶化，同时也将被火药烧焦，最终将因刀上的毒虎药感染，以至于敌人将肯定死去。这说明一定有人坚持向前冲而充分尝到一切后果。最后原文说枪是沉的，非得三个士兵去操纵它。

⑤ 《火龙经》（上集）卷二，第二十八页；《火器图》本，第二十三页；《武备志》卷一二八，第九页、第十页。其他例子包括“夹把铳”，见《火龙经》（上集）卷二，第二十一页；《火器图》本，第十九页；《火攻备要》卷二，第二十一页。三叉戟每边有二筒，如果我们不从《兵录》[卷十二，（第三十四页）] 知道每筒只发一个铅弹，则我们不能说明它。因此叫“夹耙铳”。

⑥ 《武备志》卷一二八，第五页、第六页，由作者译成英文。

⑦ 大直径硬竹竿在造船中常用（参见诸桥《字典》第10卷，第690页）。

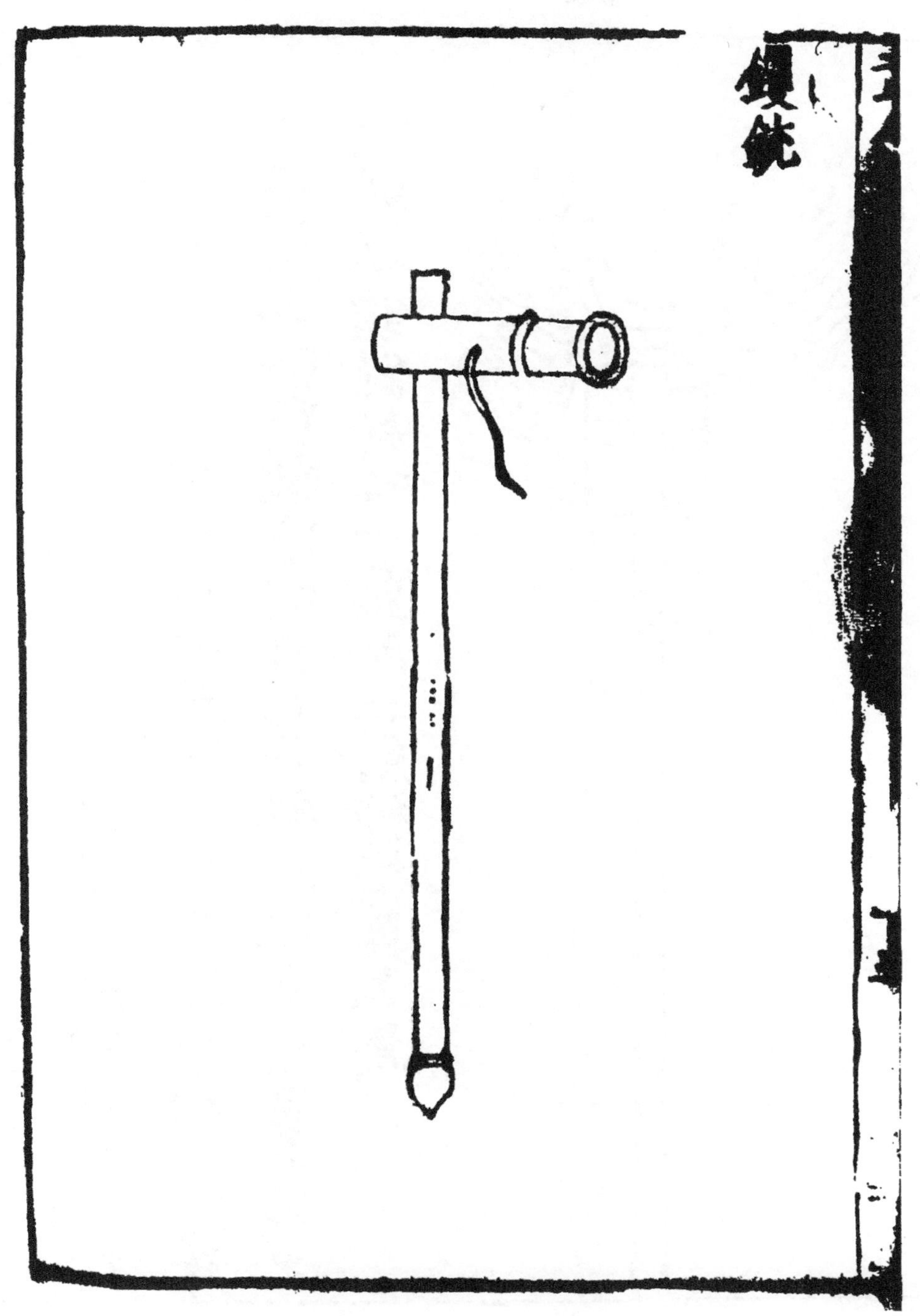

图 57　成直角固定在长杆上的火枪，适于反击登梯攻城的士兵；与火焰一起发射六七个铅弹。采自《武备志》卷一二八，第十五页。

250

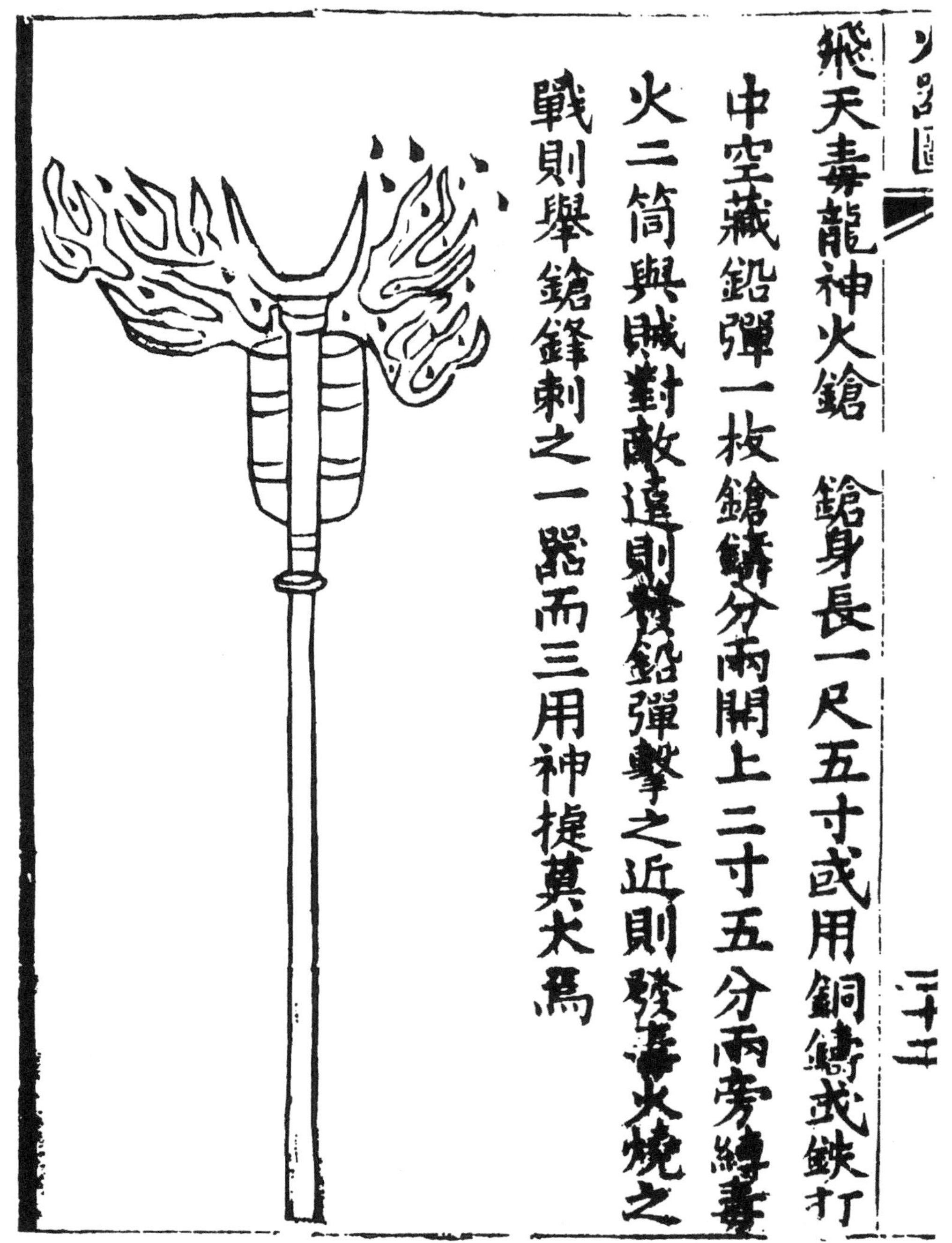

火器圖

飛天毒龍神火鎗　鎗身長一尺五寸或用銅鑄或鉄打中空藏鉛彈一枚鎗鋒分兩開上二寸五分兩旁縛毒火二筒與賊對敵追則發鉛彈擊之近則發毒火燒之戰則舉鎗鋒刺之一器而三用神捷莫大焉

二十二

图 58 “飞天毒龙神火枪”，一件武器中，火枪与真正的枪兼备，采自《火攻备要》卷二，第二十七页；《火器图》，第二十二页。中间的管子仅能射出一颗堵塞管膛的铅弹，此后从两个火枪筒射出有毒火焰，最后叉形的矛仍可使用。

图 59 用生牛皮和籐条包扎的竹枪或竹砲［来自中国，藏于不列颠博物馆（人类博物馆），编号 9572］据说显示曾大量使用过，但仍完好［克莱顿·布雷特摄，Bredt (1)］。

几乎没有疑问，我们已离开与火焰齐射的弹丸（不管用什么名）的范围了，但是硝石 252
很难达到充分爆炸的力量，或者管子将破裂，或许有时真的破裂了。原始枪如何能常装上新料使用是有些可疑的。

在中国的中古时期，火枪有时安装在能移动的车架上，其所述效果只能说是“原始坦克”。虽然这种记载不见于《火龙经》中最老的武器层次，但如果不能再早一点的话，这种系统可能早在 14 世纪已起源了。《火龙经》与《武备志》称它为“万胜神毒火屏风车”，《兵录》称为“神火万全铁围营”①。后者原文一开始就说，增筑营垒对于保护军队及将军们是最有用的，但如被敌人包围，要快快离去，移动车架来撤退会起到掩护作用。原文继续说（图 60）：

> 车架用硬木制成，与城门一样高［像 4 个层柜］，下面安装 8 个轮子，便于推动运转（至任何方向）。外面包上生牛皮，内部放 12 件火器［每层 16 件］。在远距离时点放相应武器，即装弹丸及箭的长短铳；在近距离时其他更有效的有弩火箭、火枪及火矛。需要 10 个［5 个］士兵操作。
>
> 当敌人靠近城门，这时所有武器同时发射，声音响如巨雷，人马都要变成齑粉。这时就可以开城门，轻松一下边谈边笑（像没有发生什么事那样）。这是守城的非常好的装置。
>
> ［……（防守营寨及城墙上）的女墙便于守望；还应有（活动）车架分四层藏放火器。其下面有两个轮子，便于推动转运。（营）的八个进口处安放了“神牌”（盾牌），（保护士兵与车架）。假如敌人开始进攻，武器同时发射，以使其都被消灭。这（活动车架）是保护将士生命的最宝贵武器，应充分肯定。］
>
> 〈用坚木制造，高与城门等，下设八轮，便于推转，外以生牛革为障，内藏神器火器一十二件。远用远器，火铳、火炮，火弹、火箭；近用近器，火弩，火刀，火枪。用壮士十人守之，贼一近城，万火齐发声如巨雷，人马遇之，便成齑粉。大开城门谈笑而遣之，此守城第一器也。〉
>
> ［上为女墙，以便观望，中分四层，以藏火器，下设双轮，以便推转，与神牌相间，分为八门。贼若进攻，万火齐发，击成虀粉。乃大将军保命之策也，宝之。］

这使人浮现出一个景象，城门突然打开，而移动的车架滚动向前，带上盾牌的士兵分在车的每一边，此时可以说“万炮齐发，火光蔽天”。无疑运在车上的火枪和喷火管有足够的与火焰齐射的弹丸，但引文最后一段暗示，那样移动的车架也可能用作储备，沿 254

① 《火龙经》（中集）卷三，第二十二页；《武备志》卷一三二，第六页、第七页；《兵录》卷十二，第二十一页、第二十二页。用方括号括起来的段落仅为后一文献所有。

253

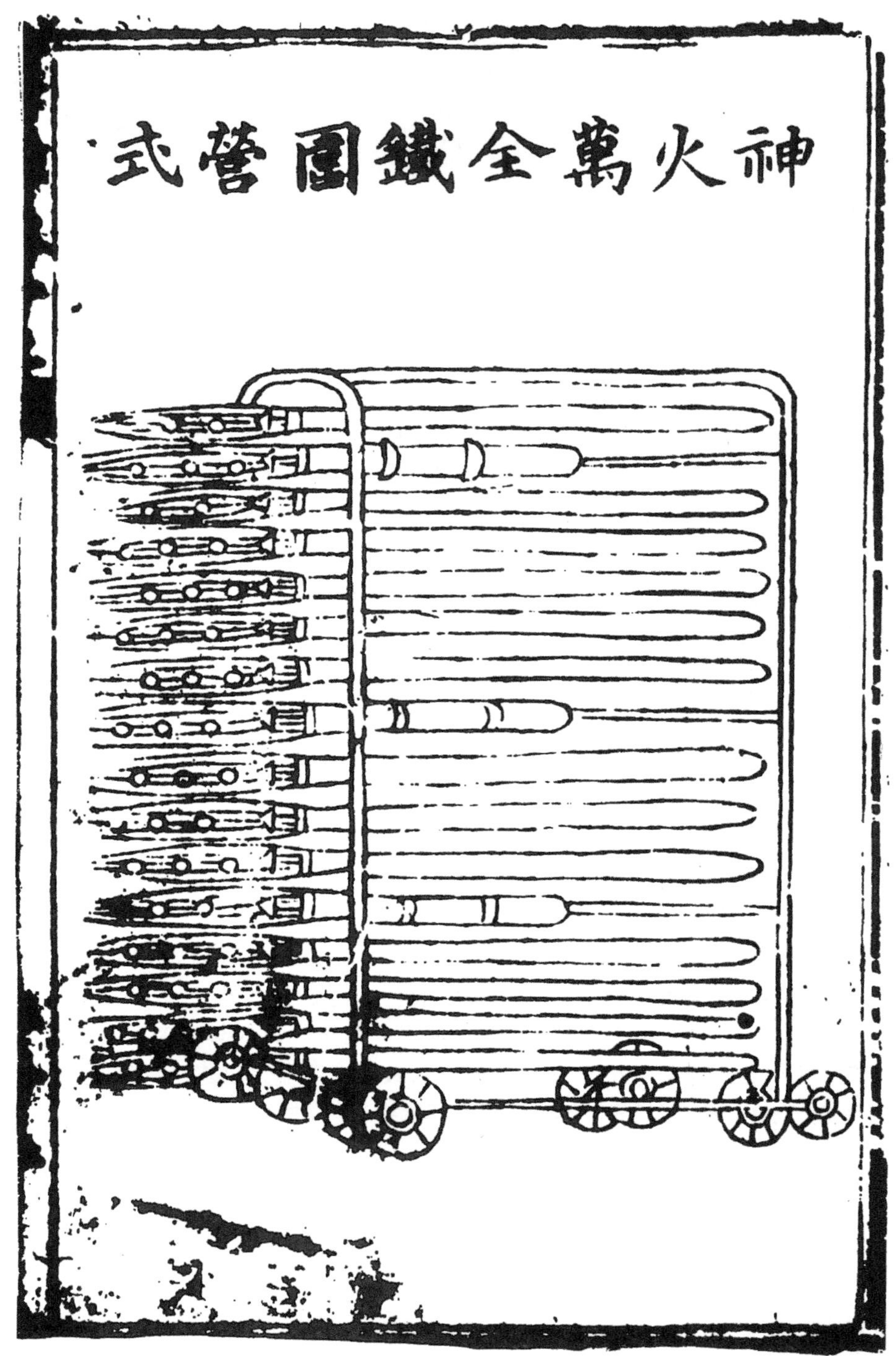

图 60 装有火枪的移动车架(《兵录》卷十二，第二十二页)。火枪都能立刻点燃，像连珠炮似的直接对着敌人，掩护从军营撤退，或用以攻城门；但也有补充喷火筒供应城墙垛子上的守兵的用处。

着城垛前后跑动，为防守者提供另外的火枪。当我们记住每一支火枪可能在五分钟左右烧完，所以很显然需要组织稳定的供应，而像这类移动车架就是很有用的。

火枪的使用一直持续到整个16世纪。可取赵士祯1599年编的《神器谱或问》[①] 为例。书中再一次出现梨花枪，但现在它与各种更近代化的武器并列，如有移动的防护盾牌的野战枪、铸模弹丸和滑膛枪，甚至原始的机关枪[②]。火枪并没有消失。16世纪五、六十年代戚继光的“新军”在东南沿海抗倭战争中，火枪确实以发射箭的形式，被出色地成功运用[③]。

喷筒迟至1643年在焦勗与汤若望的《火攻挈要》书里仍有其地位。插图[④]说明它是一根火管，有4尺长的柄，它确切是竹管，外包线和绳子，它射出一支箭，或者既射出铅弹，同时也射出火焰[⑤]。从记载的火药配方来看，它含有较高成分的硝酸盐[⑥]，人们可以猜测弹丸已经不再是与火焰同时射出，而是武器常常爆裂而且几乎不能被多次使用。它与西方最后记载在英国内战布里斯托尔（Bristol）之围城战中使用火枪的时期惊人地巧合[⑦]。另一竹管原始枪是1606年何汝宾的《兵录》里加以描述的“无敌竹将军”[⑧]，管子用铁丝缠绕加固，它射出单个石弹：由图中的说明（图61）很难判断它 257
是否完全填充了枪膛，但它是有可能的[⑨]。整个形式是够高级的，但是当它发射时，人们宁愿到其他地方去[⑩]。

可是《火龙经》以及其稍晚的《兵录》及《武备志》中叙述的多数发射子弹的火枪和火管，不管弹丸是否与火焰同时发射，它们都有金属管子，这却仍是真的。它们与真正的枪、火绳枪或滑膛枪多么密切接近，我们可从最后一例“独眼神铳”看到，它是一种抬枪（gingall）[⑪]，借助枪架或支架发射。《火龙经》云[⑫]：

［独眼神铳］由一熟练铁匠用熟铁制成。短者有二三尺，长的在四尺以上。枪

---

① 图56，采自赵士祯的《车铳图》，要早好几十年。

② 王鸣鹤的《火攻问答》早于赵士祯的书一年或两年之前完成（约1598年），同样有火枪使用的记载，保存在冯应京的《皇明经世实用编》（1603年），卷十六，第五十一页（第一二八七页—第一三一八页）王鸣鹤论述了许多火枪，也论述了炸弹、地雷和水雷、长炮（Culverin）与小的和大的火炮、毛瑟枪、火箭及火箭发射器。伊懋可［Elvin (2), p. 94ff.］首先注意到这段材料，但是我们不能同意他认为这是明代火药技术的估计。王鸣鹤也是重要的军事著作《登坛必究》的作者。

③ 见 Huang Jen-Yü (5), pp. 168, 179, 180 有关部分。

④ 《火攻挈要》卷一，第十九页。

⑤ 同上，卷一，第二十六页。

⑥ 同上，卷二，第十页，成分的百分比是：氮、硫、碳；74:4:22。

⑦ Partington (5), p. 5。

⑧ 《兵录》卷十二，第三十三页，《洴澼百金方》卷四，第二十二页，描述，第二十页起。参见《武备志》卷一二三，第九页至第十一页；Davis & Ware (1), p. 533。

⑨ 说明书列了两种铁币，一种位于火药装量之下，一种在火药装量之上。后者起着堵塞子弹的作用，但子弹的直径比枪膛小。

⑩ 伊懋可［Elvin (2), p. 95］从《火攻问答》（第一三〇二页）知道这个情况，并知道它的七个优点，但是他错把它当作是某些臼炮之一种。

⑪ 这个字不见于许多军事史，但霍布森-约布森（Hobson-Jobson）知道它指旋转片或内壁片（属于砲），但不能追寻它的起源，第二版的编辑觉得它可能来自阿拉伯文 al-Jazā'il，意为“一种沉重的从固定支架上发射的阿富汗来复枪”。波乃耶［Ball (1), p. 44］认为它是6—14尺长的毛瑟枪，像一架放在架上或三角架上的望远镜。

⑫ 《火龙经》（上集）卷二，第二十页；《火器图》本，第十九页；《火攻备要》卷二，第二十页；由作者译成英文。

255

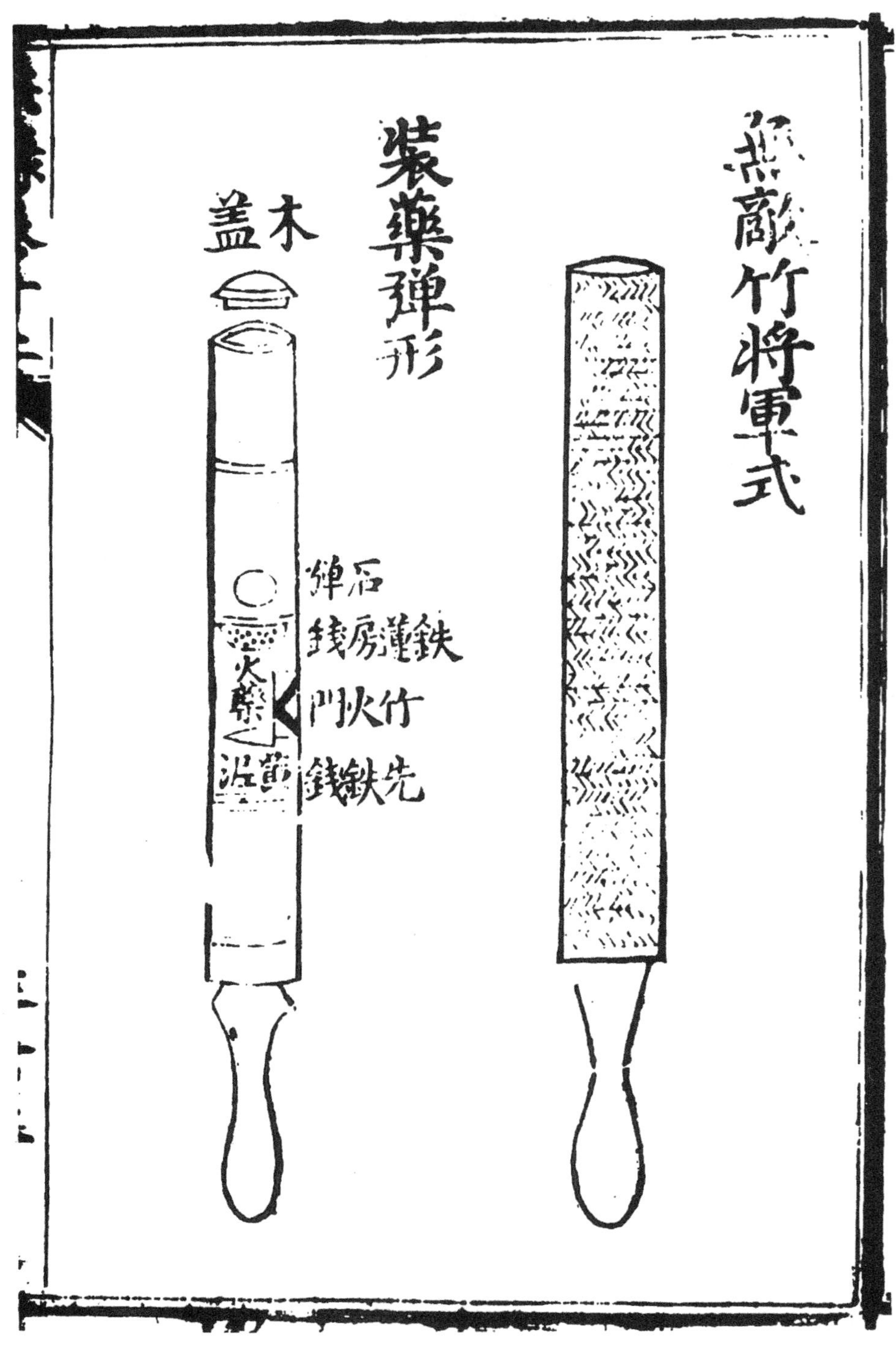

图 61 “无敌竹将军”，手握式竹管原始枪，采自《兵录》卷十二，第三十三页。它发射一颗石弹。木制管盖保护火药免受潮湿。

底部（即背部）钻了一孔，以便安木柄。枪前由铁环支持，此环还能取得较好的瞄准作用。

〈独眼神铳。用熟铁团打工精，短者二三尺，长者四尺上。于底钻眼后，安木柄，拐前用铁圈扶住，照准对打。〉

插图（图 62）说明这种支架易使人联想起欧洲以后架设火绳滑膛枪的标准叉架①。

不管可信与否，火枪在水上与南中国海沿岸一直持续用到我们这个时代②。卡德韦尔（Cardwell）非常熟悉 20 世纪 30 年代那个地区客运及货运帆船以及掠夺运输的海盗船。他有幅值得注意的用火枪保护帆船的图（图 63）③。他说，它们是一种烟火，类似罗马焰火筒，含拖绳、蜡、火药及其他配料。将上述诸物分层压入中空的一段竹子内，再以籐条包好。在枪口点火，管子瞄准要攻击的小船，目的是要放火烧它，或者想用喷出的火与正在燃烧的拖绳填料驱赶舵边的船手，这些东西对海盗船给予很大的伤害。许多帆船载运大量供应的纵火筒。另一个图（图 64），取自日本资料，显示从梧州或肇州开来的客船，用从屏障中伸出船舷的火枪准备击退来自船上或岸上的土匪④。

人们会问，在欧洲是否有与火枪相同的东西呢？确实有，托它的福我们知道不少。 259
从 14 世纪到 17 世纪在种种名称之下，我们能辨认它的各种名称是从拉丁文 *tromba*（喇叭）而来⑤。我们已经遇见过 tromba⑥。它是一种冶金鼓风器和井下通风器，借助向下通向密封空间的水流，在连续的水流中，通过其出口向下运进空气⑦。这早在 8 世纪已用于加泰隆人土法熟铁吹炼炉（Catalan bloomery furnaces）⑧。在 14 世纪，“trumba”被用来作为一种臼炮的名字，特别指它的前部，相当于后来的枪炮口⑨。但是我们正在探索的是，其名来自“trump”（喇叭）或者 *trompe à feu*（“火筒”）的武器⑩，与中国同类的较早的武器一样可怕⑪。

在哈桑·拉马赫于 1280 年左右的书里有火枪，正如人们所期待的，是否这类阿拉伯文化圈是中国火器西传的中间地带，其中某些火器可能有与火焰齐射的弹丸，因为含有叙述“罗马焰火筒”喷出“鹰嘴豆”和燃烧物的纵火球⑫。火枪再次在大约 1320

---

① 参见 Reid (1)，p. 61 与下文图 180。

② 鸦片战争的记叙在 18 世纪 40 年代某个时期描述一种武器可能为火炮。因此奥希特洛尼［Ouchterlony (1)，p. 202］说他在被占领的中国堡垒内发现了一种长铜管用丝和羊肠线缠绕的武器。

③ Cardwell (1)，pp. 788，794。

④ 感谢雷维·艾梨先生（Mr. Rewi Alley）提供此文献。

⑤ 奇怪的是，汉文没有与此对应的“喇叭”（与拉丁文 *Labarum*，英国标准规范无关）或“号角”派生的一些词。西方名字无疑是由于喷火时发出的喧闹声而来。

⑥ 本书第四卷第二分册，pp. 149，379。

⑦ 这个原理恰与大家很熟悉的过滤水泵相反。现在人们能在淋浴中感觉到。

⑧ 参见 Needham (32)，p. 11。

⑨ Partington (5)，pp. 117—119；例如 1340 年、1376 年和 1379 年。参见 Blackmore (2)，p. 216。

⑩ 因此有 *tromba di fuoco*（意大利文，火筒）*turonba*（土耳其文）和 *troumpa*（拜占庭、希腊文）。参见 Kahane & Tietze (1)，p. 449。

⑪ 相关的一组词均来自拉丁语“troncus”或“truncus”，一种树干或无头躯体。“trunk”是大炮的木支架，有时安装在轮子上，参见 Partington (5)，p. 182；Tout (1)，p. 685。“truncke”是一种地雷（见上文 p. 199）；参见 Partington，op. cit. p. 166；Romocki (1)，vol. 1，p. 275，图 65。“trunnion”有着同样的来源——大炮上的两个圆柱形的金属突出物，以便给予轴一个射角。

⑫ 见 Partington (5)，pp. 200ff.。

256

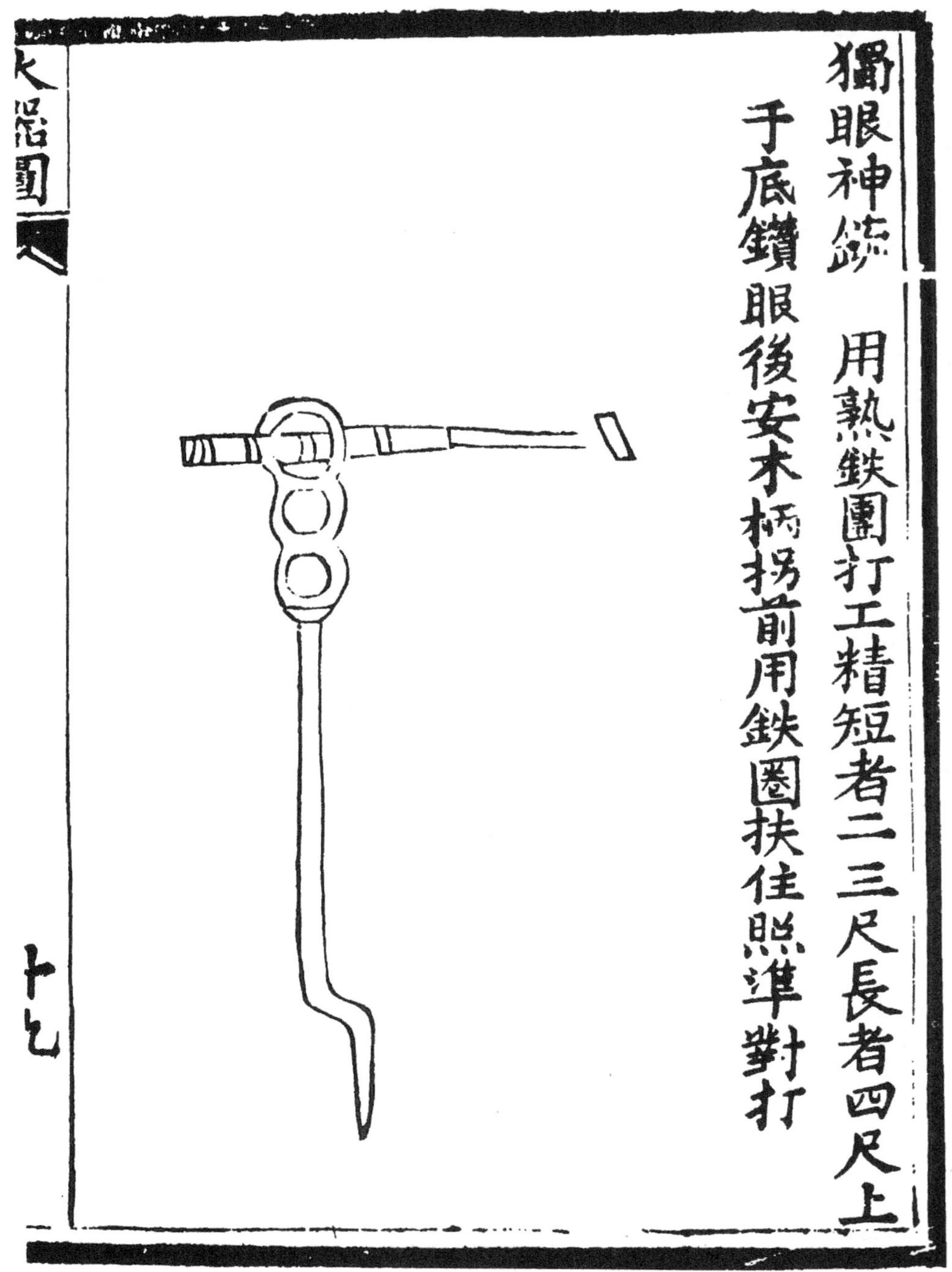

图 62 “独眼神铳”，介于金属管火枪与真正的枪之间的另一联系环节，采自《火器图》，第十九页。它是一种抬枪或旋转枪，装有木制导柄，从有几个环为支柱的杆上发射。

258

图 63 两支长火枪，在 20 世纪 30 年代仍用于南中国海（卡德韦尔摄）

图 64 从珠江内河客船一侧伸出的两支火炮射击枪口（1929 年）

年（参见上文 p. 43）阿拉伯人热武斯基的写本中出现，既出现在图中（图 65），也出
260 现在原文里[1]。它们第一次出现在西欧拉丁文写本中，由雷诺及法韦所研究[2]，年代约为 1396 年；这里画了一幅骑手使用火枪的图（图 66），另一支在马车辕杆一端负载着，而其余一支则为下马的骑士握着[3]。这种武器大约于 1460 年在罗伯托·瓦尔图里奥的《论军事》（*De Re Militari*）再次被描述[4]，但是更详细记载我们得要等到 1540 年比林古乔（Vanoccio Biringuccio）的《火法技艺》（*Pirotechnia*）时才能看到[5]。

比林古乔对火枪作了详细说明，他说："火舌被缚在枪的末端，像小型的火器"[6]。以硬纸板做成"火箭形式"，正如许多中国配方一样，内装火药及添加物，举例说，沥青、硫磺、盐、铁屑、碎玻璃、砒等毒药。点燃时，它们放出"很热的火焰，火舌有
261 两哹（*braccia*）长[7]，充满了爆炸和恐怖"，他们在海上陆上都同样有用（图 67）。与此相对应，在论烟火这章，比林古乔描绘 *trunks* 或 *trombe di fuocho*（火筒），即像罗马焰火筒射出火球的圆筒[8]。在 16 与 17 世纪时有个习惯，全国家列队游行时要有像花圃中的园丁张三（Jack-in-the-Green）那样一个人领队，他手持喷火"棒"不断喷出火。这件事发生在 1533 年的安妮·博林（Anne Boleyn）加冕典礼之际，此图载入 1635 年约翰·巴特书的扉页上[9]。

但是在欧洲中世纪后期，火枪类的阻击炮（*pièce de resistance*）是圣·约翰（St John）的骑士于 1565 年抵抗土耳其人保卫马耳他时使用的。

> [布拉德福（Bradford）写道][10]，喇叭是扎在长杆上的挖空的木管或金属管。
> 262 像野火（widfire）罐[11]一样，它们装入易燃混合物，除了它加亚麻油或松脂而造成更多的流质之外。一位权威写道[12]："当点燃喇叭火器后，继续在一段长时间内发喷气声，并喷出强烈凶猛的火焰，火焰大，且有几码长"，喇叭火器的得名是由它点燃后发出刺耳的喷气声而来。还要对枪头作一点描述，它常是一种单纯的机械装置，靠着它，当它几乎燃尽，便射出铁或铜做的载火药的两个小圆管，并射出铅弹[13]。

---

① Partington (5), p. 207

② Reinaud & Favé (1), pp. 213ff., 217—218, 279—280。皇家图书馆拉丁文写本编号 7239，完成于 1384 年与 1444 年之间，极可能抄于 1395 年至 1396 年；意大利文。

③ 在他们的书里，图 8、10、11。

④ Reinaud & Favé (1), pp. 224, 226; Partington (5), pp. 146, 164。

⑤ 译文见 Smith & Gnudi (1)。参见 Brock (1), p. 30; Partington (5), p. 61; Reinaud & Favé (1), pp. 170, 229，图版 14，图 1。

⑥ *Pirotechnia*, Bk. 10, ch. 7，英译本见 Smith & Gnudi, p. 433。

⑦ 即 2—3 码长。

⑧ *Pirotechnia*, Bk. 10, ch. 10，英译文见 Smith & Gnudi (1), pp. 441—442；参见 Brock (1), p. 30。

⑨ Brock (1), p. 32, p. 17。

⑩ Bradford (1), pp. 97—98，参见 pp. 105, 120; (2), p. 241。

⑪ 即纵火手榴弹，含有硝石、硫磺及各种含碳易燃物。

⑫ Bosio (1), vol. 3, pp. 561—562，从古意大利文逐字作了翻译。

⑬ 博西奥（Bosio）说："好像它们是火绳滑膛枪"，似乎不是与火焰齐射，但这非常难肯定。这种武器似是火枪与枪的结合，特别使人联想到本书上文（p. 248, 251）描述中国人的三用器械。说它们之间没有关联，是很难令人相信的。

图 65 阿拉伯人热武斯基大约 1320 年写本中的图，说明左边的士兵手持一根火筒，右边另一士兵右手拿一个石脑油瓶或纵火弹，而左手上拿原始枪或火筒。根据 Partington (5), p. 207。

图 66 欧洲早期出现的火枪，采自拉丁文写本，由雷诺与法韦研究 [Reinaud & Favé (1), fol. 199]，年代约 1396 年。

这是由迪科雷焦（di Correggio）叙述的 *trombe de fuego*，是仅仅几年后的作品[①]。手榴

① 英译文见 Balbi, p. 79。

弹与火枪里掺了杂质的火药，由于提高硝石含量，另外还加硇砂（氯化铵）、硫磺、清漆、樟脑与沥青①，得到了加强，非常接近于中国早期火药成分。它的杀伤效果显然像凝固汽油弹。维多利亚时代的军事工程师惠特沃思·波特（Whitworth Porter）的意见认为，这些喇叭火器“对于任何猛攻的军队行进，必然会形成最大的障碍”。

在马耳他围攻战后，一切都虎头蛇尾，因此足可说欧洲大炮一直到17世纪中叶仍在使用，直到被更近代的枪炮所取代。迭戈·乌法诺［Diego Ufano（1）］曾把这种情况记述在1613年他的军事著作里，稍后几年烟火专家阿皮埃（Appier）和蒂布雷尔（Thybourel）也如此做了②。火枪最后出现似乎在1643年英国内战的布里斯托尔之围攻战中③。

263 当我们考察西方世界火枪的起源与发展时，我们立即为它在那里开端时似乎没有鼻祖的事实产生了深刻印象。臼炮在欧洲出现是1327年，因为在同世纪末之前有好几个图说明，臼炮可能是伴随火炮而出现的。欧洲人不可能像中国那样把火枪追溯到10世纪中叶那样早④。有确切依据说明，两种武器传到西方时已充分发展，在此之后，炮经受了长期的发展，而17世纪中叶的火枪可能与14世纪中叶的相同。有趣的是，在欧洲正如在中国，火枪仍是很有用处的，一直到新的更有效的火器时代到来之后才消亡。

另外一点也在此值得强调，在中国，金属管不必要等到真枪与真炮的来到；相反，它用于多种类型的火枪，为近距离纵火喷火筒而设计，甚至与火焰齐射的弹丸一起使用。我们将会发现，这个对于放在车或车架上的大型喷火筒，透出与火焰齐射的物体，甚至包括原始炮弹，情况也同样如此。现在我们就必须转而对它们作一个简短的考察。

---

① Porter（1），vol. 2，p. 97。

② Appier & Thybourel（1），p. 58，1620年；Appier（1），p. 164，1360年。参见Partington（5），pp. 176—177。

③ Partington（5），p. 5，或许，火枪仍然在这段时间存在，才能说明某些文学上的暗合，否则就难以解释。例如贾尔斯·厄尔（Giles Earle）于1615年写了《汤姆·奥贝德勒姆之歌》（*Tom O' Bedlam' s song*）。那个疯人说：

伴随一大堆狂暴的幻想
我是这方面的司令
乘骏马带火枪
我漫游荒野
鬼与幽灵似的骑士
召我参加马上比武
走出广阔世界末端十哩之远
我想这决非旅行……

这里有好几首另外的诗，如珀西（Percy）的《英诗辑古》（*Reliques*）（1765年），vol. 2，p. 370。汤姆是贝德勒姆（Bedlam）疯人乞丐收容所的一个“疯人”，以1547年建于伦敦伯利恒精神病医院（Bethlehem Mental Hospital）而命名。此院建立于寺院关闭之后（关闭于1540年），在此之前，这里收容了疯人。

同样有一作品《燃杵骑士》（*Knight of the Burning Pestle*），由弗朗西斯·鲍蒙特（Francis Beaumont）与约翰·弗莱彻（John Fletcher）写的，印行于1613年，它（像《堂吉诃德》）是写武士游侠行为的滑稽剧（Bowers，1）。在这里格罗瑟·伊兰特（Grocer Errant）在他的盾上放了一根火棒，这令我们联想起上文（p. 261）叙述的“木棒”（“clubbs”）。而在《阿马迪斯·德高拉》（*Amadis de Gaul*）浪漫故事中，也叙述了一个持“火剑的骑士”，印于16世纪早期（Hattaway，1）。不要忽视这类象征主义艺术手法的其他方面，人们不能不注意到16世纪和17世纪早期在欧洲的武器设计制造中有火枪出现，尽管到目前为止，它还是被人们忽略的。

④ 在拜占庭区域几世纪后没有提到希腊火汽油喷火筒，在稍晚的十字军里，是否做过也不能确定；因此没有理由相信欧洲火枪得自拜占庭或十字军。新的因素主要是火药，欧洲于1300年前有火药很难证实，参见下文p. 272。

(14) 突火枪，一切炮的祖先

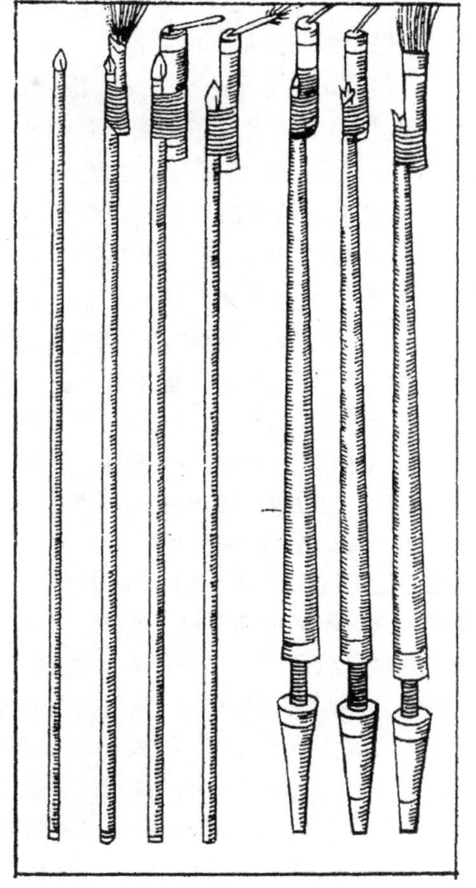

图 67 比林古乔的《火法技艺》中的火枪图（1540 年）。*Pirotechnia*, Bk. 10, ch, 7, p. 433。

到目前为止，我们一直考虑的火枪型全部武器均为一人使用，或者把它堆放在能移动的车架上为几个人所操作。但是当我们遇上载在架子，像老式弩砲（*Arcuballistae*）［参见本卷第六分册，(f) 3］上的大口径“火枪”的时候，我们就不得不翻开新的一页。其中某些从 1350 年以来一直被绘图说明在军事书籍中，但是其特征是如此古老，至少是最早的形式，必须把它们列入前一世纪。让我们举少许例子。

首先从“百子连珠砲”开始，如我们所知，“砲”字意指抛石机（trebuchet），或从它投出来的石弹，或晚一点的炸弹，而再晚一点用于一般词条中，此字指任何一种炮（cannon）；当火药是低硝时，子弹不能装塞整个膛壁，它就指一个中间状态。这种巨大的火枪，我们觉得有必要创造新字，这就是我们在此用 264
的字“eruptor”（“突火枪”）。对此，《火龙经》说[1]：

> 用青铜做成，长约 4.5 尺。装入 1.5 升[2]使人眼盲的火药（‘法药’）[3]，从炮口射出（火焰）。管旁另铸上一个尖嘴形的管子，1 尺多长，内放了铅弹百多个。还做个硬木架，使放在架上的突火枪能八面旋转。首先将连发装置平放在架上，但当它垂直竖起，铅弹便下落在燃烧室里。这样便可对着敌兵一颗一颗地发射，射中敌人并使其不敢偷劫营寨。一支突火枪可以抵挡住 50 个来犯的敌人。
>
> 〈炮用精铜铸成，约长四尺，中藏法药一升五合，药从口发。旁镕一嘴，长一尺有余，约藏铅弹百枚，竖木为架，八面旋转。横于架上，竖起则弹落炮窍，次第发出。以击贼兵，使石得偷我营寨，此炮一架，足抵强兵五十人。〉

从图（图 68）中能看到青铜管有“燕尾”（尾柄），燕尾在轴上转动瞄准目标，管子下面可看到轴。从原文我们知道连发弹是在装置的一边装入的，在点火之后，管子立刻

---

① 《火龙经》（中集）卷二，第六页；《武备志》卷一二二，第十三页，由作者译成英文。参见 Davis & Ware (1), p. 528。

② “升”是液体和谷物量器单位，常可译为品脱（Pint），尽管译为及尔（gill）或许更好；此处可能与磅相当或者比磅少。

③ 这里将“法药”译为“令人眼瞎的火药”，参见上文 p. 180，与《火龙经》（上集）卷一，第七页、第八页。

转动使弹仓向上，允许子弹滑下，随火焰射出。可以肯定，子弹直径必须小于管子直径，确保子弹与火焰同时射出。

这种形式最奇怪的是，突火枪能投掷弹丸。它们必然会像罗马焰火筒或唧筒喷出的“火星”，在离开管子之前每弹都使下面的第二个“流星弹”闪亮①。但很清楚，在围城时它们能打到城墙顶点。进一步说，在某些场合它们能运送“爆破弹”和“散弹”，因为达到目标时能发生爆炸②。例如有种“飞云霹雳砲”，原文云③：

> 炮用生铁做成，有碗那么大，外形如球④，里面可以装“神火药”半斤⑤，从“母炮”发射出来，飞入敌营；到达目标后发出霹雳般巨响，火光四溅。如果连续
> 267 发射十弹，成功地打到了敌营，所有营地将是一片火海，敌人必自相惊扰紊乱。［弹中可根据情况，装任何火药：“法药”、“飞火”、“烈火”、“毒火”、“烂火”及“神烟”。］⑥
>
> 〈炮用生铁镕铸，其大如碗，其圆如毬，中容神火半斤，从母炮发出，飞入贼兵营寨，霹雳一声，光火迸起。若连发十炮，则满营皆火，贼必自乱。［中藏法药、飞火、法火、烈火、毒火、烂火、神烟，随宜用之。］〉

这些原始炮弹可在图（图69）中看到，此图足以说明炮弹不填满筒膛，下面的旋转轴使突火枪向不同方向瞄准，称为“将军柱”。

这时自然要问，本身带着火药在弹着点爆炸，因此本质上是一种推进炸弹的炮弹（Shell，亦即 Cannon-ball）从何时起在欧洲战争史上出现？答案表明是在15世纪的头几十年，因为大约1405年康拉德·屈埃泽尔在他的《军事堡垒》书里的“飞龙弹”（“dracon”）仅仅是炸弹，炮弹清楚出现并描绘是在无名氏大约于1437年的《火攻书》里。在瓦尔图里奥于1460年的《论军事》之后，炮弹就成为常见的了，但在它们变得可靠而有效之前还要经过很大一段时间⑦。帕廷顿以为，瓦尔图里奥所记载的炮弹明显地是为了爆炸，但它必须在克服引信的困难之前再花一个世纪才可爆炸⑧。从上段的引文中，《火龙经》中的突火枪射出来的炮弹也是旨在到达目标时爆炸。如果此书后半部年代定为16世纪，那么在中国与欧洲的发展是同时进行的，但我们已谈到，我们深信火枪与突火枪都是古老装置，曾被断为1350年以前，而实际上却在1290年以前，所以此处描述的原始炮弹便一定是这类最早的产物。

另外的突火枪使用的炮弹旨在向守城者中散放毒烟。这就是“毒雾神烟砲”⑨，《火龙经》（图70）描述为：

---

① 见 Brock (1), pp. 192—193。

② 同上，p. 211。

③ 《火龙经》（中集）卷二，第八页；《武备志》卷一二二，第十八页、第十九页，由作者译成英文。参见 Davis & Ware (1), p. 530。

④ 参见上文（pp. 163, 176）所说，认为是早在13世纪使用的“震天雷”。

⑤ 配方见《火龙经》（中集）卷一，第六页。

⑥ 此为第一种的配方，第二、三、四、五种配方全部在《火龙经》（上集），上段文字里方括号以内的文字仅《武备志》才有。

⑦ 参见 Partington (5), pp. 149, 157, 164, 165。

⑧ Hime (1), pp. 192ff., 195, 202。

⑨ 《火龙经》（中集）卷二，第九页，由作者译成英文；参见《武备志》卷一二二，第二十三页、第二十四页。Davis & Ware (1), p. 529。

265

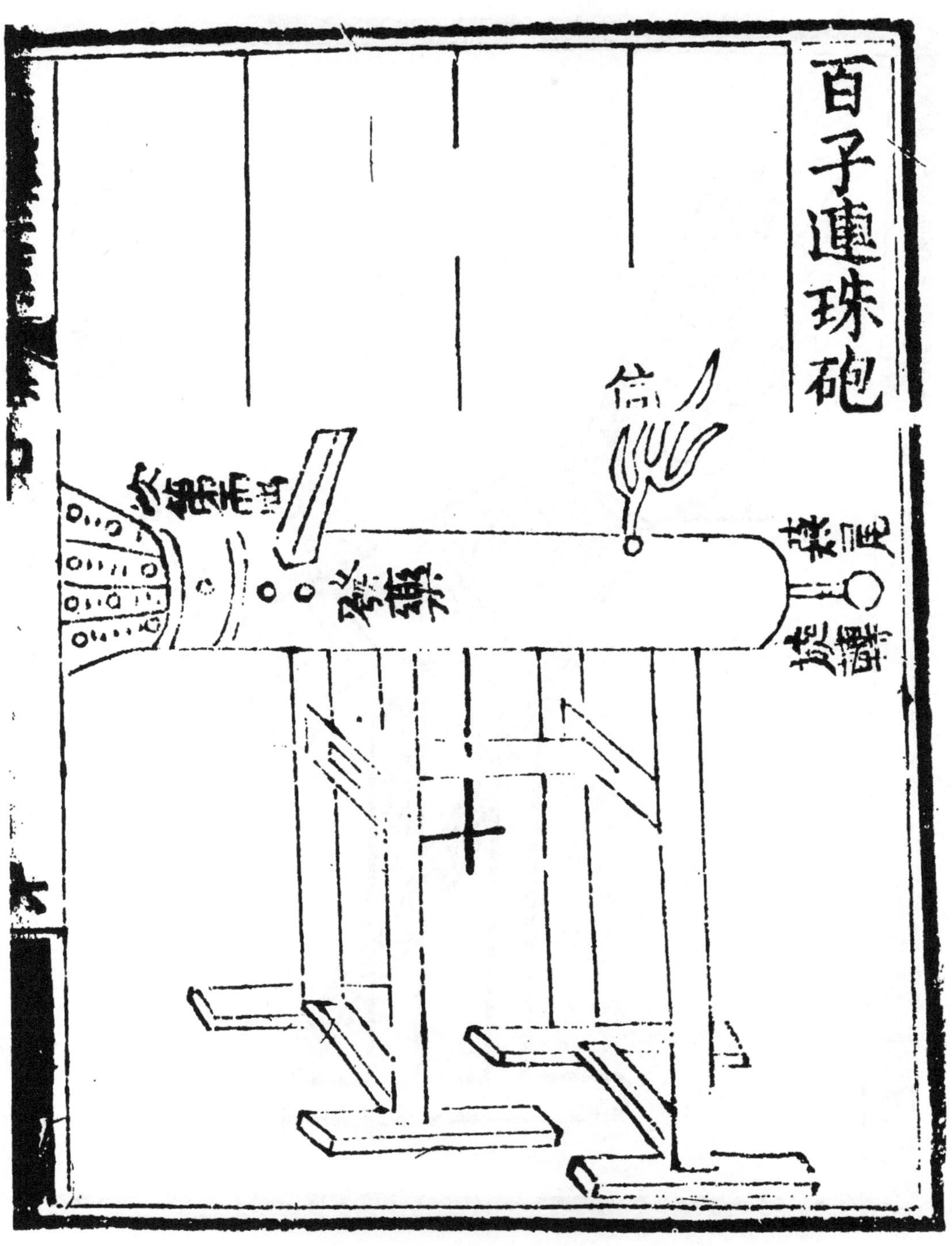

图 68 突火枪，即放在架上的大火炮。名为“百子连珠砲”，采自《火龙经》（中集）卷二，第六页。铅弹在其一边装入。将“燕尾”在轴上旋转，子弹纷纷进入管中，随火焰同时发射。

266

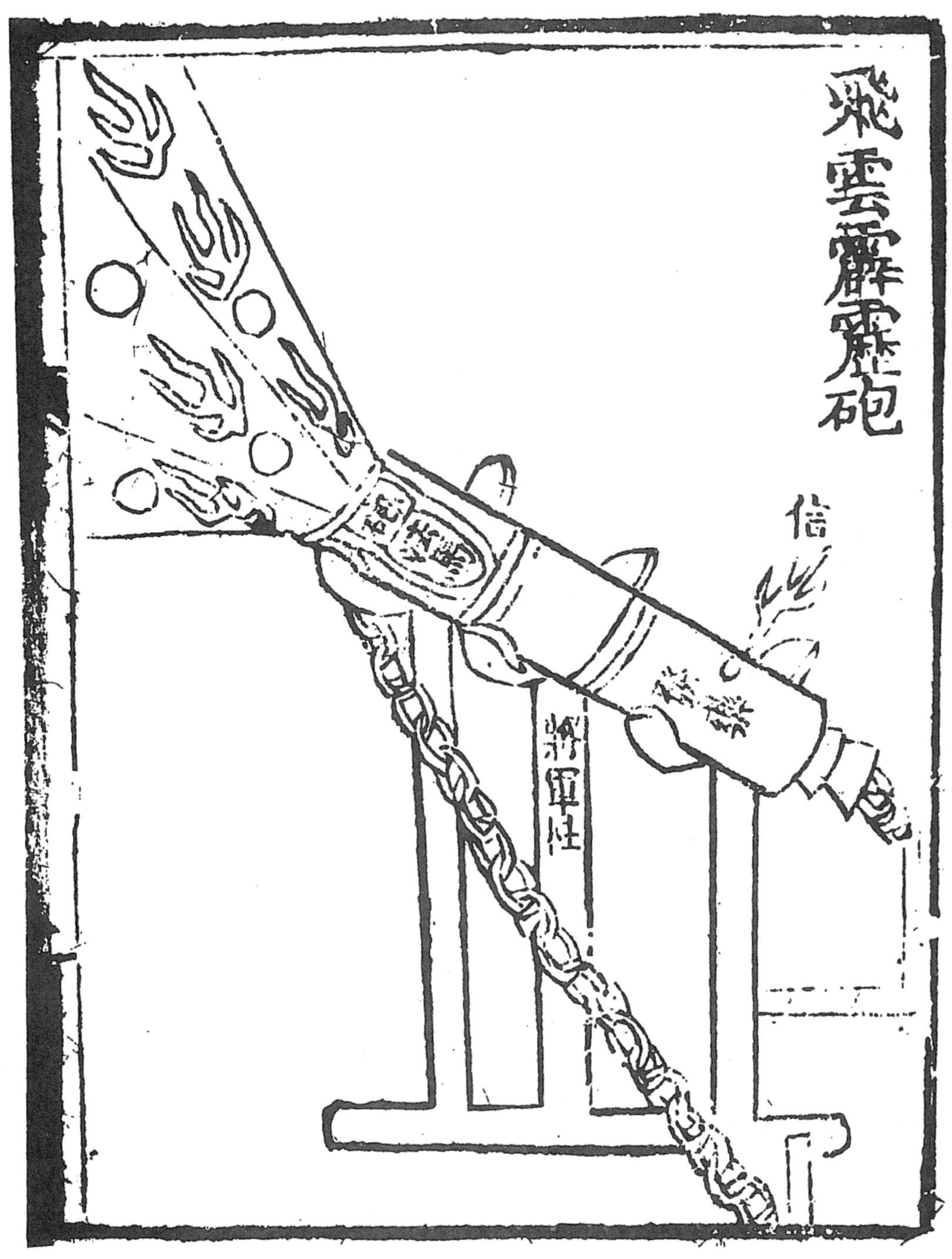

图 69 “飞云霹雳砲”，射出原始炮弹（即装有火药的铸铁炸弹）的突火枪，采自《火龙经》（中集）卷二，第八页。原始炮弹显然不能塞填整个筒膛，但表明它们安上栓塞或摇架“法马”，点放出低硝火药必能有效地把炮弹送上轨道。

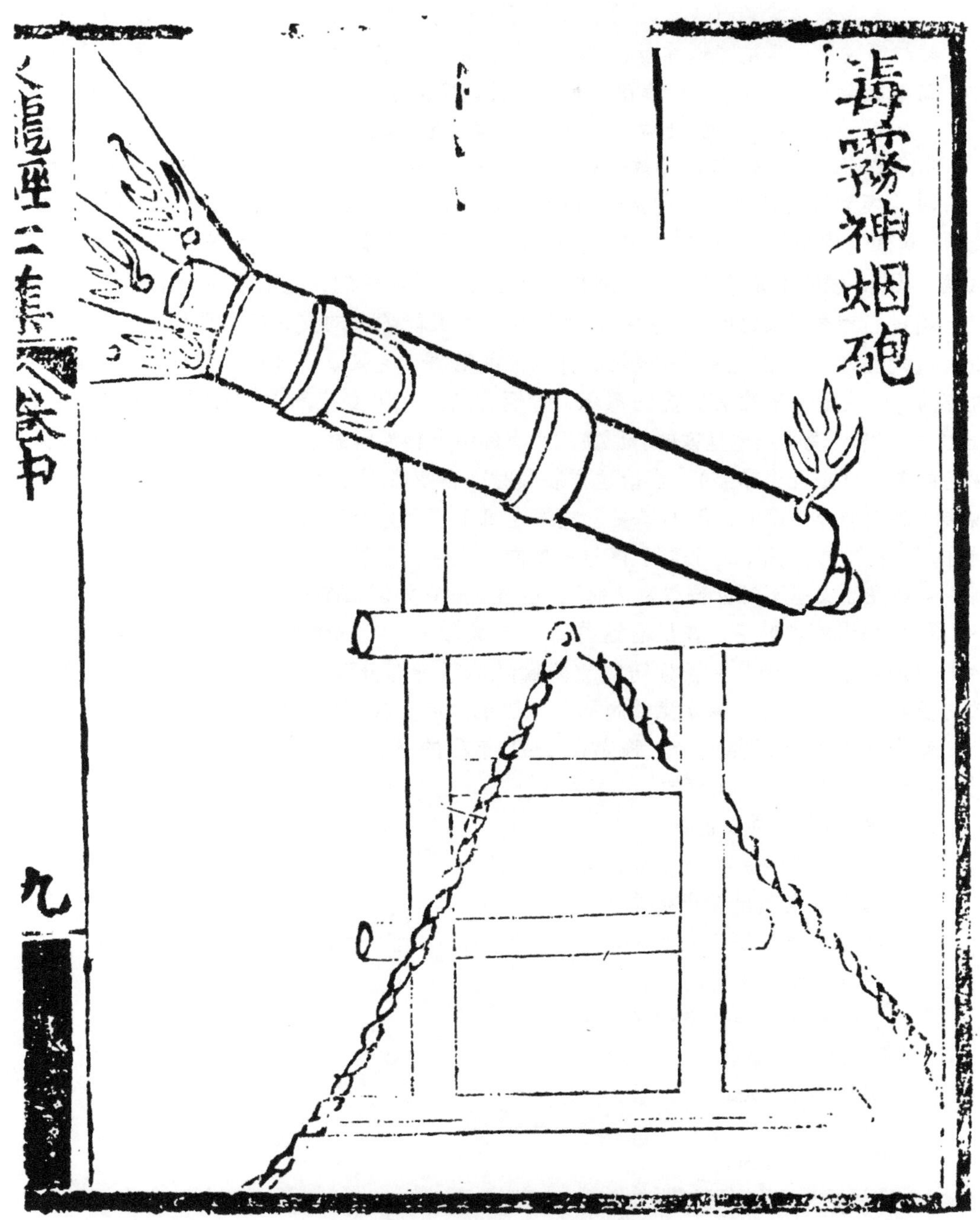

图 70 另一种用原始炮弹的突火枪，当射击时可达到敌方城墙。这就是“毒雾神烟砲”，采自《火龙经》（中集）卷二，第九页。

若用眯眼火药（“法火”）、飞火药、毒火药及喷火药放在炮弹（“砲”）里，向城墙顶发射，当炮弹爆炸时，火光迸射，烟雾向各处扩射。会烧坏敌兵的脸和眼，而烟雾会伤害敌人鼻、嘴和眼。如果时机选择得好，没有一个防御者能顶得住进攻。

〈……藏于炮中，攻打上城，火发炮碎，烟雾四塞，燎贼面烟也，钻贼孔窍沙也，焚贼衣铠火也，乘机而发，无有不破，（中藏神烟、神火、神沙、飞火、烂火、毒火，随宜而用，不拘于一）。〉

对“轰天霹雳猛火砲”的描述再清楚不过的是用于烟雾弹中的毒物[1]。药料包括狼
268 粪[2]、硇砂（氯化铵）、砒霜、皂末、胡椒与巴豆油，除此，从名字来看，可望还有些汽油。图 71 表明不是单个的炸弹或炮弹，但原文是清楚的，它们含有毒烟配料。

当我们考察火枪之后，自然要发现旨在射箭又能喷火的突火枪。那样的炮弹发射装
270 置是《武备志》中描述的“九矢钻心神毒火雷砲”[3]。它要从 3.8 尺长青铜管同时能发射九支箭，每支箭头都涂有猎虎的毒药，青铜管安置在可变换高度与瞄准方向的支架上。插图（图 72）说明燕尾是铁的。原文用字有的地方相当模糊，但似乎说：“有时用盛满飞火药的布袋（或几个布袋），当箭这样装载时，有使箭不摇摆与弄混的好处”。这就很难说袋子是当炮弹使用的，但如果袋子扎缚在每个箭上像香肠那样，则可对堵塞筒膛起某种作用。在这样情况下，子弹不再与火焰同时发射，装置将近于真正的炮。实际上，这种发射器在原文里不时也被称为“铳”，这对了解它如何工作是有意义的。

似乎相当清楚的是，在所有这些奇妙的武器中，与火焰同时发射的子弹比火药产生的火焰更重要，因为在营地防线或防御阵地很难充分装配它们，而手握火枪对击退攻击更有效。所以在子弹塞满筒膛的真炮出现之前，我们似乎要有一个最后的阶段。

诗中似乎也提到突火枪。张宪在 1341 年写的《玉笥集》里，有首题名为《铁砲行》的诗[4]，开头是这样写的：

黑龙[5]下了[6]蛋状物，
体积足有一配克（peck，又加仑），
爆炸后龙飞出并产生雷鸣声响。
在空中像炽烈闪光的火。
一声巨响如天劈为二，
似乎山河都倒过来……

〈黑龙堕卵大如斗，
卵破龙飞雷鬼走。
火腾阳燧电火红，
霹雳一声混沌剖。
山河倾……不击妖孽空作声，
天威亵渎人不惊。〉

---

① 《兵录》卷十二，第十五页；《武备志》卷一二二，第二十一页、第二十二页。

② 此物产生特殊浓重的烟雾，因此明代常被用于北方要塞的信号系统，但最终它成为非常难得之物，特别是在南方。Serruys（2），p. 19。

③ 《武备志》卷一二七，第八页、第九页，由作者译成英文。

④ 《玉笥集》，卷三，第二十七页（p. 765.1）。题目中的“砲”字，仅仅是常用的“礮”字的一种形式。

⑤ 黑色可能由于火焰散发出来的黑烟。参见 Wang Ling（1），p. 172。

⑥ 因为动词用的是“堕”，我们把它译为 fall（下落）或 Let drop（让其落下），提示它是像迫击炮的炮弹。

269

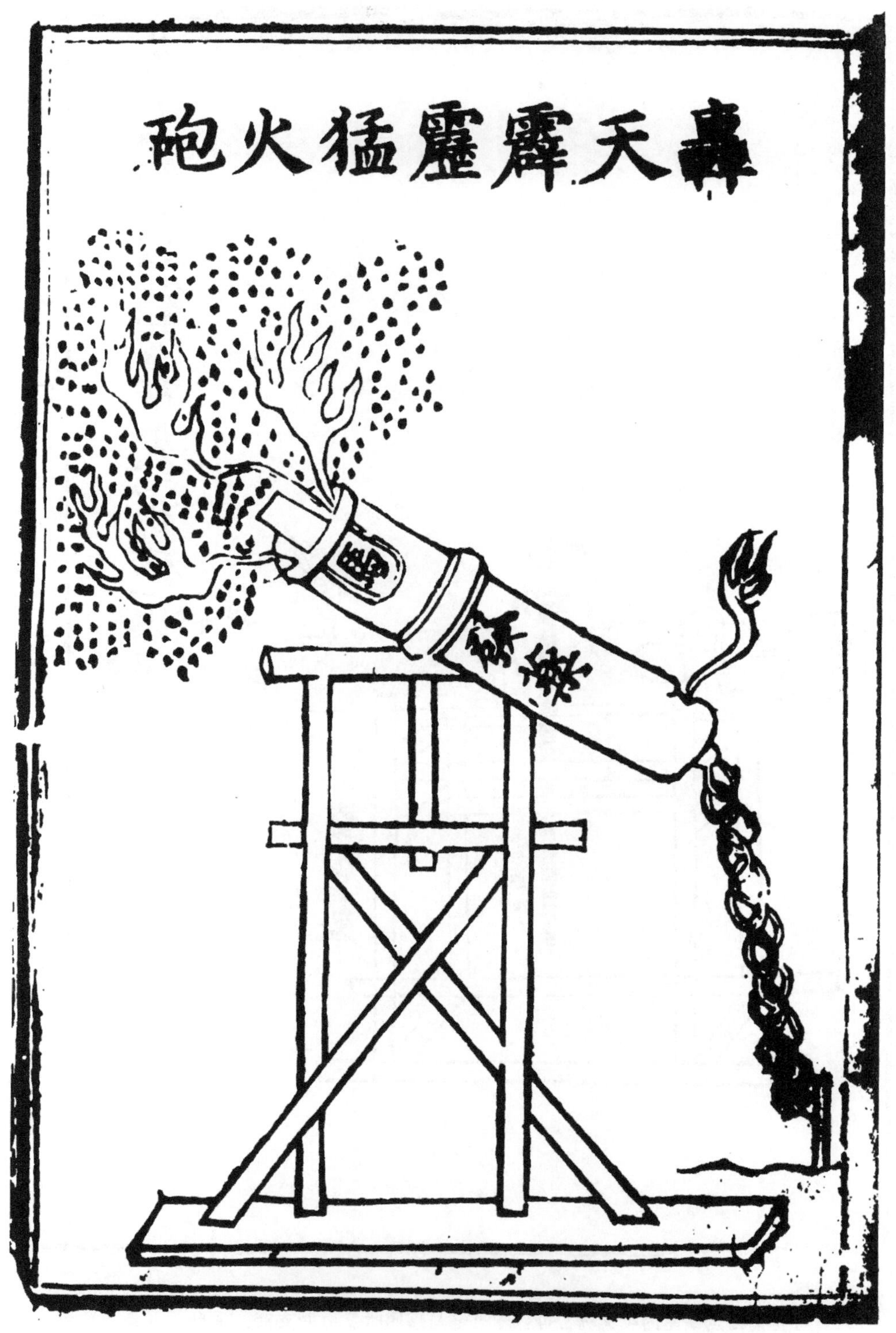

图 71 另外一种烟弹突火枪，“轰天霹雳猛火砲”，采自《兵录》卷十二，第十五页。烟雾成分是砒霜、胡椒、巴豆油，没有显示有原始炮弹，但是显示了筒栓或“法马”。

271

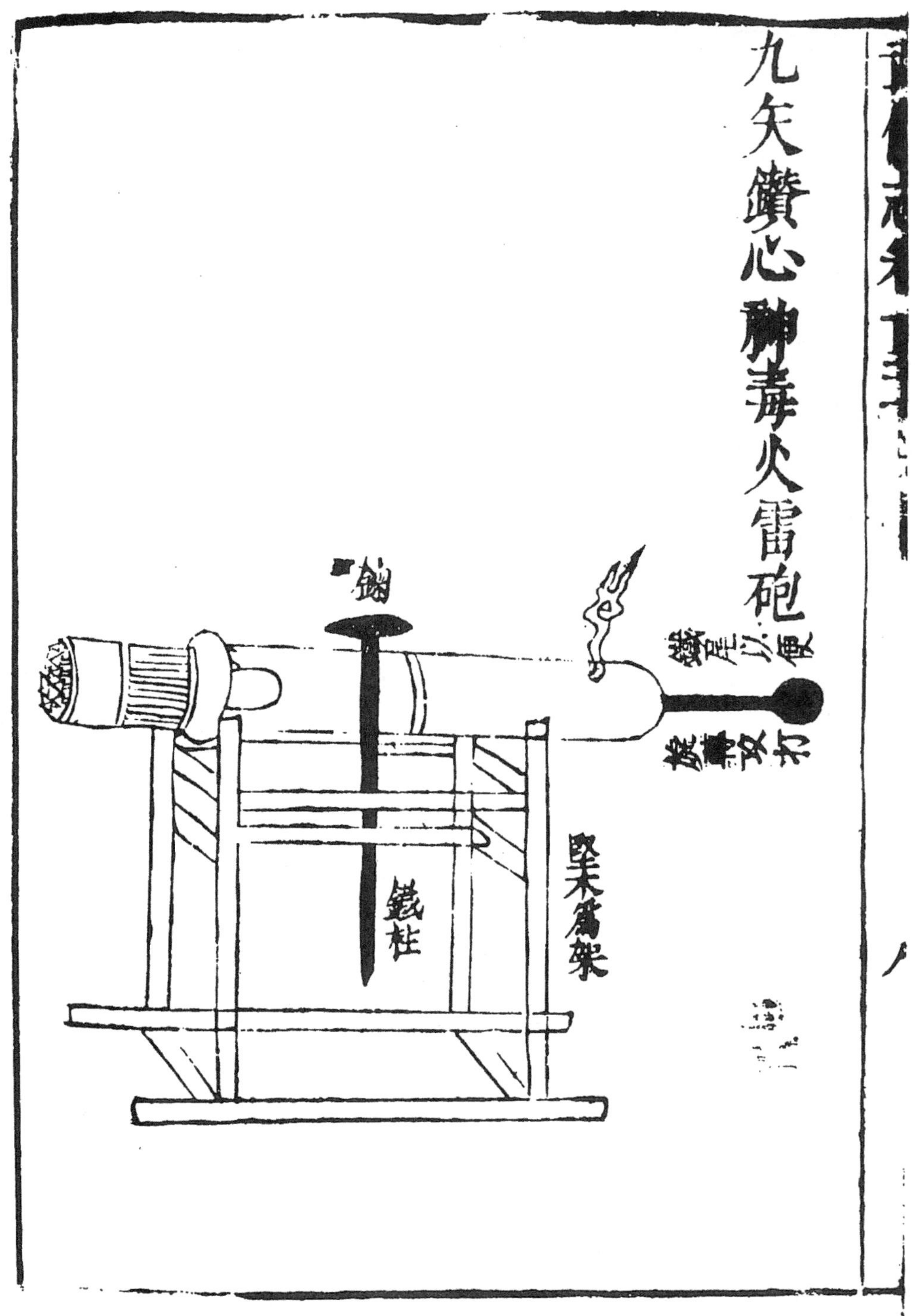

图 72 有青铜筒及铁尾的突火枪，可伴随火焰与烟同时发射九支箭。采自《武备志》卷一二七，第八页。箭装在布袋里。

这必然确实地涉及从突火枪发射出来的子弹，但诗的最后说到人并不怕它，因为它伤害性小，像“叫得狠，但咬人不凶的狗”。但是在某种情况下，它又似乎能成为更吓人的武器。

现在该是要强调我们一直想根据管筒及穿过管筒的固体、液体及气体来划分最后两 272
个阶段的时候了。这些不包括先前使用的火药如炸弹、手榴弹和地雷中的火药，无论其是否作为纵火剂、爆炸物或爆燃物[①]。盛液体的管子已在前面讨论喷水器、唧筒、管道等类似物时提到[②]；这里的区别在于：这些管子都必须含有能变成气相和火焰的固体。不过从希腊火汽油喷火筒（“猛火油机”）过渡到低硝火药喷火筒（“火枪”）是非常容易而且合乎逻辑的，因为火药已经当作燃烧室缓燃引信用于汽油唧筒中（上文 p. 82）。改进是使武器造得更加便于携带，无须一伙人去操作唧筒，固体混合物的膨胀能自动一次点燃，因为在内部自带氧化剂，虽然10世纪中国人并不怎么这样做。当时操纵火器者将会注意后座效应，无疑会使他们记起“地老鼠”烟火[③]，并设想火枪或喷火筒能够自由（向相反方向）飞去，并且它还能制成携带箭头或者类似造成骚扰的东西去干扰敌人。因而火箭将会诞生。但这是另一件事，现在我们将它留在以后讲（参见下文 pp. 472ff.）。

但是火药混合物不是放在管子里的唯一固体物。人们马上会想到，与火焰齐射的弹丸的出现，最初很可能是受到一件非常古老的器械，吹枪（blow-gun）的启发。它是一种常用于狩猎的武器，由一根芦管或竹管做成，固体物，如标或弹通过管子由人自肺泵成的呼吸作用使之移动[④]。

吹枪的发展和分布由杰特［Jett (2)］精心加以研究，是那些与南美土著、太平洋诸岛和东亚大陆有联系的泛太平洋技艺术的明显例证之一，但是稍晚一点儿它传播到欧洲的所有地区。吹枪能以芦苇、竹子、棕榈树干或凿孔木料做成。不管其末端钝或尖、是否附有羽毛、来复线，或者头部是否放毒药，均能发射出箭[⑤]。“空气塞（‘air-stops’）常用于弹丸后部末端，用来填充管子的横切面；这些可能是木髓、木棉、棉花 273
栓或蘑菇球果[⑥]。吹枪还能发射干的或没烘干的泥弹丸、卵石及硬种子。很清楚，它们是狩猎与战争史上一项重要发明，但在风不会使射弹偏离方向的森林地区，它们产生最佳效果。当然，尽管它们的射程相当有限，仅在50或60码较为准确，但是它们具有寂静无声的最大优势。实质上它们是使固体物从管子发射并射中目标的一切装置的先驱。

① 可能有这样的想法，在管子内火药的第一次封闭当属于烟火史阶段，但是我们现在看到（上文 pp. 135ff.）它是与战争武器平行发展的。

② 在本书第四卷第二分册27节论《机械工程》中。

③ 参见上文 p. 134。

④ 人类学者在吹枪与许多其他种管子之间建立了联系。如吹火器、冶金吹管、长笛、稻草饮管、灌肠管与烟斗。但我们不能跟着谈得离题太远。关于气枪，见 Blackmore (1) p. 93；Hoff (1), pp. 34—35。

⑤ 一些生物碱在欧洲和美洲普遍使用，或者很相似。当然全部的药剂范围是有限的，但马钱子碱（strychnine）与羊角拗质（strophanthine）两者是普遍的，而箭毒（curare）用于美洲，见血封喉（upas）则用于欧洲。马钱子碱来自马钱子属（*strychnos strychnos*），而羊角拗质来自毒羊角拗属（*strophanthus spp.*）。箭毒来自有毒马钱子（*strychnos toxifera*），或卡斯得拉属苦木科（*castelneana*）和软木属（*chondrodendron spp.*）。见血封喉树液，含有心脏毒药，来自见血封喉（*Antiaris toxicanq*），美洲印第安人也有毒害心脏的药，从 *ogcodeia ternstroemiflora* 来，而太平洋沿岸地区，蛇毒和各种树上的有毒浆果都发挥了作用。华南少数民族用乌头（参见本书第一卷，p. 90）。一般说，应用毒药是所有中国军事典籍特别经常提出的建议（参见上文 pp. 123, 180, 234）。更深入的研究，见 Bisset (1)。

⑥ 这段原文没有说是否有火药发射的箭，也没有在插图中提供任何线索。假如真有火药发射的箭，就不再是与火焰齐射的。我们也不知道用过“空气塞”，如果有，也只用于1327年沃尔特·德米拉米特画里的射箭的炮。

由于有“空气塞”，它们还是真正的枪炮的鼻祖，而不是与火焰齐射弹丸的火枪和喷火管的祖先。这种细微的区别很难得到第一个用燃烧火药的膨胀力将物体射出击中敌人的人欣赏，人们或许以为与火焰齐射的原理在枪的进化史上是必不可少的偏离或者循环。

因为吹枪与10世纪在中国首次出现的火药筒有关，我们应确信事实上在此文化中已确知这种关联；从我们所掌握的它的分布与发展中，这种关联确实出现。它的原始中心在马来西亚与印度尼西亚文化区，如林恩·怀特（Lynn White）[1] 所示，它在12世纪达到阿拉伯[2]，14世纪达到欧洲[3]。马来字 *sumpitan* 传至各地，1425年产生阿拉伯文中的 *zabaṭāna* 和意大利文中的 *cerbottana*[4]。虽然 *nālīka*（芦苇）（通过它射出标箭或小子弹）被一些人认为是古代的印度名且为印度人使用，但是在马拉亚拉姆语（Malayalam）中用 *tūmbitān*，在泰米尔人中使用 *sungutān*，显示了马来西亚的影响[5]。广泛地说，马来西亚-印度尼西亚文化区也包括台湾，在更早的年代里也包括了华南甚至日本。

因此，唐美君（*1*）作品的兴趣是，研究了台湾土著部落人的弩与吹枪起源及历史
274 的关系。这种联系的理由是，虽然今天仅有赛夏族（Saisiat）人与邹（Tsou）种族保留着弩，但它头部有一竹管引导箭镖的投射[6]。因此唐美君就提出亚洲的弩是弓与吹枪之间结合的产品[7]。无论怎样，无疑在中国古代文献里提到过吹枪。例如左思270年左右在他的《吴都赋》就说到“桂箭射筒”[8]；而大约在460年的《竹谱》中，戴凯之也说到筼筜竹，可用作射筒（“筼筜射筒”）[9]。唐代的樊绰在862年左右的《蛮书》里叙述“白箕竹”，说它可用于制造吹枪（“吹筒”）。正如人们所预料，在更近代的文献里很少叙述这类吹枪。但这就足够以说明吹枪古代在华南和台湾广泛地流传[10]。因此，当火药混合物最终为人们所知的时候，管内所装弹丸业已有了一段很长的历史。

在我们能结束火枪、突火枪和与火焰齐射的弹丸的讨论之前，仍有另外的事情必须加以解说。近几百年还知道齐射弹与不连续射弹，那么在与火焰齐射的子弹与连子弹之间的区别何在呢？答案是，在17世纪后常把碎片一起装入正好塞住炮膛或枪膛的某种容器内，将其任意留在喷射的火药中，是一个更早的进化阶段[11]。

举例说，连子弹（chain-shot）本身由链子或铁箍联合在一起的两个炮弹组成，由

---

① Lynn White（7）pp. 93ff.。

② 卡恩［Cahen（1）］发现在1180年萨拉丁收集的军事书里有此物（参见上文 p. 42）。根据库马拉斯瓦米［Coomaraswamy（7）］，名叫 *Nāwak*，最迟至1260年为波斯人所知和运用。马木留克（埃及）（Mamluk Egypt）（1250—1517年）也有它，射出小弹（*hunḍuq*）作射猎之用。参见 Ayalon（1），pp. 24，59，61，118。

③ 1320年和1475年的法文写本为克兰斯通［Cranstone（1）］所引证，但可能有两个前导，因为大马士革的阿波洛多鲁早在2世纪就谈到空芦苇管能用来猎取鸟类，参见 Lacoste（1）。

④ 由此无疑是法文中的 *sarbacane*（吹矢管），参见 Demmin（1），p. 468。

⑤ Sinha（1）；霍内尔［Hornell（25）］注意到南印度的术语。有意义的是，*nālīka* 后来指滑膛枪，阿拉伯的字也如此。

⑥ 箭头常有毒药，在欧美大陆广大地区都如此。可能是推动力弱，涂上毒药有使命中之后加强效果的作用。

⑦ 参见本卷第六分册（e）论糊响弓。

⑧ 《文选》卷五，第六页，英译文见 von Zach（6），vol. 1，p. 60。

⑨ 《竹谱》，第四页；英译文见 Hagerty（2），p. 395。这两位学者都认为“射筒”为竹子的名。也可能是对的，但从注释家的意见，可以看出这个论点不足服人。

⑩ 安贝尔［Imbert（I）］坚持认为在西南少数民族部落中直到近代仍有吹枪，他还观察到广东的雷州半岛塞芒人（Semang）在本世纪早期也使用吹枪。

⑪ 我们感谢宾夕法尼亚大学教授罗伯特·马丁（Robert Maddin）提出这个观点。

枪射出时，以高速旋转穿过空气，冲向敌船桅杆和帆缆，扫荡甲板上敌人①。因此这种从筒口相继发射的炮弹，通常不须要装容器，但是“霰弹”（case-shot）就要装②。1644 年梅因沃林（Mainwaring）将其描述为“由旧铁、石头、滑膛枪弹竿或类似物制成，装入盒内，从我们的大炮中射出”。这些盒子可由塞满膛壁的木头制成，或用单纯 275
帆布袋亦可。“霰射弹”（canister-shot）与霰弹是同样东西，放在圆筒形锡盒内，“葡萄弹”（grape-shot）是一些铁子弹放在帆布封边的容器里，上下有用圆形铸铁板，最后，“开花弹”（“langrel”或“langrage”）含铁箭、钉子、锯齿状碎片和任何废金属碎片，封闭在一个细薄布袋里，使之正塞满枪膛；它是一种私掠船进攻商船时特别喜爱的武器③。事实上，在中国水域里，近至 20 世纪 30 年代，商用帆船反击海盗双方完全用同样武器，可以在卡德韦尔（Caldwell）的照片里（图 73）看见。总之，所有各种霰弹武器全属于真枪真炮的时代，此时子弹常适合腔膛口径，在它下部有高硝火药；而与火焰齐射的弹丸仅混有低硝火药的火枪、喷火管或突火枪，与火焰同时发射。显然其推动力小，射程也小得多。事实上它是历史中的早期一章。

图 73 “开花弹”（Lang rage），或者从安在南中国海帆船甲板上的小炮所射出来的，以废金属碎片封闭在帆布袋里的一种炮弹，20 世纪 30 年代［Caldwell，（1）摄］。

值得注意的是，我们在火枪和突火枪所使用的与火焰齐射的弹丸（即令其管子是金属做的）与充分利用火药推力并塞满枪膛或管子的子弹之间所作鲜明的区别，早在14 世纪已由焦玉做出充分评价。因为《火龙经》中最早的部分中④已有关于计算炮弹 276

① Kemp（1），p. 150。

② Kemp（1），p. 143。

③ Kamp（1）p. 465，用于英国内战（1648 年）的霰弹目击者的记载，见 Temple（1）。

④ 《火龙经》（上集）卷一，第十一页。

装人可燃物的成分以使敌人工事着火（“火弹药”）的简短讨论。我们发现说过“［纵火或毒］弹之大小正好塞满铁筒”（“乃要与铁筒合堂口”），即枪或炮。焦玉肯定很清楚这件事中的主要分水岭。

(15) 作为推进剂的火药（Ⅰ）：最早的金属管臼炮和手铳[1]

在近代，加农炮（Cannon）在汉语里普遍叫作“砲”、“炮”或“火炮”。但是正如我们先前注意到的（上文 pp. 11，12），这两个词原来是用来称抛石机（trebuchet）[2] 的，从古代起，用以向敌城或敌营投大块石头[3]。后来投纵火弹，最后投炸弹[4]。就是这个“砲”字，实际上与动词“抛”字同音，义为“抛掷”。“火炮”或“火砲”一词第一次出现似乎是与975年宋军征服南唐有关[5]。此后经常在中古代战争的记载中重新提起，先是薄壳火药炸弹，再继续下去是硬壳（如铁壳）炸弹[6]。事实是，当“砲”可能在10世纪晚期第一次引用时，本质上是一个新技术名词，并以这种方式出现在11世纪中期的《武经总要》里[7]。我们用同样方法可以追溯其他技术名词直到它的起点，例如火药爆竹（与竹制相对）“爆仗”可以追溯到1148年（参见上文 p. 131），而表示手铳的“铳”字，我们将很快看到（p. 294）大约出现于13世纪。

277 现在碰巧是这最后阶段也是有火药之前的砲，即平衡重量的抛石机（“回回砲”）最高度发展的极盛时期（即使是一个比较短的时期）。先前［本卷第六分册（f）5］我们说了大量使得后来作者产生混乱的东西，这些混乱仅在我们的时代才解决。蒙古人在1269年与1273年围攻襄阳与樊城时，提供了造成误会的主要机会，直到今天粗心的历史学家[8]还可能坚持说“回回砲”是金属管火炮。自相矛盾的是，金属管很有可能在那个时代出现，而“回回砲”或平衡重量的抛石机又肯定是另外的东西。由于投掷物摧毁房屋，使堡垒粉碎，并使它深深地埋在地中，又发出声响等记载，容易使人想到是用了火药。但在叙述中，既没有起火，也没有爆炸。

另外一个引起混乱的特征是从抛石机时代一直用到火炮时代的掷射推进机构的特殊设计。情况正是这样，如我们在明版《武经总要》看到的“虎蹲砲”，是有三角架的

---

① 英国与美国英语用法上的区别需要在这里突出点明，在美式英语中“手枪”（hand-gun）一词仍适用于一切手枪和左轮手枪（甚至于最现代型），而英式英语中手枪只指最早的臼炮（bombards），它小到一个人握着手柄或尾柄使用，并从尾部投弹。

② 在欧洲技术名词的演进中也出现过非常相似的步骤，因为伯特［Burtt（1）］告诉过我们，gun（枪）这个词无疑来自 *mangona*，即 mangonel（古时用的射石机），或者我们常说的 trebuchet（抛石机）。Mangonels 甚至在一些14世纪的诗里就称为枪。同样“Cannon”来自 *canna*，即芦苇或管子，与此密切对应的是“筒”演变成“火筒”。

③ 正如我们常见到的（例如 p. 163），子弹自身也常被称为“炮”，有时候引起不小的困难。

④ 从本书第四卷第一分册（PP. 319、323）我们会注意到，中国棋（“象棋”）有一颗棋子叫“砲”，相当于欧洲棋中的骑士，这是普遍被人们认为火炮的名词，但因为“战棋”（作为较早的占卜星棋相对）在唐代时期已普遍流行，它必然原始意义为抛石机，而且仅在此之后才意为炮。

⑤ 上文 p. 89，参见冯家昇（*6*），第16页。

⑥ 见本书上文 pp. 192ff.。

⑦ 《武经总要》（前集）卷十二，第五十六页。

⑧ 如张焯焘（*1*）。

抛石机（图 74）[①]，以至于看起来像是 1044 年的东西[②]；但是我们以为属于 1350 年（或 1412 年），我们发现在《火龙经》里这个名字[③]指的是重 36 磅的小的金属管炮，还装有大钉，以便刺入地下使其减少后坐力（图 75）。

同样，清版的《武经总要》的编者用了两个臼炮去代替原来插图上的两个抛石机（而没有作任何说明）。两者均称作"行砲车"，但是没有一个通行的版本里有相关文字叙述。前页所描述和绘图的是一个稀奇的带着盾板的平衡重量的抛石机（"头车"），旨在置于包围战中坑道的前头，并没有用途，也没有起到跨过护城河或另外水道障碍的活动桥（"壕桥"）的作用。然而，这两个抛石机是安放在轮子上的常见的发射体投掷器，第一种有四个轮子，第二种有两个轮子。但是随后代替第一个抛石机的插图（图 76）[④]，编者给出了一个长管臼炮图，被安装成高仰角，以至于粗略地看起来就像这个抛石机的臂（图 77）[⑤]。

紧接着行砲车，又有一种相似的代用品。以前图中画的是安放在类似双轮手推 281
车上的抛石机（图 78）[⑥]，也叫"行砲车"，我们现在看到的是另外一种有长而细的管子，放在双轮手推车上的臼炮（图 79）[⑦]。但是它的名字有点儿小变化，成为"轩车砲"（放在朝上的马车上的臼炮），它的射角倾斜，与对面书页上活动桥的透视画法相似。

毕竟很自然的是，在"铳"这个术语用于指金属管臼炮和手铳之后，"火砲"一词 283
继续在一般语言中指这两种武器（上文 p. 248）。事实上，火器发展得越多，就更是会自然看到，管子变得越长，如抛石器、长炮（culverins）与滑膛枪，就越能令人想到
它是抛石机的臂；从火炮越是经常射出炮弹，也就越令人想到它们是 12 世纪古老岁月 284
里由抛石机所投的炸弹。这里传统学者偏爱用尽可能古老的词汇表达它的特点，是很适当的，因为这样可得到更大的文字上的优美；我们在爆竹与烟火方面，已经看到了不少的好例子（上文 p. 131）。在同一时期还有用职业雕板艺术家（"画工"）制插图的倾向（在更早的书卷里常如此），这些人对其所绘内容一无所知，或许将这些插图轻视为以实用为目的[⑧]。这两个特征在《图书集成》（1726 年）军事部分卷一〇一中标题"车战"可以看到，这个标题自身就古老到可将放在车上的任何军事装置包括进去的程度[⑨]。这卷的大部分是引用公元前 10 世纪的《书经》和《诗经》及注疏，但末尾插图包括可移动的绞车、攻城槌与可移动的像坦克的盾板。最后，绘出了十分合理的四轮臼炮"埋伏铳"（图 80），虽然更正确地说它是 400 年前的 1326 年产物。但在最后一图（图 81），使迷惘达到顶点。因为虽然艺术家似乎正在企图画个可移动的平衡重量的抛

---

① 《武经总要》，卷十二，第四十五页；参见清版卷十二，第五十二页。

② 我们假定 1510 年版的图是比较正确的一个最古老的画的重印。

③ 此图见《火龙经》（上集）卷二，第三页；《火器图》本，第十页；《火攻备要》本，卷二，第三页。

④ 《武经总要》（前集）（明版）卷十，第十四页。

⑤ 《武经总要》（前集）（清版）卷十，第十三页。

⑥ 《武经总要》（前集）（明版）卷十，第十四页。

⑦ 《武经总要》（前集）（清版）卷十，第十三页。

⑧ 参见本书第四卷第二分册，pp. 48—49，p. 373；本书第五卷第四分册，pp. 70—71 等。

⑨ 《图书集成》的编者事实上将考古、古代史以及科技普及说明混淆起来。

278

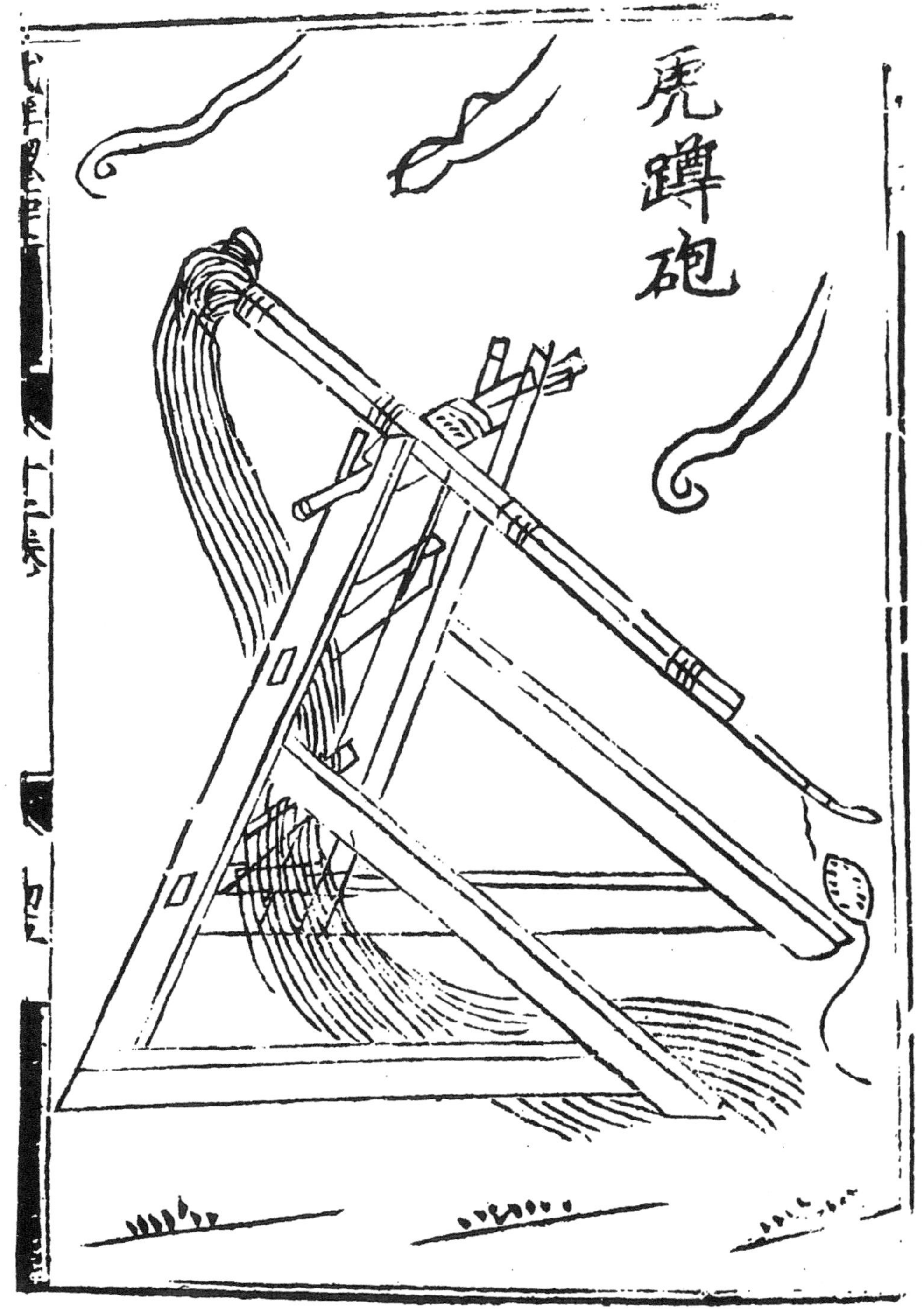

图 74　1044 年的“虎蹲砲”，采自《武经总要》（明版）卷十二，第四十五页。一队人把绳子立即拉下到左边，这样就可从右边吊绳袋子里，不管是石头或者炸弹，进入弹道而发送出去。

279

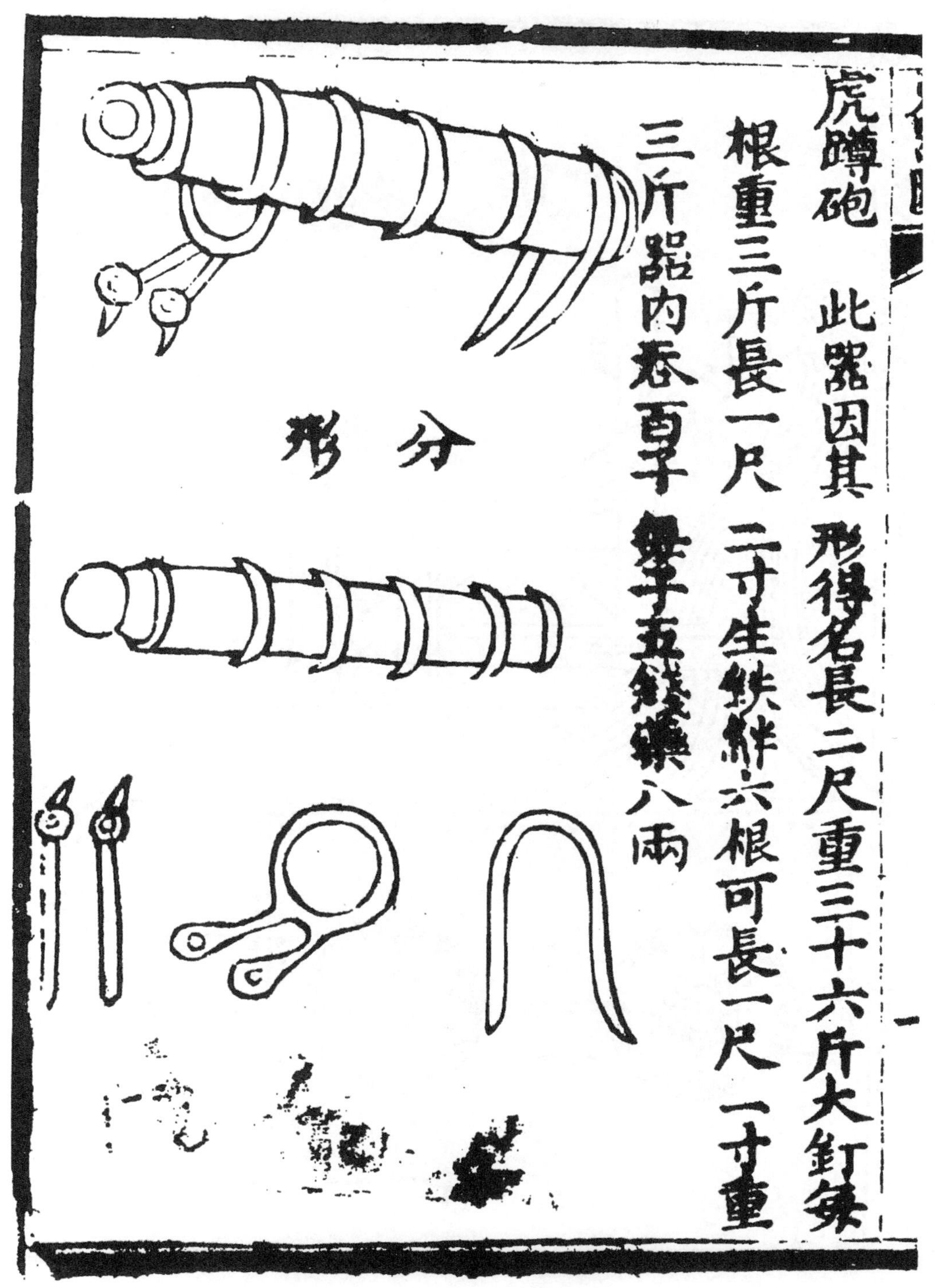

图 75 应用于重 36 斤小金属管炮的同名“虎蹲砲”，采自《火龙经》（上集）卷二，第三页（《火器图》本，第十页），因此大约是 1350 年的东西。注意钉在地上的四颗反后坐力钉子，所显示的炮口与图上外观相反，必是指向右边。还要注意缠绕管子的绳，关于这个见下文 p. 331。

280

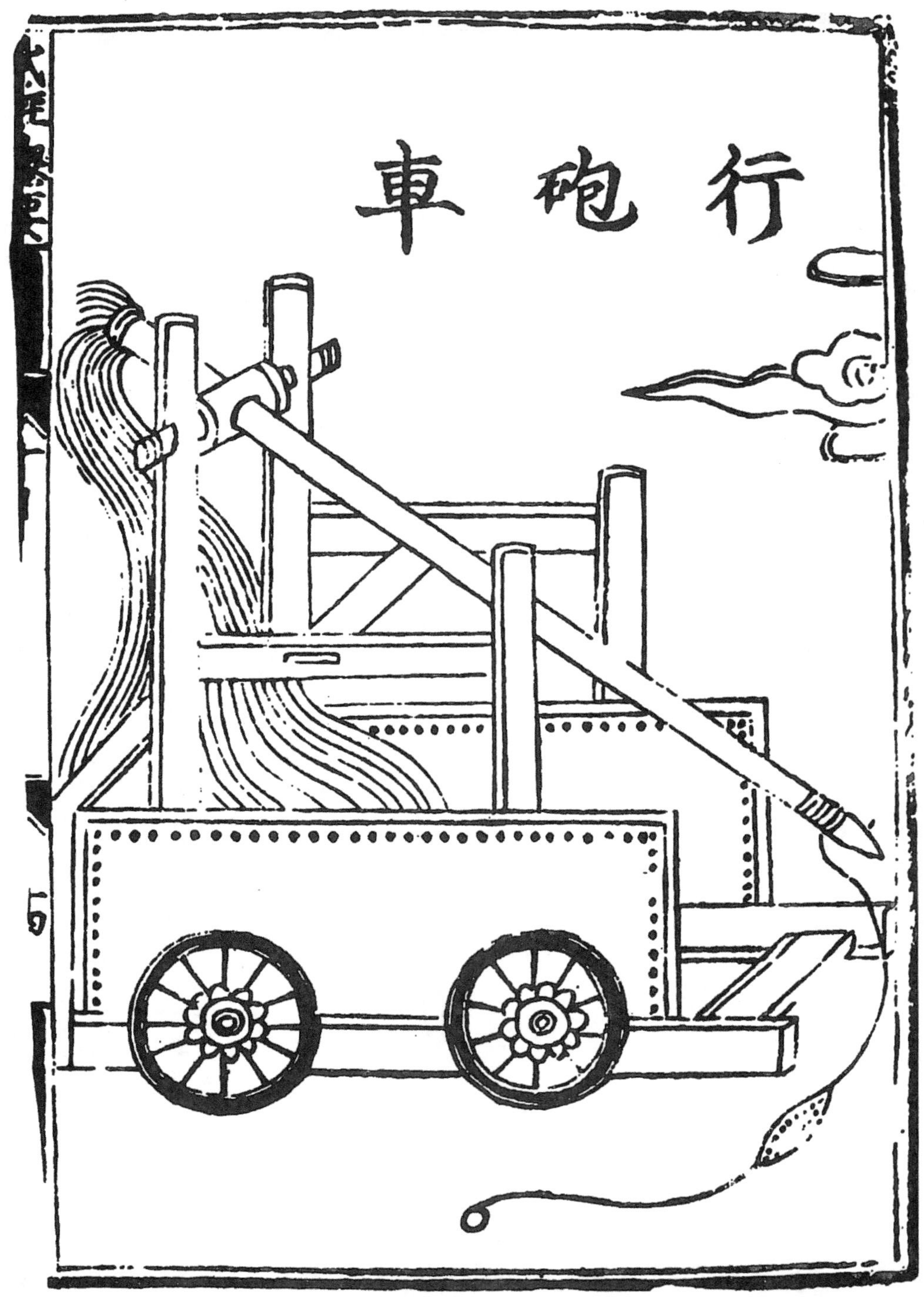

图 76 行砲车，看来是 1044 年的。采自《武经总要》（明版）卷十，第十页，用的堪培拉（Canberra）许地山博士藏书的原件。

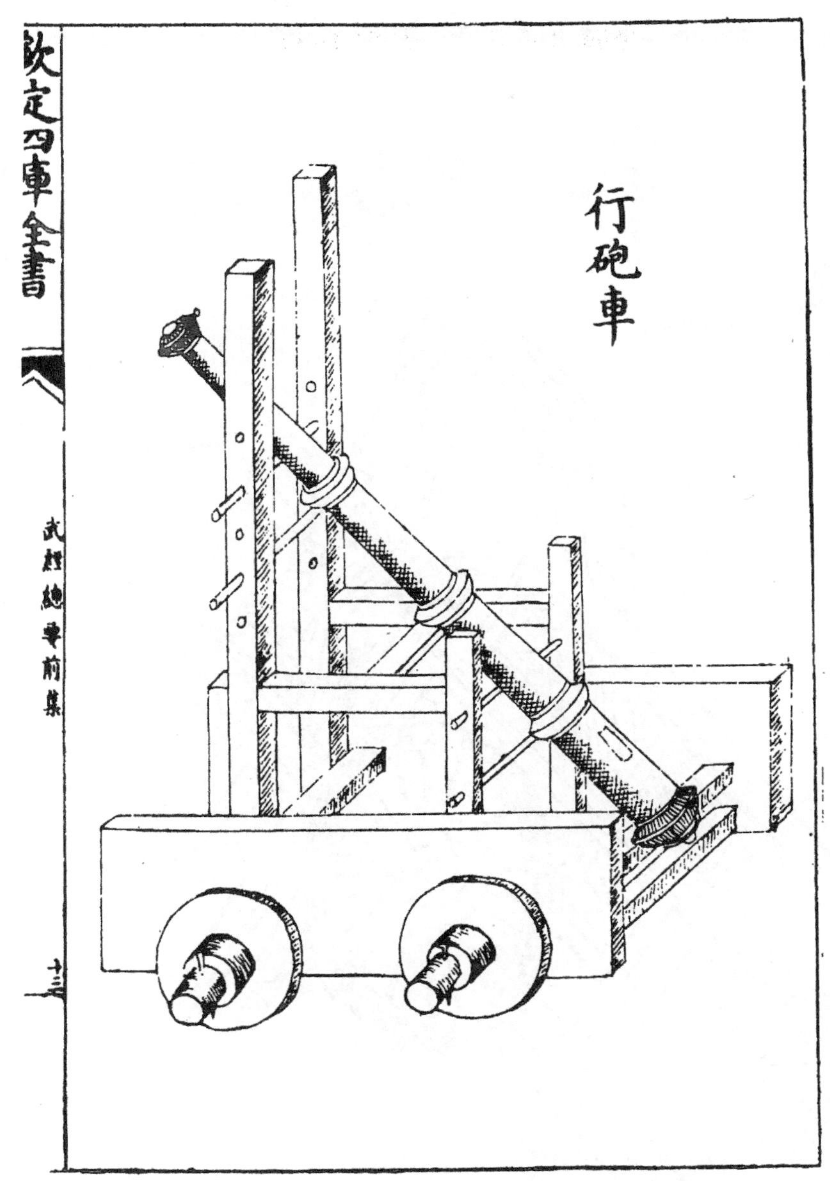

图 77 《武经总要》清版（卷十，第十三页）中抛石机臂为一高仰角的长管臼炮所代替，但武器仍有四个轮子，并用了“行砲车”这样的同样名字。

石机，而却标为“威远神铳”①。这是学者们的保守主义和艺术家的不经心，幸亏没有反映到清楚表明有实用性的军事典籍（像本草书）中②。

不过，本节之所以与几乎所有先前的不同，主要在于用具体考古证据证实文献。

① 与其余图不同，这幅图在《图书集成·戎政典》里没有相应原文，见卷一〇一（《车战谱·汇考》），第十四页。

② 见本书第六卷第一分册，第三十八章。

282

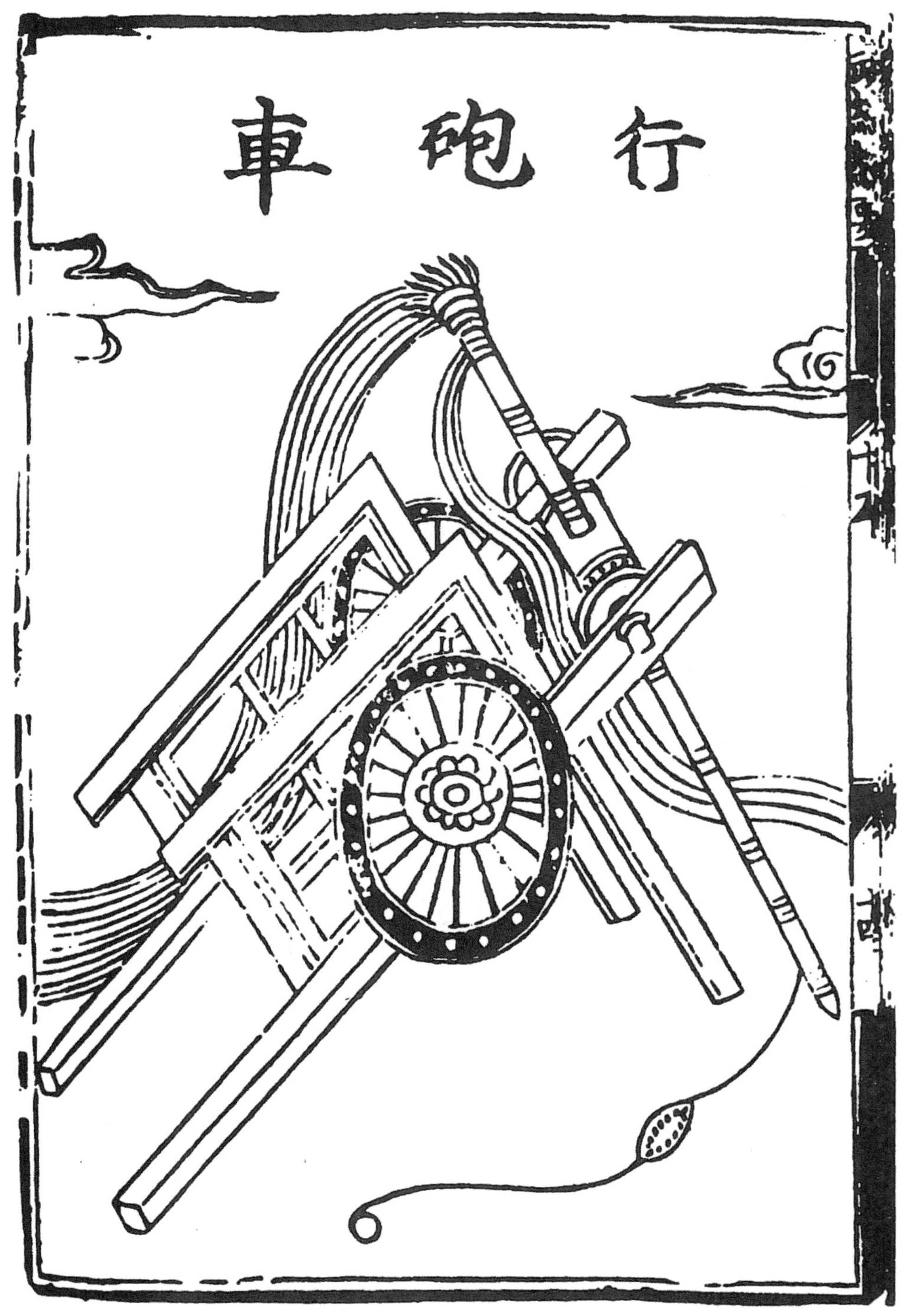

图 78 行砲车；此名字也应用于放在双轮类似手推车上的抛石机，采自明版《武经总要》卷十，第十四页（原件也见于许地山藏书）。

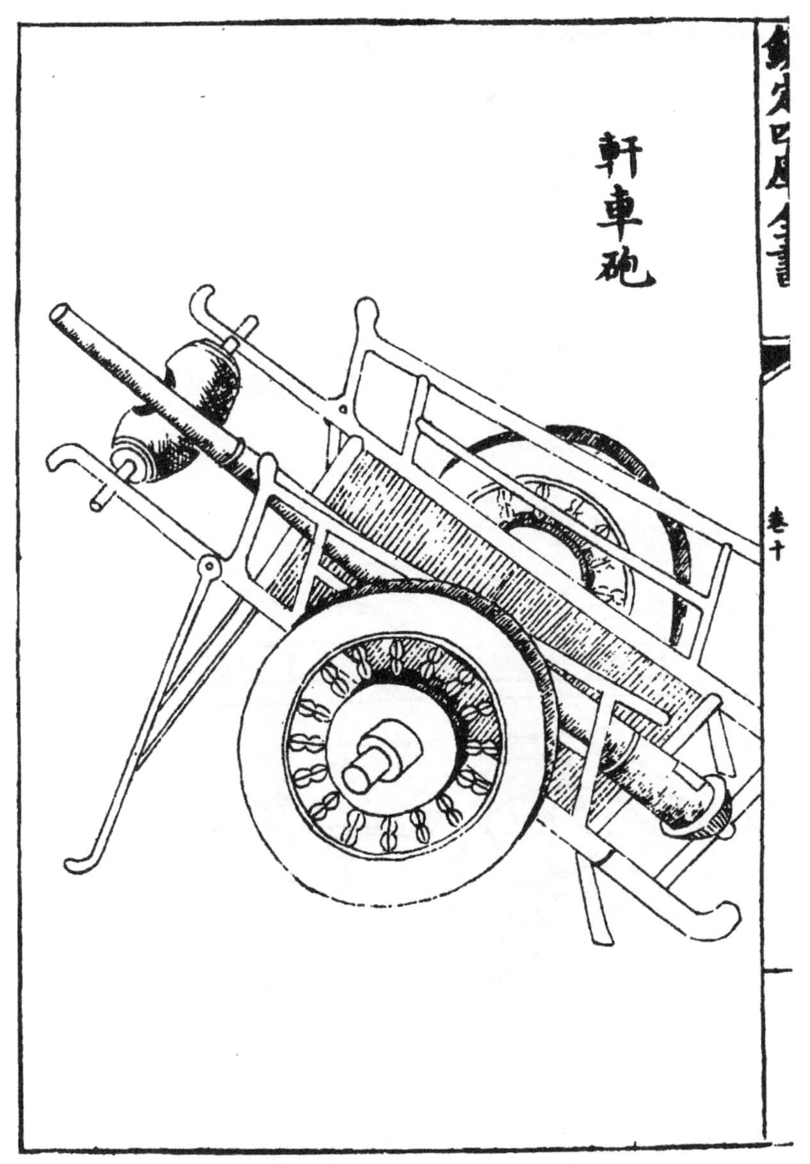

图 79 清版《武经总要》可能代表 1650 年的情况，再次显示了安放在双轮车上的长管臼炮，但这种武器经历了名字上的小变化，现在叫“轩车砲”。再见卷十，第十三页。但是有相关的原文对臼炮图加以说明。因此必须考虑到是 1350—1650 年间篡改时插入的。

把材料总括起来说，中国从 14 世纪（甚至 13 世纪）以来传世的几百种大小金属管火炮，以及手铳标本，大多数保存在中国的博物馆里。考虑到这一点，我们总要记住欧洲最早的臼炮年代为 1327 年，这年，在牛津的沃尔特·德米拉米特的写本书《论国王的庄严、智慧与谨慎》[①]（*De Nobilitatibus*，*Sapientis et Prudentiis Regum*）中两幅插图均 287

① Ed. James (2)。

285

图 80　"埋伏铳"，放在四轮车上的另一种臼炮，采自《图书集成·戎政典》中的《车阵谱》卷一〇一，第十四页。从各方面我们知道，此物更可靠年代是 1326 年或 1426 年，而不是 1726 年。

286

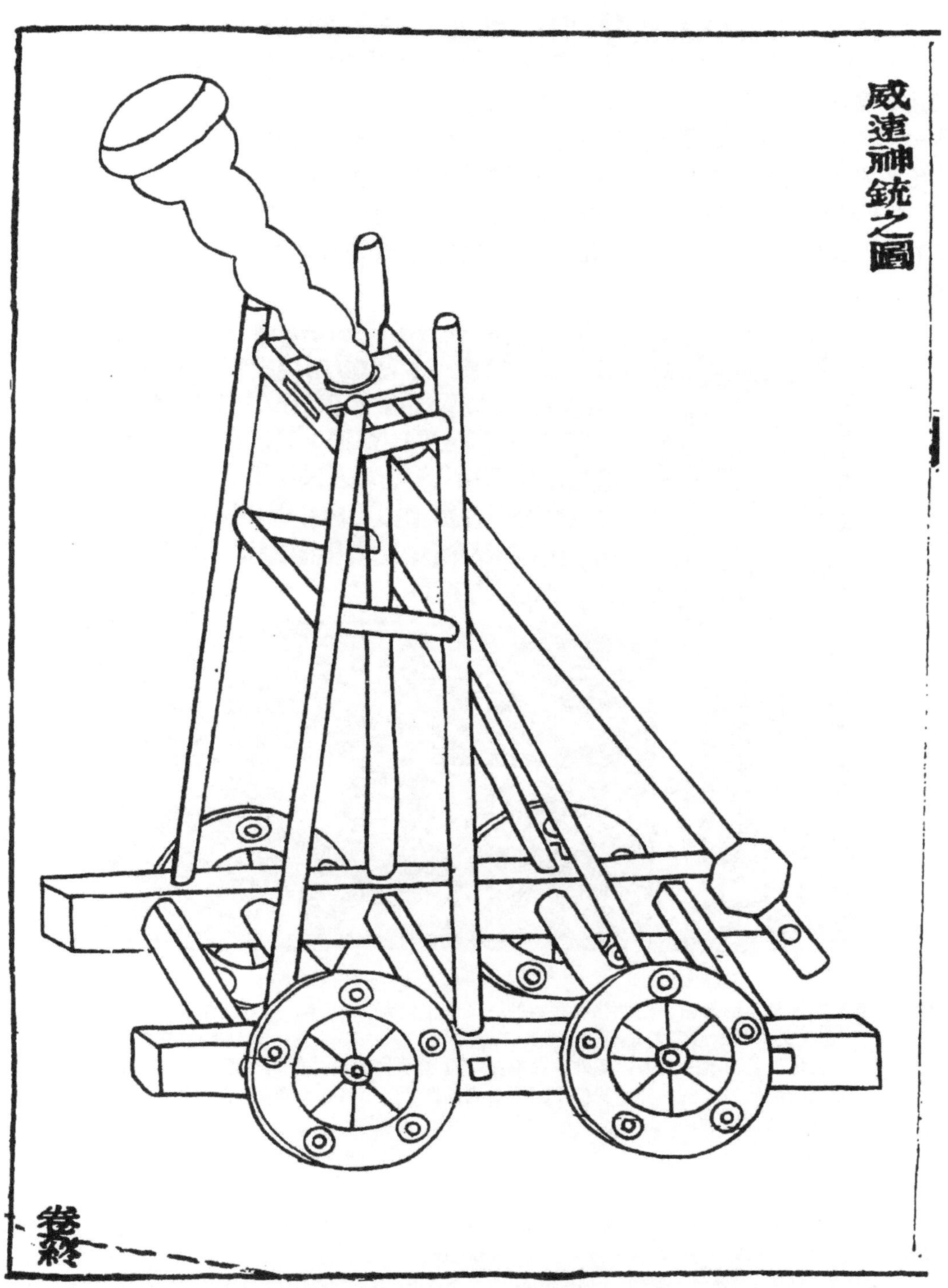

图 81 从《图书集成·戎政典》(卷一〇一，第十四页) 选出的更深入的插图。无法分辨它是平衡重量的投石机（“回回炮”），还是高射角的臼炮；无论如何，其名为“威远神铳”。在一般性质的著作里，学者是很保守的，而艺术家对它们所画的漫不经心，但这种情况与在相应职业军事著作中所要求的不同。

287 展示为瓶状臼炮，两者均正在射出箭（图 82、83）[①]。某些欧洲炮和手铳标本保存在
西方博物馆者均迟于 14 世纪；但不同的是，许多中国武器均有铭文标明年代，不管是
铸造或雕刻的。不要认为，那些纪年铭文是赝品，像一些中国艺术品的业余爱好者想
像的那样[②]。相反，低估传统文官掌握的技术，意味着将臼炮断代比实际还早的那些
288 人绝不能得到任何名声[③]。在本书一开始我们就指出这一点，当论及科学文献时我们
说："人们可以相信，中国科学文献从没有人有意窜扰，部分原因是儒家学者对它们并
不看重，部分是由于直到近代，任何中国学者都无意把科学知识或技术进程置于其本
来年代之前。"[④]

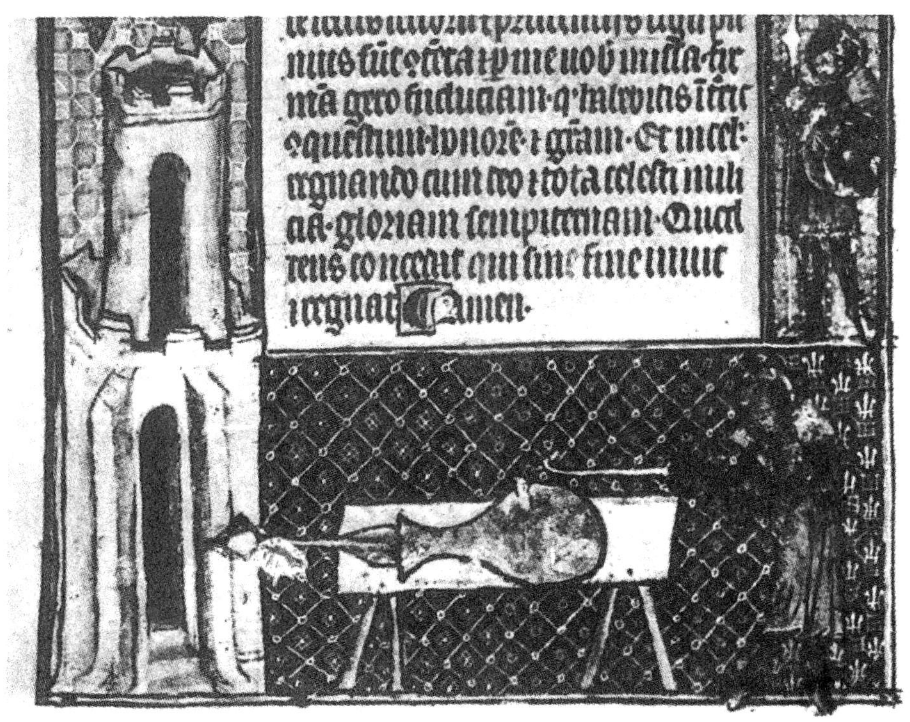

图 82　欧洲臼炮最早的插图，是博德利写本的一页，年代为 1327 年，收入沃尔特·德米拉米特的《论国王的尊严、智慧与谨慎》。图右方穿铠甲的人小心地用一根赤热的棒对着瓶状炮火门，在炮口外出现一支箭。每件东西都显示炮膛是均匀的，但是加厚炸药室壁以加强炮被认为是较聪明的方法，鉴于我们下面要看到的图 88、图 106、图 155，支持臼炮的"木匠板凳"是值得注意的。

① 这是幅绘画证据，但作画的若干年前这件东西必在欧洲已有了。帕廷顿［Partington（5），p. 101］仍然不能提出早于 1326 年（佛罗伦萨判决那一年）的任何文献证据。

② 近代摹本问题当然是另一回事。中国博物馆习惯于造摹本，让其能同时在几个地区展出。但是专家鉴定很容易把它们与原本区别开来。参见有马成甫（*1*），第 134 页。

③ 除此，在很近代时期之前，在中国无人对火药与武器的比较史有任何的观念。儒家学者对发明家与技术家的态度是轻蔑的，差不多是痛恨的，便是一个显著的例子，见本书第四卷第二分册，pp. 39ff.。

④ 本书第一卷，p. 77，另一方面，欧洲一直有十足的赝品。举例说，有尊臼炮断代是 1322 年，但因其自相矛盾的装饰而自我否定，参见有马成甫（*1*），第 345—346 页；另一个声称是 1303 年，同样地不可接受，参见 Partington（5），p. 98。

图 83 从沃尔特·德米拉米特写本选出来的另一内容相似的画页。左方的四个骑士中一人再次用一根热棒通向放在桌上的臼炮尾端，可看到炮口有一支箭。

从现在开始首先要做的事，就是提供一份现在已知最早的中国臼炮与手铳的年表，对最有兴趣与重要的事物再附加一些注释；在此之后，我们就可以对在13世纪和14世纪使用这些武器的文献证据加以浏览了。最后我们还可以求助于军事著作中有关臼炮和手铳的说明及插图，这些资料有时不重视明显属于古代炮的年代。

1962年有马成甫列出28项这类早期中国武器样品，其中七项是14世纪的①。他举 289
的最老的标本是1372年的，而其余四个则是1377年的，有两个年代紧接它们之后。但1957年周纬列了另外六个②，有些确实较早，最早的是1332年，而另外两个中一个为1356年，另一个为1357年。据有马成甫所述在前面的年代，朝鲜人曾从中国得到他们的第一尊青铜炮，可能是由中国商人名叫李亢传入的③。还有，1957年北京举办了古炮展览，展示了几种早期青铜炮，其中有三种后来由王荣（*1*）详细描述④。但是这一系列武器中迄今为止最早的，是大约在1288年左右的一尊青铜铳，七年前由魏国忠（*1*）

① 有马成甫（*1*），第137—139页。

② 有马成甫（*1*），第27页与图版83。

③ 布茨［Boots（1），p. 20］摘自正史《高丽史》，此书没注明出处，只给了年代为1392年的印象；但这不会是正确的。因为下页他说造铳炮的军火厂于1377年建于高丽。稍晚一位学者柳成龙大约于1650年在其《西崖文集》里，把年代确定为1372年。那倒是十分可能的；参见 Cipolla（1），p. 105。

④ 一个是1332年，一个是1351年，作为例子，其中一个是1372年。

报告并加以描述；当我们讨论表 1 时，我们将再论它，这个表列的武器，年代大多数都是已知的，都在永乐末年（1424 年）以前。

从插图（图 85、图 88、图 92、图 93）已有可能把历代的一或两个特点概略出来。早期金属管手铳或炮倾向于有个旧式大口径短枪型的膛口，而后期的则是直长型或者腰部具有一个小孔①。但几乎在所有情况下管壁底部（或封闭的炮尾）都做成球形，也就是说，有意让它加厚，而使内膛不变，推进剂就在这里发生爆炸，而事实上叫做“药室”②。在药室后部都有一个空的突出物，以便安木燕尾或手柄。接近 14 世纪末，铳炮的出口或火门精心制作得足以包络火药室，少数情况保留盖③。末端的筒用球形来加强（见图 80，图 90a、b，图 91，图 93）④，这就提出了在东、西方许多早期臼炮均有瓶型特征的问题，这确是一个有意义的共性，不久我们将讨论它（p. 329）。我们将会看到的（p. 331）在以后的 15 世纪和 16 世纪，炮身或炮管子用很粗的环或箍带来加强，它们都是铸的。这种形式继续保持到有可移动火药室，以木楔固定位置的后膛装载的火炮时代（参见下文 p. 365）。

293 表中最感兴趣的很自然地要数最早的，它是小臼炮或手铳，由魏国忠（*1*）发掘出土并加以描述，而且被认为是 1290 年前的东西，因此它使我们追溯到比德米拉米特写本中插图早将近 40 年，我们必须仔细检查这个发现。如果这个论断坚实可靠，此物（图 84）对于我们的叙述是重要的；正如我们将看到的，它的考古论据是偶然的，但是为想不到的有力的文献证据所支持。

这次发掘是在东北黑龙江省阿城县阿什河畔的半拉城子村进行⑤。手铳是窖藏青铜物品的一部分，有 1 尺多长，重量近 8 斤，但无铭文，所以没记下年代。最长的部分是管子，其后部是常见的球形壁炸药室，然后有一掏空的圆锥形套筒或底座，无疑是装木柄用的。火药室有一小火门。伴出物包括青铜镜、青铜煮锅和窄颈青铜瓶，全部体现了金代特有的风格，也就是由蒙古人于 1234 年所推翻的朝代的传统产品，所以魏国忠结论说，所有东西埋藏时间不能迟于 1290 年。

现在世界这部分军事史正好为人们所熟知，从《元史》⑥ 我们知道 1287 年及其以后的年代里，有相当多的战争恰在出土手铳的这一地区进行。由名叫乃颜的蒙古王子
294 发动了一次叛乱，被元军指挥官、出自金蒲察家族的李庭轻易平定了⑦。乃颜是信奉基督教的王子，别里古台的后裔，成吉思汗的异母兄弟，他发起反对忽必烈汗的叛乱之后，被李庭借高丽军打败后被处以马践而不见血的极刑⑧。

显然在这次战役里大量使用了火药武器。《元史》告诉我们，要到 1287 年末，李庭装备并领导了带有并运用“大砲”的步兵，所以显然已不是以前时代沉重而笨拙的抛石机了。我们读到：

---

① 为了说明用于本段及其以后的专门名词，可看 Blackmore（2），p. 216 的表及其所附原文。

② 有马成甫（*1*），第 112 页。

③ 从有马成甫转引，第 129 页。

④ 从有马成甫转引，第 112 页。所有的古代武器自然地都是前装的。

⑤ 此地离先前金上京不远，较大的战役，如 1217 年与 1233 年之战都在这里进行。

⑥《元史》卷一六二，第八页、第九页，由作者译成英文。

⑦ 参见本书上文 p. 226。

⑧ Cordier（1），vol. 2，p. 311。

表 1　中国早期手铳与火炮

年代	出土处及保存处	全长（厘米）	口径（厘米）	重量[①]（千克）	金属	铭文[②]	参考
约 1288 年	黑龙江，阿城县半拉城子村黑龙江省博物馆	34	2.6	3.55	青铜		魏国忠（*1*）；图 84
1332 年	北京，中国历史博物馆	35.3	10.5	6.94	青铜	I	王荣（*1*）；Goodrich（25）；Needham（82）；有马（*1*），第 134 页；图 85，86，87，88
1332 年	太原，山西省博物馆						周纬（*1*），第 270 页图 83
1334 年	陕西西安	26.5	2.3	1.78	青铜		赵华山（*1*）[③]
1338 年	伍利奇，罗通达博物馆	47.5	10.5		铸铁		H. Blackmore（p. c.）；图 89
约 1340 年	大明（元都）	32	2.2		青铜		有马（*1*），第 153 页起
	大明（元都）	21.5	2.6		青铜		有马（*1*），第 153 页起
	大明（元都）	31.5	2.6		青铜		有马（*1*），第 153 页起
	有马收集						
约 1351 年	山东 北京，中国人民革命军事博物馆	43.5	3	4.75	青铜	I	王荣（*1*）；Goodrich（25）；Needham（82）；图 91、92
约 1356 年 约 1357 年	太原，山西省博物馆	几百尊为张士诚“周”朝所制臼炮					周纬（*1*），第 270 页图 83
约 1356 年 约 1357 年	江苏，南通博物馆			302.7[④] 211.8	铸铁	I I	王铃（私人通信）； Goodrich（24）；韩国钧（*1*）
1372 年	北京，中国人民革命军事博物馆	36.5	11	15.75	青铜	I	王荣（*1*）；Goodrich（25），图 92，93

① 注意到臼炮与手铳的区别，单个士兵能带 20 斤左右，或者大约 9.1 千克，因此列在表中大多数标本都是小武器。当重量在表中没有记录时，照片所示为何种武器不清。

② 臼炮或在手铳上出现的铭文，有的是雕刻，有的是铸造，均用符号 I 表示。一般说，铭文包括生产日期以及军事单位所要求的其他细节，但并非总是如此。参见弩或弩砲发射机所绘出的铭文，本书第五卷第六分册，(e，f)。

③ 手铳因它的含碳量（18.24%），看起来像黑色金属材料做的，而且由此假定它有火药的遗留，自然几乎所有硝石都消失了，而这里仅有 2% 的硫磺留下来。据冯家昇（*6*），第 31 页引，在 1947 年北平研究院成员白万玉在察哈尔省发现了一个陶瓶，它盛了同样的物质。他相信这是 12 世纪晚期的东西，而事实是与上面同类的火罐，在上文（p. 168）曾提及。参见 Lo Chê-Wên（1）。

④ 所给出的两个重量是保存在南通博物馆样品的重量，重量的一般幅度为从 60—300 千克。

291

表 1（续）

年代	出土处及保存处	全长（厘米）	口径（厘米）	重量[①]（千克）	金属	铭文[②]	参考
1372 年	北京，哈佛燕京学社博物馆	45.7	2.54	–	铸铁		Goodrich（25）
1372 年	呼和浩特，内蒙古博物馆						Anon.（211）
1372 年	太原，山西省博物馆						周纬（*1*），第 270 页图 83
1372 年	黑田源次的有马藏品	43	2	–	青铜	I	有马（*1*），第 110—111 页，第 137 页
1372 年	太原，山西省博物馆						周纬（*1*），第 270 页图 83
1372 年	南京博物馆	44.6	3.9	2.04	青铜	I	Goodrich（15，他看见另一个在中国科学院的地上；Needham（82）).
1377 年	内蒙古托克托	42	2.2	–	青铜		李逸友（*1*）[①]
1377 年	内蒙古托克托	44.3	1.9	2.1	青铜	I	李逸友（*1*）
1377 年	内蒙古托克托	44	2.1	2.14	青铜	I	李逸友（*1*）
1377 年	内蒙古托克托	42	2.1	1.95	青铜	I	李逸友（*1*）
1377 年	内蒙古托克托	36	1.9	–	青铜		李逸友（*1*）
1377 年	内蒙古托克托	27	2.3	–	青铜		李逸友（*1*）
1377 年	内蒙古托克托	38.5	1.9	–	青铜[②]		李逸友（*1*）
1377 年	有马收集	32.2	2.1	2.2	青铜	I	有马与黑田（*1*）；有马（*1*），第 112 页、第 117 页、第 141 页
1377 年	有马收集	43	2	2	青铜	I	有马与黑田（*1*）；有马（*1*），第 112—113 页、第 137 页、第 141 页
1377 年	柏林，武器博物馆	44	2	–	青铜	I	有马与黑田（*1*）；有马（*1*），第 113—114 页、第 137 页

① 这个发现特有兴味，因为它包括大量青铜炮弹或铳弹，它们的直径从 1.9 厘米变化到 2.3 厘米。参见 Lo Chê-Wên（1）。

② 这种铳安上了青铜铳尾，而不是在炸药室之后的喇叭形开口，而进入开口，木柄可以楔入，李逸友假定木柄绑在上面，因此他怀疑它是更为原始的型号。

292

表 1（续）

年代	出土处及保存处	全长（厘米）	口径（厘米）	重量[①]（千克）	金属	铭文[②]	参考
1377 年	太原，山西省博物馆	44	2	–	青铜	I	有马（*1*），第 114—115 页、第 137 页
1377 年	太原，山西省博物馆	101.6	21.6	>150	铸铁[①]	I	Sarton（14）；Bishop（14）；Goodrich（24）；Read（4）；Need-ham（80）；周纬（*1*），第 270 页，图版 83；（图 94）
1377 年	呼和浩特，内蒙古博物馆	44	2	2.1	青铜		崔玄（*1*）
1377 年	呼和浩特，内蒙古博物馆	43.5	2	2.1	青铜		崔玄（*1*）
1378 年	罗振玉收藏品	管子折断		3.5	青铜	I	有马与黑田（*1*）；有马（*1*），第 115—116 页、第 137 页
1378 年（估计）	广东省博物馆（高要县出土）	36	2.3	1.1	青铜	I	顾云川（*1*）
		30	2	1	青铜		
1379 年	北京，中国历史博物馆	26.5	2	1	铸铁	I	有马（*1*），第 115—116 页、第 137 页；Goodrich（15）
		25.4	–	–	青铜		
1379 年	呼和浩特，内蒙古博物馆	44.5	2	1.9	青铜		崔玄（*1*）
1379 年	内蒙古托克托	44.2	2.1	2.1	青铜	I	李逸友（*1*）
1379 年	绥远博物馆	43.2		2.1	青铜	I	Goodrich，in Goodrich & Fêng Chia-shêng（*1*），p. 122[②]
1409 年	秩父亲王藏品	35	1.5	2.27	青铜	I	黑田（*1*）；有马（*1*），第 118—119 页、第 137 页

① 馆藏有两个，每个均有两对炮耳。

② 就现存武器装备而论，1380 年是较为正确的。这曾为富路德及冯家昇［Goodrich & Fêng Chia-shêng（1），p. 122］所注意。举例来说，《明实录·太祖纪》［卷一二九，第七页（第二〇五五页）］，指定每兵士百人，配手铳 10 支，与火枪 10 支；《大明会典》（卷一九二，第六十三页）更进一步证实此事，但它给出了一个错误年代 1393 年；《续文献通考》（卷一三四，第三三九四·二页）叙述 1380 年有几种铳、枪和炮，大小形制从手铳到炮，包括盏口炮（参见 p. 289，旧式大口径短枪），均显著不同。从 1380 年起每三年军火厂生产口径直径大如饭碗（"椀口铜铳"）的青铜炮 3000 支和青铜手铳（"手把铜铳"）3000 支。在 1393 年每战船上配备 4 个椀口铜铳、16 支手铳、20 支火枪，还

配有其他更多的弹药与炸弹（卷一三四，第三九九五·一页）。

表 1（续）

年代	出土处及保存处	全长（厘米）	口径（厘米）	重量[①]（千克）	金属	铭文[②]	参考
1409 年	藤原藏品	35.5	1.5	2.5	青铜	I	黑田（*1*）；有马（*1*），第 119—120 页、第 137 页
1409 年	伍利奇，罗通达博物馆	61	–	–	青铜	I	H. Blackmore（私人通信）；图 95，96 冈
1412 年	伍利奇，罗通达博物馆	–	–	–	黄铜或青铜		田登（私人通信），但日期难以确信
1414 年	黑田藏品	36	1.4	2.2	青铜、	I	黑田（*1*）；有马（*1*），第 120—121 页、第 137 页；
1414 年	多贺宗志藏品	36	1.5	2. 265	青铜	I	黑田（*1*）；有马（*1*），第 121—122 页、第 138 页、第 141 页；
1421 年	黑田藏品	35. 8	1. 5	2. 25	青铜	I	黑田（*1*）；有马（*1*），第 122 页、第 138 页、
1421 年	柏林博物馆	35. 7	1. 5	–	青铜	I	Feldhaus（*1*）；p. 419（28）；Gohlke（2）；黑田（*1*）；有马（*1*），第 122 页、第 138 页
1423 年	黑田藏品	35. 8	1. 4	2. 2	青铜	I	黑田（*1*）；有马（*1*），第 124 页、第 138 页、第 141 页
1426 年		–	–	–	铸铁		Goodrich（24）；长沼（*1*），卷 5

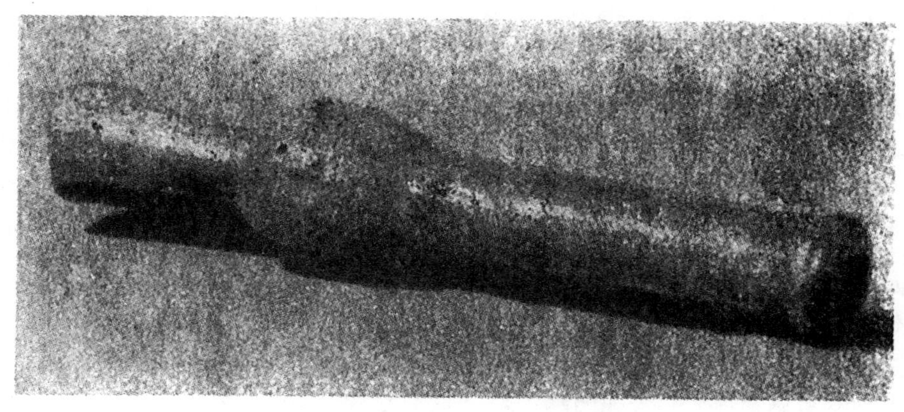

图 84 约 1288 年的青铜手铳，黑龙江出土，根据魏国忠（*1*）。

李庭亲自领导持火炮的 10 个勇士所组成的分遣队，在一个晚上袭入敌营。然后他们放了造成重大伤亡的砲，使敌人混乱，造成他们之间相互攻击与相互厮杀，并向各方飞逃[①]。

〈是夜，李庭引壮士十人潜至敌垒然火砲，贼惊扰，明日遂退。〉

这当然可能解释为手榴弹攻击，但是紧接下页有关于 1288 年早时的深入说明：

李庭选了持铳的士兵（“铳卒”），悄悄背上火砲；晚上渡河到上游[②]，然后发铳使敌人马惊扰，……并得到一次很大的胜利[③]。

〈李庭裹创选铳卒，潜负火砲、夜溯贵列河上游燃之，敌马惊逸，适土土哈还至合剌湟，帅师来应，黎明进战，大破之。〉

这里清楚说明，手铳或手提式臼炮必用在这次战役中，而不是手榴弹或小炸弹[④]，实际上，这必然是“铳”字在文献上最早出现的事例之一[⑤]。因此，可以说魏国忠的解释为特别有趣的文献权威性的典籍所支持，因为毕竟在明初一开始就准备修《元史》。他的发现将在长期内是极为重要的，因为它是目前为止发现的唯一可以肯定属于 13 世纪的金属管手铳。

对于 14 世纪后半期以前的蒙古时代的最早臼炮和手铳已有许多样品残存下来，仍有深入研究的余地[⑥]。在 1274 年与 1281 年侵略日本的战争中，火筒被应用到什么程度仍然不肯定，但是有坂铝藏[⑦]坚持认为用火筒的证据大量存在。例如侵略战后不久，大 295

① 普实克［Průsek (4)］彻底搞清了这个问题，看到了它的重要性，但他使我们不可理解地称李庭为李庭玉。

② 这是呼林河，以前叫贵烈儿河。

③ 参见《新元史》第 105 卷，第 6 页、第 7 页在另一蒙古王子《哈丹传》中。关于哈丹，见 Cordier (1), vol. 2, p. 280；他是窝阔台的儿子，一位成功的军事将领。

④ O. Franke (1), vol. 4, p. 467; vol. 5, p. 234 知道这两段文字的第一段，而没有注意到第二段，而第二段有着高度重要的技术术语。

⑤ 在这几个意义上，还可参见下文 p. 304。

⑥ 参见冈田登的特别与此有关的近期研究，冈田登（*4*）。

⑦ 有坂铝藏（*1*），第 3 卷，第 2 节。

约写于1300年的《日本辱国史》，对火铳作了许多叙述[①]，不仅说到蒙古将领忽敦于1274年指挥的对马岛之战，而且也叙述1281年的海岸攻击战[②]，这里不肯定的是，火枪可能意味着什么这个事实。但是大约在1360年成书的《八幡愚童训》里说到“铁砲”，“它点燃时引起闪光和巨大的声响”；而1370年的《太平记》提到“铁砲其外形如铃”，其造成巨声如雷，并同时射出几千铁球[③]。这些叙述看起来更像手铳与臼炮，而不是火枪；但是前者只能意味是铸铁炸弹，正如我们在《蒙古袭来绘词》中所见（上文p. 176），而后者可能是与火焰齐射的子弹的突火枪。这个题目要更深入地调查。元代的诗也许是得到有用知识的资料来源，王铃曾经引张宪1341年左右写于《玉笥集》中的两首诗，我们认为将其中之一当成火枪喷火筒更为适合（见上文p. 228），而另一首似乎更确切地属于投弹的突火枪（见上文p. 270）。但仍可能诗作于13世纪最后25年和14世纪最初25年内，也许包含真的金属管枪与火炮的有价值的信息。

回到表1，我们的注意引向第九项，把它列为值得注意的发现有下列理由：①在表里，与手铳相反的是最古老的炮；②它们现存有几百，几乎全有铭文；③它们是为一个短命的政权而制的，没有伪造者会想到利用其名[④]。它们的年代是1356年与1357
296 年，而其背景需要作点儿说明。张士诚是他们为之铸炮的统治者，当时的一个冒险家，在元代蒙古人与最终在全中国建立明朝的朱元璋势力之间的斗争中，在一个有限区域里获得了政权。张士诚原来是江苏泰州贩运私盐的商人，但在1353年领导了盐工与农民的反叛，最先拿下了高邮，然后在苏州与杭州建立了统治。当初他自称“诚王”，但后来建“朝代”号大周，并首先（而且仅仅）用天祐为年号[⑤]。在天祐三年和四年这位关心技术的统治者为其军队铸造了许多铁炮。快到1357年他投降了，然而他再次于1363年宣布独立，称吴王。最末他为朱元璋部将徐达所征服（1329—1383年）[⑥]，逃到南京，于1367年在这里自缢或被处死。他是一个短暂的统治者，但是确实有趣[⑦]。

从张文虎《舒艺室诗存》的一首诗里，我们知道火炮全部出土于南京，肯定是徐达埋藏的。大约在19世纪中叶，当把学校旧址开辟为公园或校场时[⑧]，它们就出土了。

---

① 这项资料也叙述范文虎将军统率的蒙古军队于1281年使用从管中射出的毒箭，这必然与我们在上文（p. 222）讨论的与火焰齐射的弹丸的火枪有关。

② 这些资料由王铃［Wang Ling（1），pp. 175—176］临时翻译。

③ 两项资料均由王铃做出临时翻译，见 Wang Ling（1），p. 175；与 Goodrich & Fêng Chia-Shêng（1），p. 120与附录，“铁砲”一词在后来日本曾普遍指滑膛枪（参见p. 430）。

④ 这些炮有人认为像欧洲17世纪早期的炮，但难以相信的是，刻有铭文的炮的重量可能有谎报。没有一位收藏者需要这样大而重的古物，而在传统中国对那样东西是不收藏的，更有甚者，这武器并不是分散发现的。

这张照片由富路德［Goodrich（24）］发表，有清楚的汉文题记，有些情况我们已作了叙述。另一方面，由于照片中铭文不能辨认清楚，又是抄写；因此富路德回忆（1982年3月5日来信）起来，对1944年发表文章提到的年代有点儿怀疑，完整的真相仅能对南通藏品的研究而得到澄清。

⑤ 甚至在慕阿德与颜慈的书中［Moule & Yetts（1）］没有叙述到朝代或者年号，所以知之不多，但是这些发现物的可靠性是不容怀疑的。

⑥ 值得注意的是，徐达曾对焦玉的火器做过测试，参见上文p. 27。

⑦ 参见孟森（*1*），第16—17页；Dardess（1）。他擅长鼓动平民。

⑧ 原文在《舒艺室诗存》，卷2，第22页。

其中一部分运至南通博物馆，以后就仍然在这里[①]。它们均有一对炮耳，在炸药室上略有一点儿凸起，典型的铭文如下："大周三年铸，重五百斤"或"大周四年六月一日铸"。

这就令我们想起14世纪在中国的手铳与炮上的许多其他铭文，只举少许例子就够了。例如，1332年的铳上就记了下面的话："至顺三年二月十四日造，绥远讨寇军，第三佰号，马山"[②]。1372年造而用于水上的[③]，载着：

水军左卫营，进师，第肆拾贰号，大碗口筒，重二十六斤，洪武五年十二月 297
吉日铸，宝源（铸币厂）局[④]。

鉴于早期的炮均有这个外形，对这个类似旧式大口径短炮的炮口描述特别有趣，好像这个大碗口就要接受一颗重的石弹或铁炮弹，其直径比主管的直径略大（参见图85、88、92、93）。从第二年（1373年）开始，很短的时间以后，我们便有另外的铭文，如下：

钟山要塞[⑤]，第一百三十号，长管铳，重三斤六两，洪武五年十二月吉日，宝源（铸造）局铸[⑥]。

所有这些标记都可与弩或弩砲扳机的标记作比较，铜制扳机的机械装置前已描述过 298
[本卷第六分册，30（e）2，（f）3]，因为已提供理由，所以对其可靠性没有怀疑。

李逸友（*1*）所报告的发现物出土于内蒙古托克托老城东门内，是黑河与黄河的汇合点，它之所以有趣是有许多理由的，比如它是和一大堆铜炮弹武器一起出土的。但有几个明代手持臼炮样品（1377年与1379年），有铭文示明它们企图用于发射技术演习，其中之一为：

手铳，洪武十年吉日造。教师沈名二、习学军人阿德、水军左卫营作教军用。重三斤八两。

另外铭文提到的有教师祝一，习学军人尚十三，属于虎贲左卫。第三支绘出了制作者
的名字，比如民匠徐成，袁州军工厂习学军匠王，他们都在地方都指挥使与军营断事 299
何祥之下工作。由于把人的名字和官衔铭刻在青铜铳上，使得六个世纪之后考古学家能揭示出来[⑦]，这是何等惊奇而意想不到的不朽方式。

---

① 其中二个由富路德[Goodrich（24）]摄影。韩国钧（*1*）在他论张士诚的专著里，在第100章中对周王大炮铸造厂作了复原。参见冯家昇（*6*），第39页。碰巧南通是我们第一个合作者王静宁（王铃）的故乡，因此我怀疑南通博物馆的古炮引起了他在中国炮史研究工作上的兴趣。

② 王荣（*1*），译文见Goodrich（25）。马山显然是一地名，但它也可以用来指定为旅或师的名。

③ 特别有兴味的是，郑和（参见本书第四卷第三分册，pp. 487ff.）在15世纪伟大的航海有许多护卫舰，拥有来自左卫营的水军。我们已在前面（本书第四卷第三分册，p. 516）注意到前后的关系。郑和的航行运用海炮由Duyvendak（19）作了详细讨论，虽然也有各种误解，部分由于在立论的基础是从较晚的小说中引来。我们仍不怀疑1405年到1433年宝船舰队曾运用过海军枪炮，我们以感谢的心情在此记录了与我们的合作者罗荣邦于1962年在这个题目上所进行的有益的讨论。

④ 王荣（*1*），由作者译成英文，宝源局负责制造各种军事设备，甚至军鼓。

⑤ 这是紫金山，在南京正东北。

⑥ 译文见Goodrich（15），年代的不同是由于中国年几乎包括整个正月。

⑦ 炮手的名字当然也流传到诗歌和故事里。例如著名的小说《水浒传》告诉我们，宋江设计引诱并俘获当时最大的制炮工艺家凌振。这个作品首先是从古老的剧本而且恰好是大约这个时间的故事编辑而成，此事见《水浒传》第五十四回。

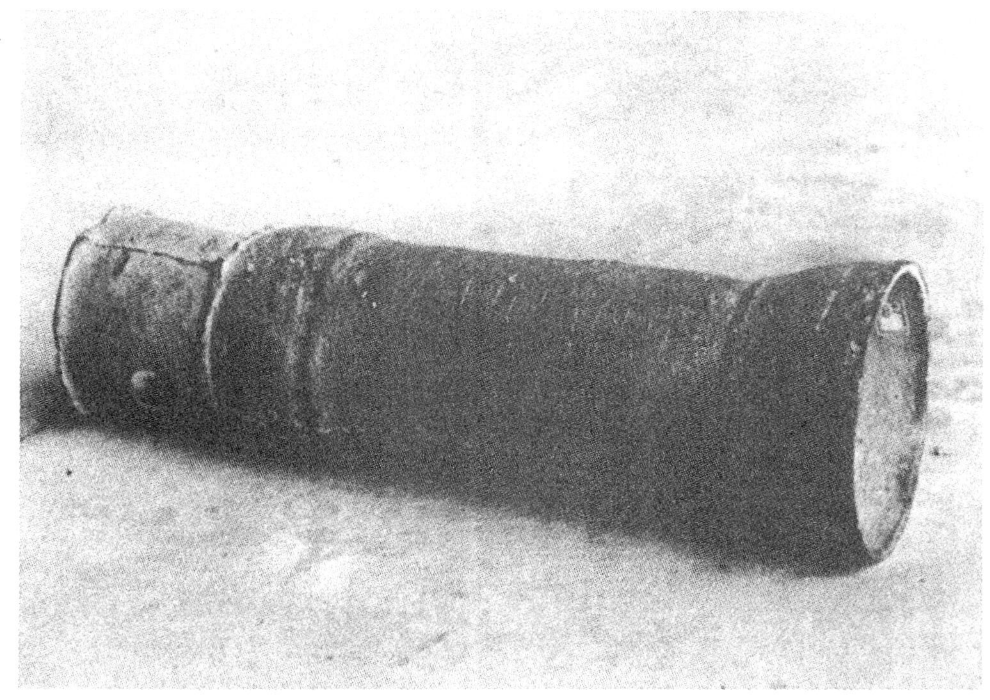

图 85 1332 年的元代青铜铳或臼炮（北京中国历史博物馆摄）。

图 86 1332 年刻有日期的铳或臼炮之侧面（拍摄原件）。铭文在两图上均可看见。

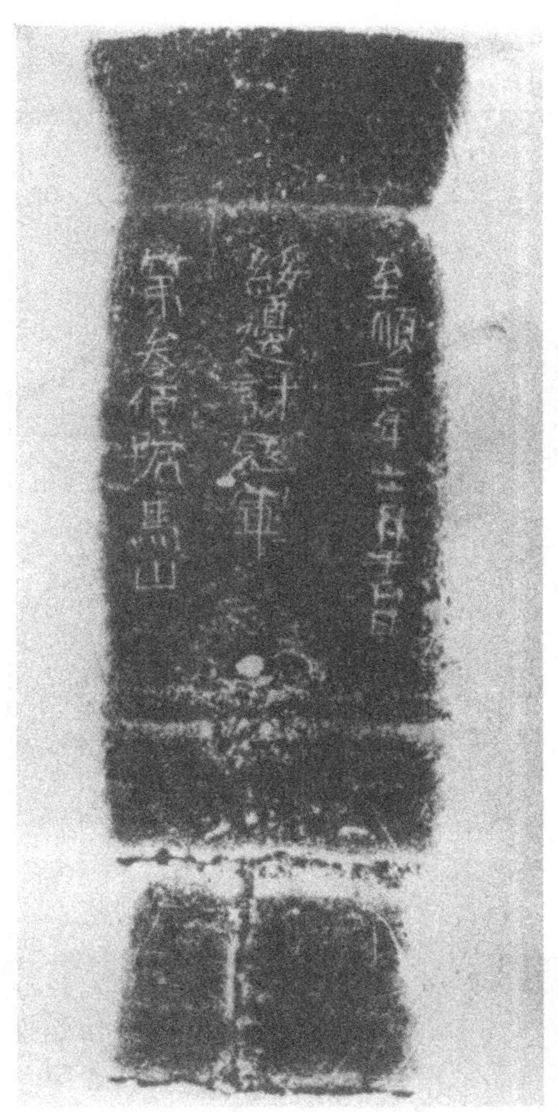

图 87　铳上铭文拓片，说明是至顺三年造的，译文在上文 p. 296。

确实不能对真正的金属管枪的起源作出精确的判断。但是我们看到金属管首先为 304
制造火枪及突火枪而造，在单个填膛炮弹充分利用火药的推进力之前，它还要经历很长一段时间。我们还注意到“火筒”一词至少要追溯到唐代（p. 221），不过那时它仅指在前哨瞭望台顶部点燃的信号火的引信。之后从 13 世纪初，我们将回忆起《行军须知》在 1230 年提到“火筒”；这是很难确定“管”或“筒”是否指真正的管状炮或者只是火枪与突火枪（原始炮）的管子[1]。待至 1288 年，我们可真的遇到金属管枪了，而随后取名为“铳”，它出现在很远的北方李庭事件中，用以突袭那颜的营地（p. 294）。因此我们现在只能假定大约在 13 世纪中叶可能是金属管枪起源的时间，而渴望

① 上文 p. 221。

300

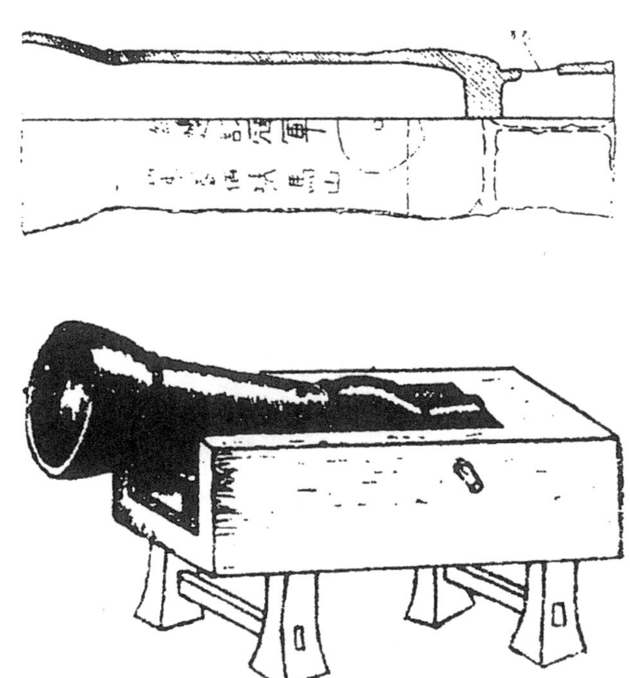

图 88　承装臼炮的复原图，附横切面图，根据王荣（*1*），请再次注意“木匠的凳子”安装类型。

图 89　伍利奇（Woolwich）的罗通达（Rotunda）博物馆所藏的 14 世纪中国铸铁炮（级别 Ⅰ，50）。口径 4.15 寸，全长 18.7 寸，布莱克莫尔摄。

301

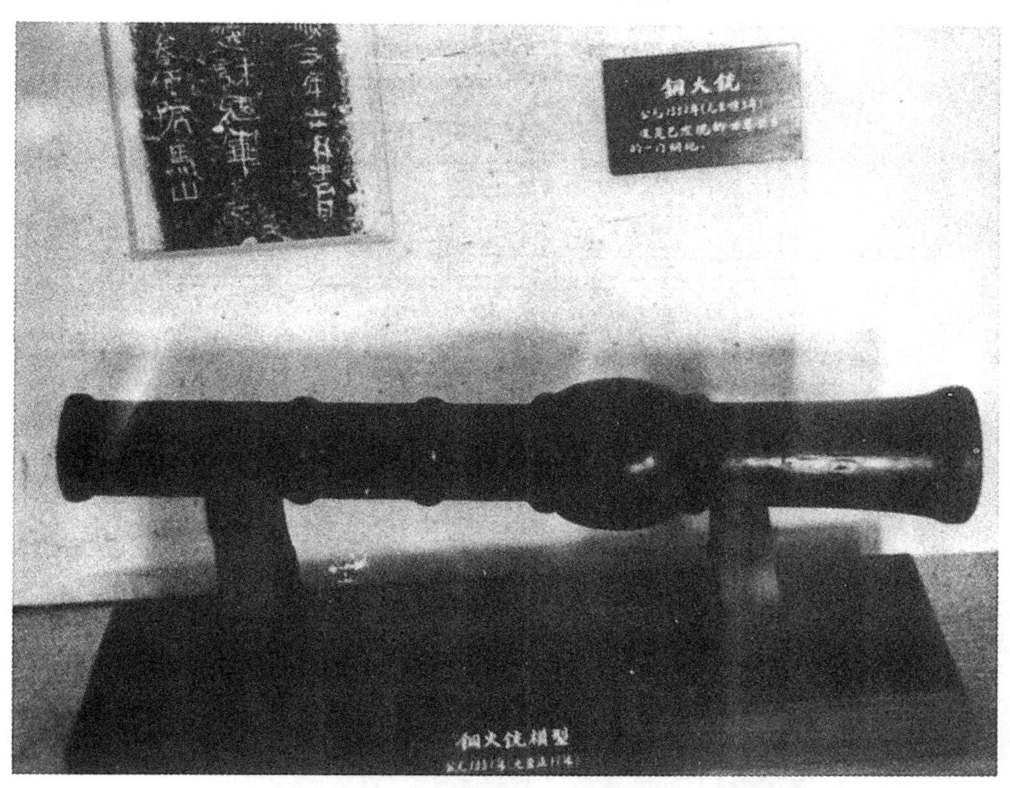

图 90a 1351 年纪年的臼炮或手铳，由青铜制成，藏北京中国历史博物馆（拍摄原件）。

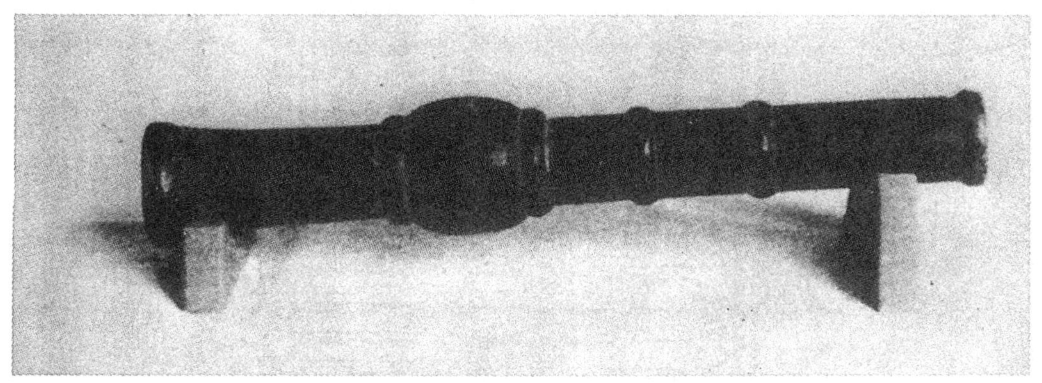

图 90b 上图铳的另一侧面（中国历史博物馆摄）。

302

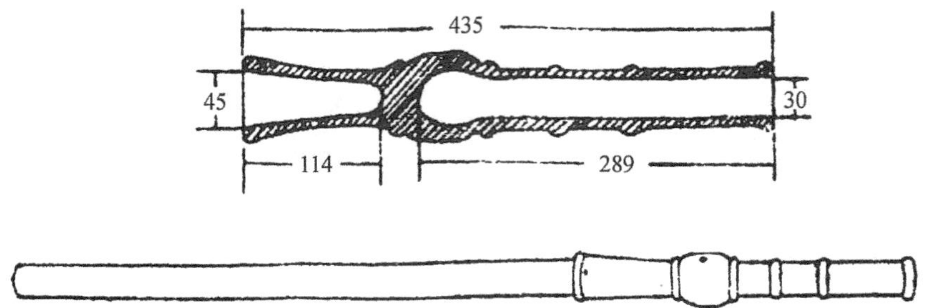

图 91　1351 年铳的横切面图，复原图。复原图显示木柄如何正对炮尾的凹处。所有早期铳都有这种凹槽。

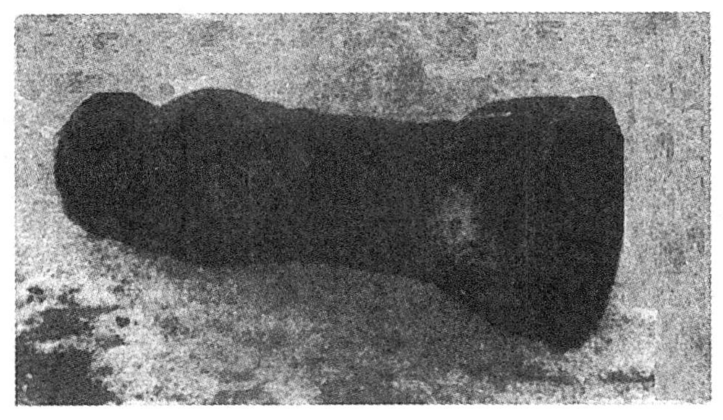

图 92　刻有日期的 1372 年盏口铳（“大碗口铳”），根据王荣（*1*）。

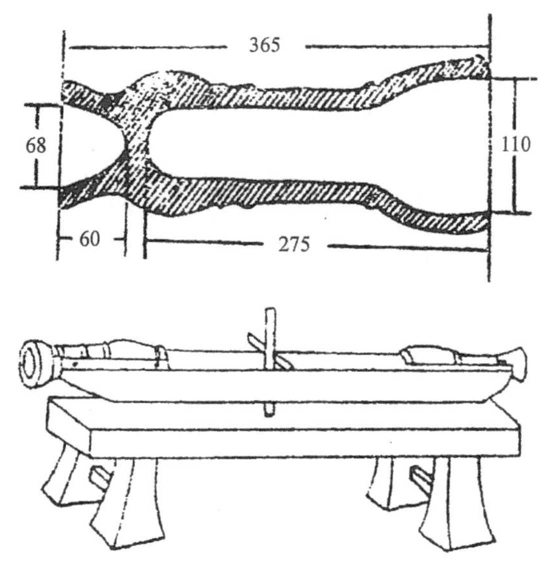

图 93　1372 年（洪武五年）明代臼炮的横切面图。《兵录》曾有它所如何装载的启示（参见下文图 106）。这种“双向发射”（Mr Facing-both-Ways）装置肯定使火力加倍，但对站在后面的炮手，不可能很舒适。采自王荣（*1*）。

303

图 94a 刻有日期的 1377 年铁铸迫击炮或臼炮，有两对炮耳，藏于山西太原的省历史博物馆（拍摄原件）。

图 94b 上图的另一侧面（拍摄原件）。火门非常清晰。

图95 保存在伍利奇的罗通达博物馆的中国青铜铳（级别Ⅱ，261）
铭文称于永乐七年造（1409年）。长度约2尺。布莱克莫尔摄。

做更深入的文献研究，再结合幸存下来的考古发掘物，才有助于使结论更为正确。

要谈的第二项是描述使用早期火器的战争的记载，但因为14世纪在欧洲这类武器
已广泛流行，我们只举一些例子。在1353年元代蒙古部队用“火筒”对付张士诚的军
队①，而他们放了“火鏃”，字面意义是“火钩”或“枪头”；但我们现在很难说出它
们是古代纵火箭，还是后来如此显赫的火箭，毋宁说它们是从枪射出来的箭，正如我
306 们在沃尔特·德米拉米特的著名插图（图82、83）② 中所看到的那样。在1358年及第
二年，张士诚部将吕珍成功地保卫了绍兴城，抗击朱元璋命令徐达与胡大海进行的一
系列包围战③。从此之后不久徐勉之写的《保越录》④ 中，我们知道炮与手铳（“火
筒”）被双方任意使用⑤，不仅是放石弹（“石球”），还是放铁弹（“铁弹丸”）⑥。此一
时期的实物炮弹已经被日本考古学家在蒙古的夏都多沦泊区域的上都发掘出土⑦。都是
石弹，直径为3寸和4寸⑧，因宫殿于1358年遭焚毁，这些实物不可能比这更晚。于
是“火铳”一词经过蒙古将军之间在元代末年进行的一场内部残杀的斗争中又重新起
用，当时达扎麻识理与孛罗帖木儿在北京附近战斗⑨。后者忠于元朝最后一个皇帝顺帝
（妥欢帖睦尔），但是没有效果。在50与60年代蒙古人与汉人用千变万化联盟的办法进
行的战斗中，最后朱元璋全盘胜利。在那段时间的最后，很大的火炮已进入使用，如徐

① 参见 Goodrich & Fang Chao-Ying（1），vol. 1，pp. 99ff.。

② 冯家昇（*6*），第75页。

③ 参见《明史·徐达传》卷一二五，第三页。

④ Goodrich & Fang Chao-Ying（1），vol. 2，p. 1396。

⑤ Franke（23），英译文见 pp. 9，23，33，35 有关周的一方；pp. 18，43 有关明的一方。

⑥ Franke（23），p. 43，参见冯家昇（*6*），第75页。

⑦ 原田淑人与驹井和爱（*2*），第24页、第67页，图21。

⑧ 重量分别相当21.2两及55.6两。伴出物有宋代钱币、1322年石碑一块及各种瓦，有些是钴蓝色的，另些有树叶与茎干的装饰。参见上文 p. 292*。

⑨ 冯家昇（*6*），第75页。论孛罗帖木儿见 Cordier（1），vol. 2，p. 362。关于孛罗帖木儿的传见《元史》卷九十五，第九页以及卷二〇七第二页。

图 96　炮上的铭文，处于管子的后部。

达于1366年攻击张士诚的首都苏州时使用的“铜将军”[1]。除开这点，我们很难追寻下去。

在14世纪晚期还有些有趣的事，不能漠然不顾[2]。例如我们听说，有个姓杨的炮手（“杨炮手”）1356年从蒙古逃奔朱元璋，受命于1363年率领用手铳武装起来的分遣队（“铳手”），参加了导致割据一省反抗明朝的陈友谅失败的战争[3]。这次战役大量
307 依靠火器。邓愈[4]在1362年成功地用手铳（“火铳”）保卫南昌，而俞通海在次年著名的鄱阳湖水战中运用它们产生了很大的效果[5]。所以在1371年明军队对另外一省统治者四川的明昇的战斗中，也运用了它们。明昇的父亲自立为王，朱元璋的水军溯扬子江进发，无视敌人“铁铳”并烧其“火炮”和“火筒”，现在看来肯定是枪，而且最后环绕成都的战役中，用同类武器击溃了蜀人的象军[6]。以后在1387年与阿瓦缅甸敌对，为了准备征战，当时前线将领沐英受命备有不少于2000支火铳，并令他的兵工部门昼夜制造火铳用火药[7]，翌年缅甸掸人以大的象队来攻，中国炮兵又一次战胜了他们，其王子思伦发遭到严重失败而逃跑[8]。至此已进入14世纪最后的几年。

然而我们不能忘记紧邻中国的文化。例如14世纪，朝鲜既从中国也从欧洲得到臼炮。从1356年以后这个国家被日本海盗“倭寇”多次骚扰，高丽恭愍王派遣特使至明廷乞求供给火器。严格地说，明王朝还没有建立，但是朱元璋看来好意地对待这一要求，采取相应措施[9]。《高丽史》谈到某种臼炮（“铳筒”）能将箭从南冈山射到顺天寺之南。这种武器所具有的力量和速度使它们连同其箭羽一起完全穿入地中（图97、98）[10]。1372年一位叫李亢（或李元）的从华南到达朝鲜，他是制硝工人（“焰硝匠”），或商人，被高丽廷臣崔茂宣当作朋友。崔秘密询问李的秘方，并派几个随员学他的技艺。崔全靠着李的传授，成为高丽的第一个会制造火药与枪管的人[11]。我们还听
309 到1373年一王室成员检阅新舰队，包括对射出纵火箭防备海盗船的火管枪的试验[12]。

在1373年由张子温率领的新使团被派到中国首都，要求紧急供应火药[13]。高丽人为了驱逐日本海盗建造了特种船，船上的大炮需要火药。次年在合浦军营被日本海盗纵火焚烧后，伤亡达五千人以上，于是又向明朝皇帝提出另一请求。起初太祖不愿提供火药与火器给高丽人，但在1374年他改变了主意。除供给他们所要求的东西之外，

---

① 冯，前揭文。参见《平吴录》，第四十页，与王仁俊（*1*），《格致古微》第5卷，第11页。

② 从现代的观点看，对于这个时期的最好记载是 Goodrich & Fêng Chia-Shêng (1), pp. 120—121。

③ 《宋学士全集补遗》卷三（第一三四七页），参见上文 pp. 30—31。

④ 《明实录》，太祖纪十二。

⑤ 《明史》卷一三三，第四页；Dreyer (2)。

⑥ 《明史》卷一二九，第十二页起；《平夏录》，第十九页；《明实录》，太祖纪六十七。

⑦ 《云南机务抄黄》，第三十五页起；《明实录》，太祖纪一八二。

⑧ 《明史》卷一二六，第十九页；《明实录》，太祖纪一八九。

⑨ 《高丽史》卷四十四，参见有马成甫（*1*），第227页。

⑩ 《高丽史》卷八十一，有马前揭文。这引起了我们对沃尔特·德米拉米特书中插图（图82、83）有关臼炮的生动回忆。

⑪ 参见有马成甫（*1*），第231页；也参见上文 p. 289。

⑫ 《高丽史》卷四十四；参见有马成甫（*1*），第228页。

⑬ 《续纂丽史》卷六；参见有马成甫（*1*），第229页。人们必须记住正当高丽王国解体之前，在1392年在新的朝代下建立了朝鲜王国。

308

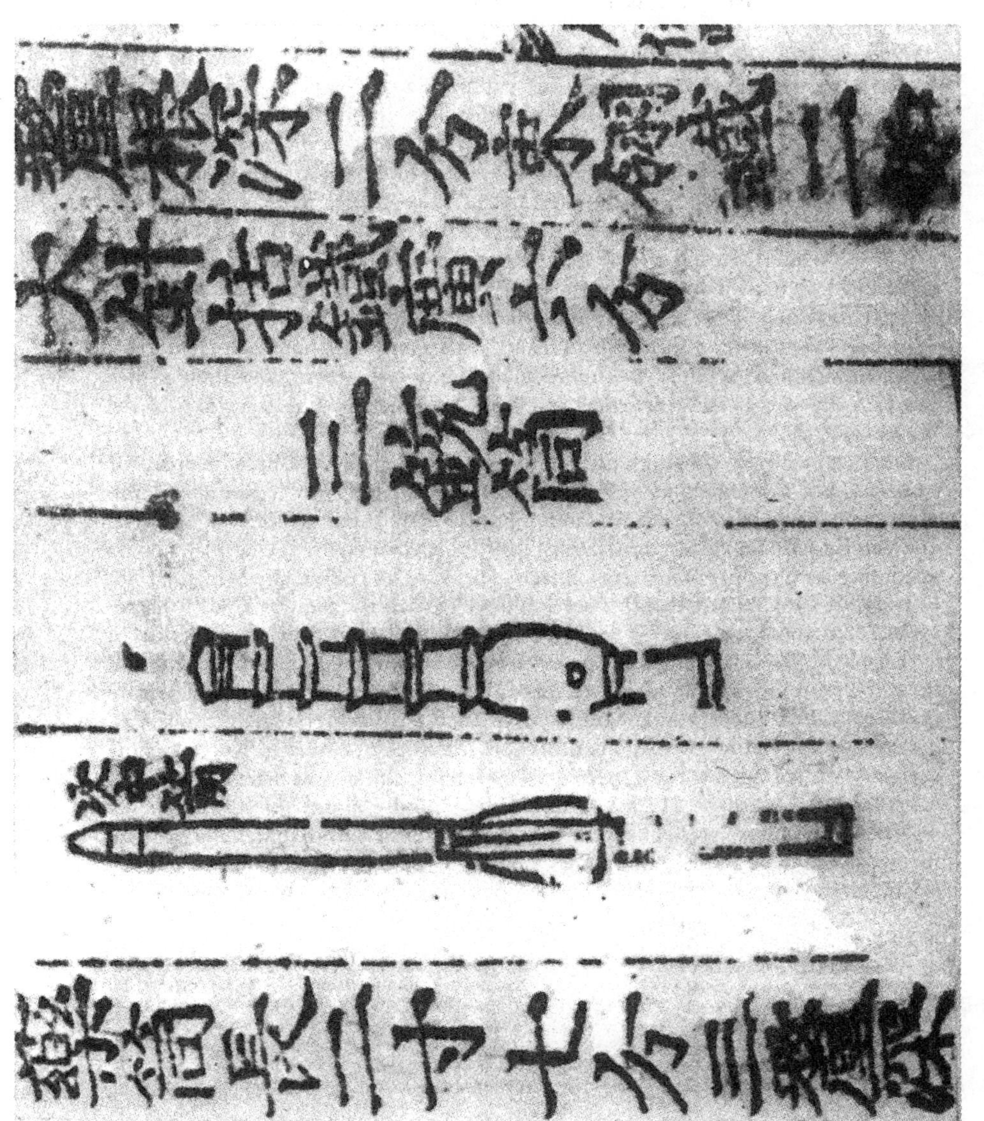

图 97 高丽《国朝五礼仪》（1474 年）的一页，显示一种早期型的手铳和从其中放出的有金属翼的箭。采自 Boots（1），图版 21b。

图 98　与上同类的箭，但要大些，9 尺多长，有金属的头和翼，由与上同类型的枪射出。藏汉城博物馆。采自 Boots (1)，图版 21a。

他还派了军官去视察高丽人所造的反海盗船。《高丽史》记载高丽第一次系统地制造火
310 铳与臼炮是在 1377 年，并说军器制造是由“火桶都监”指导，此职务是由崔茂宣提议
设立的①。从此以后高丽的炮不断进步，在 16 世纪的战役中发挥了十分重大的作用②。

在以后的两个世纪中，明王朝对火器知识管制得很严，文人们对枪炮都不甚熟悉，在他们撰写的书里对枪炮的论述当然就不会准确。对明代军事和武器方面的知识贫乏，最明显地表现在 17 世纪官修史书的编纂者身上。例如，《明史·艺文志》有关兵书部分仅收录了 58 种书名，1643 年焦勗在《火攻挈要》一书的序言里提到的兵书书名，大部分在《明史》中略去了③。

张廷玉在《明史》中谈到火炮④：

> 古人所说的砲，是射石弹的抛石机。在元朝初自西域（引入）一种砲，用来攻打金国的蔡州城。这是第一次使用火器（型的砲），但是技术失传，很少使用。后来成祖征安南，得“神机枪砲”技术，为此他特别设立了“神机营”，让军队去

---

① 《高丽史》卷十八；参见有马成甫 (*1*)，第 230 页。

② 参见上文 p. 289，许多老式朝鲜手铳和臼炮的博物馆标本均为布茨所说明，见 Boots (1)。

③ 《明史》卷九十九，第八页至第十页。

④ 参见《明史》，卷九十二，第十页，由作者译成英文；纂修《明史》的敕令颁于 1646 年，但直到 90 年后才修完。我们这里引用张廷玉，这因为他是修《明史》的主编，不过，有关兵志肯定不是他写的。有可能是姜宸英负责，但我们确实不知道作者的名字。

学习如何制造[1]。他们用青铜、黄铜及赤铜还有铁[2]分层打造[3]……他们制成大小不同型号，最大的安放在车上，小的安放在架上，最小的用杆或者其他的支架。主要用于防守，但亦可用于野战。

〈古所谓砲，皆以机发石。元初得西域砲，攻金蔡州城，始用火。然造法不传，后亦罕用。至明成祖平交阯，得神机铊砲法，特置神机营肄习。制用生、熟、赤铜相间，共用铁者，建铁柔为最，西铁次之。大小不等，大者发用车，次及小者用架，用椿，用托。大利于守，小利于战，随宜而用，为行军要器。〉

这使人莫名其妙。第一句还清楚，但是一提到穆斯林抛石机（“回回砲”），作者显然认为是火炮，作者的思路误入了歧途，因为金政权亡于1234年，元朝直到1280年才建立[4]。可以理解的是，由于术语的不稳定，这一点我们已经叙述过（p. 248），混淆的情 311
况变得更加混乱，如“神机”一词指滑膛枪，而“枪”（鎗）是火枪[5]，装有或不装与火焰齐射的弹丸；而“砲”可能是火炮，而不是通常用的手铳。作者在冶炼方面也不在行，否则就不会写出那段有关用料的文字。结尾显然指的是臼炮与早期的火炮（自1320年前后已为人们知道）、手铳（至少从1290年起），和甚至带有叉架的滑膛枪。一句话，作者对自己所谈的并不了解，我们需要尽力从字里行间中弄清他的本意。

文中的第四句话很可能给人一种错误印象，即所谓的“神机枪”是最早的管状枪。例如赵翼在1790年就是这样解释的[6]。不少西方人如梅辉立[7]和翟理斯[8]均从其说，都认为金属管状枪是作为一项越南人的发明而进入中国的。有马成甫花了不少功夫扭转这一状况。他解释说：“到了明成祖时，（使用）神机枪的（新）技术在征安南时得到了发展”[9]。事实上也是真的，《火龙经》曾记叙“神枪箭”（图99）说“此即平安南之器也”，这就是说它是‘正是这种武器（用于）征服安南’[10]。事实上火枪用铁力木制造，能射出一支箭以及与火焰齐射的铅弹。但是我们也不能排除这句话的另一意义，即“此即征安南（时获得）的武器”。在《洴澼百金方》（1626年）中可找到一个说法，当永乐时期（1403—1424年）安南被征服后，发现安南人在制造这种类型的火枪方面很有技巧，于是明朝皇帝下令仿造[11]。因而由越南传入的火枪仅是中国文献资料所

---

① 这段文字重复出现在《明会要》卷六十一（第一一八八页），年代是1410年。成祖是永乐死后的谥号，在位于1403—1424年，明成祖征安南是1405年和1410年［参见 Cordier (1), vol. 3, pp. 33ff.］。

② “生、熟、赤铜相间”，很难用冶炼术语说明。参见本书第五卷第二分册，p. 208。

③ 这里原文有几个错字。

④ 无疑的是，前人的误解播下了谬种，传播开来，使后来历史学家对此纠缠不清（参见上文 p. 227）。抛石机在中国出现的真正日期大约是1270年［参见第六分册 (f), 5］。

⑤ 最早当然仅仅是一支矛。

⑥ 《陔余丛考》卷三十，第十六页。

⑦ Mayers (6), p. 94。

⑧ Giles (1), p. 21。

⑨ 有马成甫 (*1*)，第168—169页。

⑩ 《火器图》，第二十页；其他的出处参见上文（p. 251），然而值得注意的是，插图和文字说明它们出现在最早层次，即1412年［《火龙经》（上集）卷二，第二十三页］。

⑪ 《洴澼百金方》卷四，第三十二页。

312

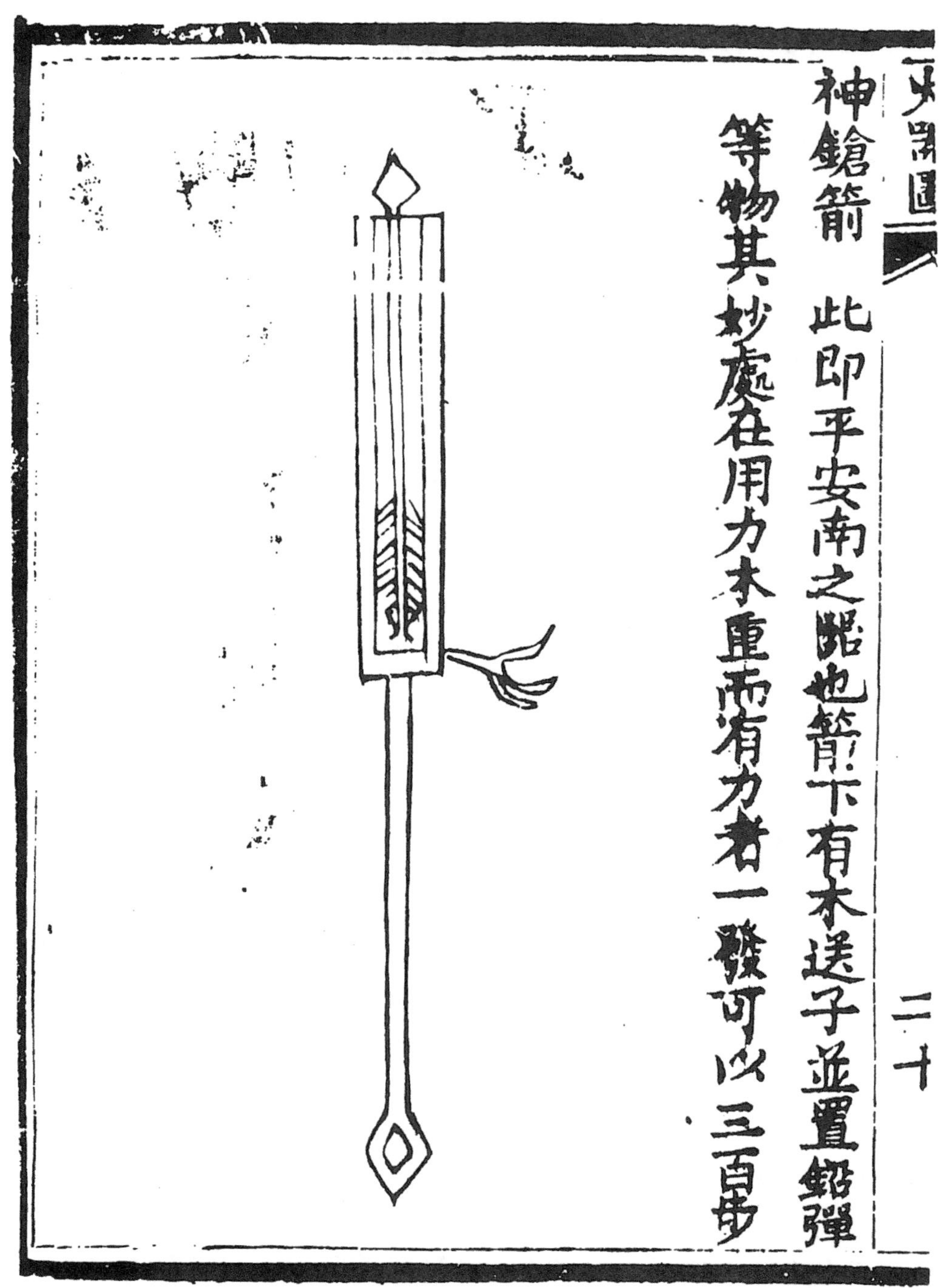

图 99 “神枪箭”在《火器图》，第二十页，对此物的描述曾错误导致一些作者假定此枪乃源于安南。事实上它是用铁力木制的火枪，发射箭并同时发射一些铅弹作为与火焰齐射的子弹。但它可以描述为原始枪，因为据说射出子弹可达三百步，而且在箭的后部还装有一个木制的筒塞。

描述的许多火枪中之一[①]。

这里我们不想低估安南军队工匠的精巧设计，事实是从13世纪中叶后[②]，在蒙古 313
军队压力下，南宋人步步南迁。宋军残部很可能越过边界进入安南境内，以逃避蒙古人的屠杀。其中很可能有人带来了火枪装置[③]。安南人可能使用了本地的硬木，发展了"神枪箭"。明代中国人没有把科技发明和发现当作是有关本国声誉的一件事；没有出现像欧洲对发明微积分、发现海王星那样的争论。相反，中国人通常承认来自外国的任何产物或装置，在该物名称前冠以"胡"或"洋"字。因此，"神枪箭"起源于安南，没有引起中国人任何异议。

戚继光在1568年成书的《练兵实纪》中提到"虎蹲砲"，明初（1368年）已用于边疆各据点[④]。人们所期待的仅是如此而已，有助于了解其大概发展。《练兵实纪》收入《明史·艺文志》里，看来《明史》的编纂者们并没有时间去阅读他们在《艺文志》中罗列的所有书籍。可以肯定，这是《明史》兵志的编纂者缺乏火器常识，而使这段文字莫名其妙。为了更清楚了解早期臼炮和火枪，我们得再次求助于军事著作。

首先我们还得追踪《明史》记载的15世纪前半期的发展。编纂者现在用的术语越来越一致并容易理解，它说，1412年也就是平安南之后，同年《火龙经》首次问世，皇帝下敕令沿边诸关隘均置五炮作为要塞火炮。在1422年一位征越南的胜将张辅，请求将这一系统伸展到北方边境，例如山西，他的要求得以实现，虽然命令高度保密。在1430年另一官员谭广建议所有边陲城镇都要供应"神铳"[⑤]。所以在1441年两位边
将黄真与杨洪，在接近前线地方建立了制造这些武器的兵工厂（"神铳局"）。但是英 314
宗进行了干预，基于安全的理由，他禁止分散枪的制造地。其次在1448年提督杨善请求许可铸造两个头的铜臼炮（"两头铜铳"），这必然与我们即将遇到的旋转双碗口铳相同（图106）[⑥]——假定他得到了这种武器[⑦]。此后从南方传来另一个有兴味的侧面消息，因为在1450年一位叫江潮的官员，推荐制造"三筒铁火药枪"[⑧]，这正是他的军事同僚平安使用的，还附有防护盾（"火伞"）[⑨]，这种火器由师翱及贵州省的应州人造

① 参见上文 pp. 240ff.。不过，中国历史学家继续探讨那时从安南传入的火枪或滑膛枪，例如凌杨藻，参见他1799年的《蠡勺编》卷四十（第六四九页）。

与安南有关的原始叙述或许就是塔贝纳里斯［Tavernier（1），见第1个英译本，vol. Ⅲ，p. 187］，他认为阿萨姆（Assam）人"以前发明了枪和火药，从阿萨姆传到勃固（Pegu）（在缅甸），又从勃固流传到中国，从此火药的发明就归于中国人了"。这段文字由盖特［Gait（1），p. 92］引用在米尔吉莫拉（Mirgimola 或 Mir Jumlah）于1663年赴阿萨姆探险记的上下文中。对这些参考文献我们向圣安德鲁斯（St Andrews）的安东尼·巴特勒博士（Dr. Anthony Butler）致谢。

② 大家记得从本书上文（p. 209）记载，汉人，特别是南方人，在元朝时被看作第三等公民。

③ 最近一个时期，我们看到了中国国民党残军在印度支那边界、中缅边界，以及泰国边境地区建立了他们自己的居留地。

④ 《练兵实纪》（杂集）卷五，第二十页（第二三五页）。

⑤ 这三件史实均见《明史》卷九十二，第十页。

⑥ 这些在欧洲也有被发现，藏于慕尼黑大约是1442年的拉丁写本（CLM 197），它有一个关于安放在车上两支枪指着相反方向的插图，或许它是解决重复发射的最早方法。

⑦ 《明史》卷九十二，第十一页。

⑧ "枪"或"铳"字是同时使用的，能射出300多步远，可能与14世纪、15世纪的一种排枪或管风琴枪（ribaudequin）有些相似，但是更早的世纪里，火枪有几个管子的例证是丰富的（上文 p. 243）。

⑨ 论盾牌与火器同用，见下文 p. 414。

得特别好。经过检验和批准[①]，放箭的枪仍在使用，因为在 1464 年房能报告在边界战斗中使用“九龙筒”令人满意的结果，它一经点燃一次能从筒里同时发射出九支箭[②]。关于搞边境军火厂仍是小心谨慎的，这个情况持续了整个世纪，因为在 1496 年再次坚持集中在工部单独制造枪和炮，再分送各边界单位[③]。最后，到 1529 年，文献上说到了佛郎机与葡萄牙的后膛吊索枪，那是另一段历史，对此我们将推迟一下再谈[④]。

早期各种类型的臼炮和火炮的清晰图只能求援于《火龙经》，它描述如下。“虎蹲砲”（图 75）[⑤] 我们业已有机会叙述过好几次了（pp. 21，277），原文云：

315 虎蹲砲因它的外形而得名。有 2 尺长，重 36 斤[⑥]。（用来固定炮位的）（铁）钉每根重 3 斤，长 1 尺 1 寸，为了加强管子的六根铸铁带，每根长 1 尺 2 寸，重 3 斤。管内可容子弹 100 颗，每颗重 5 钱与 8 两火药。

〈虎蹲砲长二尺，重三十六斤。大铁钉每根长一尺二寸，重三斤。火绳每根长二丈五尺，重四两。六根铸铁带，每根长一尺一寸，重三斤。铁锤每把重三斤，其器因其形得名也，器内吞百子，每子亦五钱，与药八两。〉

从图上看，与期望相反，小臼炮必定向右边发射，否则大铁钉将不会把后坐力影响减弱。炮弹可能置于袋内像开花弹，否则将不过是突火炮而已。这属于《火龙经》的最早期的层次，也就是 1350 年左右。环绕管子的铁带是后来非常重要的加强措施的前驱[⑦]。

与此相接近的武器叫“威远砲”（图 100）[⑧]，原文说：

每个重 120 斤[⑨]，长 2 尺 8 寸，从基底到火门是 5 寸，从火门到腹部是 3 寸 2 分。火门口径超过 2 寸 2 分，在火门上有个能移动活盖子，保护（主要是火药）

---

① 再见《明史》卷九十二，第十一页。

② 这种情况在欧洲也是一样，参见 Partington（5），pp. 101，104，144，154。1430 年的《大砲书》（*Livre de Cannonerie*）描绘射出箭的枪和臼炮（像沃尔特·德米拉米特的书说的一样），而大约 1450 年的拉丁文抄本（BN 7239）也是如此说的。

③ 《明会要》卷六十一，(第一一八九页)。

④ 参见下文 pp. 369ff. 。

⑤ 《火龙经》（上集）卷二，第三页；《火器图》，第十页，由作者译成英文。更详细有关虎蹲砲的叙述见《兵录》卷十二，第八页、第九页；也见于《武备志》卷一二二，第十四页至第十六页，译文见 Davis & Ware（1），p. 534。原文所描述的铅弹仍是与火焰齐射的，除充塞膛口的大铅弹以外。

⑥ 即 21.6 千克，明代的斤则等于 0.6 千克。

⑦ 这实际上是重要的武器，也是中国工匠如何能在非常早期的阶段，正确处理事物的一个范例。虎蹲砲仍然用于装备精良的中朝舰队，而且它是 1590 年击退日本侵略企图的决定性因素。这些轻量型的炮似乎是生产组装铁枪的一种早期成功尝试，它早于阿姆斯特朗（Armstrong）与惠特沃思（Whitworth）的方法大约五个世纪。当管子赤热时乘其热膨胀时将铁带或环套在管子上，正如修造轮子的人套轮胎（它们可能具有较大张力的熟铁），而叉子是再一次分开铸造的。人们将乐于知道，可锻铸铁制作方法是否是 17 世纪或 18 世纪的欧洲发明，很长时间一直这么认为，但现在要承认开始于战国和汉代的（参见第 36 节）这种方法已应用于炮的制作。无论如何，中国人具有冷却铁铸件的长期经验（参见 Needham，32），而现在的情况又掌握了控制尺寸、准确装配的技术，是很重要的。此结果表明铸工在大规模生产条件下令人惊叹的技巧，在这里质量监督问题是非常令人头痛的。他们确实没有达尔格伦（Dahlgren）大约在 1858 年所引人的在铸件中放水管以保证各部分以均匀的速度冷却的冷却铸炮方法，他们似乎不需要它。本法应感谢克莱顿·布雷特博士的提示。

⑧ 《火龙经》（上集）卷二，第二页；《火器图》，第十页，由作者译成英文，参见《武备志》卷一二二，第十一页、第十二页；又见《兵录》卷十二，第五页、第六页。不要将此与“威远将军”相混，后者是清帝赐与在 1676 年戴梓制的炮名，见下文 p. 409。

⑨ 即 72 千克。

免受雨淋。这种炮不发生大的爆炸，也没有很大的后坐力。用火药8两，每个大铅弹重2斤，（袋内）100个小铅弹每颗重6钱，用手发射极其方便。

〈高二尺八寸。底至火门高五寸，火门至腹高三寸二分，砲口径过二寸二分，重百二十斤。火门上有活盖，以防阴雨。此砲不炸，不大后坐。用药八两，大铅子一枚重三斤六两，小铅子一百，每重六钱，就近手可点发。〉

这里我们看见一个臼炮的模型，且已绘成图。炸药室周围的壁加厚，但我们可以相信整个膛的口径始终是一样的。这里再一次遇到经常提到的早期瓶状臼炮（见上文 p. 236；与下文 p. 330）。在14世纪插图中，这种武器并没有瞄准器，在1600年铸上了瞄准器[1]。

另外一种早期火器是小的“迅雷砲”[2]。《火龙经》云： 317

每个重十多斤。从底部到火门为2寸5分，在火门后1寸左右有一小孔，一条铁链从此穿过，可以把（砲）固定在地上以便阻止后坐。还可以把许多砲连成一组，从远地摧毁敌人的地雷与炮兵阵地。

〈砲底至火门高二寸五分。火门下一寸许凿一大眼，用铁橛钉地，便不后坐。亦可作连砲，每位重十余斤。多用以从远地摧毁敌人地雷及砲兵阵地。〉

因为只重7千克左右。因此很容易携带[3]。它呈双筒形可能是企图加强炸药室壁，使它像盏口炮那样，炮口内能安放一个炮弹。

“飞礞砲”是这些小手铳之一[4]，实际也能发射炮弹，原文云：

砲身（即管）是铁造的，长1尺，径3寸，绑在一根2尺5寸长的（木）柄上。首先将火药压在管子里。然后将4寸长、直径2寸5分的装有毒火药[5]及铁渣的小铁炸弹之口用胶与纸封好[6]，放在铳口之内。大铳与小铳的药线是联在一起的。大铳点燃，射出炸弹，其后爆炸，迅速杀死人马。

〈铁造，身长一尺，径五寸，下柄有二尺五寸，内舂火药。外小铁砲长四寸，口径二寸五分，装毒火药。铁渣为满，用夹纸糊口。药线通于大铳，置之铳口，火铳一发，小铳自去，人马中亡，瞬息而毙。〉

这种稀奇的投弹武器从它的大小与手柄（图101）看，显出更像一支枪，而不是炮。汉语“砲”字现在用来称火炮（annon），而“铳”字现在义为“枪”（gun），在枪与炮早期发展阶段有时它们可以互换使用，在这种情况下，它们二者可适用于同一种东西。

其次让我们研究放在轮子上的东西，虽然看起来仍然很小，像最早的野战炮。这就是“千子雷砲”[7]（图102）。原文云：

---

① 后部的叫“照门”，在炮口的叫“照星”。

② 《火龙经》（上集）卷二，第四页；《火器图》，第十一页，由作者译成英文。参见《武备志》卷一二二，第十六页、第十七页。

③ 要记住，可运量的极限是9千克，或者20磅。

④ 《火龙经》（上集）卷二，第十页；《火器图》，第十四页；由作者译成英文。又见《兵录》卷十二，第十九页，“礞”此处本义为“云母”，但是人们在此不得不使它有“隐藏”之义。这出现在现在各种版本中，例如《武备志》卷一二三，第十三页。

⑤ 参见上文 p. 180。

⑥ 推测是在接受终端增加闪耀的效果。

⑦ 《火龙经》（上集）卷二，第十四页；《火器图》，第十六页，由作者译成英文。参见《武备志》卷一二三，第二十七页。为便于理解，原文中有几个错误已予改正。

316

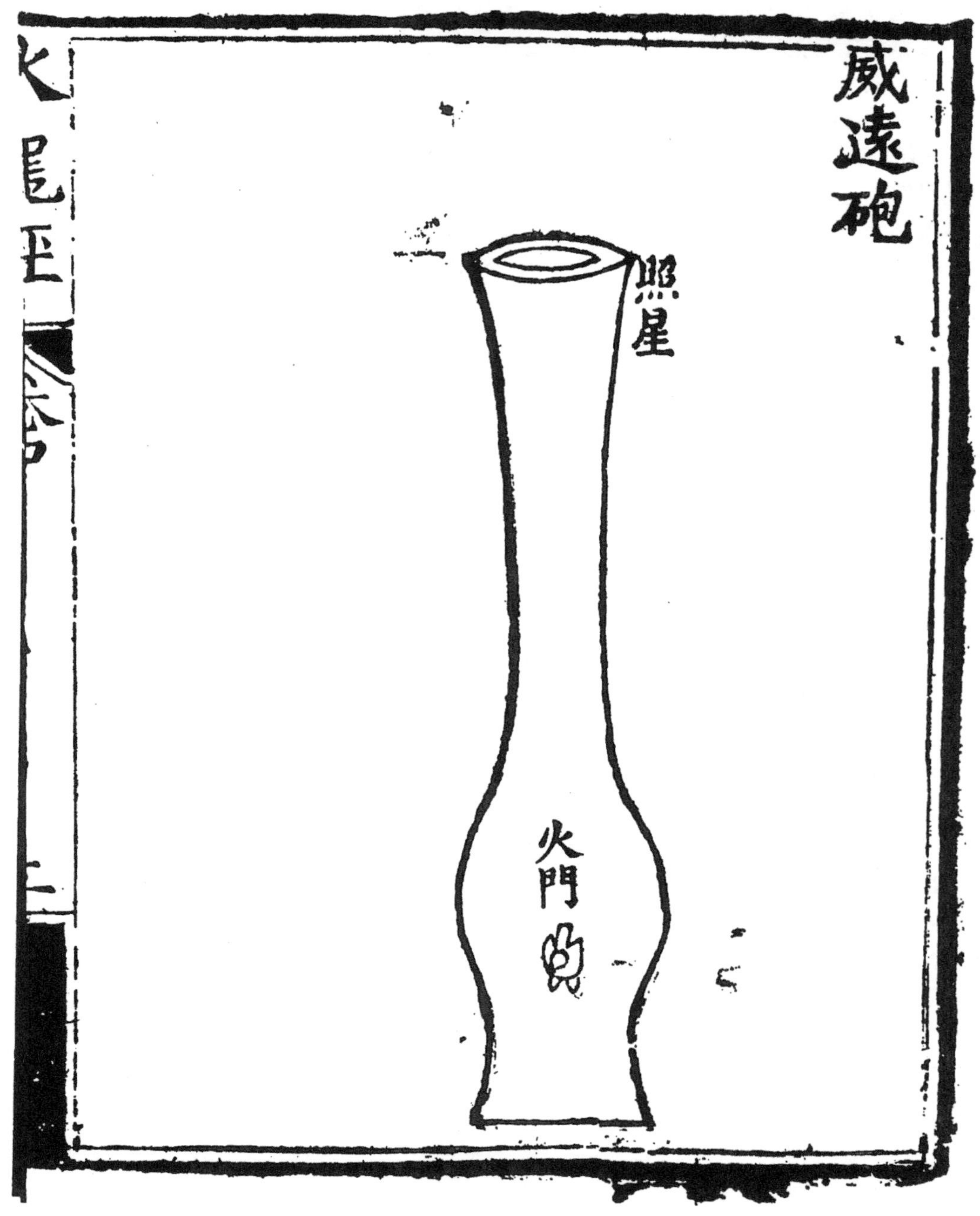

图 100 瓶状的“威远砲”，采自《火龙经》（上集）卷二，第二页。因为它属该书的第一个层次，因此其年代大约至少要早到 1350 年。炸药室之上使金属壁加厚是经常应当注意的重大问题。

318

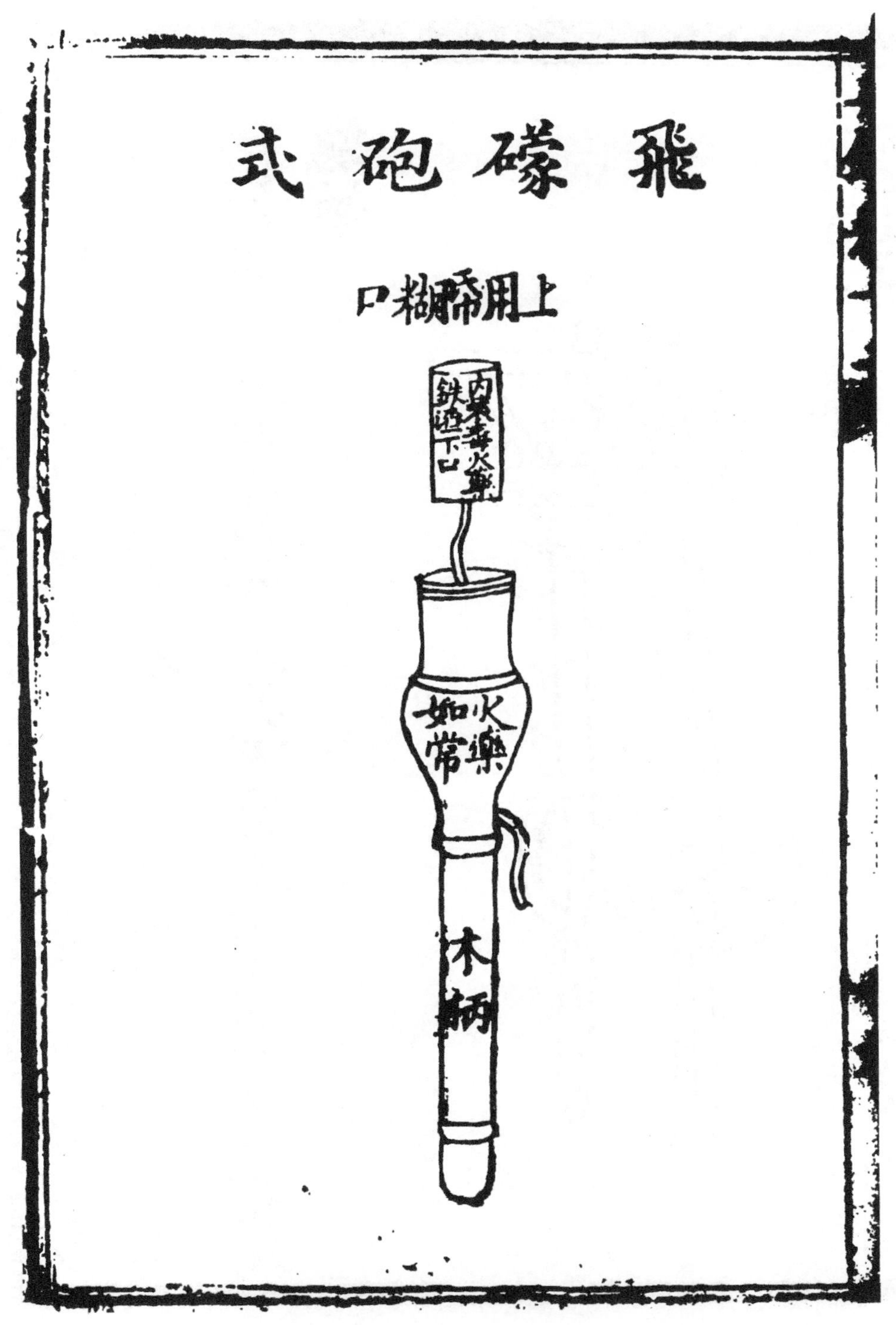

图 101 “飞礮砲”，一种发射炮弹的小手铳，采自《火龙经》（上集）卷二，第十页；与《兵录》卷十二，第十九页，图片取自《兵录》。短管是铁的，尾部木制，强固的外壳装霰弹，既装有毒物质也装有火药，它是以推进剂爆炸而发射闪光的。

319

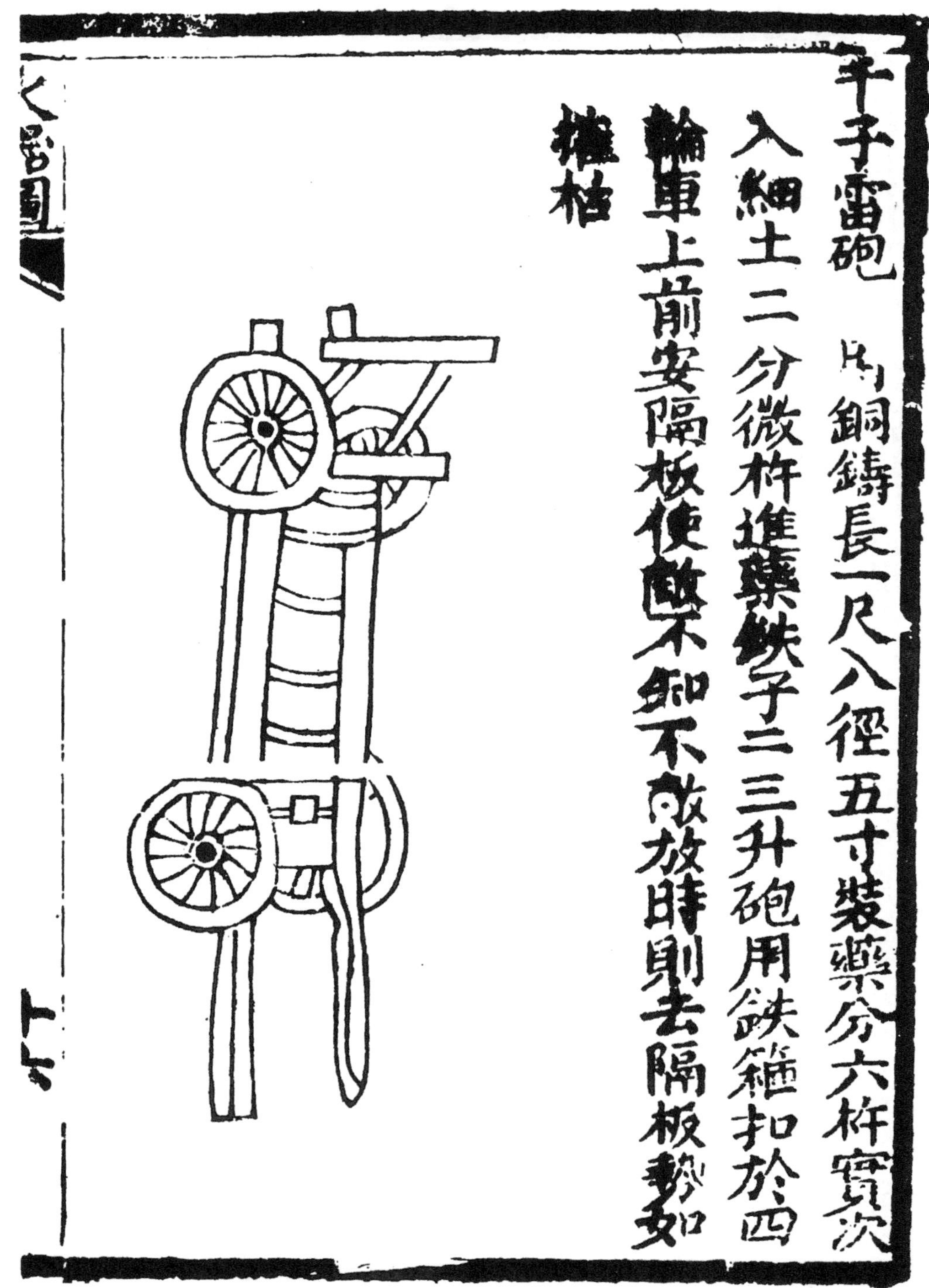

图 102　“千子雷砲”，或许是最早的野战炮，采自《火器图》，第十六页，这使年代在 1300 年与 1350 年之间。值得注意的是，此炮不呈瓶状，这就显示更好的冶铸无须使得炸药室外壁加厚。

由青铜铸成，长1尺8寸，直径为5寸。火药压满管子的十分之六；再放入细土；为管子的十分之二，慢慢压实。随后放入2—3升铁弹（封在袋里）。砲用铁箍绑在四轮车上，木盾牌放在车前面，使敌人不知道有砲；放时去掉盾板。它射出的力量就（使沿途的东西摧毁）像拉掉干树枝一样①。

〈用铜铸，长一尺半，径5寸，装药分六，杵实。次入细土二分，微杵。进药铁子二三升，砲用铁箍扣于四轮车上，前安隔板，使敌不知不敌，放时则去隔板，势如摧枯”。〉

现在是讲一讲诸如葡萄弹或开花弹（参见上文 p. 275）的时候了。有许多另外形式 321
的火器安放在两轮手推车上，例如（图 104）一种七管排枪或管风琴枪（ribaudequin），叫“七星铳”②。还有与炮类似，或许更为进步，出现在《火龙经》中的较晚层次中的“攻戎砲”（参见图 105），仅是安放在两轮车上的可以移动的炮③，图中其显著瓶状清晰可见。另外一些带枪或炮的车也出现在文献中，著名的有 1607 年吕坤描绘的“大神铳滚车”④，以及 1643 年焦勗提及的“铳车”⑤。但那时差不多已快到近代时期了。

《明史》在许多另外形式的武器中曾叙述到“盏口铳”和“碗口砲”⑥。我们业已注意到（见上文 p. 297）碗形的口有能装比膛径略大一点儿子弹的便利。其中最稀奇的一种型式叫“双向发射式”（Mr Facing-Both-Ways）或“两面门神武器”（Jauns-like Weapon），它由两支指着相反方向的枪组成，安放在枢轴支架上（图 106），根据何汝宾的描述⑦：

双碗口铳（“碗口砲”）由安放于可移动支架上的（两）枪组成，（以便作水平方向旋转）在（木）凳上。因此两头（口）指向相反方向。第一个铳点火，第二铳（转至位置）立即发射。每个都是装大石弹的口。如铳瞄准水线下的敌船，砲弹将沿着水面发射并打碎船边（因此船将沉下）。它真是一种方便的武器。

〈碗口铳用凳为架，上加活盘，以铳嵌入两头，打过一铳，又打一铳，放时以铳口内衔大石弹，照准贼船底舫平水面打去，以碎其船，最为便利。〉

这显然是对复发射问题最早的一种解决方法⑧，但正当军士向前发射时，谁都不愿作站在后面的炮手。装与再装是缓慢的，除非铳管是可代换的，而且应储备好几个铳管⑨。

图中可以看到药室上那部分比较凸出，因此出现东西方最早的臼炮均有瓶状外观
的问题，我们再也不能不谈了。早期炮手感到应该加强推进剂即将发生爆炸之处的 325

---

① 与欧洲的四轮（图 103）相似性是引人注意的，但应该记住，欧洲至少要晚一个世纪。

② 《火龙经》（上集）卷二，第十五页；与《火攻备要》本相同；《火器图》，第十六页；参见《武备志》卷一二四，第十六页、第十七页。

③ 《火龙经》（中集）卷二，第十页、第十一页；《武备志》卷一二三，第二十四页、第二十五页。有着钩子的锚是用来固定臼炮，使坐力减小到极小程度。

④ 《守城救命书》，第十四页、第十五页。

⑤ 《火攻挈要》，图谱，第二十页、第三十三页。

⑥ 《明史》卷九十二，第十二页。这两样东西在其他地方出现，均以“铳”或“将军”代替“砲”字。所用名词的正确选择可能取决于该件的大小。

在明朝后期，碗口铳被推荐用于北方边地防线的每一观察炮楼；《武备志》卷九十七，第十四页、第十五页，参见 Serruys（2），p. 19。

⑦ 《兵录》卷十二，第十页，由作者译成英文。

⑧ 进一步是“车轮砲”，有 36 个管子，从一个中心向外发散，正像轮子的幅一样，见《武备志》卷一二三，第二十三页、第二十四页；译文见 Daris & Ware（1），p. 535。一个骡子只能在每边拉一个，但一些管仍是对着炮手的。

⑨ 很近似的装置也于 1386 年在欧洲出现，它有两个头（capita）或尾（testes）［Tout（1），p. 635］。

320

图 103　大约一个世纪后的欧洲野战炮，采自大约 1450 年的日耳曼烟火书，与四轮车作比较［伦敦塔军械库摄］，注意纵火弹是由站在图右的士兵以弩发射出去的。

322

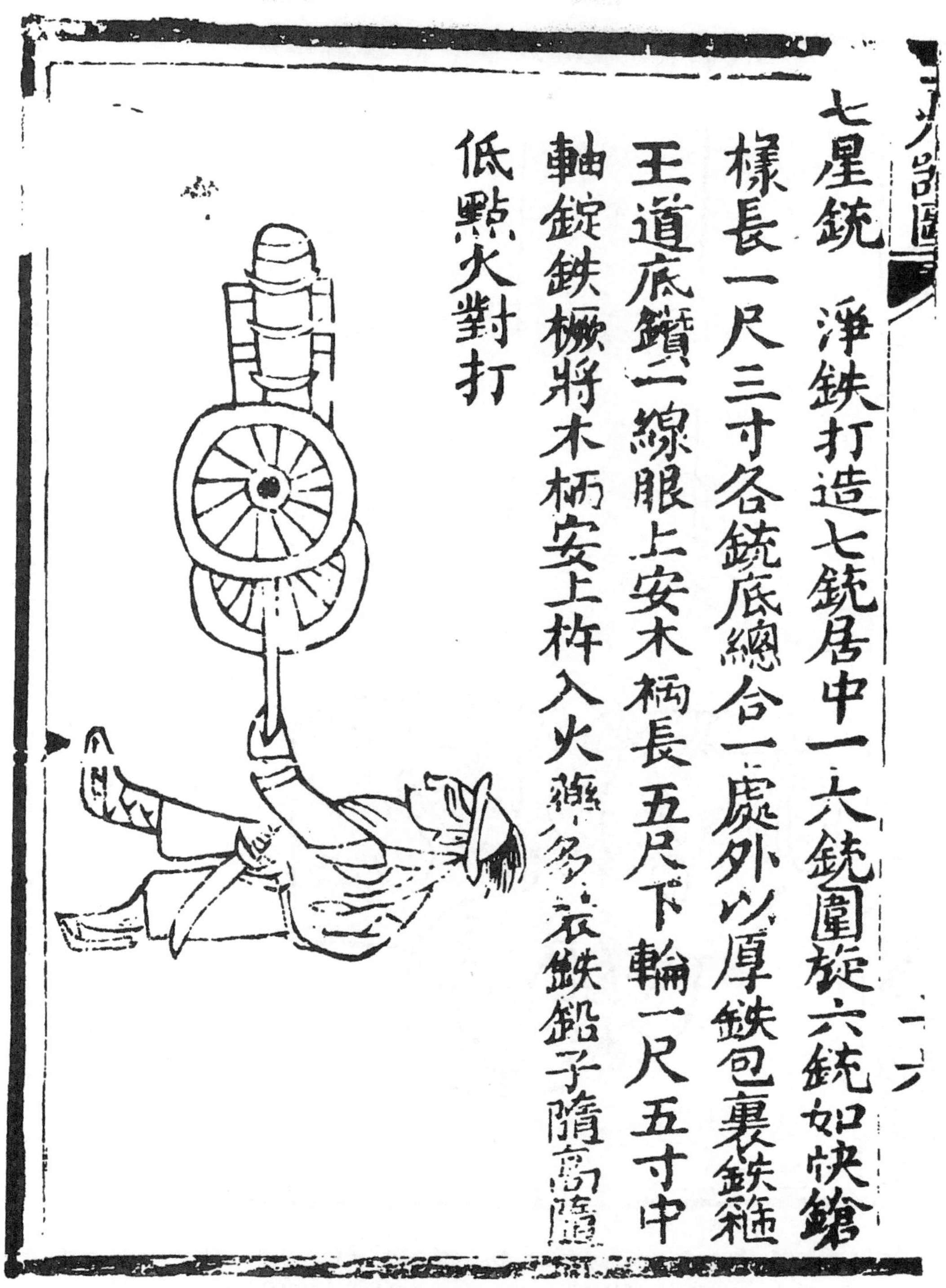

图 104　“七星铳”，载在双轮车上的七管铳，采自《火器图》，第十六页。虽然图上仅仅显示了两个辅助管，但它看起来犹如六根小管子围绕着中心的火管。

323

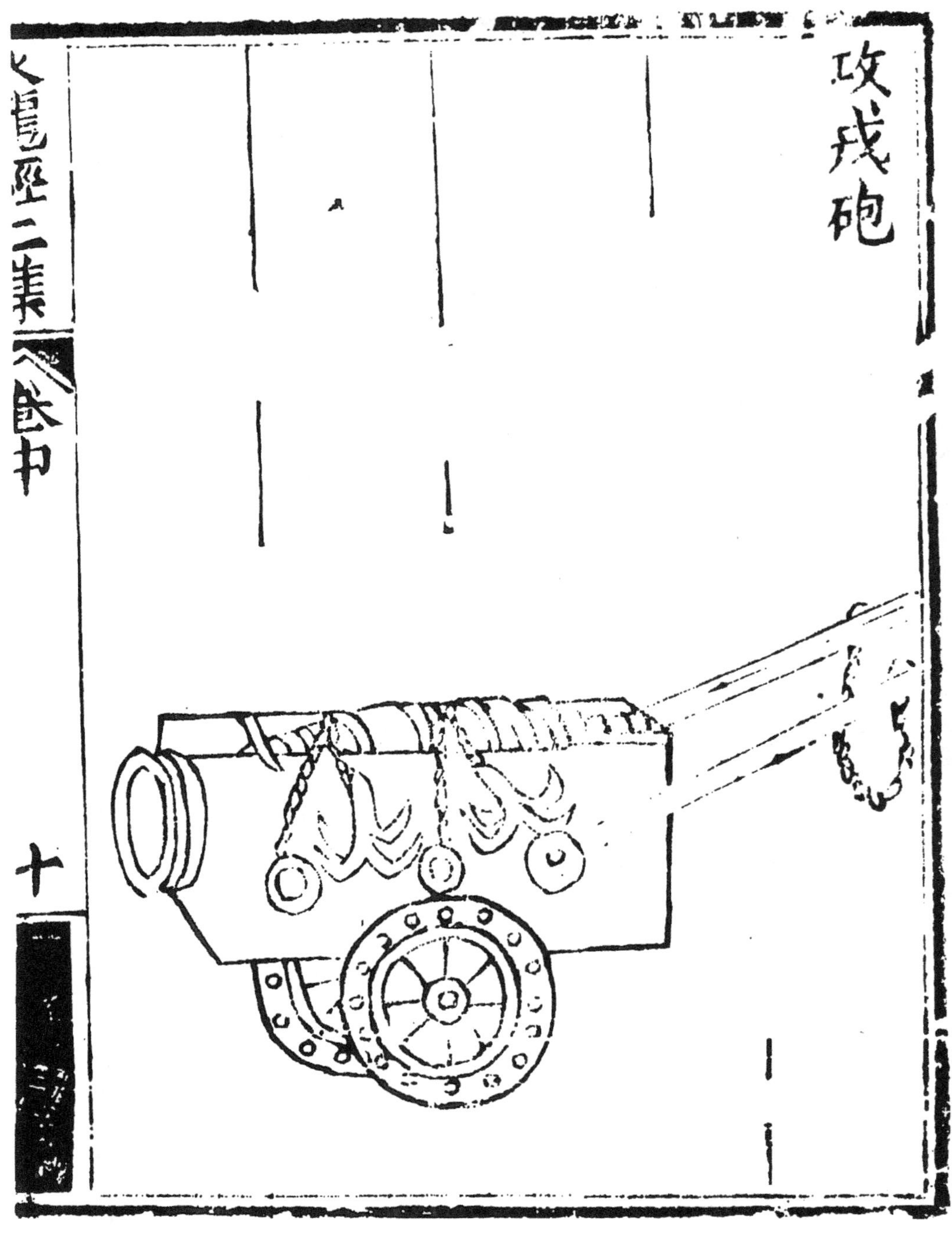

图 105　“攻戎砲”，绘在《火龙经》（中集）卷二，第十页。人们会看到，在某种程度上它仍是瓶状，后坐力因安装了带刺的锚而得到减轻。一架双轮手推车可运攻戎砲一门。

324

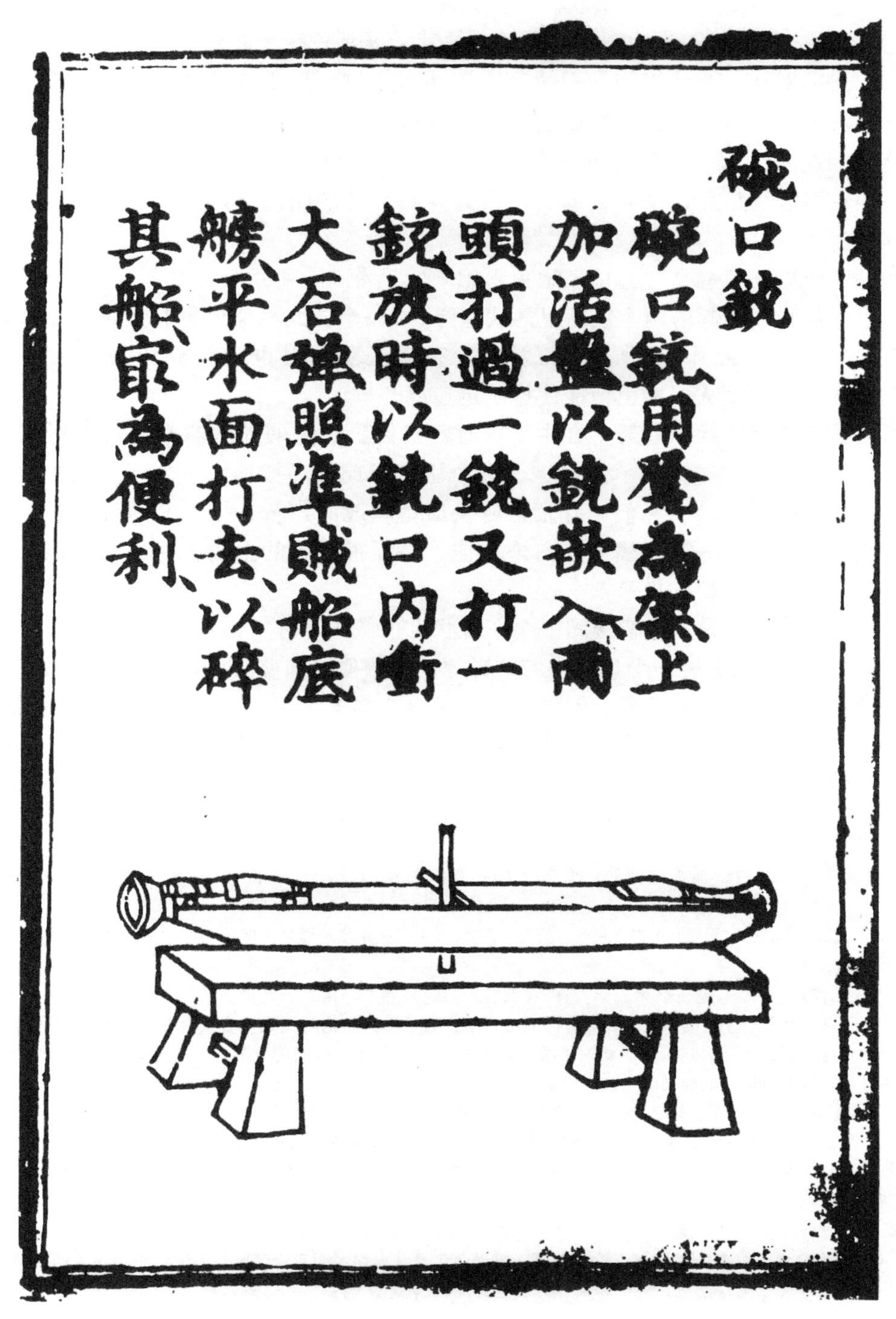

碗口銃

碗口銃用凳為架上加活盤以銃嵌入兩頭打過一銃又打一銃、放時以銃口內對大石彈照準賊船底艕、平水面打去、以碎其船、最為便利、

图 106　“碗口铳”，双尾大口径短铳，放在“木匠的凳子”上（《兵录》卷十二，第十页）。用于水战，两支管子围绕着一个中心点滚动，以加倍火力。

金属管管壁，无疑才产生这种形状。尽管如此，我们看到（p. 315）整个腔膛仍然是均匀的[①]。有的人将瓶状与直边圆筒口径单一的管子（从竹管发展到后来所有的滑膛枪与野战枪）进行对比，当认识到，不管管子的外形如何，只要膛径是均匀的，任何表面的矛盾都消失了。瓶状的古式武器出现在军事著作里，例如，图 107 中的“八面神威风火砲”[②]。它有 3 尺长，能指向任何方向，两个人操作（一人瞄准，一人发射），发射的一颗铅弹能洞穿好几个人，或者可以砸碎敌船的舷侧以使之沉没，有 200 步以上的射程。

另外一个瓶状臼炮是“穿山破地火雷砲”[③]，青铜制、4 尺长，发射一袋三升铅弹，或者一个大如扣在一起的两个饭碗粗的铁炮弹[④]。一个与此相似但更为短粗的瓶状炮有点像石臼的是“飞摧炸砲”[⑤]。它发射既含有铁蒺藜同时也含有火药的铁火炮（图 108），通过竹管达到火门的引信能使炮手迅速离开[⑥]。

但当我们谈到瓶状枪炮架“九牛瓮”时，我们看到它的外形非常独特的形式（图 109）[⑦]。每个有 5 尺长，直径为 1 尺[⑧]，九个用带子或吊环被捆在一个架子上。石制炮
329 弹每颗大的有 20 斤重[⑨]；它们一齐发射时发出雷鸣般的声音，据说其射程超过 10 里，图的解说词补充说，一根药线与多臼炮相连，必须很强壮的士兵才能移动它们，也许果真如此，因为图上没有显示轮子。

这里引人注目的是，我们遇到一个在形状上很像沃尔特·德米拉米特（图 82、83）所绘的武器[⑩]，无疑也有一个口径均匀的内膛，其相似处如此突出，人们以为面前的显然是一个从中国传送来的东西。的确，插图与原文都属于 16 世纪晚期或 17 世纪早期，但是这件东西本身是如此古老，中国作者与艺术家的保守主义如此极端，因此我们特别想将这些瓶状枪或小的变体原则上定为近于 1300 年的产品[⑪]。至少令人惊奇的是，

---

① 许多作者绘出其纵剖面，例如：黑田（*1*）；有马与黑田（*1*）；有马（*1*）和王荣（*1*）。参见上文图 88、93。

② 《火龙经》（中集）卷二，第二十三页、第二十四页；《武备火龙经》卷二，第十八页；《武备志》卷一三三，第五页、第六页。

③ 《火龙经》（中集）卷三，第二十六页；《武备火龙经》卷二，第二十九页。

④ 我们说一个袋子，但必须记住，一方面它与火焰齐射子弹的火枪与突火枪之间并没有什么鲜明的分界线；另一方面，它与晚期的铳与火炮所用的真正靠推进力的炮弹也没有什么鲜明的分界线，与火焰齐射弹丸的原理仍坚持一些时候，直到有厚壁的金属管阶段仍是如此。

⑤ 《武备志》卷一二二，第二十六页。参见 Davis & Ware (1)，p. 350。

⑥ 也许这些形式系由小口小底的瓶状型装石灰与其他进攻性物质的陶器所引起（参见上文 pp. 123ff.）。这些物质又曾用于“风尘砲”的炮弹，《火龙经》曾对此有插图与说明，见《火龙经》（上集）卷二，第十一页；《火器图》，第十四页，参见上文的图 27。

奇怪的是，冯家昇（*6*）（第 74—75 页）说蒙古人在 1258 年围攻巴格达时曾使用“铁火瓶”，而英国人在 1327 年（即德米拉米特写本之年）也有这种东西。前者必然是铁火炮，而后者无疑是臼炮，这是很大的不同。

⑦ 《火龙经》（中集）卷三，第十四页、第十五页；《武备志》卷一三一，第六页。

⑧ 原文并未说从何点量此长度。

⑨ 即 12 千克。

⑩ 参见上文 pp. 284，289，伯特［Burtt (1)］说：任何欧洲 1327 年以后火药的最古老资料，是英国财务大臣派普·罗尔斯（Pipe Rolls）所说 1346 年的克雷西之战（Battle of Creçy）时用火药的资料。有趣的是，在 1353 年他发现有关“箭与枪栓”（gunnis cum sagittis et pellotis）的资料，还有“瞄准用的尾”（gunnis cum telar）。

⑪ 正如在开始时我们说的，无数的火攻武器必须基于发展的逻辑和文献顺序来判断，后世作家常为了追求完整性，倾向于用他们时代早已废弃了的东西来说明和描绘装置。

326

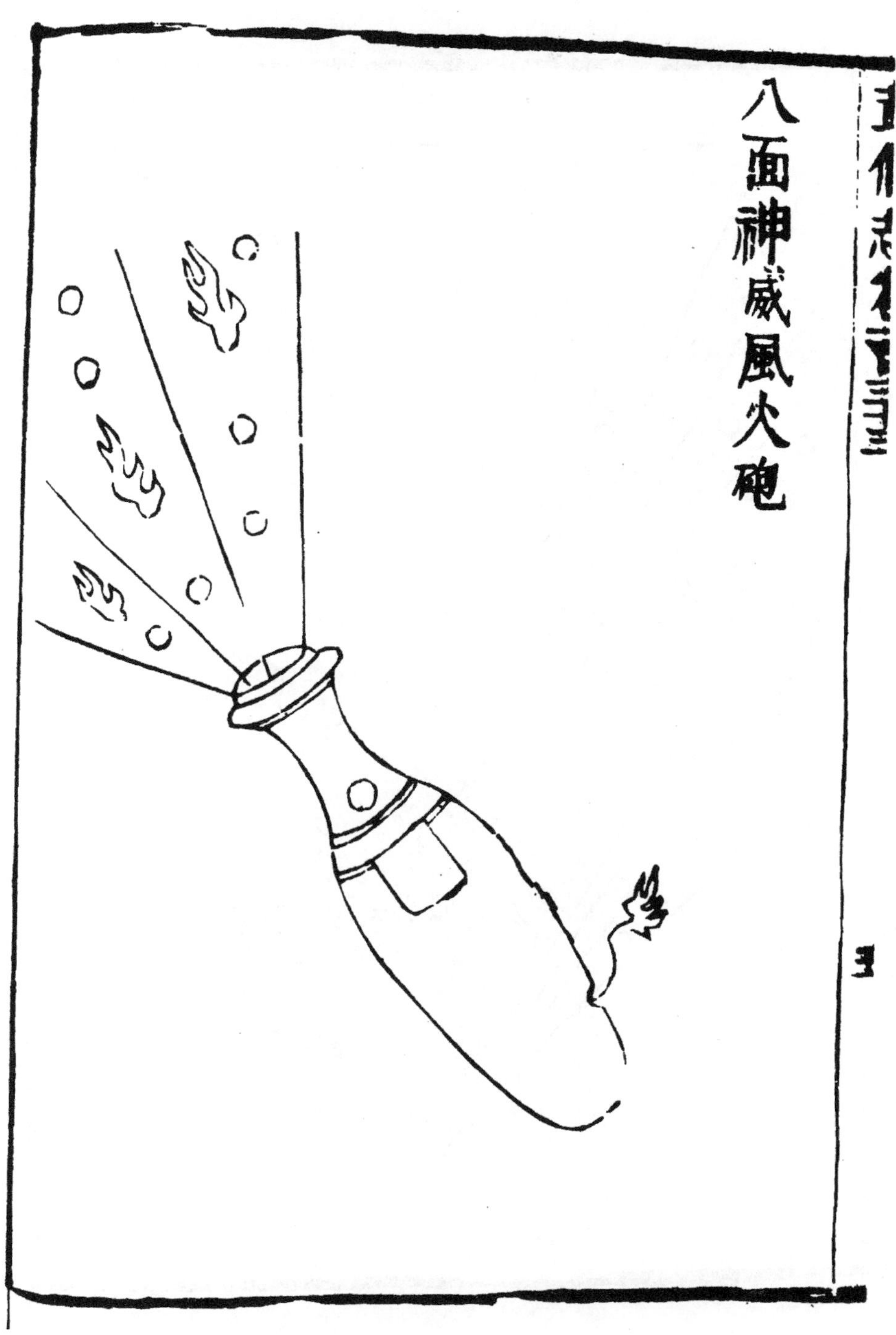

图 107 “八面神威风火砲”，从这里又看到瓶状武器的再次出现，采自《武备志》卷一三三，第五页。整个膛各处口径必须都一致。除了告诉武器能瞄准任何一方外，关于运载问题，没有给予任何资料。这必定意味着 4 个基方点和 4 个中间角，像《易经》八卦那样［参见 Mayers (1)，p. 357，第 247 号］，由于缺乏整体装置，这个说明可能有点儿夸大。

327

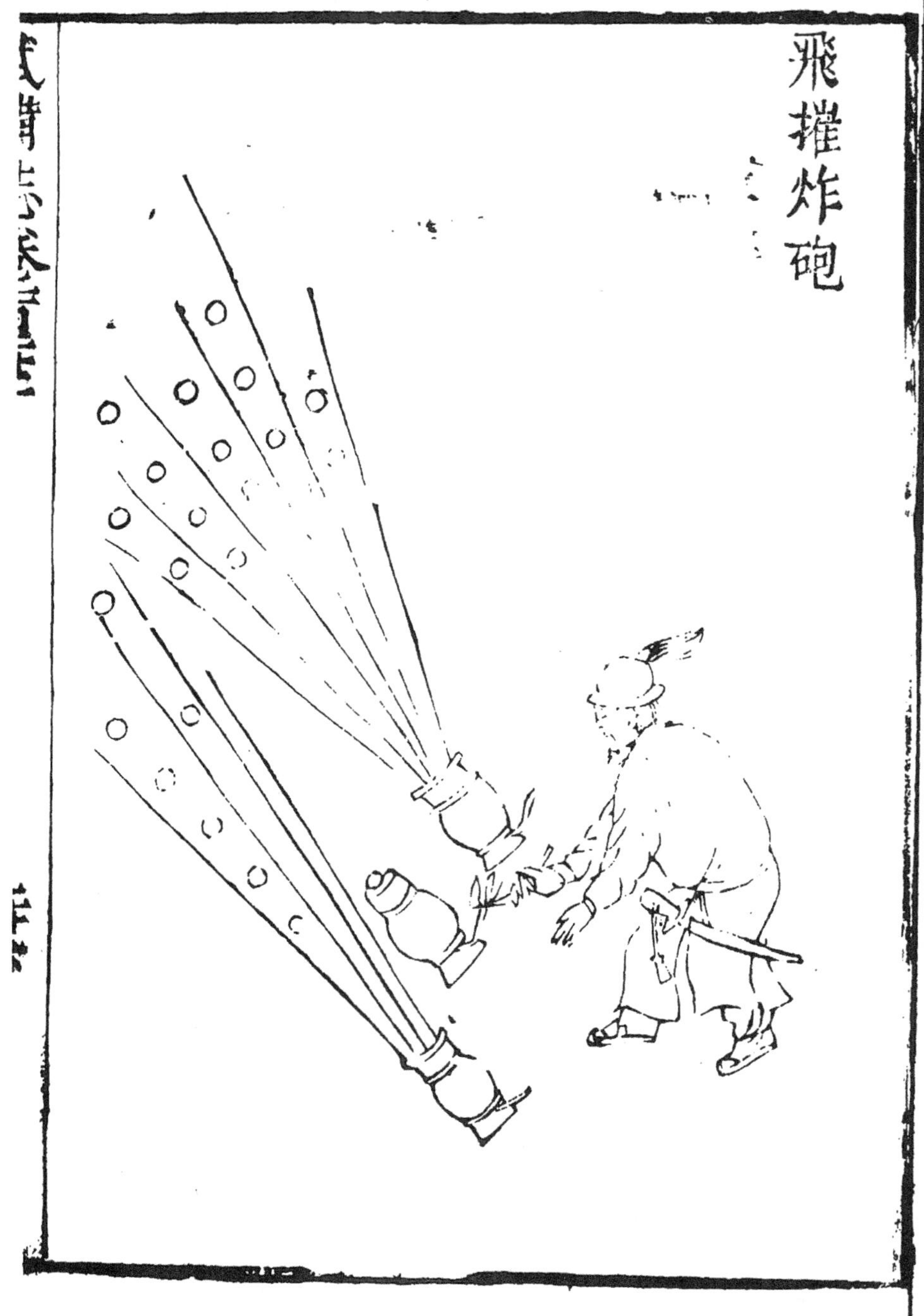

图 108 “飞摧炸砲”，发射铁火炮的瓶状臼炮，子弹内装有铁蒺藜和火药，采自《武备志》卷一二二，第二十六页。

328

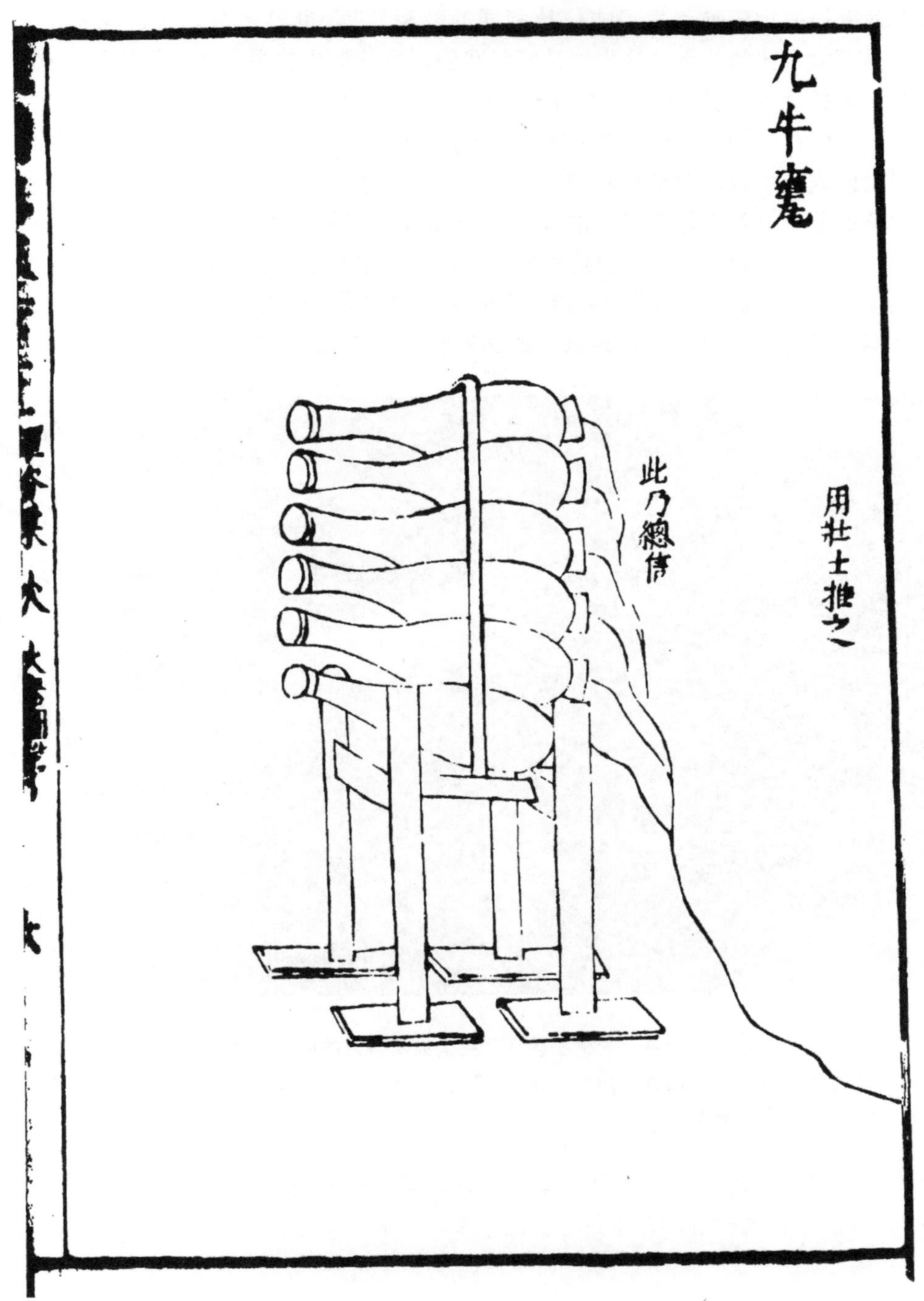

图 109 “九牛瓮”，瓶状枪的架子，很像沃尔特·德米拉米特插图（图 82、83）；《武备志》（卷一三一，第六页）实际称它为“九牛瓮”，这暗示其外形（虽然仅有六个显示在图上），每枪放出一个石制炮弹，所有枪都由一根引信引发。

东亚与西欧第一批臼炮都发展成恰恰相同的鸭梨形[①]，世界上东亚武器优先发展时间长，不是西欧可比的，因此这强烈地暗示我们，瓶状形式首先是从中国传到西欧的。

与此有关我们回想到（p. 170）的铁火器（“铁火炮”），其形制像酒瓶或葫芦（“匏”），赵与衮在1221年曾用来防守蕲州。很吸引人的是，在这些武器中看到了最早的金属管臼炮或手铳，但是我们或许应该坚持以前把它说成仅仅是铁制火药炸弹的说法。中国的葫芦，常看作盛药品的或者不老仙人用来装长生丹的容器，它常有一个细腰，而这就使我们想起最早的臼炮的前部，虽然其前面或上面凸出，但并不是瞄准器，在火炮上不具有明显的用途[②]。可能它在炸弹中的功用是使之容易破缝，与近代手榴弹的沟相似。13世纪早期的葫芦状武器的真实性质也许仍是现在的一个未决问题。

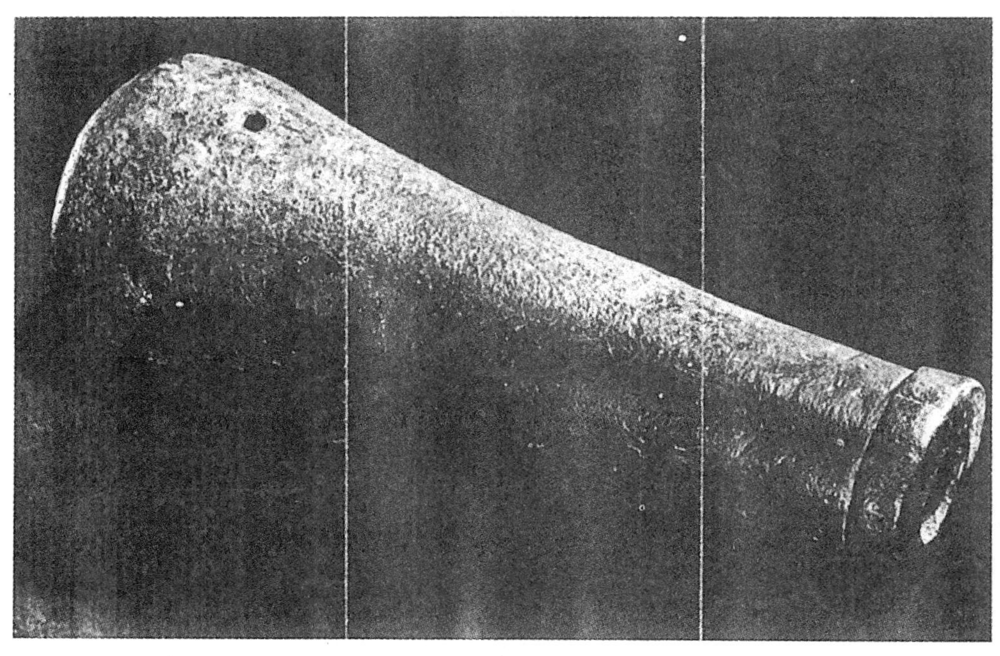

图110 又一个欧洲的瓶形火器，青铜手铳发现在瑞典斯科讷的洛斯胡尔特。被认为14世纪制品，现存于斯德哥尔摩国家博物馆（编号2891），布莱克莫尔摄。可是这个最早的手铳呈喇叭形，而不是鸭梨形。

的确，在《火龙经》里有两个葫芦形的武器，一个我们已谈过了。它是“冲阵火
330 葫芦”，我们把有关段落译在本册上文的p. 236（图50）上。它无疑是射出与毒火药火

① 不幸的是，不论在东方或西方，连一件样品也没有保存下来。最近的类似物是洛斯胡尔特（Loshult）铳（图110），由瑞典斯科讷（Skåne）地方附近发现此物的而得名。它是一种青铜手铳，长约30厘米，膛径3.6厘米。但呈喇叭形而不是鸭梨形，见 Blackmore（1）p. 5；参见 Reid（1），p. 54。

② 此处值得记起葫芦，它的拉丁学名是 *Lagenaria siceraria*（= vulgaris，*R* 62；CC 178—179）；Anon.（*109*），第4卷，第364—365页；绝非欧洲特有的，而在中国则十分普遍。把它当成德米拉米特臼炮的任何来自中国渊源是适合的。

焰齐射的铅弹并有着火枪外形①。而另一个我们目前还未谈过，即“对马烧人火葫芦”②。看起来倒像个真葫芦，它用化学剂与漆布加固，填以硝石、硫磺与含碳物。作为一种喷火筒使用时，射程为30—40尺，配方是古老的，尽管它的出现相对的晚，此装置是很古老的，但这些无助于说明现在的问题。

人们要问，什么原因使得瓶状臼炮、鸭梨型或葫芦型臼炮消失？这必是因为冶金学发展后导致铸铁与钢的改良，爆炸和破裂情况减少，当钻膛时能更好地承受得起钻膛进
程的损伤③。但对管壁强度的忧虑仍长期存在，所以在一个世纪左右时间内，我们遇见 331
的管子均加箍或环以加固（图111、112a，112b、113、117、118、119）④，这正是我们现在要转而讨论的。

举例说，伦敦塔军械库内有一安放在枢轴上中国小铁炮，被铸成一个整体，炮身有五道环分区间突出，它们是铸件本身固有的⑤。不幸的是铭文太漫漶不可渎。木柄仍然保存⑥，纤长而略有弯曲，且有螺纹装饰。不知何故它传到非洲的贝宁（Benin），那个地方在1897年为英国远征军所占领。这件（图111）被馆长定为18世纪或19世纪之物，也许有证据。但如果单从形状上判断，16世纪或17世纪将是一个较好的推断⑦。另一类似的是小的三管信号枪，同样上箍、加脊肋，卷叶饰，仅有18厘米长，（图112a，112b）⑧，年代和地点均不详。虽然造得较好，但很有可能像布茨（Boots）⑨绘图与解说的来自朝鲜的大约1600年左右或更早一些的两支信号铳。布茨从1791年的《武艺图谱通志》里取出一幅图⑩，绘一骑手站在鞍上，举起来的正是这样一支信号铳。因此用“信砲”来表示这些火器，这将使我们记起上文（p.169）的信砲。在明代北方的防御体系中，每一个瞭望塔都至少配备了这样的一支信砲⑪。

不应忽视，文献曾提出这些枪炮的管子上以箍与环加固是从14世纪后期起的。最 332
初以竹管的节为模式，形成最早的火枪管。这个令人感兴趣的想法由霍瓦特［Horváth (2)］与另外几个作者发现⑫。值得注意的是，表Ⅰ中早期青铜铳和臼炮常有这些箍，
虽然并不是必须的。当时当掌握用可锻低碳铁纵向杆制管子的技术时，这些箍将起很 334

① 《火龙经》（上集）卷三，第十四页；《火器图》，第三十二页；《火攻备要》卷三，第十四页；《武备志》卷一三〇，第二十五页。

② 《火龙经》（中集）卷三，第十一页，第十二页；《武备志》卷一三〇，第二十页。

③ 一种钻炮的机器被说明并描绘在《武备志》卷一三一，第七页、第八页。

④ 虎蹲砲（图75，上文pp.299，314），是这类的一个早期例子。

⑤ Blackmore (2) 目录，第204号，p.154. 长3尺3寸，膛径1寸1分（2.8厘米），据登记簿说，武器上的环看来已经不能用了，但我们仍可以猜想它的原貌。

⑥ 它有1尺5寸长。

⑦ 布茨曾经图示了许多朝鲜样品，见Boots (1)，图版20、22；朴惠一 (*1*)，图版Ⅰ第2幅，第3幅；图版5，第2幅。这些图版最后两种由铭文自标时代，一为1555年，一为1557年，这是李朝的全盛时代，此王朝始于1392年，到日本丰臣秀吉侵略之前（参见p.469），见图113、114、115，与中国同类的见图116、117、118、119。

⑧ 在霍华德·布莱克莫尔先生的藏品中，我们感谢他允许复印了这张照片。

⑨ Boot (1)，图版24，第2图，图版26。

⑩ Boot (1)，图版24，第1图，从卷4选出。

⑪ 见Serruys (2)，pp.31，68，引自1436年的一个文件。

⑫ 我们中有一个人（王铃）常坚持这个观点。

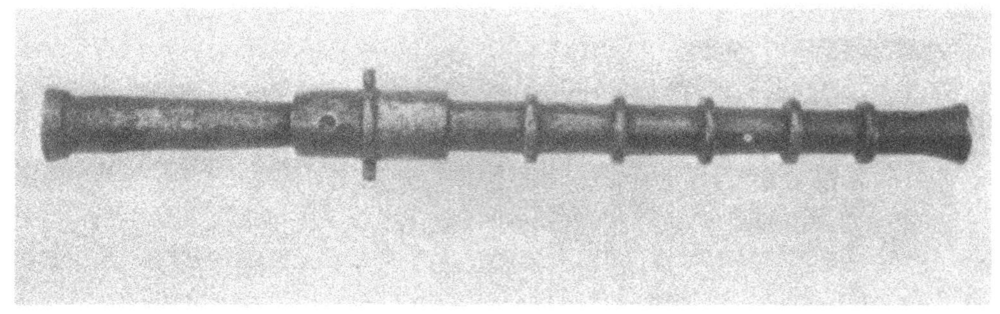

图 111　枪和炮结构的次一种型，管子被加箍、添脊或套环。这支架在枢轴上的中国小铁炮现为伦敦塔军械库收藏，可能为 16 世纪或 17 世纪的东西（级别 xix，编号 114），请看 Blackmore（2）目录，第 204 B（2），p. 154。

图 112a　手持三管信号铳，管上有两根铁箍，可能为 17 世纪制品。全长 7.125 寸（18 厘米），布莱克莫尔摄。他的藏品中，此件可能来自朝鲜。

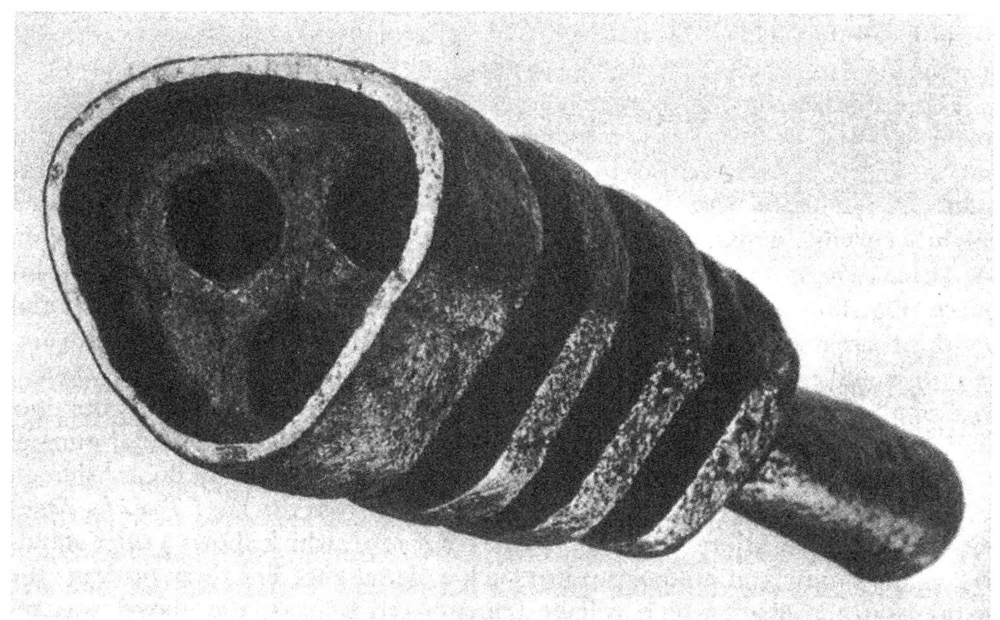

图 112b　三管信号铳之另一侧面，此处展示其铳口。参见 Boots（1），图版 24a，一位骑士正在使用它，图版 24b，与图版 26 是同类信号铳，有朝鲜文的说明，但制造并不精细。

333

图 113 朝鲜 16 世纪的臼炮，藏汉城博物馆，采自 Boots (1)，图版 20。这些铁制武器的脊或带子过于凸出，是为了加环以把它们升高到适当位置。

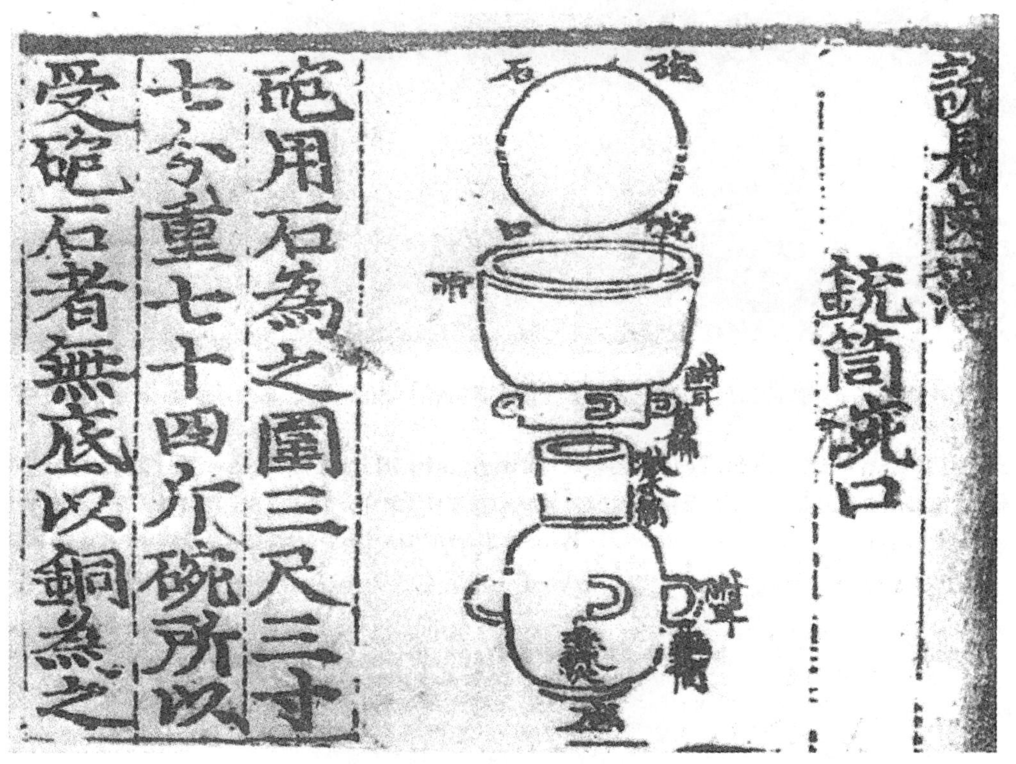

銃筒碗口

砲用石為之圍三尺三寸七分重七十四斤碗所以受砲石者無底以銅為之

图 114 《国朝五礼仪》中的一页，描绘一个从像旧式大口径短枪的炮口里发射一颗石弹的臼炮，这是由它的名字“铳筒碗口”顾名思义得到暗示的。采自 Boots (1)，图版 22a。

图 115　另一类似的臼炮，有两个脊或环，藏于汉城博物馆。采自 Boots (1)，图版 22b。

重要的作用[①]。在后来一段时间里，环做得相当夸张，但似有两重起因，首先是仿形器（skeuomorphic）[②] 方面的原因，后来是工艺上的原因。不管怎样，锐敏的贝
335 尔纳（Bernal）注意到"'炮管'名称本身就说明其原始构造，是以铁板箍在一

① 班克斯［Banks (1)］是个海军医生，作品写于 1861 年，报告了他的发现，在大沽炮台被占之后，相当数量的中国大炮有两重性质。炮膛的内部由几根纵向杆焊接在一起，用箍捆起来，再加以焊接而成，而外部是一层铸铁，在炮口铁层厚 2.75 寸。这些武器均长 9 尺多，铸铁层在两种情况下于炮口脱落，显出它的内部构造。班克斯更加惊奇，因为双重结构是一种技艺，它在制造阿姆斯特朗-惠特沃思枪时使用过，但很难说是派生的。

② 参见本书第二卷，p. 468。

图 116 大约为1530年左右的青铜炮，图展示铁环如何变扁平，以至能占有管子的大部分，北京中国历史博物馆摄。

起的"①。

戚继光说，在以前大炮约重1050斤②，并称为"无敌大将军"而使用，后来武器变化，但其名仍保留（图119）③。何汝宾则称之为"大将军铳"，他写道④：

在大的火器中最大的恐怕没有超过"大将军铳"的了。管重150斤，附在青铜制的重1000斤的台上。看起来像佛郎机炮。叶梦熊⑤把它的铳重改为250斤，长度加倍到6尺，取消了台架，而现在放在有轮子的车上。它发射时射程可达800步。一颗大铅弹重7斤，叫作"公弹"，其次中等大小重3斤的叫作"子弹"，而 336

① Bernal (1), p. 237，这对英文适用，或许对其他欧洲语言不适用。另外会追寻到一个可能的来源，事实上就是抛石机的臂，特别是当组装时，用带或铁丝做的环来加固［本书第五卷第六分册 (f), 5］。我们业已注意到介乎炮管与抛石机的臂之间图像或面貌特征的某些类似 (pp. 280ff.)。

② 即630千克，它比列在表1的任何一种武器还重两倍多。

③ 《练兵实纪·杂集》卷五，第十三页至第十五页（全书第二二六至二二九页）。他对安放于有顶的双轮车上的武器给了一个插图，可是在他的时代，它已成为后膛装，并有活动的炮闩的炮了，参见 Huang Jen-Yü (5), pp. 179, 180。

④ 《兵录》卷十二，第七页、第八页，由作者译成英文。唐顺之说"大将军"也用以称"千子铳"，这就意味着某些种类的葡萄弹代替了单独一颗炮弹，见他的《武编》卷五，第十页。

⑤ 盛行于16世纪后半期。

图 117　清朝的中国青铜炮，近于 17 世纪末的制品，外边是皇宫的一大门。北京中国历史博物馆摄。

图 118　中国 17 世纪有肋拱的炮，藏于伍利奇兵工厂罗通达博物馆。冈田登摄。

338

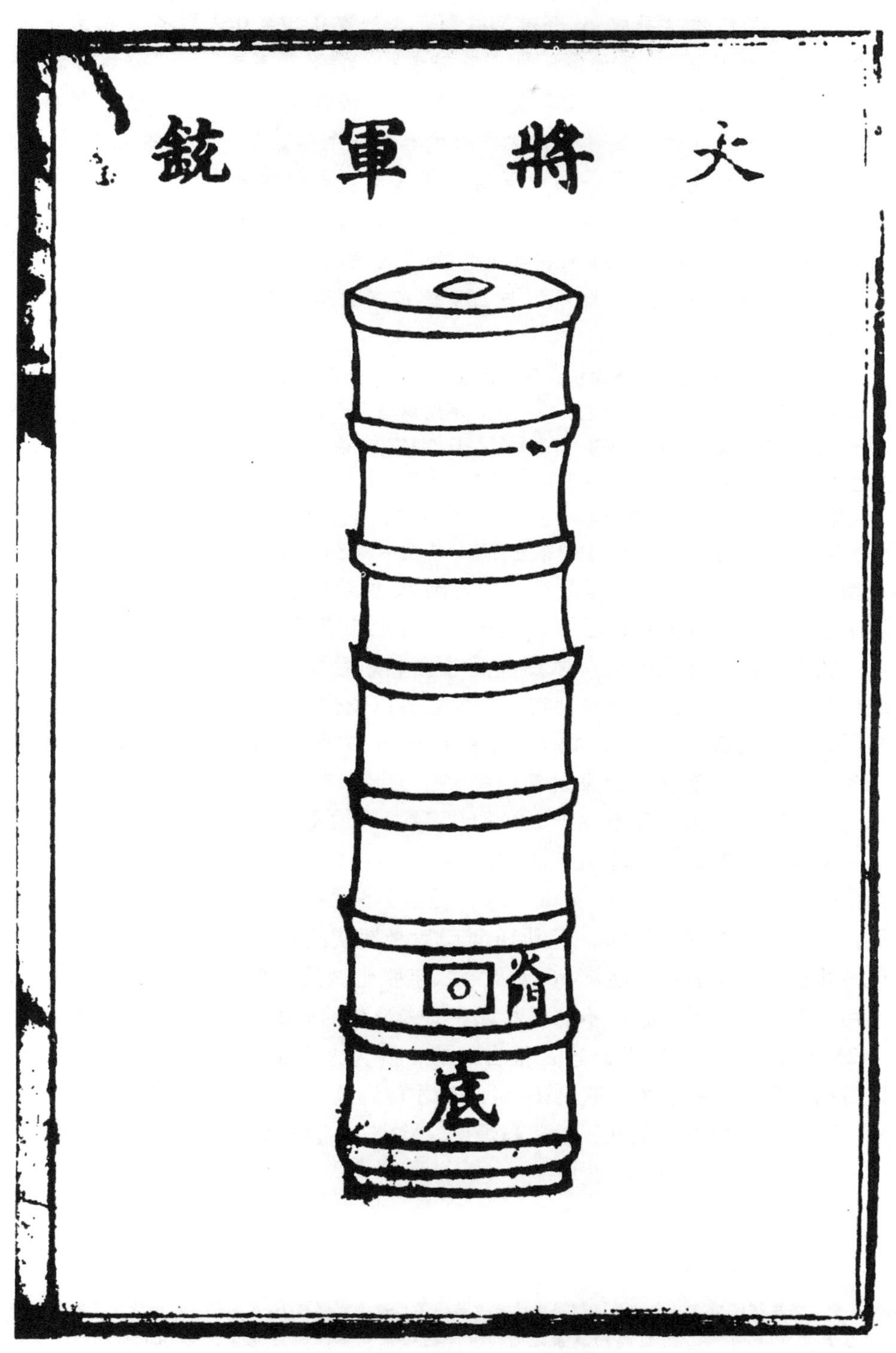

图 119 “大将军铳”，有显著的围箍，安于四轮车上载运，这种武器的许多样品都是大约在 1465 年制造的。采自《兵录》卷十二，第八页。

小的重1斤的叫作"孙弹"。还有200颗最小的重0.3至0.2两的（包括在相同子弹中）叫"群孙弹"。正如俗话说"爷爷带路，群孙跟着走"（"公领孙尚"）。还填充用班毛毒汁煮沸过的铁片和瓷渣，共有20多斤重。一次发射有雷霆之力，伤
337 人马数百。如果在边界配置千万这样的武器，每个都配备上训练有素的士兵使用，将是无敌的。这武器真是一切武器的主要武器。当初对其重量引起某种怀疑，以为太笨重了，但改用车来运载，不管高地、远地或困难的地形，它都适宜。天顺六年（1462年）造了1200辆铳车，包括"大铜铳"车。成化元年（1465年）制造了300多种类型的"大将军"与500辆车来载运这些炮，这是一种用中国长技以制服虏的最好战略。

〈火器之大者莫过于大将军铳，身一百五十斤，以千斤铜毋装发，如佛郎机样。叶公梦熊改铳身为二百五十斤，其长二倍之，得六尺，不用铜马，径置滚车上发之，可及八百弓。内铅弹七斤，为公弹；次者三斤为子弹；又次者一斤为孙弹，名之曰公领孙，尚以铁磁片用斑毛毒药煮过者佐之，共重二十斤，此一发势如霹雳，可伤人马，若沿边以千万架而习熟之，处处皆置，人人能放，则所向无敌，真火器绝技也。初疑其重，若运以车，登高涉远，夷险皆宜。国朝天顺六年造各样大将军三百个，载砲车五百辆，皆擅中国之长以制虏，此上策也。〉

这种类型的炮基本上一直在中国继续生产直到19世纪早期[①]。

讲了这些之后，我们可以不再讨论中国大炮的初期阶段，等一下再讲佛郎机与后期发展。我们仅需要补充的是，对15世纪中国制炮后勤机构有兴趣的人来说，有足够的记载详述各单位枪炮的数目和种类、火药数量以及供应的子弹数量和包含的总重量。
339 举例来说，其中记载由40队组成的一营装备3600霹雳砲、160盏口将军砲、200个大的与328个小的连珠砲（可能发射葡萄弹）[②]，还有624支手把铳、300个小飞砲（手榴弹）、大约6.97吨火药和不少于1 051 600颗每颗约重0.8两的子弹。那真是火力十足的，一营全部武器重量计算起来是29.4吨[③]。

克莱顿·布雷特[Clayton Bredt（1）]提出了一个很好的论点，他注意到在铸铁造炮方面，中国大大领先于欧洲。直到16世纪后半期欧洲人才能够安全使用铸铁做成的炮。但是我们从表I看到，在1356年及第二年张士诚建立的倒运的周朝[④]，铸铁已大规模地用于造砲，然后更进一步的样品现在尚未遗失的有1372年与1377年的产物，且不说1426年及其以后的东西。这是很自然的，因为大家都知道[⑤]，在中国从公元前4世纪以后已掌握了铸铁技术，直到14世纪末才传到欧洲。这并不是说西方一直到那时并不用铁造炮，但用的是熟铁，锻造和焊接。欧洲14世纪晚期的铁炮是用锤锻低碳铁

① 在伦敦塔军械库里有一个样品，就是以此方式装箍的，这件武器有10.6呎长，口径为7.5吋（19厘米），汉字铭文载其铸于1841年，正当鸦片战争之时，被译在布莱克莫尔的目录里，见Blackmore（2），no.207，p. 155。

② 除非仍然有突火枪，像上文（p. 263）所描绘的一样，但是或许这是不可能的。

③ 《武编》（前编）卷三，第九十五页。注意与此类似的一段文内，"炮"字的意义仍不得不据上下文作精巧的调整。

④ 参见上文pp. 295—296。

⑤ 特别参见Needham（31，32，60，72）。

340

图 120 博克斯泰特霍尔（Boxted Hall）炮，大约产于 1450 年。此处箍不是铸入的，而是后来固定上去的。布莱克莫尔摄。

图 121 穆罕默德（Mehmet）苏丹炮，捆了相似的带子，现放于博斯普鲁斯（Bosphorus）海峡伊斯坦布尔欧洲一边的岸上。布雷特摄。

条与铁坯制成的，用锻铁箍紧捆在一起，正如对木管加固那样①。更早一点的欧洲铸件常常用青铜，正如中国最早的手铳和炮也都是青铜造的一样。甚至于铸铁技术已完全为人所知，在欧洲恰好与在中国一样，真正高质量的枪仍然用青铜造，一直持续到19世纪早期大规模钢铁操作技术到来。②

341 中国于15—16世纪并不缺乏关于铸铳冶金学的详细叙述③。福建和山西产的铁被认为是最好的。如果从化铁炉不直接倾人铸模，就用一种变相灌钢方法④得到将5—7份的铸铁与1份锻铁相结合的更像钢的铁。为了某种目的⑤，这种铁坯被锻造成长杆，再用四根杆子焊接在一起造成管子，然后用铁箍紧紧夹住，小心地继续锻接。两根或更多的管子用铁带联合起来便构成了一个排枪或管风琴枪。这种方法与欧洲早期用铁造铳的方法类似，但中国14世纪中期就已制造很好的铁炮。

假如铸炮不被官僚统治视为“严禁”和“绝密”，我们会知道更多的有关15—16世纪铸炮情况，在正史中有下面的一段话：

铸造铳与炮应由内府来完成，禁止泄露技术与设计秘密⑥。

〈火器铸于内府，禁其以法式洩于外。〉

铸铳与皇家特权的密切结合正如我们在欧洲早几个世纪里所发现的是一样的。问题的复杂性是部分宫廷财政由宦官监督，而人们想知道更多的是其与军器局及工部的关系⑦。但是我们在此不对此事作更多考证。

---

① 这种组装结构而成的手铳样品在诺福克（Norfolk）的莱辛古堡（Castle Rising）出土，现保存于伦敦塔军械库。它们极不易确定日期，但可能属于15世纪前半期。参见 Blackmore（2），no. 17，p. 55，大火枪取自玛丽·罗斯号舰（*Mary Rose*），是16世纪，编号196，p. 151。请看图120、121。

② 中国与西方都用黄铜。1959年我们二人（李约瑟与王铃）曾与已故的帕廷顿教授对宋应星的《天工开物》（1637年）某些说法的意义有过长期的讨论。以他所述那个时代的重炮可以看出宋对于炮的知识是有限的。[卷十五，第七页，英译文见 Sun & Sun（1），p. 271；Li Chhiao-Phing（2），p. 393，两者在冶金学上均有误解]。但是他在另外地方说，要铸造佛郎机需用熟铜，造手铳与信号铳需用青铜，或这类合金（“生熟铜”）可能指铳管，至于要造大炮如“盏口大将军”，则需用铁［卷八，第四页，英译文见 Sun & Sun（1），p. 165；Li Chhiao-Phing（2）p. 230，再一次都在冶金学上译错］。一个理由是，我们何以知道熟铜必定是黄铜，因为在前面的章里（卷十四，第七页），宋应星说：“四信熔化的熟铜”取七份铜与三份铅。因为铜铅混合物对于造铳者来说是十分无用的，宋在此必指锌（“倭铅”或“白铅”）；参见本书第五卷第二分册，p. 184。李乔苹［Li Chhiao-Phing（2），p. 349］也有失误，说是锡，但任以都和孙守全［Sun & Sun（1）］译本是对的。又参见第四卷第二分册，p. 145和第五卷第二分册，p. 208。

宋应星还提供四种小炮的图（卷十五，第十五页、第十六页）。头两种是瓶状，有尾，因此在他那时代是很古的。有一个叫“八面转百子连珠砲”，可能发射某种葡萄弹；而另一种叫“神烟砲”，看起来更疑惑，像是突火枪。但它仍被称为“将军砲”。在明版里某些插图与两个世纪前的《火龙经》相似是可以觉察到的。第三个叫“神威大砲”，第四个叫“九矢钻心砲”，全都差不多已过时300年，因此没有需要在此提及。

③ 例如《兵录》卷十二，第一页。但是需要更多的考查，而不是接受。

④ 见 Needham（32），pp. 26 ff. Needham（72）。

⑤ 至于造虎蹲砲，见上文 p. 315。

⑥ 《明史》卷七十二，第三十页。

⑦ 见 Hucker（6，7）。

(16) 从爆燃到高爆[①] 342

(i) 硝石含量的增加

现在是需要我们停一下，并回顾我们所走过的道路的时候了[②]。从最老的缓燃纵火武器，经过速燃武器如汽油喷火筒，到早期火药混合物的爆燃之间，我们已能表明它们之间在连续性上没有大的间断。硫磺和炭都在很古时用过；加上了硝石使历史有了一个新的转折。但是在很长时期内其成分只不过是较好的纵火剂。后来发现火药被置于薄壁［密封］容器里将爆炸，再往后爆炸可能强烈到足以将铁炸弹和手榴弹爆成碎片[③]。再往下，爆炸混合物会产生足够的力量，当用作地雷或类似物时，发生的破裂性爆炸能摧毁要塞并粉碎城门。最后在金属管手铳或臼炮膛内快燃便得到真正的推进性能[④]，能把一颗射弹送上轨道。不管射弹是单一的或混合的，能完全闭塞住内膛。我们也看到，管子首先是竹管而此后是金属管，长期以来领先于真枪之前，因为发挥了火药混合物纵火性能，这些五分钟喷火筒成为火枪与突火枪，它们分别是枪与炮的祖先。

基于分析，这一切都暗示，一件简单的事物比其余一切更加突出，这就是混合物中的硝石成分的缓步而持续的上升，唯一合理的是，设法以有效的图表来证实这种解释。第一件事要做的，是把任何受西方影响之前的时期我们所得到的资料排成表（表2）。这里重要的资料是1044年的《武经总要》[⑤] 与《火龙经》[⑥]，后者刊于1412年，
但它包括大约1350年左右的资料。准确观察时，我们必会想到1290年与1327年分别 345
是中国与欧洲第一批臼砲的年代；之后（正如我们将看到的）佛郎机炮于1511年到达了中国，而1600年，即耶稣会士时期，大大加强东西方关系。

上表有两打以上各种不同的火药成分在襄阳本的《火龙经》、《火器图》里，均与卷帙大的南阳本（《火龙经全集》）的第一部分相同，《火攻备要》本亦复如此。最后两者确实甚至在页数上都是准确一致的，它们都比襄阳本印刷精工，虽然也包括了一些勘误。表中没有烟的配方，为《兵录》（1606年）所重述，但新收了一些，把火药成分的数量增加大约三打。《武备志》（1628年）综合了《兵录》里所有火药成分，而

---

① 如上文（p. 110）的注，近代炸药化学家并不将“高爆”这一词与火药联系。而把它作为燃烧速度达到了超声速程度来接受。其中某些分子中有自供的氧，如三硝基甲苯（TNT），而另一些则不如此，如叠氮铅（PbN_6）或雷酸银，本节另一处都提到这些。乙炔与氧混合严格说也会爆轰，因此，这小节的标题改为《从燃烧，通过爆燃，到爆炸》是可取的。

② 特别参见上文 pp. 117，248。

③ 这是可能的，一定量的火药放在薄壁铁容器内，在某种情况下会比一定量的高爆药量（以近代观点看）更有效果，高爆火药将产生空气震动，而且产生许多的小碎片激射到坚硬的结构上效果要小。

④ 参见下文 p. 484。

⑤ 见上文 p. 20，那里给出了正确的出处。

⑥ 见上文 p. 25，这节论述火药成分对各种本子是共同的。在《火龙经全集》（南阳本）里，它在第一册，卷一，第六页至第十五页，肯定把它放在这部书的最古老层次。在《火器图》或襄阳本里，是在卷一，第三页至第九页。而在《火攻备要》里是在卷一，第六页至第十五页。《武备火龙经》给了6种成分数字，不见于它书，它仅说明成分，但其比例是古老的，因此它必然是抄了早期的资料。

343

表 2 早期中国火药成分

名称	性质	百分比			其他成分
		硝	硫	碳	
《武经总要》[①]	弱性炸药				
火药法	含蒺藜的纵火弹，内部仅为一毬	50.5	26.5	23.0	砷[②]、铅盐、干植物材料、油、树脂
蒺藜火毬	外部包着封物	50.2	25.1	24.7	沥青、干植物材料、油
		34.7	17.4	47.9	
毒药烟毬	毒烟纵火剂，内部仅为一毬	39.6	19.8	40.5	砒[②]、植物性毒物、蜡、油、干植物材料
	外包封物	27.0	13.5	59.5	
《火龙经》					
神火药	有毒烟的纵火剂	（28.6）	（21.4）	（50.0）[③]	砷、硫化物[②]、植物性毒物、粪
毒火药	强力炸药，有毒烟	（77.5）	（9.3）	（13.2）	砷、植物性毒物
烈火药	可能是纵火剂，有毒烟	比例未详细说明			砷、植物性和昆虫性毒物
飞火药	中等纵火剂，有毒烟	（12.3）	（57.5）	（30.2）	砷、植物性和昆虫性毒物
法火药	强力炸药，有毒烟	（74.7）	（17.3）	（8.0）	石灰[④]、硫化物和干植物性材料
烟火药	碲毒烟混合物，有与火焰齐射的弹丸	比例未详细说明，但硝石约占 60%			氯化铵[⑤]、碎瓷片、铁屑、植物性和昆虫性毒物、尿与桐油[⑥]昆虫毒、狼粪、海豚油与骨头
逆风火药	可能是纵火剂，有毒烟	比例未详细说明			
飞空火药	用法未定	仅详细说明了附加物的比例			樟脑[⑤]、松脂、雄黄
日起火药	火箭推进剂	50.1	（5.0）[⑦]	44.9	无
夜起火药	火箭推进剂	76.9	3.9	19.2	无
		（45.5）	（9.0）	（45.5）[⑧]	（无）
喷火药	火枪发射剂	57.1	5.7	37.2[⑧]	细沙（参见上文 p. 234）
爆火药	填硬壳炸弹	91.3	6.9	1.8[⑧]	无
砲火药	填薄壳炸弹	50.0	30.0	20.0	硫化砷
水火药	用法未定	比例未详细说明			生石灰（参见 p. 166）、氯化铵[⑤]与干植物材料

344

表 2（续）

名称	性质	百分比			其他成分
		硝	硫	碳	
火弹药	从火枪或突火枪掷射纵火毬，恰好填充铁管	–	39.0	61.0	樟脑[⑤]、松脂
五里雾	纵火剂，有催泪的烟	27.8	27.8	44.3	砒、木屑、松脂、人发、鸡粪、狼粪和人粪
追魂雾	强力炸药，拌有毒药	83.3	8.3	8.4	硫化砷、动物毒
烟毬毒药	弱性炸药，拌有毒药	36.4	36.3	27.3	砒、植物性毒物、蜡、桐油
神火	纵火剂成分	26.6	66.7	8.6	氯化铵及铁屑
神烟	炸药或推进剂，有毒烟	69.6	17.4	13.0	砒、樟脑、甘汞、硅酸钙镁

注意：除了上述考虑以外，还有 6 个以上的成分，大多数用以制蓝青色、红色、紫色、白色与黑色的颜色信号烟。这些在上文（p. 144）都考虑过。含硝石平均为 66%。

① 前已指出（p. 120），有马（*1*），第 13 页编制的数字较高，但是依据假定而编。我们以为我们的表较好，但是一般的争论不会受到很大影响。

② 砒（也还有汞）常是早期欧洲火药的成分，例如：1405 年的《军事堡垒》，参见 Partington（5），p. 149。

③ 括号的数字仅来自《武备火龙经》修订本。

④ 参见上文 p. 167 ff.。

⑤ 氯化铵（硇砂）与樟脑也常用于早期欧洲火药混合物中，参见 Partington（5），pp. 144，160。

⑥ 固体分散成分的存在，说明此混合物用于火枪。

⑦ 估计数，因为未给出成分。

⑧ 某些版本对混合物中硫给出不合理的过小含量。

把其制烟配方省去，列出了一个总数达 40 多的火药成分。给出的唯一新的火药混合物，就是“铅铳火药”，其中包括 40 两硝石，6 两硫和 6.8 两木炭[1]。在此处用的炸药是黑火药。《武备火龙经》包括了比其他各本两倍多的火药成分说明，是包括内容最多的，但这本书编成时间比《武备志》晚，看来表中两打多火药成分均出现在《火龙经全集》、《火器图》及《火攻备要》诸版本里，确实代表编入晚期军事著作中的 14 世纪中叶的知识。

为了从这些数字得到最多的东西，需要将其以图表示。我们首先用费希尔［Fisher (1)］的三顶点法[2]，但后来我们发觉用三角图（如图 122 及 123）更加方便[3]。这里两个重要的参考点是如三种成分是等比例的话，以小点（·）表示，而三种成分接近于理论成分的话（75:13:12），以三角（△）表示[4]。还对典型火箭发射剂成分与爆炸火药的最低限，亦即“最慢”的炸药也给出标记[5]。现在我们马上看到，对该阶段早期中国实验的各点全部散布于图里，《武经总要》数字范围是硝石从 27% 到 50%，而《火
346 龙经》则是 12% 到 91%。它们之间有 6 种成分达到最大爆炸力的理论成分区域。这就意味着几十年，甚至几个世纪内经过实验与失误，无疑从最简单的等比配比[6]到缓慢地找到最有效的硝石配比。低硝火药混合物难于爆炸，虽然不是不可能爆炸；高硝火药难于在火枪或火箭中燃烧，但不是不可能的。许多实验必然是失败了，许多是危险的，甚至发生了不幸，实验过程中常遭遇到意外，虽然历史对这些较少记载[7]。当然我们应该知道，百分比仅是事情的一方面；更大程度上依赖于点火条件和火药的物理性质，如压力情况和密闭程度。一切形式的火药在空旷表面均能引起静静燃烧[8]。但是当它封闭在容器里，哪怕是纸或纸板做的，将会大声爆炸[9]。这必定是中国的一项早期发现，
347 而从我们已有证据可以相当有把握地把这项发现归入 10 世纪中期或后半期。等比成分出现于 10 世纪前半期，而硝石含量高到足以炸毁铸铁或其他金属容器，这已经快要到 12 世纪末年了。此后，在 13 世纪高硝火药的充分推力开始应用于第一批金属管手铳和臼炮。

现在当我们以同样方式从阿拉伯与欧洲资料[10]来处理最早的数据时，我们发现有

---

① 即硝:硫:碳为 75.7:11.4:12.9，差不多就是理论硝石量，这并不是戴维斯与魏鲁男［Davis & Ware (1), p. 526］注意到的，他们没有给出百分比。《武备志》卷一一九，第二十一页。

② 参见 Needham (12), p. 71。

③ 我们要感谢格雷（Peter Gray）博士，那时（1953 年）他还是基兹学院（Caius College）的研究员，建议用此法，并且劝我们研究这项课题。

④ 参见 Mellor (1), p. 707。

⑤ Berthelot (13), vol. 2, p. 311; Marshall (1), vol. 1, p. 74; Partington (5), p. 327。

⑥ 布罗克常常相信这点，参见 Brock (1), p. 17。

⑦ 参见上文 pp. 112, 209。

⑧ 无烟线状火药即如此。

⑨ 为了这种效果，硝石含量可能达到 50% 或更多，参见 Forley & Perry (1)。

⑩ 主要资料中，还可提一下 Anon. (157, 158); Whitehorne (1); Nye (1); Sprat (1); Anon (160); Turner (1); Robins (1); Muller (1); Watson (1)。

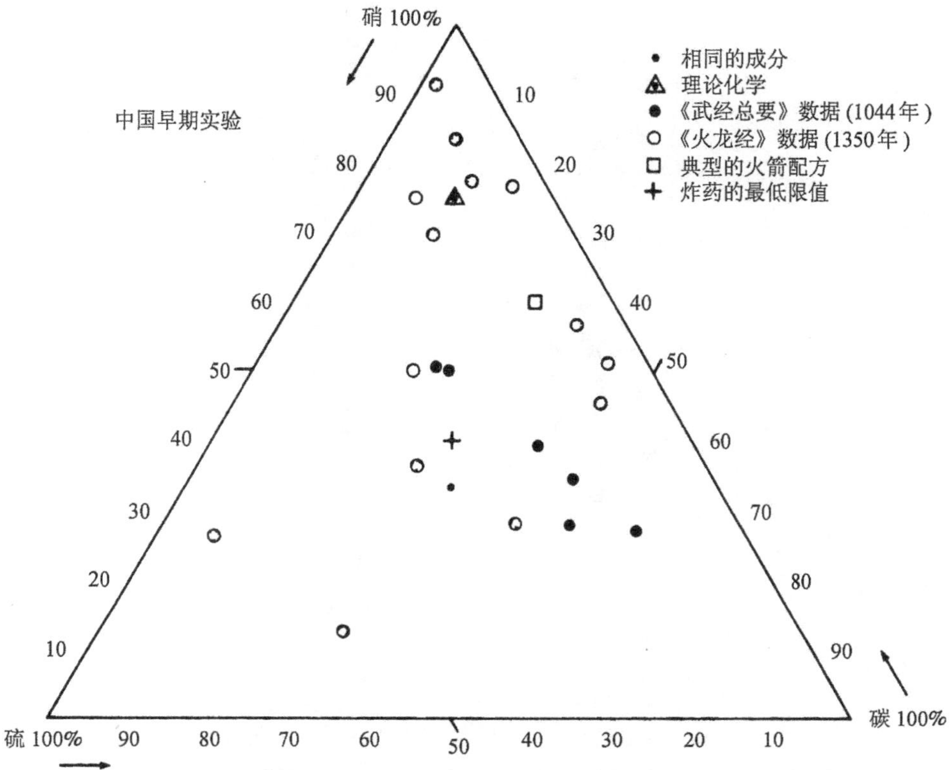

图 122 用三角图画表示的早期中国火药成分；硝石在三角形的顶部，硫在左下角，碳在右下角。这些点全部取之于中国早期实验，而其广泛流传是显然的。时间为1000—1350 年。

非常显著的不同①。几乎没有例外②，都全部集中在高效率区域，介于最低爆药与低于 348
80%水平（图 123）之间。这必然确切地意味着当火药羽翼丰满时候它的制法传到了西方；正如我们发现用纸板炸弹、火枪、突火枪等做的实验在欧洲没有多长的时期一样，我们也发现火药最适宜的组成成分几乎或完全是确定的。在火药传入欧洲之前，它早已为人所知。确实，假如我们考虑到火药一词西方共同名称为“gun powder”，我们将会很好得出结论说，它在西方兴起只能与枪炮（gun）字有联系。其他地方火药混合物的实验应用在 450 年前业已完成，这难道还不是个无声的语言学指示物吗？

---

① 第二手资料的数据见于 Partington（5），pp. 42ff.，102，144，148—149，154，157，204，253，316，323，324—327，338；Sarton（1），vol. 3，p. 1700；Hime（1），pp. 149ff.，168—169，218；Reinaud & Favé（1），p. 166；《大砲书》，p. 180；Amiot（2），p. 310—311；Marshall（1），vol. 1，pp. 26—27；p. 74；Spak（1），pp. 62，66，157。可比较的中国晚期数据见 Davis & Ware（1），pp. 526—527；Rondot（2）；又见于 Reinaud & Favé 前引文。

② 这是真的，等分配方是由 1437 年的《火攻书》给出，其 1561 年法文译本《大砲书》，与怀特霍恩［Whitehorne（1）］同时代。它可能引自《焚敌火攻书》，但是还没有人使用其中的任何叙述。

此后还有一种成分于 1417 年在亚眠（Amiens）用过，所含比例为 27.2∶26.1∶46.7，但叙述并不一致［参见 Partington（5），pp. 148，324］。这还必须作更深一步研究。

再有，雷诺与法韦［Reinaud & Favé（1），p. 166］给了一个比例，20∶40∶40，是《大砲书》列出的一个方子，但其用处并未描述。像前者一样，可能是纵火剂。

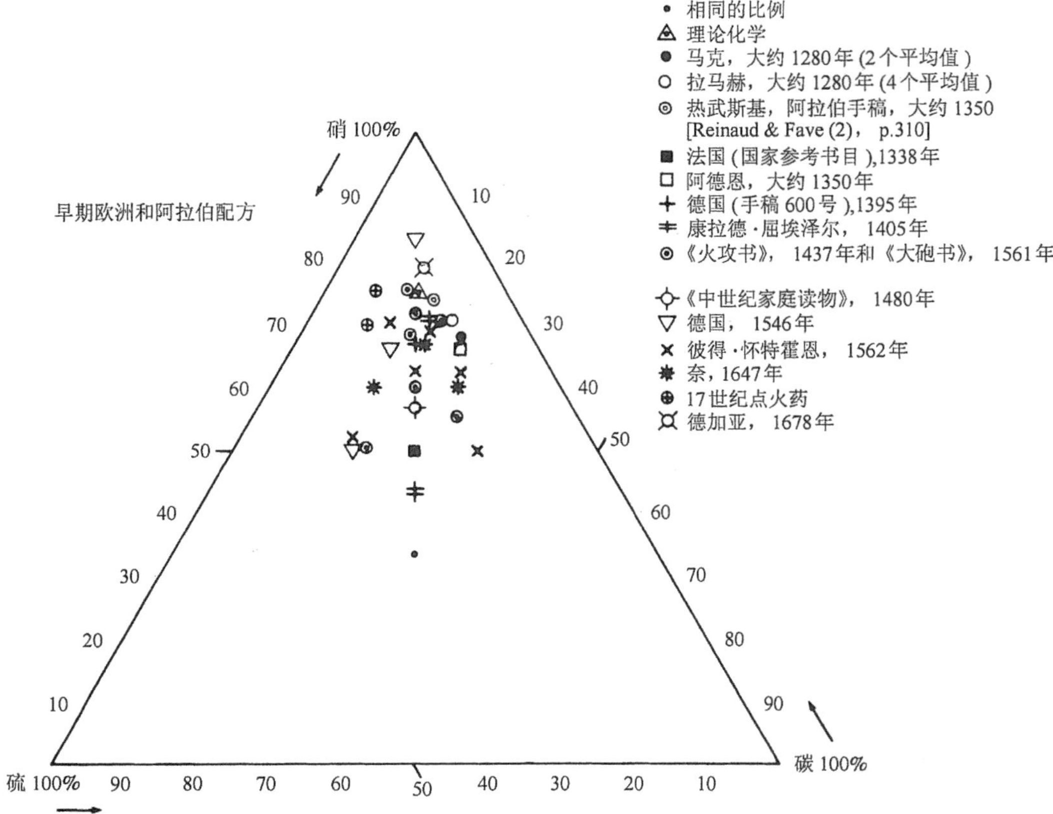

图 123 早期欧洲和阿拉伯火药成分相似的三角图。可以看出它们全围绕硝石占 70% 的数据区内，亦即十分接近于约 75% 的理论值。这说明那时阿拉伯与欧洲均已熟知火药，最佳配比也已经知道了。时间为 1280—1700 年。

当硝石增高，气压也就升到最大量，而爆炸热也就升高，例如①：

% 硝酸钾	最大气压（气压计）	爆炸热［卡］/克
80	98	3.05
75	92	2.87
70	84	2.71
68	78	—

17 世纪欧洲人自己也猜想到过去时间里硝石含量逐步上升，纳撒内尔·奈（Nathaniel Nye）在 1647 年选用一系列数据证明这个问题②，而我们已经把它放在图 124 里③。最后我们出示另一个图去说明发展的一般历史（图 125）。在左边我们指出

① 数值来自近人哈恩（Hahn）、欣策（Hintze）与特罗伊曼（Treumann）等人的论文［Hahn, Hintze & Treumann (1)］。

② 既见于德加亚［de Gaya (1)］的福克斯（Ffoulkes）版，也见于奈［Nye (1)］的著作。

③ Ayalon (1), pp. 25—26, 42。阿亚隆也观察到硝石普遍上升，而且也引证了海姆［Hime (1), pp. 168—169］的论文。他的数值流传广泛。但显示是确切的。

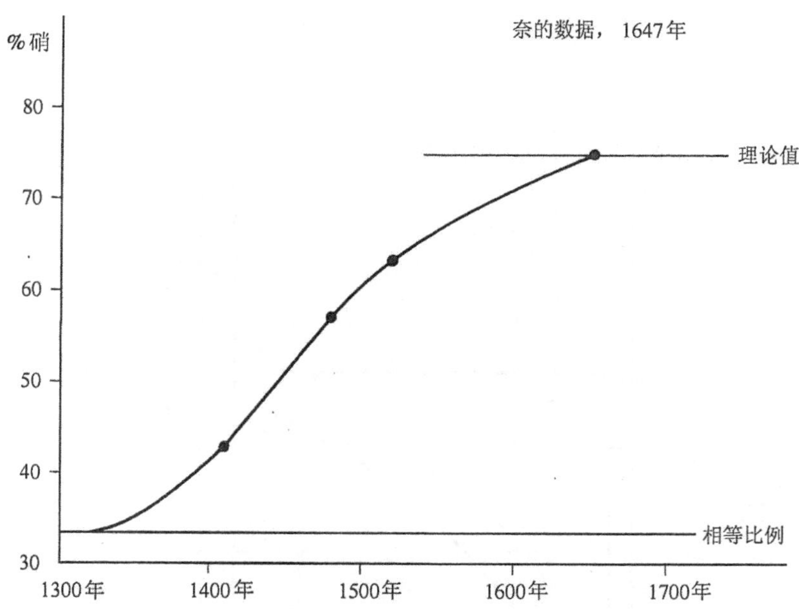

图 124 许多世纪以来硝石含量上升图；数值是纳撒内尔·奈于 1647 年的书里给出的。

《武经总要》的数值范围，然后在《火龙经》里给出的成分异常扩大，希腊人马克的较低数值和拉马赫的较高数值正夹在《武经总要》与《火龙经》之间。接下，图的右手边说明从各种用途提炼出来的方法，有些爆炸火药含硝量从 40% 到 65%；有些火箭发射药从 50% 到 70%，即火枪与罗马焰火筒；从 65% 到 85% 是推进剂及其他爆炸或高爆。

全部都是比较框架式的，因此我们感到是有把握的。

> 火药的易燃性（帕廷顿写道①），并不受混合物比例的多大影响。推进力主要依靠于燃烧率与空气体积，两者都依赖于混合物的比例。军用火药正确配比是在一大段时间的试验之后发现的；而今天强调的是制造方法，而不是混合物比例。 349

如有一件事是"造粒"（corning）；造粒形式首先因筛去细小的粉末而获得，以便使空气中的氧可以较好地进入粒子，增强来自火药自身性质的自备氧化能力②。这似乎在西方第一次于 1450 年完成于纽伦堡（Nürnberg）③。一位 17 世纪作者做了很好的全面总结。他写道：

> 全部（制造火药）技术的秘密在于原料的比例以及其正确混合，以便使火药每颗小粒都有全部原料，而且处于正确的比例。然后造粒或使之成为谷粒状，最后晒干并除去灰尘。

在叙述了波尔塔（John Baptist da Porta）、邦法迪尼（Bonfadini）以及杰罗姆·卡丹（Jerome Cardan）这些作者推荐的各种不同的比例后，他继续说：

① Partington（5），p. 328，易燃性是非常难于确定或定量的。

② Partington（5），pp. 154，328。

③ Räthgen（1），pp. 77，109ff.。

350

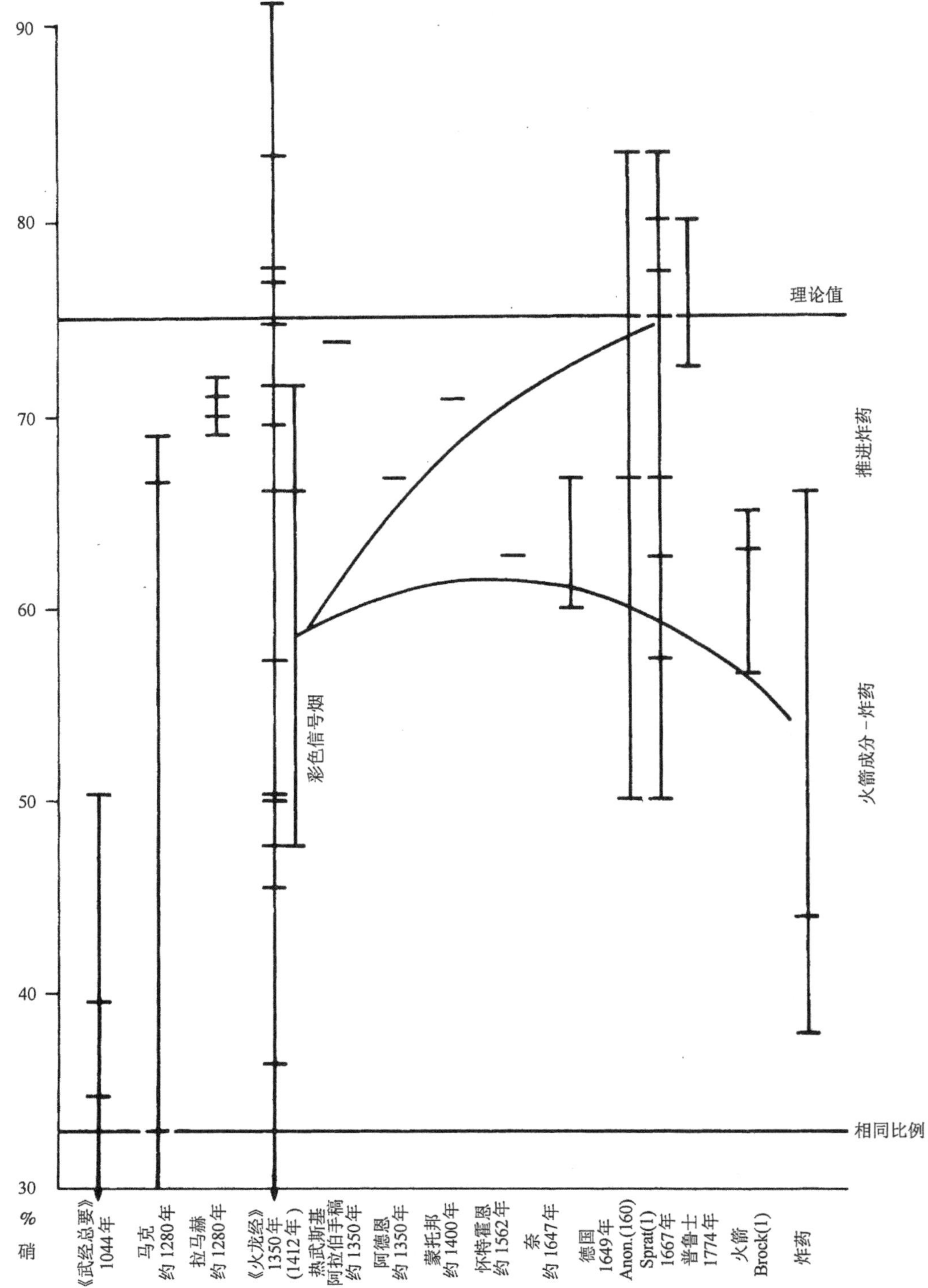

图 125　1044 年至今给出硝酸盐在火药混合物中的百分比明细表。人们可以看到在 72% 的推进炸药的应用如何逐渐使其不同于 55% 的火箭成分——炸药的应用。

这里确实有很大的幅度，如果原料完全混合，你可用上述任何比例制造上好火药；但付出的劳动越多，火药便做得越好，直至达到八份为止[①]。

颗粒大小的影响可以从下面数据看出来[②]： 351

压缩颗粒平均大小（毫米）	在测爆仪中爆炸时的转锤（éprouvette）高度[③]	
	70%硝酸钾	75%硝酸钾
0.75	51.5	65.6
1.75	31.3	38.2
2.60	16.0	30.0
3.10	14.0	19.4
3.75	10.1	16.6

因此，对较大颗粒而言出现了一组趋于线性的下降曲线。

现在我们想到佛郎机（Portuguese culverin）大约在1511年的引进（如果我们可以这样称呼它的话）[④]，需要看看在此年代后兵书中给出的数据，因为显然欧洲黑火药成分的经验是随着它而来的。拣选出来的中国制法的某些数据可在图126上看到，其中火箭发射药所含硝酸盐都集中向60%左右靠拢，而爆炸火药含量则围绕着75%的理论值。这类的18种配比见于唐顺之1550年编的《武编》[⑤]，而这时期的火药适合于“鸟铳枪”[⑥] 以及臼炮和火炮。这肯定是最早的中国书给出了用于火绳枪的火药一些特点。这种火器是1548年取道日本而引进的[⑦]。仅有一个配方出现在10年后戚继光写的《纪效新书》里，比例为75.7∶10.6∶13.7，非常接近于化学家们所建立的理论配比。在耶稣会士来此之后，1598年出现了《神器谱》，主要是为滑腔枪写的，但赵士祯的两个配方中硝酸盐含量颇高[⑧]。正如已指出的，何汝宾的《兵录》（1606年）除新加20左右新火药混合物外，还转录了《火龙经》的全部数据。仅有颜色信号烟例外，而这个例外在茅元仪1628年的《武备志》中又重新置入并再记录下来。这类的古方此时在多大程度上仍被运用还不肯定。硝酸盐理论百分比再次在惠麓的同时代的《洴澼百金方》里与另外三者（没有一个是新的）一起出现。最后，1643年焦勗与耶稣会士汤若望合著的《火攻挈要》，带来14种成分，包括硝酸盐含量从33.3%到86.4%全部可能范 352
围，但是更多的是70%到80%的推进剂区域[⑨]。

在一切晚期火药配方中，有两件事值得注意。第一，中国人有对高硝酸盐含量的

---

① Anon.（160）在Sprat（1）文内。他的意思是指在72%与78%之间。

② 采自Hahn, Hintze & Treumann（1）。

③ 参见下文p. 552。

④ 见下文pp. 367ff.。

⑤ 《武编》卷五，第六十三页至第七十八页。

⑥ 见下文pp. 432ff.。

⑦ 但见下文p. 440。

⑧ 80.7%～83.3%。

⑨ 除本段所述一切书外，对火药混合物收罗宏富的还有李槃于1630年写的《金汤借箸十二筹》。某些也为有马［（*1*），第221页］所注意。很接近理论值的另一配方曾为吕蟠与刘承恩在1675年所著的《兵钤》所记载。这个“军事技艺三钥”属于下一个朝代，当然，是明末以后。

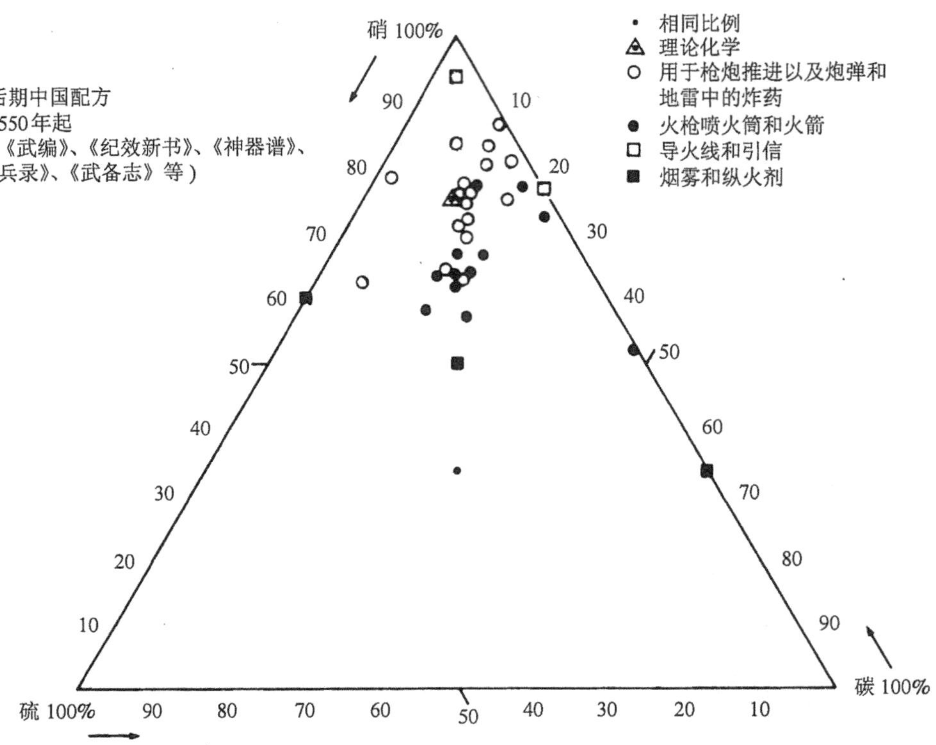

图 126　从大约 1550 年以后，中国晚期火药成分第三个三角图。硝酸盐含量也成群地靠近 75% 区域，这表明已很好地掌握了最佳配比。

古老偏爱，在 80 年代甚至 90 年代还继续与欧洲人习惯所特有的配比一样，无疑欧洲配方是在 1511 年以后随着佛郎机后膛装的枪及鸟铳滑膛枪而来的。这种高含量也会出现在有耶稣会士合写的书中。但比例常常很接近于理论值，例如《兵录》（1606 年）给出大铳（滑膛枪）与小铳（手枪）所用的两种火药成分，分别为 75.1% 与 71.4%[①]。
353 当帕廷顿说“从《武经总要》（1044 年）给出的成分发展到《武备志》（1628 年）的近代火药，可能是中国实验的结果，而不是来自欧洲知识的影响”时[②]，可谓一语破的，非常中肯。从图 122 所给出的数据我们现在可以相信事实也确是如此。第二，从第 126 图还可以看到中国人的试验还在继续，包括有时不用碳，有时不用硫的稀奇的混合物；这些在以前可能都没有多大前途。

在这些晚期的配方表中，提到的武器的命名与目的，除了火绳枪、滑膛枪与后膛装火炮（下章将考虑）之外，没引起更多注意。许多的名字我们业已遇见过，像“小一窝蜂”（装有与火焰齐射的子弹的火枪）及“净江龙”（水雷），仍在这个表中。但是在《武编》里也有纵火弹，它有个充满水果色彩的名字叫“荔枝砲”；而在《火攻挈要》里有一种地雷用“埋伏走线药”这样一个带说明性的名称[③]。

很有趣的是，统观这一系列书籍，都坚持一个古老的信念：将毒剂或不洁物混入

① 《兵录》卷十一，第六页、第七页；卷十三，第二十四页、第二十五页起。
② Partington（5），p. 274。
③ 《火攻挈要》卷二，第十一页。

火药的有用性，甚至有耶稣会士与之合写的后一本书也如此。这些东西有砒霜、水银、各种形式的铅和铜、硇砂（氯化铵）、樟脑[①]、硼砂、生石灰、植物和动物毒药[②]、人粪和兽粪。但这没有什么大惊小怪的，因为达·芬奇本人也有兴趣在攻击敌人时使用含硫的毒烟[③]、烧羽毛的烟、硫磺与砒霜[④]，甚至蟾蜍与袋蜘蛛（tarantula）的毒与狂犬病的唾液相混合，然后装入炸弹[⑤]。这种事发生在1500年。使用砷化物的信念至少持续到1580年，据冯·森夫滕贝格［von Senfftenberg（1）］[⑥]，水银仍然于1620年及1630年在阿皮埃与蒂布雷尔的烟雾弹中露出头角[⑦]，这可能相当无效，但却是化学战的史前期。

在离开中国火药百分比这个题目之前，还要注意，这种有价值的信息有时可能从兵工厂当局为制造所需火药而大量采购的记录中获得。我们以前谈到历代发行货币的 354
中国铸币厂对金属及合金的要求时[⑧]，遇到这种情况。同样，在何士晋的《工部厂库须知》（1615年）里可发现17世纪早期在国家工厂里制造火药的细节[⑨]。它说每年制造火枪与炮需要30万斤火药（大约150吨）。造火枪火药要求硝石100312斤8两，硫19687斤8两，柳炭3万斤；制造火炮的火药则需要硝石106875斤，硫20625斤，柳炭22500斤。这意味着硝：硫：碳的比例，火枪火药是66.9：13.1：20.0；火炮火药是71.2：13.7：15.0[⑩]。每项花费的成本也给出了[⑪]。原文也说及制造“鸟嘴枪”，即火绳枪的火药费用，但是不幸的是说明里没有给出比例。有趣的是，20万颗铅弹，不仅用作“连珠砲”铅弹，还用作“靶枪”的与火焰齐射的子弹[⑫]。

中国谚语说，“百闻不如一见”，而英文意为“解释千次不如亲见一次（a thousand explanations are not as good as one seeing for oneself）”。因此我们决定观察一下用不同比例的硝酸盐所造火药的燃烧，从而阐明历史上实际的试验情况如何。此地我们很幸运地得到了在肯特郡霍尔斯特德要塞（Fort Halstead，Kent）的皇家武器装备研究与发展院（the Royal Armament Research and Development Establishment）人员的合作[⑬]，他们为我们制备并燃放一打以上混合物，其结果显示在附表与照片中。

---

① 在欧洲中世纪，硝石、硇砂（氯化铵）与樟脑的混合物被称为“实验盐”（sal practice，有各种不同的拼写），常把它加在火药里，由于一种时尚观念，它使混合物有更多“挥发性”，参见 Marshall（1），vol. 1，p. 25；Partington（5），p. 155 等。

② 论述中国毒箭，见比塞特［Bisset（1，2）］的研究。

③ Partington（5），p. 175；McCurdy（1），vol. 2，p. 198。

④ McCurdy（1），vol. 2，pp. 201，210。

⑤ McCurdy（1），vol. 2，pp. 217—219。

⑥ Partington（5），pp. 170，183。

⑦ 关于阿皮埃与蒂布雷尔，见 Partington（5），pp. 176、177。植物与其他种毒物一直用到迟至1782年钱德明［Amiot（2）］写报告补录时；参见 Partington（5），p. 253。

⑧ 本书第五卷第二分册，p. 216，讲唐代的样品。

⑨ 收入《玄览堂丛书续集》。

⑩ 这些数字包括在图126中。

⑪ 《工部厂库须知》卷八，第四页至第六页。

⑫ 《工部厂库须知》卷八，第一页至第二页。每年要造5 000支，此卷对许多火器数量与性质作出丰富说明。

⑬ 我们热烈感谢克利夫·伍德曼（Cliff Woodman）先生、奈杰尔·戴维斯博士、约翰·罗伯逊（John Robertson）博士与菲利普·塞思（Philip Seth）先生。为了介绍这些知识，我们要更大地感谢霍华德·布莱克莫尔先生，当时他是陛下任命的伦敦塔军械库副主任。这些实验作于1981年2月20日。

表 3 给出的是实验成分[①]，表 4 是燃烧时间和我们所观察到的现象[②]。每次实验用
355 相同体积的火药[③]，并点燃不固定的堆。在这些条件下马上就看到，所有成分都燃烧起来；但是有的燃得更快、更猛[④]。

表 3　在霍尔斯特德要塞研究的成分（1981 年）皇家武器装备研究与发展院

实验号	百分比			备　注
	硝酸钾	硫磺	木炭	
1	75	10	15	商业的，呈柱状（帝国化学工业，阿特尔）
2	75	10	15	实验室制备（细粉），电引爆
3	90	—	10	电引爆
4	70	10	20	电引爆
5	63	27	10	电引爆
6	42	42	16	电引爆
7	42	16	42	未燃火
8	42	16	42	缓燃引信
9	33	33	33	缓燃引信
10	50	50	—	电引爆
11	50	—	50	电引爆
12	54	23	23	电引爆
13	81	9	10	电引爆
14	81	9	10	手压烛电引爆

最初燃起火焰的（图 127）仅是硝酸盐超过 60% 的，而当成分比例更趋近于理论值时，则发生最大爆炸速度。较低比例的仅有一火焰柱，有时还能继续燃烧一段时间，这很好地说明了发现火药的首先用处是纵火（图 128）。硝酸盐减低的程度愈大，则引火愈困难，缓燃引信有时不得不代之以电火花。含硝石 33% 以下的成分没有试验，但是低到 12% 将极难引火。硫磺燃成二氧化硫（SO_2）。爆炸的效果仅出现在火药被封闭时，如封闭在纸筒里，而如果纸筒一端开放，则清晰可见火枪效果。因此说这是慢燃烧，是十分正确的，但这里有个大问题，即早期的炮手如何既避免燃烧太慢而缺乏足够的推力；另一方面，燃烧太快而导致枪爆裂。燃烧率到如何程度，空气的产生、密闭空间内压力升高和推动子弹的运动也至何等程度。

① 硝酸钾是烟火级的，在 70℃ 时干燥 24 小时，硫磺是实验室试剂级，而炭是由鼠木（*Frangula alnus*）制备。所有这些试剂均经一位理科学士用 120 号筛子筛去块团，以保证火药自由流动。被筛过的试剂压入灰尘无法进去的容器，然后在湍流混合机（Turbula mixer）里迅速翻滚 20 分钟，然后将混合物密封入抗静电塑料袋。商业制剂（第 1 号）是可能完全混合的，因为它在轮转机磨（edgerunner mill）中磨的。

② 彩色影片以每秒五百个画面的速度拍摄，后来以 20 倍慢的速度来研究。

③ 一个松散堆的重量在 100 与 200 克之间。

④ 燃烧的结束很难确定，把每一种燃烧情况拍成电影，仅能延续到大约 4 到 8 秒。除第 14 号实验外，每秒只能摄 100 个镜头，并持续近 20 秒钟。

356

表4　表3成分的观察

%硝酸钾	实验编号	燃烧时间（秒）		备　注
		首发火焰	火柱长度	
81	13	0.32	3.04	红色闪光，蓝黑色烟的强火焰柱
75（商业用）	1	0.16	1.12	火的喷吹声、钝响、白烟、快燃火焰，有许多炽热的柱子，（可能是碳）喷出来
75（实验室用）	2	0.16	2.4	火的喷吹声、白烟、持续较长的火焰。
70	4	0.48	>2.48	斜喷，强大的火焰柱，有白烟
63	5	0.56	2.8	强大的火焰柱，有火花，接近末尾为蓝烟
54	12	—	3.76	起火慢，不炸破，强火焰柱，白烟中有红棕色条纹（可能为氧化氮）
42（高硫）	6	—	>2.88	不爆炸，慢发动，弱火，少许蓝烟，火焰柱持续长久
42（高碳）	8	—	>2.56	难于点燃，不爆炸，开始火焰强大，然后变弱，柱纤细，有火花，少许蓝烟，燃烧时间长
33	9	—	>3.76	难于点燃，不爆炸，强火焰柱，有红棕色条纹
90（无硫）	3	—	7.52	不爆炸，火焰喷射稳定，蓝烟（钾颜色）
50（无碳）	10	—	>4.32	不爆炸，弱黄色火焰，有许多分离火焰，几乎无任何烟
90（无硫）	11	—	4.24	不爆炸，间歇性火焰，增大慢，蓝烟
封闭在直径0.5寸蜡烛状纸筒中				
81	14	—	16.0	不爆炸，稳定火焰像喷火筒，少烟，无明显爆炸
75	—	—	—	高声爆炸，封带破裂后继续燃烧
66	—	—	—	有限爆炸，封带破裂后有火焰喷射器的效果

357

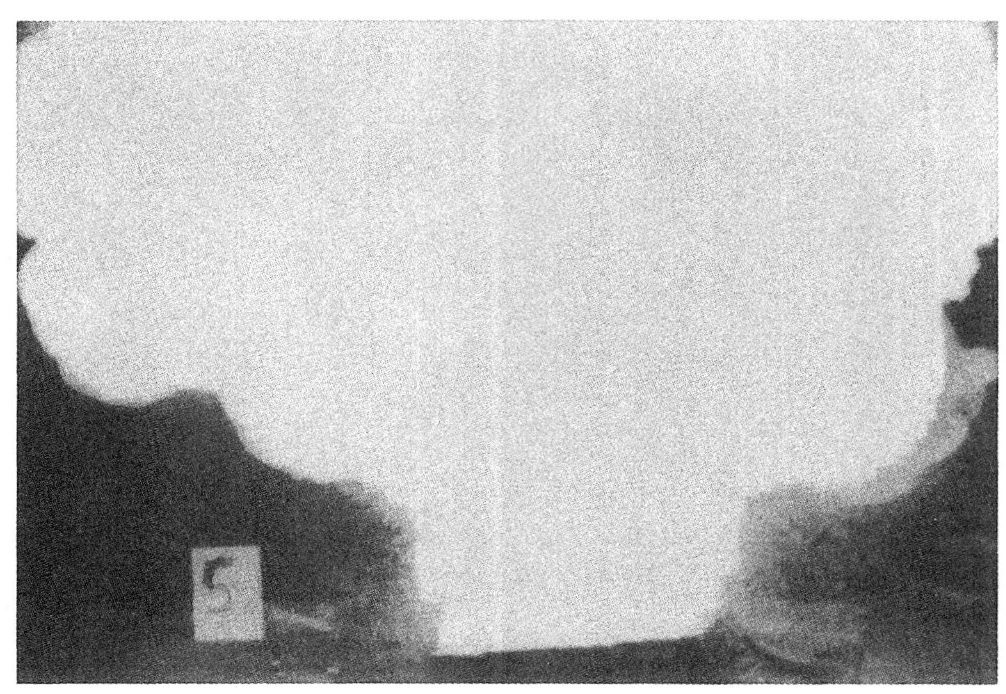

图 127　霍尔斯特德要塞第 5 号试验。含硝酸盐 63% 的首先发出火焰，持续 0.56 秒，然后有强大火柱，且有发火星的烟 2.8 秒。

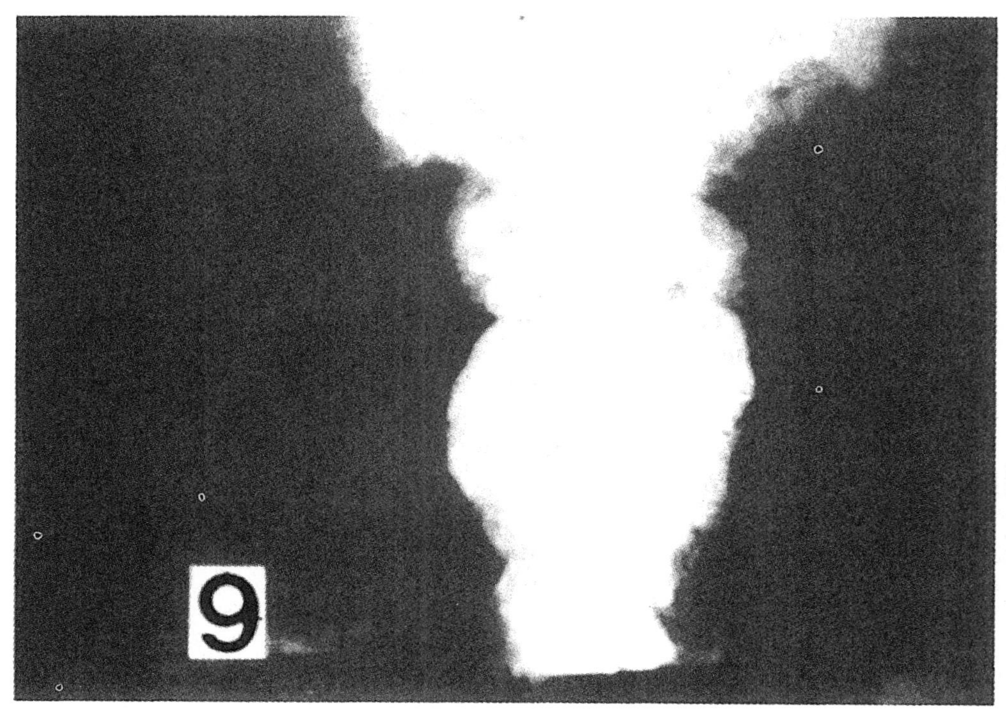

图 128　霍尔斯特德要塞第 9 号试验。含硝酸盐 33% 的很难以点燃，不爆炸，然后燃烧，有强火焰柱，且有棕红色的条纹持续 4 秒钟。

广义地说，从9世纪中叶与14世纪中叶之间的中国火药史上的实验中可以推论说，硝酸盐在混合物中的含量逐步增加。 358

这个现象也曾为文献所指出，它们记载了除我们自己而外的其他人如何在不同时间与地点做的实验。如拉森［Lassen（1）］发现N（硝）：S（硫）：C（碳）为35∶35∶30的火药成分能从类似14世纪手铳的铁管中将一球掷送大约40呎远，甚至于发射重量相当于一颗子弹的东西；但它非常难以点燃，而且燃烧缓慢，这不过是一支火枪的效果。威廉斯［Williams（1）］用66.5∶11∶22.5成分，有许多次不起火，气体从火门逸出，有时子弹刚好从炮口落下；甚至于飞出去也不能穿透18呎远的铁薄片。福利与佩里［Foley & Perry（1）］用了一种火药，硝酸盐含量范围为66.5%～69.2%，能产生爆仗似的爆炸，正如罗杰·培根所知，是一种火箭效应，但在41∶29.4∶29.4时，除有点带烟雾的燃烧外，什么也没有。用模拟手铳做试验，前一种火药仅能弹出管里的纸卷，41%的成分完全不能燃烧。这些结果同15、16世纪欧洲作品许多说明一致，支持了我们的信念，硝酸盐含量随着时间的流逝在9及13世纪之间逐步增高。

(ii) 火药制造与火药理论

中国制造火药的叙述在几种文献里均可发现，如1584年《纪效新书》给出一个成分，含硝石75.7%、硫10.6%及木炭13.7%，此火药用于“鸟嘴铳”[①] 制造这种火药的记载如下[②]：

> 制造火药：每发需要硝石1两，硫0.14两，柳木炭0.18两。
>
> 总共取硝石40两、硫5.6两、柳炭7.2两[③]及三满杯水，磨舂（配料）使之极细，越细越好。最好的方法是将硝石、硫磺及炭分别各自舂磨成粉末。然后根据正确比例将其在盛着两碗水的木臼里合起来。用木杵舂捣臼，决不可用石杵，恐怕发生火（火星）。把料舂捣数千次，如果干燥了，再加一碗水，直到舂到成为很细为止。如果（火药）半干时，就（从臼里）取出来，放在太阳下晒干。最后 359
> 把它粉碎，成每颗都像豌豆那样大。
>
> 这种火药之所以奇妙，因为舂捣得细。［假如换用清水，就会把硝石中的碱质除得干净］。这种舂捣的方法就像制造上等墨那样。
>
> 如果添十多次水舂的，可作点火试验，摊一小撮（火药）在纸上，点燃，应当燃完后而没有伤害纸，否则不敢把它放在铳里使用。或者用1钱药放在手掌中燃烧，如果你的手掌不觉得热，就可以在铳里使用了。但如果燃烧之后在手掌上留下黑或白点，而且感觉发热，质量就不好，就要再加水舂捣，直到试验成功为

---

① 这似乎是现存的中国最早的火绳枪火药配方记载。

② 《纪效新书》卷十五，第九页，由作者译成英文。这段差不多与《武备志》（卷一二四，第八页、第九页）容相同，方括号内的话仅见于后来的版本。

③ 对制备炭的木料种类给予很大注意。巴德勒［Baddeley（1）］1857年谈到柳木（*Salix spp.*）、桤木和黑梾木（*dogwood*），像马歇尔［Marshall（1），vol. 1，p. 67］所说的那样。格雷［Gray（1）］则认为梾木与黑梾木是鼠李木（*Frangula alnus*），但真的桤木（*Alnus glutinosa*）和小毛榉（*Fagus sylvatica*）也应用过。其中的第一个（有最低的着火温度，还有最高的与甚至最均匀的多孔性）今天还在应用于燃烧信管，第二者则多应用于商业火药，第三者用于无需精确燃烧的场合。

止。

硝一两、磺一钱四分、柳炭一钱八分。

通共硝四十两，黄五两六钱，柳炭七两二钱，用水二钟，舂得绝细为妙。秘法：先将硝、磺、炭各研为末，照数合一处，用水二碗，下古木臼木杵舂之，不用石舂者，恐有火也。每一舂可万杵，若舂干，加水一碗又舂，以细为度。

〈至半干取出日晒，打碎成豆粒大块。此药之妙，只多舂数万杵也。[如清水舂，换出硝石中碱气至尽]，大端如制合好墨法相类。若添水舂至十数次者，则将一分堆于纸上，用火燃之，药去而纸不伤，[不] 如此者不敢放入铳矣。只将人手心擎药一钱，燃之而手心不热，即可入铳。但燃过有墨星白点，与手心中燃热者即不佳，又当添水舂之，如式而止。〉

在这段颇无感情色彩的文字背后，隐藏着更多的东西。首先，它使人想起工人都用手持杵捣料的场面，但中国人有比这更精巧的东西。从更早的研究中使人想到捣谷物的脚踏碓可追溯到周代[1]，而用脚在水轮的水平杆上踏动的水碓早就出现于汉代[2]。在这段时期筒形碾子已为人所知且在运用[3]，而辊碾无疑是从简单的石磙派生的[4]，此后不久就发展起来[5]。因之舂捣机械在中国追述起来有很长一段历程，虽然我们现在不知道何时首先用它来舂捣火药混合物，但是我们发现应该有可能在《武经总要》时代之前，即至少1000年左右能发现这一点。碾子在任何情况下已经用于中国火药制造肯定来自《武备志》另外一段记载，其中点名提到过[6]。它还提到用强蒸馏酒（烧酒）去提纯和干燥火药[7]。所有这些都由钱德明于1782年记载过，他说及用碾子在大理石平板碾湿的糨糊团，然后干燥，再弄成粒状[8]。

360 在欧洲，从14世纪初以后，有用硬木（*lignum vilae*）杵的马力或水力驱动的立式捣碾[9]，以代替水力驱动的卧式碓，但一般说原理是相同的[10]。第一个欧洲火药厂建于1431年，更早的说法是值得怀疑的[11]。双辊碾至今还用湿粉火药操作[12]。

这段记载以对所制火药优良性的粗略试验所做的有趣记录而结束[13]。用手掌心试验显然与用同样方式试验硝石有联系[14]。乍看起来，试验似乎自相矛盾，但实际情况并不如此。如果火药因混合不好或另外失误而药力微弱，它将以缓慢火焰燃烧，并不爆炸，因此纸或许变成棕色而不破损，假如混合良好，瞬间就会点燃而且爆炸，使纸上烧起

---

① 见本书第四卷第二分册，pp. 51，183—184，图358、359。

② 同上，pp. 390ff.，图617。

③ 同上，p. 199，图453、454。

④ 本书第四卷第二分册，p. 178，图456。应该很小心地与磨盘（rolling - mill）区分开，磨盘是将物质放在两个相连的磨石中间通过。同上书，pp. 122，204。

⑤ 水力也用于这些，至少是从宋开始。它们名为“水碾”和“水硙”，参见本书第四卷第二分册，p. 403。

⑥《武备志》卷一一九，第十页。

⑦ 每3磅火药用1磅烧酒。

⑧ Amiot（2）补录，参见 Partington（5），pp. 253—254。

⑨ 参见 Forbes（8），p. 69；Gille（14），图581采自《中世纪家庭读物》，大约1480年。

⑩ 同时代的火药捣碾磨见于 Davis（17），p. 44，图19。参见 Marshall（1），vol. 1，pp. 23—24。

⑪ Köhler（2），vol. 1，p. 37；Partington（5），p. 328。

⑫ 同时代有十吨轮子的样品见于 Davis（17），p. 46，图20。今天黑火药几乎全用于烟火。

⑬ 后来兴起了更准确的计量仪器去测其性质，我们下文（p. 548）将简短地考虑的一些与火药机械观念有关的一些类型。

⑭ 参见上文 pp. 105—106。

一个洞。手掌是更坚固的，但一个良好喷吹与砰的一响是如此迅速，以至感觉不到热[①]，反之，哪里有慢燃烧，哪里就会感觉到热，将会留下残渣[②]，说明火药不好[③]。钱德明提到过这段原文[④]。

其次有趣的是，中国古代医药配方理论与长生丹配方论均为军事理论家应用于不同的火药配合。像医药学那样，一个方子的各成分被视为"君"、"臣"及"佐使"，"佐使"的意思是辅佐的、有效应的官方使者，因此也就是"助手"[⑤]。在最早的本草书《神农本草经》（公元前1世纪）中"上品"药多数有最小的致命剂量，而"下品"药则剧烈且有毒。《武编》（约1550年）云[⑥]：

硝石是君王而硫磺是大臣，它们的相互依赖（"相须"）才能发挥作用。硝石的性质是一往直前的，而硫磺则横向扩散，所以二者能一起起作用而不彼此冲突。"灰"（木炭）只是它们的助手，能跟着同类（物质）起作用[⑦]。

〈硝则为君，而硫则为臣，本相须以存为。硝性竖，而硫性横，亦并行而不悖。惟灰为之佐使，实附尾于同类。〉

《兵录》（1606年）再次给出了构成火药的这些物质的理论[⑧]： 361

用在火攻方面的化学物（"药"）性质如下：在主要物质中硝与硫是君王，木炭是大臣，各种毒药是助剂（"佐"），产生气的那些组分是使者[⑨]。必须知道配料的适应性后才能掌握用纵火剂与炸药进攻的神奇效应。现在硝石的性质是直向[⑩]，硫磺的性质是横向[⑪]，木炭的性质是起火（"燃"）[⑫]。性直的主管着向远方攻击，所以作推进剂时，取九份硝石与一份硫磺。性横的主管爆炸，为了爆燃，取七份硝石，三份硫磺[⑬]。木炭由青柳烧成，性质最尖锐，炭由杉树烧成的其性缓慢，而从白山竹叶子（"箬叶"）烧成的其性质特别暴躁。

---

① 参见 Davis (17), p. 47。

② 这种试验在西方也广泛地使用，参见 Marshall (1), vol. 1, p. 27。

③ 或许这个欧洲最古老的试验就是大约在1437年《火攻书》中的那个试验，论述此问题见 Hassenstein (1), p. 64; Partington (5), p. 155。

④ Amiot (2) 补录，参见 Partington (5), p. 272；亦参见《武备志》卷一一九，第十页。

⑤ 见本书第六卷第一分册，p. 243。

⑥ 《武编》卷五，第六十一页，由作者译成英文。

⑦ 关于这个观念，见本书第五卷第四分册，pp. 305ff.，316ff.，与 Needham (83, 84); Ho Ping-Yü & Needham (2)。

⑧ 《兵录》卷十一，第三页至第四页，也见《武备火龙经》卷一，第四页至第五页，由作者译成英文。

⑨ 见上文 p. 353，有关"实验盐"(sal practice) 的叙述。

⑩ 注文说："直发者以硝为主"。

⑪ 注文说："横发者以硫为主"。

⑫ 注文说："火各不同，以灰为主，有箬灰，柳灰，杉木灰，梓灰，葫灰之异"。这些树木，按次序拉丁学名为：(1) *Sasa albomarginata*, R 757, CC 2804 (赤竹), (2) *Salix babylonica*, R 624, CC 1697 (柳), (3) *Cryptomeria japonica*, R 786a, CC 2137 (杉), (4) *Catalpa ovata*, R 98, CC 1260 (梓), (5) *Allium scorodoprasum*, R 672, CC 1824 (葫)。

最近对欧洲树木用于火药中的炭的记载的是 Gray, Marsh & McLaren (1)。垂柳是最好的，但是对于桤木，桤木 *Frangula alnus*（它常被错误地呼为黑桤木），桤木 (*Alnus glutinosa*) 与山毛榉 (*Fagus Sylvatica*) 有偏爱。

⑬ 两种情况下，木炭以一份计，这意味在第一种情况下硝酸盐 81.8%，第二种情况下 63.6%。

雄黄性高，使火焰升起①……；砒素的气（“砒黄”）平静，但其火有毒②。如果铁弹与尖角瓷片用人尿（“金汁”）及其沉淀（“银锈”）、氯化铵（硇砂）焙制，打中敌人就会使他皮肉腐烂到骨③。野草乌、巴豆油与雷公藤④再加少许
362 （干）海马⑤一起焙制，能作为毒药用在龙枪上，只要流血便会死去。⑥ 江豚（“江子”）油、四川漆（“臭常山”）、半夏⑦用于涂在火枪的枪尖上，任何人为其所伤，便不会说话⑧。

至于桐油、皂角粉、松香，则用来焚烧（敌人）粮草，攻打（敌人）营垒。人的头发、熔铁汁及巴豆油用来粉碎包皮草的围城器械及皮帐幕⑨。狼粪（燃烧）的烟在白天黑夜看起来都是红的，可用来做报警信号，江豚肉的灰（加入火药）则加强逆风中的火焰，这是其独特性质。还有另外的物质如汽油（“猛火油”），遇水则火焰愈旺，能够用来烧毁湿物；九尾鱼油，对着风造成火焰，使人们无法逃避。⑩ 这些物质很难得到，但任何军队的指挥官，应该（至少）知道它们的存在。

〈火攻之药，硝硫为之君，木灰为之臣，诸药为之佐，诸气药为之使。必知药之宜，斯得火攻之妙，硝性主直，硫性主横，灰性主火，性直者主远击，硝九而硫一；性横者主爆击，硝七而硫三。青杨为灰，其性最锐；枯杉为灰，其性尤缓；箬叶为灰，其性尤躁。雄黄气高而火焰……砒黄气息而火毒。金汁、银锈、硇砂、制铁子、磁锋着人则须烂见骨。草乌、巴豆、雷藤，少加水马，熬热火药，龙枪着人则见血封喉，江子，常山，半夏略加川黄，制造喷筒药罐，着人则禁唇不语；桐油、豆粉、松香用于焚粮劫寨；人精、铁汁、巴油用破革皮帐；狼粪烟昼黑夜红，递传警报；江豚灰逆风愈劲，力显神奇。他如猛火油得水愈炽，可烧湿物。九尾鱼脂见风漫爆，无可遮拦，固皆难得之物。而为将者亦不可不知也。〉

这段全文真是中古代末传统理论的宝贵提要，与应用于火炮学的近代科学方法的高涨是同时代的，而在这时期欧洲大陆另一端，正发生科学革命。某些推理在性质上是十足亚里士多德式的，正如欧洲则进入罗伯特·波义耳的时代那样。药物学分类直接来自公元前1或2世纪的《本草经》。对不同种类的木炭的各种性质所作的评论是十分锐敏的，和其他情况一样是来自实际实验的结果。于是对毒药剂的传统迷恋，足以

---

① 注文说：“神火以雄为君”。

② 注文说：“毒火以砒黄为君”。

③ “银锈”就字面说是银上的锈，但《武备火龙经》注本说在此地应当称为人尿沉淀，“金汁”则指尿，原文的注说它们均用于“烂火药”中。

④ 这些树木按次序拉丁文学名为（1）*Aconitum uncinatum*，R 527（乌头），（2）*Croton tiglium*，R 822，CC 857（巴豆），（3）*Tripterygium wilfordii*，CC 826（雷公藤）。

⑤ *Hippocampus spp.* 常被称为海马（R 190），它在此出现的理由是不明显的，正如《本草纲目》记载，仅用于难产和春药。

⑥ 注上说：“火箭火枪上用之，贼众立死。”

⑦ 江子与江豚同义（江豚，R 176），在第二个位子的植物命名是常山（*Orixa japonica*），芸香料（Rutaceae）的有毒植物，和柑橘有关，R 353，CC 915；而第三者是有块茎的半夏（*Pinellia tuberifera*），一种剧毒植物，R 711，CC 1929，Steward（2），p.500。

⑧ 原注云：“喷火药内用之”。

⑨ 即甲，用动物覆盖并作防护用。

⑩ 原注云：“猛火油出占城国”（今越南南方）；“九尾鱼脂出暹罗国”（泰国）。《武备火龙经》本未叙述后者，但仅说“鱼油出婆罗洲”。这些很可能是希腊火贸易久远的回音，见上文 p.86。关于占城，参见本书第四卷，第三分册，p.487，而关于泰国，见本书第五卷第四分册，p.136。

有理由将其用之于箭头与矛尖，更不要说将其结合在火药成分里[①]。原文以有关围城战争，烟雾信号与喷火筒的常谈来结束，其中大部分在这个时代确切是过了时的。

或许不会引起惊异，在 1637 年的《天工开物》里有段与此非常相似的内容出现，在这里宋应星引入了一个更进一步的观念，即硝石极阴而硫磺极阳[②]。人们容易看出，这一思想来自雷电性质的古典理论，可溯于古代，至少早到汉初[③]。这里我们的中国作 363
者得出接近于震动 16 及 17 世纪欧洲的观念即"空中硝"[④]。它引来了大量文献，主要是解释雷鸣，最后与发现氧气有关。而与硝石的化学无关，但它在那个时代的思想中起了极大作用。

实际上 12 世纪后半期从事写作的朱熹已走在科学革命时那些人的前面。正如黄仁宇[⑤]注意到的，朱熹曾认为雷乃是由于多度压缩的气体所起的突然扩张，并以火药爆炸作明确的类推说明。他的话是："雷如今之爆仗，盖郁积之极而迸散者也。"[⑥] 正如我们如此常常见到的[⑦]，"雷"这个字从 10 世纪末以来许多火药武器都应用到它，不必大惊小怪，"空中硝"应当说是披着新儒学的外衣出现的。

更加特殊的是，与《兵录》很类似的一段内容，出现在 1643 年焦勗与汤若望所著的《火攻挈要》中。该节标题为"火攻诸药性情利用须知"[⑧]，其表述与《兵录》那段尤为接近，在原文里还加了许多注，所有的观念本质上都是相同的。我们得知有雄黄、巴豆油、皂角粉、狼粪、江豚、海马、汽油，甚至还有九尾鱼。这些都在许多"佐使"配料之中。我们知道，就是这本书，耶稣会士汤若望被描述为传授者或指导者，焦勗被描述为编纂者，而赵仲是编者。一些人由此得出结论，耶稣会士是责任作者，而另外其他人则笔录他所说的。假如真是这样，人们就很难指望发现有如此高度的传统意识。很可能是汤若望找不到什么去反对他们的。引进近代科学到中国必定是缓慢的事，而耶稣会士反能对此有部分影响。我们倾向平常的思路，认为汤若望的头衔部分是带有荣誉性的，而焦勗必定是真正的协作者，而不是笔录口授之人。因此才有了这个火药成分性质的中古说明。

在这一点上，我们经常引用的《武备志》著名作者茅元仪可能提到过一篇很有趣 364
的文章，标题为《火药赋》，而且很值得全文翻译，因为它实际上概括了有关炸药混合物制造机理的传统思想。硝石的特点是使火药直向扩散，而硫则横向扩散；硝石是君，硫磺和木炭是臣，甚至有毒的物质也是佐使。这篇作品清楚地展示了 17 世纪初中国技

① 一切有机质经燃烧或爆炸之后均大量分解，但药料中装有含铅或砷的浓烟将是十分有毒的，虽然其效果并不必须马上弄明白。关于中国箭毒，又见 Bisset (1) (2)。

② 《天工开物》卷十五，第五页、第六页（二五八页至二五九页），英译文见 Sun & Sun (1), p. 268; Li Chhiao - Phing (2) pp. 389ff.。宋应星对军事技术家的说法究竟多少基于实验持怀疑态度。另外一段（卷十一，第六页）称："凡火药，硫为纯阳，硝为纯阴，两精逼合，成声成变，比乾坤幻出神物也"（乾坤为《易经》两个卦名，相当于阴阳），由作者译成英文，借助于 Sun & Sun (1), p. 210; Li Chhiao-Phing (2) p. 297。

③ 参见本书第三卷，pp. 480ff.。

④ 见 Debus (9, 10) 和 Multhauf (5), p. 332。

⑤ Huang Jen - Yü (5) p. 202。

⑥ 《朱子全书》卷五十，第四十七页，由作者译成英文。

⑦ 上文 pp. 192, 203, 213。

⑧ 《火攻挈要》卷二，第八页（第二十八至二十九页）。

术人员是如何认识爆炸现象的[1]。

对鸦片战争时代还得交代几句，当时中国人正忙于追赶欧洲国家所取得的火器发展成就，使其火器实现那个时代的现代化。于是 1843 年福建提督陈阶平向朝廷呈送奏章，说现存的靠人力推拉的火药碾应该被淘汰，而应普遍代之以效力高出七倍的以畜力或水力为动力的火药碾[2]。他还对硝石的制备及其提纯提出自己的看法（参见上文 p. 94），建议用牛皮胶作为清净剂。龙多［Rondot（2）］在 1849 年参观某些中国兵工厂时了解了这件事。他在兵工厂里发现火药制成品中硝酸盐百分比同当时最好的法国成品相同（75.5%）。当时主要的枪械及火药专家丁拱辰也注意到了这一点[3]。使龙多感到相当吃惊的是，他发现潘仕成组织并装备了一个大型化学试验室和工厂[4]。在这里大批地制备和再结晶体硝石、蒸馏酒精和硝酸。有些这样的产品用来制造中国从 1842 年以来就一直在生产的雷酸银雷管[5]。

365 陈阶平和丁拱辰的奏章极力主张应从欧洲火药生产的方法中吸取教训。后来在上海附近于 1865 年成立了著名的江南机器制造局，两年以后又在制造局里创立了“翻译馆”。瓦特（Watt）写的一本论火药制造的美国书由傅兰雅（John Fryer）译成中文，其标题为《制火药法》[6]。然而，不管是陈阶平、丁拱辰，还是傅兰雅及其合作者可能都不知道中国历史中火药到底年代有多久，也不知道中国原来就是火药的故乡。现在我们必须再回顾一下 15 世纪末那些岁月，以便跟踪探索炮和枪的后期发展。

(17) 火炮的后期发展

从这时开始，我们发现来自欧洲影响的巨大浪潮向中国袭来。如果那时中国文化任其自行发展，那么按其整个历史所显示出的缓慢然而却是稳定的向前发展，火器（在中国）有可能取得了同样的发展成就[7]。可是现在资本主义新的经济制度在欧洲正

---

① 在西方可能与茅元仪的作品最接近的对应作品是托马斯·布朗爵士（Sir Thomas Brown）在他的 1646 年的 *Pseudodoxia Epidemica*（通常称为《流行的谬见》）中关于火药特性的有关部分。出现在该书 bk. 2，ch. 5，第 5 段（塞尔版 Sayle ed.，vol. 1，pp. 271 ff.）。布朗说：“所有这些（成分），虽然起发射剂的作用，但它们仍然有不同的作用，并且在组成上有所不同。硫磺产生的猛烈火焰……木炭产生黑色和猛烈填加物……硝石产生的力量及爆炸声，硫磺与木炭混合起火时不会发出声响；而由不纯的和生的硝石制成的火药，产生微弱的爆炸声。因此，三种粉末中最强的成分是硝石……”

② 陈阶平提供的说明可以在《海国图志》中找到，第 91 卷，第 8—11 页。陈阶平在欧洲文献中被提到，被拼写成 Ching Ki-Pimm。他还介绍用藤炭代替用松木或冷杉制成木炭。

③ 《海国图志》第 91 卷，第 11—15 页。关于丁拱辰，见 Chhen Chhi-Thien（1）；黄天柱、蔡长溪和廖渊泉（*1*）。

④ 欧洲人眼中的潘仕成（或 Tinqua）；参见 Chhen Chhi-Thien（1），pp. 36ff.，pp. 40ff.，pp. 56ff.，（2），pp. 8—9，和上文 p. 205，这些地方讨论了他提醒发展水雷，以及他使用一个美国专家建造水雷。

⑤ 见 Davis（17），pp. 400ff.，405，412，雷酸银在 1788 年第一次由贝托莱（Berthollet）制成，但是由于它灵敏度太大，不久被雷酸汞取代用于军事目的。本书作者之一（李约瑟）常记起在二次大战中，他作为军械库的顾问，在中国的雷汞工厂参观时的紧张心情。参见上文 p. 56。

⑥ 参见 Bennett（1），p. 118。

⑦ 参见 Needham（59），（64），p. 414。

蓬勃产生，不仅革新而且发明[①]都获得充分发展[②]。这样，产生于西方的优良轻型火炮便迅速传播，遍布欧洲大陆的每个角落[③]。现在我们讨论这些优良的轻型炮（和重型炮），由于诸如火绳枪和滑膛枪这些改进的火器只是在四、五十年后才传入中国的。

此处最重要的发明是后膛装火器。这种发明无需浪费很多时间装填火药和顺着炮口把子弹向下装，大概还得用炮塞，而是单独安装一个盛火药和炮弹的匣子，这就方便多了。这种圆形物形似啤酒杯，有一个恰到好处的柄。将其置于炮尾一个为其专门设计的炮床内，然后插一横方木栓，使其固定到位[④]。这一可换用的圆柱体称为药室或炮闩，图 129 是其构造的全形图[⑤]。

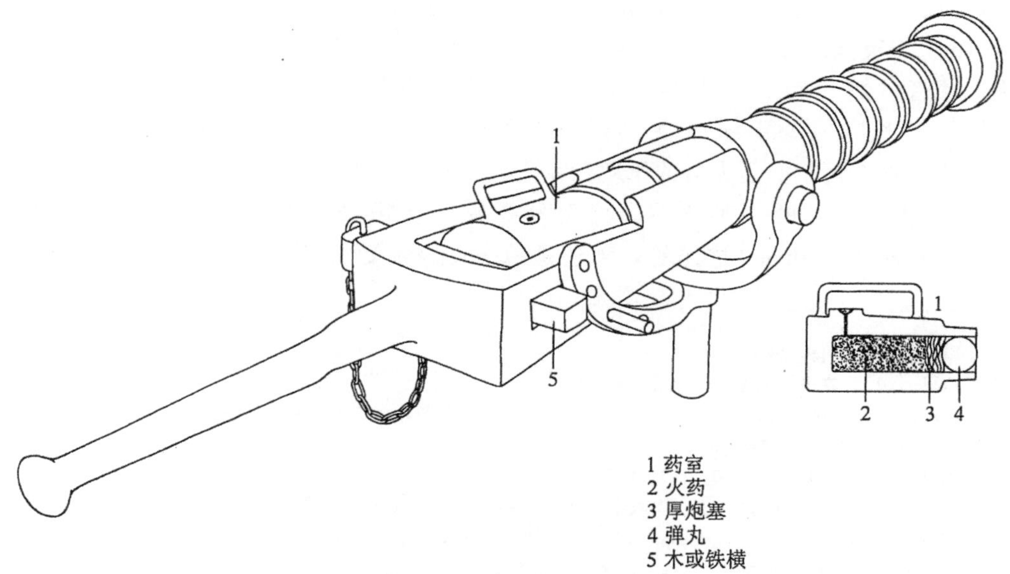

图 129　后膛装填式的重要发明；外形酷似啤酒杯且带有一合适手柄的分离弹药室，盛有发射药、弹塞和子弹。插入一横方木柱把其固定到位。由于这许多程序便于事先准备，然后迅速安装好，从而增加了发射率。绘图采自 Reid（1），p. 113。

关于后膛装火炮在欧洲何时出现的，一直都存在着很大的意见分歧。里德得出结论说[⑥]，有证据显示后膛装火炮应在 1372 年前不远的某个时候，他的说法离确切日期 366

① 见 Schumpeter（1，2）。这不仅是新事物，而且还接受与大量应用新事物。

② 奇波拉［Cipolla（1）］的著作所谈的火器虽已过时，却反而有价值。书中展示了全副武装的战船（1500年以后，参见本书第四卷第三分册，pp. 512，594—595，606，611，697—698），附有侧舷位上的新式枪炮，是很快超过了航海帆船的一个地方。但完全忽视了，前者是建立在资本主义利用发明与科学知识的基础之上，而后者，只以传统的官僚封建制为背景，是完全不同的。

③ 欧洲火炮在整个东亚、东南亚、南亚的所有国家的传播在博克瑟［Boxer（11）］，吉布森-希尔［Gibson-Hill（1）］和克吕克［Crucq（1）］的著作中均有很好的描述。他们对这些火炮进行了很好的研究。中国的硫磺与硝石也用在这些火炮中。见比利［Tomé Pires］《东方诸国记》（*Suma Oriental*）（1515 年），译文见 Cortesão（2），vol.，1，pp. 115，125。

④ 这一发明在海上特别重要，因为可以免去装药及炮弹时枪炮身前后运动。

⑤ Reid（1）p. 113。

⑥ Reid（1），p. 59。

也许相差不远。拉特根[①]说这种火器首次问世应在 1380 年或 1398 年，而克勒[②]则说可能是在 1397 年左右，然而这些都是德国人的断代，勃艮第人似乎早在 1364 年就有这种火器了[③]。英国有一张 1485 年的画，与 1417 年的"葡萄牙炮器"有关。葡萄牙后膛装炮（berços）出现于 1410 年[④]。这种装置持续了几个世纪，但未能满意地制成密封型
367 的，气体的严重泄漏自然地要减少推力[⑤]。只是到了 1809 年这一问题才得以解决，当时保利（S. J. Pauly）发明了弹药筒，这是许多未来各种弹药筒的第一种[⑥]。

16 世纪初，后膛装式火炮传入中国时，这种火器名为"佛郎机"即"法兰克长炮"（Frankish culverin）。虽然我们自己经常使用这一译名，但是"长炮"（culverin）并非是恰当的名称[⑦]。然而不幸的是还没有令人满意的、或者得到人们接受的名称。在
368 15 和 16 世纪英国的历史记载中，这些后膛炮被五花八门地描绘为"基地炮"，"葡萄牙炮"或者"蛇形炮"。到了 17 世纪初，这些火器被普遍称为"投射炮"或"葡萄牙基地炮"。"长炮"（culverin）的问题，像"猎隼炮"、"宠物炮"（minion）和"鹰隼炮"一样，这个词主要是火器的长度和膛孔。然而"基地炮"这个名称同属一种情况，成为具有最小口径的一种火器。因而只要有人认识到其名称的不准确性，也许长炮或小口径炮(caliver)这样的名称还是勉强可以接受的，因为这个名称仅指任何一

---

① Räthgen (1), pp. 58ff., 181。

② Köhler (1)，本书第三卷第一分册，p. 282.

③ Bonaparte & Favé (1), vol. 3, pp. 130—132。它们是根据其制作者弗格勒［Vögler］的名字命名为弗格勒炮（Veuglaives），此后又称弗格勒惩罚（fuggeler bussen）。

④ 见 Partington (5), pp. 110, 112, 115, 121, 224。

⑤ 曾经有某些改变，特别是用螺旋尾栓，正如达·芬奇大约 1500 年在他的《大手稿》（*Codex Atlanticus*）中描绘的［参见 McCurdy (1), vol. 2, opp. p. 206］；但它们并未完全被接受，可能是由于运用较为缓慢和不便。1464 年在伦敦塔中的土耳其大炮就有尾栓，因其口径为 2 英尺［Blackmore (2), p. 172, 240 号和图版 3］，但是在 1770 年以后很少用，而且从来没有传到中国。活动的螺旋炮塞从 1593 年问世，而旋转弹药室从 1680 年出现，但同样没有传入中国。其全部的发展过程见 Blackmore (1), pp. 58—59, 62, 64; Ffoulkes (2), pp. 94, 98。螺旋式尾室一般有推进插座。

我们愿意知道更多的关于 1453 年君士坦丁堡围城战最后以土耳其人获胜的战役中，双方所使用大炮的情况。在罗马尼亚的摩尔达维亚（Moldavia）的北部［阿尔博雷（Arbore）、胡莫尔（Humor）、摩尔多维察（Moldoviţa）、苏切维察（Suceviţa）］的几个教堂的壁画上，描绘了 1503 年至 1595 年期间的这种大炮的情况。我们复制了在摩尔多维察可能是在 1537 年制作的最好的图画（图 130）。在图画的右部可以见到三门土耳其野战炮的炮口，但是可以在城市的防御墙上发现另外四门炮，两门面对着右边地上的大炮，另外两门在向左边战船上的攻击开火，显然是成功了。根据所给出的大炮各个部分的名称来看，所有大炮都用龙鳞，画得很清楚。放大的图（图 131）将阵地显示得更加清楚，但不幸的是，炮尾的结构却不够清楚。

根据朗西曼［Runciman (3), pp. 66—67, 108, 116—117, 119, 126］的记载，总之，土耳其人整体上比拜占庭人更重视大炮的应用。拜占庭人的城市中只有少数大炮，一旦在城墙上发射，其后坐力的震动就能震坏城墙，而且他们的硝石也短缺（p. 94）。土耳其的炮轰持续了六个星期，但由于他们的大炮放置于山地地区，因而其环境对炮手是非常艰苦的（pp. 97—98）。然而，穆罕默德苏丹二世（Sultan Mehmet Ⅱ）从 1451 年开始有一个谋士加埃塔的雅各布（Jacopo of Gaeta），他是犹太医生，懂得一些大炮的知识；第二年，一位匈牙利制炮专家乌尔班（Urban）加入了他们的队伍。他至少能制造 27 英尺长的大炮（pp. 77—78），特别有趣的是，土耳其后来没有接受先进的科学与技术，而在科学革命产生之前，土耳其人比希腊人更乐于接受先进的军事技术。参见图 121。

如果欲作进一步研究，最好参见英译注本 Pertusi (1)。

⑥ 保利是一位瑞士制炮家，最初是战车制造者，生于 1766 年，见 Reid (1), p. 188; Blackmore (1), p. 66。与这有关的是引用 1799 年伦敦塔中的亚历山大·福赛思（Alexander Forsyth）（1768—1843 年）制造的雷酸盐火帽［Blackmore (1) pp. 45ff.］。

⑦ 这个词最大的问题是一般用于指前装式的炮。

图 130　这是一张罗马尼亚摩尔达维亚的摩尔多维察教堂外壁上的壁画。它虽完成于 1537 年，但却刻画了 80 年前对拜占庭的围攻战。防御墙上可见一些大炮，以及右边塔中的几位弓箭手。(原版照片)

图 131　同一壁画的另一部分展示了土耳其攻打君士坦丁堡的野战炮，明显的比城上（有两尊）守卫者的炮大。这些大炮的表面都清楚地画有龙鳞，其含义与经常给大炮赋予的名称相吻合。

种长的或小口径炮①。

为了增加我们所谈论的客观性，我们可以看几幅正在谈论的后装式火器图。图 132 展示了一种早期类型，其时间约为 1475 年。为西班牙造，其炮筒由四块狭铁板焊接在一起制成，并用铁箍箍牢。它仍然有弹药室，其炮柄原来可能是直的②。下一幅图（图 133）是约 1520 年造的葡萄牙投射炮，用青铜铸造，柄已折断，药槽空无一物③。第三幅图（图 134）是采自贝宁，这种火器可能是葡萄牙投射炮的一种尼日利亚仿制品，不
369 见弹药室，但仍有长长的柄④。这些都是过去被称作“佛郎机”的各种型号的武器⑤。

图 132 佛郎机例图。约 1475 年西班牙战船上的“投射炮”或“基地炮”［不严格的叫法为“长炮”（culverin）或“小口径炮”（caliver）］。纽约大都会艺术博物馆摄，原编号为 17 · 109［经尼克尔（Helmut Nickel）同意］。这件火器在塞维利亚附近打捞。此佛郎机有弹药室，炮耳下安装有一旋轴。其炮筒由四块铸铁狭板焊接在一起，并用铁箍箍牢。炮身长 3 英尺 1 英寸，筒长 1 英尺 10 英寸，炮口直径 11. 7 厘米，后膛孔直径 6. 3 厘米，重约 50 千克。

(i) 佛郎机（法兰克后膛装炮）

1523 年中国人俘获了两只西方战船，他们在船上发现了葡萄牙长炮。这些武器被呈送给皇帝并沿用这些外国武器的中国命称命名为“佛郎机”。后于 1529 年在中国仿造。这体现了通常的智慧，但事情经过却复杂得多，如伯希和在论述明代书中的火者

① 对于这一段所涉及的内容，我们应当感谢伦敦塔军械库的副总管，霍华德 · 布莱克莫尔先生。

② 纽约大都会艺术博物馆，第 17 · 109 号藏品，由尼克尔（Helmut Nickel）先生好意复制。炮筒长 1 英尺 10 英寸。

③ 伦敦塔军械库，Blackmore（2），p. 139，藏品第 178 号。炮筒长 7 英尺 10 英寸。

④ 伦敦塔军械库，Blackmore（2），p. 170，第 239 号。炮筒长 5 英尺 2 英寸。塔中的其他后膛装炮可在布莱克莫尔［Blackmore（2），p. 50，第 6 号，图版 59C（1670 年，荷兰造）］的书中找到。保存着原始的弹药室，p. 191，藏品第 196 号，图版 59A（约 1525 年，葡萄牙造）有带箍炮筒，2 英尺 10 英寸长，很像图 132；和 p. 168，藏品第 234 号（马来西亚或菲律宾造）。

⑤ 彼得松［Mendel Peterson（1）］描述了在 1955—1956 年塔克（Edward Tucker）和林克（Edwin Link）从百慕大群岛哈密尔顿港（Hamilton Harbour）出发的一次远征海洋考古。这次在西班牙或葡萄牙发现了六个这一种类的长炮。

370

图 133 标有国家武器的葡萄牙后膛装式长炮，缺药池和铁柄，约 1520 年。总长 8 尺 2 寸，伦敦塔军械库摄。Blackmore (2)，目录，p. 139，藏品第 178 号。

371

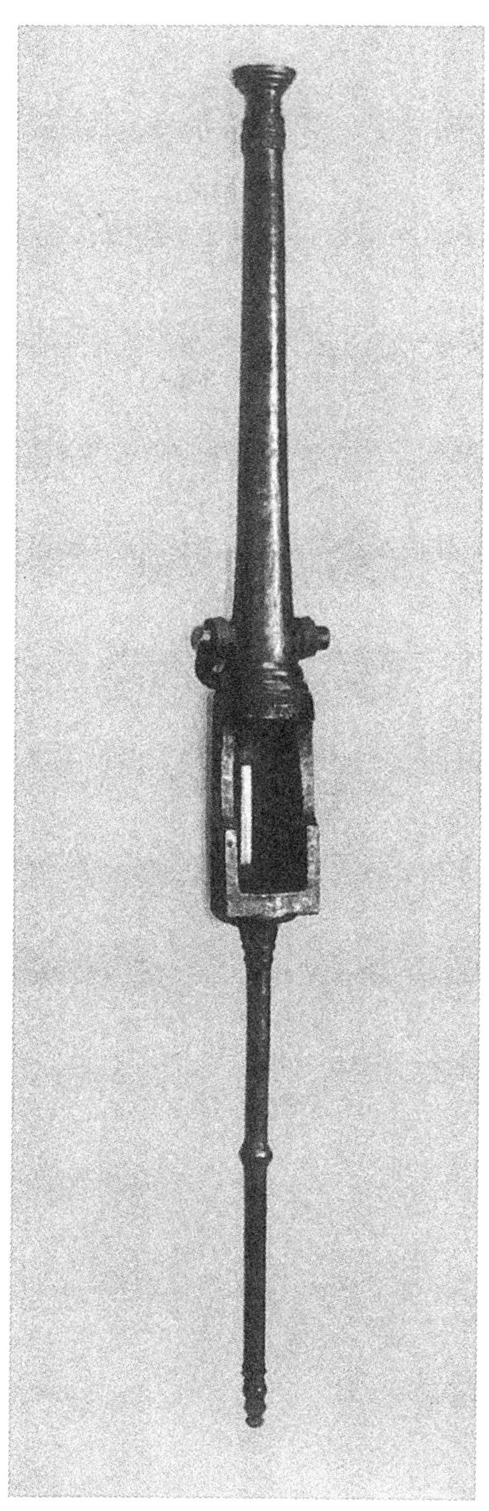

图 134　葡萄牙后膛装式炮的非洲仿制品，日期不详，缺药室，但铁柄完整无损。伦敦塔军械库摄。Blackmore（2）目录，p. 170，藏品第239号。

亚三（Hoja）和写亦虎先（Said Husain）的一篇专著［Pelliot（53）］中所阐述的[①]。实际上标准的说明正是《明史》中的要点[②]，还补充说汪铱是向朝廷献炮的人[③]。

官方史学家的描写依据两部书，即严从简[④]的《殊域周咨录》（1574 年）和陈仁锡 372
（1630 年）的《皇明世法录》。但这两部书都说是兵部低级官员何儒于 1522 年获得这种武器，并由两位西洋化的中国人杨三与戴明在京城仿铸[⑤]。然而 1519 年当著名哲学家王阳明（卒于 1529 年）任江西巡抚镇压藩王朱宸濠造反时，使用并打算使用佛郎机[⑥]。在他的文集作品中有一篇文章[⑦]说他的一位朋友，镇压藩王造反的军事将领林俊，这时命令铜匠铸造佛郎机铳——结果这种武器于 1522 年以前在中国，至少在福建和江西已受到重视。而且十二年前在同一个省还发生过一次由黄琯发动的反叛，被一名叫魏昇的团练军将领平息下去。当时魏昇用了不下 100 支佛郎机进行攻击，并摧毁了反叛部队[⑧]。因而法兰克后膛装炮早在 1510 年在中国南方就为人们所相当熟悉。

如果情况属实，那么佛郎机就不可能是直接从葡萄牙传入中国的，因为直到 1511 年马六甲才陷落[⑨]。伯希和认为最有可能的是中国人在接触来自葡萄牙人之前，佛郎机就从马来亚传入中国[⑩]。“机”这个词确实最初指“机械”（machine），即来自佛郎机或法兰克的机械（the engine of the Farangi，or Franks），那时“佛郎机”只用于对这个民族名称的音译[⑪]。正如伯希和所说：“把人们所熟知的外国民族名 Fo-Lang-Chi 译成 fo-lang-chi 炮”（“On avait connu les canons *fo-lang-chi* avant les étrangers *Fo-Lang-Chi*”）。
无论如何，佛郎机后膛炮与南方许多地区有着普遍的联系，如李文凤（约 1545 年）所 373

① 伯希和确实试图搞清这些汉字名，并且弄清后膛装炮在使用中的问题。可能有一位会说汉语的使臣叫火者亚三，显然是穆斯林血统，可能是马来人，可能是 Ḥōja Ḥasan，或 Khōja Ḥasan（即哈桑先生）。他或是满剌加的大使，或是不幸的比利（Tomé Pires）的译员之一（参见本书第四卷第三分册，pp. 534—535）；不管是谁，他是 1523 年在广州被处死。另外一个穆斯林传教士是写亦虎先（Said Husain），一位新疆哈密维吾尔王子，在 1488 年他有很好的声誉，但后来失宠，并于 1522 在北京被处死，又见林文照和郭永芳（*1*）。

② 《明史》卷三二五，第八页至第十页；卷九十二，第十一页，年代为 1529 年和 1521 年。

③ 实际上汪铱是广东水师提督，于 1522 年打败了阿丰索（Martin Affonso）率领的葡萄牙中队。参见 Chang Thien-Tsê（1），pp. 56ff，60—61。

④ 《明史》卷九，第九页。

⑤ 《明实录》给出了两个日期；1530 年（9 月）和 1533 年（8 月）。

⑥ 见 Goodrich & Fang Chao-Ying（1），pp. 1412—1413。

⑦ 《王文成公全书》卷二十四，第十二页。

⑧ 证据来自陈寿祺（1771—1834 年）所著《福建通志》第 267 卷，第 10 页，这是确信无疑的。该书在此事件之后很久才编成，但他用了当地写本记录，没有理由怀疑他的叙述。

⑨ 第一艘到达中国港口的葡萄牙舰船由若热·阿尔瓦雷斯（Jorge Alvares）统帅，那是 1514 年。第一次葡萄牙与中国的外交接触是比利于 1517 年开始的。

⑩ 如果情况属实，事情一定发展得相当快，因为葡萄牙人第一次到马六甲只是在 1509 年，有人会问是否就不应当查查其他的来源——西班牙，或者甚至英国？关于 1514 年的外交接触，参见 Chang Thien-Tsê（1），pp. 35ff.。

⑪ 欧洲人的这个名称那时在亚洲流传广泛，毫无疑问这个名称来自阿拉伯人有关佛郎机斯坦（Frankistan）的说法。例如《元史》（卷四十，第六页）就已经使用了“佛郎”这个词来称呼马黎诺里（Marignolli）使团。这很容易使人想起古代唐代人对拜占庭称呼的用词——Rūm（新罗马）→Frōm→Fu-lin（拂菻）（参见本书第一卷，pp. 186，2005）。Farangs 也产生出景泰蓝工艺（见第三十五节）名称“珐瑯”，这个名称起源于西方，发蓝后演变为珐琅。与佛郎机后膛炮更为接近的名称产生了这样一个事实：莫卧儿帝国第一个皇帝巴布尔（Bābur，1526—1530 年在位）使用 firingihā 或 farangī 来称呼法兰克设计的炮，虽然是在印度制造的［Partington（5），pp. 219，234，279］。参见张维华（*1*）。

写的《月山丛谈》就是明证。在这本回忆录式的书里，他特别强调这种设计来自于国外。在他那个时代只有广州的火器工匠们才能制造得像外国人一样好[①]。

经常听人说中国对佛郎机后膛炮的最早描述是1562年出版的《筹海图编》，这也许不假。然而当我们仔细审查才发现郑若曾大量引用更早的记录，这些备忘录事实上是由顾应祥编写的，他是我们这本书以前卷提到过的杰出数学家[②]。当顾于1517年任广州佥事，署海道事时，他亲眼目睹费尔南·佩雷斯·德安德拉德（Fernão Peres de Andrade）率领的舰队到达广州，载来了葡萄牙第一位前来中国的使节、命运不佳的比利（Tomé Pires）[③]。因而他所说的有关后膛式炮一定是在很久以前就记载下来了，可能在大约1525年或1530年。

这篇报告，郑若曾说以前并未收入《明会典》，而是收入了他的《筹海图编》[④]。报告提到了两艘载有"加必丹末"（Capitão-mor），即葡萄牙大使比利的船。他周围的人皆高鼻深目，以白布缠头如回回人打扮。两广总督陈西轩盘查后，将他们一行送到京城，他们在京城会同馆住了一年。中国人感到不安，因西方人不了解文明待人的风俗，使团以失败而告终。事实上，更为严重得多的是其余葡萄牙船长进行劫掠，被驱逐的马六甲酋长痛苦抱怨。下面便是描述枪械的段落（图135、136）[⑤]：

> 这种铳由铁制成[⑥]，长度为五或六尺。它有一个很大的凸腹和很长的筒，在凸腹中有个长孔，其内有五个小型铳室[⑦]，它们可以轮流插入，并且都含有用于发射的火药[⑧]。铳周围有木架，并以铁箍加固以防止其断裂[⑨]。在船舷的每一侧隐藏放置四五
> 376 个这样的铳，如果敌船接近，发现目标后只需一弹，即能打碎敌船，使其藏身海底。拥有这样的装备就可在海上横行无阻，没有任何国家的船可以与之相比[⑩]。
>
> 当时一位征海寇的官员献给朝廷一个这种类型的铳以及火药配方，它被拿到教军场上试验，发现其射程仅有百步左右[⑪]。但它既然在战船上是个有效的武器，那么也可应用在守城战中。然而在野战之中，它的效果却不好。
>
> 后来，当汪诚斋（即汪鋐）成为兵部尚书时，他请求批准制造上千门以装备三边。其中一种类型配有木架。因而它可以上下或左右移动（以瞄准目标）。这种可移动的铳的制作源于中国，并非随葡萄牙人引入。

---

① 庄延龄［Parker（7）］首先拾出了这段原文。

② 本书第三卷，pp. 51—52。

③ 本书第四卷第三分册，pp. 534—535。全部的详细内容均在Cortesão（2），Pelliot（53）和Chang Thien-Tsê（1），pp. 42ff.。

④《筹海图编》第十三卷，第三十一页、第三十二页。

⑤ 由作者译成英文。

⑥《明史》后来说用青铜（卷九十二，第十一页）。

⑦ 这里值得注意的是，对显然新东西没有给出新的术语。我们以前已经多次遇到了这种不幸，如本书第四卷第二分册，p. 465。参见Needham（2），pp. 215—216（227）。这是中世纪和传统科学技术的特点。见上文pp. 11，130。

⑧ 他还应补充说："还有炮弹"。

⑨ 这一点我们表示怀疑；可能它是顾的错误。毕竟他自己不是炮手。

⑩ 在《筹海图编》第三页上，郑若曾并不很乐观。他说："虽然巨大的广东战船用炮，但是由于在海浪中行驶时船体上下颠簸，无法使用这些炮，它们不能击中海盗船，即使击中的，也不能击沉很多……佛郎机本身不能击中目标——但我们必须说，如果它击中，也没有船能不被它击毁。"由作者译成英文，借助于Mills（6）。

⑪ 如果一般说两步为5尺，那么它意味着500尺，但《明史》（卷九十二，第十一页）说是1000多尺。

374

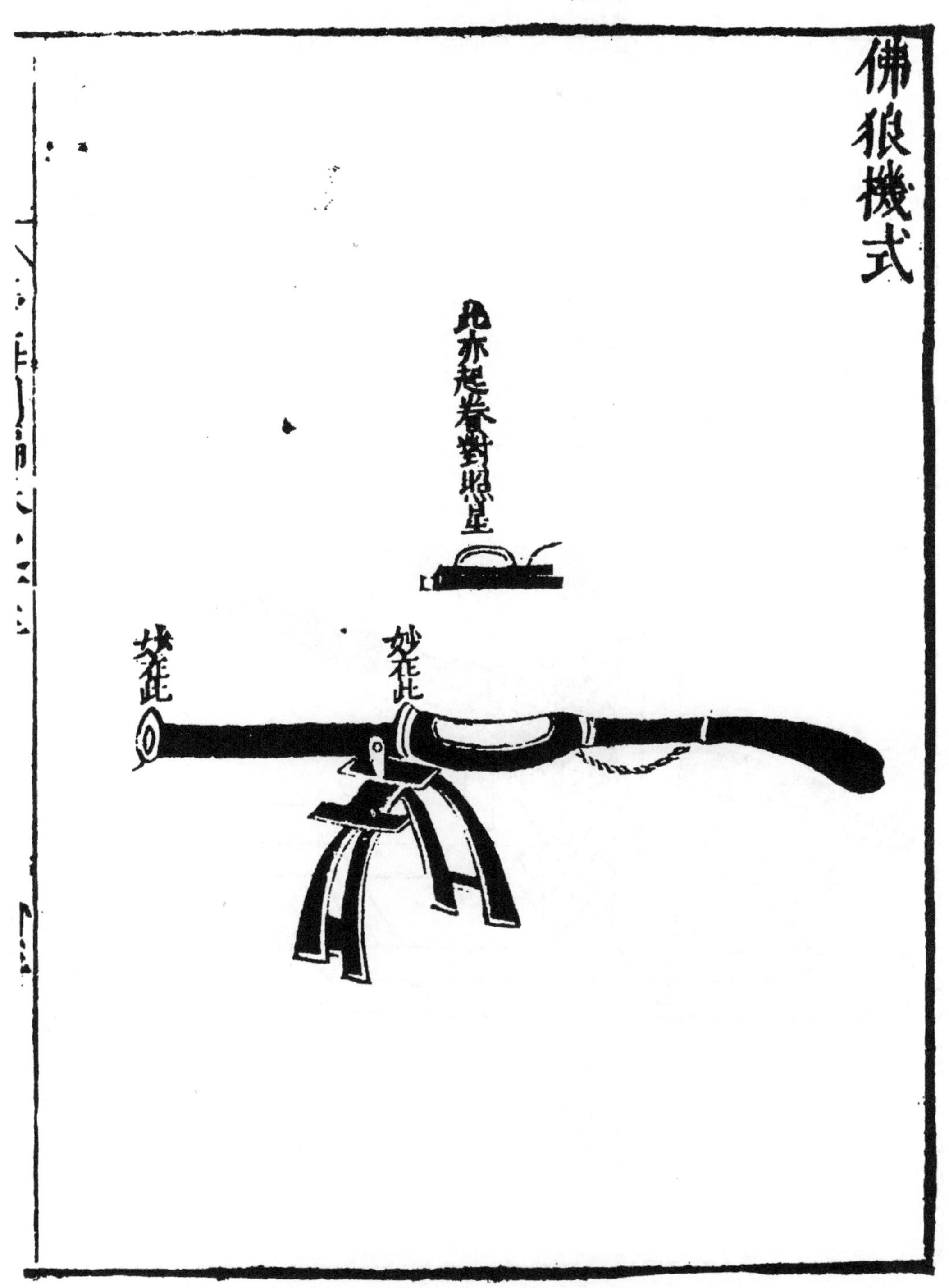

图 135　法兰克长炮（佛郎机）的第一幅中国图，采自《筹海图编》卷十三，第三十三页。图中展示了一个弹药室。1562 年出版，但有关引文采自 1525 年左右的一篇报告。小炮靠其两个炮耳支撑着，安装在一旋转支架上。

375

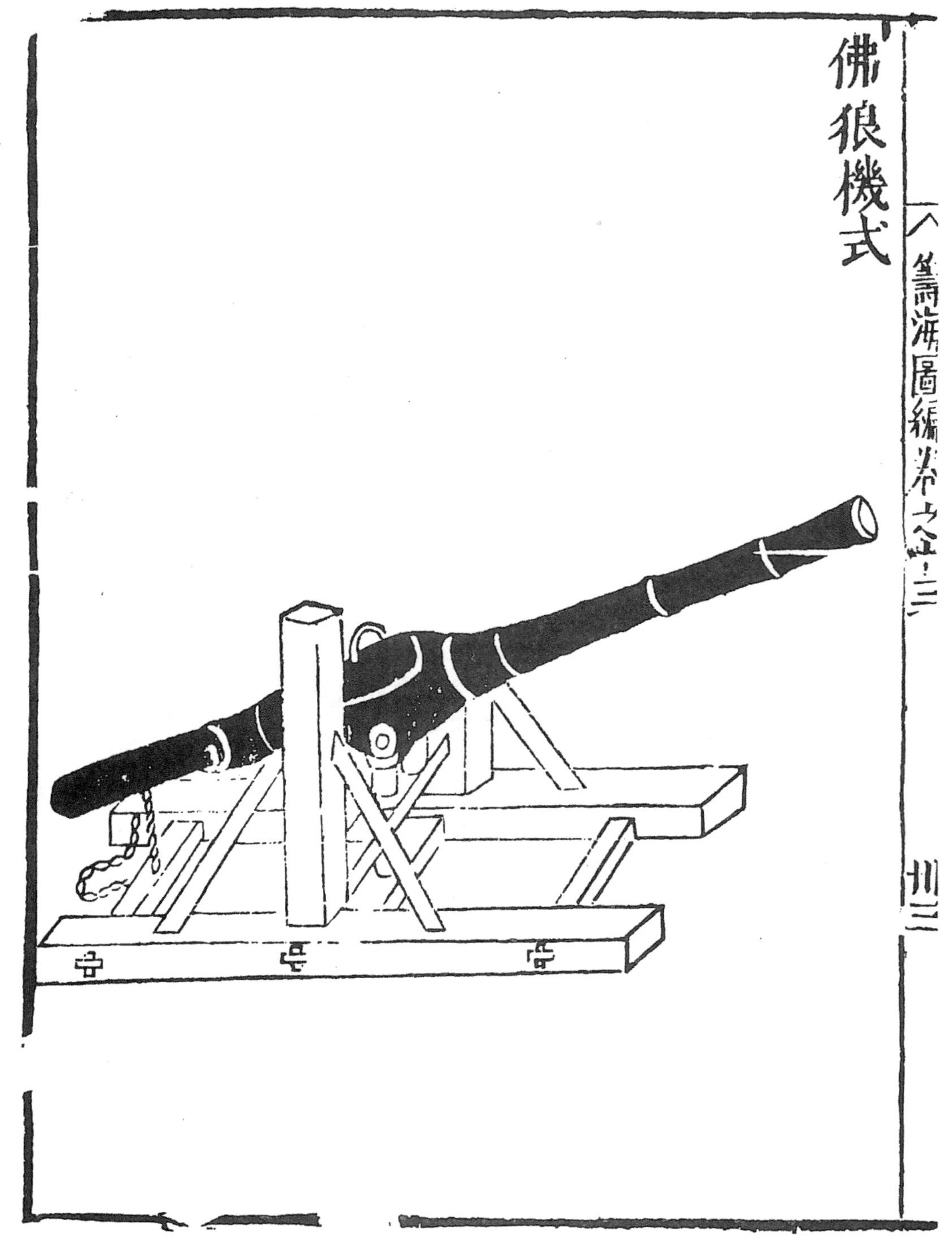

图 136 另一幅采自《筹海图编》(卷十三，第三十三页）的插图。炮的安装法更为精细，但都属于同一旋转炮耳的原理。

每座（后膛装填）炮重约200斤[①]，它的三个药膛每个约重30斤。铅弹每一个重量约10两[②]。

〈其铳以铁为之，长五六尺，巨腹长颈。腹有长孔，以小铳五个，轮流贮药，安入腹中，放之铳外。又以木包铁箍，以防决裂。海船舷下，每边置四、五个；于船舱内暗放之。他船相近，经其一弹，则船板打碎，水进船漏，以此横行海上，他国无敌。时因征海寇通事献铳一个，并火药方。此器曾与教场中试之，止可百步，海船中之利器也。守城亦可持以征战，则无用矣。后汪诚斋为兵部尚书，请于上铸造千余发与三边。其一种有木架，而可低可昂，可左可右者，中国原有此制，不出于佛郎机。

每座约二百斤，用提铳三个，每个约重三十斤，用铅子一个，每个约重十两。〉

这段话最后用寥寥数语作了总结，在某种程度上重复了前面已经说过的内容，赞扬了其普遍安装法的优点，如果不能用于进攻，并把其推荐为防卫用。虽然小型炮在海上炮弹火力部分丧失，而且船上充满雷鸣般的噪声，但是没有什么木船可承受其直接打击。这种炮还可安装在筏子上用作海岸防卫。

(ii) 野战炮、攻城炮和防卫炮

在此以后，中国军事文献中有关后膛装炮的描图和叙述并不罕见。一种像佛郎机的称作“飞山神炮”，具有鳞茎状凸肚和可换式弹药室（弹膛），在大将军戚继光1568年所著《练兵实纪》[③] 里有描述。对插图（图137）无说明，但图解说此炮长2尺7 378
寸，重280斤。有九个可换式弹药室的佛郎机此书亦有记载[④]。另一种炮比佛郎机更小，但射击更迅速，称作“赛熕铳”，这种炮在1606年编著的《兵录》[⑤] 中有叙述，还附有插图说明。不久，后填式原理应用于重型炮，如戚继光加了图解和描述的“无敌大将军”（图140、141）[⑥]。这种炮重1050斤，安装在一辆两轮车上。终于在这里发现了弹药室的一个很好的、新的技术名词“子铳”，其射程超过200尺。

这种名称的炮我们已谈过（p. 338），但如其余所有大型炮一样，从炮筒口装填。让我们再看一种《筹海图编》中称为“铜发熕”的另一种炮[⑦]，如图142。郑若曾说[⑧]：

每座大约重500斤左右，可以发射一百个铅弹，每个铅弹约重4斤。它是攻城强有力的武器，也可用来进攻上万的集结的敌军。其石弹像小斗一样大，任何物体被它击中必定崩溃。墙被它击中将会被穿透，房屋被击中将会摧毁，树木会被击倒，人畜被它击中则会血流成河。如果在山边发射，石弹就会入它几尺。不仅

① 《明史》后来（卷九十二，第十一页）认为是从150到1000斤。

② 这种物质在1799年凌扬藻的《蠡勺编》中经常提到（卷四十，第六四九页）。

③ 《练兵实纪·杂集》卷五，第二十五页。

④ 《练兵实纪·杂集》卷五，第十六页、第十七页，用两页篇幅作说明。图138。

⑤ 《兵录》卷十二，第二十八页。

⑥ 《杂集》卷五，第十三页至第十六页。

⑦ 图上的名称是没有“火”字旁的“贡”，而“熕”本义指任何大型的火炮。

⑧ 《筹海图编》卷十三，第三十四页、第三十五页，由作者译成英文。《火龙经》（中集）卷二、第二页上也有同样的图。在第二、三页上，有与这里的译文完全相同的文字说明。在《武备志》卷一二二，第四页、第五页上也有同样的文字。

377

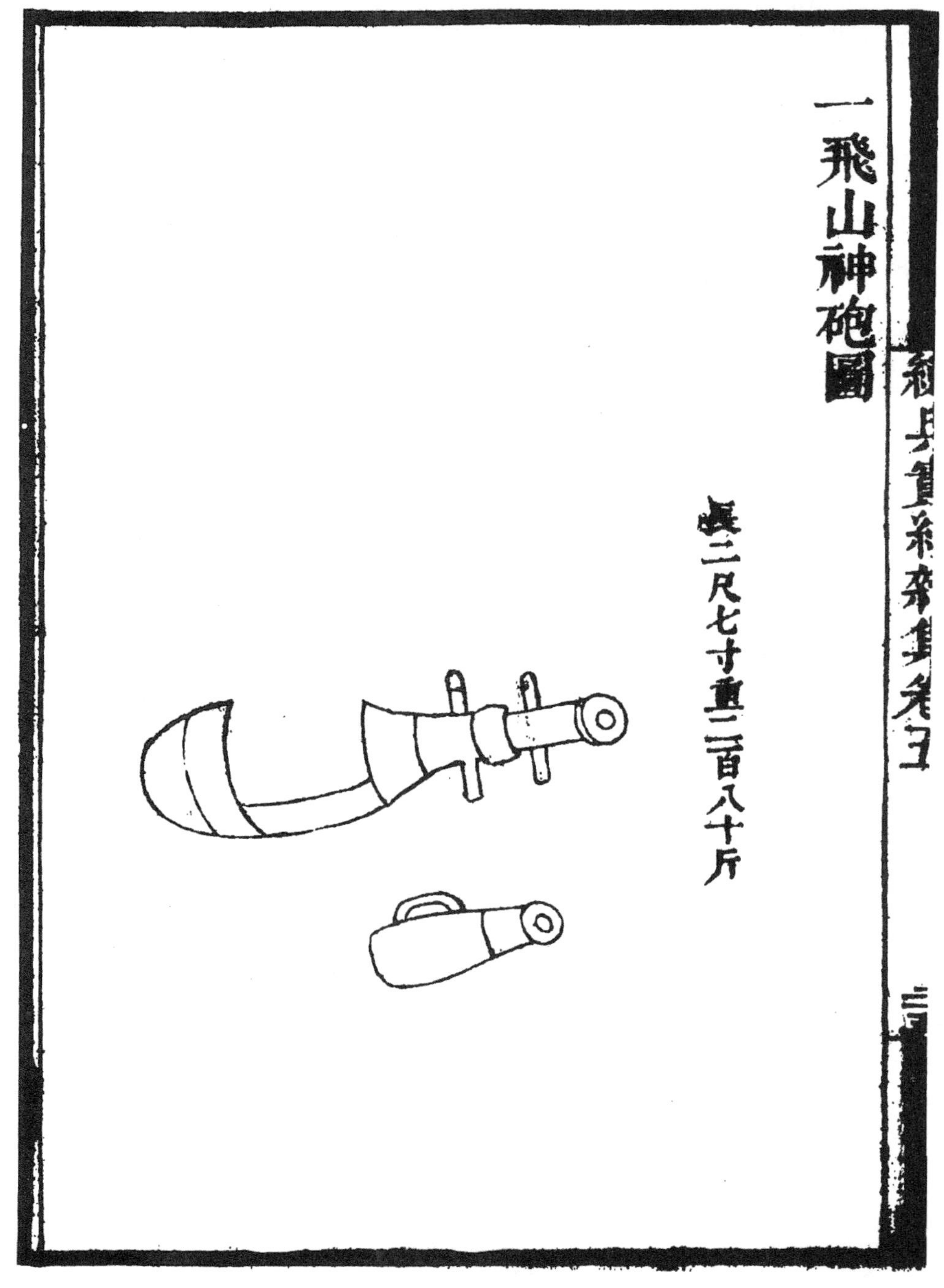

图 137 戚继光 1568 年的《练兵实纪·杂集》(卷五,第二十五页)里描述的“飞山神砲”。其砲短而粗,但清楚可见一“子铳”,因而属后膛装。注意其双炮耳(参见图 94)。《武备志》(卷八十三,第六页、第七页)里描述的此种炮安装在独轮车上(图 139)。参见 pp. 325,329。

379

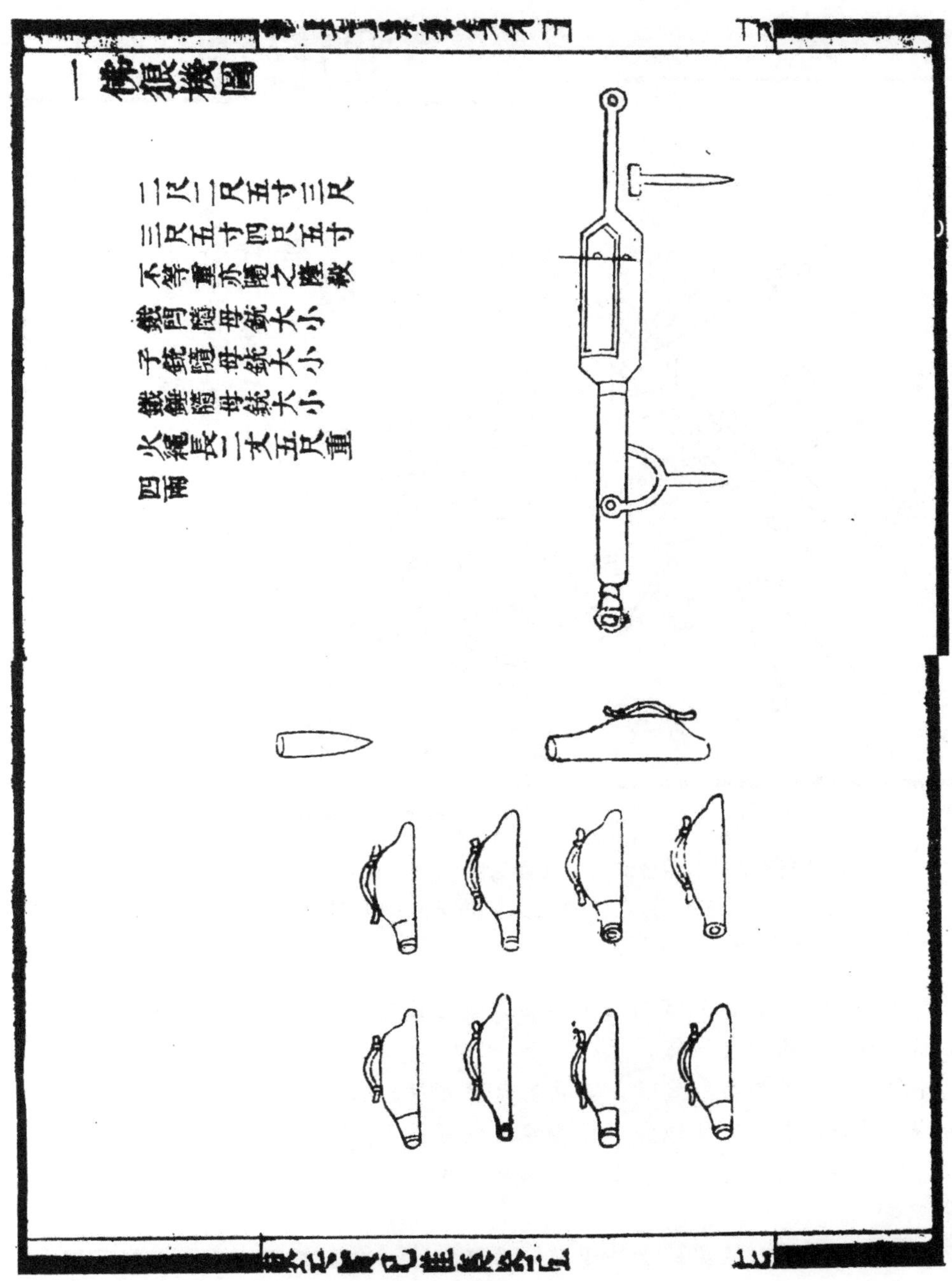

图138 《练兵实纪·杂集》(卷五,第十六页、第十七页起)所展示的一法兰克长炮图,连同安装其上的九支"子铳"。

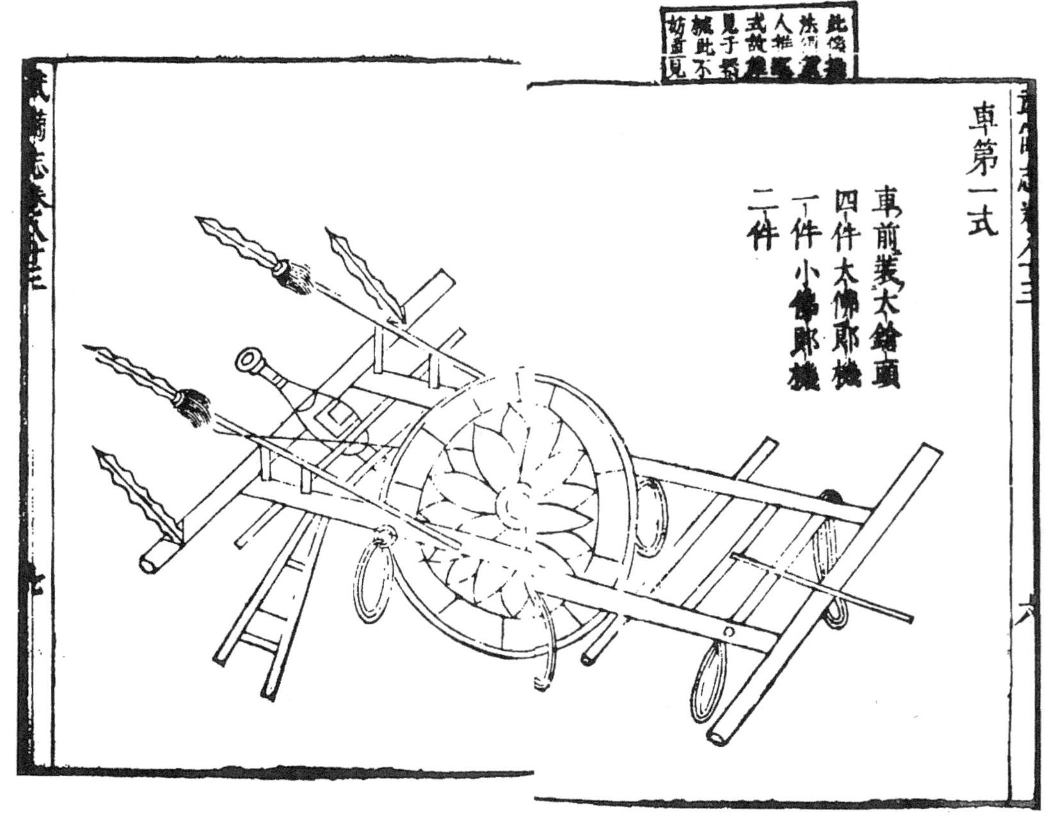

图 139　戚继光描述的瓶式或瓶状后膛炮之一（参见图 137），这些炮安装在一种攻击独轮车的前方（《武备志》卷八十三，第六页、第七页）并安装了四支长矛。文中阐明有三个类似炮，一大，二小，但图中只有一炮。

石弹本身不可阻挡，而且被它击中的物体也会回跳，并且撞击其他物体——甚至人的躯体被石溅去也会受伤。

不仅炮弹如此威力和震慑，而且被点燃之后，爆炸产生的气是有毒的，它的风可将人致死，甚至它像地震一样的噪声也可杀人。所以在放炮之前必须挖一个战壕，以便在开火时炮手可以藏身。当火、气、声音向上冲时，他可以保护自己不受伤害①。

当然总是需要一队勇敢士兵守卫，以防止敌人抢夺之患。但是如果不是攻坚夺险，也不是为了摆脱危险的处境，就没有必要用这种（大型的攻城炮）。

〈每座约重五百斤，用铅子一百箇，每箇约重四斤，此攻城之利器也。大敌数万相聚，亦用此以攻之。其石弹如小斗、大石之所未触者，无能留存。墙遇之即透。屋遇之摧，树遇之即折，人畜遇之即成血漕，山遇之即深入几尺。不但石不可犯而已，凡石所击之物，转相搏击，物亦无不毁者。甚至人之支体血肉，被石溅去亦伤坏，又不但石子利害而已。火药一爇之后，其气

① 人们会记得以前也有对这一奇怪过程的描述，实际上（采自）见于《天工开物》（1637 年）第十五章，第七页中（见 Sun & Sun 英译本，p. 271；Li Chhiao-Phing 英译本，p. 393，两书均有不同的误解）。人们很想知道这些早期大炮爆炸是否达到有这种危害并炸死炮手的地步。

能毒杀乎人，其风能煽杀乎人，其声能震杀乎人。故欲放发矿须掘土坑，令司火者藏身，后燃药线，火气与声但向上冲，可以免死。仍须择强悍者多人，为之护守，以防敌人抢发矿之患，若非攻坚夺险，不必用此也。〉

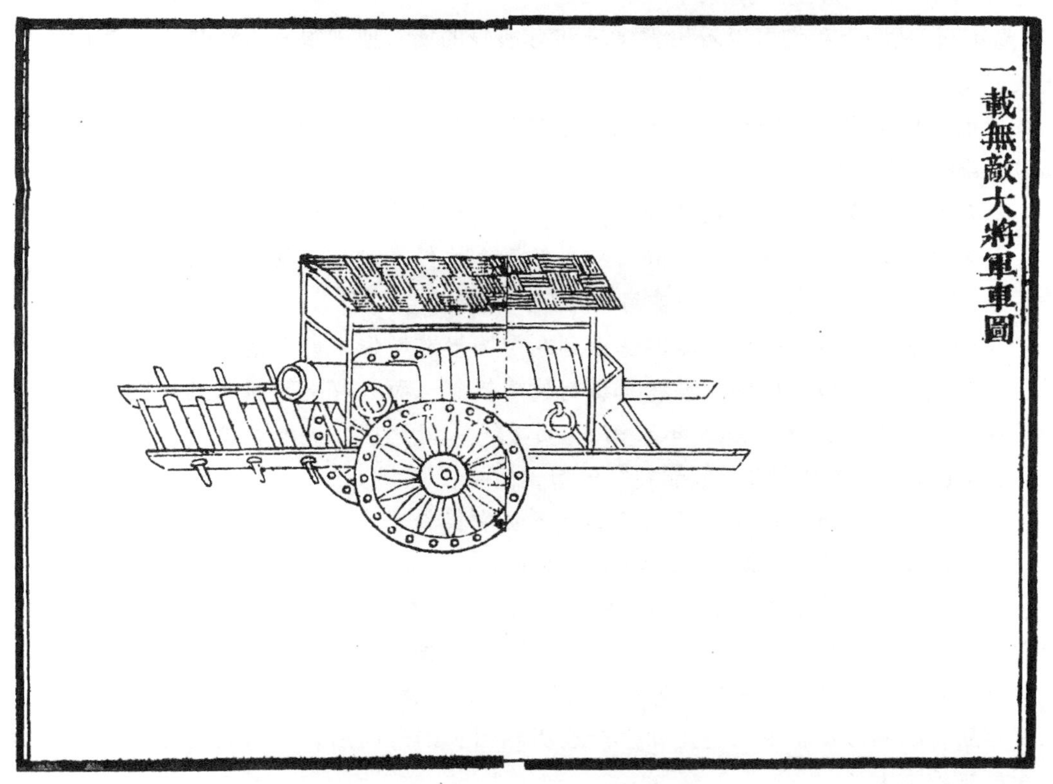

图 140 用于大型炮上的后膛装炮闩；安装在其两轮炮架上的“无敌大将军”。《练兵实纪·杂集》卷五，第十四页。

文章继续说道如果船很大，这种武器也能用于海上航船和部分战船上。这种武器 380
用来护城守营亦极佳。其制出于西洋番国，嘉靖年（1522—1566 年）始得。

该文又补充说，正如最初的青铜炮从外国样本发展起来一样，中国人用“巧思”又造出比佛郎机后膛装更小的变种，叫“铅锡铳”，大概是因为其发射的子弹而得其名。伦敦塔内还保存有一门类似的炮[①]（图 143a、b）；炮上还装有一个与滑膛枪一般大小的旋轴。

到 1605 年何汝宾编写他的《兵录》时，甚至炮的术语也反映出西方用途，我们可
以从表 5 中看到这一点。在表 5 内，“蛇形炮”、“小隼炮”、“大隼炮”都有相应的中 381
文名称。插图说明也时常显示出西方的明显影响，如野战炮叫“战铳”[②]，重型守卫炮

① 承蒙布莱克莫尔先生好意提供。卡德韦尔［Caldwell（I）］的一张照片显示了这种武器确实在应用（图 144）。参见上文（p. 275）图 73。

② 《兵录》卷十三，第六页。

(“守铳”)[1] 和攻城炮（“攻铳”）都是欧洲式的，如图145[2]。图146、147展示出射角的不同变化，及炮口的90°弧和测锤，成60°角置于榴弹炮内，正如图解所说[3]。此处的炮车与西方16世纪末期炮车十分相近[4]。最后，图148展示了正在轰炸一城市的“飞彪铳”，从图上我们可以看出教堂塔和有炮眼的墙，似乎很有可能见于某本西方射击技术书[5]。

390 然而，中国火炮继续给西方人以良好的深刻印象。1596年扬·范林斯霍滕（Jan van Linschoten）[6] 写道：

> 那个国家里的所有城镇都有城墙，而且城墙均为石墙，四周有护城河。他们既不建要塞，也不修城堡，而只是在每一个城门上建一坚固的城楼，上安置大炮护卫城镇，各种武器他们都使用，如小口径炮等。

对于当时的观察家来说，能够认识到在中国没有城堡，说明他的目光是相当敏锐的，因为几个世纪以来中国就没有军事封建贵族制，而只有皇帝属下的居民和行政中心。在引用门多萨的书（1585年）第54页上那一段之后，他继续说弗赖阿·杰勒多（Friar Gerrardo）看到一些“效能差”的炮，但是：

> 这使他了解到在那个国家里其余省份有极精致的、相当好的兵器，这些兵器可能就是船长阿特里达（Artreda）所见到的。他在一封写给国王菲利普（Phillip）的信中说这使他了解到那个国家的许多秘闻，他在信中说：“中国人与我们一样使用一切兵器，他们拥有的兵器相当不错”……我赞成他的看法，因为我在那里亲眼看见巨大的船，那些船造得比我们的还好，比我们的更坚固[7]。

三百年后，在西方资本主义企业和生产经历相当长的时间后，中西之间在火炮方面的差距急剧地加大了。

---

① 《兵录》第二十二页。

② 《兵录》卷十三，第十三页。

③ 同上，第二页。

④ Blackmore (2), p. 12。我们得知晚至1884年时，还可发现在《海国图志》(卷八十七，第二十三页) 中有一幅前膛式船炮的图。此炮像纳尔逊时代（Nelson 'time）时代用来保卫“古老英国木墙”的那些炮，有炮车、炮刷、楔子和缓燃火绳——但我们在本书没有复制。

⑤ 《兵录》卷十三，第十四页。但是我们知道季舜臣是投射炸弹的臼炮发明者。这种武器在大约1593年朝鲜的光州围城战抗击丰臣秀吉率领的日本人时起到很大的作用；见 Hulbert (2), vol. 1, pp. 407ff.。

⑥ van Linschoten (1), vol. 1, pp. 130—131。这一部分主要采自 Mendoza (1), p. 342 (哈克卢特学会版 Hakluyt Sac, vol. 2, p. 288)，其译者说是石墙 (arcabuses or “hargabushes”)。

⑦ van Linschoten (1), vol. 1, pp. 128ff, ch. 15 of bk. 3。

382

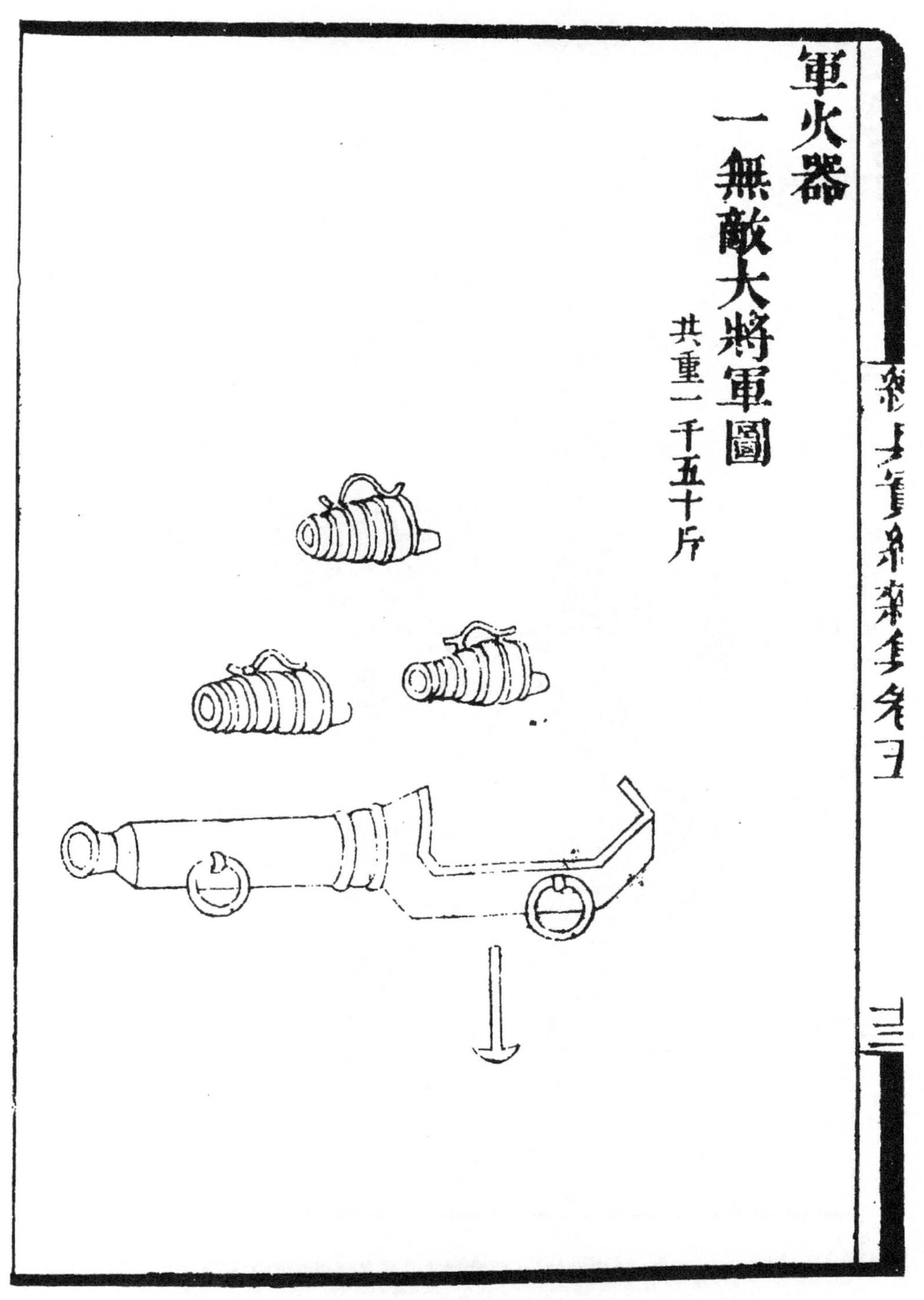

图 141 同一炮的三个弹药室闩（《练兵实纪·杂集》卷五，第十三页）图。

383

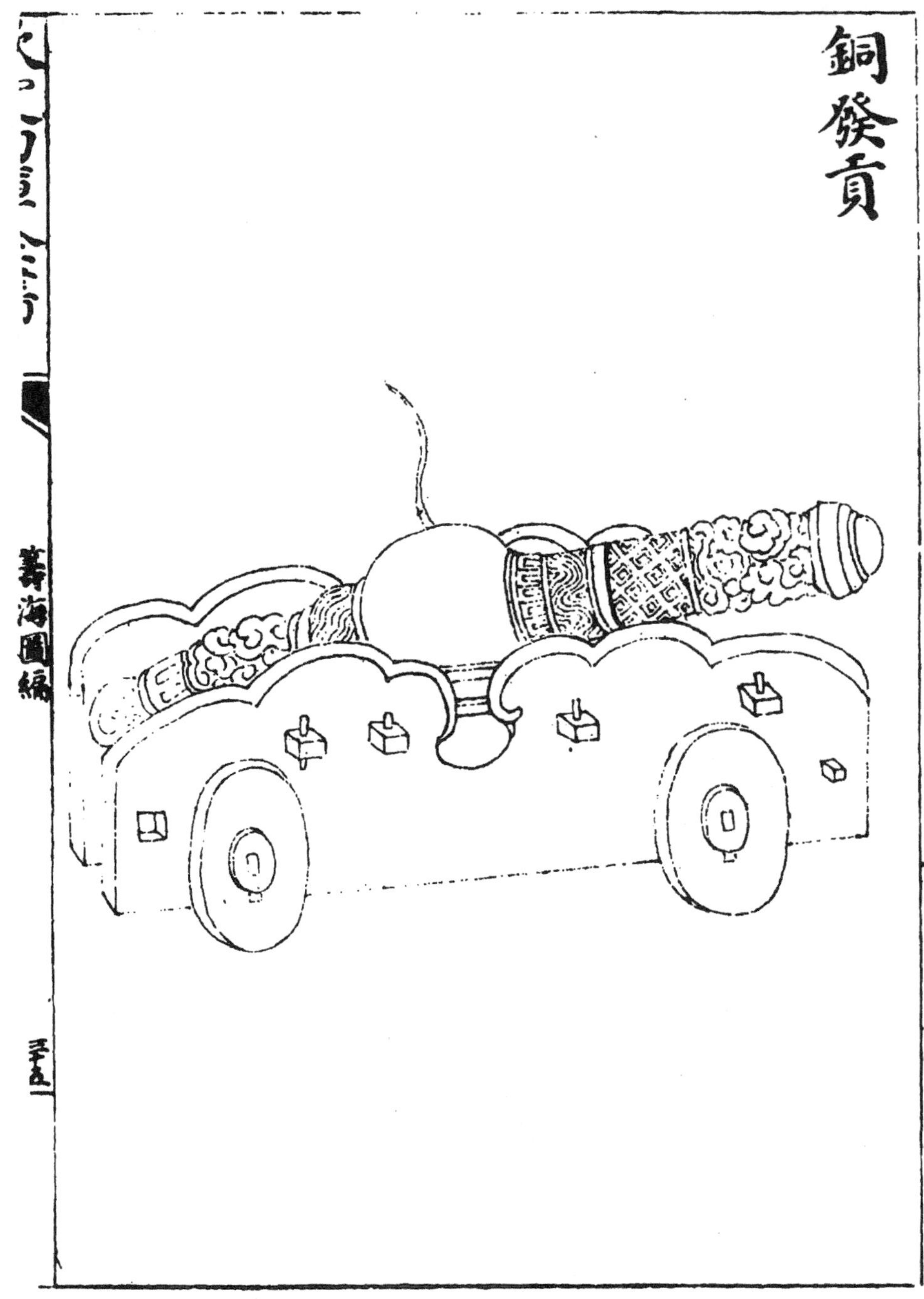

图 142　16 世纪大型火炮，“铜发熕”，前膛装式。采自《筹海图编》卷十三，第三十五页。参见《武备志》卷一二二，第四页。

384

图 143a　中国滑膛枪型后膛装枪，藏于伦敦塔军械库（布莱克莫尔摄），总长 8 尺。

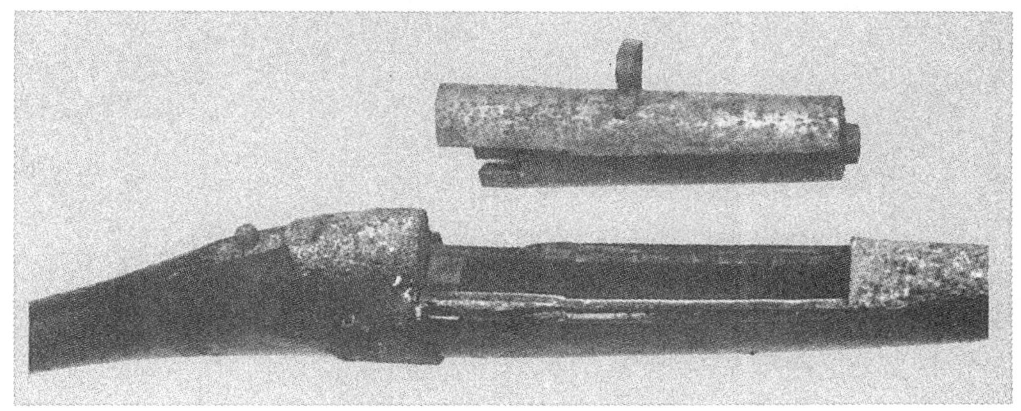

图 143b　上图枪的特写照片，弹药室卸下。

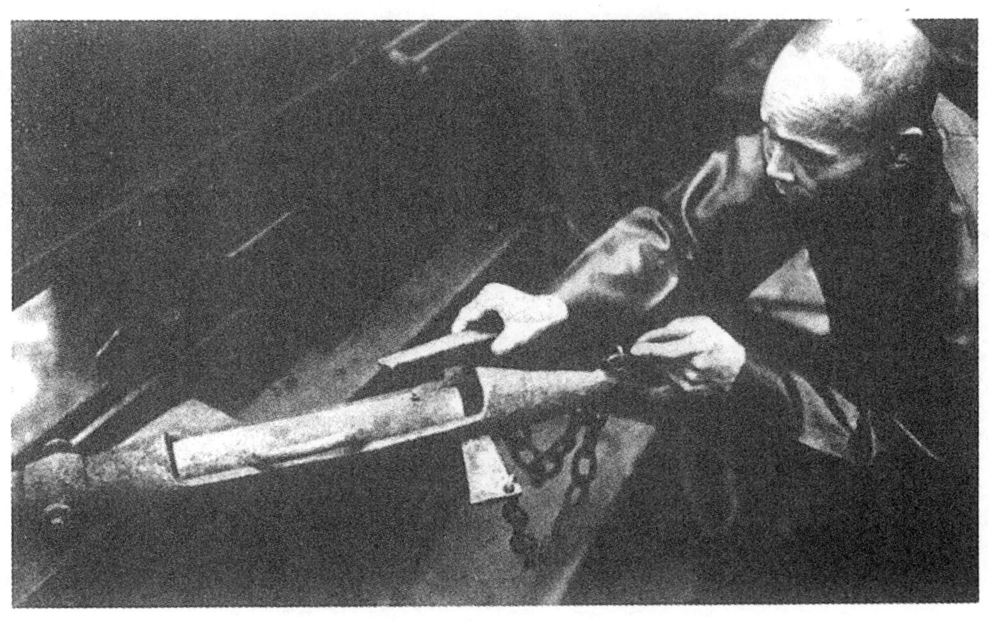

图 144　30 年代活动于南中国海域的平底中国帆船上实际使用的，与滑膛枪一样大的后膛装式佛郎机铳。采自 Caldwell (1)，p. 792。

385 **表 5　《兵录》(1606 年) 中描述的各种大炮**

	名称	重量(斤)		射程(步)		参见
		炮弹	火药量	水平	仰视(榴弹炮式)	
野战炮	半蛇铳[1]	9—17	等量	550—650	5500—6180	卷十三，第八至九页
	大蛇铳	18—25	等量	700—900	6800—7270	
	倍大蛇铳	26—40	等量	980	7190	
	小佛郎机	1		350	2900	卷十三，第十页、第十一页
	大佛郎机			400	4000	
攻城炮	飞彪铳					卷十三，第十四页、第二十至二十一页
	鹰隼铳	9—13	2/3 重量	500	3540	卷十三，第十六、十七页
	枭啄铳	14—18	2/3 重量	600	4390	卷十三，第十七页
	半鸩铳[2]	46		100	4620	卷十三，第十七、十八页[3]
	大鸩铳	50		950	4730	
	倍大鸩铳	60		1000	4650	
防御炮[4]	虎唬铳	60—100				卷十三，第十八至二十页
	半象铳	6—12				卷十三，第二十三至二十四页
	大象铳	12—18				
	倍大象铳	19—25				
	虎距铳	26—50				

① 不应把这种小炮的名称同火绳钩枪上把缓燃火绳推至火门勾的名称混淆。参见下文 pp. 455ff.。

② "Saker" 这个词原意是一种鹰，此处的"鸩"是指毒鹰或毒隼。

③ 此处似乎有不少印刷错误。

④ 文中说此种炮源于西方。

386

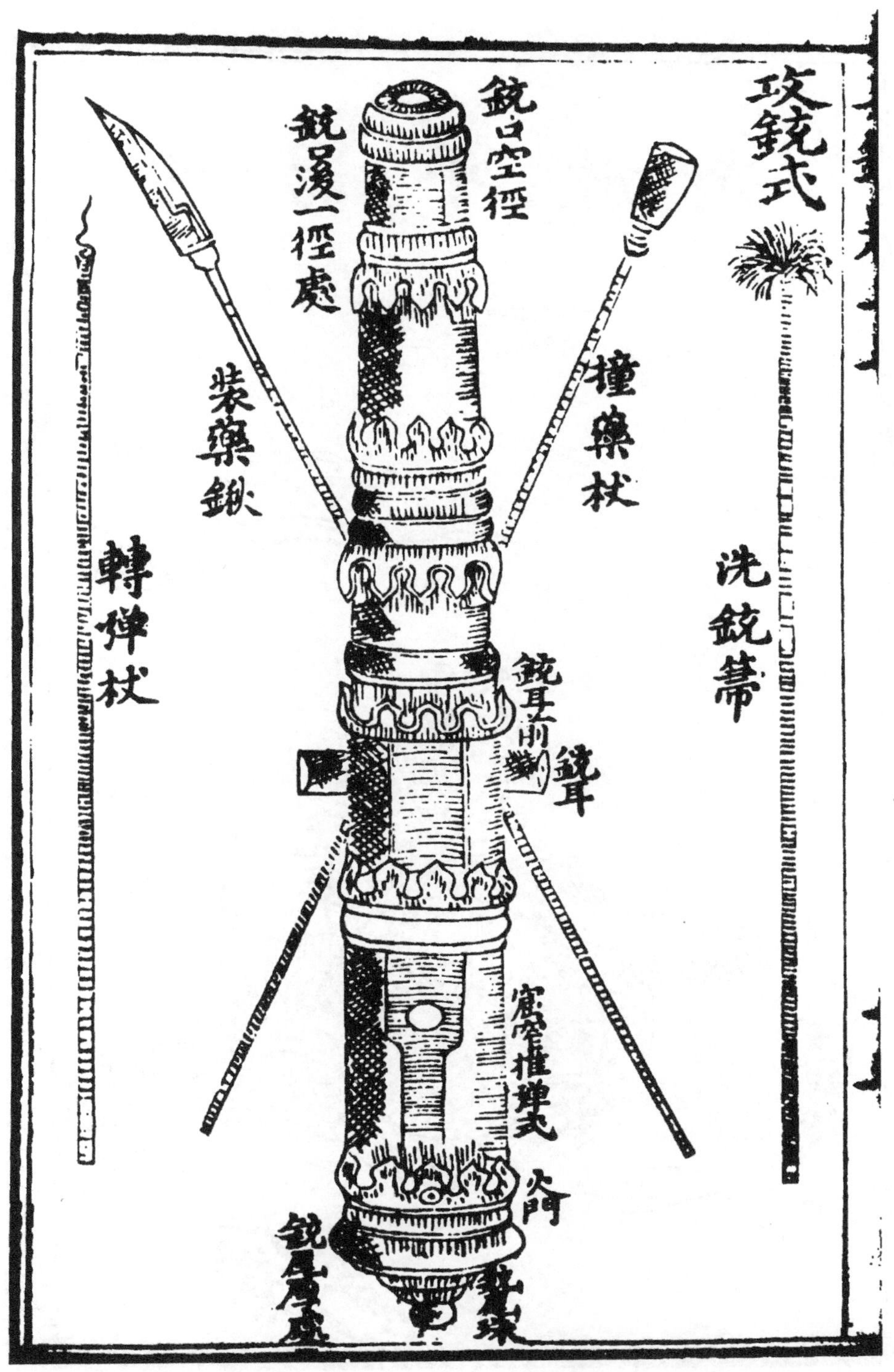

图 145 以逼真的欧式风格装饰的前膛装式攻城炮，并附有洗炮刷及其他器具，采自《兵录》卷十三，第十三页。

387

图 146 低射角欧式野战炮图，采自《兵录》，卷十三，第二页（1606 年）。

388

图 147 高射角欧式野战炮，采自《兵录》卷十三，第二页。

389

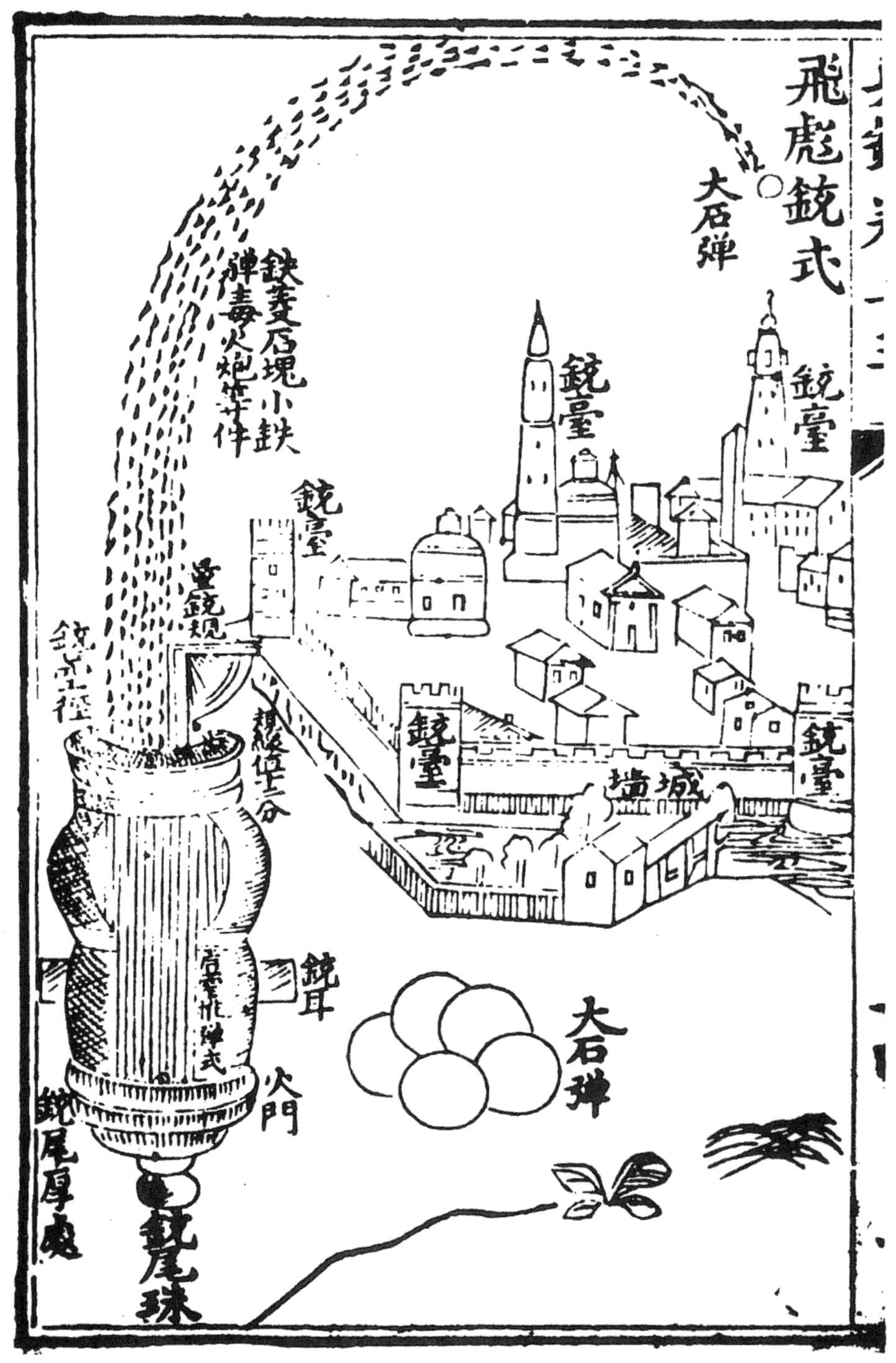

图 148 “飞彪铳”图，无疑此图是抄自某西方射击技术书，因为此炮正轰击一座有教堂塔和雉堞的城镇。《兵录》卷十三，第十四页。的确下页开始几行就说：“西洋大小铳铸造法之详情”。注意所有这三幅图中炮口处的 90 度弧、量铳规及测锤。

提到图146中在炮口的90度弧和测锤使我们还得谈谈有关外部弹道学的初期阶段。正如我们大家所知道的，最初西方对射弹弹道的考虑是假设射弹在最终受地心引力作用而呈绝对直线下坠之前，必定直线运行一段时间，与图148所见到的迫击炮的弹道不一样，这就是尼古拉·塔尔塔利亚（Nicolo Tartaglia，1537—1546年）[①] 时代的概念。但是伽利略（1638年）和托里拆利（1644年）都提出了抛物线轨迹[②]，在充分考虑到空气阻力时，正如牛顿（1674年）和后期的数学家们所考虑的，这抛物轨迹最终变得更像一条双曲线[③]。

在东亚，对弹道学的研究更多的是在日本进行，而不是在中国，但其联系却是紧密的。著名的火器工匠稻富家族[④]留下了许多有关射击技术理论及操作的抄本书籍，这些书籍至今仍保存着。著名的一本是1607—1610年编的，有29大册[⑤]。这一家族最杰出的成员是稻富直家，他记录了佐佐木初次在中国所学到的火器技术，然后将其转给他的祖父稻富佐上野加美直时。这将把我们带回到1500年或更早些，无疑这在土耳其 391
或者葡萄牙滑膛枪（参见下文pp. 440ff.）抵达中国和日本之前，同时这又表明中国15世纪的手铳，大概带蛇形杆[⑥]，已经在开始使用了[⑦]。1618年清水秀正正在研究弹道，他目睹射弹缓慢地升起，接着又徐徐下坠[⑧]。然后从1659年以来[⑨]，有人提出了抛物线弹道，第一次是山田重正[⑩]在《改算记》里提出来，后来野沢定长在他著名的著作、1677年出版的《算九回》里提出来[⑪]。这本以复杂的二次方程式表示曲线图解的书是日本第一篇用数学公式来解释物理现象的论文。这里可能存在着某位耶稣传教士或其他西方的影响[⑫]，但是野沢定长对世界的看法至少与中国人一样，都是建立在阴阳理论、十进制[⑬]和标准定调尺度上的[⑭]。程大位所著《算法统宗》（1592年）[⑮] 仅在野沢本人文章面世前两年已经译成日文，他大概受到这本书的强烈影响。后来持永丰次、大桥宅清在山田著作的基础上又编写了一本《改算记纲目》，这本书继续论述铳弹抛物线。

兰学时期形成以后，志筑忠雄于1793年出版了《火器发法传》。这本书是从基尔（J·Keill）所著《自然哲学与天文学入门》（*Inleidinge tot de Waare Natuuren Sterrekunde*）的

① 见Hall (1)，pp. 37ff.。

② Hall (1)，pp. 89ff.。

③ Hall (1)，pp. 123ff，140ff.。

④ 参见上文p. 470。

⑤ Itakura & Itakura (1)，p. 83。

⑥ 参见上文p. 459。

⑦ Itakura & Itakura (1)，p. 89。

⑧ 同上，p. 85。

⑨ 注意，在这个国家不再受外国人的影响后，火器的制造逐渐减少（参见下文pp. 469ff.）。

⑩ 见三上义夫(22)。已经认识到了可能的联系，但这几乎肯定是独立于伽利略的。

⑪ 关于这一点，见Itakura (1)。

⑫ 但是这种影响很小，而且是间接的，因为在1616年基督教被查禁了。所有的天主教耶稣会士被驱逐，并且荷兰的兰学的影响没有开始。实际上，1720年被认为是其开始的一年（参见Fujikawa Yu (1)，p. 56）。

⑬ 参见本书第三卷，pp. 82ff.。

⑭ 参见本书第四卷第一分册，pp. 171 ff.。

⑮ 参见本书第三卷，pp. 51—52。

有关部分翻译成日文的①。这本书继续论述抛物线。但是更先进的思想逐渐为民众所接受。例如青地林宗（1825 年）所著《气海观澜》，它是日本第一本论述近代科学的著作，除了物理学外还包括大量的天文学、气象学和弹道学②。1851 年川本幸民还出版了该书的续集，书名为《气海观澜广义》。在这本书里三上义夫（*25*）研究了射弹运动理论③。但是我们没有必要进一步探索。这一背景怎样发展到现在的，我们还得回到 17 世纪去。

392 资本主义萌芽时代的欧洲火炮确实在这方面起到了排头兵的作用。1600 年或之后不久，万历末期，中国炮手从某艘欧洲舰船上缴获了比迄今所知道的任何武器都大的铸铁炮。《明史》上是这样记载的④：

> 此时，一艘船从大西洋带来了巨大的炮，名曰“红夷砲”。长 20 多尺，重 3000 斤。可以破坏任何石城墙，震声可传数十里。
>
> 在天启年间（1621—1627 年）它被称作“大将军”，派官员去加封⑤。
>
> 崇祯时（1628—1643 年）大学士徐光启请求皇帝发布命令，让西洋人制造这种类型的武器。
>
> 〈此时大西洋船至复得巨砲曰红夷，长二丈余，重者至三千斤，能洞裂石城，震数十里。天启中，锡以‘大将军’号，遣官祀之。崇祯时，大学士徐光启清令西洋人制造发各镇。〉

不应忘记徐光启是耶稣会士的好朋友⑥，而这一情况使我们立即想起基督教传教士为那个时代的中国政府从事创建兵器（工业）的奇异历史。

初期，规模相对说来比较小，耶稣会士从旁卷入⑦。因为 1620 年以来，面对满族入侵的危险和边塞频繁的战争⑧，再加上徐光启和其他官员的敦促，迫使北京政府不得不赞同邀请葡萄牙火器派遣团从澳门北上以抵御满族的主张⑨。第一批这样的炮手携带着一些炮于 1621 年出发，但并没有到达（北京）。第二批由火器教官组成，在第二年春天到达北京⑩。然而北京明朝政府继续不断地向葡萄牙人发出紧急邀请，引人注目的

---

① 莱顿（Leiden），1741 年。其译文及有关弹道的内容见三上义夫（*23*）。

② 参见本书第四卷第二分册，p. 531。

③ 他还研究了小出修喜（1847 年）和池部春常的著作。见三上义夫（*24*，*26*）。

④ 《明史》卷九十二，第十一页，由作者译成英文。在其后经常被凌扬藻在其 1799 年的《蠡夕编》所引用，卷四十，(第六五〇页)。

⑤ 从道教观点看来，任何具有令人震惊的效力的器械都应受到尊敬。印度教对待器具也有与此相类似的观点。这与儒家的观点格格不入，但是他们都渐渐与流行的看法融合了。

⑥ 我们经常谈论他和他的著作，参见本书第一卷，p. 149，第三卷，pp. 52，110，447，和第四卷第二分册，到处都提到。耶稣会士称他为“保罗博士”。根据利玛窦（Matteo Ricci）的记载和《明史》（卷二五一，第十五页）中徐光启的传记，他们都不仅讨论了天文学、数学和历法，而且讨论了西方当时的火器。

⑦ 库珀［Cooper（1），pp. 334ff.］中有很好的总结。

⑧ 从射击学观点看，我们将很快看到短期间内出现的一连串战争（上文 pp. 398ff. 和图 152 至 155）

⑨ 1557 年就有一批葡萄牙炮手和滑膛枪手协助广东总督镇压了海盗和士兵哗变［Cooper（1），p. 335；Videira-Pires（1），pp. 698ff.］。

⑩ 不幸在 1624 年，当一门炮爆炸时，一位炮手若昂克雷亚（João Correa）和两名中国炮手牺牲了。

耶稣会士陆若汉（João Rodrigues）[1] 同其余人一起在 1628 年初到达广州，以便安排更大规模的援助团，随后他作为翻译陪同援助团前往北京。此团由炮兵上校公沙的西劳（Gonçalvo Teixeira-Correa）率领，携带了十尊野战炮，但当满族人认为谨慎方为上策并 393
随即撤退时，只见零星战斗。佩德罗·科尔代罗（Pedro Cordeiro）和安东尼奥·罗德里格斯·德尔坎波（Antonio Rodrigues del Campo）率领的大批增援部队于 1630 年到达北京，但驻扎时间不长[2]。然而公沙的西劳和他的部下却效力山东登州巡抚、曾同徐光启一起研究过数学和火器的孙元化，但因 1632 年在登州一次军队哗变公沙的西劳和罗德里格斯均被捕，后者逃脱，而前者却被杀。后来罗德里格斯为他的朋友、炮兵上校写了一篇颂文，标题是《公沙效忠记》[3]。他们在登州驻扎期间，由郑斗源率领的朝鲜使团安全脱险，罗德里格斯向他赠送了许多科技书籍，其中包括一本《西洋炮详解》（*Explanation of Western Cannons*）。我们没有其中文书名，但是很有可能是《西洋火攻图说》。这本书是由张焘、孙学诗在 1625 年或稍早编写，该书还与葡萄牙早期炮兵远征军有关[4]。罗德里格斯还赠送给郑斗源一对快枪[5]。最后他回到澳门，同年晚些时候死于澳门[6]。这一切都有助于说明两件事：中国和朝鲜都对那时欧洲在火器方面取得的成就产生了强烈的兴趣；如果有什么遗憾的话，就是耶稣会士与此有关。

随后发生的事必然是寻求欧洲军械的新优势——耶稣会士是可获得的最有学识和最有科学的西洋人。所以这些传教士就“应征入伍”了[7]。1636 年，明朝的最后十年，钦天监监正汤若望应诏谋划北京城的防务[8]。1643 年他不得不再次奉诏应职，虽然根本未采取任何行动[9]。后来于 1642 年他受兵部尚书陈新甲的约见，陈邀请他到京城创建一座铜炮铸造厂。尽管人们给予他种种忠告，但这是他必须做的[10]。他希望造的兵器像 394
鸟铳[11]。他能做的一切就是设法把炮体从 75 磅重降低到 40 磅。当年铸造了二十门这类炮，次年造了 500 门更小的炮。就在这段时期他同焦勗合作出版了《火功挈要》，一本

---

① 他经常以通事罗德里格斯（Rodrigues Tçuzzu）而知名，部分原因是他具有出色的语言才能，部分原因是以此把他与其他同名的耶稣会士区别开来。Tçuzzu（tsuji）来自日语“通事”，他是日本使团一位真正的常务成员，但被曾放逐到澳门。

② 部分原因是由于到处驻扎许多武装的西洋人在官僚中引起日益紧张（与此有关，参见本书第四卷第三分册，p. 534），部分原因是由于广州商人的商业利益。这些商人在与葡萄牙的贸易中获得巨大利益，同时不想削弱澳门的力量。澳门在荷兰军队进攻下已经沦陷。商人们实际上已经支付了葡萄牙军队的返程费。

③ Pfister（1），p. 25*（附录）。

④ 这部著作如果尚存的话，将是极为珍贵的；关于这一点见 Pelliot（55）。有两名中国的信奉基督教的官员，被两次派往澳门（在 1621 和 1622 年）与葡萄牙炮舰队接触，其姓名分别是迈克尔·张（Michael Chang）和保罗·孙（Paul Sun）可能并不是巧合。他们或许就是著者本人。见 Cooper（1），pp. 335—336 和 Pfister（1），p. 12*（附录）。

⑤ 《国朝宝鉴》卷三，第六十五页起。谈到了这些武器可能有的特点，参见下文 pp. 424，461。

⑥ 所有这些情节见 Boxer（12）。

⑦ 这一问题我们只叙述其大概，因为我们在本书第五卷第三分册（pp. 240—241）已经全面地讨论了这些事情。在 Pfister（1），p. 165；Bornet（1，2，3）；Väth（1），pp. 111ff，370；和 Duhr（1），pp. 60ff. 也有更进一步的论述。偶尔谈到的有 Rémusat（12），vol. 2，p. 220。

⑧ 在本书第三卷，特别是 pp. 447ff. 以后经常论及。

⑨ Schall von Bell（1），pp. 34，90。

⑩ Schall von Bell（1），pp. 63ff.，80ff.。

⑪ 参见上文表 5，p. 385。

极好的著作，我们多次引用这本书。汤若望经历了明王朝的末期并在一场严厉的迫害浪潮中幸存，直到1666年才去世，那时他把钦天监的职位交给了另一位耶稣会士，比利时人南怀仁。

人们没有必要担心明朝工匠自身没有能力设计和铸造出优良的炮。1952年我在沈阳参观了一位前军阀汤玉麟的家，发现屋外有两门大炮，大的长约12尺，口径5寸，上刻铭文，现抄录于下：

> 平定满洲里大将军。为蓟辽行署守备、蓟辽督师吴捐资，军械总监、蓟辽总兵孙如激，军师王邦文，铜机铸造总监石君显铸造。崇祯十五年十二月吉日。

那是1642年，那一天不可能那么吉祥，因为仅仅时隔两年之后，满清就攻占了北京，那门炮大概也就在以后的岁月里由满清使用了。

汤若望的命运又在南怀仁身上重现——10年过后，同样的悲剧再次重演。吴三桂这位很有权势的将军于满清攻占明王朝京城的1644年率部投降了满清多尔衮的部队[①]，之后忠实地效忠清王室达三十年之久，尤其是他帮助满清王朝成功地肃清了南明在云
395 南和缅甸的残余[②]，最后他不满清王朝，并于1673年在贵州和湖南竖起了反旗，并于1678年自称为新王朝、周朝的皇帝，但同年卒于痢疾。因此南怀仁要在1675年应诏创建另一个铸炮厂，人们也许就不会感到吃惊了，这次他是为满清效力。他曾从1669年

图149 1650年铸造的南明炮，1956年于九龙启德湾打捞上岸，现安放在香港总督府旁。参见罗香林（*6*），克兰默-宾摄。

---

① 实际上明王朝已经灭亡，最后一个皇帝在皇宫后的御花园上吊身亡。入侵者肃清了建立大顺朝的李自成领导下的伟大的农民起义军。这一直被认为是阶级利益压倒民族感情的一个典型例子。

② 南明也有能力铸造好炮，其中一门在1956年从九龙启德湾打捞上岸，现安放在香港总督府旁（图149），炮上铭文记载了下令铸造的三位将领的名字。该炮由一名校官，名叫萧利仁指挥铸造，并移交给军械库将军何兴祥，日期是永历四年六月，也就是1650年。这是明王朝最后势力称王的朱由榔在昆明被处死前12年的事。关于该炮沉海前的服役历史我们不得而知。从富路德［Goodrich (23)］那里我们获悉在香港附近发现另一同年铸造的炮上也刻有萧利仁的名字，因而他定是那个摇摇欲坠王朝最后日子的某军械库的将军。这仅有的一点有关这些炮和铭文的资料是罗香林（*6*）提供的，另外我们感谢克兰默-宾先生（J. Cranmer-Byng）为我们提供了启德湾打捞炮的照片。

至1673[①]年用很好的青铜仪器重新装备了北京观象台。

让我们听一听另一位耶稣会士李明二十多年以后所写的一段绝妙叙述[②]。

皇帝办法用尽而毫无结果后，他清楚地懂得如果不动用大炮，要想攻克他们［即吴三桂的军队］盘踞的地方谈何容易。但是他所拥有的炮是铁铸、太沉重，他们不敢把它搬过如此陡峭的山崖，尽管他们必须这样做来对付他。他想神父南怀仁在这件事上对他可能有帮助，因而他下令要神父指导仿造欧洲式样铸造一些炮。神父当时感到为难，说他这一生早已不过问战争之事，因而他对那些事已知之甚少。他还说，作为一个虔诚的宗教徒，他已完全皈依另一个世界，他会为圣上极大成功而祈祷，并谦恭地请求陛下恩准他不再染指战争之事。

神父们的敌人认为他们现在有机会使他屈服。他们说服皇帝，下令神父要做的事并没有违背福音的意志和宗旨：铸炮与铸机器和数学仪器相比，对他说来并 396
没有什么不方便的，尤其是涉及到帝国的利益与安全时。所以毫无疑问神父拒绝的理由是因为他们与陛下的敌人还保持着某种关系，或至少是因为他们不尊重皇帝。所以皇帝最后要神父明白，圣上希望服从他的最后圣旨，否则不仅自己将有杀身之祸，而且他所皈依的宗教还将遭到连根铲除的灭顶之灾。

这将触及到他最敏感的地方，他面对失去一切的危险，确实很明智，他没有坚持原来的立场。他说："我已奏明陛下。我对铸炮确实知之甚少，但是既然是皇上旨意，我将尽力而为，使你的工匠们理解我们兵书上在这方面是怎样指明的。"于是神父就全身心扑在这一工作上，造好的炮由皇帝当面进行试验，发现这些炮相当优良。皇帝对他的工作非常满意，脱下他的黄马褂，当着满朝文武百官的面把黄马褂赐予神父南怀仁作为皇帝宠爱的象征。

那些炮全都造得既轻又小，但是从炮口到炮尾安装了一个木制炮托加固，用几扎铁箍箍牢。由于这些炮坚固得足以承受炸药爆炸的冲击力，轻得足以在任何道路上，即使是最糟糕的道路上进行搬运。这些新火炮从各个方面都说明了将起的作用。敌方被迫慌乱地撤出了他们占据的地方，不久就被俘获，因为他们认为要对付那些新式武器是不可能的，那些大炮在他们还没有接近的时候就会把他们摧毁。

满清的炮似乎有150门炮，但是（正如李明所说）许多炮太重不宜山地战，因而南怀仁受命铸造许多小炮。他及时组织翻砂，第一个月就铸造了20门，同年其余时间里共造了320门[③]。前一次我们曾禁不住对汤若望在他的铸炮厂举行的基督教仪式进行过相反的评论[④]。但是现在南怀仁毫不迟疑地以洒圣水和点香烛仪式为那些炮礼拜仪式地作祝福，赐予每门炮以圣名，并分别铸铭文。由于他的功绩，他被授予工部侍郎的头衔。出奇的巧合，有两门他造的炮至今仍珍藏于伦敦塔[⑤]。

---

① 见本书第三卷，pp. 451ff.，图189—192。

② L. Lecomte (1)，pp. 368—369。

③ 见Bosmans (2, 4) 和Pfister (1)，pp. 347ff，正如克莱顿·布雷特博士所指出的，这里有趣的是，南怀仁在长期建立起来的中国传统制造轻型铁壳炮的技术之上，似乎很容易地进行了改进，而不是引进西方的技术。《火龙经》和《筹海图编》中所有的武器都比西方相同口径的武器轻得多。这些中国的"小炮"一直到19世纪的1875年仍在很好地使用（参见Bellew, 1）。南怀仁的主要改进是在炮筒的长度上。

④ 本书第五卷第三分册，p. 240。

⑤ 见Blackmore (2)，pp. 153—154，第203号，图版42。

397

图 150　南怀仁铸造的野战炮之一，安置在大约为 1910 年式的炮架上，此炮珍藏于伦敦塔。Blackmore（2）目录，p. 153，第 203 号，图版 42。另一门炮年代为 1689 年。

这两门炮是于1860年在大沽炮台缴获的（如图150）。其中之一铭文清晰可见，内容是：

大清康熙二十八年（1689年）铸造神威将军。用药一觔十二两，生铁炮子三觔八两[①]，星高六分三厘[②]。制法官南怀仁，监造官佛保、硕思泰，制作官王之臣，匠役李文德、颜四。 398

因为这是南怀仁逝世后那一年，他的铸炮厂一定继续生产出一系列他设计的炮，每炮都有装有铰链旋转钩和升高螺旋的坚固炮架尾[③]。这里我们忍不住复制了一幅南怀仁在清朝文武官员和军械工人赞赏的目光下瞄准和发射他自己造的炮的图（图151）[④]。南怀仁似乎也用中文写过一篇论炮和铸炮的作品，但是其标题都不得而知，其版本似乎也失散了[⑤]。

现在不再谈论作为铸炮者的耶稣会士的功绩，我们必须再回过头去看一看某些刻画17世纪20年代中国大炮状况的相当著名的绘画。这些都是包含在（清朝）1635年首次写成的《太祖实录图》内的战斗图册[⑥]。这本书是写努尔哈赤的。从1609年以来，尤其在1616年以后，他一直同明朝作战，当时他自称是后金皇帝。这使人回想起满族人追寻他的血统，部分祖先是金人[⑦]。他第一次入侵中原是1618年，此后他继续指挥入侵中原的战争，直至1626年去世。

人们研究这本书中的图时，立刻就会清楚图中的满人普遍是使用弓、剑的马上弓箭手，而明军一方都使用炮，到了最后满人也使用火器[⑧]。对野战炮富有特色的研究是图152。这幅插图展示了努尔哈赤的骑兵从身后攻击明军炮兵的情景[⑨]。图中所示11门炮都安置在双轮推车上，推车的扶手充当炮架尾，每炮都有一块防护板，大概是金属的[⑩]。有3门炮部分或全部底朝天，炮手死的死，逃的逃。每炮带有双股叉[⑪]的双筒鸟嘴滑膛枪被安置在前端作为支架[⑫]，可以见到6支这样的枪，但都没使用。人们得到的 401
总的印象是中国大炮在阵地上是优良的，但却缺乏灵活性。

---

① 分别约重1.66磅和4.5磅。

② 约0.882吋。

③ 这些可能是后来加的。南怀仁的另一门炮保存在日本九州岛的箱崎神社。

④ 它是卡约［Caillot (1)］著作普及本第二卷的卷首插图，于1818年出版。

⑤ Du Halde (1), vol.2, p.49; van Hée (17); Pelliot (55), p.192; Pfister (1), p.359。高第［Cordier (8)］对此也不知情，但席泽宗博士告诉我们（私人通信）其标题是《神威图说》，它的年代为1681年。

⑥ 其正文是汉文，但其插图也有满文解说词，不知作者的姓名，但是他们必定是生活在发生事件很接近的官方历史学家。书目提要很复杂［见Hummel (1), pp.598—599］，版本有几种，有几套插图由门应诏于1781年重绘。我们使用的是1740年手稿，由沈阳东北大学于1930年复制得十分逼真。这本书里的插图究竟有多大程度上的真实性取决于1635年手稿，但是这些插图没有17或18世纪的风格。

⑦ 清的名称直到1636年才采用。

⑧ 在某些方面满人是可以感到自豪的，因为他们战胜了比他们装备更好的军队。但通过陈文石 (*1*) 的记载，我们知道第一门"近代"的炮直到1631年才被满人铸造出来，即直到努尔哈赤死后。参见《蠡勺编》卷四十（第六五〇页）。

⑨ 右下角展示了四王子之一（贝勒）及其随员，图解说大炮属于明朝一将领龚念遂的军队。

⑩ 我们将在下文（p.414）进一步讨论防护板。在上面一般画有狮子嘴、太阳等。

⑪ 要想看到这种支架在当时是如何应用的图片，见Stone (1), p.265, 图328, 他称这些支架为"A型形状"。其实例来自拉穆特（Lamut），在西伯利亚的一个通古斯人。在1860年中国军队的滑膛枪上仍然有这些支架（图156）。

⑫ 关于滑膛枪见下文（p.429）的小节。

399

图 151　一幅想像的关于南怀仁的画像，身着耶稣会士法衣，正全神贯注地瞄准和发射一门在他的指导下为清朝铸造的野战炮，满清文武官员在旁观看。采自 Caillot（1），vol. 2 的卷首插图（1818 年）。

另一幅图（图 153）表明满族弓箭手正面攻击明军炮兵[1]，双方都有骑兵和步兵，右下角是努尔哈赤亲临指挥。该图同样展示了野战炮和保护炮手的防护板[2]，但是除此之外，人们还可看见 5 门炮只是闲置在堑壕的胸墙上。左下图有一个炮手正在放炮[3]，弹药室仔细地画于图中，可以看到 12 支鸟嘴枪，这次是单筒枪[4]。然而图 154 中又出现了双筒滑膛枪。图中，康应乾前排的士兵正在发射 6 支滑膛枪，而其本人在后发令[5]。枪手已经披上了盔甲，而带圆形盾牌的刀斧手没披甲。

两轮推载车不是那时运载野战炮的唯一手段，因为图 155 展现了另一场满人骑兵从正面攻击炮兵的战斗[6]。插图里的炮都绑在我们只能把其称之为“木匠的四脚凳架”上。乍一看，这些搁凳在其每个八字脚底端似乎有轮子，但再仔细观察，就知道只不过是扁圆脚，在这种情况下，其机动性极差[7]，其中两副这类四脚凳架在战斗中被推翻了[8]。这一奇特型运载工具在其他插图中也有所见，例如描绘努尔哈赤围攻辽阳那张图，辽阳于 1621 年失陷。在那张图片中，炮都安置在城墙与护城河之间平整的地上，在几个实例中都可见到炮手使用其火绳（图 157）[9]。人们根本不可能从其他地方比从这些图中更好地洞察到 17 世纪初期中国的火炮[10]。学术界大概被耶稣传教士所铸造的 407
大炮弄得过度糊涂了，所以中国在本国大炮方面所取得的真正成就在某种程度上被忽视了。

整个 16 世纪和 17 世纪，大炮在中国文化圈都占有显要的地位。人们可以从那乱世之秋，尤其满人同明朝的残存军队战斗时，还有双方联手共同对付农民领袖李自成和四川暴君张献忠时，许多冒险和九死一生的回忆录中发现这一点，他们构成一整套文学创作题材。例如沈荀蔚于 1642 年五岁时随其父同往四川，他父亲后来被暴君杀害了。而他本人以后的青年时代都是在为逃避种种危险的岁月中度过的，正如他在其《蜀难叙略》中所述[11]，通过这本书他含蓄地意指某种相当于我们 17 世纪的口号“战斗、谋杀、暴死和其他忧愁之事”。这本书里，许多地方都提到火药、炮火和炮轰[12]。另一位作者黄向坚，描述了整整十年（1641—1651 年）徒步逃离战乱地带的经历。他在其《黄孝子万里纪程》一书中谈到了“耳闻隆隆的炮声，眼见遥远的火光硝烟”[13]。

---

① 在潘宗颜的率领之下，此人可在图的左上角看到。努尔哈赤的军队被少量的明军炮手所反击，看来他们无所作为。

② 一个大炮运输架已经倒了。

③ 这张图所缺少的运输架及炮架的形状在另一张描绘 1619 年明将刘綎之死的图上得到体现。关于这一年的整个战役情况见 Huang Jen-Yü (6)。

④ 在图的右上角可以看到两支单筒枪在开火。

⑤ 除此之外，还可以看到 13 支鸟嘴滑膛枪。

⑥ 这里的中国军队由名叫马林的将军指挥，这很可能是 1619 年，他被杀死的那次战役。

⑦ 然而克莱顿·布雷特博士肯定它们是车轮，并且多数（即使不是全部）的野战炮用皮革包着。

⑧ 除了野战炮，还能看到九支鸟嘴滑膛枪，一些双筒枪。

⑨ 在其他多数的绘画中，虽然没有看到多余的弹膛，野战炮均为后膛炮。

⑩ 田中克己（*1*）的著作中记载了早期满人使用火炮的详细情况。他强调第一次应用是在 1628 年，并认为在 1644 或 1645 年它是非常杰出的，但在抵抗国姓爷（郑成功）的战役中其作用却不太显著，看上去很少用野战炮。田中指出大炮军械库总是掌握在八旗人手中。

⑪ 参见 Struve（1），pp. 346，362。

⑫ 例如，《蜀难叙略》第四页、第三十五页、第三十九页。

⑬ 《黄孝子万里纪程》，第四页。

400

图 152 一幅采自《太祖实录图》的画(第二幅),展示了努尔哈赤的骑兵从明军身后夺取明军的炮兵阵地。图显示的 11 门野战炮都安置在双轮推车上,推车扶手组成了炮尾,多数炮手死的死,逃的逃。炮手一般用防护板保护,可能是金属的。注意每炮之间都有前端安有用作支架的双股叉的双筒鸟嘴枪。炮兵被描述成由明军将领龚念遂统率。

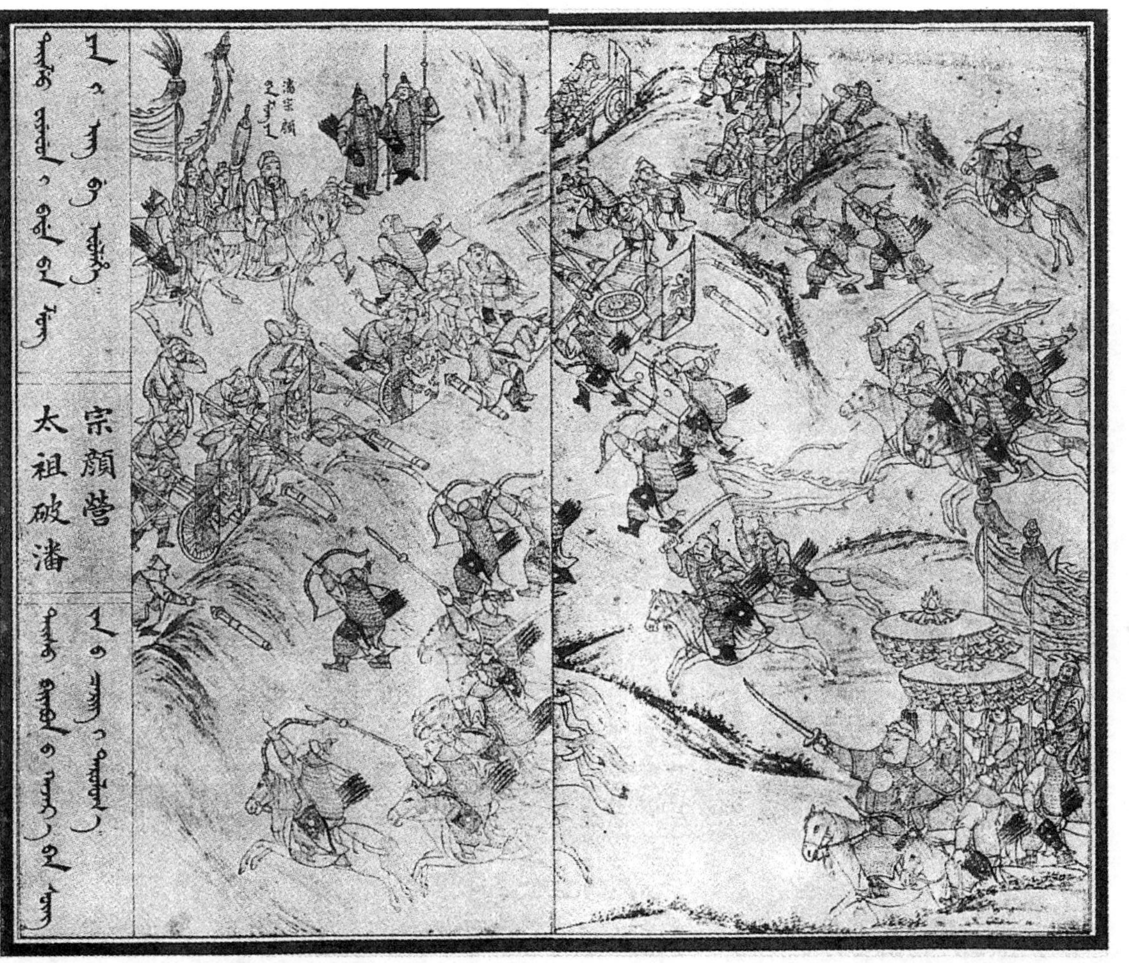

图153 另一幅采自同一著作《太祖实录图》(第四幅)的图，满族弓箭手，无论是骑兵还是步兵都从正面攻击一支由潘宗颜率领的明军炮兵。图的左上角可见潘本人。而努尔哈赤正好与之相对，在图的右下角。除野战炮及其防护板和带有叉子的滑膛枪外，还有几门大炮只是躺在堑壕的胸墙上。图左下角还有一炮手持燃火，大概想引燃他面前那门大炮的引信。 402

403

图 154 一队明军枪手正在射击，在图右，枪手身后人们可以看到其统帅康应乾。图上部还有手持圆形盾牌、未着盔甲的刀斧手。采自《太祖实录图》（第六幅）。

404

图 155 另一幅 17 世纪初中国野战炮架图；野战炮都安放在“木匠用四脚凳”架上（参见图 82、88、106），这些凳架可能有轮，但是更有可能是这些凳腿下端是扁圆脚，因而其灵活性是非常有限的。采自《太祖实录图》第三幅）中，满族骑兵在摧毁马林统帅的一支明军炮兵，可能就是 1619 年他所战死的那次战役，在这幅插图中，再次可见带叉子的滑膛枪。几根凳架在战斗中被打翻在地。

405

图 156 双股叉在 1860 年仍用于滑膛枪上，采自同年 6 月《哈钦斯加利福尼亚杂志》（*Hutchings' California Magazine*, p. 535）。得利于迈克尔·罗森（Michael Rosen）的首肯。然而图中所画双股叉有误。很明显，安装双股叉的目的是为了在堑壕胸墙上或地上射击时有助于瞄准目标，因而双股叉的弯曲与枪托的弯曲应在同一方向（参见《太祖实录图》插图）。画此图之艺术家并非是唯一一位犯此错误的人，因为在 1843 年阿洛姆和赖特的插图［Allom & Wright（11），vol. 1，opp. p. 87］中也有类似错误，那张插图描述大运河畔东昌府一个军事防御基地。参见本书第四卷第三分册，图 718。

406

图 157 “木匠用四脚搁凳”装载架，在努尔哈赤 1621 年围攻辽阳城的战斗图中再次出现。明军炮兵部署在城墙外平整的缓冲区，七门大炮中有四门正在发射，还可见有五名滑膛枪手。采自《太祖实录图》（第九幅）。

在另一处，他说："炮火的轰隆声如雷鸣，震撼着眼前的高山与狭谷"①。边大绶在其1645年写的《虎口余生记》里亦有同样的描述②。这本书之所以取此名，是因为边大绶掘了李自成的祖坟以挫其锐气之后，他实际上已落入李自成手下一位大将手里，然而他设法从虎口中逃脱了性命③。

那个时代的发明家也不乏其人，诸如翁万达，于1546年献出了改进的火器④；张铎又在同年提供了其射程可达700步远的青铜制四管和十管的标准铳⑤；法官华光大于1596年又献出了其父研制的新一代火药兵器多种发明⑥。还有不少炮兵大将，诸如陈璘，该将军在日本于1597年第二次侵略朝鲜时，表现出色。他在日军撤退时指挥了几
408 次关键性海战，均获全胜⑦。那时典型的福建战船（可与欧洲大陆另一端战胜西班牙无敌舰队的那些战舰媲美）载有一门重炮（"大熕"）⑧，一臼炮（"虎蹲砲"）⑨，六支大型佛郎机⑩，三支鹰隼铳（"碗口铳"）⑪ 和六十支火枪（"喷筒"）⑫，无疑用来抗击强行登陆之敌或火攻敌人帆篷和帆缆。最后还有许多"神机箭"，大概是用铳发射的箭⑬。另一位在这些战役中屡建奇功的中国炮兵统领罗世，成功保卫了日军对江华岛的进犯，并用海防火炮挫败了日军500艘战船对浦口的攻击⑭。

下一个世纪也造就了一些著名的发明家。我们可以只简述其中一位，戴梓的生平传略如下⑮：

> 戴梓，字文开，浙江钱塘人⑯。在他年青的时候就足智多谋。他自制的火器可以击中百步以外的（目标）。
>
> 在康熙初年（1673年），耿精忠在浙江反叛，康亲王杰书⑰率领政府军南征平叛，戴梓做为普通百姓或私人学者参加了这支队伍，并且献上"连珠火铳"⑱。形状像琵琶。火药和铅丸都放在火器后部，用机轮开闭。它由两部分结合在一起，就像阴阳相合。推动其中的一个扳机，火药和铅丸自动落入筒中，同时另一扳机

---

① 附录，第三页。

② 《虎口余生记》，第六页。

③ 参见 Hummel (2), p. 741。

④ 《明史》卷九十二，第十一页。

⑤ 同上。

⑥ 同上。

⑦ 罗荣邦，收入 Goodrich & Fang Chao-Ying (1), vol. 1, pp. 167, 173。

⑧ 参见上文 p. 378。

⑨ 参见上文 p. 227。

⑩ 参见上文 p. 361。

⑪ 参见上文 p. 321。

⑫ 参见上文 p. 232。

⑬ 一般人并不知道弗朗西斯·德雷克（Francis Drake）爵士在1588年仍用滑膛枪发射出箭。甚至迟至1693年，对这一系统的改进仍在讨论之中。见 Blackmore (1), p. 12。

⑭ 如果庄延龄［Parker (9)］是对的，那么日本人在这一时代的火器明显是落后的，仍然在利用抛石机发射"震天雷"。

⑮ 《清史稿》第505卷（《列传》，292，《艺术》4）第5页、第6页；朱启钤、梁启雄和刘儒林（*1*），第90页—第91页（《哲匠录》，第7卷）引用，由作者译成英文。

⑯ 这说明他生在杭州附近。

⑰ 耿精忠是汉人，但杰书是满人，其号为康亲王。前者死于1682年，后者死于1697年。

⑱ 后来有很长一段关于戴梓的生平，我们把它放在最后的结论中。

也随之并动。燧火石被撞击，发出火星，铳就发射。扳发二十八次之后，弹仓需要重新装铅弹。其原理与西方的机关枪相似。但这种武器在当时并未被广泛使用。其原型藏于戴梓家中。乾隆时（1736—1795 年）这种火器仍然存在。

当一些西方人进贡“蟠肠鸟枪”时，戴梓奉诏仿造这些武器。他造出的十支 409
送给西方的官员[1]。

戴梓还奉命设计和制造“子母砲”。发射之后，母送子出，坠而碎裂，很像西方的“炸砲”。皇帝在诸臣陪同之下亲自观看了演示，并赐其名为“威远将军”[2]。发明者和制造者的名字和官职都刻在炮的背面。在后来皇帝亲征噶尔丹的战役中[3]，这个武器也用来打击敌人。

因此（他帮助杰书打败耿精忠），当官方全面胜利之后，戴梓被封为“道员劄付师”。他回（到京城）之后，康熙皇帝召见了他，当皇帝知道他有文学才能之后，考他一首“春日早朝诗”。他被授予翰林院侍讲，从那以后他与高士奇在一起[4]，在南书房（做为皇帝的秘书），后来到养心殿[5]。戴梓精通天文算法，但当时正纂修《律吕正义》[6]，他的观点与南怀仁及其他西方人观点不同。因而当时很多人妒忌他。

不幸的是，当时有个陈宏勋，是张献忠的养子[7]，向朝廷效忠并成为清朝的官员，他向戴梓索诈，引起冲击，此事诉诸法庭，这使得戴梓的敌人有机会诽谤他，因而他被革职，放逐关东。后来他得赦还家，在铁岭渡过余生。

〈戴梓字文开，浙江钱塘人。少有机悟，自制火器，能击百步外。康熙初，耿精忠叛，犯浙江，康亲王书南征，梓以布衣从军，献连珠火铳（速射机关枪）法。所造连珠铳，形如琵琶，火药、铅丸皆贮于铳背，以机轮开闭。其机有二，相衔如牝牡，扳一机则火药、铅丸自落筒中，第二机随之并动，石激头出而铳发，凡二十八发乃重贮。法与西洋机关枪合，当时未通用，器藏于家，乾隆中犹存。西洋人贡蟠肠鸟枪，梓奉命仿造，以十枪赉其使臣。又奉命造子砲，母送子出，坠而碎裂，如西洋炸砲（臼炮），圣祖率诸臣亲临视之，锡名为“威远将军”，镌制造者职名于砲后。帝亲征噶尔丹，用以破敌。

下江山有功，授道员劄付师。还，圣祖召见，知其能文，试春日早朝诗，称旨，授翰林院侍讲。谐高士奇入直南书房，寻改直养心殿。梓通天文算法，预纂修《律吕正义》，与南怀仁及诸西洋人论不合，咸忌之。陈弘勋者，张献忠养子，投诚得官，向梓索诈，互殴搆讼。意者中认蜚语，褫职，徙关东。后赦还家，留于铁岭，遂隶籍。〉

一位卓越的天才就这样被浪费掉了。康熙看到他精通文笔时，是多么的荣耀，诏

---

① 虽然“ambassadors”的意思是“使臣”，我却不敢用这个词汇，因为那个时候没有出使中国朝廷的使者。但 1693 年可能提到由荷兰人雅布兰（E. Ysbrandts Ides）率领的俄国使团（参见本书第四卷第三分册，p. 56）；或者是那一时代的其他外交使团。如果不是这样的话，那必定意味着领导国王下属科学机构的某些耶稣会士。参见 p. 366（f）。

② 并不是一个独创性的名字；参见上文 p. 315。

③ 即准噶尔（厄鲁特的一部）的博硕克图汗，像土尔扈特或西蒙古人的一个部落。噶尔丹在 1679 年征服了新疆，然后从 1689 年直到 1697 年他去世，与康熙皇帝作战。

④ 高士奇（1645—1703 年）是著名的诗人和书法家，多年间是康熙皇帝的私人秘书。

⑤ 南书房和养心殿是皇宫中从事写作的地方。

⑥ 《律吕正义》最后被收入《律历渊源》中，并且于 1713 年完成。

⑦ 四川暴君张献忠（1605—1647 年）前已提及。

他进宫，直接为他效忠。康熙所能想到的一切就是考查他的诗文。很明显，他在科技
410 方面的才能没有得到足够的重视。即使如此，到了一定的时候，也使他陷入困境。人们也许还记得第三世纪的工程师和发明家马钧的经历，我们前已提及[1]。即使在我们这个时代和西方世界，科学革命后四个世纪，技术人员提升的唯一途径常常是从“蓝领见习”到“白领”文书工作[2]。

如果我们按顺序看一下戴梓的发明，我们就知道他的第一项发明一定是某种速射机关枪。这时正是世界各国人民正潜心研制这种枪械的时期——例如，在塞缪尔·佩皮斯（Samuel Pepys）1662年7月3日的日记里，我们发现皇家学会已注意到一位“杰出的机械师”，声称能“制造一种快速无比、瞄准就能射击的手枪，并又能随意停止射击，这时可使枪内的火力及子弹的运动使手枪自动装填火药和子弹，扳动枪机”[3]。然而这个问题到1718年才实际上得以解决。当时詹姆斯·帕克尔（James Puckle）发明了后膛装填式枪（伯克枪），它有七分钟内可发射63枚子弹的一套旋转弹药室[4]。从此以后，这种后填式枪直接发展成多管“胡椒面筒式”手枪，艾伦（Ethan Allen）（1837年）旋转式“咖啡豆磨式”枪和其他各种枪[5]，直到美国南北战争（1862年）时期的加特林枪（Gatling gun）[6] 和1883年的马克西姆枪（Maxim gun）[7]。由于戴梓的努力，很容易找到中国枪的祖先，因为我们已经描述了弹仓式弩机（第六分册（e），2，iv），于16世纪明军中广泛使用，还有弹仓式突火枪，（pp. 263—264），这些一般说都可能相当早，的确可追溯到1410年或者甚至早到1350年。同样我们非常愿意获得戴梓发明吉他式机枪的更多细节[8]。

他的第二功绩较难界定，很可能是某种螺旋式弹膛后膛枪[9]。如果是滑膛枪的一种，那么很明显，枪上有某种螺旋[10]，正如人们第一眼从“鸟枪”[11] 的名称上就可猜想
411 到枪的一切构造一样。这里膛线完全不可能产生偏差。由于在枪筒内有螺旋形沟槽，用一个螺旋赋予射弹飞行时以旋转稳定性可追溯到达·芬奇[12]，并且，无论如何这种稳

① 本书第四卷第三分册，pp. 39 ff.。

② 戴梓机械技能更具传奇色彩。一个多世纪以后，凌扬藻断言南怀仁曾用一年的时间试图铸炮却没有成功，戴梓应皇帝之召，仅用八天就造成了［《蠡勺编》卷四十，（第六五〇页）］。他们肯定是同时代人，并且互相了解，所以戴梓可能也知道南怀仁铸炮厂。凌扬藻起先认为戴梓制造了佛郎机后膛炮是绝不可能的，但后来他精选了关于发射炮弹的臼炮的第三个开创性工作。

③ Samuel Pepys（1），埃夫里曼版，（Everyman ed.）vol. 1，p. 271，由Hall（5）做注，pp. 358—359。参见Birch（1），vol. 1，p. 396。

④ 参见Reid（1），pp. 161 ff.。

⑤ 同上，pp. 205—206。

⑥ 同上，pp. 221ff.。

⑦ 同上，pp. 230—231，245。

⑧ 另一个先驱者是戚继光1560年描写的弹仓式滑膛枪“连子铳”（见《纪效新书》卷十五，第十二页和后来的《兵录》卷十二，第三十页），铁制侧管将铅弹送入枪管中。但戚继光认为枪是复杂的和不可靠的，他说为了论述的全面性才谈到它。

⑨ 参见上文p. 366（f）。

⑩ 参见本书第四卷第二分册，p. 121，和图416采自《三才图会》器用卷，第八章第六页（1609年）。正如霍维茨［Horwitz（6）］指出，这是中国关于螺纹的最早图例，因为螺旋并非起源于中国（本书第一卷，pp. 241，243）。参见本书下文图171。

⑪ 参见下文p. 432。

⑫ 参见Partington（5），p. 175。在《大手稿》中。

定性从大约 1500 年以来就开始相当频繁地为工匠所应用①。16 世纪下半叶和 17 世纪有许多这样的实例。然而这些都是运动枪，军事上普遍使用的枪到美国独立战争时，从 18 世纪后期以来才开始②。再说，戴梓在这点上并非不可能对膛线感兴趣。书中说“鸟枪”，非“鸟嘴枪”，所以该词很可能是指枪的用途，而不是指枪头或枪托的外形，因此把枪赠送给使节或官员是为了使他们在行猎时高兴③。

他设计的第三项和最后一项发明相当清楚地是射击炮弹的炮，因其炮弹燃烧并放出其他射弹，像烟火火箭那样有阵阵火花向下坠落。弹丸是在欧洲 15 世纪，大概是 1437 年的《火攻书》中提到的，在互尔图里奥 1460 年出版的《论军事》里也有描述④。而且我们已经在中国发现这种弹丸与“突火枪”有联系（p. 264，参见 p. 317），如果不只 14 世纪，也将回到 15 世纪。弹丸只不过是从历史还要悠久的铁壳“霹雳弹”发展而来的必然结果（见上文 p. 170）。因而人们只是希望中国人这时（17 世纪末）已在试验枪炮弹丸。最终以林则徐于 1846 年给皇帝写的题为《炸砲法》的奏折为标志，枪炮弹丸进入了它们自己的繁荣期⑤。然而有意思的是（肯定一般人不知道）在 17 世纪末炮弹或子母弹被康熙炮兵在战争中用来对付厄鲁特人。

提到鸦片战争⑥时期，使我们想起了一位做开路先锋的中国工程师龚振麟在这个时
期完成的一项重大的铸造发明，比西方使用这项发明早大约三十年⑦。此即在铸铁模中 412
铸铁炮（1845 年），并描述于他第二年出版的《铁模图说》一书中⑧。稍早一点，大约在 1830 年，一位名叫坂本俊类的日本冶金学家在他的《大炮铸造法》中叙述了铸炮法，配有传统风格的插图，展示了风箱鼓风⑨和炮筒钻孔，不过他用的铸模仍旧是沙模⑩。

龚振麟的发明更加使人振奋，因为中国制造铁器的铸模古代时就闻名并应用⑪，正如从热河兴隆发掘的公元前 4 世纪的出土物所看到的那样⑫。此种铸模至今仍得到广泛应用，因为这种模具具有产生冷铸、增加硬度和耐磨的优点。为了避免铸件同铸模产生任何胶着的危险，通常要在铸模上敷上一层石墨或灯黑。然而这大概并非必不可少，只要铸模对金属铸件的容量比足够，就可避免铸模过度发热和损坏。这是战国时期冶

① Reid (1), pp, 112—113, 143。肯定在 1540 年，[见 Blackmore (1), pp. 14—15]。

② Reid (1), pp, 167, 209。

③ 凌扬藻在他的《蠡勺编》卷四十（第六五〇页），记载此事是在 1676 年，也就是说其一定是由罗马尼亚（摩尔多维察人）学者尼古拉·米列斯库（Nikolaie Spătarul Milescu）率领的俄国使团。关于这点见 Cordier (1), vol. 3, p. 271 和本书第四卷第三分册，p. 149，附参考文献。

④ Partington (5), pp. 149, 157, 164—165。

⑤ 《海国图志》第 87 卷，第 6 页，节译本，英译文见 Chhen Chhi-Thien (1), p. 17。这个年代正好在 1782 年直布罗陀战役中梅西耶应用改进了的炮弹和 1852 年施雷普内尔（Shrapnel）同样的发明中间。参见 Reid (1), p. 182。

⑥ 这一时期（1841 年）在总督颜伯焘和刘鸿翱领导下铸造的许多中国炮现都珍藏于厦门大学西墙内。郑德坤 [Cheng Te-khun (18, 19)] 一直都描绘这些炮。一般人都不知道当时理雅各（James Legge）的著名合作者王韬稍后一段时期写了本论述炮、铸炮和钻筒以及火药的生产及其使用的书，题《操胜要览》。

⑦ Chhen Chhi-Thien (1) p. 43。朱启钤、梁启雄和刘儒林 (*1*) 给出了龚振麟传记。（《哲匠录》，第 7 册），第 94 页起。

⑧ 此炮重印在《海国图志》第 86 卷，第 1 页起。

⑨ 参见本书第四卷第二分册，pp. 372 ff. 和 Needham (32), p. 19 和图 32、33。

⑩ 重刊于《日本科学古典全书》，vol. 10, no. 4, p. 463。

⑪ 比欧洲了解任何有关铸铁的知识早几个世纪。

⑫ 插图见 Needham (32)，图 4—8；参见 p. 6。已出版的较好的著作见郑振铎 (*1*) 和郑绍宗 (*1*)。郑振铎 (*1*) 明确谈此模用于铸造铁具。

金技术一项令人吃惊的高度发展，值得注意的是，这种技术在历史的另一阶段再次出现[1]，后来于 1873 年三位发明家同时宣布他们取得的同种技术成就，拉夫罗夫（Lavrov）在圣彼得斯堡，乌哈蒂乌斯（Uchatius）在维也纳，罗塞特（Rosset）在都灵。当然，铸铁模或“贝壳模”（coquilles）在欧洲从 1514 年以来就已经用来铸铁炮弹，似乎是第戎的弗朗索瓦·日尔贝（François Gilbert）引进的一种铸法[2]。表层的迅速冷却使表皮成白质（碳化铁），使其变硬，增加其碎片杀伤效果[3]。然而这比铸炮又是简单得多的事。

最后还有一项光彩夺目的革新，需要在此叙述一下，就是大炮望远镜瞄准器的使用，或者称之为瞄准望远镜也许更好。这一资料是我们在《吴县志》里发现苏州两位“光学艺术家”——薄珏（活跃于 1628 与 1644 年间）和孙云球（活跃于 1650 和 1660 年间）的一段引人注目的叙述中获得的。关于薄珏《吴县志》说：

> 崇祯时（1628—1643 年），当反叛者侵犯安庆［即安徽省］，巡抚张国维命令薄珏制造青铜炮。这些炮的射程是 30 里[4]，每当射出时候，就有很强的杀伤力，因为（炮手）有千里镜，用它能够确定敌军的位置[5]。
>
> 〈崇祯中，流寇犯安庆，巡抚张国维令钰造铜砲砲发三十里。每发一砲，设千里镜，视贼所在。〉

413 这些造反者一定是李自成领导下的农民革命军，他们终于推翻了明朝末代皇帝腐败的政府，并攻克了北京。李自成反过来又被从北边对满人敞开大门的吴三桂将军所击败。吴三桂的目的是想让满清帮助他复明。历史说明，满清自己夺取了明帝国。

薄钰在军事技术上还有其他的才能，因为他制造了地雷和地弩（陷阱弹射枪），据说这两种武器都极为有效。至于年青人孙云球，根据《吴县志》的记载，也是望远镜的一位制造者，但是没有参考资料证明他在军事行动中使用过望远镜。然而他写了一本论光学仪器的书，书名是《镜史》，虽然这本书似乎从未出版[6]。

事实上薄钰可能是望远镜几个发明者之一[7]，但是无论如何，他把望远镜用于大炮值得大加称颂，并且那一定是发生在大约 1635 年。这似乎比欧洲任何同样的使用早一段时间，虽然伽利略于 1609 年就已经清楚在海战中可能使用望远镜，因他在威尼斯的一次著名事件中向执政团（Signoria）高级官员演示过。在同一世纪稍晚些，耶稣会士弗朗切斯科·德拉纳（Francesco de Lana）在他 1684 年的《管理的性质和艺术》（*Magisterium Naturae et Artis*）一书中提出了光学瞄准器。在炮上安装四镜片望远镜，在约翰·察恩（Johann Zahn）1702 年出版的《望远镜的人造眼》（*Oculus Artificialis Teledioptricus*）一书中有所描述[8]。自那以后，望远瞄准器在整个 18 世纪显示出其重要性。腓特烈大帝（Frederick the Geat）在其日记里记录了 1737 年在一次民间射击比赛（Schützenfest）上试用一望远镜。到了 19 世纪中叶，望远瞄准器的应用就十分广泛

---

① 几乎可以肯定龚振麟并不知道他前辈的工作。

② 见 Johanssen (3), p. 1463 (4)。

③ Evrard & Descy (1), p. 254。

④ 15 千米肯定是夸大了。

⑤ 《吴县志》卷七十五，《列传·艺术》；英译文见 Needham & Lu Guei-Djen (6), pp. 114, 122。

⑥ 有趣的是，孙云球的母亲为他的著作写了序，但现在已佚。

⑦ 如：伦纳德·迪格斯（Leonard Digges），波尔塔（G. B. della Porta）和李普希（Johannes Lippershey）。

⑧ Reid (1), pp. 154—155。

了[①]。但是伽利略预见望远镜将在未来战争中发挥作用之后，望远镜在战争中真正得到实际运用的最早年代仍然是薄珏于1635年在中国将光学仪器用于大炮的时间。这肯定是值得纪念的日子。

长时期内对有关中国炮手的技能和勇敢精神却只字未提，也许技术史对其并不重视。然而我们不能不引用苏格兰海军奥希特洛尼上尉（Lt Ouchterlony）的几句话，他写了一段鸦片战争时期他所目睹之事。例如[②]：

> 1840年战争初期，由海军上尉梅森（Lt Mason）率领的陛下双桅船“阿尔及利亚人”（*Algerine*）号在“康韦号”（*Conway*）护卫舰的护卫下，正行驶在去扬子江口的途中。在乍浦港短暂停留，此时乍浦附近某工厂里一门大炮向“阿尔及利亚人”号开火，持续了一段时间。这时中国炮手的冷静与沉着赢得了双桅船上官兵的喝彩。但是“阿尔及利亚人”号把其全部炮弹都倾泄在令她愤怒的炮兵阵地 414
> 上，很快就把其炮打哑了。完成了侦察那个地方海防情况的目的后，“阿尔及利亚人”号向其预定地点驶去。

还有谈到对鼓浪屿炮兵阵地的轰炸情况时也提到了[③]：

> 战场风景很好，除了画一般的景致，再也没什么值得赞赏了，但是战场有力证明了中国炮兵的出色表现。对中国炮兵阵地，我们集中了74门大炮，连续炮轰了整整两个小时，都没有产生什么效果。当我们军队开进后，没有发现一门炮变哑，很少有敌人被炸死。他们的工事建筑原则是，使炮手不受水平射击的影响，甚至不受74门32磅重炮弹轰击的影响。因为除了结构坚硬的石制工事外，通道也由坚固的石头做成，工事外表覆盖着草皮的田埂，只留有狭小的射击孔以便观察。

(iii) 防护牌、“战车”与运动的雉堞

从选自《太祖实录图》的图152和图153中，我们已经见到防护牌的图，大概由铁制成，用以保护施放野战炮的士兵，在17世纪前25年，多为明军使用。但是适应于火器使用的防护牌不是随炮和轻型炮开始的，而是以“火枪”开始的（参见上文pp. 236 ff.）。

这一资料是我们从《神行破阵猛火[④]刀牌》条目中知道的。相当高深莫测的描绘，其意义一会就清楚了。我们在《火龙经》里读到[⑤]：

---

① 今天望远镜应用于反坦克火箭炮；参见Reid (1)，pp. 215，258。

② Ouchterlony (1)，pp. 268—269。

③ Ouchterlony (1) pp. 174—175。

④ 这些字严格的翻译应指希腊火汽油（上文p. 86），但也可不坚持这样译。它们当然可以暗指在二、三个世纪以前用过的带有某种同样的汽油喷火筒的一种防护牌。另一方面，这类装置的应用也许比我们通常认为的要晚；毕竟在1609年的一部百科全书《三才图会》中我们还是见到了“猛火油机”的图画（图8）。

一般来说，如果我们不回忆一下李舜臣将军1592年在铁甲覆顶的铁钉龟船的装备下，成功地反击了日本对朝鲜的侵略，我们就不可能谈论防护牌。参见本书第四卷第三分册，pp. 683 ff. 和图1050，此外还见朴惠一（*1*）。朴惠一（2）［第33页—第34页］（从一个同时代的瓷瓶上的图画中）绘出一画说明在这些船的船舷上明显著有动物头，并且认为从动物头向前喷“黄烟”。人们想知道一下这是不是希腊火汽油喷火筒之遗迹？如果是，拜占庭水军的“虹吸管”就会保存至今了，无论如何，其同时代的日本著作《高丽船战记》记载了从龟船上发射纵火箭（“火矢”），并且对日本战舰造成了很大的破坏。

⑤ 《火龙经》（上集）卷三，第二页，同样的插图和描述还可见《武备志》卷一二九，第十一页。增加的几个字在方括号内。

由手持短刀的士兵使用的、用以破坏敌军队形的移动火焰防护牌是用生牛革
415 制成的。内部暗藏36支火筒，包括神火、毒火、飞火、法火、烂火［每个六筒］。列于阵地的每个士兵手持盘卷的药信（在最恰当的时机点燃火筒），当两军相对，号炮一响，移动防护牌向前滚动投入战斗，当开火时，火焰可向前喷出20—30尺。其中一组穿有盔甲的士兵左手持着防护牌，另一组右手挥着短刀，他们斩杀敌军，砍掉他们的马腿（在火焰引起的混乱之中）。一个这样的防护牌就可以抵挡10名强兵。

〈牌用生牛革为之，暗藏神火、毒火、飞火、法火、烂火、烈火[①]三十六筒药［各六筒］，信盘曲烈于阵。两军相对，号砲一响，齐滚而进，火喷二、三丈。甲士左持牌，右持刀，上砍贼首，下砍马足，用此牌一面，足抵强兵十人。〉原文参考王鸣鹤［清］编订《火龙经》三集六卷本。——译者注

这可能认为是相当古老，但事实是来自该书最早的一个层次，说明这一插图至少属于1412年，而且最有可能是1350年或更早的时期。图158展示了常见的虎面型，但是没有明显的运动手段。但是文中使用了动词“滚”，表明整个武器安放在某种活动架上，可能安置在由火枪手推拉的两轮手推车上。

事实上，活动防护牌具有悠久的历史，如果不是在“火枪”之前，则可追溯到枪炮时代之前。上文（p.157）已经提到过的宋将魏胜于1163年制造出数百辆有防护牌的车，用手推或拉，可以呈防守阵形停放，以保护营地和战图要地。有些此类车上还备有投掷石弹或薄壳的火药炸弹的抛石机。而另一些此类运载车载有安装了二弦及三弦的多矢式的弩砲。还有一些车可运载士兵的盔甲和军需品[②]。

的确，在中国军事史中车阵战术可追溯到很远的时期。也许“鹿角车营”的悠久历史可能远至吴起（卒于公元前381年）所处的战国时期，但是这种战术肯定在3世纪时由马隆使用过[③]。这种战术还可能与《墨子》军事重要章节中提到的“行城”、“活动城墙”有某种关系，还与安装在战车上的瞭望塔也有关系，汉朝军队用它巡察边塞。

到了16世纪，防护牌有了很大的发展，虽然仍旧是用木料做的。著名将领戚继光（1528—1588年）的许多战术就是以我们称之为“战车”的器具为基础的。它载有防护屏并可组成一个车阵，如《练兵实记》（1571年）所收的图159中所见[④]。这些大型
418 两轮车由骡子拖拉，载有展延开可达15尺长的防护屏，这样可以串连在一起组成一个连续雉堞，只是在每辆车的结合处要考虑防守士兵的进出，不管是步兵还是骑兵。每辆战车配备二十人，其中十人负责管战车，发射战车上所载滑膛枪或后膛装佛郎机长炮[⑤]。其余十人携带近战武器组成一个突击小分队[⑥]。

---

① 关于这些火药的形态见上文p.180。

② 这一段话（《宋史》卷三六八，第十五页、第十六页）由捷克人普实克［Průsek（4），pp.255—256］译出，他想到类似胡斯信徒的“战车营”（*Wagenburg*；pp.276—277）；参见下文p.421。遗憾的是，他把“砲”译成“pièce”，这可能是“d' artillerie”，而不是抛石机。然而，他文章中的主要论点是反对当时有真正的枪和炮。

③ 《晋书》卷五十七，第三页；扬泓（*1*），第92页—第93页及Boodberg（5），pp.2，6，译自大概唐朝的著作。其名称显然是来自四面覆盖防御物并呈圆形或者是方形这一事实。

④ 《练兵实纪·杂集》卷六，第八页、第九页。

⑤ 从我们转载的许多图中可以看出，野战炮的车炮架架尾是如何从其原始的两轮手推车发展而来的。

⑥ 黄仁宇［Huang Jen-Yü（5），pp. 179ff.］对戚继光的方法给予了很好的说明。

416

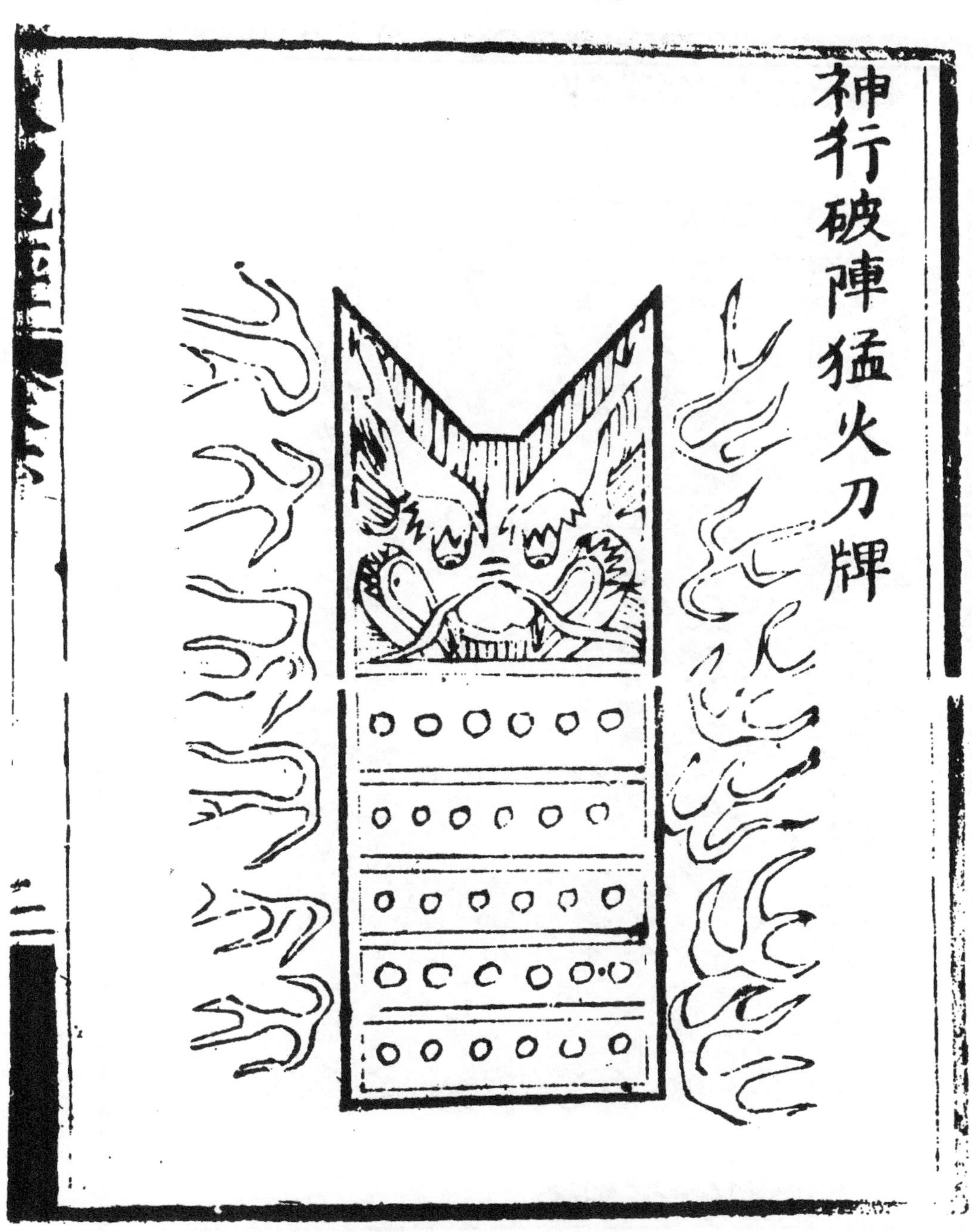

图 158 “火枪”活动防护牌，采自《火龙经》(上集) 卷三，第二页，因此至少早在 1350 年，并且很有可能在那很久以前就已经开始使用了。这是一幅“神行破阵猛火刀牌”的图。据说“火枪”含通常发射药 (低硝火药)，但是其标题却暗示在牌后有一希腊火喷火筒，防护牌一定是安装在车上，并且其两边一定配备有刀斧手。

417

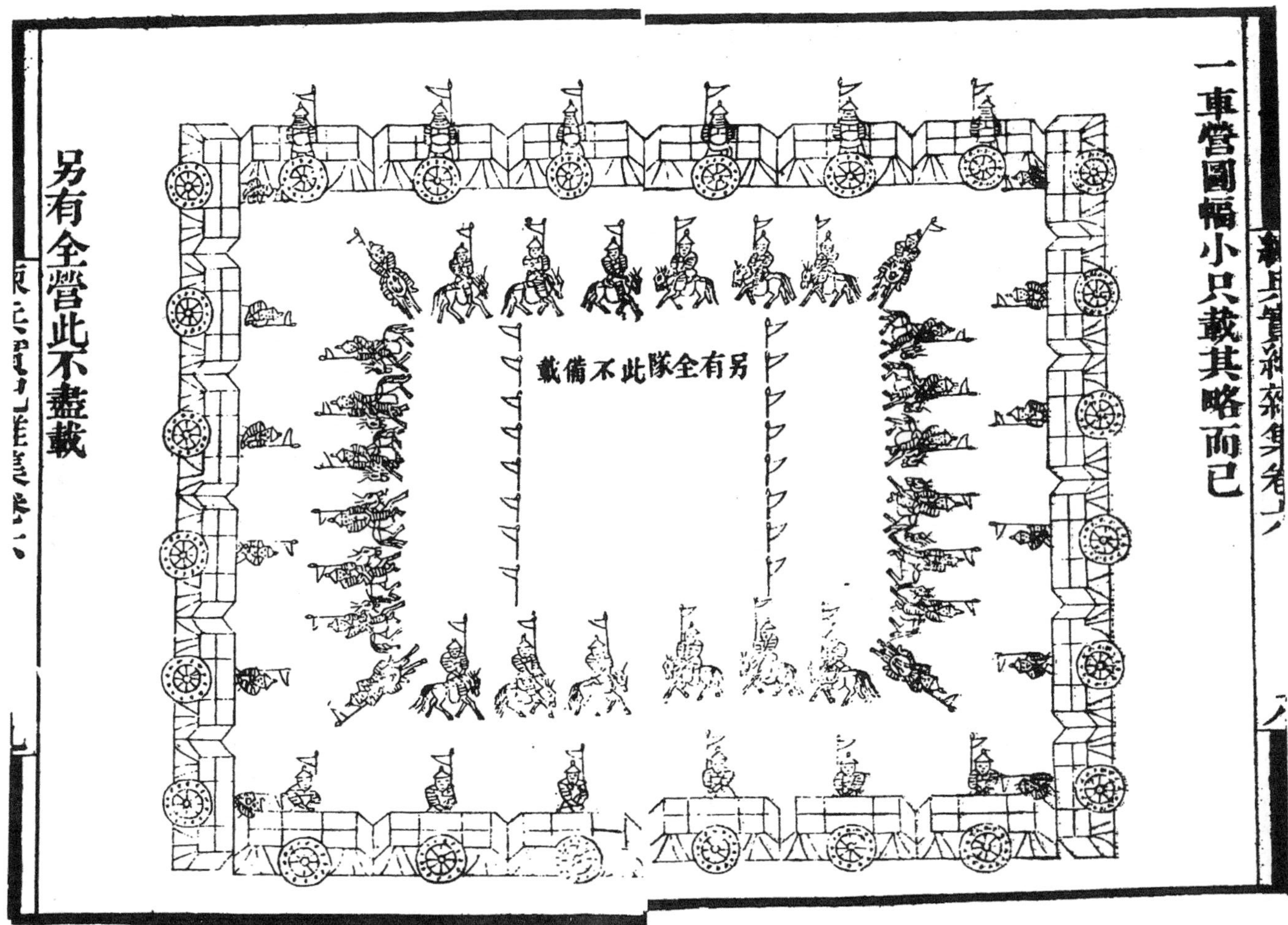

图 159　戚继光在 16 世纪使用的车阵或车营（*Wagenburg*），采自《练兵实纪》卷六，第八页、第九页，每辆战车都是两轮车，并有展延开后可组成一连续屏障的防护屏，滑膛枪或后膛装式火炮可透过屏障发射。

稍晚出版的《车铳图》（图 160）展示了一幅更为详尽的一种这类战车。此书成书 419
日期大约是 1585 年。从图 161 我们看到一支后膛装式炮、运载它的两轮手推车和三个
装火药和炮弹的弹药室（此处叫“子砲”）。最后，图 162 向我们展示了两个防护屏， 421

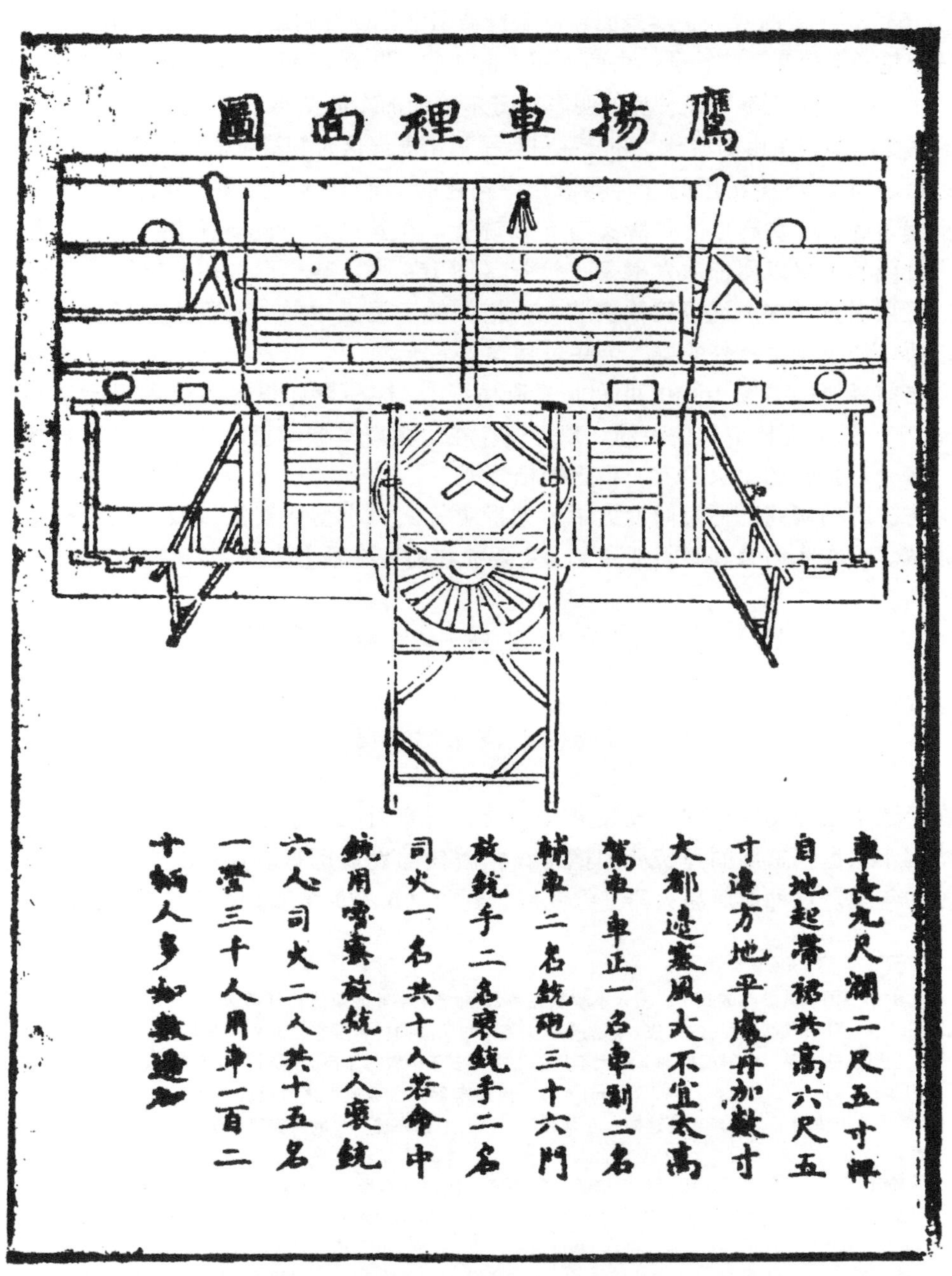

图 160　一单独的两轮战车图，采自《车铳图》(1585 年)，第六页。

有些人准备施放其滑膛枪，而其余的准备用刀剑进行冲杀①。从赵士祯的书里我们也已经见到一、两幅插图，在本书上文图 56 中，火枪在他那个时期，即与马耳他围攻战同一个时期仍在使用。陈裴写的书一定属于这同一个时期，正如人们可以在其书名《火车阵图说》所看到的那样②。

在 1635 年出版的《太祖实录图》的某些插图中可以看到更不同的原始坦克，也就是放在两个轮子上的活动防护屏，由两人用 4 根杆推，屏板上有两支滑膛枪可穿透过枪眼发射（图 163）。这幅图表明董仲贵的明军被努尔哈赤的军队所击败，不过从图上看不见董仲贵的军队。屏板正由满清骑兵和骑兵弓箭手追击着。这时满清也使用滑膛枪了③。

最后，对 1593 年出版的《神器谱》中描述的“迅雷铳”必须讲几句，这本书也是赵士祯编写的。一块圆形防护牌穿有 5 根铳管，在其中有一旋转托盘，能把蛇形杆放到五个分隔的位置以便依次发射每一枪管（图 164）④。其全形可在一幅图中见到（图 165）。发射时这种多火绳滑膛枪安装在一把倒插于泥土中的斧头柄上，托柄尾端呈尖矛状，所以如果发生意外的事，士兵可用这些武器自卫。枪管长均约 2 尺，每管均有其自身之前后照门。图 166 中可见此复原模型⑤。这种设计很容易让人想起亨利八世（Henry Ⅷ）的贴身警卫所使用的，现仍保存在伦敦塔军械库里的圆形手枪防护罩（图 167），每个防护罩的中央只有一根火绳枪管⑥。

对防护牌的研究已把我们带进了诸如滑膛枪之类小型武器的领域以及野战炮和大炮的领域。现在我们尤其必须把注意力主要放在前一个项上。

425

(18) 手铳的后期发展；火绳枪和滑膛枪

(i) 火绳枪、转轮枪和燧发枪

在简述中国轻便火器的后期发展史之前，先要回顾一下欧洲从十四、五世纪的简易手枪到十八世纪末期的弹药筒和撞击火帽时代的发展历程。这一时期正是火绳枪和滑膛枪的年代。这种最简易火器正像我们看到的（p. 294），在中国可追溯到十三世纪

---

① 16 世纪中国军队的车战战术，使人不禁联想起 15 世纪上半叶胡斯信徒日斯卡（Jan Žiska）将军在波希米亚（Bohemia）和德国作战时所用的方法。那些带有大炮及可折叠的栎木板组合成一个防护阵形，根据指挥命令连接成圆形、方形或三角形，使得胡斯部下和大不里部下在很多年中取得了巨大胜利。参见 Oman (1), vol. 2, pp. 361ff.; Delbrück (1), vol. 3, pp. 497ff. Denis (1)。但战车营的启示似乎来自俄国，在那里“活动城市”（*goliaigorod*）很早就被使用了。如果真是这样，它是否源自蒙古？也许进一步的研究可以证明日斯卡和戚继光的思想有同一来源。

霍尔［Hall (2)］认为“无名的胡斯拥护者”的手稿年代并不是通常认为的自 1430 年起，而是包括两部分，其年代分别是 1470 年和 1490 年，也就是在塔科拉（Taccola）和丰塔纳（Fontana）之后。但这并不影响目前的讨论。

② 在王鸣鹤的约 1598 年的《火攻问答》中，也谈到了很多炮车和活动的防护牌组成的临时战车（第一三〇六页起）。

③《太祖实录》卷六的另一图展示了这些屏板，描绘了战胜陈策指挥的明军。

④《神器谱》，第二十二页。

⑤ 由澳大利亚的布里斯班（Brisbane）的维多先生（S. Videau）所制。

⑥ Reid (1), p. 107; Blackmore (4), p. 14。

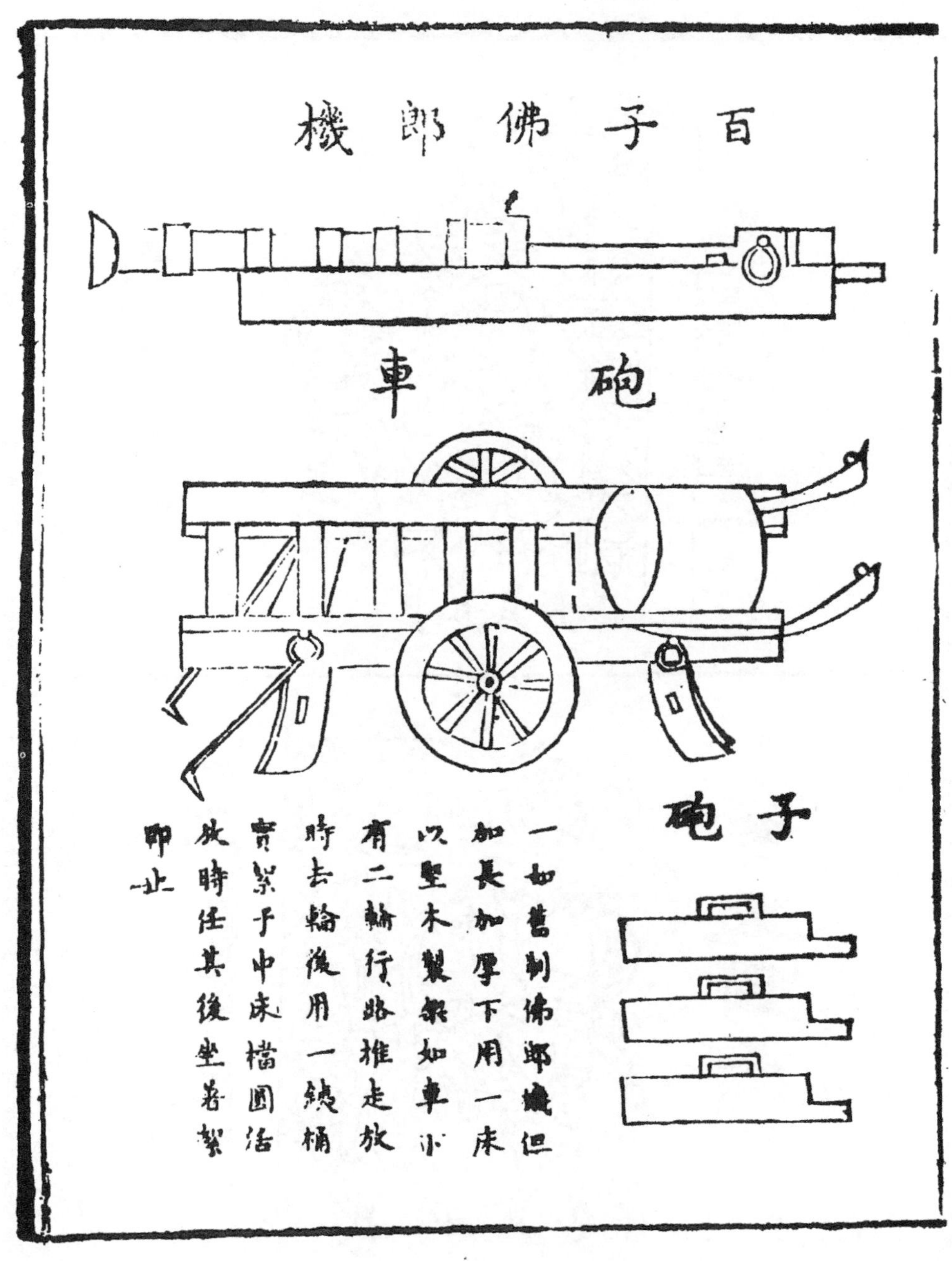

图 161　具有管箍的后膛装式火炮，装载此炮的两轮车和三枚“子砲”（弹药室），采自《车铳图》，第三页。将其组成后即成战车营。

420

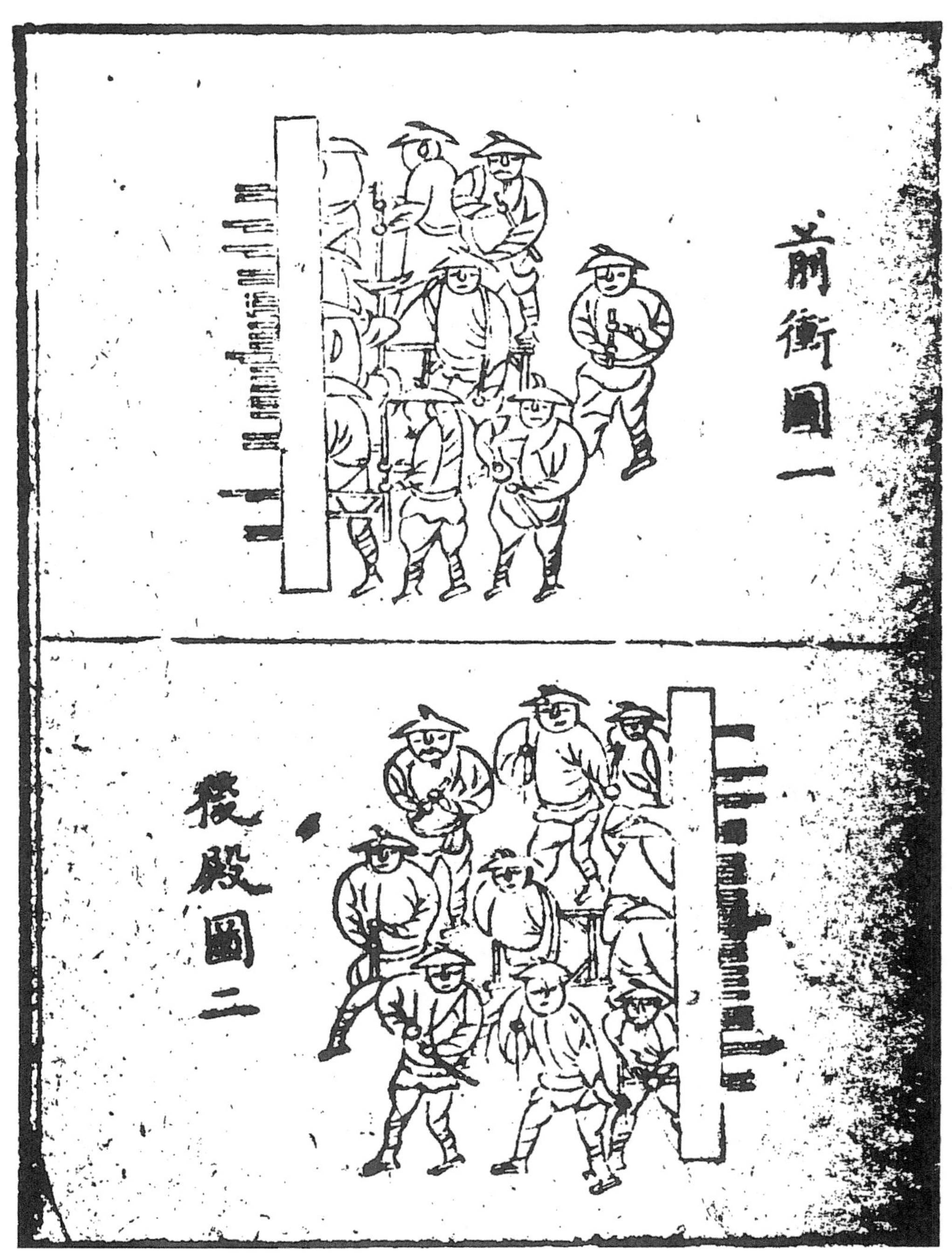

图 162　防护屏图，后藏有准备发射滑膛枪或身配刀剑准备冲杀的士兵。采自《车铳图》，第七页。

422

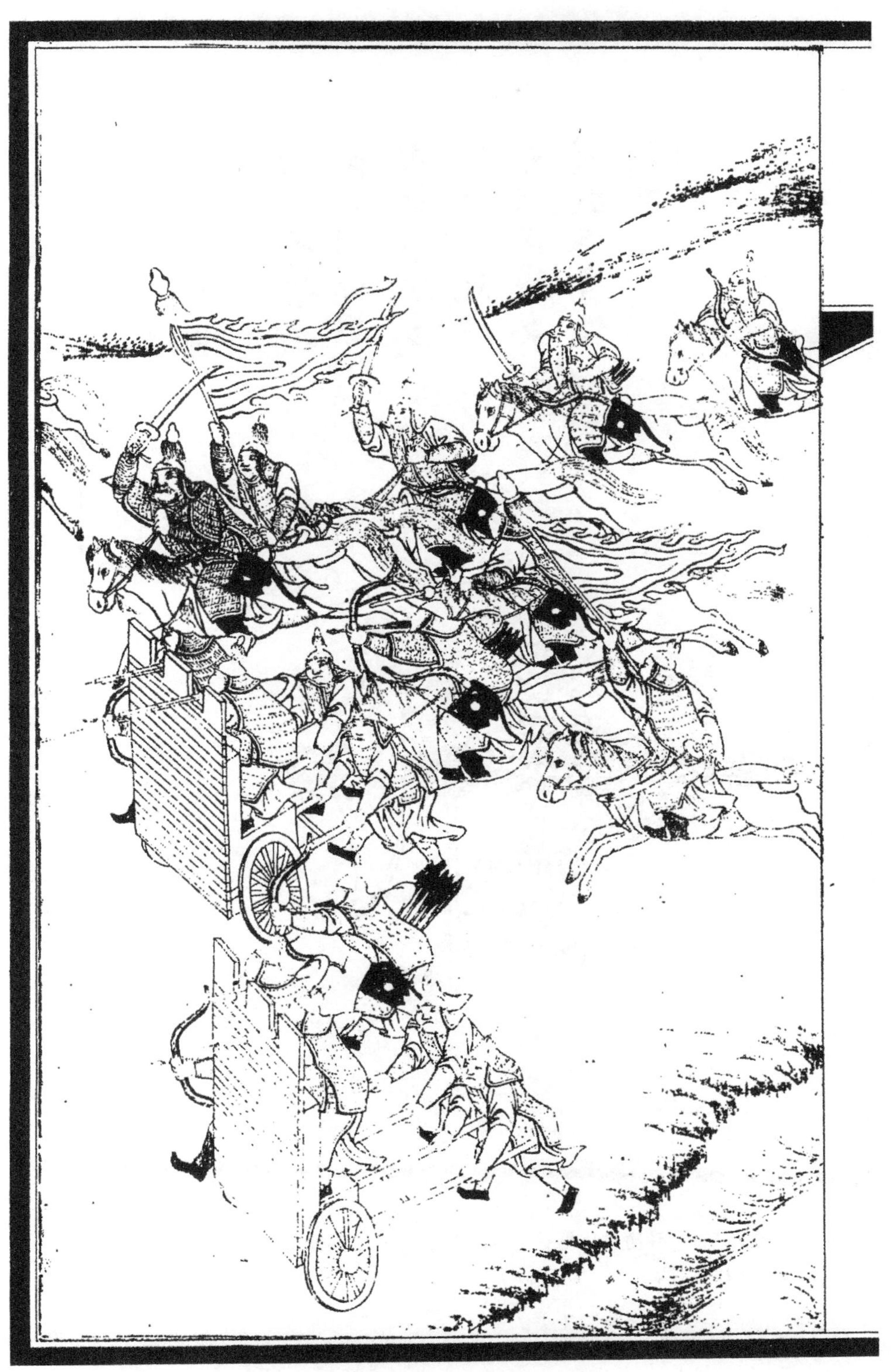

图 163　满清军队使用的、有枪眼的活动防护板，图中清军（铳手和箭手）正击败董仲贵统率的明朝军队，约 1620 年。采自《太祖实录图》（第八幅）。

423

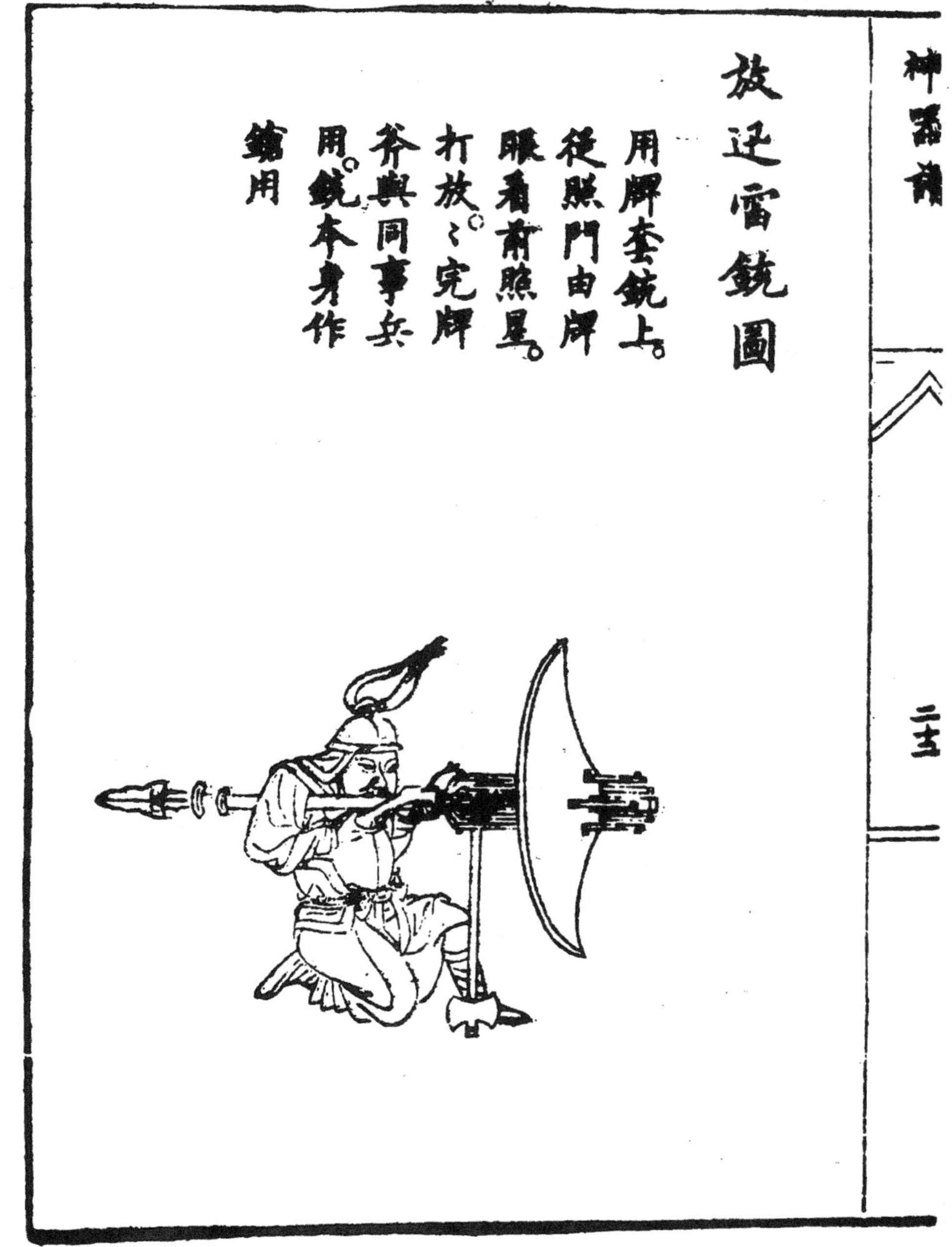

图 164 “迅雷铳”，一种防护牌保护的明军炮手发射的五管铳。采自《神器谱》，第二十二页（1598 年）。

迅雷銃全形

前盤　後盤　機匣

筒五門各長二尺許總重十餘斤筒上俱有照門照星中著一木桿總用一機置之匣內輪流運轉以一斧柄末著丫叉倒插地上架定打放放完敵近去牌倒持五銃護手直進當短鎗戳

作半孔不用合口以便照門中看前照星

銃根總附於此盤

機如魯密銃匣用半木半銅二銅箍汗在銅片上以便旋轉

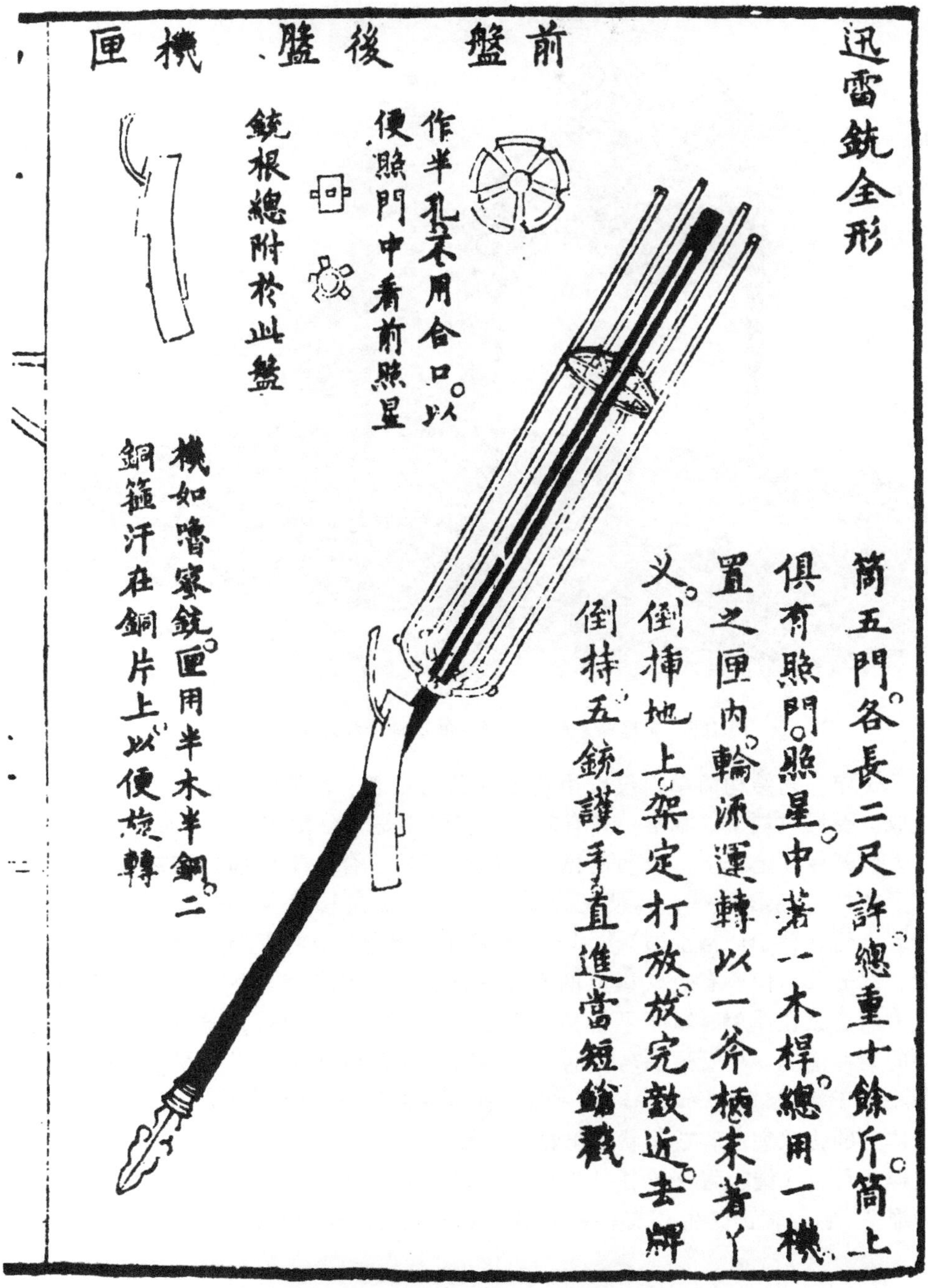

图 165　同类武器详解图，同样采自《神器谱》，铳管中间套一旋转托盘，以便蛇形杆能轮流发射。

图 166　布里斯班的维多制造的这种枪和防护罩模型。

的最后几十年。它结构简单，仅仅由前装弹药的枪管、使用缓燃引信的火门以及木柄枪座组成。要同时端平、瞄准，并有效地点燃引信是十分困难的。所以大约从 1400 年以来，人们开始在枪托上（此时的枪托形状已开始适合贴于肩部）安装了一个 Z 字形或 S 字形的杆（蛇形杆）[①]，以便把点着的引信（装在其嘴内）引近火门（或称为药
426 槽；内装火药，置于药槽上边）[②]。1411 年起才有最早的文字记载。所有的技术术语含义不清，部分因为像所有近代以前的术语一样，在当时所代表的概念不很确切，部分因近代火器史家在使用时赋予了新义。“火绳钩枪”（arquebus）这一名称，即属于这里所讲的某种情况。尽管这一名称的产生，以及其各种别名（诸如 hackbut，hargabush 等）都来源于德文“*Hakenbüchse*”一词，意思是带有点火时使其稳固地支撑在雉堞或其他物体上的钩状突出物或耳状突出物的手铳[③]。

427 这样，尽管火绳被置于枪托并能随意移动以点燃火药，但这还不属于真正引发枪机的火绳[④]。它的真正诞生还有待锁匠的潜心钻研[⑤]，直到大约 1475 年以后才有了成

① 见 Blackmore (1)，p. 9；Reid (1)，pp. 58—59。这是所有扳机的起源。

② 因此有了习惯的表达“昙花一现”（a flash in the pan）——仅此而已。

③ 这说明它与某些 17 世纪的词源学家原来设想的拉丁词 arcus（弓）或 arcuballista（弩砲）无关。

④ 见 Blackmore (1)，pp. 10ff. (4)，pp. 12ff.；Reid (1)，pp. 60—61，122，134—135；Pollard (1)，pp. 6ff.。

⑤ 关于锁匠的工艺见本书第四卷第二分册，pp. 263ff.，霍尔［Hall (5)，p. 354］很强调从枪机到门机和保险箱机与它们的框板、弹簧、扣机杆和固定钉之间的密切关系。人们更想知道在那个时候滑膛枪手与锁匠之间的社会关系。

果。这一时期枪上的闷燃火绳被称之为“撞机”① 的弧形杆上的夹子夹住，这种撞机（根据设计可朝前或向后移动）通过一些以不同方式动作的擒纵装置，包括弹簧、扣机杆②、倒钩、凹槽、把手等与制动装置与扳机相连。到了大约 1575 年，通常加装了扳机护环。早期形式的枪通过弹簧将撞机压向引火药，所以称之为弹簧火绳枪。后期较安全的形式或称扳机火绳枪，装有弹簧，在扣动扳机、移动勾扣前把撞机往后拉。16 世纪的火绳滑膛枪很重，重量达 20 磅。这种枪必须从枪托上发射，也就是在其上端附有一 Y 字形铁叉的木杆。 428

图 167a 16 世纪类似构思的模型；用钢镶边并在其中部套有火绳手枪的木制防护罩，据说曾是亨利八世贴身卫士佩带的武器，约 1530—1540 年，伦敦塔军械库摄。

① 从此以后，人们用成语“半拉撞机”（going off at half-cock）比喻有气无力的行为。

② 扳机（sear 或 sere）暗指枪栓，来自古代法语 serre，serrer（“扳紧”）。

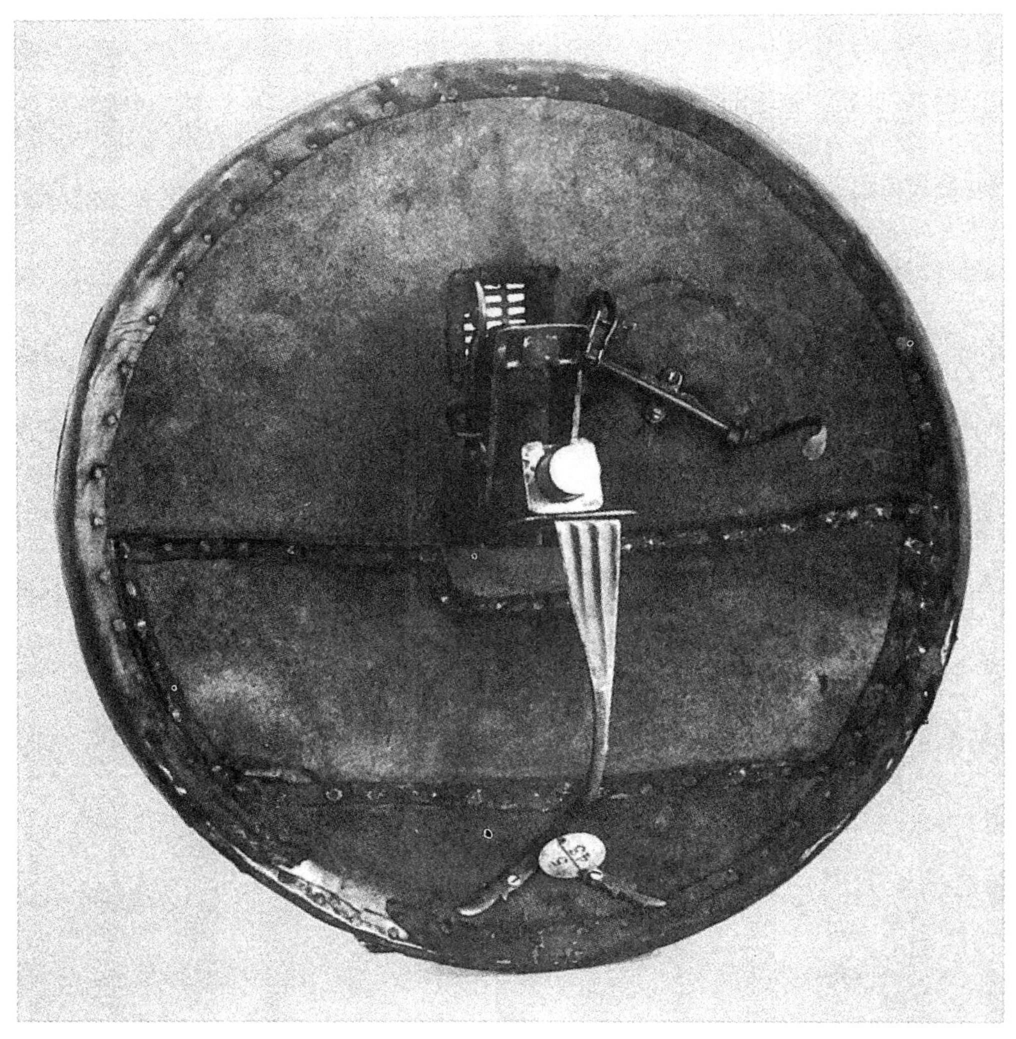

图 167b　手枪防护罩背部图形（伦敦塔军械库摄）。参见 Reid (1), p. 107; Blackmore (4) p. 14。

正如我们将看到的那样，这种火绳枪系统延续了很长时间，然而它远不能令人满意，因为在潮湿的天气里使火绳（通常就是含硝石的大麻绳）缓燃是有困难的。每次从火石或钢轮敲击出火花，所以不再使用缓燃火绳。以后几乎又出现了两种滑膛枪系统，几乎是在同一时代，但并非同时。一种是 1530 年以后出现的钢轮起动枪[①]，一种是大约 1550 年以后问世的火石起动枪。钢轮起动枪[②]内装有一 V 形弹簧，通过铁链与轮轴相连。轮子放松时，就像现代打火机中的小轮那样转动，并敲击撞机夹内一块黄

① 传说在 1517 年，但这可能是达·芬奇所描绘的火石与钢轮枪栓，就像约 1500 年的取火器。当然这种思想的传播需要时间。见 Blair (1)。

② 见 Blackmore (1), pp. 19ff., (4) pp. 29ff.; Reid (1), pp. 92ff.; Pollard (1), pp. 19ff.。

铁矿片以产生火花[①]。由于有很大危险，往往在把机械上紧时，人们可能遗失了栓钉，不久又发明了一种大小齿轮装置，从而制造出能自动盛药的轮发枪[②]。但这种体系的轮发枪造价昂贵，有时包括多达50个独立部件。

至于火石起动的滑膛枪[③]，不用转轮，而在撞机螺丝夹中放一火石，向下滑落敲击钢片，从而通过溅出的火星引燃药室里的火药[④]。至此我们可毫不犹豫地使用"滑膛枪"（musket）这一名称[⑤]，因为该名称从1550年左右首次被使用，而且一直持续到19世纪[⑥]。被敲击的钢片（又称钢锤、击头）可以和药室盖连成一块，在下落时，可被撞机撞在一边，或与药室盖分开。虽然早年这一名称适用于上述两种体系的滑膛枪，但 429
这后一种形式现在又称速击滑膛枪[⑦]。这种组合像转轮枪那样，对于防雨防雾十分有效，而且火石击发枪是一种很好的步兵武器，所以到了1725年左右就完全取代了火绳枪。同样转轮装置对于骑兵用的手枪和卡宾枪有其局限性，这一点在17世纪中叶英国国内战争中得到了证实[⑧]。

当然，我们所讨论的所有火器都是前装式的，而把后膛装原理应用于手提式火器却姗姗来迟[⑨]。的确，达·芬奇在《大手稿》（*Codex Atlanticus*）中曾有过一种带螺纹枪膛的火绳枪的草图，但这一设想不十分切合实际，而最早的后膛装枪是大约1650年的转轮枪。这种枪枪管可卸下，因此得名"拆卸式"滑膛枪。就我们所知，只有在中国才有类似佛郎机长炮的药室应用于便携式枪（p. 380及图143、144）。这一切都说明火绳枪，甚至上述两种产生火花的火绳枪使用起来非常耗时，每打一枪，视枪手的不同熟练程度大约需5—15分钟[⑩]。当然如有大量枪支，可弥补这一缺陷，如1575年日本的长篠战役中就动用了一万支这种枪械[⑪]。

(ii) 中国和日本的滑膛枪

大炮与手持轻型火器经历了同样的演变过程。西方世界改进的火器通过多种途径

---

① 用螺旋拧紧撞机夹，有趣的是因为它是火器中螺旋原理的第二次应用。第一次应用是以螺旋拧紧后膛（p. 436）。第三次应用似乎出现在中国（参见上文p. 410）。

② 大小齿轮装置再度出现的来龙去脉是很复杂的（下文p. 446）。

③ 见Blackmore (1), pp. 28ff., (4) pp. 61ff.; Reid (1), pp. 116—117, 125ff., 128, 141—142, 146, 148; Pollard (1), pp. 32ff.。

④ 正如布莱克莫尔［Blackmore (4), p. 61］所指出的，法语中枪的总称，fusil，来自意大利语focile，意为从火石中击出火花的钢片，与拉丁文focus相似。

⑤ 滑膛枪（musket）一词源于意大利文moschetto（雀鹰），与蚊子（mosquito）有关的词汇，来自拉丁文musca（苍蝇）。

⑥ 在拿破仑时代如1810年仍在制造滑膛枪［Reid (1), pp. 168—169］，但扳机弹簧的应用则更晚（同上，p. 185）。

⑦ 速击（snaphance）源自荷兰语snaphaan，德语Schnapphahn，意为啄米母鸡的活动，很像撞机的动作。

⑧ 后来很多精心制作的火击石发机都是单击扳机或微火扳机，一触即发的，其装置可推动它向前运动，因而一个非常轻微的力量就可使扣机杆和弹簧运动以推动撞机并点火。这种类型的手枪在1804年两位美国政治家阿伦·伯尔（Aaron Burr）和亚历山大·汉密尔顿（Alexander Hamilton）之间的著名的决斗中得到了应用，对当时发生情况的解释见Lindsay, 2。

⑨ 见Blackmore (1), pp. 58ff. (4), pp. 147ff.。

⑩ Nef (1), p. 32。

⑪ 参见Perrin (1), pp. 19, 98; Turnbull (1), pp. 156ff.。

传入中国文化区域。人们通常认为中国军队拥有的葡萄牙造火绳滑膛枪，是大约1548年从袭击他们沿海一带的倭寇手中获得的，对此戚继光有明确的叙述[1]。16世纪整个40年代和50年代，日本海盗的骚扰越演越烈；1546年及1552年浙江省多处遭到劫掠。1555年苏州、南京遭到围攻，1562年福建境内战端频繁[2]。显然，我们需要弄清的是日本人自己又是如何获得这些滑膛枪的。

1543年两位葡萄牙冒险家乘船在日本本土最南端的种子岛搁浅[3]，这一事件似乎已
430 为历史所证实。我们可以辨认出其中一人名字为喜利志多佗孟大，原名为克里斯托弗·达莫塔（Christopher da Mota）[4]；另一人只发现其日本名字为牟良叔舍[5]。他们对携带的火绳枪作了讲解，并展示其用途[6]，令岛上的首领时尧十分入迷，主要通过他的努力，没过几年日本匠人已能自己制造这种火绳枪[7]。开初，这种枪以岛名命名，但不久“铁砲”一词便广为流传。这一资料我们部分得自当时的原始资料《铁砲记》[8]，由名叫南浦文之的一位僧人于1606年所写，但至1649年才刊行[9]。更确切地说，在此一百年前即1549年，统一日本的大人物织田信长就曾为其军队订购过500支火绳滑膛枪[10]，而且在1560年丸根围攻战期间，一位日本将军就是丧生于一颗火绳枪子弹[11]。至此，这一武器在日本牢固地确立了其地位[12]。

这两位葡萄牙人在日本赢得了某种不朽的名声，但不能认为他们带来的是日本首先出现的枪。有证据表明，在15世纪就有少量手铳从中国运抵日本[13]，而且据载在1510年一位刚从中国归来的佛教信徒，曾把“铁砲”赠送给一位封建领主[14]，这是确有其事的。这时手铳远比铸铁炸弹更有效。有趣的是这位领主为北條氏纲，他既是勇

① 《练兵实纪·杂集》卷五，第二十二页（第二三九页）。这是1568年。参见 Huang Jen-Yü（5），pp. 165，250。郎瑛在《七修类稿》卷四十五（第六六二页）也做了同样的陈述，可能更早一些，也许是1558年。

② Cordier（1），vol. 4，pp. 60—61。

③ 最好的论述是有马（*1*），第615页起，参见 Boxer（7），pp. 26—28；Perrin（1），p. x.，最早的葡萄牙译作，1614年秉托（Fernão Mendes Pinto）的作品被认为有虚构的内容。

④ 或者可能是基督教徒，因为他的主要教名似乎是安东尼奥（Antonio）。

⑤ 在长崎的出岛博物馆发现了三个名字：安东尼奥·达莫塔（Antonio da Mota），弗朗西斯科·泽莫托（Francisco Zeimoto）和安东尼奥·佩肖托（Antonio Peixoto）。

⑥ 在中国译员的帮助下，我们仅知道其名是五峰。

⑦ 这些人中的第一个可能是八板金兵卫清定，是时尧手下的铁匠。

⑧ 译文见 Kikuoka Tadashi（1）。参见洞富雄（2）的著作。

⑨ 见 Louis-Frédéric（1），pp. 172—173；Boxer（7），前引；有马（*1*），第617页。这本书关于滑膛枪的大段的说明由有马重印，前引，图273，第635页。

⑩ 人们将记得在日本战国时代（1490—1600年）封建藩国之间似乎是没完没了的战争之后，织田信长（1534—1582年）和丰臣秀吉（1536—1598年）统一了国家。关于他们的记述见 Dening（1）。德川家康（1542—1616年）继承了这一统一成果并从1603年奠定了德川幕府；关于他的论述见 Sadler（1）。不难想像，洞富雄（*1*）认为滑膛枪的使用为这次统一奠定了基础。

⑪ Sadler（1），p. 53。

⑫ 我们将（p. 467）进一步说明日本的滑膛枪时代。Sugimoto & Swain（1），pp. 170ff. 中有其主要内容。又见奥村正二（*1*）。

⑬ 见中村贤海（*1*，*2*，*3*）的研究。

⑭ 这一史实来自《北條五代记》，收入《史籍集览》第5卷，第26章，第58—60页。参见 D. M. Brown（1），pp. 236—237。

猛武士和将军，也是其广阔领土上和平的倡导者和缔造者[①]。

可是如何能确定中国人的滑膛枪来源于日本呢？关于1548年的事件资料不少，对 431
此十分了解的郑若曾，在十二年后写道，这些滑膛枪主要来自“西番”而非“倭夷”[②]。1548年的闽浙总督朱纨（1494—1550年），麾下有青年骁将卢镗（1520—约1570年）。卢一度在定海辖下的双屿港袭击海盗巢穴，并一举攻克，俘获甚众，其中包括使用滑膛枪的十一名葡萄牙人[③]。他们均为商人，但只要可能，也作少量军火走私。朱纨便命义勇军将领马宪搜罗工匠仿造这种枪支，命义勇军将领李槐率人制造弹药，马、李二人任务完成得十分出色，新造武器甚至超过了洋枪。然而另有记载说，同年日本派来了官方使臣，或为由佛教法师策彦周良（1501—1579年）率领的纳贡使[④]，朱纨盛宴款待他们。所以，尽管我们对郑若曾所说是否确有其事表示怀疑，但中国人的滑膛枪来源于日本之说，仍难考证。

我们还发现，郑若曾的另一段文字，应该得到更多重视[⑤]，1566年，他在《江南经略》一书中写到：[⑥]

> 我太祖皇帝（朱元璋），由于出色的军事才能统治了全中国[⑦]。拥有从古至今现存的各种武器，并把它们保存于军械库中。每年，当神机营进行军事演习时，（参展武器的）名称和形状观看者很不熟悉。然而它们仅是军械库所存武器中的几百种。今人都认为佛郎机[⑧]和鸟嘴铳都是从外国船舶上传过来的（即从葡萄牙的探险者和倭寇传来）。但我有一次听说，参将戚继光说过去他在山东领兵驻防时，他挖掘地窖并发现了佛郎机。枪筒上刻着制作和保存（在军械库）的年月是成祖（永乐皇帝1403—1424年）时期。他又在军械库中发现了鸟嘴铳。因而（这些）武器在倭寇之前中国已有了。
>
> 〈我太祖以神武定天下，尽古今火攻之具，靡所不有，藏之武库。每岁神机营军演习，奇名异状人多不识其用，不啻数百种而已也。今人胥言佛郎机鸟嘴铳传自西番船；闻之参将戚继光云，昔署卫印时尝发山东地窑佛郎机，乃成祖所蓄，年月铸文可稽，又于卫库中见鸟嘴铳，皆倭变未作中国所固有者。〉

这是一位大地理学家和著名将军谈话的珍贵史料。因此我们没有理由怀疑戚继光 432
在山东发现过破旧抛弃不用的大炮这一事实；而且从表Ⅰ我们得知，事实上存在着从永乐年代至今铭刻着不同年代的大量火炮。但郑若曾把这种炮当作后膛装，肯定是错的。另一方面，尽管永乐年间几乎不大可能存在火绳滑膛枪，但这里已经有一种迹象，说明事实上早在与日本人、葡萄牙人接触前，中国人已知道这种武器了，这一点下面

---

① Papinot (1), p. 169；1487—1541年。

② 《筹海图编》卷十三，第三十九页。

③ 多明我会会士达克鲁斯（Gaspar da Cruz）记述了关于这次事件的更多的内容，英译文见 Boxer (1), pp. 194ff.，但却没提及滑膛枪。似乎他对法律和政治比军事更有兴趣。

④ 使团规模庞大，有四艘船，400多人。

⑤ 王玲［Wang Ling (1), p. 175］记述了这件事，但没有参考文献。

⑥ 《江南经略》卷八，第三页，由作者译成英文。

⑦ 参见上文 p. 30。

⑧ 参见上文 p. 369。

很快就将谈到。

从滑膛枪首次进入中国南方以后，就被称为“鸟枪”（鸟铳）或“鸟嘴枪”（鸟嘴铳）。有时，“铳”指的是短管枪，而长管的则称之为“枪”[1]。人们常认为鸟嘴这一名称来自夹持火绳的撞机的类似鸟啄食的动作，与西方使用的技术术语“速击”的含义相同（参见上文 p. 428）[2]。但根据权威的说法，认为用鸟来命名是因为滑膛枪常用作猎鸟[3]。还有一种说法认为在中国这种枪的枪托通常较短，类似于鸟嘴（参见图 168），其形状恰似鸟嘴——但撞机之说可能较为正确。

这种枪最早的插图及描述出现于两本书，同刊于 1562 年，即郑若曾的《筹海图编》[4] 及戚继光的《纪效新书》[5]。图 168 录自前书，展示了枪的全貌，而图 169 为鸟嘴枪枪机。枪柄称为“木架”，弹簧及扳机称为“鬼撑”[6]，而前落撞机是一带弹簧的“龙头”[7]，该弹簧在摆脱撞机扣机杆（“勾”）[8] 后，作用于另一端（“龙尾”）。图 170
437 和 171 提供了进一步的细节。触发眼称“火门”；防护栅或防护盖[9]称“火门盖”，而推弹杆为“插捌杖”[10]。最奇怪的特点在螺旋，或称“螺丝转”，用来堵塞尾膛（“后门”）[11]。其图形接近于百科全书《三才图会》（1609 年）中的插图，此书我们在前面已提及[12]，但该图形比《三才图会》在年代上几乎早半个世纪。这很重要，因为螺旋是一种不符合中国文化的罕见的机械装置之一[13]，其外形表明滑膛枪精心仿造的过程。在火石击发枪中螺旋还有其他用途[14]。但东亚火石击发枪问题必须过几页之后再谈[15]。

---

① 参见宋应星《天工开物》的描述，下文 p. 438。

② 戴维斯和魏鲁男［Davis & Ware (1), p. 536］的说法是正确的。梅辉立［Mayers (6), p. 93］认为“鸟嘴”是指大口径短枪的发射口。

③ 见戚继光《练兵实录·杂集》卷五，第二十二页和茅元仪《武备志》卷一二四，第六页。

④ 《筹海图编》卷十三，第三十六页起。《武备志》卷一二四，第二页起也有类似的图。正文引自戚文（第三十五页），因为后者比前者的写作时代早两年。

⑤ 《纪效新书》卷十五，第九页起，有更为详细的论述。

⑥ 这一名称的应用来自于理学，将所有形式的收缩称为“鬼撑”（古时的“魔鬼”）（参见本书第二卷，p. 490）。将所有形式的趋散称为“神”（古时的“神灵”）。

⑦ 这是后来汉语中用以说明出水龙头的术语。人们可能认为“鸟嘴”比“龙头”更合适。

⑧ 从图 169 和 170 来看，这些枪机更像是所谓的弹锁火绳枪。这里的扳机与撞机离得很远，并且拉回原来与其头部（或尾部）相连的水平扣机杆。虽然描绘者没有十分清晰地画出整个器械的内容，但从两图的说明中可以看出 U 型弹簧的长臂可以使枪机向下运动。

⑨ 参见 Blackmore (1), pp. 30, 32。

⑩ 枪筒上的双照门是前星和后星。

⑪ 见《纪效新书》卷十五，第十一页，在《武备志》，卷一二四，第二页中有更清楚的描述。参见 Blackmore (1) p. 9。奇怪的是，因为日本炮匠一直回避用螺杆（Blackmore, p. 17）；这或许成为直接从葡萄牙获得的一个理由。更奇怪的是，螺旋线显示的是左旋，而人们一般旋转时是向右旋（就像我们通常应用的那样），并非左旋。

⑫ 本书第四卷第二分册，图 416。

⑬ 切面螺旋体结构早有所知，并得到了大量的应用。参见本书第四卷第二分册，pp. 119ff.。

⑭ 除后膛用螺旋塞外，还用螺旋把管尾固定在枪杆上，还用螺旋作夹子使火石固定在撞机嘴内。参见 Blackmore (1), pp. 17, 43; (4), p. 23。

⑮ 见下文 p. 465。

433

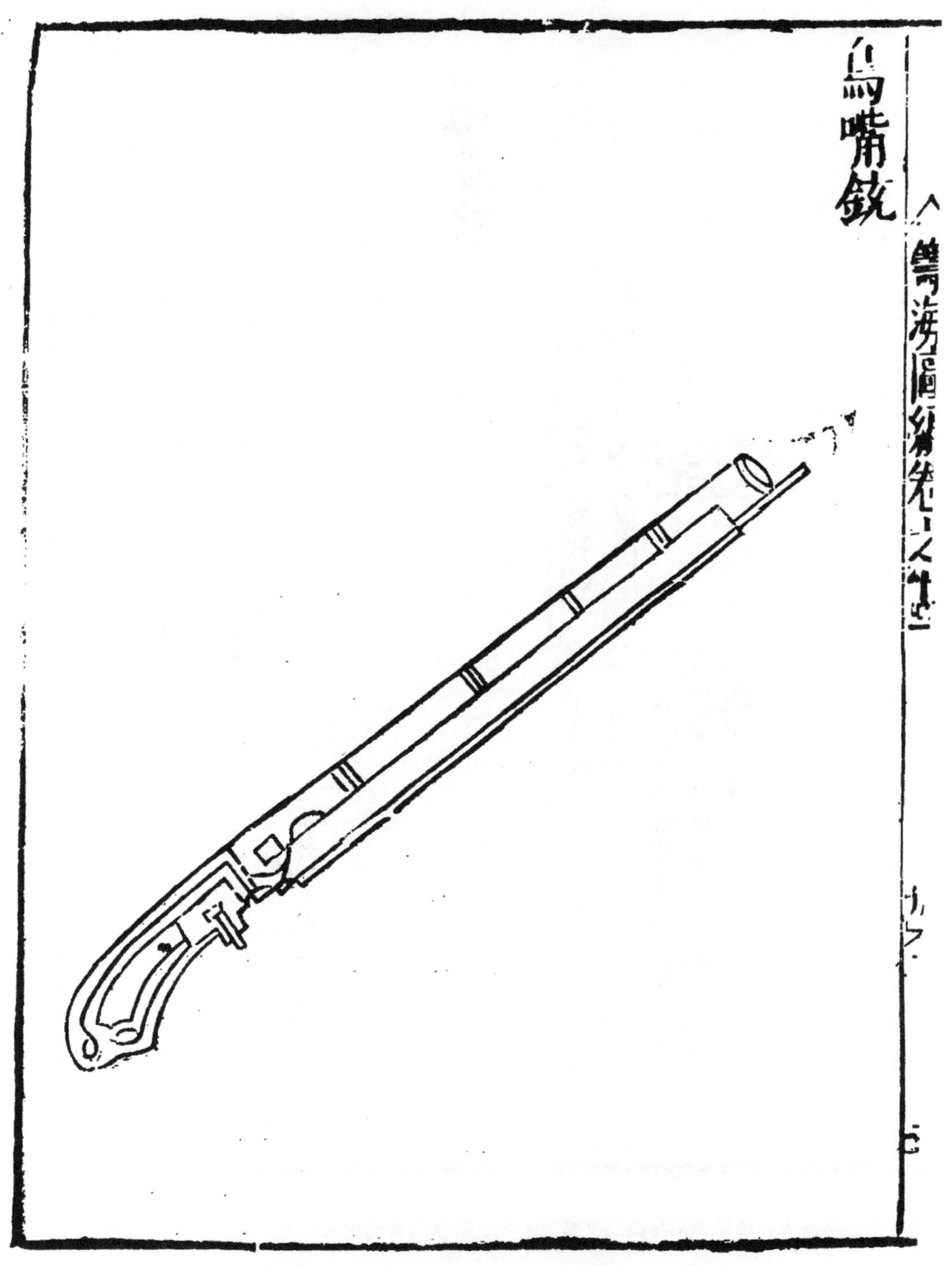

图 168 “鸟嘴铳”，1562 年的一幅插图，采自《筹海图编》卷十三，第三十六页。

434

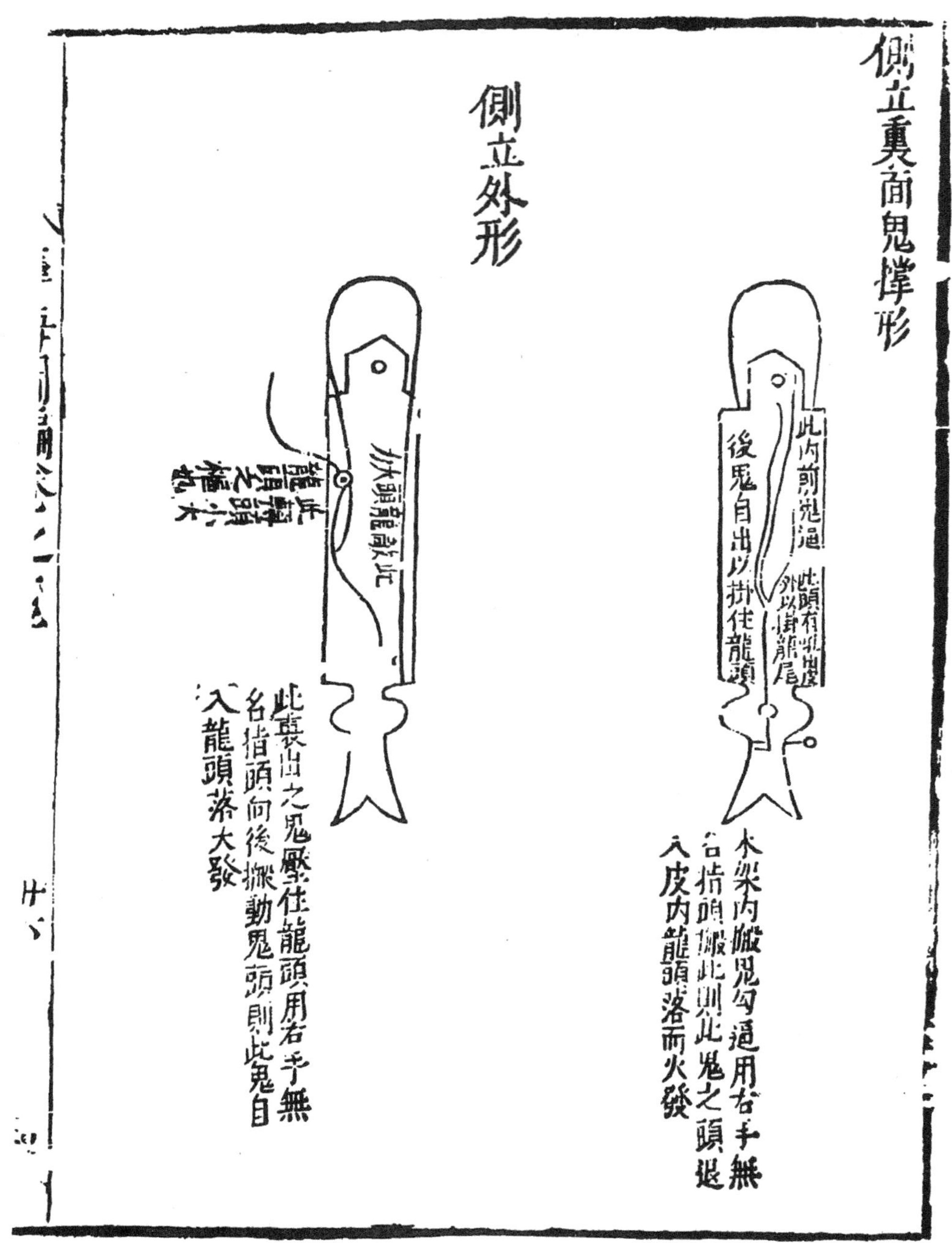

图 169 鸟嘴火绳滑膛枪的枪机及其弹簧系统，采自《筹海图编》卷十三，第三十六页。

435

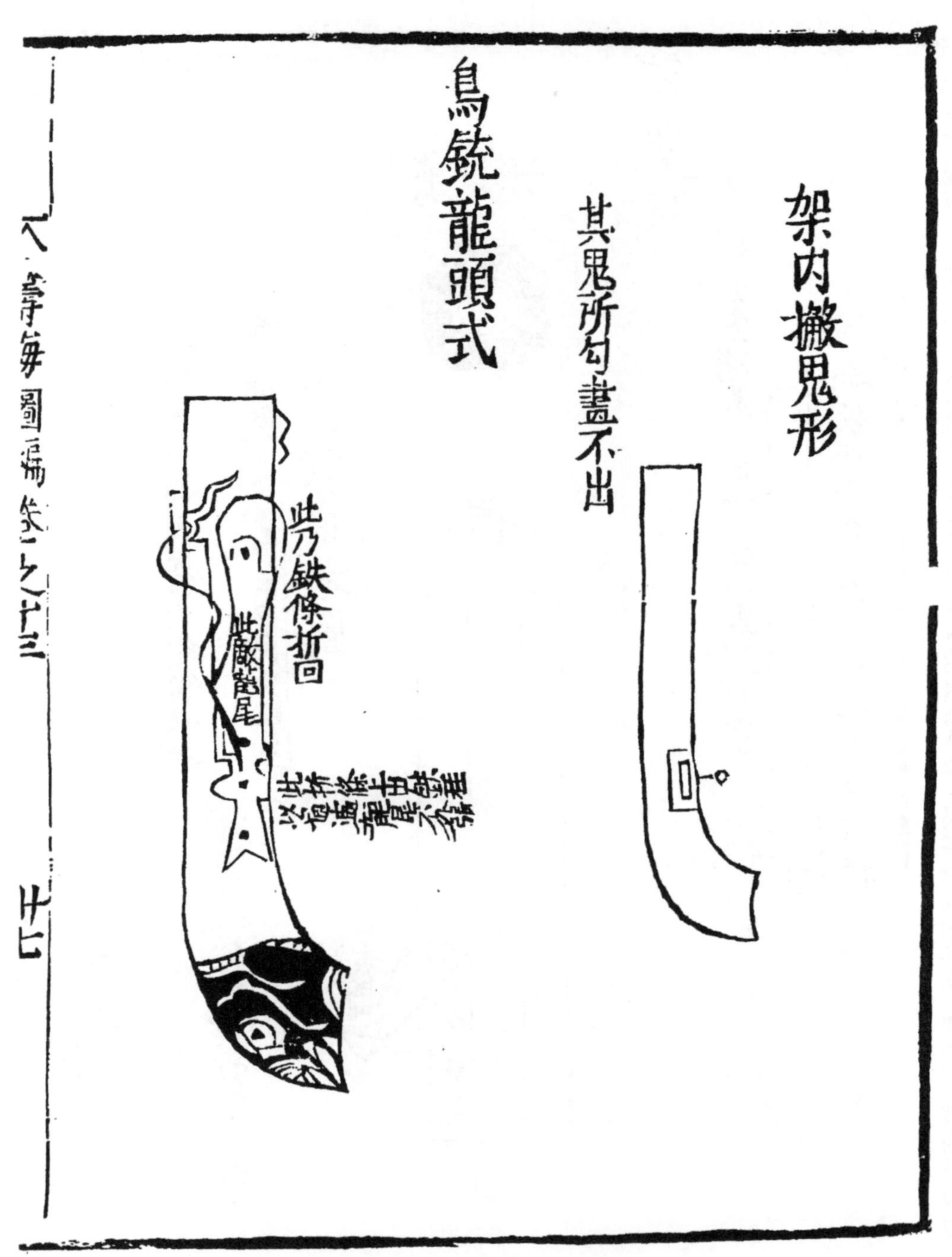

图 170　鸟嘴火绳滑膛枪枪机的另一幅图。采自《筹海图编》卷十三，第三十七页。说明见正文。

436

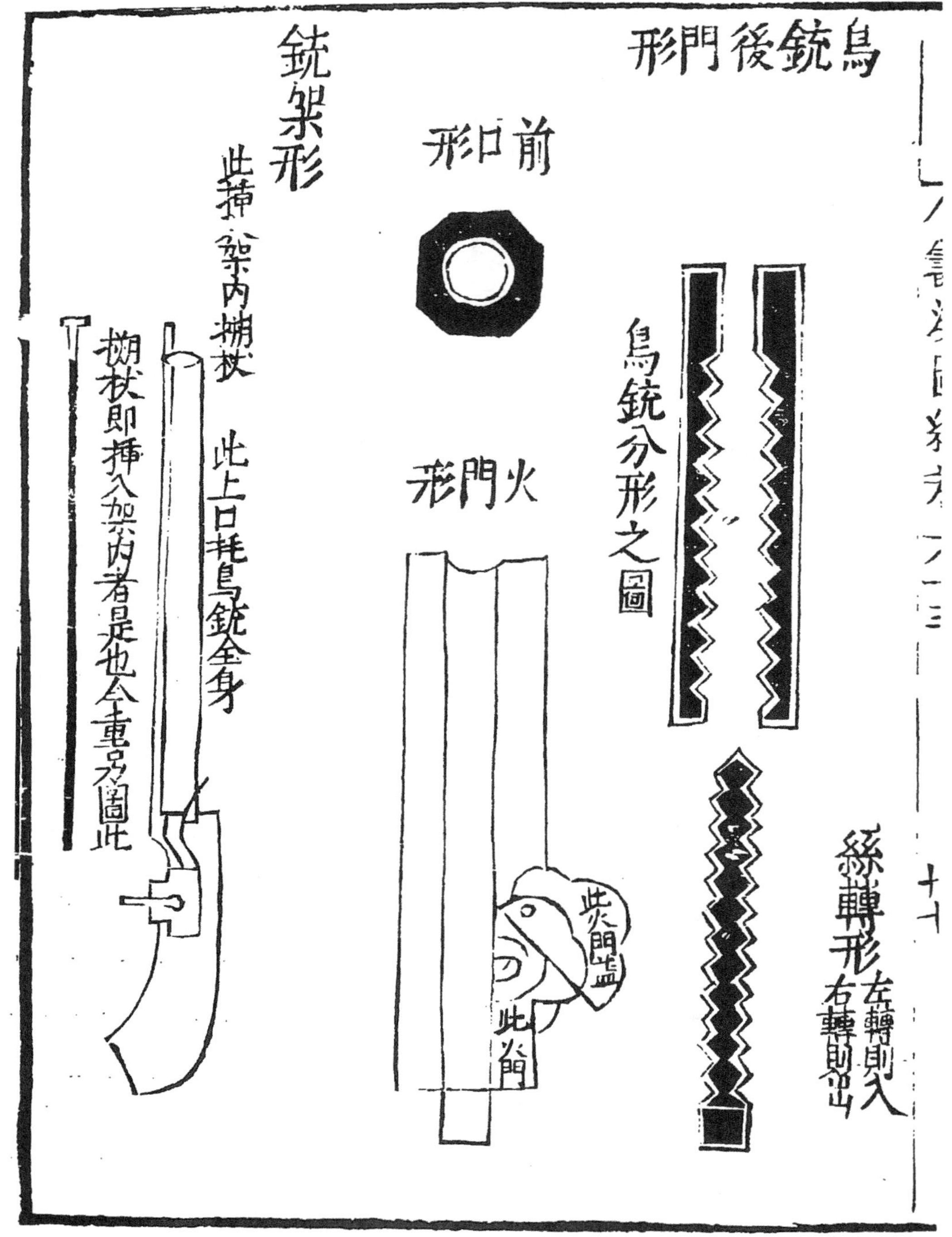

图 171 鸟嘴火绳滑膛枪后膛螺丝杆，采自《筹海图编》卷十三，第三十七页。在本书第四卷第二分册图 416 (p. 121) 里，我们从 1609 年出版的《三才图会》百科全书中选出类似图，称其为第一幅有阳、阴螺旋的连续旋转的中国插图，但是《筹海图编》比此正好早 40 多年。此事具有一定的重要意义，因为虽然正切面螺旋体结构在古代和中世纪的中国就已知晓并得到应用，此类丝转却是不属中国社会所固有的极少数机械装置之一。

旧式的中国火绳滑膛枪在西方藏品中极罕见，但我们可以从英国梅德斯通博物馆（Maidstone Museum）见到一支（图 172a、b）。

1637 年宋应星以外行人的角度提供了一份颇有见地的关于火绳滑膛枪及其制造的说明。他说[①]：

> 鸟铳[②]约三尺长，铁管盛火药，嵌入一木制的把手以便手握。在制作鸟铳管时，用一个像筷子一样粗的铁杆做为冷芯，三条极红热之铁围绕冷心进行锻打并沿纵向焊接在一起。[③] 然后枪筒内壁用像筷子一样粗的四棱铁在筒中旋转，使内壁极为光滑，这样在发射时阻力被减小。膛后部比口部大[④]，所以能够盛装火药。
>
> 每支鸟铳约载火药[⑤]一钱二分，铅弹或铁弹二钱，不用引信来点燃火药。［引者注：华南有时例外。］[⑥] 但孔口通内处填满火药，用苧麻代替缓燃引信。铳手左手持枪，对准敌人，用右手拉动发铁机，使得苧麻向上移动到火药处，铳即开火。 438
>
> 麻雀或其他鸟类在 30 步内撞到子弹，则变成碎片；在 50 步以外，则被杀死但能保持原形，100 步以外[⑦]，鸟铳的杀伤力几乎消失了。
>
> 长鸟枪的射程要远一些，约 200 步。其制作结构与短鸟铳相似，但枪筒却长得多，它需要鸟铳两倍的火药。
>
> 〈鸟铳，凡鸟铳长约三尺，铁管载药，嵌盛木棍之中，以便手握。凡锤鸟铳，先以铁梃一条，大如箸者为冷骨，果红铁锤成。先为三接，接口炽红，竭力撞合。合后以四棱钢锥如箸大者，透转其中，使极光净，则发药无阻滞。其本近身处，管亦大于末，所以容受火药。每铳约载配硝一钱二分，铅铁弹子二钱。发药不用信引，（岭南制度有用引者），孔口通内处露消分厘，捎熟苧麻点火左手握枪铳对敌，右手发铁机逼苧火于消上，则一发而，去鸟雀遇于三十步内者，羽肉皆粉碎。五十步外，方有完形。若百步，则铳力竭矣。鸟枪行远过二百步，制方仿佛鸟铳，而身长，药多亦皆倍此也。〉

有人会说，戚继光将军的论述更为内行[⑧]。戚继光阐述说，制造滑膛枪枪管唯一正确的方法是把两块锻铁打在一起，才能造很小的枪管。然后必须用钢锥钻孔，操作时 440
既要慢，又要仔细，因而每天只能钻大约一寸，到孔完全钻好，需用一月之久。不幸的是，监造官员对工匠们（大概是计件工资）管得太松，让他们用薄铁板卷成管造枪。结果造成的枪筒，其孔皆不均匀平滑，只能装填一颗或数颗重 3 钱到 4 钱的铅弹。各

① 《天工开物》第十五章，第八页，由作者译成英文。借助于 Sun & Sun（1），pp. 272，276 及 Li Chhiao-Phing（2），pp. 394—395。

② 我们既不能接受任以都及孙守全［Sun & Sun（1），pp. 272，276］所用的"鸟手枪"（bird-pistol）的术语，也不能接受李乔苹［Li Chhiao-Phing（2），pp. 394—395］所用的"猎鸟枪或运动枪"（bowling-piece or sporting-gun）的术语。因原文清楚提到敌军士兵；详细的情况可见图 173。

③ 任以都和孙守全将此译为三段管子口对口地焊接在一起的，这种说法并不正确。

④ 人们想知道宋应星是否说管膛尾部要作得更厚，就像是早期瓶状炮那样（参见上文 p. 287），以加强药室。

⑤ 实际上，此处原字为"消"，即硝石，但宋应星可能根据"优美文体的原理"，避免过多使用"火药"两字。

⑥ 人们猜想这是否意味着当时南方用过蛇形发火机，甚至不用引线，而不是发展了的火绳枪。

⑦ 即 500 呎，确切地说是 200 码以内。

⑧ 见《武备志》卷一二四，第六页（1621 年）。戚继光关于滑膛枪的论述见《纪效新书》卷一五，第九页至第十一页（1560 年）和《练兵实纪·杂集》卷五，第二十一页至第二十三页（1568 年）。

种可怕的后果都可能由孔的这种不均匀平滑而发生，发射时枪筒甚至可能爆炸。此外，官员下发的子弹规格不一，有的太大，大得甚至能隔化而堵塞枪孔；有的又太小，导致炸药的推进力因子弹小而减弱，大大地缩短了射程；有些子弹小到向枪筒里装填弹药后又从枪口掉下来的程度。总之，戚继光对当时军械局的工作极为不满①。

图 172a　一支现珍藏于梅德斯通博物馆的中国鸟嘴火绳枪枪筒图（伦敦塔军械库摄）。题词内容是："发机如弩，其刮胜箭。"

图 172b　梅德斯通博物馆藏枪枪筒后部、枪机（伦敦塔军械库摄）。从上至下三个圆形雕饰表明三个汉文组成的吉祥话。"福"，即有福或幸福；"禄"，高官厚禄；"寿"，长寿。但此处的顺序是福、寿、禄。第一个是字，第二字是由一鹤来象征，第三个字由一只鹿来代表，因为其名称的双关含义。

① 这是官僚政治经常发生的失败，正如我们记得上文（p. 173）这种情况已经在宋朝遇到过。

439

图 173　使用中的鸟嘴火绳滑膛枪，采自《天工开物》卷三（第十五章），第三十五页（明版）。逃跑的一方可能是苗族人。

随后发生了出乎预料的转折——传入中国的第一批滑膛枪可能既不是来自葡萄牙，也不是来自日本，那么会是来自土耳其吗？这种可能性出自赵士祯 1598 年编写的《神器谱》里的论述。这一始于 16 世纪的背景传说把我们的目光从中国东南转到了中国遥远的西北。新疆东部人民是讲类似土耳其语的维吾尔族人，多数是穆斯林教徒，因而很自然他们与远达西部的欧洲巴尔干各国，包括古代拜占庭，现在的伊斯坦布尔等伊斯兰教文化区域有着某种关系。1505 年明朝皇帝授予拜牙即（Bayaji）哈密酋长的头衔。但是拜牙即在 1513 年起来造反，与满速儿（Mansūr）即吐鲁番的苏丹联盟反对汉人统治[①]。1517 年他们攻占了沙州（敦煌），但是 1524 年后，他们被驱赶过戈壁滩。虽然汉人军队未能征服这两个城邦，然而签署了一项长期协议，哈密称臣于吐鲁番。而且根据协议，两者必须向明朝皇帝岁岁纳贡，这项协议一直延续到 16 世纪末[②]。同时，在此之后期间，尤其是在 1524、1526、1543、1544、1548（重要的一年，正如我们刚知道的一样）和 1554 年，许多土耳其使团来到（明朝）京城[③]。

441 赵士祯在《神器谱》中写到：[④]

> 万历二十四年（1596 年），游击将军陈寅[⑤]来到京城，给我看了西方人（葡萄牙人）的鸟铳。这比倭铳要稍长一些，但它的撞机在扣动扳机之后也会落下，在开火后会重新抬起。它用 1 钱火药（发射）8 钱重的铅弹。与（倭）铳相比，其武器轻便，射程比倭铳远 50 至 60 步[⑥]。
>
> 我记得我的祖父赵性鲁在大理寺当寺副的时候，倭寇初次进犯浙江沿海[⑦]，但是他们在那时并没有鸟铳；六、七年之后他们才有这种武器。一次我的祖父对我这样说："我听说先朝吐鲁番国吞并他的邻居哈密。中国派遣经略大臣[⑧]，征兵数万，分道支援哈密。但由于吐鲁番部队装备有从鲁迷（Rūm）[⑨] 得来的有效火器，我们的士兵不能援救（哈密），并被俘虏。现在鲁迷接近于西方海域（即欧洲）。是否这种武器从这里传播到西洋各国，后来又被那里的人民带回给日本人？"
>
> 三十多年来我一直记着（我祖父告诉我的这些话）[⑩]。去年我与两位朋友把臣和把仲二兄弟进行射箭比赛。那时我才知道他们的父亲把部力是鲁迷人，来到京城进贡狮子，皇帝没有把他们遣送回去，而是留在了（中原）[⑪]。我问他们关于鸟嘴铳的事情，（把）臣和（把）仲（两人）都说他们的养叔叔朵思麻曾是鲁迷管

---

① 实际上吐鲁番已经吞并了哈密，但两者的首领共同反对汉人。这就是写亦虎先遇到麻烦并被处死的来龙去脉（参见本书上文 p. 369）。中国法庭认为他是满速儿的间谍。

② 关于这些见 Cordier (1), vol. 4, pp. 48—50; Goodrich & Fang Chao-Ying (1), vol. 2, pp. 1037—1038。

③ 《明史》卷三三二，第二十九页、第三十页。他们都来自鲁迷（Rūm，新罗马），即伊斯坦布尔。汉学家似乎很少论及这些贡使。

④ 《神器谱》第八页、第九页；由作者译成英文。

⑤ 这并不是同名的著名官员陈寅，锦衣卫都督，因为他死于 1549 年。

⑥ 小于 100 码。

⑦ 这一定是在 1538 年。

⑧ 这可能是陈九峙。

⑨ 在《武备志》卷一二四，第九页起则称为"噜密"。

⑩ 这至少使我们回到了 1568 年。

⑪ 吐鲁番不断向朝廷进贡狮子，所以把家族更可能是新疆维吾尔人，而不是小亚细亚土耳其人。

理火器的官员，我去访问他便可知道。所以有一天我同（把）部力来到思麻家[①]。他很高兴给我看了一支从他家乡带来的鸟铳。我发现此铳比倭铳更简便。通过试验，我发现它射程更远，而且比倭铳的杀伤力更大，我很高兴，并自语道这个铳 442
可以代替倭铳了。思麻又说："我受三朝三大恩[②]，而且我总也找不到报效朝廷的方法。如果有机会传播（这种武器的）制造方法以加强朝廷的军事力量，我将很高兴。"然后他向我讲解了制造（土耳其铳的）方法。

这以后我拿出资金，雇工匠制造这一武器。我把制成品送给（朵）思麻看，并得到他的称赞。我年轻的时候，常看见铳手来不及装火药并及时发射，结果反而给敌军造成便利。因而我曾仔细考虑过西洋铳与佛郎机，并制造了掣电铳[③]。与此相似，我吸收鸟铳与三眼铳[④]的优点，制造了迅雷铳[⑤]。我想在阵地上，除了较大的火器，像三将军，佛郎机和千里雷，在较小的火器中，没有一个能在射程和杀伤力上与鲁迷（土耳其）铳相比，其次是西方（葡萄牙）铳。

〈万历二十四年，游击将军陈寅到京。示臣西洋番鸟铳，较倭铳稍长。其机拨之则落，弹出自起。用药一钱，铅弹八分。其制轻便。但比旧鸟铳只远五六十步。

又思臣祖大理寺寺副，先臣赵性鲁在日，倭奴初犯浙直，尚无鸟铳。六、七年后，方有兹器。臣祖语臣曰："我闻先朝土鲁番，吞并属番哈蜜，中国置经略大臣，征兵数万。分道出援，缘土鲁番借得噜密神器，尺兵不能救，竟为所并。噜密迩水西洋，岂此器，从彼中传至西洋。西洋传至倭中耶？"

臣怀之三十余年，去岁与武举把臣、把仲。弟兄较躲，方知其父把部力。徒噜密进贡狮子进京，皇祖留之。不遣臣问及鸟铳。臣仲云羲伯朵思麻即本国管理神器官，一访可知。臣即同部力诣思麻家，思麻欣然出其本国带来鸟铳。臣见其机，比倭铳更便，试之。其远与毒，加倭铳数倍。臣私心窃喜，自谓有此则倭铳风斯下矣。

思麻复语臣曰，我受三朝豢养大恩，政虑报效无阶。若得传布比式，以申朝廷神武，诚为至顸。且告臣制放之法。

臣遂捐贰鸠工制造。印证思麻，思麻称善。臣少日常见临阵，装药不及，铳手反为敌乘。斟酌西洋铳佛郎机之间，造为掣电铳。损益鸟铳、三眼铳之间，造为迅雷铳。臣窃计战阵之间，大器除三将军、佛郎机、千里雷、诸炮外，小器远而且狠，无过噜密，次则西洋。〉

这一切都需简单地说明一下。在中古代初期，汉语所称"拂林"常常指拜占庭，音译自Frōm和Hrom，此名称是东罗马越过欧洲大陆向远东征讨时获得的[⑥]。唐朝时

---

① "把"和"朵"字长期被用于音译蒙古人，女真人（金人）和西夏人名，这里他们把土耳其和维吾尔族名用于汉族家庭中。

② 这里是指隆庆、嘉靖和万历三朝，因而将我们带到1522年。

③ 很明显这是有许多可更换的药室的后膛枪，参见本书pp. 380ff. 图143。

④ 经常被用做信号枪，参见上文p. 331和图112。它是在中国北方马背上用的三眼铳。

⑤ 我们在前面谈到过迅雷铳（p. 421，图165）与步兵和炮兵所用的防护牌之间的关系。

⑥ 本书第一卷，pp. 186，205。在许多拜占庭使节当中，有一位于1371年曾经陪同过揑古伦（Nicholas Comanos）的中国大使，名叫普剌。我们常怀疑他的部分使团成员并不关心从中国获得火器知识（当时是真正的大炮）。见《明史》卷三二六，第十七页，及本书第一卷，p. 206。

期，此名取代了汉人以前用来称呼罗马叙利亚的早期名称“大秦”[1]。后来阿拉伯征服开始后，小亚细亚以及亚历山大城（the Great City）（1453 年后）演变成了 Rūm，音译又再次变动，变成了如我们在本文所看到的“鲁迷”（Lu-Mi）。许多伊斯兰的长老（征服者；master）都是来自鲁迷，人们会立刻想到两位对立的人物——贾拉勒·丁·鲁米（Jalāl al-Dīn Rūmī，1207—1273 年），可能他是神学家和诗人——哲学家中最伟大的[2]，还有穆罕默德·鲁米（Muḥammad al-Rūmī），他无疑是土耳其人，于 1548 年（又是那个重要的一年）给印度莫卧儿皇帝胡马雍铸造了巨大的榴弹炮[3]。

赵士祯祖父的推测一切滑膛枪都来源于土耳其文化，虽然乍一看起来有点离奇，
443 然而却不可轻易忽视。至少，我们可以说土耳其人拥有火绳枪的历史同欧洲人掌握火绳枪的时间一样悠久。我们（从上文 p. 425）得知在西方，真正的滑膛枪是由 1475 年前一段时间生产的带火绳的蛇形火绳钩枪演变而来的。我们发现了语言学的证据这一变化在土耳其人中于 1465 年前就发生了[4]。另外的证据证明这一变化在阿什拉夫·赛义夫·丁·卡伊特·贝伊（al-Ashraf-Saif-al-Dīn Qāyt Bey，1468—1495 年在位）统治下的埃及马木留克王朝时期开始的，其年代为 1489 和 1497 年[5]。1514 年土耳其和马木留克之间进行的几次战役中火绳枪表现特佳。如果我们把伊斯兰文化区域看作是中国与欧洲间所有火器传播的主要驿站是正确的话，那么土耳其早期在轻便火器制造方面就拥有技能，这是十分自然的。所以赵性鲁的推测最终可能不会太错。

那些研究奥斯曼土耳其人射击技术和滑膛枪背景的人从巴尔干各国和如杜布罗夫尼克（Dubrovnik）这些城邦火器的早期蓬勃发展中得出了上述结论。人们认为来自东南方的影响比来自阿拉伯世界西北方的任何影响更有可能，而且肯定有更充分的文件证明[6]。土耳其似乎在 1389 年由炮术专家海达尔（Ḥaydār）指挥下的科索沃战役中就曾使用过炮[7]。火绳钩枪可能早在 1425 年就传到了土耳其[8]，土耳其锁匠是否并非是第一批火绳枪工匠可能仍然是一个争论的问题。总而言之，土耳其不久就在火器方面成为最先进的穆斯林国家[9]，而且到 15 世纪中叶已经拥有西方世界威力最大的火器，无论匈牙利和其他欧洲枪械生产者对其援助多么大[10]。而且鲁迷的人后来把滑膛枪提供给东南方的许多国家——提供给埃及、埃塞俄比亚、古吉拉特、苏门答腊，而且更重要

---

① 本书第一卷，p. 174。

② 他生于巴尔赫（Balkh），但他的祖先一定来自鲁迷。

③ Partington (5) p. 220。

④ Ayalon (1)，p. 143（由 P·Wittek 做了附录）。其原因是纯粹的土耳其语 *tüfek* 或 *tüfeng*，即后来的滑膛枪名称，可以追溯到那个年代。*tüwek* 原来的意思是唧筒。1453 年，穆罕默德二世围攻拜占庭时期，有某种类型的手铳的证据，但却没有线索说明究竟是什么样子。可能它有蛇形杆。

⑤ Partington (5)，pp. 208—209。

⑥ 这有可能证明在 13 世纪西方和阿拉伯国家火器的发展直接来源于中国，后来又传回土耳其的说法。

⑦ Petrovič (1)，pp. 172，175。土耳其在穆罕默德一世（1413—1421 年）以前没有火器，这一从前流行的观点是错误的。

⑧ Petrovič (1)，pp. 186，191。

⑨ Inalcik (1)，p. 210。

⑩ Petrovič (1)，pp. 190—191，194。

的证据是，他们还提供给中亚的可汗国和土耳其斯坦[①]。这就是我们所要讲的。

现在争论的问题是奥斯曼土耳其的滑膛枪传入中国的确切时间究竟是何时。赵士祯的祖父肯定出生在大约1500年，而吐鲁番——哈密战争可能发生在他的青年时代，因而鲁迷的滑膛枪为中国军队所知可能在1530年以前。奥斯曼1524年和1526年的使节可能介绍过滑膛枪[②]，甚至1543—1544年的使团也引进过，这一切都可能发生在 444
1548年以前。赵居然能在该世纪末了解到把和朵两个土耳其家庭，以及从他们那儿首先弄清楚土耳其滑膛枪的详情，这是出乎预料的。也许最有可能的结论是，把火绳枪介绍到中国来共有两次：第一次是从土耳其转道新疆穆斯林地区，这形成了北方和西北方某些有限的圈内人才知道的一个传统[③]；第二次稍晚一点，从南方和东南方，不是从日本海盗处就是直接从葡萄牙商人——冒险家那里传入的。

《神器谱》里有一幅土耳其火绳枪全形图，并附有枪手如何操作之说明。对这种鲁迷滑膛枪（“噜蜜铳”）图解说明[④]：

> 铳重约7或8斤，或者（有时）重6斤，大约6至7尺长。龙头的握机安装在座内。扣动（扳机），龙头下落，点火之后，重新抬起。尾部安装有钢刀，因而如果敌人离得太近，（滑膛枪）可当做长矛用[⑤]。或者可用来抵御骑兵。开火时，一只手可托起前面的托子，尾部则可夹在腋下。开火时，炮手只需扣动（扳机），不必拉动，身体和手可以不动。（在鲁迷铳中）撞孔与眼睛瞄准的距离比（日本鸟嘴铳）稍远，因而开火时，产生的烟和火焰对铳手的眼睛影响极小。这就是（鲁迷铳）胜于日本鸟（嘴）铳之处。用4钱火药，铅弹重3钱。
>
> 〈“铳”约重七八斤，或六斤，约长六七尺，龙头执机俱在床内，捏之则落，火燃复起。床尾有钢刃，若敌人逼近，即可作斩马刀用。放时，前掜托手，后掖床尾，发机只捏，不拨砣然身手不动。火门去著目对准处稍远。初发烟起，不致薰目惊心。此其所以胜于倭鸟铳也。用药四钱，铅弹三钱。〉

土耳其滑膛枪插图（图174）还展示了火绳，以棉线作四股编成，还展示了两个盛火药的铜罐。大药罐装推进药，小罐（“发药罐”）提供引爆药。每罐具有一细长颈。大罐颈下用一滑动铜片做门，或称“隔片（cut-out）”，因此上颈恰好容一铳药。其操作程序是：用口衔出木塞，然后以指堵管口，开门倒倾，待管（颈）中药满，仍闭颈门，阻 445
其续流，顺管口，将药装入铳内。至于装引爆药，只需向内摇动，池满为止。

---

① Inalcik (1), pp. 202, 208—209。

② 使团卫兵可能已经有滑膛枪了。

③ 这一传播必然使人想起了在同一时期的一次相反方向的传播，那是从中国经中亚传播到土耳其奥斯曼帝国的即是预防天花的接种技术。这一定是在16或17世纪传过去的，因为在18世纪早期由著名的蒙塔古夫人（Lady Mary Wortley Montagu）已将此技术进一步传到西方。关于这些情况见Needham (85)。这是一个很有趣的事实，当西方向中国提供更有效的杀伤武器的时候，而对中国来说却以极为有益的医学发明的形式提供给西方拯救生命的技术。而这种传播大约是同时进行的。

④ 《神器谱》第十一页，由作者译成英文。这一译文取自图174右面的文字说明。关于“噜蜜铳”的概括的描述，也可见《火龙经》（中集）卷二，第十三页、第十四页。

⑤ 这是至今第一次提到刺刀。据说刺刀（*bayonet*）这一名称取自法国西南部的小镇巴约讷（Bayonne）之名，刺刀就是在这个镇上首次制造，但到17世纪最后25年才广泛使用。故法国的这一设计是相当先进的。见Reid (1), p. 124; Blackmore (1), p. 36, (4), p. 19。

《神器谱》其余图解详解了土耳其滑膛枪各构件。对其前后两瞄准器，图解说①：

446 照门和照星是铳的基本部分，因为对准目标完全依靠它们。日本枪中用了U字形，但却不如照门和照星更有意义，它们都是用马蹄形夹子固定。

〈照门、照星，乃鸟铳枢要，对准全在此处。倭铳用一凹字形，不如此更妙。下俱作马蹄。〉

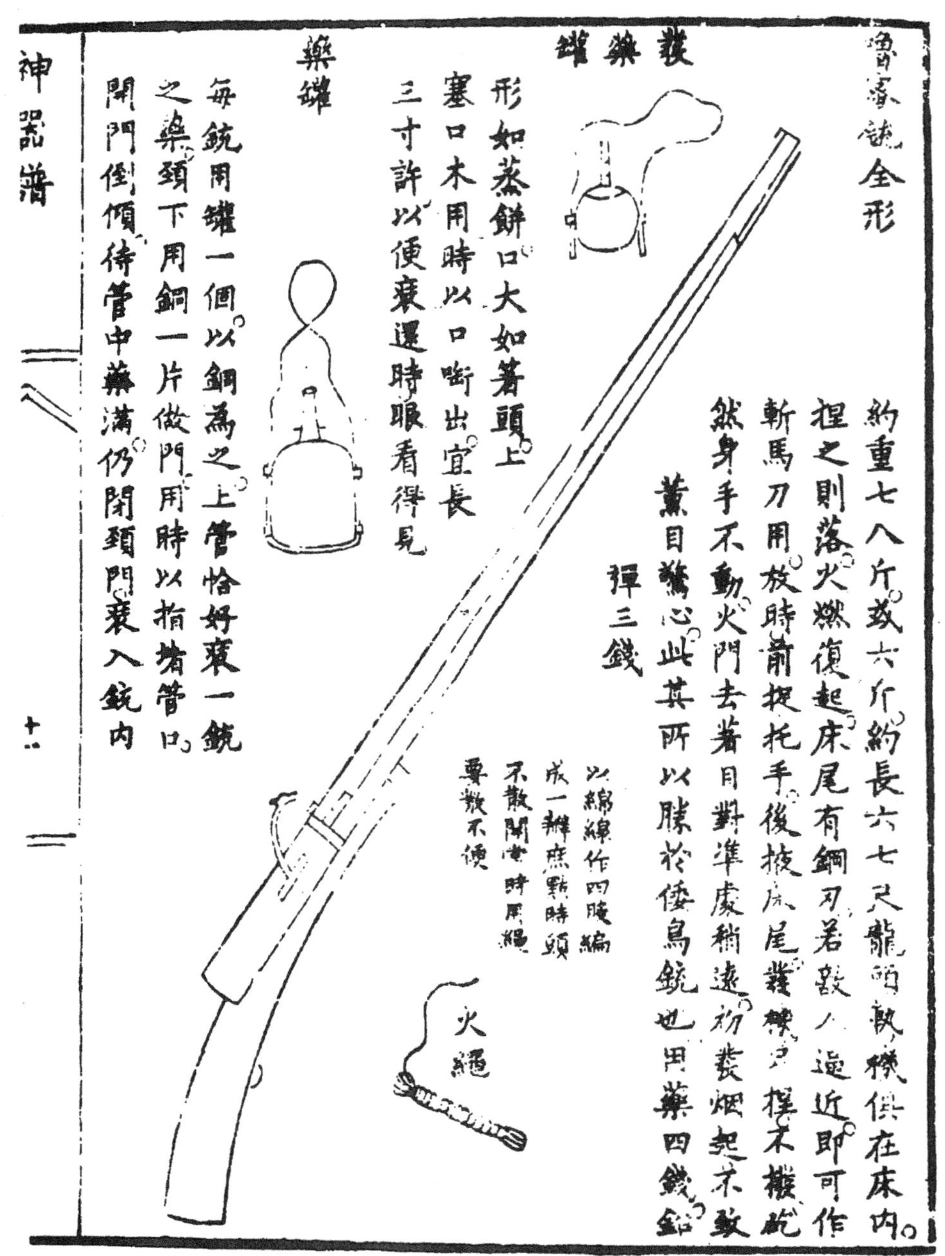

图174 “噜蜜铳”（拜占庭，即土耳其）全形图，采自《神器谱》第十一页，译文见正文。插图还展示了两个盛药铜罐和缓然火绳。

① 《神器谱》，第十二页，由作者译成英文。后瞄准器是带一小孔的板，前照星是一针。

有关托柄（“铳床”），我们得知其用桑木最佳，河柳木其次[①]。然而在南方，多用柚木[②]。通条放入一长管中（“搠杖”）插“铳床”之中，用以筑药送弹。枪用完以后，搠杖用一块蘸过沸水的布裹住而变成枪刷，用来清洗枪管。搠杖大部分长度是木头，其头部分叉，正好适合枪口，肯定是铁的。另一幅图展示了枪筒[③]和后门螺丝转[④]。当然，枪筒必须绝对一样大小，否则作废。第三幅图详细地介绍了“火门”及其旋转火眼铜盖[⑤]。图解说盛药池宜深，而孔口通内本身要小，大则“气泄”（发射能力降低），并应尽可能靠近铳托，以求减小后坐力。同一页还描述了旋机的V字形弹簧，一定既不是铜也不是铁，而是未淬火的钢丝做成的[⑥]。

赵士祯1598年描述的土耳其滑膛枪肯定是火绳枪。然而1628年的《武备志》描写同一种火器时，齿轮机械取代了撞机[⑦]，一扫视就会知道是轮发机。然而此处轮的作用不是产生火花，而是把火绳向前推至火门。图175右上角清楚地表明了这一点，还附有一个火门盖。左图是扳机图，按动扳机发火时，右齿轨向后推，压缩铜搠子，并沿顺时针方向转动齿轮，使另一翼有绳的齿轨向前移动，并点燃火药。松开扳机，两轨（上轨和下轨）自动复原。迄今为止，我们还不知道欧洲和其余亚洲国家的火绳滑膛枪上有任何类似的机械装置。

《神器谱》中有一幅插图，展现了一位戴头巾的土耳其滑膛枪手开枪的姿势，插图 448
说明写到[⑧]：

> 将火绳（在撞击中）安装牢固之后，跪下右腿，左手执从枪杆突出的托手[⑨]将铳举起，肘放在左膝上，后尾牢牢地夹在右面的腋下。闭起左眼，右眼通过后照门对准前照星以瞄准目标，闭紧嘴巴，屏住呼吸，对准敌人扣动扳机。
>
> 〈火绳安放停妥，踞前脚，跪后脚，将铳举起，左手执托手，膊节拄膝头。后尾紧夹腋下，闭左目，以右目观后照门，对前照星，闭口息气，对准敌人，然后捏机。〉

图176展示了一位穆斯林士兵正领会这一操作要领。该书还描绘了西方（葡萄牙）滑膛枪（“西洋铳”）[⑩]与土耳其的类似，但稍短，其枪托后端向下弯曲，很像一个勾，如图177所示[⑪]。在《神器谱》中也有一幅欧洲人使用滑膛枪的图，正如其中所说，是西洋国人打放图之一，见图178[⑫]。另一幅图展示了中国滑膛枪手在使用改进的西洋枪

---

① 河柳（Tamarix chinensis）R. 260。

② 此木难以确认，但是有可能是甜橡树。[Quercus glauca R. 614. 陈嵘（*1*），第203页]。

③ 《神器谱》，第十一页。外表呈八角形。

④ 如上文图171所示，为日本的鸟嘴铳滑膛枪。

⑤ 《神器谱》，第十二页。

⑥ 齿槽的一翼称作轨，另一翼称为发轨。

⑦ 《武备志》卷一二四，第十一页。

⑧ 《神器谱》，第十九页，由作者译成英文。

⑨ 据说此托手长三寸，木制，上用铜作叉（图177），夹住枪护木，有了托手，意味着枪筒较欧洲枪筒轻许多。今天现代打靶射击中无依托立射也使用了类似装置，在立姿射击中，使用了一种能把枪筒重量通过肘部下传到臂部的掌形支撑架。见Trench（1），p. 292。

⑩ 《神器谱》，第十三页。

⑪ 同上，第十三页给出了枪筒和炮架长梁的详细情况。

⑫ 同上，第二十一页。

447

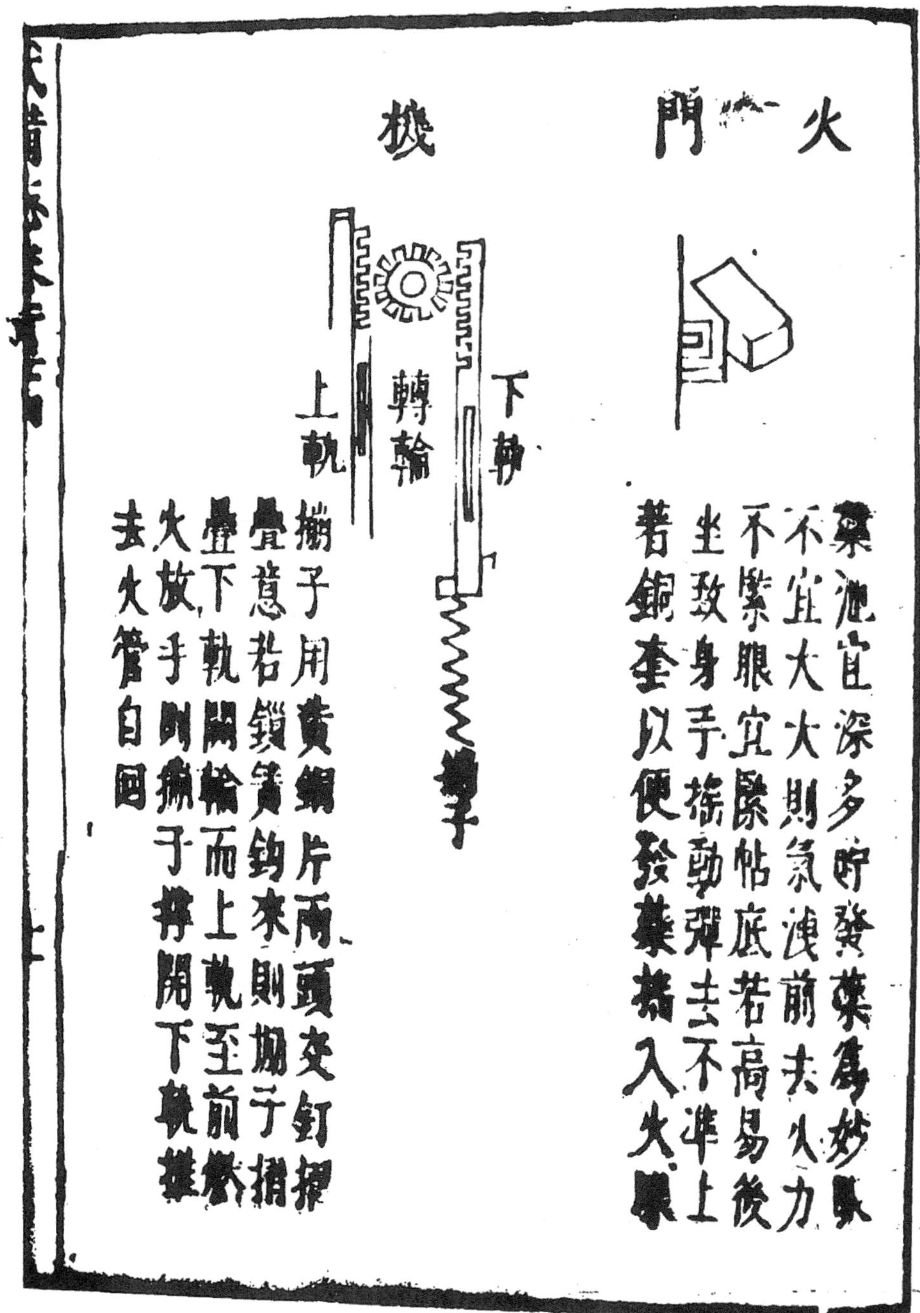

图 175　土耳其滑膛枪的撞机由齿轮机械取而代之，见《武备志》卷一二四，第十二页。图右上是火门及其火门盖，图左上是包括弹簧和大小齿轮在内的整套扳机构造。

449

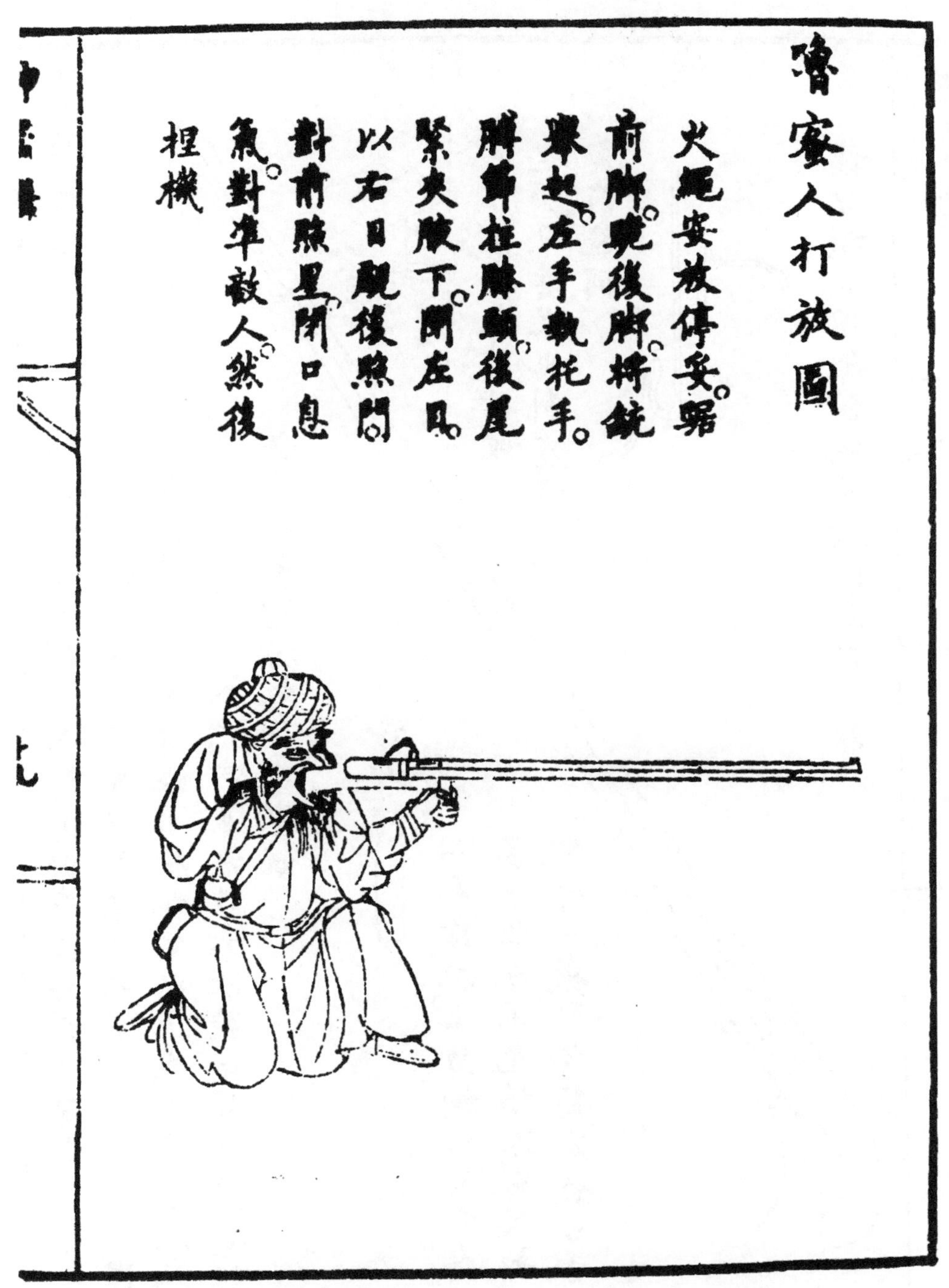

图 176　一位扎头巾的穆斯林士兵正跪着射击。(《神器谱》，第十九页)。其左手执枪托，一个向下的托柄，并紧固在枪管和枪护木上；这在正文的插图中分别有所展示。

450

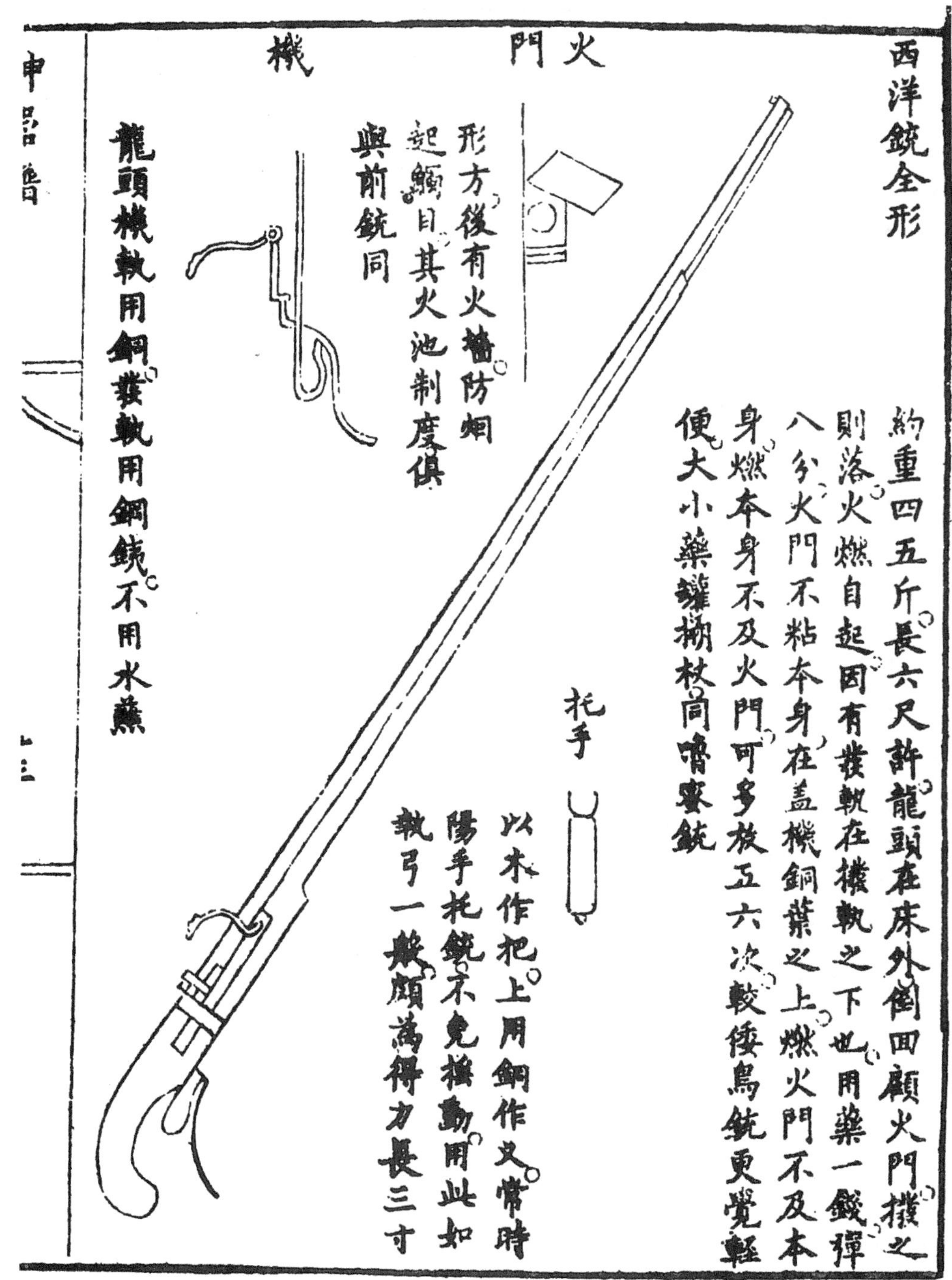

图 177 “西洋铳”或欧洲滑膛枪（《神器谱》，第十三页）。图左上部可见扳机的弹簧体系，而右上是火门及其火眼盖，最后，图右边枪管下是叉状托手。

451

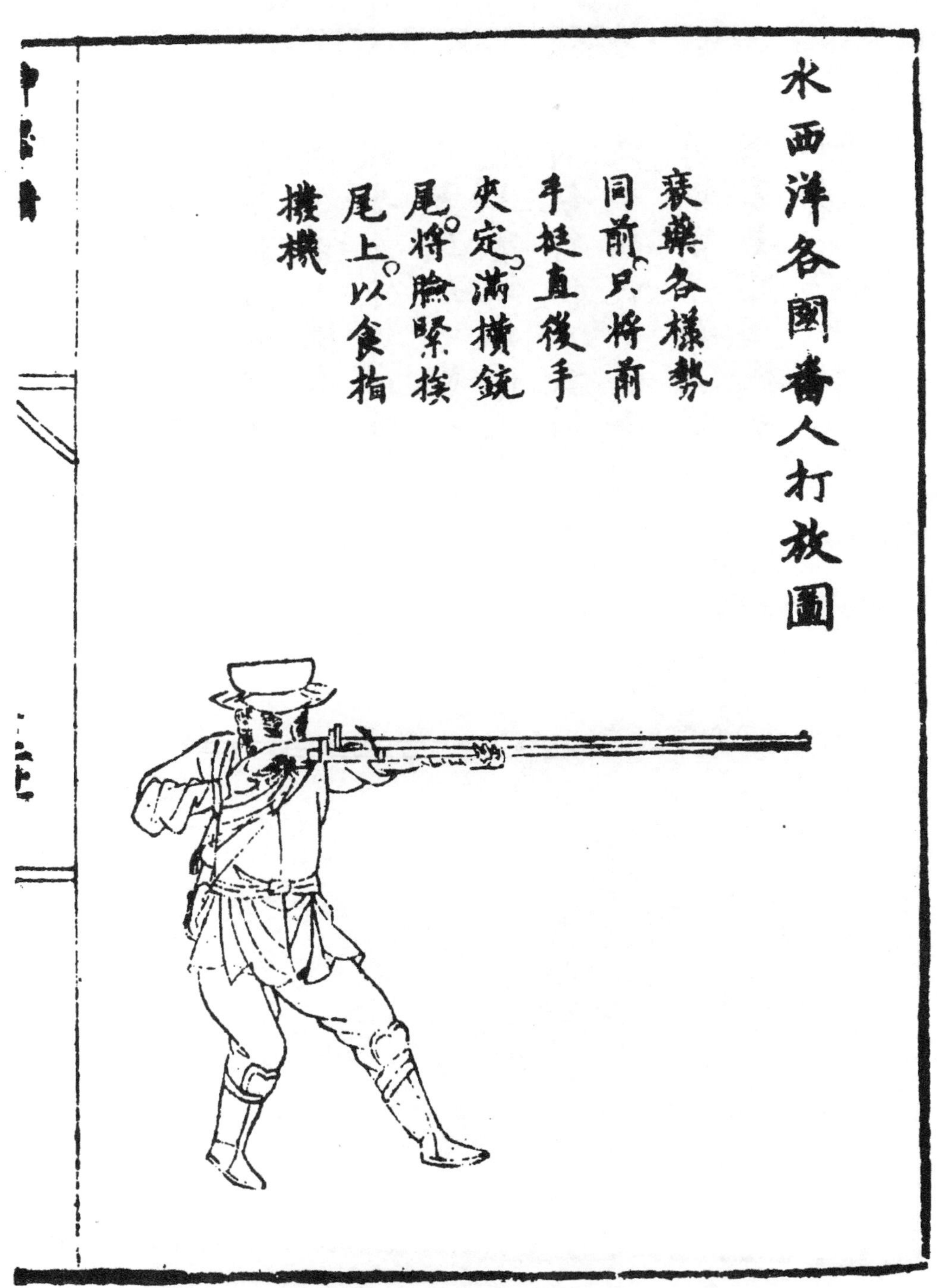

图 178 一名欧洲人正以立姿发射其滑膛枪（《神器谱》，第二十一页）。其标题是：“水（大）西洋各国番人打放图”。

452

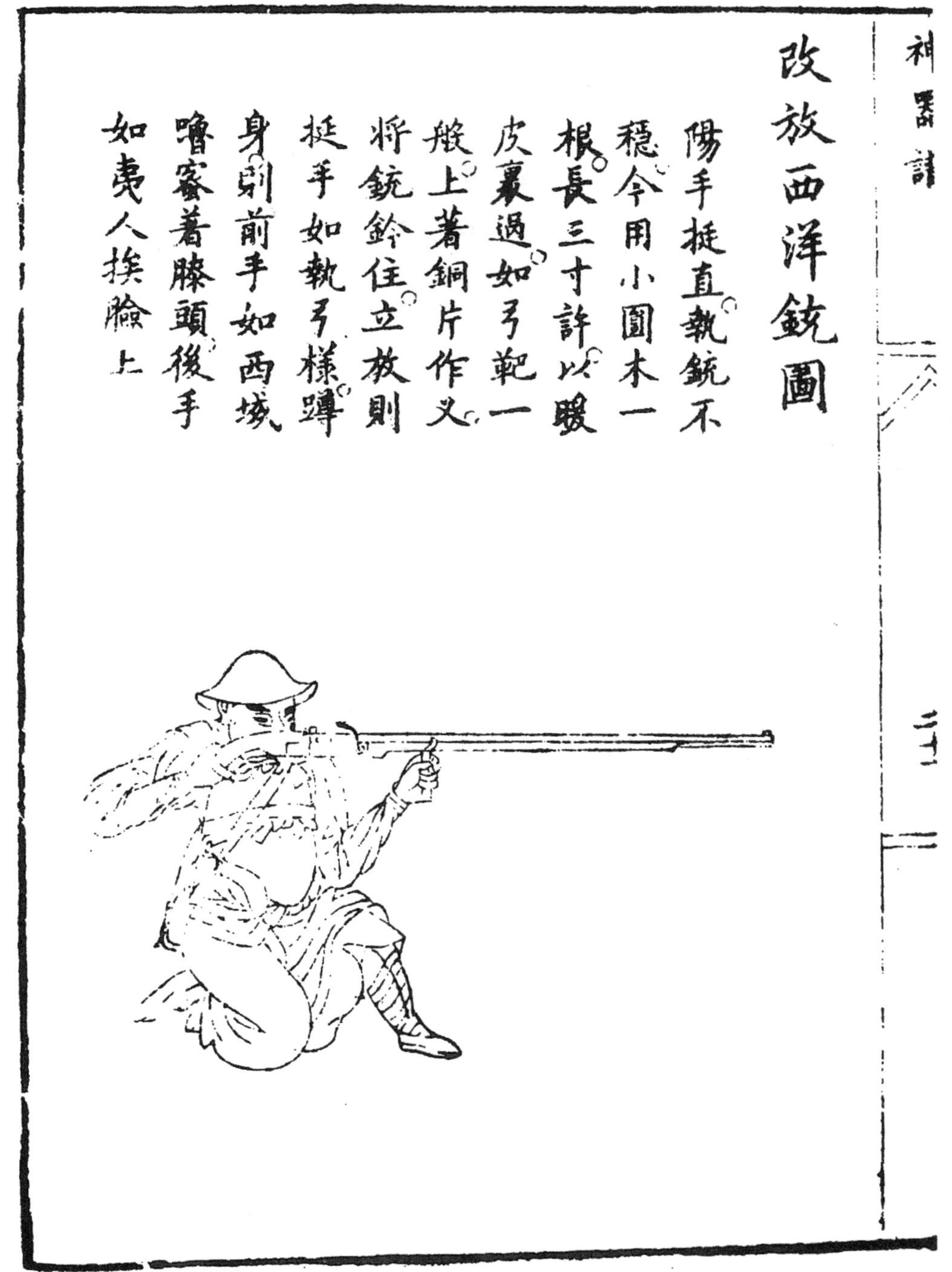

图 179 一名中国滑膛枪手，当他使用叉夹状托手时，既结合了土耳其跪姿，又兼备了西方人持枪的姿势（《神器谱》，第二十一页）。

的射击姿势[1]。正如图 179 所示，重要的是如土耳其人采用跪姿，左手持叉夹托手，但同时持枪，将枪举起至右眼[2]。

16 世纪，这些滑膛枪就使用了后膛装填原理，正如我们从《神器谱》（图 181）所见[3]。“掣电铳”滑膛枪有几个长六寸的“子铳”，铅弹和火药俱于临阵之前装入子铳，弹药很容易就能装填到枪托尾部的槽内。子铳内之小火门及其火绳移至撞机下，捏机时燃火，用药棉不用火池。每个子铳盛子弹 2 钱一颗，火药 2 钱 5 分。枪手携带有一个
已装填好的子铳的枪，其余四个置于随身佩戴的大小形状适宜的皮囊中。撞机、两个 455
火药罐及搠杖均与土耳其滑膛枪相同，而左手握的托手却类似于改进型的欧洲滑膛枪。另外，现在配备了扳机铜“护桥”。

另一种后膛装填滑膛枪是 1606 年编写的《兵录》中描写的“子母铳”（图 182）[4]。枪筒（“母铳”）长 4 尺 2 寸，药室（“子铳”）长仅 7 寸，二者枪筒口径都精心制成，大小一致，因而一个个“子铳”可先从后膛插入并射出。枪手所携药室（“子铳”）之数与前例相同。因为赵士祯声称他已发明后膛装填滑膛枪，正如我们在上文（p. 442）所见，所以何汝宾这种“子母铳”似乎是一种派生物——当然，很可能有许多这样的发明者[5]。

有关火绳枪已讲了不少了。然而火绳滑膛枪历史的另一个侧面又如何呢？还未谈到中国一种简单的蛇形发火机，它是一个装在枢轴上的 S 形杆，把燃烧的火绳推向火门（参见上文 p. 425）。明末兵书保留了许多古老的手铳，有单管的和多管的，这在某种程度上揭示了蛇形杆（发火机）的外形如何。我们现在首先对此探讨一下，再讨论其他方面，以及东亚的燧发枪。

《武备志》记载了一种长手铳，其筒重 18 斤，长 4 尺 4 寸，附加上一尺九寸长的柄，并且向下呈卷形弯曲[6]，这即是所谓的“大追风枪”[7]。其上有照门、照星，由两名士兵用三脚支架操作，其口径大，可施放重 6 钱 5 分铅弹，射程 200 步有余。图中没显示蛇形杆（发火机）（图 184），但是也许有，因其另有一别名，为“执火绳枪”。

其余系列的枪特点在于增加枪管数量，如“三捷神机”有三个在中轴上旋转以便于依次施放的枪管[8]。每一管都有一照星，但只一个照门安置于柄上，其柄呈前述弯曲形。

① 《神器谱》，第二十一页。

② 我们还未曾发现使用西洋枪手用以支撑和稳定其枪所用 Y 字形叉头的任何中国插图，但在《武备志》（卷一三三，第二页至第三页）中，有一幅枪手通过一铁环瞄准、射击的图（图 180），而铁环套在另一士兵所持带有铁箍的一个斜立木轴杆上。这称之为“造化循环砲”，并解释说一旦枪手借助照星发现所需射角和借助这一装置准确地射击时，另外四、五个枪手就装填弹药，等待轮到其自身射击。梅辉立［Mayers（6），p. 97］给该图附上了说明，但误解了标题的涵义。

③ 《神器谱》，第十四页。

④ 《兵录》卷十二，第十一页至第十二页。注意其安装在铳口内用于近战的刺刀（“铳刀”）。

⑤ 参见图 183a、b、c，为 1537 年伦敦塔军械库中的英国藏样品。

⑥ 《武备志》卷一二五，第九页、第十页。与将雄栓装入雌窝中的老式枪柄不同，此处枪柄是槽和伸入其中 5 寸长的管。

⑦ 由于其用途，“枪”这个词描述长管枪，“铳”则指短筒枪，参见上文 p. 432。

⑧ 《武备志》卷一二五，第十五页。对图左描述的奇怪设备未予说明，或许是携带枪的某种皮袋，尽管看上去像是箭袋。

453

图 180 滑膛枪所用之铁环照门、照星采自《武备志》卷一二三，第二页。

454

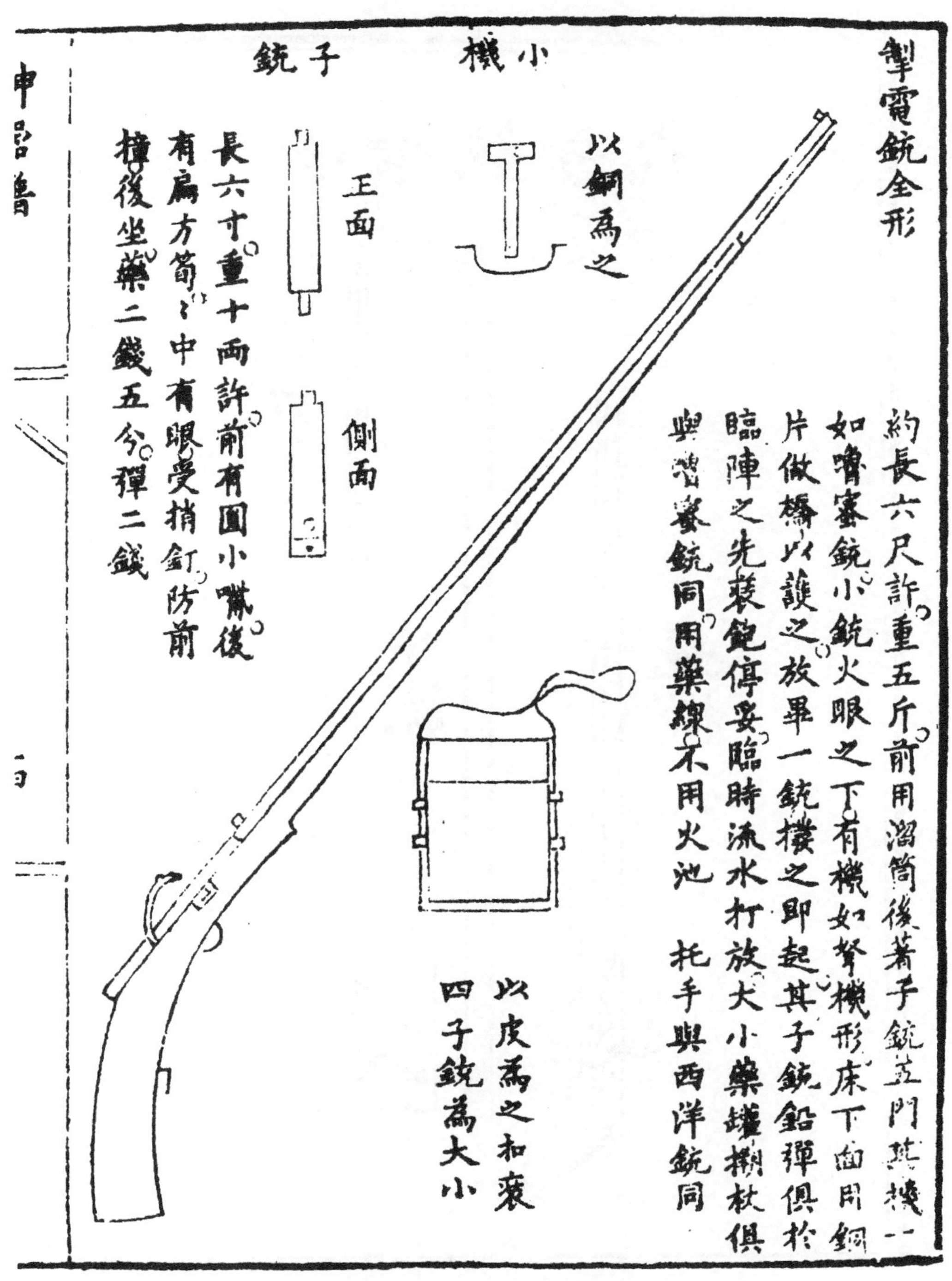

图 181　《神器谱》第十四页描述的一种后膛装滑膛枪。图左上是两个药室（“子铳”）和青铜或黄铜扳机簧略图，而右下是装另四个药室的皮囊的草图。参见图 143a、b，144。

456

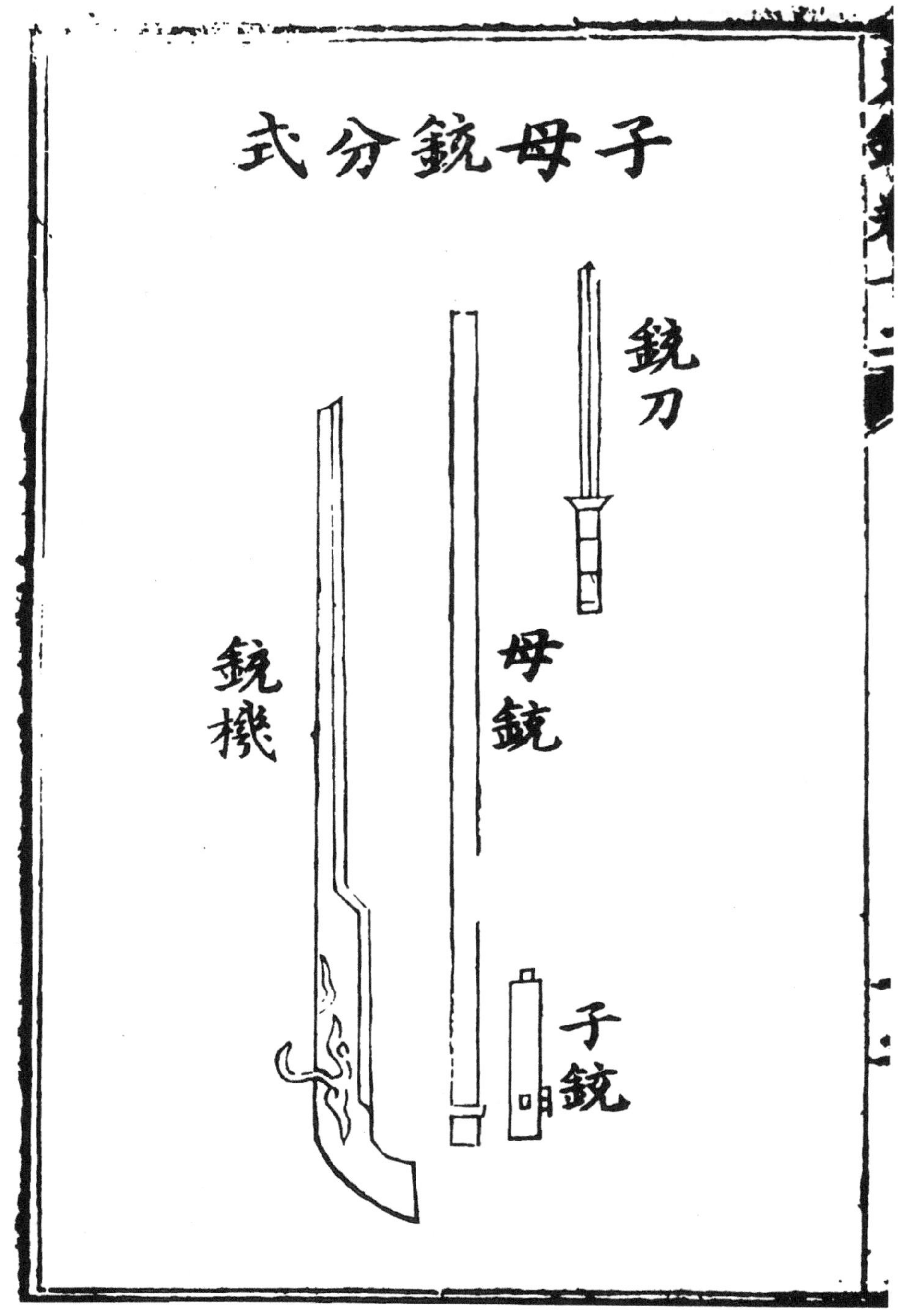

图 182 另一采自《兵录》卷十二，第十二页的后膛装滑膛枪。图右下可见一弹药室（“子铳”），右上可见一能装于枪口内的刺刀（“铳刀”）。

457

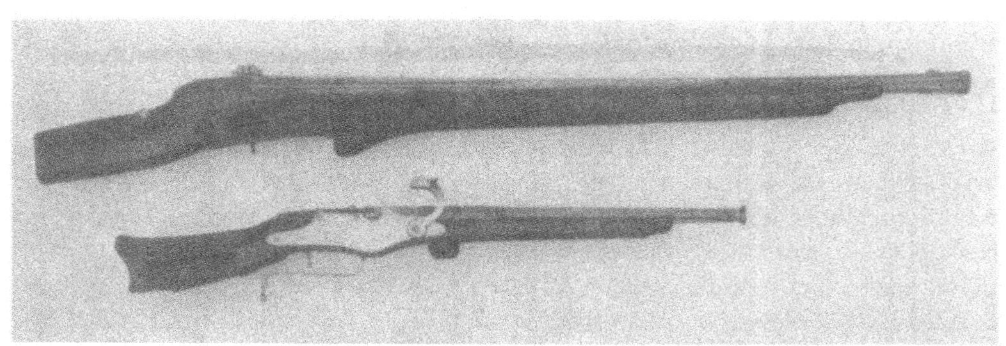

图 183a　上，为亨利八世时期的后膛装火绳枪；下，为约同时期的后膛装卡宾枪。伦敦塔军械库摄。注意，两支枪上左手持之托手俱有，（从图 176、177、179）看到的中国式托手类似。

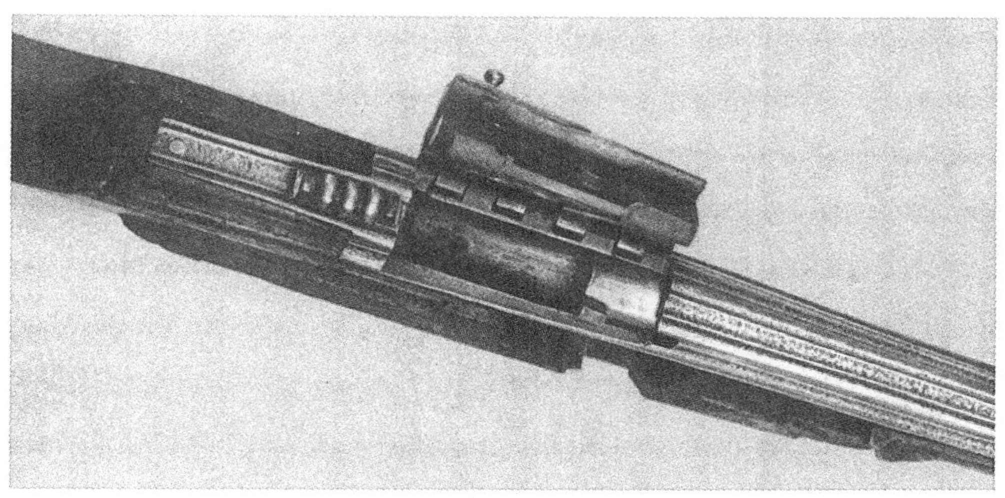

图 183b　上图的后膛装火绳枪，展示了容纳弹药室之洞穴（铳位）。伦敦塔军械库摄。

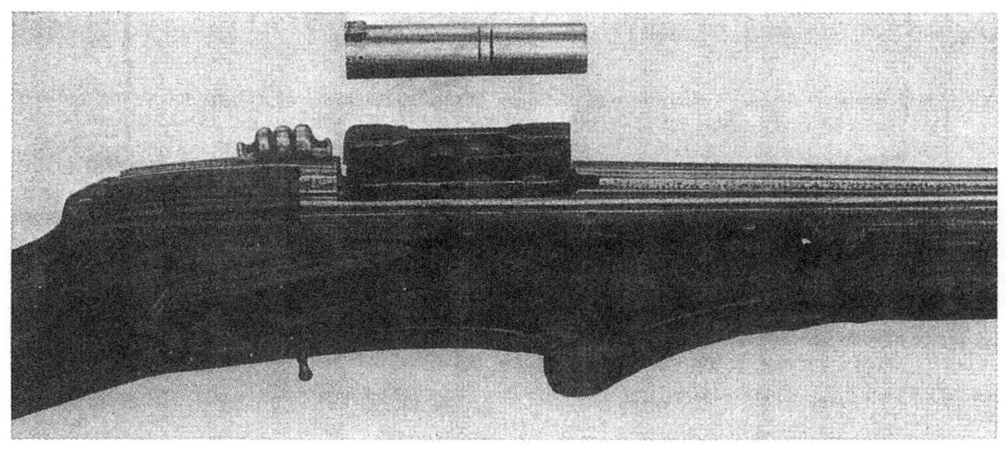

图 183c　同一后膛装填式火绳枪，展示其卸下之子铳。伦敦塔军械库摄。这三幅插图均承蒙霍华德·布莱克莫尔之首肯。

458

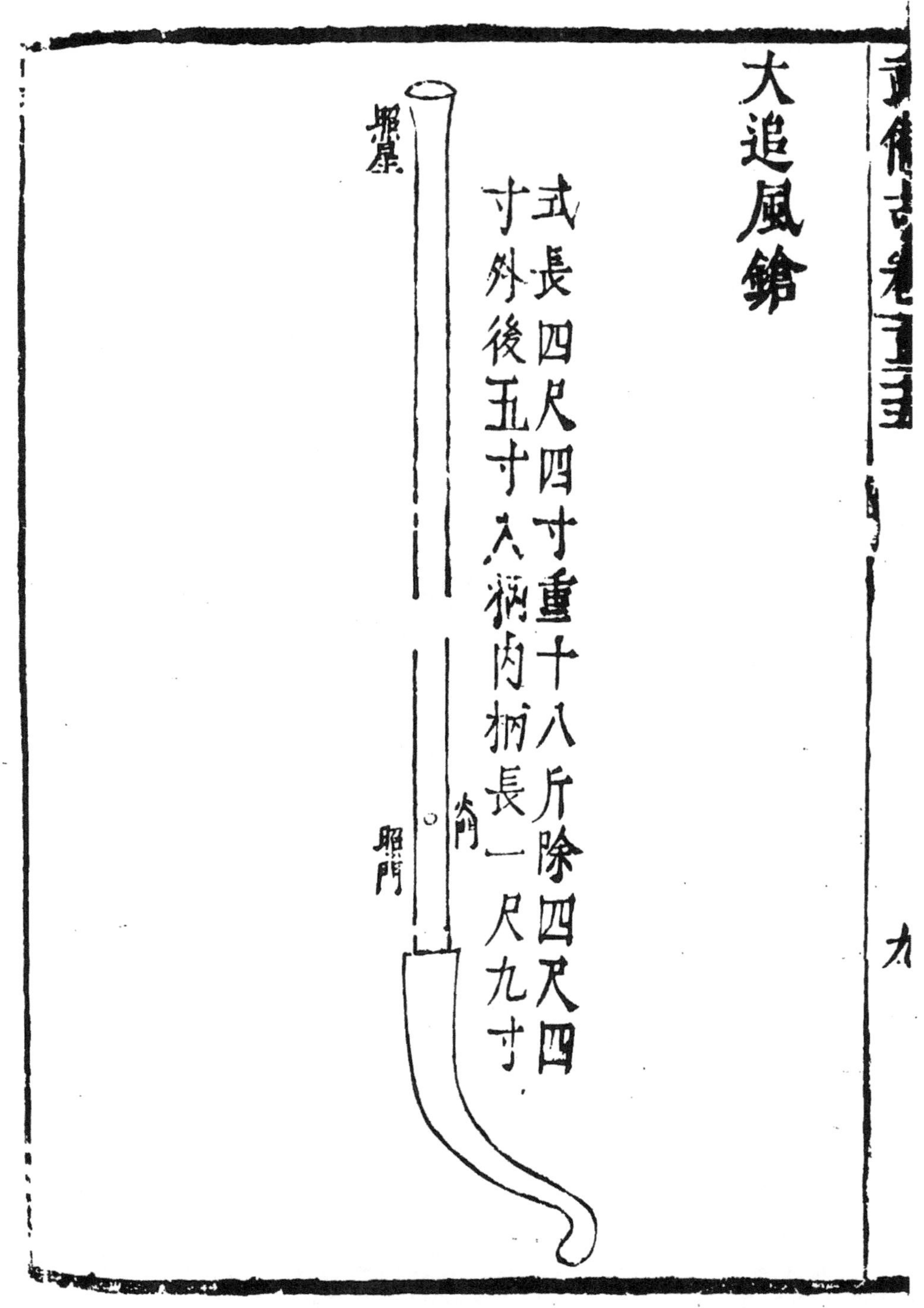

图 184 蛇形杆（发火机）雏形。《武备志》（卷一二五，第九页）中的一件古代兵器；“大追风枪”，未示出有蛇形杆（发火机），但是也许有，因其有另一名称，“执火绳枪”。

我们第一次看到极似蛇形，这样设计是为了把火绳向下推至依次三筒的每个火门（图 459
185）①。这一原理后扩展至五筒枪，此亦分两类：转轮式②和排式③。“五雷神机”与前述三筒枪极为相似。枪筒（现称“铳”）均为1尺5寸长，整体重5斤，每枪各有照星，柄上总一照门，照星、照门同前述一样安置，图解说明此枪以左手持枪瞄准，故右手食指把蛇形杆依次推至每枪筒的火门上④。人们可以看到插蛇形杆一端铜管内的缓燃火绳（图186），燃烧时，火绳一定是从铜管内向前输送，从图上看整节火绳都垂悬着。

究竟这些装置如何应用，仍有些不能肯定，但这一原理已扩大运用到七筒、十筒枪。“七星铳”由绕一根更长更大的纯铁管旋转的六根1尺3寸长的管子构成，它们都附在一枚5尺长的木柄上。这些管都用铁箍固牢，整套器械安装在两个直径为1尺5寸的轮子上，使其近似于小型野战炮（图104）。图中不见有蛇形杆（发火机），但是我们可以从一系列的其他各种武器中推测出有这种装置。然而重要的是，这种设计不仅可以追溯到《武备志》，而且还可以追溯到《火龙经》以及那个时期的最早阶段⑤，所以我们是在研究14世纪中期的火器，当然也包括1400年以前。最后讲讲“子母百弹铳”，由每管5寸长的十根小铸铁管组成，这些小管装于一根1尺5寸长的大管周围，管子全都装在木柄上。每管射出几十枚小铅弹，我们获知这要由一壮汉使用（图188）⑥。也不见有蛇形杆（发火机），但是一定有某种逐一将每管点燃的方法。

实际上，蛇形杆（发火机）有可能是中国的一项发明吗？因为从本书上文（p. 425）我们知道，这种装置可能是在1410年前，或许意味着在前一个世纪的最后25年，就已传
人欧洲。我们在探讨可能的传播手段时，发现某些为时太早不适合这一情况⑦，另一些 464
又太晚⑧。但是与郑和将军率领的舰队几次航行（1405—1433年）在时间上正好吻合，这几次航行肯定给整个印度和阿拉伯国家的技术人员和统治者带去了他们一直密切关注的、中国人所拥有的有关当时最先进器械的知识⑨。1403年，与中国有联系的撒马尔罕沙哈鲁（Shāh Rūkh）的帖木儿朝廷接待了西班牙大使鲁伊·冈萨雷斯·德克拉维霍

---

① 称为“剑枪”的武器上也有同样装置，《武备志》卷一三八，第八页。这种枪仅有一个枪筒，但在护木顶端安有近战用的刀。

② 《武备志》卷一二五，第十四页。

③ 这是《武备志》卷一二五，第十五页至第十六页中的“五排枪”（图187）。据说每管为纯铁，放4或5个铅弹，未显示蛇形发火机，我们在“火枪”阶段遇到同样安排，见本书上文 p. 243。

④ 图解很清楚，但似乎其工匠并不完全懂得蛇形发火机的功能，关于古代中国技术插图画家的不足请参见本书第四卷第二分册，pp. 369ff.。

⑤ 《火龙经》（上集）卷十二，第十五页，又见《火器图》，第十六页和《火攻备要》卷二，第十五页。《武备志》参考文献见卷一二五，第十六页、第十七页。

⑥ 《火龙经》（中集）卷二，第十四页，第十五页，在《武备志》卷一二五，第十三页，第十四页中有复述。这并不是《火龙经》最古老的层次，但这武器肯定是15世纪的，而非16世纪。

⑦ 例如，在1230年至1300年期间方济各会士在蒙古和契丹国内地的旅行，但时间太早（参见本书第一卷，pp. 189，202，204）。

⑧ 在尼古拉·孔蒂（Nicolo Conti）1430年，尼基金（Athanasius Nikitin）在1468—1474年及耶罗尼莫（Hieronimo di Santo Stefano）在1496年这些旅行家之间［见 Yule（2），vol. 1，pp. 124，174ff.，179；Cordier（1），vol. 3，p. 94］。葡萄牙人的旅行（1415—1498年）当然又太晚了（参见本书第四卷第三分册，pp. 503ff.）。

⑨ 见本书第四卷第三分册，pp. 489ff.。

460

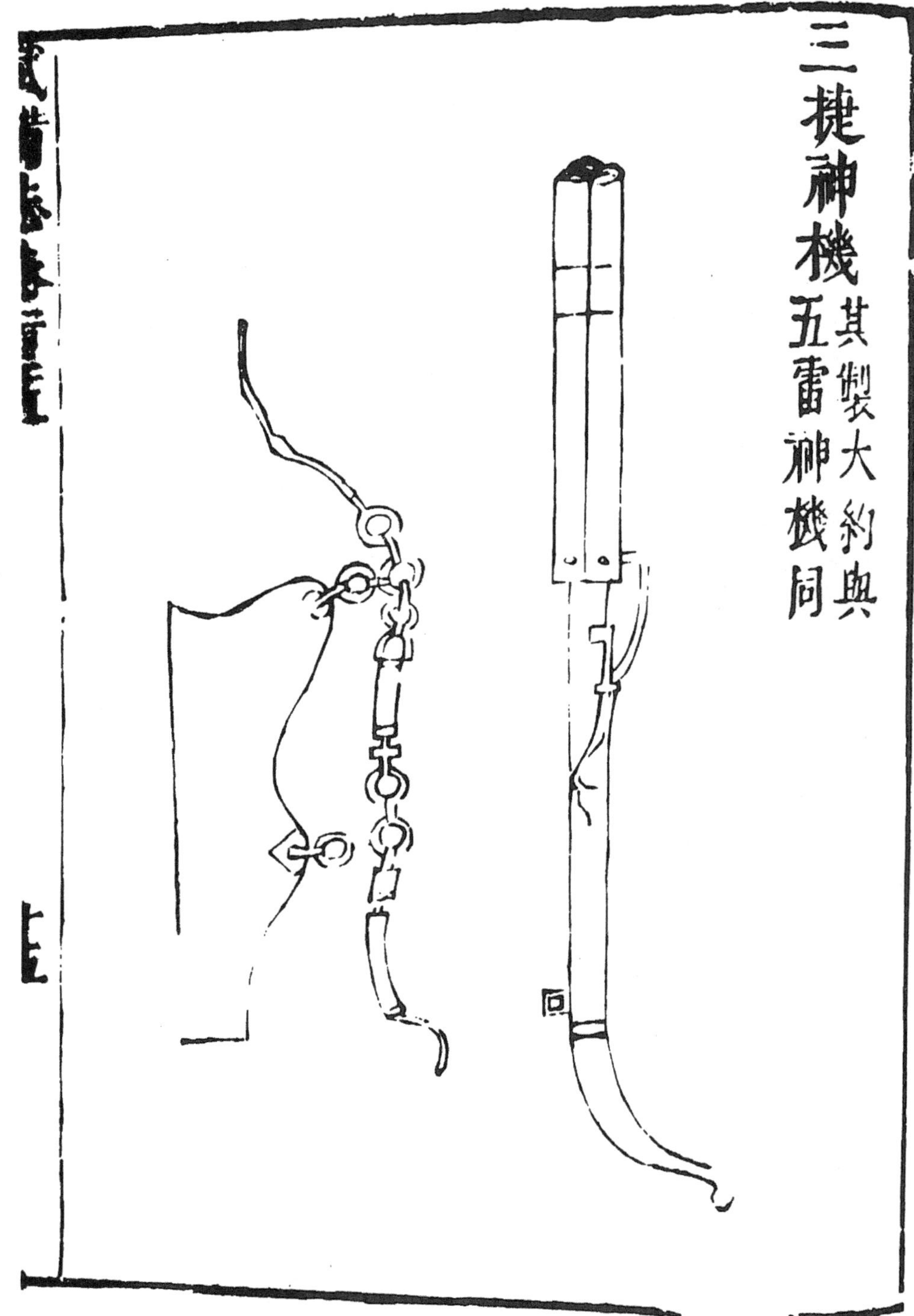

图 185 三管前膛装枪，三管可绕中轴旋转，以便蛇形发火机缓燃火绳能轮流点燃每管。“三捷神机”，采自《武备志》卷一二五，第十五页。图左边未注明的东西一定是用来装此种武器的某种外套。

461

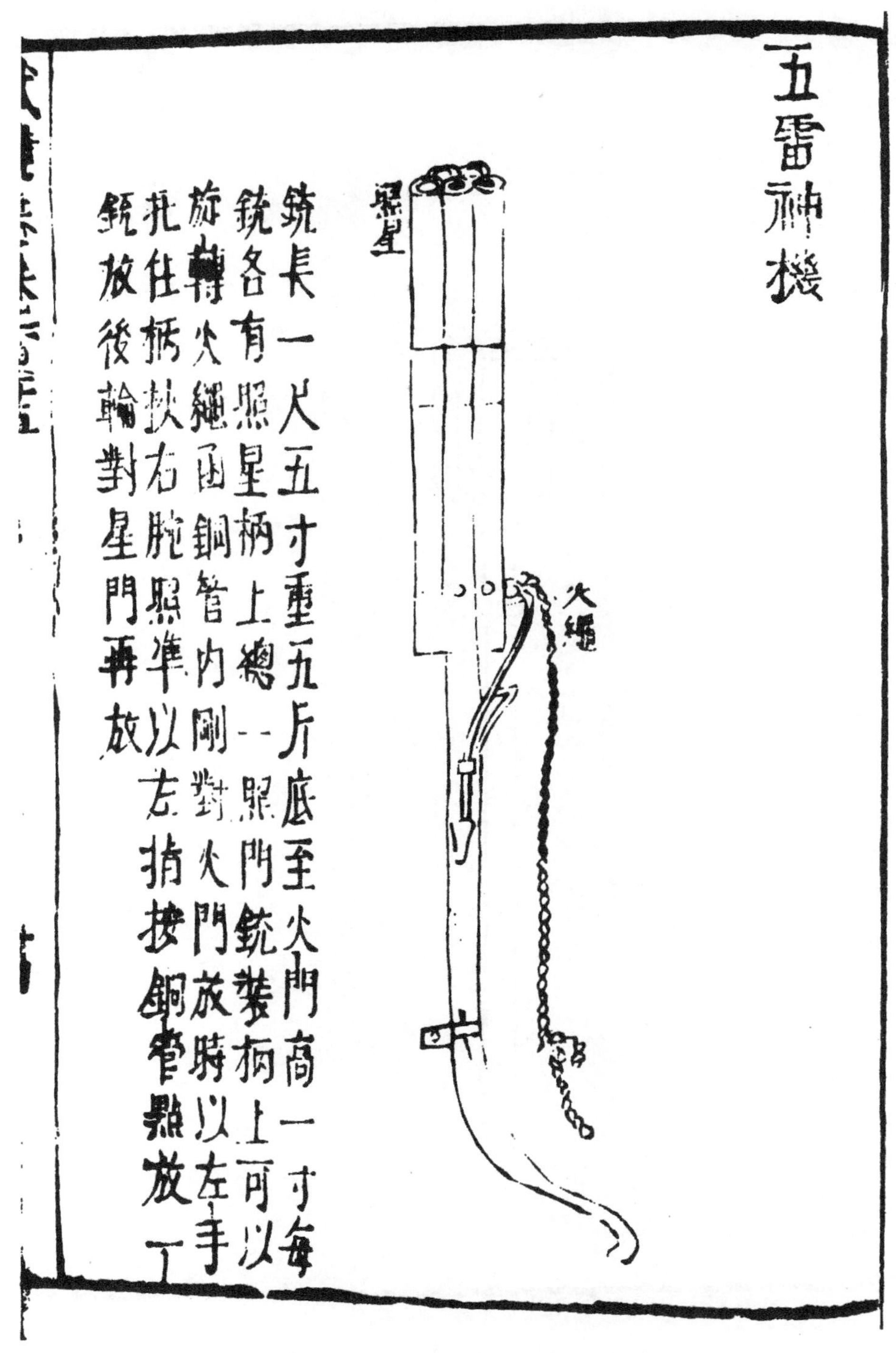

图 186　同类武器中的五管枪（《武备志》卷一二五，第十四页）。此处可清楚地看见蛇形杆（发火机）及从其悬垂出的缓燃火绳。

462

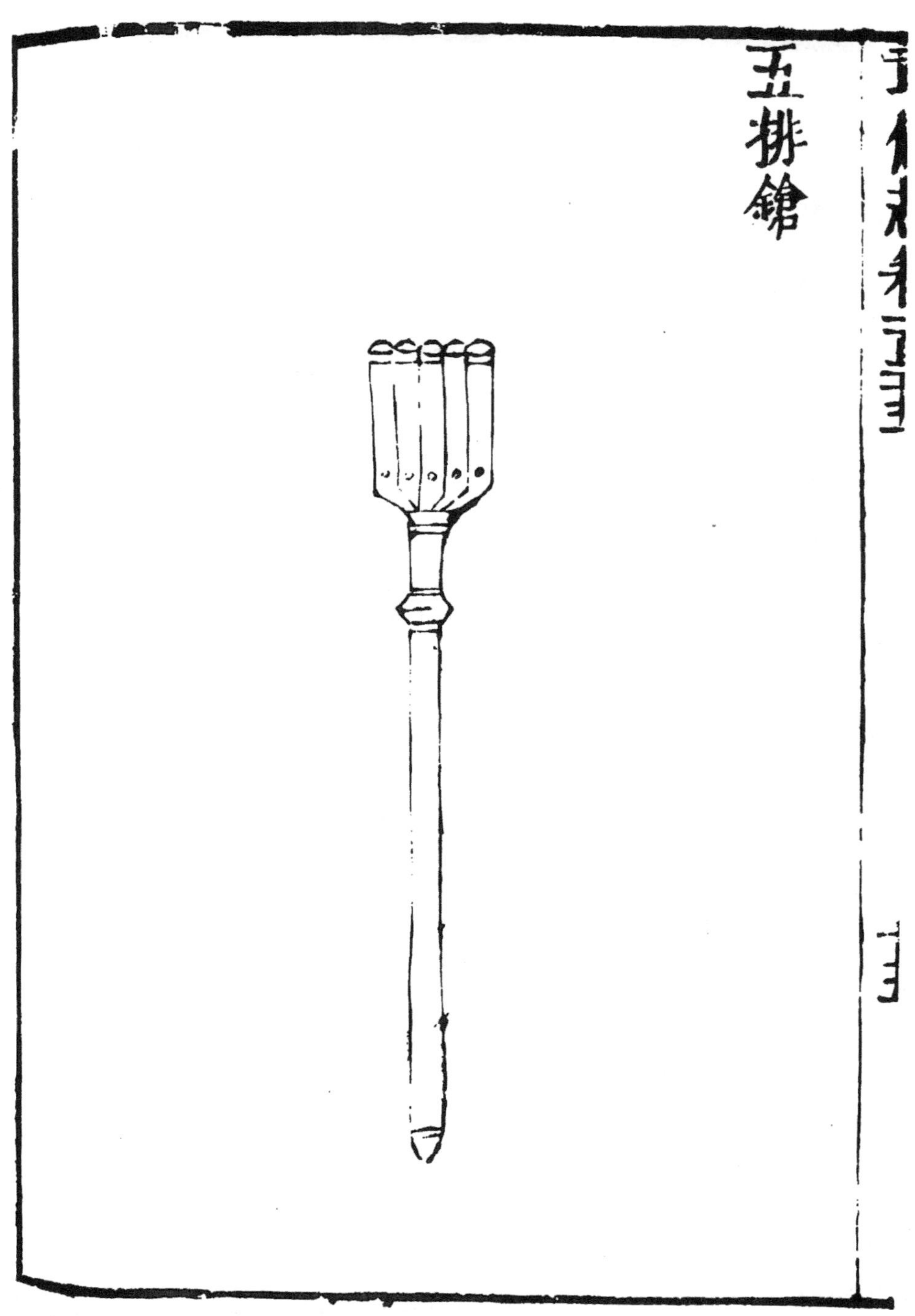

图 187 五排枪全形（《武备志》卷一二五，第十五页）。

463

图 188 十管式，“子母百弹铳”，采自《火龙经》（中集）卷二，第十四页，《武备志》卷一二五，第十三页重印。

(Ruy Gonzalez de Clavijo)[1]，他在那里不经意间学到了许多有关的知识[2]。其他欧洲人，如巴伐利亚人约翰·席尔特贝格（Johann Schiltberger）同时也在帖木儿任职，并都安全回国[3]。而且1371年拜占庭的捏古伦（Nicholas Comanos）出使中国也不算太早［参见上文p.440（e）][4]。还有比这些更重要的值得注意，但却鲜为人知的事实：1330年至1430年期间，曾出现过从蒙古到意大利的贩奴交易，使数百乃至数千蒙古的奴隶从东北亚运到欧洲[5]。我们很早以前就推测，他们中的某些人随身带有有关纺织或火器方面的技术[6]。我们还发现在12、13和15世纪，尤其是14世纪，从中国“成串”传到欧洲的许多东西[7]，也许蛇形杆就在这些输出物中。总之，这是在最初的手铳基础上可能做到的最简便的改进，使缓燃火绳得到广泛应用。这种控制法（因为本质上那是它的内容）一旦传到欧洲，西方[8]锁匠就会采取进一步措施，在扳机与火门之间安装弹簧、杠杆、擒纵装置和转筒。这样，早期文艺复兴时的智慧就会对旧大陆另一端起源的体系加上重要的安全装置。

有关蛇形杆（发火机）首次出现需要考虑的一个重要因素，使人进一步联想起源
465 于中国，是基于这样一个事实，像我们所知向下垂悬的这种扳机，在中国的历史是如此悠久[9]。正如我们（本书第六分册（e），2，ii）所看见的，战国时期（前5世纪）的中国几乎可以肯定是弩的故乡，后来弩成为汉朝（前1—公元2世纪）军队的标准武器，那时就安装了构造既漂亮又复杂的铜板机机构（见K. P. Mayers，1）。弩曾可能两度引进到西方世界，5世纪前是第一次，第二次是在10世纪时期[10]。当然，希腊和罗马也有原始抛射武器，如弹弓、石弩、弩砲等，安装了各种各样的扳机机发机构，但是它们似乎都是通过一横向杆上、下或绕着一枢轴旋转作用而使抓钳放松弓弦[11]。甚至手持滑臂弩（*gastraphetes*）也不例外。换句话说，这些扳机不是像中国人的那样，通过在托柄上安装枢轴，从下边扣动。因此中国人的装置与蛇形杆（发火机）有关。

现在我们可以回过头来探讨后来变化的火绳枪领域，也就是燧发枪。1550年燧发枪首次开始使用，在西方世界逐渐而稳步地取代了火绳枪。从大约1725年起，这种枪就在火器中完全占统治地位了。但一个世纪以后，当在雷管中成功地使用雷酸汞并用

---

[1] 在1414年和1419年帖木儿王朝和中国皇帝之间使节交往又为时太晚了；参见Dunlop（10），Maitra（1）。

[2] Yule（2），vol. 1，pp. 173—174，264ff.。

[3] Yule（2），p. 174。

[4] 当然我们希望了解1453年以前拜占庭滑膛枪的情况，但却没有文献可查。

[5] 见Olschki（6）。

[6] 本书第一卷，p. 189。

[7] 除了火药外，人们还会提到机械钟、铸铁鼓风炉、雕版印刷、弓形拱桥和跨岭运河闸门以及15世纪问世的旋转运动与直线运动互换的三元机构。见本书第四卷第二分册，p. 383，和Needham（64），pp. 61—62，119ff.，201。

[8] 或者甚至是土耳其人。

[9] 这一观点是1981年10月5日在京都的座谈会上，由我们的朋友吉田光邦教授提出的。参见Allen（1），pp. 78ff.，110。

[10] 欧洲对弩机最古老的描述是在欧塞尔的海莫（Haimo of Auxerre）的书《以西结书》（*Book of Ezekiel*）中［国家拉丁抄本目录，12302；Blackmore（5），p. 174，图72］，这是一部10世纪后期的著作；并在1086年《启示录的四骑士》（*The Four Riders of the Apocalypse*）的加泰隆（Catalan）版中［奥斯马镇（Burgo de Osma）大教堂图书馆手抄本；Blackmore（5），p. 176，图73］。

[11] 参见Marsden（1），pp. 6，11，34—35；（2），pp. 47—48，102，179，180—181，219—220和261。

来起爆推进子弹的火药时，这种枪就注定被逐渐地淘汰了①。这主要归功于19世纪前十年亚历山大·福赛思（Alexander Forsyth）的功绩，然而小礼帽形铜帽最有资格的发明家却是1822年的乔舒亚·肖（Joshua Shaw）②。

总的来说，中国或日本似乎都没有燧发枪时代，这是由于中国在军事上保守，而日本是由于在1636年至1853年期间对外来影响实行闭关锁国的政策。正如我们已经注意到的（p. 37），清朝时期很少出现兵书，因而要推测燧发枪类武器何时才受中国人重视是很困难的。魏源至少于1841年描述并极力推荐这种武器③，他叙述了火石固定于撞机的螺旋夹或"叉头"内的技术④。但于1860年，即英法联军侵华时，中国守军就 466
经常使用火绳枪（图156）⑤。至于日本，有证据证明荷兰于1636年把十支新式燧发手枪送给幕府将军⑥，还有证据证实某个武士于1643年在荷兰船"布雷斯肯斯"号（*Breskens*）上试验火石机枪，获得了满意的结果⑦——然而事情没有获得新进展，其原因我们可能要在以后几页涉及到。

燧发滑膛枪在中国并不受青睐，这却使人有点吃惊。因为我们知道（pp. 198ff.）火石钢轮从14世纪中叶以来就已经在中国用来对地雷和定时炸弹进行自动点火⑧。而在中国，用火石和钢轮打火，一定知道得更早，完全可追溯到人们对钢本身认识的时代，这意味着早在公元前3世纪⑨。这种打火的方法何时在西方开始，一直存在着相当大的意见分歧。公元初期普利尼⑩和罗马人肯定知道这一方法，有些人认为运用这一方法还要早⑪。因而根本没有理由为什么火石激发的滑膛枪优点在东亚不被欣赏。确实没有受到欣赏⑫。

因而有人会说火绳滑膛枪只是在19世纪下半叶才为雷管⑬和弹筒来复枪所取代。

---

① 在许多说明中，布莱克莫尔［Blackmore（4），pp. 124ff.］是最简短明晰的。火石激发机构在1800年后仍沿用了几十年。雷酸盐的性质、历史及应用，见Davis（17），pp. 400ff.。

② 正是福赛思提到用雷酸盐做起火条药，而肖提出了大量生产金属帽的方法。

③ 《海国图志》卷九十一，第一页起。

④ 正如韦利［Waley（26），p. 53］所指出的，"撞击枪"（percussion-guns）正是在此时产生的，因而将其用于火石激发已为时过晚，虽然西方人在某种程度上还在使用它。

⑤ 支撑叉头安装在枪口一端在图156中也可见到，正如在描绘17世纪初战役的画中所反映的那样。（图152和图155）。周纬［（*1*），第336页］1957年写道，火绳滑膛枪在当代仍然为中国西部和西南地区边境少数民族所应用。罗克［Rock（2），图版12］描述了西藏火绳枪仍然被穆利王（Muli King）的士兵们应用。

⑥ Caron & Schouten（1），p. xxxiv。

⑦ Montanus（1），pp. 352—353。

⑧ 钢轮激火法，见《火龙经》（上集）卷三，第二十七页；《兵录》卷十二，第六十一页至第六十二页；卷一三四，第十四页至第十五页，和第六页，第七页，明确提到火石。刘仙洲（*12*）给予了进一步的分析。

⑨ 参见Needham（32），pp. 24ff.。

⑩ *Nat. Hist.* xxxvi，138。又见Harrison（4），p. 219；Neuburger（1），p. 234；Feldhaus（1），col. 319。

⑪ 福布斯［Forbes（7）］认为早在公元前700年，地中海区域即有钢，这种观点可能是对的，火石与钢轮可能出现在公元前300年；见Forbes（15），p. 9。这使得波拉德［Pollard（1），p. 37］的观点显得不合理，佩林［Perrin（1），p. 70］嘲笑了他所说火石激发原理是由葡萄牙人从日本带回来的。达·芬奇已经有了这种观点（参见上文p. 428）。

⑫ 除非我们在所谓"自闭火门"中看到这是指火石激发机有关的某种东西，王鸣鹤约在1598年把此种自闭火门误称为"时代的新奇事物"（《火攻问答》，第一二九一页）。

⑬ 从1844年丁守存那儿我了解到火石激发机的技术术语是"自来火机"，而雷管（火帽）的技术术语是"自来火药"，（《海国图志》，卷九十一）。

一般说来，中国武装力量的第一次重大现代化应归功于李鸿章，他于 1864 年用 1.5 万支外国造步枪武装了他的军队[①]。然而李秀成的太平天国革命军在两年前就已经掌握了
467 几千支类似的轻武器[②]。与此同时，程学启也正在组建"洋枪队"[③]，1863 年捻军的骑兵被某种"连环枪砲"（机枪）所击败[④]。这正是中国开始修建其自己的兵工厂时代，其中由曾国藩建造并由工程师徐寿和华蘅芳（1862 年）[⑤] 负责的安庆兵工厂继续制造火绳滑膛枪，并且也在开始为步枪制造火帽[⑥]。著名的江南机器制造局创建于 1865 年，但是直到 1871 年这个局才生产出令人满意的现代步枪[⑦]。早在十年前，御史魏睦庭就上奏，中国应该立即仿造欧洲火器。他声称"所夸耀的欧洲武器技术毕竟中国古已有之"。他坚持认为"元朝蒙古人把火药和火器引进到欧洲，虽然这些火器后来在欧洲以非凡技术而获得了极大的改进"[⑧]。许多学者有同样说法，例如王仁俊在其《格致古微》里就与魏的看法雷同[⑨]。他们说得多么正确，如果他们敢说是在前一个朝代即宋末，作为传播的年代，则更加正确。

最后我们讨论一下两段前曾提到的一个问题，即日本没有采用燧发滑膛枪——因为他们几乎完全抛弃燧发滑膛枪。有一个时期，即在 1636 年闭关锁国前 100 年，当时火器在日本的战略战术中占突出地位。但是 17 世纪之后，控制日益严格，火器工人的工作业已转向。[⑩] 我们（p. 429）已经提到过 1575 年长筱战役中织田信长的一万名滑膛
469 枪手，当时他击败了武田胜赖[⑪]。仅仅在这几年前（1567 年），同一部族的贵族武田晴信曾推荐说滑膛枪是未来最重要的武器[⑫]。丰臣秀吉远征朝鲜时，滑膛枪的确广泛地使用过[⑬]。但是尤其在中国军队为支援朝鲜而潮水般地开进朝鲜后，日军指挥官告急文书雪片般飞回国，要求紧急加派滑膛枪和滑膛枪手[⑭]。最后一次使用滑膛枪的重大战役是 1637 年攻占岛原反叛的原之战，那是基督教农民和无土地武士的一次起义[⑮]。

---

① 见 Kuhn（1），pp. 308ff.。1863 年李鸿章关于西方滑膛枪和大炮的上奏译文见 Têng Ssu-Yü & Fairbank（1），pp. 70ff.。

② 著名的"太平天国运动"从 1851 年持续到 1864 年；参见 Curwen（1）；Kuhn（1）。

③ Liu Kuang-Ching（1），p. 426。

④ 同上，p. 471。又见 Têng Ssu-Yü（3），pp. 170ff.。

⑤ 参见本书第四卷第二分册，p. 390。

⑥ Kuo Ting-Yi & Liu Kuang-Ching（1），p. 519。

⑦ 同上，p. 521。

⑧ 《清代筹办夷务始末》（同治年间），Anon.（212），第 2 卷，第 35 页以后。关于这些著作见 Hummel（2），p. 383。

⑨ 见《格致古微》第 2 卷，第 25 页、第 27 页、第 28 页。

⑩ 早期他们显示出高超的技术和独创性，以及制造在雨季中使用火绳枪的火绳保护器（图 189），［参见 Perrin（1），p. 18］，还有螺旋主弹簧（参见图 175 土耳其滑膛枪的详细内容），还有一个校准扳机拉栓［Gluckman（1），p. 28］。甚至有人认为 17 世纪军队中古老的滑膛枪筒在佩里时代（1853 年）以后变成了雷管步枪，后来在 1905 年日俄战争中又变成了脱弹壳步枪［Kimbrough（1），pp. 464—465；Perrin（1），p. 67］。

⑪ Turnbull（1），pp. 156ff.。一部分滑膛枪手由著名的将领本多忠胜（1548—1610 年）率领。

⑫ Brown（1），p. 239。这一时期被提到的名字武田晴信（1521—1573 年）即是武田信玄，他在 1551 年改名。

⑬ 从 1592 年至 1598 年。记述这次战役的著作《朝鲜物语》，由普菲茨迈尔［Pfizmaier（107）］翻译，虽然现在看来它显得非常古老，但其中仍有许多有趣的事情。

⑭ 实例见 Brown（1），pp. 239，241，244；参见 Perrin（1），pp. 30—31。

⑮ Murdoch（1），vol. 2，p. 658。

468

图 189 雨季中使用的日本火绳枪火绳保护器，由宇多川帮彦绘（1855 年），京都吉冈家藏。根据 Perrin（1），p. 18。

随之而来的就是火器控制，几乎是火器禁止的时代。第一个步骤是丰臣秀吉本人于1586年采取的，当时他宣称他需要尽可能多的铁以建造一座巨大佛像，全体农民、武士和僧侣都必须“自愿”为此献出他们的火器①。随后在家康赢得关原战役并于1603年建立起了德川幕府之后，批准成立两个大军械中心，琵琶湖畔的长滨和大阪附近的境②。建立了一个“铁砲奉行”机构，除了接受那些来自中央政府的定购外，它不接受任何其他订货要求，不过允许军械工人领取年薪，不管他们是否制造出任何滑膛枪。截止1625年，完全实行了垄断，而定单减少到最低限度③，火器的出口也同时被禁止④。这种局势一直持续到1853年佩里海军准将（Commodore Perry）到达，使日本幕府迈进了现代世界，并于1867年实现明治维新。德川时代的火器压制政策大概说明了这样一个事实，即新一白石（1656—1725年）编写并于1737年出版的《本朝军器考》仅有一卷简单地阐述了枪炮⑤。

470 为这奇特的现象有人列举了五大原因，都令人信服⑥。第一，滑膛枪和射击技术与日本古老的封建阶级关系相冲突。大名（贵族）、士（或侍）、武士和浪人都一贯轻视地主（“地士”）、自耕农（“乡士”）、农民（“足轻”）和平民。把武器交到这些人手里，这会使他们能够远距离杀害这个国家高贵的大名和浪人，这是对封建社会准则的侮辱。正如松平伊豆守在岛原反叛时所说“火器破坏了武士和农民间的差别”⑦。滑膛枪与封建武士道的风俗，诸如争冠的单个搏斗［见本书本卷第六分册，c（2）］等是不相符的，并且有把技术从战场指挥官转移到军械工匠和兵工厂机械工的后果。毫无疑问，日本军事贵族极度讨厌滑膛枪和射击技术，与在两千多年的大部分时间里能成功地使军事降至次要地位的中国非世袭官僚制精英完全不同。

第二，在日本，刀与火器相比具有很大的神秘性。“名和刀”（“名字带刀”）的特权对农民和商人是绝对禁止的。包含强身健美姿态的舞刀，被认为是美学的一部分⑧。相比之下，滑膛枪手的动作是粗俗或单调的。著名的手抄本著作《稻富流铁砲传书》⑨描绘了仅仅身着“裈”或典型的日本围裙和腰带的枪手，似乎有意突出他们卑俗、丑

---

① Murdoch（1），vol. 2，p. 369。

② 对17世纪来自境军械中心的火器制造逐渐减少的粗略描述，见Itakura（1），p. 143。

③ 关于这一问题最好的描述见有马（*1*），第657页起，第667页起，第670页—第671页，第676页—第677页。

④ 虽然东印度公司的理查德·威克姆（Richard Wickham）1617年为暹逻运出去一些［Pratt（1），vol. 1，pp. 243—244，265］。

⑤ 参见Waterhouse（1），p. 95。但是，随着时间的推移，对这种火器压制政策有不小的忧虑。1808年著名兰学学者佐藤信渊（1769—1850年）出版了一本论述小型武器的书，他本人也进行了一些发明，而1828年才对燧发枪进行过多次试验。仅仅在佩里前一年，第三个学者佐久间象山（1811—1864年）对日本海防炮兵阵地的糟糕状况而深感痛惜。见Tsunoda Ryosaku（2），pp. 568，615。还有村上定平（1808—1872年）的学派对火器的研究有相当大的影响，见岩崎彻志（*1*）。到那个世纪末，本田俊秋主张制造火药。见Keene（1），p. 162。

⑥ 见Perrin（1），pp. 24ff. 33ff.。

⑦ Murdoch（1），vol. 2，p. 658。

⑧ 当然，带有强烈美学成分的武术，在中国也同样存在［参见Lu Gwei-Djen & Needham（5），p. 303］，经常做为道家自我修身的一部分，但是从来不与诸如平叛、建立新朝代，或抵抗侵略等重大政治事件发生冲突。

⑨ 参见上文p. 390。

陋、平庸和无服饰佩备的原始状态①。第三，武士阶层在日本比西方世界相对而言要多许多（大概占总人口的8%，而英国只占总人口的0.6%），因此对火器的偏见在政策上更能寻到知音。这也许能说明火器在绝大多数欧美封建社会能成功地发挥作用，而在日本却并非易事——其他一切因素，诸如欧洲的城邦传统、自由民和几个世纪一直等待时机的商人冒险家例外②。

第四，首次与西洋人接触以后，在日本掀起了一股仇视西洋人的巨大浪潮。我们 471
知道，1616年以后基督教在日本是非法的。英国人于1623年放弃了他们在日本的工厂，西班牙人1624年、葡萄牙人1638年被驱逐，荷兰人1641年以来被限制在长崎的出岛。很明显，火器过去是（并一直是）某种本质上外来的东西。第五，由于日本是个单一的政治实体，在地缘上比任何一个欧亚大陆国家都更隔绝，所以他们可以完全关闭国家的大门。从历史的角度看，拿英国对于欧洲或斯里兰卡对印度相比，日本与外界更加隔绝。

佩林［Noel Perrin（1）］③ 在一本卓越而且激动人心的著作里应用这一历史情节论述了在一个时期内某一民族的确成功地“阻碍了军事技术的向前发展”，或至少使它原地踏步不前。他争辩说这是“技术选择性控制”的一个成功事例，而这应该使我们确信，核军备竞赛并非不可避免，核战争的大屠杀也不是不可避免的，没有人能在这方面取胜。他声言一个“无进步的社会”完全可以同繁荣和文明的生活和谐共处④，同现代世界大多数人所想像的不同，人类的存在不见得是其自身知识和技术的被动的受害者⑤。他认为德川时代的日本历史表明，人们能够放弃一种新型的、令人生畏的武器。我们深深地同情这种论述，然而日本是一个非常特殊的例子。放弃火器基本上是封建的、反民主的决策，其所以有效，因为一度有可能把整个国家同世界的其他国家隔绝。

今天没有一个民族是“自我孤立”（Ilande unto itselfe）的［约翰·多恩（John Donne）的名言］。轨道卫星监视着每一个人，贸易的纽带把所有社会连在一起，电讯使整个地球四通八达，因而不管怎样，世界是一个整体。相反，我们认为不仅掌握原子武器，而且掌握核能、激光、太空飞行和计算机，是摆在人类面前需要达到的某种目标。我们既知之，不能不知，我们也不能拒绝新知识，但我们能够拒绝使用。早些时候⑥我们引用了8世纪《关伊子》书的某些话，书中作者⑦讲到了技术和自然的许多奇迹——如何在冬天产生雷，如何把死人救活，如何使偶像说话，以及如何（在目前的上下文中奇妙地适合）作出锐利的佩刀。他说：“只有有道的人能做到这些，虽然有能力做到，而最好不这样做。”⑧ 既知之，又抑之，这是人类不惜任何代价要吸取的教 472

① 这部著作附有32幅插图，是在1595年为著名的制枪的稻富家族而作的。1607年的写本现藏于纽约公共图书馆，斯潘塞特藏抄本第53号，佩林［Perrin（1），pp. 43ff.］转载了其中的几页。

② 17世纪的组画，例如“安特卫普步兵荣誉中队”（‘Honorable Company of the Musketeers of Antwerp’）反映了他们用圆锥形玻璃杯喝酒，是这里重要的象征。

③ 我们在前面很多部分的内容都受惠于他。

④ 虽然这种观点与他强调拓植秀臣［Tuge Hideomi（1）］描述的德川时代日本技术进步相矛盾。

⑤ 参见Roszak（1，2），曾谈到“技术的强制性”。

⑥ 见本书第二卷，p. 449。

⑦ 可能是田同秀。

⑧ “惟有道之士能为之，亦能能之而不为之”。（《关伊子》，第二十页；《文史真经》卷七，第一页）。

训，因为代价还没消失，还继续存在，决不会减少①。

(19) 作为推进剂的火药（Ⅱ）：火箭的发展

现在我们终于要探讨火箭问题，由于许多原因，这是一个尤为棘手的问题，在很大程度上是因为装置已发生了本质的变化，而其名称却未变。"火箭"（fire-arrow，纵火箭），正如我们听见到的（pp. 11ff.）一样，是唐朝时代和更早时期应用于纵火箭的一个技术术语。然而在蒙元时代，这个词已开始指火箭了。没有人注意到此种变化，也无人去思考这在几个世纪内它给技术史家造成的重重困难。火箭在大约1280年时，在战争中就肯定使用了，不过那正是哈桑·拉马赫②称其为"中国箭"（*Sahm al-Khiṭāi*）时，这意味着火箭早已为人所知，并在先前已使用过一段时间（上文 p. 41）。火箭在希腊人马克作品中出现（大致相同的日期）还有点不那么肯定，其"空中飞火"（ignis volantis in aere）可能就指火箭，但更有可能是火枪③。早在另一处（pp. 153，226）我们不得不下结论说，差不多可以肯定在1044年出版的《武经总要》里没有描述火箭。"火药鞭箭"更像两人投射的纵火标枪。然而火箭于1340年就大量出现了。因此我们必须在那三个世纪中的某处去寻找其起源。我们认为基本上应该在地老鼠方面去考虑。这是最初用来惊吓部队和扰乱骑兵的烟火，随后，这种带有棍（箭杆）和平衡锤的花炮广泛应用于长距离弹道④，但是其确切日期究竟是什么时候呢？

473 许多事情使这一探索极端困难。例如，一般有关兵工厂和军事供给的事都保密（参见 pp. 24，93）⑤，恰好又没有1100年至1300年间有关火箭或类似火箭的战争记载。在随着金攻陷开封而告终的宋、金朝之间的战争中并没有使用上述火箭。然而火枪，正如我们已看到（p. 223）在950年时就已经在使用。这几个世纪以来，火枪对枪手手臂之强大后座力和反冲力一定为人们所了解。而且在战斗期间，偶然砍掉枪杆托柄，火枪喷管向前喷射火焰，本身向后嗖嗖飞过，也许会飞向空中⑥。这里还有另一种密切的联系，因为火枪时常用火箭推进（下文 p. 484）。我们将设想，火箭即起源于此，它来自于装满火药的火枪管，却脱离其枪柄，所以可以根据突然的情况灵活地在任何方向飞行。

---

① 决定需要制止什么，当然需要重要的判断。在我们看来，德川时代的日本人懂得，但却因错误的原因，在今天无法重演的条件下加以抑制。但是佩林对他们的赞赏也并不完全是没有根据的。我们坚持说，和平主义者的理由和意识，也并不总是对的，后面我们将谈到一些关于战争作为人类进步过程中的手段的问题。同时应该指出，汤姆金森［Tomkinson (1)］谈到了中国和平主义哲学的历史。

今天，当更多的人发现很难区别"恐怖主义者"和"自由战士"时，我们在具有高级的炸药和高度发展的火器的情况下，正在目击着一场史无前例的"民主化运动"，或者更确切地说："全球化运动"。人们希望这是通向未来的正义、平等和富庶的社会的词句。

② 参见 Reinaud & Favé (2)，pp. 314ff.；Partington (5)，p. 203。

③ 我们记得飞火枪的例子（上文 p. 225），这一定是指"飞火"的枪，而不是"飞行的火枪"。这并没有证实1232年就有火箭，正如人们常常所考虑的那样［例如 von Romocki (1)，vol. 1，pp. 46ff.；Feldhaus (1)，col. 853］，虽然那时可能已经有了火箭（见下文 p. 512）。戴维斯［Davis (10)］的解释是对的。

④ 见下文 pp. 477ff.；当然，它很可能起源于娱乐烟火。

⑤ 举一具体例子，火药武器在王应麟的百科全书《玉海》中全部被排除在外，虽然这部书的编辑晚至1267年。

⑥ 我们在皇家武器装备研究与发展院奈杰尔·戴维斯博士的著作中看到了这种观点。

在这样的条件下，最好的方法就是先描述最先充分引起人们重视时几种不同类型的火箭，然后再探索其历史，以便尽可能简略地概述其可能的起源及其发展过程。在这里需要遵循最符合逻辑的可能安排顺序，我们打算在下面几个小节内这样做。这种顺序在元、明兵书中是不可能找到的，其中各种武器都混杂并置在一起，有时相当混乱，每项说明、每幅插图都必须进行仔细的考究，方能确定所探讨的武器当属哪一种类①。

(i) 用于军事的“地老鼠”

我们较早时提到民间烟火表演时看到这种奇妙的发明（p. 134），推断它是一根装满低硝火药并在另一端隔膜中有一小孔的竹管。点火后，在地面的四面八方乱窜，这是火箭推进的初级形式。这种东西可以用浮体很容易做成，以便在水面上滑行，而称 474
作“水鼠”。也可采用其他形式，如我们将要看到的（下文 p. 514）。在军事领域中我们发现它常封存于薄壳炸弹里，释放出十多个或更多这类小型火箭以扰乱敌人骑兵——也可以扰乱步兵。这大概是最原始的形式，是火箭推进器在战争中第一次亮相。

也许“西瓜砲”炸弹就是模式标本②。重要的是，这种火箭可在《火龙经》（图190）中最古老的火器一章中发现，这至少可追溯到14世纪最初50年。下边我们摘译了其有关章节③：

> “西瓜砲”炸弹是攻城最有效的武器，尤其是从高处打击低处（的敌人）时。炮中有一、二百个小（铁）蒺藜，五、六十筒“火老鼠”。[在每一筒火老鼠表面安装有三个小钩，每个“火老鼠”都有火线贯穿。所有这些都在放火药之前放入炸弹中，火药只能放满，不能压实。封住上口，再糊上两层蔴布，二十层硬纸，然后在阳光下晒干。炸弹四周分为三部分，锥三个小孔，放入三条药线。顶上正中再锥一小孔，将一个二寸长的细竹管放入。从竹管中放入一药线，使得炸弹能爆炸均匀，四条药线（在顶部）连接在一起。]
>
> 当敌军来到城下，点燃总线，当药线燃至四条药线的连接处，把它抛至敌军中间。火线必须用四条的原因是为了防止在扔出炸弹时燃烧的药线熄灭。[在爆炸的时候，甚至纸壳碎裂也能伤人。顷刻，蒺藜遍地，“火老鼠”乱窜，烧伤士兵。进攻者只能逃跑，当他们逃跑时，铁蒺藜必然要扎伤他们的脚，当他们摔倒时也会被扎伤。再也不敢来到城下。]④
>
> 〈西瓜砲，又名皮砲，此物原是守城第一美器，盖以高临下，方可用也。砲中入小蒺藜一、二百枚，火老鼠五、六十筒，每一鼠筒面倒缚细毛钩三口，各贯火线，俱人砲中。然后入砲药，

---

① 论述中国火箭的起源与发展的文献不少，但多数即使不完全错误也是误解，例如施特鲁贝尔［Strubell (1)］的论文。

早期的观点（p. 108），我们注意到一种可能很重要的事实，即德语将火药称作 *Kraut*，即草药，正如“火药”中的“药”那样。现在我们发现荷兰语中火箭是 *vuurpijlen*，似乎直接从“火箭”译成。温特［Winter (5)，p. 10］注意到这个问题。这种奇怪的巧合至少是值得考虑的。

② 《火龙经》（上集）卷二，第八页；《火攻备要》，同上；襄阳版《火器图》，第十三页。

③ 方括号中话见《武备志》的扩大版，卷一二二，第二十四页、第二十五页，和《兵录》卷十二，第十六页、第十七页。

④ 由作者译成英文。

但使药满，不可筑实，人药之后，紧闭其口，再糊蔴布二层，圣纸二十层，晒干，周围分三停，锥三细孔，俱贯人药线。顶上正中锥一孔，人二寸长细竹管，夹一药线贯人其中，使其火当中发，爆力均齐，不致偏胜也。四药线会归一束，俟贼至城下，点燃总线，待火将分丢落贼群中，火线必四者，防抛灭也。砲声一响，纸壳碎裂亦能伤人，蒺藜布散满地，火鼠错乱烧人，人必走动，脚踏蒺藜，自然伤跌，断不敢再至城下矣。〉

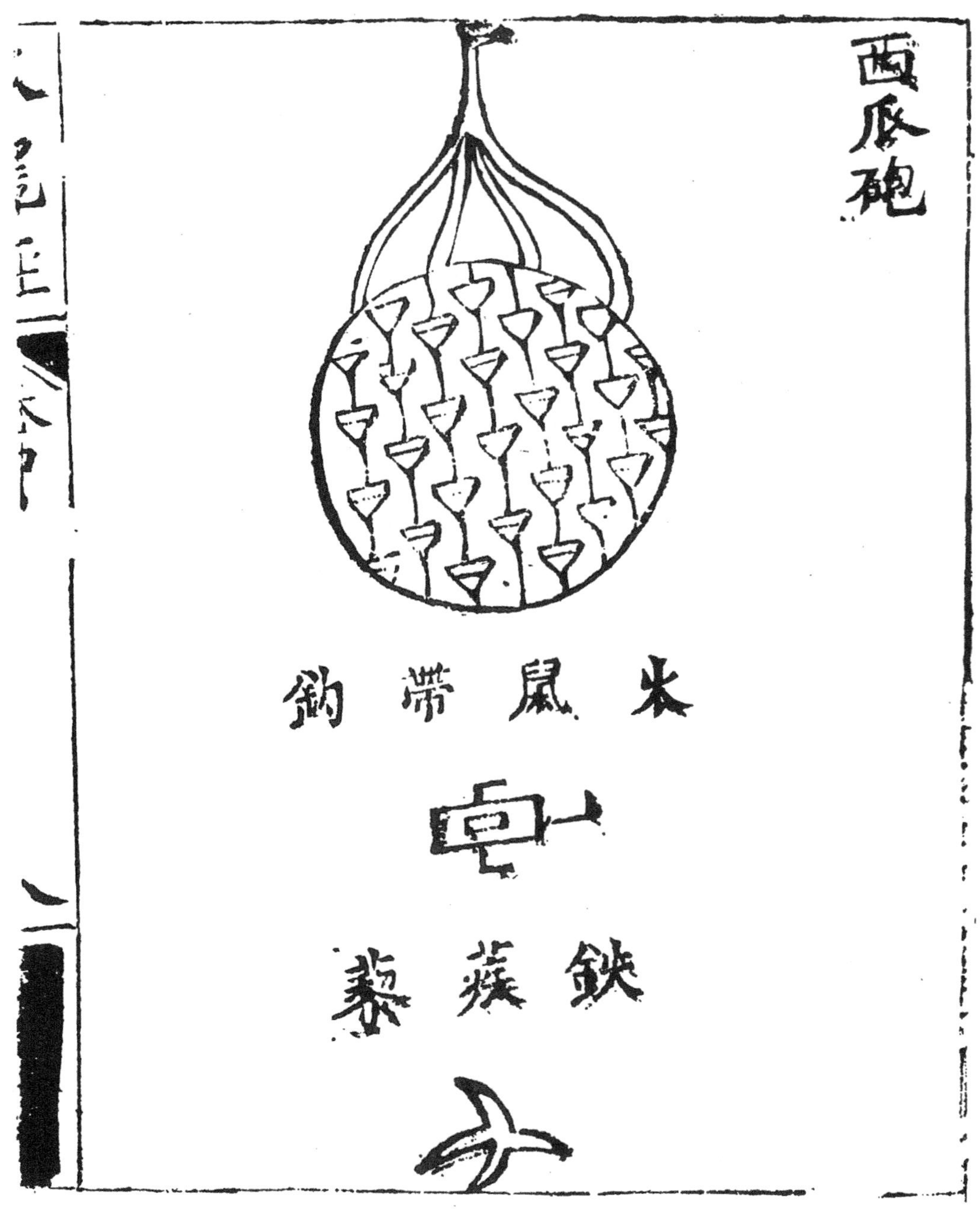

图 190　火箭的鼻祖。“西瓜砲”，内装许多带钩的“地老鼠”或“火老鼠”，也就是小型火箭。采自《火龙经》（上集）卷二，第八页。

另一种同类型自动推进武器是“轰雷砲”，也出现在《火龙经》中最古老的兵器章节①。其大小更像一枚手榴弹②，内装填有火药和毒药。但其亦有硬纸板管做的“地鼠”和内盛铁蒺藜，因而其构思极其相似（图191）。如果精心制作，它能使敌人头晕 475

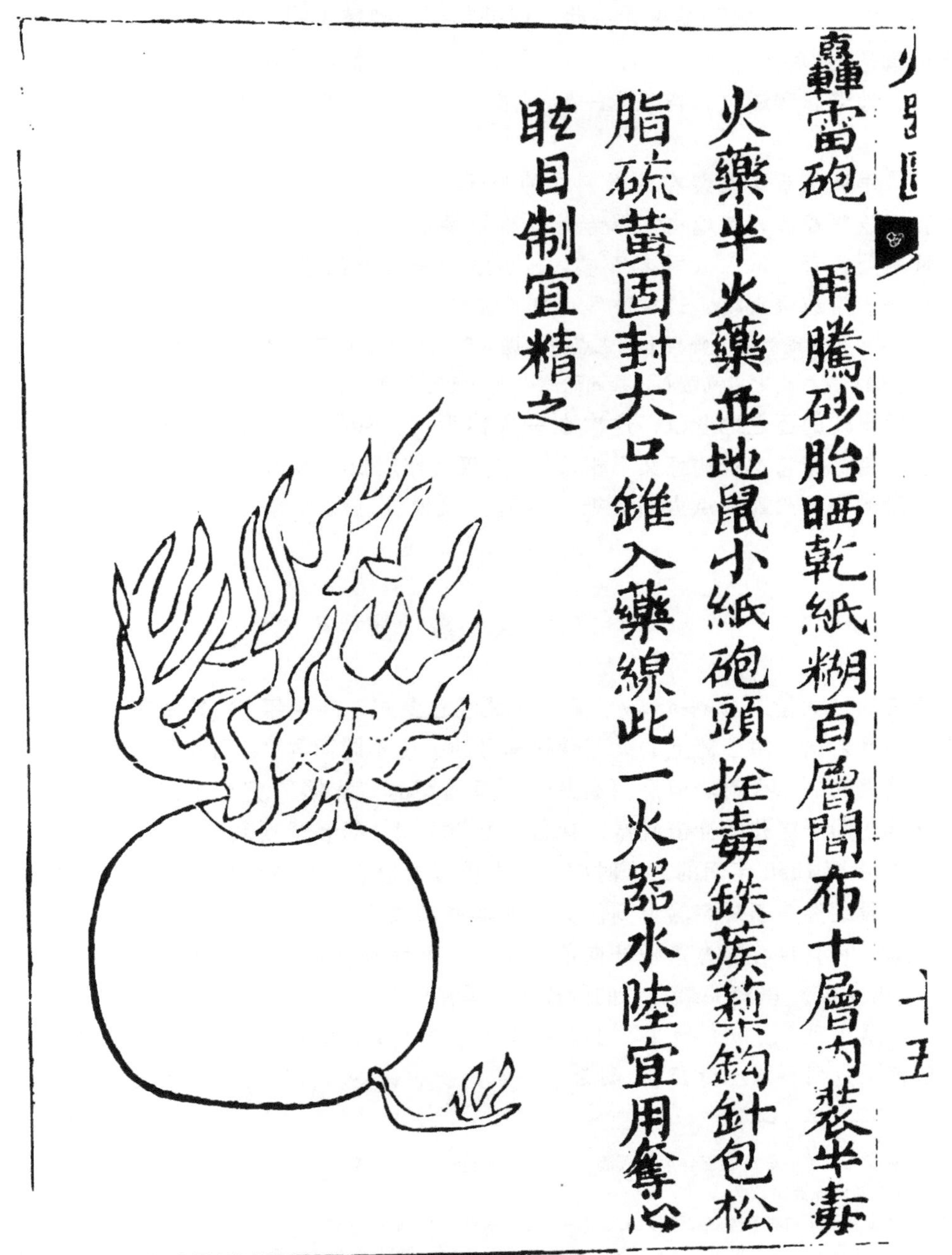

图191 另一种内装带有铁蒺藜和毒药的微型火箭（《火龙经》（上集）卷二，第十三页，此图采自《火器图》，第十五页）。此物也见《火龙经》最古老的火器一章。

① 《火龙经》（上集）卷二，第十三页；《火攻备要》，同上；襄阳版《火器图》，第十五页。

② 因为此物以晒干的骡粪作球胎，周围糊以布和纸，此后粪胎破裂并通过火孔中泄出。

目眩，泄气丧胆，并能水陆两用。刚开始这些武器一定能够产生惊吓的作用，因为敌人预料进攻会来自高处或水平方向，而没有料想到进攻会来自地面上最初被认为是玩具的物体。

476 “烧贼迷目神火毬”要更大一些，但是其制造则基于同一原理，一直到17世纪才有所记载[①]。此种火器有一泥胎，用柿子胶在泥胎上糊若干层纸而成一壳，内装火药、铁蒺藜、地老鼠和爆仗，再加上一定剂量的“飞砂”和“神烟”。《火龙经》这样写道：

477 军队携带这些装在油绳制成的袋子中的炸弹。在战斗中士兵们将它们点燃，扔到敌军或敌人营地中，爆炸时（铁）蒺藜散到敌军脚下，扎伤他们，同时地老鼠到处乱窜，窜入敌军盔甲中，发出爆炸并上下乱窜，使得敌军惊慌混乱。乘此机会利用铳炮火攻，这样敌军没有不被打败的[②]。

〈再用油绳为络上阵兵士持之点信，抛入贼营碎击，则蒺藜捌脚，地鼠攒入衣甲，满地跳，躍惊烧小爆，击之以乱贼心，乘此而用火攻，无有不则者。〉

最后出现的还是地老鼠，这次在一种称为“火砖”的装置内装有尖细的小铁钩，尽管这个名称与它本身的意义不相符[③]。这仅是作成长方形的炸弹，在火药中装入分别带有药线的小型火箭。点火后，把“火砖”猛地投进敌人营垒之中，使其着火，造成混乱[④]。

(ii) 火 箭 箭

传统的“火箭”(fire-arrow) 见于《武经总要》(1044年)[⑤] 另附有图解。图解说明它由弓弩射出，附于箭上的火药量根据弓的强度不同而异[⑥]。因此很明显，这是一种使用低硝火药的纵火箭。但是《火龙经》里描写的“火箭”完全不同，因为它是一种火箭推进的用于穿孔的冲击武器，其名称可能相同，而装置则完全两样。

1150年至1350年间的某个时期，有人曾看到地老鼠从地面腾空而起，并在空中飞行了一小段距离，于是突然想到假如把这样一根管子附在一根有羽的杆上，也就是箭杆上，那么它有足够的力量把杆向前推进，从而无需使用弓弩。这是一项十分重要的发现。《火龙经》里有关最古老的阶段这样写到[⑦]：

用4尺2寸长的竹筒，上安4寸5分长的铁（或钢）镞，[上面涂有毒药；在箭筒上也同样涂上毒药]。羽后有一4分长的铁坠。前端有一纸筒捆在竹筒上，以

---

① 《火龙经》（中集）卷三，第三页起；《武备志》卷一三〇，第八页、第九页。

② 由作者译成英文。

③ 《火龙经》（中集）卷三，第六页、第七页；《武备志》，卷一三〇，第十八页、第十九页。

④ 两个说明中有一个提出加入产生毒烟的物质。两个世纪以后（约1565年），“火砖”在戚继光的著作中再次提到（《纪效新书》卷十八，第二十六页；《练兵纪实杂集》卷五，第二十九页），但是兵工厂中不再生产此老式武器。王鸣鹤在这个世纪末仍然还在谈论它（《火攻问答》，第一二九六页。）

⑤ 《武经总要》卷十三，第三页。

⑥ 甚至箭稍的凹口也描绘了。

⑦ 《火龙经》（上集）卷二，第二十二页；《火攻备要》，同上，襄阳版《火器图》，第二十页。方括号内的论述来自《武备志》卷一二六，第四页、第五页。由作者译成英文。

便点燃“起火”[“起火”涂上油以防潮]。想开火时，用一龙形架，或者装入一个合适的竹筒或木筒，[或者不同种类的发射箱]。

〈俱用小竹，杆长四尺二寸，铁镞长四寸五分，上涂毒药，有捏明火者，翎后钉铁坠，长四分，前绑纸桶起火，油蔽混放，时有穿龙形架，或装竹木桶，或架各火箱，取其便也。〉

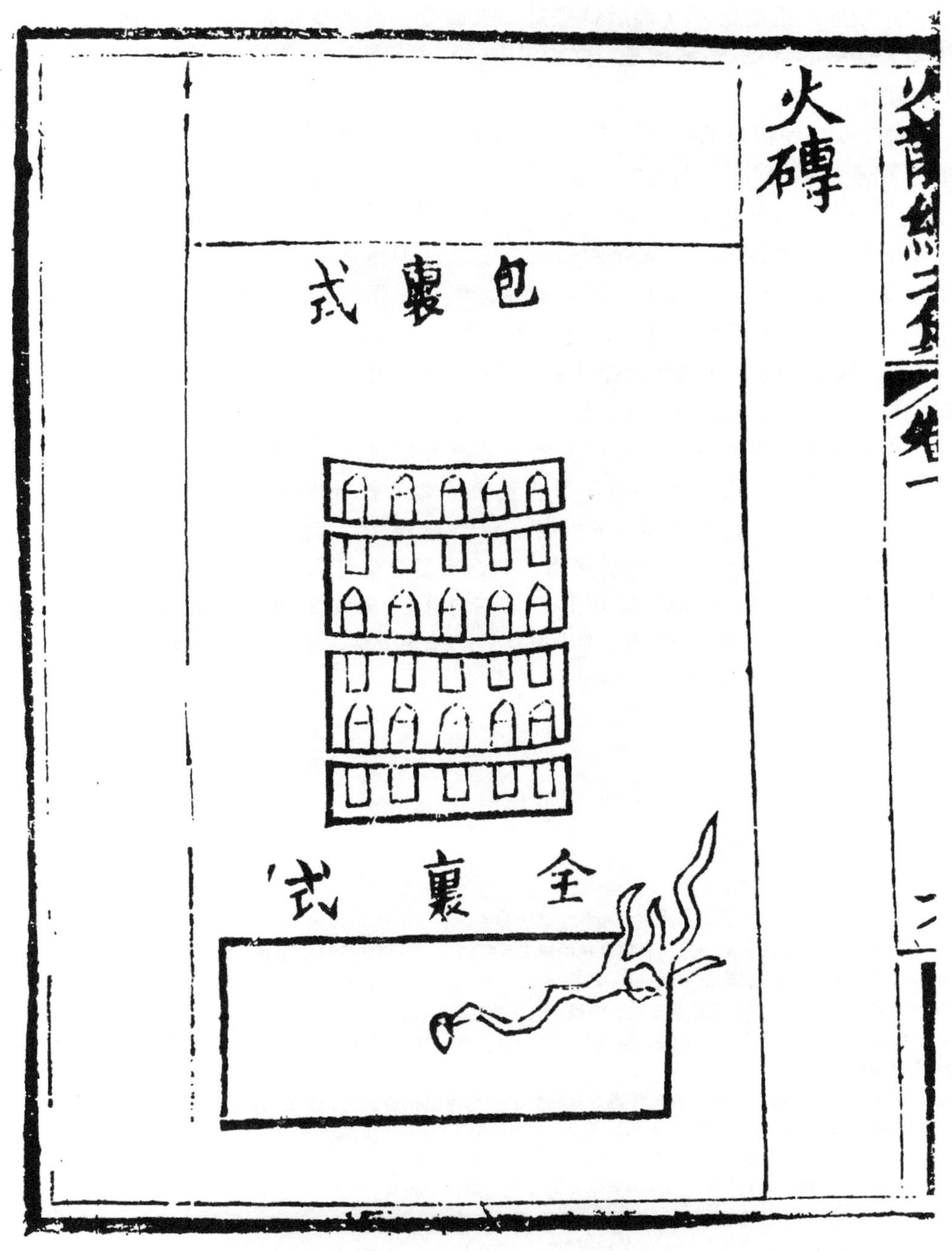

图 192 “火砖”炸弹，内装带有许多小铁蒺藜的微型火箭。采自《火龙经》(中集)卷三，第六页。

478 插图（图 193）展示出两种发射筒，其中之一有龙头。箭尾显示出的平衡锤非常重
要，很明显这对弥补火箭筒的重量一定是必不可少的，并且随着火药的烧尽，可增加
480 火箭运行速度所需的力。这是此发明的第二个方面。《武备志》里有一段阐述得更清
楚[1]，它写道："（火箭箭）尾部安有一个铁锤，在箭羽后，平衡坠的支撑点安装在离
火箭筒口刚好四指宽处。"〈镞后钉铁坠，长四分，前绑纸筒起火〉戴维斯和魏鲁男称
之为重力的中心点[2]；遗憾的是，文中没有特别说明该中心点是在火箭筒口之前还是在
筒口之后。

《武备志》除转载了早期的图外，还补充了一些新的资料。首先它提到了好几种不同的火箭弹头[3]。其次，也是更为重要的是，《武备志》插图展示了在火箭筒内的火药柱中钻开一个孔所需之钻具，以便火箭飞行时能均匀地燃烧[4]。这是又一重大发现，也是此发明的第三个方面，在火箭发展的初期，这种钻具就一定制造成功了。在另一幅图中（图 194）[5]，人们可见火箭筒内的孔，还有一幅（图 195）[6]，钻具用图解形式所展示[7]。图中文字说明火箭箭在陆地作战中最为有效，一点也不逊色于鸟嘴铳（参看 p. 432）。这可能是一种非常致命的武器。但是填药中央须用一锥或弓钻开一个孔，当作线眼[8]，工匠们喜欢使用弓钻，然而效果不佳。说明继续写道：

> 如果孔打得直（即平行于筒壁）箭将直着飞行；如果孔打斜，箭的飞行必将不正。如果孔打得太深，则后面将泄火，如果打得太浅则无力，箭会很快落地。如果箭筒 5 寸长，孔必须是 4 寸深。杆要绝对直，当从箭筒颈部二寸悬挂，则箭（筒和箭尾的重量）必须绝对平衡，同时羽要和箭筒本身几乎一样长[9]。

〈眼正则出之直，不正则出必斜。眼太深，则后门泄火，眼太浅，则出而无力，定要落地。每筒以五寸长言之，眼头四寸深。杆要直，而去颈二寸称平。翎要劲，羽长而高，稍筒用纸间以油纸，夏不走硝，可留二年，此物最不耐久收也。〉

---

① 《武备志》卷一二七，第十二页，由作者译成英文。

② Davis & Ware (1), p. 532. 唐朝以来中国工程师们有不少平衡重量的经验，正如在机械钟的流体力学联动擒纵装置中［本书第四卷第二分册，pp. 459—460。Needham, Wang & Price (1), pp. 50—51］。提秤，或者说不均匀两臂之天平，不管在古代还是现在，中国一直在使用。(本书第四卷第一分册，pp. 24ff.)。

③ 《武备志》卷一二六，第五页、第六页、第七页。这样有"飞刀箭"、"飞枪箭"、"飞剑箭"、"燕尾箭"。我们没有再转载。

④ 这是"同心燃烧"原理，在于使燃烧表面之面积尽可能接近恒定。参见 Anon. (161)，本书第一卷，pp. 580—581，本书第二卷，pp. 363—364。

⑤ 采自《兵录》(1606 年) 卷十二，第四十四页，与《武备志》卷一二六，第二页完全相同。

⑥ 《武备志》卷一二六，第三页；《兵录》卷十二，第四十六页。

⑦ 这是早期欧洲火箭制造者的"难题"。屈埃泽尔可能第一个提到它（1405 年），并且当然在施米德拉普(Schmidlap)（1591 年）和许多其他人的著作中提到。参见 Ley (2), pp. 60ff., 63。

⑧ "线眼"是那个时代药柱空腔的技术术语。

⑨ 《武备志》卷一二六，第三页、第四页。由作者译成英文。Davis & Ware (1), p. 532。这一段所叙述比人们可想像的历史要悠久许多。因为其语言与大将军戚继光在他 1560 年编著的《纪效新书》（卷十五，第十四页）所说的完全相同。

479

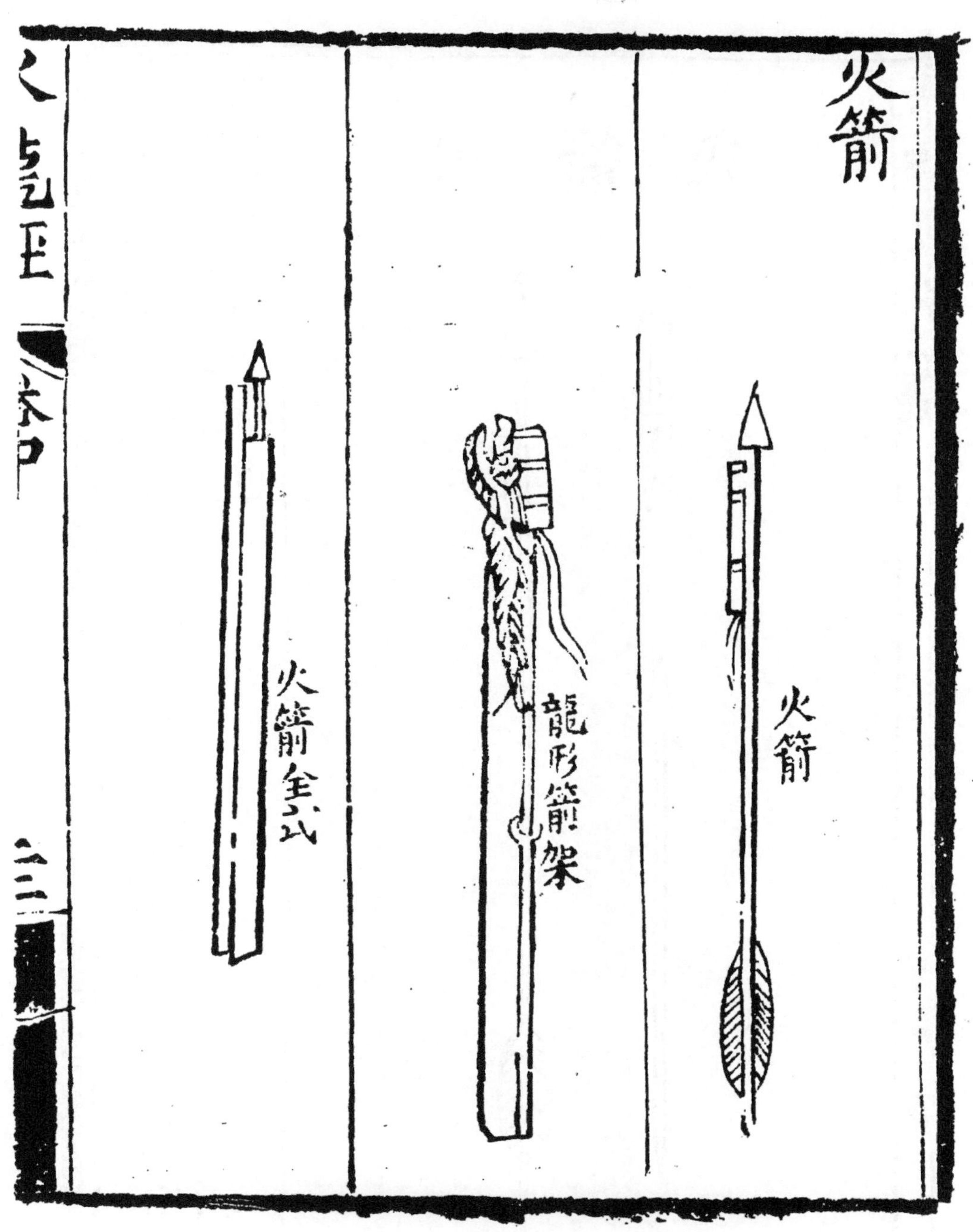

图 193　最古老的火箭箭图，采自《火龙经》（上集）卷二，第二十二页。虽然这种火箭箭一定可追溯到 1350 年左右，但是完全有理由认为它至少早一个半世纪以前就为人们所了解并使用。在这里，我们可见两个发射筒，中间的带有雕刻的龙头。

481

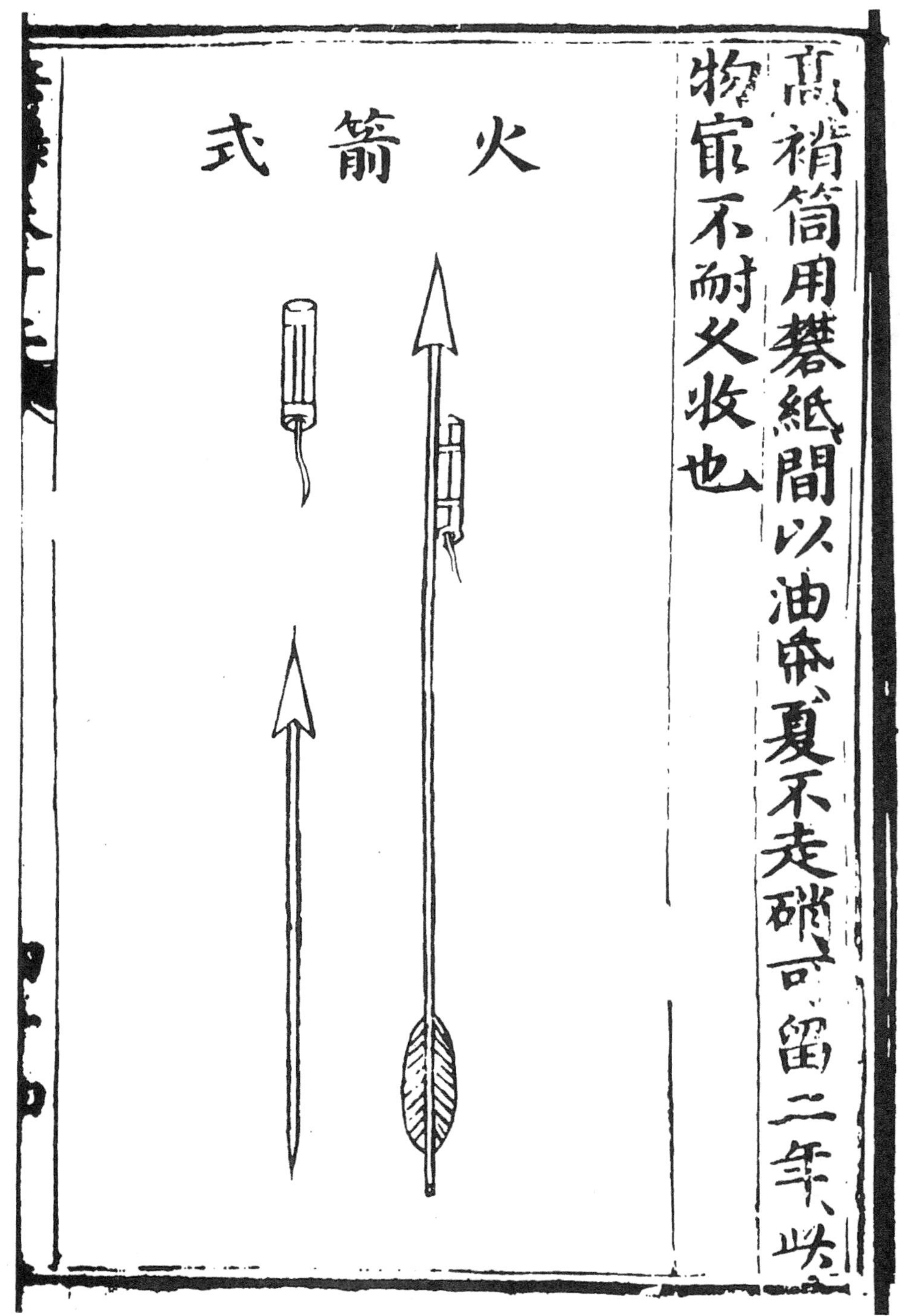

图 194 一幅采自《兵录》卷十二，第四十四页的火箭箭图，此图很重要，因为它展示了火箭筒内的圆柱线眼，为火箭飞行时均匀燃烧所必需。

482

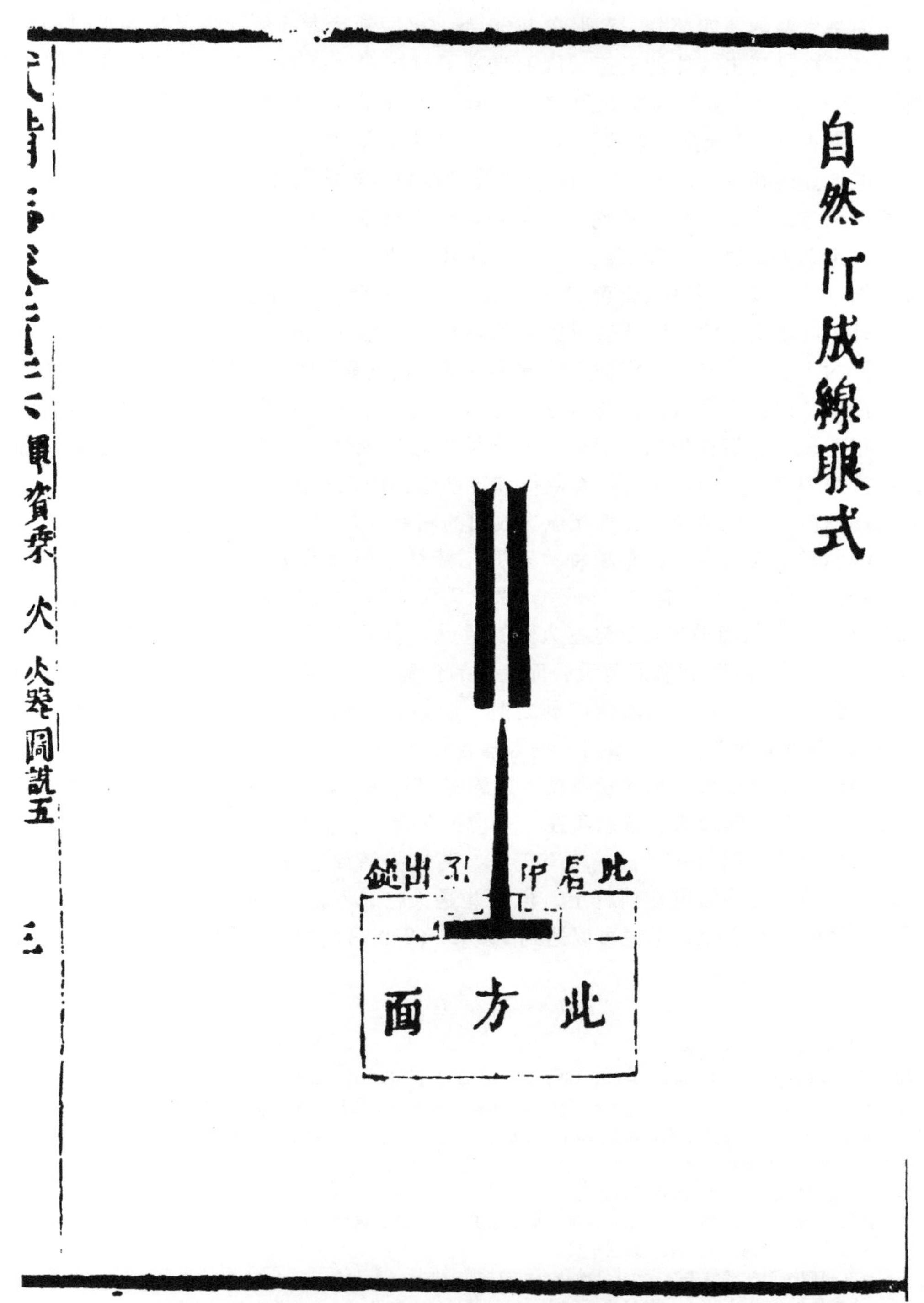

图 195 在火箭筒内打孔的钻头或“坐针”的图解说明。采自《武备志》卷一二六，第三页。

483 下面是发明的第四部分。至迟在1300年，火箭制造者已经知道了需要通过缩小火箭筒口径以提高流出气体的流速，因而提高了燃烧的后座力。这就是“阻塞气门”的原理[①]，后来在欧洲被称作文丘里“细腰管”（Venturi ‘waist’）[②] 或喷管嘴[③]。最后，描述了大筒火箭，2斤重，射程为300步或500步，又说明了打钻的设备[④]。

在戚继光时代（1550—1580年），火箭箭作为战争武器受到更多赞赏[⑤]。它可以飞到敌军的前方或后方，向左或向右，使得每个人都很惊慌，不知它会落到哪里——当然发射方也不会知道，因为准确击中目标虽不是不可能的，也显然是很困难的。因而从发射架上同时发射一群火箭箭已成为必然，这一点我们将在以后（pp. 486ff.）描述；此外，在箭头上涂上毒药造成更大的杀伤力。据说它像手枪一样有杀伤力，可穿透1吋厚的木板，并且可以穿透金属胸甲。至于钻火箭孔[⑥]，人们认为钻孔工具要不断地用水浸湿，以减少摩擦使组件发热，并且钻完六个火箭筒之后，每个钻要重新加工锋利。很明显，火箭在加工过程中经常会发生爆燃或爆炸，所以就有了分散工作和在分离的库房中存放火药的方法。在制作和转动坚固的纸板火箭筒过程中，要非常小心，有时也用铁筒，特别是使用在气流流出收缩的尾部（阻气门）。

元和明时期火箭中用的是哪种火药并不清楚，但《火龙经》中列出了几种配方，其名称是恰当的[⑦]。例如有“飞火药”、“逆风火药”、“飞空火药”、“日起火药”以及
484 “夜起火药”。但是当书中写出这些火药的组成，包括硝石，却只给出了其中两个（最后列出的一个火药）[⑧] 的实际数量，而且硫的含量很低，没有达到有效的百分比。很可能，为了安全起见，在这部著作印刷之前，原始数据都被改变了。但我们知道（上文p. 351），如果火箭能发挥其威力，硝酸盐含量必须在60%左右[⑨]。

我们已经指出了火枪和火箭在技术上的密切关系（p. 472），因而人们希望能够找到一种使两者结合的方法。这确实在“一虎追羊箭”上发生了[⑩]。说明描述到，这是一个5尺长的箭杆（图196）[⑪]，一端有三叉，两支火箭筒正好在它后面。在它的尾部有两个或更多的火药筒固定在箭杆上，但这些是火枪，不是火箭，它可以像火箭一样在接近目的地时自动点燃，据说可以达到500步（830码左右）[⑫]。它可以点燃敌军的木制

---

① 参见 Brock (1), p. 183。

② 见 Rouse & Ince (1), pp. 134ff., 189; Biswas (3), pp. 272ff., 305。

③ 文丘里（Giovanni-Battista Venturi, 1746—1822年）虽然著有一部非常重要的著作（Venturi, I），却是一位被科学史家所忽视的流体力学家。参见 Anon. (161), vol. 1, pp. 206—207, 248—249。其导出文氏流速计和今日多数热水器气体喷管的装置。

④ 《武备志》卷一二六，第八页、第九页。

⑤ 参见《纪效新书》卷十五，第十四页、第十五页；卷十八，第二十八页；《练兵实记·杂集》卷五，第二十七页、第二十八页、第二十九页、第三十页。

⑥ 现在用圆锥形的“锭子”，在其上面储存有火药；参见 Brock (1), p. 183。

⑦ 《火龙经》（上集）卷一，第六页至第十一页；同样的内容见《火攻备要》和《火器图》。

⑧ “起火药”在关于火箭箭的军事书籍中经常可以见到。

⑨ 标准的发射药成分是63.6:22.7:13.6 [Brock (1), p. 188]。

⑩ 《火龙经》（中集）卷二，第二十二页（不是最古老的样式）；《武备志》卷一二七，第三页、第四页。更不必说在最本质的方面，这种武器被认为是很古老的，可能在火箭出现后不久发展起来的。

⑪ 来自《武备志》；在《火龙经》中是完全相同的，除了前者（更符合逻辑的）有“二虎”。

⑫ 16世纪末，标准的火箭射程是600—700步，或约1000码（《火攻问答》，第一二九三页）。

485

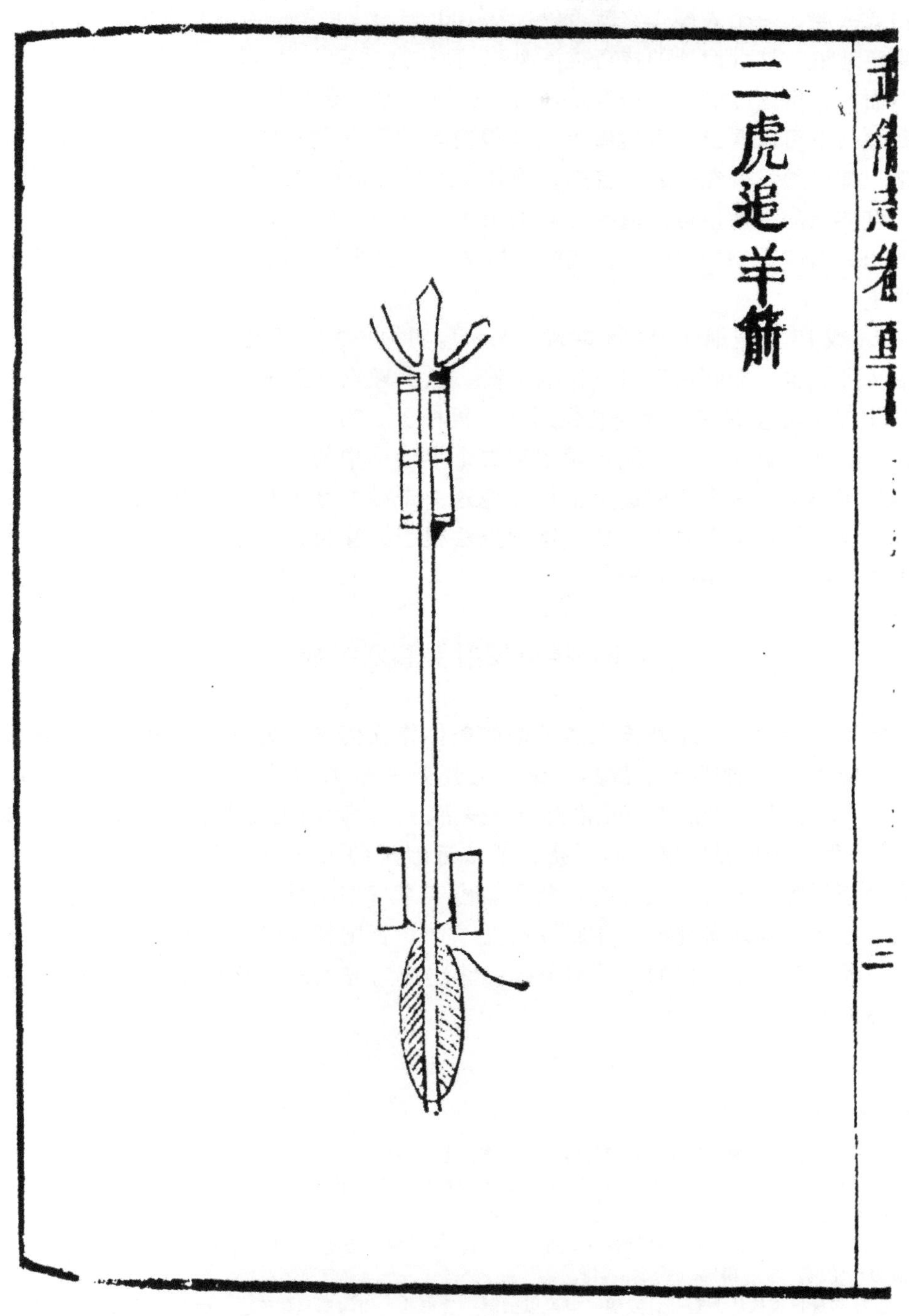

图 196　“二虎追羊箭”火枪和火箭在技术上的相似现象，两者在一个装置中结合。采自《武备志》卷一二七，第三页。三叉后安装有两个火箭筒，但它并不是唯一的弹头，两支火枪筒被安装在羽毛前面。

防御物或战船，一个人操作它就可以扰乱100个人，尤其是当三叉上涂有毒药时[1]。书上很肯定地说，这种武器的技巧很深奥[2]，而根据适者生存原理，它很难达到那样的效力。然而，一束这样的装备仍有杀伤力。这便是此武器被称作“飞火枪”的道理[3]。

回顾一下可以看出，虽然看上去是很简单的四项独特的发明，但在提高火箭飞行的效果上却必须结合在一起。首先，最基本的想法是将地老鼠火药筒使用在抛射体上，其次，整体上的平衡使得火箭有足够的射程。第三，内膛有一钻孔，提升燃烧表面的均匀面积，第四，添加阻气门，实际上即文丘里收缩[4]，加快喷射气体的流动速度，以提高推进力[5]。

在14或15世纪期间的某个时候，某个聪明的中国工匠突然想到，如果能制造飞去
486 的火箭，那么也就能制造可以飞回的火箭，至少理论上是成立的。于是诞生了“飞空砂筒”[6]。这实际上是三个筒安装在同样一根杆上。第一个火箭筒推动它向前，朝敌人飞去，然后当它爆炸时，它就点燃了第二个推动筒中的火药，在敌军上空排出催泪粉末，然后点燃了第三个返回的火箭筒，把这一奇妙的装置送回原发射地。因而敌人就不知道进攻是从哪个方向发起的。这种想法很引人注目，但必须有非常高的技术才能使它工作，甚至达到实用阶段[7]。

(iii) 集束发射器和联组战车

必定早就很明白，靠延长火箭推进的射体作任何种类的瞄准，只能是瞎射而无多大效果，应当从某种架子上发射，最好是用带有轴的活动架子，以便可以选择弹道(图197)。事实上，火箭学正是沿此方向发展的，而我们也能很容易地描述不同形式的发射架[8]，但首先应排除混淆的干扰，即从近似枪的火枪中射出或与火焰同时射出的箭，无论怎样都与火箭的飞行毫不相干。由于军事书把插图与叙述混在一起，从而更加混乱。除非仔细地研究插图并阅读有关原文，否则就会像过去不少学者一样感到失望。宋、元、明三个朝代的士兵不会像我们这样为分类的严格性所困惑，他们关心的只是武器的实际效果。

---

① 这一段的后半部分内容仅见于较长的《武备志》版本中。

② “大有玄妙”。人们是否可以认为这里有了道家的反响？参见上文 p. 117。

③ 参见上文 pp. 171, 225。

④ 在火箭专家中，这个经常被称作拉瓦尔（Laval）聚散嘴，因为在1889年瑞典人拉瓦尔（Carl de Laval）介绍它做为气轮机。参见 Baker (1), p. 18。

⑤ 箭杆本身很难被认为是一种发明，但可以推测，后来的火箭均是起源于它，因而它是间接来自于古代火枪的杆。现代烟火制造者简单地称之为“平衡和飞行”导杆［Brock (1), p. 183］。螺旋、侧翼似乎都吸收了这个功能。

⑥ 《武备志》卷一二九，第七页、第八页。徐惠林［Hsü Hui-Lin (1)］值得尊敬地注意到了这一点。1964年北京中国人民革命军事博物馆还有它的模型。

⑦ 在康拉德·哈斯（Konrad Haas）的锡比乌手稿（Sibiu MS.）中也有非常相似的“往返”火箭，时间约是1560年［von Braun & Ordway (1), p. 11］。从中国原始资料里如何派生出的问题，可能会得到广泛的解答。

⑧ 没有必要强调现在的各种发射器所起的巨大作用，不论它们是用于军事还是用于太空飞行的都一样。参见 Humphries (1), p. 140 和 p. 150。

487

图 197 “神火箭牌”，矩形剖面长方形火箭发射器，一根引线将所有火箭点燃并发射出去［采自《火龙经》（中集）卷三，第二页］。

我们说："近似于枪"主要取决于箭下部是否有塞子完全塞住火器筒的膛径。如果没有，就只能像从火枪中与火焰齐射的弹丸那样射到较近的地方（参见上文 p. 236）；如果有，那么它们就具有弹丸的性质，沃尔特·德米特的早期欧洲臼炮从炮口射出的箭就类似这种情况（1327 年，参见上文 p. 10，pp. 287—288）。在论述火枪的那一章节中（13），我们看到了要区分火枪和原始枪这两种武器是如何的困难①。如果枪管是木制或竹制的，它可能就是火枪，如果是青铜或铁制的，它或许就是原始枪。如果它
488 没有以花瓶形的凸腹部分来暗示燃烧室的厚壁。那么它就是一支火枪；若花瓶状凸腹曾被提到过或用图加以描绘过，那很可能就是一种早期的枪。若射程近，可能就是火枪；若射程能达到 500 多码，那它或许就是一支枪了。区分长射程武器更为复杂，因为它们并不一定如某些人想像的非得是火箭发射的②。

在我们已叙述过的火枪或原始枪中，这两种最简单的武器都是一次只能发射一支箭③，但也有一次发射三枚④和多枚箭的⑤，我们现在就能举出许多这样实例来："三支虎钺"能同时射三支箭⑥，"七筒箭"一次射七支箭⑦，"九龙箭"一次射九支箭⑧，还有"百矢弧箭"一点火，六筒能同时射出 96 枚箭⑨。所有这些都与目前的讨论有关，只是因为它们毫无秩序地散见于我们正要着手研究的论述真正火箭发射器的各种书中。值得注意的是在这些准枪中，未有任何一支射出的箭显示带有火箭筒。

最简明的概括早期发射器情况是用表格的方式来表达。表六列举了从最简单到最复杂的火箭发射器。我们必须注意，所有的资料都取自成于 1600 年前后的书中，可以推测，形式简单些的火箭的实际应用比成书时要早一至二个世纪⑩。总的说来，有三种材料可用来制造火箭发射器：竹篾（参见图 198）、竹管和木制品。它们都有内格或框
493 架把火箭分开（见图 199）⑪，并有明显的趋势使发射器呈圆柱形，从而保证冲击点分散在广泛地区（参见图 200、图 201 和上文 p. 483）⑫。

---

① 戴维斯和魏鲁男［Davis & Ware (1), p. 533］称它们为枪或臼炮，但他们不如我们在此区分得那么仔细。

② 弓弩就不在此介绍了。

③ "单飞神火箭"和"神枪箭"。见上文 p. 240 和图 51、52。前者是青铜制，有某种可能是塞膛的塞子，提到射程远，冲力大。后者由硬质木制成，也有可能是膛塞子一样的东西，射程远也被提到。神枪箭与 1406 至 1410 年征安南时用的武器有关。又见上文 p. 240。我们可以将这些武器叫做准枪，它们填补了火枪和真枪之间的空白，射程的远近很大程度上取决于膛塞子的松紧，远射程一定被夸大了。

④ "神威烈火夜叉铳"见上文 p. 240 和图 53。

⑤ "一把莲"见上文 p. 243 和图 54。

⑥ 见《火龙经》（上集）卷二，第二十六页。《武备志》卷一二七，第四页、第五页。这里提到了燃烧室凸出部分，但没有绘图说明，称为"铁铳"，有三管，未发现有管膛塞迹象。由于这是《火龙经》里最古老的部分，这种准枪可以追溯到 14 世纪初。

⑦ 《武备志》卷一二七，第七页，这些箭头上涂有毒物。

⑧ 《武备志》卷一二七，第八页，没有文字说明。

⑨ 《武备志》卷一二七，第十页、第十一页。管为硬纸板制，值得注意的是要敌人十分靠近后才点火发射。我们未对这些东西再转载。

⑩ 可以在《火龙经》中见到这两项，但都不是最古老的东西。

⑪ 箭长（表中 4 条、8 条）、箭头涂有毒物（表中 4 条、12 条）、尾部平衡锤（表中 7 条、9 条）等等都不时的被提到，但我们不必进一步研究其细节。表中一般均把赋有传奇色彩的名字列出，这里我们就从略了。

⑫ 这理解为古老的箭筒的形状，正如迈克尔·罗森（Michael Rosen）先生告诉我们的那样。

表 6　火箭发射器的种类

类　别	名　称	《火龙经》	《武备志》	《兵录》
1 竹篾火箭发射器（圆锥形）	火龙箭（图 198）		卷一二六，第十六、十七页	
2 竹篾火箭发射器（圆柱形）	双飞火龙箭（图 198）	（中集）卷二，第二十一页	卷一二七，第二、三页	
3 竹篾火箭发射器（圆柱形）	四十九矢飞廉箭		卷一二七，第九、十页	
4 便携式竹制火箭运送器或带箭筒	小竹筒箭（图 202）		卷一二六，第十四、十五页	卷十二，第四十九、五十页
5 三枚火箭竹制发射器	神机箭		卷一二六，第七、八页	卷十二，第四十五页
6 五枚火箭竹制发射器	五虎出穴箭		卷一二七，第五、六页	
7 小型五枚火箭竹制发射器	小五虎箭		卷一二七，第六页	
8 火箭箭带架盾牌	虎头火牌		卷一二九，第十二、十四、十五页	
9 正方形剖面长方形火箭发射器	百虎齐奔箭（图 206）		卷一二七，第十一、十二页	
10 矩形剖面长方形火箭发射器	神火箭牌（屏）（图 197）	（中集）卷三，第二页	卷一二九，第十六页	
11 延伸式长方形双面火箭发射器	群鹰逐兔箭		卷一二七，第十四、十五页	
12 延伸式微张长方形双面火箭发射器	长蛇破敌箭（图 203）①		卷一二七，第十三、十四页	
13 张开八角形火箭发射器	群豹横奔箭（图 200、201）		卷一二七，第十二、十三页	
14 张开八角形火箭发射器	一窝蜂②		卷一二七，第十五、十六页	卷十二，第五十五页
15 战车火箭发射器	架火战车（图 204、205）		卷一三二，第九页	
16 战车火箭发射器	联络战车		卷一三二，第十页	

① “长蛇破敌箭”和“一窝蜂”都在成于 16 世纪末的《火攻问答》中大量涉及到（第一二九四页、第一三〇三页）。

② 当我们进行历史探索时，我们将再次遇到这一问题。（见本书下文 p. 514）。

仅靠术语来解说是危险的。“小一窝蜂”在《武备志》卷二十八、第十七页和第十八页中都有插图和叙述，显而易见它与火箭发射架无关，但它如若不是太长（12 呎），则可把它看作双筒火箭箭，而且其箭头包有金属，尖如枪，据说爆炸时从 1 尺 3 寸的木筒或竹筒里一窝蜂似地冲出，扰得敌人眼花缭乱，且火焰可达 30～40 呎远（此即射程）。这种武器因而是，催泪火枪，虽然几种与火焰齐射弹丸的武器也有叙述。火药的配制相当于 67.8∶19.1∶13.1；但加有汞及硫化汞（见上文 p. 344）和植物毒物。

490

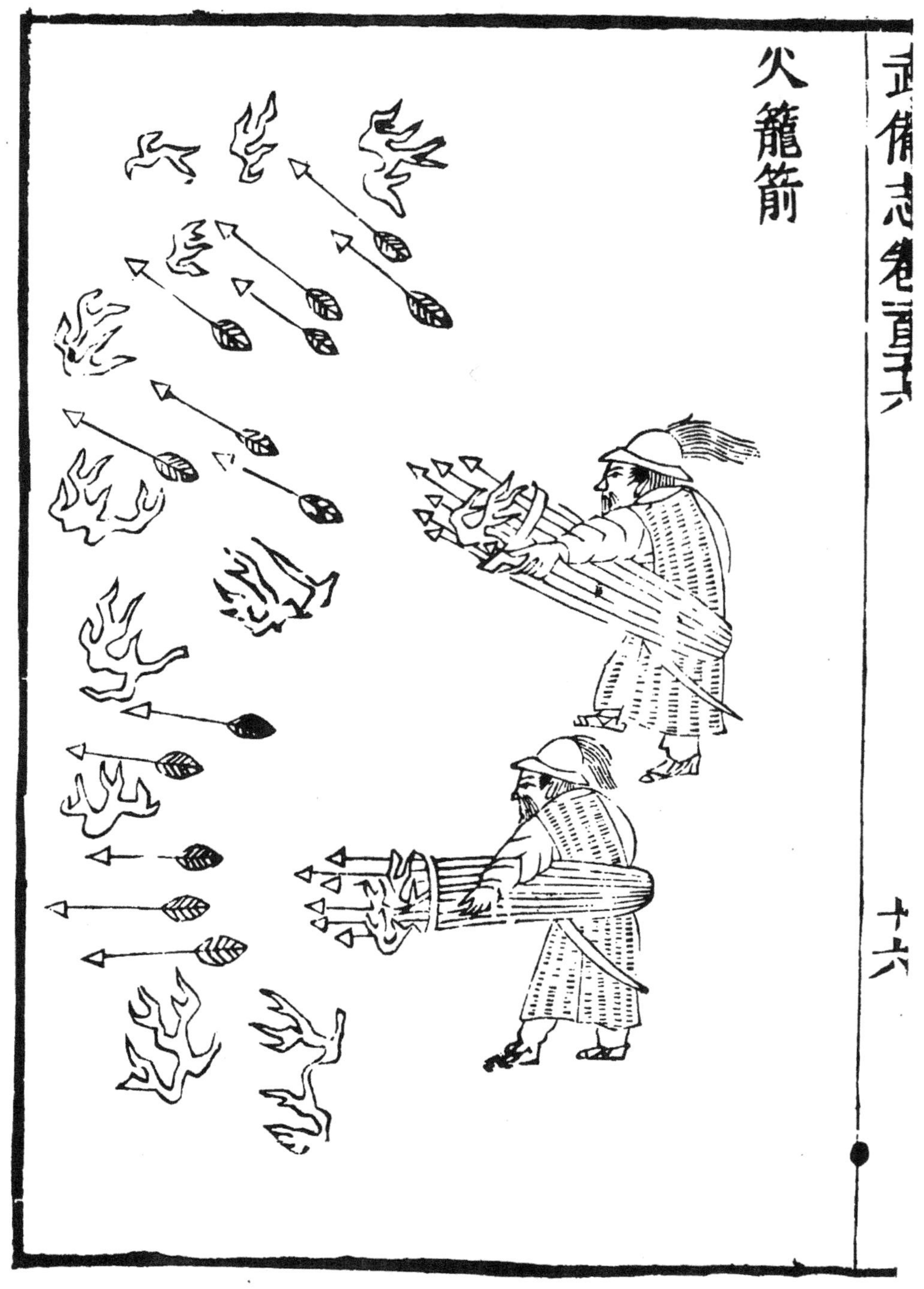

图 198 圆锥形竹制火箭发射器（《武备志》卷一二六，第十六页）。

491

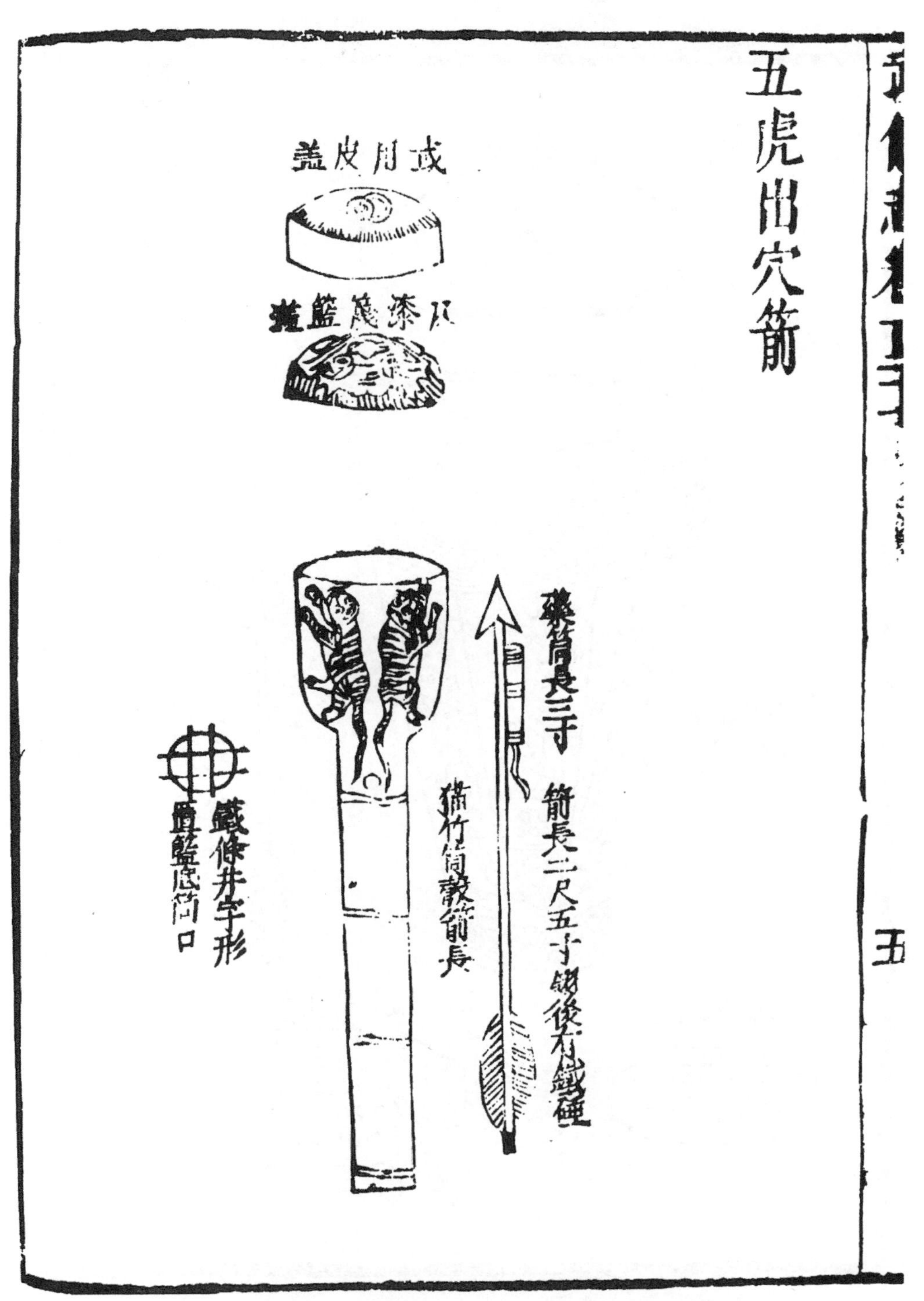

图 199　有内格将箭分开的竹制或木制火箭发射器（《武备志》卷一二七，第五页）。

492

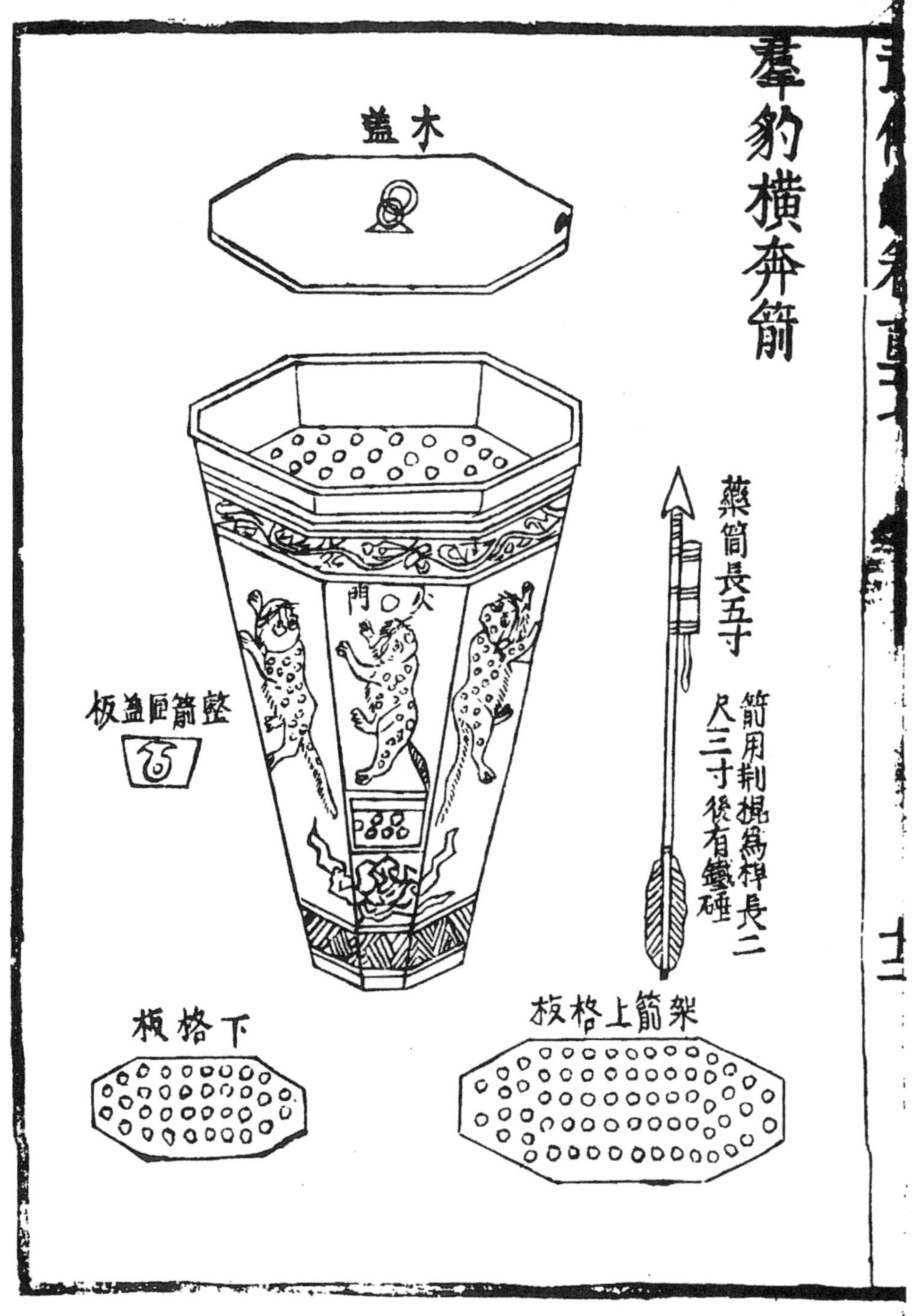

图 200 带隔板将箭分开的圆锥形展开式火箭发射器(《武备志》卷一二七,第十二页)

图 201 原物复制品，显示了共同导火线。北京中国人民革命军事博物馆摄。

我们今翻译一段有关便携式有佩带的竹制火箭箭运送器（见图 202）的文字，原文如下[①]：

小竹筒箭。每筒有 10 支短火箭箭，仅长九寸，并且每支箭头涂上毒药。（筒和其容量）的总重量不超过二斤，每个士兵能够轻松（在背带上）携带四或五支。敌人并不确切了解他们携带的东西。在百步（大约 170 码）开外，火箭箭一齐发射。这些箭，尽管小，但快，敌人不可能躲避它们；一个士兵（用这些箭）造成的杀伤力，像几十个士兵（用常规武器）造成的伤害一样。这些箭筒可以由指挥官的侍卫、或者旗子周围士兵小分队、或者分散在普通战斗单位中人携带。火箭箭被测试确保它能穿透薄木板。如果竹筒在射击时稍稍抬高一点，箭可达 200 步（340 码）之外。这种武器不应因为箭小而被忽视[②]。

〈小竹筒箭：每筒藏短火箭十支，长九寸，亦以毒药涂镞，重不过二斤，每兵可负四、五筒，敌不知为何物，候至百步之外，忽然火箭齐发，箭短且速，敌安能避，则一兵可兼数十人之技，凡将领随从、旗健、杂流俱可负带，试其力，能贯薄板，发时举竹筒稍昂，可至 200 步，勿谓箭小而忽之也。〉

何汝宾给出了射程更远的火箭，如果由专门技工制造，可射到 600 步到 700 步远 495
(1150 码)。但他接着说道，这些火箭也能够近距离（20 步或 30 步，约 40 码）发射，而且仍具有很大杀伤力[③]。

更使人入迷的是在独轮车上装四个展开的长方形木制“长蛇”火箭发射器（见图 203、204、205），在它的两边各装一对长方形“百虎”火箭发射器（见图206），这样，320枚

① 《武备志》卷一二六，第四页、第十五页。《兵录》卷十二，第四十九页、第五十页。由作者译成英文。

② 1、9、10、12 和 13 号的初步译文都由戴维斯和魏鲁男提供 [Davis & Ware (1), pp. 532—533]；Davis (10)。

③ 见《兵录》卷十一，第三十七页。

494

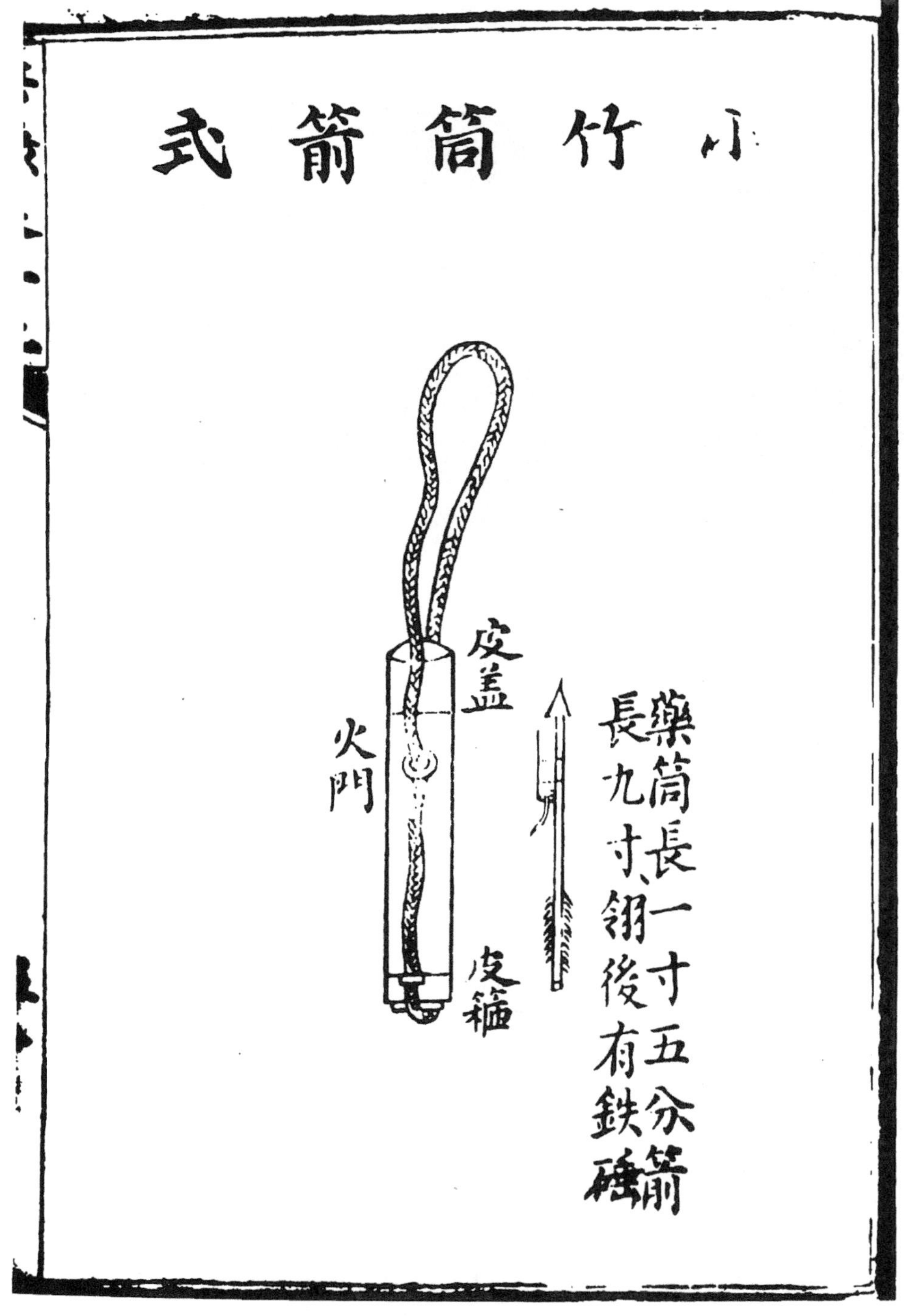

图 202 带有背带的可移动火箭载体和发射装置（《兵录》卷十二，第五十页）。

火箭箭几乎就能同时发射。每辆箭车还配有三支多子弹准枪或火枪以及两支长矛，使之能击退近距离的攻击，并用皮帘遮住火箭以掩护枪手的活动。两名士兵观察射击，两名士兵负责装填火药①。这样，火箭发射器组（见图 207）就能推着进入阵地，在军队掩护下还可撤离②。虽然没有写出，正如我们看到的，这种颇与真正大炮相似的操作将在火炮和火箭史上增加有趣的一章③。

(iv) 有 翼 火 箭

在现代采用的控制火箭飞行的各种稳定装置中，箭翼和箭翅是最出色的④。1741 年，烟火制造者弗朗索瓦·弗雷齐耶（François Frézier）就在火箭弹上安上了翼⑤，随后翼又继续在近代许多不同形式火箭中使用，如第二次世界大战中德国的“V_2”型火箭⑥。箭翅也是设计的常见部分，如“冥河”（styx)⑦、“狼牙棒”（Mace)⑧、“斗牛士”（Matador)⑨ 式导弹和后来的“巨鸟”（Thunderbird)⑩、“奈基式Ⅲ型”（Nike- 498
Zeus)⑪ 都是带翅的类型。并且一定要把第二次世界大战中的有翅的“神风”号和（由人操纵）火箭飞船计算在内⑫。而今天像火箭一样发射、像飞机一样着陆的“航天飞机”又属另一类了⑬。

接下来我们就该问：谁第一个使火箭有了翅膀？我们在《火龙经》中找到了最古老的根据，有极大可能它出现在 14 世纪中叶，也可能是在 1300 年稍后一点，原文如下（见图 208)⑭：

---

① 这一战车缩小复制品的照片见图 205。

② 与火器群共同操作的百部战车已被记载，见《明史》卷九十二，第十五页。独轮车的历史（中国发明）见本书第四卷第二分册 pp. 258ff.；本书第一卷，p. 242。

③ 现在一般不为人知的火箭架和多火箭发射器今天仍能在台湾南部盐水的元宵节上看到。烟火火箭被集中在烽炮台上同时发射。日月及钟永和（*1*）有图描述［Jih Yüeh & Chung Yung-Ho (1)］。

④ 从局部上看，翼和翅很接近，翼就是缩小了的翅，一般装在火箭的尾部，而不装在火箭的中间，参见 Humphries (1), pp. 133ff., p. 139，图 69、71、76、77、79。

⑤ Frézier (1)；Taylor (1) pp. 8—9。弗雷齐耶的烟火与许多中国的东西有关（或许他本人并不知道）。因他大量在其烟火中使用铁屑，特别是在他的旋转火箭（*tourbillons*）中更是如此，并称他的罗马焰火筒为“火枪”（*Lances-à-feu*）。或许赖因哈德·德索尔姆斯（Reinhart de Solms）是第一个把翅安在火箭上的欧洲人，他死于 1547 年。[Duhem (1), p. 288]。

⑥ 见 Taylor (1), pp. 24—25；von Braun & Ordway (2), pp. 106—107；Baker (1), pp. 43ff.。

⑦ Taylor (1), pp. 34—35。

⑧ Taylor (1), pp. 32—33, Baker (1), p. 179。

⑨ Taylor (1), Baker (1), p. 178。

⑩ 见 von Braun & Ordway (2), p. 147；Baker (1), p. 130。

⑪ 见 von Braun & Ordway (2), p. 146；Baker (1), p. 178。

⑫ 见 Baker (1) p. 92；von Braun & Ordway (2), pp. 87—89。

⑬ 见 Baker (1) pp. 215；248。

⑭ 《火龙经》（上集）卷三，第十八页。《火攻备要》同上；襄阳版本，《火龙经》，第三十四页，由作者译成英文。方括号内的文字采自《武备志》，文字略有扩展。见《武备志》卷一三一，第二页、第十三页。

496

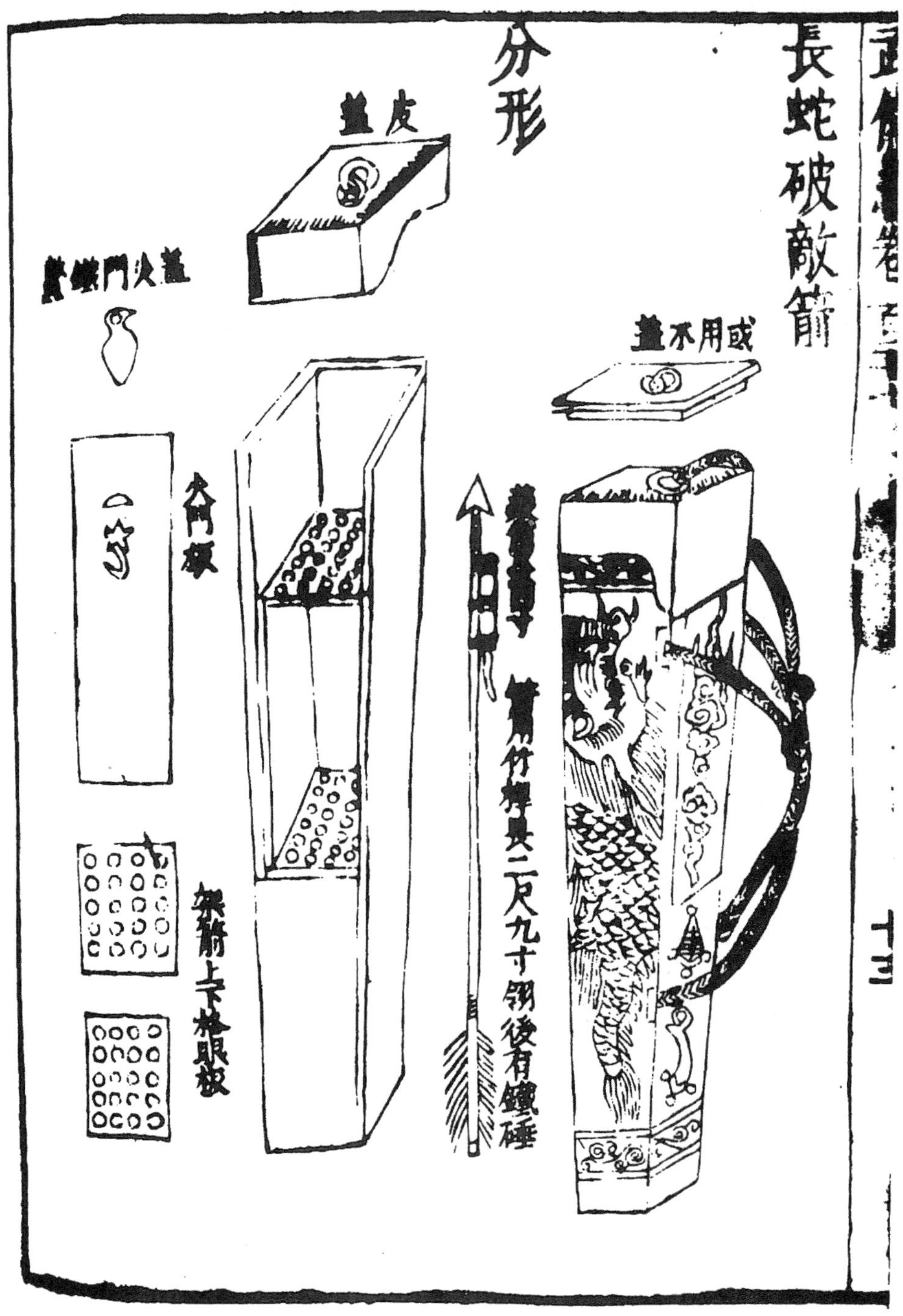

图 203 “长蛇破敌箭”，一个轻微张开的长方形容器，采自《武备志》卷一二七，第十三页。在左边能见到穿孔的隔板将箭分开，在它们上面有牵引导线的火门，火门同时将箭全部射出。文字说明称：筒长四寸，杆长二尺九寸，翎后有铁锤。

497

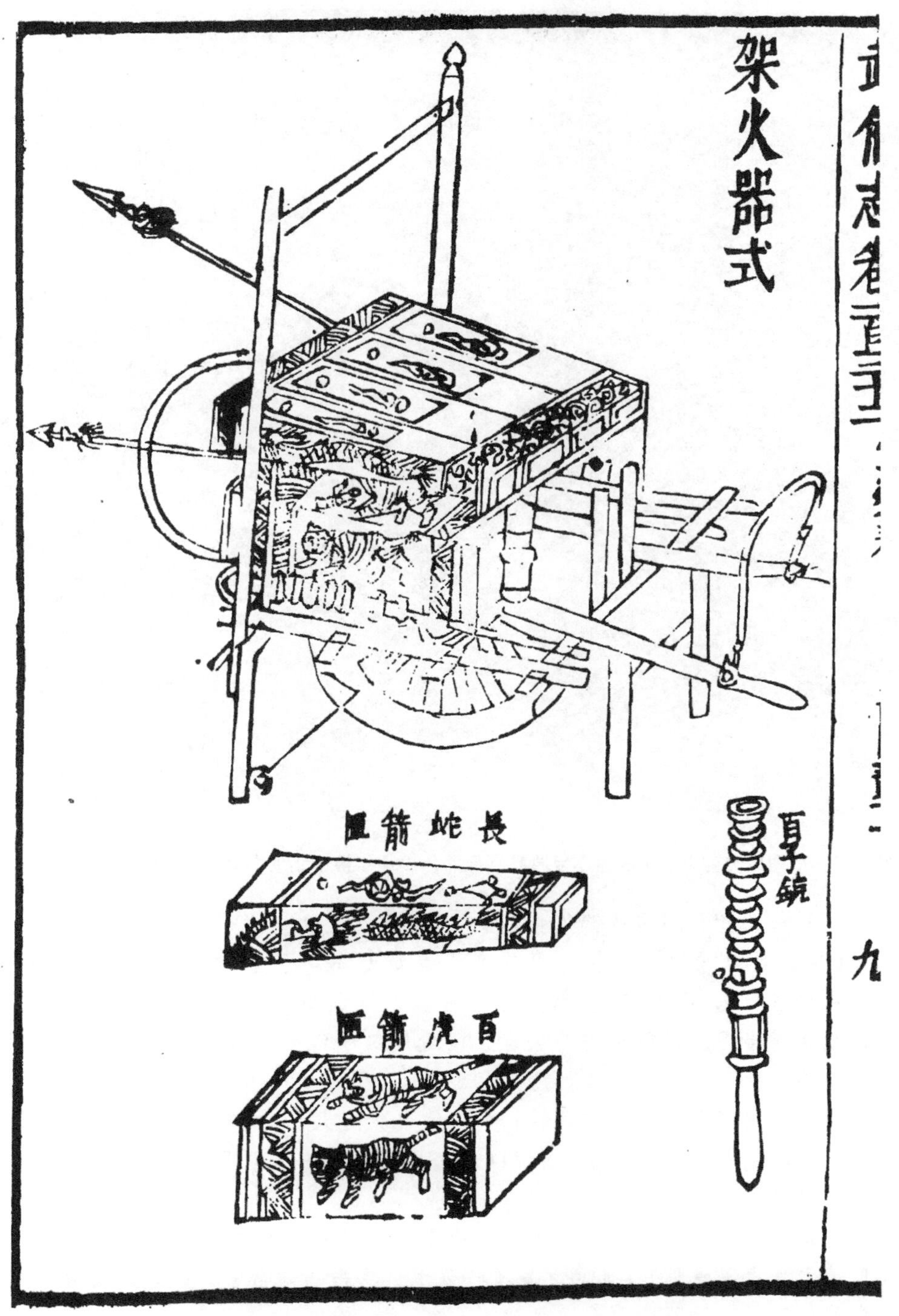

图 204 四个“长蛇”火箭发射器并排架在一辆独轮车上（《武备志》卷一三二，第九页）。在它们下面有两个正方形“百虎”火箭箭发射器，两边各带一支多子弹准枪或火枪（因它带箍，可能是真枪）。还带有两支长矛以备近战，车上还有皮帘保护士兵免受敌箭伤害。

图 205　前图中突袭火箭车的缩小复原品（原照，1964 年摄于北京中国人民革命军事博物馆）。

500 “神火飞鸦”有翼火箭炸弹。

（鸟）身由［细］竹条［或芦苇］编织而成一个篮子，大小和形状像只鸡，重约一斤多（0.6 千克）。用纸粘合覆盖以增加强度，并在内部装填明火炸药。再用纸密封牢固，在前后安装头尾，两边用钉子钉牢两只翅膀，因此它看上去像一支飞鸦。

在每支翅膀下有两个［倾斜］的火箭（大起火[1]二支）。四个（不同）的药线（大约一尺长）与火箭相连，穿过（鸟）身背上的一个钻眼。当需要使用时，先点燃［主药线］。

502 此鸟可飞行一千多尺，最终落在地上。鸟中的明火炸药（自动）点燃，火光几里地之外也可看见。［此种武器不仅可用于攻击陆地宿营的敌人，而且可用于水上烧毁战船。战无不胜。］[2]

---

① 这一问题参见有关“起火药”的文字，见上文 p. 483。

② 我们在图 209、210 中已提供了北京中国人民革命军事博物馆的复制品。

499

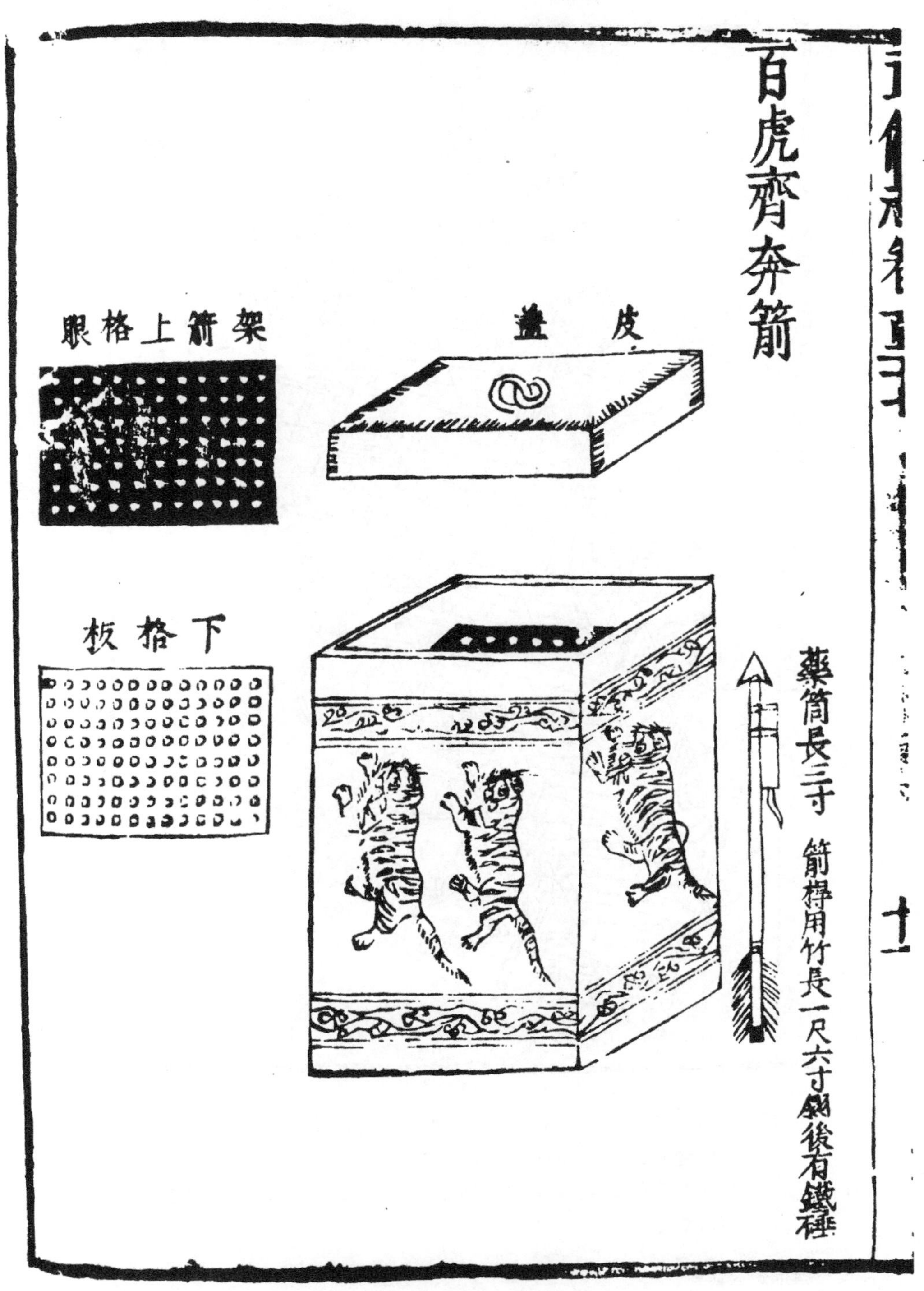

图 206 “百虎齐奔箭”，采自《武备志》卷一二七，第十一页。这是图 204 文字说明中所指的那种类型。

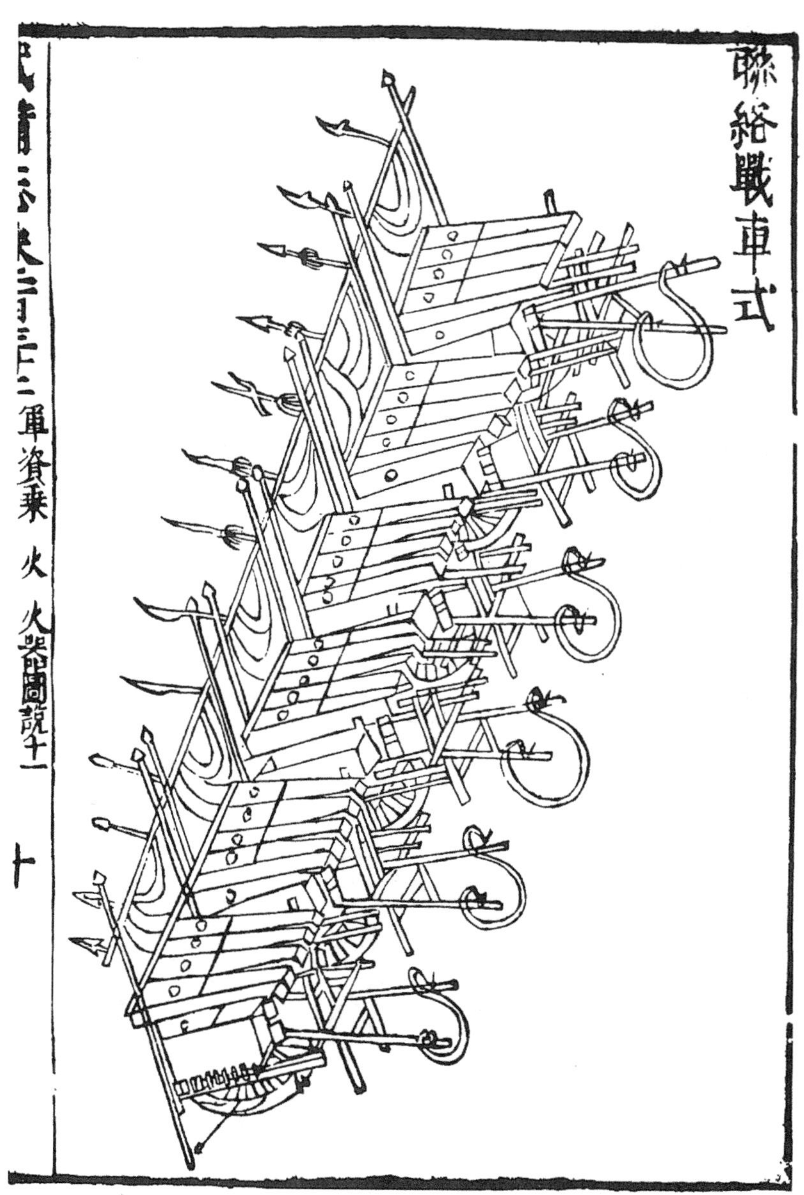

图 207　“联络战车”，采自《武备志》卷一三二，第十页，攻击火箭发射器的整个射口对着左边。这幅图很容易引起视觉上的错觉，应该记住从上或右后面来俯视这一器组。当一切运行正常时，这种类型的炮组威力无比。

〈神火飞鸦带翅火箭弹：

用［细］竹篾为娄［细芦亦可］，身如斤余，鸡大，外用绵纸封固，内用明火炸药装满，又将棉纸封好，前后装头尾，二翅钉牢两旁似鸦飞样，身下用大起火二枝斜钉，每翅下二枝，鸦背上钻眼一个放进药线四根［长尺许］，临用先燃起火。飞远百余丈，将坠地，方着鸦身，火光遍野［封敌用之，在陆烧营、在水烧船，战无不胜矣］。〉

501

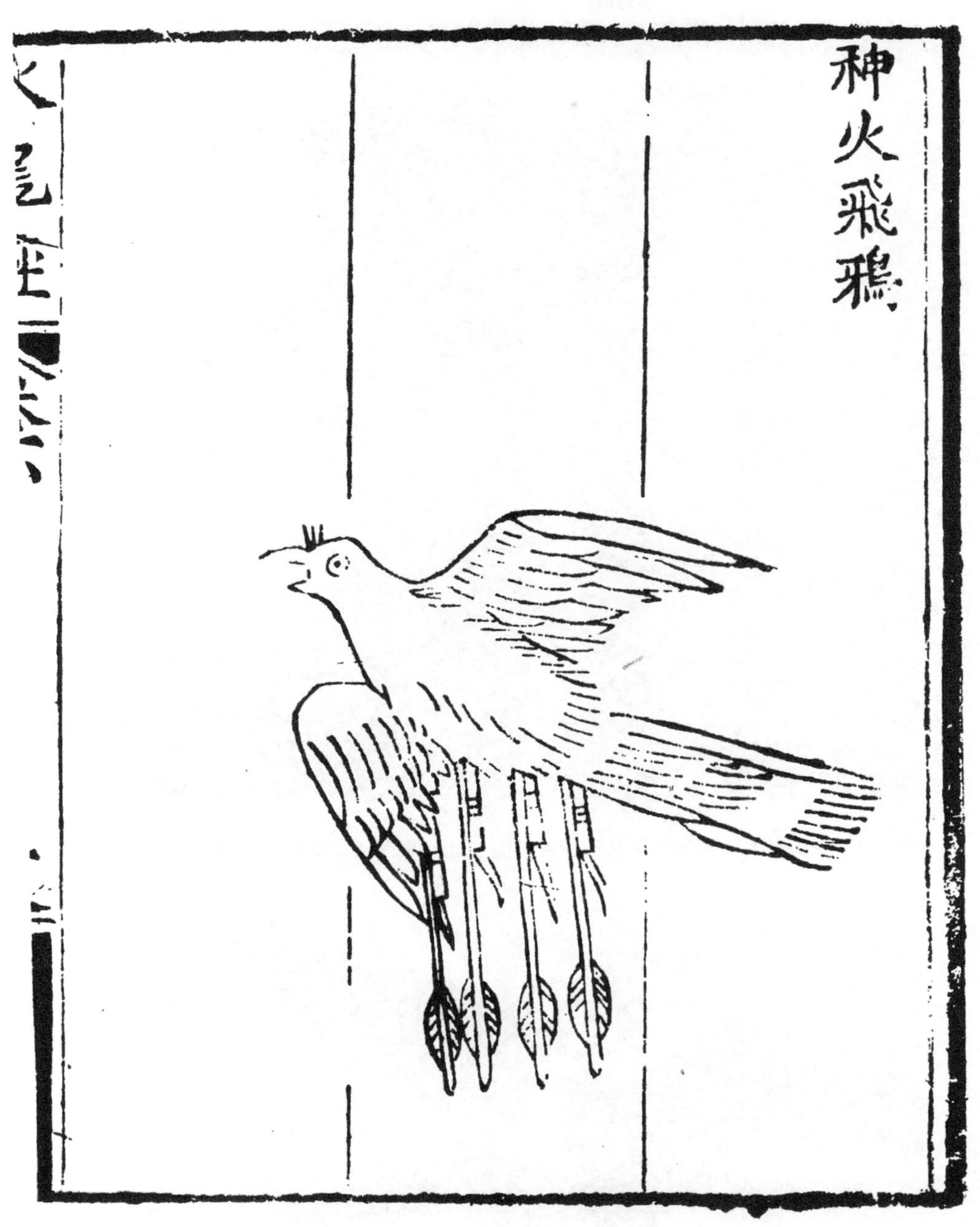

图 208 “神火飞鸦”，采自《火龙经》（上集）卷三，第十八页，一种有翼火箭弹，至少早在1350年就在使用，也可能早一个世纪。这种构想无疑来源于可牺牲的鸟（图 38）带着火种在敌城放火这样的装置。但翅和翼的出现增加了飞行的稳定性，这点早于世界上其他任何地方，而且爆炸的有效负荷的出现也是种新发展。

503

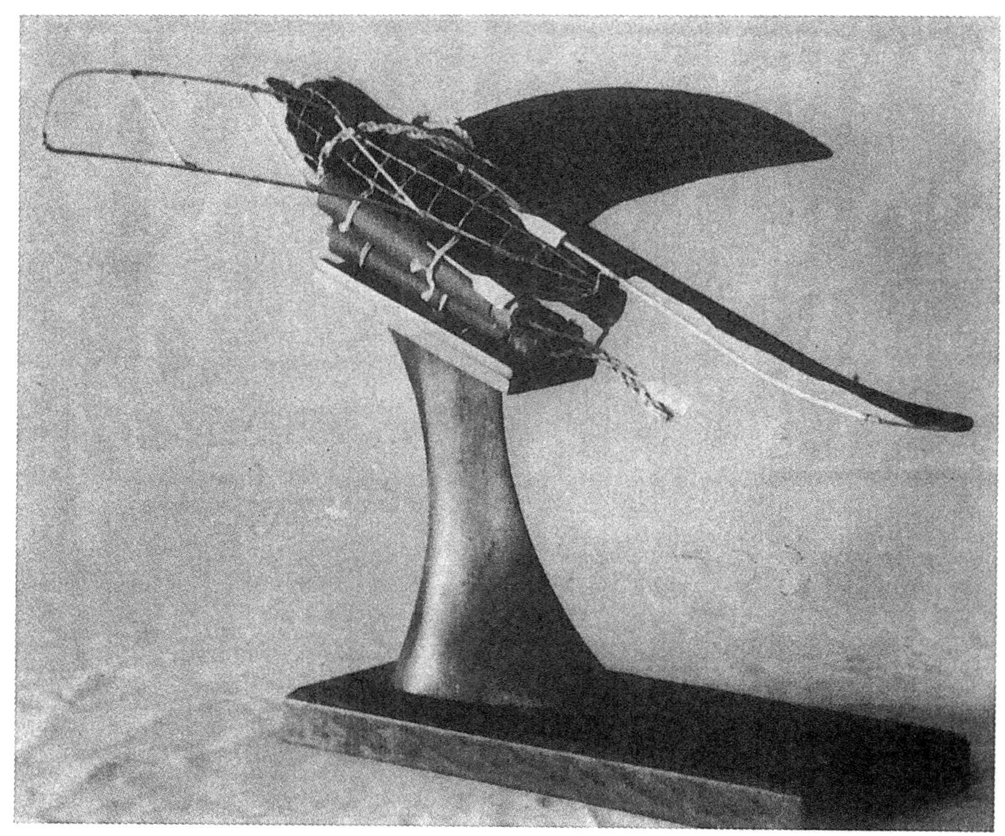

图 209　表明有翼火箭弹结构及设计的模型（北京中国历史博物馆，摄于 1978 年）。

图 210　完整的有翼火箭弹模型（北京中国人民革命军事博物馆摄）。

尽管原文中没有直接提到火箭箭的箭杆和羽翼，但这幅插图说明却暗示了它们的存在。然而无论怎样，这是人类文明中最早提及关于有翼火箭发明的最古老记录。

人们也许会很自然地认为这些绑着四个火箭的翅膀安装到软壳炸弹上，因为人们发现翼增加了飞行稳定性和准确性。然而它首次出现时又是怎样的呢？答案垂手可得，就是从使用供牺牲的鸟作为纵火剂载体开始的。在有关军事书中，这些鸟总是先于或与有翼火箭弹一起出现，可以想像这肯定是有意义的。例如在"火禽"[1] 和"雀杏"[2]的脖子上和腿上捆上较坚硬的艾绒火种，于是当它们在敌城的房屋顶上落脚时就会把敌房房顶点燃。这两种鸟在1044年成书的《武经总要》中都如实地记录下来了[3]，有意义的是，在该书中没有提到由火箭推进的人造鸟。再向前追溯，我们会在1004年成书的《虎铃经》[4] 甚至成书于759年的《太白阴经》[5] 中轻易地找到前者。这些鸟在实际中使用的时期还要更早些，但无需进一步追溯了。这样最早的有翼火箭在13世纪末问世，已大大地早于西方的有翼火箭。

在《武备志》中还提到了另一种有翼火箭弹或更象是手榴弹，就是"飞空击贼震天雷砲"[6]，它的送药筒设计在其体内，当风向适宜，就可点燃导火线，于是它就可直飞敌阵[7]。待火箭推进剂快燃尽时，炸药自动起爆，释放出有毒和刺激性烟雾以及刺上涂有毒虎药的水生蒺藜。其径3寸5分，用油纸糊十数层，两旁安装人工辖风翅两扇，在适合的条件下，直飞入城（图211)[8]。

这就是当今飞达平流层之外的有翼火箭的开端。 505

(v) 多级火箭

今天，如果我们想离开地球去遨游太空，这已不只是科幻小说的虚构，而已成为一般的事实了。人类现在还只能用多级火箭来办到这一点。首先是第一级火箭升空，然后是较小的火箭连续点火助推，乃至最后摆脱地球的引力，这样飞船就能在恒星和行星间遨游了[9]。用多级火箭来发射人造卫星现已为人们所熟知[10]，并且太空探测器还可 506

---

① 见《火龙经》（上集）卷三，第十六页。《火攻备要》，襄阳本，《火器图》，第三十三页；《武备志》，卷一三一，第十页、第十一页。

② 《火龙经》（上集）卷三，第十七页。《火攻备要》同上，襄阳本，《火器图》，第三十三页；《武备志》卷一三一，第十一页，第十二页。

③ 《武经总要》卷十一，第二十一页，第二十二页。

④ 见《虎铃经》卷六，（第五十四篇），第五页。

⑤ 见《太白阴经》卷四（第三十八篇），第八页。

⑥ 《武备志》卷一二三，第二十二页、第二十三页，从上文（p. 163）我们得知"震天雷"是描述硬壳炸弹的关键词，也许这里用词有些不妥。

⑦ 原文说风越强，飞得越远。

⑧ 我们在图212里提供了中国历史博物馆的复制品。

⑨ 不断操纵助推火箭发射机来改变和调整航向。

⑩ 人造卫星可以在离地球500英里到2.5万英里的任何地方围绕地球旋转，它们在落入地球大气层被烧成碎片前所处位置越高，在太空停留的时间就越长。它们必须要避开在太空2000到1.2万英里内非常危险的范爱伦辐射带（van Allen radiation belt)。见 Taylor (1), pp. 82ff.; von Braun & Ordway (2)。

我还总记得1957年我们在西班牙巴伦西亚湾（Velencia）海边露天坐着吃晚饭时，看见人类第一颗人造卫星（Sputnik I）飞越太空时的小亮点。

504

图 211 另一种有翼火箭弹——“飞空击贼震天雷砲”，采自《武备志》卷一二三，第二十二页。从名称可见这是一种硬壳炸弹，送药筒放入体内。

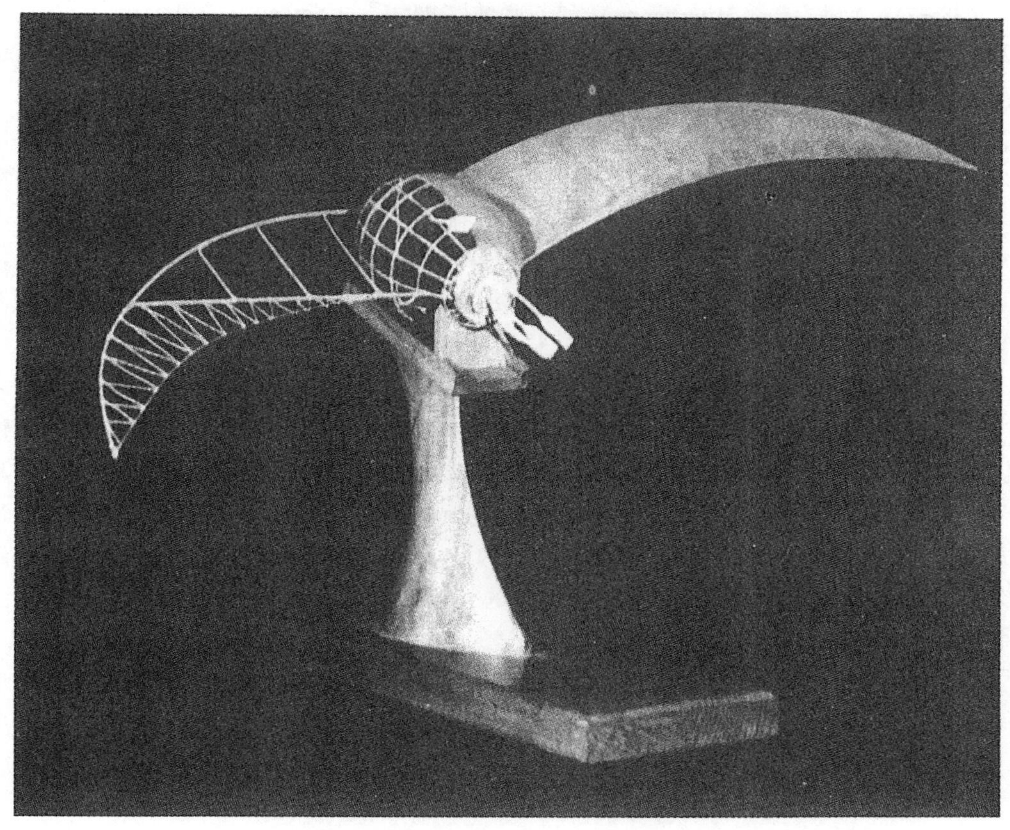

图 212 火箭飞弹的复原，说明翼的结构及设计（北京中国历史博物馆摄于 1978 年）。

被发射到人类还未涉足的太阳系里那些遥远、荒凉的星球。① 为了寻找多级火箭的起源，让我们从现在开始逐步向前探索，去追寻它们的发展过程和渊源②。

1969 年的“阿波罗号”（Apollo）登月宇航船是由巨大的三级火箭“土星五号”（Saturn V）发射成功的③。这种太空推进器的发展进步是与那些对人类威胁更大、危险更大的弹道导弹如中程弹道导弹（IRBM）和洲际弹道导弹（ICBM）的发展同步的④。确实，这是难以理喻的事实，能够，而且一直被用来为人类开拓太空的火箭发射器，同时也能用来作为毁灭人类自身而进行大规模自相残杀的工具——就像火本身，任何东西都取决于人如何运用它。美国的“雷神”（Thor）、“阿特拉斯”（Atlas）、“泰

① 例如“水手四号”（Mariner 4）和“维纳斯四号”（Venus 4），见 Taylor (1)，pp. 148—149。

② 多尔菲斯［Dollfuss (1)］认为第一枚有效负荷的火箭运送器是法国人在 1772 年把活狗和活羊发射上天的火箭，随后又用降落伞（Parasol à feu，火伞）使它们平安落地，这些火箭似乎是二级或三级火箭，相同的方式随后也运用起来了，从 1837 年起曾作为战场探照灯（“Verey lights”）使用；从 1860 年起曾作为侦察照相使用。有关论述降落伞历史文字，请见本书第四卷第二分册，pp. 594ff.。

Duhem (1)，pp. 292，300，也叙述了动物降落伞的实验。

③ 这是在苏联宇航员加加林（Yuri Gagarin）乘坐“东方号”（Vostok I）宇航船，人类第一次进入太空八年后的事。见 Taylor (1)，pp. 92ff.，pp. 124ff.；von Braun，Ordway (1)，pp. 176ff.。最后一节火箭脱落后，“阿波罗”号宇航船以每小时 24，200 英里的速度前进（见图 213）。

④ Intermediate-Range Ballistic Missiles and Inter-Contenental Ballistic Missiles。

坦”（Titan）、“民兵”（Minuteman）和苏联的“瘦鲸”（Scrag）、“黑公羊”（Sasin）等导弹都为三级或四级火箭推动[1]。正是俄国火箭先驱齐奥尔科夫斯基（Konstantin Tsiolkovsky）首先在1883年认识到太空飞行必须依靠被他称为“火箭列车”或者连续点火的多级火箭这样的运载工具[2]。只有这样才能使飞行器达到足够的高速度从而摆脱地球引力。同时，在19世纪，又有大约1855年爱德华·博克瑟（Edward Boxer）为了在海上救生发明的两级火箭，他们先发射一根绳到遇险的船上，这样就能把缆绳和救生器跟着送过去。到了1870年，每个英国海上救生站都装备有这种火箭了，直到今天这些火箭仍在使用，并且已挽救了成千上万条生命[3]。博克瑟是在1741年发表著作的弗朗索瓦·弗雷齐耶式火箭的基础上设计的。

但两级火箭的构想可追溯到17世纪和16世纪。长期以来，人们知道立陶宛的军事工程师谢米耶诺维奇（Kazimierz Siemienowicz）[4] 在1650年发表于阿姆斯特丹的《大炮
508 大术》（*Ars Magna Artilleriae*）一书中叙述了二级火箭[5]。但最近发现的一份保存于罗马尼亚锡比乌）（Sibiu）的由康拉德·哈斯[6]在1560年写的手稿中也表露出了同样清晰的思想[7]。一般认为在16世纪后期印刷成书的施米德拉普［Schmidlap（1）］书曾传到谢米耶诺维奇那里[8]。目前对比林古乔所起的作用还不甚清楚，否则可将此事追溯到1540年[9]。

但所有这些欧洲的装置都比《火龙经》[10] 里叙述的两级火箭晚得多。因为该书中最古老的部分可追溯到14世纪后半期，或许还可追溯到14世纪前半期[11]。叙述“火龙出水”的文字是这样写的：[12]

---

① Taylor（1），pp. 38，72ff.；Baker（1），pp. 109ff.；von Braun & Ordway（1），pp. 135，pp. 172—173，（1），pp. 175—176。中国于1980年5月18日向南太平洋发射其第一枚现代类型的多级运载火箭。

② 见 Baker（1），pp. 17ff.；Olszewski（2）；von Braun & Ordway（1），pp. 124—125；Ley（2），pp. 101ff.；Taylor（1），pp. 14—15。齐奥尔科夫斯基曾试图用液体氧和氢作燃料，这一计划在近一个世纪后的“土星五号”火箭中得以采用。

③ Taylor（1），pp. 11—12；Humphries（1），pp. 143ff.，178；第二级火箭由火药点燃起爆。

④ 谢米耶诺维奇（Siemienowicz）一生为波兰工作。

⑤ 法文译本在一年后出现。见 Olszewski（1），p. 251；Barowa & Berbelicki（1），p. 12 和 p. 9；Thor（2）；Subotowicz（2）；Berninger（1）。

⑥ 1529—1569年。

⑦ 见 Todericiu（1—5）；Subotowicz（1）；von Braun & Ordway（1），pp. 11ff.。哈斯在他的火箭尾部加上了三角形鳍状稳定器。

⑧ 他设计了三级火箭，见 Subotowicz（1），谢米耶诺维奇后来也做了同样的设计。

⑨ Biringucci（1），英文版 p. 442；见 Thor（1）。

⑩ 《火龙经》（上集）卷三，第二十三页。《火攻备要》同上；襄阳本，《火器图》，第三十六页；《武备志》卷一三三，第三页、第四页。

⑪ 在回顾了古代中国所有火药装置和武器的早期发展后，它自然应比其他火药器械出现得更早。

⑫ 由作者译成英文。括号内采自《武备志》。

507

图 213　多级火箭；1961 年发射的“土星 1 号”(采自 Baker (1), p. 157)。

用猫竹五尺[1]，去节［铁刀］刮薄，前用木雕成龙头，后雕龙尾［口宜向上］，其龙腹内装神机火箭[2]数枝，龙头上留眼一个，将火箭上药线俱总一处。

［龙头下两边用1.5斤重的（大）火箭筒二个，其引信（及火门）宜向下，其前端必须向上（及向前），用麻布和鱼胶将其绑紧在体上，龙腹内火箭药线由龙头引出，分成两根，用油纸裹好，通连于火箭筒（外部）的前端，龙尾下两边亦有火箭筒二个用同样方式缚定。四个火箭药线总会一处，水战中］在水上飞三、四里。

点燃时，能在水面上飞二、三里之远[3]，如火龙出于水面。筒药火药将燃完，（腹内火箭被点着，因此）飞出，破坏敌人及其船［水陆并用］。

〈用［猫］竹五尺，去节［铁刀］刮薄，前用木雕成龙头，后雕成龙尾，［口宜向上，］其龙腹内装神机火箭数枝，龙头上留眼一个，将火箭上药线俱总一处。

［龙头下两边用斤半重火箭筒二个，其筒大门宜下垂，底宜上向，将蔴皮鱼膠缚定。龙腹内火箭药线由龙头引出，分开两处，用油纸固好装钉通连于火箭筒底上，龙尾下两边亦用火箭筒二个，一样装缚。其四筒药线总会一处捻绳］，水战可离水三、四尺。

燃火即飞水面二、三里远，如水龙出于水面。筒药将完，腹内火箭飞出，人船俱焚。［水陆并用。］〉

509 这里清楚地叙述了二级火箭的自动点燃[4]。虽然它奇异地预示了后来的潜艇飞弹“北极星”导弹（Polaris）的出现[5]，但它实际上并不是从水下发射的，而是从海面战船上发射，而其轨迹保持低平的[6]。图214表示《火龙经》中的插图。后来的书籍只是作了转载而已[7]。这一发明引起不少作者的注意[8]，但其深远意义却很难被估价。

（vi）军事火箭的兴、衰和复兴

由于已经说明的原因（见p. 472），火箭的起源和发展是技术史中极困难的研究

① 毛竹（Phyllostachys）可能耐用些；参见陈嵘（*1*），第78页；Steward（2），p. 473，但在任何情况下，毛竹是具有最大直径的竹子。

② 参见上文表六。

③ 射程并不像所说的那么远。元代1里只合现在0.344英里或605码，这样，最大射程不过1816码。

④ 同样的原理也应用于传统中国爆仗中。参见Ball（1），p. 282。

⑤ 参见Taylor（1），pp. 76—77，1982年10月中国海军成功地试制了海底发射的弹道导弹。

⑥ 它很像现代“飞鱼”（Exocet）导弹（以一种能飞的鱼*Exocetus*命名）的形状，在福克兰群岛（马尔维纳斯群岛）（Falklands）战役中“飞鱼”导弹表现出色，正如古克礼（Dr. Christopher Cullen）博士在卢万（Louvain）向我们讲述的那样。

⑦ 我们在图215中提供了北京中国人民革命军事博物馆收藏的蒋正林（译音，Chiang Chêng-Lin）做的该物复制品。见Anon.（*209*）。

⑧ 例如，席泽宗（*6*）；徐惠林［Hsü Hui-Lin（1）］；蒋正林（译音）［Chiang Chêng-Lin（1）］；桑德尔曼［Sanderman（1），p. 171］。

510

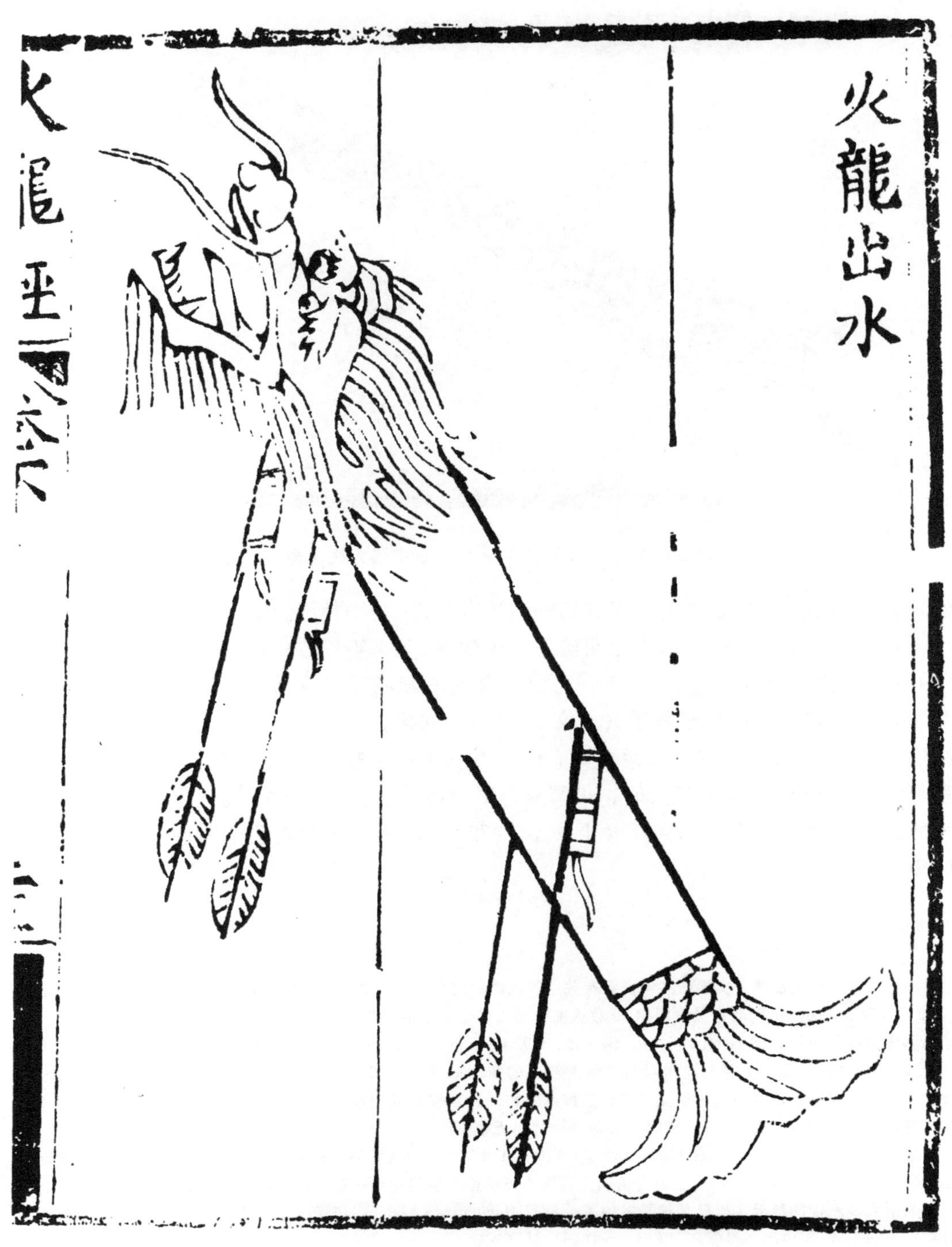

图 214 第一枚多级火箭“火龙出水”，采自《火龙经》（上集）卷三，第二十三页，它可能属于14世纪中期或早期。它是一种两级火箭，当运载火箭或一级火箭将要烧尽时，自动点燃一组小火箭箭，它们通过龙嘴向敌人射去。这种设计似乎主要用于水战，并且轨迹相当低平，可以看作现代“飞鱼”导弹的始祖。

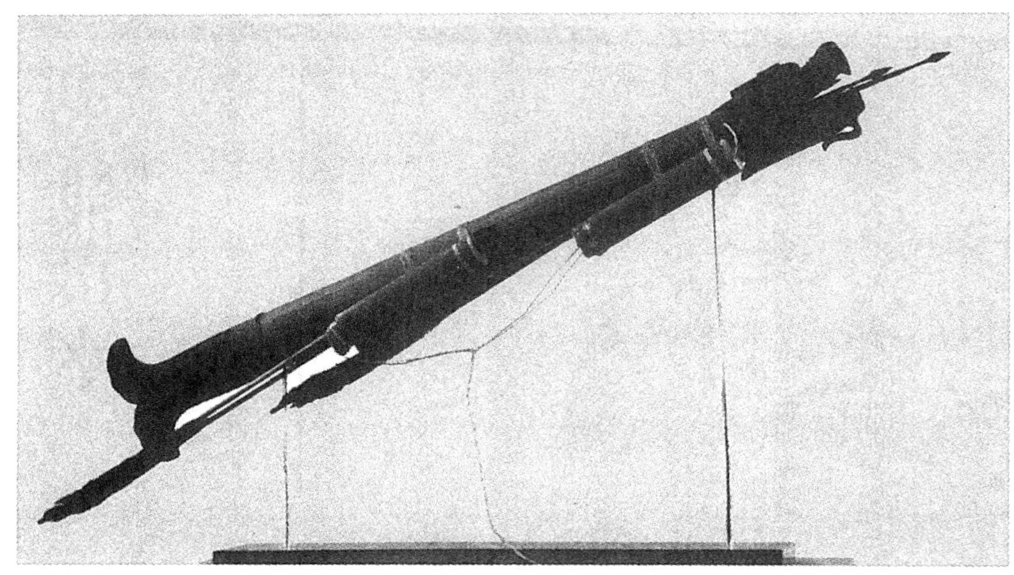

图 215　据前图而作的二级火箭复制品（北京中国人民革命军事博物馆摄）。

课题。我们必须尽力地阐明，但确切的叙述有待进一步的研究①。

我们在开始叙述时有两点已明确了，这就是 1264 年一位中国皇后在烟火表演时为"地老鼠"所惊吓（上文 p. 135）②，1280 年左右叙利亚的拉马赫曾把火箭作为"中国箭"（*Sahm al-Khiṭāi*）来叙述（上文 p. 41）。同样，尽管存在相反的证据，我们仍不相信在 1044 年成书的《武经总要》（上文 p. 226）中曾叙述过火箭；另一方面，冯应京和沈榜在 1592 年提到烟火时，火箭显得很突出（上文 p. 134）③。《火龙经》中对火
511 箭的详尽叙述大约是 1350 年④（上文 p. 479），那么，火箭发明的时间我们可以定在 1050 年至 1280 年之间。

---

① 可以不时地在西方文学作品中读到有关中国火箭的离奇故事。例如霍克斯［Hokeš（1）］曾写过一位名叫"万户"（Wan Hoo）的明朝官员发明用 30 枚火箭作动力的像风筝似的单翼飞行器，但第一次试飞就失败了。一系作品都无批判的引证，像 Ley（2），pp. 64—65，Gibbs-Smith（10）；Zim（1）等人和中国作家徐惠林［Hsü Hui-Lin（1）］等人的作品。尽管与此相当的有澳大利亚的菲利普（A. T. Philip），至于万户我们从来没能得到确实资料，而我们认为此人不过是在中国热时造出的神话人物。这事使人联想起有关元朝时就有可驾驶的飞船的类似故事（见本书第四卷第二分册，p. 598），并可能同样是无根据的。

除了用雪橇车作试验［Humphries（1），p. 179 图 113］外，将火箭发射作用应用于陆地装置却从未在实际中运用过［Taylor（1），pp. 18ff.］，因为虽然火箭推力每单位重量能达到很高，可达高速，但燃料的消耗是很大的。而今天用火箭助推的航天飞机已是很平常的了［参见 Humphries（1），p. 163ff. 图 100］，还有与万户用过的类似滑翔机也在 1928 年由冯·奥佩尔（Friz von Opel）试飞成功。

在挪威文献中也有万户的踪迹；参见 Holmesland et al.（1），vol. 16，p. 508。

② 当然并非说"地老鼠"就是那一年的新发明，并且它也不是烟火中的唯一品种，那时烟火就可能已有一百多年历史了。我们曾认为（上文 p. 474）当时引起骑兵混乱的炸弹里的小火箭就是在战斗中的火箭最原始的形式。

③ 中国人称之为"起火"的东西毫无疑问就是火箭。他们还知道"地老鼠"和一种在水上打转的类似玩具（"水鼠"），与此类似者也出现在拉马赫的著作中［见 Partington（5），p. 203］。

④ 这也是很复杂的，诸如有翼火箭和二级火箭。

现在我们将想起（上文 p. 148ff.）969 年至 1002 年之间唐福、岳义方和其他人的一组军事发明，其中有些新火器在这次发明中问世了，但目前我们还不相信它们就是火箭[①]。纵火箭是 1129 年战争中的常用武器，但也并不能把它们看作火箭[②]。1206 年，一种先前未用过的术语"火药箭"出现了，赵淳的士兵曾在反抗金兵保卫襄阳城的战斗中放过火药箭（上文 p. 168）。虽然火药箭可被看作是火箭，但从对它的描述来看，它很易被归入已使用了二百多年的低硝火药纵火箭。另一方面，在 1245 年钱塘湾水陆演习中发射的"纵火箭"有很大可能就是火箭（上文 p. 132）。我们可以根据后来发生的情况估计可能的范围。

这就是对 1180 年左右在杭州西湖节日上所燃放烟火的情况的描述[③]（上文 p. 512
132）。而这或许是我们最好的出发点。虽然是周密 100 年后记录下的，但他一定清楚地了解当时的情况以及他取名叫"流星"[④]、"水爆"[⑤] 和其他像风筝上鸽哨似的东西的烟火情况[⑥]。像冯家昇一样[⑦]，我们也倾向于认为这里的"流星"（comets）[⑧] 即指火箭，因为尽管有此可能，但烟火施放者用弓弩把火球射向天空还是不可想像的。另一方面，我们从赵学敏 1753 年写的论述烟火专著《火戏略》一书中知道，"流星"是当时对火箭的统称[⑨]；但他还是使用了另一特别有意义的表达方式——"飞鼠"[⑩]。这使人想起了另一同样有关的但似乎是自相矛盾的术语"流星地老鼠"，我们在成书于 1550 年的《武编》中发现了此词[⑪]。在这段时间之中，《武备志》描述了另一种武器，称作"流星"或"流星砲"[⑫]。这是个火箭箭，有长 4 尺 5 寸的杆，箭头涂有毒物，并且在箭前端有一个与火箭筒直径一样大的小纸炮，当火箭燃尽时，纸炮随及爆炸（图 216）。

① Wang Ling (1), pp. 165, 168；富路德和冯家昇［Goodrich & Fêng Chia-Shēng (1), p. 114］，都不能肯定它们的性质，普实克［Průsek (1)］；克勒［Köhler (1), vol. 3 pt. Ⅰ, p. 169］；和徐惠林［Hsü Hui-Lin (1)］认为它们是火箭。

② 不管我们在本书第四卷第三分册（pp. 575—576）所述，它使布劳恩和奥德韦［von Braun & Ordway (1), p. 41］产生误解。

③ 实际上是南宋淳熙年间（1174—1189 年）。

④ 《武林旧事》卷三，第一页。

⑤ 这里可能是指"水鼠"或"水上火箭"，或当燃烧尽时，点燃一个小炸药。

⑥ 这听起来像悬挂的探照灯，当然鸟类能携带它们。关于鸽哨的途述见本书第四卷第二分册，p. 578。

⑦ 见冯家昇 1956 年 1 月给李约瑟的信。

⑧ 严格地说使用"meteors"较好，因"comets"为彗星。（参见本书第三卷 pp. 431, 433）。

⑨ 参见 Davis & Chao Yün-Tshung (9), p. 104。

⑩ 同上，p. 103。地老鼠和水鼠被多次提到（pp. 101—102, 103—104）。

⑪ 见《武编》卷五，第六十三页起及以后，这些名称使人想起蝙蝠和其他的哺乳飞行动物，飞鼠为蝙蝠的另一种称呼。"地老鼠"是对这种小火箭的适当称呼，因为它像老鼠一样在地上乱转。而空中的那一类名称就不易混淆了，一方面，飞行完全是另一回事，另一方面，因它们早已有自己特殊的名称，最常见的"bat"，*Vesperugo noctula*，在汉文中叫蝙蝠或天鼠，见《本草纲目》卷四十八，第四十三页；R 288；杜亚泉第（*1*），第 1956.2 页，其他种类如会飞的松鼠（*Pteromys xanthipes*）也有自己的特殊名称；鼺鼠和蝠鼠，《本草纲目》卷四十八，第四十七页；R 289。

⑫ 见《武备志》卷一二八，第十六页，第十七页。这段叙述说明使用流星炮是攻击敌人时在敌阵中特别是骑兵中制造混乱，造成伤亡的一种好办法。文字叙述中提到了翎，但画家作画时却忘了画上。另外，这种武器叫做"枪"而不是"箭"。由于翎的漏画，使戴维斯和魏鲁男［Davis & Ware (1), pp. 523—524］把它误认为是火枪或纵火鞭箭。

513

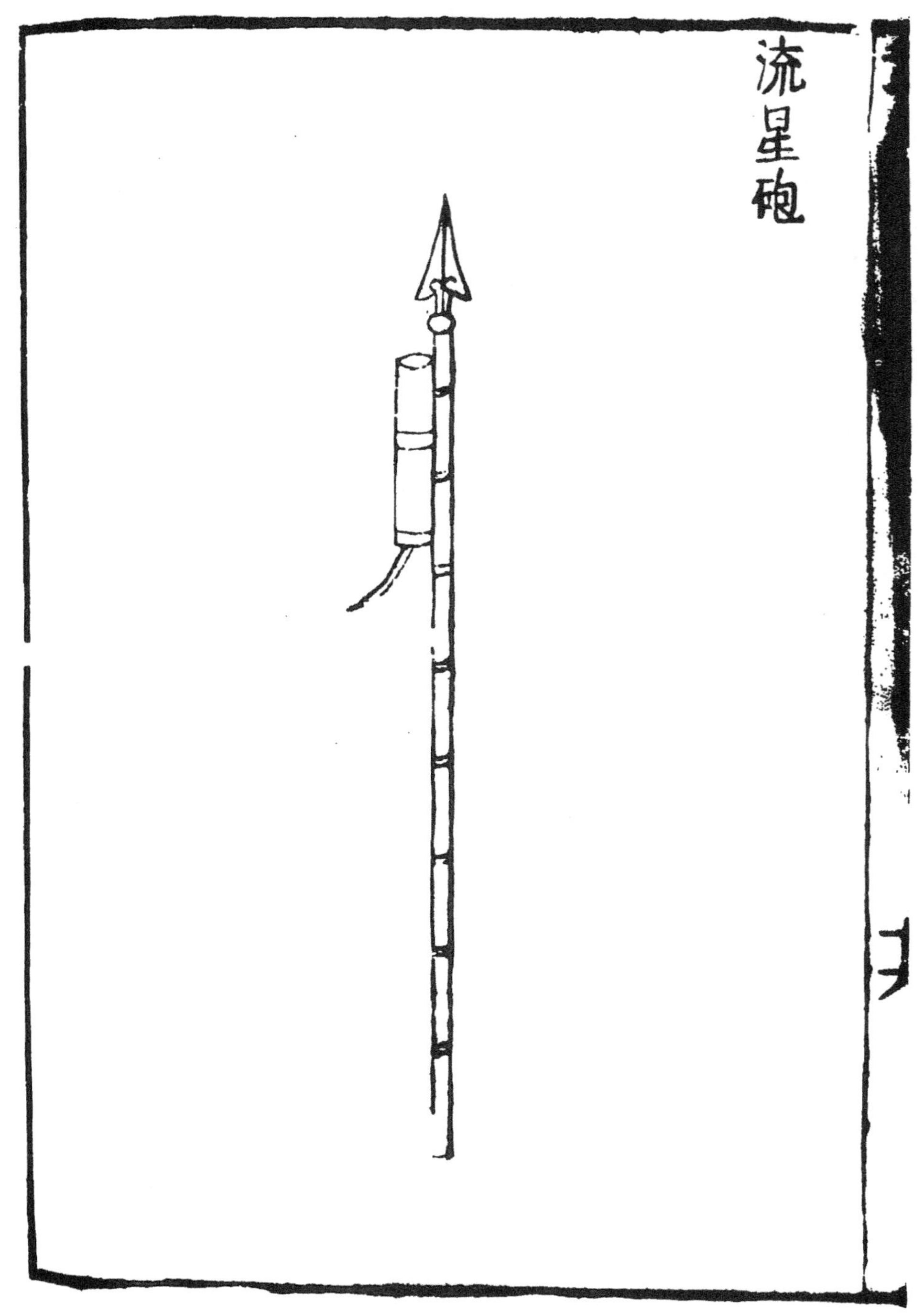

图 216　说明“地老鼠”演变成火箭的最好说明表现于 1550 年创造的“流星地老鼠”和 1753 年的“飞鼠”。这里我们从《武备志》卷一二八，第十六页摘录了有相似名称但有点混淆的“流星砲”，该炸弹是一个固定在火箭筒前面的简单的纸火药筒，当火箭将要燃尽时炸弹自动爆炸。

不幸的是，要把每个以"流星"命名的武器都说成是火箭，就很不可靠了。例如我们在前面提到的"钻风神火流星砲"（上文 p. 180），就肯定出现在 14 世纪中叶[①]；但它可能已脱离抛石机的古代形式，或许它得此名仅是因为点燃引线时火花射向空中。514
相似的有"火弩流星箭"[②] 也不需要弩来发射[③]；它是同时射出 10 支毒箭的竹筒原始枪[④]，犹如蝗虫般涌出（图 217）。或许我们能将它的踪迹往前推，因我们知道[⑤]在 1049 年，一位名叫郭谘的州官就献上了"独轮战车"[⑥] 和"无敌流星弩"的原形，那时已用火枪作为发射与火焰齐射的箭[⑦]。

前面我们已提到缺乏专门论述火箭在战场中的作用的资料，但我们还是发现了一些，只是不在我们所提到的 1180 至 1280 年这段充满活动的年代里。例如在 1340 年浙江刘基领导下的打击沿海反叛和海盗的战斗中，炸弹里装"地老鼠"就明显地提到过[⑧]。在 1380 年左右，当"一窝蜂"被列入兵器名单中时，就证明那时已有火箭发射器存在了[⑨]。而且在明朝初期，1400 年，李景隆的禁军在攻击燕王（后来的永乐皇帝）的战斗中大量使用了火箭，虽然非常有效，但也未能挽救他的命运[⑩]。

稍后，另一件有关的资料是 1419 年帖木儿波斯使节由沙赫鲁赫（Shāh Rukh）到中国一事，我们从中发现火箭并非只能用作战斗武器，还可作为能使人们欢乐愉快的庆典上燃放的烟火和绳上穿梭点灯的玩具，随员纳卡什（Ghiyāth al-Dīn Naqqāsh）在其日记中写道[⑪]：

> 每年这个时节，都要举行为时七日的灯节，在皇宫内园中，无数的"支"形 516
> 吊灯下拥着一只木球，看上去就如绿玉山似的；成千上万盏灯用绳索吊在空中，把数只飞鼠放在木球顶上，然后将飞鼠点燃，便沿着绳子行走，将灯点燃，顷刻间木球上下彩灯同时大放光明[⑫]。

---

① 因《火龙经》（上集）卷二，第七页有"钻风"二字的限制。

② 《火龙经》（中集）卷二，第二十页；《武备志》卷一二六，第十二页、第十三页；《兵录》卷十二，第五十页、第五十一页。

③ 唯一相同是柄弯曲如同问号。

④ 我们这样说是因为在插图说明中提到了"弹马"，这样枪口就能将火药室前充塞，枪管用铁带加固。

⑤ 参见《渊鉴类函》卷二二六，第六页，采自（《兵略篡闻》）《玉海》（1267 年）卷一五〇，第二十四页。参见周嘉华（*1*），第 210—211 页。

⑥ 这与前面提到的（上文 pp. 497ff.）关系如何，目前我们还不清楚，但我们怀疑它们用来发射过火箭。当然这也会使人们联想起车与古代军事的联系（见本书第四卷第二分册，p. 260）。

⑦ 它确实不叫"火弩"。同时，另一官员宋守信送上了另一火器，这样，这种判断就合理了，当然它可能是带纵火箭的真弩。

⑧ 《西湖二集》卷十七（第三三五，第三三六页），见上文 p. 183。在这里叙述"大蜂窠"时把"地老鼠"包括了进去，但在《火龙经》（上集）卷三，第十一页或《武备志》卷一三〇，第十四页中却未包括进去。"火砖"总是把它们包括进去的。

⑨ 见《续文献通考》卷一三四，第三九九四・三页。

⑩ 见《明实录》（第六节代宗条），第五页（第六十四）；见富路德及冯家昇［Goodrich & Fêng Chia-Shêng (1), p. 122］他们提供了进一步的参考资料。还见张萱的《西园闻见录》卷七十三，第三页、第四页、第五页。

⑪ 英译文见 Quatremère (3), p. 387；Rehatsek (1)，以及后来再版的 Yule (2)，vol. 1，p. 282。远征的记录组成了穆罕默德・哈文德・沙赫（Muḥammad Khāvend Shāh）的《洁净园》（*Ruzat al-Safā*）的附录。同样的文字出现在哈菲兹・阿布鲁（Hafīz-i Abrū）所著的《历史精华》（*Zubdatu't Tawārckh*）一书中，英译文见 Maitra (1), p. 90。

⑫ 这里的一些东西使我们想起在烟火那一章节里（见上文 p. 136）讨论的"火树"。

515

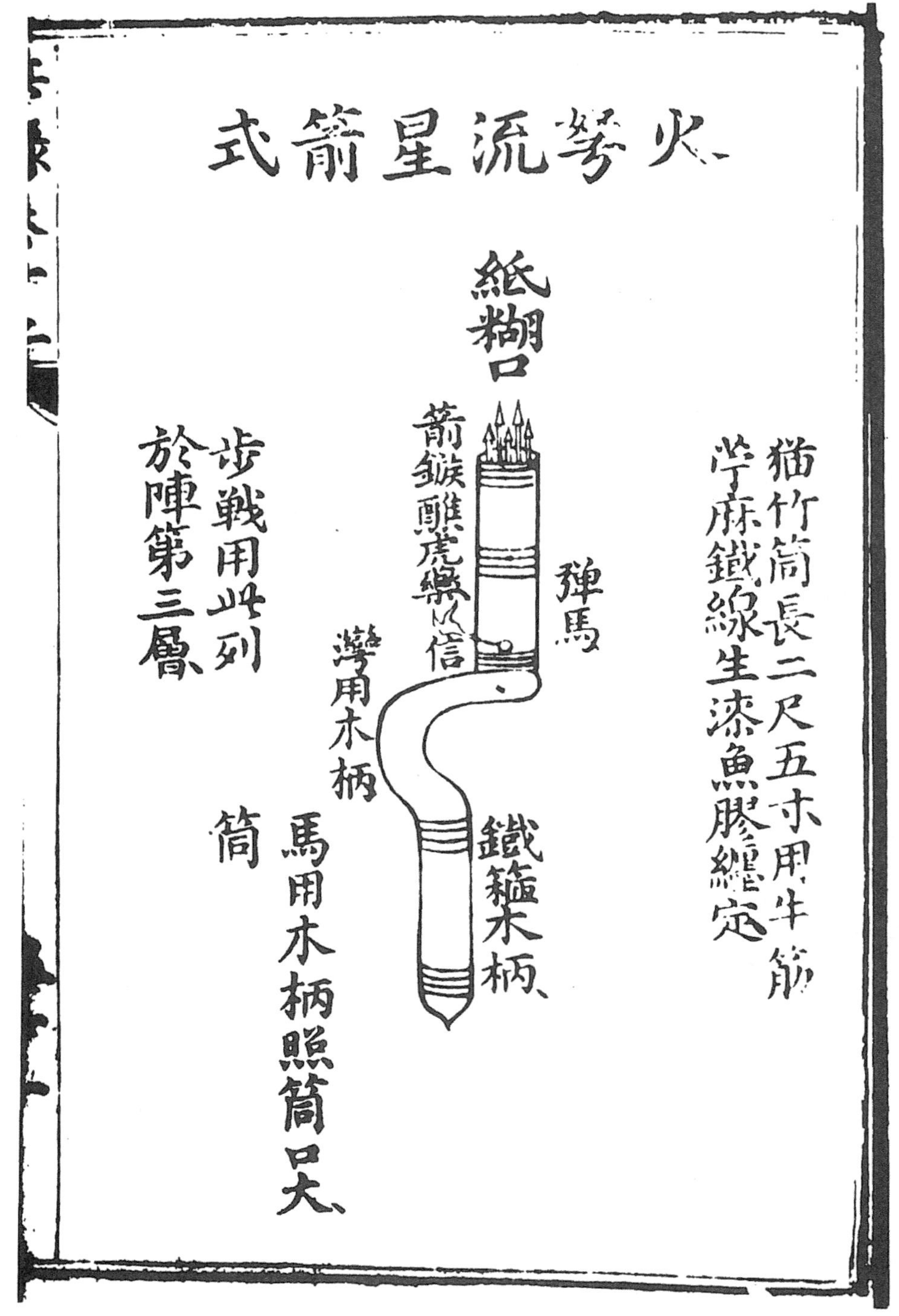

图 217 “火弩流星箭”。另一种虽然也叫“流星”的武器却与火箭无关，与弩也无关。它是一种竹制发射与火焰齐射的火枪或原始枪。采自《兵录》卷十二，第五十一页。

实际上，在中国像这样使用火箭在绳上运行作为一种娱乐，从那时起直至传到现在，它们有着各种名字，如“凤穿牡丹”等等[1]，这些也传到了西方，我们发现17世纪欧洲一些论述烟火的书中就曾谈到过用龙去点灯等相同的情况[2]。

无论怎样，我们可以比较稳妥地将中国火箭雏形的诞生确定在12世纪下半叶，毫无疑问，就是在杭州作为南宋都城那段和平繁荣的时期内[3]。当哈桑·拉马赫知道火箭时，它已在中国使用一个半世纪了。人们可能要问：火箭在西方的历史应从什么时候算起？

一般认为，第一次提到火箭[4]是在1380年热那亚人和威尼斯人之间进行的基奥贾战斗中，在这以前不久也可能已使用过火箭[5]。从这以后，可资参考的材料就较多了。1405年，康拉德·屈埃泽尔在他的《军事堡垒》一书中就知道火箭是一头开口，一头密封，里面装满火药的管形容器，而且用一根木棍或箭杆“控制它”[6]。1440年，达丰塔纳清楚地知道用火箭来推动发射物了[7]，达·芬奇在1514年他的《大手稿》和其他 517
手稿中也提到过用火箭来推动发射物[8]。那时火箭在战争和和平的烟火中的使用已是很平常的事了。17世纪时有很多文学作品曾描写过它们，值得一提的有1613年的乌法诺［Ufano（1）］，1625年的阿皮尔-昂泽莱［Appier-Hanzelet（1）］和1629年以及1650年的富滕巴赫［Furtenbach（1，2）］[9]。

但由于这样或那样的原因，可能是枪炮在欧洲的使用和飞速发展，使火箭在战争中没有起到很大的作用，而主要是运用于烟火娱乐中了[10]。印度从莫卧儿皇帝阿克巴（Akbar，1556—1605年）起，成为世界上火箭箭发展最突出的地方之一[11]。但目前还

---

① Sun Fang-To（1），p. 8（pp. 302—303）。

② 例如在1633年，Leurechon，Henriot & Mydorge（1），p. 272。参见Brock（1），pp. 186—187。后来这些由火箭推动的“车”被称为“库兰特”（*Courantins*）［von Braund & Ordway（1），pp. 67—68］。1765年琼斯［Jones（1）］准确地叙述过“水鼠”。

③ 在此事中，似乎起初“飞鼠”原来只使用于烟火中，而在战场上使用则是以后的事了。另外，如果火箭操纵杆是由火箭箭杆脱胎而来的话（上文p. 477），它们的作用后来就合二为一了。

我们可以高兴地说明，我们对火箭起源年代的估计曾得到我们的朋友，上海的科学史专家胡道静先生和北京的科学史研究所潘吉星先生的赞同。

④ 这是我们提“火箭”（Rocket）一词来源的最好之处。在古意大利语中“*rocca*”指纺纱的纱杆或纡管、或筒，也就是指长的细管子（skeat），同样的词也用来指战斗训练中装刀剑、矛头的木制刀剑鞘（von Braun & Ordway）。

⑤ 《丹多洛编年史》（*Danduli Chronicon*），Muratori（1），vol. 12，p. 448（*igne imissio cum rochetis*），vol. 15，p. 769（*furono tirate molte rochette*）；参见Partington（5），pp. 174，184；Hime（1），pp. 144ff.。这一日期正是人们所期望的传入欧洲的时期。

⑥ 见Partington（5），pp. 147—148。

⑦ 同上，pp. 161—162，达丰塔纳还提到了由火箭推动的四轮车；参见von Braun & Ordway（2），p. 68。这种奇异的发明在1857年的印度兵变中又出现了（同上，p. 116）。达丰塔纳很可能是直接从中国资料中画来的，因为他在1454年的一部著作中参考了‘我的真正朋友——在大汗领土内游历了多年的威尼斯的康斯坦丁（Constantine）提供的材料，见Birkenmaier（2）；Thorndile（12），Clagett（4）和Lynn White（20）p. 8，其他15世纪的参考资料由布罗克［Brock（2），pp. 158ff.］提供。

⑧ Partington（5），p. 175，有趣的是他描述了许多种地老鼠似的炸弹［McCurdy（1），vol. 2，pp. 198，p. 203—204，219］。

⑨ 参见Kalmar（1）；Partington（5），pp. 167—168，177。

⑩ Brock（1），pp. 181ff.。

⑪ 参见Elliott（1），vol. 6，p. 470。

不清楚火箭原理是什么时候由中国传到印度的，极大可能是14世纪至15世纪之间的某个时期，因为戈德（Gode）[1] 找到的最早的文献资料是由奥里萨邦（Orissa）的普拉塔帕鲁德拉德瓦（Prataparudradeva）于1500年写的《欢喜如意宝》（*Kautukacintām aṇ-i*）[2]。这与温特（Winter）记录的最早的历史资料是一致的，也就是说在1499年或许是1452年[3]；并且杜阿尔特·巴尔博扎（Duarte Barbosa）于1515年在古吉拉特参加一个婆罗门的婚礼时肯定见到了烟火火箭[4]。在梵语中火箭叫“*bāṇ*，*bāṇa*”[5]；这就解释了弗朗索瓦·贝尼耶（François Bernier）记下的在1658年亲眼目睹的一件事。他在描述了奥朗则布（Aurungzeb）于萨穆加尔（Samugarh）对抗达拉（Dara）的战斗中莫卧儿大股部队的战斗方阵、大炮、武士后，他又继续说：“他们几乎不使用任何与当时有关的战斗技巧；只是用些人到处投掷火箭（*bannes*），这是一种捆在木棍上的手榴弹，骑兵可以把它投到很远来惊吓马匹，有时也可给敌人造成伤亡。”[6]

但到了18世纪后期，特别是在1780年之后的20年之间的第二、第三、第四次迈索尔（Mysore）战争中[7]，军用火箭的地位就变得非常突出了。迈索尔王公（Rājā）海德尔·阿里（Haidar Ali）入侵卡纳蒂克（Carnatic），但不久死去，他的抗英斗争由他儿子提普苏丹（Tipū Sahib）继续进行。在塞林伽巴丹（Seringapatam）陷落和1799年提普死以前，在他们军队中拥有6000名火箭手，（英国）东印度公司的军队曾多次败在他们手下。

518 正如温特所说[8]，从17到18世纪这段时期，火箭在印度比在其他任何国家都使用得广泛。可能是因为缺乏枪、炮等火器，特别是轻型火炮的原因。昆廷·克劳福德（Quintin Craufurd）在1790年将此事已讲得很清楚了[9]。

> 在回教徒或欧洲人很少去的印度斯坦（Hindostan）地区，我们肯定遇到了火箭，一种当地人在战争中广泛使用的武器。这种火箭是由长8吋，直径为1.5吋，一头封死的铁管构成的。它一般与那种能放上天的火箭相似，它与一根四呎长、用如手杖粗细的头上包有铁皮的竹竿捆在一起，离铁尖管子的另一端，或靠近箭杆一端有导火线。使用时，士兵将火箭固定在一头包有铁皮的竹竿上，对准目标，然后点燃导火线，火箭就以巨大的速度飞射而出。由于它运动不规则，要躲避它是不太容易的，有时攻击效果不错，特别是用来攻击骑兵效果甚佳。

---

① Gode (7), pp. 12, 19。

② 在以后著作中，参考资料继续出现，如1570年埃卡纳特的《鲁格米妮择夫婿》(*Rukmiṇi Svayaṁvara*）和1650年拉姆达斯（Rāmadāsa）的《拉姆达斯全集》(*Rāmadāsa Samagra Grantha*)。

③ Winter (1), pp. 9ff.。温特列举了十四次战役，包括1518年的瓜廖尔（Gwalior）战斗，1572年的阿克巴亲征古吉拉特的战役，1657年开始的奥朗则布的战役，1750年反法战役，1792年后的马拉特（Maratha）战争，最后晚到1858年出现了用火箭箭进攻占西（Jhānsi）的战争。

④ Barbosa (1), vol. 1, p. 117，参见 Gode (7)。

⑤ 戈德［Gode (7), p. 20］说该词可能与更早的表达火箭的词相似，但也有从其他语言里有关火箭的词中借用的可能性。

⑥ F. Bernier (1), p. 40, 1671年版, p. 109。

⑦ 见 V. Smith (1), pp. 540ff., pp. 583ff.。

⑧ Winter (1), p. 21。

⑨ Quintin Craufurd (1), pp. 294—295，第二版，vol. 2, pp. 54ff.。克劳福德是个来亚洲碰运气的苏格兰人，死于巴黎；参见 Partington (5), p. 232。

SKETCHES 519

CHIEFLY RELATING TO THE

HISTORY, RELIGION, LEARNING, AND MANNERS,

OF THE

HINDOOS.

WITH

A concife Account of the PRESENT STATE of the NATIVE POWERS of HINDOSTAN.

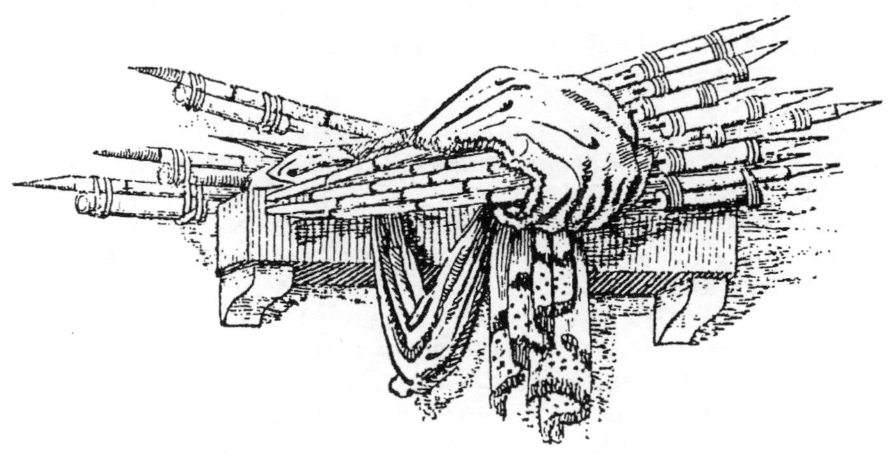

LONDON:

PRINTED FOR T. CADELL, IN THE STRAND.

MDCCXC.

图 218 书中扉页插图上的一堆印度火箭，见 Quitin Craufurd（1）。

克劳福德甚至在他书中的扉页采纳了一堆印度火箭图（图218）。这些火箭平均重9磅，能发射到30码高、1000码远或更远，在适当条件下还可超过以上射程的两倍半[1]。最常使用的武器是一种箭头，火箭有时带自动起爆炸弹，它可用不同类型的发射器发射。

这种印度火箭直接或间接的大大促进了欧洲军事火箭的发展[2]。在汉诺威服军役最终升至少将并在皇家学会高层人物中出名的威廉·康格里夫（William Congreve，1772—1828年），曾为印度的范例所激励[3]，从1804年起就从事火箭的试验（和推广工作），并取得了很大成就，于1808年成立了火箭旅或称火箭团[4]。因为那时迫切需要这种不带轮子的炮车，火箭[5]给予骑兵“炮火支援”。当装备后，由于火箭较轻，每一个炮架都是“一个群射架可
520 代替装备的单一火炮（*bouche-à-feu*）”。此外，火箭的后坐力小，可以说特别适合在船上发射。在那段时期，火箭旅作出了卓越的贡献[6]，在1813年的[7]莱比锡战斗中起到了重要作用，在两年后的滑铁卢战役中也大出风头。随着时间的推移，火箭得到不断的改进，如威廉·黑尔（William Hale）在1840年左右发明的旋转火箭（不需要木棍）[8]，并且用于1846至1848年的美国与墨西哥战争中。但因19世纪早期军事火箭有唯一致命弱点（Achilles' heel），使其发射命中率极不准确，特别是远射程[9]，于是逐步被19世纪30年代后准确性日益提高的常规火炮和小武器所取代[10]。到了1850年，大多数国家的火箭部队都解散了。

在中国进行的鸦片战争中，交战双方自然都使用了火箭[11]，1840年舟山的定海炮台失守时发现了火箭箭仓库[12]。第二年，康格里夫火箭又用上了，将安森湾（Anson's Bay）里的最大战舰烧燃，并将该船和水手一起摧毁[13]。十二年后，1856年，在珠江又发生了战斗，肯尼

---

① Winter (1)；Baker (1)，p. 12；戈德［Gode (6)，p. 22］引自穆尔［Moor (1)，P. 509］。这种木棍实际上长10到12呎。穆尔的有一叙述与中国的地老鼠有关，因他曾提到“人们叫地火箭的东西螺旋运转，一会儿落地，一会儿升空，直到火药燃完”。

② 这一传说曾讲过多次，像 Corréard (1)，Gibbs-Smith (10)；Brock (2)；Hime (1)；Winter (3)；Baker (1)；pp. 13ff.；von Braun & Ordway (1)，pp. 69ff.，pp. 93ff.，(2) pp. 30ff.；Reid (1)，pp. 184，186；Katafiasz (1)。

③ 正如他在前言里告诉我们那样；Congreve (3)，p. 15。

④ Brock (2)，pp. 158ff.，其他国家的军队不久也效仿，如奥地利、俄国、瑞士、墨西哥和孟加拉。

⑤ 康格里夫火箭重32磅，平衡杆16呎长，接带纵火、爆炸和有刺弹头，射程3000码，可以从三角发射架上发射，特别是还可以从城堡的斜坡上和船上的窗里发射。参见 Congreve (1，2)。

⑥ 纵火攻击还成功出现在法国的布洛涅［Boulogne (1806年)］、丹麦哥本哈根（1807年）、秘鲁卡亚俄［Callao (1809年)］、菲律宾加的斯［Cadiz (1810年)］、华盛顿和巴尔的摩（1814年）。就如司科特·基（F. Scott Key）诗歌中所说的“火箭的红色大球”。波兰的但泽［Danzig (1813年)］、阿尔及尔（1816年）、仰光（1824年），这些攻击都很成功。

⑦ 参见 Whinyates (1)。

⑧ Hale (1)；Winter (2)；Taylor (1)，p. 9；Baker (1)，p. 14；von Braun & Ordway (1)，p. 78，(2)，p. 33。

⑨ 斯科弗恩［Scoffern (1)］在1852年将这点认识得很清楚。这就是在美国南北战争（1861—1865年）中火箭使用得很少的原因。还有保存的问题。有人曾试图改进火箭，如博克瑟［Boxer (1)］在1855年试制了两级火箭，但只实用于救生（上文 p. 506）、发信号和捕鲸。

⑩ 无论怎样，虽然是零星的，但在非洲殖民地，直到19世纪末，人们仍在继续使用火箭［见 von Braun & Ordway (1)，pp. 116ff.］。这里火箭作为烟火比作为武器用得要多得多。确实，可以说在现代的反坦克火箭筒的使用上火箭又复活了［Baker (1)，p. 66；Reid (2)，pp. 257—259；von Braun & Ordway (2)，pp. 94 ff.］。

⑪ 欧洲人第一次遇到中国火箭的时间较早，是在1637年。根据温特所记录的彼得·芒迪（Peter Mundy）的游记［Winter (5)，p. 15］，离香港不远的大虎山屿，一艘中国海军巡逻艇在那一年攻击了一艘英国船，“当他们的船从我舰旁驶过时，火球、火箭等密集的射向我们，但上帝保佑，我们没有人被击中”。

⑫ Jocelyn (1)，P. 59。

⑬ Ouchterlony (1)，pp. 98—99。

迪海军上将曾写道:“因一般认为中国火箭不会对我们造成多大伤害，故火箭射来时并未回避，但我们还是有艘船被击中，并被烧了个大洞。”[①] 这就是在它们发明之后欧洲火箭与有700年历史的中国火箭之间的较量。[②]

现在让我们在这段总结性讨论中看看本世纪和近代这段时期火箭的发展情况。我们必须简明扼要，哪怕是有惊人的进展也只能如此。鸦片战争时的中国人和英国人都不会想到只有用火箭做推动力的航空器才能自由的在宇宙间游荡，但这是事实。这是火箭，只是比他们知 521
道的那些火箭大得多。喷气式推进器包括其他种类的发动机，如涡轮机、压力机[③]和火箭，但前者前部需要供给空气才使燃料燃烧并变为动力，然后通过后部喷嘴喷气前进。而只有火箭不需空气，它带足燃烧需要的氧化剂和燃料，并产生出强大的气流。作为一个喷气发动机它完全可不依赖大气层，实际上，在无空气的空间它变得更加有效，因为它摆脱了物质介质的阻力的影响。此外，它的推力不受实际飞行速度的影响，在任何高度都能全速前进，甚至在几乎真空的宇宙中也如此。如果焦玉和茅元仪那时就知道这些，不知他们要惊奇成什么样了。火箭在所有实用热能发动机里被称为最古老的形式，而现在的液体推进型火箭却使用了目前最先进的技术和材料[④]。

液体推进型火箭的使用使我们迈出了决定性的一步，跨出了传统固体火药形式的圈子。这种引人注目的混合物中自含氧，随着时间的推移，开始了解到分别供应氧和燃料并让它们分开在燃烧室内燃烧，会更安全并产生更大的推动力。这就是通往月球、行星和恒星的入口(关于这点无需多写)。现代的液体推动剂是由两个伟大的先驱者，即一个是俄国人、一个是美国人，和两个工程宣传者，一个是在罗马尼亚工作的德匈混血儿和一个法国人开创的。那个俄国人我们已经在前面提到过(p. 506)，他就是齐奥尔科夫斯基(1857—1936年)，他精通数学，最先提出了火箭飞行理论并提议用液态氧和煤油或液态氢[⑤]。但如果齐奥尔科 522
夫斯基现在被称为火箭发动机科学之父，那么火箭发动机工程之父就是美国人罗伯特·戈达德(Robert H·Goddard，1882—1945年)[⑥]。戈达德也是大学教授，从1907年以来很多年间

---

① Kennedy (1), p. 51。他对火箭不精确的估计可能夸大。

② 其他的叙述可见 Bingham (1), vol. p. 345; Bernard (1), vol. 2, p. 20。

③ 喷气推进历史本身是个不同的问题。从原理上说，很明显它是内部和前部的运动，但人类却用了几个世纪才把它搞清楚。在前面(见本书第四卷第二分册，pp. 163—164, pp. 575—576)我们讨论了古代神奇的工匠们对自动飞行器的可能解释，值得注意的有亚历山大里亚机械家塔兰托的阿契塔(Archytas of Tarentum)(公元前308年在世)和张衡(约公元125年)，他们富于想像地运用了压缩空气或蒸汽的喷气流，就如希罗肯定在他的蒸汽球 aeolipile 中所作的那样(同上，pp. 226, 407)。韩志和(公元890年)用火药似乎总觉得早了点，虽然雷乔蒙塔努斯(Regiomontanus)在1450年能使用它。关于阿契塔和雷乔蒙塔努斯可见 Duhem (1), pp. 125—128, pp. 290ff.。

迪昂还告诉我们(pp. 295ff.)耶稣会士法贝尔(Honoratus Faber)在1669年曾提到过由人借助泵内产生的压缩空气喷射而驱动的飞行器，这种构想显然是巴西人耶稣会士德古斯芒(Bartholomeu Lourenço de Gusmão)著名设计的继续，迪昂[Duhem (1), pp. 297, 418ff., (2), pp. 140ff.]都曾提到过。后来，1715年马克-安特万·勒格朗(Marc-Antonie Legrand)转而用蒸汽来推动他的喷气机[Duhem (1), p. 298]。尚不清楚的是这些思想究竟起到多重要的作用，但它们一定带有后文艺复兴的色彩，我们没有看到中国有相同的事物。在任何情况下，就是在现代，当飞机可带大量燃料来产生气流和推动力时，这种原理才有实际应用。

有趣的是在这种蒸汽球出现二千年后，在泽格纳(Segener)的旋转花园草坪的喷泉上，我们又有了类似的喷气理论的范例[Ley (2), p. 84]。

④ 这一节是根据汉弗莱斯[Humphries (1)]和吉布斯-史密斯[Gibbs-Simith (10)]的表述而写出来的。参见 Malina (1) 及 Anon. (161), vol. 1, pp. 578—579。

⑤ 见 von Braun & Ordway (1), pp. 121ff.; Baker (1), pp. 17ff.。他的著作已译成英文(1—4)，参见 Petri (1)。

⑥ 见 Baker (1), pp. 22ff.; Von Braun & Ordway (2), pp. 43ff.; Ley (2), pp. 106ff.; Taylor (1), pp. 16—18。

以顽强的专注和有限的资助用于研究达到地球大气层以外“无限高度”的手段①。世界上第一个液体燃料火箭②就是由他于1926年3月成功发射的，而四年后达到2000呎高度。用德文写作的赫尔曼·奥伯特（Hermann Oberth，1894—1982年）③ 与1927年成立的“空间飞行学会”（Verein für Raumschiffahrt）联合④，该学会于1934年为纳粹所接管⑤。他们把“学会A_4”型（Verein's A_4）改为众所周知的V_2型火箭。就是这种火箭在1942年10月第一次脱离地球大气层进入空气稀薄的外层空间，达到52英里高度⑥。最后，是法国的贡献者罗伯特·埃斯瑙-佩尔蒂埃（Robert Esnault-Pelterie），他的著作在本世纪20年代末及30年代初被积极而广泛地阅读⑦。

在这之前很久，火药火箭就很普通了，特别是在烟火中为人们熟悉。直到19世纪后期，康格里夫火箭还一直徘徊不前，1900年起，它们才在海上救援和防预暴风雨方面赢得一席之地（参见下文 p. 528）。但使用火箭进行的空中摄影却为飞机照相所替代，使用火箭发信号又为广播取代，军事火箭几乎完全被更精确的火炮淘汰。在第一次世界大战中，火箭只能运送探照灯和在施放烟幕上起一点有限的作用了。似乎火箭在战场上的前景很暗淡，我们确实知道德国空间飞行学会原来设计的火箭主要目的是气象火箭⑧。

值得注意的事实是研究火箭液体推动剂的新动向不是搞军事火箭，也不是从传统烟火制
523 造出脱颖而出的，而是来自“世界多元化”的观念和反作用发动机是人类达到此目标的唯一道路的信念。戈达德处于承上启下的地位上，他的构思不是从焦玉、提普和康格里夫那里承袭而来，而是从张衡⑨、卢奇安（Lucian）和德丰特内勒（de Fontenelle）那里继承而来。早些时⑩我们发现，中国的思想理论在17～18世纪通过耶稣会士传到欧洲后对消除长期统治欧洲的思想观念——亚里士多德的水晶球天体观念和完美无缺的天的观念起到了一定的作用⑪。卢奇安《真实的历史》（*True History*）一书中有关在月球上的人类和西塞罗（Cicero）的著作《西庇阿之梦》（*Somnium Scipionis*）都写于这些教条与基督教世界观结合以前。但在17世纪，欧洲冲出了束缚，一系列的作者描写了超越地球的航行⑫。可以这样说，中国

---

① 他的经典著作于1916年和1936年问世；参见 Goddard（1，2）。

② 使用液态氧和汽油。

③ 见 Ley（2），pp. 113ff.；Baker（1），pp. 27ff.；Taylor（1），pp. 16—18。因为他的书有影响，Oberth（1，2）。

④ Ley（2），pp. 121ff.。他后来呆在德国军事火箭得到发展的佩讷明德（Peenemünde）基地；参见 Ley（2），pp. 184ff.，pp. 204ff.。他活着见到了卡纳维拉尔角（Cape Canaveral）的火箭发射。

⑤ 参见 von Braun & Ordway（1），p. 139；Taylor（1），p. 21。

⑥ 这种46呎长的火箭是由液态氧和乙基酒精推动的，由过氧化氢和高锰酸钠催化后形成的气体推动气轮泵导入燃烧室。见 Ley（2），p. 226；von Braun & Ordway（1），p. 147；Taylor（1），p. 22。

⑦ 见 Esnault-Pelterie（1，2）。在这张名单中还应有其他人的荣誉。尼柯拉·伊万诺维奇·基巴利契奇（Nikolai Ivanovith Kibalchich，死于1882年）发展了导航推进的思想，利用喷咀排出气体时的旋转来改变火箭飞行方向。汉斯·甘斯文特（Hans Ganswindt）十年后十分活跃，设计出了（超前）喷气宇航船。森格尔（Eugen Sänger）在30年代继续进行这种研究。有关这方面情况见 Baker（1），p. 15；Ley（2），pp. 91ff.。

⑧ 见 Ley（2），pp. 169ff.。参见下文 pp. 527ff.。

⑨ 2世纪的这位伟大天文学家在他的《思玄赋》中描写了想像中的太阳之行。

⑩ 见本书的第三卷，pp. 438ff.。

⑪ 最近迪克［Dick（1）］在一本有趣的书中谈到了世界多元化的概念，然而忽略了中国的观念在解放欧洲传统观念上所起的作用。

⑫ 只需列出弗朗西斯·戈德温（Francis Godwin）、皇家学会会员约翰·威尔金斯（John Wilkins）、丹尼尔·笛福（Daniel Defoe）和迈尔斯·威尔逊（Miles Wilson）就行了。尼科尔森［Nicolson（1，2）］已卓越地评论了科学罗曼蒂克风格。同时，古代的著作在中世纪专制统治下遭到禁止，但后来又复活了，并再一次开拓了人们的思想境界。

人发明的火箭在14世纪传到了欧洲，在16世纪末中国人关于无限空间的思想也传入了欧洲[1]。

确实，正如薛爱华（Schafer）指出的："在古代中国，遨游太空是很平常的"[2]。在张衡以前就有有关叙述[3]，例如在《论衡》（公元83年）中，我们发现一个名叫项曼都的道家在月球上呆了许多年[4]。最近，卡多尔纳［Cadorna（1）］翻译了斯坦因藏品[5]中的敦煌卷子中的一篇，其中介绍了著名道家天文学家叶净能大约在公元718年引导唐玄宗游览月宫的情形[6]。如薛爱华所说[7]："月亮中的雄伟宫殿……虽然说不上是第一流的住的地方，但却经常在中国的诗歌和散文中描述，特别是广寒宫"，那是座很寒冷而令人生畏的水晶宫殿，尽管月亮上景色很美，但这位皇帝还是忍受不住寒冷而请求回家，叶道士也就将皇帝送回了家。 524

在19世纪，所有这些传说都提炼成为我们今天称之为科幻小说的作品中，在这方面有大量的描述文献[8]，而且都有其独特之处。这些著作对现代火箭的开拓者都产生了巨大影响。喷气发动机肯定不是太空飞行的唯一设想[9]，还有设想中的反引力物质[10]和用大炮对准星球发射的设想[11]。齐奥尔科夫斯基受埃罗（Eyraud）、凡尔纳（Jules Verne）、小仲马（Dumas）和格雷格（Greg）等人的影响和激励；戈达德和奥伯特受拉斯维茨（Lasswitz）和威尔斯（H. G. Wells）的影响。不仅宇宙航行传统本来是可靠的，而且还可名正言顺地说第二次世界大战的军事火箭导弹也是后来和平研究和开发外层空间的延伸或副产物。并且可以说前者也还未掩盖后者。

在某个时候，液体燃料火箭飞行的所有先驱者们都被吸收到军备的大口袋中。戈达德后来由美国陆、海军发展机构资助搞研究（1918年），同时伯林火箭飞行场地协会（Verein's Berlin Raketenflug platz）从1932年起由德国军方支持[12]。四年后成立了加州理工学院古根海姆宇航实验室（GALCIT）[13]，在冯卡门（Theodor von Kármán）[14] 指导下与马利纳（Frank

---

① 这一事件使人联想起以前曾发生的一些事。例如，曾说过："正如同中国火药帮助欧洲摧毁了封建主义（15世纪后）那样，中国马镫也曾帮助欧洲建立了封建制度"［Needham（47），pp. 286—289］。

② Schafer（26），pp. 234ff.，（27）。总的说来，我们不很清楚使用的飞行器的性质，而且超越地球的旅行常常是神秘的。但关键是对古代和中古代中国人来说这并不是不可思议的。

③ 无疑是从萨满教徒（Shamans）的第一次神奇的飞行引起的；参见本书第二卷，pp. 132，141；第四卷第二分册pp. 568ff.。

④ 英译文见 Forke（4），vol. 1，pp. 340—341。王充当然未相信它。

⑤ 斯坦因藏品第6836号（S6836）。较早一点译文见 Waley（31），pp. 139ff.。

⑥ 《道藏》的《唐叶真人传》里载有同样的故事，见《道藏》，第七七一页。

⑦ Schafer（26），pp. 194—195。

⑧ 见 Flammarion（1）；Ley（2），p. 41；Morgan（1）；Anon.（162）；Darko Suvin（1）。

⑨ 但这些出现在阿希尔·埃罗（Achille Eyraud）的《维纳斯航行记》（*Voyage à Vénus*，1865年），及库尔特·拉斯维茨（Kurt Lasswitz）的《在两个星球上》（*Auf Zwei Planeten*，1908年）。

⑩ 见珀西·格雷格（Percy Greg）的《穿越黄道带》（*Across the Zodiac*，1880年）和威尔斯（H. G. Wells）的《月球上的第一批人》（*The First Men in the Moon*，1901年）。他的《星际战争》（*War of the Worlds*）一书在三年前出版。

⑪ 这里典型样本是凡尔纳（Jules Verne）的《从地球到月球》（*De la Terre à la Lune*，1865年），在同一年小仲马（Alexandre Dumas）也写了几乎同名的另一部小说。

⑫ Taylor（1），p. 21；von Braun & Ordway（1），p. 138。布劳恩、奥伯特和莱伊（Ley）以及其他一些人在第二次世界大战末期都为美国火箭机构服务过。

⑬ The Guggenheim Aeronautical Laboratory of the California Institute of Technology。关于此事见 Malina（2，5）；Baker（1），pp. 2ff.；Ley（3）；von Braun & Ordway（2），pp. 84—85。

⑭ 参见 Wattendorf & Malina。

Malina）及钱学森等①合作；有意义的是1945年它改为加州理工学院军械部实验室（ORD-CIT）②，并几乎全部进行军用导弹研究。在它取得的成果中有使用红色发烟硝酸和苯胺或苯作为自动引爆液体③；并发展了奇异的固体发射剂诸如沥青或聚氨基甲酸乙酯（Potyurethane）和高氯酸钾或硝酸钠及苦味酸铵的混合物④。今天使用的其他液体发射剂是氟、四硝基甲烷、液氨、联胺水合物、氢化硼等⑤。如果说俄国的“卡秋莎”（Katyusha）和“斯大林机”（Stalin Organ）军用火箭在第二次世界大战中如此有效的话，那是因为它们没有再使
525 用火药为炸药，而是用火棉⑥和硝化甘油，在化学上一般说仍是自供氧的⑦。如果说俄国人最先成功地发射地球卫星（1957年）和首先把人类送入（加加林，Yuri Gagarin）太空（1961年），可能是因为他们首先掌握了需要大型火箭的大负荷原子弹头技术⑧。但核能可能是满足太空飞行喷气发动机的最终保证⑨。在此我们再一次涉及前面（上文p. 506）已提到的自相矛盾的情形，能摧毁人类文明的巨型火箭发动机，同时也能打开通向星球之路⑩。众所周知，太空探测器“水手”从1962年起就被送到太阳系⑪。最后在火箭的故乡中国，第一颗人造地球卫星也于1970年发射⑫，从那以后，至少又发射了八枚。

最后，火箭发动机可能是保存人类自身的手段，因为当我们太阳系的太阳冷却或过热时，它能将人送到其他居住地⑬。结果可能是，火箭乃人类所做出的从未有过的最伟大的发明。虽然制导火箭导弹的危险仍迫在眉睫，但那些我们从不知道姓名的第一次成功实验了

---

① 代表性地提到钱学森。其他的中国科学家也在那里工作，如著名的钱伟长和林家翘。

② Ordnance Department Laboratory of the California Institute of Technology。见Malina（3，4）；Baker（1），pp. 73ff.。

③ Ley（3）。

④ Humphries（1），p. 26；Anon.（161），vol. 1 pp. 580—581，vol. 2，pp. 363—364。

⑤ 参见Clark（1）；Parker（1）；Humphrics（1），p. 40；Anon.（161），vol. 2，pp. 362—363。

⑥ 硝化纤维素早在1845年就由舍恩拜恩（Schönbein）发现。

⑦ Taylor（1），pp. 23—25；Ley（2），pp. 190ff.；von Braun & Ordway（1），p. 160；Popescu（1）。

⑧ von Braun & Ordway（1），pp，162，176；Taylor（1），pp. 92，144ff.；Popescu（1）。美国“阿波罗”的登月是1963年初开始的。[Baker（1），pp. 165ff,；von Braun & Ordway（2），pp. 172，218—219]。图219。

⑨ Humphries（1），p. 194；Anon.（161），vol. 2，pp. 366—367。

⑩ 索科尔斯盖［Sokolsky（1）］谈到了1974年的事情，比德勒［Buedeler（1）］一直谈到1979年，科内利斯、舍耶尔和瓦凯尔［Cornelisse，Schöyer & Wakker（1）］一直谈到1981年。这里已达到现代研究的真正专业水平。具备有数学、化学或冶金学的专门知识的读者将会发现，整个这一系列选收的各卷所讨论的是我们现代最新的知识水平。例如，有一本《宇宙航行学与火箭技术进展》，(*Progress in Astronautics and Rocketry*)，自1960年写起，其中的50多卷谈至现代；所有这些都是在“美国火箭学会”（American Rocket Society）督导下进行的。

⑪ Taylor（1），pp. 146ff.；von Braun & Ordway（2），pp. 164ff.；Baker（1），pp. 135ff.；Ley & von Braun（1）。

⑫ 二级火箭发动机燃烧二甲肼做为燃料，而四氧化氮作为氧化剂；它们在地对地飞行中至少可以达到4000英里，第三级火箭可以使卫星进入2.3万英里高的对地同步的轨道。参见Hewish（1）；Anon.（163）。

宇宙火箭新的发射器发生在1982年（《人民日报》，1月14日，转载于《中国科技史料》，1982年，第2期，第90页）。水下运载火箭在10月试验成功（《中国画报》，1983年，第1期）。中国的第一枚通信卫星，于1984年4月16日由三级火箭发射升空，见Yang Wu-Min（1）。

⑬ 今天，在那些意识到宇宙无限大的人们中，火箭飞行器加剧了他们的想像力，并且激励着杰出科学家的奇妙设计。例如，克里克［Francis Crick（1）］，一位分子生物学家，发现很难解释地球的生命起源，设想是由几十亿年前，一个从我们自己的或其他星系里的另一文明驶出的火箭宇宙飞船带来的（以真核生物菌形式）。当然，这种“直接的胚种”反而使此问题向相反的方向上走得更远。

526

图 219 阿波罗 14 号于 1971 年发射升空［Baker (1), p. 219］。

“流星地老鼠”的中国人，一直是人类非凡的施惠者和最好的城市公民。

(20) 火药的和平利用

在前面的各页中我们对火箭已经谈得够多了，因而很容易开始转向讨论这类装置在宗教仪式和控制天气以及探索地球上层大气的应用方面。此后我们可以继续讨论火药在开石采矿
527 和用于公路、铁路和水路等民用工程中起的普遍作用。

(i) 典仪与气象火箭

火药用于制造娱乐烟火、尤其是火箭，在世界各地已广为流传而且由来已久，有关记载也相当多[①]，因此我们这里便无需着墨了。但是，气象学家们不久便发现火箭在探索高空及外层空间方面的价值。前面我们已经提到过气象火箭（p. 522），它们在今天的确发挥着积极作用[②]。探空火箭能升到一百英里的高度，携带有效载荷如卫星的运载火箭能升到二三百英里的高度，并在外层空间发挥作用。许多型号的火箭曾投入使用，如“海盗”（Viking），“数据探头”（Datasonde）；还有一些如“空中蜜蜂”（Aerobee）和“贼鸥”（Skua）现在仍在使用[③]。记录着数据的各种仪器往往用降落伞回收[④]。火箭上的传感器使气象学家获得许多宝贵的数据，有关于风和温度的、地球磁场和电离层的，还有关于宇宙线、红外和紫外辐射的，以及X-射线的等等。

然而，火箭在气象学的另一分支——人工影响天气——中也发挥着作用，这种作用（也许还有点不肯定）甚至更有名气[⑤]。谢弗（Vincent Schaefer）于1946年11月在冰晶生成方面做出了重要发现，他从飞机上往云层里撒干冰[⑥]粒，五分钟之内便降了一场暴风雪。人们很快就意识到，问题在于怎样制备雪花、冰雹的晶核，或者怎样使雨滴形成。翌年，冯内古特（Bernard Vonnegut）查阅文献发现多种晶体形式大都与冰相似，于是他就提出用碘化银和碘化铅[⑦]。随之“播云”技术也就产生了，这种技术从此便在世界范围内流传开来，甚至不得不制定法律来控制其应用。爆炸的冲击也刚好能产生这种效应，因此火箭便派上了用场，火箭装上火药和碘化银，然后发射上天。

---

① 例如 Brock（1，2）。

② 参见 von Braun & Ordway（2），pp. 150ff.。

③ 参见 Firiger（1）；Almond，Walczewski et al.（1）；Schmidlin，Ivanovsky et al.（2）。

④ 苏联的地球物理火箭曾把活的实验动物（如狗）发射上天并安全回收，这使人想起上面提到过的（p. 506）18世纪所做的实验，但现在更为有用。

⑤ 见 Dennis（1）。

⑥ 固体二氧化碳。

⑦ 关于雪晶生长见 Mason（1）。是维尔克（J. K. Wilcke）首次于1761年用人工方法制成雪晶，在接下来的世纪中，当人们发现碘仿和樟脑可作结晶剂后，人造雪晶便结出了果实；参见 Dogiel（1）和 Spencer（1）。在我们这个时代，梅森和梅班克［Mason & Maybank（1）］证明，导致降水的原因更可能是来自地表的泥土和其他矿物的颗粒而不是陨石灰。其中一种结晶剂便是石膏（硫酸钙），这种盐被认为是一种六角晶体，确切地说，是朱熹这位12世纪伟大的理学哲学家和博物学家的文章中提到的。事实上，中国早在欧洲之前就知道了冰晶的六角形对称；如公元前135年左右的韩婴，以及许多其他研究自然界的学者们，这可要比1610年的开普勒（Johannes Kepler）要早，正如李约瑟和鲁桂珍［Needham & Lu Gwei-Djen（5）］所证明的那样。

可不幸的却是结果并不总是可靠的和确定的，在统计学上也没把握；可控实验很难实 528
施，所以这个问题在某种程度上仍有争议。在最近的一次研究中，梅森［Mason (2)］曾考虑过三个计划，一个在塔斯马尼亚（Tasmania），另一个在佛罗里达，还有一个在以色列，但是只有最后一个在几年当中始终得出连续肯定的结果。这种技术有时行，有时不行。尽管如此，该技术还是得到了广泛应用。几年前我常常到法国的萨尔特（Sarthe）度假，我记得那里的葡萄园工人就给我看过火箭，这是他们用来轰击即将来临的雹暴云层的，这样在雹子毁坏他们的酿酒葡萄之前便可落下来①。由于云层的高度和速度的关系，很难使这种技术奏效。

就我们所知，霍维茨［Horwitz (8)］是唯一企图对传统作法追根探源的历史学家，他认为只是快到了 19 世纪末，经云层中施放火箭才流行起来。其源流可能还不止一个，例如，有一种难于证实的普遍信念，大战过后必有大雨，而且民间的迷信认为向天上打枪会击毙呼风唤雨的巫婆②。在切利尼（Benvenuto Cellini，1500—1571 年）的自传中，霍维茨找到一处往暴雨云层中打炮的早期记载，而且效果还挺好③，1618 年霍泽曼（Abraham Hosemann）④写的一部有关雷的书中也出现了类似的事。除此之外，再就没见到其他有关报道了。

但是，人工影响天气的思想看起来虽然很具现代性，可它似乎并不源于欧洲。在东南亚，我们发现有许多民间习俗基本上都少不了向季风暴雨云层施放大型土火箭这一内容。其目的是双重的，一方面是敬雨神而另一方面则是促使下雨。我们可以把泰国北部清迈附近各村举行的仪式作为典型的例子⑤。首先是把土火箭架设在用树枝、树叶装饰的竹架或托架上，在拖到稻田⑥发射之前，先要在当地佛寺（*Wat*）的舍利塔（*Stupa*）前面搁置数日；然
后在锣鼓声中土火箭被抬上斜坡式发射塔（图 220）⑦，时辰一到便由一个人爬上塔架点火施 529
放。点火人往往是和尚或住持⑧，而且施放时总是有比丘（*bhikkus*）在场监督⑨。在老挝⑩和泰国的许多地方，以及云南西双版纳傣族地区都证实了这种习俗⑪。

在廊开附近的农松洪村（Nong-song-hong），有一种类似的风俗，叫做火把节（*Bun-*

---

① 见 Foote & Knight (1)；Dennis (1)，pp. 75—76，206—207，208ff.，232ff.。对种葡萄的人（vignerons）来说，雹暴是最可怕的一种灾害［参见 Lichine，Fifield et al. (1)，p. 35，116，433，538；Schoonmaker (1)，p. 162］。它们可以把丰收在望的作物一扫而光。关于法国的抗雹措施见 Dessens (1)；关于俄国的抗雹火箭，见 Bibilashvili et al. (1)；Dennis (1)，图 5.14。驱散大雾与此题目相关，有关情况见 Dennis (1)，pp. 163ff.。

② Wuttke (1)，p. 283，§444。

③ Bettoni ed.，vol. 2，p. 56；英译文见 Goethe，vol. 44 (vol. 2)，p. 334。

④ Hosemann (1)，p. 121。

⑤ 吉布（Hugh Gibb）先生于 1965 年对此进行了研究并拍了照片，对他提供的诸多信息和图片我们表示感谢。他还考察过泰国北部农凯地区的各种仪式。

⑥ 这些地区没有灌溉系统，所以季风雨对当地人来说尤为重要。在灌溉系统密集的泰国中部地区，就没有施放火箭的习俗。柬埔寨吴哥地区的农民也要靠充足的雨量，因为高棉的旧灌溉系统已不复存在。在那里吉布目睹了求雨的仪式，和尚往跪着的妇女身上泼水，那里倒是没有火箭。因此，他提出火箭源于老挝或泰国人（最终是中国人）而不是高棉人。

⑦ 有许多发射塔高 40 多呎。突出的是根长竹篙或火箭的尾舵。

⑧ 火箭上常绘有眼镜蛇（nagas）的图案，象征着蛇王对水的统治，这与中国的龙相同。

⑨ 见对泰国东北部火把节（*Ban-bang-fai*）的描述，Klausner (1)，pp. 89ff.。

⑩ 参见 Winter (1)，pp. 7—8。

⑪ 有关这些，见 Alley (9)，p. 9。此处有的火箭是或曾经是三级的。

bang-fai)，对此已有人做过第一手的描述[1]。火把节上用的火箭的确很大[2]，有时还要饰以木雕蛇头（*naga*）；据说这样告慰雨神可以确保好收成[3]。在缅甸，温特［Winter（5）］发现了更多有关大型祭祀性火箭的例子，但在那里基本上是在和尚的葬礼上施放。这肯定可以追溯到上个世纪初，因为凯里（William Carey）[4] 于 1816 年对此做过描述；火葬柴堆由沿绳索横窜过来的火箭点燃，与此同时大型火箭也就施放出去[5]。自 1839 年马尔科姆（Malcom）[6] 证实了缅甸人的这种习俗以来，这种习俗肯定持续到本世纪[7]；据说的确到目前仍在继续。中国和印度分别对这些中间国家影响的作用尚不大清楚，但是在塔韦尔纳里乌斯[8]的游记中有一段很有意思，其中表明 17 世纪的中国仍被视为烟花制造术的故乡[9]。大约 1645 年，在西爪哇逗留期间，他有一次在万丹（Bantam）王宫中见到：

> 有五、六名船长围坐在屋内，观看一些中国人带来的烟火，有手雷、火箭和其他在水上跑的东西[10]——中国人在这方面超过世界上一切民族。

531 施放火箭与季风雨的因果联系并不十分紧密，有时火箭还没放就下雨了，有时则过好多时天才下，但是人们从未因此而动摇他们对这种联系的信念。然而，有些当地人则对此予以否认，他们说这种习俗是一种敬印度雨神因陀罗（Indra）的形式。也许，本来是一种实际行动，后来随着时光的流逝就变成了宗教仪式。

要想对这种人工影响天气的火箭寻根，可不是件易事。不过，考虑到中国火箭的悠久，这种火箭极有可能是来自中国，时间大约是 1200 年之后的某个时候[11]。今天，抗雹暴火箭遍布中国[12]，这些火箭往往都是本地制造，布设在全国上下公社中的数以千计的点上[13]。这看起来好像可以有把握地做出预言，即从大量的中古时代的中国文献中将能够找到一二段文字[14]，它们指出用火箭进行人工影响天气始于何时，除非泰国人的确是自己想出来的，同时利用来自更北国度的喷气运载工具。话说回来，为什么不呢？

---

① Winter (5)，pp. 12ff.。

② 导向竹杆有 45 呎长。

③ 当地传统已有千年，也许是夸大，但不一定与实际情况相差甚远。

④ Carey (1)，pp. 188—190。

⑤ 他提到过火箭有 7—8 呎长，3—4 呎粗。但很明显这些火箭也是沿绳索横窜的，大概是擦着地皮窜，而不是那种竖起来指向天空和云层的火箭。

⑥ Malcom (1)，vol. 1，pp. 208—209. 此处火箭筒有 12 呎长。他引用了另一位目击者的话，说一个筒就能装一万磅火药。凯里和马尔科姆所描述的火箭都是用掏空了的树干做成的，并打上铁箍或藤箍。

⑦ 见 Hart (1)，p. 124；Kelly (1)，p. 174。

⑧ Tavernier (1)，p. 360。

⑨ 这段的引文出处见 Gode (7)，p. 20；Winter (5)，p. 14。

⑩ 这些也许就是漂在水面上由反作用原理驱动的水老鼠，有关描述见上文 p. 473。

⑪ 在周达观于 1297 年的《真腊风土记》对柬埔寨的描述中也提到它们。虽然伯希和［Pelliot (33)，p. 21］的译文是火箭（fusées）从高架（“大棚”）上施放，但是原文本身（例如，《图书集成·边裔典》卷一〇一，第二十六页）却只说在新年庆典时燃放烟火以及大如炮弹的爆竹〈“点放烟火爆杖……爆杖其大如砲”〉。陈振祥［(2)，第 53 页］未对此段文字加以评论。参见 Pelliot (59)。

⑫ 也还有大炮和高射炮。

⑬ 参见 Anon. (164)。我们的朋友气候学家涂长望确认了这一信息。有的火箭能够达到一英里或更高的高度。

⑭ 我们所掌握的唯一线索便是巴斯蒂安［Bastian (1)，vol. 6，p. 140］中国游记中的一段饶有兴趣的笔记。他说（没有任何参考文献）据说康熙皇帝大约在 1695 年说过这么句话，“假如喇嘛们未能用放炮的方法把雨赶到戈壁滩上空下的话，那么肯定是这种方法是对湖河之神不敬的缘故”。人们也许想不到这种习俗会在这么靠北的地方出现，而且只能希望进一步的研究会使整个问题水落石出。

530

图 220　泰国北部清迈以东几英里某村的火箭施放仪式。这是古老的传统人工影响天气的一个例子，因为这些大型土火箭的目标是季风暴雨云层。图中可见到火箭正在被运往发射塔或发射台顶部，该发射台是专门临时搭起来的，矗立在此时干旱的稻田中央。插秧之前在没有灌溉系统的地区季风雨是必不可少的。当地佛寺住持或比丘到场监督发射。吉布摄影（承蒙英国广播公司许可）。日本的神道与此相应，见 Anon.（262）。

我们还认为，在中国有一种非常古老的“朝天投器”（*ourano-bolic*）的传统，正如人们所说的，这是一种向空中弹射投器会产生有益结果的信念。中国最早的神话之一讲的是在尧帝时期天上出现了十个太阳[①]，要不是后羿射九日整个地面便会被烤焦[②]。古代中国的写本
532 著作中，经常过多着墨于那伴着人们向日食、月食大呼小叫的锣鼓鞭炮声[③]。学界对日食、月食的本质在数百年前就已彻底了解，但这种大呼小叫敲锣打鼓放鞭炮的闹腾还是经久不衰。不过这里面还是有“朝天投器”的成分，因为这种做法与一名叫张仙的神祇有涉[④]。张仙本是位射手，他曾张弓搭箭射杀了吞食月亮的天狗[⑤]，因而人们便常常朝所谓的天狗开枪开炮[⑥]。

这些所做所为可以说由来已久。在《左传·昭公四年》（前537年），人们可以找到一条有趣的文献，其中便谈到与射箭有关的天气现象[⑦]：

> 鲁昭公四年春天，也就是周历的正月，鲁国下大雹子。季武子问申丰说：“雹子可以防止吗?”申丰回答说：“当圣君在位时，就不下雹子，即使下了也不会造成灾害。太古时，当太阳在北陆时，大家都收集冰块并将其堆积在王子的冰窖中……在把冰块取出来使用之前，要用桃木弓、枣木箭以消灾除害[⑧]……如果这样做了，雷暴、霜雹就不会造成灾害，人们也不会患各种流行病”。[⑨]
>
> 〈春，王正月……大雨雹。季武子问于申丰曰：“雹可御乎?”对曰：“圣人在上，无雹。虽有，不为灾。古者日在北陆而藏冰……其出之也，桃弧棘矢以除其灾……雷出不震，无菑霜雹，疠疾不降，民不夭札”。〉

弓是否举向天空原文未作交待，但很可能是的。那么在历史的另一端的1695年，我们见到一则奇怪的故事，讲的是甘肃省某处的习俗，这下子与火药技术的联系便清楚了，虽然这里并未提到火箭。刘献廷是这样写的：[⑩]

> 子腾先生说，在平凉附近夏季五、六月常常刮起一阵猛烈的大风，风将黄色云刮下山来并夹有冰雹。最大雹块有人的拳头那么大，小的也有栗子般大。雹子就像凶恶的灾害，毁坏人们的庄稼。所以本地人只要见到这种云，就敲锣打鼓，并施放枪炮将其驱散。有的时候正好打中，那么就会下黄（字面意义为血红）雨，这样云就逐渐消失了。
>
> 黄云常进入山洞，人们就追上前去并将山洞包围，然后就用火药去薰。过很长时

① 事实上，在全幻日情况下是有九个多余的太阳或叫幻日，这是由于大气层上方的冰晶所致；见本书第三卷，pp. 473ff.。这个神话肯定源于这种现象。在欧洲，幻日现象首次由沙伊纳（Christopher Scheiner）于1630年描述，但是［正如何丙郁和李约瑟所发现的［Ho Ping-Yü & Needham (1)］］在此整整一千年之前，《晋书》［卷十二，第八页至第九页，英译文见 Ho Ping-Yü (1)］便对幻日的所有成分进行了命名和记录。

② 这个传统在中国非常古老：见 Granet (1)，pp. 377ff. 及各处。最早的文献之一也许是前5世纪的长诗《天问》［《楚辞四种》，第五十六页；英译本见，Hawkes (1)，p. 49］。另一个是《招魂》，作者或许是约前240年的景差［《楚辞四种》，第一二〇页；Hawkes，前揭文，p. 104］。常被引用的出自《淮南子》卷八，第五页、第六页，译本，Morgan (1)，p. 88. 亦见 Werner (1)，pp. 181—182，(4)，p. 470；Allan (1)，pp. 301ff.。

③ 参见 de Groot (2)，vol. 6，pp. 941ff.。

④ 至少是自10世纪以来的司生育的守护神；见 Doré (1)，vol. 11，pp. 981ff.；Werner (4)，pp. 34ff.。

⑤ Grosier (1)，英译本，vol. 2，p. 439；Werner (1)，pp. 177ff.，(4)，p. 469。

⑥ Williams (1)，Vol. 1，p. 819。

⑦ 应友人涂长望博士的请求，南京中国气象学院的王鹏飞博士把我们的注意力吸引到以下两段引文。

⑧ 在中国，桃木是传统的避邪物。参见本书第五卷第三分册中的图1362a。

⑨ 译文见 Couvreur (1)，vol. 3，pp. 70ff.，由作者译成英文。

⑩ 《广阳杂记》卷三（第一五八页），由作者译成英文。

间之后，洞里的东西就死掉了，挖出来一看就会发现它不是条大蟒蛇就是只大蛤蟆，肚子里则是一块冰。

〈子腾言，平凉一带，夏五六月间，常有暴风起。黄云自山来，风亦黄色，必有冰雹。大者如拳，小者如栗，坏人田苗，此妖也。土人见黄云起，则鸣金鼓，以枪炮向之施放，即散去。或有中者，必洒血雨。云则渐低而去，入山穴中。人逐其迹，围其穴，以火药薰之，久之其物死。据而出之，非大蛇则大蟆也，口中腹皆冰块云。〉

除去结尾处那点神话渲染之外，这段大约在1680年写成的文字相当明显地指出，火箭可能 533
不费什么力就投入了“朝天投器”的活动。另外，用火器抗雹暴的做法在明代（1400年以降）河北的口碑载道的情况中可以得到验证。总而言之，所有这些均可支持南部的天气火箭源出于中国。

(ii) 采矿及土木工程中的炸石

在和平环境中炸药的最大用途是开山炸石，不论是采矿、采石或土木工程总是离不开炸药。火药史之于火器史（上文 p. 94）犹如水乳交融，而且的确就是火器史的续篇，那么同样，采矿炸药亦是很早期“火爆”（fire-setting）技术的延伸。不过，在此我们又遇上了完全相似已经碰到过的术语难题（p. 130），就像“火箭”一词本来是指纵火箭；但到后来却指火箭，事物尽管发生了根本的变化，但名称却未跟着变；现在提到的“火手”或“火匠”也是如此，在早期他们无疑是用火烧的办法使岩石爆裂，而到后来他们则用火药炸石了。因此，为了把在采矿或土木工程中使用火药的来龙去脉搞清楚，我们必须在其他方面做出判断，即根据火药史上业已成立的事实，考虑一下可能发生的事情以及火药成分随时间的演变。

究竟何为火爆？太古时期，世界许多地方肯定有人注意到森林大火会把最坚硬的岩石烧裂、烧炸、烧成几半，后来也许又发现当岩石还很烫时往上浇冷水便在岩缝内产生蒸汽，而其膨胀力会使岩石碎裂开来的效应加剧①。耶利米书（Jeremiah）所提到的可能是前7世纪的事②，但在狄奥多罗斯（Diodorus Siculus）著作中报道的前2世纪阿加萨基达斯（Agatharchidas）对埃及金矿的精彩描述③，则是精确的和毋庸置疑的。从那以后的所有时期，采矿中便都有火爆的痕迹，如撒丁岛11世纪的比萨含银方铅矿，或1395年的德国拉姆尔斯贝格堡（Rammelsberg）矿。阿格里科拉1555年的描述非常详细。说实在的，差不多直到我们所处的时代，这种技术在挪威的孔斯贝格（Kongsberg）仍保留着，同时在缅甸、印度和朝鲜
引入火药爆破（gunpowder blasting）之后还沿用了二三个世纪。根据柯林斯（Collins）的说 534
法，火药并没有使它绝迹，但炸药最终让它退出舞台。所谓的“热采法”包括在水平巷道

① 狄奥多罗斯［Diodorus Siculus，v. 2，译文见 Booth.，pp. 320］说腓尼基人就是在这种天火熄灭后靠观察炸裂的岩石和矿脉露头才找到比利牛斯山的银矿的。有关西方人为的火爆历史的充分描述可见 Collins（1）；Hoover & Hoover（1），pp. 118—119，阿格里科拉（Agricola）的《论冶金》（*De Re Metallica*）英译本，bk. 5；Sandström（1），pp. 28ff.，271ff.。

② Jeremiah XXⅢ，29：“耶和华说，我的话岂不像火，又像能打碎磐石的大锤么？”也许还有《约伯记》（*Job*）XXⅧ，参见 Bromehead（9），pp. 565ff.。

③ Diodorus SiculusⅢ，I，译文见 Booth，pp. 89，158，修订本见 Hoover & Hoover（1），pp. 279—280。

（石巷）和开采面（掘矿室）点燃足够的木柴，火熄烟尽之后，人们就会看到岩石已大块大块地剥落下来。

在土木工程中用水淋显然比在采矿作业中更容易，但是两千年来西方一直有以醋代水的传统，似乎始于李维（公元前59—公元17年）著作中的描述[①]，讲的是在第二次布匿战役（Punic War）中迦太基大将汉尼拔（Hannibal）于公元前218年侵人意大利期间拓宽阿尔卑斯山隘道的情况。普利尼（公元23—79年）在其对金矿的描述中继续坚持这样说[②]，但是，大部分现代作者都认为这是个谜。胡佛夫妇（Hoover & Hoover）提出把 *infusa aceto* 改成 *in fossa acuto*[③]，而桑德斯特伦（Sandström）指出，由于木材的干馏会产生“木醋酸”或焦木酸，用水浇灭大块木料的火时就会释放出那种典型的气味，因此导致误解[④]。然而，我们也要想到倘若出现碳酸钙或其他碳酸盐的岩脉，那么这种气体便有助于岩石的爆裂；而且这也可以从下列未引起普遍注意的事实中得到验证，即在中国恰恰也有这种传统，不过这种作法似乎有可能是中国人独立发明的。因为最早的文献是唐代的，例如，李齐物于741年在黄河三门峡水道周围开凿的引水渠（by-pass canal），就明确提到过醋（“醯”）[⑤]。后来，刘禹锡（772—842年）于839年在陕西南部修路[⑥]，不得不清除那些阻碍工程进度的巨石。在其《刘宾客文集》中，他写道，“先用炽热的煤（或木炭）烤，再浇上浓醋（严醯）[⑦]，于是岩石便爆裂成像煤灰那样细的碎末，这样便可将其扫开（并用手推车运走）”[⑧]。〈“炽炭以烘之，酽醯以沃之，溃为埃煤，一帚可扫”。〉一千年后，在四川修造山路的官方文告中出现了故伎重演的辞句[⑨]。在1189年，适逢杨王休正在该省巡视。他发现：

> 有段水道对商船很危险，于是他就花钱雇人将这些岩石清除掉，但是这些石头
> 535 太硬，谁也砸不碎。当他看到这种情形时，就办了个铁工场，制做大铁锤，并用碎
> 铁做成凿子，然后他又用醋和炽热的碳火攻石。这下岩石屈服了，破成碎块，用炮
> 竿便可将其抬走[⑩]。
>
> 〈“境内一水，远通襄鄂，行商不绝。有鬼愁滩，摧舟危险。公出钱募人平理之，石坚不可破。公临视之，得铁于沙中甚多，铸为鎚凿。酽醯炽炭以攻之，石为之解，以砲竿移去”。〉

刘禹锡也许要感谢普利尼，尽管这根本不可能，因为普利尼的书他从未听说过，用醋

---

① Livy，XXI，37。

② *Nat. Hist.* XXXIII，XXI，72，洛布版，（Loeb ed.）vol. 9，p. 55；另一处在XXIII，XXvii，60，洛布版（Loeb ed），vol. 6，p. 453。

③ Hoover & Hoover（1），p. 119。

④ Sandström（1），p. 29.

⑤ 参见本书第四卷第三分册，p. 278，尤其见 Anon.（*33*），第69页及文献。

⑥ “山南西驿站道”，此处的山即秦岭。

⑦ 我们也许不会忘记在本书第五卷第四分册（pp. 152—153，178—179）所说的用冷冻法而不是蒸馏法做出来的醋的浓度。

⑧ 《刘宾客文集》卷八，第九页至第十页，由作者译成英文，借助于 Hartwell（3），p. 49. 不幸的是郝若贝（Hartwell）将此段及下段文字中的“醯”译成酒精或“烈酒”，因而未能体现出用醋的要点。

⑨ 年代为1793年，语出《昭化县志》卷二十八，第六页至第八页；参见 Wiens（2），p. 147。

⑩ 《攻媿集》（1210年）卷九十一，第五页，由作者译成英文。这种竿子可用作人们熟悉由二人或以上扛的扁担，人们也许认为杨王休直接将石块射出峡谷，但这并不是那个意思。碎铁是在威胁航船的沙洲上得到的，很可能早期沉船上的。郝若贝［Hartwell（3），p. 50］曾将本段文字又往下译了点，他认为凿子是在岩石上打炮眼用装炸药的，但不幸的是原文没有保证这一点。他还注意到了“砲”这个字，并推断是用来“吊起大块岩石”的，但我们认为这也没有保证。

的思想也许能够在旧大陆两端存留如此之久，尽管这不大可信，因为无论如何其间并没有一点瓜葛。

然而，归根结底，我们更为关注的是真正爆破炸药的引入。欧洲在16世纪前尚未开始用①，但是魏因德尔（Kaspar Weindl）于1627年用火药开矿则是确认无疑和普遍接受的事实②。自那以后，许多文献都提到过这种方法，如1635年在拉普兰（Lapland）的纳萨（Nasa）银矿，那里木材奇缺，1643年由莫根施特恩（Kaspar Morgen-
stern）在开姆尼茨附近的弗赖贝格（Freiberg），以及1644年在挪威的勒罗斯（Röros） 536
矿③。后来我们又听到1682年在斯塔福德郡（Staffordshire）铜矿使用火药的情况④，以及1690年开凿朗格多克（Languedoc）大运河隧道，该隧道由达·芬奇设计，但事隔两个世纪才由里凯（P. P. Riquet）实现⑤。我们不需要进一步研究此技术进入18世纪的情况（图221、222），但是伴随它一同发展起来的重要成果的年代却是值得注意的。最早和最简单的方法是"栓爆破法"（plug-shooting），炮眼直径约为2寸，深约3或4

① 李俨（*1*）曾给出1548年和1572年这两个年代，火药用于清除波兰涅曼河（Niemen）的淤泥，但李文未列参考文献。韦尔加尼（Raffaello Vergani）说是1575年左右在意大利（私人通信）。他的正确程度在其后来的文中得以证实，Vergani（1）。事实上，火药爆破始于意大利，在维琴察（Vicenza）西北部斯基奥（Schio）地下的莱奥格拉（Leogra）银矿，马丁嫩戈（Giovanni-Batista Martinengo）从1572年起便用上了火药。在西西里岛肯定还用得早一点，因为在马丁嫩戈向共和国（Most Serene Republic）提交的采矿专利申请中，曾提到"他的新方法"是仿效为西班牙王室工作的西西里矿工的。另一例则来自1588年的记载，其中讲到在拉丁姆（Latium）［奇维塔韦基亚（Civitavecchia）内地］的托尔法（Tolfa）教皇辖地的明矾矿，怎样起爆显露岩面上炮眼内的火药。第三例涉及到威尼托（Veneto）的贝卢诺（Belluno）东北部的佐尔多（Zoldo）河谷的含银铅矿，但具体年代未能确定。到了1586年，在以炮术手册为题的著作中，提到了用火药改变河道以及移山炸石，见Luys Collado（1）。

在寻求导致火药应用的经济动力的解答中，韦尔加尼强调（并用事实证明）当时欧洲许多地方都受到木材短缺危机的影响。他所考虑的是火药炸石技术向北传播是否影响到魏因德尔及其他人，以及中部欧洲成功的新闻是否及时再次传到南方。传播肯定是缓慢的，例如，在巴尔巴［Barba（1）］1640年的书中就对爆破一无所知，但是在蒙塔尔巴诺［delle Fratte e Montalbano（1）］1678年的书中却被视为一件很平常的事。也许这是因为与此相关的技术发展缓慢的缘故；似乎是直到16世纪末之前仍没有合适的导火索（*funiculi sulphurati*）。没有必要去设想在用火药炸石方面是否有来自中国的直接影响。自1300年起，这种爆炸物一旦被西方掌握，其用途自然而然便不胫而走。

另外两项发现也多亏韦尔加尼。早在1481年，奥地利大公西吉斯蒙德（Archduke Sigismund）就越过伊萨尔科（Isarco）峡谷，用火药炸开或拓宽了上阿迪杰（Alto Adige）往返于布雷萨诺内（Bressanone）和博尔扎诺（Bolzano）之间的道路，有关这一点可见德国多明我会修士法尔贝［Felix Faber（1）］的旅行日记，两年之后他到圣地朝圣曾途经此路。"大公先用火药将岩石炸碎，将碎石运走，然后清除大块的岩石，这样隘道便被拓宽了"（'Dux fecit arte cum igne et bombardarum pulvere dividi petras, et scopulos abradi, et saxa grandia removeri'）。

第二项发现是，在1560年和1563年这两年，有人曾企图用火药打捞威尼斯港的沉船，方法可能是通过移走沉船周围的泥沙。或许是想炸碎沉船。第一次设想是由坎皮（Bartolomeo Campi）及其兄弟们提出的，第二次则是由一位在威尼斯的亚美尼亚侨民苏里亚诺（Antonio Suriano）提出的。火药在水下亦能起爆的事实。大约自1440年以来便为欧洲所知；参见Partington（5），pp. 152，157。

② Feldhaus（1），1072栏；Darmstädter（1），p. 115；Zworykin et al.（1），pp. 103，780；Watson（1），vol. 1，pp. 341ff.；Sandström（1），p. 278；Hoover & Hoover（1），p. 119。有的说是在南部德国的开姆尼茨（Chemnitz），有的说在捷克斯洛伐克的班斯卡-什佳夫尼察（Banskά Stavnica）。但是开姆尼茨倒是用于斯洛伐克矿城的旧德语名称。霍利斯特-肖特［Hollister-Short（4）］把保存在当地州中央矿业档案馆（State Central Mining Archives）中《矿山记录》（*Berg-Protocollbuch*）的相应文字翻译了出来。他同意韦尔加尼有关木材短缺的看法，但对16世纪意大利的情况，他要求提出进一步的证明材料。亦见Vozàr（1）；Hollister-Short（7）。

③ Sandström（1），pp. 278ff.。

④ Plot（1），p. 165；那里炸石的传统大约始于1640年，是德国矿工干起来的，鲁珀特（Prince Rupert）亲王将这种传统从国外引进［Partington（5），p. 174］。

⑤ Sandström（1），p. 73。李俨（*1*）给出1696年在瑞士修路的情况。

图 221 欧洲矿山开始用火药爆破。一枚为纪念安哈尔特（Anhalt）的威廉亲王（Prince William）于1694年访问伊丽莎白·艾伯丁（Elizabeth Albertine）银矿而铸造的纪念章。在底部或主升降井底面是王子的家庭成员，他们刚从其背后的索道上降到矿井下。浮雕左上侧可见到一个正在引爆火药的人影。纪念章直径6.3厘米，重84克。霍利斯特-肖特摄影，承蒙波鸿（Bochum）的采矿博物馆克勒贝尔（Werner Krober）的友好合作。

537 尺①，填入炮眼的火药松散，然后将炮眼口用一木塞盖紧。胡特曼（Henning Hutmann）于1686年发明了一种打炮眼的机器②，翌年，聪贝（Karl Zumbe）引进“固塞”（stemming）或用黏土捣固炮眼洞口的方法③。常有人说，克劳斯塔尔（Clausthal）的勒夫特（Hans Luft）于1689年首次使用与炮眼口径相符的硬纸筒筒药，但这不可能，因为在

① 今天炮眼直径几乎不超过1.5寸，深度为1.8尺。在北威尔士的石板场，扁头打炮眼的工具叫“钎子”，直到1854年火药是唯一可用的爆炸物。在布莱奈（Blaenan）一度每月用光一吨火药。由于火药对石板损害最小，所以人们仍喜欢用它［Morgan Rees（1），p. 6；Wynne-Jones（1），p. 7］。

② Darmstädter（1），p. 150。有关现代的发展见 Lankton（1）。

③ 出处同上，p. 152。爆破物在用黏土覆盖后捣紧，也可以在岩石表面上引爆。

1665年的首卷《哲学汇刊》(*Philosophical Transactions*)上，莫里(Robert Moray)爵士翻译了一封迪索恩先生(Monsieur du Son)的信，首次将筒药报道①。在康沃尔(Cornwall)，直到1831年之前仍没有比克福德(Bickford)安全导火线，不过在那里采矿火药至少已用了一个世纪，后来于1863年左右诺贝尔(Alfred Nobel)的甘油炸药问世②。这就解决了比发射火药更猛烈、震动力和破坏力更大的爆炸物的需要问题，后来这种炸药又有了许多变体③。火药用于采矿和土木工程的故事大体就是这样。

波义耳对此技术的热情可以得到有力的证实。1671年他写道④： 538

将大块雪花石膏和大理石采下，然后再切成四方形或割成其他形状，在许多地

图222 浮雕细部，表明矿工正在引爆。所用的爆破物肯定是火药。

---

① 此处炮眼在爆炸的那一瞬间可以由涂了油脂的楔子自封起来。这种筒药(1774年)的示意图见Sandström(1)，图117。

根据韦尔加尼[Vergani(2)]，引入防水的黄铜筒药应归功于科内德拉(Giacomo Conedera)，他从1694年起将此筒药用于威尼斯的矿山。

② 三份硝酸甘油和一份硅藻土(*Kieselguhr*)混合的炸药。参见Anon.(161)，vol. 1，pp. 450—451；Damstädter(1)，p. 629。

③ 诸如爆炸胶，即硝酸甘油加上硝化纤维。引爆雷管可用苦酸盐、雷酸汞或叠氮化铅制成。人们发现食盐会使爆炸过程延迟，而且还可减低空气中甲烷或煤粉燃爆的危险。为了避免这种危险，有一度曾将几个药筒填上生石灰来替代炸药，这种手段是由埃利奥特(George Elliott)于1882年采用的[Damstädter(1)，p. 800]；在石灰熟化的过程中，便产生出大量的热和两倍体积的膨胀[Smith(1)，p. 595；Durrant(1)，p. 351]，随之而来的是岩石的碎裂。这些"石灰药筒"在1890—1895年左右常在《采矿工程师联合会汇刊》(*Transactions of the Federated Institution of Mining Engineers*)被提及，但似乎并非一项了不起的成就。

④ 《论实验自然哲学的有效性》(*Of the Usefulnesses of Experimental Natural philosophy*)，Boyle(8)，pl. 2，sect. 2，eassy 5，p. 14。

方一向就是而且现在依然是件很麻烦和耗时费钱的事。但是，在某些采石场，凡是仅靠几样工具和器具非花好多时间和很大气力不能奏效的事，在其他一些地方却可不费时力就轻而易举地完成了，其方法是用一件适用的器具在岩石上凿一个相当深的小洞，所凿的洞之深度要考虑到岩石之厚度，以便于把这块岩石炸开为准。在该洞的远端（洞的走向是自下而上的），填入适量的火药，然后用碎石屑将洞填满并捣紧之（要除去给导火索所留的那点地方）。火药就靠这根导火索引爆，由于上面是碎石屑阻挡，火药的猛烈的火焰就不会向下扩散，而只能向另一方向扩散，这样就使其力作用于岩石的上端各部，并将它们碎成数块，形成将药力疏导出来的通道，而这些碎石块大都不太笨重，是便于工人们搬运的。

几位头脑灵活的友人受雇于政府，其任务是采大量的石头，他们就使用了这种稍加变通和改进的方法，后来（他们告诉我）仅用几桶火药便采了许多普通岩石，没有几千吨也有几百吨①。

现在，我们可以看一下这些技术在中国的相应演变，不过我们不得不将它们混在一起讨论，原因正如已经指出过的，中国作者在火爆和火药爆破之间并没有进行明确的区分，对那些士大夫而言，所有这些都是以火攻石的实例。因此，我们只能根据已掌握的有关爆炸混合物发展的知识（上文 pp. 358ff.）去对所发生的事情进行推测。

最早的记载出现在阿加塔基达斯时代之前，所涉及的是公元前 270 左右任蜀郡守的伟大工程师李冰的活动，是他率众修建了灌县那了不起的排灌水利工程②。在《华阳国志》这部记述到 138 年的巴蜀历史地理的著作中，常璩说：

青衣的沫水发源于蒙山脚下，穿山越地流至南安与岷江会合。在交会处河水猛烈撞击山腰，在断崖下面迸发出汹涌的波涛，对航船造成极大的危害。李冰派兵前去凿平山崖以整治激流，从而消除了这一长期的祸害。相传李冰此举大大激
539 怒了水神，但李冰却勇敢地跳入水中挥舞宝剑同她大战一场。不管怎么说，人们对这项工作很满意。还有一次，古蜀王要在河上某地修兵栈，但大自然却在该处的巨大悬崖下形成一处激流。李冰让他手下人去切凿那些岩石，可是未能成功，于是李冰就收集了大量的木柴去烧岩石。这就是该处岩石为什么至今仍有红白五种颜色的痕迹。③

〈青衣有沫水，出蒙山下，伏行地中，会江南安。触山胁溷崖，水脉漂疾，破害舟舡，历代患之。冰发卒凿平溷崖，通正水道。或曰，冰凿崖时，水神怒，冰乃操刀入水中与斗。迄今蒙福。僰道有故蜀王兵阑，亦有神作大滩江中，其崖崭峻，不可凿。乃积薪烧之。故其处悬崖有赤白五色。〉

到了汉朝，火爆技术仍在继续应用，这一点可以分别从约 120 年的虞诩和 160 年的李翕的作品中看出来。前者是位懂工程的官员，曾在嘉陵江上游清理航道，“砍伐数十里树木来烧岩石，这样便开通了使船通过的航道。”〈数十里皆烧石翦木，开漕船道。〉④ 另一处则描述他如何“让他的人用大火烧岩石，然后又向岩石上浇冷水，于是

① 这肯定不是参考了雷恩（Christopher Wren）同代著作？

② 本书第四卷第三分册（pp. 288ff.）已经描述过了。

③ 《华阳国志》卷三，第七页、第九页、第十页，由作者译成英文，借助于 Torrance（2），p. 68。

④ 《后汉书》卷八十八，第四页；整段译文见本书第四卷第三分册，p. 26。

岩石便炸裂成碎块，用撬棍便可将石头撬下来”。〈诩乃使人烧石，以水灌之，石皆拆裂，因镌去石。〉[①] 与此相似，当李翕于146—167年任武都太守期间[②]，在拓宽山路当中亦曾“削高为低，截弯取直”；他让他手下的人用扁凿（“镤”）[③] 并且用火烧那些拦路的岩石[④]。

在唐代，有许多进一步的例子（参见图223）。人们发现它们尤其与黄河的三门峡有关[⑤]，在那里李齐物于741年开凿运河时用到蒸汽烧爆[⑥]，不过这是在杨务廉于700年左右修建纤道之后的事了[⑦]，杨务廉也用过同样的方法。在洛阳附近的龙门峡，为了使凶猛的激流通航，道玉和尚于844年[⑧]也承担过类似的工作。后来大约在862年，是高骈[⑨]的工作，据说[⑩]

> 运给养很困难，于是他便察看了从广（州）到交（州）的水路，发现有许多
> 巨石阻塞航道。[在汉的马援[⑪]对此无计可施，但（高骈）却攻克了难关。] 他雇 540
> 了一些具有去除顽石技术的工匠［用大铁锤重击锋利的劚和凿］，从此之后船就可
> 以通行无阻了。
>
> 〈……又以（广州）馈艰涩。骈视其水路，自交到广多有巨石梗途［或传马援所不能治，既攻之，有震碎其石乃得通］，乃购募工徒［募工劚治］，作法去之，由是舟楫无滞。〉

但现在我们要来看些新东西。一份与其年代相差不远的材料——《北梦琐言》——虽然没有提到火爆，但在重复了历史学家的描述之后，继续说道[⑫]：“有人说（高）骈用了一种模拟雷电的技术，因而他便将遍布礁石的河道开通了。但我们却不知道他如何行事的细节”。〈或言，骈以术假雷电以开之，未知其详。〉[⑬] 这是否就是用火药炸石呢？

紧接着这段文字是有关另一位南方大人物王审知的故事，五代时期在他任福建节 541
度使时创立闽国，死后追封为太祖[⑭]。有关904年的一件事，《北梦琐言》说[⑮]：

---

① 萧常的《续后汉书》，参见 Lo Jung-Pang (6), p. 60。

② 他的活动持续到下个帝王的统治期，直到188年。

③ 这是一种通常用来凿户枢圆洞的特殊工具。其恰当的技术名称也许是某种鸠尾钻或绞刀［参见 Mercer (1), pp. 190ff.; Salaman (2), p. 390］。

④ 朱启钤及梁启雄 (*5*)，第64页。

⑤ 见本书第四卷第三分册，pp. 274ff.。有关此处的所有工作，见 Anon. (*33*)，尤其是第69页。

⑥ 已经提到过，见《新唐书》卷五十三，第二页。参见 Twitchett (4), pp. 89, 307; Pulleyblank (1), pp. 131, 206。

⑦ 《朝野合载》卷二，第十九页起；参见 Pulleyblank (1), p. 128; Twitchett (4), pp. 86. 302。

⑧ Yang Lien-Shêng (11), pp. 15—16。

⑨ 打败安南（863—864年）的大将，后为节度使与黄巢叛军作战（875年）。

⑩ 《旧唐书》卷一八二，第五页，由作者译成英文；方括号内是《新唐书》卷二二四，第三页、第四页的相应文字。

⑪ 重新征服安南（42—44年）的大将（鼎盛期20—49年）。

⑫ 《北梦琐言》卷二，第四页，由作者译成英文。

⑬ 这段文字是杨联陞教授在1951年3月30日的信中推荐给我们的，或许在中古文献中这是土木工程上使用火药的最早记载。我们还要感谢孙方铎教授向我们再次强调这些事件可能的意义。

⑭ 有关他的详情见 Schafer (25), pp. 14ff., 33ff., 78。

⑮ 《北梦琐言》卷二，第四页、第五页，由作者译成英文。

图 223 在江河和海湾中清除阻碍航行的岩石，用火爆或者是火药爆破。本图采自麟庆的《鸿雪因缘图记》(1849 年)；参见本书第四卷第三分册 (p. 262) 图 876。是图载该书第 18 卷，第 19 页、第 20 页，题为“昉溪迎母”。可见沿河逆流拉纤的纤夫，很明显这一水道危险重重。

保光子[①]听说闽王王审知又碰到了海峡（福建与越南之间的海路）中巨石阻塞航道的困难。有天夜里，他梦到伍子胥[②]显灵，并对他说，“你应该打通那条航道”；于是他便命令判官刘山甫摆上供品祭神。奠酒三巡之后，突然狂风大作，并伴有隆隆雷声。从高处向下望去，只见一条极长的黄色东西[③]正在使出全部力量砸那些礁石。三天之后一切都平静下来，而航道却通了。

〈葆光子尝闻，闽王王審知患海畔石碕为舟楫之便。一夜，梦吴安王（即伍子胥）许以开导。乃命判官刘山甫躬往祈祭，三奠才毕，风雷勃起。山甫凭高观焉，见海中黄物可长千百丈，奋勇攻击。凡三日晴霁，见石港通畅，便于泛涉。〉

这段文字的涵义与有关高骈的那段相似，而且原文继续说王审知“借助神灵的力量”〈“假神之力”〉。八个世纪之后写成的《十国春秋》引用了一段同代的碑文，其描述也相差无几[④]：

① 我们一直不知此人身份。

② 见本书第三卷，pp. 485ff.。

③ 这会不会是一种对爆炸烟雾的含混描述?

④ 《十国春秋》卷九十（闽，卷一），第六页、第九页，由作者译成英文。

黄崎山[①]附近海上［闽粤边境界的海路］[②]，巨浪［由巨大礁石所致］造成极大麻烦［使船倾覆，货物沉没］。于是［节度使王］审知祭祀海神［烧香并摆供品］，祭礼之后，突然狂风大作，雷声隆隆，大雨倾盆，雷劈（礁石）之后形成一开阔港湾。闽人认为这是由于他仁治的结果，唐朝皇帝随将此港命名为甘棠港[③]。

〈海上黄崎波涛为阻。审知祷于海神，一夕，风雨雷震，击开为港。闽人以为德政所致，唐帝赐号曰甘棠港。〉

在此我们正处于火爆与用火药爆破岩石的分水岭，但是其年代之早让人感到不能自圆其说，因为我们可以回想一下，首次提到这种混合物是850年左右，首次用于战争是919年，而配方的首次发表是1044年。有点自相矛盾之处在于，那则更为真实的故事发生在862年，而那妙不可言的事件则是在904年。但是仔细想一下便会想到这两位达官显贵均与道家有明显的关联。高骈就有一整班道人和术士组成的门客，其中包括吕用之（磻溪真人）、诸葛殷、蔡畋以及申屠别驾等人，在与黄巢作战时他们都曾为高骈出谋划策[④]。而王审知的道家传统则是家传的，他的一位祖先便是福州附近怡山的 542
道人，他曾预言在他的后代中会有人称帝，至少也要称王[⑤]。后来，大约在887年，其他一些道人如徐玄景和徐景立，也曾帮助王审知出过点子，也许还参加过904年的那次清除礁石的活动；而整个闽王朝确实在很大程度上是以道家思想治国的。[⑥]

这些联系十分重要，因为炼丹术与早期经验性实验化学具有很强的道家特征，而且由于火药是一项极其重大的发现，那么它问世后几十年都未公开也许是必然的了。对于高骈和王审知，他们是否真正用火药炸石，我们之所以犹豫不决，主要是因为火药中可能的硝石比例。由于大约50%或更少一点的硝石便能起到这种作用，那么这种作用便得到了恰如其分的限制，但是这种可能性则又刚好是可以接受的。倘若这是真的，那么这里面便存在着一种相当重要的推论，也就是说，中国必是先将火药用于和平的目的，并非先用于娱乐烟火（像通常所认为的那样）[⑦]，即先用于提高人力，保证运输和交通。总而言之，情况从此之后发生了变化，我们有理由去探求用于土木工程的火药爆破。

进入新时代不久，我们碰到的事情足以构成饶有兴味的谜。唐积于1066年写了一部有关歙州砚台[⑧]以及出产砚台的矿或采石场的书[⑨]，名为《歙州砚谱》。该书最后一卷[⑩]罗列了用于采石的种种工具（“攻器”），以及许多显而易见的器具，诸如大小铁锤（铁大小鎚），长的和短的凿子（“长短凿”），鸦嘴锄，铁锹和篓子，我们还发现了铳。当然，后来“铳”这个词用来指金属筒手铳——火绳钩枪或滑膛枪——首次出现在

① 神州和晋江之间的惠安以东近海的岛屿之一，但更靠近晋江。

② 方括号内为根据碑文的引申文字。

③ 有关这些事情的类似描述可见 Schafer (25)，pp. 9，102—103，但他没有考虑其与炸石的可能联系。

④ 有关这些人物的研究见 Miyakawa Hisayuki (1)。的确，他们很可能就是那帮发明火药的人物。

⑤ 《十国春秋》卷九十，第五页。根据薛爱华［Schafer (25)，p. 107］，这就是王霸，他也是位炼丹家。

⑥ Schafer (25)，pp. 93，96ff.，104ff.。

⑦ 参见上文 p. 128。

⑧ 参见本书第三卷，pp. 645—646。

⑨ 从卷一我们了解到首次发现此矿的是8世纪上半叶一位叶氏的猎户，是李少微将这种砚石呈送给皇宫的，在南唐（943—958年）这种砚石很值钱。由于毒虫和野兽的缘故，采这种砚石有危险（卷三）。

⑩ 《歙州砚谱》卷十，第六页。不幸，原文（如果有的话）已亡佚，只存目。

1288 年 (p. 294)。那么它在这里起什么作用呢？古时候，“铳”指的是斧头上装斧柄的洞，但是，在眼下这段文字中可不会是这个意思。那么，人们记得欧洲到了 1665 年
543 才兴起来用火药纸或硬纸筒装上火药放入炮眼 (p. 537)，这就暗示我们，在歙州刚好有可能使用这种装火药的筒子。反对这一点的考虑是，在《武经总要》(pp. 149ff.) 问世后仅 20 年的 1066 年，火药中硝石成分不可能如此之高。然而，有两种配方 (pp. 117ff.) 的硝石含量达到 60% 或更高，而且我们知道，现代的缓燃火药通常的硝石含量介于 60% ~70% 之间[1]。因此，我们倾向认为，在这个年代歙州的矿山便用火药来炸石了[2]，而开采的矿物则适于磨成砚台[3]。也许“铳”这个词又被重新启用来指两个世纪之后出现的铳筒。

在接下来的诸世纪，可能常采用火药爆破，但我们没有见到许多实例。1310 年，王承德曾组织过大量的石料，供应渭北工程的组成部分——陕西的洪口渠[4]，这里动用了为数众多的使用金属工具的石匠 (“金匠”) 以及“火匠”。后者可能指的是爆破专家，但却并未提到过爆炸物，他们对岩石“用火烧用水浇”〈“用火焚水淬”〉，工程进度每天差不多 500 呎，这里很像是用火爆[5]。另一方面，到了 1541 年，陈穆 (译音，Chhen Mu) 显然采用了火药爆破，爆破后的工序是清除碎石块，当时他正在疏浚大运河与黄河交界处的水道[6]。因之，人们至少可以说火药开始用于土木工程在中国与在欧洲同样早，也许中国还早得多[7]。

然而，正如葛平德 [Golas (1)] 所指出的，凡与采矿有涉之处，关于火药的采用便有可能会有许多疑虑。通常都认为 (上文 p. 534)，使火爆法淘汰的是甘油炸药而不是火药。在现代，我们亲眼所见中国矿工使用火药是非常节约的，金矿[8]、银矿[9]、煤矿[10]或铁矿[11]都是如此，只有水银矿例外[12]。葛平德对这些疑虑提出四点理由：①中
544 国矿工一般只能得到劣质火药，这种火药极少或从未制成颗粒状；②打炮眼[13]，尤其在坚硬的岩石上，所投入的物力与人力均很大；③在煤矿 (所有中国矿山数量最大的一种) 内有很危险的碳化氢 (甲烷) 的爆炸，以及小煤矿迟爆的火药，因之矿工便会献出他所有的一切[14]；④最后便是火爆法仍不失为一种可行的方法而被广泛采用。安全使用火药爆破专家和训练有素的工人是必不可少的，然而，中国的小矿山的劳动力常常

---

① 帕廷顿 [Partington (5), pp. 326—327] 给出的数字平均为 63. 96%。

② 也可能是用来整修通往矿山的道路，因为卷八说到过“盘山小路”〈“盘屈鸟道”〉。

③ 在所用的材料中提到过钢屑。

④ 参见本书第四卷第三分册，pp. 285ff.。

⑤ 《元史》卷六十五，第十三页。

⑥ H. Li (1), p. 72；但遗憾的是他未列确切的文献。

⑦ 有关日本炸石的情况见 Collins (1) 和 Perrin (1)，但未列参考文献，后者所用的来源，即 Tuge Hideomi (1) 中也没有文献。当然，专题研究会使此事水落石出，但尤其有意义的也许是了解到此技术的应用是否在 1540 和 1640 年之间，即在锁国令颁布之前 (参见上文 pp. 465ff.)。

⑧ Anon. (170)；Louis (1, 2)。

⑨ Wu Yang-Tsang (1)；Dawes (1)。

⑩ Read (14)。

⑪ Jameson (1)。

⑫ Anon, (169)；Moller (1)。

⑬ 成功地用机器打炮眼直到 19 世纪中叶之前都未采用，后来北美先用上了，参见 Lankton (1)。

⑭ 参见 Anon. (*169*)。

都是些农民，在农闲时节来赚点血汗钱。因而，这几个理由便是我们所能意料的中国在特定的采矿意义下炸石技术只能极缓慢发展的原因所在。

在前面（p. 506）我们谈到过1855年博克瑟发明的用途广泛的救生火箭，其目的是向海船遇难后落水的水手发射救生索。但是，火药的另一善行也许曾拯救过更多的生命，即它在简陋铁路的浓雾信号方面的体现[1]，它能在能见度最低的情况下向机车司机发出前方有危险的报警信号。如怀特［White (1)］所发现的，这种有价值的小小爆炸装置是于1837年由考珀（Edward A. Cowper，1819—1893年）在英国发明的，自那以后，全世界凡是有铁路的地方都采用了这种预警装置。

(iii) 作为第四种力的火药：在热机史中的作用

然而，所有这些火药的和平利用，与其在蒸汽机的诞生过程中所起的作用相比，就相形见绌了；而且还有火药的前身，即我们所谓汽油的那种油——希腊火——在时机成熟时，注定要成为内燃机的燃料。这一分节的标题取自瓦拉尼亚克［Varagnac (1)］，他把人类发现和利用的七种连续的能源做了区分，前三种分别是火、农业和金属加工，然后是火药，接下来是蒸汽、电和亚原子能。

半个多世纪以来，萦绕在历史学家们头脑里的问题一直是，汽缸和炮筒基本相似，而活塞和活塞杆可被视为系着绳索的炮弹[2]。活塞和汽缸当然是在金属筒手铳和臼炮之前早就有了，可以追溯到亚历山大时代的机械师和罗马的压力泵，还有中国的拉杆风箱[3]，但是中国的军事工程师们在他们首次用金属制造喷火筒（参见上文 p. 234）以及后来的金属筒手铳和臼炮（上文 p. 289）时，并未意识到他们正在开始的工作的意 545
义。现在，拿与火焰齐射的火筒（co-viative projectiles）和原始火炮（proto-guns）对照一下，人们就会看出我们有关真正火炮的意义（上文 p. 488），因为只有当炮弹刚好与膛径吻合，才能使其与汽缸和活塞的类比体现出来。所有这些均实实在在地始于那些具有纵火和烧痍性质的火器，但是随着发射火药的问世其使命便结束了，而之后所有活塞发动机的大门却敞开了。灵魔（djinn）终于被确实装入瓶中，但首先装瓶的却是中国的军事发明家。

在这里，汽缸结构的两种品系果真出现了趋同现象（convergence）；在泵和风箱中，力是从外部作用于里面的东西[4]，但在炮的情况中，力而且是很大的力，却是从内向外作功。不过，在我们发现19世纪初叶的旋转运动的蒸汽机的形态结构时，就早已碰到过此类对立的情况，在机器内部将直线和旋转运动进行转换（活塞杆、连杆和偏心曲柄）的难题的经典解决办法，就是那种由中国以水为动力的往复运动的鼓风机的

---

① 在美国管它叫铁路信号雷管。

② 贝尔纳（Desmond Bernal）在写《科学的社会功能》（*Social Function of Science*）一节时，似乎尚无人对此大书特书，但这种思想在30年代的剑桥可算是时髦的。参见 Needham (66)，p. 99；Needham & Needham (1)，p. 250；还有 Needham (48)，p. 7，(64)，p. 143。

③ 即到公元前三或四世纪。参见本书第四卷第二分册，pp. 135ff.，141—142；Needham (48)，p. 12。

④ 这对17世纪末期的所有气泵也当然成立。确切地说，是对真空性质的研究才使人们造出气压蒸汽机，从而最终造出完全成熟的蒸汽机。

解决办法[①]。但是，在运动机制方面却正好相反，因为水驱动的风箱是从外面将力作用于活塞，而蒸汽机则从内作用于活塞。至于年代，我们通常说往复运动的鼓风机以及筛粉机在1300年左右得到广泛应用，但是我们现在知道，整个系统早在这以前便问世了。首先是郑为（*1*），在研究了一幅965年的绘画之后，将其上溯到10世纪；其次是詹纳尔（Jenner)[②]，在译出《洛阳伽蓝记》卷三之后，发现了有关明确无误的术语证据——约530年的面罗或筛粉机。该书说，在城南的景明寺：

> 有磨碎谷物用的碾子和石磨，（有舂米用的）杵锤以及（筛粉之用的）面罗，它们都是用水驱动的。在寺院的奇物中，这些被认为是最了不起的。
>
> 〈硙碓舂簸，皆用水功，伽蓝之妙，最为称首。〉

这种利用水力的筛粉机的工作机制肯定就是我们后来所发现的画出来的那种[③]。由此可见，往复转换的设计要先于旋转运动的蒸汽机差不多13个世纪。而蒸汽机以及后来的内燃机准确地说是大炮的后代[④]。但是它们现在所做的却是有益的事。

546 也许贝尔纳是第一位提出这种类比的人，他说：

> 蒸汽机起源复杂；大炮和水泵可以说是它的前身。长期以来，人们就认识到了火药的潜在力量，因此，一再有人考虑到可以把火药用于战争以外的目的。当事实证明人们不能对火药加以控制时，人们自然就想去使用不那么猛烈的力量：火和蒸汽[⑤]。

他还写道：

> 随着火药的采用……在中世纪的衰落时期，科学与战争之间产生了一种新的重要联系。火药本身是人们对盐类混合物进行的一种半技术、半科学性质的研究的产物……爆炸现象的物理学问题促使人们去研究气体的膨胀，并从而促成蒸汽机的发明。不过更直接的原因是因为人们看到把炮弹从大炮中推出去的巨大力量，因而想把它用于较为温和的民用目的。[⑥]

七年以后，华嘉（Vacca）在一次意大利召开的讨论会上演说，在谈到起源时，尤其是现代科学的起源时，他认为是在欧洲而非在中国[⑦]。他说：

> 各种火器以及各种利用蒸汽膨胀力的机器的发明，使人们大进了一步。人们对这种爆炸机制逐渐习以为常，就像发生在各种火器中的爆炸机制为人们所掌握一样，这就使人们开始一系列几乎无休止的尝试来驯服这种力量，从帕潘的初步努力以降到现代的内燃机[⑧]。

贝尔纳于1948年再一次讨论了这种联系。他写到：

---

① 本书第四卷第二分册，pp. 369ff.，373，759，图602，603，627b；Needham (48)，图8。

② Jenner (1)，pp. 109，207，281ff.。

③ 见本书第四卷第二分册，图461。

④ 在以下数页将看到这种起源是多么直接

⑤ Bernal (3)，p. 24。这或许是自然而然的事，但在欧洲多少年来仍然是这种思想占据了许多人的头脑。

⑥ Bernal (3)，p. 166。但是我们将看到，蒸汽力量起作用的方式并非通过气体膨胀，而是通过爆炸后所形成的局部真空。

⑦ Giovanni Vacca (1872—1933年)，意大利汉学家，在前几卷，他的著作常被我们引用。

⑧ G. Vacca (9)，p. 11。我们很快将说明有关帕潘的参考文献，但关于膨胀力的应用有相同的评论。空气机成功之后，膨胀压力交替作用在活塞两边才成熟起来。

归根结底，是火药对科学的影响而不是它对战事的影响，将产生最大的影响，造成了机器时代。火药和大炮不只炸碎了中古时代的经济世界和政治世界；它们更是毁灭了中古世界的思想体系的两股主力。约翰·梅奥这样说过："硝石这种令人敬佩的盐，在哲学里嚷叫得和战争里一样响亮，整个世界都充满了它那雷鸣般的声音"①。爆炸本身所具有的力，和炮弹从炮膛里的排出，强有力地指出了有一些天然力，特别是火，其力量是可供实用的，而且这就是使蒸汽发动机得以发展的鼓励②。

但是，这件事更明确的阐述却留给了林恩·怀特，他于1962年写道③： 547

大炮作为一种动力机用于战事，只是其重要性的一个方面，另外它也是一种单缸的内燃机，而这种类型的所有更现代的发动机均由此而来。首次努力将炮弹以活塞取而代之的是达·芬奇，所用燃料是火药，其次莫兰（Samuel Morland）1661年的专利亦效此法，再次是惠更斯（Huygens）1673年的实验活塞机，而接着又有1674年的一位巴黎人的气泵④。的确，直到19世纪当液体燃料取代粉状燃料之前，从大炮向诸如此类装置演化的有意而为一直在妨碍［内燃机的］发展⑤。

而到了1977年，他又回到这一主题说：

关于大炮，弗朗西斯·培根的激动理由也许要比他自己认识到的更大。大炮构成了一种单缸的内燃机，这是此类机器的第一种……可悲的是，沿此技术发展线走下去的发明家跌入培根曾经警告过他们的陷阱，过分拘泥于传统而未能看到自然界本身的性质。他们把大炮和火药看成是自己所为之努力的先声，这种先入之见使他们直到19世纪中叶尚未最终认识到这种来自中国的化学混合物……生性难以驾驭，而不能提供连续不断的作用于发动机的力。后来，随着大量技术成就的问世，他们开始转向石油的较轻的馏出物，而石油在中世纪被拜占庭、伊斯兰［以及中国］的炼丹术士研制成"希腊火"，这就是石油的最初用途。还有两项更显著的结果：汽车以及活塞发动机飞机⑥。

但是在此期间，火药发动机的失败直接导致了蒸汽机的成功，正如我们将要看到的那样。

到目前为止，我们一直都在讨论各种一般的情况 。到了1500年，人们逐渐明白了火药的力应该被用来做些有用的事，而不仅仅是驱动炮弹。有关这一点我们要感谢霍利斯特-肖特⑦。是他在"火药试验器"上首次认识到这种用途的，火药试验器是炮手

---

① 'Quasi nimirum in Fatis esset, ut Sal hoc admirabile non minus in Philosophia quam Bello Strepitus ederet, omniaque sonitu suo impleret'，采自 Mayow (1), Tractatus Ⅰ, *De Sal Nitro et spiritu nitro-acrea*, p. 2. 参见上文 p. 102。

② Mayow (1), pp. 238—239，第2版，pp. 322—323。自 pp. 414ff. (577ff.)，他提到了帕潘的蒸汽汽缸，但他并未将其与大炮做进一步类比。另外在 (2), pp. 256ff., 262ff. 他只提到了蒸汽机的事，但没有强调这种联系。

③ White (7), p. 100。

④ 我们将紧抓住这些发展的线索来看以后发生了些什么。

⑤ 此处怀特也许想到了涅普斯（Niepce）兄弟1806年发明的 *pyréolophore*（火管），这是一种极其复杂的机器，用石松子粉作燃料，在汽缸内燃烧；参见 Daumas (3)。这种含碳的物质长久以来被药剂师用作防腐粉或药丸的糖衣，它含有石松孢子，石松子种（Lycopodium）［Lawrence (1), pp. 337—338; Stuart (1), p. 251; R795—796］。

⑥ White (20), p. 3。

⑦ Hollister-Short (4, 6)；以下诸段的信息大都来自他的研究。唯一一篇更早的此题目的论文据我们所知是菲施乐的［Fischler (1)］，那篇文章我们也用到了。

们引入的，目的在于检验火药的质量，方法是让火药产生某种效果，即某种可测量的功[1]；后来他看到了这些试验器与稍晚出现的火药发动机有密切的关系。广义地说，
548 试验器或检验器[2]的全盛期是1550—1650年，而发动机大约是在半个世纪后，世纪之交的1700年才出现[3]。因而，后者直接拉开了研制蒸汽机的序幕，由此可见火药发动机与蒸汽机的关系是相当密切的。

1540年，比林古乔仍在用纸来检验火药的质量，他先是在纸上放一小撮火药，然后将其点燃，看火药是否会一下子燃完，同时不伤下面的纸[4]。但不久之后，人们便开始考虑设计各种复杂的机械试验器[5]。伯恩（William Bourne）在他1578年的《发明或装置……》（*Inventions or Devises*……）一书中所记载的对我们来说是最古老的一种了[6]。他所采用的是一只圆柱形金属盒，火药在盒内被引爆，在火药爆炸力的作用下，绞接在盒上的金属盖便被掀翻，这样就可使向上掀起的盒盖挂在扇状棘爪的一个或另一个齿上，因此便获得一种粗略的定量测量。这种装置在巴特1634年的《自然与艺术的奥秘》（*Mysteries of Nature and Art*）一书中再次得到描述；图224便是巴特书中插图的复制[7]。“因此，将等量的几种不同的火药施放几次之后，你就可以知道哪种火药的力量最大。”铰接的盒盖也出现在巴宾顿的《烟火制造术》（*Pyrotechnia*）（1635年）中的精美图版中，图225就是我们的复制品；这就是右下方的（A），不过，现在爆炸将盒盖向上掀翻时，盒盖便转动一只有刻度的圆饼状盘，该盘由一根弹簧制动（Fleming, 1），这样药力大小便可进行经验测量[8]。最后，胡克（Robert Hooke）为皇家学会展示的那架试验器中的绞接盖可谓登峰造极，这是一架前所未有的相当精致的机器[9]。1663年9月9日，“胡克先生介绍了一架由火药重量确定药力大小的仪器设计图，同时还有一份使用说明；遵嘱将其记录如下……”该设计如图226所示。装火药的圆筒上有一铰接的盖子，其火门由一力度很强的弹簧压紧，而在另一端，盖子变窄成齿状，齿牙则与一凸轮或棘轮[10]相合；这就等于在同一轴上附加一根可以负载可变重量的横梁或

① 在此我们见到了一个有关定义的好例子，现代科学的特征就是对有关自然界的各种假说的数学化，加上不懈的实验，因为这就立即导致了对各种现象的定量化，即根据测量和数字来描述各种结果。

② *Pulverprober* 或 *éprouvettes*。

③ 有一种机器先于所有试验器，正如我们将看到的（下文 p. 553），但是达·芬奇对自己太苛刻了。

④ Biringuccio (1), p. 415。有关这种检验的中国方面的陈述，我们在先前（p. 359）曾予以讨论。在1586年，科利亚多［Collado (1)］仍在推荐这种方法，但在1627年，富滕贝格［Furtenberg (2)］认为，用这种方法人们可以区分火药的好坏，除此之外就没什么更多的用途。这种方法一直维持到该世纪末，正如米特［Mieth (1)］和德圣雷米［De St Remy (1), vol. 2, p. 112］著作中所记载的，后者甚至鼓吹用手掌来进行这种检验，从而使这种方法保持下去（参见上文 p. 105）；但他建议只有当你知道火药质地很好而且干燥才可用手掌去试。当然，检查爆炸后的残余物的方法总是存在的，不过即使有也不多，如弗龙斯佩格［Fronsperger (1)］于1555年及后来所提到的。

⑤ 根据其原理而不是严格的编年顺序予以考察会方便一些。

⑥ *Bourne* (3), pp. 39—40, 装置54号。

⑦ Bate (1), bk. 2, pp. 55—56, 第2版, pp. 95—96。扇状棘爪现在由一根弹簧拉紧以压住盒盖。

⑧ Babington (1), pp. 69ff., ch. 64。巴宾顿讲道：“要想造好火箭，就必须确切了解火药的力度，如果药力太强，火箭便会爆炸，若太弱，则达不到所应达到的高度……”如果太弱则加“硝”，太强则加“碳”。

⑨ Birch (1), vol. 1, p. 302。

⑩ 胡克将其称为“坚果槽”（nick of the nut）。

臂①。在接下来的几个月中曾做过数次实验，但都以失败告终，然而，1667年当火药实 549
验再度引起人们注意时，结构上的各种缺陷都已被克服了，而重点也有所转移，这次，

56　*The ſecond Booke*

lid ioynted unto it. The box ought to be made of iron, braſſe, or copper, and to bee faſtned unto a good thick plank, and to haue a touch-hole at the bottom, as O, and that end of the box where the hinge of the lid is, there muſt ſtand up from the box a peece of iron or braſſe, in length anſwerable unto the lid of the box: this peece of iron muſt haue a hole quite through it, towards the top, and a ſpring, as, A, G, muſt bee ſcrewed or riueted, ſo that the one end may couer the ſayd hole. On the top of all this iron, or braſſe that ſtandeth up from the box, there muſt bee ioynted a peece of iron (made as you ſee in the figure) the hinder part of which is bent downward, and entreth the hole that the ſpring couereth; the other part reſteth upon the lid of the box. Open this box lid, and put in a quantity of powder, and then ſhut the lid down, and put fire to the touch-hole at the bottom, and the powder in the box being fired, will blow the box lid up the notches more or leſſe, according as the ſtrength of the powder is. ſo by firing the ſame quantity of diuers kindes of powders at ſeuerall times, you may know which is the ſtrongeſt. Now perhaps it will bee

图224　火药试验器和检验器是首批可以做些有益事情的爆炸机器。设计它们的目的在于证明炮手们火药的药力。1634年巴特所描述的这一种是第二例；火药爆炸的冲力将铰接的金属盖掀翻，从而使金属盖挂在扇状棘爪的一个或另一个齿上。

各种机器则被用来做些其他种类的有用的事。该年元月，一项实验受命进行，目的是用火药的力量弯曲弹簧，因而能量便得以储存，该实验成功了。胡克亦应邀观看实验，看重物是否可以被火药举起。波义耳建议可以让火药顶起一定重量的水来试验药力
（在实验时水就会排出容器）。但弹簧究竟是怎样弯曲的，皇家学会的记录中并未提及， 550
而对后来的实验也未提，但是整个事态的过程是极有意义的，因为它表明火药试验器就在这一当口转变成火药发动机。

① 如霍利斯特-肖特所说，这可能就是帕潘安全阀（1681年）的鼻祖，安全阀曾用在他的“消化器”（digester）或蒸汽压力锅上。胡克的试验器曾负载不同的重量，这样就可看出某给定量的火药混合物会产生什么样的效力。

直到世纪之交，用火药掀翻盖子仍未停止，这可以从德圣雷米［Surirey de St Remy (1)］于1697年出版的书中见到。尽管经常像手枪那样装配，它们还是非常类似于巴
551 宾顿的装置，因为火药爆发时，爆炸室的盖子就转动有刻度的轮子①，该轮止于一棘

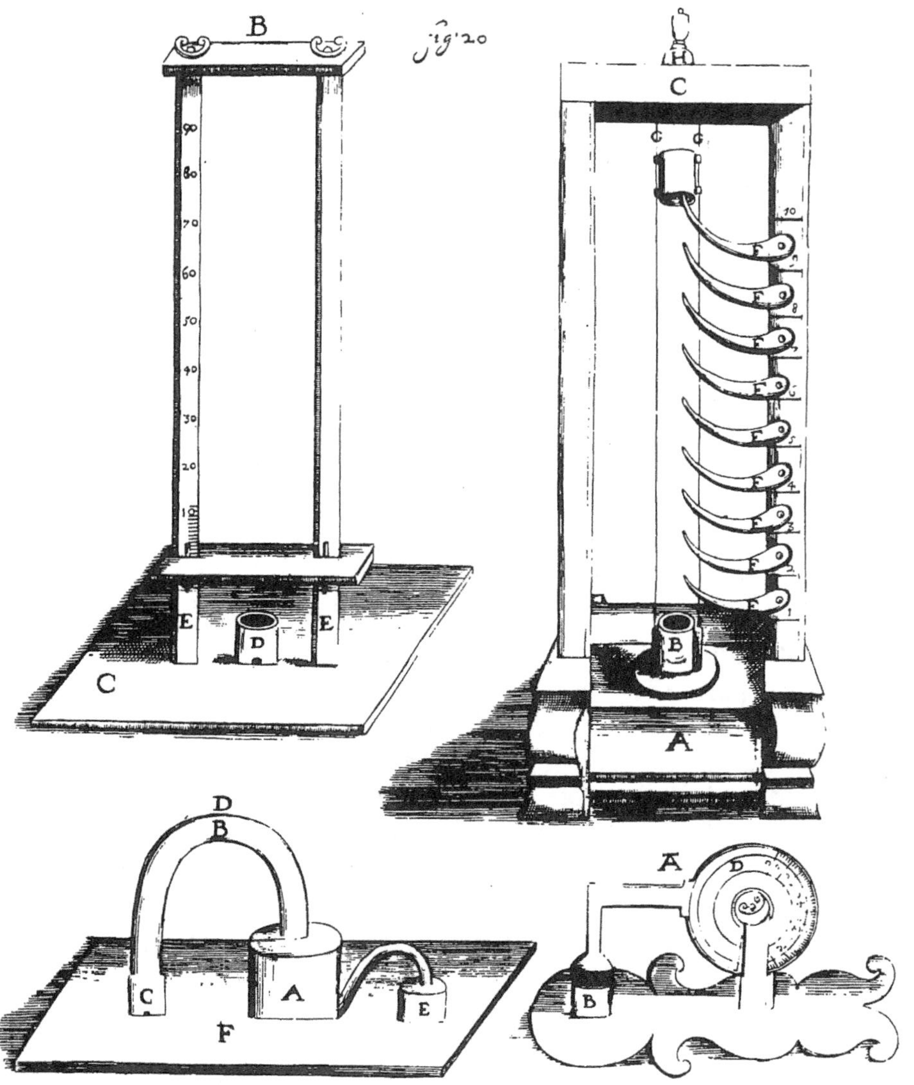

图225　巴宾顿试验器的圆盘（1635年）。右下图所示为一绞接盖子的变体，但现在由于可以使盖子转动一只由弹簧顶着的有刻度的圆盘，因而对爆炸的测量在经验上更为定量。右上图再次出现了棘齿，此处爆炸力使盒盖向上冲，同时有两条细铁丝作导轨，盒盖最终会挂在一个或另一个活动的棘钩上。左上图所示为另一装置，其中盖子受药力作用后单独向上冲，直到止于左侧柱上的某一刻度。最后是左下图的装置，其中不同药量所产生的爆炸气体从储水罐A中置换出来的水量也不同，因而表明药力的大小。

① 这可能解释了米特［Mieth (1), ch. 55］于1683年没有进一步阐明的试验器“轮”。

齿，这样便可确定药力①。

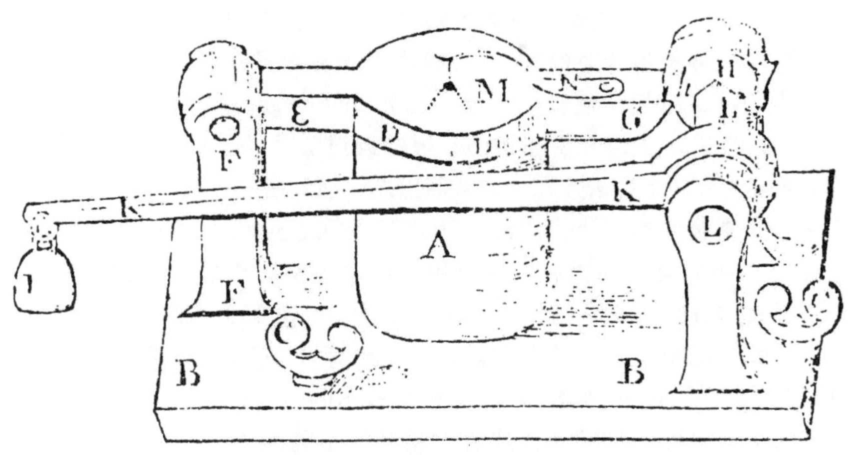

图 226 胡克的火药试验器（1663 年）。事实上，这几乎近于火药发动机，因为它可以举起一可变重量，而且后来还被用于弯曲弹簧。该设计采自皇家学会的记事簿，根据 Hollister-Short（4），p. 12。描述见正文。

波义耳的建议使我们想到了巴宾顿的另一种试验器，它刚好涉及到将水从一个容器排到另一个容器②。该装置见图 225（D，左下图）；某给定量的火药混合物在（C）中爆炸后，便将其所产生的气体排入容器（A）并将一可测量的量的水排入（E）。为了比较各种火药，巴宾顿说这种方式“最靠得住，尽管也最麻烦”。不过，他这是在测量爆炸后形成的气体的容积，而并非爆炸的机械力，结果是与火药配方中硝酸盐的比例成正比③，由于硝酸盐释放出的大都为 CO_2 以及少量的硫与氮的氧化物，所以可将其视为提供氧的物质④。用空气或蒸汽置换水是一种古老的原理，其源头可上溯到亚历山大文化时期⑤，因此人们非常熟悉，但在 1635 年，有关真空的诸性质尚不为人知晓，由此可见，巴宾顿的装置不过是奥特弗耶（de Hautefeuille）和萨沃里（Savory）提水系统的一种间接前身⑥。

巴宾顿圆盘中的另外两件装置是从富滕贝格［Joseph Furtenberg（2）］于 1627 年出 552
版的著作的实验中演变来的。图 225 中上图（B、C）便是。前者并不太实用，就是将有两个孔的盖板沿垂直柱（其中一个标有刻度）向上驱动的那个⑦，但后者却是一有用

① 菲施乐［Fischler（1）］提供了德圣雷米书和数据中的两幅插图，其来自于安吕恩收藏（the am Rhyn Collection）的两个现存的样本。然而德圣雷米所偏爱的是从抛石机上以已知仰角（30—40 度）发射已知重量的铜球。菲施乐从卢塞恩兵器博物馆（Luzerner Waffensammlung）中画了一幅有关此类抛石机的晚期样本。见他著作图 4。

② Babington（1），ch. 68。

③ 有关这一点，见我们的论述，上文 pp. 110ff.，342ff.。

④ 伯努利［Johannes Bernoulli（1）］于 1690 年在巴塞尔（Basel）做的一篇论文中，曾描述过他是怎样用凸透镜点燃少量装在玻璃烧瓶的火药的，该烧瓶联接着一只浸在水中的管子。结果是水一下子便沸腾起来，之后他发现水被酸化了，于是他得出结论认为，虽然不知道气体燃烧的生成物是什么，但火本身就是一种酸（*haud incongrue dici potest，quod ignis sit acidum*）。然而，这一早期的化学实验与火药试验器并没有什么关联。

⑤ 参见 Woodcroft（1），pp. 26，57。

⑥ 从下文（pp. 562ff.）我们将考虑这些。

⑦ Barbington（1），ch. 66。

且可行的装置①。在这一装置中爆炸室的盖子沿两条细铁丝引导垂直向上冲，在上冲的途中，它要使一排 20 个左右类似擒纵装置的活动棘臂或“键”活动一下，最终它会止于其中一个，这样便测量出药力的大小②。这种系统在今日众多用于确定爆炸力大小的装置中有一派生物；这就是“旋高检验器”（whirling height *éprouvette*）③。燃烧室上部凹锥形的镗有来复线的开口由 10 千克重的凸锥形的拔梢压紧，爆炸发生在有导杆的防护罩内，这一拔梢便旋转着向上冲去，在达到最高点之际便咔嗒一下被一抓爪抓住。

然而，在此应指出的是，当代应用最为广泛的测量爆破力的装置是霍尔斯特德要塞研制并应用的“冲击摆”④。这一装置所用的原理极不同于那些老式的试验器，即正反馈火箭推进原理（retro-active rocket propulsion）⑤。一重 150 千克的钢块用铁索吊在坚固的架子上，铁索长两米，在钢铁内部嵌入一孔径为 25 毫米的钢管，内装 10 克左右的炸药，管口是开启的⑥。用电引爆之后，炸药释放出的能量便使这一沉重的钢块以弧形向前推进，其摆度由刻针记录下来；然后再将其偏移的距离折成标准苦酸炸药的百分比表示出来。这一方法足以取代那种有点定性性质的特劳茨尔（Trauzl）试验，该试验是通过引爆铝块内的炸药来确定其破坏能力的。

霍利斯特-肖特认为富滕贝格的飞盖（flying cap）试验器可能是惠更斯 1673 年的火药发动机的前身，或至少是一种启发，因为铁丝导轨之于盖子的定向就好比汽缸壁之于活塞的定向⑦。我们不应把这种思想轻率地置于脑后，同活塞和汽缸与炮弹和大炮相比——一项一致公认的类比，这种思想毕竟不是那么牵强附会。

然而，惠更斯并非是第一位制造火药发动机的人物；在他之前早就有达·芬奇
553 （正如那位伟大的文艺复兴时期的发明天才所经常信手拈来那样），他也弄出过一个汽缸和活塞⑧。我们应该将他所写的与他所画的示意图做个比较（图 227）。他于 1508 年的话如下：

> 用火的力量提起重物，像牛角或拔火罐那样。容器［即汽缸］的宽长分别应是 1 和 10 布拉休（braccio，译按：约合半米的长度单位），而且必须坚固。火从下面点燃，像燃放臼炮那样，火门应迅速闭合，然后立即在容器顶部盖上盖子。［你就会见到］底部［即活塞］上升。底部有一非常结实的皮（圈），就像［泵式］唧筒那样；而这就是提起任何重物的方法⑨。

如图所示，某重物悬挂在下垂的活塞杆上，而火药在由皮裹着的活塞上面被点燃，

① Babington (1), ch. 67。维也纳兵器博物馆（Waffensammlung at Vienna）藏有一件来自安布拉斯城堡（Ambras Castle）精致的当代样品，高度为 57 厘米。

② 德圣雷米［De St Remy (1)］于 1697 年描述过一种变体，盖子被称重后放在一垂直的架上，架上的齿也是固定在棘轮上的。该装置的后期样品藏于卢塞恩兵器博物馆［Fischler (1)，图 2］。

③ 有关描述见 Hahn，Hintze & Treumann (1)。

④ 有关这些情况的信息我们非常感谢奈杰尔·戴维斯博士。

⑤ 参见 Connor (1)。该实验并不区分爆燃作用和真爆轰作用，但还有一种药筒破坏实验却能区分；Connor (2)。参见 Hughes (1)，p. 46.

⑥ 捣固的松紧可随意变化。

⑦ 阻拦棘爪可能也为惠更斯谈到过的以及 1690 年由帕潘描述过的阻挡装置的起源提供了一条线索。

⑧ 见 Reti (2)，p. 29，图 20；Reti & Dibner (1)，pp. 94ff.。

⑨ 英译文见 Hart (4)，p. 229，以下经作者修改 Reti Codex F（法兰西学院），vol. 16；参见 Codex Atlanticus，5 右上，7 右上。

一旦所有气体冲出去之后（同时排出大部分空气），所有的开口均被关闭，随着剩余气体的冷却和收缩，就形成了局部真空，因而吸起活塞并提起重物①。在这里达·芬奇先于任何其他前人来到了接近最后成功的入口——真空，从某种意义来说，领先于17世

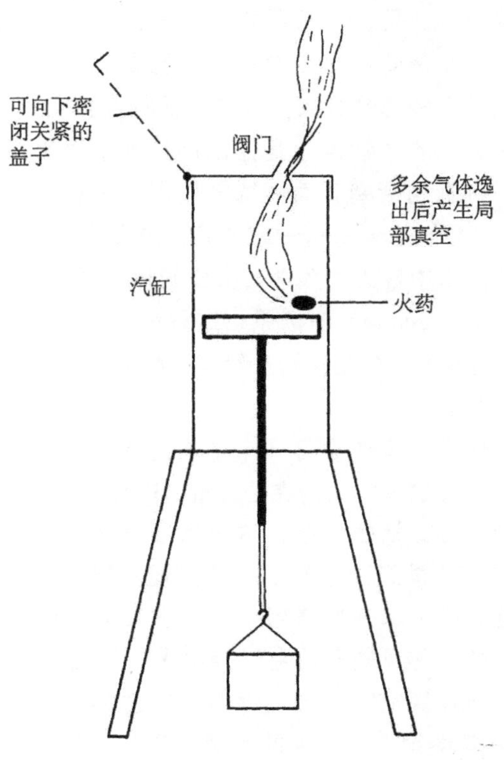

图227 达·芬奇于1508年描述并绘制的提起重物的火药发动机。在这幅启发性的结构图中，在活塞上面的火药被点燃后产生局部真空，因而悬挂在下面的重物随之便被提起。

纪的物理学家150年左右；但是由于他未对拔火罐现象做进一步分析，因而也就止步 554
不前了②。

何谓火罐？这是人类最古老的一种医疗器具，一种罐状容器，将它扣在皮肤的适当部位上，在罐中投入一小块点燃的绒线或其他可燃物质排空空气。罐内形成的真空便将皮肉拔起，导致表层血管扩张，倘若该部位是头一次被火罐所拔，就会使皮下郁血。医史学家认为这种疗法源于史前③，并对所有文明中的这种疗法加以描述④。最早

① 毫无疑问，这后来由块状和楔形物取而代之。

② Needham (48), p. 10, (64), p. 147。

③ Garrison (3), p. 28; Sigerist (1), vol. 1, p. 116。后者［pp. 193, 202］提供了许多原始部族有关此疗法的人类学证据。

④ 关于巴比伦帝国，见Mettler (1), p. 320；关于印度，见p. 333和Castiglioni (1), p. 89；关于希波克拉底（Hippocrates）以及后来的希腊人，见p. 174以及Mettler (1), p. 529；关于阿拉伯医学，见Garrison (3), p. 134; Mettler (1), p. 537. 有关古罗马人的文献是Celsus Ⅱ, Ⅱ和Ⅳ, 7, 2 (Mettler, pp. 338, 509)。关于中世纪及后来欧洲的最好的描述也许是Brockband (1), pp. 67ff.。

所用的容器很可能是掏空的水牛角，中文的一个叫法称之为“角法”，但后来则用短竹筒，称为“火管”[1]，所烧的是麻屑或纸。早期文献中有许多提到过这种疗法，唐代的太医署把拔火罐列为七科之一[2]。不过，达·芬奇肯定没有什么真空的概念，也不知其用途，其用途到后来才清楚，但是，认识到某些方法会使容器吸起其他东西，以及燃放火药甚至能比医生用的少量燃烧物更为有效，这已是相当了不起的事了。他所必须进行的一切都是要遵循亚里士多德的路数，即“自然排斥真空”，但这已足够了[3]。

达·芬奇在这方面最突出的贡献也许是他也还想到了后来惠更斯及其他人所用的所谓标准实验的东西，即汽缸与活塞，而活塞杆则附在一根穿过两个滑轮的绳索，然后再挂上一抗衡的重物[4]。但他并未将这种方法用于火药提重，这种装置建于1505年左右，目的是想看一下从热水中冒出的蒸汽会膨胀到什么样的程度[5]。毫无疑问，所有这些均与他的蒸汽大炮（*Architronito*）有联系，这种炮靠着一股突然从炮弹后面注入的
555 高压蒸汽将其顶出长长的炮管[6]。在此我们又看到一种明显的联系，即我们正在阐明的炮管与蒸汽机汽缸之间的联系[7]。

然而，蒸汽的膨胀力还不能说成是打开未来大门的钥匙或关键；那把钥匙不是什么，在没有空气时不过是徒劳之举。大约在公元前230年，提西比乌斯（Ctesibius）就曾造出一种简单和原始的机器，活塞气泵，这一点可以从后来的机械学家们的描述中看到[8]。这种最简单的泵在17世纪开始有了新的体现，当时各位高手开始以极大的热情探索真空的诸性质，这是因为那种原来用把气打进其他东西的风箱现在作为“空气泵”派上了新的用场，以便使尽可能多的空气打出来。伽利略本人于1638年开始仔细研究了那种所谓的“自然排斥真空”（*horror vacui*），这一研究又由他的门生托里拆利（1608—1647年）于1643年继续下去，他的水银气压计开许多实验之先河，而这些实验均表明空气以每平方吋14磅的压力作用于万物[9]。这一下使人茅塞顿开，认识到了空气具有重量的事实，以及真空现象是一种物理的实在。然后则是居里克（Otto von

---

① 根据上文（pp. 221ff.）的观点，这是很有意义的，即“火管”这一名称总是与医学相关，从未用于任何火器。有关中国拔火罐疗法则见 Pálos（1），pp. 94，158—159，182。

② 见 Lu Gwei-Djen & Needham（2）。

③ 格兰特［Grant（2）］的一本书很有意思，其中谈到古代和中世纪辩论空间虚无的问题。

④ 他还用了一根从中心点悬下来的杠杆。

⑤ Reti（2），p. 17；Hart（4），pp. 249ff.。Leicester Codex，10右，15右。此处的汽缸横截面是正方形的。达·芬奇画了一张1:1500的图，目的是比较水与蒸汽的容积；真正的关系是约1:1700。

⑥ Codex B，33右；参见 Reti（2），pp. 21ff.；Hart（4），pp. 295—296，图版100。

⑦ 众所周知，达·芬奇曾将此发明归于阿基米德（Archimeds）。这件怪事背景的考察见 Simms（3）以及 Clagett（5）。

⑧ 见希罗的《气体力学》（Heron，*Pneumatica*，ch. 1，42号）；菲隆的《气体力学》（Philon，*Pneumatica*，附录1）；维特鲁威的著作（Vitruvius，X，8）。有关讨论见 Beck（1），pp. 24ff.；Drachmann（2），pp. 7ff.，100，（9），p. 206. 参见 Woodcroft（1），ch. 76，ch. 77，pp. 105，108。提西比乌斯的泵是种动力源，用来驱动被误认为所谓的“水钟”（water organ），因为将空气泵入贮水容器之后便可通过水封闭的作用使其保持近于恒定的压力。尽管维氏的著作说是有两只唧筒，但希罗和菲隆却说只有一个，而且该装置差不多也总是以一只唧筒的结构被复制——不管怎样，一只也好，两只也罢，这种泵永远是单向动作的，推则排气，拉则吸气。中国的那种双向动作的活塞气泵“风箱”很可能在提西比乌斯之前就有了（本书第四卷第二分册，p. 139），但是它注定不会促成17世纪才问世的真空泵，原因是欧洲直到18世纪之前尚未有这种玩艺（出处同上，pp. 151，380）。

⑨ 有关气压计在物理学史上的作用，德瓦尔德［de Waard（1）］曾有专著论述。参见 Wolf（1），pp. 92ff.。

Guericke 1602—1686 年）持久不懈的工作，大约在 1650 年他发明了抽气泵，四年之后他演示了轰动一时的“马德堡半球”实验[①]。他还演示了将这两个半球分开所需的重量将抽成真空的铜球压碎的过程，以及那些在真空下被抽紧的足以将人或重物顶起来的活塞[②]。接下来在 1659 年波义耳（1627—1691 年）又改进了气泵[③]，在胡克的协助下这种气泵终于在 1667 年定型[④]。

因而，人们有了一种成见，认为所有这些结果均可归功于一种无所不在的力——“空气弹性和空气重量”，倘若谁能将其驯服，就可从中获得无限的利益。正如卡德韦 556
尔所写的[⑤]：

> 这种新发现的力简直太大了，它要比最强悍的马匹的劲还大，可以同最大型的水轮和风车相媲美，科学和常识对它也无任何明显的限制而言。风力由于地点和时间的影响而受到限制，但是大气却总是以每平方吋 14—15 磅的压力作用于地球表面上的每个角落。关键在于人们能否利用这种力量之“魁首”的巨大的力呢？人们能否果真发明一种气压水轮或风车，由大气所提供的这种固定压力驱动，而不靠流动的空气鼓起风帆或流水的冲力驱动叶片呢？对于 17 世纪的那些具有投机和冒险精神的人来说，各种可能的事情所具有的革命意义似乎一点也不亚于我们这一代的核子力量所具有的，可能理由更充分，而道德限制更少……

从这段文字看，可能好像有点奇怪，自达·芬奇以降实验者们并未去想把火药爆炸的膨胀力用于有效的冲程，即从汽缸中将活塞顶出，相反他们却只将这种力在爆炸气体将大部分空气排出之后用于产生局部真空[⑥]。归根到底，倘若主要的目的就是将重物举起，那么要想达到这种目的，肯定是可以设计出一种联动杠杆系统的。但也许是那种封闭式的汽缸爆炸太危险；而另一方面，人们极渴望去利用那无所不在的大气压，就像帕潘和纽科门（Newcomen）终于成功地利用了的那样[⑦]。

到了 1670 年，出现了一个非同小可的问题。在活塞下面形成真空（这样便可使其做有用的功），人们除了像以前马德堡实验那样把另一活塞用于抽气泵上之外还能干些什么？当年轻的布卢瓦人（Blois）帕潘[⑧]于 1671 年来到巴黎皇家科学院（Académie

---

① 出处同上，pp. 99ff.。

② 参见 Dickinson (4), pp. 7ff., Gerland & Traumüller (1), pp. 129ff.。居里克在 1654 年曾于雷根斯堡（Ratisbon）的帝国议会演示过他的实验，三年之后，耶稣会教士肖特［Caspar Schott (2)］曾出版过有关这些实验的初步描述。居里克自己的直到 1672 年才问世，题目为《有关虚空的新实验》（*Experimenta Nova* (*ut vocantur*) *Magdeburgica de Vacuo Spatio*）。奥斯特瓦尔德（Ostwald）在他的《科学精萃》（*Klassiker d. exakten Naturwissenschaften*）第 59 期中有一德译本。

③ 由此 Boyle (6)；参见 Wolf (1), pp. 102ff.。

④ 由此 Boyle (7)，《关于空气弹性和重量的新物理-力学实验的补充》（*A Continuation of New Experiments Physico-Mechanical touching the Spring and Weight of the Air*）(1669 年)。参见 Wolf (1), p. 107。

⑤ Cardwell (1), p. 9。

⑥ 有数位友人向我们提出这一点，尤其是皇家化学学会的贝雷特（J. W. Berrett）博士。

⑦ 有关纽科门蒸汽机前身的材料，霍利斯特-肖特［Hollister-Short (5)］的著作值得一读。该书补充并扩大了我们早先的贡献（Needham, 48）。

⑧ Denis Papin, 1647—1712 年。获硕士学位之后，他于 1675 年动身前往伦敦和波义耳一道工作，后来他成为皇家学会会员，并演示了他那著名的首次用了安全阀“消化器”或蒸汽压力锅。

Royale des Sciences)[1] 大名鼎鼎的惠更斯手下做实验助理时，这肯定就是早已提出的方法之一了。在他脑子里一定是装着火药试验器的范例[2]。接近 1672 年底，惠更斯认真地着手干了起来，而到了翌年 2 月 10 日，他便描述了他所制造的机器，因为他获得了“一种用火药和空气压力的新的动力”机器[3]。该机器有一只汽缸，其活塞杆附在一根
557 穿过两个滑轮并悬有重物的绳索上（图 228）。在爆炸发生的那一瞬间，所形成的气体迅速将大部分空气从气阀排出后气阀便很快关闭，这样汽缸内的温度降下来后就形成了局部真空，而活塞则被巨大的力吸了下来——但并非从头至尾，因为，正如惠更斯所注意到的，大约有六分之一的空气和气体仍留在汽缸内。因此，活塞的下行并不完全[4]。无论如何，他认为这一结果已足够惊人的了。他写道：

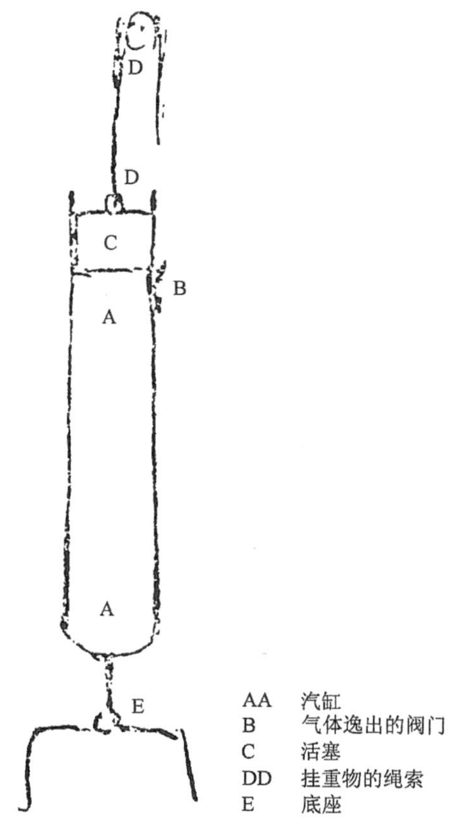

图 228　惠更斯 1673 年火药发动机的草图，采自其 *Varia Academia*，p. 242；参见 Hollister-Short (4)，pp. 13ff.。气体排出后汽缸内冷却下来就会产生局部真空将活塞拉下来，从而将滑轮上悬着的重物举起。

---

① 该科学院于 1666 年在财政大臣科尔贝特（J. B. Colbert，1619—1683 年）的鼓励下由路易十四创建，而惠更斯这位荷兰人是 16 位创始人之一，他在巴黎工作了 15 年。参见 Dickinson (4)，p. 8。

② 参见 Galloway (1)，pp. 14ff.。

③ Huygens (2)，*Oeuvres*，vol. 22，pp. 241ff.。参见 Galloway (1)，pp. 21ff.；Wolf (1)，p. 548；Thurston (1)，pp. 25ff.；Gerland & Traumüller (1)，pp. 226ff.。

④ 惠更斯打算获得恒定扭矩，所以将滑轮做成轴颈（*fusée*）式。

> 火炮火药的力迄今为止仅被用作产生剧烈的效果，诸如采矿、炸石等，尽管人们早就希望将这种速爆的烈性缓和以做它用，然而就我所知，尚无人成功地做到这一点，或者至少尚无人注意到这样的发明已经出现了。

惠更斯还预言，这种力可被用来抽水、起重以及驱动机器，甚至车船①。他写道，“假 558
如用这只汽缸所产生的力来驱动，那么我想也许会用于船尾部的一支来回摆动的木尾（就像我曾见到过的而且我认为是在中国用的那种）”。在此毫无疑问是指摇橹或使划桨与水面自平行的推进器②。“摇橹”自汉代以来便是中国小型船舶的特色。惠更斯还画了一张抛石机的草图，这种式样的抛石机的运作是通过活塞下行时的连动装置来实现的。

然而，直到当时在马尔堡（Marburg）占一席之地的帕潘回过头来改进火药发动机问题时止，尚有好多问题未能解决。1688 年，他的著作出了新版［Papin（1）］，与前者的最大区别就是现在的活塞装上了一弹性阀门，该阀门在气体排出后由大气压力关闭，之后便可使活塞的下行有力（图 229）③。但在缸体内总是有五分之一或六分之一的气体残留。有关这一点，帕潘冥思苦想许久，然后于 1690 年的一篇论文［Papin（2）］中，他做出了一项意义深远的陈述：

> 将少量的水加热使之变成蒸汽，便可使其具有像空气那样的弹力，这便是水的一种性质，但一俟蒸汽冷却后再转变成水时，以上所言之弹力亦消失殆尽，因此我毫不犹豫地断定，能够制造出这样的机器，其中水在不是极高的温度下就能产生由火药所不及的理想的真空，而且成本极低……

就这样首次诞生了蒸汽机④。其外表与早期的火药发动机很像，但是有一个弹簧抓爪装入活塞杆上的槽中，这样下行冲程就能得到延迟，直等到它获得尽可能大的力⑤。然后活塞便直冲达缸底（图 230）。在此，锅炉、汽缸以及冷凝器都在一起；是纽科门将锅炉和汽缸分开的，而瓦特（James Watt）则引入分离式冷凝器——除此之外其他所有基本部件都在（图 231）⑥。到此为止，终于获得一种有效的循环，去除空气以及压缩蒸汽，于是通往“大气的或真空的蒸汽机”（1712 年）的道路便畅通无阻了。尽管帕潘

---

① 其他预言，甚至用这种方式驱动航空器，都见于一封日期为 1673 年 9 月 22 日致其兄洛德韦克·惠更斯（Lodewyk Huygens）的信中，见 Huygens（2）*Oeuvres*, vol. 7, pp. 356—358。惠更斯在此非常具有先见之明，因为内燃机是可以达到如此高的动力/重量比的。通过计算他发现只需一磅火药便足以提供将 3000 磅的重量举起 30 呎的能量。他还算出直径 3 呎的汽缸会提供 40 马力以上的能量。“我看到了当人们拉线时，其举起重物的惊人效果”（J'ay fait voir des effects surprenans à élever des poids et des hommes qui tiroient la corde.）“但是如果人们能使之充满空气，这样还可以完成其他的事情……”（si l'on purvoit bien vuider l'air ce seroit encore bien autre chose…）

② 本书第四卷第三分册，pp. 622ff.。摇橹在螺旋推进器的历史上具有显著的地位，而在 1790 年曾有人企图施以蒸汽力，但未成功。

③ 参见 Galloway（1），pp. 41ff.，44ff.；Gerland & Traumüller（1），pp. 227ff.。

④ Dickinson（4），pp. 10ff.，（6），p. 171；Galloway（1），pp. 47ff.；Thurston（1），pp. 50ff.；Matschoss（2），pp. 32ff.，354ff. 359ff.；Reti（2），p. 28；Gerland & Traumüller（1），pp. 228ff.。

⑤ 这种获得大力冲程的方式很可能来自惠更斯的抛石机设计。

⑥ 充分利用蒸汽膨胀力的双向蒸汽机，以及高压蒸汽机自然都是未来的事了。参见 Needham（48），p. 11；（64），p. 149。

从未用他的活塞杆干过什么①，然而在从火药到蒸汽的过渡中，他的历史地位则是重要
559 的，而纽科门本人肯定也从来不会嫉妒他在卖花者和蔬菜摊中的塑像，塑像从布卢瓦上空俯视卢瓦尔河②。

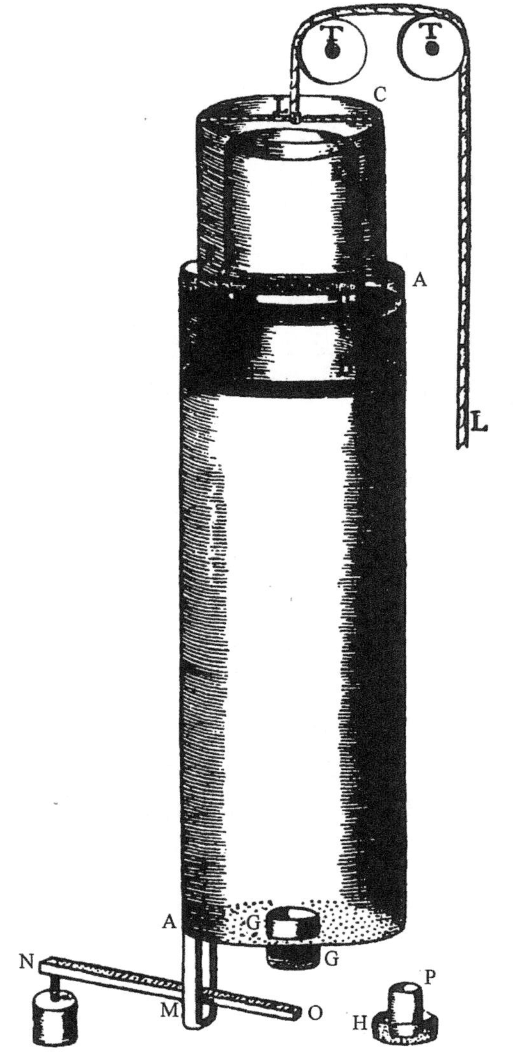

C　活塞与绳索的连接
D　气孔
F　气孔边缘
HP　容易安装的火药容器
GG　在汽缸底座的导管，可致火药不断进入
MNO　在N点加重量的安全阀杆
LL　挂重物的绳索
TT　滑轮

图229　帕潘1688年的火药发动机，根据Gerland & Traumüller (1)，图219。该发动机与惠更斯的相似，但它有一只在气体排出后由大气压力关闭的弹性阀门，这样活塞下行冲程就强有力因而提起重物。

---

① 至少未成功过。有关描述曾谈到过他于1707年去世前的情况。帕潘用一艘桨驱动的轮船在卡塞尔（Cassel）附近的富尔达（Fulda）河上做过实验，但是并不容易看到它是如何工作的，即使是用纽科门的杠杆发动机也是如此，因为冲程的频率一定是太慢了。我们的信息仍含混不清而且对这最后阶段还有点矛盾。见Galloway (1), pp. 76ff.; Thurston (1), pp. 224ff.，在那里将会发现更为详细的参考文献。

② 我们发现几乎不能相信纽科门从不知晓帕潘的蒸汽汽缸，至少曾道听途说过。帕潘还发表过几篇其他文章[Papin (3, 4, 5)]，也许达特茅斯（Dartmouth）有人，或许是位乡绅，即使不懂拉丁文也能看懂法文，是他使纽科门了解到帕潘的工作。

帕潘早就想到了蒸汽。此前九年或十年，他便制成蒸汽压力锅或“消化器”。在中
国蒸汽一直被用来干许多事情，尤其是做饭[1]，中国人吃的馒头一直是用蒸汽蒸的，而 560
不像是面包烤的。巴罗在他的《中国游记》(*Travels in China*，1804 年) 写道[2]：

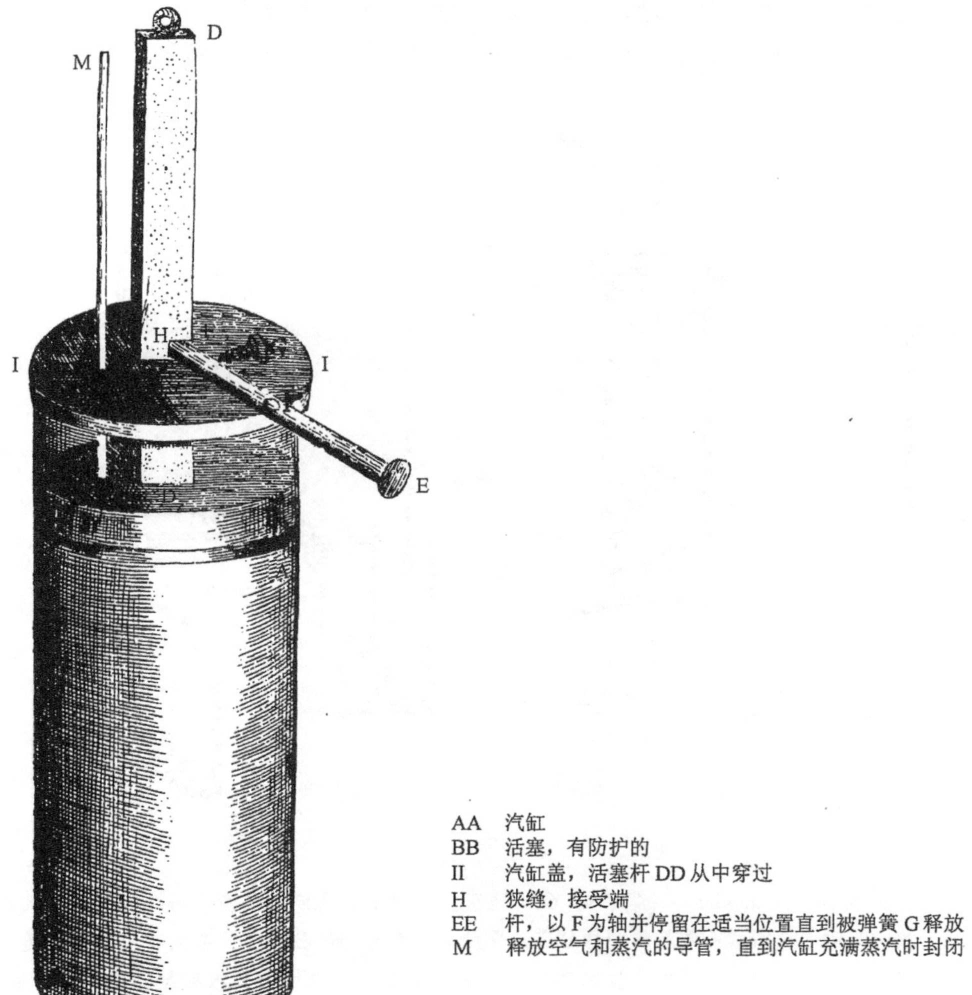

图 230　帕潘 1690 年的蒸汽机，根据 Gerland & Traumüller (1)，图 220。其外表与早期的火药发动机很像，但是活塞杆上的弹簧抓爪在压缩的蒸汽冷却之前以及缸体内尚未达到理想的真空之前延迟了下行冲程，蒸汽冷却并达到理想真空之后，悬挂的重物便提到最高处。该发明导致了纽科门于 1712 年首次成功地研制出“大气”或真空蒸汽机。

他们（中国人）同样知道把东西放入蒸汽中会产生什么样的作用；而且知道蒸汽的热量要比开水大得多。然而多少年来，他们一直习惯于将蒸汽闷在密闭的容器里，这种容器有点像帕潘的消化器，其目的是把牛角蒸软，用蒸软的牛角便

① 参见本书第一卷 pp. 81—82。

② Barrow (1), p. 298。

561 可做成薄薄透明的大灯笼，他们似乎并未曾发现如此将蒸汽闷起来时蒸汽的惊人的力量；至少他们从未想到过将这种力用于动物力量所不及的目的①。

巴罗所未能意识到的也许是通往蒸汽机的道路在历史上并不是直接经由高压锅，而是间接地经由抽出空气的容器。对真空的理解是诞生于科学革命之中的现代科学方法的典型结果。易言之，通往高压蒸汽的道路，以及它所能做的一切，则辩证地存在于对

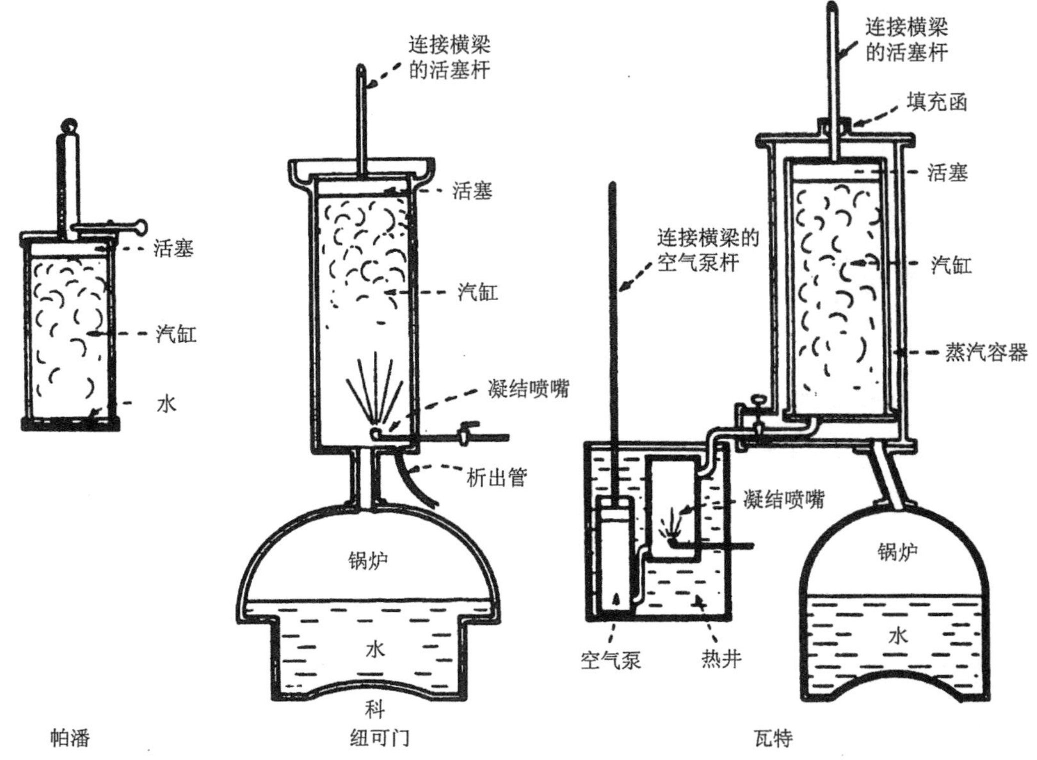

图 231　本示意图采自 Dickinson (4), p. 67，展示出蒸汽机在功能上的渐进分化。左图帕潘的汽缸充满了蒸汽。中图纽科门的分离式锅炉。右图瓦特的分离式冷凝器，它周期性地将蒸汽从汽缸排出，因此便可使活塞的下行冲程连续，与此同时，汽缸壁由蒸汽罩保温，气泵的自动运行将任何空气排出系统。

立面之中；而且整个历史进程则异乎寻常地证明了道家哲学经典思想是有道理的，即所谓有生于无。

帕潘从来也不会想到早在 1700 年前中国就有实验者通过蒸汽的冷凝而偶然创造出真空，不过这项实验并未做下去。这个故事以前已讲过了②，但我们在此仍觉得应再提
562 一遍。在《淮南万毕术》这部很可能成书于公元前 2 世纪的著作中的一些方术中，就有下面这么一段③：

要想在铜容器（铜瓮）中产生雷鸣的声响，就先将开水灌入其中［然后将盖

① 有关中国的制角技术见本书第六卷第四十二节。另一描述见 Grossier (1), vol. 7, pp. 237ff.。

② 本书第四卷第一分册，pp. 69ff.。

③ 《太平御览》卷七三六，第八页，由作者译成英文。

子盖严实（坚密塞）][1]，再将容器沉到井中。这样它所发生的声响在数十里之外都能听到。

〈铜瓮雷鸣，取沸汤置瓮中，沉之井里，则鸣数十里。〉

将其浸入冷水时倘若容器内满装蒸汽，那么冷凝作用便会产生真空，而容器的铜壁若薄，则会发生爆聚作用（响声传出井外很远）。也许正是地点与时间的特征才使该发明仅用于军事或术士目的，并无任何将这种显然存在的强大力量加以利用的企图[2]。

这里没什么活塞，也没有什么先于蒸汽机的任何平行发展的东西，也没有出自火药性质的事件，而是用于提水的真空置换系统。早在1661年，莫兰便获得一项专利或许可证，以便从矿山或矿井中以“空气和火药的结合力”来更有效地抽水，但是这项工作却从未得到落实[3]。后来，1678年奥特弗耶发表了他那题为《永动摆》（*Pendule Perpetuelle*）的小册子，其中就包括了“一种用火药提水的方法”[4]。其实，是两种（图232）。在第一种方法中，一根来自30呎以下水面的提水管将水输入一个由火药在其内爆炸所产生的局部真空的容器内[5]，而如此吸上来的水则由一个龙头放入水箱；放入水箱的水又可作为一个二级水仓，用同样的方法便可使其再提升30呎。用这种成对的水箱加上火药的连续施放，就会使水源源不断地流出来。但是这种方法并不比一套唧泵强多少，因此他就描述了第二种方法，在这里压力泵则是必不可少的。此处将一根水平的管子浸入水下，在其中心点处装有一只进水阀。这根管子的一端接上一根高出水面的垂直短管，而这根短管则导入火药燃烧室。在水平管子的另一端接着一根垂直的有一串单向阀的更长一些的管子。随着火药一次接一次地燃放，水便被驱入直立的主管道，主管道有多高水就能达到多高。在第二种方法中，并不依靠局部真空的作用[6]，
而且火药可以装在像后膛炮那样的炮闩中[7]。总而言之，这些装置会免除矿山中以及诸 564
如排水系统中大量的人及马的花费。

但是，真空在萨弗里机长的“水控制机”上再度成功了[8]。在这种经常得到描述的机器中[9]，水被吸起达30呎高进入一只由冷凝蒸汽产生真空的容器内，然后再将容器内压入蒸汽便可使水提升到更高的地方，压入的蒸汽经由适当的手动开关在该系统的

---

① 这一句出自《太平御览》卷七五八，第三页。

② 这使人想起沈括对石油的评价，认为石油只能用来作炭黑，适于制作墨，并无其他目的（本书第三卷，p. 669）。

③ Rhys Jenkins (3) p. 44；Dickinson (4)，p. 16。

④ 参见Rolt (1)，p. 33；Rolt & Allen (1)，p. 24；Galloway (1)，pp. 18ff.；Thurston (1)，pp. 24ff.。他的第二本小册子（1682年）加进了多种改进。

⑤ 通过四只单向阀可排尽气体和空气。

⑥ 但是奥特弗耶可能熟知巴宾顿的第四种试验器的方法，即水由燃烧气体置换。

⑦ 参见上文，pp. 365ff.。当人们意识到纽科门曾找枪炮铸造匠将其汽缸镗光滑时，就会看到大炮与蒸汽机之间的联系是多么紧密了；Rolt (1)，p. 80。

⑧ 萨弗里约生于1650年，卒于1715年。他机长的头衔可能来自采矿业；最终于1705年他成为皇家学会会员。

⑨ 例如：Dickinson (4)，pp. 18ff.；(6)，pp. 171ff.；Matschoss (1)，pp. 39ff.；Wolf (1)，pp. 551ff.；Rolt (1)，pp. 35ff.；Rolt & Allen (1)，pp. 24ff.。萨弗里之前可能有其他发明家，诸如1631年的拉姆齐（David Ramsay），1663年的萨默塞特[Edward Somerset；伍斯特侯爵（Marquis of Worcester）]以及1685年的莫兰；但是对他们所研制的泵的描述的清晰程度并不足以让我们确切了解他们的工作。

563

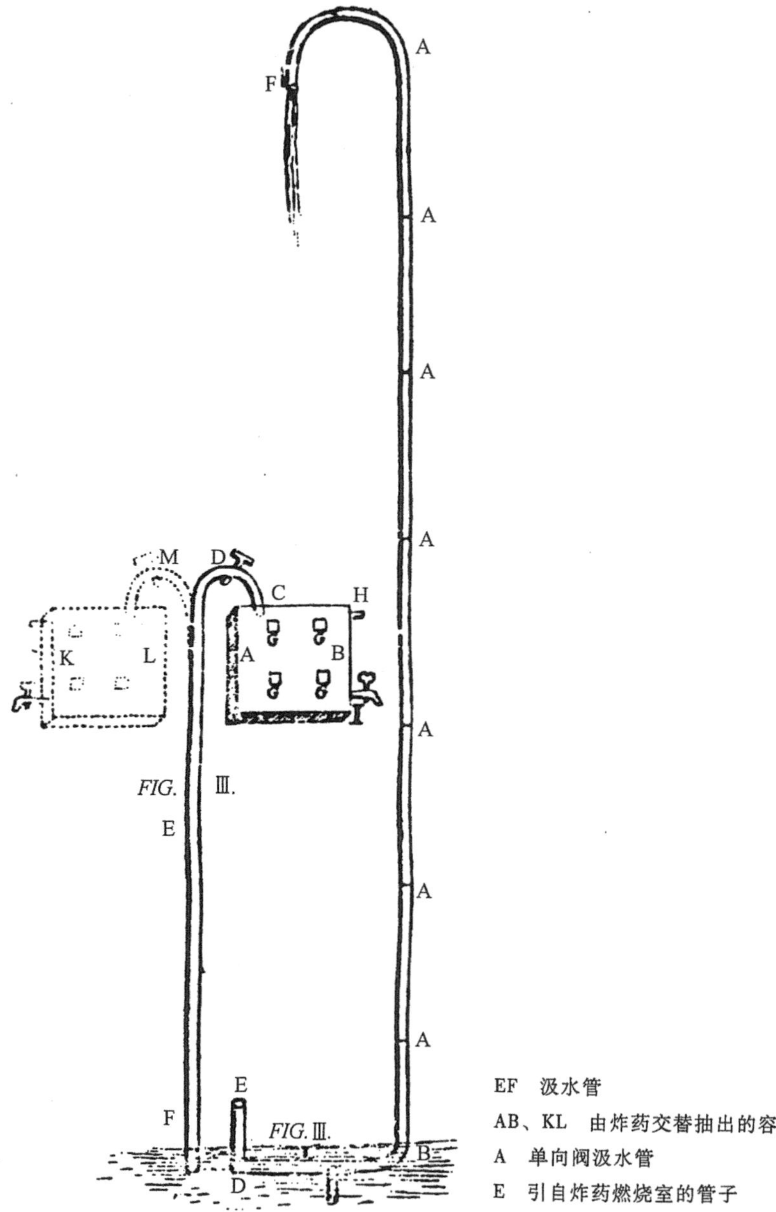

图 232 奥特弗耶利用火药爆炸的提水方法，根据 Hollister-Short（4），p. 16。此图采自 1678 年的一本很少见的小册子。图Ⅶ所示为一根提水管将水输入一个由火药在其内爆炸所产生的局部真空的容器内，而如此提起来的水则由一龙头放入水箱。然而，图Ⅷ所示为火药的爆炸力导致水通过单向阀上升，管道有多高，水便能升多高。另外，这些系统便是萨弗里（Thomas Savery）1698 年的“水控制机”的前身，而水控制机则利用更方便的蒸汽的膨胀与冷凝。

几个环节调整后进入容器[①]。将两只容器并联起来就可以使水连续不断地放出来。其中一只容器吸满水之际另一只则由压力将水向上排空。这种装置在 1698 年问世，但大都由于材料的强度不够而陷入困境。差不多又过了一百年[②]，才由布莱基（William Blakey）改进，不过那时纽科门的气压蒸汽机（这种蒸汽机运作一根摇杆，是所有后来蒸汽机的鼻祖）自 1712 年以来在许多地方都已投入使用，因此人们也就不再觉得有必要去搞这种置换系统了[③]。然而，它们还是有理由被列入蒸汽机前身的行列。

不论怎样，以上所说的一切都表明，火药的爆炸力在蒸汽机的发展历程中曾起过非常重要的作用。但是还有第二段历程也要说一下，那就是内燃机。有关内燃机，首先就是手铳和大炮或臼炮本身，这些情况我们已回溯到大约 1285 年的中国；而惠更斯和帕潘的火药发动机亦属同类，因为火药混合物就在缸体之内爆炸而非任何分离的容器内。帕潘第一台蒸汽汽缸的水就是直接在汽缸内加热的，所以他的这台实验机就是“内部作用的”，尽管没有“燃烧”，但当纽科门决定制造一种分离式锅炉时，就像他于 18 世纪初所制造的那样，蒸汽机家世的谱线就与所有真正的内燃机分叉了。此后的一个多世纪，人们脑子里仍继续着魔似的在想直接在汽缸内产生爆炸，并设法驯服其烈性以做些有用的功。但此时爆炸所要达到的目的已极不同于惠更斯的了，即不再是将空气和气体排出汽缸以产生真空从而将活塞吸入（至少想这样），而是产生一个非常类似于大炮本身那样的工作冲程——然而活塞不脱离机器飞出去。

有趣的是，蒸汽机的演进刚好完成于工程发明家开始设计内燃机之时[④]。分离式冷 565
凝器在 1765 年至 1776 年之间由瓦特发展了起来[⑤]，双向作用原理[⑥]与往复旋转运动[⑦]大约于 1783 年同时出现，而高压蒸汽自 1811 年起就由特里维西克（Richard Trevithick）引入[⑧]。根据这一点，非常有意思的是煤气机的年代大约是 1826 年，而所有油机（其中应包括靠柴油和汽油驱动的）则约为 1841 年。

在汽缸内获得爆炸的第一种方法就是将空气与煤气混合起来[⑨]，然后每个冲程就点火一次[⑩]。这一点自 1823 年起就由布朗（Samuel Brown）在不同程度上完成了，但是

---

① 注意这将奥特弗耶火药发动机设计所分开的两项原理结合了起来。

② 在 1776 年；Dickinson (4), p. 28。在 1707 年，在帕潘去世之前数年，他也试了一下，并向皇家学会申请研究经费。但是萨弗里将他的计划审查之后，该申请就被取消了。

③ 然而，萨弗里的原理继续存在，在霍尔的气压唧筒（1876 年）中，仍然使用该原理。

④ 其部分动力无疑来自蒸汽机的力/重比太低的事实，这样蒸汽机便不适于小工厂和作坊，也不适于公路运输，更不用说上天了。

⑤ Dickinson (4), pp. 60ff.; Galloway (1), pp. 142ff.; Wolf (2), pp. 618ff.; Needham (48), p. 11。

⑥ 其中允许蒸汽交替进入活塞的两端，这样每个冲程均做有用的功 [Dickinson (4), pp. 79ff., (7), pp. 124ff., 134ff.; Galloway (1), pp. 162ff.; Wolf (2), pp. 621ff.]。这一原理在中国的历史非常古老，如双向活塞风箱的历史所示 [本书第四卷第二分册, pp. 135ff.; Needham (48), pp. 15ff.]。

⑦ 这在中国也相当古老；上文 p. 545. 参见 Needham (48), pp. 29ff.。

⑧ Dickinson & Titley (1), pp. 127ff., 144; Pole (1), p. 51; Galloway (1), p. 192。

⑨ 大部分是甲烷，还有少量的 CO，CO_2，乙烯和乙炔。在此我们无法深入讨论气体史，因为气体史在现代化学史本身之内所占的部分太大，也不能追溯一下范·海尔蒙特（John Baptist van Helmont）给起的名字，但是要想很快了解一下煤气，则可参见 Clow & Clow (1), pp. 389ff.。

⑩ 下面所用的说明来自 Field (1); le Gallec (1); Uccelli (1), pp. 373ff., 377ff., 381ff.; Usher (1), pp. 370ff., 第二版, 406ff.; Burstall (1), pp. 333ff.; Gille & Burty (1); 以及 Day (1)。

他的发动机却不成功①。问题总是出在点火的时间间隔不准确上，而巴尼特（William Barnett）于1838年采用了成对气火焰（coupled gas blames）。其他人则转向不同的气体。诸如氢与空气，或纯甲烷与空气②，如在巴尔桑蒂（Eugenio Barsanti）以及马泰乌奇（Felice Mateucci）1843年至1854年之间的工作那样，而恰恰就是这些发明家们首次引入了属于未来的电打火③。但是，第一台实用型的纽科门气机是勒努瓦（J. J. Lenoir，1822—1900年）④ 于1859年制造的，该机有点像水平双向作用蒸汽机，有飞轮、滑阀和水冷系统⑤。然而，下一大步则只有等到罗沙（Alphonse Beau de Rochas，1815—1891年）于1862年描述了四冲程循环，这是所有内燃机能成功运转的基础。第一向外冲程活塞将爆炸混合物吸入缸内而第一向内冲程将其压缩；然后点火发生在或
566 大约在死点位置而爆炸将活塞驱动进入第二向外冲程，之后第二向内冲程将燃烧后产生的气体排出气缸⑥。现在工程师们终于将爆炸驯服了，因而就此而言，大炮到了1860年才被牢牢制服。然而，根据我们现在的观点来看，戏的真正收场尚未到来，正如我们所将要看到的那样。少量的煤气机仍在运转，然而大部分煤气机今天只能在博物馆见到⑦；自然而然，煤气机离开煤气就转不起来⑧，当然，在某种意义上讲，所有的内燃机都是气体发动机，因为可燃物是作为与空气混合的雾状物而进入汽缸的。

接下来是幕间休息或者说是一种偏差，这与蒸汽机史上的蒸汽真空置换提水系统有点类似，即热气发动机。斯特林（John Stirling）于1826年和埃里克松（Eric Ericsson）于1849年，曾想到过用某种更经济易处理的动力液体替代蒸汽。因此，他们求助于空气，因为他们注意到空气的体积在0°—100°之间增加三分之一，到272°体积则翻一番，而到544°则是原体积的三倍。大多数老辈人尚记忆犹新，发动机的一部分由一只喷灯加热，其后飞轮的摆动便使机器运转起来；尽管为数不少的工程师设法将其完善，但仍有许多弊病，诸如起火的危险和工作部件的变形等，其结果就像煤气机一样，今天只有博物馆是其栖身之地了，不过在小规模上仍用于玩具和工作模型⑨。热气发动机受到了冷落，原因是它没有爆炸，没有内燃，只有加热空气的膨胀；但是某种热源仍是绝对必要的，因此它肯定是一种热机。但却不是未来的动力⑩。

整场戏的收场是在1836年，当时克里斯托福里斯（Luigi de Cristoforis，1798—

---

① 差不多自煤气点火引入时，还有一连串类似的计划和类型［Clow & Clow (1)，p. 429］。斯特里特（Robert Street）的想法（1794年）较笼统，但安贝尔森（Philippe le Bon d'Humbersin）于1799年却稍进了一步。

② 约翰斯顿（James Johnston）于1841年便胆敢去试氢和氧，然而当时尚没有液状的（也许是幸运的）。

③ 伏打（Alessandro Volta）于1776年就已提出过类似的东西。

④ 见 Leprince-Ringuet et al. (1)，p. 148。

⑤ 这总是个难题。1862年，乌贡（M. Hugon）制造了一台发动机，每次缸内爆炸过后就有雾状冷水注入，但不成功。

⑥ 通常这被称为奥托循环，以发明者的姓奥托（A. N. Otto，1832—1891年）命名，他曾于1877年重新发现了这种循环。

⑦ 我们在切德街（Cheddar's Lane）的剑桥技术博物馆（Cambridge Museum of Technology）内就有一台。

⑧ 毫无疑问，这一最大的限制因素使其不能到处跑。只有在困难的条件下当液体燃料供应短缺时，卡车和公共汽车才在车顶上架起煤气仓，或者，就像战时中国那样，司机座旁安上水煤气发生器。

⑨ 约翰·肖（John Shaw）先生记得见过一台0.25马力的热气机在爱尔兰庄宅驱动洗衣装置多年，我们很感激他提供了诸多有关热气发动机在当今使用的信息。

⑩ 然而，它却间接地传下了一支了不起的后代，不久我们将会见到。

1862年）开始想到制造用石脑油驱动的内燃机，该计划于1841年由他完成。这些经过蒸馏的石油（原本是作为希腊火的伤害性纵火武器，烧痍人和物）的轻馏分现在终于成为日常应用的有益能源了。那些拜占庭人7世纪开始而中国人10世纪继续使用的东西，现在，经过了千年，在内燃机的汽缸内找到其理想的归宿。也许我们该在此处停顿片刻，来看一下所有属于此类可以用来作燃料的油质；对油机[1]而言，柴油机和汽油机构成单独一类。我们将这些碳氢化合物燃料的沸点列表如下[2]：

	沸　点0℃ 567
石油醚或汽油	40—70
汽油	70—90
轻石油	80—120
苯和甲苯（来自煤焦油）	82—110
轻质油（松节油的替代物）	120—150
石油脑（来自煤焦油）	140—170（大部分二甲苯、假枯烯、莱）
煤油	150—250
柴油	250—300
酚油（来自煤焦油）	170—230（大部分萘和苯酚）
杂酚油（来自煤焦油）	230—270
蒽油（来自煤焦油）	270—
润滑油	300—

这些油的许多较轻的馏分曾几何时均被用于内燃机，但是工程师们最终对低沸点的油感到满意，这就是今天我们大家都知道的汽车和飞机发动机所用的油。较重的馏分通常被裂化而成为较轻的馏分。

我们可以扼要地回顾一下这些动力源的历史。1873年，霍克（J. Hock）造了一台煤油发动机，此后两年，马库斯（Siegfried Marcus）引入汽油发动机，所烧的汽油与今天的很像；这两台发动机都在奥地利使用过[3]。与此同时，维罗纳（Verona）的贝尔纳迪（Enrico Bernadi）对另一种汽油发动机做了改进，在接下来的10年里，戴姆勒（Gottlieb Daimler）和本茨（Karl Benz，1883—1885年）几乎使其达到了今天的形式，每分钟转数达800[4]。在一项平行的发展中，出现了许多类型的油机[5]，但是最大的进步是由狄塞尔（Rudolph Diesel，1858—1913年）[6]做出的，从某种意义上讲，是他把热气发动机和油机或汽油发动机结合在一起，其方法是将空气猛烈压缩到800℃的高温，这一温度足以自动点燃注入汽缸内的一种相当重的油。众所周知，狄塞尔发动机

① 许多油机仍在服役，约翰·肖告诉我们一种较早一代的鱼雷就是由页岩油驱动的，其发动机实际上是炸药爆炸点火的。

② 材料取自下列经典著作：Perkin & Kipping（1），pp. 71ff.，336ff.。

③ Larsen（1），pp. 149ff.。

④ Field（1），pp. 164ff.。

⑤ Dent & Priestman（1886年），Capitaine（1893年），Hornsby，Crossley等。

⑥ 见Leprince-Ringuet（1），p. 152。

（柴油机）的用途相当广泛，尤其是铁路机车。其间，到了 1895 年，在德迪翁（Count de Dion）和布顿（M. Bouton）手中，烧汽油的高速汽车内燃发动机已基本达到了现代的设计[1]。

现在，回顾一下我们已经发现的，我们可以看到 7 世纪的希腊火及 9 世纪的火药，这些发明并不像许多人，甚至莎士比亚（通过他刻画的人物之口）所想像的纯粹是灾
568 难。没有它们我们可能既无蒸汽机也无内燃机。伦理问题则与我们在火箭情况中所看到的相同——全部要看你用它干什么。就像火本身一样，它既可用来煮饭和取暖，相反也可用来折磨和杀人，对每种发明的应用要看人类在道德上的判断；对人类整体而言，这是个难题，而对所有文明而言，则是个普遍的问题。但是，历史的悲剧性一面就是要花费许多世纪的时光才能将各种发明用在有益的一面，并且避免有害的一面。

(21) 不同文化间的传播

回首看一下我们所走过的漫长乡间之路，最深刻的印象就是那些在中国花费 400 年之久所发展起来的东西，在 40 年内或更短就传入阿拉伯国家和欧洲[2]。在这根火药引信中尤其是引入了两只信管，即中国单独对硝石所做的 600 年的分离与提纯[3]，以及先在拜占庭后在中亚及东南亚诸国和中国所进行的 200 年的石油蒸馏[4]。所有这些长期的准备以及尝试性的实验工作都是在中国完成的[5]，所有东西传入伊斯兰国家和西方的都是羽毛丰满的[6]，不论是火枪还是炸弹、火箭[7]，或者是金属筒手铳和臼炮。这使人们想到一首古诗：

圣经清教徒，啤酒鸦片烟；
来到英伦岛，全于一岁间。

有许多特点均暴露出一脉相承的现象——药用植物名称的使用[8]，矿物、植物和动物毒素在粉剂中的效力[9]，将欧洲的火枪作为王牌武器[10]，以及早期的花瓶状的臼炮[11]。还

---

① 我很清楚地记得我父亲在本世纪头十年所买的那部德迪翁-布顿大轿车去走访病人，他当时在伦敦南部行医。

② 参见上文 pp. 274，294，304。

③ 参见上文 p. 107。

④ 希腊火之所以重要的原因是双重的：首先它预示了低硝火药的烧痍性质，其次是在战争中首先出现火药是慢引信汽油火喷火器的形式。见上文 p. 92。

⑤ 这一点可在火药配方的研究中清楚看到，上文 pp. 346ff.。

⑥ 参见上文 p. 348。然而，有一点区别，其中首先接受火器制造技术的阿拉伯人，把这种混合物先是用来作一类更厉害的纵火物，正像中国在更早些时的情况一样［参见 Ayalon (1)，pp. 9，14，24—26］。上文（p. 45）我们注意到 nafṭ 及后来 bārūd 这两个术语在阿拉伯语中数世纪是怎样用来指火药的，且不说硫（*kibrūt*）和炭（faḥm）。帕廷顿［Partington (1)，p. 19］敏锐地指出，如果火药是从中国传给阿拉伯人的，这就说得通，反之则不通，因为欧洲并非一开始就把火药当成纵火器。

⑦ 参见上文 p. 472。此处各种传播迟至 1450 年仍在进行。

⑧ 上文 p. 108。

⑨ 见上文 p. 353。

⑩ 见上文 pp. 261ff.。

⑪ 见上文 pp. 325ff.。还有惊人的是它们在西方被用来放箭，这与中国先前的做法相同（参见上文 pp. 287—288，307ff.）。帕丁顿［Partington (5)，p. 101］发现了若干直到 1588 年的例子。

有一些明显的对应现象，引人注目的是对可能降临到早期火药制造者命运的警告。[①] 总
而言之，火药配方是中国献给世界其余各地的一份具有多重意义的礼品，其传播渠道 569
我们想用图 233 表示[②]。

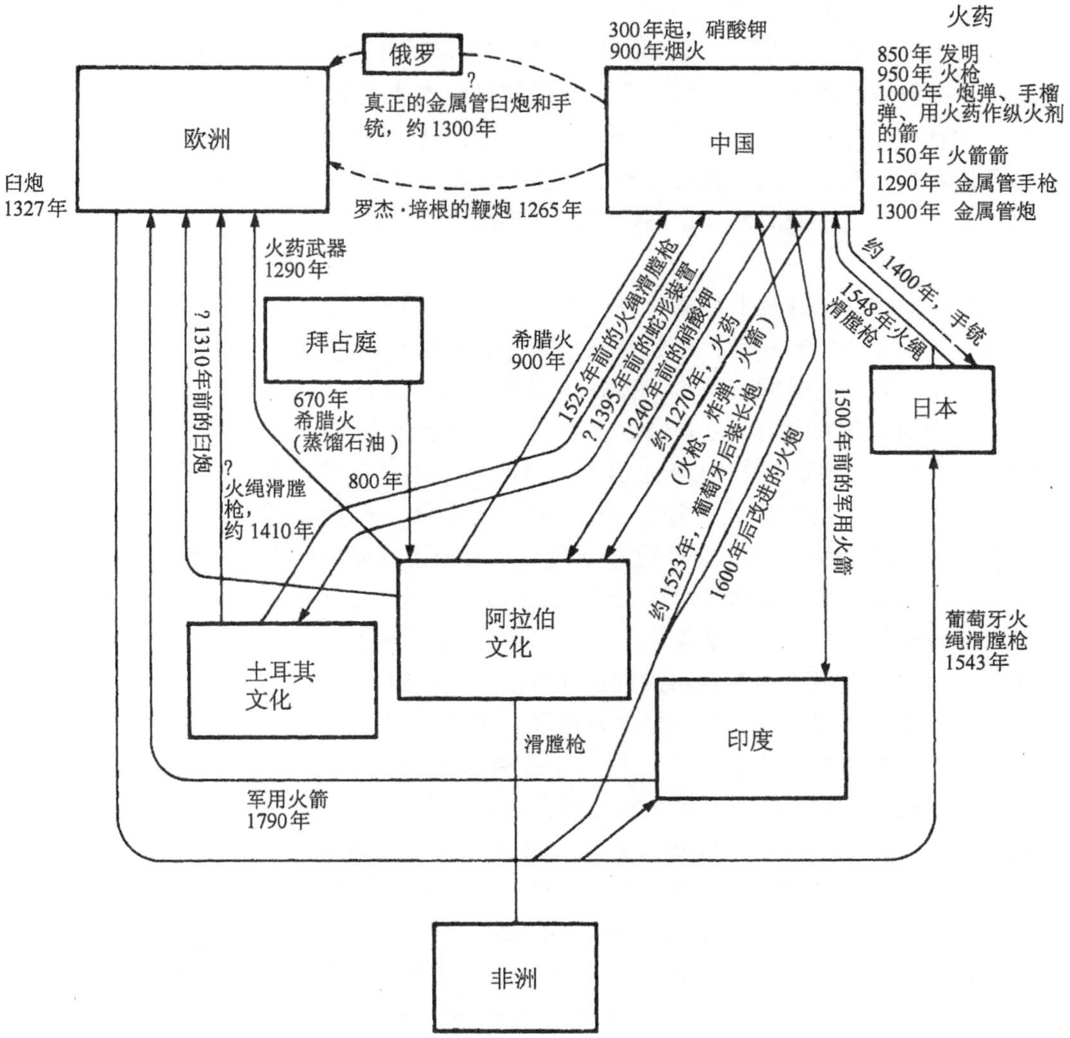

图 233　火药技术在旧大陆不同文化间传播示意图。有关讨论见正文。

考虑一下基本传播的环境或伴随情形是适当的。从我们的全部工作来看，我们已经能够区分出特殊的“成串传播”（transmission clusters），所谓成串传播意即几项重要的发明和发现一同向西方传播的时代[③]。例如，在 12 世纪就有几项，它们伴随着磁罗

① 上文 pp. 111—112。而且我们在此可加上用活鸟作牺牲（参见上文 pp. 211ff.），这种作法是阿德恩（John Arderne）于 1350 年推荐的［Partington（5），p. 324］。

② 此表所表示的还包括欧洲正在发展资本主义时的逆向传播；关于后膛炮原理以及改进的炮术参见上文 pp. 365ff.。关于火绳钩枪参见 pp. 429ff. 以及关于燧石与火镰的点火，参见 pp. 465—466。

③ 参见本书第四卷第三分册，pp. 695ff.；本书第五卷第二分册，pp. 123—124，第四分册，pp. 157，492ff.。亦见 Needham（64），pp. 22，24，32，33—34，61—62，133，210，300。

570 盘、风车以及轴向舵一同传播；还有其他几项，它们与机械钟、铸铁鼓风炉①、平圆拱桥以及螺旋桨一道于 14 世纪传到西方。还将看到的有那些我们应确切地放在与火药一起于 13 世纪传播过来的技术。其中很可能就有某种纺织机械，造纸及印刷术的传播当时正在途中，但最重要的是源于中国的信念，即如果人们对化学有更多的了解，就会获得长生不老。罗杰 · 培根（1214—1292 年）这位第一个以道家口吻讲话的欧洲人，将这一点显著地表述出来，然而，不可思议的是他本人却是将火药成分及效力记录下来的首批欧洲人之一②。在人类的历史中，当人们即将接触并了解以及着手去处理这为自然所固有的、充满了几乎无限的行善或作恶的双刃力量时，这既非第一次也非最后一次机会。火药之于罗杰修士，正如核能之于我们。

现在，该是把这一分节的所有头绪拢在一起的时候了，同时也该处理一下中国的发现和发明是怎样传遍全世界的问题。要想确认在欧洲和西亚地区所出现的具体事物的年代，有一点是极有利的，那就是我们知道该在何时去寻找传播的工具；而且基于同样的理由，我们也必须清楚地知道在中国那些具体的发明所出现的年代。人们常谈起诸如火药知识从东方向西方传播，但事实却似乎是我们应该去寻找三种各不相关的传播途径③：（a）是谁在 1265 年之前不久给罗杰 · 培根带来了爆杖这样的礼品；（b）火枪、炸弹及火箭的知识是怎样于 1280 年传到哈桑 · 拉马赫和希腊人马克手中的；（c）金属管臼炮和手铳是怎样于 1300 年左右及时抵达欧洲军队而在沃尔特 · 德米拉米特的图中留有图形的。正如我们从大量的已有证据中所知，这头三件东西自 10 世纪以来就已一直流行于中国，而第四件（火箭）则从 12 世纪后半叶起，最后一件仅大约从 1290 年起。复杂性及有效性的增加因而在传播速度的加快上得到了反映。

也许，最容易理解的是第一种传播途径。正如我们已经注意到的（p. 49），当罗杰 · 培根正在撰写有关爆仗的作品时，正是首批男修士出访和林的蒙古朝廷后的 30 年。在这期间，有几位杰出的教会旅行家紧随其后，其中引人注目的是柏朗嘉宾，作为英诺森四世的使节，他于 1245 年谒见了蒙古大汗，两年之后返回④；还有隆瑞莫的
571 安德鲁，他于 1249 年再度前往传教⑤。尤其是另一位方济各会教士罗伯鲁，于 1252 年受法王路易（King Louis）的差遣并于 1256 年返回；尤为重要的并不仅因为他将旅途见闻详细记录下来，而是因为他在巴黎与罗杰 · 培根有私交⑥。旅行者之中也不全是教士，还有一位俗人，一位法国骑士，埃诺的鲍德温，他是由拜占庭鲍德温二世（Byzantium Baldwin Ⅱ）的拉丁皇帝于 1250 年左右派来与蒙古人谈判的。更为知名的是金银匠、金属制造匠和工程师布歇（Guillaume Boucher)，他曾受雇于和林贵由汗（在位期

① 现在我们知道，这属于前面那串传播，首次是在斯堪的纳维亚；见 Tylecote (1)；Wagner (1)。

② 参见上文 pp. 47—48。

③ 我们于 1952 年在北京同冯家昇会谈的过程中，这一信念就已经在形成。

④ Rockhill (5)；Beazley (3)；Komroff (1)。

⑤ Pelliot (10)；Sinor (7)。

⑥ Cordier (1), vol. 2, p. 398；Komroff (1)；Dawson (3)；Beazley (3)。钱伯斯［Chambers (1), pp. 166—167］认为这个中介人很可能就是罗伯鲁。

1246—1249年）以及他的继承人蒙哥汗[1]（在位期1250—1259年）的宫廷，就在那段时间他结识了罗伯鲁。与他一道工作的有许多中国匠人，对于源于华夏的任何一件技术他或许表现出极大的兴趣。总而言之，渠道是很多的，有的相当直接，就是这样的渠道才有可能使得爆仗（以及其中蕴涵着的知识）到达罗杰修士手中。

但是，这幅画面中的人物并不仅仅是西欧的修士和骑士。傅海波［Herbert Franke（20，26）］发现了一篇非常有趣的描述，其中讲到了1261年斯堪的纳维亚商人出现在蒙古宫廷上的情况，这些商人当时已向东走了很长的路，从和林[2]到北京以北的上都[3]。有一位中国宫廷的文书（“知制诰”）王恽，对那些年的事做了笔记《中堂事记》，其中他记下了下列事件[4]：

六月，从发朗国（法兰克斯坦）来了几位商业使者，他们受到了（忽必烈汗[5]）接见。他们献上了用草纤[6]编织成的衣服和其他礼品。他们说他们三年前就离开了家乡[7]，他们的故土在大西边，要超过回纥人地界之外许多。在那里总是白天，只有当看到田鼠出洞时，才知道是到了晚上……[8]

妇女长得很漂亮，而男子一般都是金发碧眼……

他们的船很大，可载50—100人。这些人献上一种用海鸟蛋壳制成的大酒杯，把酒倒入之后，酒马上变暖。这种酒杯被称为“温凉盏”[9]。

皇上很高兴见到这些来自如此遥远地方的人，并回赠了他们许多礼品，如金制品及纺织品。 572

〈……发朗国遣人来献卉服诸物。其使自本土达上都已踰三年，说其国在回纥极西徼，常昼不夜，野鼠出穴乃是人夕……妇人颇妍美，男子例碧眼黄发……其舡艘大，可载五十百人。其所献盏斝，盖海鸟大卵分而为之。酌以凉醑即温，豈世所谓温凉盏者耶。上嘉其远来，回赐金帛甚渥。〉

也许还会给他们一些爆仗？总而言之，可以明显看出，这些人肯定是黄头发的古代挪威人，根据斯堪的纳维亚的“白夜”来判断，他们很可能假道诺夫哥罗德（Novgorod）[10]，当时该处是一个独立国家的中心。而这件事发生在老波罗兄弟抵达大汗宫廷之前几年。也许刚好及时赶上了罗杰·培根的描述。

接下来就是第二个问题，那些更复杂的装置于1280年左右传到拉马赫和希腊人马克的问题。自相矛盾的却是这似乎并不是发生在蒙古军队在欧洲作战期间，蒙古军西

---

① 关于他有一部专著，Obchki（4）。当时有少数拉丁族人住在那里，包括一位妇女，梅斯人帕克特（Paquette of Metz）以及译员匈牙利人巴兹尔（Basil the Hungarian），他是一位英国人的儿子。参见 Komroff（1），pp. 134—135，157，160；Dawson（3），pp. 157，176—177。

② 位于阿尔泰山脉东北，贝加尔湖以南，鄂尔浑河上游。

③ 自1260年起这个地方——多伦诺尔（七星潭）——便是夏都。金政权已于1234年被征服。

④ 载《秋涧先生大全文集》卷八十一，第九页、第十页；由作者译成英文，借助于 Franke（20，26）。这次来访亦载《新元史》第7卷，第10页。

⑤ 他就在这头一年登基。

⑥ 也许是棉花，更像是亚麻织成的亚麻布。

⑦ 即1258年。

⑧ 一种生理节奏的早期观察？

⑨ 将这种效果归于壳内的生石灰的提法在科学上讲不通。

⑩ 列宁格勒以南，莫斯科以西。整个中世纪斯堪的纳维亚-俄罗斯的商业往来密切。

征的战事自 1236 年起持续了大约 10 年[①]。就在那一年保加利亚遭到蹂躏，翌年整个俄罗斯遭了大难[②]。基辅于 1240 年陷落，第二年在利格尼茨恶战一场，西里西亚（Silesia）大公亨利（虔诚者）（Henry the Pious）指挥的由 1 万德国人、条顿骑士团、波兰人以及西里西亚人组成的联军被击败。在这之后，蒙古军迟疑起来，未能攻占奥尔米茨（Olmutz），并从奥地利退兵，而是直插亚得里亚海（Adriatic）沿岸，虽然避开了杜布罗夫尼克（拉古萨）[Dubrovnik（Ragusa）] 但却横扫了科托尔（Kotor）及许多其他地方。到了 1246 年贵由登上大汗宝座时，西征也就结束了，但是波兰人又遭入侵，克拉科夫（Kraków）于 1259 年遭兵燹，而布达佩斯（Budapest）迟至 1285 年才被破城。

那时，蒙古军基本上训练有素并长于骑射[③]，从整体上看，就连抛石机都很少用，
573 尽管此武器经常出现[④]。然而，记载中有纵火箭[⑤]。柏朗嘉宾的描述（1247 年）也未提到过火药，尽管他对欧洲战役的描述还有点仔细；不过他确实谈到过罐装的希腊火（或石脑油）抛过被困的要塞或城市的城墙[⑥]。只有普拉夫丁（Prawdin）一人断言[⑦]，拔都手下的蒙古军在利格尼茨战役结束之后两天就又与匈牙利国王贝拉（King Bela）在绍约河畔（Sajo）打了一仗，蒙古军这次用上了火药；富路德和冯家昇客气地对此提出了质疑[⑧]并要求出示证据，但我们并不知道以后提出过什么证据[⑨]。因此，就全局而言，似乎相当有把握地认为蒙古军西征欧洲的各场战争并不是将火药技术西传的途径[⑩]。

但是 1260 年左右以后，情况发生了变化。许多波斯人、叙利亚人和阿拉伯国家的

---

① 见 Cordier (1), vol. 2, pp. 246ff.。

② 诺夫哥罗德却未受池鱼之苦，这是个明显的例外。

③ 哈特 [Liddle Hart (2)] 指出，作为“火与动”理论的范例，现代战争中坦克与飞机的角色就是蒙古军骑射战士的自然延伸。他说，隆美尔（Rommel）和巴顿（Patton）所效仿和敬慕的恰恰就是像拔都、伯颜和蒙哥、窝阔台和速不台那样的骁将。

④ 正像在豪沃斯 [Howorth (1), pt., p. 149]、马丁 [Martin (2), p. 67]、多桑 [d'Ohsson (1)]、玉尔 [rule (1), vol. 2, p. 168] 所引述一位逃亡在外的俄罗斯大主教的话，在谈到 1244 年蒙古军时说：“有许多战器威武地矗立在那里”。(Machinas habent multiplices, recte et fortiter jacientes.) 从 1253 年起旭烈兀率部与波斯和伊拉克的穆斯林军队鏖战时，有许多证据表明军中有许多抛石机射手。的确他调动了整个中国工程师的阵营，还有抛石机；Yule (1), vol. 2, p. 168; Reinaud & Favé (2), pp. 294—295; Huuri (1), p. 123, 181; Howorth (1), pt. 3, p. 97; Boyle (1), vol. 2, p. 608。

我们已将豪沃斯所引的那段有趣的文字译出（参见上文 p. 89）。可以假定，这次他们施放了坚固铸铁外壳的火药炸弹（震天雷），参见上文 p. 171。在更晚些时，为了控制叙利亚伊儿汗国的合赞汗（Ghāzān）于 1299 年和 1303 年分别对马木留克哈里发的地位（Mamluk Caliphate）发起攻击，虽未成功，但其间肯定有许多机会使火药技术转移到阿拉伯军队，但是这几个年代对于我们目前的目的而言有点太晚了。参见 Ayalon (1)。

⑤ 还有热气球或吞吐火龙样的风向袋，用于信号联络或作为队旗。这一奇怪的题目尚需进一步研究；我们收集并讨论了一些文献，见第四卷第二分册，pp. 597—598。

⑥ Beazley (3); Komroff (1); Dawson (3), p. 37。他还说（p. 46）蒙古人害怕弩机。参见 Prawdin (1), pp. 263—264。

⑦ Prawdin (1), p. 259。

⑧ Goodrich & Fêng Clia-Shêng (1), p. 118。拉铁摩尔（Owen Lattimore）教授（私人通信）回想起他读到过蒙古军攻击梅尔夫（Merv）和撒马尔罕时曾用到火药的记载，但那也许仅仅是在城墙底下的坑道里燃爆的。

⑨ 该问题已有专题研究，但结果是否定的，见 Saunders (1), pp. 176—179。

⑩ 洛特 [Lot (1), vol. 2, p. 293] 指出，尽管 15 世纪火器俄国人占了蒙古人的上风，但并无任何证据表明火药是在 13 世纪由蒙古人传出去的，虽然可以推测蒙古人或许知道此事。钱伯斯 [Chambers (1), pp. 57, 63—64, 166—167]。最近的研究支持否定的结论。

人来到中国替蒙古人做事，而其中就有些是军事技师。众所周知，忽必烈当政时的元王朝偏爱雇用那些来自尽可能远的外国人来治理中国的国事，因为他不信任那些会使用极难懂的书面语言、带有民族情感以及具有因循守旧的治国传统的士大夫①。这就是赛典赤赡思丁（Sāīd Ajall Shams al-Dīn）能从1274年起当上云南太守的原因所在，在云南他完成了许多有价值的工作，尤其是水利工程方面的，另外他还修建了一座夫子庙，还有许多学校和图书馆②。后来，另一位赡思（Shams al-Dīn）成了著名的地理学家和工程师。1263年，有位景教阿拉伯医师爱薛（'Īsa Tarjaman）被任命为钦天监监正，他的五个儿子也都为蒙古人效力。自1266年起，阿拉伯建筑师也黑迭儿（Ikhtiyar al-Dīn），这位精通中国风格的大师就在忽必烈的京都北京，开始设计湖泊、宫殿以及城郭和建筑物。

这些人当中的任何一位都有可能帮助将此处所讨论的知识传给伊斯兰和基督教世界的人。那么这些职业军事人员到底能够做多少工作，因为他们的人数并不算少。他们最得势的时期之一就是1268年至1273年之间攻克襄阳的战役，他们的那些巨型抛石机可派上了大用场。这些抛石机似乎是阿拉伯人的发明，后来取了中国式的名称（“回 574
回砲”或“襄阳砲”）。回回砲是根据操作抛石机的人的教派，而襄阳砲则是根据它所攻打的南宋城名而来③。操作回回砲资格最深的就是阿里海牙（'Ali Yaḥyā，约卒于1280年）这位忽必烈的回纥炮将，是他提出从波斯和叙利亚召来两位专家，他们是阿老瓦丁（'Alā al-Dīn of Mosul，约卒于1295年）和亦思马因（'Ismā'īl of Herat或Shiraz，卒于1274年）。前者有一子名富谋只（Abū'l Mojid，卒于1312年）继承父业；后者有两子，布百（Abū Bakr，约卒于1295年）和亦不剌金（Ibrāhīm，卒于1329年），他们都在元军中任炮将。不论他们的这种抛石机掷出的是不是炸弹，我们的确知道在与攻城战有关的行动中曾使用过大量的火器，诸如火枪④；而且这些穆斯林将军不大像是完全与其祖籍断绝了来往，因此似乎极有可能他们就是技术传播的媒介，至少是对穆斯林人的传播⑤。

关于所有这一切，仔细想来是有意思的，大概世界上使用金属管手铳的首批士兵竟是襄阳城陷落后二十年在蒙古军中服役的中国支队。火器肯定在50年代在把忽必烈推上中国皇帝的宝座方面助了一臂之力。虽然对这种新技术的认识于13世纪末在蒙古人中上升到某种程度，但后来，快到14世纪50年代元朝行将就木之时，蒙古人却又忽

① 参见上文p. 209。有关所有这些外国人及其逐渐的、有时甚至是迅速的汉化过程的经典著作是陈垣（*3*）的著作。富路德［Goodrich (26)］关于他们的文化适应方面的著作也值得一读。亦见Chhen Yuan (1)。

② 他的儿子忽辛（Huṣain）继续从事父亲的慈善活动。参见第四卷第三分册，p. 297。

③ 参见上文p. 175。不管鲁斯蒂恰努斯（Rusticianus）在马可·波罗（Marco Polo）的著作中插进了什么，可以肯定的是波罗家的人在攻打襄阳时不在场（参见上文p. 277），他们的欧洲抛石机手的人也不在。见Moule (13)。

④ 见上文p. 174。

⑤ 我们不应仅想到陆路。人们回想一下，自7世纪或8世纪以来，阿拉伯商人们便群居在南方几个大港，尤其是广州和泉州（参见本书第一卷，p. 180）。从桑原骘藏［Kuwabara (1)］这篇杰出的著作中，我们了解到有关在泉州于1250年和1275年间提举市舶蒲寿庚的大量材料，他本人就是阿拉伯或波斯人的后裔。在此显然有许多机会同叙利亚接触，因而第二条传播途径——传给拉马赫和希腊人马克——且不说穆斯林商人认为他们最好还带回去些烟火之类的玩艺。

视了火器的价值，朱元璋之所以能成功地将蒙古人驱赶出去并创建了明王朝，部分原因在于他尽全力支持改进炮术和一般的火器（参见 p. 26）。

关于军人已讲的够多了，我们还有两类人要考虑——神职人员和商人。在有关火药炸弹、地雷、火枪和火箭知识于 1280 年左右之前的传播方面，这两类人可能起了某些作用。让我们再次回顾一下这一乱世之中各种事件的过程。蒙古正在走上坡路。首先是灭西夏，后是哈剌契丹的西辽国，然后再灭中亚突厥人的花剌子模。1227 年成吉
575 思汗死后，他的四个子孙接过政权，窝阔台统治东亚地区，察令台掌管土耳其斯坦，旭烈兀负责波斯，而拔都则统领南俄罗斯伏尔加河（Volga）流域的金帐汗国。1234 年，中国北方的金朝被推翻，而在遥远的西边，蒙哥于 1236 年率部入侵亚美尼亚。翌年攻占俄国的梁赞（Ryazān），蒙古军长驱直入波兰。1241 年，攻下利格尼茨之后，又陷布达佩斯，同年，窝阔台去世，以后 10 年分别由贵由和蒙哥接任汗位。1253 年，蒙古贵族为钱财所驱，跑到南俄罗斯计民户口①，而从另一方向（正如我们已看到的）罗伯鲁以及其他方济各会教士却来到和林的蒙古宫廷②。他们是派来寻求蒙古人帮助抵御法兰克基督徒宿敌穆斯林教徒的外交公使，同样也是传教士。这便是经典的远交近攻的迂回战略的情况③。人们或想更知道一下在蒙古和中国漫游期间，这些修士们究竟看到了有关火药和火器的什么。尽管这样做或许与其习惯极不相符，但是他们可能觉得他们的使命就是把那些能够保护基督教世界的安全和势力的知识和技巧带回去，以免遭受“异教徒”的攻击。考虑到这种传播方式，教士们的活动就需要比以前更加密切地加以注视了。他们之中的一位甚至有可能带回某位中国炮手，他既是位知道以前六世纪五花八门的装置以及最近的发明而且还要是位喜欢到异国他乡碰运气的人，但是迄今历史并未提到过他的姓名或活动④。

教士们的全部战略指导思想就是对抗伊斯兰，出乎意料地成功了，只有一件事例外，蒙古人不想这样干，他们并未与基督教势力结成联盟⑤。征服波斯之后，他们入侵了波斯湾端的伊拉克，巴格达 1258 年沦陷。两年以前，以伊朗为中心建立了蒙古伊尔汗国，马拉盖的（Marāghah）大型天文台也建了起来⑥。这时出现了第二种可能的传播媒介，也是教会方面的，这就是列班·扫马（Rabban Bar Sauma）及其友人的结伴西行，有关他们远游的入胜描述早已由巴奇［Wallis Budge（2）］从古叙利亚语译成英
576 语。这两位年轻人是中国的基督教（景教）神父，维吾尔人，出生于北京并在那里受

---

① 参见 Franke（20）；Lot（1），vol. 2，p. 386。

② 1247 年与圣康坦的西蒙（Simonde St Quentin）一起的有多明我会修士阿瑟兰（Ascelin the Dominican）和克雷莫纳的盖斯卡尔（Guiscard of Cremona），1249 年有隆瑞莫，而陪伴罗伯鲁的有克雷莫纳的巴多罗买（Bartholomew）。

③ 参见本书第一卷，pp. 223ff.。

④ 只有一处我们发现了一个可能的姓名，奇渥温，一位蒙古人，据说在 13 世纪后半叶的元初他将火药技术的知识带到了西方世界。是余威这位不大知名的学者信手写下了这个姓名，而缪祐孙将其录于他的《俄游汇编》中，从那里又录入《格致古微》（第 2 卷，第 28 页）。这一传说究竟有多么可靠则凭猜测了，但似乎的确值得一提。

⑤ 作为补偿自 1282 年以来他们自然也就越来越笼络伊斯兰诸国了。

⑥ 参见本书第三卷，pp. 372ff.；Howorth（1），pt. 3，pp. 137ff.。不要忘记由札马鲁丁（Jamal al-Dīn）率领的天文学代表团赴中国之事发生在 1267 年。

教育，他们渴望到耶路撒冷朝圣[1]。但他们二人却从未抵达目的地，不过在 1278 年至 1289 年之间在返回波斯和伊拉克定居之前，他们的确走遍了整个欧亚大陆。列班·扫马的朋友雅八·阿罗诃（Marqos Bayniel）作为中国的景教徒意外地在巴格达当选为主教，而一年之后又当上了景教总主教，取名马儿·雅八·阿罗诃三世（Mar Yabhallaha Ⅲ），所以各种宗教活动就使他无法脱身西行了[2]。但是列班·扫马却作为阿鲁浑汗的使节继续西行[3]，访问了意大利，于 1287 年在罗马受到热烈欢迎（在那里没有向他提些不得体的教义问题），最后到达波尔多城（Bordeaux），在那里英王出席了他举行的礼拜仪式。最终，他又经由意大利返回波斯并在马拉盖修建了一座教堂，1294 年卒于该地。此次朝圣还有部分政治目的，即寻求西方的援助将穆斯林逐出耶路撒冷，但却从未有过哪怕是一点成功的机会。这些年代对我们所要寻找的传播途径已经有点晚了，但是可以想像我们那模糊的中国炮手可能就在那两位神父的随行人员之中，是他将他的知识传授给那些地中海地区有能力接受且又深谋远虑的人们的。

最后，除了军人、西亚的学者、神职人员（拉丁的也好景教的也罢）之外，我们不得不考虑一下欧洲的商人。映入我们脑海之中的自然是马可·波罗，“一个百万富翁”（Il Milione）（此人竟声称在中国河流上有几百万条船，杭州有无数的桥——而他基本上没有说错）[4] 但他直到 1292 年才离开中国[5]，这样就使得他来不及赶上第二种传播，但是他可能刚好赶上第三种。马可的父亲尼柯罗（Niccolò）和叔叔马菲奥（Maffeo）可能有助于第二种传播，即将火枪、炸弹以及火箭的消息带了回去，因为他们第一次来中国的时间是介于 1261 年和 1269 年之间。马可·波罗是随他们第二次来华的（1271—1295 年），其间他服务于忽必烈汗，有时还承当秘密使命，但更经常的是盐务管理；他由海路返回，随行的有一位蒙古公主，她带着一个庞大的舰队登程去做阿鲁浑汗的第二位妻子[6]。对于我们头脑中的那位中国炮手而言，这一幕可能更适合，此时他可能就是一位真正的炮手，通晓金属管臼炮和手铳。

对于意大利商人建在伊儿汗国大不里士（Tabriz）地区的侨居区的情况，人们了解的并不太多[7]。尽管自 1257 年起丝绸贸易就一直很活跃[8]，我们所知道的第一个人名是 577
威尼斯人维尼奥尼（Pietro Vilioni），他于 1264 年在那里去世。1269 年，来自伊儿汗国的蒙古使节到达热那亚（Genoa），而一位热那亚商人德雷科（Luchetto de Recco）曾于 1280 年驻扎在大不里士。自 1274 年以来，吉索尔菲（Buscarello Ghisolfi）在伊儿汗国和意大利城邦及罗马教皇之间起着一种重要的外交作用；他甚至两次赴伦敦（1289 年和 1300 年），目的是探讨建立蒙古-基督教联盟来对付伊斯兰的方法，他还陪一位英国

---

① 参见本书第一卷，pp. 221，225。

② Chabot (1)。

③ Chabot (2)。

④ Yule (1)；Moule & Pellior (1)；Olschki (10)。

⑤ 更确切地说是 1291 年。

⑥ 时常有人怀疑马可·波罗是否真到过中国，而且可以肯定，在中国的历史著作里没人发现提到过他的史料，但这也许是因为他太微不足道了。然而，何永济［译音，Ho Yung Chi (1)］提出了一些有关公主及其随从航海的史料，那是始于 1291 年的事，所以马可关于他离开中国的情况的描述也就因而得到了进一步独立的证实。

⑦ 见 Petech (5)。

⑧ 参见 Lopez (3，5)。

人兰利（Geoffrey Langley）爵士，于 1292 年访问了伊儿汗国。许多此间往返于伊儿汗国的其他意大利商人的名字已为人知，既有威尼斯人也有热那亚人①。侨居区直到 1336 年前都一直欣欣向荣。其成员肯定有可能参与了我们所正在考虑的第二和第三种传播的活动②。

也许对第三种情况还有推测的余地，即真正的金属管臼炮和手铳是怎样直接从陆路抵达欧洲的，而根本没经阿拉伯人转手。拉铁摩尔敏锐地注意到③，俄语大炮一词是 *pushka*，由于斯拉夫人不像日耳曼人，他们在措辞上并不是 p、b 不分④，所以通常认为该词来自德语 *Büsche* 的说法不能成立⑤。但是 *phao*（砲）则会满足这种情况，所以过渡也许是 *phao*→*pushka*→*Büsche*，而通常所想像的词源出自希腊语 *pyxis*（πvšis），一只盒子，是错误的⑥。在此，只有提到中国持久的传统⑦才是公平的，即俄国人在将枪炮
578 传往欧洲的过程中所扮演的是中间人的角色⑧。阿拉伯人作为中间人的麻烦在于，很难讲清楚“米德发”（*midfa*‘）这个作为发射与火焰齐射的弹丸的火枪（或原始枪）的名称，在何时变成作为金属筒臼炮或手铳的名称的。这一过渡在拉马赫时代（约 1280 年）之前肯定没有发生，但是，很可能就发生在接下来的几十年中。因此，阿拉伯人可能是从俄国、东欧，包括巴尔干各国，或者是从德国那里接受臼炮的，并非直接从中国。西班牙的臼炮最早的年代一直认为是 1359 年⑨，但拉温［Lavin（1）］则认为是 1343 年，即阿格克里拉斯（Algeciras）围城战间，城内的摩尔人就使用了铁炮（*tiros*

---

① 的确，还有佛罗伦萨人、比萨人（Pisan）和锡耶纳（Sienese）人。

② 但是蒙古奴隶，或仆人却不可能，虽然他们于一个世纪后左右的 1325 年进入了佛罗伦萨市场，因为年代太晚了（参见第一卷，p. 189）。的确，基欧（Alice Kehoe）博士告诉我们（私人通信），13 世纪末期，十字军骑士们在塞浦路斯（Cyprus）的蔗种植园就是由这种奴隶们耕种的，倘若这一点能被证实，那么或许就是一种可能的渠道。

③ Lattimore（10），p. 10。拉铁摩尔教授在 1954 年秋与我们的通信中已经讨论过这一点。

④ Preobrazhensky（1），见该词。他注意到在保加利亚语（Bulgarian）、塞尔维亚-克罗地亚语（Serbo-Croat）以及阿尔巴尼亚语（Albanian）中也有类似形式。

⑤ 通常认为在 1389 年以前俄国并不知道大炮，直到从德国那里获得为止，这一观点见 Lot（1），vol. 2，p. 392。

⑥ 马夫罗金［Mavrodin（1）］早就论证某土耳其语中的词可能是词源。维林巴霍夫的文章［Vilinbakhov（1）］仅涉及在俄国用抛石机和射石炮射出的罐装石脑油，维林巴霍夫及霍尔莫夫斯卡娅［Vilinbakhov & Kholmovskaia（1）］仅讨论了中国的材料。这两篇文献都有点含混不清。

⑦ 例如在《格致古微》第 2 卷，第 28 页。

⑧ 亨迪（Michael Hendy）博士向我们指出，俄国的银卢布（古俄语 *rublĭ*，一块或一堆）就是从中国那种当货币用的银锭那里演变来的，这也许是一种平行现象。唐宋时期，这种银锭或银饼每块重 50 盎司，到了明代，这种银块（“锞子”）的重量降到 5 盎司，这无疑大大方便了交易，到了清朝，只重一盎司（两）。这便是 tael（两）；该词似乎通过葡萄牙人从印地语 tola（一重量）那里来的，而这两个词在中国旧时写本著作中是相当显眼的。尽管通用了多少世纪，但是，作为官方货币由政府发行仅一次，即发生在 1197 年的金朝，当时银块铸成五种重量，从 1 盎司到 10 盎司不等。有关这些情况见 Yang Lien-Shêng（3），pp. 43ff.。

一般不大清楚的是 15 世纪之前的银锭，形状是长棒条状，大小及长度相当于餐刀柄，流通于俄国以及罗马尼亚；其实它们是在拜占庭造的，向北方出口，广泛用于斯拉夫和蒙古人之间的贸易。这也许是中国对斯拉夫人民影响的又一个例子，而且与 1300 年左右火炮传播的年代相符。

⑨ Partington（5），p. 123。

de hierro）和 *truenos*（臼炮）[①]。不过这已是沃尔特·德·米拉米特的插图以后的事了[②]。

这样我们就又回到 1327 年这个截止期了，或者再早十几年[③]。我们可以忽略此后所发生的一切事件，不论这些事件是多么令人激动，如在扬州的意大利商人的侨居区，以及该处年代为 1342 年的维尼奥尼（Catherine de Vilioni）的墓碑[④]，或者是 1339 年左 579
右洛雷丹一家（the Loredans）在中国的活动[⑤]，或者是热那亚商人萨维尼约内（Andalò de Savignone）于 1336 年受元顺帝（妥欢帖睦尔）之委派出使罗马教皇[⑥]。我们也无需考虑佩戈洛蒂［Messer Francisco Balducci Pegolotti（1）］关于横跨亚洲经商和旅行的著作（尽管实际上他自己从未到过华夏），因为他直到 1340 年之后才写了这本书[⑦]。同

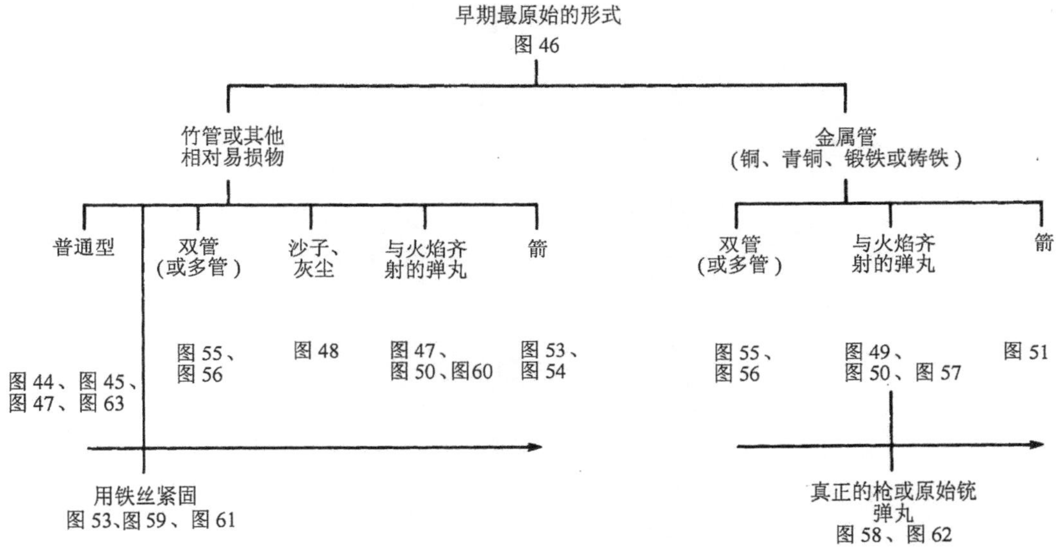

图 234　火枪（fire-lance）发展的各阶段。

① 尽管该词亦用于指炮弹本身。这是表现中国用法的另一特征吗？参见 Partington（5），pp. 193—194。甚至连“gunne”也可用来指抛射体，正如伯特［Burtt（1）］在《亚瑟王的誓言》（*The Avowynge of King Arthur*）这首 14 世纪的长诗中第 65 句所注意到的：

……一枚抛弹飞至
烁光恰似闪电……

② 参见 Partington（5），pp. 200ff.，204ff.。

③ 我们之所以如是说并非由于盖内特（Ghent）提到过 1313 年的“装有火药的炮”（*bussen met kruyt*），尽管海姆接受此说［Hime（1），p. 119］，但帕廷顿拒绝，说这是伪托的［Partington（5），p. 97］，而是因为在沃尔特·德·米拉米特的插图之前不久在欧洲肯定已有臼炮和手铳。有一份 1326 年的佛罗伦萨的文献更容易接受，尽管有人表示怀疑［有马（*1*）第 339 页］。有关在这之后的欧洲火炮的一般发展，见 Partington（5），pp. 98ff.。

④ 参见 Rouleau（1）；Foster（1），Rudolph（12）。

⑤ Petech（5），p. 556。

⑥ 出处同上，pp. 554—555。亦见本书第四卷第二分册，pp. 507ff.。

⑦ 参见本书第一卷，pp. 188—189。

样，天主教的主教蒙特科尔维诺的约翰（John of Monte Corvino）[①]、马黎诺里（John de Marignolli）[②]，以及迪普拉特（Guillaume du Prat）[③]，他们的旅行也都太晚了，不能进入我们的故事。到了那个世纪初叶，铃声已响过，幕布也徐徐落下，而西方世界则开始走上通往架驭爆炸物一切技术的决定命运的道路。因之而来的是所有小型武器和重炮，不光是这些，还有所有的热机以及所有的空间旅行。

① 见不同日期 Wyngaert（1）；Cordier（1）vol. 2，p. 411。
② Moule（1），pp. 257—258；Fuchs（7）。
③ Petech（5），p. 558。

附　　录

附录 A　是手铳最古老的代表吗?

1985 年 6 月，叶山（Robin Yates）在参观四川大足的佛教石窟时做出了一项重大发现[①]。在北山（龙冈）群（七个中的一个）他发现（洞号 146）一个长着两只角的魔鬼怀抱施放之中的手铳的石雕（图 235）[②]。从铳口向右端的喷射可以看出，该手铳正在施放之中，在喷出的火焰中还可见到一枚弹丸。

图 235　大足佛窟（北山段）的一组雕像。其中就可能有所有文明中最古老的关于手铳的描述。可以见到爆炸室四周典型的球茎状加厚金属壁，还有从铳嘴向右方喷出的一股火焰和气体以及一只弹丸。年代不确定，但也许是 1250—1280 年。叶山摄。

正如从图中所看到的那样，这个抱铳的人物位于 17 个人物组的底层右端，在后层顶部是一个千手观音[③]。其中有 12 个人物似乎是着长袍的尊者，但有 5 个人物是骷髅

① 这一发现与另一发现平行，这项发现是布雷特在巴黎的吉梅特博物馆做出的，他在一面来自敦煌的大约 950 年的佛幡上发现了一只火枪的清楚图案（见 pp. 222—223）。

② 有意义的也许是旗子上挥舞火枪的人物（上文图 45）也有角。

③ 关于千手观音像，参见本书第四卷第一分册，p. 123 及图 296。

面或鬼脸，并且手执兵器，可以看出有一只矛，一只槌，一只锤和一把剑，再就是这只手铳。也许他们是变成尊者身份的魔鬼。也可能它们都是观音或药王菩萨的随从，神龛的中心人物就是其坐像。

此处引起我们兴趣的东西乍一看似乎像是某种乐器，人物的右手正在拨弦，但再一看则辨认出从铳嘴喷出的火焰，其中甚至还有一粒圆球或弹丸。当然，这尊塑像不可能是由一位了解手铳的人塑成的，因为爆炸室的温度太高，根本无法抱在怀里，通常是爆炸室尾部有一凹槽①，内嵌上一根木柄，而施放时人就抓着此柄②。不过，这也倒无关宏旨，我们还是在此看到了手铳最古老的表现形式，这种手铳利用高硝火药所产生的推进力，这一点与此后不久就出现的较大型的臼炮和原始大炮相类似（参见上文 p. 290 的表 1）。爆炸室四周那球茎状的加厚金属壁是当时早期火器的特征，因而不会被弄错③。

该雕塑的年代有点模糊，但从上文（pp. 293—294）我们知道，迄今所出土的最
581 古老的手铳的年代大约是 1288 年，所以人们或许会期望这组雕塑的年代介于 1250 年和 1280 年之间。一般认为这些人物塑像是宋代的，但杨家骆（*3*）和其他专家［Anon.（*263*）］的论述中，则倾向于将其置于 1130 年和 1170 年之间，还有些人，如何恩之（Angela Howard），甚至认为更早，是北宋年间即 10 世纪末到 11 世纪初的作品。这些年代对手铳而言都太早了些，但对火枪而言则不是这样；总而言之，石雕是典型的最古老的手铳和臼炮的形式，球茎状或鸭梨状（参见图 82—84、90、92、94—95、97、100、107—110、116），同时在喷射出的火焰中还可见到与铳嘴大小相符的一只弹丸。邻近的铭文上记载着王子意的名字，正如我们从另一铭文中所知，其活跃时期为 1186 年。但即便如此，这一年代也稍早了些而不可能指望有手铳的石雕。可能雕塑的内容可以帮助确定群像的年代。

总之，在任何文明之中，此处可以说是手铳的最古老的代表，因此此石雕值得重视。

---

① 但德米拉米特的铳上则没有。

② 幡旗上的火枪也同样，因为旗上的魔鬼正在用一只手去握那滚烫的管子。

③ 另一方面，佛教艺术方面的史学家如李巳生和王官乙，倾向于把这些人物解释为四川的风神，手里拿的是条口袋。倘若 1128 这一年代得到证实，他们可能是对的。但是这种造型是否会对早期的手铳和臼炮的设计者产生影响呢？

582

附录 B　“米德发”（MIDFA‘）的发展过程

在上文（p. 43）我们讨论过这个阿拉伯语词，该词似乎泛指管子或圆筒。在此，我们需要特别重视希尔的启发性工作［Donald Hill（2）］，他翻译并分析了贾扎里（Ibn al-Razzaz al-Jazarī）于1206年所写的《精巧机械书》（*Kitāb fī Ma‘ rifat al-Ḥiyal al-Handasiya*）。贾扎里在谈到他的闩杆提水泵（Slot-rot water-raising pump）时说，“这种机器就像石脑油（*zaraqāt al-nafṭ*）喷射器（或抛射器，即泵），只不过要更大些”［Hall（2），p. 188］。要想理解这一点，必须记住上文（p. 82ff.）以及图 7（还有本书第四卷第二分册，pp. 144ff. 及图 433、434）所描述及显示的中国的汽油火焰喷射器，以及我们有关闩杆提水泵的描述（本书第四卷第二分册，p. 381 和图 609）。霍尔［Hall（2），p. 273］曾对伯斯托尔（Aubrey Burstall）就该泵的复制（我们的图 610）进行过评价。

另外，在《科学之钥》（*Mafātīḥ al-’ Ulūm*）一书中，卡提卜（Abū’ Abdallāh al-Khwārizmī al-Kātib）于976年谈到过 *bāb al-midfa* ‘和 *bāb al-mustaq*，两个都是石脑油抛射器（*al-naffaṭāt wa’l-zarāqāt*）上的部件，bāb（门）一词在技术上指阀门，而不仅仅是指一个口或开口［Hall（2），p. 274］。由此我们可以断定，*midfa’* 一词原本是指石脑油抛射器的管子或圆筒；后来随着火药在中国的发明及其传至阿拉伯，便用来指火枪的枪管了；最后又用来指手铳和大炮的圆筒①。今天阿拉伯语中仍保留这层意思。贾扎里于1206年就认识到他的提水机的圆筒与喷火筒的喷管之间的密切关系的事实，对我们在上文（pp. 544ff.）所探讨的大炮与发动机汽缸之间的联系，又增添了一点有趣的认识。

① 正如我们首次讨论这个术语时所原本怀疑的那样。

参考文献

缩略语表

A. 1800 年以前的中文和日文书籍

B. 1800 年以后的中文和日文书籍与论文

C. 西文书籍和论文

说明

1. 参考文献 A，现以书名的汉语拼音为序排列。

2. 参考文献 B，现以作者姓名的汉语拼音为序排列。

3. A 和 B 收录的文献，均附有原著列出的英文译名。其中出现的汉字拼音，属本书作者所采用的拼音系统。其具体拼写方法，请参阅本书第一卷第二章（pp. 23ff.）和第五卷第一分册书末的拉丁拼音对照表。

4. 参考文献 C，系按原著排印。

5. 在 B 中，作者姓名后面的该作者论著序号，均为斜体阿拉伯数码；在 C 中，作者姓名后面的该作者论著序号，均为正体阿拉伯数码。由于本册未引用有关作者的全部论著，因此，这些序号不一定从（1）开始，也不一定是连续的。有个别的可能未编入本册的参考文献中。

6. 在缩略语表中，对于用缩略语表示的中文书刊等，尽可能附列其中文原名，以供参阅。

7. 关于参考文献的详细说明，见于本书第一卷第二章（pp. 20ff.）。

缩略语表

另见 p. xviii

A	*Archeion*
AA	*Artibus Asiae*
AAA	*Archaeologia*
AAAG	*Annals of the Assoc. of American Geographers*
AAN	*American Anthropologist*
AAS	*Arts Asiatiques* (continuation of *Revue des Arts Asiatiques*)
ACANT	*Archaeologia Cantiana*
ACASA	*Archives of the Chinese Art Soc. of America*
ACP	*Annales de Chimie et Physique*
ACSS	*Annual of the China Society of Singa pore*
ACTAS	*Acta Asiatica* (*Bull. of Eastern Culture*, Tōhō Gakkai, Tokyo) 《亚洲学刊》(东洋文化研究所，东京)
ADVS	*Advancement of Science* (British Assoc. London)
AEHW	*Archiv. f. d. Eisenhüttenwesen*
AER	*Acta Eruditorum* (Leipzig, 1682 to 1731)
AGNT	*Archiv. f. d. Gesch. d. Naturwiss. u. d. Technik* (cont. as *AGMNT*)
AGWG/PH	*Abhdl. d. Gesell. d. Wiss. z. Göttingen* (Phil. -Hist. Kl.)
AHES/AESC	*Annales; Economies, sociétés, civilisations*
AHSNM	*Acta Historica Scientiarum Naturalium et Medicinalium*
AIMSS	*Annali dell'Istituton Museo di Storia della Scienza* (Florence)
AJOP	*Amer. Journ. Physiol*
AJP	*American Journ. Philology*
AJSC	*American Journ. Science and Arts* (Silliman's)
AM	*Asia Major*
ANA	*All-Nippon Airways In-Flight Magazine*
ANTIQ	*The Antiquary*
ANTJ	*Antiquaries Journal*
APAW/PH	*Abhandlungen d. preuss. Akad. Wiss. Berlin* (Phil. -Hist. Klasse)
AP/HJ	*Historical Journal, National Peiping Academy* 《史学集刊》
ARAB	*Arabica*
ARIL	*Atti* (*Annale*) *delli reale Istituto Lombardo*
ARJ	*Archaeological Journal*
ARLC/DO	*Annual Reports of the Librarian of Congress* (Division of Orientalia)
ARMA	*Armi Antiche* (Bull. dell' Accad. di San Marciano), Turin
ARO	*Archiv Orientalní* (Prague)
ARSI	*Annual Reports of the*

Smithsonian Institution

ARUSNM — *Annual Reports of the U. S. National Museum*

AQ — *Antiquity*

AQR — *Asiatic Quarterly Review*

AS/BIHP — *Bulletin of the Institute of History and Philology, Academia Sinica*
《国立中央研究院历史语言研究所集刊》

ASKR — *Asiatick Researches* (Calcutta, 1788 to 1839)

ASTRA — *Astronautica Acta*

AX — *Ambix*

B — *Byzantion*

BAU — *Bulleten Ankara Univ.*

BGP — *Bulletin Catholique de Pékin*
《北京天主教会通报》

BE/AMG — *Bibliographie d'Études* (*Annales du Musée Guimet*)

BEC — *Bulletin de l' École des Chartes* (Paris)

BEDM — *Boletim Ecclesiástico da Diocese de Macao*

BEFEO — *Bulletin de l' École Française de l'Extrême Orient* (Hanoi)

BEO/IFD — *Bull. Études Orientales* (*Institut Français de Damas*)

BGTI — *Beiträge z. Gesch. d. Technik u. Industrie* (cont. as *Technik Geschichte*; see *BGTI/TG*)

BGTI/TG — *Technik Geschichte* (see above)

BLM — *Blackwood' s Magazine*

BLSOAS — *Bulletin of the London School of Oriental and African Studies*

BMFEA — *Bulletin of the Museum of Far Eastern Antiquities* (Stockholm)

BMQ — *British Museum Quarterly*

BSRCA — *Bull. Soc. Research in Chinese Architecture*
《中国营造学社汇刊》

BV — *Bharatiya Vidya* (Bombay)

BYZ — see *B*

BZJ — *Bonner Zeitschrift f. Japanologie*

CA — *Chemical Abstracts*

CAMR — *Cambridge Review*

CCL — *Chê Chiang Lu* (Biographies of Chinese Engineers, Architects, Technologists and Master-Craftsmen, by Chu Chhi-Chhien and collaborators, q. v. [a series, not a journal].)
《哲匠录》

CHEM — *Chemistry* (Easton, Pa.)

CHI — *Cambridge History of India*

CHJ — *Chhing-Hua Hsüeh Pao* (*Chhing-Hua* (*Ts'ing-Hua*) *University Journal of Chinese Studies*)
《清华学报》

CHYM — *Chymia*

CHZ — *Chemiker Zeitung*

CIB — *China Institute Bulletin* (New York)

CJ — *China Journal of Science and Arts*

CKHW — *Chung-kuo Hsin Wên* (= NCNA Bulletin)
《中国新闻》

CKKCSL — *Chung-kuo Kho Chi Shih Liao*
《中国科技史料》

CMS — *Chartered Mechanical Engineer*

CR — *China Review* (Hong Kong

and Shanghai)

CRAS *Comptes Rendus de l' Académie des Sciences* (Paris)

CREC *China Reconstructs*

DCRI *Bulletin of the Deccan College Research Institute* (Poona)

DHT *Documents pour l'histoire des Techniques* (Paris)

DI *Die Islam*

EAST *The East*

EG *Economic Geology*

EHR *Economic History Review*

EMJ *Engineering and Mining Journal*

ESA *Eurasia Septentrionalis Antiqua*

ESCI *Engineering and Science*

ETH *Ethnos*

FCLT *Fu -Chien Lan Than* (*Fukien Forum*)
《福建论坛》

FEQ *Far Eastern Quarterly* (continued as *Journal of Asian Studies*)

FSH *Fuji Chikurni Shokobutsu-en Hōkoku* (Bull. Fuji Bamboo Bot. Gdn.)
《富士竹类植物园报告》

GLAD *Gladius* (Études sur les Armes Anciennes, etc.)

GR *Geographical Review*

GTIG *Geschichtsblätter f. Technik, Industrie u. Gewerbe*

GUNC *The Gun Collector* (U. S. A.)

GUND *The Gun Digest*

HBAS *Hauszeitschrift d. Badischen Anilin & Soda Fabrik AG*

HEM *Hemisphere*

HHSTP *Hua Hsüeh Thung Pao* (Chemical Intelligencer)
《化学通报》

HJAS *Harvard Journal of Asiatic Studies*

HKH *Hanguk Kwahaksa Hakhoechi* (Journ. Korean Hist. of Sci. Soc.)

HMM *Harper's Monthly Magazine* (New York)

HORIZ *Horizon* (New York)

HOSC *History of Science* (annual)

HOT *History of Technology* (annual)

IAE *Internationales Archiv f. Ethnographie*

IAQ *Indian Antiquary*

IDSR *Interdisciplinary Science Reviews*

IHQ *Indian Historical Quarterly*

ILN *Illustrated London News*

ISIS *Isis*

ISL *Islam*

ISP/WSFK *I Shih Pao* (*Wên Shih Fu Khan*); Literary Supplement of "Benefitting the Age" Periodical.
《益世报》(文史副刊)

JA *Journal asiatique*

JAAS *Journal of the Arms and Armour Soc.*

JAAR *Journ. Amer. Acad. Religion*

JAEROS *Journ. Aeronautical Sciences*

JAHIST *Journ. Asian History* (*International*)

JANS *Journ. Astronautical Sciences*

JAOS *Journal of the American Oriental Society*

JATMOS *Journ. Atmospheric Science*

JCE *Journal of Chemical Education*

JCR (M) *Journ. Chem. Research* (Microfiches)

JCR (S) *Journ. Chem. Research* (Synopses)

JEPH *Journ. Ethnopharmacology*

JGLGA *Jahrbuch d. Gesellschaft. f. löthringen Geschichte u. Altertumskunde*

JHAS *Journ. Hist. Arabic Science*

JHPHARM *Journ. Hist. Pharmacol.*

JMATS *Journ. Materials Science*

JOP *Journal of Physiology*

JOS/HK *Journal of Oriental Studies* (Hongkong)
《东方文化》（香港大学）

JOSA *Journ of Oriental Soc. Australia*

JPOS *Journal of the Peking Oriental Society*

JRA *Journal of the Royal Artillery*

JRAES *Journal of the Royal Aeronautical Society* (formerly *Aeronautical Journal*)

JRAI *Journal of the Royal Anthropological Institute*

JRAS *Journal of the Royal Asiatic Society*

JRAS/B *Journal of the (Royal) Asiatic Society of Bengal*

JRAS/HKB *Journal of the Hong Kong Branch of the Royal Asiatic Society*

JRAS/KB *Journal* (or *Transactions*) *of the Korea Branch of the Royal Asiatic Society*

JRAS/M *Journal of the Malayan Branch of the Royal Asiatic Society*

JRAS/NCB *Journal of the North China Branch of the Royal Asiatic Society*

JRI *Journ. Royal Institution* (London)

JRUSI *Journ. Royal United Services Institution* (London)

JS *Journal des Savants*

JSCI *Journ. Soc. Chem. Industry*

JSHS *Japanese Studies in the History of Science* (Tokyo)

JWCBRS *Journal of the West China Border Research Society*

JWH *Journal of World History* (UNESCO)

JWM *Journ. Weather Modification*

KGZ *Kahei Gakkai Zasshi* (Journ. Soc. Technol. Arms and Ammunition Manufacture)
《火兵学会志》

KHCK *Kuo Hsüeh Chi Khan* (Chinese Classical Quarterly)
《国学季刊》

KHNT *Kwartalnik Historii Nauki i Techniki* (Warsaw)

KKPT *Kertas-Kertas Pengajian Tionghua* (Papers on Chinese Studies, University of Malaya)

KKJL *Khao-Ku Jen Lei Hsüeh Chi-Khan* (Bull. Dept. of Archaeol. and Anthropol. Univ. Thaiwan)
《考古人类学刊》（台湾大学）

KKTH *Khao Ku Thung Hsün* (Ar-

chaeological Correspondent)
《考古通讯》

KKWW *Khao-Ku yü Wên-Wu Chi Khan* (Journ. Cultural Archaeology)
《考古与文物》(季刊)

KJ *Korea Journal*

KMJP *Kuang Ming Jih Pao*
《光明日报》

KS *Keleti Szemle* (Budapest)

KYHY *Kung Yeh Huo Yao Hsieh Hui Chih* (Journ. of the Japanese Gunpowder Industry Association)
《工业火药协会志》

LHHP *Li Hsüeh Hsüeh Pao* (Journal of Physics)
《力学学报》

LI *Listener* (B. B. C.)

LIFE *Life* (New York)

LN *La Nature*

LSCY *Li Shih Yen Chiu* (Pkg.) J. Historical Research
《历史研究》(北京)

MA *Man*

MAF *Mémorial de l'Artillerie de France*

MAI/NEM *Mémorial de l'Académie des Inscriptions et Belles-Lettres*, Paris (Notices et Extraits des MSS.)

MART *Memorial de Artilleria* (Madrid)

MAS/MPDS *Mémoires de Mathématique et de Physique presentés à l'Académie Royale des Sciences* (Paris) *par Divers Sçavans et lus dans les Assemblées*

MBLB *May & Baker Laboratory Bulletin*

MCHSAMUC *Mémoires concernant l'Histoire, les Sciences, les Arts, Les Moeurs et les Usagès, des Chinois, par les Missionaires de Pékin* (Paris 1776—)

MC/TC *Techniques et Civilisations* (originally *Métaux et Civilisations*)

MDGNVO *Mitteilungen d. deutsch. Gesellschaft f. Natur. u. Volkskunde Ostasiens*

MEM *Meteorological Magazine*

MGK *Manshū Gakuhō* (Dairen)
《满洲学报》(大连)

MIE *Mémoires de l'Institut d'Egypte* (Cairo)

MIMG *Mining Magazine*

MINGS *Ming Studies*

MJ/UP *See MUJ*

MMI *Mariner's Mirror*

MMO *Mammō* (Dairen)
《满蒙》(大连)

MPCASP *Mélanges de Phys. et Chim. de l'Acad. de St. Petersbourg*

MRAS/P *Mémoires de l'Académie des Sciences* (Paris)

MS *Monumenta Serica*

MSOS *Mitteilungen d. Seminar f. orientalischen Sprachen* (Berlin)

MUJ *Museum Journal* (Philadelphia)

N *Nature*

NCR *New China Review*

NFR *Nat. Fireworks Review*

NGM *National Geographic Magazine*

NJKA *Neue Jahrbücher f. d. klass. Altertum, Geschichte, deutsch. Literatur u. f. Pädagogik*

NKKZ *Nihon Kagaku Koten Zensho* 《日本科学古典全书》

NR *Numismatic Review*

NS *New Scientist*

NTM *Schriftenreihe f. Gesch. d. Naturwiss. Technik, u. Med.* (East Germ.)

NYR *New Yorker*

NYTHP *Nan-Yang Ta-Hsüeh Hsüeh Pao* (Nan-Yang Univ. Journal, Singapore) 《南洋大学学报》

OAZ *Ostasiatische Zeitung*

OLZ *Orientalische Literatur-Zeitung*

OPO *Oriente Poliano*

OR *Oriens*

ORA *Oriental Art*

ORD *Ordnance*

ORE *Oriens Extremus*

ORG *Organon* (Warsaw)

OV *Orientalia Venetiana*

PAA *Progress in Astronautics and Aeronautics*

PAAAS *Proceedings of the British Academy*

PAE *Propellants and Explosives*

PAR *Parabola* (*Myth and the Quest for Meaning*)

PFEH *Papers on Far Eastern History* (Canberra)

PKCS *Pai Kho Chih Shih* (Peking) 《百科知识》（北京）

PKR *Peking Review*

PP *Past and Present*

PRAI *Proc. Royal Artillery Institution* (contd. as *JRA*)

PRS *Proceedings of the Royal Society*

PTRS *Philosophical Transactions of the Royal Society*

PVS *Preuves* (Paris)

QJRMS *Quarterly Journal of the Royal Meteorological Society*

QJSLA *Quart. Journ. Science, Literature and the Arts* (cont. as *JRI, Journ. Roy. Inst.*)

QSGNM *Quellen u. Studien z. Gesch. d. Naturwiss. u. d. Medizin*

RBS *Revue Bibliographique de Sinologie*

RC *Revista de Universidade de Coimbra* (Portugal)

RDI *Rivista d' Ingegneria*

RDM *Revue des Mines* (later *Revue Universelle des Mines*)

REA *Revue des Études Anciennes*

REG *Revue des Études Grecques*

RHSID *Revue d'Histoire de la Sidérurgie* (Nancy)

ROC *Revue de l'Orient Chrétien*

ROL *Revue de l'Orient Latin*

RQS *Revue des Questions Scientifiques* (Brussels)

RRH *Revue Roumaine d'Histoire* (Bucarest)

RROWC *Research Reports of the Okasaki Women's Junior College, near Nagoya*

RTPT *Revista Transporturilor* (Rumania)

SA *Sinica* (originally *Chinesische*

Blätter f. Wissenschaft u. Kunst)

SAM *Scientific American*

SARCH *Sovietskaya Archaeologia*

SBAW/PP&H *Sitzungsberichte d. Bayerischen Akad. d. Wiss. /Philos. -Philol. u. Hist. Kl.*

SCIS *Sciences* (Paris)

SCSML *Smith College Studies in Modern Languages*

SE *Stahl und Eisen*

SHHH *Shih Hsüeh Hsiao Hsi* 《史学消息》

SHKS *Shê Hui Kho-Hsüeh* (Chhing-hua Journ. Soc. Sci.) 《社会科学》

SHS *Studia Historica Slovaca*

SINRA *Sinorama* (= *Kuang Hua*) 《光华》

SINT *Sbornik Istorii Nauki i Techniki* (Moscow)

SKSL *Skrifter som udi det Kjφbenhavnske Selskab af Laerdoms...*

SMC *Smithsonian* (*Institution*) *Miscellaneous Collections* (Quarterly Issue)

SMITH *The Smithsonian* (Magazine)

SOF *Studia Orientalia* (Fennica)

SP *Speculum*

SPAW/PH *Sitzungsber. d. preuss. Akad. d. Wissenschaften* (Phil. -Hist. Kl.)

SPCK *Society for the Promotion of Christian Knowledge*

SPFL *Spaceflight*

SPMSE *Sitzungsberichte d. physik. med. Soc. Erlangen*

SRFAOU *Science Reports of the Faculty of Agriculture of Okayama University*

SUJCAH *Suchow University Journ. Chinese Art History* 《东吴大学中国艺术史集刊》

SV *Studi Veneziani*

STC *Studi Colombiani*

SWAW/PH *Sitzungsberichte d. k. Akad. d. Wissenschaften Wien* (Phil. -Hist. Klasse), Vienna

TAIME *Trans. Amer. Inst. Mining Engineers* (cont. as *TAIMME*)

TAIMME *Trans. Amer. Inst. Mining and Metallurgical Engineers*

TBG *Tijdschrift van het Bataavsche Genootschap van Kunsten en Wetenschappen* (later incorporated in *Tijdschrift voor Indische Taal-Land-, en Volkskunde*)

TBGZ *Tōkyō Butsuri Gakko Zasshi* (*Journ. Tokyo College of Physics*) 《东京物理学校杂志》

TCC *Tzu Chin Chhêng* (*Forbidden City*) Hongkong 《紫禁城》(香港)

TCULT *Technology and Culture*

TFIME *Trans. Federated Institution of Mining Engineers* (cont. as *TIME*)

TFTC *Tung Fang Tsa Chih* (*Eastern Miscellany*) 《东方杂志》

TG/K *Tōhō Gakuhō, Kyōto* (*Kyoto Journal of Oriental Studies*) 《东方学报》(京都)

TGUOS *Transactions of the Glasgow University Oriental Society*

TH — *Thien Hsia Monthly* (Shanghai)
《天下（月刊）》（上海）

THSH — *Ta Hsüeh Shêng Huo*
《大学生活》

TIME — *Transactions of the Institution of Mining Engineers*

TJKHSYC — *Tzu-Jan Khao-Hsüeh Shih Yen-Chiu*
《自然科学史研究》

TJPCF — *Tzu-Jan Pien Chêng Fa Thung Hsün* (Dialectics of Nature)
《自然辩证法通讯》

TK — *Tōyōshi kenkyū* (Researches in Oriental History)
《东洋史研究》

TNS — *Transactions of the Newcomen Society*

TP — *T'oung Pao* (*Archives concernant l'Histoire, les Langues, la Géographie, l'Ethnographie et les Arts de l'Asie Orientale*, Leiden)
《通报》（荷兰，莱顿）

TR — *Technology Review*

TSHU — *Tu Shu*
《读书》

UC/PAAA — *Univ. of Calif. /Publications in Amer. Arch. and Anth.*

UM — *Universal Magazine of Knowledge and Pleasure*

USNIP — *United States Naval Institute Proceedings*

UZWKL — *Universitas; Zeitschr. f. Wissenschaft, Kunst und Literatur*

VBGA — *Verhandlungen d. Berliner Gesellschaft f. Anth., Eth. und Vorgeschichte* (*see ZFE*)

VH — *Voprosy Historii* (Moscow)

VIAT — *Viator*

VK — *Vijnan Karmee*

VS — *Variétés Sinologiques*

W — *Weather*

WW — *Wén Wu*
《文物》

WWTK — *Wên Wu Tshan Khao Tzu Liao* (Reference Materials for History and Archaeology)
《文物考古资料》

WWTLTK — *Wên Wu Tzu Liao Tshung Khan*

YCHP — *Yenching Hsüeh Pao* (Yenching University Journal of Chinese Studies)
《燕京学报》

YJBM — *Yale Journal of Biology and Medicine*

ZAC — *Zeitschr. f. angewandte chemie*

ZDMG — *Zeitschrift d. deutsch. Morgenländischen Gesellschaft*

ZFE — *Zeitschr. f. Ethnol.* (see *VBGA*)

ZGSS — *Zeitschr. f. d. gesamte Schiess- und Sprengsstoffwesen; Nitrocellulose*

ZHWK — *Zeitschrift. f. historische Wappenkunde* (cont. as *Zeitschr. f. hist. Wappenund Kostumkunde*)

A. 1800年以前的中文和日文书籍

《八编类纂》
Classified Florilegium of Eight Literary Pa Pien Lei Tsuan Collections
明，约1620年
陈仁锡
现仅存于引文中

《八幡禺童訓（記）
Tales of the God of War told to the Simple [a military history, including details of the Mongol invasions of + 1274 and + 1281]
日本，14世纪后期或稍微早些，编辑用的日期为1469年和1486年之间《群书类从》（卷十三，第三二八页）

《八史经藉志》
Bibliography of the Eight Histories (includes the lists in six dynastic histories and four supplementary bibliographies compiled during the Chhing period)
清，1825和1883年刊印
见：Teng & Biggerstaff (1), Ist ed. p. 15, 2nd ed. p. 10

《百战经》
见：《兵法百战经》

《百战奇法》
Wonderful Methods for (Victory in) a Hundred Combats
宋，约1260年
作者不详

《稗编》
Leaves of Grass [encyclopaedia].
明，1581年
唐顺之

《保越录》
The Defence of the City of Yüeh (Shao-Hsing) [+ 1358]
元，1359年
徐勉之

《北梦琐言》
Fragmentary Notes Indited North of (Lake) Meng.
五代（南平），约950年
孙光宪
见：des Rotours (4), p. 38

《北條五代記》
Chronicles of the Hojo Family through Five Generations.
日本，约1600年
作者不详
收入《史籍集覽》
近藤瓶城编辑
第三版，东京：近藤出版社，1970年

《备边屯田车铳议》
Discussions on the Use of Military-Agricultural Settlements, Muskets, Field Artillery and Mobile Shields in the Defence of the Frontiers
明，约1585年
赵士祯

《本朝軍器考》
Investigation of the Military Weapons and Machines of the Present Dynasty
日本，序题1709年，跋题1722年，1737年刊印
新井白石

自转译本：J. Ackroyd (1)

《敝帚稿略》
Classified Reminiscences swept up by an Old Broom
宋，约 1250 年
包恢

《兵法百战经》
Manual of Military Strategy for a Hundred Battles
明，1590 年
王鸣鹤
何仲叔编

《兵录》
Records of Military Art.
明，1606 年；1628 刊印。之后，1630 年和 1632 年加序
何汝宾
参见：王重民及袁同礼（*1*），1，第 472、475 页

《兵略纂闻》
Classified Compendium of Things Seen and Heard on Military Matters
明，16 世纪后叶
瞿汝稷
参见：陆达杰（*1*），第 127 页

《兵钤》
Key to Military Affaris; or, Key of Martial Art.
清，1675 年
吕磻和卢承恩

《补辽金元艺文志》
Additional Bibliography of the Liao, Chin and Yuan Dynasties
《辽金元艺文志》（另见）的续集，由许多清朝学者，特别是卢文炤（弨）撰，约 1770 年收入《八史经藉志》

《操胜要览》
Important Perspectives for the Attainment of Victory
=《火器略说》（另见）

《朝野佥言》
Narratives of the Court and the Country.
宋，1126 年
夏少曾
现仅存于引文中

《车铳图》
Illustrated Account of Muskets, Field Artillery and Mobile Shields, etc. (Appendix to Wo Chhing Thun Thien Chhe Chhung I and Pei Pien Thun Thien Chhe Chhung I, q. v.)
明，约 1585 年
赵士祯
在《艺海珠尘，乙集》中

《尘史》
Conversations on Historical Subjects (lit. while yak's-tail fly-whisks are waving)
宋，可能为 1115 年
王得臣

《诚斋集》
Collected Writings of (Yang) Chheng-Chai
宋，约 1200 年
杨万里

《筹海图编》
Illustrated Seaboard Strategy and Tactics.
明，1562 年。重印于 1572、1592、1624 年，等等
郑若曾
参见：W. Franke (4), p. 223; Goodrich & Fang Chao-Ying (1), p. 204

《楚辞》
Elegies of Chhu (State) [or, Songs of the South].
周，约公元前 300 年（汉代有增益）
屈原（以及贾谊、严忌、宋玉、淮南小山等）
部分译文：Waley (23)；译本：Hawkes (1)

《大清圣祖仁皇帝实录》
Veritable Records of the Benevolent Emperor of the Great Chhing Dynasty Sheng Tsu [Sage Ancestor = Khang-Hsi, r. +1661 to +1722]
清，约1729年
蒋廷锡等辑
Hu/143, 327

《大学衍义》
Extension of the Ideas of the Great Learning [Neo-Confucian ethics]
宋，1229年
真德秀

《大学衍义补》
Restoration and Extension of the Ideas of the Great Learning [contains many chapters of in terest for the history of technology]
明，约1480年
丘浚

《稻富流铁炮传书》
Record of Matchlock Muskets current in the Inatomi Family
日本国，1595年；从未刊印
长泽七右卫代表河上茂介殿
1607年的抄本在纽约公共图书馆（斯潘塞珍藏第53号；Spencer Colln. no. 53）

《德安守城录》
见：《守城录》

《登坛必究》
Knowledge Necessary for (Army) Commanders
明，1599年
王鸣鹤
参见：W. Franke (4), p. 208

《登吴社编》
Records of a journey up to the Cities of Wu (Chiangsu)
宋
王穉

《钓矶立谈》
Talks at Fisherman's Rock
五代（南唐）和宋，始于约935年，975年之后完成
史虚白

《东京记》
Records of the Eastern Capital.
宋，约1065年
宋敏求
现仅存于引文中

《东京梦华录》
Dreams of the Glories of the Eastern Capital (Khaifeng)
南宋，1148年（涉及20年，1126年北宋京都陷落和1135年完成向杭州的迁移）
孟元老

《都城纪胜》
The Wonder of the Capital (Hangchow).
宋，1235年
赵氏（灌圃耐得翁）

《读史兵略》
Accounts of Battles in the Official Histories.
见：胡林翼

《读书敏求记校证》
Record of Diligently Sought for and Carefully Collated Books
清，1684年；1726首次刊印
钱曾
参见：Teng & Biggerstaff (1), 1st ed. p. 42

《俄游汇编》
见缪祐孙

《范子计然》
见：《计倪子》

《风俗通义》
The Meaning of Popular Traditions and Customs
后汉，175 年
应劭
《通检丛刊》之三

《封神榜》
Pass-Lists of the Deified Heroes.
《封神演义》的通俗版

《封神演义》
Stories of the Promotions of the Martial Genii [novel]
明
许仲琳
译本：Grabe (1)

《伏汞图》
Illustrated Manual on the Subduing of Mercury.
隋、唐、五代、金（或者可能有些部分为明）
升玄子
现仅存于引文中

《福建通志》
Gazetteer of Fukien Province
清，完成于 1833 年，刊于 1867 年
见：陈寿祺（*1*）（编辑）

《该闻录》
Things Heard Worthy of Record.
宋，约 90 年
李畋

《陔余丛考》
Miscellaneous Notes made while attending his aged Mother.
清，1790 年
赵翼

《改算記》
Book of Improved Mathematics.
日本国，1659 年
山田重正

《改算記綱目》
Comprehensive Summary of Integration [early calculus]
日本国，1687 年
持永丰次和大桥宅清

《高丽史》
History of the Koryo Kingdom [+918 to +1392]
朝鲜，1395 年首刊；现存最早的版本 1445 年委托，1451 年完成
Courant (1), no. 1846

《高丽船慄記》
A Record of the Sea-Fights against Korea.
日本国，1592 年
外冈甚左卫门
手稿保存在锅岛家族，目前在九州大学图书馆
参见：朴惠一（*2*）

《格物须知》
What One should Know about Natural Pheno-mena
清，18 世纪
朱本中

《格致古微》
见：王仁俊（*1*）

《工部厂库须知》
What should be known (to officials) about the Factories, Workshops and Storehouses of the Ministry of Works
明，1615 年
何士晋

《公沙效忠纪》
Eulogy of the Loyal and Gallant Goncalvo [Teixeira-Correa, Captain of Artillery in the Chinese Service]
明，1633 年
陆若汉（Joāo Rodrigues, S. J.）
Pfister (1), p. 25* (add.)

《攻愧集》
Bashfulness Overcome; Recollections of My Life and Times
宋，约 1210 年
楼钥

《古今说海》
Sea of Sayings Old and New (florilegium)
明，1554 年
陆楫

《广博物志》
Enlargement of the Records of the Investigation of Things (by Chang Hua, c. +290)
明，1607 年
董斯张

《广阳杂记》
Collected Miscellanea of Master Kuang-Yang (Liu Hsien-Thing)
清，约 1695 年
刘献廷

《归潜志》
On Returning to a Life of Obscurity.
金，1235 年
刘祁

《归田诗话》
Poems of Return to Farm and Tillage
明，1425 年
瞿佑

《癸辛杂识》
Miscellaneous Information from Kuei-Hsin Street (in Hangchow)
宋，13 世纪后叶，1308 年可能未完成
周密
见：des Rotours (1), p. cxii; H. Franke (14)

《鬼董》
The Control of Spirits.
宋，可能约 1185 年；印刷于 1218 年或之后
沈氏

《国朝宝鉴》
The Precious Dynastic Mirror [official history of the Yi Dynasty, +1392 to +1910]
朝鲜，受首阳大君委托，始于约 1460 年
权擎和许多后继作者
Courant (1), no. 1894、1897

《国朝名臣事略》
Biographies of (47) Famous Statesmen and Generals of the Present Dynasty (Yuan)
元，1360 年
苏天爵
参见：H. Franke (14), p. 119

《国朝文类》
Classified Prose of the Present Dynasty (Yuan)
元，约 1340 年
萨都拉（天锡）和苏天爵编辑
参见：H. Franke (14), p. 119

《国朝五礼仪》
Instruments for the Five Ceremonies of the (Korean) Court
朝鲜，1474 年
申叔舟和郑陟
参见：Trollope (1), p. 21; Courant (1), no. 1047

《国朝续五礼仪》
A Continuation of the Instruments for the Fine Ceremonies of the (Korean) Court
朝鲜，1744 年
编辑于 Courant (1), no. 1047

《国朝续五礼仪补》
An Extension of the Continuation of the Instruments for the Five Ceremonies of the (Korean) Court
朝鲜，1751 年
编辑于 Courant (1), no. 1047

《海防总论》

A General Discourse on Coastal Defence.

明，1621 年前

周宏祖

《海国图志》

见：魏源和林则徐（*1*）

《海鳍赋後序》

Postface to the Rhapsodic Ode on the ‘Sea-Eel’ (Warships) [and their role at the Battle of Tshai-Shih, +1161]

宋，约 1170 年

杨万里

收入《诚斋集》卷四十四，第六十六页起

《贺县团练条规》

Rules for Training the Militia Bands at Hohsien.

明，约 1615 年

作者不详

《後汉书》

History of the later Han Dynasty [+25 to +220].

刘宋，450 年

范晔

其中“志”系司马彪（卒于 305 年）撰，“注”系刘昭（约 510 年）首先补入。

仅少数几卷有译本：Chavannes (6, 16); Pfiamaier (52, 53)

《引得》第 41 号

《虎口余生记》

Record of Life Regained out of the Tiger's Mouth

清，1645 年

边大绶

参见：Hummel (2), p. 741

《虎铃经》

Tiger Seal Manual [military encyclopaedia]

宋，962 年始撰，1004 完成

许洞

参见：Balazs & Hervouet. (1), p. 236

《华夷花木鸟兽珍玩考》

A Useful Examination of the Flowers, Trees, Birds and Beasts found among the Chinese and neighbouring Peoples (lit. Barbarians)

明，1581 年

慎懋官

WY/135

《皇朝马政记》

Record of Army Remount Organisation in the Ming Dynasty

明，1596 年

杨时乔

《皇明世法录》

Political Encyclopaedia of the Ming Dynasty (containing imperial edicts, military history, and treatises on astronomy and calendar, music and ceremonies, financial administration, economics, agriculture, communications, etc.)

明，1630 年，1632 年后刊印

陈仁锡

参见：W Franke (4), p. 196; WY/420; GF/162

《黄帝九鼎神丹经诀》

The Yellow Emperor's Canon of the Nine-Vessel spiritual Elixir, with Explanations

唐初或宋初，但加入了可能为 2 世纪的一卷经文

作者不详

TT/878；另，节本：《云笈七签》卷六十七，第一页起

《黄明经世实用编》

Political Encyclopaedia of Ming Dynasty Materials (down to the Wan-Li Reign-Period, including border defence and maritime defence); or, Imperial Ming Handbook of Practical Statesmanship.

明，1603 年

冯应京

参见：W. Franke (4), p. 195; GF/ 1141

《黄孝子万里纪程》
Memories of the Thousand-Mile Peregrinations of a Filial Son named Huang.
明和清，序题 1643 年，1652 年才完成
黄向坚

《汇纂丽史》
Collected, Compiled and Edited History of Korea, especially the Koryo Kingdom
朝鲜，18 世纪
洪汝河
Courant. (1), no. 1863

《晦庵先生朱文公集》
Collected Writings of Chu Hsi (lit. Mr. (Chu) Hui-An's Records of the Ven. Chu Wen Kung)
宋，约 1200 年
朱熹

《火车阵图说》
Illustrated Accounts of the Formations in which Mobile Shields should be used with Guns and Cannon
明，可能 16 世纪
陈裴
参见：Lu Ta-Chieh (1), p. 138

《火攻备要》
Essential Knowledge for the Making of Gunpowder Weapons
另见：《火龙经》卷一的标题

《火攻挈要》(或《则克录》)
Essentials of Gunnery [or, Book of Instantaneous Victory]
明，1643 年
焦勖与汤若望合著
Bernard-Maitre (18), no. 334; Pelliot (55)

《火攻问答》
明，约 1598 年
王鸣鹤
收入《黄明经世实用编》卷十六（第一二八七页）

《火攻阵法》
Troop Formations for Combat with Firearms
天台山一老道士把此书的名字送给《火龙经》（卷一）的作者焦玉
参见：CCL (7), p. 86

《火攻阵法》
Tactical Formations for Attack by Fire- (including Gunpowder-) Weapons
明
作者不详
参见：陆达杰 (*1*)，第 149 页

《火龙经》
The Fire-Drake (Artillery) Manual (of Gunpowder Weapons)
明，1412 年
焦玉
此书第一部分包括三卷，伪托于诸葛武侯（即诸葛亮），而作为合编者出现的刘基（1311—1375 年），实际上可能是合著者。第二部分也有三卷，托名刘基，但可能 1632 年毛希秉编。第三部分也有两卷，茅元仪（活跃于 1628 年）撰，诸葛光荣编，方元壮、锺伏武的序题 1644 年。
此书可看作由一个主体和两个附录组成，概括了 1280 年和 1644 年之间一系列火器的发展。第一部分，即此书本身是焦玉的著作，焦玉是一位在 1367 年最终征服全国建立明朝的朱元璋军队中的主要炮兵军官。

《火龙经全集》
Complete Materials of the 'Fire Drake Manual' (Nanyang edition).
=《火攻备要》(另见)

《火龙神器图法》
Fire-Drake Illustrated Technology of Magically (Efficacious) Weapons
元，可能约 1330 年
作者不详

列在 Lu Wen-Chhao 的《辽元金艺文志》中，约 1770 年
可能为《火龙经》（另见）的最早的形式。
现仅存于引文中
参见：陆达杰（*1*），第 108 页

《火龙神器药法编》
Fire-Drake Book of Magically (Efficacious) Weapons, with the Method of Making Gunpowder
年代不详，可能是元
作者不详
在北京中国科学院自然科学史所图书馆的抄本中，插图比《火龙经》任何一个版本中的插图更精致和准确，它可能是早期版本的再版

《火龙神器阵法》
Fire-Drake Manual of Military Formations using Magically (Efficacious) Weapons (i. e. Muskets).
日期不详；一部 16 世纪手稿
可能是《火龙经》（另见）的早期版抄本和再版本

《火龙万胜神药图》
Illustrated Fire-Drake Technology for a Myriad Victories using the Magically (Efficacious) Gunpowder
年代不详
作者不详
书名仅来自《读书敏求记》（另见）
参见：陆达杰（*1*），第 169 页

《火器大全》
Everything one needs to know about Gunpowder Weapons
年代不详
作者不详
书名仅来自《读书敏求记》（另见）

《火器略说》
（=《操胜要览》）
Classified Explanations of Firearms.
清
王達权和王韬
参见：Lu Ta-Chieh (1), p. 161, (2); p. 18
现仅存于引文中

《火器图》
Illustrated Account of Gunpowder Weapons and Firearms
《火龙经》（另见）襄阳版本的书名标题

《火器图》
Illustrated Account of Gunpowder Weapons and Firearms
明，约 1620 年
顾斌
参见：陆达杰（*1*），第 128 页

《火器图说》
Illustrated Account of Fire- (and Gunpowder-) Weapons
明，可能为 16 世纪
黄应甲
陆达杰（*1*），第 122 页

《火器直诀解证》
Analytical Explanations of Firearms and In structions for using them
清
沈善蒸
现仅存于引文中
参见：Lu Ta-Chieh (1), p. 164, (2), p. 19

《火药赋》
Rhapsodic Ode (or, Poetical Essay) on Gunpowder
明，约 1620 年
茅元仪
《图书集成》戎政典卷九十六，艺文一，第二页

《火药妙品》
The Wonderful Uses of Gunpowder.
明
作者不详

参见：陆达杰（*1*），第149页

《计然》
见：《计倪子》

《计倪子》
The Book of Master Chi Ni
周(越)，公元前4世纪
传为范蠡撰
其师计然思想之记录

《纪效新书》
A New Treatise on Military and Naval Efficiency
明，1560年，1562年刊印，经常重印
戚继光

《嘉泰会稽志》
Records of Kuei-Chi (Shao-hsing in Chekiang) during the Chia-Thai reign-period [+1201 to +1205]
宋，1205年之后不久
施宿

《建炎德安守御录》
An Account of the Defence and Resistance of Te an (City) in the Chien-Yen reign-period [+1127 to +1132], (by the Sung against the J/Chin)
宋，1172年
刘荀
此书（目前已佚）可能收在汤璹（另见）撰的同名书中
参见：Balazs & Hervouet (1), p. 237

《建炎德安守御录》
An Account of the Defence and Resistance of Te an (City) in the Chien-Yen reign-period [+1127 to +1132], (by the Sung against the J/Chin)
宋，1193年
汤璹所著书原名，1225年合并于《守城录》卷三和卷四（另见）
参见：Balazs & Hervouet (1), p. 237

《江南经略》
Military Strategies in Chiang-nan
明，1566年
郑若曾

《金瓶梅》
Golden Lotus [novel]
（参见：《续金瓶梅》）明
作者不详
译本：Egerton (1), Kuhn (2) (Miall). 见：Hightower (1), p. 95

《金石簿五九数诀》
Explanation of the Inventory of Metals and Minerals according to the Numbers Five (Earth) and Nine (Metal) [catalogue of substances with provenances, including some from foreign countries]
唐，或约670年（含有一个关于664年的叙述）
作者不详
TT/900

《金史》
History of the Chin (Jurchen) Dynasty [+1115 to +1234]
元，约1345年
脱脱和欧阳玄
《引得》第35号

《金汤借箸十二筹》
Twelve Suggestions for Impregnable Defence
明，约1630年
李盘
书名前两个字使人想起"金城汤池"，即坚不可摧

《荆楚岁时记》
Annual Folk Customs of the States of Ching and Chhu [i. e. of the districts corresponding to those ancient States; Hupei, Hunan and Chiangsi]
可能为梁，约550年，但或许其中部分为隋，

约 610 年
宗懔
见：des Rotours (1), p. cii

《经世秘策》
A Secret Plan for Managing the Country.
日本国，1798 年；1821 年后刊印
本多利明
参见：Keene (1)

《靖康传信录》
Record of Events in the Ching-Khang reign-period [+1126, year of the fall of Khaifeng to the Chin Tartars].
宋，约 1130 年
李纲

《九国志》
Historical Memoir on the Nine States (Wu, Nan Thang, Wu-Yueh Chhien Shu, Hou Shu; Tung Han, Nan Han, Min, Chhu and Pei Chhu, in the Wu Tai Period)
宋，约 1064 年
路振

《救命书》
见：《乡兵救命书》和《守城救命书》

《开禧德安守城录》
An Account of the Defence of Te-an (City) in the Khai-Hsi reign-period [+1206 to +1207], (by the Sung against the J/Chin)
宋，1224 年
王致远
译本：K. Hana (1)

《可斋杂稿，续稿後》
Miscellaneous Matters recorded in the Ability, Studio, Second Addendum
宋，约 1265 年
李曾伯

《跨鳌集》
Collected Memorabilia of Mr Khua-Ao.
宋，约 1100 年
李新（跨鳌居士）
他自称跨鳌居士，因为石碑总是放在雕塑的龟上，神话中它是一个世界的支撑者，具有长寿的象征

《浪迹丛谈》
见：梁章锯 (*1*)

《老学庵笔记》
Notes from the Hall of Learned Old Age.
宋，约 1190 年
陆游

《蠡勺编》
Measuring the Ocean with a Calabash-Ladle [title taken from a diatribe against narrowminded views in the biography of Tungfang Shuo in CHS]
清，约 1799 年
凌扬藻

《李卫公问对》
The Answers of Li Wei Kung to Questions (of the emperor Thang Thai Tsung) (on the Art of War)
可能是唐，但更可能创作于宋，11 世纪
作者不详
可能由阮逸编

《练兵实纪》
Treatise on Military Training
明，1568 年；1571 年刊印，经常重印
戚继光

《练兵实纪杂集》
Miscellaneous Records concerning Military Training (and Equipment) [the addendum to Lien Ping Shih Chi, q. v., in 6 chs. following the 9 chs. of the main work]

明，1568；1571 刊印
戚继光

《练阅火器阵纪》
An Examination of Training in the Use of Gunpowder Weapons, Cannon and Catapults
清，1696 年
薛熙

《辽金元艺文志》
Bibliography of the Liao, J/Chin and Yuan Dynasties (the official histories of which lack i wen chih)
清
黄虞稷（1629—1691 年）、倪灿（1704—1841 年）和钱大昕（1728 1804 年）及其他作者

《辽史》
History of the Liao (Chhi-tan) Dynasty [+916 to +1125]
元，1343 至 1345 年
脱脱和欧阳玄
部分译文：Wittfogel, Feng Chia-Sheng et al.
《引得》第 35 号

《列仙传》
Lives of Famous Immortals (cf. Shen Hsien Chuan)
晋，3 或 4 世纪，某些部分来源于约公元前 35 年和稍晚于 167 年
刘向
译本：Kattenmark (2)

《刘宾客文集》
Literary Records of the Imperial Tutor Liu.
唐，842 年之后
刘禹锡

《刘伯温荐贤平浙中》
The Pacification of central Chekiang by the Able Officers recommended by (Commander) Liu Po-Wen [Liu Chi, in +1340 to +1350, acting as a Yuan officer against the rebels and pirates of the region.]
另见：周清源的《西湖二集》卷十七

《六韬》
The Six Quivers [treatise on the art of war].
后汉，2 世纪，收编了公元前 3 世纪的素材
作者不详
见：Haloun (5)；L. Giles (11)

《龙虎还丹诀》
Explanation of the Dragon-and-Tiger Cyclically Transformed Elixir
五代、宋或之后
金陵子
TT/902

《律历渊源》
Calendrical and Acoustic, Ocean of Calculations (compiled by Imperial Order) [包括《历象考成》、《数理精蕴》和《律吕正义》(另见)]
清，1723 年；1730 年前可能印制没有完成
梅谷成和何国宗
参见：Hummel (2), p. 285；Wylie (1), pp. 96 ff

《律吕正义》
Collected Basic Principles of Music (compiled by Imperial Order)(《律历渊源》的一部分)
清，1713 年（1723 年）
梅谷成和何国宗
参见：Hummel (2), p. 285

《峦书》
Book of the Barbarians [itineraries]
唐，约 862 年
樊绰

《论衡》
Discourses Weighed in the Balance.
后汉，公元 82 或 83 年
王充
译本：Forke (4)；参见：Leslie (3)

《通检丛刊》之一

《洛阳伽蓝记》
Description of the Buddhist Temples and Monasteries at Loyang
北魏，约 547 年
杨衒之

《满州实录图》
Veritable Records of the Manchus, with Illustrations [depicting the martial exploits of Nurhachi, Thai Tsu of the Chhing, d. + 1626]
《太祖实录图》（另见）的另一个书名

《蒙古襲來會詞》
Illustrated Narrative of the Mongol Invasions (of Japan) (+ 1274 and + 1281)
日本国，1293 年；摹本。Kubota Beisan (Kubota Yonenari), Tokyo, 1916
一位不知名的画师描绘了竹崎季长的经历

《梦华录》
见：《东京梦华录》

《梦粱录》
Dreaming of the Capital while the Rice is Cooking [description of Hangchow towards the end of the Sung]
宋，1275 年
吴自牧

《牧庵集》
Literary Collections of (Yao) Mu-An.
元，约 1310 年
姚燧

《南唐书》
History of the Southern Thang Dynasty [+923 to +936]
宋，11 世纪
马令

《南唐书》
History of the Southern Thang Dynasty [+923 to +936]
宋，12 世纪
陆游

《农纪》
Agricultural Record
宋，元或明
作者不详
未收入王毓瑚（*1*）

《诺皋记》
Records of No-Kao (collected popular beliefs concerning spirits, genii and Taoist gods)
唐，约 850 年
段成式
诺皋是一个类似于圣米迦勒（St. Michael；天使长）道教军事神灵，在《抱扑子》卷十七，第四页曾提到他（译本：Ware（5），p. 285）

《平汉录》
Records of the Pacification of Han [the campaign of Chu Yuan-Chang and his generals in + 1363 which overthrew the Han State of Chhen Yu-Liang in the Yangtse Valley and established the power of the Ming dynasty]
明，约 1521 年
童承叙

《平吴录》
Records of the Pacification of Wu [the campaign by Chu Yuan-Chang and his generals in + 1366 which overthrew the Chou State of Chang Shih-Chheng and established the power of the Ming Dynasty].
明，约 1472 年
吴宽
参见：W. Franke (4), p. 57

《平夏录》
Records of the Pacification of Hsia [the campaign

of Chu Yuan-Chang and his generals in +1371 which overthrew the Hsia State of Ming Sheng in Szechuan and established the power of the Ming Dynasty]
明，约 1544 年
黄标
参见：W. Franke (4), p. 56

《洴澼百金方》
The Washerman's Precious Salve; (Appropriate) Techniques (of Successful Warfare) [military encyclopaedia]
明，1626 之后
惠麓辑
书名取自《庄子》卷一，译本：Legge (5), vol. 1, p. 173; Feng Yu-Lan (5), p. 39
一宋国人，发明了一种治疗手龟裂的药膏，其家以漂洗丝绸为生，药膏秘方代代相传。一个陌生人花百两买走了药方，回到吴国并做了水军将领，他用药膏给水兵治疗，以致战胜越国获得大胜。一人利用毫无回报；另一个人却发财和进爵
此书似乎稀有（未收入《四库全书总目提要》）

《七修类稿》
Seven Compilations of Classified Manuscripts
明，1555—1567 年
郎瑛
参见：W. Franke (4), p. 106

《齐东野语》
Rustic Talks in Eastern Chhi.
宋，约 1290 年
周密

《契丹国志》
Memoir of the Liao (Chhi-tan Tartar Kingdom)
宋和元，13 世纪中叶
叶隆礼

《氣海觀瀾》
见：青地林宗（*1*）

《铅汞甲庚至宝集成》
Complete Compendium on the Perfected Treasure of Lead, Mercury, Wood and Metal [with illustrations ofalchemical apparatus]
书名的翻译，参见：p. 116。一直被认为是唐 808 年，但或许更有可能为五代或宋。参见：p. 116
赵耐庵
TT/912

《钱塘遗事》
Memorabilia of Hangchow and the Chhienthang River
元
刘一清

《青箱杂记》
Miscellaneous Record on Green Bamboo Tablets
宋，约 1070 年
吴处厚

《清代筹办夷务始末》
见：Anon. (212)

《清史稿》
Draft History of the Chhing Dynasty.
见赵尔巽和柯劭忞

《秋涧先生大全文集》
Complete Literary Works of Mr Autumn Torrents [Wang Yun]
元，约 1304 年
王恽
参见：H. Franke (20, 26)

《求生苦海》
Saving Souls from Hell.
清，18 世纪
作者不详

《日本国辱史》
History of Japan's Humiliation [the Mongol inva-

sions of + 1274 and + 1281]
日本国，约 1300 年
作者不详

《三才图会》
Universal Encyclopaedia
明，1609 年
王圻

《三朝北盟会编》
Collected Records of the Northern Alliance during Three Reigns
宋，1196 年
徐梦莘

《山左金石志》
Record of Inscriptions on Metal and Store from the Left-hand Side of the Mountain
清，1796 年
毕沅和阮元

《神机制敌太白阴经》
Secret Contrivances for the Defeat of Enemies; the Manual of the White Planet
《太白阴经》（另见）的全名

《神器谱》
Treatise on Extraordinary (lit. Magical) Weapons [musketry]
明，1598 年
赵士祯
参见：W. Franke (3) no. 255, (4), p. 208; Goodrich (15)

《神器谱或问》
Miscellaneous Questions (and Answers arising out of) the Treatise on Guns
明，1599 年
赵士祯
参见：W. Franke (3) no. 255, (4), p. 208; Goodrich (15)

《神威图说》
Illustrated Account of the Magically Overawing (Weapon, i. e. the Cannon)
清，1681 年
南怀仁
此书，即使存世，也极为稀少；我们知道在中国和其他地方都没有副本

《神异记》
（可能是《神异经》（另见）的另一个名字）
Records of the Spiritual and the Strange.
晋，约 290 年
王浮

《神异经》
Book of the Spiritual and the Strange.
传为汉，但可能为 3、4 或 5 世纪
传为东方朔（公元前 2 世纪）撰
作者可能为王浮

《十国春秋》
Spring and Autumn Annals of the Ten Kingdoms (the States of the Five Dynasties Period, + 10th cent.)
清，1678 年
吴任臣

《石湖诗集》
Collected Works of the Lakeside Poet.
宋，约 1190 年
范成大

《史籍集覽》
Collection of Historical Materials
15—18 世纪
近藤瓶城编
近藤出版部，东京，1907 年

《试金石》
On the Testing of (what is meant by) 'Metal' and 'Mineral'
见：傅金铨 (5)

《守城救命书》
On Saving the Situation by the (Successful) Defenceof Cities
明，1607 年
吕坤
参见：Goodrich & Fang Chao Ying (1), p. 1006

《守城录》
Guide to the Defence of Cities [lessons of the sieges of Te-an in Hupei, + 1127 to + 1132]
宋，约 1140 和 1193 年（1225 年合编）
陈规和汤璹
参见：Balazs & Hervouet (1), p. 237

《殊域周咨录》
Record of Despatches concerning the Different Countries
明，1574 年
严从简

《蜀难叙略》
Collected Records of the Difficulties of Szechuan
清，约 1663 年，但涉及 1642 年和之后的事件
沈荀蔚
参见：Struve (1), pp. 346, 362

《水浒传》
Stories of the River-Banks [novel 'All Men are Brothers' and 'Water Margin']
明，约初集于 1380 年，但由古老的戏曲和传说。现存最早的 100 回本为 1589 年刻本，是早于 1550 年的初刻本之重刻。现存最早的 120 回本是 1614 年版本。
施耐庵
译本：Buck (1); Jackson (1)

《水雷图说》
Illustrated Account of Sea Mines.
见：潘仕成 (*1*)

《司马法》
The Marshal's Art (of War).
周(后)，可能公元前 4 或公元前 3 世纪
作者不详

《思玄赋》
Thought the Transcender [ode on an imaginary journey beyond the sun]
后汉，135 年
张衡

《宋会要稿》
Drafts for the History of the Administrative Statutes of the Sung Dynasty
宋
徐松（1809 年）辑
辑自《永乐大典》

《宋季三朝政要》
The Most Important Aspects of Government as seen under the Last Three Courts of the (Southern) Sung Dynasty
元，约 1285 年
作者不详
参见：Balazs & Hervouet (1), p. 83

《宋季昭忠录》
Records of Distinguished Patriots of the [Second Half of the Southern] Sung Dynasty
《昭忠录》（另见）的另一个名子

《宋史》
History of the Sung Dynasty [+960 to + 1279]
元，1345 年
脱脱和欧阳玄
《引得》第 34 号

《宋书》
History of the (Liu) Sung Dynasty [+420 to +478]
南齐，500 年
沈约
部分卷的译文：Pfizmaier (58)
节译索引：Frankel (1)

《宋通鉴长编纪事本末》
Comprehensive Mirror Chronological History of the Sung Dynasty from Beginning to End
宋，1253 年
杨仲良

《宋学士全集》
Complete Record of Sung Scholars.
明，1371 年
宋濂

《宋学士全集补遣》
Additions to the Complete Record of Sung Scholars
明，约 1375 年
宋濂

《算法统宗》
Systematic Treatise on Arithmetic.
明，1592 年
程大位

《算九回》
Mathematics in Nine Chapters [in each of three volumes or parts]
日本国，1677 年
野沢定长
参见：Itakura (1)

《孙子兵法》
Master Sun's Art of War
周（齐），公元前 945
传为孙武撰，很可能为孙膑撰

《太白阴经》
Manual of the White (and Gloomy) Planet (of War; Venus) [military encyclopaedia]
唐，759 年
李筌

《太平記》
Records of the Reign of Great Peace [a romance history of one of the most troubled periods of Japanese history, +1318 to +1368]
日本国，约 1370 年
传为小嶋撰

《太清丹经要诀》
（=《太清真人大丹》）
Essentials of the Elixir Manuals, for Oral Transmission; a Thai-Chhing Scripture
唐，7 世纪中叶（约 640 年）
可能为孙思邈撰
在《云笈七签》卷七十一
译本：Sivin (1), pp. 145 ff.

《太清经天师口诀》
Oral Instructions from the Heavenly Masters [Taoist Patriarchs] on the Thai-Chhing Scriptures
年代不详，但一定在 5 世纪中叶之后个元之前
作者不详
TT/876

《太祖实录图》
Veritable Records of the Great Ancestor (Nurhachi, d. +1626, retrospectively emperor of the Chhing), with Illustrations
明，1635 年；清，1781 年
作者不详
1930 年沈阳东北大学重印了 1740 的抄本；标题为中文，说明为中文和满文。

《唐叶真人传》
Biography of the Perfected Sage Yeh (Ching-Neng) of the Thang
可能为宋
张道统
TT/771

《天工开物》
The Exploitation of the Works of Nature.
明，1637
宋应星
译本：Sun Jen I-Tu & Sun Hsüeh-Chuan (1)

《天问》
Questions about Heaven ['ode', perhaps a ritual

catechism]
周，通常传为 4 世纪后叶，但可能为公元前 5 世纪
传为屈原撰，但可能更早
译本：Erkes (8)；Hawkes (1)

《铁砲记》
Record of Iron Guns.
日本国，1606 年；1649 年刊印
南浦文之
参见：有马（*1*），第 617 页起

《庭训格言》
Talks on Experiences in the Hall of Edicts.
清，约 1722 年
爱新觉罗玄烨（清康熙皇帝）

《通典》
Comprehensive Institutes [a reservoir of source material on political and social history]
约，812 年（列入 801 年的事件）
包含了更早的刘秩《政典》
杜佑
Teng & Biggerstaf (1), p. 148

《通雅》
Helps to the Understanding of the Literary Expositor [general encyclopaedia with much of scientific and technological interest]
明和清，1636 年完成，1666 年刊印
方以智
《宛署记》
见：《宛署杂记》

《宛署杂记》
Records of the Seat of Government at Yuan(-phing), (Peking). [or, Miscellaneous Records of a Minor Office]
明，1593 年
沈榜

《王文成公全书》
Collected Writings of Wang Shou jen (Wang Yang-Ming)
明，1574 年
谢廷杰
参见：Franke (4), p. 138

《卫公兵法辑本》
Military Treatise of (Li) Wei-Kung.
唐，7 世纪
李靖
汪宗沂辑

《魏略》
Memorable Things of the Wei Kingdom (San Kuo)
三国（魏）或晋，3 或 4 世纪
鱼豢

《问礼俗》
Questions on Popular Ceremonies and Beliefs.
三国（魏），约 225 年
董勋
收入《玉函山房辑佚书》第 28 卷，第 72 页起

《倭情屯田车铳议》
Discussions on the Use of Military-Agricultural Settlements, Muskets, Field Artillery and Mobile Shields against the Japanese (Pirates)
明，约 1585 年
赵士祯

《车铳图》是其补编
《无敌真诠》
Reliable Explanations of Invincibility.
明，约 1430 年
作者不详
现仅存于引文中

《吴都赋》
Ode on the Capital of Wu (Kingdom)
晋，约 270 年
左思
译本：von Zach (6)

《吴氏本草》
Mr. Wu's Pharmaceutical Natural History.
三国（魏），约 235 年
吴普
仅存于之后的引文中

《吴县志》
Local History and Geography of Wu-hsien (Suchow in Chiangsu)
清，1691 年（第二版）
孙佩辑

《吴越备史》
Materials for the History of the Wu-Yiieh State (in the Five Dynasties Period)
宋，约 995 年
林禹

《五代史记》
见：《新五代史》

《五经圣略》
The (Essence of the) Five (Military) Classics, for Imperial Consultation
宋，约 1150 年
王洙
现仅存于引文中

《武备火龙经》
The Fire-Drake Manual and Armament Technology (gunpowder weapons and firearms)
明，1628 年之后完成，但包含许多素材来自《火龙经》更早的版本
焦玉
参见：Ho Ping-Yu & Wang Ling (1)

《武备秘书》
Confidential Treatise on Armament Technology [a compilation of selections from earlier works on the same subject]
清，17 世纪后叶；(1800 年重印)
施永图

《武备全书》
Complete Collection of Works on Armament Technology (including Gunpowder Weapons)
明，1621 年
潘康

《武备新书》
New Book on Armament Technology (即《纪效新书》另见)
明，1630 年
传为戚继光撰
真正的作者不详

《武备志》
Treatise on Armament Technology
明，1621 年的序，1628 年刊印
茅元仪
参见：Franke (4), p. 209

《武备志略》
Classified Material from the Treatise on Armament Technology
清，约 1660 年
傅禹

《武备制胜志》
The Best Designs in Armament Technology.
明，约 1628 年
茅元仪
1843 年的抄本在剑桥大学图书馆
参见：Franke (4), p. 209

《武编》
Military Compendium [technology and equipment, including Western-influenced firearms]
明，约 1550 年
唐顺之

《武经要览》
Essential Readings in the Most Important Military Techniques (lit. Classics)
《武经总要》诸多万历版本中一本的书名

《武经总要》
Collection of the Most Important Military Techniques [compiled by Imperial Order]
宋，1040 年（1044 年）。1231 和约 1510 年重印。明本为现存最早的版本
曾公亮、杨惟德和丁度

《武林旧事》
Institutions and Customs of the Old Capital (Hangchow)
宋，约 1270 年（但提及从 1165 年以来的事件）
周密

《武略火器图说》
Illustrated Account of Gunpowder Weapons and their Use in Various Tactical Situations
明，约 1560 年
与《武备全书》（另见）合并
胡宗宪

《武略神机》
The Magically (Effective) Arm in Various Tactical Situations [musketry]
明，约 1550 年
胡献忠（可能为胡宪仲）
参见：陆达杰（*1*），第 139 页

《武略神机火药》
On Gunpowder for Muskets and their Use in Various Tactical Situations
明，约 1560 年
与《武备全书》（另见）合并
胡宗宪

《武试韬略》
A Classified Quiverful of Military Texts.
明，1621 年前
汪万顷

《武书大全》
Complete Collection of the Military Books
明，1636 年
尹商编
参见：陆达杰（*2*），第 12 页

《武艺图谱通志》
Illustrated Encyclopaedia of Military Arts.
朝鲜，1790 年
朴齐家、李德懋编
依据更早的韩峤稿本，它是 1590 年向在朝鲜与丰臣秀吉统帅的日本人作战的中国军事技师请教的成果。
参见：《武艺图谱通志谚解》

《武艺图谱通志谚解》
Illustrated Encyclopaedia of Military Arts (the Korean translation of the Wu I Thu Phu Thung Chih)
朝鲜，1790 年之后
编者不详
Courant (1), no. 2467

《物理小识》
Small Encyclopaedia of the Principles of Things
清，1664 年
方以智
参见：Hirth (17)

《西湖二集》
Second Collection of Materials about West Lake [at Hangchow, and the neighbourhood]
明，约 1620 年
周清源

《西湖志余》
Additional Records of the Traditions of West Lake (at Hangchow)
明，约 1570 年
田艺蘅

《西溪丛话（语）》
（《四库全书》用“语”）
Western Pool Collected Remarks
宋，约 1150 年
姚宽

《西崖文集》
Essays from the Western Cliff (one of Yu's names)
朝鲜，约 1605 年，序为 1600 年
柳成龙
Courant (1), no. 624

《西洋火攻图说》
Illustrated Treatise on European Gunnery.
明，1625 年前
张焘和孙学诗
参见：Pelliot (55)
现仅存引文中

《西园闻见录》
Things Seen and Heard in the Western Garden (the Imperial Library), [a work of notes for the history of the Ming, + 1368 to + 1620]
明，1627 年；1940 年首次印刷
张萱
参见：Goodrich & Fang Chao-Ying (1), p. 79

《歙州砚谱》
Hsichow Inkstone Record
宋，1066 年
唐积

《乡兵救命书》
On Saving the Situation by (the Raising of) Militia
明，1607 年
吕坤
参见：Goodrich & Fang Chao-Ying (1), p. 1006

《襄阳守城录》
An Account of the Defence of Hsiang-yang (City) (+ 1206 to + 1207), (by the Sung against the J/Chin)
宋，约 1210 年
赵万年
此次围城战与 1268—1273 年更著名的围城战不同，并非蒙古人所为

参见：Balazs & Hervouet (1), p. 95

《辛巳泣蕲录》
The Sorrowful Record of (the Siege of) Chhi (-chow) in the Hsin-Ssu Year (+ 1221), (by the Chin Tartars)
宋，约 1230 年
赵与衮

《新五代史》
New History of the Five Dynasties [+ 907 to + 959]
宋，约 1070 年
欧阳修
若干相关章节的译文见 Frankel (1) 的索引

《新元史》
见：柯绍忞 (*1*)

《行军须知》
What an Army Commander in the Field should Know
宋，约 1230 年；再印于 1410、1439 年
作者不详
李进撰序（明刻本）
附于明刻《武经总要》(后集)
参见：冯家昇 (*1*)，第 6 页

《续后汉书》
Supplement to the History of the Later Han.
宋
萧常

《续金瓶梅》
Golden Lotus, Continued [novel] (cf. Chin Phing Mei)
清，17 世纪
紫阳道人
译本：Kulm (1)

《续宋编年资治通鉴》
另一书名：《续宋中兴编年资治通鉴》(另见)

《续宋中兴编年资治通鉴》
Continuation of the 'Mirror of History for Aid in Government' for the Sung Dynasty from its Restoration onwards (i. e. Southern Sung from +1126)
宋，约 1250 年
刘时学
参见：Balazs & Hervouet (1), p. 77

《续文献通考》
Continuation of the Comprehensive Study of (the History of Civilisation) (参见：《文献通考》和《钦定续文献通考》)
明，1586 年；1603 年刊印
王圻编

《续夷坚志》
More Strange Stories from I-Chien
金，约 1240 年
元好问

《续资治通鉴长编》
Continuation of the Comprehensive Mirror (of History) for Aid. in Government [+960 to +1126]
宋，1183 年
李焘

《玄怪续录》
The Record of Things Dark and Strange, continued.
唐
李复言

《艺海珠尘》
Pearls from the Dust; a Collection (of Tractates) from the Ocean of Artistry [丛书]
清，约 1760 年
吴省兰

《阴符经》
The Harmony of the Seen and the Unseen.
唐，约 735 年（实际上并非遗存于世的战国文献）
李筌
TT/30。参见 TT/105—124。以及收入《道臧辑要》
译本：Legge (5). CC Maspero (7), p. 222

《友助事宜》
The Organisation of Friends for Mutual Protection (in the Ming militia)
明，约 1600 年
金声

《馀冬序（绪）录摘抄外扁》
Further Collection of Selected Excerpts from the 'Late Winter Talks'
明，1528 年
何孟春

《馀冬序录》
Late Winter Talks.
明，1528 年
何孟春
参见：Franke (4), p. 105

《玉笥集》
Jade Box Collection [poetry].
元，约 1341 年
张宪

《玉芝堂谈荟》
Thickets of Talk from the Jade-Mushroom Hall
明，约 1620 年
徐应秋（编）

《御前军器集模》
Imperial Specifications for Army Equipment.
宋，约 1150 年
作者不详
现仅存于引文中

《元史》
History of the Yuan (Mongol) Dynasty [+ 1206 to +1367]

明，约 1370 年
宋濂
《引得》第 35 号

《月令广义》
Amplifications of the ‘Monthly Ordinances’.
明，1592 年之后不久
冯应京

《月山丛谈》
Collected Discourses of Mr Moon-Mountain (i. e. Li Wen-Feng; Yiieh Shan Tzu)
明，约 1545 年
李文凤

《云麓漫抄》
Random Jottings at Yun-Lu.
宋，1206 年（涉及大约 1170 年以来的事件）
赵彦卫

《云南机务钞黄》
A Rough Statement of the Course of Affairs in Yunnan
明，1388 年
张纮
《元史》参见：W. Franke (4), p. 56

《造甲法》
Treatise on Armour-Making.
宋，约 1150 年
作者不详
现仅存于引文中

《造神臂弓法》
Treatise on the Making of the Strong Bow.
宋，约 1150 年
作者不详
现仅存于引文中

《则克录》
Book of Instantaneous Victory
《火攻挈要》（另见）的另一个书名，仅于 1841 年重印 [Pelliot (55), p. 192]，有许多错误而且删去一些插图

《张子野词补遗》
Remaining Additional Poetical Works of Chang Tzu-Ye
宋，约 1080 年
张子野

《招魂》
The Calling Back of the Soul [perhaps a ritual ode]
周，约公元前 240 年
传为宋玉撰
或为景差撰
译本：Hawkes (1)

《昭化县志》
Gazetteer of Chao-hua (in Szechuan)
清
张绍龄
修订于 1845 年、1864 年

《昭忠录》
Book of Examples of Illustrious Loyalty
元，1290 年
作者不详
参见：Balazs & Hervouet (1), p. 124

《真腊风土记》
Description of Cambodia
元，1297 年
周达观

《真元妙道要略》
Classified Essentials of the Mysterious Tao of the True Origin (of Things.) [alchemy and chemistry]
传为晋，3 世纪，但很可能是唐，8 世纪和 9 世纪，因为它引用了李勣无论如何晚于 7 世纪
传为郑思远撰
TT/917

《阵纪》
Record of Army Drill and Tactics
明，约 1546 年
何良臣

《制胜录》
Records of the Rules for Victory.
明，约 1430 年
作者不详
现仅存于引文中

《中堂事记》
Personal Recollections of Affairs at the Court [of Khubilai Khan, + 1260 and + 1261]
元，约 1280 年
王恽
参见：H. Franke (20, 26)

《中西边用兵》
Military Practice on the Central and Western (Fronts)
宋，约 1150 年
方宝元
现仅存于引文中

《诸家神品丹法》
Methods of the Various Schools for Magical Elixir Preparations (an alchemical anthology)
宋
孟要甫、玄真子等
TT/911

《妆楼记》
Records of the Ornamental Pavilion
五代或宋，约 960 年
张泌

《昨梦录》
Dreaming of the Good Old Days [written in the South after the victory of the Chin Tartars, recalling life in the former capital city of Khaifeng (Pien-ching) under the Northern Sung]
宋，约 1137 年
康誉之

B. 1800 年以后的中文和日文书籍与论文

Anon. (*209*)
《中国历史博物馆陈列的一批明代火器复原模型》
Comments on the Reconstructions and Models of the Fire-Weapons of the Ming period displayed in the National Historical Museum
《文物参考资料》，1959 年，no. 10（no. 110），53

Anon. (*210*)
《银雀山汉墓竹简〈孙子兵法〉》
The Versions of 'Master Sun's Art of War' found on Bamboo strips in a Han Tomb at Silver sparrows Mountain
文物出版社，北京，1975、1976 年

Anon. (*211*)（编）
《内蒙古文物资料选集》
Choice Collection of Cultural Objects of Inner Mongolia [album]
呼和浩特，1964 年

Anon. (*212*)
《清代筹办夷务始末》
Complete Record of the Management of Barbarian Affairs during the Chhing Dynasty
北京，1930 年
参见：Hummel (2), p. 383

Anon. (*213*)
《毛瑟枪用法图说》
Illustrated Manual of the Use of the Mauser Rifle
约 1890 年

Anon. (*214*)
《化学发展简史》
A Simple Introduction to the History of Chemistry
科学出版社，北京，1980 年

Anon. (*262*)
《秩父椋神社の龍勢》
The Dragon-Power Festival at the Muku (Shinto) Shrine in Chichibu District (formerly Saitama) -rocket-launching displays
ANA 1983, no. 170, 9

Anon. (*263*)
《大足石刻》
The Stone-Carvings (in the cave Temples) of Tu-Tsu (Szechuan)
四川美术学院，成都，1962 年

Anon. (*33*)
《三门峡漕运遗迹》
The Remains of the Canal (and the Trackers' Galleries) in the San Men Gorge (of the Yellow River)
科学出版社，北京，1959 年
（中国科学院，中国田野考古报告集，考古学专集，丁种第八集）

Arakawa Hideyoshi (*1*)
Bunkyu no Eki ni Mohogun wa Roketto o Rioy shita ka?
Were Rockets used in the Mongol Invasions (+1274 and +1281)?
NR, 1960, no. 148, 86

奥村正二
《火縄銃から黒船まで；江戸時代技術史》
The Matchlook Musket and the 'Black (Euro-

pean) Ships'; as aspect of the History of Technology of the Yedo Period. (Includes chapters on Shipbuilding, Metals Mining and Hydraulic Machinery together with Clock-work)
东京，1970 年，1973 年再版
岩波新书 no. 750

坂本俊粪 (*1*)
《大砲鑄造法》
On the Casting of Great Cannon.
日本，始于 1804 年，约 1835 年完成（重印于《日本科学古典全書》，第 10 册，第 10 卷，第 4 章，第 463 页；第二版，第 5 册，第 10 卷，第 463 页

曹元宇 (*1*)
《中国化学史话》
Talks on the History of Chemistry in China
江苏科学技术出版社，南京，1979 年

岑家梧 (*1*)
《辽代契丹和汉族及其他民族的经济文化联系》
The Relations in Economics and Culture between the Chinese, the Liao (Chhi-Tan Tartars) and other minorities
《历史研究》，1981 年，no. 1，114

长绍賢海 (*2*)
《鐵砲の傳來補說》
Further Evidence on the Introduction of Firearms to Japan
RC，1914 年，24 (no. 2)，131

長紹賢海 (*3*)
《鐵砲の傳來應答》
A Reply on the Introduction of Firearms to Japan
RC，1915 年，25 (no. 1)，52

長紹賢海 (*4*)
《大日本史講座》
Lectures on the History of Japan.
东京，1929 年

長紹賢海 (*1*)
《鐵砲の傳來》
On the Introduction of Firearms to Japan
RC，1914 年，23 (no. 6)，623

晁华山 (*1*)
《西安出土的元代铜手铳与黑火药》
A Bronze Hand-Gun excavated at Sian and still containing Traces of Gunpowder
《考古与文物》（季刊），1981 年，no. 3 (no. 7)，73

陈寿祺 (*1*)（编）
《福建通志》
Gazetteer of Fukien Province
1833 年完成，1867 刊印

陈廷元、李震 (*1*)（编）
《中国历代战争史》
A History of Wars and Military Campaigns in China, 16 vols. (with abundant maps)
三军大学、黎明文化事业公司，台北：1963 年；1972 年再版；1976 年最新版

陈文石 (*1*)
《清人入关前的手工业》
The Technical Handicrafts and Industries of the Manchus before their Invasion of China
《中央研究院历史语言研究所集刊》，1962 年 34（胡适纪念文集），291
摘要 *RBS*，1969 年，8，no. 246

陈垣(*3*)
《元西域人华化考》
On the Sinisation of 'Western People' During the Yuan Dynasty
第一部分，《国学季刊》，1923 年，1，573
第二部分，《燕京学报》，1927 年，2，171

陈正祥 (2)

《真腊风土记的研究》
Researches on [Chou Tai-Kuan's] 'Description of Cambodia' [+1297]
中文大学出版社，沙田，香港，1975 年

成东(*1*)
《焦玉的真实身份及其火攻书史料价值》
On Chiao Yü's Identity and Biography, with a Discussion of the Value of his Writings in the History of Firearms and Artillery
油印本，中国兵工学会出版，北京，1983 年

川本幸民（*1*）
《气海观澜广义》
Enlargement of the 'Survey of the Ocean of Pneuma'
日本，1851 年
参见：Tuge Hideomi (1), p. 81

崔璇(*1*)
《内蒙古发现的明初铜火铳》
Metal-Barrel Bombards of Bronze Discovered in Inner Mongolia
《文物考古资料》，1973 年，no. 11 (no. 210)，55

丁福保（*1*）
《全汉三国晋南北朝诗》
Complete Collection of Poetry from the Han, Three Kingdoms, Chin and Northern and Southern Kingdoms periods. (i. e. from the beginning of Han to the beginning of Sui)
北京，约 1935 年

洞富雄（*1*）
《鐵砲傳來》
The Social Effects of the Coming of Muskets to 日本
校仓书房，东京，1959 年

洞富雄（*2*）
《種子島銃》
The Muskets of Tanegashima Island
淡路书房新社，东京，1958 年

杜亚泉、杜就田等（*1*）（编）
《动物学大辞典》
A Zoological Dictionary
商务印书馆，上海，1932 年；1933 年再版

方豪(*3*)
《复缪彦威先生论北朝俗书》
A Letter in answer to a Letter of Mr Miu Yen-Wei discussing the Foreign Customs Prevalent in the Northern Dynasties
《益世报》（文史副刊），no. 26

冯家昇（*1*）
《火药的发现及其传布》
The Discovery of Gunpowder and its Diffusion.
《史学集刊》，1947 年，5，29
1952 年 6 月 7 日《光明日报》刊登了摘要（历史教学 no. 34）

冯家昇（2）
《回教国为火药由中国传入欧洲的桥梁》
The Muslims as the Transmitters of Gunpowder from China to Europe
《史学集刊》，1949 年，1

冯家昇（*3*）
《读西洋的几种火器史後》
Notes on reading some of the Western Histories of Firearms
《史学集刊》，1947 年，5，279

冯家昇（*4*）
《火药的由来及其传入欧洲的经过》
On the Origin of Gunpowder and its Transmission to Europe
论文收入李光壁、钱君晔文集（另见），p. 33
北京，1955 年

冯家昇（*6*）
《火药的发明和西传》

The Discovery of Gunpowder and its Transmission to the West
华东人民出版社，上海，1954 年
上海人民出版社，上海，1962 年、1978 年修订版

冯家昇 (*8*)
《读西洋的几篇火药火器文後》
Notes on Reading some of the Western Histories of Gunpowder and Firearms
《史学集刊》，1947 年，7，241

傅金铨 (*5*)
《试金石》
On the Testing of (what is meant by) 'Metal' and 'Mineral'
约 1820 年
收入悟真篇四注

岡田登 (*1*)
《中國宋代における火器と火藥兵器》
Chinese Firearms and Guns in the Sung Dynasty
JHPHARM，1981 年，16 (no. 2)，50

岡田登 (*1*)
《中國における爆竹、爆仗、煙火の起源とその初期の發展》
The Origin and Development of Crackers, Fire-Crackers and Fireworks in China
RROWC，1982 年，**15**，63

岡田登 (*1*)
《霹靂火毬の起源と發展》
The Origin and Development of the Thunderbolt Fire-Ball
《富士竹類植物園報告》1980 年，7，66

岡田登 (*1*)
《元代初期における，元軍の中國國内における火器と火藥兵器》
Firearms and Gunpowder Weapons of the Yuan Army used in China at the beginning of the Yuan Period
RROWC，1983 年，**16**，47

高至喜、刘廉银等 (*1*)（编）
《长沙市东北郊古墓葬发掘简报》
Short Report on the Excavations of Tombs (of Warring States and Later Periods) in the North-eastern Suburbs of Chhangsha
《考古通讯》，1959 年 (no. 12)，649

龚振麟 (*1*)
《铁模图说》
Illustrated Account of a Method of (Casting Cannon in Cast-) Iron Moulds
上海，1846 年
再版收入《海国图志》，第 86 卷，第 1 页起

古连泉 (*1*)
《广东高要县发现明初铜铁铳》
Hand-guns of Bronze and Iron, Early Ming in Date, found at Kao-yao Hsien in Kuangtung
《文物》，1981 年，no. 4 (no. 299)，94

管成学、王禹 (*1*)
《从「夸父逐日」谈起；我国古代杰出的科学发明》
'Khua Fu pursuing the sun'; Talks on the Great Scientific Discoveries made in our Country in Older Times. (has a brief account of the Invention of Gunpowder and Firearms)
吉林人民出版社，长春，1978 年

郭化若 (*1*)
《今译新编「孙子兵法」》
A New Transcription of the 'Art of War of Master Sun' into Modern Chinese
人民出版社，北京，1957 年；中华书局，上海，1964 年；上海人民出版社，上海，1977 年

郭正谊 (*1*)
《关於火药发明的一些史料》
Some New Materials on the Discovery of

Gunpowder
《化学通报》，1981 年，no. 6

郭正谊（2）
《孙思邈不是火药发明人》
That Sun Ssu-Mo was not the Discoverer of Gunpowder
《自然辩证法通讯》，1981 年（no. 5），62

郭正谊（3）
《火药发明的新探讨》
New Investigations on the Discovery of Gunpowder
单行本，未说明出处

韩国钧（1）
《吴王张士诚载纪》
A Memoir on Chang Shih-Chheng, Prince of Wu (rebel against the Yuan dynasty, and founder of the short ill-fated dynasty of Chou, +1354 to +1357)
上海，1932 年

何丙郁（1）
《宋明兵书所见的「毒烟」、「毒雾」和「烟幕」》
On the 'Poison-smoke', 'Poison-fog' and 'Smoke-screen', described in the Military Texts of the Sung and Ming Periods
KKPT，1983 年，**2**，1（20 周年纪念专集）

黑田源次（1）
《神機火砲論》
On the Magically Efficacious Weapons (Early Chinese Hand-guns and Bombards)
《满洲学报》（大连），1936 年，4，43
摘要刊登在《史学消息》1937 年，1（no. 4），p. 24

洪焕椿（1）
《十至十三世纪中国科学的主要成就》
The Principal Scientific (and Technological) Achievements in China from the +10th to the +13th centuries (inclusive), [the Sung Period]
《历史研究》，1959 年，5（no. 3），27.
李约瑟的摘要收入 *RBS*，1965 年，5，no. 809

胡建中（1）
《卓隆的盛弹匣》
The Best Type of Magazine for Artillery Pieces (discusses the use of bronze casting, surrounded by cast-iron for cannons in Chhingtewes, "composite castings", called thieh hsin thung 铁心铜)
《紫禁城》，1984 年，no. 2，24

胡林翼（1）
《读史兵略》
Accounts of Battles in the Official Histories
北京，1861 年
参见：陆达杰（1），第 159 页

黄裳（1）
《书的故事》
A Bookman's Reminiscences
《读书》，1979 年，**4**，126

黄天柱、蔡长溪、廖渊泉（1）
《科学家丁拱辰中国近代军火》
The Scientist (and Engineer) Ting Kung-Chhen and Modern Chinese Fire-Weapons
《福建论坛》，1982 年，no. 1，81

吉田光邦（7）
《中国科学技术史论集》
Collected Essays on the History of Science and Technology in China
东京，1972 年

吉田光邦（8）
《宋元の军事技术》
Military Technology in the Sung and Yuan Periods
论文收入 Yabuuehi（26），p. 221

吉田忠（*1*）（编）
《东アジアの科学》
Science and its History in Eastern Asia.
东京，1982 年

姜宸英（*1*）
《湛园札记》
Notes (on the Classics) from the Still Garden.
1829 年

井崎隆兴（*1*）
《元代の竹の専とその施行意義》
On the Bamboo Monopoly [for bows, cross-bows, arrows and even charcoal for gunpowder] in the Yuan period [between +1267 and +1292]
《东洋史研究》1957 年，16，135
摘要刊登在 *RBS*，1962 年，3，no. 263

柯绍忞（*1*）
《新元史》
New History of the Yuan Dynasty (issued as an official dynastic history by Presidentia Order)
北平，1922 年

雷海宗（*1*）
《中国的兵》
The Historical Development of the Chinese Soldier
《社会科学》，1935 年，1，1
英文摘要刊登在 CIB，1936 年，1，5（摘要 no. 12）

李崇州（*3*）
《中团明代的水雷；世界水雷的鼻祖》
The Chinese Naval Mine of the Ming Period; a Pioneer Device in the World History of Naval Mines
《中国科技史料》，1985 年，6（no. 2），32

李迪（*1*）
《中国人民在火箭方面的发明创造》
On the Discovery and Development of Rocket Propulsion among the Chinese People
《力学学报》，1978 年（no. 1），81

李善兰（*1*）
《火器真诀》
Instructions on Artillery
约 1845 年
参见：陆达节（*1*），第 162 页；（*2*），第 19 页

李少一（*1*）
《说炮》
Brief Discourse on Trebuchets
《百科知识》，1981 年，no. 5（no. 22），32（1312）

李岩（*1*）
《从黑火药到现代工业炸药》
From Black Powder to the Contemporary Explosives used in Industry
《百科知识》，1980 年，no. 2，63（143）

李逸友（*1*）
《内蒙古托克托城的考古发现》
Archaeological Discoveries at Thokhto City in Inner Mongolia
《文物资料丛刊》，1981 年，4，210

梁章钜（*1*）
《浪迹丛谈》
Impressions Collected during Official Travels
约 1845

林文照、郭永芳（*1*）
《关于佛郎机火铳最早传入中国的时间考》
Textual Researches on the Date of the spread of the Fo-tang-chi (Portuguese breech-loading culverin) into China
第三届中国科学史国际会议，北京，1984 年，论文 no. 69

林则徐（*1*）

《炸炮法》
On the Manufacture of Artillery Shells
收入《海国图志》，第 87 卷，第 6 页起

刘仙洲（*12*）
《我国古代慢炮、地雷和水雷，自动发火装置的发明》
Chinese Inventions in the Field of the Construction and Timing of Bombs, Land Mines, Sea Moves and Limpet Mines
《文物参考资料》，1973 年，no. 11（no. 210），46

刘尧汉（*1*）
《彝族的火器；葫芦飞雷》
A Fire-weapon of the Yi（Minority）People; the 'Gourd-shaped Flying Thunder'[an explosive bomb containing lead pellets]
收入 Anon（*202*），《中国古代科技成就》，1978 年，第 699 页

龙文彬（*1*）
《明会要》
History of the Administrative Statutes of the Ming Dynasty
约1870 年；1887 年再版
参见：Teng & Biggerstaff（10），p. 163

陆达节（*1*）
《历代兵书目录》
A Bibliography of（Chinese）Books on Military Science [all periods]
南京，1933 年；台北，1970 年再版

陆达节（2）
《中国兵学现存书目；附历代兵书概论》
A Bibliography of Extant Books on Military Science; with an Appended Essay on this genre of literature
广州，1944 年；1949 年再版

陆懋德（*1*）
《中国人发明火药火炮考》
A Study of the Invention of Gunpowder and Gunpowder Weapons by the Chinese
《清华学报》，1928 年，5（no. 10），1489

罗香林（*6*）
《香港新发现南明永历四年所造大炮考》
Researches on a Cannon made in the 4th year of the Yang-Li reign-period of the Southern Ming（+1650）in Hongkong
《大学生活》；1957 年，2（no. 10）

孟森（*1*）
《明代史》
A History of the Ming Period
中华书局，台北，1957 年

缪祐孙（*1*）
《俄游汇编》
Narrative of a journey into Russia（with Diary）
北京，1889 年

南坊平造（*1*）
《火薬は誰が發明したか》
Who Really Invented Explosives?
《工业火药协会志》，1969 年，28（no. 4），322；（no. 5），403

潘吉星（*13*）
《论火箭的起源》
On the Origin of the Rocket
《自然科学史研究》，1985 年，4（no. 1），64
英文摘要刊登在《第三届中国科学史国际会议论文集》，北京，1984 年，论文 no. 68

潘仕成（*1*）
《水雷图说》
Illustrated Account of Sea Mines
广东，1843 年
后收入《海国图志》第 92 和 93 卷

朴惠一（*1*）

《李舜臣龟船의铁装甲과李朝铁甲의现存原型의对比》
Parallelisms between the Iron Cladding of Admiral Yi Sunsin's Combat Turtle-Ships and Extant Iron Armouring of Yi Dynasty [City Gates]
HKH, 1979 年, 1 (no. 1), 27

朴惠一 (*2*)
《李舜臣龟船의铁装甲에对한补遗的注释》
Supplementary Remarks on the Armoured Ironclad Combat Turtle-Ships of Admiral Yi Sunsin (+1592)
HKH, 1982 年, 4 (no. 1), 26

青地林宗 (*1*)
《氣海觀瀾》
A Survey of the Ocean of Pneuma [astronomy and meteorological physics]
日本, 1825 年; 1851 年由川本幸民增补
收入《日本科学古典全書》, 第六册
参见: Tuge Hideomi (1), p. 81

日月、锺永和 (*1*)
《盐水观蜂炮》
'Rocket Hives' in Yen-shui; a Peculiar Tradition
《光华》, 1984 年, 9 (no. 3), 106

三上義夫 (*21*)
《宋の陈规の守城录七投石机の间接射击》
The Shou Chhing Lu (Guide to the Defence of Cities) of Chhen Kuei of the Sung Dynasty, and the Use of Trebuchets
《東京物理學院雜誌》, 1941 年, no. 600

三上義夫 (*22*)
《改算記の彈道問題》
Problems of Ballistics in the Kaisanki (+1659)
《火兵学会志》, 1913 年, 8 (no. 4), 251

三上義夫 (*23*)
《志築忠雄譯「火器發法傳」の彈道問題》
Ballistic Problems in the Kaki Happo-den translated by Shizuki Tadao (from the Dutch)
《火兵学会志》, 1915 年, 10 (no. 1), 1

三上義夫 (*24*)
《小出修喜の彈道に關する研究》
Studies on the Ballistics of Koide Shuki (1847)
《火兵学会志》, 1913 年, 8 (no. 1), 13

三上義夫 (*25*)
《〈氣海觀瀾廣義〉の彈道論》
Ballistics in the Kikai Kanran Kogi (by Kawamoto Komin, following Aoji Rinso)
《火兵学会志》, 1914 年, 9 (no. 4), 117

三上義夫 (*26*)
《池部春常の弹に关する公式》
The Ballistic Formulae of Ikebe Harutsune
《火兵学会志》, 1913 年, 8 (no. 3)

申力生 (*1*) (编)
《中国石油工业发展史》
第一部分, 古代的石油与天然气
A History of the Development of the Oil Industry in China Pt. t Petroleum and Natural Gas in Ancient and Mediaeval Times
石油工业出版社, 北京, 1984 年

矢野仁一 (*1*)
《近代支那政治及文化》
Political and Cultural Trends in China during the Modern Age
东京, 1926 年

谭旦冏 (*1*)
《成都弓箭制作调查报告》
Report of an Investigation of the Bow and Arrow Making Industry in Chhengtu (Szechuan)
《中央研究院历史语言研究所集刊》, 1951 年, 23 (no. 1), 199 (傅斯年纪念文集)

译本：C. Swinburne（未出版）
摘要刊登在 H. Franke (22), p. 238

唐美君 (*1*)
《台湾土著民族之弩及弩之分布与起源》
The Crossbows of the Aboriginal Peoples of Formosa, and the Origin and Diffusion of the Crossbow
《考古人类学刊》, 1958 年, no. 11, 5

田中克己 (*1*)
《对国姓爷战における汉军の役割》
On the Warfare of the Chinese Army at the beginning of the Chhing Dynasty
《和田博士古稀纪念东洋史论丛》, 第 589 页
摘要刊登在 *RBS*, 1968 年 (1961 年的文章), 7, no. 243

屠寄(*1*)
《蒙兀儿史记》
A History of the Mongols
北京, 1912 年

万百五 (*1*)
《我国古代自动装置的原理分析及其成就的探讨》
On certain Automatic Devices and Machines in Ancient (and Medieval) China-A Discussion of their Principles and Achievements
AAS, 1965 年, 3 (no. 2), 57

王奎克、朱晟 (*1*)
《晋代大炼丹家葛洪有关制取单质砷和火药起源问题的记载》
On the Great Alchemist Ko Hung of the Chin Period, and the Problem of Getting Pure Metallic Arsenic in connection with the Origin of Gunpowder
《化学通报》, 1982 年, no. 1

王仁俊 (*1*)
《格致古微》
Scientific Traces in Olden Times
1896 年

王荣(*1*)
《元明火铳的装置复原》
On the Restoration of the Carriage Mountings of the Yuan and Ming Bombards
《文物参考资料》, 1962 年, no. 3 (no. 137), 41

王韬(*1*)
《操胜要览》
A Review of the Important Factors for Gaining Victories (cannon, cannon-founding, gunpowder manufacture, etc.)
清, 约 1870 年
收入《敦怀堂洋务》, 2, 3

王显臣、许保林 (*1*)
《中国古代兵书杂谈》
A Discussion of the Ancient and Mediaeval Chinese Military Books
战士出版社, 北京, 1983 年

王愚(*1*)
《火药的发明人马钧；三国时发明大家之一》
The Inventor of Gunpowder, Ma Chun; one of the Greatest Inventive Geniuses of the Three Kingdoms Period
发表在大约 1944 年—本期刊上, 第 39 页

卫聚贤 (*1*)
《火与火药》
Fire and Fire-Weapons (lit. Gunpowder)
说文社书社, 新竹市, 台湾, 1979 年

魏国忠 (*1*)
《黑龙江阿城县半拉城子出土的铜火铳》
A Bronze Bombard excavated at Pan-la-chhengt-zu in A-cnneng Hsien in Heilungchiang province (datable before +1290 because its accompanying objects were J/Chin in

characte)
《文物参考资料》，1973 年，no. 11 (no. 210)，52

魏源、林则徐 (*1*)
《海国图志》
Illustrated Record of the Maritime [Occidental] Nations
1844 年，1847 年增补，1852 年再次增补，1855 年删节本
有关原著作的问题见：Chhen Chhi- Thien (1) and Hummel (2)，p. 851

魏允恭 (*1*) (编)
《江南制造局记》
A Record of the Kiangnan Arsenal
文宝书局，上海，1905 年

翁同文 (*1*)
《「真元妙道要略」的成书时代及相关的火药史问题》
The Dating of the Chen Yuan Miao Tao Yao Lueh in relation to the History of Gunpowder
《南洋大学学报》，1975 年，**5**，73 (英文摘要 80)

席泽宗 (*6*)
《火箭的家世》
Our Rocket Heritage
《中国新闻》，1962 年 6 月 7 日

向达(*5*)
《两种海道针经》
An Edition of Two Rutters [the Shun Feng Hsiang Sung (Fair Winds for Escort), perhaps c. +1430, from a MS of c: +1575; and the Chih Nan Cheng Fa (General Compass-Bearing Sailing Directions) of c. +1660]
中华书局，北京，1961 年

熊方柩 (*1*)
《火器命中》
Artillery Exercises
约 1850 年
参见：陆达节 (*1*)，第 163 页；(2)，第 19 页

徐继畬 (*1*)
《瀛环志略》
Classified Records of the Encircling Oceans (world geography)
1850 年；1866 年再版

许会林 (*1*)
《中国火药火器史话》
Historical Talks on (the Development of) Gunpowders and Fire-Weapons in China
科学出版社，北京，1986 年

岩崎铁志 (*1*)
《高島流炮術伝播の研究；三河田原藩士村上定平左中心》
AStudy of the Diffusion of the Knowledge of Gunnery from Takeshima, with special reference to the Master Murakami Sadahe of the Tawara Clan (1808 to 1872)
文章收人《东アジアの科学》一书，由吉田忠 (*1*) 编辑，第 109 页

杨泓(*1*)
《中国古兵器论丛》
Ancient Chinese Weapons and War-Gear
文物出版社，北京，1980 年

杨家骆 (*1*)
《大足唐宋石刻》
The Thang and Sung Rock-carved (Temples) at Ta-tsu (Szechuen)
台北，1968 年

杨宽(*1*)
《中国古代冶铁鼓风炉和水力冶铁鼓风炉的发明》
On the Blast Furnaces used for making Cast Iron in Ancient China, and the Invention of

Hydraulic Blowing Engines for them
论文收入李光壁、钱君晔文集（另见），第 71 页
北京，1955 年

杨宽(*6*)
《中国古代冶铁技术的发明和发展》
The Origins, Inventions, and Development of Iron [and steel] Technology in Ancient and Medieval China
人民出版社，上海，1956 年

有坂鉊藏（*1*）
《兵器沿革圖說》
Illustrated Account of the Development of Military Weapons
东京

有坂鉊藏（*2*）
《兵器考》
A Study of Military Armaments, 4 vols.
雄山阁，东京，1935—1937 年

有马成甫（*1*）
《火炮の起源とその传流》
On the Origin and Diffusion of Cannon and Firearms
吉川弘文馆，东京，1962 年

有马成甫、黑田源次（*1*）
《洪武在铭炮にっいて》
On Self-dated Inscribed Cannon of the Hung-Wu reign-period (+1368 to +1398)
《满蒙》，1934 年，16，1

宇田川榕庵（*1*）
《海上砲術全書》
Complete Treatise on Naval Artillery (contains a translation of J. N. Caltin's book (1) on this subject)
东京，约 1847 年

原田淑人、驹井和爱（*1*）
《支那古器图考》
Chinese Antiquities (Pt. t, Arms and Armour; Pt. 2 Vessels [Ships] and Vehicles)
东方文化学院，东京，1937 年

原田淑人、驹井和爱（*2*）
《上都濛古ロニノールに於ける元代都址の调查》
Shangtu; the Summer Capital of the Yuan Dynasty at Dolon Nor, Mongolia
东亚考古学会，东京，1941 年（《东方考古学丛刊》，乙种，no. 2），带英文摘要

张焯焄（*1*）
《七十年来中国兵器之制造》
The Manufacture of Weapons in China during the past Seventy Years
《东方杂志》，1936 年，**33**（no. 2），21（104053）

张维华（*1*）
《明史佛郎机吕宋和兰意大里亚四传注释》
A Commentary on the Four Chapters on Portugal, Spain, Holland and Italy in the History of the Ming Dynasty
《燕京学报》，单行本，no. 7
北平，1934 年

张文虎（*1*）
《舒艺室诗存》
Selected Poems from the Pavilion of Relaxed Aesthetic Contemplation
南京，约 1860 年

张运明（*1*）
《黑火药是用天然硫磺配制的吗》
Was Black (Gun-) Powder made from native Sulphur?
《中国科技史料》，1982 年（no. 1），32

章回(*1*)
《火药的发明》
On the Invention of Gunpowder.

通俗读物出版社，北京，1956 年

赵尔巽和柯劭忞（*1*）
《清史稿》
Draft History of the Chhing Dynasty
北京，1914—1927 年；1927—1928 年刊印

赵铁寒（*1*）
《火药的发明》
On the Invention of Gunpowder
国立历史博物馆，台北，1960 年
附英文摘要，许多地方使人误解
《国立历史博物馆历史文物丛刊》，第一輯，4
李约瑟摘要刊登在 *RBS*，1967 年，6，no. 686

郑绍宗（*1*）
《热河兴隆发现的战国生产工具铸范》
(Cast-Iron) Casting Moulds for Tool Production of the Warring States Period found at Hsing-lung (Hsien) in jehol (Province)
《考古通讯》，1956 年，**2**（no. 1），29

郑为（*1*）
《闸口盘车图卷》
The Scroll-Painting entitled 'The Horizontal Water-Wheels beside the Sluice-Gate' [by Wei Hsien, c. +970]
《文物参考资料》，1966 年（no. 2），17

郑振铎（*1*）（编）
《全国基本建设工程中出土文物展览图录》
Illustrated Catalogue of an Exhibition of Archaeological Objects discovered during the Course of Engineering Operations in the National Basic Reconstruction Programme
展览组委会，北京，1954 年

郑作新（2）
《中国鸟类分布名录 Ⅱ》
A Dictionary of Chinese Birds.
科学出版社，北京，1976 年

锺泰（*1*）
《中国哲学史》
A History of Chinese Philosophy
商务印书馆，上海，约 1930 年

周嘉华（*1*）
《火药和火药武器》
On the History of Gunpowder and Firearms
收入 Anon（*202*），《中国古代科技成就》，1978 年，203

周纬（*1*）
《中国兵器史稿》
A Draft History of Chinese Weapons
遗作，郭宝钧编辑
三联，北京，1957 年

朱启钤、梁启雄和刘儒林（*1*）
《哲匠录》
Biographies of [Chinese] Engineers, Architects, Technologists and Master-Craftsmen (continued)
《中国营造学社汇刊》，1934 年，5（no. 2），74

朱晟（*1*）
《火药砷氧的发现与炼丹术的「伏火」有关》
The Relationship of the Concept of 'Subduing by Fire' in Alchemical Elixir-making to the Discovery of Gunpowder, Arsenic and Oxygen
此为（中国科学技术史学会）第二届化学史会议提交的论文

朱晟、何端生（*1*）
《火药、氧的发现与炼丹术的「伏火」有关》
How the Concept of 'Subduing by Fire' in Alchemical Elixir-making relates to the Discoveries of Gunpowder and Oxygen
复印本，未说明出处，藏于剑桥东亚科学史图书馆

C. 西文书籍和论文

ACKER, WILLIAM R. B. (1). 'The Fundamentals of Japanese Archery.' Pr. pr. Kyoto, 1937 (with introduction in Japanese by Toshisuke Nasu).

ACKROYD, JOYCE (1) (tr.). *Told round a Brushwood Fire; the Autobiography of Arai Hakuseki* (+1657 to +1725). (Writer of the *Honchō Gunkikō*.) Princeton Univ. Press, Princeton, N.J., 1980; Tokyo Univ. Press, Tokyo, 1980. Rev. I. J. McMullen, *JRAS*, 1982 (no. 1), 95.

ADLER, B. (1). 'Das nordasiatische Pfeil; ein Beitrag zur Kenntnis d. Anthropo-Geographie des asiatischen Nordens.' *IAE*, 1901, **14** (Suppl.) 1.

ADLER, B. (2). 'Die Bogen Nordasiens' [including the Chinese bow]. *IAE*, 1902, **15**, 1 (with notes by G. Schlegel, pp. 31 ff. and footnotes in the paper itself by Ratzel and Conrady).

ALEXANDER, A. E. & JOHNSON, P. (1). *Colloid Science.* 2 vols. Oxford, 1949.

ALLAN, SARAH (1). 'Sons of Suns; Myth and Totemism in Early China.' *BLSOAS*, 1981, *44*, 290.

ALLEN, W. G. B. (1). *Pistols, Rifles and Machine-Guns; a Straightforward Explanation of their Mechanism, Construction and Role in Battle.* Eng. Univ. Press, London, 1953.

ALMOND, R., WALCZEWSKI, J., GOSSETT, R. W., MATTHEWS, A. J. & ROFE, B. (1). 'Meteorological Rocket Systems.' *PAA*, 1969, **22**, 29.

AMIOT, J. J. M. *See* de Rochemonteux (1).

AMIOT, J. J. M. (2). 'Sur l'Art Militaire des Chinois.' *MCHSAMUC*, 1782, **7**, 1–397+xx; Supplément, 1782, **8**, 327–75. (The translations of *Sun Tzu Ping Fa* and *Wu Tzu* were first sent to Europe in 1766.) The material of the main part first appeared in a separate book: *Art Militaire des Chinois, ou Recueil d'anciens Traités sur la Guerre, composés avant l'Ère Chrétienne, par différents Généraux Chinois.* Didot and Nyon, Paris, 1772. This prompted the work of de St Maurice & de Puy-Ségur (q.v.). The Supplement was stimulated by remarks in the *Recherches Philosophiques sur les Égyptiens et les Chinois* of de Pauw (q.v.).

ANON. (29). *The Arms and Armour of Old Japan.* Japan Society, London, 1905 (Catalogue of an exhibition).

ANON. (157). 'Feuerwerkbuch (in diesem buch das da heisset das fürwerckbuch).' A collection of gunpowder techniques of many decades from about +1430 onwards, contained in at least five MSS (*see* Partington (5), p. 152). First printed as an appendix to *Flavii Vegetii Renati Vier Büchern von der Ritterschaft.* Augsburg, 1529. Ed. Hassenstein (1).

ANON. (158). *Livre de Canonnerie et Artifice de Feu*, with appendix: 'Petit Traicté contenant plusieurs Artifices du Feu, très-utile pour l'Estat de Canonnerie, recueilly d'un vieil Livre éscrit à la main et nouvellement mis en lumière.' Paris, 1561. The MS in question (Paris BN 4653) is largely a translation of the German *Feuerwerkbuch*, and dates from about +1430. It was entitled: *Le Livre de Secret de l'Art de l'Artillerie et Canonnerie. See* Partington (5), pp. 101, 154.

ANON. (159). 'The Manner of Making Flowers in the Chinese Fire-Workes, illustrated with an elegantly engraved Copper-Plate—from the 4th Volume [just published] of the Memoirs Presented to the Academy of Sciences [at Paris].' *UM*, 1764, **34**, 21.

ANON. (162) *Twentieth-Century Science Fiction Writers.* Macmillan, London, 1982.

ANON. (163). 'China Successfully Launches another Man-made Earth Satellite.' *PKR*, 1976 (no. 50, Dec. 10), 5.

ANON. (164). 'Man Beats Hailstorms.' *PKR*, 1975 (no. 33, Aug. 15), 30.

ANON. (167). 'Apuntes Historicos sobre la Invencion de la Polvora.' *MART*, 1847, **3**, 19.

ANON. (169). 'Quicksilver in China.' *EMJ*, 1907, **84**, 152.

ANON. (170). 'Silver and Gold Mining in China.' *EMJ*, 1888, **46**, 194.

ANON. (196). 'The History of Making Gunpowder.' Art. in T. Sprat (1), 1667, p. 277.

ANON. (197). *How Things Work; the Universal Encyclopaedia of Machines.* 2 vols. Allen & Unwin, London, 1967; Granada–Paladin, London, 1972; reprinted many times. Tr. from the German of 1963 by C. van Amerongen.

APPIER (dit HANZELET), JEAN (1). *La Pyrotechnie de Hanzelet, ou sont representez les plus rare et plus appreuvez Secrets des Machines et des Feux Artificiels propres pour assieger, battre, surprendre et deffendre toutes places.* Bernard, Pont-à-Mousson, 1630.

APPIER (dit HANZELET), JEAN & THYBOUREL, FRANÇOIS, (Maître Chyrurgien), (1). *Receuil de plusieurs Machines Militaires, et Feux Artificiels pour la Guerre, et Récréation. Avec l'Alphabet de Tritemius, par laquelle chacun qui sçait écrire, peut promptement composer congrument en Latin. Aussi le moyen d'escrire la nuict à son amy absent.* Marchant, Pont-à-Mousson, 1620. See Partington (5), p. 176.

ARENDT, W. W. (1). 'The Scythian Stirrup [on the Chertomlyk Vase].' *ESA*, 1934, **9**, 206.

ARPAD, HORVÁTH (1). *Az Agyu Históriája* (A History of Gunpowder) (in Magyar). Zrínyi Katansi Kiadó, Budapest, 1966.

ASHTON, T. S. (1). 'Iron and Steel in the Industrial Revolution.' *MUP*, Manchester, 1924.
ATKINSON, W. C. (1) (tr.). *Camoens' 'The Lusiads'*. Penguin, London, 1952.
ATTWATER, R. *See* Duhr, J. (1), whose book he adapted for English readers.
AUBIN, FRANÇOISE (1) (ed.). *Études Song in Memoriam Étienne Balazs.* Sér. 1: 'Histoire et Institutions' 3 fascicles. Mouton, Paris, 1970–76. Sér. 2: 'Civilisation'. École des Hautes Études en Sciences Sociales, Paris, 1980– .
[AUDOT, L. E.] (1). *L'Art de Faire, à peu de Frais, les Feux d'Artifice.* Paris, 1818.
AYALON, DAVID (1). *Gunpowder and Firearms in the Mamluk Kingdom.* Vallentine Mitchell, London, 1956.
AYALON, DAVID (2). *The Mamlūk Military Society; Collected Studies.* Variorum, London, 1979. Contains a reprint of Ayalon (3).
AYALON, DAVID (3). 'A Reply to Professor J. R. Partington.' *ARAB*, 1963, **10**, 64. Critique of Partington (5).

BADDELEY, F. (1). *The Manufacture of Gunpowder.* HMSO, Waltham Abbey, 1830, 1857.
BAK HAE-ILL. *See* Pak Hae-ill.
BAKER, DAVID (1). *The Rocket; a History and Development of Rocket and Missile Technology.* New Cavendish, London, 1978.
BALAZS, E. & HERVOUET, Y. (1). *A Sung Bibliography.* Chinese University Press, Hongkong, 1978.
BALBI DA CORREGGIO, FRANCISCO. *See* di Correggio, F. Balbi (1).
BALFOUR, H. (3). 'On the Structure and Affinities of the Composite Bow.' *JRAI*, 1889, **19**, 220.
BALFOUR, H. (4). 'On a Remarkable Ancient Bow and Arrows believed to be of Assyrian Origin.' *JRAI*, 1897, **26**, 210.
BALFOUR, H. (5). 'The Archer's Bow in the Homeric Poems.' *JRAI*, 1921, **51**, 291.
BALL, J. DYER (1). *Things Chinese; being Notes on Various Subjects connected with China.* Hongkong, 1892; Murray, London, 1904; 5th ed. revised by E. T. C. Werner, Kelly & Walsh, Shanghai, 1925; repr. London, 1926.
BANKS, G. (1). 'Chinese Guns.' *ILN*, 1861, 325 (5 Apr.).
BARBA, ALVARO ALONZO (1). *El Arte de los Metales.* Madrid, 1640. Fr. tr. *Métallurgie, ou l'Art de tirer et de purifier les Métaux.* Paris, 1751.
BARBOSA, DUARTE (1). *A Description of the Coasts of East Africa and Malabar in the Beginning of the +16th Century, by D. B., a Portuguese.* Eng. tr. from a Spanish MS, by H. E. J. Stanley (Lord Stanley of Alderley). Hakluyt Society, London, 1866 (Hakluyt Soc. Pubs., 1st ser., no. 35). Eng. tr. from the Portuguese, by Hakluyt Society, London, 1918 (Hakluyt Soc. Pubs., 2nd. ser., no. 44).
BARBOTIN, A. (1). *L'Industrie des Pétards au Tonkin.* Paris, 1913.
BARNETT, R. D. & FALKNER, M. (1). *The Sculptures of Aššur-naṣir-apli II* (Ashurnasirpal; r. –883 to –859), *Tiglath-pileser III and Esarhaddon from the Central and Southwest Palaces at Nimrud.* London, 1962.
BAROWA, I. & BERBELICKI, WL. (1). *The Polish Scientific Book of the +15th to +18th Centuries; Exhibition Catalogue of the Jagellonian Library* [on the occasion of the International Congress of the History of Science]. Kraków, 1965.
BARROW, SIR JOHN (1). *Travels in China, containing Descriptions, Observations and Comparisons, made and collected in the Course of a Short Residence at the Imperial Palace of Yuen-Min-Yuen, and on a subsequent Journey through the Country from Pekin to Canton; in which it is attempted to appreciate the Rank that this Extraordinary Empire may be considered to Hold in the Scale of Civilised Nations.* Cadell & Davies, London, 1804. German tr. 1804; French tr. 1805; Dutch tr. 1809.
BASTIAN, A. (1). 'Die Völker des ostlichen Asiens; Studien und Reisen', 6 vols. Vol. 6. *Reisen in China; von Peking zur mongolischen Grenze, und Rückkehr nach Europa.* Hermann Costenoble, Jena, 1871.
BATE, JOHN (1). *The Mysteryes of Nature and Art: conteined in foure severall Tretises, the first of Water Workes, the second of Fyer Workes, the third of Drawing, Colouring, Painting and Engraving, the fourth of Divers Experiments, as wel serviceable, as delightful; partly collected, and partly of the authors peculiar practice and invention.* Harper, Mab, Jackson & Church, London, 1634, 1635, 1654. Photolitho reproduction, Theatrum Orbis Terrarum, Amsterdam, 1977 (The English Experience, no. 845). Bibliography in John Ferguson (2).
BAUERMEISTER, H. (1). 'Geschichte d. See-mine.' *BGTI/TG*, 1938, **27**, 98.
BEAL, S. (4). 'Account of the *Shui Lui* [*Shui Lei*] or Infernal Machine, described in the 58th volume [chapter] of the *Hoi Kwak To Chi* [*Haikuo Thu Chih*].' *JRAS* (trans.)/*NCB* 1859, **2** (no. 6), 53.
BEAZLEY, C. R. (3). *The Texts and Versions of John de Plano Carpini and William de Rubruquis.* Hakluyt Society, London, 1903.
BECK, T. (1). *Beiträge z. Geschichte d. Maschinenbaues.* Springer, Berlin, 1900.
BELL OF ANTERMONY, JOHN (1). *Travels from St Petersburg in Russia to Diverse Parts of Asia.* Vol. 1, *A Journey to Ispahan in Persia,* 1715 to 1718; *Part of a Journey to Pekin in China, through Siberia,* 1719 to 1721. Vol. 2, *Continuation of the Journey between Mosco and Pekin; to which is added, a translation of the Journal of Mr de Lange, Resident of Russia at the Court of Pekin,* 1721 and 1722, etc., etc. Foulis, Glasgow, 1763; repr. 1806. Repr. as *A Journey from St Petersburg to Pekin,* ed. J.L. Stevenson. University Press, Edinburgh, 1965.
BERGMAN, FOLKE (3). 'A Note on Ancient Laminar Armour.' *ETH*, 1936, **1** (no. 5).

BERNAL, J. D. (1). *Science in History.* Watts, London, 1954 (Beard Lectures at Ruskin College, Oxford, 1948). Repr. 4 vols. Penguin, London, 1969.

BERNAL, J. D. (2). *The Extension of Man; a History of Physics before 1900.* Weidenfeld & Nicolson, London, 1972. (Lectures at Birkbeck College, London, posthumously published.)

BERNAL, J. D. (3). *The Social Function of Science.* Routledge, London, 1939.

BERNARD, W. D. (1). *Narrative of the Voyages and Services of the 'Nemesis' from 1840 to 1843, and of the Combined Naval and Military Operations in China; comprising a complete account of the Colony of Hongkong, and Remarks on the Character of the Chinese, from the Notes of Cdr. W. H. Hall R.N., with personal observations.* 2 vols. Colburn, London, 1844.

BERNARD-MAITRE, H. (7). 'L'Encyclopédie Astronomique du Père Schall, *Chhung-Chêng Li Shu* (+1629) et *Hsi Yang Hsin Fa Li Shu* (+1645). La Réforme du Calendrier Chinois sous l'Influence de Clavius, Galilée et Kepler.' *MS*, 1937, **3**, 35, 441.

BERNARD-MAITRE, H. (18). 'Les Adaptations Chinoises d'Ouvrages Européens; Bibliographie chronologique depuis la venue des Portugais à Canton jusqu'à la Mission française de Pékin (+1514 à +1688).' *MS*, 1945, **10**, 1–57, 309–88.

BERNIER, FRANÇOIS (1). *Bernier's Voyage to the East Indies; containing The History of the Late Revolution of the Empire of the Great Mogul; together with the most considerable passages for five years following in that Empire; to which is added A Letter to the Lord Colbert, touching the extent of Hindostan, the Circulation of the Gold and Silver of the world, to discharge itself there, as also the Riches Forces and Justice of the Same, and the principal Cause of the Decay of the States of Asia—with an Exact Description of Delhi and Agra; together with* (1) *Some Particulars making known the Court and Genius of the Moguls and Indians; as also the Doctrine and Extravagant Superstitions and Customs of the Heathens of Hindustan,* (2) *The Emperor of Mogul's Voyage to the Kingdom of Kashmere, in 1664, called the Paradise of the Indies...* Dass (for SPCK), Calcutta, 1909. [Substantially the same title-page as the editions of 1671 and 1672.]

BERNINGER, E. H. (1). Introduction to the *Vollkommene Geschütz-, Feuerwerck-, und Büchsenmeisterey-Kunst* (+1676) *of Casimir Siemienowicz* (d. +1650). Akad. Druck u. Verlagsanstalt, Graz, 1976. (Veröfftl. d. Forschungsinst. d. Deutschen Museums, A, 186.)

BERNOULLI, JOHANNES, the elder (1). *Dissertatio de Effervescentia et Fermentatione nova hypothesi fundata.* Bertsch, Basel, 1690. Often reprinted with *De Motu Musculorum*, e.g. Venice, 1721. Also in *Opera Omnia*, Lausanne & Geneva, 1742.

BERTHELOT, M. (4). 'Pour l'Histoire des Arts Mécaniques et de l'Artillerie Vers la Fin du Moyen Age (I).' *ACP*, 1891 (6e sér.), **24**, 433. (Descr. of Latin MS Munich, no. 197, the Anonymous Hussite engineer (German), *c.* +1430; of Ital. MS Munich, no. 197: Marianus Jacobus Taccola of Siena, *c.* +1440; of *De Machinis*, Marcianus, no. XIX, 5, *c.* +1449; and of *De Re Militari*, Paris, no. 7239: Paulus Sanctinus, *c.* +1450, the MS from Istanbul.)

BERTHELOT, M. (5). 'Histoire des Machines de Guerre et des Arts Mécaniques au Moyen Age; (II) Le Livre d'un Ingénieur Militaire à la Fin du 14ème Siècle.' *ACP*, 1900 (7e sér.), **19**, 289. (Descr. of MS *Bellifortis*, Göttingen, no. 63, Phil. K. Kyeser +1395 to +1405 and of Paris, MS no. 11015, Latin, Guido da Vigevano, *c.* +1335.)

BERTHELOT, M. (6). 'Le Livre d'un Ingénieur Militaire à la Fin du 14ème Siècle.' *JS*, 1900, 1 & 85. (Konrad Kyeser and his *Bellifortis.*)

BERTHELOT, M. (7). 'Sur le Traité *De Rebus Bellicis* qui accompagne le *Notitia Dignitatum* dans les Manuscrits.' *JS*, 1900, 171.

BERTHELOT, M. (8). 'Les Manuscrits de Léonard da Vinci et les Machines de Guerre.' *JS*, 1902, 116. (Argument that L. da Vinci knew the drawings in the +4th-century anonymous *De Rebus Bellicis* and also many inventions and drawings of them by the +14th- and early +15th-century military engineers.)

BERTHELOT, M. (9). 'Les Compositions Incendiaires dans l'Antiquité et Moyen Ages.' *RDM*, 1891, **106**, 786. Crit. Fêng Chia-Shêng (**8**).

BERTHELOT, M. (10). *La Chimie au Moyen Age*; vol. 1, *Essai sur la Transmission de la Science Antique au Moyen Age* (Latin texts). Impr. Nat. Paris, 1893. Photo-repr. Zeller, Osnabrück; Philo, Amsterdam, 1967. Rev. W. P[agel], *AX*, 1967, **14**, 203.

BERTHELOT, M. (12). 'Archéologie et Histoire des Sciences; avec Publication nouvelle du Papyrus Grec chimique de Leyde, et Impression originale du *Liber de Septuaginta* de Geber.' *MRAS/P*, 1906, **49**, 1–377. Sep. pub. 197.

BERTHELOT, M. (13). *Sur la Force des Matières Explosives d'après la Thermochimie.* 3rd ed. Paris, 1883. Vol. 1, pp. 352 ff. has section: 'Des Origines de la Poudre et des Matières Explosives'. Crit. Fêng Chia-Shêng (**8**).

BERTHELOT, M. (14). 'Histoire des Corps Explosifs' (review of S. J. M. von Romocki's book). *JS*, 1895, 684.

BERTHELOT, M. & DUVAL, R. (1). *La Chimie au Moyen Age*; vol. 2. *l'Alchimie Syriaque.* Impr. Nat. Paris, 1893. Photo-repr. Zeller, Osnabrück; Philo, Amsterdam, 1967. Rev. W. P[agel], *AX*, 1967, **14**, 203.

BERTHELOT, M. & HOUDAS, M. O. (1). *La Chimie au Moyen Age*: vol. 3, *l'Alchimie Arabe*. Impr. Nat. Paris, 1893. Photo-repr. Zeller, Osnabrück; Philo, Amsterdam, 1967. Rev. W. P[agel], *AX*, 1967, **14**, 203.

BEVERIDGE, H. (1). 'Oriental Crossbows.' *AQR*, 1911, **32** (no. 3), 344.

BIBILASHVILI, N. S. *et al.* (1). *Anti-hail Rockets and Shells*. Proc. WMO/IAMAP Scientific Conference on Weather Modification, Tashkent, Oct. 1973. (WMO Paper no. 399, 1974, pp. 333–41.)

BINGHAM, Cdr. J. ELLIOTT (1). *Narrative of the Expedition to China, from the Commencement of the War to the present Period.* 2 vols. Colburn, London, 1842.

BIOT, E. (18). 'Mémoire sur les Colonies Militaires et Agricoles des Chinois.' *JA*, 1850 (4e Ser.), **15**, 338 & 529.

BIRCH, THOMAS (1). *The History of the Royal Society of London, for Improving of Natural Knowledge, from its first rise; in which The most considerable of those Papers communicated to the Society, which have hitherto not been published, are inserted in their proper order, As a Supplement to the Philosophical Transactions.* 4 vols. Millar, London, 1756–7.

BIRINGUCCIO, VANNOCCIO (1). *Pirotechnia*. Venice, 1540, 1559. Eng. tr. C. S. Smith & M. T. Gnudi, Amer. Inst. Mining Engineers, New York, 1942. Account in Beck (1), ch. 7. *See* Sarton (1), vol. 3, p. 1554, 1555. Bibliography in John Ferguson (2).

BIRKENMAIER, A. (2). 'Zur Lebensgeschichte und wissenschaftlichen Tätigkeit von Giovanni Fontana (*c.* +1395 bis *c.* +1455).' *ISIS*, 1932, **17**, 34.

BISHOP, C. W. (10). 'Notes on the Tomb of Ho Chhü-Ping' [Han general, d. –117]. *AA*, 1928, **4**, 34.

BISHOP, C. W. (11). 'The Horses of Thang Thai Tsung; on the Antecedents of the Chinese Horse.' *MUJ* 1918, **9**, 244.

BISHOP, C. W. (14). 'An Ancient Chinese Cannon.' *ARSI*, 1940, 431 (and pl. 10).

BISSET, N. G. (1). 'Arrow Poisons in China, Pt. I.' *JEPH*, 1979, **1**, 325.

BISSET, N. G. (2). 'Arrow Poisons in China, Pt. II; *Aconitum*, its Botany, Chemistry and Pharmacology.' *JEPH*, 1981, **4**, 247.

BISWAS, ASIT K. (3). *A History of Hydrology*. North-Holland, Amsterdam and London, 1970.

BLACKMORE, HOWARD L. (1). *Guns and Rifles of the World*. Batsford, London, 1965.

BLACKMORE, HOWARD L. (2). *The Armouries of the Tower of London; I. Ordnance*. HMSO, for the Dept. of the Environment, London, 1976.

BLACKMORE, HOWARD L. (3). 'The Seven-Barrel Guns.' *JAAS*, 1954, **1** (no. 10), 165.

BLACKMORE, HOWARD L. (4). *Firearms*. Dutton Vista, New York, 1964; Studio Vista, London, 1964.

BLACKMORE, HOWARD L. (5). *Hunting Weapons*. Walker, London, 1971.

BLAIR, C. (1). 'A Note on the Early History of the Wheel-Lock.' *JAAS*, 1961, **3**, 221.

BLOCH, M. R. (5). 'Two Ancient Saltpetre Plants by the Dead Sea.' Introduction to *Report on the Excavations at Um Baraque* [on the Western Coast of the Dead Sea], by M. Gichon. In the press.

BLOCHET, E. (2). *Introduction à l'Histoire des Mongols* (tr. from the *Jami 'al-Tawārīkh* of Fadl Allah Raschid ed-Din al-Hamadānī), E. J. W. Gibb Memorial series, vol. XII. Leyden, London, 1910.

BÖCKMANN, F. (1). *Die Explosiven Stoffe*... Hartleben, Leipzig, 1880.

BODDE, DERK (25). *Festivals in Classical China: New Year and Other Annual Observances During the Han Dynasty*, 206 B.C.–A.D. 220. Princeton Univ. Press, 1975.

BOEHEIM, WENDELIN (1). *Handbuch d. Waffenkunde; das Waffenwesen in seiner historischen Entwickelung vom Beginn des Mittelalters bis zum Ende des 18. Jahrhunderts*. Seemann, Leipzig, 1890. Photolitho reprint, Zentralantiquariat d. Deutschen Demokratischen Republik, Leipzig, 1982.

BOERHAAVE, H. (1). *Elementa Chemiai, quae anniversario labore docuit, in publicis, privatisque, scholis.* 2 vols. Severinus and Imhoff, Leiden, 1732. Eng. tr. by P. Shaw: *A New Method of Chemistry; including the History, Theory and Practice of the Art.* 2 vols. Longman, London, 1741, 1753.

BOGUE, R. H. (1). *The Chemistry and Technology of Gelatin and Glue*. McGraw-Hill, New York, 1922.

BONAPARTE, PRINCE NAPOLÉON-LOUIS & FAVÉ, Col. I. (1). *Études sur le Passé et l'Avenir de l'Artillerie.* 4 vols., the first two written by Bonaparte, the second two by Favé, on the basis of the emperor's notes. Dumaine, Paris, 1846–51 and 1862–63. Vol. 1. First Part, chs. 1–4, Artillery on the Battlefield 1328 to 1643. Vol. 2. Second Part, chs. 1–4, Artillery in Siege Warfare 1328 to 1643. Vol. 3. Third Part, chs. 1–9, History of Gunpowder and Artillery to 1650. Vol. 4. Third Part, chs. 10–14, History of Artillery 1650–1793. Schneider (1) p. 10 gives date and place of first publication Liège, 1847 and Sarton (1), vol. 3, p. 726, describes 6 vols to 1871.

BONGARS, JACQUES (1) (ed.). *Gesta Dei per Francos, sive Orientalium Expeditionum, et Regni Francorum Hierosolimitani Historia.* 2 vols. Hannover, 1611.

BOODBERG, P. A. (5). *The Art of War in Ancient China; a Study based upon the 'Dialogues of Li, Duke of Wei'* [*Li Weikung Wên Tui*]. Inaug. Diss., Berkeley, 1930.

BOOTS, J. L. (1). 'Korean Weapons and Armour [including Firearms].' *JRAS/KB*, 1934, **23** (no. 2), 1–37.

BORNET, P. (1). 'La Préface des *Novissima Sinica*.' *MS*, 1956, **15**, 328.

BORNET, P. (2). 'Au Service de la Chine; Schall et Verbiest, maîtres-fondeurs, I. Les Canons.' *BCP*, 1946 (no. 389), 160.

BORNET, P. (3) (tr.). '"Relation Historique" [de Johann Adam Schall von Bell S.J.]; Texte Latin avec Traduction française.' Hautes Études, Tientsin, 1942 (part of *Lettres et Mémoires d'Adam Schall S.J.*, ed. H. Bernard-[Maître]).

BOSIO, GIACOMO (1). *Dell'Istoria della Sacra Religione e Illustra Militia di San Giovanni Gierosolimitano.* 2 vols. Rome, 1594.

BOSMANS, H. (2). 'Ferdinand Verbiest, Directeur de l'Observatoire de Pékin.' *RQS*, 1912, **71**, 196 & 375. Sep. pub. Louvain, 1912.

BOSMANS, H. (4). *Documents relatifs à Verbiest.* Bruges, 1912.

BOURNE, WILLIAM (2). *The Art of Shooting in Great Ordnaunce.* London, 1587.

BOURNE, WILLIAM (3). *Inventions or Devises, Very Necessary for all Generalles and Captaines, or Leaders of Men, as wel by Sea as by Land, Written by W.B.* Woodcock, London, 1578.

BOVILL, E. W. (1). 'Queen Elizabeth's Gunpowder.' *MMI*, 1947, **33** (no. 3), 179.

BOWERS, F. (1). *The Dramatic Works in the Beaumont & Fletcher Canon.* 2 vols. Cambridge, 1966.

BOXER, C. R. (7). *The Christian Century in Japan.* Univ. Calif. Press, Berkeley, Calif., 1951.

BOXER, C. R. (8). 'Notes on Chinese abroad in the Late Ming and Early Manchu Periods, compiled from contemporary European Sources (+1500 to +1700).' *TH*, 1939, 454.

BOXER, C. R. (11). 'Asian Potentates and European Artillery in the +16th to +18th Centuries; a Footnote to Gibson-Hill.' *JRAS/M*, 1965, **38**, 156.

BOXER, C. R. (12). 'Portuguese Military Expeditions in aid of the Ming against the Manchus, +1621 to +1647.' *TH*, 1938, 24.

BOXER, CAPT. [EDWARD] (1). *The Congreve Rocket.* 1853. Pr. in *Treatise on Artillery* as Sect. 1, pt. 2. Eyre & Spottiswoode, London, 1860. Repr. Museum Restoration Service, Ottawa, 1970.

BOYLE, J. A. (1) (tr.). *The 'Ta'rīkh-ī Jahān-Gushā' (History of the World Conqueror, Chingiz Khan), by 'Alā'al-Dīn 'Aṭā-Malik [al-]Jurvaynī [+1233 to +1283].* 2 vols. Harvard Univ. Press, Cambridge, Mass., 1958.

BOYLE, ROBERT (6). *New Experiments Physico-Mechanicall touching the Spring of the Air.* Oxford, 1660.

BOYLE, ROBERT (7). *A Continuation of New Experiments Physico-Mechanicall touching the Spring and Weight of the Air.* Oxford, 1669.

BOYLE, ROBERT (8). *Some Considerations touching the Usefulnesse of Experimental Natural Philosophy, propos'd in a Familiar Discourse to a Friend, by way of Invitation to the Study of it.* Hall & Davis, Oxford, 1663; 2nd ed. 1664.

I, Pt. 1, 126 pp. followed by an index. Pt. 2, Sect. 1, 416 pp. followed by 'Citations Englisht'. Pt. 2, Sect. 2 (1671), 'Generall Considerations', followed by separate title-pages for:

II, 'Of the Usefulnesse of Mathematicks to Naturall Philosophy'.

III, 'Of the Usefulnesse of Mechanicall Disciplines to Naturall Philosophy'.

IV, 'That the Goods of Mankind may be much encreased by the Naturalists Insight into Trades' (with an Appendix).

V, 'Of doing by Physicall Knowledge what is wont to require Manuall Skill'.

VI, 'Of Mens great Ignorance of the Uses of Naturall Things'.

BRACKENBURG, SIR HENRY (1). 'Ancient Cannon in Europe; Pt. 1, from their First Employment to +1350.' *PRAI*, 1865-6, **4**, 287. Pt. 2 'From +1351 to +1400'. *PRAI*, 1867, **5**, 1.

BRADFORD, ERNLE (1). *The Great Siege; Malta, +1565.* Hodder & Stoughton, London, 1961; Penguin, London, 1964; repr. 1966, 1968, 1970, 1971.

BRADFORD, ERNLE (2). *The Shield and the Sword; the Knights of Malta.* Hodder & Stoughton, London, 1972; Penguin, London, 1974.

BRAUDEL, F. (2). *Civilisation Matérielle et Capitalisme (+15ᵉ au +18ᵉ Siècle).* 2 vols. Colin, Paris, 1967. (Deals with the early history of artillery in vol. 1, pp. 294 ff.)

VON BRAUN, WERNHER & ORDWAY, FREDERICK I. (1). *The Rockets' Red Glare; an Illustrated History of Rocketry through the Ages.* Anchor Doubleday, New York, 1976.

VON BRAUN, WERNHER & ORDWAY, FREDERICK I. (2). *A History of Rocketry and Space Travel.* Nelson, London, 1966. (With illustrations by H. H. K. Lange.)

BREDON, J. & MITROPHANOV, I. (1). *The Moon Year; a Record of Chinese Customs and Festivals.* Kelly & Walsh, Shanghai, 1927.

BREDT, CLAYTON (1). 'Fighting for Fun, and in Earnest' (Notes on the History of Martial Arts, Gunpowder and Firearms in China). *HEM*, 1977, **21** (no. 10), 9.

BREWER, J. S. (1) (ed.). *Fr. Rogeri Bacon: 'Opus Tertium, Opus Minus, Compendium Philosophiae'.* Longman Green Longman & Roberts, London, 1859 (Rolls Series no. 15).

BREWER, W. H. (1). *Up and down California in 1860-64* [a journal], ed. F. P. Farquhar. New York, 1900.

BRINK, C. O. (2). *Horace on Poetry*, with text of *De Arte Poetica.* 3 vols. Cambridge, 1963, 1971, 1982.

BROCK, A. St H. (1). *A History of Fireworks.* Harrap, London, 1949.

BROCK, A. St H. (2). *Pyrotechnics; the History and Art of Firework Making.* O'Connor, London, 1922.

BROCKBANK, W. (1). *Ancient Therapeutic Arts.* Heinemann, London, 1954. (Fitzpatrick Lectures, Royal College of Physicians, 1950-1.)

BROMEHEAD, C. E. N. (9). 'Mining and Quarrying [from Early Times to the Fall of the Ancient Empires].' Art. in *A History of Technology*, ed. C. Singer *et al.*, Oxford, 1954, vol. 1, p. 558.

BROWN, DELMER M. (1). 'The Impact of Firearms on Japanese Warfare, +1543 to +1598.' *FEQ*, 1947, **7**, 236.

BROWN, M. L. (1). *Firearms in Colonial America; the Impact on History and Technology, 1492 to 1792*. Smithsonian Inst. Press, Washington, D.C., 1980. Rev. V. Foley, *TCULT*, 1982, **23**, 118.

BUCK, P. (1) (tr.). *All Men are Brothers (Shui Hu Chuan)*. London, 1937. A translation based on the 70-chapter version but without the verses.

BUCKLE, H. T. (1). *A History of Civilisation in England*. 2 vols. Parker, London, 1857.

BUDGE, SIR E. A. WALLIS (2). *The Monks of Kûblâi Khân, Emperor of China; or, The History of the Life and Travels of Rabban Ṣawmâ, Envoy and Plenipotentiary of the Mongol Khâns to the Kings of Europe, and Markôs who as Mâr Yahbh-Allâhâ III became Patriarch of the Nestorian Church in Asia; translated from the Syriac...* Religious Tract Society, London, 1928. Reprod. AMS Press, New York, 1973. (Tr. from *Yish'iata demār Yahbalādha vderaban Ṣauma.*)

BUEDELOR, W. (1). *Geschichte der Raumfahrt*. Sigloch, Kuenzelsau, 1979. Rev. E. F. M. Rees, *TCULT* 1981, **22** (no. 4), 816.

BULL, H. B. (1). *Physical Biochemistry*. Wiley, New York, 1943.

BURTON, SIR RICHARD (1). *The Book of the Sword*. Chatto & Windus, London, 1884.

BURTT, JOSEPH (1). 'Extracts from the Pipe Roll of the Exchequer for 27 Edw. III (+1353) relating to the Early Use of Guns and Gunpowder in the English Army.' *ARJ*, 1862, **19**, 68.

BUTLER, A. R., GLIDEWELL, C. & NEEDHAM, JOSEPH (1). 'The Solubilisation of Cinnabar; Explanation of a Sixth-Century Chinese Alchemical Recipe.' *JCR(S)*, 1980, 47; *(M)*, 1980, 0817–0832.

BUTLER, A. R. & NEEDHAM, JOSEPH (1). 'An Experimental Comparison of the East Asian, Hellenistic and Indian (Gandhāran) stills in relation to the Distillation of Ethanol and Acetic Acid.' *AX*, 1980.

BYRON, ROBERT (1). *The Byzantine Achievement; an historical perspective A.D. 330–1454*. London, 1929.

CABLE, M. & FRENCH, F. (1). *The Gobi Desert*. Hodder & Stoughton, London, 1942; Macmillan, New York, 1944.

CADONNA, A. (1). 'Astronauti' Taoisti da Chhang-an alla Luna; Note sul Manoscritto di Dunhuang S 6836 alla Luce di alcuni Lavori di Edward H. Schafer.' *OV*, 1983.

'Cafari et Continuatorum Annales Januae.' *See* Pertz, G. H. (1).

CAHEN, C. (1) 'Un Traité d'Armurerie composé pour Saladin' (Salaḥ al-Dīn, +1138/+1193) (the *al-Tabṣira...fī'l Ḥurūb....* (Explanations of Defence and Descriptions of Military Equipment) written by Murdā ibn 'Alī ibn Murdā al-Tarsūsī, an Armenian of Alexandria, about +1185). *BEO/IFD*, 1947, **12**, 103.

CAILLOIS, R. (1) 'Lois de la Guerre en Chine' (a study of *Sun Tzu*, *Wu Tzu*, *Ssuma Ping Fa*, etc. after Amiot, 2). *PVS*, 1956, 16

CAILLOT, A. (1). *Curiosités Naturelles, Historiques et Morales de l'Empire de la Chine; ou, Choix des Traits les plus Intéressans de l'Histoire de ce Pays, et des Relations des Voyageurs qui l'ont-Visité, à l'Usage de la Jeunesse*. 2 vols. Ledentu, Paris, 1818.

CALTEN, J. N. (1). *Leiddraad bij het Onderrigt in dè Zee-artillerie...* Zweesaardt, Amsterdam, 1832. 2nd ed. 1847.

CAMDEN, WILLIAM (1). *Remaines concerning Britaine, reviewed, corrected and encreased*. Legatt & Waterson, London, 1614.

DE CAMOENS, LUIS (1). *Os Lusiados*. Lisbon, 1572 (facsimile Lisbon, 1943). Eng. trns. *see* Fanshawe, R. (1); Aubertin, J. J. (1) (with Portuguese); Burton, R. F. (2); Atkinson, W. C. (1) (prose); Mickle, W. J. (1) (Popian couplets, not recommended, and contains insertions and deletions, but with interesting notes).

CARDWELL, D. S. L. (1). *Steam Power in the +18th Century; a Case Study in the Application of Science*. Sheed & Ward, London, 1963. (Newman History & Philosophy of Science Series, no. 12.)

CARDWELL, ROBERT (1). 'Pirate-Fighters of the South China Sea.' *NGM*, 1946, **89** (no. 6), 787.

CAREY, W. (1). 'An Account of the Funeral Ceremonies of a Burman Priest.' *ASKR*, 1816, **12**, 186.

CARNAT, G. (1). *Le Fer à Cheval à travers l'Histoire et l'Archéologie; contributions à l'histoire de la Civilisation*. Paris, 1951.

CARON, FRANÇOIS & SCHOUTEN, JOOST (1). *A True Description of the Mighty Kingdoms of Japan and Siam. Written...in Dutch... and now rendred into English by Capt. Roger Manley*. London, 1663, 1671. Repr. ed. C. R. Boxer, Argonaut, London, 1935.

CARPEAUX, C. (1). *Le Bayon d'Angkor Thom; Bas-Reliefs publiés... d'après les documents recueillis par le Mission Henri Dufour*. Leroux, Paris, 1910.

CASIRI, M. (1). *Bibliotheca Arabico-Hispana Escurialensis sive Librorum Omnium MSS quos Arabicè ab Auctoribus magnam partem Arabo-Hispanis compositos Bibliotheca Coenobii Escurialensis complectitur. Recensio et Explanatio Operâ et Studio Michaelis Casiri*. 2 vols. Madrid, 1770.

CELLINI, BENEVENUTO (1). Autobiography, *Vita di Benvenuto Cellini, Orefice e Scultore Fiorentino, da lui medesimo Scritta*. Ed. N. Bettoni. Milan, 1821. Eng. tr. by R. H. H. Cust. 2 vols. Bell, London, 1910.

CHABOT, J. B. (1). *Histoire de Mar Jabalaha III*. Paris, 1895.

CHABOT, J. B. (2). 'Note sur les Relations du Roi Arghun [the Mongol Ilkhan of Persia] avec l'Occident.' *ROL*, 1894, **2**, 570.

CHAKRAVARTI, P. C. (1). *The Art of War in Ancient India*. Dacca, 1941.

CHAMBERS, JAMES (1). *The Devil's Horsemen; the Mongol Invasion of Europe*. Weidenfeld & Nicolson, London, 1979.

CHAN HOK-LAM. *See* Chhen Ho-Lin.

CHANG THIEN-TSÊ (1). *Sino-Portuguese Trade from +1514 to +1644; a Synthesis of Portuguese and Chinese Sources*. Brill, Leyden, 1933; repr. 1969.

CHAVANNES, E. (20). 'Une Stèle de l'Année +554' in *Six Monuments de la Sculpture Chinoise*. van Oest, Paris & Brussels, 1914 (Ars Asiatica, no. 2).

CHAVANNES, E. (22). 'Leou Kî [Lou Chi] et Sa Famille.' *TP*, 1914, **15**, 193. (Includes a discussion of Lou Chi's descendant, Lou Chhien-Hsia, who held Nan-ning against the Mongols for the Sung, and who blew up his men and himself with gunpowder bombs in +1277, seeing that further resistance was useless.)

CHÊNG CHEN-TO (1). 'Building the New, Uncovering the Old.' *CREC*, 1954, **3** (no. 6), 18.

CHÊNG LIN (2) (tr.). *The Art of War, a Military Manual [Sun Tzu Ping Fa] written c.* −510 (with original Chinese Text). World Encyclopaedia Institute, Chungking, 1945. Repr. World Book Co., Shanghai, 1946.

CHÊNG TÊ-KHUN (18). 'Cannons of the Opium War on the Campus of Amoy University, Fukien.' *CJ*, 1937. Adapted from *Hsia-Mên Ta-Hsüeh Hsiao-Chih Khao* (in Chinese). *BAU*, 1936, **22** (no. 15), 3. Repr. in Chêng Tê-Khun (19), p. 119.

CHÊNG TÊ-KHUN (19). *Studies in Chinese Archaeology*. Chinese Univ. Press, Shatin, Hongkong, 1982 (Centre for Chinese Archaeology and Art Studies Series, no. 3).

CHERONIS, N. D. (1). 'Chemical Warfare in the Middle Ages; Kallinikos' "Prepared Fire".' *JCE*, 1937, **14**, 360.

CHERTIER, F. M. (1). *Nouvelles Recherches sur les Feux d'Artifice*. Paris, 1854.

CHHEN CHHI-THIEN (1). *Liu Tsê-Hsü; Pioneer Promoter of the Adoption of Western Means of Maritime Defence in China*. Dept. of Economics, Yenching Univ., Vetch (French Bookstore), Peiping, 1934. ([Studies in] Modern Industrial Technique in China, no. 1.)

CHHEN CHHI-THIEN (2). *Tsêng Kuo-Fan; Pioneer Promoter of the Steamship in China*. Dept. of Economics, Yenching Univ., Vetch (French Bookstore), Peiping, 1935. ([Studies in] Modern Industrial Technique in China, no. 2.)

CHHEN CHHI-THIEN (3). *Tso Tsung-Thang; Pioneer Promoter of the Modern Dockyard and the Woollen Mill in China*. Dept. of Economics, Yenching Univ., Vetch (French Bookstore), Peiping, 1938. ([Studies in] Modern Industrial Technique in China, no. 3.)

CHHEN HO-LIN (1). 'Liu Chi (+1311 to +1375) in the *Ying Lieh Chuan*; the Fictionalisation of a Scholar-Hero.' *JOSA*, 1967, **5**, 25.

CHHEN YUAN (1). *Western and Central Asians in China under the Mongols; their Transformation into Chinese*. Tr. and annot. Chhien Hsing-Hai & L. C. Goodrich. Monumenta Serica, Univ. Calif., Los Angeles, 1966. (Monumenta Serica Monographs, no. 15.)

CHHIEN HSÜEH-SÊN (Tsien Hsue-Shen) & MALINA, F. J. (1). 'Flight Analysis of a Sounding Rocket with Special Reference to Propulsion by Successive Impulses.' *JAEROS*, 1938, **6**, 50.

CHIANG CHÊNG-LIN (1). *Ancient Chinese Rockets*. Unpub. typescript issued by China Features Office (Chhen Lung), 1963.

CIOLKOVSKIJ, KONSTANTIN E. *See* Tsiolkovsky.

CIPOLLA, C. M. (1). *Guns and Sails in the Early Phase of European Expansion, +1400 to +1700*. Collins, London, 1965. Ital. tr. 1969. Subsequently published together with (2) as 'European Culture and Overseas Expansion'. Penguin, London, 1970.

CLAGETT, MARSHALL (4). 'The Life and Works of Giovanni Fontana.' *AIMSS*, 1976, 1, 5.

CLAGETT, MARSHALL (5). *Archimedes in the Middle Ages*. 3 vols. Philadelphia, 1978.

CLARK, BRACY (1). *Essay on the Knowledge of the Ancients respecting the Art of Shoeing the Horse, and of the probable period of the Commencement of the Art*. London, 1831.

CLARK, GRAHAME (2). 'Horses and Battle-Axes.' *AQ*, 1941, **15**, 50.

CLARK, JOHN D. (1). *Ignition; an Informal History of Liquid Rocket Propellants*. Rutgers Univ. Press, New Brunswick, N.J., 1972.

CLEPHAN, R. COLTMAN (1). 'An Outline of the History of Gunpowder and that of the Hand-Gun, from the Epoch of the Earliest Records to the end of the 15th century.' *ARJ*, 1909, **66** (2nd ser.), **16**, 145.

CLEPHAN, R. COLTMAN (2). 'The Ordnance of the +14th and +15th Centuries.' *ARJ*, 1911, **68** (2nd ser.), **18**, 49–138.

CLEPHAN, R. COLTMAN (3). 'The Military Handgun of the +16th Century.' *ARJ*, 1910, **67** (2nd ser.), **17**, 109.

CLEPHAN, R. COLTMAN (4). 'Some Very Early Types of Hand-Guns.' *ANTIQ*, 1909, **45**, 93. Crit. Fêng Chia-Shêng (*8*).

CLEPHAN, R. COLTMAN (5). *An Outline of the History and Development of Hand Firearms.* London and Felling-on-Tyne, 1906.

CLOW, A. & CLOW, NAN L. (1). *The Chemical Revolution; a Contribution to Social Technology.* Batchworth, London, 1952.

COLIN, G. S., AYALON, DAVID, PARRY, V. J., SAVORY, R. M. & YAR MUHAMMAD KHAN (1). Art. 'Bārūd' (saltpetre, later gunpowder itself) in *Enc. of Islam.* Brill and Luzac, Leiden and London, 1958, vol. 1, pt. 2, pp. 1055 ff.

COLLADO, LUYS (1). *Pratica Manuale di Artiglieria, nella quale si tratta della Inventione di essa, dell'ordine di condurla & piantarla sotto à qualcunque Fortezza, fabricar Mine da far volar im alto le Fortezze, spiaviar le Montagne, divertir l'acque offensive à i Regni & Provincie, tirar co i pezzi in molti & diversi modi, far fuochi artificieli*, etc. Venice, 1586.

COLLINS, A. L. (1). 'Fire-setting; the Art of Mining by Fire.' *TFIME*, 1892, **5**, 82.

CONGREVE, WILLIAM (1). *A Concise Account of the Origin and Progress of the Rocket System; with a View of the apparent advantages, both as to the Effect produced, and the... Saving of Expence, arising from the peculiar facilities of application which it possesses, as well for Naval as Military purposes.* Whiting, London, 1807.

CONGREVE, COL. [WILLIAM] (2). *The Details of the Rocket System: Shewing the Various Applications of this Weapon, both for Land and Sea Service, and its Different Uses in the Field and in Sieges; illustrated by Plates of the Principal Equipments, Exercises, and Cases of Actual Service, with General Instructions for its Application, and Demonstration of the Comparative Economy of the System...* Whiting, London, 1814. Repr. Museum Restoration Service, Ottawa, 1970.

CONGREVE, MAJOR-GENERAL SIR W[ILLIAM] (3). *A Treatise on the General Principles, Powers, and Facility of Application of the Congreve Rocket System, as compared with Artillery: showing the Various Applications of this Weapon, both for Land and Sea Service...* Enlarged 2nd. ed. of Congreve (2) but more elegantly printed, with folding plates of engravings. Longman, Rees, Orme, Brown and Green, London, 1827.

CONNOLLY, P. (1). *Greece and Rome at War.* Macdonald Phoebus, London, 1981.

CONNOR, J. (1). 'Tests of Response to Detonative Stimuli.' Paper in *Proc. 1st International Loss Prevention Symposium.* The Hague, Netherlands, 1974, p. 104.

CONNOR, J. (2). 'Explosion Risk of Unstable Substances.' Paper in *Proc. 1st International Loss Prevention Symposium.* The Hague, Netherlands, 1974, p. 265.

COOK, M. A. (1) (ed.). *Studies in the Economic History of the Middle East, from the Rise of Islam to the Present Day.* Oxford, 1970.

COOMARASWAMY, A. K. (7). 'The Blow-pipe in Persia and India.' *AAN*, 1943, **45**, 311.

COOPER, MICHAEL (1). *Rodrigues the Interpreter; an Early Jesuit in Japan and China.* Weatherhill, Tokyo and New York, 1974.

CORDIER, H. (1). *Histoire Générale de la Chine.* 4 vols. Geuthner, Paris, 1920.

CORDIER, H. (8). *Essai d'une Bibliographie des Ouvrages publiés en Chine par les Européens au 17e et au 18e siècle.* Leroux, Paris, 1883.

CORNELISSE, J. W., SCHÖYER, H. F. R. & WAKKER, K. F. (1). *Rocket Propulsion and Spaceflight Dynamics.* Pitman, London, 1981 (1st ed. 1979).

CORRÉARD, J. (1). *Histoire des Fusées de Guerre; ou, Recueil de tout ce qui a été publié ou écrit sur ce Projectile.* Paris, 1841.

DI CORREGGIO, FRANCISCO BALBI (1). *La Verdadera Relacion de todo lo que esto Año de MDLXV ha sucedido en la Isla de Malta.* Alcala de Henares, 1567; Barcelona, 1568. Eng. tr. by H. A. Balbi, *The Siege of Malta, 1565.* Copenhagen, 1961.

CORTESAO, A. (2) (tr. & ed.). *The* Suma Oriental *of Tomé Pires, an Account of the East from the Red Sea to Japan...written in...1512 to 1515...* London, 1944 (Hakluyt Society Pubs., 2nd ser. nos. 89, 90).

COURANT, M. (1). *Bibliographie Coréenne.* Paris, 1894–6, 3 vols. with one suppl. vol. (Pub. École. Langues Or. Viv. (3e sér.), nos. 18, 19, 20.) Photolitho reproduction, Burt Franklin, New York, 1975.

COWPER, H. S. (1). *The Art of Attack, being a Study in the Development of Weapons and Appliances of Offence, from the Earliest Times to the Age of Gunpowder.* Holmes, Ulverston, 1906.

CRANSTONE, B. A. L. (1). 'The Blow-gun in Europe.' *MA*, 1949, **49**, 119.

CRAUFURD, QUINTIN (1). *Sketches chiefly relating to the History, Religion, Learning and Manners of the Hindoos.* London, 1790; 2nd ed. 1792.

CRICK, FRANCIS (1). *Life Itself; its Origin and Nature.* McDonald, London and Sydney, 1981.

DE CRISTOFORIS, LUIGI (1). 'Di Una Macchina Igneo-pneumatica.' *ARIL*, 1841, **2**, 22.

CRUCQ, K. C. (1). 'Cannon surviving in Indonesia.' *TBG*, 1930, **70**, 195; 1937, **77**, 105; 1938, **78**, 93, 359; 1940, **80**, 34; 1941, **81**, 74.

DA CRUZ, GASPAR (1). *Tractado em que se cotam muito por esteco as cousas da China.* Evora, 1569, 1570 (the first book on China printed in Europe), tr. Boxer (1), and originally in *Purchas his Pilgrimes*, vol. 3, p. 81. London, 1625.

CURWEN, C. A. (1). *Taiping Rebel; the Deposition of Li Hsiu-Chhêng*. Cambridge, 1977.
CURWEN, M. D. (1), (ed.). *Chemistry and Commerce*, 4 vols. Newnes, London, 1935.
CUSHING, F. H. (1). 'The Arrow.' *AAN*, 1895, **8**, 344.
CUTBUSH, JAMES (1). *A System of Pyrotechny, Comprehending the Theory and Practice, with the Application of Chemistry; Designed for Exhibition and for War*. Philadelphia, 1825.
CUTBUSH, JAMES (2). 'Remarks on the Composition and Properties of the Chinese Fire, and on the so-called Brilliant Fires.' *AJSC*, 1823, **7**, 118.

DARDESS, J. W. (1). *Conquerors and Confucians; Aspects of Political Change in Late Yuan China*. Columbia Univ. Press, New York and London, 1973.
DARMSTÄDTER, L. (1) (with the collaboration of R. duBois-Reymond & C. Schäfer). *Handbuch zur Geschichte d. Naturwissenschaften u. d. Technik*. Springer, Berlin, 1908.
DATE, Q. T. (1). *The Art of War in Ancient India*. Mysore and Oxford, 1929.
DAUMAS, M. (3). 'Le Brevet du Pyréolophore des Frères Niepce (1806).' *DHT*, 1961, **1**, 23.
DAVIS, J. F. (1). *The Chinese; a General Description of China and its Inhabitants*. 1st ed. 1836. 2 vols. Knight, London, 1844, 3 vols., 1847, 2 vols. French tr. by A. Pichard, Paris, 1837, 2 vols. Germ. trs. by M. Wesenfeld, Magdeburg, 1843, 2 vols. and M. Drugulin, Stuttgart, 1847, 4 vols.
DAVIS, TENNEY L. (10). 'Early Chinese Rockets.' *TR*, 1948, **51**, 101, 120, 122.
DAVIS, TENNEY L. (11). 'Early Pyrotechnics; I, Fire for the Wars of China, II, Evolution of the Gun, III, Chemical Warfare in Ancient China.' *ORD*, 1948, **33**, 52, 180, 396.
DAVIS, TENNEY L. (15). 'The Cultural Relationships of Explosives.' *NFR*, 1944, **1**, 11.
DAVIS, TENNEY L. (17). *The Chemistry of Powder and Explosives*. 2 vols. Wiley, New York, Chapman & Hall, London, 1941, 1943. 4th repr. 1956 (bound in one vol.).
DAVIS, TENNEY L. (18). 'The Early Use of Potassium Chlorate in Pyrotechny; Dr Moritz Meyer's Coloured Flame Compositions.' *CHYM*, 1948, **1**, 75.
DAVIS, TENNEY L. & CHAO YÜN-TSHUNG (9) (tr.). 'Chao Hsüeh-Min's Outline of Pyrotechnics [*Huo Hsi Lüeh*]; a Contribution to the History of Fireworks.' *PAAAS*, 1943, **75**, 95.
DAVIS, TENNEY L. & WARE, J. R. (1). 'Early Chinese Military Pyrotechnics' (analysis of *Wu Pei Chih*, chs. 119 to 134). *JCE*, 1947, **24**, 522.
DAWES, H. F. (1). 'Chinese Silver Mining in Mongolia.' *EMJ*, 1891, **54**, 335.
DAWSON, H. CHRISTOPHER (3) (ed.). *The Mongol Mission; Narratives and Letters of the Franciscan Missionaries in Mongolia and China in the +13th and +14th Centuries, translated by a Nun of Stanbrook Abbey*. Sheed & Ward, London, 1955.
DAY, D. J. H. (1). 'Early Non-Electric Ignition Systems for Internal Combustion Engines.' *TNS*, 1981, **53**, 171.
DEBUS, A. G. (9). 'The Aerial Nitre in the +16th and early +17th Centuries.' Communication to the Xth International Congress of the History of Science, Ithaca, N.Y., 1962. In *Communications*, p. 835.
DEBUS, A. G. (10). The Paracelsian Aerial Nitre.' *ISIS*, 1964, **55**, 43.
DEBUS, A. G. (13). 'Solution Analyses Prior to Robert Boyle.' *CHYM*, 1962, **8**, 41.
DEBUS, A. G. (18). *The English Paracelsians*. Oldbourne, London, 1965; Watts, New York, 1966. Rev. W. Pagel, *HOSC*, 1966, **5**, 100.
DEBUS, H. (1). 'The Chemical Theory of Gunpowder' (Bakerian Lecture). *PRS*, 1882, no. 218, 361.
DELLRÜCK, H. (1). *Geschichte d. Kriegskunst im Rahmen der politischen Geschichte*. Stilke, Berlin, 1907–36. 7 vols.
DEMMIN, A. (1). *Die Kriegswaffen in ihrer historischen Entwicklung*. Leipzig, 1886, then 1893. Eng. tr. C. C. Black, *Weapons of War, being a history of arms and armour from the earliest period to the present time*. Bell & Daldy, London, 1870. Re-issued, with changed title: *Illustrated History of Arms and Armour from the earliest period to the present time*. Bell, London, 1877.
DENING, W. (1). *The Life of Toyotomi Hideyoshi*. 5 parts, Tokyo, 1888–90. 3rd ed. ed. M. E. Dening, Thompson, Kobe, and Kegan Paul, London, 1930.
DENIS, E. (1). *Hus et la Guerre des Hussites*. Paris, 1930.
DENNIS, A. S. (1). *Weather Modification by Cloud Seeding*. Academic Press, New York, 1980 (International Geophysics Series, no. 24).
DENWOOD, P. (1) (ed.). *Arts of the Eurasian Steppelands*. David Foundation, London, 1978 (Colloquies on Art and Archaeology in Asia, No. 7).
DESSENS, J. (1). 'Cloud seeding for hail suppression (programme of the Association Nationale de Lutte contre les Fléaux Atmosphériques).' *JWM*, 1979, **11**, 4.
DIBNER, B. (1). 'Leonardo da Vinci; Military Engineer' in *Studies and Essays in the History of Science and Learning* (Sarton Presentation Volume), ed. M. F. Ashley-Montagu. Schuman, New York, 1944, p. 85. Sep. pub. Burndy Library, New York, 1946.
DICK, STEVEN J. (1). *Plurality of Worlds; the Extra-terrestrial Life Debate, from Democritus to Kant*. Cambridge, 1982.

DICKINSON, H. W. (4). *A Short History of the Steam-Engine*. Cambridge, 1939. Re-issued, with introduction by A. E. Musson, Cass, London, 1963. Rev. L. T. C. Rolt, *TCULT*, 1965, **6**, 115.
DICKINSON, H. W. (6). 'The Steam-Engine to 1830.' Art. in *A History of Technology*, ed. C. Singer *et al.*, vol. 4, p. 168. Oxford, 1958.
DICKINSON, H. W. (7). 'James Watt, Craftsman and Engineer.' Cambridge, 1936.
DICKINSON, H. W. & TITLEY, A. (1). *Richard Trevithick, the Engineer and the Man*. Cambridge, 1934.
DIELS, H. (1). *Antike Technik*. Teubner, Leipzig & Berlin, 1914. 2nd ed. 1920. Rev. B. Laufer, *AAN*, 1917, **19**, 71.
DIELS, H. & SCHRAMM, E. (3) (ed. & tr.). 'Excerpte aus Philons Mechanik [Bks. VII, *Paraskeuastika*, and VIII, *Poliorketika*] vulgo Bk IV' (mostly on tactical use of artillery). *APAW/PH*, 1919, no. 12.
DIKSHITAR, V. R. R. (1). *War in Ancient India*. Macmillan, Madras, 1944 (2nd edition 1948).
DOGIEL, I. (1). 'Ein Mittel, die Gestalten der Schneeflocken künstlich zu erzeugen.' *MPCASP*, 1879, **9**, 266.
DOLLFUS, C. (1). *The First Burden- or Payload-carrying Rockets*. Allocution à la Réunion de la Commission d'Histoire de l'Académie Internationale Astronautique, Sept. 1963.
DORÉ, H. (1). *Recherches sur les Superstitions en Chine*. 15 vols. T'u-Se-Wei Press, Shanghai, 1914–29.
Pt. I, vol. 1, pp. 1–146: 'Superstitious' practices, birth, marriage and death customs (*VS*, no. 32).
Pt. I, vol. 2, pp. 147–216: talismans, exorcisms and charms (*VS*, no. 33).
Pt. I, vol. 3, pp. 217–322: divination methods (*VS*, no. 34).
Pt. I, vol. 4, pp. 323–488: seasonal festivals and miscellaneous magic (*VS*, no. 35).
Pt. I, vol. 5, sep. pagination: analysis of Taoist talismans (*VS*, no. 36).
Pt. II, vol. 6, pp. 1–196: Pantheon (*VS*, no. 39).
Pt. II, vol. 7, pp. 197–298: Pantheon (*VS*, no. 41).
Pt. II, vol. 8, pp. 299–462: Pantheon (*VS*, no. 42).
Pt. II, vol. 9, pp. 463–680: Pantheon, Taoist (*VS*, no. 44).
Pt. II, vol. 10, pp. 681–859: Taoist celestial bureaucracy (*VS*, no. 45).
Pt. II, vol. 11, pp. 860–1052: city-gods, field-gods, trade-gods (*VS*, no. 46).
Pt. II, vol. 12, pp. 1053–1286: miscellaneous spirits, stellar deities (*VS*, no. 48).
Pt. III, vol. 13, pp. 1–263: popular Confucianism, sages of the Wên miao (*VS*, no. 49).
Pt. III, vol. 14, pp. 264–606: popular Confucianism, historical figures (*VS*, no. 51).
Pt. III, vol. 15, sep. pagination: popular Buddhism, life of Gautama (*VS*, no. 57).
DRACHMANN, A. G. (2). 'Ktesibios, Philon and Heron; a Study in Ancient Pneumatics.' *AHSNM*, 1948, **4**, 1–197.
DRACHMANN, A. G. (4). 'Remarks on the Ancient Catapults [Calibration Formulae].' *Actes du VIIe Congrès International d'Histoire des Sciences, Jerusalem, 1953*, p. 279.
DRACHMANN, A. G. (9). 'The Mechanical Technology of Greek and Roman Antiquity; a Study of the Literary Sources.' Munksgaard, Copenhagen, 1963.
DREW, R. B. (1). 'The Hide and Bone Glue Industries' in *Chemistry and Commerce*, ed. M. D. Curwen (1), vol. 4.
DREYER, E. L. (1). *The Emergence of Chu Yuan-Chang, +1360 to +1365*. Inaug. Diss., Harvard, 1970.
DREYER, E. L. (2). 'The Po-yang [Lake] Campaign, +1363; Inland Naval Warfare in the Founding of the Ming Dynasty.' Art. in Kierman & Fairbank (1) (ed.), *Chinese Ways in Warfare*, p. 202.
DUBOIS-REYMOND, C. (2). 'Notes on Chinese Archery.' *JRAS/NCB*, 1912, **43**, 32.
DUHEM, P. (4). *Un Fragment Inédit de 'l'Opus Tertium' de Roger Bacon*. Quaracchi, Florence, 1909.
DUHR, J. (1). *Un Jésuite en Chine, Adam Schall*. Desclée de Brouwer, Paris, 1936. Eng. adaptation by R. Attwater, *Adam Schall, a Jesuit at the Court of China, 1592 to 1666*. Geoffrey Chapman, London, 1963. Not very reliable sinologically.
DUNLOP, D. M. (10). 'Hāfiz-i Abru's Version of the Timurid Embassy to China in +1420.' *TGUOS*, 1948, **11**, 15.
DURRANT, P. J. (1). *General and Inorganic Chemistry*. 2nd ed. repr. Longmans Green, London, 1956.
DUTHEIL, G. *See* de la Porte du Theil, G. (1).
DUYVENDAK, J. J. L. (19). 'Desultory Notes on the *Hsi Yang Chi* [Lo Mou-Têng's novel of +1597 based on the Voyages of Chêng Ho]' (concerns spectacles and bombards). *TP*, 1953, **42**, 1.

EBBUTT, M. I. (1). *Hero Myths and Legends of the British Race*. Harrap, New York. (*Beowulf* repr. in *PAR*, 1982, **7** (no. 4), 20.)
EBERHARD, W. (2). 'Lokalkulturen im alten China.' *TP* (Suppl.), 1943, **37**; *MS* Monograph no. 3, 1942. (Crit. H. Wilhelm, *MS*, 1944, **9**, 209.)
EBERHARD, W. (3). 'Early Chinese Cultures and their Development, a Working Hypothesis.' *ARSI*, 1937, 513 (Pub. no. 3476).
EBERHARD, W. (27). *The Local Cultures of South and East China*. Brill, Leiden, 1968.
EBERHARD, W. (31). *Chinese Festivals*. Orient Cultural Service, Thaipei, 1972 (Asian Folklore and Social Life Monographs, no. 38).

EGERTON OF TATTON, LORD (1). *A Description of Indian and Oriental Armour.* Allen, London, 1896.

ELLERN, H. & LANCASTER, R. (1). *Military and Civilian Pyrotechnics.* Chem. Pub. Co., New York, 1968. Rev. *SAM*, 1969, **220** (no. 4), 140.

ELLIOTT, SIR H. M. (1). *The History of India as told by its own Historians; the Muhammedan Period.* (Posthumous papers edited and continued by J. Dowson.) 6 vols. London, 1867–75.

EMME, E. M. (1) (ed.). *The History of Rocket Technology; Essays on Research, Development and Utility.* Wayne State Univ. Press, Detroit, 1970.

ERBEN, W. (1). 'Beiträge z. Geschichte des Geschützwesens im Mittelalter.' *ZHWK*, 1916, **7**, 85, 117.

ERCKER, L. (1). *Beschreibung Alle-fürnemsten Mineralischen Ertzt und Berckwercks Arten....* Prague, 1574. 2nd ed. Frankfurt, 1580. Eng. tr. by Sir John Pettus, as *Fleta Minor, or, the Laws of Art and Nature, in Knowing, Judging, Assaying, Fining, Refining and Inlarging the Bodies of confin'd Metals...* Dawks, London, 1683. *See* Sisco & Smith (2); Partington (7), vol. 2, pp. 104 ff.

VON ERDBERG-CONSTEN E. (1). 'A *Hu* with Pictorial Decoration' (late Chou battle scenes). *ACASA*, 1952, **6**, 18.

ESNAULT-PELTERIE, R. (1). *L'Exploration par Fusée de la très haute Atmosphère et la Possibilité des Voyages Interplanétaires.* Soc. Astron. de France, Paris, 1928.

ESNAULT-PELTERIE, R. (2). *L'Astronautique.* Lahure, Paris, 1930.

ESPÉRANDIEU, E. (2). *Recueil Général des Bas-Reliefs, Statues et Bustes de la Gaule Romaine.* Imp. Nat. Paris, 1908, 1913.

VON ESSENWEIN, A. (2). *Quellen zur Geschichte der Feuerwaffen.* Leipzig, 1877.

EVANS, J. (1). *The History of St. Louis* [by Jean de Joinville, 1309]. London, 1938.

ÉVRARD, R. & DESCY, A. (1). *Histoire de l'Usine des Vennes, suivie de Considérations sur les Fontes Anciennes.* Éditions Solédi, Liège, 1948.

FABER, FELIX (1). *F. Fabri Evagatorium in Terrae Sanctae, Arabiae et Egyptae Peregrinationem* [+1483]. Ed. C. D. Hassler. Stuttgart, 1843.

FABER, H. B. (1). *Military Pyrotechnics; the Manufacture of Military Pyrotechnics, an Exposition of the Present Methods and Materials Used.* 3 vols. Govt. Printing Office, Washington D.C., 1919.

FAIRBANK, J. K. (3). 'Varieties of the Chinese Military Experience.' Art. in Kierman & Fairbank (1) (ed.), *Chinese Ways in Warfare*, p. 1.

FAIRBANK, J. K. (4). 'The Creation of the Treaty System.' Art. in *Cambridge History of China*, ed. D. Twitchett & J. K. Fairbank, vol. 10, p. 213. Cambridge, 1978.

FALK, H. S. & TORP, ALF (1). *Norwegisch-Dänisches Etymologisches Wörterbuch.* Universitetsforlaget, Oslo, 1960.

FANSHAWE, RICHARD (1) (tr.). *The Lusiad, or Portugalls Historicall Poem...* Moseley, London, 1655. Ed. and repr. J. D. M. Ford. Harvard Univ. Press, Cambridge, Mass., 1940.

DE FARIA Y SOUSA, MANUEL (1). *Imperio de la China y Cultura Evangelica en el por los Religiosos de la Compañia de Jesus....* Officinà Herreriana, Lisbon, 1731.

FARIS, NABIH AMIN & ELMER, R. P. (1). *Arab Archery; an Arabic MS of about +1500: 'A Book on the Excellence of the Bow and Arrow' and the Description thereof.* Princeton Univ. Press, Princeton, N.J., 1945.

FELDHAUS, F. M. (1). *Die Technik der Vorzeit, der Geschichtlichen Zeit, und der Naturvölker* (encyclopaedia). Engelmann, Leipzig and Berlin, 1914. Photographic reprint; Liebing, Würzburg, 1965.

FELDHAUS, F. M. (2). *Die Technik d. Antike u. d. Mittelalter.* Athenaion, Potsdam, 1931. Crit. H. T. Horwitz, *ZHWK*, 1933, **13** (NF **4**), 170.

FELDHAUS, F. M. (28). 'Eine Chinesische Stangenbüchse von +1421.' *ZHWK*, 1907, **4**, 256.

FELDHAUS, F. M. (29). 'Geschützkonstruktionen von Leonardo da Vinci.' *ZHWK*, 1913, **6**, 128.

FELDHAUS, F. M. (30). 'Zur ältesten Geschichte des Schiesspulvers in Europa.' *ZAC*, 1906, **19**, 465.

FELDHAUS, F. M. (31). 'Die ältesten Nachrichten über Berthold den Schwarzen, den angeblichen Erfinder des Schiesspulvers.' *CHZ*, 1907, **31**, 831.

FELDHAUS, F. M. (32). 'Der Pulvermönch Berthold, +1313 oder +1393?' *ZAC*, 1908, **21**, 639, *CHZ*, 1908, **32**, 316.

FÊNG CHIA-SHÊNG (1). 'The Origin of Gunpowder and its Diffusion Westwards.' Unpub. MS.

FÊNG TA-JAN & KILBORN, L. G. (1). 'Nosu and Miao Arrow Poisons.' *JWCBRS*, 1937, **9**, 130.

FENTON, H. J. H. (1). *Notes on Qualitative Analysis, Concise and Explanatory.* Cambridge, 1916.

FERGUSON, J. C. (8) [& CHANG, S. K.]. 'The Six Horses of Thang Thai Tsung.' *JRAS/NCB*, 1936, **67**, 1.

FERGUSON, J. C. (9). 'The Tomb of Ho Chhü-Ping' [Han general, d. −117]. *AA*, 1928, **4**, 228.

FERNALD, H. E. (2). 'The Horses of Thang Thai Tsung and the Stele of Yü [Shih-Hsiung].' *JAOS*, 1935, **55**, 420.

FFOULKES, C. (1). *Armour and Weapons.* Oxford, 1909.

FFOULKES, C. (2). *Arms and Armament, an Historical Survey of the Weapons of the British Army.* Harrap, London, 1945.

FIELD, D. C. (1). 'Internal-Combustion Engines' [in the Late Nineteenth Century]. Art. in *A History of Technology*, ed. C. Singer *et al.*, Oxford, 1958, vol. 4, p. 157.
FINDLAY, A. (1). *Practical Physical Chemistry*. Longmans Green, London, 1923.
FIRIGER, F. G. *et al.* (1). 'The Compatibility of Meteorological Rocketsonde Data as indicated by International Comparison Tests.' *JATMOS*, 1975, **32**, 1705.
FISCHER-WIERUSZOWSKI, F. (1). 'Kriegerischer Einfall d. Mongolen in Japan; eine japanische Bildrolle.' *OAZ*, 1935 (NF), **11**, 121.
FISCHLER, G. (1). 'Über Pulverproben früherer Zeiten.' *ZHWK*, 1927, **11**, 49.
FISHER, I. (1). 'A New Method for Indicating Food Values.' *AJOP*, 1906, **15**, 417.
FLAMMARION, CAMILLE (1). *Mondes Imaginaires et Mondes Réels*. Paris, 1865.
DE FLURANCE, RIVAULT (1). *Les Elemens de l'Artillerie*. 1607.
FOLEY, V. & PERRY, K. (1). 'In Defence of *Liber Ignium*; Arab Alchemy, Roger Bacon, and the Introduction of Gunpowder into the West.' *JHAS*, 1979, **3** (no. 2), 200.
DE FONTENELLE, B. (1). *Entretiens sur la Pluralité des Mondes*. Brunet, Paris, 1698. (1st ed. 1686; Eng. trs. 1688, 1702.)
FOOTE, G. B. & KNIGHT, C. A. (1). *Hail; a Review of Hail Science and Hail Suppression*. Amer. Meteorol. Soc., Boston, 1977 (Meteorological Monographs, no. 38).
[FORBES, R. J.] (4*a*). *Histoire des Bitumes, des Époques les plus Reculées jusqu'à l'an 1800*. Shell, Leiden, n.d.
FORBES, R. J. (4*b*). *Bitumen and Petroleum in Antiquity*. Brill, Leiden, 1936.
FORBES, R. J. (8). 'Metallurgy [in the Mediterranean Civilisations and the Middle Ages].' In *A History of Technology*, ed. C. Singer *et al.*, vol. 2, p. 41. Oxford, 1956.
FORBES, R. J. (20). *Studies in Early Petroleum History*. Brill, Leiden, 1958.
FORBES, R. J. (21). *More Studies in Early Petroleum History*. Brill, Leiden, 1959.
FORDHAM, S. (1). *High Explosives and Propellants*. Pergamon, Oxford, 1981.
FORKE, A. (17). 'Der Festungskrieg im alten China.' *OAZ*, 1919, **8**, 103. (Repr. from Forke (3), pp. 99 ff.)
FORKE, A. (18). 'Über d. chinesischen Armbrust.' *ZFE*, 1896, **28**, 272.
FOSTER, J. (1). 'Crosses from the Walls of Zaitun [Chhüanchow].' *JRAS*, 1954, 1–25.
FRANKE, H. (14). 'Some Aspects of Chinese Private Historiography in the +13th and +14th Centuries.' Art. in *Historians of China and Japan*, ed. W. G. Beasley & E. G. Pulleyblank, p. 115. London, 1961.
FRANKE, H. (20). *Sino-Western Contacts under the Mongol Empire*. Hume Memorial Lecture, Yale University, New Haven, 1965.
FRANKE, H. (22). 'Besprechungen ostasiatische Neuerscheinungen.' *ORE*, 1956, **3** (no. 2), 234.
FRANKE, H. (23) (tr.). 'Die Verteidigung von Shao-Hsing; *Pao Yuëh Lu* von Hsü Mien-Chih.' Unpub. typescript, 1957.
FRANKE, H. (24). 'Siege and Defence of Towns in Mediaeval China.' Art. in Kierman & Fairbank (1) (ed.), *Chinese Ways in Warfare*, p. 151.
FRANKE, H. (25). 'Die Belagerung von Hsiang-yang; eine Episode aus dem Krieg zwischen Sung und Chin, +1206 bis +1207.' Art. in *Society and History* (Wittfögel Festschrift), ed. G. L. Ulmen, 1978.
FRANKE, H. (26). Review of L. Olschki's *Marco Polo's Asia* (10). *ZDMG*, 1962, **112** (NF **37**), 228.
FRANKE, O. (1). *Geschichte d. chinesischen Reiches*. 5 vols. de Gruyter, Berlin, 1930–53. Crit. O. B. van der Sprenkel, *BLSOAS*, 1956, **18**, 312.'
FRANKE, W. (3). *Preliminary Notes on Important Literary Sources for the History of the Ming Dynasty Chhêngtu, 1948*. (SSE Monographs Ser. A, no. 2.)
FRANKE, W. (4). *An Introduction to the Sources of Ming History*. Univ. Malaya Press, Kuala Lumpur and Singapore, 1968.
FRANKEL, SIGMUND (1). *Die Aramäische Fremdwörter in Arabische*. Brill, Leiden, 1886.
DELLA FRATTE E MONTALBANO, MARIO ANTONIO (1). *Pratica Minerale*. Bologna, 1678.
FRÉDÉRIC, LOUIS. *See* Louis-Frédéric.
FRÉZIER, A. FRANÇOIS (1). *Traité des Feux d'Artifice, pour le Spectacle*. Paris, 1706; repr. 1747.
FROISSART, JEAN (1). *Chronicles*, 1400, ed. J. A. Buchon. Paris, 1824. K. de Lettenhove, Brussels, 1867. Cf. Sarton (1), vol. 5, p. 1751.
FRONSPERGER, LEONHARD (1). *Grossem Kriegsbuch; dass ist Fünff Bücher, vonn Kriegs-Regiment und Ordnung, wie sich ein jeder Kriegssmann in seinem Ampt unnd Beuelch halten soll*. Frankfurt a/Main, 1555, 1558, 1564, 1596, 1598. The second edition has woodcuts by Jost Amman. The title varies greatly according to the edition, some include mention of Wagenburg tactics.
FRONSPERGER, LEONHARD (2). *Vonn Geschütz und Fewerwerck, wie dasselb zuwerffen und schiessen; Auch von gründtlicher Zubereytung allerley Gezeugs, unnd rechtem Gebrauch der Fewerwerck...Das ander Buch. Von erbawung, erhaltung, besatzung und profantierung der wehrlichen Beuestigungen*... Lechler, Frankfurt a/Main, 1557, 1564.
FUCHS, W. (7). 'Ein Gesandschaftsbericht ü. Fu-Lin in chinesischer Wiedergabe aus den Jahren +1314 bis +1320.' *ORE*, 1959, **6**, 123.
FUJIKAWA YU (1). *Geschichte der Medizin in Japan; Kurzgefasste Darstellung der Entwicklung der japanischen*

Medizin, mit besonderer Berücksichtigung der Einführung der europäischen Heilkunde in Japan. Imper. Jap, Ministry of Education, Tokyo, 1911.

FULLER, J. F. C. (1). *Dragon's Teeth; a Study of War and Peace.* Constable, London, 1932.

FULLMER, J. Z. (1). 'Technology, Chemistry and the Law in Early 19th-Century England.' *TCULT*, 1980. **21** (no. 1), 1.

FURTENBACH, J. (1). *Architectura Navalis. Das ist: Von dem Schiff Bebäw.* Ulm, 1629.

FURTENBACH, J. (2). *Halinitro Pyrbolia: Schreibung eine newen Büchsenmeisterey, nemlichen: Gründlicher Bericht wie die Salpeter, Schwefel, Kohlen unnd das Pulfer zu praepariren, zu probieren, auch langwirzig gut zu behalten: Das Fewerwerck zu Kurtzweil und Ernst zu laboriren... Alles aufz eygener Experientza.* Ulm, 1627.

FURTTENBACH, J. *See* Furtenbach, J.

LE GALLEC, Y. (1). 'Les Origines du Moteur à Combustion Interne.' *MC/TC*, 1951, **2**, 28.

GALLOWAY, R. L. (1). *The Steam-Engine and its Inventors; a Historical Sketch.* Macmillan, London, 1881.

GARDNER, G. B. (1). *Keris (Kris) and other Malay Weapons.* Progressive Pub. Co., Singapore, 1936.

GARLAN, Y. (1). *Recherches de Poliorcétique Grecque.* Boccard, Limoges, 1974. (Bibl. des Écoles Françaises d'Athènes et de Rome, no. 223.)

GARNIER, JOSEPH (1). *L'Artillerie des Ducs de Bourgogne, d'après les Documents conservés aux Archives de la Côte-d'Or.* Paris, 1895.

GARNIER, JOSEPH (2). *L'Artillerie de la Commune de Dijon, d'après les Documents conservés dans les Archives.* Paris, 1863.

GARRISON, F. H. (3). *An Introduction to the History of Medicine.* Saunders, Philadelphia, 1913; 4th ed. 1929.

GASSER, ACHILLES (1). *Chronica der Weitberempten Keyserlichen Freyen... Statt Augspurg.* Frankfurt, 1595.

GAUBIL, A. (12). *Histoire de Gentchiscan [Chingiz Khan] et de toute la Dinastie des Mongous ses Successeurs, Conquérans de la Chine.* Briasson & Piget, Paris, 1739.

DE GAYA, LOUIS (1). *Traité des Armes.* Paris, 1678. Repr. and ed. C. Ffoulkes, Oxford, 1911. Eng. tr. by R. Harford: *A Treatise of Arms, of Engines, Artificial Fires, Ensignes, and of all Military Instruments.* Harford, London, 1680.

GEIL, W. E. (3). *The Great Wall of China.* Murray, London, 1909.

GENOESE ANNALS. *See* Pertz, G. H. (1).

GERLAND, E. & TRAUMÜLLER, F. (1). *Geschichte d. physikalischen Experimentierkunst.* Engelmann, Leipzig, 1899.

GIBB, HUGH (1). *The River Mekong.* Script for a BBC Television programme, 1965.

GIBBS-SMITH, C. H. (10). 'The Rockets' Red Glare.' *LI*, 1956, **55** (no. 1409), 320.

GIBSON, C. E. (2). *The Story of the Ship.* Schuman, New York, 1948; Abelard–Schuman, New York, 1958.

GIBSON-HILL, C. A. (1). 'Notes on the Old Cannon found in Malaya and known to be of Dutch Origin.' *JRAS/M*, 1953, **26**, 145.

GILES, L. (11) (tr.). *Sun Tzu on the Art of War ['Sun Tzu Ping Fa']; the Oldest Military Treatise in the World.* Luzac, London, 1910 (with original Chinese text). Repr. without notes, Nanfang, Chungking, 1945; also repr. in *Roots of Strategy*, ed. Phillips, T. R. (q.v.).

GILLE, B. (14). 'Machines [in the Mediterranean Civilisations and the Middle Ages].' Art. in *A History of Technology*, ed. C. Singer *et al.*, vol. 2, p. 629, Oxford, 1956.

GILLE, B. & BURTY, P. (1). *Les Moteurs à Combustion Interne.* Paris, 1948.

GLUCKMAN, COL. ARCADI (1). *United States Rifles, Muskets and Carbines.* Ulbrich, Buffalo, N.Y., 1948.

GODDARD, R. H. (1). *Rockets.* American Rocket Society, New York, 1946 (reprints of Goddard's two classical papers originally published in 1919 and 1936; both in *SMC*: 'A Method of Reaching Extreme Altitudes', **71** (no. 2) and 'Liquid-Propellant Rocket Development').

GODDARD, R. H. (2). *Rocket Development; Liquid-Fuel Rocket Research, 1929–41.* Prentice-Hall, New York, 1948. (Extracts from Goddard's notebooks, 1929 to 1941.)

GODDARD SPACE FLIGHT CENTER. *See* Rosenthal, Alfred (1).

GODE, P. K. (1). 'The Mounted Bowman on Indian Battlefields from the Invasion of Alexander (−326) to the Battle of Panipat (+1761).' *DCRI*, 1947, **8** (no. 1), 1 (K. N. Dikshit Memorial Volume). Repr. in *Studies in Indian Cultural History* vol. 2 (Gode Studies, vol. 5), p. 57.

GODE, P. K. (6). 'The Manufacture and Use of Firearms in India between +1450 and 1850.' Art. in *Munshi Diamond Jubilee Indological Volume*, Pt. 1. *BV*, 1948, **9**, 202.

GODE, P. K. (7). *The History of Fireworks in India between +1400 and 1900.* Rasavangudi, for Indian Institute of Culture, Bangalore, 1953 (Transaction, no. 17).

GOETZ, HERMANN (1). 'Das Aufkommen der Feuerwaffen in Indien.' *OAZ*, 1923, NF **2** (no. 2/3), 226.

GOHLKE, W. (1). *Geschichte d. gesamten Feuerwaffen bis 1850; die Entwicklung der Feuerwaffen von ihren ersten Auftreten bis zur Einführung der gezogenen Hinterlader, unter besonderer Berücksichtigung der Heeresbewaffnung.* Göschen, Leipzig, 1911.

GOHLKE, W. (2). 'Das älteste Latierte Gewehr.' *ZWHK*, 1916, **7**, 205.

GOHLKE, W. (3). 'Handbrandgeschosse aus Ton.' *ZWHK*, 1913, **6**, 377.

GOLAS, P. (1). 'Chinese Mining: where was the Gunpowder?' Art. in *Explorations in the History of Science and Technology in China*, ed. Li Kuo-Hao, Chang Mêng-Wên, Tshao Thien-Chhin & Hu Tao-Ching, Shanghai, 1982, p. 453.

GOLONBEV, V. (2). 'Quelques Sculptures Chinoises.' *OAZ*, 1913, **2**, 326.

GOODALL, A. M. (1). 'Gunnery and Firearms.' *CME*, 1961, **8** (no. 8), 489.

GOODRICH, L. CARRINGTON (15). 'Firearms among the Chinese; a supplementary note.' [Dated bombards preserved in China.] *ISIS*, 1948, **39**, 63.

GOODRICH, L. CARRINGTON (23). 'A Cannon from the end of the Ming Period' [+1650]. *JRAS/HKB*, 1967, **7**, 152.

GOODRICH, L. CARRINGTON (24). 'Note on a few Early Chinese Bombards.' *ISIS*, 1944, **35**, 211. Reply to Sarton (14), a query.

GOODRICH, L. CARRINGTON (25). 'Early Cannon in China' [Report on Wang Jung (*1*)]. *ISIS*, 1964, **55**, 193.

GOODRICH, L. CARRINGTON (26). 'Westerners and Central Asians in Yuan China.' *OPO*, 1957, 1–21.

GOODRICH, L. CARRINGTON & FÊNG CHIA-SHÊNG (1). 'The Early Development of Firearms in China.' *ISIS*, 1946, **36**, 114. With important addendum giving a missing page, *ISIS*, 1946, **36**, 250.

GORDON, D. H. (1). 'Swords, Rapiers and Horse-Riders.' *AQ*, 1953, **27**, 67.

GRAM, H. (1). 'Om Bysse-Krud [gunpowder], naar det er opfundet i Europa, hvorlaenge det har voeret i Brug i Danmark.' *SKSL*, 1745, pt. 1, 213. For Latin and German translations, *see* Partington (5), p. 131.

GRANT, EDWARD (2). *Much Ado about Nothing; Theories of Space and Vacuum from the Middle Ages to the Scientific Revolution.* Cambridge, 1981.

GRAY, EILEEN (1). *Charcoals for Gunpowder.* Inaug. Diss., Newcastle-upon-Tyne, 1982.

GRAY, EILEEN, MARSH, H. & MCLAREN, M. (1). 'A Short History of Gunpowder, and the Role of Charcoal in its Manufacture.' *JMATS*, 1982, **17**, 3385.

GREENER, W. W. (1). *The Gun and its Development.* New York, 1881. 9th ed. New York, 1910.

GRIFFITH, S. B. (1) (tr.). *Sun Tzu; the Art of War.* Oxford, 1963. With foreword by R. H. Liddell Hart.

DE GROOT, J. J. M. (2). *The Religious System of China.* Brill, Leiden, 1892.
Vol. 1, Funeral rites and ideas of resurrection.
Vols. 2, 3, Graves, tombs and *fêng-shui.*
Vol. 4, The soul, and nature-spirits.
Vol. 5, Demonology and sorcery.
Vol. 6, The animistic priesthood (*wu*).

GROSIER, J. B. G. A. ABBÉ (1). *De la Chine; ou, Description Générale de Cet Empire, redigée d'après les Mémoires de la Mission de Pé-kin—Ouvrage qui contient la Description Topographique des quinze Provinces de la Chine... les trois Règnes de son Histoire Naturelle...; et l'Exposé de toutes les Connoissances acquises et parvenues jusqu'içi en Europe sur le Gouvernement, la Religion, les Lois, les Moeurs, les Usages, les Sciences et les Arts des Chinois.* 3rd ed. 7 vols. Pillet, Paris 1818–20. 1st ed. 1785; 2nd ed. 1787. Eng. tr.: *General Description of China, containing the Topography of the Fifteen Provinces which compose this vast Empire, that of Tartary... the Natural History of its Animals, Vegetables and Minerals, together with the latest Accounts which have reached Europe, of the Government, Religion, Manners, Customs, Arts and Sciences of the Chinese—illustrated by a New and Correct Map of China, and other Copper-Plates.* 2 vols. Robinson, London, 1788. Partial Eng. tr. by Lana Castellano & Christina Campbell-Thomson: *The World of Ancient China.* Gifford, London, 1972 (well illustrated but contains many mistakes, and does not make clear which portions of Grosier's original text were drawn upon).

GROSLIER, G. (1). *Recherches sur les Cambodgiens.* Challamel, Paris, 1921.

GROUSSET, R. (1) *Histoire de l'Extrême-Orient.* 2 vols. Geuthner, Paris, 1929. (Also appeared in *BE/AMG*, nos. 39, 40.)

GRUBE, W. (1) (tr.). *Die Metamorphosen der Götter (Fêng Shen Yen I)*, [Stories of the Promotions of the Martial Genii], chs. 1–46, with summary of chs. 47–100. 2 vols. Brill, Leiden, 1912.

GUERLAC, H. (1). 'The Poets' Nitre; Studies in the Chemistry of John Mayow, II.' *ISIS*, 1954. **45**, 243.

GUERLAC, H. (2). 'John Mayow and the Aerial Nitre; Studies in the Chemistry of John Mayow, I.' *Actes du VIIe Congrès International d'Histoire des Sciences*, Jerusalem. 1953, p. 332.

GUILMARTIN, J. F. (1). *Gunpowder and Galleys; Changing Technology and Mediterranean Warfare at Sea in the +16th Century.* Cambridge, 1974.

GUTTMANN, OSCAR (1). *'Monumenta Pulveris Pyrii'; Reproductions of Ancient Pictures concerning the History of Gunpowder, with Explanatory Notes.* Pr. pr., Artists Press, London, 1906. ('The text is useless': Partington (5), p. 129.)

GUTTMANN, OSCAR (2). 'The Oldest Document in the History of Gunpowder.' *JSCI*, 1904, **23**, 591. Crit. Fêng Chia-Shêng (*8*).

GUTTMANN, OSCAR (3). *The Manufacture of Explosives.* 2 vols. Macmillan, New York, 1895.

HAGERMAN, CAPT. G. M. (1). 'Lord of the Turtle-Boats.' *USNIP*, 1967, **93**, 69.

HAHN, H., HINTZE, W. & TREUMANN, H. (1). 'Safety and Technological Aspects of Black Powder.' *PAE*, 1980, **5**, 129.

DU HALDE, J. B. (1). *Description Géographique, Historique, Chronologique, Politique et Physique de l'Empire de la Chine et de la Tartare Chinoise.* 4 vols. Paris, 1735, 1739; The Hague, 1736. Eng. tr. R. Brookes, London, 1736, 1741. Germ. tr. Rostock, 1748.

HALE, WILLIAM (1). *A Treatise on the Comparative Merits of a Rifle Gun and a Rotary Rocket.* Mitchell, London, 1863.

HALEY, A. G. (1). *Rocketry.* Van Nostrand, New York, 1970. Rev. *LI*, 1970 (21 May), 687.

HALL, A. R. (1). *Ballistics in the Seventeenth Century; a Study in the Relations of Science and War, with reference principally to England.* Cambridge, 1951. Rev. T. S. Kuhn, *ISIS*, 1953, **44**, 284.

HALL, A. R. (2). 'A Note on Military Pyrotechnics [in the Middle Ages].' Art. in *A History of Technology*, ed. C. Singer *et al.*, vol. 2, p. 374. Oxford, 1956.

HALL, A. R. (3). *The Military Inventions of Guido da Vigerano.* Proc. VIIIth International Congress of the History of Science, p. 966. Florence, 1956.

HALL, A. R. (5). 'Military Technology [from the Renaissance to the Industrial Revolution].' Art. in *A History of Technology*, ed. C. Singer *et al.*, vol. 3, p. 347. Oxford, 1957.

HALL, A. R. (6). 'Military Technology [in the Mediterranean Civilisations and the Middle Ages].' Art. in *A History of Technology*, ed. C. Singer *et al.*, vol. 2, p. 695. Oxford, 1956.

HALL, BERT, S. & WEST, DELMO C. (1) (ed.). *On Pre-Modern Technology and Science; Studies in Honour of Lynn White, Jr.*; being vol. 1 of *Humana Civilitas;* Sources and Studies relating to the Middle Ages and the Renaissance. Center for Mediaeval & Renaissance Studies, Univ. of California, Los Angeles, 1976.

HALL, F. CARGILL (1) (ed.). *Essays on the History of Rocketry and Astronautics.* Proc. 3rd to 6th. History Symposia of the International Academy of Astronautics, NASA Conference Pub. no. 2014. NASA, Washington, D.C., 1977.

HALLAM, HENRY (1). *A View of the State of Europe during The Middle Ages—History of Ecclesiastical Power—Constitutional History of England—The State of Society in Europe.* London 1875; repr. 1877. First pub. 3 vols., 1819 and at least eight other editions.

HALOUN, G. (5). 'Legalist Fragments, I; *Kuan Tzu* ch. 55, and related texts.' *AM*, 1951 (n.s.), **2**, 85.

VON HAMMER-PURGSTALL, J. (2). 'Ü. d. Verfertigung und den Gebrauch von Bogen und Pfeil bei den Arabern und Türken.' *SWAW/PH*, 1851, **6**, 239, 278.

HANA, KORINNA (1) (tr.). *Bericht über die Verteidigung der Stadt Tê-an während der Periode Khai-Hsi (+1205 bis +1208); der 'Khai-Hsi Tê-An Shou Chhêng Lu' von Wang Chih-Yuan—ein Beitrag zur privaten Historiographie des 13.-Jahrhunderts in China.* Steiner, Wiesbaden, 1970. (Münchener Ostasiatische Studien, no. 1.)

HANČAR, M. (1). 'Das Pferd in Mittelasien.' *KS/WBKL*, 1952.

HANSJAKOB, HEINRICH (1). *Der Schwarze Berthold, der Erfinder des Schiesspulvers und der Feuerwaffen.* Freiburg i/Breisgau, 1891. Summaries in von Romocki (1), vol. 1, pp. 106 ff. von Lippmann (22) and Hime (1), p. 124.

HANZELET, JEAN. *See* Appier, Jean (his original name).

HARADA, YOSHITO & KOMAI, KAZUCHIKA (1) = *(1)*. *Chinese Antiquities.* Pt. 1, *Arms and Armour*; Pt. 2, *Vessels [Ships] and Vehicles.* Academy of Oriental Culture, Tokyo Institute, Tokyo, 1937.

HARADA, YOSHITO & KOMAI, KAZUCHIKA (2) = *(2)*. *Shangtu, the Summer Capital of the Yuan Dynasty at Dolon Nor, Mongolia.* Toa-Koko Gakukwai, Tokyo, 1941. (Archaeologia Orientalis B, no. 2.)

HARDING, D. (1) (ed.). *Weapons; an International Encyclopaedia from −5000 to +2000.* Macmillan, London, 1980.

HARDY, SIR WILLIAM BATE (1). 'On the Mechanism of Gelation in Reversible Colloidal Systems.' *PRS*, 1899, **66**, 95. Repr. in Hardy (3), p. 322.

HARDY, SIR WILLIAM BATE (2). 'On the Coagulation of Proteid by Electrolytes.' *JOP*, 1899, **24**, 288. Repr. in Hardy (3), p. 294.

HARDY, SIR WILLIAM BATE (3). *Collected Scientific Papers of Sir W. B. Hardy.* Cambridge, 1936.

HARPER, DONALD J. (2). 'Chinese Divination and Portent Interpretation'. Paper given to the ACLS Conference, 1983.

HARRISON, H. S. (4). 'Fire-making, Fuel and Lighting [from Early Times to the Fall of the Ancient Empires].' Art. in *A History of Technology*, ed. C. Singer *et al.*, Oxford, 1954., vol. 1, p. 216.

HART, MRS ERNEST (1) (ALICE MARION). *Picturesque Burma, Past and Present.* Dent, London, 1897.

HART, B. H. LIDDELL (1). *The Decisive Wars of History; a Study in Strategy.* Bell, London, 1929. New ed. *The Strategy of Indirect Approach.* London, 1941.

HART, B. H. LIDDELL (2). *Great Captains Unveiled.* London, 1927.

HART, C. (1). 'Mediaeval Kites and Windsocks.' *JRAES*, 1969, **73**, 1019.

HART, I. B. (2). *The Mechanical Investigations of Leonardo da Vinci.* Chapman & Hall, London; Open Court, Chicago, 1925. 2nd ed. Univ. Calif. Press, Berkeley & Los Angeles, 1963.

HART, I. B. (4). *The World of Leonardo da Vinci, Man of Science, Engineer, and Dreamer of Flight* (with a note on Leonardo's Helicopter Model, by C. H. Gibbs-Smith). McDonald, London, 1961. Rev. K. T. Steinitz, *TCULT*, 1963, **4**, 84.

HASSAN, AHMAD YUSUF (1). 'A Note on Gunpowder and Cannon in Arabic Culture.' *Proc. XVIth Internat. Congress Hist. of Science, Bucharest*, 1981, vol. 1, p. 51.
HASSENSTEIN, W. (1) (ed.). *Das Feuerwerkbuch von 1420; Sechshundert Jahre Deutsche Pulverwaffen und Büchsenmeisterei. Neudruck des Erstdruckes aus dem Jahre 1529 mit Übertragung ins hochdeutsche und Erläuterungen....* Verlag d. Deutschen Technik, München, 1941.
HASSENSTEIN, W. (2). 'Die Chinesen und die Erfindung des Pulvers.' *ZGSS*, 1944, **39** (no. 1), 1; (no. 2), 22.
HASSENSTEIN, W. (3). 'Zur Entwicklungsgeschichte der Rakete.' *ZGSS*, 1939, **34**, 172.
HATTAWAY, M. (1) (ed.). *The Knight of the Burning Pestle* (Beaumont & Fletcher). Benn, London, 1969.
DE HAUTEFEUILLE, JEAN (1). *Pendule Perpétuelle, avec un nouveau Balancier, et la Manière d'élever l'eau par le Moyen de la Poudre à Canon...* Paris, 1678.
DE HAUTEFEUILLE, JEAN (2). *Réflexions sur quelques Machines à élever les Eaux, avec la Description d'une nouvelle Pompe.* Paris, 1682.
HAWKINS, W. M. (1). 'Japanese Swords' (chart).
HAYWARD, J. F. (1). *Die Kunst d. alten Büchsenmeister.* Germ. tr., by G. Espig, of *The Art of the Gun-Maker.* 2 vols. Vol. 1: *From +1500 to +1660.* Vol. 2: *From +1660 to 1830.* London, 1962–3; 2nd ed. London, 1965.
VAN HÉE, L. (17). *Ferdinand Verbiest, Mandarin Chinois.* Bruges, 1913.
HEIM, J. (1). [Archery among the Osmanli.] *DI*, 1925.
HEMMERLIN, FELIX (1). *Felicis Malleoli...De Nobilitate et Rusticate Dialogus.* Basel, 1490 (?). Later editions 1495 (?) and 1497.
HENTZE, C. (7). *'Ko' und 'Chhi' Waffen in China und Amerika; Studien z. frühchinesischen Kulturgeschichte.* 1943.
D'HERBELOT, BARTHÉLEMY (1). *Bibliothèque Orientale, ou Dictionnaire Universel, contenant généralement tout ce qui regarde la Connoissance des Peuples de l'Orient, leurs Histoires et Traditions véritables ou fabuleuses...leurs Sciences et leurs Arts, leur Théologie, Mythologie, Magie, Physique, Morale, Médecine, Mathématiques, Histoire Naturelle, Chronologie, Géographie, Observations Astronomiques, Grammaire et Rhétorique, les Vies et Actions remarquables de tous leurs Saints, Docteurs, Philosophes, etc...* With Supplements by C. de Visdelou and A. Galand. 4 vols. Dufour & Roux, Maestricht, 1776–80. Suppl. vol. p. 117 has article: 'De l'Invention des Canons en Chine'.
HEWISH, M. (1). 'China makes Ground in the Space Race.' *NS*, 1980, **86** (no. 1207), 378.
HEYMANN, R. E. (2). 'Prehistoric spear-throwers.' Paper to the XIth International Congress of the History of Science, Warsaw, 1965.
HILL, DONALD R. (1). 'Trebuchets.' *VIAT*, 1973, **4**, 99.
HIME, H. W. L., COL. (1). *The Origin of Artillery.* Longmans Green, London, 1915. Pts. 1 and 3 are the second and revised edition of Hime (2), pt. 2 was taken from Hime (3). Crit. Fêng Chia-Shêng (*3*).
HIME, H. W. L., COL. (2). *Gunpowder and Ammunition; their Origin and Progress.* Longmans Green, London, 1904.
HIME, H. W. L., COL. (3). 'Our Earliest Cannon, +1314 to +1346.' *JRA*, 1904–5, **31**, 489.
HIME, H. W. L., COL. (4). 'Roger Bacon and Gunpowder.' Art. in *Roger Bacon: Essays*, ed. A. G. Little (2), 1914, p. 321. Crit. Fêng Chia-Shêng (*8*).
HISAMATSU SEIICHI (1). *Biographical Dictionary of Japanese Literature.* Kodansha International, Tokyo and New York, 1976.
HO PING-YÜ (1) (tr.). *Astronomy in the 'Chin Shu' and the 'Sui Shu'.* (Inaug. Diss. Singapore, 1955.) Paris, 1966.
HO PING YÜ & NEEDHAM, JOSEPH (1). 'Ancient Chinese Observations of Solar Haloes and Parhelia.' *W*, 1959, **14**, 124.
HO PING-YÜ & WANG LING (1). 'On the *Karyūkyō* [*Huo Lung Ching*], the "Fire-Dragon Manual".' *PFEH*, 1977, **16**, 147.
HO YUNG-CHI (1). 'Marco Polo—was he ever in China?' *ACSS*, 1953, 45.
HOEFER, F. (1). *Histoire de la Chimie.* 2 vols., Paris, 1842–3; 2nd ed. 2 vols., Paris, 1866–9.
HOKES, E. S. (1). 'Chinese Rocket Aircraft of the +16th Century.' Unpub. MS deposited in the East Asian History of Science Library, Sept. 1980.
HOLLISTER-SHORT, G. (1). 'The Sector and Chain; a Historical Enquiry.' *HOT*, 1979, **4**, 149.
HOLLISTER-SHORT, G. (2). 'The Vocabulary of Technology.' *HOT*, 1977, **2**, 125.
HOLLISTER-SHORT, G. (3). 'Leads and Lags in Late +17th-Century English Technology.' *HOT*, 1976, **1**, 159.
HOLLISTER-SHORT, G. (4). 'The Civil Uses of Gunpowder.' MS, June 1982. 'The Use of Gunpowder in Mining; a Document of +1627.' *HOT*, 1983, **8**, 111.
HOLLISTER-SHORT, G. (5). 'Antecedents and Anticipations of the Newcomen Engine.' *TNS*, 1980, **52**, 103.
HOLMESLAND, A., STØRMER, L., TVETERÅS, E. & VOGT, H. (1). *Aschehoug's Konversasjionslexikon.* 5th ed. Aschehoug, Oslo, 1974.
HOMMEL, R. P. (2). 'Notes on Chinese Sword Furniture.' *CJ*, 1928, **8**, 3.

HOOVER, H. C. & HOOVER, L. H. (1) (tr.). *Georgius Agricola 'De Re Metallica' translated from the 1st Latin edition of 1556, with biographical introduction, annotations and appendices upon the development of mining methods, metallurgical processes, geology, mineralogy and mining law from the earliest times to the 16th century.* 1st ed. *Mining Magazine*, London, 1912; 2nd ed. Dover, New York, 1950.

HOPKINS, E. W. (1). 'The Social and Military Position of the Ruling Class in India, as represented by the Sanskrit Epic.' *JAOS*, 1889, **13**, 57–372 (with index). Military techniques, pp. 181–329.

HOPKINS, E. W. (2). 'On Firearms in Ancient India.' *JAOS*, 1889, **13**, cxciv (the thesis of Oppert exploded). Cf. 'The Princes and Peoples of the Epic Poems.' *CHI*, ch. 11, p. 271. Cf. Hopkins, E. W. (1), pp. 296 ff.

HORN, J. (1). *Ü. die ältesten Hufschutz d. Pferdes; ein Beitrag z. Gesch. d. Hufbeschlages.* Dresden, 1912.

HORNELL, J. (25). 'South Indian Blow-guns, Boomerangs and Crossbows.' *JRAI*, 1924, **54**, 326.

HORVÁTH, ARPÁD (2). *Az Ágyú Históriája; Kepek a Tüzértechnika Történetéböl* (A History of Firearms and Artillery). Zrínyi Katonai Kiadó, Budapest, 1966 (in Magyar).

HORWITZ, H. T. (6). 'Beiträge z. aussereuropäischen u. vorgeschichtlichen Technik.' *BGTI*, 1916, **7**, 169.

HORWITZ, H. T. (8) (with a note by F. M. FELDHAUS). 'Zur Geschichte d. Wetterschiessens.' *GTIG*, 1915, **2**, 122.

HORWITZ, H. T. (13) [with the assistance of Hsiao Yü-Mei & Chu Chia-Hua]. 'Die Armbrust in Ostasien.' *ZHWK*, 1916, **7**, 155.

HORWITZ, H. T. (14). 'Zur Entwicklungsgeschichte d. Armbrust.' *ZHWK*, 1919, **8**, 311. With two supplementary notes under the same title, *ZHWK*, 1921, **9**, 73 & 114.

HORWITZ, H. T. (15). 'Über die Konstruktion von Fallen und Selbstschüssen.' *BGTI*, 1924, **14**, 85. Rev. K. Himmelsbach, *ZHWK*, 1927, **11**, 291.

HORWITZ, H. T. (16). 'Ein chinesisches Armbrustschloss in amerikanischem Besitz.' *ZHWK*, 1927, **11**, 286.

HORWITZ, H. T. & SCHRAMM, E. (1). 'Schieber an antiken Geschützen.' *ZHWK*, 1921, **9**, 139.

HOSEMANN, ABRAHAM (1). *De Tonitru.* Magdeburg, 1618.

HOSSMANN, ABRAHAM. *See* Hosemann, Abraham.

HOU, K. C. (perhaps HOU KUANG-CHAO or HOU KUANG-CHHIUNG) (1). 'Profile Descriptions of Soils of Hsü-chang Hsien, Honan.' Ref. in KOVDA (1), p. 122 but no exact details, nor whether the paper is in Chinese or English. Thorp (1), p. 515, lists two papers with this title as MSS in 1936.

HOUGH, W. (3). 'Primitive American Armour.' *ARUSNM*, 1893, 627.

HOWORTH, SIR HENRY H. (1). *History of the Mongols; from the 9th to the 19th Century.* 3 vols. Longmans Green, London, 1876–1927. Repr. in 5 vols. Chhêng Wên, Thaipei, 1970.

HSIAO CHHI-CHHING (1). *The Military Establishment of the Yuan Dynasty.* Harvard Univ. Press, Cambridge, Mass., 1978.

HSÜ HUI-LIN (1). 'Gunpowder and Ancient Rockets.' *CREC*, 1980, **29** (no. 10), 58.

HUANG JEN-YÜ (5). *1587, a Year of No Importance; the Ming Dynasty in Decline.* Yale Univ. Press, New Haven and London, 1981. Chinese tr.: *Wan-Li Shih-wu Nien*, Chung-Hua, Peking, 1981.

HUANG JEN-YÜ (6). 'The Liaotung Campaign of +1619.' *ORE*, 1981, **28**, 30.

HUC, R. E., ABBÉ (2). *The Chinese Empire; forming a Sequel to 'Recollections of a Journey through Tartary and Thibet'.* 2 vols. Longmans, London, 1855, 1859.

HUCKER, C. O. (5). 'Hu Tsung-Hsien's Campaign against Hsü Hai, +1556.' Art. in Kierman & Fairbank (1) (ed.), *Chinese Ways in Warfare*, p. 273.

HUCKER, C. O. (6). 'Governmental Organisation of the Ming Dynasty.' *HJAS*, 1958, **21**, 1–66.

HUCKER, C. O. (7). 'An Index of Terms and Titles in "Governmental Organisation of the Ming Dynasty".' *HJAS*, 1961, **23**, 127.

HULBERT, H. B. (2). *History of Korea.* Seoul, 1905. (Revised edition ed. C. N. Weems, 2 vols. Hilary House, New York, 1962.)

HULBERT, H. B. (3). 'Korean Inventions.' *HMM*, 1899, 102.

HUMPHRIES, J. (1). *Rockets and Guided Missiles.* Benn, London, 1956.

HUNTER, JOSEPH (1). 'Proofs of the Early Use of Gunpowder in the English Army.' *AAA*, 1802, **32**, 379.

HÜTTEROTT, G. (1). 'Das japanische Schwert.' *MDGNVO*, 1885, **4**, 33.

HUURI, K. (1). 'Zur Geschichte des mittelalterlichen Geschützwesens aus orientalischen Quellen.' *SOF*, 1941, **9**, no. 3.

HUYGENS, CHRISTIAAN (2). *Oeuvres Complètes.* 22 vols. Nijhoff, The Hague, 1897–1950.

IMBAULT-HUART, C. (4). 'L'Introduction des Torpilles en Chine.' *LN*, 1884, **12** (pt. 1), 114.

IMBERT, H. (1). *Les Négritos de la Chine.* Impr. d'Extr. Orient, Hanoi, 1923.

INALCIK, HALIL (1). 'The Socio-Political Effects of the Diffusion of Fire-arms in the Middle East.' Art. in Parry & Yapp (1), *War, Technology and Society in the Middle East*, Oxford, 1975, p. 195. Repr. in Inalcik (2), no. XIV.

INALCIK, HALIL (2). *The Ottoman Empire; Conquest, Organisation and Economy—Collected Studies.* Variorum, London, 1978.

D'INCARVILLE, P. (1). 'Manière de faire les Fleurs dans les Feux d'Artifice Chinois.' *MAS/MPDS*, 1763, **4**, 66. Anon. Eng. abstr. with plate, *UM*, 1764, **34**, 21.
ITAKURA KIYONOBU (1). 'The First Ballistic Laws developed by a Japanese Mathematician, and their Origin.' *JSHS*, 1963, **2**, 136.
ITAKURA KIYONOBU & ITAKURA REIKO (1). 'Studies of Trajectory [Ballistics] in Japan before the Days of the Dutch Learning.' *JSHS*, 1962, **1**, 83.
IWAO SEIICHI (1). *Biographical Dictionary of Japanese History*. Tr. B. Watson. Kodansha International, Tokyo, 1978.

JACKSON, W. (1). 'Some Inquiries concerning the Salt-Springs and the Way of Salt-Making at Nantwich in Cheshire; Answer'd by the Learned and Observing William Jackson, Dr of Physick.' *PTRS*, 1669, **4** (no. 53), 1060; (no. 54), 1077.
JACOB, G. (2). *Der Einflüss d. Morgenlandes auf das Abendland, Vornehmlich während des Mittelalters*. Hanover, 1924.
JACOB, G. (3). *Östliche Kulturelemente im Abendland*. Berlin, 1902.
JACOB, G. (4). 'Ostasiens Kultureinfluss auf das Abendland.' *SA*, 1931, **6**, 146.
JAGNAUX, R. (1). *Histoire de la Chimie*. 2 vols. Paris, 1891.
JÄHNS, M. (1). *Geschichte d. Kriegswissenschaften, vornehmlich in Deutschland*. Oldenbourg, München & Leipzig 1889.
Vol. 1. *Altertum, Mittelalter, 15. & 16. Jahrhundert*;
2. *17. & 18. Jahrh. bis zum Auftreten Friedrichs d. Grossen (+1740)*;
3. *Das 18. Jahrh. seit dem Auftr. Fr. d. Gross. (1740/1800)*.
JÄHNS, M. (2). *Handbuch eine Geschichte d. Kriegswesens von der Urzeit bis zu der Renaissance; technische Teil, Bewaffnung, Kampfweise, Befestigung, Belagerung*. 2 vols., Leipzig, 1880. Repr. Berlin, 1897.
JÄHNS, M. (3). *Entwicklungsgeschichte d. alten Trutzwaffen mit einem Anhang u. d. Feuerwaffen*. Berlin, 1899.
JAMES, MONTAGUE R. (2) (ed.). *The Treatise of Walter de Milamete, 'De Nobilitatibus, Sapientis et Prudentiis Regum', reproduced in facsimile from the unique MS. [1326–7] preserved at Christ Church, Oxford; together with a Selection of Pages from the Companion MS. of the Treatise 'De Secretum Secretorum Aristotelis', preserved in the Library of the Earl of Leicester at Holkham Hall [Norfolk], with an Introduction...* Roxburghe Club, London, 1913.
JAMESON, C. D. (1). 'Coal and Iron in Eastern China.' *EMJ*, 1898, **66**, 367.
JANSE, O. R. T. (1). 'Notes sur quelques Epées Anciennes trouvées en Chine.' *BMFEA*, 1930, **2**, 67.
JANSE, O. R. T. (4). 'Quelques Antiquités Chinoises d'un caractère Hallstattien.' *BMFEA*, 1930, **2**, 177.
JENKINS, RHYS (3). *Links in the History of Engineering and Technology from Tudor Times: Collected Papers of R.J.—comprising articles in the professional and technical press mainly prior to 1920, and a Catalogue of other published work*. (Newcomen Society), Cambridge, 1936.
JENKINS, RHYS (4). 'A Contribution to the History of the Steam Engine: (1) The Notebook of Roger North, (2) The Work of Sir Samuel Morland.' Repr. in (3), p. 40.
JENNER, W. J. F. (1) (tr.). *Memories of Loyang; Yang Hsüan-Chih and the Lost Capital (+493 to +534)*. [Translation of the *Loyang Chhieh-Lan Chi* with annotations.] Oxford, 1981.
JETT, S. C. (2). 'The Development and Distribution of the Blow-Gun.' *AAAG*, 1970, **60**, 662.
JOCELYN, R. LORD (1). *Six Months with the Chinese Expedition; Leaves from a Soldier's Notebook*. Murray, London, 1841.
JOHANNSEN, O. (3). 'Die Erfindung der Eisengusstechnik.' *SE*, 1919, **39**, 1457 & 1625.
JOHANNSEN, O. (4). 'Die Quellen zur Geschichte des Eisengusses im Mittelalter und in d. neueren Zeit bis zum Jahre 1530.' *AGNT*, 1911, **3**, 365; 1915, **5**, 127; 1918, **8**, 66.
JOHNSTON, R. F. (3). 'The Cult of Military Heroes in China.' *NCR*, 1921, **3**, 41 & 79.
JOINVILLE, JEAN (1). *Historie de Saint Loys*, 1309. Orig. old French version in Petitot's *Collection Complète des Mémoires relatifs à l'Histoire de France*. Paris, 1824, vol. 2. Mod. French version W. de Wailly (1). Eng. tr. by J. Evans (1). Cf. Sarton (1), vol. 4, p. 928.
JONES, ROBERT (1). *A New Treatise on Artificial Fire-Works*. London, 1765; 2nd ed. London, 1766.
JULIEN, STANISLAS (4). 'Notes sur l'Emploi Militaire des Cerfs-Volants, et sur les Bateaux et Vaisseaux en Fer et en Cuivre, tirées des Livres Chinois.' *CRAS*, 1847, **24**, 1070.
JULIEN, STANISLAS (8). Translations from *TCKM* relative to +13th-century sieges in China (in Reinaud & Favé, 2). *JA*, 1849 (4e sér.), **14**, 284 ff.

KAHANE & TIETZE (1). *The Lingua Franca in the Levant*. Urbana, Ill., 1958.
KALMAR, J. (1). 'Die Raketentechnik im 17. Jahrhundert, auf Grund einschlägiger Materials im Grazer Zeughaus.' *ZHWK*, 1933, **13** (NF **4**), 102.
KAO LEI-SSU (1) (Aloysius Ko, S.J.). 'Remarques sur un Écrit de M. P[auw] intitulé "Recherches sur les Égyptiens et les Chinois" (1775).' *MCHSAMUC*, 1777, **2**, 365–574 (in some editions, 2nd pagination, 1–174).

KARLGREN, B. (13). 'Weapons and Tools of the Yin [Shang] Dynasty.' *BMFEA*, 1945, **17**, 101.

KATAFIASZ, T. (1). 'Recherches sur les Acquisitions Polonais dans le Domaine de la Technique des Fusées de Guerre au 19e Siècle' (in Polish, with French summary). *KHNT*, 1982, **27** (no. 2), 379.

KEDESDY, E. (1). *Die Sprengstoffe; Darstellung und Untersuchung der Sprengstoffe und Schiesspulver.* Jänecke, Hannover, 1909.

KEEGAN, J. (1). *The Face of Battle.* Cape, London, 1976; Penguin, London, 1978.

KELLY, R. TARBOT (1). *Burma, the Land and the People.* Millet, Boston and Tokyo, 1910.

KEMP, PETER (1) (ed.). *The Oxford Companion to Ships and the Sea.* Oxford, 1976.

KENNEDY, SIR WM., ADMIRAL (1). *Hurrah for the Life of a Sailor; Fifty years in the Royal Navy.* Nash, London, 1910.

KIERMAN, F. A. (1) (tr.). *Ssuma Chhien's Historiographical Attitude as reflected in Four Late Warring States Biographies [in Shih Chi].* Harrassowitz, Wiesbaden, 1962. (Studies on Asia, Far Eastern and Russian Institute, Univ. of Washington, Seattle, no. 1.)

KIERMAN, F. A. (2). 'Phases and Modes of Combat in Early China' (Chou and Warring States periods). Art. in Kierman & Fairbank (1) (ed.), *Chinese Ways in Warfare*, p. 27.

KIERMAN, F. A. & FAIRBANK, J. K. (1) (ed.). *Chinese Ways in Warfare.* Harvard Univ. Press, Cambridge, Mass., 1974.

KIKUOKA TADASHI (1) (tr.). *Teppō-ki*; the "Chronicle of the Arquebus".' *EAST*, 1981, 47.

KIMBROUGH, R. E. (1). 'Japanese Firearms.' *GUNC*, 1950, no. 33, 445.

KIRCHER, ATHANASIUS (1). *China Monumentis qua Sacris qua Profanis Illustrata.* Amsterdam, 1667. (French tr. Amsterdam, 1670.)

KIRCHER, ATHANASIUS (5). *Mundus Subterraneus, in XII Libros Digestus.* Jansson & Weyerstraten, Amsterdam, 1665. Cf. Thorndike (1), vol. 7, pp. 567 ff.

KLAEBER, F. (1). *Beowulf, and the Fight at Finnsburg, edited, with Introduction, Bibliography, Notes, Glossary and Appendices.* 3rd ed., with 1st and 2nd supplements. Heath, Boston, 1950.

KLAUSNER, W. J. (1). 'Popular Buddhism in Northeast Thailand.' Art. in *Cross-Cultural Understanding...*, ed. Northrop & Livingston (1), p. 69.

KLEMM, G. (1). *Werkzeuge und Waffen; ihre Entstefung und Ausbildung.* Sondershausen, 1858. Repr. Zentral-antiquariat, Leipzig, 1978.

KLOPSTEG, P. E. (1). *Turkish Archery and the Composite Bow.* Pr. pr. Evanston, Ill., 1947.

KÖCHLY, H. & RÜSTOW, W. (1) (tr.). *Griechische Kriegsschriftsteller.* 3 vols. Engelmann, Leipzig, 1853–5.

KÖHLER, G. (1). *Die Entwickelung des Kriegswesens und der Kriegführung in der Ritterzeit von Mitte des 11. Jahrh. bis zu den Huesitenkriegen.* Koebner, Berlin, 1886–90. 5 vols. (Vol. 3 pt. 1 contains his argument in favour of the view that the torsion catapult of antiquity remained in use till the end of the middle ages.) Crit. Fêng Chia-Shêng (*3*).

KÖHLER, G. (2). *Geschichte der Explosivstoffe.* 2 vols. 1895.

KOMROFF, M. (1) (ed.). *Contemporaries of Marco Polo; consisting of the 'Travel Records in the Eastern Parts of the World', of William of Rubruck (+1253 to +1255); the 'Journey' of John of Pian de Carpini (+1245 to +1247); the 'Journal' of Friar Odoric [of Pordenone] (+1318 to +1330); and the 'Oriental Travels' of Rabbi Benjamin of Tudela (+1160 to +1173).* Cape, London, 1928. Boni & Liveright, New York, 1928.

KOSAMBI, D. D. (2). *An Introduction to the Study of Indian History.* Popular, Bombay, 1956.

KRÄTZ, O. (1). 'Elektrische Pistolen; eine Kuriosität der Gas-chemie des ausgehenden 18. Jahrhunderts.' *HBAS*, 1973, **23**, 3. (Veröfftl d. Forschungsinst. d. Deutschen Museums, A, 130.)

KRAUS, P. (2). 'Jābir ibn Ḥayyān; Contributions à l'Histoire des Idées Scientifiques dans l'Islam; I, Le Corpus des Écrits Jābiriens.' *MIE*, 1943, **44**, 1–214. Rev. M. Meyerhof, *ISIS*, 1944, **35**, 213.

KRAUS, P. (3). 'Jābir ibn Ḥayyān; Contributions à l'Histoire des Idées Scientifiques dans l'Islam; II, Jābir et la Science Grecque.' *MIE*, 1942, **45**, 1–406. Rev. M. Meyerhof, *ISIS*, 1944, **35**, 213.

KRAUSE, F. (1). 'Fluss- und Seegefechte nach chinesischen Quellen aus der Zeit der Chou- und Han-Dynastie und der Drei Reiche.' *MSOS*, 1915, **18**, 61.

KROEBER, A. L. (1). *Anthropology.* Harcourt Brace, New York, 1948.

KROEBER, A. L. (7). 'Arrow Release Distributions.' *UC/PAAA*, 1927, **23**, 283.

KROMAYER, J. & VEITH, G. (1) (ed.). 'Heerwesen und Kriegsführung d. Griechen u. Römer.' (*Handbuch d. Altertumswissenschaft*, ed. I. v. Müller & W. Otto, Section IV, Pt. 3, vol. 2.). Beck, München, 1928.

KUHN, P. A. (1). 'The Taiping Rebellion.' Art. in *Cambridge History of China*, ed. D. Twitchett & J. K. Fairbank, Cambridge, 1978, vol. 10, p. 264.

KUO TING-YI & LIU KUANG-CHING (1). 'Self-strengthening; the Pursuit of Western Technology.' Art. in *Cambridge History of China*, ed. D. Twitchett & J. K. Fairbank, Cambridge, 1978, vol. 10, p. 491.

KYESER, KONRAD (1). *Bellifortis* (the earliest of the +15th-century illustrated handbooks of military engineering, begun +1396, completed +1410). MS Göttingen Cod. Phil. 63 and others. See Sarton (1) vol. 3, p. 1550; Berthelot (5), (6).

LACABANE, L. (1). 'De la Poudre à Canon et de son Introduction en France au 14ème Siècle.' *BEC*, 1844, **1** (2e sér.), 28. Crit. Fêng Chia-Shêng (**8**).

LACOSTE, E. (1) (tr.). 'La Poliorcétique d'Apollodore de Damas.' *REG*, 1890, **3**, 268.

LAFFIN, J. (1). *The Face of War.* London, 1963.

LAKING, SIR GUY, F. (1). *A Record of European Arms and Armour through Seven Centuries.* 3 vols. Bell, London, 1920.

LALANNE, L. (1). 'Essai sur le Feu Grégeois et sur l'Introduction de la Poudre à Canon en Europe, et principalement en France.' *MAI/NEM* 1843 (2e sér.), **1**, 294–363. Sep. pub., 1841. 2nd ed. sep. pub. Paris, 1845, under title: *Recherches sur....*

LALANNE, L. (2). 'Controverse à propos du Feu Grégeois.' *BEC*, 1846, **3** (2e sér.), 338. Reply by J. T. Reinaud, pp. 427, 534 and rejoinder by Lalanne, p. 440.

[LALANNE, L.] (3). 'Greek Fire and Gunpowder' (a review of Reinaud & Favé's book). *BLM*, 1846, **59**, 749.

LAMB, HAROLD (1). *Tamerlane the Earth-Shaker.* Butterworth, London, 1929.

DE LANA, FRANCESCO TERTÜ (1). *Magisterium Naturae et Artis; Opus Physico-Mathematicum...* 3 vols. Ricciardus, Brescia, 1684–92.

LANCASTER, O. E. (1) (ed.). *Jet Propulsion Engines.* Princeton Univ. Press, Princeton, N.J., 1959. (High Speed Aerodynamics and Jet Propulsion, vol. 12.)

LANKTON, L. D. (1). 'The Machine under the Garden; Rock Drills arrive at the Lake Superior Copper Mines (1868 to 1883).' *TCULT*, 1983, **24**, 1.

LARCHEY, LOREDAN (1). *Les Origines de l'Artillerie française (+1324 à +1394).* Paris, 1882.

LARSEN, E. (1). *A History of Invention.* Phoenix, London, 1961.

LASSEN, TAGE (1). 'From Hand-Cannon to Flint-Lock.' *GUND*, 1956, **10**, 33.

LATTIMORE, O. (10). *Nationalism and Revolution in Mongolia; with a Translation from the Mongol of S. Nachukdorji's Life of Sukebatur, by O. L. & U. Onon.* Brill, Leiden, 1955.

LAUFER, B. (47). Review of Diels (1), *Antike Technik*, 1914. *AAN*, 1917, **19**, 71.

LAVIN, J. (1). 'An Examination of some Early Documents regarding the Use of Gunpowder in Spain.' *JAAS*, 1964, **4**, 163.

LEBEAU, CHARLES (1). *Histoire du Bas-Empire.* 27 vols. Paris, 1757–1811. 2nd ed. (St. Martin & Brosset): 21 vols. Paris, 1824–36.

LECLERC, L. (1) (tr.). 'Le Traité des Simples par Ibn al-Beithar.' *MAI/NEM*, 1877, **23**, **25**; 1883, **26**.

LENZ, E. (1). 'Handgranaten oder Quecksilbergefässe?' *ZHWK*, 1913, **6**, 367.

LEPRINCE-RINGUET, LOUIS *et al.* (1). *Les Inventeurs Célèbres; Sciences Physiques et Applications.* Mazenod, Paris, 1950.

DE LETTENHOVE, KERVYN (1) (ed.). *Oeuvres de Froissart.* Brussels, 1867, 1868, 1873.

[LEURECHON, J., HENRIOT, F. & MYDORGE, C.] (1). *Récréations Mathématiques: composées de plusieurs Problèmes plaisans et facétieux d'Arithmétique, Géometrie, Astrologie, Optique, Perspective, Mechanique, Chymie et d'autres rares et curieux Secrets; plusieurs desquels n'ont jamais esté Imprimez.* Rouen, 1630. The third part is entitled 'Recueil de plusieurs plaisantes et récréatives inventions de Feux d'Artifice; Plus, la manière de faire toutes sortes de Fuzées...' Eng. tr. *Mathematicall Recreations; or, a Collection of sundrie Problemes, extracted out of the Ancient and Moderne Philosophers, as secrets in nature, and experiments in Arithmetique, Geometrie, Cosmographie, Horologographie, Astronomie, Navigation, Musicke, Opticks, Architecture, Staticke, Mechanicks, Chimestrie, Waterworkes, Fireworks, etc.* Cotes & Hawkins, London, 1633. The last section (p. 265) is entitled: 'Artificiall Fire-Workes: or the manner of making Rockets and Balls of Fire, as well for the Water, as for the Ayre: with the Composition of Stars, Golden-raine, Serpents, Lances, Wheeles of fire, and such like, pleasant and Recreative'. Repr. Leake, London, 1653, (with William Oughtred's 'Double Horizontall Dyall'.) 1674 (-do-), etc.

LEY, W. (1). *Rockets.* Viking, New York, 1944. Enlarged ed. *Rockets, Missiles, and Men in Space.* Viking, New York, 1968.

LEY, W. (2). *Rockets and Space Travel; the Future of Flight beyond the Stratosphere.* Chapman & Hall, London, 1948. Rev. R. A. Rankin, *N*, 1949, **163**, 820.

LEY, W. (3). 'Rockets.' *SAM*, 1949, **181**, 31.

LEY, W. (4). *Die Fahrt ins Weltall.* Hachmeister & Thal, Leipzig, 1926. Enlarged ed. *Die Möglichkeit der Weltraumfahrt.* Hachmeister & Thal, Leipzig, 1928.

LEY, W. & VON BRAUN, W. (1). *The Exploration of Mars.* Viking, New York, 1966.

LI CHHIAO-PHING (2) (ed. & tr., with 14 collaborators). '*Thien Kung Khai Wu*' (*The Exploitation of the Works of Nature*); *Chinese Agriculture and Technology in the Seventeenth Century, by Sung Ying-Hsing.* China Academy, Thaipei, 1980. (Chinese Culture Series II, no. 3.)

LI HSIEH (LI I-CHIH) (1). 'Die Geschichte des Wasserbaues in China.' *BGTI*, 1932, **21**, 59.

LI KUO-HAO, CHANG MÊNG-WÊN, TSHAO THIEN-CHHIN & HU TAO-CHING (1) (ed.). *Explorations in the History of Science and Technology in China; a Special Number of the 'Collections of Essays on Chinese Literature and History'* (compiled in honour of the eightieth birthday of Joseph Needham). Chinese Classics Publishing House, Shanghai, 1982.

LICHINE, ALEXIS, FIFIELD, W. *et al.* (1). *Encyclopaedia of Wines and Spirits.* Cassell, London, 1974.

LIDDELL-HART, B. H. *See* Hart, B. H. Liddell.

LINDSAY, M. (1). *One Hundred Great Guns; an Illustrated History of Firearms.* London, 1968.

LINDSAY, M. (2). 'Pistols Shed Light on Famed Duel.' *SMITH*, 1976, **7** (no. 8), 94. (The duel of 1804 between Aaron Burr, Vice-President of the United States under Jefferson, who survived, and Alexander Hamilton, former Secretary of the Treasury, who was killed. The pistols had hair-triggers, and Hamilton probably fired too soon.)

VON LIPPMANN, E. O. (9). *Beiträge z. Geschichte d. Naturwissenschaften u. d. Technik.* 2 vols. Vol. 1, Springer, Berlin, 1925. Vol. 2, Verlag Chemie, Weinheim, 1953 (posthumous, ed. R. von Lippmann). Both vols. photographically reproduced, Sändig, Niederwalluf, 1971.

VON LIPPMANN, E. O. (21). 'Zur Geschichte des Schiesspulvers und des Salpeters.' *CHZ*, 1928, **52**, 2. Abstr. *CA*, 1928, **22**, 894. Repr. v. Lippmann (9), p. 83.

VON LIPPMANN, E. O. (22). 'Zur Geschichte des Schiesspulvers und der älteren Feuerwaffen.' Lecture at Halle, 1898. Repr. in von Lippmann (3), vol. 1, p. 125.

LITTLE, A. G. (2) (ed.). *Roger Bacon, Essays.* Oxford, 1914.

LIU KUANG-CHING (1). 'The Chhing Restoration.' Art. in *Cambridge History of China*, ed. D. Twitchett & J. K. Fairbank, Cambridge, 1978, vol. 10, p. 409.

LO JUNG-PANG (10). *The Art of War in the Chhin and Han Periods; −221 to +220* (in the press).

LO JUNG-PANG (12). 'Missile Weapons in pre-modern China.' Contribution to the Meeting of the Association for Asian Studies, Chicago, 1967.

LOEHR, M. (1). 'The Earliest Chinese Swords and the [Scythian] *Akinakes*.' *ORA*, 1948, **1**, 132.

LOEHR, M. (2). *Chinese Bronze Age Weapons; the Werner Jannings Collection in the Chinese National Palace Museum, Peking.* Univ. Michigan Press, Ann Arbor, 1956.

LOEWE, M. (11). 'The Campaigns of Han Wu Ti.' Art. in Kierman & Fairbank (1) (ed.), *Chinese Ways in Warfare*, p. 67.

LONGMAN, C. J. (1). 'The Bows of the Ancient Assyrians and Egyptians.' *JRAI*, 1894, **24**, 49.

LONGMAN, C. J., WALROND, H. *et al.* (1). *Archery.* Longmans Green, London, 1894.

LOPEZ, R. S. (3). 'Venezia e le grandi Linee dell'espanzione commerciale nel Secolo 13.' Art. in *La Civiltà Veneziana del Secolo di Marco Polo.* Sansoni, Florence, 1955, pp. 37–82.

LOPEZ, R. S. (5). 'Nuove Luci sugli Italiani in Estremo Oriente prima di Colombo.' *STC*, 1951, **3**, 350.

LORRAIN, HANZELET. *See* Appier, Jean (Lorraine was his place of origin).

LOT, F. (1). *L'Art Militaire et les Armées au Moyen-Age en Europe et dans le Proche Orient.* 2 vols. Payot, Paris, 1946.

LOTZ, A. (1). *Das Feuerwerk, seine Geschichte und Bibliographie in sieben Jahrhunderten.* Leipzig, 1940.

LOUIS, H. (1). 'A Chinese System of Gold Milling [in Malaysia].' *EMJ*, 1891, **54**, 640.

LOUIS, H. (2). 'A Chinese System of Gold Mining [in Malaysia].' *EMJ*, 1892, *55* 629.

LOUIS-FRÉDÉRIC (ps.) (1) (FRÉDÉRIC, LOUIS). *Daily Life in Japan at the Time of the Samurai, +1185 to +1603.* Tr. from the French ed. of 1968 by E. M. Lowe, Allen & Unwin, London, 1972. (Daily life series, no. 17.)

LU MAU-DÊ. *See* Lu Mou-Tê.

LU MOU-TÊ (1). 'Untersuchung ü. d. Erfindung der Geschütze u. d. Schiesspulvers in China.' *SA*, 1938, **13**, 25 and 99b. A translation of Lu Mou-Tê (*1*) by Liao Pao-Shêng.

LUCIAN OF SAMOSATA (1). *True History.* Bullen, London, 1902. *Certaine Select Dialogues of Lucian, Together with his True Historie, translated from the Greeke into English by Mr Francis Hickes, Whereunto is added the Life of Lucian gathered out of his own Writings, with briefe Notes and Illustrations upon each Dialogue and Booke.* Oxford, 1634.

LULHAM, R. (1). *An Introduction to Zoology.* Macmillan, London, 1913.

MCCRINDLE, J. W. (2). *Ancient India as described by Ktesias the Knidian; being a translation of the abridgement of his Indica by Photios, and of the fragments of that work preserved in other Writers, with notes, etc.* Thacker & Spink, Calcutta, 1882.

MCCULLOCH, J. (1). 'Conjectures respecting the Greek Fire of the Middle Ages.' *QJSLA*, 1823, **14**, 29.

MCCURDY, E. (1). *The Notebooks of Leonardo da Vinci, Arranged, Rendered into English, and Introduced by ...* 2 vols. Cape, London, 1938.

MCGOWAN, D. J. (7). 'Blood-Sweating Horses in Ancient Turkestan.' *JPOS*, 1887, **1**, 196.

MCGRATH, J. (1). 'Explosives [in the Late Nineteenth Century].' Art. in *A History of Technology*, ed. C. Singer *et al.*, Oxford, 1958, vol. 4, p. 284.

MACHELL-COX, E. (1) (tr.). *The Principles of War, by Sun Tzu; a classic of the Military Art [Sun Tzu Ping Fa].* RAF Welfare Publications, Colombo, Ceylon, 1943.

MCLAGAN, GEN. R. (1). 'Early Asiatic Fire Weapons.' *JRAS/B*, 1876, **45**, 30.

DE MAILLA, J. A. M. DE MOYRIAC (1) (tr.). *Histoire Générale de la Chine, ou Annales de cet Empire, traduites du 'Tong Kien Kang Mou' [Thung Chien Kang Mu].* 13 vols. Pierres & Clousier, Paris, 1777. (This translation was made from the edition of +1708; Hummel (2), p. 689.)

MAINWARING, SIR HENRY (1). *The Seaman's Dictionary.* London, 1644.

MAITRA, K. M. (1) (tr.). *A Persian Embassy to China; being an Extract from the 'Zubdatu't Tawārikh' of Hafīz-i Abrū*... Lahore. 1934 (with introduction by L. C. Goodrich). Paragon Reprint, New York, 1970.

MALCOM, HOWARD (1). *Travels in South-eastern Asia*. 2 vols. Gould, Kendall & Lincoln, Boston, 1839; London, 1839.

MALINA, F. J. (1). 'A Short History of the Development of Rockets and Jet Propulsion Engines down to 1945.' Art. in *High Speed Aerodynamics and Jet Propulsion*, ed. O. E. Lancaster (1). Princeton Univ. Press, Princeton N.J., 1953–9, vol. 12.

MALINA, F. J. (2). 'Memoir on the GALCIT Rocket Research Project, 1936–38.' *Proceedings of the 1st Internat. Symp. on History of Astronautics*, 1967 (Belgrade). Abridged version *ESCI*, 1968, **31**, 9. Russian tr. 1970.

MALINA, F. J. (3). 'Memoir on the U.S. Army Air Corps Jet Propulsion Research Project, GALCIT No. 1, 1939–46.' *Proceedings of the 3rd Internat. Symp. on History of Astronautics*, 1969.

MALINA, F. J. (4). 'America's First Long-Range Missile and Space Exploration Programme; the ORDCIT project of the Jet Propulsion Laboratory, 1943–46.' *SPFL*, 1973, **15**, 442.

MALINA, F. J. (5). 'The Jet Propulsion Laboratory; its Origins and First Decade of Work.' Art. in Emme (1). Also in *SPFL*, 1964, **6**, 160, 193.

MALTHUS, F. *See* de Malthe, François.

MANN, SIR JAMES G. (1). *European Arms and Armour* (Catalogue of the Wallace Collection). 3 vols. Clowes, London, 1945. (Contains a useful glossary of terms.)

MANSI, J. D. *et al.* (1). *Sacrorum Conciliorum Nova et Amplissima Collectio*. Florence, 1759–98.

MARSDEN, E. W. (1). *Greek and Roman Artillery; Historical Development*. Oxford, 1969.

MARSDEN, E. W. (2). *Greek and Roman Artillery; Technical Treatises*. Oxford, 1971.

MARSHALL, ARTHUR (1). *Explosives*. 2 vols. Churchill, London, 1917.
Vol. 1. *History and Manufacture*.
Vol. 2. *Properties and Tests*.

MARSHALL, A. M. & HURST, C. H. (1). *A Junior Course of Practical Zoology*. Smith Elder, London, 1916.

MARTIN, H. D. (1). 'The Mongol Wars with [the] Hsi-Hsia (+1205/+1227).' *JRAS*, 1942, 195.

MARTIN, H. D. (2). 'The Mongol Army.' *JRAS*, 1943, 46.

MARTIN, H. D. (3). 'Chingiz Khan's First Invasion of the Chin Empire (+1211/+1213).' *JRAS*, 1943, 182.

MARTIN, H. D. (4). *The Rise of Chinghiz Khan and his Conquest of North China*. Johns Hopkins Univ. Press, Baltimore, 1950. Repr. Octagon, New York, 1971.

MASON, B. J. (SIR JOHN) (1). 'The Growth of Snow Crystals.' *SAM*, 1961, **204** (no. 1), 120.

MASON, B. J. (SIR JOHN) (2). 'A Review of Three Long-Term Cloud-Seeding Experiments.' *MEM*, 1980, **109**, 335.

MASON, B. J. (SIR JOHN) & MAYBANK, J. (1). 'Ice-Nucleating Properties of Some Natural Mineral Dusts.' *QJRMS*, 1958, **84**, 235.

MATHENHEIMER, A. (1). *Die Rückladungs-Gewehr*. Darmstadt and Leipzig, 1876.

MATSCHOSS, C. (2) *Geschichte der Dampfmaschine, ihre Kulturelle Bedeutung, technische Entwicklung und ihre grossen Männer*. Springer, Berlin, 1901. Photolitho reproduction, Gesstenberg, Hildesheim, 1978.

MAVRODIN, V. (1). 'O Poyarlenii Ognestrel'nogo Oruzhiya na Rusi' (on the Origin of Firearms in Russia). *VH*, 1946 (no. 8/9), 98. Crit. Fêng Chia-Shêng (*8*).

MAYERS, W. F. (6). 'On the Introduction and Use of Gunpowder and Firearms among the Chinese, with Notes on some Ancient Engines of Warfare, and Illustrations.' *JRAS/NCB*, 1870 (NS), **6**, 73. Comment by E. H. Parker, *CR*, 1887, **15**, 183.

MAYOW, JOHN (1). *Tractatus Quinque Medico-Physici*.... Sheldonian, Oxford, 1674. Repr. *Opera Omnia Medico-Physica Tractatibus Quinque comprehensa*... Leers, The Hague, 1681.

MÉAUTIS, G. (1). 'Les Romains connaissent-ils le Fer à Cheval?' *REA*, 1934, **36**, 88.

MELLOR, J. W. (1). *Modern Inorganic Chemistry*. Longmans Green, London, 1916; often reprinted.

MELLOR, J. W. (2). *Comprehensive Treatise on Inorganic and Theoretical Chemistry*. 15 vols. Longmans Green, London, 1923.

DE MENDOZA, JUAN GONZALES (1). *Historia de las Cosas mas notables, Ritos y Costumbres del Gran Reyno de la China, sabidas assi por los libros de los mesmos Chinas, como por relacion de religiosos y oltras personas que an estado en el dicho Reyno*. Rome, 1585 (in Spanish). Eng. tr. Robert Parke, *The Historie of the Great & Mightie Kingdome of China and the Situation theoreof; Togither with the Great Riches, Huge Citties, Politike Gouvernement and Rare Inventions in the same* [undertaken 'at the earnest request and encouragement of my worshipfull friend Master Richard Hakluyt, late of Oxforde']. London, 1588 (1589). Reprinted in Spanish, Medina del Campo, 1595; Antwerp, 1596 and 1655; Ital. tr. Venice (3 editions), 1586; Fr. tr. Paris, 1588, 1589 and 1600; Germ. and Latin tr. Frankfurt, 1589. New ed. G. T. Staunton, London, 1853 (Hakluyt Soc. Pubs. 1st ser. nos 14, 15). Spanish text again Ed. P. F. García, Madrid, 1944 (España Misionera, no. 2.).

MERCER, H. C. (1). *Ancient Carpenter's Tools illustrated and explained, together with the Implements of the Lumberman, Joiner, and Cabinet-Maker, in use in the Eighteenth Century*. Bucks County Historical Society, Doylestown, Pennsylvania, 1929.

MERCIER, M. (1). *Le Feu Grégeois; Les Feux de Guerre depuis l'Antiquité; La Poudre à Canon.* Geuthner, Paris, 1952; Aubarel, Avignon, 1952.

METTLER, CECILIA C. (1). *History of Medicine; a Correlative Text arranged according to Subjects.* Blakiston, Philadelphia, 1947.

MICKLE, W. J. (1) (tr.). *The 'Lusiad', or the Discovery of India; an Epic Poem [by Luis de Camoëns], translated from the original Portuguese by W. J. M.* Jackson & Lister, Oxford, 1776; repr. 1778; 5th ed. London, 1877.

MIETH, MICHAEL (1). *'Artilleriae Recentior Praxis', oder neuere Geschütz-Beschreibung worinnen von allen vornehmsten Haupt-Puncten der Artillerie gründlich...gehandelt...mit vielen Kupffer-Stücken erkläret wird...* Pr. pr. Frankfurt a/Main & Leipzig, 1683. Re-issued 1684. 2nd ed. with new title, Dresden & Leipzig, 1736.

MILLS, J. V. (6). MS translation of part of ch. 13 of the *Chhou Hai Thu Pien* (on shipbuilding, etc.). Unpub. MS.

MILSKY, M. (1). 'Les Souscripteurs de "l'Histoire Générale de la Chine" du P. de Mailla; Aperçus du Milieu Sinophile Français.' Art. in *Les Rapports entre la Chine et l'Europe au Temps des Lumières* (Actes du 2e Colloque International de Sinologie, Chantilly), ed. J. Sainsaulieu. Cathasia, Paris, 1980, p. 101.

MINORSKY, V. F. (4) (ed. & tr.). *Sharaf al-Zamān Ṭāhir al-Marwazī on China, the Turks and India (c. +1120).* Royal Asiatic Soc., London, 1942. (Forlong Fund series, no. 22.)

MITRA, HARIDAS (1). *The Fire-works and Fire Festivals in Ancient India.* Abhedananda Academy, Calcutta, 1963.

MIYAKAWA HISAYUKI (1). 'The Legate Kao Phien [d. +887] and a Taoist Magician, Lü Yung-Chih, in the Time of Huang Chhao's Rebellion [+875 to +884].' *ACTAS*, 1974, no. 27, 75. (The Taoist entourage of the general who suppressed it, including alchemists, Chuko Yin, Tshai Thien and Shenthu Shêng = Pieh-Chia.)

MOLINARI, E. & QUARTIERI, F. (1). *Notizie sugli Esplodenti in Italia.* Milano, 1913.

MOLLER, W. A. (1). 'Mining in Manchuria.' *TIME*, 1903, **25**, 144.

MONTANDON, G. (1). *l'Ologénèse Culturelle; Traité d'Ethnologie Cyclo-Culturelle et d'Ergologie Systématique.* Payot, Paris, 1934.

MONTANUS, ARNOLDUS (1). *'Atlas Japannensis'; being remarkable Addresses by way of Embassy from the East-India Company...to the Emperor of Japan...* English'd by John Ogilby, Esq. Johnson, London, 1670.

MONTEIL, V. (1) (tr.). *Ibn Khaldūn: Discours sur l'Histoire Universelle—'al-Muqaddimah'.* 4 vols. Unesco, Beirut, 1967.

MOOR, EDWARD (1). *Narrative of the Operations of Capt. Little's Detachment...during the late Confederacy in India, aginst the Nawab Tippas Sultan Bahadur.* London, 1794.

MORAY, SIR ROBERT (1). 'A Way to break easily and speedily the hardest Rocks, communicated by the same Person (Sir R. M.) as he received it from Monsieur du Son the Inventor.' *PTRS*, 1665, **1** (no. 5), 82.

MORGAN, C. (1). *The Shape of Futures Past; the Story of Prediction* (a history of science fiction). Webb & Bower, Exeter, 1980.

MORGAN, E. (1) (tr.). *Tao the Great Luminant; Essays from Huai Nan Tzu, with introductory articles, notes and analyses.* Kelly and Walsh, Shanghai, n.d. (1933?).

MORLAND, SIR SAMUEL (1). *Élevation des Eaux par toute sorte de Machines...* Paris, 1685.

MORRIS, WILLIAM & WYATT, A. J. (1). *The Tale of Beowulf, sometime King of the Folk of the Weder Geats.* Kelmscott, Hammersmith, 1895. Repr. London, 1898.

MOTE, F. W. (3). 'The Thu-mu Incident of +1449.' Art. in Kierman & Fairbank (1) (ed.), *Chinese Ways in Warfare*, p. 243.

MOULE, A. C. (1). *Christians in China before the year 1550.* SPCK, London, 1930.

MOULE, A. C. (13). 'The Siege of Saianfu [Hsiang-yang] and the Murder of Achmach Bailo; two Chapters of Marco Polo.' *JRAS/NCB*, 1927, **58**, 1, 1928, **59**, 256. (Deals in detail with the Muslim trebuchet engineers and the alleged presence of Marco Polo at the siege of Hsiang-yang.)

MOULE, A. C. & PELLIOT, P. (1) (tr. & annot.). *Marco Polo (+1254 to +1325); The Description of the World.* 2 vols. Routledge, London, 1938. Repr. AMS Press. New York, 1976. Further notes by P. Pelliot (posthumously pub.). 2 vols. Impr. Nat. Paris, 1960.

MUIRHEAD, J. P. (1). *The Origin and Progress of the Mechanical Inventions of James Watt, illustrated by his Correspondence with his Friends and the Specifications of his Patents.* 3 vols. London, 1854.

MULLER, JOHN (1). *Treatise on Artillery; to which is prefixed, a Theory of Powder applied to Firearms...* Millan, London, 1757; repr. 1768.

MULTHAUF, R. P. (5). *The Origins of Chemistry.* Oldbourne, London, 1967.

MULTHAUF, R. P. (9). 'An Enquiry into Saltpetre Supply and the Early Use of Firearms.' *Abstracts of Scientific Section Papers 15th Internat. Congress Hist. of Sci.* Edinburgh, 1977, p. 37.

MUNDY, PETER (1). *Travels in Europe and Asia (+1608 to +1667).* 5 vols. in 6, Hakluyt Soc., Cambridge, 1907; London, 1914–36 (Hakluyt series, nos. 17, 35, 45, 46, 55, 78). Ed. Lt.-Col. Sir Richard Carnac Temple & L. M. Anstey. Repr. 3 vols. Kraus, Liechtenstein, 1957.

MUNSTER, SEBASTIAN (1). *Cosmographiae Universalis, Libri VI.* Petri, Basel, 1550, 1552, 1554, 1556, 1572.

MURATORI, L. A. (1) (ed.). *Rerum Italicarum Scriptores, ex Codicibus L.A.M. Collegit, Ordinavit et Praefationibus Auxit.* 25 vols. Milan, 1728–51. 2nd ed. Città di Castello, 1900– , ed. G. Carducci & V. Fiorini.

MURDOCH, JAMES (1) (with the collaboration of I. Yamagata). *A History of Japan.* First pub. Yokohama, 1910. 3 vols. ed. J. H. Longford, Kegan Paul, London, 1925.
MUS, P. (2). 'Les Ballistes du Bayon.' *BEFEO*, 1929, **29**, 331 (Études Indiennes et Indochinoises, pt. 3).
MUTHESIUS, V. (1). *Zur Geschichte der Sprengstoffe und des Pulvers.* Pr. pr. Berlin, 1941.

NAMBO HEIZO (1) = (*1*). 'Who Invented Explosives?' *JSHS*, 1970, **9**, 49–98. (This paper contains many errors, both sinological and historical; it should be used with caution.)
NAPOLEON III (EMPEROR OF FRANCE) & FAVÉ, I. CAPT. *See* Bonaparte & Favé (1).
NAUMANN, K. (1). 'Untersuchung eines Luristanischen Kurzschwertes.' *AEHW*, 1957, **28**, 5.
NEEDHAM, JOSEPH (2). *A History of Embryology.* Cambridge Univ. Press, 1934. 2nd ed., revised with the assistance of A. Hughes. Cambridge, 1959; Abelard-Schuman, New York, 1959.
NEEDHAM, JOSEPH (27). 'Limiting Factors in the History of Science, as observed in the History of Embryology' (Carmalt Lecture at Yale University, 1935). *YJBM*, 1935, **8**, 1. Reprinted in Needham (3).
NEEDHAM, JOSEPH (32). *The Development of Iron and Steel Technology in China.* Newcomen Soc., London, 1958. (Second Biennial Dickinson Memorial Lecture, Newcomen Society.) Précis in *TNS*, 1960, **30**, 141; rev. L. C. Goodrich, *ISIS*, 1960, **51**, 108. Repr. Heffer, Cambridge, 1964, French tr. (unrevised, with some illustrations omitted and others added by the editors) *RHSID*, 1961, **2**, 187, 235; 1962, **3**, 1, 62.
NEEDHAM, JOSEPH (47). 'Science and China's Influence on the West.' Art. in *The Legacy of China*, ed. R. N. Dawson. Oxford, 1964, p. 234.
NEEDHAM, JOSEPH (48). 'The Prenatal History of the Steam-Engine.' (Newcomen Centenary Lecture.) *TNS*, 1963, **35**, 3–58.
NEEDHAM, JOSEPH (59). 'The Roles of Europe and China in the Evolution of Oecumenical Science.' *JAHIST*, 1966, **1**, 1. As Presidential Address to Section X, British Association, Leeds, 1967, *ADVS*, 1967, **24**, 83.
NEEDHAM, JOSEPH (60). 'Chinese Priorities in Cast Iron Metallurgy.' *TCULT*, 1964, **5**, 398.
NEEDHAM, JOSEPH (65). *The Grand Titration; Science and Society in China and the West* (Collected Addresses). Allen & Unwin, London, 1969.
NEEDHAM, JOSEPH (80). Notes on the Shansi Provincial Museum at Thaiyuan. Unpub.
NEEDHAM, JOSEPH (81). 'China's Trebuchets, Manned and Counterweighted.' Art. in Lynn White Festschrift *Humana Civilitas*, ed. Hall & West, 1976, p. 107.
NEEDHAM, JOSEPH (82). Notes of an Archaeological Study-Tour in China, 1958. Unpub.
NEEDHAM, JOSEPH (84). 'L'Alchimie en Chine; Pratique et Théorie.' *AHES/AESC*, 1975, no. 5, 1045.
NEEDHAM, JOSEPH (85). *China and the Origins of Immunology.* Centre of Asian Studies, Univ. of Hongkong, Hongkong, 1980. (First S.T. Huang-Chan Memorial Lecture.)
NEEDHAM, JOSEPH (86). 'Science and Civilisation in China; State of the Project.' *IDSR*, 1980, **5** (no. 4), 263. Chinese tr. *Chung-Kuo Kho Chi Shih Liao*, 1981, no. 3, 5.
NEF, JOHN U. (1). *La Route de la Guerre Totale; Essai sur les Relations entre la Guerre et le Progrès Humain.* Colin, Paris, 1949. (Cahiers de la Fondation Nationale des Sciences Politiques, no. 11.) Eng. tr., enlarged and revised: *Western Civilisation since the Renaissance; Peace, War, Industry and the Arts* (small print edition), Harper, New York, 1963. Eng. tr. again enlarged and revised. *War and Human Progress; an Essay on the Rise of Industrial Civilisation.* Russell & Russell, New York, 1968.
NUBURGER, A. (1). *The Technical Arts and Sciences of the Ancients.* Methuen, London, 1930. Tr. by H. L. Brose from *Die Technik d. Altertums.* Voigtländer, Leipzig, 1919 (with a drastically abbreviated index and the total omission of the bibliographies appended to each chapter, the general bibliography, and the table of sources of the illustrations).
NICOLAS, SIR HARRIS (1). *History of the Royal Navy, from the Earliest Times to the Wars of the French Revolution.* 2 vols. London, 1847.
NICOLSON, M. H. (1). *Voyages to the Moon.* Macmillan, New York, 1948.
NICOLSON, M. H. (2). 'A World in the Moon; a Study of the Changing Attitude towards the Moon in the +17th and +18th Centuries.' *SCSML*, 1936, **17** (no. 2), 1–72.
NIELSEN, NIELS AGE (1). *Dansk Etymologisk Ordbog.* 2nd. ed. Copenhagen, 1966.
NORTHROP, F. S. C. & LIVINGSTON, H. H. (1) (ed.). *Cross-Cultural Understanding; Epistemology in Anthropology* (a Wenner-Gren Foundation Symposium). Harper & Row, New York, 1964.
NORTON, ROBERT (1). *The Gunner.* London, 1628.
NYE, NATHANIEL, MASTER-GUNNER (1). *The Art of Gunnery.* London, 1647.

O'NEILL, B. H. St J. (1). *Castles and Cannon; a Study of Early Artillery Fortifications in England.* Oxford, 1960. Rev. J. Beeler, *SP*, 1962, **37**, 146.
O'NEILL, B. H. St J. (2). *Castles.* HMSO, London, 1953.
OBERTH, H. (1). *Die Rakete an den Planetenraümen.* Oldenbourg, München, 1923. Eng. tr. *The Rocket into Interplanetary Space.*

OBERTH, H. (2). *Wege zur Raumschifffahrt.* Oldenbourg, München, 1929. Eng. tr. *Ways to Spaceflight.* Agence Tunisienne des Relations Publiques, Tunis, 1972. NASA document TT/F 622. Photolitho reproduction, Edwards, Ann Arbor, 1945.

D'OHSSON, MOURADJA (1). *Histoire des Mongols depuis Tchinguiz Khan jusqu'à Timour Bey ou Tamerlan.* 4 vols., van Cleef, The Hague and Amsterdam, 1834–52.

OLSCHKI, L. (4). *Guillaume Boucher; a French Artist at the Court of the Khans.* Johns Hopkins Univ. Press, Baltimore, 1946. Rev. H. Franke, *OR*, 1950, **3**, 135.

OLSCHKI, L. (10). *L'Asia di Marco Polo.* Sansoni, Florence, 1957. Eng. tr. by J. A. Scott; '*Marco Polo's Asia; an Introduction to his "Description of the World", called "Il Milione".*' Univ. Calif. Press, Berkeley & Los Angeles, 1960.

OLSHAUSEN, O. & HIRTH, F. (1). '(1) Ü. einen Grabfund von Hedehusum auf Föhr; (2) Zur Kenntnis d. Schnallen; (3) Beitrag z. Geschichte d. Reitersporns; (4) Bemerkungen ü. Steigbügel.' With comments by Hirth on Stirrups in China. *ZFE/VBGA*, 1890, **22**, (178) & (209).

OLSZEWSKI, EUGENIUSZ (1). 'An Outline of the Development of Polish Science.' *ORG*, 1965, no. 2, 249.

OLSZEWSKI, EUGENIUSZ (2). 'To Commemorate the Centenary of the Birth of Konstantin Tsiolkovsky.' *KHNT*, 1957–8, Special issue, 25 (on the occasion of the First Polish National Science Congress).

OMAN, C. W. C. (1). *A History of the Art of War in the Middle Ages.* 1st ed. 1 vol. 1898; 2nd ed. 2 vols. 1924 (much enlarged); vol. 1, +378 to +1278; vol. 2, +1278 to +1485. Methuen, London (the original publication had been a prize essay printed at Oxford in 1885; this was reprinted in 1953 by the Cornell University Press, Ithaca N.Y., with editorial notes and additions by J. H. Beeler). Crit. Fêng Chia-Shêng (*3*).

OPPERT, G. (1). *On the Weapons, Army Organisation, and Political Maxims of the Ancient Hindus, with special reference to Gunpowder and Firearms.* Madras, 1880.

OUCHTERLONY, J. (1). *The Chinese War; an Account of all the Operations of the British Forces from its Commencement to the Treaty of Nanking.* Saunders & Otley, London, 1844.

PAK HAE-ILL (1) = (*1*). 'Parallelisms between the Iron Cladding of Admiral Yi Sunsin's Combat Turtle-Ships and Extant Iron Armouring of Yi Dynasty [City Gates].' *HKH*, 1979, **1** (no. 1), 27.

PAK HAE-ILL (2). 'A Short Note on the Iron-clad Turtle-Ships of Admiral Yi Sunsin.' *KJ*, 1977, **17** (no. 1), 34.

PÁLOS, S. (1). *Chinesische Heilkunst; Rückbesinnung auf eine grosse Tradition,* tr. from the Hungarian by W. Kronfuss. Delp, München, 1963; 2nd ed. 1966. Eng. tr. *The Chinese Art of Healing.* Bantam, New York, 1972.

PANCIROLI, GUIDO (1). *Rerum Memorabilium sive Deperditarum pars prior (et secundus) Commentariis illustrata et locis prope innumeris postremum aucta ab Henrico Salmuth.*' Amberg, 1599 and 1607; Schonvetter Vid. et Haered. Frankfurt, 1617, 1646, 1660. Eng. tr. *The History of many Memorable Things lost, which were in Use among the Ancients; and an Account of many Excellent Things found, now in Use among the Moderns, both Natural and Artificial...now done into English.... To this English edition is added, first, a Supplement to the Chapter of Printing, shewing the Time of its Beginning, and the first Book printed in each City before the Year 1500. Secondly, what the Moderns have found, the Ancients never knew; extracted from Dr Sprat's History of the Royal Society, the Writings of the Honourable Mr Boyle, The Royal-Academy at Paris, etc...* London, 1715, 1727. French tr. Lyon, 1608. Bibliography in John Ferguson (2).

PAPIN, DENIS (1). '*De Novo Pulveris Pyri Usu* (on a New Application of Gunpowder).' *AER*, 1688, 497.

PAPIN, DENIS (2). '*Nova Methodus ad vires Motrices validissimas Levi Pretio Comparendas* (Papin's New Method of obtaining very great Moving Powers at small cost).' *AER*, 1690, 410. Latin text reprinted in Muirhead (1), vol. 3, p. 139 with an English translation. French text, probably the original, in *Recueil de Diverses Pièces* (1695). Cf. Galloway (1), pp. 14 ff.

PAPIN, DENIS (3). In *Fasciculus Dissertationum de Novis Quibusdam Machinis...* Marburg, 1695.

PAPIN, DENIS (4). In *Recueil de Diverses Pièces touchant quelques Nouvelles Machines.* Cassel, 1695.

PAPIN, DENIS (5). In *Traité de plusieurs Nouvelles Machines et Inventions Extraordinaires sur différens Sujets.* Paris, 1698.

PAPINOT, E. (1). *Historical and Geographical Dictionary of Japan.* Overbeck, Ann Arbor, Mich., 1948. Lithoprinted from original edn. Kelly & Walsh, Yokohama, 1910. Eng. tr. of *Dictionnaire d'Histoire et de Géographie du Japon.* Sanseido, Tokyo, 1906; Kelly & Walsh, Yokohama, 1906.

PARKER, E. H. (6). 'Military Engines.' *CR*, 1887, **15**, 253.

PARKER, E. H. (7). 'The Invention of Firearms.' *CR*, 1890, **18** (no. 6), 379.

PARKER, E. H. (8). 'The Military Organisation of China prior to 1842 as described by Wei Yuan.' *JRAS/NCB*, 1887, **22**, 1.

PARKER, E. H. (9). 'Military Engineering.' *CR*, 1885, **14**, 217.

PARKER, E. H. (10). 'Greek Fire and Firearms.' *CR*, 1887, **15**, 183.

PARKER, W. G. S. (1). 'Fuels for Research Rockets and Space Vehicles.' *MBLB*, 1965, **6**, 41.

PARRY, V. J. (1). 'Materials of War in the Ottoman Empire.' Art. in Cook (1) (ed.), *Studies in the Economic History of the Middle East.* Oxford, 1970, p. 219.

PARRY, V. J. & YAPP, M. E. (1) (ed.). *War, Technology and Society in the Middle East.* Oxford, 1975.
PARTINGTON, J. R. (5). *A History of Greek Fire and Gunpowder.* Heffer, Cambridge, 1960.
PARTINGTON, J. R. (10). *General and Inorganic Chemistry*... 2nd ed. Macmillan, London, 1951.
PARTINGTON, J. R. (20). 'The Life and Work of John Mayow (+1641 to +1679).' *ISIS*, 1956, **47**, 217, 405.
DE PAUW, C. (1). *Recherches Philosophiques sur les Égyptiens et les Chinois*... (Vols. IV and V of *Oeuvres Philosophiques*) Cailler, Geneva, 1774. 2nd ed., Bastien, Paris, Rep. An. III, (1795). Crit. Kao Lei-Ssu [Aloysius Ko, S.J.], *MCHSAMUC*, 1777, **2**, 365 (2nd pagination), 1–174.
VON PAWLIKOWSKI-CHOLEWA, A. (1). *Die Heere des Morgenlandes.* de Gruyter, Berlin, 1940.
PAYNE-GALLWEY, SIR RALPH (1). *The Crossbow, Mediaeval and Modern, Military and Sporting; its Construction, History and Management, with a Treatise on the Balista and Catapult of the Ancients.* Longmans Green, London, 1903: repr. Holland, London, 1958.
PAYNE-GALLWEY, SIR RALPH (2). *A Summary of the History, Construction and Effects in Warfare of the Projectile-Throwing Engines of the Ancients; with a Treatise on the Structure, Power and Management of Turkish and other Oriental Bows of Mediaeval and Later Times.* Longmans Green, London, 1907 (separately paged, no index). Practically identical with: *Appendix to the Book of the Crossbow and Ancient Projectile Engines*, Longmans Green, London, 1907. The *Summary* is more richly illustrated and has a fuller text than the *Appendix* yet its preface is dated Dec. 1906 while that of the latter is dated Jan. 1907.
PEGGE, S. (1). 'On Shoeing of Horses among the Ancients.' *A*, 1775, **3**, 39.
PEGOLOTTÍ, FRANCESCO BALDUCCI (1). *La Pratica della Mercatura*, *c.* +1340. Ed. A. EVANS, Cambridge, Mass., 1936.
PELLIOT, P. (10). 'Les Mongols et la Papauté.' *ROC*, 1922 (3ᵉ sér.), **3**, 3; **4**, 225, 1923 (3ᵉ sér.), **8**, 3.
PELLIOT, P. (33 (tr.). *Mémoire sur les Coutumes de Cambodge de Tcheou Ta-Kouan [Chou Ta-Kuan]; Version Nouvelle, suivie d'un Commentaire inachevé.* Maisonneuve, Paris, 1951. (Oeuvres Posthumes, no. 3.)
PELLIOT, P. (49). Note on gunpowder and firearms in a review of C. A. S. Williams (1) q.v. *TP*, 1922, **21**, 432.
PELLIOT, P. (53). 'Le Ḥōja et le Sayyid Ḥusain de l'Histoire des Ming.' *TP*, 1948, **38**, 81–292.
PELLIOT, P. (55). 'Henri Bosmans, S.J.' *TP*, 1928, **26**, 190. (Includes material on the *Huo Kung Chhieh Yao*, and similar books.)
PELLIOT, P. (56). Review of Cordier (12), *l'Imprimerie Sino-Européenne en Chine. BEFEO*, 1903, **3**, 108.
PELLIOT, P. (59). Review of G. Schlegel (12), *On the Invention and Use of Firearms and Gunpowder in China*... *BEFEO*, 1902, **2**, 407.
PEPYS, SAMUEL (1). *The Diary of Samuel Pepys.* Everyman ed. Ed. J. Warrington, 2 vols. Dent, London, 1953.
PERCY, THOMAS (Bishop of Dromore) (1). *Reliques of Ancient English Poetry.* First pub. 1765. 3 vols. Washbourne, London, 1847.
PERRIN, NOEL (1) (with the assistance of Kuroda Eishoku & Sato Kiyondo). *Giving up the Gun; Japan's Reversion to the Sword, 1543 to 1879.* Godine, Boston, 1979. Pre-pub. abstr. in *NYR*, 1965, 20 Nov., 211. Rev. J. R. Bartholomew, *SCIS*, 1979, **19** (no. 7), 25.
PERTUSI, A. (1). *La Caduta di Constantinopoli; le Testimonianze dei Contemporanei.* 2 vols. Verona, 1976.
PERTZ, G. H. (1) (ed.). 'Cafari et Continuatorum Annales Januae' in *Monumenta Germaniae Historica*, vol. 18. Hannover, 1863 [MSS Paris, nos. 773 and 10136].
PETECH, L. (5). 'Les Marchands Italiens dans l'Empire Mongol.' *JA*, 1962, 549.
PETERSON, C. A. (1). 'Regional Defence against the Central Power; the Huai-hei Campaign, +815 to +817.' Art. in Kierman & Fairbank (1) (ed.), *Chinese Ways in Warfare*, p. 123.
PETERSON, H. L. (1). *The Book of the Gun.* London, 1962.
PETERSON, MENDEL L. (1). 'Richest Treasure Trove; a Bermuda Skin-diver discovers Sunken Bonanza Three Hundred Years Old. The Significance of Edward Tucker's Undersea Finds.' *LIFE*, 1956, **20** (no. 5), 43.
PETERSON, W. J. (2). *Bitter Gourd; Fang I-Chih* [+1611 to +1671] *and the Impetus for Intellectual Change.* Yale Univ. Press, New Haven, Conn., 1979.
PETRI, W. (7). 'Die Zukunft des Raumfahrtzeitalters in Sowjetischer Sicht; Prognosen und wissenschaftlich-kosmischer Utopien.' *UZWKL*, 1972, **27**, 1173. (Veröfftl. d. Forschungsinst. d. Deutschen Museums, A, 128.)
PETROVIC, DJURDJICA (1). 'Fire-arms in the Balkans on the Eve of and after the Ottoman Conquests of the +14th and +15th Centuries.' Art. in Parry & Yapp (1), *War, Technology and Society in the Middle East*, Oxford, 1975, p. 164.
PFIZMAIER, A. (34) (tr.). 'Die Feldherren Han Sin, Pêng Yue, und King Pu' (Han Hsin, Phêng Yüeh & Ching Pu). *SWAW/PH*, 1860, **34**, 371, 411, 418. (Tr. chs. 90 (in part), 91, 92, *Shih Chi*, ch. 34; *Chhien Han Shu*; not in Chavannes (1).)
PFIZMAIER, A. (37) (tr). 'Die Gewaltherrschaft Hiang Yü's' (Hsiang Yü). *SWAW/PH*, 1860, **32**, 7. (Tr. ch. 31, *Chhien Han Shu*.)

PFIZMAIER, A. (42) (tr.). 'Die Heerführer Li Kuang und Li Ling.' *SWAW/PH*, 1863, **44**, 511. (Tr. ch. 54, *Chhien Han Shu.*)
PFIZMAIER, A. (44) (tr.). 'Die Heerführer Wei Tsing und Ho Khiu-Ping' (Wei Chhing and Ho Chhü-Ping). *SWAW/PH*, 1864, **45**, 139. (Tr. ch. 55, *Chhien Han Shu.*)
PFIZMAIER, A. (98) (tr.). 'Die Anwendung und d. Zufälligkeiten des Feuers in d. alten China.' *SWAW/PH*, 1870, **65**, 767, 777, 786, 799. (Tr. chs. 868, 869 (fire and fire-wells), 870 (lamps, candles and torches), 871 (coal), of *Thai-Phing Yü Lan.*)
PFIZMAIER, A. (107) (tr.). 'Der Feldzug der Japaner gegen Corea im Jahre 1597' [translation of the *Chōsen Monogatari*]. Vienna, 1875.
PHILLIPS, T. R. (1) (ed.). *Roots of Strategy*. Lane, London, 1943. (A collection of classical Tactica, including Sun Tzu, Vegetius, de Saxe, Frederick the Great, and Napoleon.)
PITT-RIVERS, A. H. LANE-FOX (3). 'Primitive Warfare.' *JRUSI*, 1867, **11**; 1868, **12**, 399; 1869, **13**, 509. Reprinted in Pitt-Rivers (4).
PITT-RIVERS, A. H. LANE-FOX (4). *The Evolution of Culture, and other Essays*. OUP, Oxford, 1906. Ed. J. L. Myres with introdn. by H. Balfour. The title essay was first printed in *PRI*, 1875, **7**, 496.
PLATH, L. (2). 'Das Kriegswesen d. alten Chinesen.' *SBAW/PH*, 1873, **3**, 275.
PLOT, ROBERT (1). *The Natural History of Staffordshire*. Oxford, 1686.
POLE, W. (1). *A Treatise on the Cornish Pumping Engine*. London, 1844.
POLLARD, H. B. C. (1). *A History of Fire-arms*. Bles, London, 1926. Houghton Mifflin, Boston, 1936. Repr. Country Life, London, 1983, ed. Claud Blair, with three chapters by Howard Blackmore.
POPESCU, JULIAN (1). *Russian Space Exploration; the First Twenty-one Years*. Gothard, Henley-on-Thames, 1979.
DE LA PORTE DU THEIL, GABRIEL (1). *'Liber Ignium ad comburendos Hostes', auctore Marco Graeco; ou, Traité des Feux propre à détruire les Ennemies, composé par Marcus le Grec; publié d'après deux manuscrits de la Bibliothèque Nationale*. Delance & Lesueur, Paris, 1804.
PORTER, WHITWORTH, MAJ. (1). *A History of the Knights of Malta*. 2 vols. London, 1858.
POST, P. (1). 'Die frühste Geschützdarstellung von etwa +1330.' *ZHWK*, 1938, **15** (NF **6**), 137.
POWER, d'ARCY (1). 'The Lesser Writings of John Arderne (+1307 to *c.* +1380).' *Proc. XVIIth Internat. Congr. Med.* Sect. 23, p. 107. London, 1913.
PRATT, PETER (1). *History of Japan, compiled from Records of the English East India Company at the instance of the Court of Directors*. London, 1822. Ed. M. B. T. Paske-Smith, 2 vols. in 1, Thompson, Kobe, 1931. 2nd ed. Curzon, London, 1972; Barnes & Noble, New York, 1972.
PRAWDIN, M. (1). *The Mongol Empire, its Rise and Legacy*. Tr. from the German of 1938 by E. & C. Paul. Allen & Unwin, London, 1940 (twice repr. 1952).
PREOBRAZHENSKY, A. G. (1). *Etymological Dictionary of the Russian Language*. Repr. Columbia Univ. Press, New York, 1951.
PREVITÉ-ORTON, C. W. (1) (ed.). *The Shorter Cambridge Medieval History*. Vol. 1. *The Later Roman Empire to the +12th Century*; vol. 2. *The +12th Century to the Renaissance*. Cambridge, 1953.
PRŮSEK, J. (4). 'Quelques Remarques sur l'Emploi de la Poudre à Canon en Chine.' *ARO*, 1952, **20**, 250.
PULLEYBLANK, E. G. (5). 'A Geographical Text of the Eighth Century' [in ch. 3 (ch. 34) of the *Thai Pai Yin Ching*, +759]. Art. in Silver Jubilee Volume of the Zinbun Kagaku Kenkyusho, Kyoto University, 1954, p. 301 (*TG/K*, 1954, **25**, pt. 1).

QUATREMÈRE, E. M. (1) (tr.). *Histoire des Mongols de la Perse; écrite en Persan par Raschid-el-din* (part of the *Jami'al-Tawārīkh* of Rashid al-Din). Imp. Roy., Paris, 1836. (Vol. 1; only one vol. published.)
QUATREMÈRE, E. M. (2). 'Observations sur le Feu Grégeois.' *JA*, 1850 (4e sér.), **15**, 214–74. (A polemic against Reinaud & Favé (1), whom he considered had attacked him.) Short reply by J. T. Reinaud, p. 371. Crit. Fêng Chia-Shêng (**8**).
QUATREMÈRE, E. M. (3) (tr.). 'Notice de l'Ouvrage Persan qui a pour Titre *Matla Assaadeïn ou-madjina-albahreïn* et qui contient l'Histoire des deux Sultans Schah-rokh et Abou-Saïd' (The account by Ghiyāth al-Dīn-i Naqqāsh of the embassy from Shāh Rukh to the Ming emperor). *MAI/NEM*, 1843, **14**, pt. 1, 1–514 (387).

RAFEQ, ABDUL KARIM (1). 'The Local Forces in Syria in the Seventeenth and Eighteenth Centuries.' Art. in *War, Technology and Society in the Middle East*, ed. Parry & Yapp (1), p. 277.
RANDALL, J. T. & JACKSON, S. F. (ed.). *The Nature and Structure of Collagen*. Butterworth, London, 1953.
RATHGEN, B. (1). *Das Geschütz im Mittelalter; Quellenkritische Untersuchungen...* VDI Verlag, Berlin, 1928. Crit. Fêng Chia-Shêng (**3**).
RATHGEN, B. (2). 'Der deutsche Büchsenmeister Merckln Gast, der erste urkundlich erwähnte Eisengiesser.' *SE*, 1920, **40**, 148.
RATHGEN, B. (3). 'Das Drehkraftgeschütz in Deutschland.' *ZHWK*, 1919, **8**, 54.
RATHGEN, B. (4). 'Eisenguss und Urkundenbuch der Waffengeschichte.' *ZHWK*, 1919, **8**, 343.
RATHGEN, B. (5). 'Die Pulverwaffen in Indien.' *OAZ*, 1925, **2**, 9, 196.

RAVERTY, H. G. (1) (tr.). *Ṭabaḳāt-ī Nāṣirī; a general History of the Muhammedan Dynasties of Asia, including Hindustan from +810 to +1260, and the Irruption of the Infidel Mughals [Mongols] into Islam, by the Maulānā, Minhāj ud-Dīn, Abū 'Umar-i 'Uṣmān [al- Juzjānī]*. Gilbert & Rivington, London, 1881. (Bibliotheca Indica, for the Asiatic Society of Bengal.)

RAY, J. C. (1). 'Firearms in Ancient India.' *IHQ*, 1932, **8**, 268.

RAY, P. C. (1). *A History of Hindu Chemistry, from the Earliest Times to the middle of the 16th cent. A.D., with Sanskrit Texts, Variants, Translation and Illustrations*. 2 vols. Chuckerverty & Chatterjee, Calcutta, 1902, 1904, repr. 1925. New enlarged and revised edition in one volume, ed. P. Ray, retitled *History of Chemistry in Ancient and Medieval India*, Indian Chemical Society, Calcutta, 1956. Revs. J. Filliozat, *ISIS*, 1958, **49**, 362; A. Rahman, *VK*, 1957, 18.

READ, BERNARD E. (1) (with LIU JU-CHHIANG). *Chinese Medicinal Plants from the 'Pên Tshao Kang Mu' (+1596)...a Botanical, Chemical and Pharmacological Reference List*. (Publication of the Peking Nat. Hist. Bull.) French Bookstore, Peiping, 1936 (chs. 12–37 of *PTKM*). Rev. W. T. Swingle, *ARLC/DO*, 1937, 191. Originally published as *Flora Sinensis*, Ser. A, vol. 1, *Plantae Medicinalis Sinensis*, 2nd ed., *Bibliography of Chinese Medicinal Plants from the Pên Tshao Kang Mu*, +1596, by B. E. Read & Liu Ju-Chhiang. Dept. of Pharmacol. Peking Union Med. Coll. & Peking Lab. of Nat. Hist. Peking, 1927. First ed. Peking Union Med. Coll. 1923.

READ, J. (3). *Explosives*. Penguin, London, 1942.

READ, T. T. (4). 'The Early Casting of Iron; a Stage in Iron Age Civilisation.' *GR*, 1934, **24**, 544.

READ, T. T. (14). 'Coal-Mining in Manchuria.' *MIMG*, 1909, **1**, 217.

Reconstructions of Chinese Gunpowder Weapons. *See* Chiang Chêng-Lin (1) and Anon. (209).

REES, D. MORGAN (1). *The North Wales Quarrying Museum*, [Llanberis] *Gwynneth*. H.M.S.O. Cardiff, 1975, several times repr. (Welsh Office Official Handbook.)

REHATSEK, E. (1) (tr.). 'An Embassy to Khatā or China, A.D. 1419; from the Appendix to the *Ruzat al-Safā* of Muḥammed Khāvend Shāh, or Mirkhond, translated from the Persian....' *IAQ*, 1873, 75. (The embassy from Shāh Rukh, son of Tīmūr, to the Ming emperor; narrative written by Ghiyāth al-Dīn-i Naqqāsh.)

REID, W. (1). *The Lore of Arms*. Beazley, London, 1976.

REID, W. (2). 'Samuel Johannes Pauly, Gun Designer.' *JAAS*, 1957, **2**, 181.

REIFFERSCHEID, M. (1) (ed.). *Annae Comnenae Porphyrogenitae 'Alexias'*. 2 vols. Leipzig, 1884.

REILLY, JOSEPH (1). *Explosives, Matches and Fireworks*. Gurney & Jackson, London, 1938.

REINAUD, J. T. (3). 'De l'Art Militaire chez les Arabes au Moyen Age.' *JA*, 1848, (4e sér.), **12**, 193.

REINAUD, J. T. (4). *Extraits des Histoires Arabes relatifs aux Guerres des Croisades*. Paris, 1829. In J. F. Michaud's *Bibliothèque des Croisades*, 4 vols.

REINAUD, J. T. & FAVÉ, I. (1). 'Histoire de l'Artillerie, pt. 1; *Du Feu Grégeois, des Feux de Guerre, et des Origines de la Poudre à Canon, d'après des Textes Nouveaux*.' Dumaine, Paris, 1845. Crit. rev. by D[efrémer]y, *JA*, 1846 (4e sér.), **7**, 572; E. Chevreul, *JS*, 1847, 87, 140, 209.

REINAUD, J. T. & FAVÉ, I. (2). 'Du Feu Grégeois, des Feux de Guerre, et des Origines de la Poudre à Canon chez les Arabes, les Persans et les Chinois.' *JA*, 1849 (4e sér.), **14**, 257–327. Crit. Fêng Chia-Shêng (**3**) and (**8**).

REINAUD, J. T. & FAVÉ, I. (3). 'Controverse à propos du Feu Grégeois; Réponse aux Objections de M. Ludovic Lalanne.' *BEC*, 1847 (2e sér.), **3**, 427.

REINAUD, J. T., QUATREMÈRE, E. M., BEUGNOT, DE SACY, S. *et al.* (1) (ed.). *Recueil des Historiens des Croisades*. 17 vols. (5 vols. Occidentaux, 5 vols. Orientaux, 2 vols. Grecs, 2 vols. Arméniens). Acad. des Inscriptions, Paris, 1841–1906.

RÉMUSAT, J. P. A. (12). *Nouveaux Mélanges Asiatiques; ou, Recueil de Morceaux de Critique et de Mémoires relatifs aux Religions, aux Sciences, aux Coutumes, à l'Histoire et à la Géographie des Nations Orientales*. 2 vols. Schubart & Heideloff and Dondey-Dupré, Paris, 1829.

RENN, L. (1). *Warfare and the Relation of War to Society*. Faber, London, 1939.

RETI, LADISLAO (2). 'Leonardo da Vinci nella Storia della Macchina a Vapore.' *RDI*, 1957, 21.

RETI, LADISLAO & DIBNER, BERN (1). *Leonardo da Vinci, Technologist; Three Essays on some Designs and Projects of the Florentine Master in adapting Machinery and Technology to Problems in Art, Industry and War*. Burndy Library, Norwalk, Conn., 1969.

REYNIERS, COL. (1). 'Vues Anciennes et Nouvelles sur les Origines de l'Artillerie et de la Balistique.' *MAF*, 1956, **30** (no. 2), 511.

RICHARDSON, J. C. (1). 'On the ignition of petroleum by the heat of quicklime in contact with water; one of the proposed explanations of Greek fire—an experimental demonstration.' *N*, 1927, **120**, 165.

RIDGEWAY, SIR WILLIAM (2). *Origin and Influence of the Thoroughbred Horse*. CUP, Cambridge, 1905.

RITTER, H. (4). '"La Parure des Cavaliers" und die Literatur über die ritterliche Künste [the Arabic *furūsīya* literature].' *DI*, 1929, **19**, 116.

ROBINS, BENJAMIN (1). *New Principles of Gunnery*. London, 1742.

ROBINSON, H. R. (1). *Oriental Armour*. Jenkins, London, 1967.

DE ROCHEMONTEUX, C. (1). *Joseph Amiot et les Derniers Survivants de la Mission Française à Pékin (1750 à 1795); Nombreux Documents inédits, avec Carte.* Picard, Paris, 1915.

ROCK, JOSEPH F. (2). 'Konka Risumgongba, Holy Mountain of the Outlaws.' *NGM*, 1931, **60** (no. 1), 1.

ROCKHILL, W. W. (5) (tr. & ed.). *The Journey of William of Rubruck to the Eastern Parts of the World* (+1253 to +1255) *as narrated by himself; with Two Accounts of the earlier Journey of John of Pian de Carpine.* Hakluyt Soc., London, 1900 (second series, no. 4).

RODRIGUES, JOAO (1) (RODRIGUES TÇUZZU). *This Island of Japon; Joao Rodrigues' Account of 16th-century Japan* (+1577 to +1610). Tr. & ed. M. Cooper. Kodansha, Tokyo, 1973.

ROGERS, S. (1). 'On the Antiquity of Horse-shoes; a Letter to the Rev. J. Milles.' *A*, 1775, **3**, 35.

ROGERS, S. L. (1). 'The Aboriginal Bow and Arrow in North America and East Asia.' *AAN*, 1940, **42**, 255.

ROHDE, F. (2). 'Die Abzugsvorrichtung der frühen Armbrust und ihre Entwicklung.' *ZHWK*, 1933, **13** (NF **4**), 100.

ROLT, L. T. C. (1). *Thomas Newcomen; the Prehistory of the Steam Engine.* David & Charles, Dawlish, 1963; Macdonald, London, 1963.

ROLT, L. T. C. & ALLEN, J. S. (1). *The Steam Engine of Thomas Newcomen.* Moorland, Hartington, 1977; Neale Watson, New York, 1977.

VON ROMOCKI, S. J. (1). *Geschichte d. Explosivstoffe.* 2 vols. (usually bound in one). Oppenheim (Schmidt), Berlin, 1895, repr. Jannecke, Hannover, 1896. Vol. 1. *Geschichte der Sprengstoffchemie, der Sprengtechnik und des Torpedowesens bis zum Beginn der neuesten Zeit* (with introduction by M. Jähns). Vol. 2. *Die rauchschwachen Pulver in ihrer Entwickelung bis zur Gegenwart.* Two vols. Photolitho repr. Gerstenberg, Hildesheim, 1976. Crit. Fêng Chia-Shêng (**3**).

RONDOT, NATALIS (2). 'Lettre de M. Natalis Rondot à M. Reinaud sur le Feu Grégeois, etc.' *JA*, 1850, (4ᵉ sér.), **16**, 100. Also sep. pub. *Lettre à M. Reinaud; la Fabrication de la Poudre à Canon et de l'Acide Azotique en Chine.* Paris, 1850.

ROSE, W. (1). 'Anna Comnena über die Bewaffnung der Kreuzfahrer.' *ZHWK*, 1921, **9**, 1.

ROSENTHAL, ALFRED (1) *et al. The Early Years; the Goddard Space Flight Center—Historical Origins and Activities through December 1962.* Nat. Aeronautics & Space Admin., Washington, D.C., 1964. 2nd, enlarged, edition, retitled: *Venture into Space; Early Years of the Goddard Space Flight Center.* Nat. Aeronautics & Space Admin., Washington, D.C., 1968.

ROSENTHAL, F. (1) (tr.). '*The "Muqaddimah" [of Ibn Khaldūn]; an Introduction to History* [+1377].' Bollingen, New York, 1958. Abridgement by N. J. Dawood, Routledge & Kegan Paul, London, 1967.

ROSZAK, T. (1). *The Making of a Counter-Culture; Reflections on the Technocratic Society and its Youthful Opposition.* New York, 1968, repr. 1969; Faber & Faber, London, 1970, repr. 1971.

ROSZAK, T. (2). *Where the Wasteland Ends; Politics and Transcendence in Post-Industrial Society.* New York and London, 1972–3.

ROULEAU, F. A. (1). 'The Yangchow Latin Tombstone as a Landmark of Mediaeval Christianity in China.' *HJAS*, 1954, **17**, 346.

ROUSE, H. & INCE, S. (1). *A History of Hydraulics.* Iowa Univ. Press, Iowa City, 1957.

RUDOLPH, R. C. (12). 'A Second Fourteenth-Century Italian Tombstone in Yangchow' [+1344]. *JOS*, 1975, **13**, 133.

RUGGIERI, CLAUDE FORTUNÉ (1). *Élémens de Pyrotechnie...* Paris 1801; repr. 1821.

RUGGIERI, CLAUDE-FORTUNÉ (2). *Pyrotechnie Militaire...* Paris, 1812.

RUNCIMAN, STEVEN (3). *The Fall of Constantinople, +1453.* Cambridge, 1965; paperback ed. Cambridge, 1969.

RÜSTOW, W. & KÖCHLY, H. (1). *Geschichte d. griechischen Kriegswesens von der ältesten Zeit bis auf Pyrrhos.* Aarau, 1852.

RUSKA, J. (14). 'Übersetzung und Bearbeitungen von al-Rāzī's Buch "Geheimnis der Geheimnisse" [*Kitāb Sirr al-Asrār*].' *QSGNM*, 1935, **4**, 153–238; 1937, **6**, 1–246.

RUSKA, J. (24). *Das Steinbuch aus der 'Kosmographie' des Zakariya ibn Mahmūd al-Qazwīnī* [*c.* +1250] *übersetzt und mit Anmerkungen versehen...* Schmersow (Zahn & Baendel), Kirchhain N-L, 1897. (Beilage zum Jahresbericht 1895–6 der prov. Oberrealschule Heidelberg.)

DE ST. MAURICE, DE ST. LEU, COL. & DE PUY-SÉGUR, MARQUIS, LT. GEN. (1). *État Actuel de la Science Militaire à la Chine, dans lequel se trouve une analyse critique de 'l'Art Militaire des Chinois'.* Nyon, Paris, 1773. Cf. Milsky (1), pp. 104–5.

DE ST. REMY, SURIREY (1). *Mémoires d'Artillerie.* 2 vols. Paris, 1697; repr. Amsterdam, 1702. 2nd. ed. The Hague, 1741. 3rd ed., 3 vols., Paris, 1745.

SADLER, A. L. (1). *The Maker of Modern Japan; the Life of Tokugawa Ieyasu.* Allen & Unwin, London, 1937.

SALAMAN, R. A. (2). *A Dictionary of Tools used in the Wood-working and Allied Trades, +1790 to 1970.* Allen & Unwin, London, 1975.

SANDERMANN, W. (1). *Das erste Eisen fiel vom Himmel; die grossen Erfindungen der frühen Kulturen.* Bertelsmann, München, 1978.

SÄNGER, E. (1). *Raketen-Flugtechnik.* Oldenbourg, München, 1933.

SARTON, GEORGE (1). *Introduction to the History of Science.* Vol. 1, 1927; vol. 2, 1931 (2 parts); vol. 3, 1947 (2 parts). Williams and Wilkins, Baltimore (Carnegie Institution Publ. no. 376).

SARTON, G. (14). 'A Chinese Gun of +1378?' *ISIS*, 1944, **35**, 177.

SAUNDERS, J. J. (1). *The History of the Mongol Conquests.* Routledge & Kegan Paul, London, 1971.

SAVERY, THOMAS (1). *The Miner's Friend; or, an Engine to raise Water by Fire describ'd, and the Manner of fixing it in Mines, with an Account of the severall other Uses it is applicable unto; and an Answer to the Objections made against it.* London, 1702. Also *PTRS*, 1699, **21** (no. 253), 189, 228.

SCHAFER, E. H. (13). *The Golden Peaches of Samarkand; a Study of Thang Exotics.* Univ. of Calif. Press, Berkeley and Los Angeles, 1963. Rev. J. Chmielewski, *OLZ*, 1966, **61**, 497.

SCHAFER, E. H. (25). *The Empire of Min.* Tuttle, Rutland, Vt. and Tokyo, 1954 (Harvard-Yenching Institute).

SCHAFER, E. H. (26). *Pacing the Void; Thang Approaches to the Stars.* Univ. California Press, Berkeley, etc., 1977.

SCHAFER, E. H. (27). 'A Trip to the Moon.' *JAOS*, 1976, **96** (n. 1), 27. Repr. *PAR*, 1983, *8* (no. 4), 68.

SCHALL VON BELL, JOHN ADAM (1). *Historica Relatio de Initio et Progessu Missionis Societatis Jesu apud Sinenses, ac praesertim in Regia Pekinensi, ex Litteris R. P. Adami Schall, ex eadem Societate, supremi ac regii Mathematum Tribunalis ibidem Praesidiis.* Vienna, 1665; Hauckwitz, Ratisbon, 1672.

SCHLEGEL, G. (12). 'On the Invention and Use of Firearms and Gunpowder in China, prior to the arrival of Europeans.' *TP*, 1902, **3**, 1. Rev. P. Pelliot, *BEFEO*, 1902, **2**, 407.

SCHMIDLAP, J. (1). *Künstliche und rechtschaffene Feuerwerk...* Nürnberg, 1561. Repr. 1590, 1591, 1608.

SCHMIDLIN, F. J., DUKE, J. R., IVANOVSKY, A. I. & CHERNYSHENKO, Y. M. (1). *Results of the August 1977 Soviet and American Meteorological Rocketsonde Intercomparison held at Wallops Island, Virginia* [Feb. 1980]. NASA Reference Pubs. no. 1053.

SCHMIDT, I. J. (1). *Geschichte der Ostmongolen.* St Petersburg, 1829. Eng. tr. by J. R. Krueger, *The Story of the Eastern Mongols* in Occasional Papers no. 2, Pubs. of the Mongolia Society, Univ. Indiana Press, Bloomington, Ind., 1964.

SCHNEIDER, RUDOLF (1). *Die Artillerie des Mittelalters, nach den Angaben der Zeitgenossen dargestellt.* Weidmann, Berlin, 1910.

SCHNEIDER, RUDOLF (2). *Geschütze nach handschriftlichen Bildern.* Metz, 1907.

SCHNEIDER, R. (3). *Anonymi 'De Rebus Bellicis' Liber; Text und Erläuterungen.* Weidmann, Berlin, 1908.

SCHNEIDER, RUDOLF (4). 'Griechischer Poliorketiker.' *AGWG/PH*, 1908 (NF), **10**, no. 1; 1908, **11**, no. 1; 1912, **12**, no. 5. *JGLG*, 1905, **17**, 284.

SCHNEIDER, RUDOLF (5). 'Geschütze.' Art. in Pauly-Wissowa, *Realenzyklopädie d. Klass. Altertumswissenschaft.* Vol. 7 (1), pp. 1298 ff.

SCHNEIDER, RUDOLF (6). 'Anfang und Ende der Torsionsgeschütze.' *NJKA*, 1909, **23**, 133.

SCHOONMAKER, FRANK (1). *Encyclopaedia of Wine.* Black, London, 1975; 2nd. ed. 1977.

SCHOTT, CASPAR (2). *Mechanica Hydraulico-Pneumatica.* 1657. The first published account of Otto von Guericke's experiments, and the work which stimulated Robert Boyle to construct his new and improved air-pump.

SCHRAMM, E. (2). 'Poliorketik [d. Griechen u. Römer].' Art. in Kromayer & Veith, *Heerwesen und Kriegsführung d. G. u. R.* (q.v.), pp. 209–47.

SCHULTZ, ALWIN (1). *Das höfische Leben zur Zeit der Minnesinger* [*12th & 13th cents.*]. 2 vols. 2nd ed. Hirzel, Leipzig, 1889.

SCHUMPETER, J. A. (1). *Theory of Economic Development.* 1912.

SCHUMPETER, J. A. (2). *Business Cycles.* 1939.

SCOFFERN, J. (1). *Projectile Weapons of War and Explosive Compounds.* Cook & Whitley, London, 1852.

VON SENFFTENBERG, WULFF (1). 'Von allerlei Kriegsgewehr und Geschütz.' MS in the Dépot Général de la Guerre *c.* +1580. Cf. Partington (5), pp. 170, 183; Bonaparte & Favé (1), vol. 1, p. 166. vol. 3. pp. 265 ff.; v. Romocki (1), vol. 1, pp. 263 ff.

SERRUYS, H. (2). 'Towers in the Northern Frontier Defences of the Ming.' *MINGS*, 1982, **14**, 8.

SETTON, K. M. (1) (ed.). *A History of the Crusades.* 3 vols. Madison, Wisconsin, 1975.

SHAMASASTRY, R. (1) (tr.). *Kautilya's 'Arthasāstra.* With introdn. by J. F. Fleet. Wesleyan Mission Press, Mysore, 1929.

SHARPE, MITCHELL R. (1). 'Non-Military Applications of the Rocket between the +17th and 20th Centuries [in Europe].' Paper presented at the 4th History Symposium of the International Academy of Astronautics, Constance, Germany, 1970. Abbreviated version in F. Cargill Hall (1), vol. 1, p. 51.

SHAW, PETER (1) (tr.). 'A New Method of Chemistry; including the History, Theory and Practice of the Art.' From Hermann Boerhaave's *Elementa Chemiae...* (1732), 2 vols. Longman, London, 1741, 1753.

SHERLOCK, T. P. (1). 'The Chemical Work of Paracelsus.' *AX*, 1948, **3**, 33.

SHIPLEY, A. E. & MCBRIDE, E. W. (1). *Zoology, an Elementary Textbook.* 1st ed. Cambridge, 1901; 4th ed. Cambridge, 1920.

SHKOLYAR, S. A. *See* Školjar, S. A.

SIEMIENOWICZ, KAZIMIERZ (1). *Ars Magna Artilleriae, Pars Prima*. Amsterdam, 1650. French tr. by P. Noizet: 'Grand Art d'Artillerie, par le Sieur Casimir Siemienowicz, Chevalier litvanien; jadis Lieutenant-General de l'Artillerie dans le Royaume de Pologne.' Jansson, Amsterdam, 1651.

SIGERIST, HENRY E. (1). *A History of Medicine*. 2 vols. Oxford (New York), 1951, 1961. Vol. 1 'Primitive and Archaic Medicine'; vol. 2 'Early Greek, Hindu and Persian Medicine'. (Yale Medical Library Pubs. no. 27 and no. 38.)

SIMMS, D. L. (3). 'Archimedes and the Invention of Artillery and Gunpowder.' *TCULT*, in the press.

SINGER, C., HOLMYARD, E. J., HALL, A. R. & WILLIAMS, T. I. (1) (ed.). *A History of Technology*. 5 vols. Oxford, 1954–8.

SINGER, D. W. (5). 'On a +16th-Century Cartoon concerning the Devilish Weapon of Gunpowder; some Mediaeval Reactions to Guns and Gunpowder.' *AX*, 1959, **7** (no. 1), 25.

SINGER, E. (1). *Raketenflugtechnik*. Oldenbourg, München, 1933.

SINHA, B. P. (1). 'The Art of War in Ancient India, −600 to +300.' *JWH*, 1957, **4**, 123.

SINOR, DENIS (3). 'Les Relations entre les Mongols et l'Europe jusqu'à la Mort d'Arghoun et de Bela IV.' *JWH*, 1956, **3** (no. 1), 39. Repr. in Sinor (9), no. x.

SINOR, DENIS (7). 'The Mongols and Western Europe.' Art. in *A History of the Crusades*, ed. K. M. Setton, vol. 3, p. 513. Repr. in Sinor (9), no. ix.

SINOR, DENIS (8). 'Un Voyageur du Treizième Siècle; le Dominicain Julien de Hongrie.' *BLSOS*, 1952, **14** (no. 3), 589. Repr. in Sinor (9), no. xi.

SINOR, DENIS, (9). *Inner Asia and its Contacts with Mediaeval Europe*. Variorum, London, 1977.

SISCO, A. G. & SMITH, C. S. (2) (tr.). *Lazarus Ercker's Treatise on Ores and Assaying (Prague, 1574), translated from the German edition of 1580*. Univ. Chicago Press, Chicago, 1951.

ŠKOLJAR, S. A. (1). 'L'Artillerie de Jet à l'Époque Sung.' Art. in Balazs Festschrift, ed. Aubin, F. *Études Song in Memoriam Étienne Balazs*. Sér. 1, Histoire et Institutions, no. 2, p. 119.

ŠKOLJAR, S. A. (2). *Kitaiskaia Doogniestrelvnaia Artillerii* [Chinese Pre-Gunpowder Artillery], in Russian. Isdatelstvo Nauka (Glavnaia Redakshnia Vostochnoi Literatury), Moscow, 1980.

DE SLANE, BARON McGUCKIN (3) (tr.). *Ibn Khaldūn: 'Histoire des Berbères' et les Dynasties Musulmanes de l'Afrique Septentrionale* [*c.* +1382]. Govt. Printing House, Algiers, 1852–3. 2nd ed., with P. Casanova and indexes by H. Pérès. Geuthner, Paris, 1956.

SMITH, ALEXANDER (1). *Introduction to Inorganic Chemistry*. Bell, London, 1912.

SMITH, C. S. & GNUDI, M. T. (1) (tr. & ed.). *Biringuccio's 'De La Pirotechnia' of +1540, translated with an introduction and notes*. Amer. Inst. of Mining and Metallurgical Engineers, New York, 1942, repr. 1943. Reissued, with new introductory material. Basic Books, New York, 1959.

SMITH, J. E. (1). *Small Arms of the World*. London, 1960. 10th ed. London, 1973.

SMITH, V. A. (1). *Oxford History of India, from the earliest times to 1911*. 2nd ed. Ed. S. M. Edwardes. Oxford, 1923.

SNODGRASS, A. M. (1). *Arms and Armour of the Greeks*. London, 1967.

SOKOLSKY, V. N. (1) (ed.). *Research Work on the History of Rocketry and Astronautics, 1972–3*. Moscow, 1974. (International Academy of Astronautics; Committee on the History of the Development of Rockets and Astronautics, Information Bulletin, no. 1.)

VON SOMOGYI, JOSEPH (1). 'Ein arabischer Bericht über die Tataren im *Ta'rīkh al-Islām* von al-Dhahabī.' *ISL*, 1937, **24**, 105.

SOWERBY, A. DE C. (2). 'The Horse and other Beasts of Burden in China.' *CJ*, 1937, **26**, 282.

SPAK, F. A. (1). *Öfversigt öfver Artilleriets Uppkomst*. Stockholm, 1878.

SPENCE, J. D. (1). *Emperor of China; the Self-Portrait of Khang-Hsi* [r. +1661 to +1722]. Cape, London, 1974. Penguin (Peregrine), London, 1974.

SPENCE, J. D. & WILLS, J. F. (1) (ed.). *From Ming to Chhing; Conquest, Region and Continuity in Seventeenth-century China*. Yale Univ. Press, New Haven and London, 1979.

SPENCER, J. (1). *On the Similarity of Form observed in Snow Crystals as compared with Campher*. London, 1856.

SPRAT, THOMAS (1). *The History of the Royal Society of London, for the Improving of Natural Knowledge*. London, 1667. 3rd ed. Knapton *et al.* London, 1722.

STEELE, R. (4). 'Luru Vopo Vir Can Utriet' (the cipher attributed to Roger Bacon on gunpowder, in late versions of the *De Secretis Operibus*...). *N*, 1928, **121**, 208.

STERNE, LAURENCE (1). *The Life and Opinions of Tristram Shandy, Gentleman*. (First pub. vols. i and ii, 1760, vols. iii to vi, 1762, vols. vii and viii, 1765, vol. ix, 1767.) Oxford, 1903. Often reprinted.

STONE, G. C. (1). *A Glossary of the Construction, Decoration and Use of Arms and Armour in all Countries and all Times, together with some closely related Subjects*. New York, 1931; Southworth, Portland, Maine, 1934. Repr. Brussel, New York, 1961.

STRUBELL, W. (1). 'Die Geschichte der Rakete im alten China.' *NTM*, 1965, **2**, 84.

STRUVE, L. A. (1). 'Ambivalence and Action; some Frustrated Scholars of the Khang-Hsi Period.' Art. in Spence & Wills (1), *From Ming to Chhing*... 1979, p. 321.

STUART, G. A. (1). *Chinese Materia Medica; Vegetable Kingdom, extensively revised from Dr F. Porter Smith's work.* Amer. Presbyt. Mission Press, Shanghai, 1911. An expansion of Smith, F. P. (1)

SUBOTOWICZ, M. (1). 'K. Haas (1529–1569), V. Buringuccio (1540), J. Schmidlap (1561), K. Siemienowicz (1650); Rakiety Wielostopniowe, Baterie Rakietowe, Stabilizatory Lotu Typu Delta (Multi-Stage Rockets, Rocket Batteries and Delta-shaped Flight Stabilisers).' *KHNT*, 1968, **13** (no. 4), 805. In Polish, with English summary.

SUBOTOWICZ, M. (2). 'Kazimierz Siemienowicz (+1650) and his Contributions to Rocket Science.' *KHNT*, 1957–8, Special issue, 5. (On the occasion of the First Polish National Science Congress.)

SUBOTOWICZ, M. (3). 'Remarks on Some Important Polish Contributions to the Development of the Rocket and Space Research.' In booklet circulated at the 13th International Congress of History of Science, Moscow, 1971.

SUBOTOWICZ, M. (4). 'The Development of the Technology of Rocketry and Space Research in Poland.' Paper presented at the 23rd International Astronautical Federation Congress, Vienna, 1972.

SUGIMOTO MASAYOSHI & SWAIN, D. L. (1). *Science and Culture in Traditional Japan, A.D. 600–1854.* M.I.T. Press, Cambridge, Mass. 1978. (M.I.T. East Asian Science Series, no. 6.)

SUN FANG-TO (1). 'Rockets and Rocket Propulsion Devices in Ancient China.' *Proc. XXXIst Congress of the International Astronautical Federation, Tokyo*, Sept. 1980. Revised version, *JANS*, 1981. 29 (no. 3), 289.

SUN FANG TO (2). 'On Gunpowder, Rockets, and Related Firearms and Peaceful Devices in Ancient China.' Typed abstract 12 Mar. 82.

SUN JEN I-TU & SUN HSÜEH-CHUAN (1) (tr.). '*Thien Kung Khai Wu*', *Chinese Technology in the Seventeenth Century, by Sung Ying-Hsing.* Pennsylvania State Univ. Press; University Park and London, Penn. 1966.

SUVIN, DARKO (1). *Metamorphoses of Science Fiction; On the Poetics and History of a Literary Genre.* Yale Univ, Press, New Haven, Conn., etc. 1979.

SWINFORD, C. B. (1) (tr.). 'Than Tan-Chhiung's "An Investigation of the Bow and Arrow Industry in Chhêngtu, Szechuan".' Unpub. MS.

SWORYKIN, A. A., OSMOWA, N. I., TSCHERNYSCHEV, W. I. & SUCHARDIN, S. W. *See* Zworykin, Osmova, Chernychev & Suchardin.

TANG, M. *See* Thang Mei-Chün (*1*).

TAVERNIER, J. B. (1). *Les Six Voyages de J-B. T....* Paris, 1676. Eng. tr. (current) *Collection of Travels through Turkey into Persia and the East Indies...being the Travels of Monsieur Tavernier, Monsieur Bornier, and other Great Men.* London, 1884. But the first English translation appeared in 1678 with the following title: *The Six Voyages of John Baptist Tavernier, a Noble Man of France now living, through Turky into Persia and the East-Indies, finished in the year 1670, giving an Account of the State of those Countries, illustrated with Sculptures; together with a New Relation of the Present Grand Seignor's Seraglio, by the same Author; made English by J. P. – to which is added A Description of all the Kingdoms which Encompass the Euxine and Caspian Seas, by an English Traveller, never before printed.* R. L. & M. P., Starkey and Pitt, London, 1678.

TAYLOR F. SHERWOOD (4). *A History of Industrial Chemistry.* Heinemann, London, 1957.

TAYLOR, J. W. R. (1). *Rockets and Missiles.* Hamlyn, London, 1970; Sun, Melbourne, Australia, 1970.

TÊNG SSU-YÜ (3). *The Nien Army and their Guerilla Warfare, 1851 to 1868.* Mouton, The Hague, 1961. (Le Monde d'Outre-Mer Passé et Présent, 1st series, Études, no. 13.)

TÊNG SSU-YÜ & FAIRBANK, J. K. (1), with Sun Chhen I-Tu (E-tu Zen Sun), Fang Chao-Ying *et al.* *China's Response to the West; a Documentary Survey, 1839 to 1923.* (Medium 8vo) Harvard Univ. Press, Cambridge, Mass., 1954. Sep. pub. *Research Guide for 'China's Response to the West; a Documentary Survey...* (Small Demy 4to). Harvard University Press, Cambridge, Mass., 1954.

TERWIEL, B. J. (1). *Monks and Magic; an Analysis of Religious Ceremonies in Central Thailand.* Copenhagen, 1978. (Scandinavian Institute of Asian Studies Monographs, no. 24.)

TESSIER, M. (1). *Chimie Pyrotechnique, ou Traité Pratique des Feux Colorés.* Paris, 1859.

THAN TAN-CHHIUNG (1) = (*2*). 'Investigative Report on Bow and Arrow Manufacture in Chhêngtu, Szechuan.' *SUJCAH*, 1981, **11**, 143–216. Tr. by C. B. Swinford.

THOMPSON, A. H. (1). *Military Architecture in England during the Middle Ages.* OUP, Oxford, 1912.

T[HOR], I. (1). 'Bibliographical Notes.' *KHNT*, 1964, **9** (no. 2), 322–3.

THOR, I. (2). 'Tłumaczenia "Artis Magnae Artilleriae" K. Siemienowicza.' *KHNT*, 1968, **13** (no. 1), 91. English summary in Thor (3).

THOR, J. (3). 'Casimir Siemienowicz's Contribution to the Development of +17th- and +18th-century Rockets.' *Proc. XIth International Congress of the History of Science, Warsaw*, 1965, p. 507.

THORNDIKE, LYNN (12). 'An Unidentified Work by Giovanni da' Fontana, *Liber De Omnibus Rebus Naturalibus* [+1454].' *ISIS*, 1931, **15**, 31. (No MS known, but pr. Venice, 1544, and ascribed wrongly to one Pompilius Azalus.)

THUDICHUM, J. L. W. (1). *The Spirit of Cookery; a Popular Treatise on the History, Science, Practice and Ethical and Medical Import of Culinary Art—with a Dictionary of Culinary Terms.* Baillière, Tindall & Cox, London, 1895.

THURSTON, R. H. (1). *A History of the Growth of the Steam-Engine* (1878). Centennial edition, with a supplementary chapter by W. N. Barnard. Cornell Univ. Press, Ithaca, N.Y., 1939.

TISSANDIER, G. (7). 'La Chimie dans l'Extrême-Orient; Feux d'Artifices [Chinois et] Japonais.' *LN*, 1884, **12** (pt. 1), 267.

TODERICIU, DORU (1). *Preistoria Rachetei Moderne; Manuscrisul de la Sibiu* (+*1400 à* +*1569*]. Ed. Acad. Rep. Soc. Rumania, Bucarest, 1969.

TODERICIU, DORU (2). 'Raketentechnik im 16. Jahrhundert; Bemerkungen zu einer in Sibiu (Hermannstadt) vorhandenen Handschrift des Conrad Haas.' *BGTI/TG*, 1967, **34**, 97.

TODERICIU, DORU (3). 'Niezany Mechanik z 16 Wieku Prekursorem Novoczesnej Rakiety.' *KHNT*, 1969, **14** (no. 3), 475.

TODERICIU, DORU (4). 'The Sibiu Manuscript.' *RRH*, 1967 (no. 3), 333.

TODERICIU, DORU (5). 'Racheta in Trepte, creata in Tara Nostra in Secolui al 16-lea.' *RTPT*, 1964, **8**, 376.

TOMKINSON, L. (1). *Studies in the Theory and Practice of Peace and War in Chinese History and Literature.* Friends' Centre, Shanghai, 1940.

TOPPING, A. & NEEDHAM, JOSEPH (1). 'Clay Soldiers; the Army of Emperor Chhin.' *HORIZ*, 1977, **19** (no. 1), 4.

TORGASHEV, B. P. (1). *The Mineral Industry of the Far East.* Chali, Shanghai, 1930.

TORRANCE, T. (2). 'The Origin and History of the Irrigation Work of the Chêngtu Plain.' *JRAS/NCB*, 1924, **55**, 60. With addendum: 'The History of [the State of] Shu; a free translation of [part of] the *Shu Chih* [ch. 3 of *Hua Yang Kuo Chih*].'

TOUT, T. F. (1). 'Firearms in England in the Fourteenth Century.' *EHR*, 1911, **26**, 666. Repr. in *Collected Papers*, vol. 2, p. 233 (Manchester, 1934). Crit. Fêng Chia-Shêng (**8**).

TOY, S. (1). *Castles; a Short History of Fortifications, −1600 to +1600.* Heinemann, London, 1939.

TRENCH, C. CHEVENIX (1). *A History of Marksmanship.* London, 1972.

TROLLOPE, M. N. Bp. of Seoul (1). 'Korean Books and their Authors; with 'A Catalogue of Some Korean Books in the Chosen Christian College Library.' *JRAS/KB*, 1932, **21**, 1 & 59–104.

TSIEN HSUE-SHEN. *See* Chhien Hsüeh-Sên.

TSIOLKOVSKY, KONSTANTIN E. (1). *Sobranie Sochinenie (Collected Works).* Izd. Akad. Nauk USSR, Moscow, 1951, 1954, 1959. Eng. tr. by NASA (Washington, D.C.) 1965: Technical Translations F 236, 237, 238. Eng. tr. of articles of 1903, 1911 and 1926 (2, 3, 4): Technical Translations F 243.

TSIOLKOVSKY, KONSTANTIN E. (2). *A Rocket into Cosmic Space.* 1903.

TSIOLKOVSKY, KONSTANTIN E. (3). *The Investigation of Universal Space by means of Reactive Devices.* 1911.

TSIOLKOVSKY, KONSTANTIN E. (4). *The Investigation of Universal Space by Reactive Devices.* 1926.

TSIOLKOVSKY, KONSTANTIN E. (5). 'Vne Zemli.' MS of 1896. 1st ed. (incomplete) 1916; 2nd ed. Moscow, 1920; repr. 1958. German tr. by W. Petri: *Ausserhalb der Erde.* Heyne, München, 1977.

TSUNODA RYUSAKU (1). *Japan in the Chinese Dynastic Histories* (Later Han to and including Ming). Ed. L. C. Goodrich. Perkins, South Pasadena, 1951. (Perkins Asiatic Monographs, no. 2.)

TSUNODA RYUSAKU (2) (ed.) (with the collaboration of W. T. de Bary & D. Keene). *Sources of the Japanese Tradition,* Columbia Univ. Press. New York, 1958. (Columbia Univ. History Dept. Records of Civilisation Sources and Studies, no. 54.)

TUGE, HIDESMI (1). *The Historical Development of Science and Technology in Japan.* Kokusai Bunka Shinkokai (Society for International Cultural Relations). Tokyo, 1961. (Series on Japanese Life and Culture, no. 5.) Rev. Watanabe Masas, *ISIS*, 1964, **55**, 233.

TURNBULL, S. R. (1). *The Samurai; a Military History.* Macmillan, New York, 1977.

TURNER, SIR J. (1). *Pallas Armata.* London, 1670.

TWITCHETT, D. & FAIRBANK, J. K. (1) (ed.). *The Cambridge History of China.* 10 or more vols. Cambridge, 1978–

UBBELOHDE, A. R. J. P. (1). 'The Beginnings of the Change from Craft Mystery to Science as a Basis for Technology.' Art. in *A History of Technology*, ed. C. Singer *et al.*, Oxford, 1958, vol. 4, p. 663.

UCCELLI, A. (1) (ed.) (with the collaboration of G. Somigli, G. Strobino, E. Clausetti, G. Albenga, I. Gismondi, G. Canestrini, E. Gianni & R. Giacomell). *Storia della Tecnica dal Medio Evo ai nostri Giorni.* Hoeppli, Milan, 1945.

UFANO, DIEGO (1). *Tratado de la Artilleria y uso del Practicado.* Antwerp, 1613. French tr. *Artillerie; c'est à dire: Vraye Instruction de l'Artillerie de toutes ses Appartenances··· le tout recueilly de l'Experience es Guerres du Pays bas et publié en langue Espagnolle...* Emmel, Frankfurt, 1614.

ULMEN, G. L. (1) (ed.). *Society and History* (Wittfögel Festschrift). Mouton, The Hague, 1978.

UNDERWOOD, LEON (1). '"Le Bâton de Commandement" [on throwing-sticks, *atlatl*].' *MA*, 1965, no. 142/143, 140.

UNKOVSKY, J. (1). 'Summary of an ambassador's diary of 1723 concerning finds of golden stirrups and other objects in grave-mounds of the Irtysh steppe.' *ZFE/VBGA*, 1895, **27**, (267).

URBANSKI, TADEUSZ (1). *The Chemistry and Technology of Explosives.* Tr. from the Polish by I. Jeczalikove, W. Ornaf & S. Laverton. 2 vols. Pergamon, Oxford, 1964, 1965.

URE, A. (1). *A Dictionary of Arts, Manufactures and Mines.* 1st American ed. Philadelphia, 1821; 1st ed., 2 vols. London, 1839. 5th ed., 3 vols., ed. R. Hunt. Longmans Green, Longman & Roberts, London, 1860.

USHER, A. P. (1). *A History of Mechanical Inventions.* McGraw-Hill, New York, 1929; 2nd ed. revised Harvard Univ. Press, Cambridge, Mass., 1954. Rev. Lynn White, *ISIS*, 1955, **46**, 290.

VACCA, G. (9). *Origini della Scienza, I. Perchè non si é Sviluppata la Scienza in Cina*... Quaderni di Sintesi (ed. A. C. Blanc), no. 1. Partenia, Rome, 1946. (With contributions to a discussion by A. C. Blanc, G. Bonarelli, P. Mingazzini & G. Rabbeno.)

VARAGNAC, A. (1). *La Conquête des Énergies; les Sept Révolutions Énergétiques.* Hachette, Paris, 1972. Rev. A. Herlea, *TCULT*, 1975, **16**, 79.

VÄTH, A. (1) (with the collaboration of L. van Hée). *Johann Adam Schall von Bell, S. J., Missionar in China, Kaiserlicher Astronom und Ratgeber am Hofe von Peking; ein Lebens- und Zeitbild.* Bachem, Köln, 1933. (Veröffentlichungen des Rheinischen Museums in Köln, no. 2.) Crit. P. Pelliot, *TP*, 1934, 178.

VENTURI, G. B. (1). *Recherches expérimentales sur le Principe de Communication latérale du Mouvement dans les Fluides, appliqué à l'Explication de différens Phénomènes Hydrauliques.* Paris, 1797.

VERGANI, RAFFAELLO (1). 'Gli Inizi dell'Uso della Polvere da Sparo nell'Attività Mineraria; il Caso Veneziano.' *SV*, 1979 (Ser. Nuovo), **3**, 97.

VERGANI, RAFFAELLO (2). 'Lavoro e Creatività Operaia; una "Invenzione" Mineraria di Fine Seicento.' Art. in *Studi in Memoria di Luigi dal Pane.* Bologna, 1982, p. 487.

VERGIL, POLYDORE. *De Rerum Inventoribus.* Chr. de Pensis, Venice, 1499; and many later editions. Eng. tr. by T. Langley, *An Abridgement of the notable Worke of Polidore Vergile, conteygnyng the Devisers and first finders out as well of Arts and Mysteries as of kites and ceremonies, commonly used in the Churche.* Grafton, London, 1546. Repr. 1551.

VERGNAUD, A. D. & VERGNAUD, P. (1). *Nouveau Manuel Complet de l'Artificier; Pyrotechnie Civile.* Roret, Paris, 1906.

VIDEIRA-PIRES, B. (1). 'Os Trés Heróis do IV Centenario.' *BEDM*, 1964, **62**, 687.

VIEILLEFOND, J. R. (1). *Jules l'Africain; Fragments des 'Cestes' provenant de la Collection des Tacticiens Grecs.* Paris, 1932.

VILINBAKHOV, V. B. (1). 'A Contribution to the History of Fire-Weapons in Ancient Russia' (in Russian). *SARCH*, 1960, **25** (no. 1).

VILINBAKHOV, V. B. & KHOLMOVSKAIA, T. N. (1). 'The Fire-Weapons of Mediaeval China.' *SINT*, 1960, pt. 1.

VIOLLET-LE-DUC, E. E. (1). *Dictionnaire Raisonné de l'Architecture française du 11ème au 16ème Siècles.* 10 vols. Bance, Paris, 1861.

DE VISDELOU, C. (1). 'Histoire Abrégée de la Grande Tartarie.' Supplement to d'Herbelot's *Bibliothèque Orientale*, 1779, vol. 4, 42–296 (q.v.).

VOZÁR, J. (1). 'Der erste Gebrauch von Schiesspulver im Bergbau; Die Legende von Freiberg, die Wirklichkeit von Banská Štiavnica.' *SHS*, 1978, **10**, 257.

DE WAARD, C. (1). 'L'Expérience Barométrique; ses Antécédents et ses Explications.' Imp. Nouv. Thouars, 1936. Rev. G. Sarton *ISIS*, 1939, **26**, 212.

DE WAILLY, W. (1). *Jean, Sieur de Joinville: 'Histoire de St. Louis'* [1309]. Paris, 1874.

WAKEMAN, F. (2). 'The Canton Trade and the Opium War.' Art. in *Cambridge History of China*, ed. D. Twitchett & J. K. Fairbank, vol. 10, p. 163. Cambridge, 1978.

WALES, H. G. QUARITCH (3). *Ancient South-East Asian Warfare.* Quaritch, London, 1952.

WALEY, A. (28). *The Secret History of the Mongols, and Other Pieces.* Allen & Unwin, London, 1963; Barnes & Noble, New York, 1964.

WALEY, A. (31). *Ballads and Stories from Tunhuang.* Allen & Unwin, London, 1960.

WANG CHUNG-SHU (1). *Han Civilisation.* Tr. by Chang Kuang-Chih *et al.* Yale Univ. Press, New Haven, 1982.

WANG LING (1). 'On the Invention and Use of Gunpowder and Firearms in China.' *ISIS*, 1947, **37**, 160.

WANG ZHONGSHU. *See* Wang Chung-Shu.

WARD, G. (1). *ANTJ*, 1941, **21**, 9.

WARD, ROBERT (1). *Animadversions of Warre; or, a Militarie Magazine of...Rules and...Instructions for the Managing of Warre*... London, 1639.

WATERHOUSE, D. B. (1). 'Fire-arms in Japanese History; with Notes on a Japanese Wall-Gun.' *BMQ*, 1963, **27**, 94.

WATSON, R., Bishop of Llandaff (1). *Chemical Essays.* 2 vols. Cambridge, 1781; vol. 3, 1782; vol. 4, 1786; vol. 5, 1787. 2nd ed. 3 vols. Dublin, 1783. 3rd ed. Evans, London, 1788. 5th ed. 5 vols. Evans, London, 1789. 6th ed. London, 1793–6.

WATTENDORF, F. L. & MALINA, F. J. (1). 'Theodore von Kármán, 1881 to 1963.' *ASTRA*, 1964, **10** (no. 2), 81.

WEBB, H. J. (1). 'The Science of Gunnery in Elizabethan England.' *ISIS*, 1954, **45**, 10.

WEI CHOU-YUAN (VEI CHOW JUAN) (1). 'The Mineral Resources of China.' *EG*, 1946, **41**, 399–474.

WEIG, J. (1). *The Chinese Calendar of Festivals*. Catholic Mission Press, Tsingtao, 1929.

WEINGART, G. W. (1). *Dictionary and Manual of Pyrotechny...* Pr. pr., New Orleans [1937]. Re-issued as *Pyrotechnics, Civil and Military*, Chem. Pub. Co. Brooklyn, 1943. 2nd ed. rev. and enlarged: *Pyrotechnics*, Chem. Pub. Co., Brooklyn, 1947.

WELBORN, M. C. (1). '"The Errors of the Physicians" [De Erroribus Medicorum], according to Friar Roger Bacon of the Minor Order.' *ISIS*, 1932, **18**, 26.

WERHAHN-MEES, K. (1). *Chhi Chi-Kuang; Praxis der Chinesischen Kriegsführung*. Bernard & Graefe, München, 1980.

WERNER, E. T. C. (3). *Chinese Weapons*. Royal Asiatic Society (North China Branch), Shanghai, 1932.

WERNER, E. T. C. (4). *A Dictionary of Chinese Mythology*. Kelly & Walsh, Shanghai, 1932.

WERTIME, T. A. & MUHLY, J. D. (1) (ed.). *The Coming of the Age of Iron*. Yale Univ. Press, New Haven, 1980. (Cyril Stanley Smith Presentation Volume.)

WESCHER, C. (1) (ed.). *Poliorcétique des Grecs*. (Texts only.) Imp. Imp. Paris, 1867.

WHINYATES, F. A. (1). 'Captain Bogue and the Rocket Brigade.' *PRAI*, 1897, **24**, 131.

WHITE, JOHN H. (1). 'Safety with a Bang; the Railway Torpedo [Fog Signal].' *TCULT*, 1982, **23**, 195.

WHITE, LYNN (7). *Mediaeval Technology and Social Change*. Oxford, 1962. Revs. A. R. Bridbury, *EHR*, 1962, **15**, 371; R. H. Hilton & P. H. Sawyer, *PP*, 1963 (no. 24), 90; J. Needham, *ISIS*, 1963, **54** (no. 4).

WHITE, LYNN (20). 'The Eurasian Context of Mediaeval Europe.' *Proc. XIIth Congress of the International Musicological Society, Berkeley, Calif.* 1977. Ed. D. Heartey & B. Wade. Kossel, Bärenreiter, 1982, p. 1.

WHITEHORNE, PETER (1). *Certain Waies for the Orderyng of Souldiers in Battelray...and moreover, howe to make Saltpeter, Gunpowder and divers sortes of Fireworkes or wilde Fyre*. Kingston & Englande, London, 1562. The first edition of 1560 does not include the powder compositions.

WIEDEMANN, E. (7). 'Beiträge z. Gesch. d. Naturwiss.; VI, Zur Mechanik und Technik bei d. Arabern.' *SPMSE*, 1906, **38**, 1. Repr. in (23), vol. 1, p. 173.

WIEDEMANN, E. (23). *Aufsätze zur arabischen Wissenschaftsgeschichte* (a reprint of his 79 contributions in the series 'Beiträge z. Gesch. d. Naturwissenschaften' in *SPMSE*), ed. W. Fischer, with full indexes, 2 vols. Olm, Hildesheim and New York, 1970.

WIEDEMANN, E. (28). 'Beiträge z. Gesch. d. Naturwiss. XL; Über Verfälschungen von Drogen usw. nach Ibn Bassām und al-Nabarāwī.' *SPMSE*, 1914, **46**, 172. Repr. in (23), vol. 2, p. 102.

WIEDEMANN, E. & GROHMANN, A. (1). 'Beiträge z. Gesch. d. Naturwiss. XLIX; Über von den Arabern benutzte Drogen.' *SPMSE*, 1917, **48/49**, 16. Repr. in Wiedemann (23), vol. 2, p. 230.

WILBUR, C. M. (2). 'The History of the Crossbow.' *ARSI*, 1936, 427. (Smithsonian Institution Pub. no. 3438).

WILLIAMS, A. (1). 'Some Firing Tests with Simulated Fifteenth-century Hand-Guns.' *JAAS*, 1974, **8**, 114.

WILLIAMS, A. R. (1). 'The Production of Saltpetre in the Middle Ages.' *AX*, 1975, **22**, 125.

WILLIAMS, S. WELLS (1). *The Middle Kingdom; a Survey of the Geography, Government, Literature [or Education], Social Life, Arts, [Religion] and History, [etc.] of the Chinese Empire and its Inhabitants*. 2 vols. Wiley, New York, 1848; later eds. 1861, 1900; London, 1883.

WINTER, FRANK H. (1). 'On the Origins and Development of the Rocket in India.' *TCULT* (1977). 'Rocketry in India from the Earliest Times to the Nineteenth Century.' *Proc. XIVth Internat. Congr. Hist. of Science, Tokyo*, 1975. Vol. 3, p. 360.

WINTER, FRANK H. (2). 'William Hale; a Forgotten British Rocket Pioneer.' *SPFL*, 1973, **15** (no. 1), 31. Abstract in *The History of the Science and Technology of Aeronautics, Rockets and Space-flight*. Booklet circulated at the 13th International Congress of History of Science, Moscow, 1971, p. 63.

WINTER, FRANK H. (3). 'Sir William Congreve; a Bicentennial Memorial.' *SPFL*, 1972, **14** (no. 9), 333.

WINTER, FRANK H. (4). 'On the Origin of Rockets.' *CHEM*, 1976, **49** (no. 2), 8.

WINTER, FRANK H. (5). 'The Genesis of the Rocket in China, and its Spread to the East and West.' *Proc. XXXth Congress of the International Astronautical Federation, München*, 1979.

WINTER, FRANK H. (6). 'A History of Italian Rocketry during the Nineteenth Century.' *ARMA*, 1965, 181.

WINTER, FRANK H. & SHARPE, MITCHELL R. (1). 'William Moore; Pioneer in Rocket Ballistics.' *SPFL*, 1976, **18**, 180.

WINTRINGHAM, T. (1). *Weapons and Tactics*. Faber & Faber, London, 1943.

WOLF, A. (1) (with the co-operation of F. Dannemann & A. Armitage). *A History of Science, Technology and Philosophy in the 16th and 17th Centuries*. Allen & Unwin, London, 1935; 2nd ed., revised by D. McKie, London, 1950. Rev. G. Sarton, *ISIS*, 1935, **24**, 164.

WOLF, A. (2). *A History of Science, Technology and Philosophy in the 18th Century*. Allen & Unwin, London, 1938; 2nd ed., revised by D. McKie, London, 1952.

WOLFF, ELDON, G. (1). *Air Guns*. Milwaukee Public Museum, Milwaukee, 1958. (Museum Pubs. in History, no. 1.)

[WONG, K. C.] (1). 'Ancient Jade Sword and Scabbard Parts.' *CJ*, 1927, **6**, 295.
WOO, Y. T. *See* Wu Yang-Tsang.
WOODCROFT, B. (1) (tr.). *The 'Pneumatics' of Heron of Alexandria*. Whittingham, London, 1851.
WU YANG-TSANG (1). 'Silver Mining and Smelting in Mongolia' [Jehol]. *TAIME*, 1903, **33**, 755. With discussion by B. S. Lyman on p. 1038. *EMJ*, 1903, **75**, 147 (abridged version).
WÜSTENFELD, F. (1) (tr.). 'Calcaschandi's (al-Qalquashandi) Geographie und Verwaltung von Ägypten.' *AGWG/PH*, 1879, **25**, 1.
WUTTKE, A. (1). *Der Deutsche Volksaberglaube der Gegenwart*. Wiegand & Grüben, Berlin, 1869, repr. 1900.
VAN DER WYNGAERT, ANASTASIUS (1). *Jean de Monte Corvin, O.F.M., premier Évêque de Khanbalig (+1247 à +1328)*. Lille, 1924.
WYNNE-JONES, I. (1). *The Llechwedd Slate Caverns*. Llechwedd, Blaenau Ffestiniog, Gwynedd, 1980.

YADIN, YIGAEL (1). *The Art of Warfare in Biblical Lands*. London, 1963.
YAMODA, NAKABA (1). *Ghenkō; the Mongol Invasion of Japan*. Smith Elder, London, 1916; Dutton, New York, 1916.
YANG LIEN-SHÊNG (14). 'The Form of the Paper Note [Money] Hui-tzu of the Southern Sung Dynasty.' *HJAS*, 1957, **16**, 365. Repr. in (9), p. 216.
YATES, ROBIN D. S. (2). 'Towards a Reconstruction of the Tactical Chapters of *Mo Tzu* (ch. 14).' Inaug. Diss. (M.A.), Univ. of California, Berkeley, 1975.
YATES, ROBIN D. S. (3). 'Siege Engines and Late Chou Military Technology.' Art. in *Explorations in the History of Science and Technology in China*, ed. Li Kuo-Hao, Chang Mêng-Wên, Tshao Thiēn-Chhin & Hu Tao-Ching, p. 409. Shanghai, 1982.
YATES, ROBIN D. S. (4). 'The Mohists on Warfare; Technology, Technique, and Justification.' *JAAR*, 1979, **47** (no. 35, Thematic Issue), 549.
YETTS, W. P. (13). 'The Horse; a Factor in Early Chinese History.' *ESA*, 1934, **9**, 231.
YONEDA, S. (1). 'A Study of Saltpetre and Soda produced in the Saline and Alkali Soils of Northern Honan.' *SRFAOU*, 1953, **3**, 52.
YOSHISKA, SHIN-ICHI (1). *Collection of Ancient Guns*. Tokyo, 1965.
YULE, SIR HENRY (1) (ed.). *The Book of Ser Marco Polo the Venetian, concerning the Kingdoms and Marvels of the East, translated and edited, with Notes, by H. Y....*, 1st ed. 1871, repr. 1875. 3rd ed., 2 vols. ed. H. Cordier; Murray, London, 1903 (reprinted 1921), 3rd ed. also issued Scribner, New York, 1929. With a third Volume, *Notes and Addenda to Sir Henry Yule's Edition of Sir Marco Polo*, by H. Cordier. Murray, London, 1920. Photolitho offset reprint in 2 vols., Armorica, St Helier and Philo, Amsterdam, 1975.
YULE, SIR HENRY (2). *Cathay and the Way Thither; being a Collection of Mediaeval Notices of China*. 2 vols. Hakluyt Society Pubs. (2nd ser.) London, 1913–15 (1st ed. 1866). Revised by H. Cordier, 4 vols. Vol. 1, (no. 38), *Introduction; Preliminary Essay on the Intercourse between China and the Western Nations previous to the Discovery of the Cape Route*. Vol. 2, (no. 33), *Odoric of Pordenone*. Vol. 3, (no. 37), *John of Monte Corvino and others*. Vol. 4, (no. 41), *Ibn Baṭṭuṭah and Benedict of Goes*. Photolitho reprint, Peiping, 1942.

ZAHN, JOHANN (1). *Oculus Artificialis Teledioptricus*... 1702.
ZENGHELIS, C. (1). 'Le Feu Grégeois et les Armes à Feu des Byzantins' (on the 'Strepta' or Byzantine Gun). *BYZ*, 1932, **7**, 265.
ZIM, H. S. (1). *Rockets and Jets*. Harcourt, New York, 1945.
ZIMMERMANN, SAMUEL (1). 'Dialogus oder Gespräch zweier Personen, nämlich einer Büchsenmeisters mit einem Feuerwerkskünstler, von der wahren Kunst und rechten Gebrauch des Büchsengeschosses und Feuerwerks.' MSS of 1574, 1575 and 1577.
ZIOLKOVSKY. *See* Tsiolkovsky.
ZWORYKIN, A. A., OSMOVA, N. I., CHERNYCHEV, W. I. & SUCHARDIN, S. V. (1). *Geschichte der Technik*. Fachbuchverlag, Leipzig, 1964. Tr. from the Russian *Istoria Techniki*, Acad. Sci. Moscow, 1962 by P. Hüter, G. Hoppe & M. Brandt under the editorship of R. Ludloff and the advisory collaboration of A. Kraus & W. Lohse. Rev. J. Payen, *DHT*, 1965 (no. 5), 319.

索　引

说明

1. 本卷原著索引系克里斯廷·奥瑟维特（Christine Outhwaite）编制。本索引据原著索引译出，个别条目有所改动。

2. 本索引按汉语拼音字母顺序排列。第一字同音时，按四声顺序排列；同音同调时，按笔画多少和笔顺排列。

3. 各条目所列页码，均指原著页码。数字加 * 号者，表示这一条目见于该页脚注。

4. 在一些条目后面所列的加有括号的阿拉伯数码，系指参考文献；斜体阿拉伯数码，表示该文献属于参考文献 B；正体阿拉伯数码，表示该文献属于参考文献 C。

5. 除外国人名和有西文论著的中国人外，一般未附原名或相应的英文名。

A

B

C

D

E

F

G

H

J

K

L

M

《秘学玄旨》，参见拉齐（al-Rāzī）

N

O

P

Q

R

S

T

V

W

X

Y

Z

译　后　记

本册的译稿由刘晓燕等完成，并经潘吉星校订。

译稿的具体完成情况为：

刘晓燕	译	原书 pp. 1—125
龙达瑞	译	原书 pp. 126—363
吴显洪	译	原书 pp. 364—481
杜懋圻	译	原书 pp. 486—525
刘　钢	译	原书 pp. 527—582

另外，张九辰翻译了部分脚注和正文，并对译稿引文中的中文古籍原文作了核对。

张九辰和姚立澄先后承担了本册索引和参考文献 A、B 的编译工作，以及全书译稿体例的统一工作。本册的译名由姚立澄作了查核和订正，并经胡维佳审定。

张毅曾参与本册的翻译组织与协调工作，赵澄秋、王社强也曾为本书参考文献的编译做过部分工作，本册的翻译、校订工作还曾得到李天生等先生的帮助，谨此一并致谢！

李约瑟《中国科学技术史》
翻译出版委员会办公室
2005 年 2 月 3 日